化学研究生核心课程名家丛书

量子化学

——基本原理和从头计算法

(中册)

(第二版)

徐光宪　黎乐民　王德民　编著

科学出版社
北京

内 容 简 介

《量子化学——基本原理和从头计算法》(第二版) 分为上、中、下三册. 上册讲述量子力学的基本原理、处理问题的基本方法和数学工具以及最重要的普遍性结论, 中册介绍重要的量子化学计算方法, 下册介绍量子化学研究的高级理论方法. 本书是中册, 共有8章, 第9章介绍量子化学积分(一) Slater 函数, 第10章介绍量子化学积分 (二) Gauss 函数, 第11、12章分别介绍原子结构的多重态理论和原子结构的自洽场计算, 第13章介绍分子的自洽场计算, 第14章介绍电子相关问题, 第15章介绍密度泛函理论方法, 第16章介绍有效芯势方法.

本书可作为量子化学专业研究生教材或者教学参考书, 也可供对量子化学基础知识要求比较高的大学高年级学生以及相关专业的教师和科研人员学习参考.

图书在版编目(CIP)数据

量子化学: 基本原理和从头计算法. 中/徐光宪, 黎乐民, 王德民编著. —2版. —北京: 科学出版社, 2009
21世纪高等院校教材
ISBN 978-7-03-022039-4

Ⅰ.量… Ⅱ.①徐… ②黎… ③王… Ⅲ.量子化学—高等学校—教材 Ⅳ.O64

中国版本图书馆CIP数据核字(2008) 第138589号

责任编辑: 杨淑兰 丁 里 / 责任校对: 张 琪
责任印制: 吴兆东 / 封面设计: 耕者设计工作室

科 学 出 版 社 出版
北京东黄城根北街16号
邮政编码: 100717
http://www.sciencep.com
北京华宇信诺印刷有限公司印刷
科学出版社发行 各地新华书店经销
*
1985年5月第 一 版 开本: B5(720×1000)
2009年6月第 二 版 印张: 37 1/2
2026年1月第十五次印刷 字数: 755 000

定价: 118.00元

第 二 版 序

《量子化学 —— 基本原理和从头计算法》第一版是在我们为北京大学化学系和中国科学院化学研究所的研究生开设量子化学课程编写的讲义的基础上写成的, 从 1980 年开始分上、中、下三册陆续出版. 上册主要讲述量子力学的基本原理、量子力学处理化学问题的基本方法和得到的普遍性重要结论, 同时介绍用量子化学方法处理问题必须掌握的数学基础知识, 如矩阵运算、线性常微分方程的解法和特殊函数、群论基础知识等. 中册讲述重要的量子化学计算方法, 比较详尽地介绍其理论基础、计算公式、计算过程和具体计算中涉及的问题, 并注意介绍量子化学计算方法的新进展, 尽量接近学科发展前沿. 下册介绍重要的高级理论方法, 为读者深入开展量子化学研究打基础. 该书自出版发行以来, 得到读者较好的评价. 有较多学校采用为教材, 也成为很多出国留学人员携带的参考书. 读者对该书全面系统介绍量子化学内容和论述详尽、容易读懂的特色表示肯定. 也有读者来信指出该书存在的一些问题, 如一些印刷错误和表述不够严谨之处. 我们衷心感谢读者对我们的鼓励和批评指教.

近三十年来, 得益于计算技术进步提供的有力支持, 量子化学得到迅速的发展. 量子化学计算在化学和相邻学科中发挥的作用越来越大, 有越来越多的人在自己的工作中采用量子化学方法. 很多人有深入学习量子化学知识的要求, 需要比较全面系统的教材. 另一方面, 由于量子化学的蓬勃发展, 近年来有很多新的重要研究成果, 在量子化学教材中显然应该增添相关的内容. 因此我们觉得有必要将《量子化学 —— 基本原理和从头计算法》一书修订再版. 第二版除了保持第一版的特色和订正个别印刷错误以及叙述不够清楚或者不够严格之处以外, 还补充了近年来量子化学进展的新成果, 特别是以下内容:

(1) 第一版中册有 “自洽场 X_α 方法” 一章, 详细介绍多重散射 X_α 方法. 该方法由于精度不够高, 近年来很少有人使用. 另一方面, 密度泛函理论及其高精度计算方法进展很大, 应用范围甚至超过了传统的从头计算法. 因此在第二版中删去了 “自洽场 X_α 方法” 一章, 补充了 “密度泛函理论方法” 一章.

(2) 第一版中册有 “模型势方法” 一章. 有效势方法近年来得到广泛应用, 特别是对含重元素体系的计算用得更多. 原有这一章的内容显得太简单, 因此也进行了改写.

(3) 增加了第 25 章, 介绍光与物质相互作用基元过程的理论处理方法和得到的结果.

本套书的修订再版工作由徐光宪和黎乐民总负责, 王德民协助徐光宪修订第 1~5 章、第 9、10 章和附录 1, 黎乐民负责修订第 6~8 章、第 11~16 章、第 20~22 章和附录 2, 王德民负责修订第 17~19 章, 陈敏伯负责修订第 23、24 章, 并撰写第 25 章.

由于本书涉及面很广, 我们的知识水平有限, 不妥乃至错误之处在所难免, 敬请读者不吝赐教, 继续提出批评指正意见.

编者

2007 年 6 月 28 日

第一版序

量子化学是用量子力学原理研究原子、分子和晶体的电子层结构、化学键理论、分子间作用力、化学反应理论、各种光谱、波谱和电子能谱的理论, 以及无机和有机化合物、生物大分子和各种功能材料的结构和性能关系的科学.

量子化学是从 1927 年 Heitler 和 London 研究氢分子结构开始的, 五十年来已发展成为一门独立的, 同时也与化学各分支学科, 以及物理、生物、计算数学等互相渗透的学科. 自从六十年代以来, 由于量子化学从头计算法的发展和大型电子计算机的应用, 使原子、分子和晶体的电子能级和电荷分布的计算, 已经从量子化学专家们的研究对象, 扩大到为其他有关的科研工作者提供必要的信息数据的手段.

本书是我们为北京大学化学系和中国科学院化学研究所的量子化学研究生开设的第一门量子化学课程的教材. 学习量子化学需要比较广泛的数学和物理学基础, 例如线性代数、群论、复变函数、数学物理方程以及理论力学、电动力学、量子力学等. 这些课程一般大学化学系毕业的学生没有学过. 如要一一补起来, 则时间不够. 因此本书在写法上力求深入浅出, 只要具备大学化学系毕业的基础, 熟悉微积分、常微分方程和物质结构课程的内容就能看懂. 其他必要的数学基础如线性代数、群论等在本书中作详细介绍. 从头计算法必需的量子化学积分计算法在国外的量子化学书上也很少讨论, 我们特别写了专章介绍, 免得读者去查阅许多分散的文献资料. 每章后面附有习题和参考文献, 以便读者确实能掌握量子化学的计算方法. 另一方面, 为了压缩本书和篇幅, 有些定理的严格数学证明, 不得不省略, 在数学严谨性上有时也不得不有所牺牲. 这些省略希望并不影响对量子化学原理的正确理解和实际运算能力.

本书编写时间十分匆促, 且限于我们的水平, 难免有错误不当之处, 请读者批评指正, 以便重版时改正.

目　录

第 9 章

量子化学积分(一)　Slater 函数

9.1　引言

9.2　正交曲线坐标系

9.3　$\dfrac{1}{r_{12}}$的展开式

9.4　某些有用的定积分

9.5　单中心积分

9.6　双中心积分

9.1 引　　言

在量子化学的变分法、微扰法和自洽场法处理中，在波函数的归一化过程中，以及在求物理量 G 的平均值 $\bar{G}$ 和矩阵元 G_{ij} 时，我们都要遇到许多特殊积分的求值问题. 这些在量子化学中常见的积分称为量子化学积分，也称为分子积分. 量子化学积分中最重要的是 Hamilton 算符的矩阵元 H_{ij}

$$H_{ij} \equiv \langle i|\hat{\boldsymbol{H}}|j\rangle \equiv \int \psi_i^* \hat{\boldsymbol{H}} \psi_j \mathrm{d}\tau \tag{9.1.1}$$

Hamilton 算符由动能算符、核与电子的吸引势能算符以及电子与电子的排斥势能算符组成，因此 H_{ij} 可分为三部分.

(1) 动能积分 T_{ij}

$$\begin{aligned} T_{ij} &\equiv \langle i|\hat{\boldsymbol{T}}|j\rangle \equiv \left\langle i\left|-\frac{1}{2}\nabla^2\right|j\right\rangle \\ &\equiv \int \psi_i^* \left(-\frac{1}{2}\nabla^2\right) \psi_j \mathrm{d}\tau \end{aligned} \tag{9.1.2}$$

(2) 核吸引能积分 V_{ij}

$$\begin{aligned} V_{ij} &\equiv \langle i|\hat{\boldsymbol{V}}|j\rangle \equiv \left\langle i\left|\frac{Z_{\mathrm{A}}}{r_{\mathrm{A}}}\right|j\right\rangle \\ &\equiv \int \psi_i^* \frac{Z_{\mathrm{A}}}{r_{\mathrm{A}}} \psi_j \mathrm{d}\tau \end{aligned} \tag{9.1.3}$$

(3) 电子排斥能积分 $(ij|kl)$

$$\begin{aligned} (ij|kl) &\equiv \left\langle ik\left|\frac{1}{r_{12}}\right|jl\right\rangle \\ &= \int \psi_i^*(1)\psi_k^*(2)\frac{1}{r_{12}}\psi_j(1)\psi_l(2)\mathrm{d}\tau_1\mathrm{d}\tau_2 \end{aligned} \tag{9.1.4}$$

动能积分和核吸引能积分是包含一个电子的积分，称为单电子积分. 电子排斥能积分是两个电子间的排斥能积分，称为双电子积分.

根据波函数坐标中心的不同，量子化学积分还可分为单中心、双中心、三中心和四中心积分四类.

(1) 单中心积分

$$T_{ij} = \int \psi_i^*(\boldsymbol{r}_{\mathrm{A}})\boldsymbol{T}\psi_j(\boldsymbol{r}_{\mathrm{A}})\mathrm{d}\tau \tag{9.1.5}$$

$$V_{ij} = \int \psi_i^*(\boldsymbol{r}_{\mathrm{A}})\frac{Z_{\mathrm{A}}}{r_{\mathrm{A}}}\psi_j(\boldsymbol{r}_{\mathrm{A}})\mathrm{d}\tau \tag{9.1.6}$$

$$(ij|kl) = \int \psi_i^*(\boldsymbol{r}_{\mathrm{A1}})\psi_k^*(\boldsymbol{r}_{\mathrm{A2}})\frac{1}{r_{12}}\psi_j(\boldsymbol{r}_{\mathrm{A1}})\psi_l(\boldsymbol{r}_{\mathrm{A2}})\mathrm{d}\tau_1\mathrm{d}\tau_2 \tag{9.1.7}$$

(2) 双中心积分

$$T_{ij} = \int \psi_i^*(\boldsymbol{r}_{\mathrm{A}})\hat{\boldsymbol{T}}\psi_j(\boldsymbol{r}_{\mathrm{B}})\mathrm{d}\tau \tag{9.1.8}$$

$$V_{ij} = \int \psi_i^*(\boldsymbol{r}_{\mathrm{A}})\frac{Z_{\mathrm{A}}}{r_{\mathrm{A}}}\psi_j(\boldsymbol{r}_{\mathrm{B}})\mathrm{d}\tau \tag{9.1.9}$$

$$(ij|kl) = \int \psi_i^*(\boldsymbol{r}_{\mathrm{A1}})\psi_k^*(\boldsymbol{r}_{\mathrm{B2}})\frac{1}{r_{12}}\psi_j(\boldsymbol{r}_{\mathrm{A1}})\psi_l(\boldsymbol{r}_{\mathrm{B2}})\mathrm{d}\tau_1\mathrm{d}\tau_2 \tag{9.1.10}$$

(3) 三中心积分

$$V_{ij} = \int \psi_i^*(\boldsymbol{r}_{\mathrm{A}})\frac{Z_{\mathrm{A}}}{r_{\mathrm{C}}}\psi_j(\boldsymbol{r}_{\mathrm{B}})\mathrm{d}\tau \tag{9.1.11}$$

$$(ij|kl) = \int \psi_i^*(\boldsymbol{r}_{\mathrm{A1}})\psi_k^*(\boldsymbol{r}_{\mathrm{B2}})\frac{1}{r_{12}}\psi_j(\boldsymbol{r}_{\mathrm{A1}})\psi_l(\boldsymbol{r}_{\mathrm{C2}})\mathrm{d}\tau_1\mathrm{d}\tau_2 \tag{9.1.12}$$

(4) 四中心积分

$$(ij|kl) = \int \psi_i^*(\boldsymbol{r}_{\mathrm{A1}})\psi_k^*(\boldsymbol{r}_{\mathrm{B2}})\frac{1}{r_{12}}\psi_j(\boldsymbol{r}_{\mathrm{C1}})\psi_l(\boldsymbol{r}_{\mathrm{D2}})\mathrm{d}\tau_1\mathrm{d}\tau_2 \tag{9.1.13}$$

对上述积分求值时, 首先要选择坐标系. 对于单中心积分, 通常采用球坐标系. 对于双中心积分, 通常采用椭圆坐标系或双中心坐标系. 因此在 9.2 节中先讨论正交曲线坐标系.

在计算电子排斥能积分时, 要遇到 $\dfrac{1}{r_{12}}$ 的展开问题, 因此在 9.3 节中介绍 $\dfrac{1}{r_{12}}$ 的展开. 在 9.4 节中我们总结了某些在量子化学中有用的定积分. 在 9.5 节和 9.6 节中分别讨论以 Slater 函数为基组的单中心和双中心积分. 至于多中心积分通常用 Gauss 函数来求值, 见第 10 章.

9.2 正交曲线坐标系

9.2.1 矢量微分算符

定义矢量微分算符 $\boldsymbol{\nabla}$ 为

$$\boldsymbol{\nabla} \equiv \boldsymbol{i}\frac{\partial}{\partial x} + \boldsymbol{j}\frac{\partial}{\partial y} + \boldsymbol{k}\frac{\partial}{\partial z} \tag{9.2.1}$$

当 $\boldsymbol{\nabla}$ 作用于某一标量函数 ϕ 时, 得到下列矢量:

$$\boldsymbol{\nabla}\phi \equiv \mathrm{grad}\phi = \boldsymbol{i}\frac{\partial\phi}{\partial x} + \boldsymbol{j}\frac{\partial\phi}{\partial y} + \boldsymbol{k}\frac{\partial\phi}{\partial z} \tag{9.2.2}$$

$\boldsymbol{\nabla}\phi$ 称为 ϕ 的梯度.

矢量微分算符 $\boldsymbol{\nabla}$ 和矢量 $\boldsymbol{A}$ 的标量积称为 $\boldsymbol{A}$ 的散度, 以 div$\boldsymbol{A}$ 表示之, 即

$$\mathrm{div}\boldsymbol{A} \equiv \boldsymbol{\nabla} \cdot \boldsymbol{A} = \frac{\partial A_x}{\partial x} + \frac{\partial A_y}{\partial y} + \frac{\partial A_z}{\partial z} \tag{9.2.3}$$

矢量微分算符 $\boldsymbol{\nabla}$ 和矢量 $\boldsymbol{A}$ 的矢量积称为 $\boldsymbol{A}$ 的旋度, 以 curl$\boldsymbol{A}$ 表示之, 即

$$\mathrm{curl}\boldsymbol{A} \equiv \boldsymbol{\nabla} \times \boldsymbol{A} = \begin{vmatrix} \boldsymbol{i} & \boldsymbol{j} & \boldsymbol{k} \\ \dfrac{\partial}{\partial x} & \dfrac{\partial}{\partial y} & \dfrac{\partial}{\partial z} \\ A_x & A_y & A_z \end{vmatrix} \tag{9.2.4}$$

ϕ 的梯度的散度为

$$\begin{aligned} \mathrm{div}(\mathrm{grad}\phi) &\equiv \boldsymbol{\nabla} \cdot \boldsymbol{\nabla}\phi \equiv \nabla^2\phi \\ &= \left(\boldsymbol{i}\frac{\partial}{\partial x} + \boldsymbol{j}\frac{\partial}{\partial y} + \boldsymbol{k}\frac{\partial}{\partial z}\right)\left(\boldsymbol{i}\frac{\partial}{\partial x} + \boldsymbol{j}\frac{\partial}{\partial y} + \boldsymbol{k}\frac{\partial}{\partial z}\right)\phi \\ &= \frac{\partial^2\phi}{\partial x^2} + \frac{\partial^2\phi}{\partial y^2} + \frac{\partial^2\phi}{\partial z^2} \end{aligned} \tag{9.2.5}$$

式中, ∇^2 也称为 Laplace 算符

$$\nabla^2 = \frac{\partial^2}{\partial x^2} + \frac{\partial^2}{\partial y^2} + \frac{\partial^2}{\partial z^2} \tag{9.2.6}$$

9.2.2 Laplace 算符 ∇^2 在球坐标系的表达式

在直角坐标系中

$$\nabla^2\psi = \frac{\partial^2\psi}{\partial x^2} + \frac{\partial^2\psi}{\partial y^2} + \frac{\partial^2\psi}{\partial z^2} \tag{9.2.7}$$

变换为球坐标系

$$\left.\begin{aligned} x &= r\sin\theta\cos\phi \\ y &= r\sin\theta\sin\phi \\ z &= r\cos\theta \end{aligned}\right\} \tag{9.2.8}$$

逆变换为

$$\left.\begin{aligned} r^2 &= x^2 + y^2 + z^2 \\ \tan\theta &= \sqrt{x^2 + y^2}/z \\ \tan\phi &= y/x \end{aligned}\right\} \tag{9.2.9}$$

偏导数的运算规则为

$$\frac{\partial\psi}{\partial x}=\frac{\partial\psi}{\partial r}\frac{\partial r}{\partial x}+\frac{\partial\psi}{\partial\theta}\frac{\partial\theta}{\partial x}+\frac{\partial\psi}{\partial\phi}\frac{\partial\phi}{\partial x} \tag{9.2.10}$$

$$\begin{aligned}\frac{\partial^2\psi}{\partial x^2}=&\frac{\partial}{\partial x}\left(\frac{\partial\psi}{\partial r}\frac{\partial r}{\partial x}+\frac{\partial\psi}{\partial\theta}\frac{\partial\theta}{\partial x}+\frac{\partial\psi}{\partial\phi}\frac{\partial\phi}{\partial x}\right)\\
=&\frac{\partial\psi}{\partial r}\frac{\partial^2 r}{\partial x^2}+\frac{\partial r}{\partial x}\left(\frac{\partial^2\psi}{\partial r^2}\frac{\partial r}{\partial x}+\frac{\partial^2\psi}{\partial r\partial\theta}\frac{\partial\theta}{\partial x}+\frac{\partial^2\psi}{\partial r\partial\phi}\frac{\partial\phi}{\partial x}\right)\\
&+\frac{\partial\psi}{\partial\theta}\frac{\partial^2\theta}{\partial x^2}+\frac{\partial\theta}{\partial x}\left(\frac{\partial^2\psi}{\partial\theta^2}\frac{\partial\theta}{\partial x}+\frac{\partial^2\psi}{\partial\theta\partial r}\frac{\partial r}{\partial x}+\frac{\partial^2\psi}{\partial\theta\partial\phi}\frac{\partial\phi}{\partial x}\right)\\
&+\frac{\partial\psi}{\partial\phi}\frac{\partial^2\psi}{\partial x^2}+\frac{\partial\phi}{\partial x}\left(\frac{\partial^2\psi}{\partial\phi^2}\frac{\partial\phi}{\partial x}+\frac{\partial^2\psi}{\partial\phi\partial r}\frac{\partial r}{\partial x}+\frac{\partial^2\psi}{\partial\phi\partial\theta}\frac{\partial\theta}{\partial x}\right)\end{aligned} \tag{9.2.11}$$

同样可得 $\frac{\partial\psi}{\partial y}$, $\frac{\partial^2\psi}{\partial y^2}$; $\frac{\partial\psi}{\partial z}$, $\frac{\partial^2\psi}{\partial z^2}$ 的类似关系式.

利用上述式 (9.2.6)~ 式 (9.2.11), 可得

$$\begin{aligned}\nabla^2\psi=&\frac{\partial^2\psi}{\partial x^2}+\frac{\partial^2\psi}{\partial y^2}+\frac{\partial^2\psi}{\partial z^2}\\
=&\left[\left(\frac{\partial r}{\partial x}\right)^2+\left(\frac{\partial r}{\partial y}\right)^2+\left(\frac{\partial r}{\partial z}\right)^2\right]\frac{\partial^2\psi}{\partial r^2}\\
&+\left(\frac{\partial^2 r}{\partial x^2}+\frac{\partial^2 r}{\partial y^2}+\frac{\partial^2 r}{\partial z^2}\right)\frac{\partial\psi}{\partial r}\\
&+\left[\left(\frac{\partial\theta}{\partial x}\right)^2+\left(\frac{\partial\theta}{\partial y}\right)^2+\left(\frac{\partial\theta}{\partial z}\right)^2\right]\frac{\partial^2\psi}{\partial\theta^2}\\
&+\left(\frac{\partial^2\theta}{\partial x^2}+\frac{\partial^2\theta}{\partial y^2}+\frac{\partial^2\theta}{\partial z^2}\right)\frac{\partial\psi}{\partial\theta}\\
&+\left[\left(\frac{\partial\phi}{\partial x}\right)^2+\left(\frac{\partial\phi}{\partial y}\right)^2+\left(\frac{\partial\phi}{\partial z}\right)^2\right]\frac{\partial^2\psi}{\partial\phi^2}\\
&+\left(\frac{\partial^2\phi}{\partial x^2}+\frac{\partial^2\phi}{\partial y^2}+\frac{\partial^2\phi}{\partial z^2}\right)\frac{\partial\psi}{\partial\phi}\\
&+2\left(\frac{\partial r}{\partial x}\frac{\partial\theta}{\partial x}+\frac{\partial r}{\partial y}\frac{\partial\theta}{\partial y}+\frac{\partial r}{\partial z}\frac{\partial\theta}{\partial z}\right)\frac{\partial^2\psi}{\partial r\partial\theta}\\
&+2\left(\frac{\partial r}{\partial x}\frac{\partial\phi}{\partial x}+\frac{\partial r}{\partial y}\frac{\partial\phi}{\partial y}+\frac{\partial r}{\partial z}\frac{\partial\phi}{\partial z}\right)\frac{\partial^2\psi}{\partial r\partial\phi}\\
&+2\left(\frac{\partial\theta}{\partial x}\frac{\partial\phi}{\partial x}+\frac{\partial\theta}{\partial y}\frac{\partial\phi}{\partial y}+\frac{\partial\theta}{\partial z}\frac{\partial\phi}{\partial z}\right)\frac{\partial^2\psi}{\partial\theta\partial\phi}\end{aligned} \tag{9.2.12}$$

式 (9.2.12) 中交错项均为零, 即

$$\frac{\partial r}{\partial x}\frac{\partial \theta}{\partial x}+\frac{\partial r}{\partial y}\frac{\partial \theta}{\partial y}+\frac{\partial r}{\partial z}\frac{\partial \theta}{\partial z}=0$$

$$\frac{\partial r}{\partial x}\frac{\partial \phi}{\partial x}+\frac{\partial r}{\partial y}\frac{\partial \phi}{\partial y}+\frac{\partial r}{\partial z}\frac{\partial \phi}{\partial z}=0$$

$$\frac{\partial \theta}{\partial x}\frac{\partial \phi}{\partial x}+\frac{\partial \theta}{\partial y}\frac{\partial \phi}{\partial y}+\frac{\partial \theta}{\partial z}\frac{\partial \phi}{\partial z}=0$$

微商式 (9.2.9) 的第一式, 可得

$$\frac{\partial r}{\partial x}=\frac{x}{r}\qquad \frac{\partial r}{\partial y}=\frac{y}{r}\qquad \frac{\partial r}{\partial z}=\frac{z}{r} \tag{9.2.13}$$

$$\left.\begin{aligned}\frac{\partial^2 r}{\partial x^2}&=\frac{1}{r}-\frac{x}{r^2}\frac{\partial r}{\partial x}=\frac{1}{r}-\frac{x^2}{r^3}\\ \frac{\partial^2 r}{\partial y^2}&=\frac{1}{r}-\frac{y^2}{r^3}\\ \frac{\partial^2 r}{\partial z^2}&=\frac{1}{r}-\frac{z^2}{r^3}\end{aligned}\right\} \tag{9.2.14}$$

所以

$$\left(\frac{\partial r}{\partial x}\right)^2+\left(\frac{\partial r}{\partial y}\right)^2+\left(\frac{\partial r}{\partial z}\right)^2=\frac{1}{r^2}(x^2+y^2+z^2)=1 \tag{9.2.15}$$

$$\frac{\partial^2 r}{\partial x^2}+\frac{\partial^2 r}{\partial y^2}+\frac{\partial^2 r}{\partial z^2}=\frac{3}{r}-\frac{1}{r^3}(x^2+y^2+z^2)=\frac{2}{r} \tag{9.2.16}$$

微商式 (9.2.9) 的第二式, 可得

$$\sec^2\theta\frac{\partial \theta}{\partial x}=\frac{x}{z\sqrt{x^2+y^2}}$$

所以

同样

$$\left.\begin{aligned}\frac{\partial \theta}{\partial x}&=\frac{x\cos^2\theta}{z\sqrt{x^2+y^2}}=\frac{xz}{r^2\sqrt{x^2+y^2}}\\ \frac{\partial \theta}{\partial y}&=\frac{yz}{r^2\sqrt{x^2+y^2}}\\ \frac{\partial \theta}{\partial z}&=-\frac{\sqrt{x^2+y^2}}{z^2}\cos^2\theta=-\frac{\sqrt{x^2+y^2}}{r^2}\end{aligned}\right\} \tag{9.2.17}$$

微商式 (9.2.17), 可得

$$\left.\begin{aligned}\frac{\partial^2 \theta}{\partial x^2}&=\frac{z}{r^2\sqrt{x^2+y^2}}\left(\frac{y^2}{x^2+y^2}-\frac{2x^2}{r^2}\right)\\ \frac{\partial^2 \theta}{\partial y^2}&=\frac{z}{r^2\sqrt{x^2+y^2}}\left(\frac{x^2}{x^2+y^2}-\frac{2y^2}{r^2}\right)\\ \frac{\partial^2 \theta}{\partial z^2}&=\frac{2\sqrt{x^2+y^2}}{r^3}\frac{\partial r}{\partial z}=\frac{2z\sqrt{x^2+y^2}}{r^4}\end{aligned}\right\} \tag{9.2.18}$$

所以

$$\left(\frac{\partial\theta}{\partial x}\right)^2+\left(\frac{\partial\theta}{\partial y}\right)^2+\left(\frac{\partial\theta}{\partial z}\right)^2=\frac{x^2z^2+y^2z^2}{r^4(x^2+y^2)}+\frac{x^2+y^2}{r^4}$$
$$=\frac{x^2+y^2+z^2}{r^4}=\frac{1}{r^2} \tag{9.2.19}$$

$$\frac{\partial^2\theta}{\partial x^2}+\frac{\partial^2\theta}{\partial y^2}+\frac{\partial^2\theta}{\partial z^2}=\frac{z}{r^2\sqrt{x^2+y^2}}=\frac{\cos\theta}{r^2\sin\theta} \tag{9.2.20}$$

微商式 (9.2.9) 的第三式, 可得

$$\sec^2\phi\left(\frac{\partial\phi}{\partial x}\right)=-\frac{y}{x^2}$$

所以

同样

$$\left.\begin{aligned}\frac{\partial\phi}{\partial x}&=-\frac{y}{x^2}\cos^2\phi=-\frac{y}{x^2+y^2}\\ \frac{\partial\phi}{\partial y}&=\frac{1}{x}\cos^2\phi=\frac{x}{x^2+y^2}\end{aligned}\right\} \tag{9.2.21}$$

微商式 (9.2.21), 可得

$$\left.\begin{aligned}\frac{\partial^2\phi}{\partial x^2}&=\frac{2xy}{(x^2+y^2)^2}\\ \frac{\partial^2\phi}{\partial y^2}&=\frac{-2xy}{(x^2+y^2)^2}\end{aligned}\right\} \tag{9.2.22}$$

所以

$$\frac{\partial^2\phi}{\partial x^2}+\frac{\partial^2\phi}{\partial y^2}=\frac{2xy}{(x^2+y^2)^2}-\frac{2xy}{(x^2+y^2)^2}=0 \tag{9.2.23}$$

$$\left(\frac{\partial\phi}{\partial x}\right)^2+\left(\frac{\partial\phi}{\partial y}\right)^2=1/(x^2+y^2)=\frac{1}{r^2\sin^2\theta} \tag{9.2.24}$$

将式 (9.2.15)、式 (9.2.16)、式 (9.2.19)、式 (9.2.20)、式 (9.2.23) 和式 (9.2.24) 代入式 (9.2.12), 即得

$$\nabla^2\psi=\frac{\partial^2\psi}{\partial r^2}+\frac{2}{r}\frac{\partial\psi}{\partial r}+\frac{1}{r^2}\frac{\partial^2\psi}{\partial\theta^2}+\frac{\cos\theta}{r^2\sin\theta}\frac{\partial\psi}{\partial\theta}+\frac{1}{r^2\sin^2\theta}\frac{\partial^2\psi}{\partial\phi^2}$$
$$=\frac{1}{r^2}\frac{\partial}{\partial r}\left(r^2\frac{\partial\psi}{\partial r}\right)+\frac{1}{r^2\sin\theta}\frac{\partial}{\partial\theta}\left(\sin\theta\frac{\partial\psi}{\partial\theta}\right)+\frac{1}{r^2\sin^2\theta}\frac{\partial^2\psi}{\partial\phi^2} \tag{9.2.25}$$

式 (9.2.25) 就是 ∇^2 算符在球坐标系的表示式.

9.2.3　广义坐标系

(1) 直角坐标系 (x, y, z) 与广义坐标系 (q_1, q_2, q_3) 的变换关系为

$$\left.\begin{aligned} x &= x(q_1, q_2, q_3) \\ y &= y(q_1, q_2, q_3) \\ z &= z(q_1, q_2, q_3) \end{aligned}\right\} \tag{9.2.26}$$

逆变换为

$$\left.\begin{aligned} q_1 &= q_1(x, y, z) \\ q_2 &= q_2(x, y, z) \\ q_3 &= q_3(x, y, z) \end{aligned}\right\} \tag{9.2.27}$$

例如, 在球坐标系中, $q_1 = r$, $q_2 = \theta$, $q_3 = \phi$, 则有

$$\left.\begin{aligned} x &= r\sin\theta\cos\phi \\ y &= r\sin\theta\sin\phi \\ z &= r\cos\theta \end{aligned}\right\} \tag{9.2.28}$$

$$\left.\begin{aligned} r &= \sqrt{x^2 + y^2 + z^2} \\ \theta &= \cos^{-1}\left(\frac{z}{\sqrt{x^2 + y^2 + z^2}}\right) \\ \phi &= \tan^{-1}\frac{y}{x} \end{aligned}\right\} \tag{9.2.29}$$

又如, 在圆柱坐标系中, $q_1 = r$, $q_2 = \theta$, $q_3 = z$, 则有

$$\left.\begin{aligned} x &= r\cos\theta \\ y &= r\sin\theta \\ z &= z \end{aligned}\right\} \tag{9.2.30}$$

$$\left.\begin{aligned} r &= \sqrt{x^2 + y^2} \\ \theta &= \tan^{-1}\frac{y}{x} \\ z &= z \end{aligned}\right\} \tag{9.2.31}$$

(2) 广义坐标系中的距离. 在直角坐标系中, 点 $P(x, y, z)$ 与 $Q(x+\mathrm{d}x, y+\mathrm{d}y, z+\mathrm{d}z)$ 的距离 $\mathrm{d}s$ 可表示为

$$(\mathrm{d}s)^2 = (\mathrm{d}x)^2 + (\mathrm{d}y)^2 + (\mathrm{d}z)^2 \tag{9.2.32}$$

现在按照式 (9.2.26) 变换到广义坐标系 $P(q_1, q_2, q_3)$ 和 $Q(q_1+\mathrm{d}q_1, q_2+\mathrm{d}q_2, q_3+\mathrm{d}q_3)$, 则有

$$\left.\begin{aligned}\mathrm{d}x &= \sum_{i=1}^{3}\frac{\partial x}{\partial q_i}\mathrm{d}q_i\\ \mathrm{d}y &= \sum_{i=1}^{3}\frac{\partial y}{\partial q_i}\mathrm{d}q_i\\ \mathrm{d}z &= \sum_{i=1}^{3}\frac{\partial z}{\partial q_i}\mathrm{d}q_i\end{aligned}\right\} \tag{9.2.33}$$

所以

$$\begin{aligned}(\mathrm{d}s)^2 = &\left(\sum_i \frac{\partial x}{\partial q_i}\mathrm{d}q_i\right)\left(\sum_j \frac{\partial x}{\partial q_j}\mathrm{d}q_j\right) + \left(\sum_i \frac{\partial y}{\partial q_i}\mathrm{d}q_i\right)\left(\sum_j \frac{\partial y}{\partial q_j}\mathrm{d}q_j\right)\\ &+ \left(\sum_i \frac{\partial z}{\partial q_i}\mathrm{d}q_i\right)\left(\sum_j \frac{\partial z}{\partial q_j}\mathrm{d}q_j\right)\end{aligned} \tag{9.2.34}$$

对于正交坐标系, 式 (9.2.34) 中任何 $i \neq j$ 的交错项都等于零, 这是因为微分矢量 $\mathrm{d}\boldsymbol{q}_1$, $\mathrm{d}\boldsymbol{q}_2$, $\mathrm{d}\boldsymbol{q}_3$ 彼此垂直, 所以

$$\mathrm{d}\boldsymbol{q}_i \cdot \mathrm{d}\boldsymbol{q}_j = 0 \qquad (i \neq j; i, j = 1, 2, 3) \tag{9.2.35}$$

于是式 (9.2.34) 简化为

$$(\mathrm{d}s)^2 = \sum_{i=1}^{3}\left(\frac{\partial x}{\partial q_i}\right)^2 \mathrm{d}q_i^2 + \sum_{i=1}^{3}\left(\frac{\partial y}{\partial q_i}\right)^2 \mathrm{d}q_i^2 + \sum_{i=1}^{3}\left(\frac{\partial z}{\partial q_i}\right)^2 \mathrm{d}q_i^2 = \sum_{i=1}^{3} h_i^2 \mathrm{d}q_i^2 \tag{9.2.36}$$

式中

$$h_i^2 = \left(\frac{\partial x}{\partial q_i}\right)^2 + \left(\frac{\partial y}{\partial q_i}\right)^2 + \left(\frac{\partial z}{\partial q_i}\right)^2 \qquad (i = 1, 2, 3) \tag{9.2.37}$$

如果交错项不等于零, 即不满足式 (9.2.35) 的坐标系称为非正交坐标系.

如果将式 (9.2.36) 写为

$$(\mathrm{d}s)^2 = (\mathrm{d}s_1)^2 + (\mathrm{d}s_2)^2 + (\mathrm{d}s_3)^2 = h_1^2\mathrm{d}q_1^2 + h_2^2\mathrm{d}q_2^2 + h_3^2\mathrm{d}q_3^2 \tag{9.2.38}$$

则有

$$\left.\begin{aligned}\mathrm{d}s_1 &= h_1\mathrm{d}q_1\\ \mathrm{d}s_2 &= h_2\mathrm{d}q_2\\ \mathrm{d}s_3 &= h_3\mathrm{d}q_3\end{aligned}\right\} \tag{9.2.39}$$

式 (9.2.38) 或式 (9.2.39) 称为正交广义坐标系的距离公式.

(3) 球坐标系中的距离. 在球坐标系中, $q_1 = r$, $q_2 = \theta$, $q_3 = \phi$, 则有

$$\begin{aligned} h_1^2 = h_r^2 &= \left(\frac{\partial x}{\partial r}\right)^2 + \left(\frac{\partial y}{\partial r}\right)^2 + \left(\frac{\partial z}{\partial r}\right)^2 \\ &= \sin^2\theta\cos^2\phi + \sin^2\theta\sin^2\phi + \cos^2\theta \\ &= \sin^2\theta + \cos^2\theta = 1 \end{aligned}$$

所以

$$h_r = 1$$

同理

$$\begin{aligned} h_2^2 = h_\theta^2 &= \left(\frac{\partial x}{\partial \theta}\right)^2 + \left(\frac{\partial y}{\partial \theta}\right)^2 + \left(\frac{\partial z}{\partial \theta}\right)^2 \\ &= r^2\cos^2\theta\cos^2\phi + r^2\cos^2\theta\sin^2\phi + r^2\sin^2\theta \\ &= r^2\cos^2\theta + r^2\sin^2\theta = r^2 \end{aligned}$$

所以

$$\begin{aligned} &h_\theta = r \\ &h_3^2 = h_\phi^2 = \left(\frac{\partial x}{\partial \phi}\right)^2 + \left(\frac{\partial y}{\partial \phi}\right)^2 + \left(\frac{\partial z}{\partial \phi}\right)^2 \\ &\quad = r^2\sin^2\theta\sin^2\phi + r^2\sin^2\theta\cos^2\phi = r^2\sin^2\theta \end{aligned}$$

所以

$$\left.\begin{aligned} &h_\phi = r\sin\theta \\ &\mathrm{d}s_1 = h_1\mathrm{d}q_1 = h_r\mathrm{d}r = \mathrm{d}r \\ &\mathrm{d}s_2 = h_2\mathrm{d}q_2 = h_\theta\mathrm{d}\theta = r\mathrm{d}\theta \\ &\mathrm{d}s_3 = h_3\mathrm{d}q_3 = h_\phi\mathrm{d}\phi = r\sin\theta\mathrm{d}\phi \end{aligned}\right\} \tag{9.2.40}$$

(4) 广义坐标系中的体积元 $\mathrm{d}\tau$. 在直角坐标系中

$$\mathrm{d}\tau = \mathrm{d}x\mathrm{d}y\mathrm{d}z \tag{9.2.41}$$

在正交广义坐标系中

$$\mathrm{d}\tau = \mathrm{d}s_1\mathrm{d}s_2\mathrm{d}s_3 = h_1h_2h_3\mathrm{d}q_1\mathrm{d}q_2\mathrm{d}q_3 \tag{9.2.42}$$

例如, 在球坐标系中有

$$\mathrm{d}\tau = r^2\sin\theta\mathrm{d}r\mathrm{d}\theta\mathrm{d}\phi \tag{9.2.43}$$

9.2.4 Laplace 算符在正交广义坐标系的表达式

图 9.2.1 表示广义坐标系中的一个体积元. 假定坐标系的空间充满某一流体, 它在点 $P(q_1, q_2, q_3)$ 的密度为 $\rho(q_1, q_2, q_3)$. 又假定存在一个速度势 (velocity potential)v, 它决定流体在任何点的运动. 具体说来, 流体在任何方向的速度等于 $-\dfrac{\mathrm{d}v}{\mathrm{d}s}$, 此处 $\mathrm{d}s$ 是在此方向的位移.

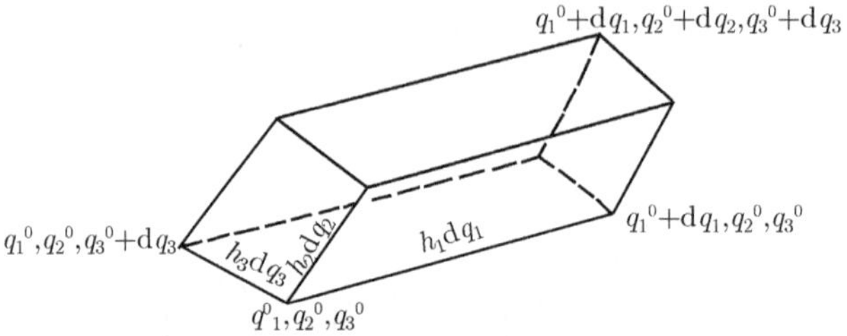

图 9.2.1 广义坐标系中的体积元

现在考虑由下列六个面:

$$\begin{aligned} q_1 &= q_1^0 \qquad & q_1 &= q_1^0 + \mathrm{d}q_1 \\ q_2 &= q_2^0 \qquad & q_2 &= q_2^0 + \mathrm{d}q_2 \\ q_3 &= q_3^0 \qquad & q_3 &= q_3^0 + \mathrm{d}q_3 \end{aligned}$$

包围的体积元 $\mathrm{d}\tau$ 中流体积累的速度. 现在考虑 $q_1 = q_1^0$ 这个面, 垂直于此面的流速为

$$-\frac{\mathrm{d}v}{\mathrm{d}s_1} = -\frac{1}{h_1}\frac{\partial v}{\partial q_1} \tag{9.2.44}$$

而此面的面积为 $h_2h_3\mathrm{d}q_2\mathrm{d}q_3$, 故通过此面的质量流速为

$$\rho\left(-\frac{\mathrm{d}v}{\mathrm{d}s_1}\right)h_2h_3\mathrm{d}q_2\mathrm{d}q_3 = -\rho\frac{h_2h_3}{h_1}\frac{\partial v}{\partial q_1}\mathrm{d}q_2\mathrm{d}q_3 \tag{9.2.45}$$

通过它相对的面 $q_1 = q_1^0 + \mathrm{d}q_1$ 的质量流速为

$$\rho\frac{h_2h_3}{h_1}\frac{\partial v}{\partial q_1}\mathrm{d}q_2\mathrm{d}q_3 + \frac{\partial}{\partial q_1}\left(\rho\frac{h_2h_3}{h_1}\frac{\partial v}{\partial q_1}\right)\mathrm{d}q_2\mathrm{d}q_3\mathrm{d}q_1 \tag{9.2.46}$$

所以在这一对“面”之间的流体的质量积累速度为

$$\frac{\partial}{\partial q_1}\left(\rho\frac{h_2h_3}{h_1}\frac{\partial v}{\partial q_1}\right)\mathrm{d}q_1\mathrm{d}q_2\mathrm{d}q_3 \tag{9.2.47}$$

同样, 在另外两对“面”之间的流体的质量积累速度为

$$\frac{\partial}{\partial q_2}\left(\rho\frac{h_1h_3}{h_2}\frac{\partial v}{\partial q_2}\right)\mathrm{d}q_1\mathrm{d}q_2\mathrm{d}q_3 \tag{9.2.48}$$

和

$$\frac{\partial}{\partial q_3}\left(\rho\frac{h_1h_2}{h_3}\frac{\partial v}{\partial q_3}\right)\mathrm{d}q_1\mathrm{d}q_2\mathrm{d}q_3 \tag{9.2.49}$$

所以在体积元 $\mathrm{d}\tau$ 内总的质量积累速度等于以上三式之和, 又因为

$$\mathrm{d}\tau=\mathrm{d}s_1\mathrm{d}s_2\mathrm{d}s_3=h_1h_2h_3\mathrm{d}q_1\mathrm{d}q_2\mathrm{d}q_3 \tag{9.2.50}$$

故在体积元 $\mathrm{d}\tau$ 内密度增加的速度为

$$\frac{\partial\rho}{\mathrm{d}t}=\frac{1}{h_1h_2h_3}\left[\frac{\partial}{\partial q_1}\left(\rho\frac{h_2h_3}{h_1}\frac{\partial v}{\partial q_1}\right)+\frac{\partial}{\partial q_2}\left(\rho\frac{h_1h_3}{h_2}\frac{\partial v}{\partial q_2}\right)+\frac{\partial}{\partial q_3}\left(\rho\frac{h_1h_2}{h_3}\frac{\partial v}{\partial q_3}\right)\right] \tag{9.2.51}$$

如果在直角坐标系中作类似上面的分析, 我们得到

$$\frac{\partial\rho}{\partial t}=\frac{\partial}{\partial x}\left(\rho\frac{\partial v}{\partial x}\right)+\frac{\partial}{\partial y}\left(\rho\frac{\partial v}{\partial y}\right)+\frac{\partial}{\partial z}\left(\rho\frac{\partial v}{\partial z}\right)=\boldsymbol{\nabla}\cdot(\rho\boldsymbol{\nabla}v) \tag{9.2.52}$$

因为 $\dfrac{\partial\rho}{\partial t}$ 与坐标的选择无关, 所以

$$\boldsymbol{\nabla}\cdot(\rho\boldsymbol{\nabla}v)=\frac{1}{h_1h_2h_3}\left[\frac{\partial}{\partial q_1}\left(\rho\frac{h_2h_3}{h_1}\frac{\partial v}{\partial q_1}\right)+\frac{\partial}{\partial q_2}\left(\rho\frac{h_1h_3}{h_2}\frac{\partial v}{\partial q_2}\right)+\frac{\partial}{\partial q_3}\left(\rho\frac{h_1h_2}{h_3}\frac{\partial v}{\partial q_3}\right)\right] \tag{9.2.53}$$

当考虑 $\rho=$ 常数的特例, 并注意 $\boldsymbol{\nabla}\cdot\boldsymbol{\nabla}=\nabla^2$, 得

$$\nabla^2=\frac{1}{h_1h_2h_3}\left[\frac{\partial}{\partial q_1}\left(\frac{h_2h_3}{h_1}\frac{\partial}{\partial q_1}\right)+\frac{\partial}{\partial q_2}\left(\frac{h_1h_3}{h_2}\frac{\partial v}{\partial q_2}\right)+\frac{\partial}{\partial q_3}\left(\frac{h_1h_2}{h_3}\frac{\partial}{\partial q_3}\right)\right] \tag{9.2.54}$$

式 (9.2.54) 就是 Laplace 算符在正交广义坐标系的表示式. 例如, 球坐标系

$$\begin{array}{lll} q_1=r & q_2=\theta & q_3=\phi \\ h_1=1 & h_2=r & h_3=r\sin\theta \end{array}$$

代入式 (9.2.54), 即得

$$\nabla^2\psi=\frac{1}{r^2}\frac{\partial}{\partial r}\left(r^2\frac{\partial\psi}{\partial r}\right)+\frac{1}{r^2\sin\theta}\frac{\partial}{\partial\theta}\left(\sin\theta\frac{\partial\psi}{\partial\theta}\right)+\frac{1}{r^2\sin^2\theta}\frac{\partial^2\psi}{\partial\phi^2} \tag{9.2.55}$$

这就是前面通过繁杂的偏微商运算得到的式 (9.2.25).

9.2.5 椭圆坐标系

除前面所述的直角坐标系和球坐标系外, 还有其他的正交曲线坐标系, 其中在量子化学中也常用的是椭圆坐标系. 这是因为在分子中, 价电子常属于相邻的两个原子. 用这两个原子核作为焦点的椭圆坐标系对计算有关分子积分比较方便.

(1) 椭圆坐标的全称是共焦椭圆坐标 —— 长球. 在图 9.2.2 中, 设 A、B 为相距 R 的两个原子核, P 为电子, 它与 A、B 的距离分别为 r_a 和 r_b, 选 AB 轴为 z 轴, AB 的中点为原点, 选 x 轴和 y 轴与 z 轴垂直, 并互相垂直即可. 令 ϕ 为平面 APB 与 xz 平面之间的二面角 $(0 \sim 2\pi)$. 作 PQ 垂直于 z 轴, 令 P 点的直角坐标为 (x, y, z), 则有

$$\overline{PQ}^2 = r_a^2 - \overline{AQ}^2 = r_a^2 - \left(\frac{R}{2} + z\right)^2 \tag{9.2.56}$$

$$= r_b^2 - \overline{QB}^2 = r_b^2 - \left(\frac{R}{2} - z\right)^2 \tag{9.2.57}$$

所以

$$z = \frac{r_a^2 - r_b^2}{2R} \tag{9.2.58}$$

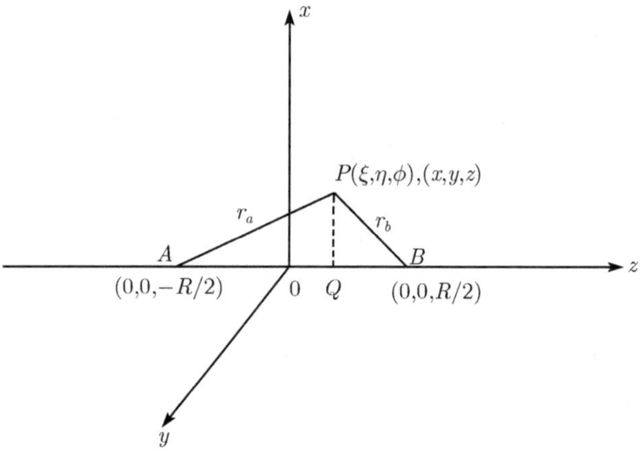

图 9.2.2 椭圆坐标系

令

$$\left.\begin{aligned} \xi &= \frac{r_a + r_b}{R} \\ \eta &= \frac{r_a - r_b}{R} \end{aligned}\right\} \tag{9.2.59}$$

则

$$\left.\begin{aligned} r_a &= \frac{1}{2}R(\xi + \eta) \\ r_b &= \frac{1}{2}R(\xi - \eta) \end{aligned}\right\} \tag{9.2.60}$$

将式 (9.2.59) 代入式 (9.2.58), 得

$$z = \frac{1}{2}R\xi\eta \tag{9.2.61}$$

将式 (9.2.61) 代入式 (9.2.57), 得

$$
\begin{aligned}
\overline{PQ}^2 = r_a^2 - \left(\frac{R}{2}+z\right)^2 &= \frac{1}{4}R^2(\xi+\eta)^2 - \frac{1}{4}R^2(1+\xi\eta)^2 \\
&= \frac{1}{4}R^2(\xi^2+\eta^2+2\xi\eta-1-2\xi\eta-\xi^2\eta^2) \\
&= \frac{1}{4}R^2(\xi^2-1)(1-\eta^2)
\end{aligned}
$$

所以

$$
\overline{PQ} = \frac{1}{2}R\sqrt{(\xi^2-1)(1-\eta^2)} \tag{9.2.62}
$$

$$
\left.\begin{aligned}
x = \overline{PQ}\cos\phi = \frac{1}{2}R\sqrt{(\xi^2-1)(1-\eta^2)}\cos\phi \\
y = \overline{PQ}\sin\phi = \frac{1}{2}R\sqrt{(\xi^2-1)(1-\eta^2)}\sin\phi
\end{aligned}\right\} \tag{9.2.63}
$$

(2) 由式 (9.2.61) 和式 (9.2.63) 可以求得

$$
\left.\begin{aligned}
h_\xi &= \frac{R}{2}\sqrt{\frac{\xi^2-\eta^2}{\xi^2-1}} \\
h_\eta &= \frac{R}{2}\sqrt{\frac{\xi^2-\eta^2}{1-\eta^2}} \\
h_\phi &= \frac{R}{2}\sqrt{(\xi^2-1)(1-\eta^2)}
\end{aligned}\right\} \tag{9.2.64}
$$

例如, 证明 h_ξ, 由式 (9.2.37) 可知

$$
\begin{aligned}
h_\xi^2 &= \left(\frac{\partial x}{\partial \xi}\right)^2 + \left(\frac{\partial y}{\partial \xi}\right)^2 + \left(\frac{\partial z}{\partial \xi}\right)^2 \\
\frac{\partial x}{\partial \xi} &= \frac{1}{2}R\frac{\xi(1-\eta^2)}{\sqrt{(\xi^2-1)(1-\eta^2)}}\cos\phi \\
\left(\frac{\partial x}{\partial \xi}\right)^2 &= \frac{1}{4}R^2\frac{\xi^2(1-\eta^2)}{(\xi^2-1)}\cos^2\phi \\
\left(\frac{\partial y}{\partial \xi}\right)^2 &= \frac{1}{4}R^2\frac{\xi^2(1-\eta^2)}{(\xi^2-1)}\sin^2\phi \\
\left(\frac{\partial z}{\partial \xi}\right)^2 &= \frac{1}{4}R^2\eta^2
\end{aligned}
$$

所以

$$
h_\xi^2 = \frac{1}{4}R^2\left[\frac{\xi^2(1-\eta^2)}{\xi^2-1}+\eta^2\right] = \frac{1}{4}R^2\left(\frac{\xi^2-\eta^2}{\xi^2-1}\right)
$$

(3)

$$d\tau = h_\xi h_\eta h_\phi d\xi d\eta d\phi = \frac{R^3}{8}(\xi^2-\eta^2)d\xi d\eta d\phi \tag{9.2.65}$$

$$\int F d\tau = \frac{R^3}{8}\int_1^\infty d\xi \int_{-1}^{+1}(\xi^2-\eta^2)d\eta \int_0^{2\pi} F d\phi \tag{9.2.66}$$

(4)

$$\begin{aligned}\nabla^2 &= \frac{1}{h_\xi h_\eta h_\phi}\left[\frac{\partial}{\partial \xi}\left(\frac{h_\eta h_\phi}{h_\xi}\frac{\partial}{\partial \xi}\right)+\frac{\partial}{\partial \eta}\left(\frac{h_\xi h_\phi}{h_\eta}\frac{\partial}{\partial \eta}\right)+\frac{\partial}{\partial \phi}\left(\frac{h_\xi h_\eta}{h_\phi}\frac{\partial}{\partial \phi}\right)\right]\\ &= \frac{4}{R^2(\xi^2-\eta^2)}\left\{\frac{\partial}{\partial \xi}\left[(\xi^2-1)\frac{\partial}{\partial \xi}\right]+\frac{\partial}{\partial \eta}\left[(1-\eta^2)\frac{\partial}{\partial \eta}\right]+\frac{(\xi^2-\eta^2)}{(\xi^2-1)(1-\eta^2)}\frac{\partial^2}{\partial \phi^2}\right\}\end{aligned} \tag{9.2.67}$$

9.2.6 圆柱坐标系中的 ∇^2

在圆柱坐标系中

$$\begin{aligned} &q_1 = r, && q_2 = \theta, && q_3 = z\\ &x = r\cos\theta, && y = r\sin\theta, && z = z\\ &h_1 = h_r = 1, && h_2 = h_\theta = r, && h_3 = h_z = 1\end{aligned}$$

代入式 (9.2.54), 得

$$\nabla^2 = \frac{1}{r}\frac{\partial}{\partial r}\left(r\frac{\partial}{\partial r}\right)+\frac{1}{r^2}\frac{\partial^2}{\partial \theta^2}+\frac{\partial^2}{\partial z^2} \tag{9.2.68}$$

9.3 $\dfrac{1}{r_{12}}$ 的展开式

在量子化学积分中经常遇到包含 $\dfrac{1}{r_{12}}$ 的积分, 正是 $\dfrac{1}{r_{12}}$ 使积分变得相当复杂. 只有将 $\dfrac{1}{r_{12}}$ 作适当的展开, 才能求得积分的明显表达式.

9.3.1 $\dfrac{1}{r_{12}}$ 在球坐标系的展开式

(1) $\dfrac{1}{r_{12}}$ 在球坐标系的展开式为 (参看图 9.3.1)

$$\frac{1}{r_{12}} = \frac{1}{r_>}\sum_{l=0}^{\infty}\frac{r_<^l}{r_>^l}P_l(\cos\theta) \tag{9.3.1}$$

式中, $r_>$ 是 r_1 和 r_2 中较大者, 而 $r_<$ 则是较小者, $P_l(\cos\theta)$ 是 Legendre 函数. 一般而言, θ、θ_1 和 θ_2 不在一个平面上.

证明　对于三角形 $O12$, 有余弦定理

$$r_{12}^2 = r_1^2 + r_2^2 - 2r_1r_2\cos\theta$$

令

$$x = \frac{r_<}{r_>} < 1 \tag{9.3.2}$$

则式 (9.3.2) 化为

$$r_{12}^2 = r_>^2(1 + x^2 - 2x\cos\theta) \tag{9.3.3}$$

开方取正号, 得

$$r_{12} = r_>\sqrt{1 + x^2 - 2x\cos\theta} \tag{9.3.4}$$

故

$$\frac{1}{r_{12}} = \frac{1}{r_>}\frac{1}{\sqrt{1 + x^2 - 2x\cos\theta}} \tag{9.3.5}$$

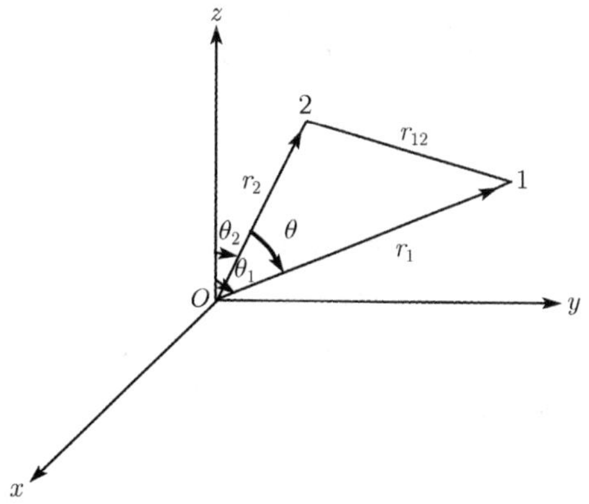

图9.3.1　球坐标中的r_{12}

再将 $(1 + x^2 - 2x\cos\theta)^{-1/2}$ 用 Legendre 函数展开

$$\frac{1}{\sqrt{1 + x^2 - 2x\cos\theta}} = \sum_{l=0}^{\infty} a_l P_l(\cos\theta) \tag{9.3.6}$$

我们来求系数 a_l. 对式 (9.3.6) 两边平方后乘以 $\mathrm{d}\cos\theta$, 并在区间 $(1, -1)$ 积分, 得

$$\int_{-1}^{+1} \frac{\mathrm{d}\cos\theta}{1 + x^2 - 2x\cos\theta} = \int_{-1}^{+1} \sum_{l=0}^{\infty} a_l P_l(\cos\theta) \sum_{m=0}^{\infty} a_m P_m(\cos\theta)\mathrm{d}\cos\theta \tag{9.3.7}$$

利用 Legendre 函数的正交性, 式 (9.3.7) 简化为

$$\frac{1}{x}\ln\frac{1+x}{1-x} = \sum_{l=0}^{\infty} a_l^2 \int_{-1}^{+1} [P_l(\cos)]^2 \mathrm{d}\cos\theta = \sum_{l=0}^{\infty} a_l^2 \frac{2}{2l+1} \tag{9.3.8}$$

再将式 (9.3.8) 左边作 Taylor 展开, 有

$$\frac{1}{x}\ln\frac{1+x}{1-x} = 2\sum_{l=0}^{\infty} \frac{x^{2l}}{2l+1} \tag{9.3.9}$$

比较式 (9.3.8) 与式 (9.3.9) 右边, 得

$$a_l = x^l = \frac{r_<^l}{r_>^l} \tag{9.3.10}$$

将式 (9.3.10) 和式 (9.3.6) 代入式 (9.3.5), 得

$$\frac{1}{r_{12}} = \frac{1}{r_>}\sum_{l=0}^{\infty}\frac{r_<^l}{r_>^l}P_l(\cos\theta) \qquad \text{(证毕)}$$

(2) 球谐函数的加法公式. 为了将展开式 (9.3.1) 中 $P_l(\cos\theta)$ 表示成包含 θ_1 和 θ_2(参见图 9.3.1) 的式子, 需要用到球谐函数的加法公式, 即

$$P_l(\cos\theta) = \sum_{n=-l}^{l}\frac{(l-|m|)!}{(l+|m|)!}P_l^{|m|}(\cos\theta_1)P_l^{|m|}(\cos\theta_2)\mathrm{e}^{im(\phi_1-\phi_2)} \tag{9.3.11}$$

证明 第一步, 证明

$$\cos\theta = \cos\theta_1\cos\theta_2 + \sin\theta_1\sin\theta_2\cos(\phi_1-\phi_2) \tag{9.3.12}$$

考虑

$$\begin{aligned}\boldsymbol{r}_1\cdot\boldsymbol{r}_2 =& r_1r_2\cos\theta = x_1x_2+y_1y_2+z_1z_2\\ =&(r_1\sin\theta_1\cos\phi_1)(r_2\sin\theta_2\cos\phi_2)+(r_1\sin\theta_1\sin\phi_1)(r_2\sin\theta_2\sin\phi_2)\\ &+(r_1\cos\theta_1)(r_2\cos\theta_2)\end{aligned}$$

两边消去 r_1 和 r_2, 则得

$$\cos\theta = \sin\theta_1\sin\theta_2\cos(\phi_1-\phi_2)+\cos\theta_1\cos\theta_2$$

第二步, 将 $P_l(\cos\theta)$ 展开

$$P_l(\cos\theta) = \sum_{m'=-l}^{l}A_{m'}P_l^{|m'|}(\cos\theta_1)\mathrm{e}^{im'\phi_1} \tag{9.3.13}$$

为了求系数 $A_{m'}$, 对式 (9.3.13) 两边乘以

$$P_l^{|m|}(\cos\theta_1)\mathrm{e}^{-im\phi_1}\mathrm{d}\Omega_1 \qquad (\mathrm{d}\Omega_1 = \sin\theta_1\mathrm{d}\theta_1\mathrm{d}\phi_1)$$

再积分, 得

$$\begin{aligned}&\int P_l^{|m|}(\cos\theta_1)\mathrm{e}^{-im\phi_1}P_l(\cos\theta)\mathrm{d}\Omega_1\\ =&\sum_{m'=-l}^{l}A_{m'}\int P_l^{|m|}(\cos\theta_1)P_l^{|m'|}(\cos\theta_1)\mathrm{e}^{i(m'-m)\phi_1}\mathrm{d}\Omega_1\\ =&\begin{cases}0 & (\text{当 } m'\neq m)\\ A_m\displaystyle\int_{-1}^{+1}[P_l^{|m|}(\cos\theta_1)]^2\mathrm{d}\cos\theta_1\int_0^{2\pi}\mathrm{d}\phi_1\end{cases}\\ =&A_m\left[\frac{2}{2l+1}\frac{(l+|m|)!}{(l-|m|)!}2\pi\right]\end{aligned} \tag{9.3.14}$$

所以

$$A_m = \frac{2l+1}{4\pi}\frac{(l-|m|)!}{(l+|m|)!}\int P_l^{|m|}(\cos\theta_1)\mathrm{e}^{-im\phi_1}P_l(\cos\theta)\mathrm{d}\Omega_1 \tag{9.3.15}$$

式 (9.3.15) 中包含 $P_l^{|m|}(\cos\theta_1)\mathrm{e}^{-im\phi_1}$ 的积分, 仍然很麻烦, 需要进一步处理.

第三步, 将 $P_l^{|m|}(\cos\theta_1)\mathrm{e}^{-im\phi_1}$ 展开

$$P_l^{|m|}(\cos\theta_1)\mathrm{e}^{-im\phi_1} = \sum_{k'=-l}^{l} B_{k'}P_l^{|k'|}(\cos\theta)\mathrm{e}^{ik'\phi} \tag{9.3.16}$$

为了求 $B_{k'}$, 对式 (9.3.16) 乘以

$$P_l^{|k|}(\cos\theta)\mathrm{e}^{-ik\phi}\mathrm{d}\Omega \qquad (\mathrm{d}\Omega = \sin\theta\mathrm{d}\theta\mathrm{d}\phi)$$

并积分, 得

$$\begin{aligned}
&\int P_l^{|m|}(\cos\theta_1)\mathrm{e}^{-im\phi_1}P_l^{|k|}(\cos\theta)\mathrm{e}^{-ik\phi}\mathrm{d}\Omega\\
=&\sum_{k'=-l}^{l} B_{k'}\int P_l^{|k'|}(\cos\theta)P_l^{|k|}(\cos\theta)\mathrm{e}^{i(k'-k)\phi}\mathrm{d}\Omega\\
=&\begin{cases} 0 & (\text{当 } k' \neq k)\\ B_k\displaystyle\int_{-1}^{+1}[P_l^{|k|}(\cos\theta)]^2\mathrm{d}\cos\theta\int_0^{2\pi}\mathrm{d}\phi \end{cases}\\
=&B_k\left[\frac{2}{2l+1}\frac{(l+|k|)!}{(l-|k|)!}2\pi\right]
\end{aligned}$$

所以

$$B_k = \frac{2l+1}{4\pi}\frac{(l-|k|)!}{(l+|k|)!}\int P_l^{|m|}(\cos\theta_1)\mathrm{e}^{-im\phi_1}P_l^{|k|}(\cos\theta)\mathrm{e}^{-ik\phi}\mathrm{d}\Omega \tag{9.3.17}$$

对于 $k=0$, 有

$$B_0 = \frac{2l+1}{4\pi}\int P_l^{|m|}(\cos\theta_1)\mathrm{e}^{-im\phi_1}P_l(\cos\theta)\mathrm{d}\Omega \tag{9.3.18}$$

由式 (9.3.15) 可知

$$A_m = \frac{2l+1}{4\pi}\frac{(l-|m|)!}{(l+|m|)!}\int P_l^{|m|}(\cos\theta_1)\mathrm{e}^{-im\phi_1}P_l(\cos\theta)\mathrm{d}\Omega$$

比较上述两式, 得

$$A_m = \frac{(l-|m|)!}{(l+|m|)!}B_0 \tag{9.3.19}$$

第四步, 求 B_0. 对于式 (9.3.16), 当 $\theta=0$ 时, $\theta_1=\theta_2$, $\phi_1=\phi_2$, 则有

$$P_l^{|m|}(\cos\theta_2)\mathrm{e}^{-im\phi_2}=\sum_{k'=-l}^{l}B_{k'}P_l^{|k'|}(1)\mathrm{e}^{ik'\phi}=B_0P_l(1)=B_0 \tag{9.3.20}$$

式 (9.3.20) 中第二和第三个等号是由于

$$\begin{aligned}&P_l^{|k'|}(1)=P_l(1)=1 \qquad (\text{当}k'=0\text{时})\\&P_l^{|k'|}(1)=0 \qquad (\text{当}k'\neq 0\text{时})\end{aligned}$$

现在, 将式 (9.3.19) 和式 (9.3.20) 代入式 (9.3.13), 得

$$\begin{aligned}P_l(\cos\theta)&=\sum_{m=-l}^{l}A_mP_l^{|m|}(\cos\theta_1)\mathrm{e}^{im\phi_1}\\&=\sum_{m=-l}^{l}\frac{(l-|m|)!}{(l+|m|)!}P_l^{|m|}(\cos\theta_1)P_l^{|m|}(\cos\theta_2)\mathrm{e}^{im(\phi_1-\phi_2)}\end{aligned} \tag{9.3.21}$$

式 (9.3.21) 将 θ、θ_1 和 θ_2 的三个 Legendre 函数联系起来了, 即式 (9.3.11), 称为加法定理.

(3) 将加法公式代入 $\dfrac{1}{r_{12}}$ 的展开式 (9.3.1), 则得到

$$\begin{aligned}\frac{1}{r_{12}}&=\frac{1}{r_>}\sum_{l=0}^{\infty}\frac{r_<^l}{r_>^l}P_l(\cos\theta)\\&=\sum_{l=0}^{\infty}\sum_{m=-l}^{l}\frac{(l-|m|)!}{(l+|m|)!}\frac{r_<^l}{r_>^{l+1}}P_l^{|m|}(\cos\theta_1)P_l^{|m|}(\cos\theta_2)\mathrm{e}^{im(\phi_1-\phi_2)}\end{aligned} \tag{9.3.22}$$

如果将 $m=-|m|$, $m=|m|$ 合并, 而将 $m=0$ 项抽出 $\sum$ 符号外, 则式 (9.3.22) 简化成

$$\begin{aligned}\frac{1}{r_{12}}=&\sum_{l=0}^{\infty}\frac{r_<^l}{r_>^{l+1}}[P_l(\cos\theta_1)P_l(\cos\theta_2)\\&+2\sum_{m=1}^{l}\frac{(l-m)!}{(l+m)!}P_l^m(\cos\theta_1)P_l^m(\cos\theta_2)\cos m(\phi_1-\phi_2)]\end{aligned} \tag{9.3.23}$$

如果用归一化的

$$Y_{lm}=\sqrt{\frac{2l+1}{4\pi}\frac{(l-|m|)!}{(l+|m|)!}}P_l^{|m|}(\cos\theta_1)\mathrm{e}^{im\phi_1}$$

代入式 (9.3.22), 则得

$$\frac{1}{r_{12}} = \sum_{l=0}^{\infty} \sum_{m=-l}^{l} \frac{4\pi}{2l+1} \frac{r_<^l}{r_>^{l+1}} Y_{lm}(\theta_1\phi_1) Y_{lm}^*(\theta_2\phi_2) \tag{9.3.24}$$

式 (9.3.1)、式 (9.3.22)~ 式 (9.3.24) 都是 $\dfrac{1}{r_{12}}$ 在球坐标系中展开的各种形式.

9.3.2　$\dfrac{1}{r_{12}}$ 在椭圆坐标系中的展开式(Neumann 展开)

由于推导过程太长, 故只写出展开结果

$$\begin{aligned}\frac{1}{r_{12}} =& \frac{2}{R} \sum_{k=0}^{\infty} \sum_{m=-k}^{k} (-1)^m (2k+1) \left[\frac{(k-|m|)!}{(k+|m|)!}\right]^2 Q_k^{|m|}(\xi_>) \\ & \times P_k^{|m|}(\xi_<) P_k^{|m|}(\eta_1) P_k^{|m|}(\eta_2) \mathrm{e}^{im(\phi_1-\phi_2)}\end{aligned} \tag{9.3.25}$$

式中, $Q_k^{|m|}$ 是第二类连带 Legendre 函数, 它有几种形式不同但互相一致的定义, 其中之一为

$$\begin{aligned}Q_k^{|m|}(x) =& (x^2-1)^{\frac{|m|}{2}} \frac{\mathrm{d}^{|m|}}{\mathrm{d}x^{|m|}} Q_k(x) \qquad (x>1) \\ Q_k(x) =& \frac{1}{2} P_k(x) \ln\frac{x+1}{x-1} - \frac{(2k-1)!!}{k!} \left\{ x^{k-1} + x^{k-3}\left[\frac{1}{3} - \frac{k(k-1)}{2(2k-1)}\right] \right. \\ & \left. + x^{k-5}\left[\frac{1}{5} - \frac{1}{3}\frac{k(k-1)}{2(2k-1)} + \frac{k(k-1)(k-2)(k-3)}{2\times4(2k-1)(2k-3)}\right] + \cdots \right\}\end{aligned}$$

级数加和到最后一项 x 的非负数幂. 例如:

$$\begin{aligned}Q_0(x) &= \frac{1}{2}\ln\frac{x+1}{x-1} \\ Q_1(x) &= \frac{1}{2}x\ln\frac{x+1}{x-1} - 1 \\ Q_2(x) &= \frac{3}{4}\left(x^2 - \frac{1}{3}\right)\ln\frac{x+1}{x-1} - \frac{3}{2}x\end{aligned}$$

式中

$$(2k-1)!! = 1\times3\times5\times7\times\cdots\times(2k-1)$$

如果用 ϕ 的实函数, 式 (9.3.25) 简化为

$$\frac{1}{r_{12}} = \frac{2}{R} \sum_{k=0}^{\infty} \sum_{m=0}^{k} D_{km} Q_k^{|m|}(\xi_>) P_k^{|m|}(\xi_<) P_k^{|m|}(\eta_1) P_k^{|m|}(\eta_2) \cos m(\phi_1-\phi_2) \tag{9.3.26}$$

式中

$$D_{km} = (-1)^m 2(2k+1)\left[\frac{(k-m)!}{(k+m)!}\right]^2 \qquad (m \geqslant 1)$$

$$D_{k0} = 2k+1$$

$$Q_k^m(\xi) = (-1)^m \frac{\sqrt{\pi}\Gamma(k+m+1)}{2^{k+1}\Gamma\left(k+\dfrac{3}{2}\right)}\xi^{-k-m-1}(\xi^2-1)^{\frac{m}{2}}$$

$$\times F\left(\frac{k+m}{2}+1, \frac{k+m}{2}+\frac{1}{2}, k+\frac{3}{2}, \frac{1}{\xi^2}\right)$$

$F(\alpha,\beta,\gamma,x)$ 是超几何级数, 是下列超几何方程之解:

$$x(1-x)F(x)'' + [\gamma-(\alpha+\beta+1)x]F(x)' - \alpha\beta F(x) = 0$$

超几何级数可用级数形式表示如下:

$$F(x) = F(\alpha,\beta,\gamma,x) = \sum_{n=0}^{\infty} a_n x^n \qquad (|x|<1)$$

$$a_n = \frac{\Gamma(\alpha+n)\Gamma(\beta+n)\Gamma(\gamma)}{n!\Gamma(\alpha)\Gamma(\beta)\Gamma(\gamma+n)}$$

因为 $\Gamma(\alpha+n) = (\alpha+n-1)!$, 所以上式又可表示为

$$a_n = \frac{\alpha(\alpha+1)\cdots(\alpha+n-1)\beta(\beta+1)\cdots(\beta+n-1)}{n!\gamma(\gamma+1)\cdots(\gamma+n-1)}$$

$$a_n = \frac{(\alpha+n-1)(\beta+n-1)}{n(\gamma+n-1)}a_{n-1}$$

9.4 某些有用的定积分

本节将列出某些有用的定积分, 关于 Γ 函数及有关的定积分可参考第 10 章.

9.4.1 A_n 和 B_n 积分

考虑下列积分, 右边是对左边作一次分部积分的结果

$$\int r^n \mathrm{e}^{-\alpha r}\mathrm{d}r = -\frac{r^n}{\alpha}\mathrm{e}^{-\alpha r} + \frac{n}{\alpha}\int r^{n-1}\mathrm{e}^{-\alpha r}\mathrm{d}r \tag{9.4.1}$$

其中第二个积分又可进行分部积分, 若作 n 次分部积分, 就只剩下积分 $\int \mathrm{e}^{-\alpha r}\mathrm{d}r$, 这个积分当然极易积出, 它等于 $-\dfrac{1}{\alpha}\mathrm{e}^{-\alpha r}$. 由此, 我们就容易获得下列两个定积分公式 (习题 1):

$$A_n(\alpha)=\int_1^{\infty} r^n \mathrm{e}^{-\alpha r}\mathrm{d}r=\alpha^{-(n+1)}\mathrm{e}^{-\alpha}\sum_{k=0}^{n}\frac{n!}{k!}\alpha^k \tag{9.4.2}$$

$$\bar{A}_n(\alpha)=\int_{-1}^{\infty} r^n \mathrm{e}^{-\alpha r}\mathrm{d}r=\alpha^{-(n+1)}\mathrm{e}^{\alpha}\sum_{k=0}^{n}\frac{n!}{k!}(-\alpha)^k \tag{9.4.3}$$

$A_n(\alpha)$ 和 $\bar{A}_n(\alpha)$ 的递推关系是 (习题 2)

$$A_n=A_0+n\alpha^{-1}A_{n-1} \tag{9.4.4}$$

$$\bar{A}_n=(-1)^n\bar{A}_0+n\alpha^{-1}\bar{A}_{n-1} \tag{9.4.5}$$

从式 (9.4.2) 和式 (9.4.3) 可定义另一个定积分

$$B_n(\alpha)=\int_{-1}^{1} r^n \mathrm{e}^{-\alpha r}\mathrm{d}r=\bar{A}_n(\alpha)-A_n(\alpha) \tag{9.4.6}$$

$B_n(\alpha)$ 的递推公式是 (习题 4)

$$\alpha B_{2n}=2\sinh\alpha+2nB_{2n-1} \tag{9.4.7}$$

$$\alpha B_{2n+1}=-2\cosh\alpha+(2n+1)B_{2n} \tag{9.4.8}$$

9.4.2　C_n、D_n、F_n 和 G_n 积分

从不定积分式 (9.4.1) 还可定义下列几个定积分：

$$C_n(\alpha,\rho)=\int_{\rho}^{\infty} r^n \mathrm{e}^{-\alpha r}\mathrm{d}r=\alpha^{-(n+1)}\mathrm{e}^{-\alpha\rho}\sum_{k=0}^{n}\frac{n!}{k!}(\alpha\rho)^k \tag{9.4.9}$$

显然, 对式 (9.4.9) 取 $\rho=1$, 即得 $A_n(\alpha)$[式 (9.4.2)]; 取 $\rho=-1$, 即得 $\bar{A}_n(\alpha)$ [式 (9.4.3)], 故 $A_n(\alpha)$ 和 $\bar{A}_n(\alpha)$ 是 C_n 定积分的特例. 下面再举一个特例：

$$C_n(\alpha,0)=\int_{0}^{\infty} r^n \mathrm{e}^{-\alpha r}\mathrm{d}r=\alpha^{-(n+1)}n! \tag{9.4.10}$$

利用式 (9.4.9) 可定义下列积分：

$$D_n(\alpha,\rho)=\int_{0}^{\rho} r^n \mathrm{e}^{-\alpha r}\mathrm{d}r=C_n(\alpha,0)-C_n(\alpha,\rho) \tag{9.4.11}$$

$D_n(\alpha,\rho)$ 的递推公式为 (习题 6)

$$\alpha D_n(\alpha,\rho)=-\rho^n\exp(-\alpha\rho)+nD_{n-1}(\alpha,\rho) \tag{9.4.12}$$

定义

$$F_n\equiv\int_{R-r_a}^{R+r_a} r^n \mathrm{e}^{-\alpha r}\mathrm{d}r=C_n(\alpha,R-r_a)-C_n(\alpha,R+r_a) \tag{9.4.13}$$

$$G_n \equiv \int_{r_a-R}^{r_a+R} r^n \mathrm{e}^{-\alpha r}\mathrm{d}r = C_n(\alpha, r_a - R) - C_n(\alpha, r_a + R) \tag{9.4.14}$$

对于 C_n, 有加法定理如下:

$$C_n(\alpha, R + r_a) = \exp(-\alpha r_a)\sum_{k=0}^{n}\begin{pmatrix} n \\ k \end{pmatrix} C_{n-k}(\alpha, R) r_a^k \tag{9.4.15}$$

$$C_n(\alpha, R - r_a) = \exp(\alpha r_a)\sum_{k=0}^{n}\begin{pmatrix} n \\ k \end{pmatrix} C_{n-k}(\alpha, R)(-r_a)^k \tag{9.4.16}$$

式中

$$\begin{pmatrix} n \\ k \end{pmatrix} = \frac{n!}{k!(n-k)!}$$

9.4.3 $S_\alpha^\beta(p, q, n)$ 函数 [1]

定义下列定积分:

$$\begin{aligned} S_\alpha^\beta(p,q,n) =& \int_0^\infty \int_0^\infty \mathrm{e}^{-\beta r_1 - \alpha r_2} r_1^p r_2^q \frac{r_<^n}{r_>^{n+1}} r_1^2 r_2^2 \mathrm{d}r_1 \mathrm{d}r_2 \\ =& \int_0^\infty \mathrm{e}^{-\beta r_1} r_1^{p+2}\mathrm{d}r_1 \int_{r_1}^\infty \mathrm{e}^{-\alpha r_1} r_2^{q+2}\frac{r_1^n}{r_2^{n+1}}\mathrm{d}r_2 \qquad (r_2 \geqslant r_1 \geqslant 0) \\ &+ \int_0^\infty \mathrm{e}^{-\beta r_1} r_1^{p+2}\mathrm{d}r_1 \int_0^{r_1} \mathrm{e}^{-\alpha r_2} r_2^{q+2}\frac{r_2^n}{r_1^{n+1}}\mathrm{d}r_2 \qquad (0 \leqslant r_2 \leqslant r_1) \\ \equiv& I_1 + I_2 \end{aligned} \tag{9.4.17}$$

将积分作上述的分解是为了便于利用上一段所述的 C_n 函数公式.

式 (9.4.17) 中

$$\begin{aligned} I_1 &= \int_0^\infty \mathrm{e}^{-\beta r_1} r_1^{p+n+2}\mathrm{d}r_1 \int_{r_1}^\infty \mathrm{e}^{-\alpha r_2} r_2^{q-n+1}\mathrm{d}r_2 \\ &= \int_0^\infty \mathrm{e}^{-\beta r_1} r_1^{p+n+2} C_{q-n+1}(\alpha, r_1)\mathrm{d}r_1 \end{aligned} \tag{9.4.18}$$

同理, 由式 (9.4.11) 中的 D_n 函数得

$$\begin{aligned} I_2 =& \int_0^\infty \mathrm{e}^{-\beta r_1} r_1^{p+1-n} D_{q+2+n}(\alpha, r_1)\mathrm{d}r_1 \\ =& \frac{(q+2+n)!}{\alpha^{q+3+n}} \int_0^\infty \mathrm{e}^{-\beta r_1 r_1^{p+1-n}}\mathrm{d}r_1 - \int_0^\infty C_{q+2+n}(\alpha, r_1)\mathrm{e}^{-\beta r_1} r_1^{p+1-n}\mathrm{d}r_1 \end{aligned} \tag{9.4.19}$$

9.5 单中心积分

9.5.1 动能积分

当考虑一个电子在一个核场中运动时, 就会遇到求电子的动能问题, 即

$$T(nl) = \left\langle nlm \middle| -\frac{1}{2}\nabla^2 \middle| nlm \right\rangle \tag{9.5.1}$$

式中

$$|nlm\rangle = \psi_{nlm} = R_{nl}(r)Y_{lm}(\theta,\phi)$$

径向函数 $R_{nl}(r)$ 和球函数 $Y_{lm}(\theta,\phi)$ 都符合归一化条件, 即

$$\int_0^{\infty} R_{nl}^* R_{nl} r^2 \mathrm{d}r = 1$$

$$\int Y_{lm}^* Y_{lm} \mathrm{d}\Omega = 1$$

通常取 Slater 建议的简单 $R_{nl}(r)$ 径向函数

$$R_{nl}(r) = (2\zeta)^{n+\frac{1}{2}}[(2n)!]^{-\frac{1}{2}} r^{n-1}\exp(-\zeta r)$$

式中, ζ 是轨道指数, 可以调节. 现在广泛地称为 Slater 函数 (STO).

对于球坐标系, 由第 5 章可知式 (9.5.1) 中

$$\begin{aligned}\nabla^2|nlm\rangle &= \nabla^2(R_{nl}Y_{lm})\\ &= Y_{lm}\frac{1}{r^2}\frac{\mathrm{d}}{\mathrm{d}r}\left(r^2\frac{\mathrm{d}R_{nl}}{\mathrm{d}r}\right) - l(l+1)\frac{R_{nl}}{r^2}Y_{lm}\end{aligned} \tag{9.5.2}$$

再令 $P_{nl} = rR_{nl}$, 则有

$$\frac{1}{r^2}\frac{\mathrm{d}}{\mathrm{d}r}\left(r^2\frac{\mathrm{d}R_{nl}}{\mathrm{d}r}\right) = \frac{1}{r}\frac{\mathrm{d}^2 P_{nl}}{\mathrm{d}r^2} = \frac{1}{r}P_{nl}''$$

代入式 (9.5.2), 得

$$\nabla^2|nlm\rangle = Y_{lm}\frac{1}{r}\left[P_{nl}'' - \frac{l(l+1)}{r^2}P_{nl}\right] \tag{9.5.3}$$

于是动能积分 [式 (9.5.1)] 为

$$\begin{aligned}T(nl) &= \left\langle nlm\middle| -\frac{1}{2}\nabla^2\middle|nlm\right\rangle \\ &= \frac{1}{2}\iint |Y_{lm}|^2\mathrm{d}\Omega\int_0^\infty \frac{P_{nl}^*}{r}\frac{1}{r}\left[-P_{nl}'' + \frac{l(l+1)}{r^2}P_{nl}\right]r^2\mathrm{d}r \\ &= \frac{1}{2}\int_0^\infty P_{nl}^*\left[-P_{nl}'' + \frac{l(l+1)}{r^2}P_{nl}\right]\mathrm{d}r \qquad (9.5.4) \\ &= \frac{1}{2}\int_0^\infty \left[r^2\frac{\mathrm{d}R_{nl}^*}{\mathrm{d}r}\frac{\mathrm{d}R_{nl}}{\mathrm{d}r} + l(l+1)R_{nl}^*R_{nl}\right]\mathrm{d}r \qquad (9.5.5)\end{aligned}$$

其中式 (9.5.4) 是利用球函数 Y_{lm} 归一化条件的结果; 式 (9.5.5) 是分部积分的结果. 这两个式子用起来不大方便, Löwdin[2] 将式 (9.5.4) 变换为式 (9.5.6):

$$Tnl = \frac{1}{2}\int_0^\infty \left[r^{2l+2}\frac{\mathrm{d}}{\mathrm{d}r}\left(\frac{R_{nl}^*}{r^l}\right)\frac{\mathrm{d}}{\mathrm{d}r}\left(\frac{R_{nl}}{r^l}\right)\right]\mathrm{d}r \qquad (9.5.6)$$

式 (9.5.6) 使用时比较方便.

现在, 我们从式 (9.5.4) 出发, 可以证明下面一系列等式, 直至 Löwdin 等式 [式 (9.5.6)], 即

$$\begin{aligned}Tnl &= \frac{1}{2}\int_0^\infty P_{nl}^*\left[-\frac{\mathrm{d}^2P_{nl}}{\mathrm{d}r^2} + \frac{l(l+1)}{r^2}P_{nl}\right]\mathrm{d}r \\ &= \frac{1}{2}\int_0^\infty \left[\left(\frac{\mathrm{d}P_{nl}^*}{\mathrm{d}r}\right)\left(\frac{\mathrm{d}P_{nl}}{\mathrm{d}r}\right) + \frac{l(l+1)}{r^2}P_{nl}^*P_{nl}\right]\mathrm{d}r \qquad (9.5.7) \\ &= \frac{1}{2}\int_0^\infty \left[r^2\frac{\mathrm{d}R_{nl}^*}{\mathrm{d}r}\frac{\mathrm{d}R_{nl}}{\mathrm{d}r} + l(l+1)R_{nl}^*R_{nl}\right]\mathrm{d}r \qquad (9.5.8) \\ &= \frac{1}{2}\int_0^\infty r^{2l+2}\frac{\mathrm{d}}{\mathrm{d}r}\left(\frac{R_{nl}^*}{r^l}\right)\frac{\mathrm{d}}{\mathrm{d}r}\left(\frac{R_{nl}}{r^l}\right)\mathrm{d}r \qquad (9.5.9)\end{aligned}$$

先证明式 (9.5.7). 为了简明计略去下标 nl. 令

$$u = P^* \qquad \mathrm{d}v = \frac{\mathrm{d}^2P}{\mathrm{d}r^2}\mathrm{d}r$$

则有

$$\mathrm{d}u = \frac{\mathrm{d}P^*}{\mathrm{d}r}\mathrm{d}r \qquad v = \frac{\mathrm{d}P}{\mathrm{d}r}$$

于是式 (9.5.4) 中的第一项

$$\begin{aligned}-\int_0^\infty P^*\frac{\mathrm{d}^2P}{\mathrm{d}r^2}\mathrm{d}r &= -\int_0^\infty u\mathrm{d}v = -uv\Big|_0^\infty + \int_0^\infty v\mathrm{d}u \\ &= -P^*\frac{\mathrm{d}P}{\mathrm{d}r}\Big|_0^\infty + \int_0^\infty \frac{\mathrm{d}P}{\mathrm{d}r}\frac{\mathrm{d}P^*}{\mathrm{d}r}\mathrm{d}r \\ &= \int_0^\infty \frac{\mathrm{d}P}{\mathrm{d}r}\frac{\mathrm{d}P^*}{\mathrm{d}r}\mathrm{d}r \qquad (9.5.10)\end{aligned}$$

最后一个等式成立是因为 $P^* = rR^*$, 在 0 与 ∞ 处均为零. 将此结果代入式 (9.5.4), 即得式 (9.5.7).

现在证明式 (9.5.8). 由式 (9.5.7) 第一项得

$$\begin{aligned}\int_0^\infty \frac{\mathrm{d}}{\mathrm{d}r}(rR^*)\frac{\mathrm{d}}{\mathrm{d}r}(rR)\mathrm{d}r &= \int_0^\infty \left(R^*+r\frac{\mathrm{d}R^*}{\mathrm{d}r}\right)\left(R+r\frac{\mathrm{d}R}{\mathrm{d}r}\right)\mathrm{d}r\\ &= \int_0^\infty \left[r^2\frac{\mathrm{d}R^*}{\mathrm{d}r}\frac{\mathrm{d}R}{\mathrm{d}r}+\left(R^*R+rR^*\frac{\mathrm{d}R}{\mathrm{d}r}+rR\frac{\mathrm{d}R^*}{\mathrm{d}r}\right)\right]\mathrm{d}r \end{aligned} \tag{9.5.11}$$

只要证明式 (9.5.11) 中第二项 $\int_0^\infty \left(R^*R + rR^*\frac{\mathrm{d}R}{\mathrm{d}r} + rR\frac{\mathrm{d}R^*}{\mathrm{d}r}\right)\mathrm{d}r$ 等于零, 就可得到式 (9.5.8). 考虑式 (9.5.11) 中的积分

$$A \equiv \int rR^*\frac{\mathrm{d}R}{\mathrm{d}r}\mathrm{d}r$$

令

$$\begin{aligned} u &= rR^* \qquad v = R\\ \mathrm{d}u &= r\frac{\mathrm{d}R^*}{\mathrm{d}r}\mathrm{d}r + R^*\mathrm{d}r\\ \mathrm{d}v &= \frac{\mathrm{d}R}{\mathrm{d}r}\mathrm{d}r \end{aligned}$$

于是

$$\begin{aligned} A &= \int_0^\infty u\mathrm{d}v = uv\Big|_0^\infty - \int_0^\infty v\mathrm{d}u\\ &= rR^*R\Big|_0^\infty - \left(\int_0^\infty Rr\frac{\mathrm{d}R^*}{\mathrm{d}r}\mathrm{d}r + \int_0^\infty RR^*\mathrm{d}r\right)\\ &= -\int_0^\infty rR\frac{\mathrm{d}R^*}{\mathrm{d}r}\mathrm{d}r - \int_0^\infty RR^*\mathrm{d}r\\ &= -A^* - \int_0^\infty RR^*\mathrm{d}r \end{aligned}$$

同理

$$B \equiv \int rR\frac{\mathrm{d}R^*}{\mathrm{d}r}\mathrm{d}r = A^* = -A - \left(\int_0^\infty RR^*\mathrm{d}r\right)^* = -A - \int_0^\infty RR^*\mathrm{d}r$$

故

$$\int_0^\infty RR^*\mathrm{d}r = -2A = -2A^* = -2B \tag{9.5.12}$$

式中

$$A = B$$

即

$$\int_0^\infty rR^* \frac{\mathrm{d}R}{\mathrm{d}r}\mathrm{d}r = \int_0^\infty rR\frac{\mathrm{d}R^*}{\mathrm{d}r}\mathrm{d}r \tag{9.5.13}$$

将式 (9.5.12) 和式 (9.5.13) 代入式 (9.5.11), 就证明了积分

$$\int_0^\infty \left(RR^* + rR^*\frac{\mathrm{d}R}{\mathrm{d}r} + rR\frac{\mathrm{d}R^*}{\mathrm{d}r}\right)\mathrm{d}r = 0$$

所以式 (9.5.11) 成为

$$\int_0^\infty \frac{\mathrm{d}}{\mathrm{d}r}(rR^*)\frac{\mathrm{d}}{\mathrm{d}r}(rR)\mathrm{d}r = \int_0^\infty r^2\frac{\mathrm{d}R^*}{\mathrm{d}r}\frac{\mathrm{d}R}{\mathrm{d}r}\mathrm{d}r \tag{9.5.14}$$

将此结果代入式 (9.5.7), 就得到式 (9.5.8). 现在很容易从式 (9.5.8) 导出式 (9.5.9), 即 Löwdin 表示式. 请读者自证之 (习题 10).

9.5.2 电子–核吸引能积分

$$\begin{aligned} V(nl) &\equiv \left\langle nlm\left| -\frac{Z}{r}\right|nlm\right\rangle \\ &= \int |Y_{lm}|^2\mathrm{d}\Omega\int R_{nl}^*\left(-\frac{Z}{r}\right)R_{nl}r^2\mathrm{d}r \\ &= -Z\int_0^\infty R_{nl}^*R_{nl}r\mathrm{d}r \end{aligned} \tag{9.5.15}$$

这是一维积分, 很容易处理.

9.5.3 单中心电子–电子相互作用能积分[3]

设 ψ_a、ψ_b、ψ_c 和 ψ_d 为属于同一个核的四个波函数; 电子 1 和电子 2 之间的距离为 r_{12}. 则两个电子之间的相互作用能为下列积分:

$$V_{abcd} = \left\langle \psi_a(1)\psi_b(2)\left|\frac{1}{r_{12}}\right|\psi_c(1)\psi_d(2)\right\rangle \tag{9.5.16}$$

考虑到波函数 ψ 为

$$\psi_{nlm} = R_{nl}(r)Y_{lm}(\theta,\phi)$$

以及 $\dfrac{1}{r_{12}}$ 的展开式 [式 (9.3.24)] 为

$$\frac{1}{r_{12}} = \sum_{l=0}^\infty\sum_{m=-l}^{l}\frac{4\pi}{2l+1}\frac{r_<^l}{r_>^{l+1}}Y_{lm}(\theta_1\phi_1)Y_{lm}^*(\theta_2\phi_2)$$

式 (9.5.16) 可写成级数的形式

$$V_{abcd}=\sum_{k=0}^{\infty}R^k(abcd)A^k \tag{9.5.17}$$

式中

$$R^k(abcd)\equiv\left\langle R_{n_al_a}(1)R_{n_bl_b}(2)\left|\frac{r_<^k}{r_>^{k+1}}\right|R_{n_cl_c}(1)R_{n_dl_d}(2)\right\rangle \tag{9.5.18}$$

$$A^k\equiv\frac{4\pi}{2k+1}\sum_{q=-k}^{k}\langle Y_{l_a}^{m_a}(1)|Y_k^q(1)|Y_{l_c}^{m_c}(1)\rangle\langle Y_{l_b}^{m_b}(2)|Y_k^{q*}(2)|Y_{l_d}^{m_d}(2)\rangle \tag{9.5.19}$$

$$\begin{aligned}=&\frac{4\pi}{2k+1}\sum_{q=-k}^{k}\langle\Theta_{l_a}^{|m_a|}(1)|\Theta_k^{|q|}(1)|\Theta_{l_c}^{|m_c|}|(1)\rangle\\&\times\langle\Theta_{l_b}^{|m_b|}(2)|\Theta_k^{|q|}(2)|\Theta_{l_d}^{|m_d|}(2)\rangle\\&\times\langle\Phi_{m_a}(1)|\Phi_q(1)|\Phi_{m_c}(1)\rangle\\&\times\langle\Phi_{m_b}(2)|\Phi_q^*(2)|\Phi_{m_d}(2)\rangle\end{aligned} \tag{9.5.20}$$

式中, Θ_l^m 是归一化连带 Legendre 函数.

A^k 中与 Φ_m 有关的积分为

$$\begin{aligned}&\int_0^{2\pi}\frac{1}{\sqrt{2\pi}}e^{-im_a\phi_1}\frac{1}{\sqrt{2\pi}}e^{iq\phi_1}\frac{1}{\sqrt{2\pi}}e^{im_c\phi_1}d\phi_1\\&\times\int_0^{2\pi}\frac{1}{\sqrt{2\pi}}e^{-im_b\phi_2}\frac{1}{\sqrt{2\pi}}e^{-iq\phi_2}\frac{1}{\sqrt{2\pi}}e^{im_d\phi_2}d\phi_2\\&=\frac{1}{8\pi^3}\int_0^{2\pi}e^{i(m_c-m_a+q)\phi_1}d\phi_1\int_0^{2\pi}e^{i(m_d-m_b-q)\phi_2}d\phi_2\end{aligned}$$

这个积分只有当

$$\left.\begin{aligned}m_c-m_a+q=0\\m_d-m_b-q=0\end{aligned}\right\} \tag{9.5.21}$$

或

$$q=m_d-m_b=m_a-m_c \tag{9.5.22}$$

或

$$m_a+m_b=m_c+m_d \tag{9.5.23}$$

时才不为零, 而等于 $\frac{1}{2\pi}$. 故式 (9.5.20) 实际上只剩下一项, 即

$$A^k = \frac{2}{2k+1}\langle \Theta_{l_a}^{|m_a|}(1)|\Theta_k^{|m_a-m_c|}(1)|\Theta_{l_c}^{|m_c|}(1)\rangle\langle \Theta_{l_b}^{|m_b|}(2)|\Theta_k^{|m_d-m_b|}(2)|\Theta_{l_d}^{|m_d|}(2)\rangle \tag{9.5.24}$$

引入记号

$$\begin{aligned} c^k(lm,l'm') \equiv& \sqrt{\frac{2}{2k+1}}\langle \Theta_l^{|m|}|\Theta_k^{|m-m'|}|\Theta_{l'}^{|m'|}\rangle \\ =&(-1)^{[m+|m|+m'+|m'|+(m-m')+|m-m'|]\frac{1}{2}} \\ &\times \sqrt{\frac{(k-|m-m'|)!}{(k+|m-m'|)!}}\sqrt{\frac{(l-|m|)!(2l+1)}{(l+|m|)!}}\sqrt{\frac{(l'-|m'|)!(2l'+1)}{(l'+|m'|)!}} \\ &\times \frac{1}{2}\int_{-1}^{+1} P_l^{|m|}(x)P_{l'}^{|m'|}(x)P_k^{|m-m'|}(x)\mathrm{d}x \end{aligned} \tag{9.5.25}$$

第二个等式是来自下列关系式:

$$\Theta_l^{|m|} = (-1)^{|m|}\sqrt{\frac{(l-|m|)!(2l+1)}{2(l+|m|)!}}P_l^{|m|}(\cos\theta)$$

则式 (9.5.24) 可写成

$$A^k = c^k(l_am_a, l_cm_c)c^k(l_dm_d, l_bm_b)$$

于是电子–电子相互作用能公式 [式 (9.5.17)] 可写成

$$V_{abcd} = \sum_{k=0}^{\infty} R^k(abcd)c^k(l_am_a, l_cm_c)c^k(l_dm_d, l_bm_b) \tag{9.5.26}$$

式中, $c^k(lm,l'm')$ 是三个归一化连带 Legendre 函数乘积的积分. Gaunt 给出了它的积分表示式, 故又称为 Gaunt 积分. 具体表示式为 ($|m|$ 大于 $|m'|$ 及 $|m-m'|$)

$$\begin{aligned} &\int_{-1}^{+1} P_l^{|m|}(x)P_{l'}^{|m'|}(x)P_k^{|m-m'|}(x)\mathrm{d}x \\ =&2(-1)^{s-k-|m'|} \\ &\times \frac{(k+|m-m'|)!(l'+|m'|)!(2s-2l')!s!}{(k-|m-m'|)!(s-l)!(s-l')!(s-k)!(2s+1)!}\sum_t(-1)^t \\ &\times \frac{(l+|m|+t)!(k+l'-|m|-t)!}{t!(l-|m|-t)!(k-l'+|m|+t)!(l'-|m'|-t)!} \end{aligned} \tag{9.5.27}$$

式中对 t 求和, t 只需取使不出现负数阶乘的各种可能值.

$$s=\frac{1}{2}(l+k+l')$$

式 (9.5.27) 只有当

$$\begin{cases}|l-l'|\leqslant k\leqslant l+l'\\ l+l'+k=\text{偶数}\end{cases}$$

时才不等于零. 由于 $|l-l'|\leqslant k\leqslant l+l'$ 和 $(l+l'+k)$ 为偶数的限制, 式 (9.5.26) 的求和只有有限的几项. 例如, 对于 d^n 组态, 只有 $k=0, 2, 4$ 三项. c^k 的数值已计算出列成表格[3], 见表 9.5.1.

表 9.5.1　s, p, d, f 电子的 c^k 值*

	m_i	m_j	$k=0$	
ss	0	0	1	
	m_i	m_j	$k=1$	
sp	0	±1	$-\sqrt{1/3}$	
	0	0	$\sqrt{1/3}$	
	m_i	m_j	$k=2$	
sd	0	±2	$\sqrt{1/5}$	
	0	±1	$-\sqrt{1/5}$	
	0	0	$\sqrt{1/5}$	
	m_i	m_j	$k=3$	
sf	0	±3	$-\sqrt{1/7}$	
	0	±2	$\sqrt{1/7}$	
	0	±1	$-\sqrt{1/7}$	
	0	0	$\sqrt{1/7}$	
	m_i	m_j	$k=0$	$k=2$
pp	±1	±1	1	$-\sqrt{1/25}$
	±1	0	0	$\sqrt{3/25}$
	±1	∓1	0	$-\sqrt{6/25}$
	0	0	1	$\sqrt{4/25}$
	m_i	m_j	$k=1$	$k=3$
pd	±1	±2	$-\sqrt{6/15}$	$\sqrt{3/245}$
	±1	±1	$\sqrt{3/15}$	$-\sqrt{9/245}$
	±1	0	$-\sqrt{1/15}$	$\sqrt{18/245}$
	±1	∓1	0	$-\sqrt{30/245}$
	±1	∓2	0	$\sqrt{45/245}$
	0	±2	0	$\sqrt{15/245}$
	0	±1	$-\sqrt{3/15}$	$-\sqrt{24/245}$
	0	0	$\sqrt{4/15}$	$\sqrt{27/245}$

续表

	m_i	m_j	$k=2$	$k=4$	
pf	±1	±3	$\sqrt{45/175}$	$-\sqrt{1/189}$	
	±1	±2	$-\sqrt{30/175}$	$\sqrt{3/189}$	
	±1	±1	$\sqrt{18/175}$	$-\sqrt{6/189}$	
	±1	0	$-\sqrt{9/175}$	$\sqrt{10/189}$	
	±1	∓1	$\sqrt{3/175}$	$-\sqrt{15/189}$	
	±1	∓2	0	$\sqrt{21/189}$	
	±1	∓3	0	$-\sqrt{28/189}$	
	0	±3	0	$-\sqrt{7/189}$	
	0	±2	$\sqrt{15/175}$	$\sqrt{12/189}$	
	0	±1	$-\sqrt{24/175}$	$-\sqrt{15/189}$	
	0	0	$\sqrt{27/175}$	$\sqrt{16/189}$	
	m_i	m_j	$k=0$	$k=2$	$k=4$
dd	±2	±2	1	$-\sqrt{4/49}$	$\sqrt{1/441}$
	±2	±1	0	$\sqrt{6/49}$	$-\sqrt{5/441}$
	±2	0	0	$-\sqrt{4/49}$	$\sqrt{15/441}$
	±2	∓1	0	0	$-\sqrt{35/441}$
	±2	∓2	0	0	$\sqrt{70/441}$
	±1	±1	1	$\sqrt{1/49}$	$-\sqrt{16/441}$
	±1	0	0	$\sqrt{1/49}$	$\sqrt{30/441}$
	±1	∓1	0	$-\sqrt{6/49}$	$-\sqrt{40/441}$
	0	0	1	$\sqrt{4/49}$	$\sqrt{36/441}$
	m_i	m_j	$k=1$	$k=3$	$k=5$
df	±2	±3	$-\sqrt{15/35}$	$\sqrt{10/315}$	$-\sqrt{10/15246}$
	±2	±2	$\sqrt{5/35}$	$-\sqrt{20/315}$	$\sqrt{50/15246}$
	±2	±1	$-\sqrt{1/35}$	$\sqrt{24/315}$	$-\sqrt{150/15246}$
	±2	0	0	$-\sqrt{20/315}$	$\sqrt{350/15246}$
	±2	∓1	0	$\sqrt{10/315}$	$-\sqrt{700/15246}$
	±2	∓2	0	0	$\sqrt{1260/15246}$
	±2	∓3	0	0	$-\sqrt{2100/15246}$
	±1	±3	0	$\sqrt{25/315}$	$-\sqrt{70/15246}$
	±1	±2	$-\sqrt{10/35}$	$-\sqrt{15/315}$	$\sqrt{240/15246}$
	±1	±1	$\sqrt{8/35}$	$\sqrt{2/315}$	$-\sqrt{500/15246}$
	±1	0	$-\sqrt{3/35}$	$\sqrt{2/315}$	$\sqrt{800/15246}$
	±1	∓1	0	$-\sqrt{15/315}$	$-\sqrt{1050/15246}$
	±1	∓2	0	$\sqrt{25/315}$	$\sqrt{1120/15246}$
	±1	∓3	0	0	$-\sqrt{840/15246}$
	0	±3	0	$\sqrt{25/315}$	$-\sqrt{280/15246}$
	0	±2	0	0	$\sqrt{630/15246}$

续表

	m_i	m_j	$k=1$	$k=3$	$k=5$	
df	0	±1	$-\sqrt{6/35}$	$-\sqrt{9/315}$	$-\sqrt{900/15246}$	
	0	0	$\sqrt{9/35}$	$\sqrt{16/315}$	$\sqrt{1000/15246}$	
	m_i	m_j	$k=0$	$k=2$	$k=4$	$k=6$
ff	±3	±3	1	$-\sqrt{25/225}$	$\sqrt{9/1089}$	$-\sqrt{100/736164}$
	±3	±2	0	$\sqrt{25/225}$	$-\sqrt{30/1089}$	$\sqrt{700/736164}$
	±3	±1	0	$-\sqrt{10/225}$	$\sqrt{54/1089}$	$-\sqrt{2800/736164}$
	±3	0	0	0	$-\sqrt{63/1089}$	$\sqrt{8400/736164}$
	±3	∓1	0	0	$\sqrt{42/1089}$	$-\sqrt{21000/736164}$
	±3	∓2	0	0	0	$\sqrt{46200/736164}$
	±3	∓3	0	0	0	$-\sqrt{92400/736164}$
	±2	±2	1	0	$-\sqrt{49/1089}$	$\sqrt{3600/736164}$
	±2	±1	0	$\sqrt{15/225}$	$\sqrt{32/1089}$	$-\sqrt{10500/736164}$
	±2	0	0	$-\sqrt{20/225}$	$-\sqrt{3/1089}$	$\sqrt{22400/736164}$
	±2	∓1	0	0	$-\sqrt{14/1089}$	$-\sqrt{37800/736164}$
	±2	∓2	0	0	$\sqrt{70/1089}$	$\sqrt{50400/736164}$
	±1	±1	1	$\sqrt{9/225}$	$\sqrt{1/1089}$	$-\sqrt{22500/736164}$
	±1	0	0	$\sqrt{2/225}$	$\sqrt{15/1089}$	$\sqrt{35000/736164}$
	±1	∓1	0	$-\sqrt{24/225}$	$-\sqrt{40/1089}$	$-\sqrt{12000/736164}$
	0	0	1	$\sqrt{16/225}$	$\sqrt{36/1089}$	$\sqrt{40000/736164}$

* 同时遇到两组有 $\pm$ 符号时, 两者都取上符号或下符号.

对于 Gaunt 积分公式, 我们举例如下:

例 9.1　求当 $l=l'=2$, $m=m'=2$, $k=0$ 时的 Gaunt 积分值.

解　现在 t 只能取一个值 $t=0$, $s=2$. 由式 (9.5.27) 可得

$$
\begin{aligned}
&\int_{-1}^{+1} P_2^2(x)P_2^2(x)P_0^0(x)\mathrm{d}x \\
=&2(-1)^0\frac{0!4!0!2!}{0!0!2!0!5!}(-1)^0\frac{4!0!}{0!0!0!0!} \\
=&\frac{2}{5}\cdot 4! = \frac{48}{5}
\end{aligned}
$$

于是, 由式 (9.5.25) 可求得

$$
c^0(22,22)=(-1)^{[2+2+2+2]/2}\sqrt{\frac{0!}{0!}}\cdot\sqrt{\frac{0!5}{4!2}}\cdot\sqrt{\frac{0!5}{4!2}}\cdot\frac{2}{5}\cdot 4! = 1
$$

例 9.2　设 $l=l'=2$, $m=m'=2$, $k=2$, 则 $s=3$, $t=0$, 故

$$
\int_{-1}^{1} P_2^2(x)P_2^2(x)P_2^0(x)\mathrm{d}x = -\frac{96}{35}
$$

$$
c^2(22,22) = -\frac{2}{7}
$$

至此，我们已完成电子–电子相互作用能的计算，即只要计算出 $R^k(abcd)$ [式 (9.5.18)]和 $c^k(lm,l'm')$[式 (9.5.25)]，代入式 (9.5.26)，就得 V_{abcd}.

当 $a=c$, $b=d$ 时，式 (9.5.16) 为

$$\left\langle \psi_a(1)\psi_b(2) \middle| \frac{1}{r_{12}} \middle| \psi_a(1)\psi_b(2) \right\rangle$$

显然，这就是 Coulomb 排斥能积分. 通常用下列符号表示：

$$\begin{aligned} J_{ij} &\equiv \left\langle \psi_i(1)\psi_j(2) \middle| \frac{1}{r_{12}} \middle| \psi_i(1)\psi_j(2) \right\rangle \\ &\equiv \langle ij|\hat{g}|ij\rangle \equiv (ij|jj) \\ &= \sum_{k=0}^{\infty} a^k(l_i m_i, l_j m_j) F^k(n_i l_i, n_j l_j) \end{aligned} \tag{9.5.28}$$

式中

$$a^k(l_i m_i, l_j m_j) = c^k(l_i m_i, l_i m_i) c^k(l_j m_j, l_j m_j) \tag{9.5.29}$$

$$F^k(n_i l_i, n_j l_j) = \int_0^\infty \int_0^\infty R^*_{n_i l_i}(1) R^*_{n_j l_j}(2) R_{n_j l_j}(1) R_{n_j l_j}(2) \frac{r_<^k}{r_>^{k+1}} r_1^2 r_2^2 \mathrm{d}r_1 \mathrm{d}r_2 \tag{9.5.30}$$

同理，当 $a=d$, $b=c$ 时，式 (9.5.16) 成为

$$\left\langle \psi_a(1)\psi_b(2) \middle| \frac{1}{r_{12}} \middle| \psi_b(1)\psi_a(2) \right\rangle$$

这就是交换能积分. 通常用下列符号表示：

$$\begin{aligned} K_{ij} &\equiv \left\langle \psi_i(1)\psi_j(2) \middle| \frac{1}{r_{12}} \middle| \psi_j(1)\psi_i(2) \right\rangle \\ &\equiv \langle ij|\hat{\boldsymbol{g}}|ji\rangle \equiv (ij|ji) \\ &= \sum_{k=0}^{\infty} b^k(l_i m_i, l_j m_j) G^k(n_i l_i, n_j l_j) \end{aligned} \tag{9.5.31}$$

式中

$$b^k(l_i m_i, l_j m_j) = [c^k(l_i m_i, l_j m_j)]^2$$

$$G^k(n_i l_i, n_j l_j) = \int_0^\infty \int_0^\infty R^*_{n_i l_i}(1) R^*_{n_j l_j}(2) R_{n_j l_j}(1) R_{n_i l_i}(2) \frac{r_<^k}{r_>^{k+1}} r_1^2 r_2^2 \mathrm{d}r_1 \mathrm{d}r_2 \tag{9.5.32}$$

G^k 与上面的 F^k 统称为 Slater-Condon 参量.

上述的 a^k 和 b^k 都容易从 c^k 计算出，a^k 见表 9.5.2.

表 9.5.2　s, p, d, f 电子的 a^k 值*

	m_i	m_j	$k=0$	$k=2$	$k=4$	$k=6$
ss	0	0	1	0	0	0
sp	0	±1	1	0	0	0
	0	0	1	0	0	0
sd	0	±2	1	0	0	0
	0	±1	1	0	0	0
	0	0	1	0	0	0
sf	0	±3	1	0	0	0
	0	±2	1	0	0	0
	0	±1	1	0	0	0
	0	0	1	0	0	0
pp	±1	±1	1	1/25	0	0
	±1	0	1	−2/25	0	0
	0	0	1	4/25	0	0
pd	±1	±2	1	2/35	0	0
	±1	±1	1	−1/35	0	0
	±1	0	1	−2/35	0	0
	0	±2	1	−4/35	0	0
	0	±1	1	2/35	0	0
	0	0	1	4/35	0	0
pf	±1	±3	1	5/75	0	0
	±1	±2	1	0	0	0
	±1	±1	1	−3/75	0	0
	±1	0	1	−4/75	0	0
	0	±3	1	−10/75	0	0
	0	±2	1	0	0	0
	0	±1	1	6/75	0	0
	0	0	1	8/75	0	0
dd	±2	±2	1	4/49	1/441	0
	±2	±1	1	−2/49	−4/441	0
	±2	0	1	−4/49	6/441	0
	±1	±1	1	1/49	16/441	0
	±1	0	1	2/49	−24/441	0
	0	0	1	4/49	36/441	0
df	±2	±3	1	10/105	3/693	0
	±2	±2	1	0	−7/693	0
	±2	±1	1	−6/105	1/693	0
	±2	0	1	−8/105	6/693	0
	±1	±3	1	−5/105	−12/693	0
	±1	±2	1	0	28/693	0
	±1	±1	1	3/105	−4/693	0
	±1	0	1	4/105	−24/693	0

续表

	m_i	m_j	$k=0$	$k=2$	$k=4$	$k=6$
df	0	±3	1	−10/105	18/693	0
	0	±2	1	0	−42/693	0
	0	±1	1	6/105	6/693	0
	0	0	1	8/105	36/693	0
ff	±3	±3	1	25/225	9/1089	100/736164
	±3	±2	1	0	−21/1089	−600/736164
	±3	±1	1	−15/225	3/1089	1500/736164
	±3	0	1	−20/225	18/1089	−2000/736164
	±2	±2	1	0	49/1089	3600/736164
	±2	±1	1	0	−7/1089	−9000/736164
	±2	0	1	0	−42/1089	12000/736164
	±1	±1	1	9/335	1/1089	22500/736164
	±1	0	1	12/225	6/1089	−30000/736164
	0	0	1	16/225	36/1089	40000/736164

* 遇到两组都有 ± 符号时, 可以取四种组合方式中的任一种.

9.6　双中心积分[4~7]

双中心积分就是当有两个原子核存在时, 如何计算原子轨道间的重叠积分、电子动能积分、电子–核吸引能积分以及电子–电子相互作用能积分等.

当只有两个原子核时, 显然用椭圆坐标系方便 (图 9.6.1).

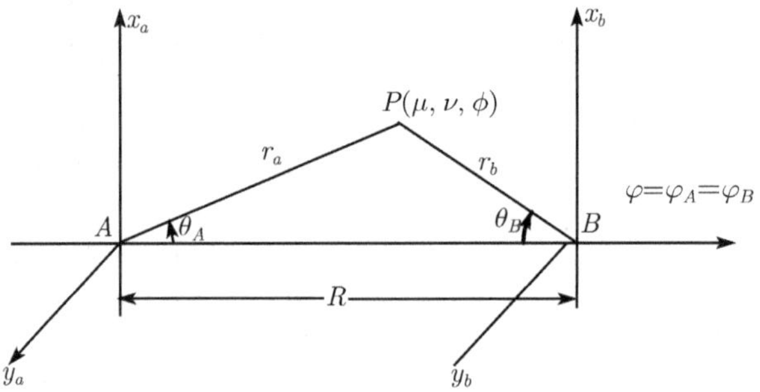

图 9.6.1　椭圆坐标系

9.6.1　重叠积分

(1) 我们先举一个简单的例子. 求双中心两个 s 轨道的重叠积分, 即

$$\begin{aligned}S(n_a s, n_b s) &\equiv \langle n_a s | n_b s\rangle \\ &= \int N_a r_a^{n_a-1} \mathrm{e}^{-\alpha_a r_a} \frac{1}{\sqrt{4\pi}} N_b r_b^{n_b-1} \mathrm{e}^{-\alpha_b r_b} \frac{1}{\sqrt{4\pi}} \mathrm{d}\tau \\ &= \frac{1}{4\pi} N_a N_b \int r_a^{n_a-1} r_b^{n_b-1} \mathrm{e}^{-(\alpha_a r_a + \alpha_b r_b)} \mathrm{d}\tau\end{aligned} \tag{9.6.1}$$

现将有关的量转换到椭圆坐标系中. 在椭圆坐标系中

$$\mathrm{d}\tau = \frac{R^3}{8}(\mu^2 - \nu^2)\mathrm{d}\mu\mathrm{d}\nu\mathrm{d}\phi \tag{9.6.2}$$

$$r_a = \frac{1}{2}R(\mu + \nu) \qquad r_b = \frac{1}{2}R(\mu - \nu) \tag{9.6.3}$$

式 (9.6.1) 中

$$\alpha_a r_a + \alpha_b r_b = R\left(\frac{\alpha_a + \alpha_b}{2}\mu + \frac{\alpha_a - \alpha_b}{2}\nu\right) \tag{9.6.4}$$

令

$$\alpha \equiv \frac{\alpha_a + \alpha_b}{2} \qquad t \equiv \frac{\alpha_a - \alpha_b}{\alpha_a + \alpha_b} \qquad P \equiv \alpha R \tag{9.6.5}$$

代入式 (9.6.4), 得

$$\alpha_a r_a + \alpha_b r_b = \alpha R(\mu + t\nu) = P(\mu + t\nu) \tag{9.6.6}$$

将式 (9.6.2)~ 式 (9.6.6) 代入式 (9.6.1), 就可得到椭圆坐标系中的重叠积分

$$S(n_a s, n_b s) = \frac{1}{2} N_a N_b \left(\frac{R}{2}\right)^{n_a+n_b+1} \int_1^{\infty} \mathrm{e}^{-P\mu}\mathrm{d}\mu \int_{-1}^{1} (\mu+\nu)^{n_a}(\mu-\nu)^{n_b}\mathrm{e}^{-P\nu t}\mathrm{d}\nu \tag{9.6.7}$$

(2) 现在我们来推导普遍的重叠积分公式. 在球坐标系中的 Slater 函数为

$$|nlm\rangle = N r^{n-1} \mathrm{e}^{-\alpha r} Y_{lm}(\theta\phi) \tag{9.6.8}$$

式中, 归一化常数为

$$N = \frac{(2\alpha)^{n+\frac{1}{2}}}{\sqrt{(2n)!}} \tag{9.6.9}$$

$$Y_{lm}(\theta\phi) = \Theta_{lm}(\cos\theta)\Phi_m(\phi) \tag{9.6.10}$$

$$\Theta_{lm}(\cos\theta) = \left[\frac{(2l+1)\cdot(l-m)!}{2\cdot(l+m)!}\right]^{\frac{1}{2}} P_l^m(\cos\theta) \tag{9.6.11}$$

$$\Phi_m(\phi) = \begin{cases} \pi^{-\frac{1}{2}}\cos m\phi & (m \neq 0) \\ (2\pi)^{-\frac{1}{2}} & (m = 0)\end{cases} \tag{9.6.12}$$

$$P_l^m(\cos\theta) = \frac{(m+1)!}{8}\sin^m\theta \sum_{u=0}^{l-m} c_{lmu}\cos^u\theta \tag{9.6.13}$$

式中, c_{lmu} 是展开系数.

为了转换到椭圆坐标系, 除了要用到式 (9.6.2) 和式 (9.6.3) 外, 还需要以下关系式, 由图 9.6.1 可得

$$r_a = \frac{R(\mu+\nu)}{2} \qquad r_b = \frac{R(\mu-\nu)}{2}$$

$$\cos\theta_A = \frac{1+\mu\nu}{\mu+\nu} \qquad \cos\theta_B = \frac{1-\mu\nu}{\mu+\nu} \tag{9.6.14}$$

$$\sin\theta_A = \frac{[(\mu^2-1)(1-\nu^2)]^{\frac{1}{2}}}{\mu+\nu} \tag{9.6.15}$$

$$\sin\theta_B = \frac{[(\mu^2-1)(1-\nu^2)]^{\frac{1}{2}}}{\mu-\nu} \tag{9.6.16}$$

为了后面的需要, 现在要将 $\Theta_{l_a m}(\cos\theta_A)\Theta_{l_b m}(\cos\theta_B)$ 转换到椭圆坐标系中去. 令

$$T(\mu,\nu) \equiv \Theta_{l_a m}(\cos\theta_A)\Theta_{l_b m}(\cos\theta_B) \tag{9.6.17}$$

这里的 m 不必再区分为 m_a 和 m_b, 因为在椭圆坐标系中绕 z 轴的 $\varphi = \varphi_A = \varphi_B$. 将式 (9.6.13) 代入式 (9.6.11), 并考虑到式 (9.6.14)~ 式 (9.6.16), 得

$$\begin{aligned}\Theta_{l_a m}(\cos\theta_A) = &\left[\frac{(2l_a+1)}{2}\frac{(l_a-m)!}{(l_a+m)!}\right]^{\frac{1}{2}} \frac{(m+1)!}{8} \\ &\times \frac{[(\mu^2-1)(1-\nu^2)]^{\frac{m}{2}}}{(\mu+\nu)^m} \sum_{u=0}^{l_a-m} c_{l_a m u} \frac{(1+\mu\nu)^u}{(\mu+\nu)^u}\end{aligned} \tag{9.6.18}$$

类似地

$$\begin{aligned}\Theta_{l_b m}(\cos\theta_B) = &\left[\frac{(2l_b+1)}{2}\frac{(l_b-m)!}{(l_b+m)!}\right]^{\frac{1}{2}} \frac{(m+1)!}{8} \\ &\times \frac{[(\mu^2-1)(1-\nu^2)]^{\frac{m}{2}}}{(\mu+\nu)^m} \sum_{v=0}^{l_b-m} c_{l_b m v} \frac{(1+\mu\nu)^v}{(\mu+\nu)^v}\end{aligned} \tag{9.6.19}$$

于是

$$\begin{aligned}T(\mu,\nu) = &D(l_a,l_b,m) \sum_{u=0}^{l_a-m}\sum_{v=0}^{l_b-m} c_{l_a m u} c_{l_b m v} (\mu^2-1)^m \\ &\times (1-\nu^2)^m (1+\mu\nu)^u (1-\mu\nu)^v (\mu+\nu)^{-m-u} (\mu-\nu)^{-m-v}\end{aligned} \tag{9.6.20}$$

式中

$$D(l_a,l_b,m) = \left[\frac{(m+1)!}{8}\right]^2 \left[\frac{2l_a+1}{2}\frac{(l_a-m)!}{(l_a+m)!}\right]^{\frac{1}{2}} \left[\frac{2l_b+1}{2}\frac{(l_b-m)!}{(l_b+m)!}\right]^{\frac{1}{2}} \tag{9.6.21}$$

在推导出最后的重叠积分之前, 再计算一个约化重叠积分. 因为普遍的重叠积分可以简单地由约化重叠积分表示. 约化重叠积分为

$$\begin{aligned}&s(n_a,l_a,m,n_b,l_b,\xi,\eta)\\&=\int_1^{\infty}\int_{-1}^{1}(\mu+\nu)^{n_a}(\mu-\nu)^{n_b}\exp\left[-\frac{1}{2}(\xi+\eta)\mu-\frac{1}{2}(\xi-\eta)\nu\right]T(\mu,\nu)\mathrm{d}\mu\mathrm{d}\nu\end{aligned}\tag{9.6.22}$$

式中

$$\xi=\alpha_aR\qquad\eta=\alpha_bR\tag{9.6.23}$$

将式 (9.6.20) 的 $T(\mu,\nu)$ 代入式 (9.6.22), 得

$$\begin{aligned}&s(n_a,l_a,m,n_b,l_b,\xi,\eta)\\&=D(l_a,l_b,m)\sum_{u}^{l_a-m}\sum_{\nu}^{l_b-m}c_{l_amu}c_{l_bmv}\\&\times\int_1^{\infty}\int_{-1}^{1}\exp\left[-\frac{1}{2}(\xi+\eta)\mu-\frac{1}{2}(\xi-\eta)\nu\right](\mu^2-1)^m\\&\times(1-\nu^2)^m(1+\mu\nu)^u(1-\mu\nu)^v(\mu+\nu)^{n_a-m-u}(\mu-\nu)^{n_b-m-v}\mathrm{d}\mu\mathrm{d}\nu\end{aligned}\tag{9.6.24}$$

当 l_a, l_b 和 m 确定之后, 式中

$$\begin{aligned}&\sum_{u=0}^{l_a-m}\sum_{v=0}^{l_b-m}c_{l_amu}c_{l_bmv}(\mu^2-1)^m(1-\nu^2)^m(1+\mu\nu)^u(1-\mu\nu)^v\\&\times(\mu+\nu)^{n_a-m-u}(\mu-\nu)^{n_b-m-v}\\&=\sum_{i,j=0}Y_{ij\lambda}\mu^i\nu^j\end{aligned}\tag{9.6.25}$$

式中, 系数 $Y_{ij\lambda}$ 的下标 λ 由 n_a、n_b、l_a、l_b 和 m 决定. 只要将式 (9.6.25) 左边各个因子展开再归并, 就可得右边的形式. 现在约化重叠积分为

$$\begin{aligned}&s(n_a,l_a,m,n_b,l_b,\xi,\eta)\\&=D(l_a,l_b,m)\sum_{i,j}Y_{ij\lambda}\int_1^{\infty}\mu^i\exp\left[-\frac{1}{2}(\xi+\eta)\mu\right]\mathrm{d}\mu\int_{-1}^{1}\nu^j\exp\left[-\frac{1}{2}(\xi-\eta)\nu\right]\mathrm{d}\nu\end{aligned}\tag{9.6.26}$$

如果我们再引用 9.4 节中的定积分 A_n 和 B_n 公式, 就可将式 (9.6.26) 简化为

$$s(n_a,l_a,m,n_b,l_b,\xi,\eta)=D(l_a,l_b,m)\sum_{i,j}Y_{ij\lambda}A_i\left[\frac{1}{2}(\xi+\eta)\right]B_j\left[\frac{1}{2}(\xi-\eta)\right]\tag{9.6.27}$$

现在可以很容易地写出 Slater 轨道重叠积分的普遍公式. 将

$$S_{ab}=N_aN_b\int r_a^{n_a-1}r_b^{n_b-1}\exp(-\alpha_ar_a-\alpha_br_b)\Theta_{l_am}(\cos\theta_A)\Theta_{l_bm}(\cos\theta_B)\Phi_m^2(\phi)\mathrm{d}\tau\tag{9.6.28}$$

变换到椭圆坐标系中, 就得

$$\begin{aligned}S_{ab} =& N_a N_b \left(\frac{R}{2}\right)^{n_a+n_b-2} \int_1^{\infty}\int_{-1}^{1}\int_0^{2\pi} \frac{(\mu+\nu)^{n_a}(\mu-\nu)^{n_b}}{\mu^2-\nu^2} \\ &\times \exp\left[-\frac{1}{2}(\xi+\eta)\mu - \frac{1}{2}(\xi-\eta)\nu\right] \\ &\times T(\mu,\nu)\varPhi_m^2(\phi)\left(\frac{R}{2}\right)^3(\mu^2-\nu^2)\mathrm{d}\mu\mathrm{d}\nu\mathrm{d}\phi \end{aligned} \tag{9.6.29}$$

式中, 两个归一化常数积

$$N_a N_b = \frac{(2\alpha_a)^{n_a+\frac{1}{2}}(2\alpha_b)^{n_b+\frac{1}{2}}}{[(2n_a)!(2n_b)!]^{\frac{1}{2}}} \tag{9.6.30}$$

和

$$\int_0^{2\pi} \varPhi_m^2(\phi)\mathrm{d}\phi = 1$$

考虑到约化积分定义式 (9.6.22), 上面的重叠积分就可简化为

$$S_{ab} = N_a N_b \left(\frac{R}{2}\right)^{n_a+n_b+1} s(n_a, l_a, m, n_b, l_b, \xi, \eta) \tag{9.6.31}$$

9.6.2 动能积分

动能积分就是下列积分:

$$T(a,b) \equiv \langle n_a l_a m_a|\hat{\boldsymbol{T}}|n_b l_b m_b\rangle \tag{9.6.32}$$

$$\begin{aligned} &= -\frac{1}{2}\alpha_b^2\Bigg[\langle n_a l_a m_a|n_b l_b m_b\rangle - 2\sqrt{\frac{2n_b}{2n_b-1}}\langle n_a l_a m_a|(n_b-1)l_b m_b\rangle \\ &\quad + \frac{4(n_b+l_b)(n_b-l_b-1)}{\sqrt{2n_b(2n_b-1)(2n_b-2)(2n_b-3)}}\langle n_a l_a m_a|(n_b-2)l_b m_b\rangle\Bigg] \end{aligned} \tag{9.6.33}$$

这个积分的计算实际上只是计算三个重叠积分的数值, 并没有任何新的内容. 我们不打算详细证明式 (9.6.33), 读者根据下列提示可自行证明:

$$\boldsymbol{\nabla}^2|nlm\rangle = \frac{Y_{lm}}{r}\left[\frac{\mathrm{d}^2}{\mathrm{d}r^2}P_{nl}(r) - \frac{l(l+1)}{r^2}P_{nl}(r)\right]$$

式中

$$P_{nl}(r) = rR_{nl}(r) = \frac{(2\alpha)^{n+\frac{1}{2}}}{\sqrt{(2n)!}}r^n\mathrm{e}^{-\alpha r}$$

9.6.3 电子–核吸引能积分

$$
\begin{aligned}
V(a,b) &\equiv \left\langle n_a l_a m_a \left| -\frac{Z}{r_b} \right| n_b l_b m_b \right\rangle \\
&= \frac{-2Z\alpha(1+t)}{\sqrt{2n_b(2n_b-1)}} \langle n_a l_a m_a | (n_b-1) l_b m_b \rangle
\end{aligned} \tag{9.6.34}
$$

式中

$$
\alpha = \frac{\alpha_a + \alpha_b}{2} \qquad t = \frac{\alpha_a - \alpha_b}{\alpha_a + \alpha_b}
$$

式 (9.6.34) 也请读者作为习题自证 (习题 18). 最后结果也是归结为计算一个重叠积分.

9.6.4 电子–电子相互作用能积分

为了便于了解基本概念, 我们以 s 轨道 Slater 函数为例, 计算双中心电子 Coulomb 相互作用能.

两个电子间的 Coulomb 相互作用能为

$$
J \equiv \int \psi_a^*(1)\psi_a(1)\frac{1}{r_{12}}\psi_b^*(2)\psi_b(2)\mathrm{d}\tau_1\mathrm{d}\tau_2 \tag{9.6.35}
$$

为了能够积分, 需要将 $\dfrac{1}{r_{12}}$ 展开. 根据式 (9.3.24)

$$
\frac{1}{r_{12}} = \sum_{l=0}^{\infty}\sum_{m=-l}^{l}\frac{4\pi}{2l+1}\frac{r_<^l}{r_>^{l+1}}Y_{lm}(\theta_1\phi)Y_{lm}^*(\theta_2\phi)
$$

将上式代入积分式 (9.6.35) 中. 考虑到球函数的正交性, 对 l 求和只需取到波函数 ψ 中的最大 l 值. 在 s 轨道的条件下, 最大 l 值为零. 这样, 展开式中起作用的只有一项, 即

$$
\frac{1}{r_{12}} = r_>^{-1} \tag{9.6.36}
$$

于是 Coulomb 相互作用能积分简化为

$$
J \equiv \int \psi_a^*(1)\psi_a(1)\frac{1}{r_>}\psi_b^*(2)\psi_b(2)\mathrm{d}\tau_1\mathrm{d}\tau_2 \tag{9.6.37}
$$

在式 (9.6.37) 积分中, 令

$$
P \equiv \int \frac{1}{r_>}\psi_b^*(2)\psi_b(2)\mathrm{d}\tau_2 \tag{9.6.38}
$$

这是电子 2 在电子 1 位置的势能. 我们先计算这个积分. 将 s 轨道函数代入式 (9.6.38), 得

$$
\begin{aligned}
P &= \frac{(2\alpha_b)^{2n_b+1}}{(2n_b)!4\pi}\int\frac{1}{r_>}r_{b2}^{2n_b-2}\exp(-2\alpha_b r_{b2})\mathrm{d}\tau_2 \\
&= \frac{(2\alpha_b)^{2n_b+1}}{(2n_b)!4\pi}\int_0^\infty\int_0^\pi\int_0^{2\pi} r_>^{-1}r_{b2}^{2n_b-2}\exp(-2\alpha_b r_{b2})r_{b2}^2\sin\theta_B\mathrm{d}r_{b2}\mathrm{d}\theta_B\mathrm{d}\phi
\end{aligned}
\tag{9.6.39}
$$

对于 r 的积分范围要区别 $r_>$ 的情况

$$
\left\{
\begin{array}{ll}
\displaystyle\int_0^{r_{b1}}\cdots\mathrm{d}r_{b2} & (\text{当}r_>=r_{b1}) \\
\displaystyle\int_{r_{b1}}^\infty\cdots\mathrm{d}r_{b2} & (\text{当}r_>=r_{b2})
\end{array}
\right.
$$

同时, 积分

$$
\iint\sin\theta_B\mathrm{d}\theta_B\mathrm{d}\phi=4\pi
$$

于是式 (9.6.39) 就成为

$$
P=\frac{(2\alpha_b)^{2n_b+1}}{(2n_b)!}\left[\frac{1}{r_{b1}}\int_0^{r_{b1}}r_{b2}^{2n_b}\exp(-2\alpha_b r_{b2})\mathrm{d}r_{b2}+\int_{r_{b1}}^\infty r_{b2}^{2n_b-1}\exp(-2\alpha_b r_{b2})\mathrm{d}r_{b2}\right]
\tag{9.6.40}
$$

利用定积分公式 [式 (9.4.2)]

$$
A_n(\alpha)=\int_1^\infty r^n\mathrm{e}^{-\alpha r}\mathrm{d}r
$$

可以将上述积分计算出来. 为此, 我们作变换

$$
r_{b2}=r_{b1}u
$$

则

$$
P=\frac{(2\alpha_b)^{n_b+1}}{(2n_b)!}r_{b1}^{2n_b}\left[\int_0^1 u^{2n_b}\exp(-2\alpha u)\mathrm{d}u+\int_1^\infty u^{2n_b-1}\exp(-2\alpha u)\mathrm{d}u\right]
\tag{9.6.41}
$$

式中

$$
\alpha=\alpha_b r_{b1}
$$

$$
\int_0^1 u^{2n_b}\exp(-2\alpha u)\mathrm{d}u=\frac{(2n_b)!}{(2\alpha)^{2n_b+1}}-A_{2n_b}(2\alpha)
\tag{9.6.42}
$$

于是式 (9.6.41) 简化为

$$
P=\frac{1}{r_{b1}}\left\{1-\frac{(2\alpha)^{2n_b+1}}{(2n_b)!}[A_{2n_b}(2\alpha)-A_{2n_{b-1}}(2\alpha)]\right\}
\tag{9.6.43}
$$

可以证明

$$A_{2n_b}(2\alpha) - A_{2n_{b-1}}(2\alpha) = \frac{(2n_b)!}{(2\alpha)}\exp(-2\alpha)\sum_{l=1}^{2n_b}\frac{l}{(2\alpha)^l(2n_b-l)!2n_b} \tag{9.6.44}$$

代入式 (9.6.43), 得

$$P = \frac{1}{r_{b1}} - \frac{\exp(-2\alpha_b r_{b1})}{(2n_b)}\sum_{l=1}^{2n_b}\frac{l(2\alpha_b)^{2n_b-1}r_{b1}^{2n_b-l-1}}{(2n_b-l)!} \tag{9.6.45}$$

现在可以回到 Coulomb 相互作用能积分 [式 (9.6.37)]

$$\begin{aligned}J &\equiv \int \psi_a^*(1)\psi_a(1)\frac{1}{r_>}\psi_b^*(2)\psi_b(2)\mathrm{d}\tau_1\mathrm{d}\tau_2\\ &= \int \psi_a^*(1)\psi_a(1)P\mathrm{d}\tau_1\\ &= \frac{(2\alpha_a)^{2n_a+1}}{(2n_a)!4\pi}\left[\int \frac{1}{r_{b1}}r_{a1}^{2n_a-2}\exp(-2\alpha_a r_{a1})\mathrm{d}\tau_1\right.\\ &\quad \left.-\sum_{l=1}^{2n_b}\frac{l(2\alpha_b)^{2n_b-l}}{(2n_b-l)!(2n_b)}\int r_{b1}^{2n_b-l-1}\exp(-2\alpha_b r_{b1})r_{a1}^{2n_a-2}\exp(-2\alpha_a r_{a1})\mathrm{d}\tau_1\right]\end{aligned} \tag{9.6.46}$$

式中两个积分是我们在重叠积分中讨论过的 [式 (9.6.28)]. 于是 J 就可以计算出来. 更普遍的多中心双电子积分非常复杂, 这里就不详述了, 读者可参阅有关文献.

参考文献

[1] Tubis A. Phys Rev, 1956, 102: 1049
[2] Freeman A J, Löwdin P O. Phys Rev, 1958, 111: 1212
[3] Slater J C. Quantum Theory of Atomic Structure. New York: McGraw-Hill Book Company, Inc., 1960
[4] Roothaan C C J. J Chem Phys, 1951, 19: 1445
[5] Mulliken R S. J Chem Phys, 1949, 17: 1248
[6] Slater J C. Quantum Theory of Molecules and Solids. New York: McGraw-Hill Book Company, Inc., 1963
[7] 波普尔 J A, 贝弗里奇 D L. 分子轨道近似方法理论. 江元生译. 北京: 科学出版社, 1976
[8] Miller J, Gerhanser J M, Matsen F A. Quantum Chemical Integrals and Tables. Austion: University of Texes Press, 1959

习 题

1. 证明式 (9.4.2)

$$A_n = \int_1^{\infty} r^n \mathrm{e}^{-\alpha r} \mathrm{d}r = \alpha^{-(n+1)} \mathrm{e}^{-\alpha} \sum_{k=0}^{n} \frac{n!}{k!} \alpha^k = \frac{\mathrm{e}^{-\alpha}}{\alpha} \sum_{k=0}^{n} \frac{n!}{(n-k)!} \mathrm{e}^{-k}$$

2. 证明 $A_n(x)$ 和 $\bar{A}_n(x)$ 的递推关系式

$$A_n = A_0 + n\alpha^{-1} A_{n-1}$$

$$\bar{A}_n = (-1)^n \bar{A}_0 + n\alpha^{-1} \bar{A}_{n-1}$$

3. 计算 $A_0(\alpha)$、$A_1(\alpha)$、$A_2(\alpha)$ 以及 $\bar{A}_0(\alpha)$、$\bar{A}_1(\alpha)$、$\bar{A}_2(\alpha)$.
4. 证明递推关系

$$\alpha B_{2n} = 2\sinh\alpha + 2nB_{2n-1}$$

$$\alpha B_{2n+1} = -2\cosh\alpha + (2n+1)B_{2n}$$

5. 求 $B_0(\alpha)$、$B_1(\alpha)$、$B_2(\alpha)$、$B_3(\alpha)$.
6. 证明递推关系式

$$\alpha D_n(\alpha, \rho) = -\rho^n \mathrm{e}^{-\alpha\rho} + nD_{n-1}(\alpha, \rho)$$

7. 求 F_0、F_1 和 F_2 值.
8. 计算 $S_\alpha^\beta(p, q, n)$

(1) $S_\alpha^\beta(000)$ (2) $S_\alpha^\alpha(000)$ (3) $S_\alpha^\beta(001)$ (4) $S_\alpha^\beta(100)$ (5) $S_\alpha^\beta(101)$

9. 设 Slater 径向函数为

$$R_{nl} = cr^{n-1} \mathrm{e}^{-\alpha r}$$

求归一化常数 c、动能和势能.

10. 证明式 (9.5.9)

$$T(nl) = \frac{1}{2} \int_0^{\infty} r^{2l+2} \frac{\mathrm{d}}{\mathrm{d}r} \left(\frac{R_{nl}^*}{r^l} \right) \frac{\mathrm{d}}{\mathrm{d}r} \left(\frac{R_{nl}}{r^l} \right) \mathrm{d}r$$

11. 证明

$$\langle 1s_a | 1s_b \rangle = \frac{1}{6} P^3 (3A_2 - A_0) = \frac{1}{2} P^2 \mathrm{e}^{-P} (2P^{-1} + 6P^{-2} + 6P^{-3}) \qquad (\alpha_a = \alpha_b)$$

12. 证明

$$\langle n_a p_{\pi_a} | n_b p_{\pi_b} \rangle = \frac{3}{4} N_a N_b \left(\frac{R}{2} \right)^{n_a + n_b + 1} \times \int_1^{\infty} \mathrm{e}^{-P\mu} \mathrm{d}\mu \int_{-1}^{1} (\mu + \nu)^{n_a - 1} (\mu - \nu)^{n_b - 1} (\mu^2 - 1)(1 - \nu^2) \mathrm{e}^{-P\nu t} \mathrm{d}\nu$$

13. 证明

$$\langle 2p_{\pi_a} | 2p_{\pi_b} \rangle = \frac{1}{32} P^5 (1 - t^2)^{5/2} [A_4(B_0 - B_2) + A_2(B_4 - B_0) + A_0(B_2 - B_4)]$$

14. 计算习题 13 中当 $\alpha_a = \alpha_b = \alpha$ 时 $\langle 2p_{\pi_a} | 2p_{\pi_b} \rangle$ 的值.
15. 证明

$$\langle 1s_a | \hat{\boldsymbol{T}} | 1s_b \rangle = -\frac{1}{2} \alpha^2 (1 + t)^2 [\langle 1s_a | 1s_b \rangle - 2\sqrt{2} \langle 0s_a | 1s_b \rangle]$$

式中, $\alpha_a = \alpha(1 + t)$.

16. 计算

$$\langle 2s_a|\hat{\boldsymbol{T}}|2s_b\rangle$$

17. 计算

$$\langle 2p_{\sigma_a}|\hat{\boldsymbol{T}}|2p_{\sigma_b}\rangle$$

18. 证明

$$V(a,b) = \langle n_a l_a m_a| - \frac{Z}{r_b}|n_b l_b m_b\rangle = \frac{-2Z\alpha(1+t)}{\sqrt{2n_b(2n_b-1)}}\langle n_a l_a m_a|(n_b-1)l_b m_b\rangle$$

第 10 章

量子化学积分(二)　Gauss 函数

在量子化学中, 计算包含 Slater 原子轨道的三中心和四中心积分通常要用 $1/r_{12}$ 的无穷级数展开式, 从而使积分的运算十分复杂. 如果用若干个 Gauss 函数的线性组合去拟合 Slater 原子轨道, 就可使难以处理的多中心积分大为简化. 这里的关键是 Gauss 函数存在一个重要的乘积定理. 这个定理可以将两个中心的 Gauss 函数的乘积合并成一个中心的 Gauss 函数. 连续使用这个定理, 就可将多中心合并成一个中心, 于是多中心积分就可转换成单中心积分, 使问题大为简化. 利用 Gauss 型函数计算多中心量子化学积分的方法是由 Boys 在 1950 年首先提出来的[1,2]. 国外通用的量子化学从头计算程序, 如 Gauss–70, Gauss–76, Polyatom Version–II 等都是以 Gauss 型函数作为基函数来计算各种量子化学积分的. 我们从 1977 年起在国内第一次用 BD–200 语言自编 SCF–LCAO–MO 从头计算程序也是采用 Gauss 型函数作为基函数的. 但在计算费时最多的电子排斥能积分 $(ij|kl)$ 中常遇到的 $F_m(w)$ 积分时采用了 Padé近似 (10.8 节), 比国外程序用的循环迭代法节省时间, 提高了计算速度[3~6].

10.1　Gauss 函数

10.1.1　未归一化的 Gauss 函数(GTO)

通常的 Gauss 函数为

$$\exp(-ar_A^2) \tag{10.1.1}$$

式中, a 是参数, 在量子化学中也称为轨道指数, 通常是正实数, r_A 是某一定点 $A(A_x, A_y, A_z)$ 与动点 (x, y, z) 之间的距离, 即

$$\begin{aligned} r_A^2 &= (x - A_x)^2 + (y - A_y)^2 + (z - A_z)^2 \\ &\equiv x_A^2 + y_A^2 + z_A^2 \end{aligned}$$

式中

$$x_A = x - A_x \qquad y_A = y - A_y \qquad z_A = z - A_z$$

即动点在以 A 为中心的直角坐标上.

式 (10.1.1) 还有其他缩写符号如下:

$$|a, r_A\rangle \equiv |aA\rangle \equiv (ar_A) \equiv G(a, A) \equiv \exp(-ar_A^2) \tag{10.1.2}$$

Boys 又提出广义 Gauss 函数

$$x_A^l y_A^m z_A^n \exp(-ar_A^2)$$

上式也可用缩写符号表示

$$
\begin{aligned}
(x_A^l y_A^m z_A^n a r_A) &\equiv G(a, A, l, m, n) \equiv |aAlmn\rangle \\
&\equiv x_A^l y_A^m z_A^n \exp(-a r_A^2)
\end{aligned} \tag{10.1.3}
$$

当 $l = m = n = 0$ 时, 称为 1s 型 Gauss 函数, 此时即为式 (10.1.1). 当 $l = 1$, $m = n = 0$ 时, 称为 $2p_x$ 型 Gauss 函数. 当 $m = 1$, $l = n = 0$ 时, 称为 $2p_y$ 型 Gauss 函数. 当 $n = 1$, $l = m = 0$ 时, 称为 $2p_z$ 型 Gauss 函数. 注意, 上述的 l, m, n 与量子力学中常用的轨道角量子数 l, 磁量子数 m 以及主量子数 n 没有联系. 1s, $2p_x$, $2p_y$, $2p_z$ 等称呼也不过是与 Slater 轨道对应而已, 并不意味着二者等同.

广义 Gauss 函数 [式 (10.1.3)] 可以分解为三个单 Gauss 函数之积

$$
G(a, A, l, m, n) = G(a, A, l) G(a, A, m) G(a, A, n) \tag{10.1.4}
$$

式中, $G(a, A, l) = x_A^l \exp(-a x_A^2)$, $\cdots$, 将其代入式 (10.1.4) 即得证明.

10.1.2 归一化 GTO

将上述非归一化 Gauss 函数乘以归一化常数 N, 即得归一化 Gauss 函数

$$
\chi(aAlmn) = N|aAlmn\rangle \tag{10.1.5}
$$

式中

$$
N = \left(\frac{2a}{\pi}\right)^{\frac{3}{4}} \left[\frac{(4a)^{l+m+n}}{(2l-1)!!(2m-1)!!(2n-1)!!}\right]^{\frac{1}{2}} \tag{10.1.6}
$$

证明见式 (10.5.2).

写出几个具体的归一化 Gauss 函数如下:

$$
\chi_{1s}(aA) = N_{1s}|aA\rangle = \left(\frac{2a}{\pi}\right)^{\frac{3}{4}} e^{-a r_A^2}
$$

$$
\chi_{2p_x}(aA) = N_{2p} x_A |aA\rangle = \left(\frac{128 a^5}{\pi^3}\right)^{\frac{1}{4}} x_A e^{-a r_A^2}
$$

$$
\chi_{2p_y}(aA) = N_{2p} y_A |aA\rangle = \left(\frac{128 a^5}{\pi^3}\right)^{\frac{1}{4}} y_A e^{-a r_A^2}
$$

$$
\chi_{2p_z}(aA) = N_{2p} z_A |aA\rangle = \left(\frac{128 a^5}{\pi^3}\right)^{\frac{1}{4}} z_A e^{-a r_A^2}
$$

10.2 用 GTO 拟合 STO

计算包含 GTO 的多中心积分要比包含 Slater 型轨道 (STO) 的多中心积分容易得多. 但 GTO 不如 STO 更符合实际的原子轨道. 为此, 要用若干个 GTO 的线

性组合来拟合 STO. 为了拟合方便, 需要将一般 STO 标准化. 标准化就是使 STO 的轨道指数化为 1.

10.2.1　STO 指数标准化

对于指数为 α 的 1s STO

$$\phi_{1s}(\alpha, r) = \sqrt{\frac{\alpha^3}{\pi}}\ \exp(-\alpha r) \tag{10.2.1}$$

当指数为 1 时, 有

$$\phi_{1s}(1, r') = \sqrt{\frac{1}{\pi}}\ \exp(-r') \tag{10.2.2}$$

令 $\alpha r = r'$, 代入式 (10.2.1), 并与式 (10.2.2) 比较, 得

$$\phi_{1s}(\alpha, r) = \alpha^{3/2}\phi_{1s}(1, r') \tag{10.2.3}$$

式 (10.2.3) 表示非标准化指数 STO 与标准化指数 STO 之间的转换关系.

同理, 对于 2s Slater 函数, 有

$$\phi_{2s}(\alpha, r) = \sqrt{\frac{\alpha^5}{3\pi}} r \mathrm{e}^{-\alpha r} \tag{10.2.4}$$

$$\phi_{2s}(1, r') = \sqrt{\frac{1}{3\pi}}\ r' \mathrm{e}^{-r'} \tag{10.2.5}$$

$$\phi_{2s}(\alpha, r) = \alpha^{\frac{3}{2}}\phi_{2s}(1, r') \tag{10.2.6}$$

普遍地有

$$R_{nl}(\alpha, r) = \frac{(2\alpha)^{n+\frac{1}{2}}}{\sqrt{(2n)!}} r^{n-1} \mathrm{e}^{-\alpha r} \tag{10.2.7}$$

$$R_{nl}(1, r') = \frac{(2)^{n+\frac{1}{2}}}{\sqrt{(2n)!}} (r')^{n-1} \mathrm{e}^{-r'} \tag{10.2.8}$$

$$R_{nl}(\alpha, r) = \alpha^{\frac{3}{2}} R_{nl}(1, r') \tag{10.2.9}$$

10.2.2　用 GTO 拟合标准化 STO

设

$$\phi_{1s}(1, r') \cong \sum_{t=1}^{k} c_t \chi_t \equiv \phi'_{1s}(1, r') \tag{10.2.10}$$

式中, c_t 是组合系数

$$\chi_t = \chi_{1s}(\alpha_t, r') = \left(\frac{2\alpha_t}{\pi}\right)^{\frac{3}{4}} \exp(-\alpha_t r'^2) \tag{10.2.11}$$

用非线性最小二乘法确定系数 c_t 和指数 α_t[8], 即使得

$$\Delta = \int |\phi_{1s} - \phi'_{1s}|^2 d\tau \tag{10.2.12}$$

最小, 并满足归一化条件

$$\int |\phi'_{1s}|^2 d\tau = 1 \tag{10.2.13}$$

例如, 用两个 GTO 拟合 STO

$$\phi'_{1s}(1, r') \cong 0.430128\chi_{1s}(0.851819, r') + 0.678914\chi_{1s}(0.151623, r')$$

也可用三个 GTO 拟合 STO

$$\begin{aligned}\phi'_{1s}(1, r') \cong & 0.154321\chi_{1s}(2.22766, r') + 0.535328\chi_{1s}(0.40577, r') \\ & +0.444635\chi_{1s}(0.1098175, r')\end{aligned}$$

推而广之, 用 K 个 GTO 去拟合 STO, 记为 STO-KG.

通常 1s, 2s, 3s 等 STO 用 χ_{1s} 拟合. 2p, 3p, 4p 等 STO 用 χ_{2p} 拟合. 3d, 4d, 5d 等 STO 用 χ_{3d} 拟合等. 表 10.2.1 引出用 KG 拟合 STO 的指数和系数[7].

式 (10.2.12) 表示的拟合误差 Δ 随拟合 STO 的数目 K 的增加而减少, 见表 10.2.2, 但 K 增加, 计算量也大大增加.

10.2.3 用 GTO 拟合非标准化 STO

非标准化 STO 也可用 GTO 来拟合, 其系数和指数可由表 10.2.1 换算得到, 拟合的误差见表 10.2.2. 为此, 我们以 ϕ_{1s} 为例证明换算的关系式. 在表 10.2.1 中查得标准化 STO 的拟合式如下:

$$\phi_{1s}(1, r) = \sum c_t\chi_{1s}(\alpha_t, r) = \sum c_t \left(\frac{2\alpha_t}{\pi}\right)^{\frac{3}{4}} \exp(-\alpha_t r^2) \tag{10.2.14}$$

则非标准化 STO 的拟合式为

$$\phi_{1s}(a, r) = \sum c_t\chi_{1s}(\alpha'_t, r) = \sum c_t \left(\frac{2\alpha'_t}{\pi}\right)^{\frac{3}{4}} \exp(-\alpha'_t r^2) \tag{10.2.15}$$

式中

$$\alpha'_t = \alpha_t a^2$$

表 10.2.1 STO-KG 拟合的指数和系数

K	1s		2s		3s		4s	
	α	c	α	c	α	c	α	c
2	0.851819	0.430128	0.129228	0.747087	0.669410	−0.152965	0.244179	−0.304666
	0.151623	0.678914	0.0490858	0.285598	0.0583714	1.05137	0.0405110	1.146877
3	2.22766	0.154321	2.58158	−0.0599447	0.564149	−0.178258	0.226794	−0.334905
	0.40577	0.535328	0.156762	0.596039	0.0692442	0.861276	0.0444818	1.05674
	0.1098175	0.444635	0.0601833	0.458179	0.0326953	0.226184	0.0219529	0.125666
4	5.21684	0.0567524	11.6153	−0.0119841	1.51327	−0.0329550	0.324221	−0.112068
	0.954618	0.260141	2.00024	−0.0547205	0.426250	−0.172452	0.166322	−0.284543
	0.265203	0.532846	0.160728	0.580559	0.0764332	0.751851	0.0508110	0.890987
	0.0880186	0.291625	0.0612574	0.477008	0.0376055	0.358963	0.0282907	0.351781

K	2p		3p		3d	
	α	c	α	c	α	c
2	0.432391	0.452263	0.145862	0.534965	0.277743	0.466614
	0.106944	0.671312	0.0566421	0.529961	0.0833651	0.644707
3	0.919238	0.162395	2.69288	−0.0106195	0.522911	0.168660
	0.235919	0.566171	0.148936	0.521856	0.163960	0.584798
	0.0800981	0.422307	0.0573959	0.545002	0.0638663	0.405678
4	1.79826	0.0571317	1.85318	−0.0143425	0.918585	0.0579906
	0.466262	0.285746	0.191508	0.275518	0.292046	0.304558
	0.164372	0.551787	0.0865549	0.584675	0.118757	0.560136
	0.0654393	0.263231	0.0418425	0.214499	0.0528676	0.243242

表 10.2.2 STO-KG 拟合的误差

轨 道	4G	6G	8G	10G
1s	10^{-5}	10^{-6}	10^{-7}	10^{-8}
2s	10^{-6}	10^{-6}	10^{-7}	10^{-8}

这个简单的结果说明, 只要将拟合标准化 STO 的 Gauss 指数 α_t 乘上非标准化 STO 的指数 a 平方, 就可得到拟合非标准化 STO 的 Gauss 指数 α_t'. 组合系数 c_t 不变.

证明 由式 (10.2.3)

$$\begin{aligned}\phi_{1s}(a,r) &= a^{\frac{3}{2}}\phi_{1s}(1,r') \\ &= a^{\frac{3}{2}}\sum c_t\left(\frac{2\alpha_t}{\pi}\right)^{\frac{3}{4}}\exp(-\alpha_t r'^2) \\ &= \sum c_t\left(\frac{2\alpha_t a^2}{\pi}\right)^{\frac{3}{4}}\exp(-\alpha_t a^2 r^2)\end{aligned}$$

令

$$\alpha_t' = \alpha_t a^2$$

代入上式即化为

$$\phi_{1s}(a,r)=\sum c_t\left(\frac{2\alpha_t'}{\pi}\right)^{\frac{3}{4}}\exp(-\alpha_t' r^2)$$

(证毕)

例如, Be 原子 1s STO 轨道指数 $a=3.6848$, 故

$$\phi_{1s}(\mathrm{Be})=\left(\frac{a^3}{\pi}\right)^{\frac{1}{2}}\exp(-ar)=3.99067\exp(-3.6848r)$$

利用表 10.2.1 中的数据, 可将这个非标准 STO 用两个 GTO 拟合如下:

$$\phi_{1s}(\mathrm{Be})=0.43013\chi_{1s}[0.852(3.6848)^2,r]+0.67891\chi_{1s}[0.152(3.6848)^2,r]$$

10.3 Γ 函数及有关定积分

由于以后经常用到 Γ 函数及有关的定积分, 我们在这里介绍它们有关的定义和性质.

10.3.1 Γ 函数

(1) 定义

$$\Gamma(m)=\int_0^\infty x^{m-1}\exp(-x)\mathrm{d}x \qquad (m>0) \tag{10.3.1}$$

(2) 递推关系式. 令

$$U=x^{m-1} \qquad \mathrm{d}V=\exp(-x)\mathrm{d}x$$

对上式分部积分, 得

$$\Gamma(m)=[-x^{m-1}\exp(-x)]_0^\infty+(m-1)\int_0^\infty \exp(-x)x^{m-2}\mathrm{d}x$$

当 $m>1$ 时, 上式第一项为零. 于是有递推关系

$$\Gamma(m)=(m-1)\Gamma(m-1) \qquad (m>1) \tag{10.3.2}$$

(3) 整数 Γ 函数.

当 $m=1$ 时, 由式 (10.3.1) 得

$$\Gamma(1)=\int_0^\infty \exp(-x)\mathrm{d}x=[-\exp(-x)]_0^\infty=1 \tag{10.3.3}$$

利用递推关系

$$\Gamma(2) = \Gamma(1) = 1$$
$$\Gamma(3) = 2\Gamma(2) = 2 = 2 \cdot 1$$
$$\Gamma(4) = 3\Gamma(3) = 3 \cdot 2 \cdot 1$$

类推下去直到 $m = l$ $(l \geqslant 1)$, 就有

$$\Gamma(l) = (l-1)! \tag{10.3.4}$$

这里定义 0!=1.

10.3.2 半整数 Γ 函数—— 包含 $\exp(-ax^2)$ 的积分

(1)
$$\int_0^\infty x^l \exp(-ax^2)\mathrm{d}x = \frac{1}{2}a^{-\frac{l+1}{2}}\Gamma\left(\frac{l+1}{2}\right) \tag{10.3.5}$$

证明 令

$$u = ax^2$$

则

$$x = \left(\frac{u}{a}\right)^{\frac{1}{2}} \qquad \mathrm{d}x = \frac{1}{2}(au)^{-\frac{1}{2}}\mathrm{d}u$$

代入上式, 得

$$\begin{aligned}\int_0^\infty x^l \exp(-ax^2)\mathrm{d}x &= \frac{1}{2}a^{-\frac{l+1}{2}}\int_0^\infty \exp(-u)u^{\frac{l-1}{2}}\mathrm{d}u \\ &= \frac{1}{2}a^{-\frac{l+1}{2}}\Gamma\left(\frac{l+1}{2}\right)\end{aligned}$$

(证毕)

(2) 由对称性可得

$$\int_{-\infty}^\infty x^l \exp(-ax^2)\mathrm{d}x = 0 \qquad (\text{当 } l = \text{奇数时}) \tag{10.3.6}$$

$$\int_{-\infty}^\infty x^l \exp(-ax^2)\mathrm{d}x = a^{-\frac{l+1}{2}}\Gamma\left(\frac{l+1}{2}\right) \qquad (\text{当 } l = \text{偶数时}) \tag{10.3.7}$$

$$\int_{-\infty}^\infty x^{2l} \exp(-ax^2)\mathrm{d}x = a^{-(l+\frac{1}{2})}\Gamma\left(l+\frac{1}{2}\right) \qquad (\text{当} l \geqslant 0 \text{的整数时}) \tag{10.3.8}$$

(3) 当 $l = 0$, $a = 1$ 时, 由式 (10.3.8) 得

$$\Gamma\left(\frac{1}{2}\right) = \int_{-\infty}^\infty \exp(-x^2)\mathrm{d}x = \sqrt{\pi} \tag{10.3.9}$$

证明

$$\left[\Gamma\left(\frac{1}{2}\right)\right]^2 = \left[\int_{-\infty}^{\infty} \exp(-x^2)\mathrm{d}x\right]^2$$
$$= \int_{-\infty}^{\infty}\int_{-\infty}^{\infty} \exp(-x^2)\exp(-y^2)\mathrm{d}x\mathrm{d}y \equiv I \tag{10.3.10}$$

第二个等式是因改变傀标. 将 (x, y) 变成极坐标

$$x = r\cos\theta$$
$$y = r\sin\theta$$
$$\mathrm{d}x\mathrm{d}y = r\mathrm{d}r\mathrm{d}\theta$$
$$x^2 + y^2 = r^2$$

代入积分右边, 得

$$I = \int_0^{\infty}\int_0^{2\pi} r\exp(-r^2)\mathrm{d}\theta\mathrm{d}r = 2\pi\int_0^{\infty} r\exp(-r^2)\mathrm{d}r$$

令 $u = r^2$, 代入上式, 得

$$I = \pi\int_0^{\infty}\exp(-u)\mathrm{d}u = \pi\Gamma(1) = \pi$$

代回式 (10.3.10), 得

$$\Gamma\left(\frac{1}{2}\right) = \sqrt{\pi}$$

(证毕)

(4) 利用递推关系 [式 (10.3.2)], 得

$$\Gamma\left(\frac{3}{2}\right) = \frac{1}{2}\Gamma\left(\frac{1}{2}\right) = \frac{1}{2}\sqrt{\pi}$$
$$\Gamma\left(\frac{5}{2}\right) = \frac{3}{2}\Gamma\left(\frac{3}{2}\right) = \frac{1\times 3}{2\times 2}\sqrt{\pi}$$
$$\Gamma\left(\frac{7}{2}\right) = \frac{5}{2}\Gamma\left(\frac{5}{2}\right) = \frac{1\times 3\times 5}{2\times 2\times 2}\sqrt{\pi}$$

推而广之, 得

$$\Gamma\left(\frac{2l+1}{2}\right) = \frac{(2l-1)!!}{2^l}\sqrt{\pi} \tag{10.3.11}$$

(5) 由式 (10.3.5), 当 $l = 0$, $a > 0$ 时, 有

$$\int_0^{\infty}\exp(-ax^2)\mathrm{d}x = \frac{1}{2}a^{-\frac{1}{2}}\Gamma\left(\frac{1}{2}\right) = \frac{1}{2}\sqrt{\frac{\pi}{a}} \qquad (a > 0) \tag{10.3.12}$$

由式 (10.3.8), 当 $l=0$, $a>0$ 时, 有

$$\int_{-\infty}^{\infty}\exp(-ax^2)\mathrm{d}x=\sqrt{\frac{\pi}{a}} \tag{10.3.13}$$

10.3.3 包含$\exp(-ax^2-bx)$ 的积分

(1)
$$\int_{-\infty}^{\infty}\exp(-ax^2-bx)\mathrm{d}x=\sqrt{\frac{\pi}{a}}\exp\left(\frac{b^2}{4a}\right) \tag{10.3.14}$$

证明 由式 (10.3.13), 则有

$$\int_{-\infty}^{\infty}\exp(-az^2)\mathrm{d}z=\sqrt{\frac{\pi}{a}} \tag{10.3.15}$$

令

$$z=x+\frac{b}{2a}$$

则

$$\begin{aligned}az^2&=a\left(x+\frac{b}{2a}\right)^2=ax^2+bx+\frac{b^2}{4a}\\ \mathrm{d}z&=\mathrm{d}x\end{aligned}$$

代入上式, 得

$$\int_{-\infty}^{\infty}\exp(-az^2)\mathrm{d}z=\exp\left(-\frac{b^2}{4a}\right)\int_{-\infty}^{\infty}\exp(-ax^2-bx)\mathrm{d}x=\sqrt{\frac{\pi}{a}}$$

移项, 得

$$\int_{-\infty}^{\infty}\exp(-ax^2-bx)\mathrm{d}x=\sqrt{\frac{\pi}{a}}\exp\left(\frac{b^2}{4a}\right)$$

(证毕)

(2)
$$\int_{-\infty}^{\infty}\exp(-ax^2+ibx)\mathrm{d}x=\sqrt{\frac{\pi}{a}}\exp\left(-\frac{b^2}{4a}\right) \tag{10.3.16}$$

证明 只要在式 (10.3.15) 中令

$$z=x-\frac{ib}{2a}$$

即可证明之.

(3)
$$\int_{-\infty}^{\infty}x^n\exp(-ax^2+ibx)\mathrm{d}x=\left(\frac{1}{i}\right)^n\sqrt{\frac{\pi}{a}}(2\sqrt{a})^{-n}\frac{\partial^n}{\partial z^n}\exp(-z^2) \tag{10.3.17}$$

式中, $z^2 = \dfrac{b^2}{4a}$.

证明 由式 (10.3.16) 得

$$\begin{aligned}&\frac{\partial^n}{\partial b^n}\int_{-\infty}^{\infty}\exp(-ax^2+ibx)\mathrm{d}x\\&=i^n\int_{-\infty}^{\infty}x^n\exp(-ax^2+ibx)\mathrm{d}x\\&=\sqrt{\frac{\pi}{a}}\frac{\partial^n}{\partial b^n}\exp\left(-\frac{b^2}{4a}\right)\end{aligned}\tag{10.3.18}$$

令

$$z^2=\frac{b^2}{4a}$$

则

$$\frac{\partial z}{\partial b}=\frac{1}{2\sqrt{a}}$$

代入上式右边, 得

$$\int_{-\infty}^{\infty}x^n\exp(-ax^2+ibx)\mathrm{d}x=\left(\frac{1}{i}\right)^n\sqrt{\frac{\pi}{a}}(2\sqrt{a})^{-n}\frac{\partial^n}{\partial z^n}\exp(-z^2)$$

(证毕)

10.4 GTO 乘积定理

10.4.1 1s 型乘积定理

Gauss 乘积定理为 (参看图 10.4.1)

$$(ar_A)(br_B)=K[(a+b)r_P]$$

即

$$\exp(-ar_A^2)\exp(-br_B^2)=K\exp[-(a+b)r_P^2]\tag{10.4.1}$$

其中 P 点位于 AB 连线上某点, 即

$$\overline{PA}=\frac{b}{a+b}\overline{AB}\qquad\overline{PB}=\frac{a}{a+b}\overline{AB}\tag{10.4.1a}$$

$$K=\exp\left(-\frac{ab}{a+b}\overline{AB}^2\right)\tag{10.4.1b}$$

式中, $\overline{AB}$, $\overline{PA}$, $\overline{PB}$ 分别表示 AB, PB, PA 线段长度.

Gauss 定理说明, 以 A 为中心的 Gauss 函数与以 B 为中心的 Gauss 函数的乘积等于一个以 P 为中心的 Gauss 函数 (乘常数 K). 这个定理对于处理分子的双中心、三中心和四中心积分起很大作用.

现在我们来证明这个定理. 对于图 10.4.1 中三角形 ΔePA, 利用余弦定理, 得

$$r_A^2 = r_P^2 + \overline{PA}^2 - 2\overline{PA}r_P\cos\theta \qquad (10.4.2)$$

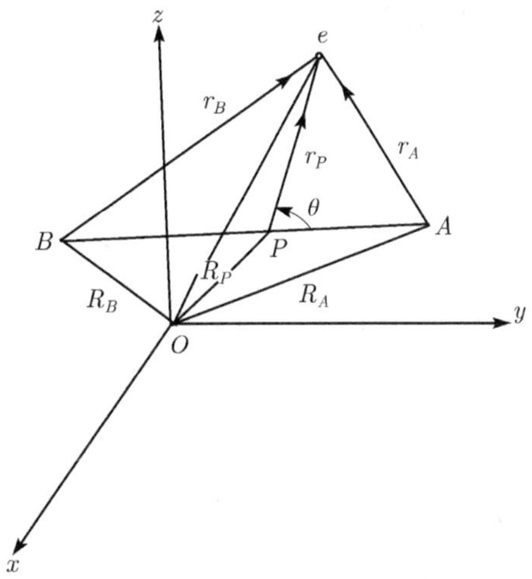

图10.4.1　Gauss 定理图

同理, 对于 ΔeBP, 有

$$r_B^2 = r_P^2 + \overline{PB}^2 + 2\overline{PB}r_P\cos\theta \qquad (10.4.3)$$

以 $\overline{PB}$ 乘式 (10.4.2), 得

$$\overline{PB}r_A^2 = \overline{PB}r_P^2 + \overline{PB}\cdot\overline{PA}^2 - 2\overline{PA}\cdot\overline{PB}r_P\cos\theta \qquad (10.4.4)$$

以 $\overline{PA}$ 乘式 (10.4.3), 得

$$\overline{PA}r_B^2 = \overline{PA}r_P^2 + \overline{PA}\cdot\overline{PB}^2 + 2\overline{PA}\cdot\overline{PB}r_P\cos\theta \qquad (10.4.5)$$

将式 (10.4.4) 和式 (10.4.5) 相加, 得

$$\begin{aligned}\overline{PB}r_A^2 + \overline{PA}r_B^2 &= (\overline{PA}+\overline{PB})r_P^2 + \overline{PA}\cdot\overline{PB}(\overline{PA}+\overline{PB})\\ &= \overline{AB}r_P^2 + \overline{PA}\cdot\overline{PB}\cdot\overline{AB}\end{aligned} \qquad (10.4.6)$$

令

$$\overline{PA} = \frac{b}{a+b}\overline{AB} \qquad \overline{PB} = \frac{a}{a+b}\overline{AB}$$

代入式 (10.4.6), 得

$$\frac{a}{a+b}\overline{AB}r_A^2 + \frac{b}{a+b}\overline{AB}r_B^2 = \overline{AB}r_P^2 + \overline{AB}^3\frac{ab}{(a+b)^2}$$

再以 $\dfrac{a+b}{\overline{AB}}$ 乘上式两边, 得

$$ar_A^2 + br_B^2 = (a+b)r_P^2 + \frac{ab}{a+b}\overline{AB}^2$$

两边取指数, 得

$$\exp(-ar_A^2)\exp(-br_B^2)=\exp[-(a+b)r_P^2]\exp\left(-\frac{ab}{a+b}\overline{AB}^2\right)$$

令

$$K=\exp\left(-\frac{ab}{a+b}\overline{AB}^2\right)$$

即得式 (10.4.1)

$$\exp(-ar_A^2)\exp(-br_B^2)=K\exp[-(a+b)r_P^2]$$

(证毕)

10.4.2 广义 GTO 乘积定理

考虑

$$(x_A^l y_A^m z_A^n a r_A)(x_B^{l'} y_B^{m'} z_B^{n'} b r_B)=? \tag{10.4.7}$$

参看图 10.4.1, 有

$$\boldsymbol{r}_A=\boldsymbol{r}_P+\boldsymbol{PA} \qquad \boldsymbol{r}_B=\boldsymbol{r}_P+\boldsymbol{PB}$$

写成分量, 有

$$\begin{aligned} x_A&=x_P+(\overline{PA})_x & x_B&=x_P+(\overline{PB})_x\\ y_A&=y_P+(\overline{PA})_y & y_B&=y_P+(\overline{PB})_y\\ z_A&=z_P+(\overline{PA})_z & z_B&=z_P+(\overline{PB})_z \end{aligned}$$

代入式 (10.4.7), 得广义 Gauss 函数乘积定理

$$\begin{aligned} &(x_A^l y_A^m z_A^n a r_A)(x_B^{l'} y_B^{m'} z_B^{n'} b r_B)\\ =&[x_P+(\overline{PA})_x]^l[x_P+(\overline{PB})_x]^{l'}[y_P+(\overline{PA})_y]^m\\ &\times[y_P+(\overline{PB})_y]^{m'}[z_P+(\overline{PA})_z]^n[z_P+(\overline{PB})_z]^{n'}K[(a+b)r_P] \end{aligned} \tag{10.4.8}$$

10.5 GTO 的归一化

归一化 GTO 如式 (10.1.5) 所示:

$$\chi(aAlmn)=N|aAlmn\rangle=Nx^l y^m z^n\exp(-ar^2)$$

现在要求归一化常数 N. 按照归一化的定义

$$1=\langle\chi(aAlmn)|\chi(aAlmn)\rangle=N^2\langle x^l y^m z^n ar|x^l y^m z^n ar\rangle=N^2 I_x I_y I_z \tag{10.5.1}$$

式中

$$I_x=\int_{-\infty}^{\infty}x^{2l}\exp(-2ax^2)\mathrm{d}x$$

$$I_y=\int_{-\infty}^{\infty}y^{2m}\exp(-2ay^2)\mathrm{d}y$$

$$I_z=\int_{-\infty}^{\infty}z^{2n}\exp(-2az^2)\mathrm{d}z$$

由式 (10.3.8) 和式 (10.3.11) 得

$$I_x=(2a)^{-(l+\frac{1}{2})}\Gamma\left(l+\frac{1}{2}\right)=(2a)^{-(l+\frac{1}{2})}\frac{(2l-1)!!}{2^l}\sqrt{\pi}$$

所以

$$I_xI_yI_z=a^{-(l+m+n+\frac{3}{2})}\pi^{\frac{3}{2}}2^{-2(l+m+n)-\frac{3}{2}}(2l-1)!!(2m-1)!!(2n-1)!!$$

于是归一化常数

$$\begin{aligned}N=\frac{1}{\sqrt{I_xI_yI_z}}&=\left[\frac{2^{2(l+m+n)+\frac{3}{2}}a^{l+m+n+\frac{3}{2}}}{\pi^{\frac{3}{2}}(2l-1)!!(2m-1)!!(2n-1)!!}\right]^{\frac{1}{2}}\\&=\left(\frac{2a}{\pi}\right)^{\frac{3}{4}}\left[\frac{(4a)^{l+m+n}}{(2l-1)!!(2m-1)!!(2n-1)!!}\right]^{\frac{1}{2}}\end{aligned}\tag{10.5.2}$$

10.6 重叠积分

重叠积分就是两个 Gauss 函数乘积的积分, 在双中心分子积分计算中要用到.

10.6.1 1s 型重叠积分 $\langle ar_A|br_B\rangle$ 的求值

$$I\equiv\langle ar_A|br_B\rangle\equiv\int\exp(-ar_A^2-br_B^2)\mathrm{d}\tau$$

由乘积定理

$$I=K\int\exp[-(a+b)r_P^2]\mathrm{d}\tau$$

式中

$$K=\exp\left(-\frac{ab}{a+b}\overline{AB}^2\right)$$

所以

$$I=K\iiint\exp[-(a+b)(x_P^2+y_P^2+z_P^2)]\mathrm{d}x_P\mathrm{d}y_P\mathrm{d}z_P=KI_xI_yI_z\tag{10.6.1}$$

式中

$$I_x=\int_{-\infty}^{\infty}\exp[-(a+b)x_P^2]\mathrm{d}x_P$$

由式 (10.3.8), 上式可写成

$$I_x=(a+b)^{-\frac{1}{2}}\varGamma\left(\frac{1}{2}\right)=\left(\frac{\pi}{a+b}\right)^{\frac{1}{2}}$$

同理

$$I_y=I_z=\left(\frac{\pi}{a+b}\right)^{\frac{1}{2}}$$

代入式 (10.6.1), 得

$$I=\langle ar_A|br_B\rangle=K\left(\frac{\pi}{a+b}\right)^{\frac{3}{2}}=\exp\left(-\frac{ab}{a+b}\overline{AB}^2\right)\left(\frac{\pi}{a+b}\right)^{\frac{3}{2}} \tag{10.6.2}$$

10.6.2 重叠积分的一般公式

现在要计算一般 GTO 的重叠积分

$$I=\langle x_A^l y_A^m z_A^n ar_A|x_B^{l'}y_B^{m'}z_B^{n'}br_B\rangle=KI_xI_yI_z \tag{10.6.3}$$

式中, K 是我们多次遇到的, 即

$$K=\exp\left(-\frac{ab}{a+b}\overline{AB}^2\right)$$

只要计算出 I_x、I_y 和 I_z, 就可获得重叠积分值.

由广义二项式定理可知

$$x_A^l=[x_P+(\overline{PA})_x]^l=\sum_{\lambda=0}^{l}\begin{pmatrix} l\\ \lambda\end{pmatrix}(\overline{PA})_x^{l-\lambda}x_P^{\lambda} \tag{10.6.4}$$

式中

$$\begin{pmatrix} l\\ \lambda\end{pmatrix}=\frac{l!}{\lambda!(l-\lambda)!} \tag{10.6.5}$$

同样

$$x_B^{l'}=(x_P+(\overline{PB})_x)^{l'}=\sum_{\mu=0}^{l'}\begin{pmatrix} l'\\ \mu\end{pmatrix}(\overline{PB})_x^{l'-\mu}x_P^{\mu} \tag{10.6.6}$$

将式 (10.6.4) 和式 (10.6.6) 相乘, 得

$$x_A^l x_B^{l'}=\sum_{i=0}^{l+l'}f_i[ll'(\overline{PA})_x(\overline{PB})_x]x_P^i \tag{10.6.7}$$

考虑到式 (10.6.4) 和式 (10.6.6), 式 (10.6.7) 中

$$f_i[ll'(\overline{PA})_x(\overline{PB})_x]=\sum_{\substack{\lambda=0\\(\lambda+\mu=i)}}^{l}\sum_{\mu=0}^{l'}\begin{pmatrix} l\\ \lambda\end{pmatrix}\begin{pmatrix} l'\\ \mu\end{pmatrix}(\overline{PA})_x^{l-\lambda}(\overline{PB})_x^{l'-\mu}$$

式中, 和号的指标 λ 和 μ 需服从关系式 $(\lambda+\mu=i)$.

有了这些关系之后, 就可得到

$$I_x=\sum_{i=0}^{l+l'}f_i[ll'(\overline{PA})_x(\overline{PB})_x]\int_{-\infty}^{\infty}x_P^i\ \exp[-(a+b)x_P^2]\mathrm{d}x_P$$

根据式 (10.3.7), 当 i 为偶数时, 上式积分才不等于零. 故有

$$I_x=\sum_{i=0}^{[\frac{l+l'}{2}]}f_{2i}[ll'(\overline{PA})_x(\overline{PB})_x](a+b)^{-(i+\frac{1}{2})}\Gamma\left(i+\frac{1}{2}\right)$$

由式 (10.3.11), 上式可写为

$$I_x=\sqrt{\frac{\pi}{a+b}}\sum_{i=0}^{[\frac{l+l'}{2}]}f_{2i}[ll'(\overline{PA})_x(\overline{PB})_x]\frac{(2i-1)!!}{[2(a+b)]^i}\tag{10.6.8}$$

同理

$$I_y=\sqrt{\frac{\pi}{a+b}}\sum_{j=0}^{[\frac{m+m'}{2}]}f_{2j}[mm'(\overline{PA})_y(\overline{PB})_y]\frac{(2j-1)!!}{[2(a+b)]^j}\tag{10.6.9}$$

$$I_z=\sqrt{\frac{\pi}{a+b}}\sum_{k=0}^{[\frac{n+n'}{2}]}f_{2k}[nn'(\overline{PA})_z(\overline{PB})_z]\frac{(2k-1)!!}{[2(a+b)]^k}\tag{10.6.10}$$

下面列出几个特殊的重叠积分, 请读者当作习题, 用上述一般公式或特殊方法证明其结果.

(1) $\langle x_A ar_A|br_B\rangle$

(2) $\langle x_A ar_A|x_B br_B\rangle$

(3) $\langle x_A^2 ar_A|br_B\rangle$

(4) $\langle ar_A|x_B^2 br_B\rangle$

(5) $\langle ar_A|x_B^3 br_B\rangle$

(6) $\langle ar_A|x_B y_B^2 br_B\rangle$

(7) $\langle ar_A|x_B z_B^2 br_B\rangle$

10.6.3 归一化 GTO 的重叠积分

归一化 Gauss 函数的重叠积分与上述相同, 只是多了一个归一化常数 N, 其结果是两个全同的归一化 Gauss 函数的重叠积分值是 1. 现举例说明. 例如:

$$\langle\chi_{1s}(ar_A)|\chi_{1s}(br_B)\rangle=\left(\frac{2\sqrt{ab}}{a+b}\right)^{\frac{3}{2}}K$$

式中

$$K=\exp\left(-\frac{ab}{a+b}\overline{AB}^2\right)$$

这是不同中心 (A 和 B) 不同指数 (a 和 b) 的 1s 型归一化 Gauss 函数重叠积分, 其值不等于 1. 但当 $A=B$, $a=b$ 时, 即两个中心合而为一, 两个指数相同时, 有

$$\overline{AB}=0\qquad K=1\qquad \frac{2\sqrt{ab}}{a+b}=1$$

故上式重叠积分成为

$$\langle\chi_{1s}(ar_A)|\chi_{1s}(ar_A)\rangle=1$$

又如:

$$\begin{aligned}
&\langle\chi_{1s}(ar_A)|\chi_{2p_x}(br_B)\rangle\\
=&\left(\frac{2a}{\pi}\right)^{\frac{3}{4}}\left(\frac{128b^5}{\pi^3}\right)^{\frac{1}{4}}\langle ar_A|x_Bbr_B\rangle\\
=&\left(\frac{2a}{\pi}\right)^{\frac{3}{4}}\left(\frac{128b^5}{\pi^3}\right)^{\frac{1}{4}}(\overline{PB})_x\left(\frac{\pi}{a+b}\right)^{\frac{3}{2}}K\\
=&4\sqrt{2}\left[\frac{a^3b^5}{(a+b)^6}\right]^{\frac{1}{4}}\frac{a}{a+b}(\overline{AB})_xK\\
=&4\sqrt{2}(a^7b^5)^{\frac{1}{4}}(a+b)^{-\frac{5}{2}}(\overline{AB})_xK
\end{aligned}\tag{10.6.11}$$

$$\begin{aligned}
&\langle\chi_{2p_x}(ar_A)|\chi_{2p_x}(br_B)\rangle\\
=&\left(\frac{128a^5}{\pi^3}\right)^{\frac{1}{4}}\left(\frac{128b^5}{\pi^3}\right)^{\frac{1}{4}}\langle x_Aar_A|x_Bbr_B\rangle\\
=&\left(\frac{128(ab)^{5/2}}{\pi^3}\right)^{\frac{1}{2}}\left(\frac{\pi}{a+b}\right)^{\frac{3}{2}}\left[\frac{1}{2(a+b)}+(\overline{PA})_x(\overline{PB})_x\right]K
\end{aligned}\tag{10.6.12}$$

当 $a=b$, $A=B$ 时, 式 (10.6.12) 为

$$\langle\chi_{2p_x}(ar_A)|\chi_{2p_x}(ar_A)\rangle=1$$

10.7 动能积分

动能积分中涉及算符$-\frac{1}{2}\nabla^2$, 即涉及 Gauss 函数的微商公式. 因此在讨论动能积分之前先给出 Gauss 函数的微商公式.

10.7.1 GTO 的微商

一级微商

$$\frac{\partial}{\partial x_A}\left|aAlmn\right\rangle = \frac{\partial}{\partial x_A}\{x_A^l y_A^m z_A^n \exp[-a(x_A^2+y_A^2+z_A^2)]\}$$
$$= (lx_A^{-1} - 2ax_A)|aAlmn\rangle \tag{10.7.1}$$

二级微商

$$\frac{\partial^2}{\partial x_A^2}\left|aAlmn\right\rangle = \frac{\partial}{\partial x_A}[(lx_A^{-1} - 2ax_A)|aAlmn\rangle]$$
$$= [l(l-1)x_A^{-2} - 2a(2l+1) + 4a^2x_A^2]|aAlmn\rangle \tag{10.7.2}$$

只要将式 (10.7.1) 和式 (10.7.2) 中的 x_A 代之以 y_A 和 z_A, 相应的 l 代之以 m 和 n, 就可得到 $\frac{\partial}{\partial y_A}$, $\frac{\partial^2}{\partial y_A^2}$ 和 $\frac{\partial}{\partial z_A}$, $\frac{\partial^2}{\partial z_A^2}$ 的表示式.

10.7.2 动能积分公式

(1) 定义符号. 如果

$$\langle 0|0\rangle \equiv \langle aAl_1m_1n_1|bBl_2m_2n_2\rangle \tag{10.7.3}$$

则

$\langle +n|0\rangle_x$ 表示 l_1 增加 n 的积分;

$\langle +n|0\rangle_y$ 表示 m_1 增加 n 的积分;

$\langle +n|0\rangle_z$ 表示 n_1 增加 n 的积分;

$\langle 0|+n\rangle_x$ 表示 l_2 增加 n 的积分;

$\langle 0|+n\rangle_y$ 表示 m_2 增加 n 的积分;

$\langle 0|+n\rangle_z$ 表示 n_2 增加 n 的积分;

$\langle +m|+n\rangle_x$ 表示 l_1 和 l_2 分别增加 m 和 n 的积分;

$\langle -m|-n\rangle_x$ 表示 l_1 和 l_2 分别减少 m 和 n 的积分. 若 m 和 n 使 l_1 和 l_2 成为负值, 则积分为零.

(2) 动能积分.

$$\begin{aligned}
\text{动能} &= \left\langle aAl_1m_1n_1\left|-\frac{1}{2}\nabla^2\right|bBl_2m_2n_2\right\rangle \\
&= -\frac{1}{2}\left\langle aAl_1m_1n_1\left|\frac{\partial^2}{\partial x^2}+\frac{\partial^2}{\partial y^2}+\frac{\partial^2}{\partial z^2}\right|bBl_2m_2n_2\right\rangle \\
&\equiv I_x+I_y+I_z
\end{aligned}\tag{10.7.4}$$

式中

$$I_x\equiv-\frac{1}{2}\left\langle aAl_1m_1n_1\left|\frac{\partial^2}{\partial x^2}\right|bBl_2m_2n_2\right\rangle$$

利用式 (10.7.2), 上式可写成

$$I_x\equiv-\frac{1}{2}l_2(l_2-1)\langle 0|-2\rangle_x+b(2l_2+1)\langle 0|0\rangle-2b^2\langle 0|+2\rangle_x\tag{10.7.5}$$

同样

$$I_y\equiv-\frac{1}{2}m_2(m_2-1)\langle 0|-2\rangle_y+b(2m_2+1)\langle 0|0\rangle-2b^2\langle 0|+2\rangle_y\tag{10.7.6}$$

$$I_z\equiv-\frac{1}{2}n_2(n_2-1)\langle 0|-2\rangle_z+b(2n_2+1)\langle 0|0\rangle-2b^2\langle 0|+2\rangle_z\tag{10.7.7}$$

10.7.3 动能积分特例

例 10.1 求

$$\left\langle aA\left|-\frac{1}{2}\nabla^2\right|bB\right\rangle=I_x+I_y+I_z\tag{10.7.8}$$

解 这是 1s 型函数, $l_1=m_1=n_1=l_2=m_2=n_2=0$, 由式 (10.7.4) 和式 (10.7.7) 有

$$I_x=b\langle 0|0\rangle-2b^2\langle 0|+2\rangle_x$$

对其中第二项运用习题 6(4), 上式简化为

$$I_x=\left\{b-2b^2\left[\frac{1}{2(a+b)}+(\overline{PB})_x^2\right]\right\}\langle aA|bB\rangle=\left[\frac{ab}{a+b}-2b^2(\overline{PB})_x^2\right]\langle aA|bB\rangle$$

同样

$$I_y=\left[\frac{ab}{a+b}-2b^2(\overline{PB})_y^2\right]\langle aA|bB\rangle$$

$$I_z=\left[\frac{ab}{a+b}-2b^2(\overline{PB})_z^2\right]\langle aA|bB\rangle$$

代入式 (10.7.8), 得

$$\left\langle aA\left|-\frac{1}{2}\nabla^2\right|bB\right\rangle = \left[\frac{3ab}{a+b} - 2b^2\frac{a^2}{(a+b)^2}\overline{AB}^2\right]\langle aA|bB\rangle$$
$$= \frac{ab}{a+b}\left[3 - \frac{2ab}{a+b}\overline{AB}^2\right]\left(\frac{\pi}{a+b}\right)^{\frac{3}{2}}K \tag{10.7.9}$$

10.8　不完全 Γ 函数 $F_m(w)$

为了以后计算电子–核吸引能以及电子间的排斥能, 我们首先需要引入不完全 Γ 函数及有关特性.

10.8.1　定义

定义下列函数为不完全 Γ 函数:

$$F_m(w) = \int_0^1 \exp(-wt^2)t^{2m}\mathrm{d}t \tag{10.8.1}$$

式中, w 是大于等于零的实数, m 是大于等于零的正整数. 此函数在 w 选定以后, m 越大 F 越小. 当 $w=0$ 时

$$F_m(0) = (2m+1)^{-1} \tag{10.8.2}$$

10.8.2　递推关系

令

$$u = \exp(-wt^2) \qquad \mathrm{d}v = t^{2m}\mathrm{d}t$$

对式 (10.8.1) 进行分部积分

$$F_m(w) = \left[\exp(-wt^2)\frac{t^{2m+1}}{2m+1}\right]_0^1 + \frac{2w}{2m+1}\int_0^1 t^{2m+2}\exp(-wt^2)\mathrm{d}t$$

即

$$F_m(w) = \frac{1}{2m+1}[\exp(-w) + 2wF_{m+1}(w)] \tag{10.8.3}$$

这就是递推公式. 式 (10.8.3) 也可写成

$$F_{m+1}(w) = \frac{1}{2w}[(2m+1)F_m(w) - \exp(-w)] \tag{10.8.4}$$

递推趋势是

$$F_m(w) > F_{m+1}(w) > F_{m+2}(w) \cdots > F_{m+j}(w) \cong 0$$

若将 $F_{m+j}=0$, 并要求误差 $<10^{-9}$, 通过数值试验, j 可由下式定出

$$j = 8 + \frac{m}{2} + 2w$$

由此可求出一系列 F_m 的近似值.

例 10.2 求

$$F_2(1) = \int_0^1 \exp(-t^2)t^4 \mathrm{d}t$$

解 $w=1, m=2, j=8+\frac{m}{2}+2w=8+1+2=11$

$$F_{m+j}(1) = F_{2+11}(1) = F_{13}(1) = 0$$

由递推公式 [式 (10.8.3)], 有

$$F_{12}(1) = \frac{1}{2\times 12+1}[\mathrm{e}^{-1} + 2F_{13}(1)] = \frac{1}{25}\mathrm{e}^{-1}$$

依此类推, 有

$$\begin{aligned}
F_{11}(1) &= \frac{1}{2\times 11+1}[\mathrm{e}^{-1} + 2F_{12}(1)] = \frac{1}{23}[\mathrm{e}^{-1} + 2F_{12}(1)] \\
F_{10}(1) &= \frac{1}{21}[\mathrm{e}^{-1} + 2F_{11}(1)] \\
&\vdots \\
F_2(1) &= \frac{1}{5}[\mathrm{e}^{-1} + 2F_3(1)]
\end{aligned}$$

10.8.3 $F_m(w)$ 的幂级数形式

多次重复递推公式 [式 (10.8.3)], 可得到 $F_m(w)$ 的幂级数形式

$$\begin{aligned}
F_m(w) &= \frac{\exp(-w)}{(2m+1)} + \frac{2w}{(2m+1)}F_{m+1}(w) \\
&= \frac{\exp(-w)}{(2m+1)} + \frac{2w}{(2m+1)}\left[\frac{\exp(-w)}{2(m+1)+1} + \frac{2w}{2(m+1)+1}F_{m+2}(w)\right] \\
&= \frac{\exp(-w)}{2m+1} + \frac{\exp(-w)2w}{(2m+1)(2(m+1)+1)} \\
&\quad + \frac{(2w)^2}{(2m+1)(2(m+1)+1)}F_{m+2}(w)
\end{aligned}$$

不断重复, 就可得到级数形式

$$F_m(w) = \mathrm{e}^{-w} \sum_{i=0}^{\infty} \frac{(2m-1)!!(2w)^i}{(2m+2i+1)!!} \tag{10.8.5}$$

10.8.4　$F_m(w)$ 的 Padé 近似表示式

凡是用两个多项式之商来表示某一函数称为 Padé 近似表示式. $F_m(w)$ 的 Padé 近似表示式为

$$F_m(w)^* = \left[\frac{a_0 + a_1 w + a_2 w^2 + \cdots + a_n w^n}{1 + b_1 w + b_2 w^2 + \cdots + b_{n+1} w^{n+1}}\right]^{m+\frac{1}{2}} \quad (0 \leqslant w \leqslant w_{\max}) \tag{10.8.6}$$

$$F_m(w) \cong [(2m-1)!!/(2w)^{m+\frac{1}{2}}](\pi/2)^{\frac{1}{2}} \qquad (w > w_{\max}) \tag{10.8.7}$$

Schaad[9] 用 Padé 近似理论求系数 a_i 和 b_i, 见表 10.8.1, 其中 $a_0 = (2m+1)^{-\frac{2}{2m+1}}$. 由表 10.8.1 可知误差不大于 10^{-8}.

表 10.8.1　$F_m^*(w)$ 值

	F_0	F_1	F_2
a_1	0.21327 13024 31420	0.29519 59947 16045×10^{-1}	−0.57576 34886 35418×10^{-2}
a_2	0.62934 44602 55614×10^{-1}	0.12879 09854 65415×10^{-1}	0.73147 49733 33076×10^{-2}
a_3	0.76983 80377 56759×10^{-2}	0.99816 54995 53218×10^{-3}	0.25127 61494 43393×10^{-3}
a_4	0.75843 31971 27160×10^{-3}	0.97092 79832 76419×10^{-4}	0.26433 62445 59094×10^{-4}
a_5	0.56469 11976 33667×10^{-4}	0.49383 98470 29699×10^{-5}	…
b_1	0.87993 78016 60182	0.46140 31945 79124	0.27475 41547 12841
b_2	0.33845 03684 70103	0.10849 41643 72449	0.42536 48303 53043×10^{-1}
b_3	0.73852 29532 99624×10^{-1}	0.17146 29348 45042×10^{-1}	0.49390 27909 55943×10^{-2}
b_4	0.10143 15534 02629×10^{-1}	0.19691 86578 45508×10^{-2}	0.43725 15009 27601×10^{-3}
b_5	0.95552 88429 75585×10^{-3}	0.16013 88632 65254×10^{-3}	0.28891 46623 93981×10^{-4}
b_6	0.72026 65203 92572×10^{-4}	0.85770 87130 07233×10^{-5}	…
最大误差	2.47×10^{-9}	7.67×10^{-10}	9.48×10^{-9}
$w_{\max}$	16.3578	17.4646	15.2368
	F_3	F_4	F_5
a_1	−0.29011 04304 24666×10^{-1}	−0.45269 31111 79624×10^{-1}	−0.56614 32593 16101×10^{-1}
a_2	0.56188 43707 81462×10^{-2}	0.49007 00628 99003×10^{-2}	0.45591 68945 77203×10^{-2}
a_3	0.30162 82673 82713×10^{-4}	−0.56178 97199 79307×10^{-4}	−0.89415 27213 95639×10^{-4}
a_4	0.11067 10353 61856×10^{-4}	0.55081 46269 51998×10^{-5}	0.32809 67323 08082×10^{-5}
b_1	0.17163 76082 42892	0.10805 19899 37231	0.66293 29584 71386×10^{-1}
b_2	0.18757 14172 56877×10^{-1}	0.85592 49434 30755×10^{-2}	0.38372 44438 72493×10^{-2}
b_3	0.17853 68296 75118×10^{-2}	0.72496 85713 89473×10^{-3}	0.32716 76598 11839×10^{-3}
b_4	0.13736 07781 30936×10^{-3}	0.50233 82231 56067×10^{-4}	0.21043 04376 82548×10^{-4}
b_5	0.79191 52068 83054×10^{-5}	0.24910 78373 99141×10^{-5}	0.88356 29350 89333×10^{-6}
最大误差	3.95×10^{-9}	1.69×10^{-9}	7.56×10^{-10}
$w_{\max}$	16.0419	16.8955	17.7822

续表

	F_6	F_7	F_8
a_1	$-0.50324\ 91675\ 34352 \times 10^{-1}$	$-0.54820\ 10626\ 15785\times 10^{-1}$	$-0.58161\ 80060\ 78160\times 10^{-1}$
a_2	$0.27313\ 56254\ 30953 \times 10^{-2}$	$0.25309\ 99082\ 33175\times 10^{-2}$	$0.23852\ 55290\ 84601\times 10^{-2}$
a_3	$-0.31073\ 36248\ 19100 \times 10^{-4}$	$-0.33358\ 94694\ 27863\times 10^{-4}$	$-0.32998\ 90203\ 17093\times 10^{-4}$
b_1	$0.58660\ 93280\ 33371 \times 10^{-1}$	$0.38987\ 31287\ 79298\times 10^{-1}$	$0.24092\ 92826\ 66615\times 10^{-1}$
b_2	$0.19404\ 46914\ 97128 \times 10^{-2}$	$0.56989\ 08608\ 32729\times 10^{-3}$	$-0.20267\ 76474\ 99956\times 10^{-3}$
b_3	$0.10944\ 27425\ 02192 \times 10^{-3}$	$0.42218\ 71293\ 33708\times 10^{-4}$	$0.11982\ 06759\ 74460\times 10^{-4}$
b_4	$0.61340\ 62364\ 01726 \times 10^{-5}$	$0.28601\ 00591\ 44633\times 10^{-5}$	$0.14576\ 20869\ 04409\times 10^{-5}$
最大误差	6.73×10^{-9}	3.11×10^{-9}	1.43×10^{-9}
$w_{\max}$	15.8077	16.5903	17.3336
	F_9	F_{10}	F_{11}
a_1	$-0.33484\ 39939\ 01400 \times 10^{-1}$	$-0.33529\ 21718\ 05959\times 10^{-1}$	$-0.33266\ 97737\ 70348\times 10^{-1}$
a_2	$0.84663\ 74941\ 47059 \times 10^{-3}$	$0.74916\ 89579\ 90503\times 10^{-3}$	$0.66872\ 04896\ 02687\times 10^{-3}$
b_1	$0.49587\ 56069\ 44471 \times 10^{-1}$	$0.42149\ 29320\ 21683\times 10^{-1}$	$0.36305\ 76852\ 89467\times 10^{-1}$
b_2	$0.94664\ 23023\ 40943 \times 10^{-3}$	$0.58284\ 09853\ 60327\times 10^{-3}$	$0.34564\ 61009\ 84643\times 10^{-3}$
b_3	$0.10836\ 77722\ 49790 \times 10^{-4}$	$0.23767\ 67905\ 77455\times 10^{-5}$	$-0.19087\ 23303\ 73450\times 10^{-5}$
最大误差	1.08×10^{-8}	4.22×10^{-9}	1.72×10^{-9}
$w_{\max}$	15.6602	16.5258	17.5395
	F_{12}	F_{13}	F_{14}
a_1	$-0.32624\ 19664\ 10798 \times 10^{-1}$	$-0.31775\ 43680\ 14894\times 10^{-1}$	$-0.30875\ 58547\ 48829\times 10^{-1}$
a_2	$0.59870\ 51754\ 67956 \times 10^{-3}$	$0.53767\ 85959\ 33584\times 10^{-3}$	$0.48504\ 64519\ 60769\times 10^{-3}$
b_1	$0.31868\ 00482\ 77695 \times 10^{-1}$	$0.28403\ 60270\ 81815\times 10^{-1}$	$0.25569\ 46254\ 34059\times 10^{-1}$
b_2	$0.20241\ 96623\ 47765 \times 10^{-3}$	$0.11367\ 34206\ 62576\times 10^{-3}$	$0.54201\ 01920\ 55080\times 10^{-4}$
b_3	$-0.36209\ 51738\ 37973 \times 10^{-5}$	$-0.41607\ 68105\ 52774\times 10^{-5}$	$-0.42475\ 94985\ 27876\times 10^{-5}$
最大误差	7.20×10^{-10}	2.67×10^{-10}	2.22×10^{-10}
$w_{\max}$	18.5783	19.6511	20.7839
	F_{15}	F_{16}	
a_1	$-0.30014\ 38066\ 719997\times 10^{-1}$	$-0.28834\ 64179\ 91609\times 10^{-1}$	
a_2	$0.43998\ 30324\ 27912\times 10^{-3}$	$0.39716\ 17963\ 18408\times 10^{-3}$	
b_1	$0.23147\ 88786\ 74366\times 10^{-1}$	$0.21502\ 19331\ 20724\times 10^{-1}$	
b_2	$0.10554\ 65815\ 96674\times 10^{-4}$	$-0.12859\ 24574\ 53950\times 10^{-5}$	
b_3	$-0.41893\ 29570\ 34726\times 10^{-5}$	$-0.36212\ 0.6516\ 88135\times 10^{-5}$	
最大误差	1.92×10^{-9}	3.07×10^{-10}	
$w_{\max}$	21.9998	20.9225	

国外通用的从头计算程序如 Gauss–70, Gauss–76 和 Polyatom Version-II 等一般采用式 (10.8.5) 来计算 $F_m(w)$. 国内第一次自编了自洽场分子轨道通用从头计算程序[3~6], 其中就采用式 (10.8.6) 和式 (10.8.7) 计算 $F_m(w)$, 可以节省计算时间约五分之四.

10.8.5 $F_m(w)$ 的微商公式

$$\frac{\partial}{\partial w}F_m(w) = \int_0^1 t^{2m}\frac{\partial}{\partial w}\exp(-wt^2)\mathrm{d}t$$

$$
\begin{aligned}
&= -\int_0^1 t^{2(m+1)}\exp(-wt^2)\mathrm{d}t \\
&= -F_{m+1}(w)
\end{aligned}
$$

10.9　1s 型电子–核吸引能积分

这里只以 1s 型未归一化 Gauss 函数为例来阐明电子–核吸引能积分计算方法, 其普遍情况见 10.11 节. 电子–核吸引能积分由式 (10.9.1) 表示

$$
\begin{aligned}
\left\langle ar_A\left|\frac{1}{r_C}\right|br_B\right\rangle &\equiv \int \exp(-ar_A^2 - br_B^2)\frac{1}{r_C}\mathrm{d}\tau \\
&= K\int \exp[-(a+b)r_P^2]\frac{1}{r_C}\mathrm{d}\tau
\end{aligned}
\tag{10.9.1}
$$

式中, r_C 是电子到某一中心点 C 的距离.

这个积分的复杂性来自 $\dfrac{1}{r_C}$, 故先对它进行处理. 用 Laplace 变换可以将 $\dfrac{1}{r_C}$ 变换成含有 Gauss 函数积分的形式

$$
\frac{1}{r_C} = \pi^{-\frac{1}{2}}\int_0^\infty \exp(-sr_C^2)s^{-\frac{1}{2}}\mathrm{d}s \tag{10.9.2}
$$

证明　令 $u = sr_C^2$, $s = ur_C^{-2}$, 则

$$
s^{-\frac{1}{2}}\mathrm{d}s = u^{-\frac{1}{2}}r_C^{-1}\mathrm{d}u
$$

代入式 (10.9.2), 得

$$
\begin{aligned}
\frac{1}{r_C} &= \pi^{-\frac{1}{2}}\int_0^\infty r_C^{-1}\exp(-u)u^{-\frac{1}{2}}\mathrm{d}u \\
&= \pi^{-\frac{1}{2}}\frac{1}{r_C}\int_0^\infty \exp(-u)u^{-\frac{1}{2}}\mathrm{d}u = \pi^{-\frac{1}{2}}\frac{1}{r_C}\Gamma\left(\frac{1}{2}\right) \\
&= \pi^{-\frac{1}{2}}\frac{1}{r_C}\sqrt{\pi} \\
&= \frac{1}{r_C}
\end{aligned}
\tag{10.9.3}
$$

(证毕)

将式 (10.9.2) 代入式 (10.9.1), 得

$$
\left\langle ar_A\left|\frac{1}{r_C}\right|br_B\right\rangle = K\pi^{-\frac{1}{2}}\int\int \exp[-(a+b)r_P^2)]\exp(-sr_C^2)s^{-\frac{1}{2}}\mathrm{d}s\mathrm{d}\tau \tag{10.9.4}
$$

为了解决对 r 的积分, 需要对 P-C 两中心点再利用乘积定理

$$\exp[-(a+b)r_P^2]\exp(-sr_C^2) = \exp\left[-\frac{(a+b)s}{a+b+s}\overline{PC}^2\right]\exp[-(a+b+s)r_D^2] \quad (10.9.5)$$

式中, D 点在 P-C 两点的连线上, 即

$$\boldsymbol{r}_D = \frac{a+b}{a+b+s}\boldsymbol{r}_P + \frac{s}{a+b+s}\boldsymbol{r}_C \quad (10.9.6)$$

将式 (10.9.5) 代入式 (10.9.4), 得

$$\begin{aligned}&\left\langle ar_A\left|\frac{1}{r_C}\right|br_B\right\rangle \\ =&K\pi^{-\frac{1}{2}}\int_0^\infty \exp\left[-\frac{(a+b)s}{a+b+s}\overline{PC}^2\right]s^{-\frac{1}{2}}\mathrm{d}s\int_{-\infty}^\infty \exp(-(a+b+s)r_D^2)\mathrm{d}\tau\end{aligned} \quad (10.9.7)$$

对式 (10.9.7) 右边第二个积分, 将式 (10.3.13) 推广到三维情况, 有

$$\int\exp(-ar^2)\mathrm{d}\tau = \iiint_{-\infty}^{\infty}\exp[-a(x^2+y^2+z^2)]\mathrm{d}x\mathrm{d}y\mathrm{d}z = \pi^{\frac{3}{2}}a^{-\frac{3}{2}} \quad (10.9.8)$$

于是式 (10.9.7) 的第二个积分为

$$\int\exp[-(a+b+s)r_D^2]\mathrm{d}\tau = \pi^{\frac{3}{2}}(a+b+s)^{-\frac{3}{2}} \quad (10.9.9)$$

代入式 (10.9.7), 得

$$\left\langle ar_A\left|\frac{1}{r_C}\right|br_B\right\rangle = K\pi\int_0^\infty \exp\left[-\frac{(a+b)s}{a+b+s}\overline{PC}^2\right]s^{-\frac{1}{2}}(a+b+s)^{-\frac{3}{2}}\mathrm{d}s \quad (10.9.10)$$

至此, 只解决三中心积分问题, 还要解决对 s 的积分. 下面可看到这将导致 10.8 节叙述的 $F_m(w)$ 函数.

令

$$t^2 = \frac{s}{a+b+s} \qquad t^2(a+b+s) = s$$

对上式两边微分, 得

$$2t(a+b+s)\mathrm{d}t + t^2\mathrm{d}s = \mathrm{d}s$$

即

$$(1-t^2)\mathrm{d}s = 2t(a+b+s)\mathrm{d}t = 2\sqrt{\frac{s}{a+b+s}}(a+b+s)\mathrm{d}t$$

故

$$\mathrm{d}s=\frac{2s^{\frac{1}{2}}(a+b+s)^{\frac{1}{2}}}{\dfrac{a+b}{a+b+s}}\mathrm{d}t=\frac{2}{a+b}s^{\frac{1}{2}}(a+b+s)^{\frac{3}{2}}\mathrm{d}t$$

代入式 (10.9.10), 得

$$\left\langle ar_A\left|\frac{1}{r_C}\right|br_B\right\rangle=K\frac{2\pi}{a+b}\int_0^1\exp[-(a+b)\overline{PC}^2t^2]\mathrm{d}t$$

由 $F_m(w)$ 函数定义式 [式 (10.8.1)], 上式即为

$$\left\langle ar_A\left|\frac{1}{r_C}\right|br_B\right\rangle=K\frac{2\pi}{a+b}F_0[(a+b)\overline{PC}^2] \tag{10.9.11}$$

F_0 问题已解决, 从而 1s 型三中心电子–核吸引能积分最后获得解决.

10.10 1s 型电子排斥能积分

设图 10.10.1 中的 A、B、C 和 D 是四个核所在点, 1 和 2 为电子. 这里也只讨论 1s 型的电子排斥能积分, 即

$$\begin{aligned}I&\equiv\left\langle ar_{A1}br_{B1}\left|\frac{1}{r_{12}}\right|cr_{C2}\mathrm{d}r_{D2}\right\rangle\\&=\iint_{-\infty}^{\infty}\exp(-ar_{A1}^2-br_{B1}^2)\frac{1}{r_{12}}\\&\quad\times\exp(-cr_{C2}^2-dr_{D2}^2)\mathrm{d}\tau_1\mathrm{d}\tau_2\end{aligned} \tag{10.10.1}$$

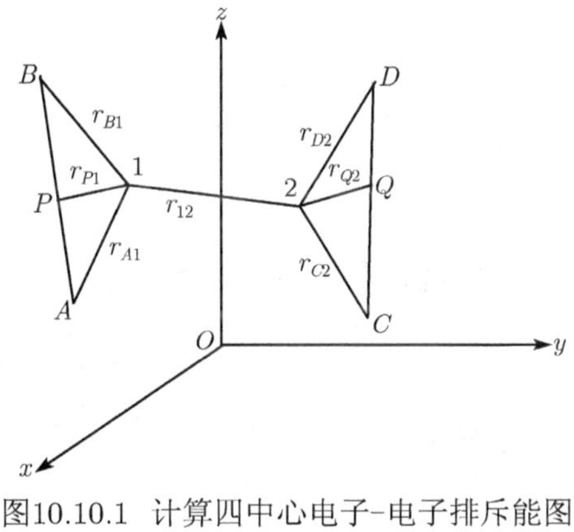

图10.10.1 计算四中心电子–电子排斥能图

推导过程与电子–核吸引能积分类似.

先利用乘积定理分别将 A 和 B 两个中心合并到 P, C 和 D 两个中心合并到 Q, 即

$$\exp(-ar_{A1}^2-br_{B1}^2)=K_1\exp[-(a+b)r_{P1}^2] \tag{10.10.2}$$

式中

$$K_1=\exp\left(-\frac{ab}{a+b}\overline{AB}^2\right)$$

$$\exp(-cr_{C2}^2-dr_{D2}^2)=K_2\exp[-(c+d)r_{Q2}^2] \tag{10.10.3}$$

式中

$$K_2 = \exp\left(-\frac{cd}{c+d}\overline{CD}^2\right)$$

与式 (10.9.2) 类似, 有

$$\frac{1}{r_{12}} = \pi^{-\frac{1}{2}}\int_0^\infty \exp(-sr_{12}^2)s^{-\frac{1}{2}}\mathrm{d}s \tag{10.10.4}$$

将式 (10.10.2)~ 式 (10.10.4) 代入式 (10.10.1), 得

$$\begin{aligned}I =&K_1K_2\pi^{-\frac{1}{2}}\int_0^\infty s^{-\frac{1}{2}}\exp(-sr_{12}^2)\iint\limits_{-\infty}^{\infty}\exp[-(a+b)r_{P1}^2-(c+d)r_{Q2}^2]\mathrm{d}\tau_1\mathrm{d}\tau_2\mathrm{d}s\\ =&K_1K_2\pi^{-\frac{1}{2}}\int_0^\infty I_xI_yI_zs^{-\frac{1}{2}}\mathrm{d}s\end{aligned} \tag{10.10.5}$$

式中

$$I_x = \iint\limits_{-\infty}^{\infty}\exp[-(a+b)(x_1-P_x)^2-(c+d)(x_2-Q_x)^2-s(x_1-x_2)^2]\mathrm{d}x_1\mathrm{d}x_2 \tag{10.10.6}$$

$$I_y = \iint\limits_{-\infty}^{\infty}\exp[-(a+b)(y_1-P_y)^2-(c+d)(y_2-Q_y)^2-s(y_1-y_2)^2]\mathrm{d}y_1\mathrm{d}y_2 \tag{10.10.7}$$

$$I_z = \iint\limits_{-\infty}^{\infty}\exp[-(a+b)(z_1-P_z)^2-(c+d)(z_2-Q_z)^2-s(z_1-z_2)^2]\mathrm{d}z_1\mathrm{d}z_2 \tag{10.10.8}$$

式中, (x_1, y_1, z_1) 是电子 1 在 xyz 坐标系中的坐标, (x_2, y_2, z_2) 是电子 2 的坐标, (P_x, P_y, P_z) 是 P 点的坐标, (Q_x, Q_y, Q_z) 是 Q 点的坐标. 所以有

$$\begin{aligned}r_{P1}^2 &= (x_1-P_x)^2+(y_1-P_y)^2+(z_1-P_z)^2\\ r_{Q2}^2 &= (x_2-Q_x)^2+(y_2-Q_y)^2+(z_2-Q_z)^2\\ r_{12}^2 &= (x_1-x_2)^2+(y_1-y_2)^2+(z_1-z_2)^2\end{aligned}$$

下面求 I_x, 令

$$u = x_1 - P_x \qquad v = x_2 - Q_x$$

$$\mathrm{d}u = \mathrm{d}x_1 \qquad \mathrm{d}v = \mathrm{d}x_2$$

则

$$\begin{aligned}(x_1-x_2)^2 &= (u-v+P_x-Q_x)^2\\ &= (u-v+(\overline{PQ})_x)^2\\ &= u^2+v^2+(\overline{PQ})_x^2+2(\overline{PQ})_xu-2(\overline{PQ})_xv-2uv\end{aligned}$$

将上式代入式 (10.10.6), 得

$$
\begin{aligned}
I_x =& \exp(-s(\overline{PQ})_x^2)\int_{-\infty}^{\infty}\exp[-(a+b+s)u^2-2(\overline{PQ})_x su]\mathrm{d}u \\
&\times\int_{-\infty}^{\infty}\exp[-(c+d+s)v^2+2((\overline{PQ})_x+u)sv]\mathrm{d}v
\end{aligned}
\tag{10.10.9}
$$

下面先求式 (10.10.9) 第二个积分. 引用式 (10.3.14), 这个积分为

$$
\begin{aligned}
&\int_{-\infty}^{\infty}\exp[-(c+d+s)v^2+2((\overline{PQ})_x+u)sv]\mathrm{d}v \\
&=\pi^{\frac{1}{2}}(c+d+s)^{-\frac{1}{2}}\exp\left\{\frac{[(\overline{PQ})_x+u]^2s^2}{c+d+s}\right\}
\end{aligned}
$$

代回式 (10.10.9), 得

$$
\begin{aligned}
I_x =& \pi^{\frac{1}{2}}(c+d+s)^{-\frac{1}{2}}\exp(-s(\overline{PQ})_x^2) \\
&\times\int_{-\infty}^{\infty}\exp\Big[-(a+b+s)u^2-2(\overline{PQ})_x su+\frac{s^2}{c+d+s}u^2 \\
&+\frac{2(\overline{PQ})_x s^2}{c+d+s}u+\frac{(\overline{PQ})_x^2 s^2}{c+d+s}\Big]\mathrm{d}u
\end{aligned}
\tag{10.10.10}
$$

式中, 积分仍属于式 (10.3.14) 的积分, 所以式 (10.10.10) 为

$$
I_x=\pi^{\frac{1}{2}}(c+d+s)^{-\frac{1}{2}}\exp\left[-\frac{(PQ)_x^2 s(c+d)}{c+d+s}\right]\sqrt{\frac{\pi}{\underline{a}}}\exp\left(\frac{\underline{b}^2}{4\underline{a}}\right)
\tag{10.10.11}
$$

式中

$$
\begin{aligned}
\underline{a}&=\frac{(a+b)(c+d)+(a+b+c+d)s}{c+d+s} \\
\underline{b}&=\frac{2(c+d)(\overline{PQ})_x s}{c+d+s} \\
\frac{\underline{b}^2}{4\underline{a}}&=\frac{(c+d)^2s^2(\overline{PQ})_x^2}{(c+d+s)[(a+b)(c+d)+(a+b+c+d)s]}
\end{aligned}
$$

将式 (10.10.10) 再整理, 得

$$
\begin{aligned}
I_x =& \pi[(a+b)(c+d)+(a+b+c+d)s]^{-\frac{1}{2}}\exp\left[-\frac{(c+d)s(\overline{PQ})_x^2}{c+d+s}\right] \\
&\times\exp\left[\frac{(c+d)^2s^2(\overline{PQ})_x^2}{(c+d+s)[(a+b)(c+d)+(a+b+c+d)s]}\right]
\end{aligned}
\tag{10.10.12}
$$

再令

$$
\beta=\frac{(a+b)(c+d)}{a+b+c+d}
$$

则式 (10.10.12) 简化为

$$I_x = \pi(a+b+c+d)^{-\frac{1}{2}}(\beta+s)^{-\frac{1}{2}}\exp[-\beta(\overline{PQ})_x^2 s/(\beta+s)]$$

同样

$$I_y = \pi(a+b+c+d)^{-\frac{1}{2}}(\beta+s)^{-\frac{1}{2}}\exp[-\beta(\overline{PQ})_y^2 s/(\beta+s)]$$
$$I_z = \pi(a+b+c+d)^{-\frac{1}{2}}(\beta+s)^{-\frac{1}{2}}\exp[-\beta(\overline{PQ})_z^2 s/(\beta+s)]$$

三者之积为

$$I_x I_y I_z = \pi^3(a+b+c+d)^{-\frac{3}{2}}(\beta+s)^{-\frac{3}{2}}\exp[-\beta(\overline{PQ})^2 s/(\beta+s)]$$

代入式 (10.10.5), 得

$$I = K_1 K_2 \pi^{\frac{5}{2}}(a+b+c+d)^{-\frac{3}{2}}\int_0^{\infty} s^{-\frac{1}{2}}(\beta+s)^{-\frac{3}{2}}\exp\left[-\frac{\beta(\overline{PQ})^2 s}{\beta+s}\right]\mathrm{d}s \tag{10.10.13}$$

现在要解对 s 的积分, 令

$$t^2 = \frac{s}{\beta+s}$$

则

$$\mathrm{d}s = 2s^{\frac{1}{2}}(\beta+s)^{\frac{3}{2}}\beta^{-1}\mathrm{d}t$$

代入式 (10.10.13), 得

$$I = 2K_1 K_2 \pi^{\frac{5}{2}}(a+b+c+d)^{-\frac{3}{2}}\beta^{-1}\int_0^1 \exp[-\beta(\overline{PQ})^2 t^2]\mathrm{d}t \tag{10.10.14}$$

式 (10.10.14) 的积分部分就是 $F_m(w)$ 函数, 故式 (10.10.14) 为

$$I = \frac{2K_1 K_2 \pi^{\frac{5}{2}}}{(a+b)(c+d)(a+b+c+d)^{\frac{1}{2}}}F_0[\beta(\overline{PQ})^2]$$

式中, 令

$$w = \beta(\overline{PQ})^2$$

将 K_1, K_2 和 β 代入上式, 得

$$\begin{aligned} I = &\frac{2\pi^{\frac{5}{2}}}{(a+b)(c+d)\sqrt{a+b+c+d}}\exp\Big[-\frac{ab}{a+b}(\overline{AB})^2 \\ &-\frac{cd}{c+d}(\overline{CD})^2\Big]\ F_0\left[\frac{(\overline{PQ})^2(a+b)(c+d)}{a+b+c+d}\right] \end{aligned} \tag{10.10.15}$$

这就是最后的 1s 型电子排斥积分. 不完全 Γ 函数 F_0 也可以计算, 其中

$$(\overline{PQ})^2=(P_x-Q_x)^2+(P_y-Q_y)^2+(P_z-Q_z)^2$$

$$P_x=\frac{aA_x+bB_x}{a+b}\qquad Q_x=\frac{cC_x+dD_x}{c+d}$$

$$P_y=\frac{aA_y+bB_y}{a+b}\qquad Q_y=\frac{cC_y+dD_y}{c+d}$$

$$P_z=\frac{aA_z+bB_z}{a+b}\qquad Q_z=\frac{cC_z+dD_z}{c+d}$$

10.11　广义 GTO 的势能积分

10.9 节和 10.10 节只对 1s 型 GTO 作了势能积分计算, 这里要对广义的 GTO 势能积分进行计算, 才能完全满足分子能量的各种积分计算的要求.

10.11.1　广义 GTO 的递推公式

广义 GTO 为

$$G(a,A,l,m,n)\equiv x_A^l y_A^m z_A^n \exp(-ar_A^2)$$

其中 A 为定点, (x,y,z) 为动点

$$\begin{aligned}x_A&=x-A_x\\y_A&=y-A_y\\z_A&=z-A_z\\r_A^2&=x_A^2+y_A^2+z_A^2=(x-A_x)^2+(y-A_y)^2+(z-A_z)^2\end{aligned}$$

现在将 G 对 A_x 求微商

$$\begin{aligned}&\frac{\partial}{\partial A_x}G(a,A,l,m,n)\\=&\frac{\partial}{\partial A_x}\{(x-A_x)^l y_A^m z_A^n \exp[-a(x-A_x)^2-ay_A^2-az_A^2]\}\\=&-lG(a,A,l-1,m,n)+2aG(a,A,l+1,m,n)\end{aligned}\tag{10.11.1}$$

即

$$G(a,A,l+1,m,n)=\frac{1}{2a}\left[\frac{\partial}{\partial A_x}G(a,A,l,m,n)+lG(a,A,l-1,m,n)\right]\tag{10.11.2}$$

这就是 l, $(l+1)$, $(l-1)$ 的 GTO 之间的递推公式. 同理, m, $(m+1)$, $(m-1)$ 以及 n, $(n+1)$, $(n-1)$ 的递推公式为

$$G(a,A,l,m+1,n)=\frac{1}{2a}\left[\frac{\partial}{\partial A_y}G(a,A,l,m,n)+mG(a,A,l,m-1,n)\right] \quad (10.11.3)$$

$$G(a,A,l,m,n+1)=\frac{1}{2a}\left[\frac{\partial}{\partial A_z}G(a,A,l,m,n)+nG(a,A,l,m,n-1)\right] \quad (10.11.4)$$

例 10.3 从 $G(a,A,0,0,0)$ 求 $G(a,A,1,0,0)$, $G(a,A,0,1,0)$ 和 $G(a,A,0,0,1)$.

解 由式 (10.11.1)

$$\frac{\partial}{\partial A_x}G(a,A)=\frac{\partial}{\partial A_x}\exp[-a(x-A_x)^2-ay_A^2-az_A^2]=2aG(a,A,1,0,0)$$

故

$$G(a,A,1,0,0)=\frac{1}{2a}\frac{\partial}{\partial A_x}G(a,A,0,0,0)$$

同理

$$G(a,A,0,1,0)=\frac{1}{2a}\frac{\partial}{\partial A_y}G(a,A,0,0,0)$$

$$G(a,A,0,0,1)=\frac{1}{2a}\frac{\partial}{\partial A_z}G(a,A,0,0,0)$$

有了上述的递推公式, 就可在上两节 1s 型势能积分的基础上求得广义 GTO 的势能积分.

10.11.2 电子–核吸引能积分

例如, 可求

$$\begin{aligned}I&=\left\langle aA100\left|\frac{1}{r_C}\right|bB000\right\rangle\\&\equiv\int G(a,A,1,0,0)\frac{1}{r_C}G(b,B,0,0,0)\mathrm{d}\tau\\&=\frac{1}{2a}\int\frac{\partial}{\partial A_x}G(a,A,0,0,0)\frac{1}{r_C}G(b,B,0,0,0)\mathrm{d}\tau\\&=\frac{1}{2a}\frac{\partial}{\partial A_x}\int G(a,A,0,0,0)\frac{1}{r_C}G(b,B,0,0,0)\mathrm{d}\tau\\&=\frac{1}{2a}\frac{\partial}{\partial A_x}\left\langle aA\left|\frac{1}{r_C}\right|bB\right\rangle\end{aligned} \quad (10.11.5)$$

式 (10.11.5) 告诉我们, 只要求出右端的 1s 势能积分, 就可计算出高阶 GTO 的势能积分. 由式 (10.9.11) 可知, 式 (10.11.5) 右边为

$$I=\frac{1}{2a}\frac{\partial}{\partial A_x}\left\{K\frac{2\pi}{a+b}F_0[(a+b)\overline{PC}^2]\right\} \quad (10.11.6)$$

式中

$$\overline{PC}^2 = (P_x - C_x)^2 + (P_y - C_y)^2 + (P_z - C_z)^2$$
$$P_x = \frac{aA_x + bB_x}{a+b}$$

利用 $F_m(w)$ 的微商公式, 有

$$\begin{aligned}
&\frac{\partial}{\partial A_x} F_0\left[(a+b)\overline{PC}^2\right] \\
=& -F_1\left[(a+b)\overline{PC}^2\right]\frac{\partial}{\partial A_x}(a+b)\overline{PC}^2 \\
=& -F_1\left[(a+b)\overline{PC}^2\right](a+b)2(P_x - C_x)\left(\frac{a}{a+b}\right) \\
=& 2aF_1\left[(a+b)\overline{PC}^2\right](C_x - P_x)
\end{aligned} \tag{10.11.7}$$

K 对 A_x 的微商是

$$\begin{aligned}
\frac{\partial K}{\partial A_x} &= \frac{\partial}{\partial A_x}\exp\left(\frac{-ab}{a+b}\overline{AB}^2\right) \\
&= \exp\left(-\frac{ab}{a+b}\overline{AB}^2\right)\left[-\frac{ab}{a+b}2(A_x - B_x)\right]
\end{aligned} \tag{10.11.8}$$

将式 (10.11.7) 和式 (10.11.8) 代入式 (10.11.6), 得

$$\begin{aligned}
I =& \frac{2\pi}{a+b}\exp\left(-\frac{ab}{a+b}\overline{AB}^2\right)F_1\left[(a+b)\overline{PC}^2\right](C_x - P_x) \\
&- \frac{2\pi}{a(a+b)}F_0\left[(a+b)\overline{PC}^2\right]\exp\left(-\frac{ab}{a+b}\overline{AB}^2\right)\left[-\frac{2ba}{a+b}(A_x - B_x)\right]
\end{aligned} \tag{10.11.9}$$

至此就完成了比 1s 型高一阶的吸引能积分

$$\left\langle aA100\left|\frac{1}{r_C}\right|bB000\right\rangle$$

10.11.3　电子排斥能积分

与上述完全类似可以求得高价 GTO 的电子排斥能积分. 例如, 可由 $\left\langle aA,\ bB\left|\frac{1}{r_{12}}\right|cC,\ dD\right\rangle$ 求得

$$\begin{aligned}
&\left\langle aA100,\ bB000\left|\frac{1}{r_{12}}\right|cC000,\ dD000\right\rangle \\
=& \frac{1}{2a}\frac{\partial}{\partial A_x}\left\langle aA,\ bB\left|\frac{1}{r_{12}}\right|cC,\ dD\right\rangle
\end{aligned}$$

具体计算这里不作详述, 步骤与 10.11.2 节完全一样.

参考文献

[1] Boys S F. Proc Roy Soc, 1950, A200: 542

[2] Saunders V R. An Introduction to Molecular Integral Evaluation, Computational Techniques in Quantum Chemistry and Molecular Physics. Dordrecht: D. Reidel Publishing Company, 1975

[3] 徐光宪, 施鼐, 朱芝仙等. 中国科学, 1981, 5: 574

[4] 王德民, 邓坤杰, 朱芝仙等. 高等学校化学学报, 1982, 3: 251

[5] 韩玉真. 北京大学学报 (自然科学版), 1982, 3: 19

[6] 童建昌, 朱芝仙, 王德民. 北京大学学报 (自然科学版), 1982, 2: 63

[7] Cook D B. *Ab Initio* Valence Calculations in Chemistry. London: Butterworths, 1974

[8] Ohata K, Taketa H, Huzinaga S. Phys Soc Japan, 1966, 21: 2306

[9] Schaad L J. J Chem Phys, 1971, 54

习 题

1. 证明

$$\int_0^\infty x^{2l+1}\mathrm{e}^{-ax^2}\mathrm{d}x = \frac{l!}{2a^{l+1}}$$

2. 证明

$$\int_{-\infty}^\infty x^{2l+1}\mathrm{e}^{-ax^2}\mathrm{d}x = 0$$

3. 计算

$$\int_0^\infty x^{2l}\mathrm{e}^{-ax^2}\mathrm{d}x$$

4. 求 $l=m=n=0$ 时 Gauss 函数归一化系数 $N_{1\mathrm{s}}$.

5. 求 $l=1,\ m=n=0$ 时 Gauss 函数归一化系数 $N_{2_{\mathrm{p}_x}}$.

6. 计算下列重叠积分:

(1) $\langle x_A a r_A | b r_B\rangle$

(2) $\langle x_A a r_A | x_B b r_B\rangle$

(3) $\langle x_A^2 a r_A | b r_B\rangle$

(4) $\langle a r_A | x_B^2 b r_B\rangle$

(5) $\langle a r_A | x_B^3 b r_B\rangle$

(6) $\langle a r_A | x_B y_B^2 b r_B\rangle$

(7) $\langle a r_A | x_B z_B^2 b r_B\rangle$

7. 证明

$$\left\langle a r_A \middle| -\frac{1}{2}\nabla^2 \middle| x_B b r_B \right\rangle = \frac{ab}{(a+b)^2}\left(5a - \frac{2a^2 b}{a+b}\overline{AB}^2\right)(\overline{AB})_x \langle a r_A | b r_B\rangle$$

8. 计算

$$\left\langle x_A a r_A \middle| -\frac{1}{2}\nabla^2 \middle| x_B b r_B \right\rangle$$

9. 试利用表 10.2.1, 将 CH_4 分子中九个 Slater 原子轨道分别用三个 Gauss 函数展开, 即 STO-3G.

第 11 章

原子结构的多重态理论[1, 2]

11.1　全同粒子体系的交换对称性和 Pauli 原理

11.1.1　量子力学的多体问题

前面我们已经详细讨论过单电子原子的量子理论，现在我们来讨论多电子体系的量子力学处理——量子力学的多体问题. 根据量子力学原理，只要知道粒子之间的相互作用势函数，多粒子体系的运动方程就可以建立起来. 对于原子和分子体系来说，电子之间、原子核之间以及电子–原子核之间的相互作用主要是电磁相互作用，所以有关的 Schrödinger 方程很容易写出来. 要解决的问题就是求出方程的解.

但是，要求出多粒子体系 Schrödinger 方程的精确解，目前实际上是不可能的，因此必须引入各种近似方法. 量子化学的一个重要内容就是研究多电子 Schrödinger 方程的近似解法——从最简单的半经验方法 (Hückel 近似) 到复杂的考虑到电子瞬时相关作用的从头计算法，力求用尽可能简单的算法获得满足一定要求的结果.

除了数学的复杂性以外，量子力学多体问题还有一些经典力学中所没有的特点，这就是由微观全同粒子的不可分辨性质导致的交换对称性及由此产生的后果. 下面先来讨论这些问题.

11.1.2　全同粒子的交换对称性

全同粒子具有完全相同的内禀性质，如所有电子都具有相同的质量、相同的电荷和相同的自旋等. 所以原子或分子中的电子构成一种全同粒子体系.

在经典力学中，全同粒子体系中的每个粒子在运动过程中都有自己的轨道，任何时刻都可以用粒子在空间中的坐标和动量来标志该粒子，所以粒子的内禀性质虽然相同，却可以区别它们，可以逐个跟踪它们. 但是在量子力学中，由于粒子具有波动性质，当两个全同粒子靠近时，两者的波发生重叠，这时就无法区别或者跟踪它们了. 当然，如果两个全同粒子相距很远，它们之间实际上不发生波的重叠，我们是可以区分它们的，不过这不是我们要处理的情况. 所以，我们说全同粒子体系中的粒子是彼此不可区分的. 当它们之间任意两个交换时，不会造成任何可观察的后果. 假定第 i 个粒子可以用一组变量 $\boldsymbol{q}_i$(包括空间坐标和自旋坐标) 来描述，则粒子的全同性就要求任何有物理意义的量应当是这些 $\{\boldsymbol{q}_i\}$ 的对称函数. 特殊地，Hamilton 量应当是这些 $\{\boldsymbol{q}_i\}$ 的对称函数. 也就是说，当 $\{\boldsymbol{q}_i\}$ 中的任意两组变量交换或者以任何方式将它们重新编号时，Hamilton 量保持不变. 不管有什么微扰作用在这一体系上，这个条件一定要满足.

令算符 $\hat{\boldsymbol{P}}_{ij}$ 的作用为交换第 i 个和第 j 个粒子 (或者说交换变量 $\boldsymbol{q}_i$ 和 $\boldsymbol{q}_j$), 则以上叙述可表示为

$$\begin{aligned}\hat{\boldsymbol{P}}_{ij}\boldsymbol{H}(\cdots,\boldsymbol{q}_i,\cdots,\boldsymbol{q}_j,\cdots)\hat{\boldsymbol{P}}_{ij}^{-1} &= \hat{\boldsymbol{H}}(\cdots,\boldsymbol{q}_j,\cdots,\boldsymbol{q}_i,\cdots)\\ &= \hat{\boldsymbol{H}}(\cdots,\boldsymbol{q}_i,\cdots,\boldsymbol{q}_j,\cdots)\end{aligned}\tag{11.1.1}$$

或者说, $\hat{\boldsymbol{P}}_{ij}$ 与 $\hat{\boldsymbol{H}}$ 对易

$$\hat{\boldsymbol{P}}_{ij}\hat{\boldsymbol{H}} = \hat{\boldsymbol{H}}\hat{\boldsymbol{P}}_{ij}\tag{11.1.2}$$

因为任何置换 $\hat{\boldsymbol{P}}$ 都可以表示成对换的连乘积, 所以

$$\hat{\boldsymbol{P}}\hat{\boldsymbol{H}} = \hat{\boldsymbol{H}}\hat{\boldsymbol{P}}\tag{11.1.3}$$

11.1.3 体系状态的对称性守恒, Pauli 原理

设体系的 Schrödinger 方程为

$$\boldsymbol{i}\frac{\partial\Psi(\cdots,\boldsymbol{q}_k,\cdots,\boldsymbol{q}_l,\cdots)}{\partial t} = \hat{\boldsymbol{H}}\Psi(\cdots,\boldsymbol{q}_k,\cdots,\boldsymbol{q}_l,\cdots)\tag{11.1.4}$$

用 $\hat{\boldsymbol{P}}_{kl}$ 作用在两边, 注意式 (11.1.3), 即得

$$\boldsymbol{i}\frac{\partial}{\partial t}[\boldsymbol{P}_{kl}\Psi(\cdots,\boldsymbol{q}_k,\cdots,\boldsymbol{q}_l,\cdots)] = \hat{\boldsymbol{H}}[\hat{\boldsymbol{P}}_{kl}\Psi(\cdots,\boldsymbol{q}_k,\cdots,\boldsymbol{q}_l,\cdots)]$$

即

$$\hat{\boldsymbol{P}}_{kl}\Psi(\cdots,\boldsymbol{q}_k,\cdots,\boldsymbol{q}_l,\cdots) = \Psi(\cdots,\boldsymbol{q}_l,\cdots,\boldsymbol{q}_k,\cdots)$$

也是体系的状态波函数. 由于粒子的全同性, Ψ 和 $\hat{\boldsymbol{P}}\Psi$ 不能用任何观察手段加以区别, 所以两者只能相差一个相因子 λ, 即

$$\hat{\boldsymbol{P}}_{kl}\Psi(\cdots,\boldsymbol{q}_k,\cdots,\boldsymbol{q}_l,\cdots) = \lambda\Psi(\cdots,\boldsymbol{q}_k,\cdots,\boldsymbol{q}_l,\cdots)\tag{11.1.5}$$

式 (11.1.5) 可以看成 $\hat{\boldsymbol{P}}_{kl}$ 的本征值方程. 再用 $\hat{\boldsymbol{P}}_{kl}$ 作用于式 (11.1.5) 两边, 得

$$\hat{\boldsymbol{P}}_{kl}^2\Psi(\cdots,\boldsymbol{q}_k,\cdots,\boldsymbol{q}_l,\cdots) = \lambda\hat{\boldsymbol{P}}_{kl}\Psi(\cdots,\boldsymbol{q}_k,\cdots,\boldsymbol{q}_l,\cdots) = \lambda^2\Psi(\cdots,\boldsymbol{q}_k,\cdots,\boldsymbol{q}_l,\cdots)$$

因为交换第 k 个和第 l 个粒子两次等于不交换, 所以

$$\hat{\boldsymbol{P}}_{kl}^2\Psi(\cdots,\boldsymbol{q}_k,\cdots,\boldsymbol{q}_l,\cdots) = \Psi(\cdots,\boldsymbol{q}_k,\cdots,\boldsymbol{q}_l,\cdots) = \lambda^2\Psi(\cdots,\boldsymbol{q}_k,\cdots,\boldsymbol{q}_l,\cdots)$$

故

$$\begin{aligned}\lambda^2 &= 1\\ \lambda &= \pm 1\end{aligned}$$

即 $\hat{\boldsymbol{P}}_{kl}$ 的本征值 $\lambda=\pm1$. 当 $\lambda=1$ 时, 有

$$\hat{\boldsymbol{P}}_{kl}\Psi(\cdots,\boldsymbol{q}_k,\cdots,\boldsymbol{q}_l,\cdots)=\Psi(\cdots,\boldsymbol{q}_l,\cdots,\boldsymbol{q}_k,\cdots)=\Psi(\cdots,\boldsymbol{q}_k,\cdots,\boldsymbol{q}_l,\cdots)$$

这样的 Ψ 称为对称态或对称波函数. 当 $\lambda=-1$ 时, 有

$$\hat{\boldsymbol{P}}_{kl}\Psi(\cdots,\boldsymbol{q}_k,\cdots,\boldsymbol{q}_l,\cdots)=\Psi(\cdots,\boldsymbol{q}_l,\cdots,\boldsymbol{q}_k,\cdots)=-\Psi(\cdots,\boldsymbol{q}_k,\cdots,\boldsymbol{q}_l,\cdots)$$

这样的 Ψ 称为反对称态或反对称波函数. 因为 $\hat{\boldsymbol{P}}_{kl}$ 与 $\hat{\boldsymbol{H}}$ 对易, 所以它的本征值 λ 不随时间而变化, 即开始时为对称态的体系总保持为对称态; 开始时为反对称态的体系总保持为反对称态. 亦即体系状态的对称性是守恒的. 因为任何微扰都不破坏 $\hat{\boldsymbol{P}}$ 与 $\hat{\boldsymbol{H}}$ 的对易性, 所以这种守恒是严格的. 这样, 对称性质就成为全同粒子体系的一个重要属性.

实验证明, 在自然界中, 具有半奇整数自旋的粒子只能处于反对称态, 这类粒子称为费米子. 具有整数自旋的粒子只能处于对称态, 这类粒子称为玻色子. 电子和质子 (二者自旋均为 1/2) 是费米子, 而光子 (自旋为 1) 是最常见的玻色子. 至于为什么体系状态波函数的对称性与粒子自旋有这种联系, 这里我们不能详细讨论.

于是, 我们可以得出以下结论:“多电子体系的总状态波函数一定是反对称的.”这是 Pauli 原理的量子力学表述方式.

11.1.4　轨道近似, Slater 行列式

多粒子体系的精确波函数实际上无法求出, 因此只能使用近似波函数. 最常用的一种近似方法就是将某种适当的独立粒子体系的波函数取为多粒子体系的零级近似波函数, 再通过它得到更高精确度的波函数.

(全同) 独立粒子体系就是粒子之间没有相互作用的全同粒子体系. 这时, 体系的总 Hamilton 量可以表示为各单个粒子的 Hamilton 量之和, 即

$$\hat{\boldsymbol{H}}=\sum_i^n\hat{\boldsymbol{H}}_i \tag{11.1.6}$$

Schrödinger 方程为

$$\hat{\boldsymbol{H}}\Psi=E\Psi \tag{11.1.7}$$

式中, Ψ 是体系的总状态波函数, E 是总能量. 若令

$$\Psi=\prod_i^n\psi_i \tag{11.1.8}$$

式中, ψ_i 是只与第 i 个粒子有关的函数. 将式 (11.1.8) 代入式 (11.1.7), 即可将体系的 Schrödinger 方程分解为一组相互独立的单个粒子的 Schrödinger 方程

$$\begin{aligned}\hat{\boldsymbol{H}}_i\psi_i &= \varepsilon_i\psi_i \\ E &= \sum_i \varepsilon_i \qquad (i=1,2,\cdots,n)\end{aligned} \tag{11.1.9}$$

式中, ψ_i 是第 i 个粒子的本征函数, ε_i 是相应的本征能量. 独立粒子体系的总能量等于各粒子能量之和, 而总状态波函数是各个粒子状态波函数之积. 这与粒子之间没有相互作用, 因而独立地运动是一致的. 例如, 我们知道, 多个独立事件同时出现的概率等于各事件出现的概率之积. 多粒子体系中, 第 1 个粒子在 $\boldsymbol{q}_1$ 出现,……, 第 i 个粒子在 $\boldsymbol{q}_i$ 出现, …… 的概率为

$$\Psi^*(\boldsymbol{q}_1,\cdots,\boldsymbol{q}_i,\cdots)\Psi(\boldsymbol{q}_1,\cdots,\boldsymbol{q}_i,\cdots) = |\Psi(\boldsymbol{q}_1,\cdots,\boldsymbol{q}_i,\cdots)|^2$$

而第 i 个粒子在 $\boldsymbol{q}_i$ 出现的概率为 $\psi_i^*\psi_i = |\psi_i|^2$, 故

$$|\Psi|^2 = \prod_i |\psi_i|^2$$

这与直接用式 (11.1.8) 计算的结果一致.

在实际的多粒子体系中, 粒子间并不是没有相互作用的. 例如, 多电子体系中电子之间的 Coulomb 斥力不能忽略. 不过, 作为零级近似, 我们可以设计一种独立粒子模型代替真正的多粒子体系. 具体地说, 就是将其他粒子对于某一个粒子的作用用一种尽可能与之相当的势场的作用来代替, 这样, 体系中每个粒子好像仍然是在某种等效势场中与其他粒子无关地独立运动, 每个粒子有自己的本征值和本征函数 (单粒子态), 而总的状态波函数是各个粒子的状态函数之积. 这就是独立粒子近似, 或称为轨道近似, 因为常将独立粒子的本征函数称为它的轨道.

式 (11.1.8) 表示的总状态波函数不满足上面说过的粒子置换对称性的要求. 一般说来, 它既不是对称的, 也不是反对称的, 因此需要根据粒子的性质将它对称化或反对称化. 对于玻色子, 具有正确对称性的近似波函数是

$$\Psi^s(\boldsymbol{q}_1,\boldsymbol{q}_2,\cdots,\boldsymbol{q}_N) = N_s\sum_p \hat{\boldsymbol{P}}\psi_1(\boldsymbol{q}_1)\psi_2(\boldsymbol{q}_2)\cdots\psi_N(\boldsymbol{q}_N) \tag{11.1.10}$$

式中, $\hat{\boldsymbol{P}}$ 是对 N 个粒子坐标的置换算符, $\sum\limits_p$ 是对各种可能的置换求和. 因为有 $N!$ 种置换, 所以归一化常数 $N_s = \sqrt{\dfrac{1}{N!}}$(假定 $\{\psi_i(\boldsymbol{q}_i)\}$ 是正交归一函数组).

对于费米子, 具有反对称性的近似波函数是

$$\Psi^A(\boldsymbol{q}_1,\boldsymbol{q}_2,\cdots,\boldsymbol{q}_N) = N_A\sum_p (-1)^p\hat{\boldsymbol{P}}\psi_1(\boldsymbol{q}_1)\psi_2(\boldsymbol{q}_2)\cdots\psi_N(\boldsymbol{q}_N) \tag{11.1.11}$$

式中, $(-1)^p$ 当 $\hat{\boldsymbol{P}}$ 为偶置换时取正号, $\hat{\boldsymbol{P}}$ 为奇置换时取负号. 同理, $N_A = \sqrt{\dfrac{1}{N!}}$. 式 (11.1.11) 右边也可以写成行列式的形式, 即

$$\Psi^A(\boldsymbol{q}_1, \boldsymbol{q}_2, \cdots, \boldsymbol{q}_N) = \frac{1}{\sqrt{N!}} \begin{vmatrix} \psi_1(\boldsymbol{q}_1) & \psi_1(\boldsymbol{q}_2) & \cdots & \psi_1(\boldsymbol{q}_N) \\ \psi_2(\boldsymbol{q}_1) & \psi_2(\boldsymbol{q}_2) & \cdots & \psi_2(\boldsymbol{q}_N) \\ \vdots & \vdots & & \vdots \\ \psi_N(\boldsymbol{q}_1) & \psi_N(\boldsymbol{q}_2) & \cdots & \psi_N(\boldsymbol{q}_N) \end{vmatrix} \tag{11.1.12}$$

这就是著名的 Slater 行列式波函数.

从式 (11.1.10) 和式 (11.1.12) 可以得出重要的结论. 对于玻色子, 允许 $\psi_1 = \psi_2 = \psi_3 = \cdots = \psi_i$, 就是允许多个粒子处于相同的单粒子态. 但是, 对于费米子, 如果有任意两个单粒子态相同, 如 $\psi_1 = \psi_2$, 则根据行列式的性质可知, $\Psi^A \equiv 0$, 亦即这种状态在自然界中是不能存在的. 所以, 由费米子的波函数必须是反对称的要求出发, 自然就导出 Pauli 原理的原始表达方式 “多电子体系中, 任意两个电子都不能处于相同的单粒子态”. 当然, Pauli 原理的这种表述方式只在单粒子近似下才有意义, 否则, 没有单粒子态, 也就不存在两个电子处于相同的单粒子态的问题. 不过, 对于原子和分子体系来说, 单粒子近似是相当好的近似, 所以 Pauli 原理的这种表述方式被广泛地引用.

还应当指出的是, 根据式 (11.1.10) 和式 (11.1.11), 我们只能说在哪个单粒子态上有多少个粒子, 而不能说哪个粒子处于哪个单粒子态. 显然, 这是全同粒子的不可分辨性所要求的.

11.2　多电子原子的结构

11.2.1　Schrödinger 方程

设原子核的电荷为 Z, 核外电子数为 N, 当原子核固定并忽略原子核和电子的有限体积时, 多电子原子的定态 Schrödinger 方程为

$$\left.\begin{aligned} \hat{\boldsymbol{H}}\Psi &= E\Psi \\ \hat{\boldsymbol{H}} &= \hat{\boldsymbol{H}}_0 + \hat{\boldsymbol{H}}_{\mathrm{m}} \end{aligned}\right\} \tag{11.2.1}$$

$$\hat{\boldsymbol{H}}_0 = \sum_i \left[\left(-\frac{1}{2}\nabla_i^2 - \frac{Z}{r_i}\right) + \sum_{j<i} \frac{1}{r_{ij}}\right] \tag{11.2.2}$$

式中, $\hat{\boldsymbol{H}}_{\mathrm{m}}$ 代表磁相互作用, 其中最重要的一项是电子的自旋与它的轨道运动之间的相互作用能, 称为旋–轨耦合能 $\hat{\boldsymbol{H}}_{\mathrm{so}}$. 对于不太重的原子, $\hat{\boldsymbol{H}}_{\mathrm{m}}$ 比较小, 可以暂时

忽略. 于是式 (11.2.1) 简化为

$$\hat{\boldsymbol{H}}_0\Psi = \sum_i \left[\left(-\frac{1}{2}\nabla_i^2 - \frac{Z}{r_i} \right) + \sum_{j<i} \frac{1}{r_{ij}} \right] \Psi = E\Psi \tag{11.2.3}$$

但即使对于简化的式 (11.2.3), 我们也无法求得它的精确解, 但可以用微扰法来解它. 为此, 令

$$\hat{\boldsymbol{H}}_0 = \hat{\boldsymbol{H}}_{00} + \hat{\boldsymbol{H}}' \tag{11.2.4}$$

$$\hat{\boldsymbol{H}}_{00} = \sum_i \left[-\frac{1}{2}\nabla_i^2 + V(r_i) \right] \tag{11.2.5}$$

$$\hat{\boldsymbol{H}}' = \sum_i \left[\left(-V(r_i) - \frac{Z}{r_i} \right) + \sum_{j<i} \frac{1}{r_{ij}} \right] \tag{11.2.6}$$

式 (11.2.5) 中 $V(r_i)$ 是有效中心势场, $\hat{\boldsymbol{H}}_{00}$ 是电子在 $V(r_i)$ 势场中独立运动的 Hamilton 量. 如果 $V(r_i)$ 选择得好, 就可以使 $\hat{\boldsymbol{H}}'$ 很小, 将它当作微扰项来处理. 这就是处理多电子原子问题时采用的中心场近似.

11.2.2 无微扰态、中心场近似和自旋轨道

作为零级近似, 先忽略 $\hat{\boldsymbol{H}}'$, 于是式 (11.2.3) 又简化为

$$\hat{\boldsymbol{H}}_{00}\Psi_0 = \left(\sum_i \hat{\boldsymbol{h}}_i \right) \Psi_0 = E_0\Psi_0 \tag{11.2.7}$$

$$\hat{\boldsymbol{h}}_i = -\frac{1}{2}\nabla_i^2 + V(r_i) \tag{11.2.8}$$

式 (11.2.7) 可用独立粒子近似 (11.1.4 节) 通过变量分离法来求解, 即令

$$\Psi_0(\boldsymbol{q}_1, \cdots, \boldsymbol{q}_N) = \psi_1(\boldsymbol{q}_1)\psi_2(\boldsymbol{q}_2)\cdots\psi_N(\boldsymbol{q}_N) \tag{11.2.9}$$

式中, $\boldsymbol{q}_i$ 表示第 i 电子的坐标和自旋变量, 即

$$\boldsymbol{q}_i \equiv \boldsymbol{r}_i, \sigma_i \tag{11.2.10}$$

将式 (11.2.9) 代入式 (11.2.7), 得

$$\hat{\boldsymbol{h}}_i\psi_i(\boldsymbol{r}_i, \sigma_i) = \left[-\frac{1}{2}\nabla_i^2 + V(r_i) \right] \psi_i(\boldsymbol{r}_i, \sigma_i) = \varepsilon_i\psi_i(\boldsymbol{r}_i, \sigma_i) \tag{11.2.11}$$

$$E_0 = \sum_{i=1}^{N} \varepsilon_i \tag{11.2.12}$$

式 (11.2.11) 的解是

$$\psi_i(\boldsymbol{r}_i,\sigma_i)=\phi_i(\boldsymbol{r}_i)\eta_i(\sigma_i)=R_{n_il_i}(r_i)Y_{l_im_i}(\theta_i,\phi_i)\eta_i(\sigma_i) \tag{11.2.13}$$

$\phi_i(\boldsymbol{r}_i)$ 称为原子轨函数或原子轨道 (atomic orbitals), $\eta_i(\sigma_i)$ 是自旋函数, 可以是 α 或 β. $\psi_i(\boldsymbol{r}_i,\sigma_i)$ 称为自旋轨道 (spin orbitals) 或旋轨函数. 原子轨道的角度部分 $Y_{l_im_i}(\theta_i,\phi_i)$ 与氢原子轨道的角度部分完全相同, 但径向部分 $R_{n_il_i}(r_i)$ 不是连带 Laguerre 函数, 而是由 $V(r_i)$ 决定的某种径向波函数, 我们暂且不管确定 $V(r_i)$ 和 $R_{n_il_i}(r_i)$ 的办法.

自旋轨道是以后常用到的概念, 与在类氢离子中一样, 我们用 (n,l,m_l,m_s) 四个量子数来标志它. 文献上有许多不同的表示方式, 它们的意义是完全相同的. 例如:

$$\begin{aligned}\psi(\boldsymbol{q})&\equiv\psi(\boldsymbol{r},\sigma)\equiv|nlm_lm_s\rangle\equiv\psi_{nlm_l}\alpha(\text{或}\beta)\\&\equiv nl_m\alpha(\text{或}\beta)=(m_l^{\pm})\end{aligned} \tag{11.2.14}$$

在中心场近似下, 自旋轨道 $\psi_i=|nlm_lm_s\rangle$ 的能量 $\varepsilon_i=\varepsilon_{nl}$ 只取决于量子数 n 和 l, 而与 m_l 和 m_s 无关. 因此, 能量等于 ε_{nl} 的自旋轨道共有 $(2l+1)(2s+1)=2(2l+1)$ 个, 即简并度等于 $2(2l+1)$.

由 (nl) 决定的一组自旋轨道称为 nl 亚层 (subshells). 例如, $n=2$, $l=1$ 的 2p 亚层共有 $2(2l+1)=6$ 个自旋轨道, 即 (1^+), (1^-), (0^+), (0^-), (-1^+), (-1^-), 它们的能量都等于 $\varepsilon_{2\mathrm{p}}$, 同一亚层内的轨道 (每一轨道相当于两个自旋轨道) 称为等价轨道 (equivalent orbitals), 如 2p 亚层有三个等价轨道, 3d 亚层有五个等价轨道等.

按照 Pauli 原理, 每一自旋轨道上只能容纳一个电子, 所以 nl 亚层可以容纳 $2(2l+1)$ 个电子.

n 相同的各亚层总称为壳层 (shells), 按照 $n=1, 2, 3, \cdots$, 依次命名为 K, L, M, $\cdots$ 层. 例如, M 层包含 3s, 3p 和 3d 三个亚层.

11.2.3　零级近似波函数

式 (11.2.9) 所示的原子零级近似波函数 $\varPsi_0$ 并不满足 11.1 节中讨论的粒子置换对称性的要求, 因而需要根据 Pauli 原理将其写成 Slater 行列式波函数 [参看式 (11.1.11)]

$$\varPhi=\frac{1}{\sqrt{N!}}\sum_p(-1)^{\mathrm{p}}\hat{\boldsymbol{P}}\psi_1(\boldsymbol{q}_1)\psi_2(\boldsymbol{q}_2)\cdots\psi_N(\boldsymbol{q}_N) \tag{11.2.15}$$

$$E_0=\sum_{i=1}^{N}\varepsilon_i \tag{11.2.16}$$

这是原子的零级近似波函数和零级近似能量. 我们用 $\varPhi$ 表示 Slater 行列式, 即零级近似波函数, 保留 $\varPsi$ 用于表示一级近似波函数. 例如, 碳原子的电子排列方式是 $(1\mathrm{s}\alpha)(1\mathrm{s}\beta)(2\mathrm{s}\alpha)(2\mathrm{s}\beta)(2\mathrm{p}_1\alpha)(2\mathrm{p}_1\beta)$, 相应的 Slater 行列式波函数和能量为

$$\begin{aligned}\varPhi &= \frac{1}{\sqrt{6!}}\sum_p(-1)^p\hat{\boldsymbol{P}}1\mathrm{s}\alpha(1)1\mathrm{s}\beta(2)2\mathrm{s}\alpha(3)2\mathrm{s}\beta(4)2\mathrm{p}_1\alpha(5)2\mathrm{p}_1\beta(6)\\ &\equiv \frac{1}{\sqrt{6!}}\begin{vmatrix} 1\mathrm{s}\alpha(1) & 1\mathrm{s}\alpha(2) & \cdots & 1\mathrm{s}\alpha(6)\\ 1\mathrm{s}\beta(1) & 1\mathrm{s}\beta(2) & \cdots & 1\mathrm{s}\beta(6)\\ \vdots & \vdots & & \vdots\\ 2\mathrm{p}_1\beta(1) & 2\mathrm{p}_1\beta(2) & \cdots & 2\mathrm{p}_1\beta(6)\end{vmatrix}\\ &\equiv |1\mathrm{s}\alpha(1)1\mathrm{s}\beta(2)2\mathrm{s}\alpha(3)2\mathrm{s}\beta(4)2\mathrm{p}_1\alpha(5)2\mathrm{p}_1\beta(6)| \end{aligned} \tag{11.2.17}$$

$$E_0 = 2\varepsilon_{1\mathrm{s}} + 2\varepsilon_{2\mathrm{s}} + 2\varepsilon_{2\mathrm{p}} \tag{11.2.18}$$

在式 (11.2.17) 中我们列举了 Slater 行列式的几种表示法, 它们的意义是完全相同的. 为简化符号, 通常将自旋轨道中电子的坐标简写为该电子的编号. 在零级近似下, 每一个 Slater 行列式 $\varPhi$ 表示原子中电子运动的一个微观状态 (micro states), 或称为无微扰态 (unperturbed states).

11.2.4 电子组态

用电子在各个亚层中的分布来表示中心场近似下原子的电子结构, 称为原子的电子组态 (electronic configuration). 例如, 上述碳原子的电子组态是 $1\mathrm{s}^2 2\mathrm{s}^2 2\mathrm{p}^2$, 在一般情况下, 用记号 $(n_1l_1)^{x_1}(n_2l_2)^{x_2}\cdots(n_kl_k)^{x_k}\cdots$ 表示在 (n_1l_1) 亚层有 x_1 个电子, (n_2l_2) 亚层有 x_2 个电子, $\cdots\cdots$, (n_kl_k) 亚层有 x_k 个电子等. 每个亚层都被充满 [有 $2(2l+1)$ 个电子] 的组态称为闭壳层组态, 如 $1\mathrm{s}^2$, $1\mathrm{s}^2 2\mathrm{s}^2$, $1\mathrm{s}^2 2\mathrm{s}^2 2\mathrm{p}^6$ 等, 否则称为开壳层组态, 如 $1\mathrm{s}^2 2\mathrm{s}$, $1\mathrm{s}^2 2\mathrm{s}^2 2\mathrm{p}^2$ 等. 显然, 一个闭壳层组态只能包含一种状态, 即简并度为 1, 而开壳层组态包含的状态数 (简并度) 为

$$w = \prod_i \frac{[2(2l_i+1)]!}{x_i![2(2l_i+1)-x_i]!} \tag{11.2.19}$$

实际上对 i 的连乘积只需考虑未充满的亚层. 例如, 碳原子的 $1\mathrm{s}^2 2\mathrm{s}^2 2\mathrm{p}^2$ 组态的零级近似能级的简并度为

$$w = \frac{[2(2l+1)]!}{2![2(2l+1)-2]!} = \frac{6!}{2!4!} = 15$$

为了简单起见, 在写电子组态时通常略去已充满的亚层, 在微观状态的表达式中也略去这些亚层中电子的坐标. 表 11.2.1 列出碳原子 $2\mathrm{p}^2$ 组态的 15 个微观状态.

表 11.2.1 $(2p)^2$ 组态包含的 15 种微观状态

Φ_i	m_{l_1}	m_{l_2}	m_{s_1}	m_{s_2}	M_L	M_S	所属谱项 *
$\Phi_1=\Phi(1^+1^-)$	1	1	$\frac{1}{2}$	$-\frac{1}{2}$	2	0	^1D
$\Phi_2=\Phi(1^+0^+)$	1	0	$\frac{1}{2}$	$\frac{1}{2}$	1	1	^3P
$\Phi_3=\Phi(1^+0^-)$	1	0	$\frac{1}{2}$	$-\frac{1}{2}$	1	0	
$\Phi_4=\Phi(0^+1^-)$	0	1	$\frac{1}{2}$	$-\frac{1}{2}$	1	0	^3P,^1D
$\Phi_5=\Phi(1^-0^-)$	1	0	$-\frac{1}{2}$	$-\frac{1}{2}$	1	-1	^3P
$\Phi_6=\Phi(1^+-1^+)$	1	-1	$\frac{1}{2}$	$\frac{1}{2}$	0	1	^3P
$\Phi_7=\Phi(1^+-1^-)$	1	-1	$\frac{1}{2}$	$-\frac{1}{2}$	0	0	
$\Phi_8=\Phi(0^+0^-)$	0	0	$\frac{1}{2}$	$-\frac{1}{2}$	0	0	^3P,^1D,^1S
$\Phi_9=\Phi(-1^+1^-)$	-1	1	$\frac{1}{2}$	$-\frac{1}{2}$	0	0	
$\Phi_{10}=\Phi(1^--1^-)$	1	-1	$-\frac{1}{2}$	$-\frac{1}{2}$	0	-1	^3P
$\Phi_{11}=\Phi(-1^+0^+)$	-1	0	$\frac{1}{2}$	$\frac{1}{2}$	-1	1	^3P
$\Phi_{12}=\Phi(-1^+0^-)$	-1	0	$\frac{1}{2}$	$-\frac{1}{2}$	-1	0	
$\Phi_{13}=\Phi(0^+-1^-)$	0	-1	$\frac{1}{2}$	$-\frac{1}{2}$	-1	0	^3P,^1D
$\Phi_{14}=\Phi(-1^-0^-)$	-1	0	$-\frac{1}{2}$	$-\frac{1}{2}$	-1	-1	^3P
$\Phi_{15}=\Phi(-1^+-1^-)$	-1	-1	$\frac{1}{2}$	$-\frac{1}{2}$	-2	0	^1D

* 关于谱项的意义见 11.3 节.

表 11.2.1 所列的 15 个微观状态的零级近似能量是简并的, 即

$$E_0 = E(2p^2) = 2\varepsilon_{1s} + 2\varepsilon_{2s} + 2\varepsilon_{2p} \tag{11.2.20}$$

从表中还可以看出, 每一个微观状态或无微扰态 Φ_i 都有确定的 M_L 和 M_S 值.

11.2.5 一级近似波函数

由中心场近似得到的零级波函数, 即无微扰态 Φ_i 和零级近似能量 E_0 是粗略的近似, 不能解释由原子光谱得到的实验能级. 实际上碳原子的 $E[(2p)^2]$ 要分裂为三组能级 $E(^3P)$, $E(^1D)$ 和 $E(^1S)$, 光谱学家将这些能级组称为光谱项 (terms),

它的意义将在以后讨论. 有的光谱项能级组如 ^3P 还要分为光谱支项 $^3P_2$, $^3P_1$ 和 $^3P_0$. 每一光谱支项在磁场中还要分裂 (Zeeman 效应, 参看 11.5.4 节). 要解释这些复杂的现象, 我们必须回到多电子原子的准确 Schrödinger 方程 [式 (11.2.1)] 上来. 在零级中心场近似中, 我们用的 Hamilton 量是 $\hat{\boldsymbol{H}}_{00}$[式 (11.2.5)]; 在一级近似中, 用 $\hat{\boldsymbol{H}}_0$[式 (11.2.4)] 就能求得光谱项的能量; 在二级近似中, 用 $\hat{\boldsymbol{H}} = \hat{\boldsymbol{H}}_0 + \hat{\boldsymbol{H}}_{\rm m}$ [式 (11.2.2)]就能解释光谱项的分裂和 Zeeman 效应. 当 $\hat{\boldsymbol{H}}_{00} \gg \hat{\boldsymbol{H}}'$(这总能得到满足) 和 $\hat{\boldsymbol{H}}' \gg \hat{\boldsymbol{H}}_{\rm m}$ 时, 这种处理方法是很合适的.

在本节中我们先讨论在零级近似波函数 $\varPhi$ 的基础上求一级近似波函数 $\varPsi$ 及一级近似能量. 原则上说来, 这可用线性变分法 (参看 5.2 节) 来完成. 选择全部 $\varPhi_i$ 的线性组合作为变分函数

$$\varPsi = \sum_{i=1}^{w} c_i \varPhi_i \tag{11.2.21}$$

按式 (11.2.4) 所表示的 $\hat{\boldsymbol{H}}_0$ 计算 E

$$E = \frac{\langle \varPsi | \hat{\boldsymbol{H}}_0 | \varPsi \rangle}{\langle \varPsi | \varPsi \rangle} \tag{11.2.22}$$

求 E 的极小值, 就得到系数 c_i 必须满足的方程

$$\sum_{i=1}^{w} (H_{ki} - S_{ki}E)c_i = 0 \qquad (k = 1, 2, \cdots, w) \tag{11.2.23}$$

$$H_{ki} = \langle \varPhi_k | \hat{\boldsymbol{H}}_0 | \varPhi_i \rangle$$

$$S_{ki} = \langle \varPhi_k | \varPhi_i \rangle$$

解方程组 [式 (11.2.23)], 就可以得到一级近似本征能量 E 和一级近似波函数 $\varPsi$. 这样做虽然观念上很简单, 但计算量比较大, 而更重要的是得不到零级简并能级分裂的一般规律, 即没有得出能级的分布与体系的对称性之间的联系. 为了掌握能级分裂的规律性, 我们结合角动量理论分析来求一级近似波函数和能量 E.

11.2.6 *L-S* 耦合

在第 5 章中已经指出, 多电子原子体系的总轨道角动量和总自旋角动量算符为

$$\hat{\boldsymbol{L}} = \sum_i \hat{\boldsymbol{l}}_i = \sum_i (\hat{\boldsymbol{r}}_i \times \hat{\boldsymbol{p}}_i) \qquad \hat{\boldsymbol{S}} = \sum_i \hat{\boldsymbol{s}}_i \tag{11.2.24}$$

$\hat{\boldsymbol{L}}^2$, $\hat{\boldsymbol{S}}^2$ 是与 Hamilton 量 $\hat{\boldsymbol{H}}_0$[式 (11.2.4)] 对易的 [参看式 (4.3.17), 其中 $\hat{\boldsymbol{M}}_t^2$ 可以是 $\hat{\boldsymbol{L}}^2$ 或 $\hat{\boldsymbol{S}}^2$]. 它们在 z 轴方向的分量

$$\hat{\boldsymbol{L}}_z = \sum_i l_{iz} \qquad \hat{\boldsymbol{S}}_z = \sum_i s_{iz} \tag{11.2.25}$$

也是与 $\hat{\boldsymbol{H}}_0$ 对易的 [参看式 (4.3.9), 其中 $\hat{\boldsymbol{M}}_{zt}$ 可以是 $\hat{\boldsymbol{L}}_z$ 或 $\hat{\boldsymbol{S}}_z$]. 所以多电子原子的一级近似 (忽略旋–轨耦合作用, 参看 11.5.2 节) 的完全备算符集合是

$$\hat{\boldsymbol{H}}_0, \hat{\boldsymbol{L}}^2, \hat{\boldsymbol{S}}^2, \hat{\boldsymbol{L}}_z, \hat{\boldsymbol{S}}_z, \hat{\boldsymbol{P}} \tag{11.2.26}$$

相应的本征方程是

$$\hat{\boldsymbol{H}}_0 \Psi = E\Psi \tag{11.2.27}$$

$$\hat{\boldsymbol{L}}^2 \Psi = L(L+1)\Psi \tag{11.2.28}$$

$$\hat{\boldsymbol{S}}^2 \Psi = S(S+1)\Psi \tag{11.2.29}$$

$$\hat{\boldsymbol{L}}_z \Psi = M_L \Psi \tag{11.2.30}$$

$$\hat{\boldsymbol{S}}_z \Psi = M_S \Psi \tag{11.2.31}$$

$$\hat{\boldsymbol{P}} \Psi = (-1)^{\sum\limits_i l_i} \Psi \tag{11.2.32}$$

容易看出, 无微扰态的 Slater 行列式波函数 Φ 是 $\hat{\boldsymbol{L}}_z$ 和 $\hat{\boldsymbol{S}}_z$ 的本征函数

$$\begin{aligned}&\hat{\boldsymbol{L}}_z \Phi(l_1 m_{l_1} m_{s_1}, l_2 m_{l_2} m_{s_2}, \cdots, l_N m_{l_N} m_{s_N})\\&= M_L \Phi(l_1 m_{l_1} m_{s_1}, l_2 m_{l_2} m_{s_2}, \cdots, l_N m_{l_N} m_{s_N})\end{aligned} \tag{11.2.33}$$

$$M_L = \sum_i m_{l_i} \tag{11.2.34}$$

$$\begin{aligned}&\hat{\boldsymbol{S}}_z \Phi(l_1 m_{l_1} m_{s_1}, l_2 m_{l_2} m_{s_2}, \cdots, l_n m_{l_N} m_{s_N})\\&= M_S \Phi(l_1 m_{l_1} m_{s_1}, l_2 m_{l_2} m_{s_2}, \cdots, l_N m_{l_N} m_{s_N})\end{aligned} \tag{11.2.35}$$

$$M_S = \sum_i m_{s_i} \tag{11.2.36}$$

从表 11.2.1 可以看出, 每个 Φ_i 都有确定的 M_L 和 M_S 值.

对于闭壳层体系, Φ 也是 $\hat{\boldsymbol{L}}^2$ 和 $\hat{\boldsymbol{S}}^2$ 的本征函数 (本征值为 $L = S = 0$). 但一般而言, Φ 不是 $\hat{\boldsymbol{L}}^2$ 和 $\hat{\boldsymbol{S}}^2$ 的本征函数, 因为

$$\begin{aligned}\hat{\boldsymbol{L}}^2 &= \left(\sum_i \hat{\boldsymbol{l}}_i\right)^2 = \sum_i \hat{\boldsymbol{l}}_i^2 + 2\sum_{i<j} \hat{\boldsymbol{l}}_i \cdot \hat{\boldsymbol{l}}_j\\&= \sum_i \hat{\boldsymbol{l}}_i^2 + 2\sum_{i<j} \hat{\boldsymbol{l}}_{iz} \boldsymbol{l}_{jz} + 2\sum_{i<j} (\hat{\boldsymbol{l}}_{ix}\hat{\boldsymbol{l}}_{jx} + \hat{\boldsymbol{l}}_{iy}\hat{\boldsymbol{l}}_{jy})\\&= \sum_i \hat{\boldsymbol{l}}_i^2 + 2\sum_{i<j} \hat{\boldsymbol{l}}_{iz}\hat{\boldsymbol{l}}_{jz} + \sum_{i<j} (\hat{\boldsymbol{l}}_{i+}\hat{\boldsymbol{l}}_{j-} + \hat{\boldsymbol{l}}_{i-}\hat{\boldsymbol{l}}_{j+})\end{aligned} \tag{11.2.37}$$

以及

$$\begin{aligned}&\hat{\boldsymbol{l}}_{i+}\hat{\boldsymbol{l}}_{j-} \Phi(l_1 m_{l_1} m_{s_1}, \cdots, l_N m_{l_N} m_{s_N})\\&= \sqrt{(l_i + m_{l_i} + 1)(l_i - m_{l_i})}\sqrt{(l_j - m_{l_j} + 1)(l_j + m_{l_j})}\\&\quad \times \Phi(l_1 m_{l_1} m_{s_1}, \cdots, l_i(m_{l_i} + 1)m_{s_i}, \cdots, l_j(m_{l_j} - 1)m_{s_j}, \cdots, l_N m_{l_N} m_{s_N})\end{aligned} \tag{11.2.38}$$

所以

$$
\begin{aligned}
&\hat{\boldsymbol{L}}^2 \varPhi(l_1 m_{l_1} m_{s_1}, \cdots, l_N m_{l_N} m_{s_N}) \\
=&\left[\sum_i l_i(l_i+1) + 2\sum_{i<j} m_{l_i} m_{l_j}\right] \varPhi(l_1 m_{l_1} m_{s_1}, \cdots, l_N m_{l_N} m_{s_N}) \\
&+ \sum_{i\neq j} \sqrt{(l_i+m_{l_i}+1)(l_i-m_{l_i})}\sqrt{(l_j-m_{l_j}+1)(l_j+m_{l_j})} \\
&\times \varPhi(l_1 m_{l_1} m_{s_1}, \cdots, l_i(m_{l_i}+1)m_{s_i}, \cdots, l_j(m_{l_j}-1)m_{s_j}, \cdots, l_N m_{l_N} m_{s_N}) \quad (11.2.39)
\end{aligned}
$$

同样可以证明

$$
\begin{aligned}
&\hat{\boldsymbol{S}}^2 \varPhi(l_1 m_{l_1} m_{s_1}, \cdots, l_N m_{l_N} m_{s_N}) \\
=&\left[\sum_i \left(\frac{1}{2}\cdot\frac{3}{2}\right) + 2\sum_{i<j} m_{s_i} m_{s_j}\right] \varPhi(l_1 m_{l_1} m_{s_1}, \cdots, l_N m_{l_N} m_{s_N}) \\
&+ \sum_{i\neq j} \sqrt{\left(\frac{3}{2}+m_{s_i}\right)\left(\frac{1}{2}-m_{s_i}\right)}\sqrt{\left(\frac{3}{2}-m_{s_j}\right)\left(\frac{1}{2}+m_{s_j}\right)} \\
&\times \varPhi(l_1 m_{l_1} m_{s_1}, \cdots, l_i m_{l_i}(m_{s_i}+1), \cdots, l_j m_{l_j}(m_{s_j}-1), \cdots, l_N m_{l_N} m_{s_N}) \quad (11.2.40)
\end{aligned}
$$

但从式 (11.2.39) 和式 (11.2.40) 可以看出, $\hat{\boldsymbol{L}}^2$ 和 $\hat{\boldsymbol{S}}^2$ 作用在无微扰态 $\varPhi$ 上并不改变它的 M_L 和 M_S 值, 所以我们可以将具有相同 M_S 和 M_L 的行列式重新组合成 $\hat{\boldsymbol{L}}^2$, $\hat{\boldsymbol{L}}_z$, $\hat{\boldsymbol{S}}^2$, $\hat{\boldsymbol{S}}_z$ 的共同本征函数. 例如, 在表 11.2.1 中 $M_L=2$, $M_S=0$ 的无微扰态只有一个, 即 $\varPhi(1^+1^-)$, 它一定也是 $\hat{\boldsymbol{L}}^2$ 和 $\hat{\boldsymbol{S}}^2$ 的本征函数, 相应的本征值为 2, 0, 即

$$
\varPsi(LM_LSM_S) = \varPsi(2200) \equiv \varPhi(1^+1^-)
$$

同理

$$
\left.\begin{aligned}
\varPsi(2-200) &= \varPhi(-1^+-1^-) \\
\varPsi(1111) &= \varPhi(1^+0^+) \\
\varPsi(111-1) &= \varPhi(1^-0^-) \\
\varPsi(1011) &= \varPhi(1^+-1^+) \\
\varPsi(101-1) &= \varPhi(1^--1^-) \\
\varPsi(1-111) &= \varPhi(-1^+0^+) \\
\varPsi(1-11-1) &= \varPhi(-1^-0^-)
\end{aligned}\right\} \quad (11.2.41)
$$

但 $M_L=1$, $M_S=0$ 的无微扰态有两个, 即 $\varPhi(1^+0^-)$ 和 $\varPhi(0^+1^-)$, 由它们可以组合出 $L=1$, $S=1$ 和 $L=2$, $S=0$ 的两个本征函数

$$\varPsi(1110) = c_1\varPhi(1^+0^-) + c_2\varPhi(0^+1^-)$$
$$\varPsi(2100) = c_3\varPhi(1^+0^-) + c_4\varPhi(0^+1^-)$$

同理

$$\left.\begin{aligned}\varPsi(1-110) &= c_5\varPhi(-1^+0^-) + c_6\varPhi(0^+-1^-)\\ \varPsi(2-100) &= c_7\varPhi(-1^+0^-) + c_8\varPhi(0^+-1^-)\\ \varPsi(1010) &= c_9\varPhi(1^+-1^-) + c_{10}\varPhi(0^+0^-) + c_{11}\varPhi(-1^+1^-)\\ \varPsi(2000) &= c_{12}\varPhi(1^+-1^-) + c_{13}\varPhi(0^+0^-) + c_{14}\varPhi(-1^+1^-)\\ \varPsi(0000) &= c_{15}\varPhi(1^+-1^-) + c_{16}\varPhi(0^+0^-) + c_{17}\varPhi(-1^+1^-)\end{aligned}\right\} \tag{11.2.42}$$

系数 c_i 的求法参见 11.3.3 节.

这样, 我们就比较容易地得到了碳原子的 $(2\text{p})^2$ 电子组态的 $\hat{\boldsymbol{L}}^2$, $\hat{\boldsymbol{L}}_z$, $\hat{\boldsymbol{S}}^2$, $\hat{\boldsymbol{S}}_z$ 四个算符的共同本征函数 $\varPsi(LM_LSM_S)$. 在这个简单的例子中, 属于一套本征值 L, M_L, S, M_S 的本征函数只有一个, 它也一定就是 $\boldsymbol{H}_0$ 的近似本征函数 $\varPsi$, 因为 L, M_L, S, M_S 值不完全相同的本征函数不能组合出 $\hat{\boldsymbol{H}}_0$, $\hat{\boldsymbol{L}}^2$, $\hat{\boldsymbol{L}}_z$, $\hat{\boldsymbol{S}}^2$ 和 $\hat{\boldsymbol{S}}_z$ 的共同本征函数. 所以一级近似能量

$$E = \langle\varPsi|\hat{\boldsymbol{H}}_0|\varPsi\rangle = \langle LM_LSM_S|\hat{\boldsymbol{H}}_0|LM_LSM_S\rangle \tag{11.2.43}$$

式中, 假定 $\varPsi$ 已经归一化, 即

$$\langle\varPsi|\varPsi\rangle = \langle LM_LSM_S|LM_LSM_S\rangle = 1 \tag{11.2.44}$$

如果属于本征值 L, M_L, S, M_S 的本征函数有两个或两个以上*, 分别以

$$\varPsi(\alpha_1 LM_LSM_S),\ \varPsi(\alpha_2 LM_LSM_S), \cdots$$

表示, 则 $\hat{\boldsymbol{H}}_0$ 的近似本征函数将是它们的线性组合, 即

$$\varPsi = c_1\varPsi(\alpha_1 LM_LSM_S) + c_2\varPsi(\alpha_2 LM_LSM_S) + \cdots \tag{11.2.45}$$

此处系数 c_i 和相应的本征能量可用通常的线性变分法求得. 这个过程称为谱项混合或谱项相互作用.

以上处理方案是由 Russel 和 Saunders 首先提出来的, 称为 Russel-Saunders 耦合方案, 又称 L-S 耦合. 用这个方案来得到原子的一级近似波函数 $\varPsi$ 和一级近似能量要比解式 (11.2.23) 简便得多. 更有意义的是, 这样得到的 $\varPsi(LM_LSM_S)$ 都有清楚的 L, M_L, S, M_S 值, 从而可以看出能级和 L, S 之间的关系.

* 如果同一电子组态包含有两个或两个以上 L、S 相同的谱项 (参见 11.3 节), 如 d^3 组态的谱项有 ^4F、^4P、^2H、^2G、^2F、^2D、^2D、^2P, 其中就有两个相同的 ^2D, 此时属于本征值 $L=2$、$M_L=2$、$S=\dfrac{1}{2}$、$M_S=\dfrac{1}{2}$ 的本征函数就有两个等.

11.3 谱项及属于谱项的波函数

11.3.1 谱项的推算

谱项这一名词前面已提到过, 现在重新加以确切说明. 我们将属于 $\hat{\boldsymbol{H}}$, $\hat{\boldsymbol{L}}^2$, $\hat{\boldsymbol{S}}^2$ 的本征值 E_i, L、S 相同的 $(2S+1)(2L+1)$ 个本征态的集合称为谱项, 记作 ${}^{2S+1}L$, 其中 $(2S+1)$ 称为多重度. 当 L 取不同值时, 分别用不同的大写英文字母表示如下:

L	0	1	2	3	4	5	6	7	8	9
符号	S	P	D	F	G	H	I	K	L	M

例如, $S=1$, $L=4$ 的 27 个状态的集合记作 ${}^3G$. 这种记号最初是由光谱学家引进来表示原子能级的. 如果谱项在宇称算符 $\hat{\boldsymbol{P}}$ 的作用下, 其本征值为 $+1$, 称为偶谱项, 本征值为 -1, 称为奇谱项 (通常在谱项符号的右上角加一小圈作标志, 如 ${}^2P^{\circ}$, ${}^3F^{\circ}$ 等).

下面以 p^2 电子组态为例讨论谱项的推算方法.

第一步: 根据 Pauli 原理, 列出组态中可能存在的各种 $\varPhi_i$, 如表 11.2.1 所示. 核对 $\varPhi_i$ 的总数是否与式 (11.2.19) 的计算结果相符.

第二步: 计算各个 $\varPhi_i$ 的 M_L 和 M_S 值. 由于 M_L 和 M_S 总是正、负成对的, 所以只要列出对应于非负的 M_L 和 M_S 值的 $\varPhi_i$, 如表 11.3.1 所示.

表 11.3.1 p^2 组态的谱项推算

M_L \ M_S	1	0	
2		$1^+1^-(2)$	${}^1D$
1	$1^+0^+(4)$ ${}^3P$	$1^+0^-(2)$, $1^-0^+(2)$	${}^1D$, ${}^3P$
0	$1^+-1^+(2)$ ${}^3P$	$1^+-1^-(1)$, $1^--1^+(1)$, $0^+0^-(1)$	${}^1D, {}^3P, {}^1S$

当 $M_L \neq 0$, $M_S \neq 0$ 时, 正、负对应的 $\varPhi$ 有 4 个; 当 M_L 或 M_S 中有 1 个不等于零时, 正、负对应的 $\varPhi$ 有 2 个; 当 $M_L = M_S = 0$ 时, 正、负对应的 $\varPhi$ 只有 1 个, 这些数注在括号内. 例如, $1^+0^+(4)$ 就是 1^+0^+, 1^-0^-, -1^+0^+, -1^-0^- 四个正、负对应 $\varPhi$ 的缩写; $1^+0^-(2)$ 是 1^+0^- 和 -1^+0^- 两个正、负对应 $\varPhi$ 的缩写. 所以括号内数字的总和应等于 15. 这一步骤熟练之后就可以将繁琐的第一步省去, 即不作表 11.2.1, 直接作表 11.3.1.

第三步: 我们知道, 对于一定的 L 值, M_L 的取值为 $-L\sim+L$, 所以 M_L 的最大值就是 L; 同样, M_S 的最大值就是 S. 由表 11.3.1 可见, M_L 的最大值是 2, 此时 M_S 的最大值是 0, 所以属于 ${}^1D$ 谱项. 将 ${}^1D$ 写在表 11.3.1 中 $M_L=2$, $M_S=0$ 的

格内. 同时 ^1D 还应包含 $M_L=1$、0 和 $M_S=0$ 的状态, 也将 ^1D 写在相应的格内.

M_S 的最大值是 1, 此时 M_L 的最大值也是 1, 所以属于 ^3P 谱项, 它应包含 $M_S=0$, $M_L=1$; $M_L=0$, $M_S=1$ 和 $M_L=M_S=0$ 的各个状态, 因此将 ^3P 符号写在相应的格子内. 这样, 在 $M_L=M_S=0$ 的格内还余下一个状态, 它属于 ^1S 谱项. 所以 p^2 组态共有 ^1D, ^3P, ^1S 三个谱项. ^1D 含有 $(2L+1)=5$ 个状态, ^3P 含有 $(2L+1)(2S+1)=3\times3=9$ 个状态, ^1S 含有 1 个状态, 总计 15 个状态, 与 Φ_i 的总数相等. 表 11.3.2～ 表 11.3.4 分别列出 p^3, d^2 和 d^3 组态的谱项推算结果.

表 11.3.2　p^3 组态的谱项推算

M_L \ M_S	$\frac{3}{2}$		$\frac{1}{2}$	
2			$1^+1^-0^+(4)$	$^2D^\circ$
1			$1^+0^-0^+(4)$, $1^+1^--1^+(4)$	$^2D^\circ$, $^2P^\circ$
0	$1^+0^+-1^+(2)$	$^4S^\circ$	$1^+-1^-0^+(2)$, $1^+0^--1^+(2)$, $1^-0^+-1^+(2)$	$^2D^\circ$, $^2P^\circ$, $^4S^\circ$

注: 谱项 $^2D^\circ$, $^2P^\circ$, $^4S^\circ$; 状态数 $=w=\dfrac{6!}{3!3!}=20=10+6+4$.

表 11.3.3　d^2 组态的谱项推算

M_L \ M_S	1		0	
4			$2^+2^-(2)$,	^1G
3	$2^+1^+(4)$	^3F	$2^+1^-(2)$, $2^-1^+(2)$,	^1G, ^3F
2	$2^+0^+(4)$	^3F	$2^+0^-(2)$, $1^-1^+(2)$, $2^-0^+(2)$,	^1G, ^3F, ^1D
1	$2^+-1^+(4)$, $1^+0^+(4)$	^3F, ^3P	$1^+0^-(2)$, $1^-0^+(2)$, $2^--1^+(2)$, $2^+-1^-(2)$	^1G, ^3F, ^1D, ^3P
0	$2^+-2^+(2)$, $1^+-1^+(2)$	^3F, ^3P	$1^+-1^-(1)$, $1^--1^+(1)$, $2^--2^+(1)$, $2^+-2^-(1)$, $0^+0^-(1)$	^1G, ^3F, ^1D, ^3P, ^1S

注: 谱项 ^1G, ^1D, ^1S, ^3F, ^3P; 状态数 $=w=\dfrac{10!}{2!8!}=45=9+5+1+21+9$.

表 11.3.4　d^3 组态的谱项推算

M_L \ M_S	3/2	1/2
5		① ^2H
4		② ^2H ^2G
3	① ^4F	④ ^2H ^2G ^4F ^2F
2	① ^4F	⑥ ^2H ^2G ^4F ^2F ^2D ^2D
1	② ^4F ^4P	⑧ ^2H ^2G ^4F ^2F ^2D ^2D ^4P ^2P
0	② ^4F ^4P	⑧ ^2H ^2G ^4F ^2F ^2D ^2D ^4P ^2P

注: 谱项 $^4(FP)$, $^2(HGFDDP)$; 状态数 $=w=\dfrac{10!}{3!7!}=120=28+12+22+18+14+10+10+6$.

d^3 组态的状态数共有 120 个, 在表 11.3.4 中没有列出来, 只在圆圈内注明非负 M_L 和 M_S 值的状态数. 例如, $M_L=5$, $M_S=\frac{1}{2}$ 格内①表示 $(2^+2^-1^+)$; $M_L=4$, $M_S=\frac{1}{2}$ 格内②表示 $(2^+2^-0^+)$ 和 $(2^+1^-1^+)$. 列出非负 M_L 和 M_S 值的状态以后就可以推算谱项. 先从 $M_S=3/2$、$M_L=3$ 开始, 它属于 ^4F 谱项, 将 ^4F 填入 $M_L=3$、2、1、0, $M_S=3/2$、1/2 的 8 个格内. $M_L=2$, $M_S=3/2$ 的状态已属于 ^4F 谱项, 没有其他谱项的成分. 但 $M_L=1$、$M_S=3/2$ 的状态只有一个属于 ^4F 谱项, 还有 1 个属于 ^4P 谱项, 将 ^4P 填入 $M_L=1$、0, $M_S=3/2$、$\frac{1}{2}$ 的 4 个格内. 然后从 $M_L=5$, $M_S=\frac{1}{2}$ 得到 ^2H 谱项, 将 ^2H 填入 $M_L=5$、4、3、2、1、0, $M_S=\frac{1}{2}$ 的 6 个格内. $M_L=4$, $M_S=\frac{1}{2}$ 的状态有②个, 除 1 个属于 ^2H 外, 还有 1 个属于 ^2G 谱项. $M_L=3$, $M_S=\frac{1}{2}$ 有④个状态, 除含 ^2H, ^2G, ^4F 各 1 个状态外, 还有 1 个状态属于 ^2F 谱项. $M_L=2$, $M_S=\frac{1}{2}$ 有⑥个, 除含 ^2H, ^2G, ^4F, ^2F 各 1 个状态外, 还有②个状态, 分属于两个 ^2D 谱项, 余类推.

11.3.2　各种组态的谱项

当 $x+y=2(2l+1)$ 时, 电子组态 $(nl)^x$ 和 $(nl)^y$ 称为互补组态. 互补组态的谱项完全相同, 如 d^2 和 d^8, d^3 和 d^7, p^2 和 p^4, f^3 和 f^{11} 等各对组态都是互补组态, 它们的谱项都相同.

这一规则可证明如下：从式 (11.2.19) 看, 互补组态中存在的无微扰态的数目显然相同. 若我们规定互补组态的无微扰态之间的对应关系为 $(nl)^x$ 组态中有电子占据的轨道在 $(nl)^y$ 组态中空着, 反之亦然, 则有

$$\begin{aligned} M_L[(nl)^x] &= \sum_x m_l = \sum_{2(2l+1)} m_l - \sum_y m_l = -\sum_y m_l \\ &= -M_L[(nl)^y] \end{aligned} \tag{11.3.1}$$

式中, 求和 $\sum\limits_{2(2l+1)}$ 遍及一个亚层中的所有轨道, 其值为零. $\sum\limits_x$ 和 $\sum\limits_y$ 分别表示对 $(nl)^x$ 和 $(nl)^y$ 组态中的电子占据轨道求和. 对于 $M_S[(nl)^x]$ 和 $M_S[(nl)^y]$ 有类似的关系式. 因为 M_L 和 M_S 都是正、负成对出现的, 所以 $(nl)^x$ 和 $(nl)^y$ 组态中的微观态不但数目相同, 而且它们的 (M_L, M_S) 值分布情况也完全相同, 因而从其中导出的谱项也相互对应 (但能量值不同). 表 11.3.5 列出某些常见组态的谱项, 表中谱项下面的数字表示相同谱项的数目.

表 11.3.5　$(nl)^x$ 组态的谱项

组　态	谱　项
满亚层	^1S
p^1, p^5	$^2P^\circ$
p^2, p^4	^3P, $^1(DS)$
p^3	$^4S^\circ$, $^2(D^\circ P^\circ)$
d^1, d^9	^2D
d^2, d^8	$^3(FP)$, $^1(GDS)$
d^3, d^7	$^4(FP)$, $^2(HGF\underset{2}{D}P)$
d^4, d^6	^5D, $^3(HG\underset{2}{F}D\underset{2}{P})$, $^1(I\underset{2}{G}F\underset{2}{D}\underset{2}{S})$
d^5	^6S, $^4(GFDP)$, $^2(IH\underset{2}{G}\underset{2}{F}\underset{3}{D}PS)$
f^1, f^{13}	$^2F^\circ$
f^2, f^{12}	$^3(HFP)$, $^1(IGDS)$
f^3, f^{11}	$^4(I^\circ G^\circ F^\circ D^\circ S^\circ)$, $^2(L^\circ K^\circ I^\circ \underset{2}{H}^\circ \underset{2}{G}^\circ \underset{2}{F}^\circ \underset{2}{D}^\circ P^\circ)$
f^4, f^{10}	$^5(IGFDS)$, $^3(ML\underset{2}{K}\underset{2}{I}\underset{4}{H}\underset{3}{G}\underset{4}{F}\underset{2}{D}\underset{3}{P})$, $^1(N\underset{2}{L}K\underset{3}{I}\underset{2}{H}\underset{4}{G}F\underset{4}{D}\underset{2}{S})$
f^5, f^9	$^6(H^\circ F^\circ P^\circ)$, $^4(M^\circ L^\circ \underset{2}{K}^\circ \underset{3}{I}^\circ \underset{3}{H}^\circ \underset{4}{G}^\circ \underset{4}{F}^\circ \underset{3}{D}^\circ \underset{2}{P}^\circ S^\circ)$, $^2(O^\circ N^\circ \underset{2}{M}^\circ \underset{3}{L}^\circ \underset{5}{K}^\circ \underset{5}{I}^\circ \underset{7}{H}^\circ \underset{6}{G}^\circ \underset{7}{F}^\circ \underset{5}{D}^\circ \underset{4}{P}^\circ)$
f^6, f^8	^7F, $^5(LK\underset{2}{I}\underset{2}{H}\underset{3}{G}\underset{2}{F}\underset{3}{D}PS)$, $^3(ON\underset{3}{M}\underset{3}{L}\underset{6}{K}\underset{6}{I}\underset{9}{H}\underset{7}{G}\underset{9}{F}\underset{5}{D}\underset{6}{P})$, $^1(Q\underset{2}{N}\underset{2}{M}\underset{4}{L}\underset{3}{K}\underset{7}{I}\underset{4}{H}\underset{8}{G}\underset{4}{F}\underset{6}{D}P\underset{4}{S})$
f^7	$^8S^\circ$, $^6(I^\circ H^\circ G^\circ F^\circ D^\circ P^\circ)$, $^4(N^\circ M^\circ \underset{3}{L}^\circ \underset{3}{K}^\circ \underset{5}{I}^\circ \underset{5}{H}^\circ \underset{7}{G}^\circ \underset{5}{F}^\circ \underset{6}{D}^\circ \underset{2}{P}^\circ \underset{2}{S}^\circ)$, $^2(Q^\circ O^\circ \underset{2}{N}^\circ \underset{4}{M}^\circ \underset{5}{L}^\circ \underset{7}{K}^\circ \underset{9}{I}^\circ \underset{9}{H}^\circ \underset{10}{G}^\circ \underset{10}{F}^\circ \underset{7}{D}^\circ \underset{5}{P}^\circ \underset{2}{S}^\circ)$

下面我们推算有两个以上开壳层组态的谱项. 以 $(n_1l_1)^{x_1}(n_2l_2)^{x_2}$ 组态为例, 我们先分别将 $(n_1l_1)^{x_1}$ 组态和 $(n_2l_2)^{x_2}$ 组态的谱项推算出来, 然后将 $(n_1l_1)^{x_1}$ 组态中的每个谱项 $(^{2S_1+1}L_1)$ 和 $(n_2l_2)^{x_2}$ 组态中的每个谱项 $(^{2S_2+1}L_2)$ 分别组合起来. 由这样一对谱项导出的 $(n_1l_1)^x(n_2l_2)^{x_2}$ 组态的谱项的 L 值为 $|L_1-L_2|, |L_1-L_2+1|, \cdots, (L_1+L_2)$, S 值为 $|S_1-S_2|$, $|S_1-S_2+1|, \cdots, (S_1+S_2)$. 将其中任一个 L 值与一个 S 值配合起来, 就得到它的一个谱项. 例如, p^2d 组态的谱项可推算如表 11.3.6 所示.

表 11.3.6　p^2d 组态的谱项

p^2的谱项 → / d的谱项 ↓ / p^2d的谱项	^3P	^1D	^1S
^2D	^2P, ^2D, ^2F, ^4P, ^4D, ^4F	^2S, ^2P, ^2D, ^2F, ^2G	^2D

利用群论方法可以比较简便地推算复杂组态的谱项.

11.3.3　属于谱项的波函数 $\Psi(LM_LSM_S)$

对于一个谱项 ^{2S+1}L, 它有确定的能量 E、确定的角动量 L 和 S. 这个谱项的能级在未考虑旋-轨耦合的条件下是简并的, 简并度等于 $(2L+1)(2S+1)$, 即共有 $(2L+1)(2S+1)$ 个波函数 $\Psi(LM_LSM_S)$.

现在讨论如何从无微扰态 Φ_i 的线性组合求出 $\hat{\boldsymbol{L}}^2$, $\hat{\boldsymbol{L}}_z$, $\hat{\boldsymbol{S}}^2$, $\hat{\boldsymbol{S}}_z$ 的共同本征函数 $\Psi(LM_LSM_S)$. 如果对应于一组 $(M_L,\ M_S)$ 值的 Φ 只有一个, 它就是 $\Psi(LM_LSM_S)$, 因为不同 M_L 或 M_S 值的 Φ_i 不能混合, 否则就不是 $\hat{\boldsymbol{L}}_z$ 和 $\hat{\boldsymbol{S}}_z$ 的本征函数了. 具有最大 M_L(或 M_S) 值的 Φ_i 通常只有一个, 它就是 $\Psi(LM_LSM_S)$. 以 d^2 组态为例, 由表 11.3.3 可以看出, $M_L=4$, $M_S=0$ 的 Φ 只有一个, 即 $\Phi(2^+2^-)$. 所以 ^1G 谱项的最大 M_L 值的波函数是

$$\Psi(4\ 4\ 0\ 0)=\Phi(2^+2^-)$$

由角动量理论可知, 属于同一 L(或 S) 值而 M_L(或 M_S) 不同的各本征函数之间可以通过阶梯算符 [参见式 (4.2.6)] 变换, 即

$$\hat{\boldsymbol{L}}_\pm \Psi(LM_LSM_S)=\sqrt{(L\pm M_L+1)(L\mp M_L)}\,\Psi[L(M_L\pm 1)SM_S] \tag{11.3.2}$$

$$\hat{\boldsymbol{S}}_\pm \Psi(LM_LSM_S)=\sqrt{(S\pm M_S+1)(S\mp M_S)}\,\Psi[LM_LS(M_S\pm 1)] \tag{11.3.3}$$

而

$$\begin{aligned}\hat{\boldsymbol{L}}_\pm \Phi(l_1m_{l_1}m_{s_1},\cdots,l_Nm_{l_N}m_{s_N})=&\sum_{k=1}^{N}\sqrt{(l_k\pm m_{l_k}+1)(l_k\mp m_{l_k})}\\&\times\Phi(l_1m_{l_1}m_{s_1},\cdots,l_k(m_{l_k}\pm 1)m_{s_k},\cdots,l_Nm_{l_N}m_{s_N})\end{aligned} \tag{11.3.4}$$

$$\begin{aligned}\hat{\boldsymbol{S}}_\pm \Phi(l_1m_{l_1}m_{s_1},\cdots,l_Nm_{l_N}m_{s_N})=&\sum_{k=1}^{N}\sqrt{\left(\frac{3}{2}\pm m_{s_k}\right)\left(\frac{1}{2}\mp m_{s_k}\right)}\\&\times\Phi(l_1m_{l_1}m_{s_1},\cdots,l_km_{l_k}(m_{s_k}\pm 1),\cdots,l_Nm_{l_N}m_{s_N})\end{aligned} \tag{11.3.5}$$

因此从最大的 M_L(或 M_S) 值本征函数出发, 用递降算符就可以得出属于该谱项的全部本征函数. 如果有 N 个具有相同 M_L, M_S 值的无微扰态函数 Φ_i, 在找出 $N-1$ 个由它组成的本征函数 Ψ_i 以后, 第 N 个本征函数 Ψ_N 就可以利用正交关系求出.

下面我们先推导式 (11.3.2)~ 式 (11.3.5), 然后以 d^2 组态的谱项 ^1G, ^1D, ^1S, ^3F, ^3P 为例, 推导出这些谱项的 45 个波函数 $\Psi(LM_LSM_S)$.

11.3.4　阶梯算符公式的推导

阶梯算符的定义 [式 (4.2.6)] 是

$$\hat{\boldsymbol{L}}_\pm=\hat{\boldsymbol{L}}_x\pm i\hat{\boldsymbol{L}}_y \tag{11.3.6}$$

令

$$\hat{\boldsymbol{L}}_\pm \Psi(LM_LSM_S)=\Psi' \tag{11.3.7}$$

则

$$\hat{\boldsymbol{L}}_z \Psi' = \hat{\boldsymbol{L}}_z \hat{\boldsymbol{L}}_\pm \Psi(LM_LSM_S) \tag{11.3.8}$$

由式 (4.2.9) 得

$$\boldsymbol{L}_z \boldsymbol{L}_\pm = \boldsymbol{L}_\pm \boldsymbol{L}_z + \boldsymbol{L}_\pm \tag{11.3.9}$$

代入式 (11.3.8), 并利用式 (11.2.30), 可得

$$\begin{aligned}\hat{\boldsymbol{L}}_z \Psi' &= \hat{\boldsymbol{L}}_\pm \hat{\boldsymbol{L}}_z \Psi(LM_LSM_S) \pm \hat{\boldsymbol{L}}_\pm \Psi(LM_LSM_S) \\ &= \hat{\boldsymbol{L}}_\pm M_L \Psi(LM_LSM_S) \pm \hat{\boldsymbol{L}}_\pm \Psi(LM_LSM_S) \\ &= (M_L \pm 1)\hat{\boldsymbol{L}}_\pm \Psi(LM_LSM_S) \\ &= (M_L \pm 1)\Psi'\end{aligned} \tag{11.3.10}$$

由式 (11.3.10) 可见, Ψ' 是算符 $\hat{\boldsymbol{L}}_z$ 的本征函数, 其本征值为 $(M_L \pm 1)$, 因此 Ψ' 可以写为

$$\Psi' = c\Psi[L(M_L \pm 1)SM_S] \tag{11.3.11}$$

代入式 (11.3.7), 得

$$\hat{\boldsymbol{L}}_\pm \Psi(LM_LSM_S) = \Psi' = c\Psi[L(M_L \pm 1)SM_S] \tag{11.3.12}$$

式中, c 是待定常数. 因为 $\Psi[L(M_L \pm 1)SM_S]$ 是归一化的波函数, 所以

$$\begin{aligned}\langle \Psi' | \Psi' \rangle &= |c|^2 \langle \Psi[L(M_L \pm 1)SM_S] | \Psi[L(M_L \pm 1)SM_S] \rangle \\ &= |c|^2 \\ &= \langle \hat{\boldsymbol{L}}_\pm \Psi(LM_LSM_S) | \hat{\boldsymbol{L}}_\pm \Psi(LM_LSM_S) \rangle \\ &= \langle \Psi(LM_LSM_S) | \hat{\boldsymbol{L}}_\mp \hat{\boldsymbol{L}}_\pm \Psi(LM_LSM_S) \rangle\end{aligned} \tag{11.3.13}$$

式 (11.3.13) 中最后的等式利用了共轭算符的性质, 并注意 $\hat{\boldsymbol{L}}_\pm$ 的复共轭算符是 $\hat{\boldsymbol{L}}_\mp$.

由式 (4.2.10) 得

$$\hat{\boldsymbol{L}}_\mp \hat{\boldsymbol{L}}_\pm = \hat{\boldsymbol{L}}^2 - \hat{\boldsymbol{L}}_z^2 \mp \hat{\boldsymbol{L}}_z \tag{11.3.14}$$

所以

$$\hat{\boldsymbol{L}}_\mp \hat{\boldsymbol{L}}_\pm \Psi(LM_LSM_S) = [L(L+1) - M_L^2 \mp M_L]\Psi(LM_LSM_S) \tag{11.3.15}$$

代入式 (11.3.13), 注意 $\langle \Psi(LM_LSM_S) | \Psi(LM_LSM_S) \rangle = 1$, 得

$$|c|^2 = L(L+1) - M_L^2 \mp M_L$$

所以

$$c = \sqrt{L(L+1) - M_L(M_L \pm 1)} = \sqrt{(L \pm M_L + 1)(L \mp M_L)} \tag{11.3.16}$$

代入式 (11.3.12), 得

$$L_\pm \Psi(LM_LSM_S) = \sqrt{(L \pm M_L + 1)(L \mp M_L)}\,\Psi[L(M_L \pm 1)SM_S]$$

这就是我们要证明的式 (11.3.2). 同样可以证明式 (11.3.3)～ 式 (11.3.5).

11.3.5 d² 组态各谱项的 $\Psi(LM_LSM_S)$ 的推导

由表 11.3.3 已知 d^2 组态共有 45 个状态, 分属于五个谱项 ^1G, ^1D, ^1S, ^3F 和 ^3P. 已知

$$\Psi(4400) = \Phi(2^+2^-)$$

用 $\hat{\boldsymbol{L}}_-$ 作用在上式的两边, 得

$$\hat{\boldsymbol{L}}_- \Psi(4400) = \hat{\boldsymbol{L}}_- \Phi(2^+2^-) \tag{11.3.17}$$

而

$$\hat{\boldsymbol{L}}_- \Psi(4400) = \sqrt{(4-4+1)(4+4)}\,\Psi(4300) = 2\sqrt{2}\,\Psi(4300) \tag{11.3.18}$$

$$\begin{aligned}\hat{\boldsymbol{L}}_- \Phi(2^+2^-) &= \sqrt{(2-2+1)(2+2)}\,\Phi(1^+2^-) + \sqrt{(2-2+1)(2+2)}\,\Phi(2^+1^-)\\ &= 2[\Phi(2^+1^-) - \Phi(2^-1^+)]\end{aligned} \tag{11.3.19}$$

这里利用了波函数的反对称性, 即

$$\Phi(1^+2^-) = -\Phi(2^-1^+) \tag{11.3.20}$$

将式 (11.3.18) 和式 (11.3.19) 代入式 (11.3.17), 得

$$\Psi(4300) = \frac{1}{\sqrt{2}}[\Phi(2^+1^-) - \Phi(2^-1^+)] \tag{11.3.21}$$

再用 $\hat{\boldsymbol{L}}_-$ 作用在式 (11.3.21) 的两边, 可得

$$\sqrt{14}\,\Psi(4200) = \frac{1}{\sqrt{2}}[\sqrt{6}\,\Phi(0^+2^-) - \sqrt{4}\,\Phi(1^+1^-) - \sqrt{6}\,\Phi(0^-2^+) + \sqrt{4}\,\Phi(1^-1^+)]$$

即

$$\Psi(4200) = \frac{1}{\sqrt{14}}[\sqrt{3}\,\Phi(2^+0^-) + \sqrt{8}\,\Phi(1^+1^-) - \sqrt{3}\,\Phi(2^-0^+)] \tag{11.3.22}$$

继续运用 $\boldsymbol{L}_-$ 算符, 即可求得 ^1G 的全部本征函数.

再看 ^3F 谱项. 因为 $M_L=3$、$M_S=1$ 的无微扰态只有一个, 所以它就是 ^3F 谱项的最大 M_L 和 M_S 值的本征函数

$$\varPsi(3311)=\varPhi(2^+1^+) \tag{11.3.23}$$

同理

$$\varPsi(3211)=\varPhi(2^+0^+) \tag{11.3.24}$$

利用 $\hat{\boldsymbol{L}}_-$ 算符可以求得 ^3F 中 $M_S=1$ 的其他本征函数. 为了求得较低 M_S 值的本征函数, 用 $\hat{\boldsymbol{S}}_-$ 算符. 例如:

$$\hat{\boldsymbol{S}}_-\varPsi(3211)=\sqrt{2}\varPsi(3210)=\varPhi(2^-0^+)+\varPhi(2^+0^-)$$

即

$$\varPsi(3210)=\frac{1}{\sqrt{2}}[\varPhi(2^-0^+)+\varPhi(2^+0^-)] \tag{11.3.25}$$

为了求得 ^1D 的本征函数, 要利用正交归一条件. ^1D 的最大 M_L 值的本征态是 $\varPsi(2200)$. 注意 $M_L=2$, $M_S=0$ 的无微扰态有三个: $\varPhi(2^+0^-)$, $\varPhi(1^+1^-)$ 和 $\varPhi(2^-0^+)$. $\varPsi(2200)$ 必是它们的线性组合

$$\varPsi(2200)=c_1\varPhi(2^+0^-)+c_2\varPhi(1^+1^-)+c_3\varPhi(2^-0^+) \tag{11.3.26}$$

上面已经求出两个 $M_L=2$, $M_S=0$ 的本征函数, 即 ^1G 的 $\varPsi(4200)$ 和 ^3F 的 $\varPsi(3210)$. 这三个函数是 $\hat{\boldsymbol{L}}^2$ 不同本征值的本征函数, 彼此一定正交, 故

$$\langle\varPsi(4200)|\varPsi(2200)\rangle=\frac{1}{\sqrt{14}}(\sqrt{3}c_1+\sqrt{8}c_2-\sqrt{3}c_3)=0 \tag{11.3.27}$$

$$\langle\varPsi(3210)|\varPsi(2200)\rangle=\frac{1}{\sqrt{2}}(c_1+c_3)=0 \tag{11.3.28}$$

由式 (11.3.27) 和式 (11.3.28) 得

$$c_2=-\sqrt{\frac{3}{2}}c_1 \qquad c_3=-c_1 \tag{11.3.29}$$

于是式 (11.3.26) 变为

$$\varPsi(2200)=c_1\left[\varPhi(2^+0^-)-\sqrt{\frac{3}{2}}\varPhi(1^+1^-)-\varPhi(2^-0^+)\right] \tag{11.3.30}$$

c_1 由归一化条件确定为

$$c_1=\sqrt{\frac{2}{7}} \tag{11.3.31}$$

最后得到

$$\Psi(2200)=\frac{1}{\sqrt{7}}[\sqrt{2}\Phi(2^+0^-)-\sqrt{3}\Phi(1^+1^-)-\sqrt{2}\Phi(2^-0^+)] \tag{11.3.32}$$

^1D 的较低 M_L 值的本征函数再用 $\hat{\boldsymbol{L}}_-$ 求出. 表 11.3.7 列出 d^2 组态各谱项的本征函数, 读者可选一部分计算当作练习.

表 11.3.7 d^2 组态各谱项的本征函数

$\Psi(LM_LSM_S)$	$\sum c_i\Phi_i(m_lm_s,m_l'm_s')$
^1G $\Psi(4400)$	$\Phi(2^+2^-)$
$\Psi(4300)$	$\sqrt{\frac{1}{2}}[\Phi(2^+1^-)-\Phi(2^-1^+)]$
$\Psi(4200)$	$\sqrt{\frac{3}{14}}\Phi(2^+0^-)-\sqrt{\frac{3}{14}}\Phi(2^-0^+)+\sqrt{\frac{8}{14}}\Phi(1^+1^-)$
$\Psi(4100)$	$\sqrt{\frac{1}{14}}\Phi(2^+-1^-)-\sqrt{\frac{1}{14}}\Phi(2^- -1^+)$
	$+\sqrt{\frac{6}{14}}\Phi(1^+0^-)-\sqrt{\frac{6}{14}}\Phi(1^-0^+)$
$\Psi(4000)$	$\sqrt{\frac{1}{70}}\Phi(2^+-2^-)-\sqrt{\frac{1}{70}}\Phi(2^--2^+)$
	$+\sqrt{\frac{16}{70}}\Phi(1^+-1^-)-\sqrt{\frac{16}{70}}\Phi(1^--1^+)$
	$+\sqrt{\frac{36}{70}}\Phi(0^+0^-)$
$\Psi(4-100)$	$\sqrt{\frac{1}{14}}\Phi(1^+-2^-)-\sqrt{\frac{1}{14}}\Phi(1^--2^+)$
	$+\sqrt{\frac{6}{14}}\Phi(0^+-1^-)-\sqrt{\frac{6}{14}}\Phi(0^--1^+)$
$\Psi(4-200)$	$\sqrt{\frac{3}{14}}\Phi(0^+-2^-)-\sqrt{\frac{3}{14}}\Phi(0^--2^+)$
	$+\sqrt{\frac{8}{14}}\Phi(-1^+-1^-)$
$\Psi(4-300)$	$\sqrt{\frac{1}{2}}[\Phi(-1^+-2^-)-\Phi(-1^--2^+)]$
$\Psi(4-400)$	$\Phi(-2^+-2^-)$
①^3F $\Psi(3311)$	$\Phi(2^+1^+)$
$\Psi(3211)$	$\Phi(2^+0^+)$
$\Psi(3111)$	$\sqrt{\frac{6}{10}}\Phi(2^+-1^+)+\sqrt{\frac{4}{10}}\Phi(1^+0^+)$

续表

$\Psi(LM_LSM_S)$	$\sum c_i\Phi_i(m_lm_s, m_l'm_s')$
$\Psi(3011)$	$\sqrt{\frac{1}{5}}\Phi(2^+-2^+)+\sqrt{\frac{4}{5}}\Phi(1^+-1^+)$
$\Psi(3-111)$	$\sqrt{\frac{6}{10}}\Phi(1^+-2^+)+\sqrt{\frac{4}{10}}\Phi(0^+-1^+)$
$\Psi(3-211)$	$\Phi(0^+-2^+)$
$\Psi(3-311)$	$\Phi(-1^+-2^+)$
^1D $\Psi(2200)$	$\sqrt{\frac{2}{7}}\Phi(2^+0^-)-\sqrt{\frac{2}{7}}\Phi(2^-0^+)-\sqrt{\frac{3}{7}}\Phi(1^+1^-)$
$\Psi(2100)$	$\sqrt{\frac{6}{14}}\Phi(2^+-1^-)-\sqrt{\frac{6}{14}}\Phi(2^--1^+)$ $-\sqrt{\frac{1}{14}}\Phi(1^+0^-)+\sqrt{\frac{1}{14}}\Phi(1^-0^+)$
$\Psi(2000)$	$\sqrt{\frac{4}{14}}\Phi(2^+-2^-)-\sqrt{\frac{4}{14}}\Phi(2^--2^+)$ $+\sqrt{\frac{1}{14}}\Phi(1^+-1^-)-\sqrt{\frac{1}{14}}\Phi(1^--1^+)$ $-\sqrt{\frac{4}{14}}\Phi(0^+0^-)$
$\Psi(2-100)$	$\sqrt{\frac{6}{14}}\Phi(1^+-2^-)-\sqrt{\frac{6}{14}}\Phi(1^--2^+)$ $-\sqrt{\frac{1}{14}}\Phi(0^+-1^-)+\sqrt{\frac{1}{14}}\Phi(0^--1^+)$
$\Psi(2-200)$	$\sqrt{\frac{2}{7}}\Phi(0^+-2^-)-\sqrt{\frac{2}{7}}\Phi(0^--2^+)$ $-\sqrt{\frac{3}{7}}\Phi(-1^+-1^-)$
②^3P $\Psi(1111)$	$-\sqrt{\frac{2}{5}}\Phi(2^+-1^+)+\sqrt{\frac{3}{5}}\Phi(1^+0^+)$
$\Psi(1011)$	$-\sqrt{\frac{4}{5}}\Phi(2^+-2^+)+\sqrt{\frac{1}{5}}\Phi(1^+-1^+)$
$\Psi(1-111)$	$-\sqrt{\frac{2}{5}}\Phi(1^+-2^+)+\sqrt{\frac{3}{5}}\Phi(0^+-1^+)$
^1S $\Psi(0000)$	$\sqrt{\frac{1}{5}}[\Phi(2^+-2^-)-\Phi(2^--2^+)-\Phi(1^+-1^-)$ $+\Phi(1^--1^+)+\Phi(0^+0^-)]$

注: ① 利用 $\hat{\boldsymbol{S}}_-=\hat{\boldsymbol{S}}_x-i\hat{\boldsymbol{S}}_y$ 算符一次或二次可求得 $M_S=0$ 和 $M_S=-1$ 的波函数.

② 利用 $\hat{\boldsymbol{S}}_-=\hat{\boldsymbol{S}}_x-i\hat{\boldsymbol{S}}_y$ 算符一次或二次可求得 $M_S=0$ 和 $M_S=-1$ 的波函数.

11.3.6 投影算符法推导 $\boldsymbol{\Psi(LM_LSM_S)}$

我们也可以用投影算符方法从一定的 M_L、M_S 值的无微扰态 Φ 中投影出 $\hat{\boldsymbol{L}}^2$

和 $\hat{\boldsymbol{S}}^2$ 的本征函数 (参阅 7.2.7 节). 设 $\Psi(L_jS_j)$ 是 $\hat{\boldsymbol{L}}^2$ 和 $\hat{\boldsymbol{S}}^2$ 的本征值为 $L_j(L_j+1)$ 和 $S_j(S_j+1)$ 的本征函数, 则显然有 $[\hat{\boldsymbol{L}}^2-L_j(L_j+1)]\Psi(L_jS_j)=0$ 和 $[\hat{\boldsymbol{S}}^2-S_j(S_j+1)]\Psi(L_jS_j)=0$, 即算符 $[\hat{\boldsymbol{L}}^2-L_j(L_j+1)]$ 和 $[\hat{\boldsymbol{S}}^2-S_j(S_j+1)]$ 都起消除 $\Psi(L_jS_j)$ 的作用. 上面已经说过, $\Psi(L_jS_j)$ 是具有相同 M_L, M_S 值的无微扰态的线性组合, 反过来说, 无微扰态也是 $\hat{\boldsymbol{L}}^2$, $\hat{\boldsymbol{S}}^2$, $\hat{\boldsymbol{L}}_z$ 和 $\hat{\boldsymbol{S}}_z$ 的有关本征函数的线性组合. 如果将算符 $[\hat{\boldsymbol{L}}^2-L_j(L_j+1)][\hat{\boldsymbol{S}}^2-S_j(S_j+1)]$ 作用在无微扰态 $\Phi(m_lm_s)$ 上, 则所得函数中必不包含 $S=S_j$ 或 $L=L_j$ 的谱项的本征函数成分. 假定具有确定 M_L, M_S 值的无微扰态 $\Phi(M_LM_S)$ 中含有 ${}^{2S_i+1}L_i,\cdots,{}^{2S_j+1}L_j,{}^{2S_k+1}L_k$ 等谱项成分. 作投影算符

$$\hat{\boldsymbol{P}}(L_iS_i)=\prod_{k,j\neq i}\frac{[\hat{\boldsymbol{L}}^2-L_j(L_j+1)][\hat{\boldsymbol{S}}^2-S_k(S_k+1)]}{[L_i(L_i+1)-L_j(L_j+1)][S_i(S_i+1)-S_k(S_k+1)]} \tag{11.3.33}$$

式中, L_j, S_k 取遍除 L_i 和 S_i 以外的 $\Phi(M_LM_S)$ 中包含的全部值. 引入常数分母是为了满足投影算符的幂等性要求, 由于投影出来的函数还要归一化, 在实际运算中这个常数可不考虑. 将 $\hat{\boldsymbol{P}}(L_iS_i)$ 作用在 $\Phi(M_LM_S)$ 上, 则第二个因子将 $S\neq S_i$ 的成分消除, 第一个因子将 $S=S_i$ 但 $L\neq L_i$ 的成分消除, 剩下的就只有 ${}^{2S_i+1}L_i$ 谱项的波函数成分了. 所以, 将 $\hat{\boldsymbol{P}}(L_iS_i)\Phi$ 乘上适当的归一化因子, 就得到 ${}^{2S_i+1}L_i$ 谱项的具有该 M_L, M_S 值的本征函数 $\Psi(L_iM_LSM_S)$. 例如, d^2 组态, $M_L=2$, $M_S=0$ 的无微扰态中包含 ${}^1G$, ${}^3F$, ${}^1D$ 三个谱项成分. 我们要求 ${}^1D$ 的本征函数 $\Psi(2200)$. 将投影算符 $[\hat{\boldsymbol{L}}^2-4(4+1)][\hat{\boldsymbol{S}}^2-1(1+1)]$ 作用在 $\Phi(2^+0^-)$ 上, 就将其中 $S=1$(${}^3F$ 谱项) 和 $L=4$(${}^1G$ 谱项) 成分除去, 只剩下 ${}^1D$ 谱项的成分了.

$$\begin{aligned}[\hat{\boldsymbol{L}}^2-4(4+1)][\hat{\boldsymbol{S}}^2-2]\Phi(2^+0^-)&=[\hat{\boldsymbol{L}}^2-20][\Phi(2^-0^+)-\Phi(2^+0^-)]\\&=8\Phi(2^+0^-)-4\sqrt{6}\Phi(1^+1^-)-8\Phi(2^-0^+)\\&=N\Psi(2200)\end{aligned} \tag{11.3.34}$$

由归一化条件得

$$64+96+64=N^2\qquad N=\sqrt{224} \tag{11.3.35}$$

$$\begin{aligned}\Psi(2200)&=\frac{1}{\sqrt{224}}[8\Phi(2^+0^-)-4\sqrt{6}\Phi(1^+1^-)-8\Phi(2^-0^+)]\\&=\frac{1}{\sqrt{7}}[\sqrt{2}\Phi(2^+0^-)-\sqrt{3}\Phi(1^+1^-)-\sqrt{2}\Phi(2^-0^+)]\end{aligned} \tag{11.3.36}$$

结果与式 (11.3.32) 相同.

如果 $\Phi(M_LM_S)$ 中不包含 ${}^{2S_i+1}L_i$ 谱项成分, 则

$$\hat{\boldsymbol{P}}(L_iS_i)\Phi(M_LM_S)\equiv 0$$

如果某一谱项出现不只一次, 则用投影算符得不出唯一解, 即投影算符作用在不同的无微扰态上可能得出不同的 $\Psi(L_iS_iM_LM_S)$, 而它们的任意线性组合都是 $\hat{\boldsymbol{L}}^2$, $\hat{\boldsymbol{S}}^2$, $\hat{\boldsymbol{L}}_z$, $\hat{\boldsymbol{S}}_z$ 的共同本征函数 (本征值为 L_i, S_i, M_L, M_S), 例如 d^3 组态有两个 ^2D 谱项. 用投影算符作用在无微扰态上, 经过适当组合后, 可得具有相同 LM_LSM_S 本征值的两个互相正交的本征函数

$$\Psi_1\left(2\ 0\frac{1}{2}\frac{1}{2}\right)=\frac{1}{2}[-\Phi(2^+0^+-2^-)+\Phi(2^-0^+-2^+)+\Phi(1^+0^+-1^-)-\Phi(1^-0^+-1^+)]$$

$$\begin{aligned}\Psi_2\left(2\ 0\frac{1}{2}\frac{1}{2}\right)=&\frac{1}{\sqrt{84}}[3\Phi(2^+0^+-2^-)-3\Phi(2^-0^+-2^+)+3\Phi(1^+0^+-1^-)\\&-3\Phi(1^-0^+-1^+)-2\sqrt{6}\Phi(2^+-1^+-1^-)-2\sqrt{6}\Phi(1^+1^--2^+)]\end{aligned}\quad(11.3.37)$$

通过阶梯算符, 可以得到两组 $L=2$、$S=\dfrac{1}{2}$, M_L 和 M_S 不同的本征函数.

表 11.3.8　$\mathbf{p}^n$ 和 $\mathbf{d}^n(n=2,3)$ 组态各谱项 ($M_L=0, M_S=0$或$\frac{1}{2}$) 的本征函数

组　态	行列式和波函数
p^2	$\Phi_1=(1^+-1^-), \Phi_2=(1^--1^+), \Phi_3=(0^+0^-)$
	$\Psi(^3P)=(2)^{-1/2}(\Phi_1+\Phi_2)$
	$\Psi(^1D)=(6)^{-1/2}(\Phi_1-\Phi_2+2\Phi_3)$
	$\Psi(^1S)=(3)^{-1/2}(\Phi_1-\Phi_2-\Phi_3)$
p^3	$\Phi_1=(1^+0^+-1^-), \Phi_2=(1^-0^+-1^+), \Phi_3=(1^+0^--1^+)$
	$\Psi(^4S^\circ)=(3)^{-1/2}(\Phi_1+\Phi_2+\Phi_3)$
	$\Psi(^2D^\circ)=(6)^{-1/2}(\Phi_1+\Phi_2-2\Phi_3)$
	$\Psi(^2P^\circ)=(2)^{-1/2}(-\Phi_1+\Phi_2)$
d^2	$\Phi_1=(2^+-2^-), \Phi_2=(2^--2^+), \Phi_3=(1^+-1^-), \Phi_4=(1^--1^+), \Phi_5=(0^+0^-)$
	$\Psi(^3F)=(10)^{-1/2}(\Phi_1+\Phi_2+2\Phi_3+2\Phi_4)$
	$\Psi(^3P)=(10)^{-1/2}(2\Phi_1+2\Phi_2-\Phi_3-\Phi_4)$
	$\Psi(^1G)=(70)^{-1/2}(\Phi_1-\Phi_2+4\Phi_3-4\Phi_4+6\Phi_5)$
	$\Psi(^1D)=(14)^{-1/2}(2\Phi_1-2\Phi_2+\Phi_3-\Phi_4-2\Phi_5)$
	$\Psi(^1S)=(5)^{-1/2}(\Phi_1-\Phi_2-\Phi_3+\Phi_4+\Phi_5)$
d^3	$\Phi_1=(2^+0^+-2^-), \Phi_2=(2^-0^+-2^+), \Phi_3=(2^+0^--2^+), \Phi_4=(1^+0^+-1^-)$
	$\Phi_5=(1^-0^+-1^+), \Phi_6=(1^+0^--1^+), \Phi_7=(2^+-1^+-1^-), \Phi_8=(1^+1^--2^+)$
	$\Psi(^4F)=(15)^{-1/2}(2\Phi_1+2\Phi_2+2\Phi_3+\Phi_4+\Phi_5+\Phi_6)$
	$\Psi(^4P)=(15)^{-1/2}(-\Phi_1-\Phi_2-\Phi_3+2\Phi_4+2\Phi_5+2\Phi_6)$
	$\Psi(^2H)=(42)^{-1/2}[-\Phi_1-\Phi_2+2\Phi_3-2\Phi_4-2\Phi_5+4\Phi_6+(6)^{1/2}(-\Phi_7+\Phi_8)]$
	$\Psi(^2G)=(28)^{-1/2}[2\Phi_1-2\Phi_2+2\Phi_4-2\Phi_5+(6)^{1/2}(\Phi_7+\Phi_8)]$
	$\Psi(^2F)=(60)^{-1/2}[2\Phi_1+2\Phi_2-4\Phi_3-2\Phi_4-2\Phi_5+4\Phi_6+(6)^{1/2}(\Phi_7-\Phi_8)]$
	$\Psi(^2D_1)=1/2(-\Phi_1+\Phi_2+\Phi_4-\Phi_5)$
	$\Psi(^2D_2)=(84)^{-1/2}[3\Phi_1-3\Phi_2+3\Phi_4-3\Phi_5-2(6)^{1/2}(\Phi_7+\Phi_8)]$
	$\Psi(^2P)=(210)^{-1/2}[-4\Phi_1-4\Phi_2+8\Phi_3-\Phi_4-\Phi_5+2\Phi_6+3(6)^{1/2}(\Phi_7-\Phi_8)]$

表 11.3.8 列出 p^n 和 $\mathrm{d}^n(n=2,3)$ 组态中 $\hat{\boldsymbol{L}}^2$, $\hat{\boldsymbol{S}}^2$, $\hat{\boldsymbol{L}}_z$, $\hat{\boldsymbol{S}}_z$ 的 $M_L=0$, $M_S=0$

或 $\frac{1}{2}$ 的各种本征函数[1]. M_L 和 M_S 为其他数值的本征函数可通过阶梯算符求得. 注意, 当某一谱项出现数次时, 一般它们不是 $\hat{\boldsymbol{H}}_0$ 的本征函数.

11.4 谱项的能量

11.4.1 Slater 行列式和波函数的矩阵元

一个 N 阶行列式展开有 $N!$ 项. 一个矩阵元中有两个行列式波函数, 展开就有 $N!^2$ 项, 直接展开来逐项计算太麻烦, 而利用行列式的性质可以使计算大大简化.

定理 如果算符 $\hat{\boldsymbol{F}}(\boldsymbol{q}_1,\cdots,\boldsymbol{q}_N)$ 是粒子坐标的对称函数, 即

$$\hat{\boldsymbol{P}}\hat{\boldsymbol{F}}(\boldsymbol{q}_1,\cdots,\boldsymbol{q}_N)\hat{\boldsymbol{P}}^{-1}=\hat{\boldsymbol{F}}(\boldsymbol{q}_1,\cdots,\boldsymbol{q}_N)$$

则

$$\begin{aligned}&\langle\varPhi'(\boldsymbol{q}_1,\cdots,\boldsymbol{q}_N)|\hat{\boldsymbol{F}}(\boldsymbol{q}_1,\cdots,\boldsymbol{q}_N)|\varPhi(\boldsymbol{q}_1,\cdots,\boldsymbol{q}_N)\rangle\\=&\left\langle\frac{1}{\sqrt{N!}}\sum_p(-1)^p\hat{\boldsymbol{P}}[\psi_1'(\boldsymbol{q}_1)\cdots\psi_N'(\boldsymbol{q}_N)]|\hat{\boldsymbol{F}}|\frac{1}{\sqrt{N!}}\sum_p(-1)^p\hat{\boldsymbol{P}}[\psi_1(\boldsymbol{q}_1)\cdots\psi_N(\boldsymbol{q}_N)]\right\rangle\\=&\left\langle\psi_1'(\boldsymbol{q}_1)\cdots\psi_N'(\boldsymbol{q}_N)|\hat{\boldsymbol{F}}|\sum_p(-1)^p\hat{\boldsymbol{P}}[\psi_1(\boldsymbol{q}_1)\cdots\psi_N(\boldsymbol{q}_N)]\right\rangle\end{aligned}\tag{11.4.1}$$

式中, $\hat{\boldsymbol{P}}$ 表示对电子坐标的任意置换, 对 P 的求和遍及 $N!$ 种置换.

证明 将式 (11.4.1) 左边的行列式展开, 得到 $N!$ 项, 其中显然有一项为

$$\frac{1}{N!}\left\langle\begin{matrix}\psi_1'(\boldsymbol{q}_1) & \cdots & \psi_i'(\boldsymbol{q}_i) & \psi_{i+1}'(\boldsymbol{q}_{i+1}) & \cdots & \psi_N'(\boldsymbol{q}_N)|\hat{\boldsymbol{F}}|\end{matrix}\right.\\ \left.\begin{vmatrix}\psi_1(\boldsymbol{q}_1) & \cdots & \psi_1(\boldsymbol{q}_i) & \psi_1(\boldsymbol{q}_{i+1}) & \cdots & \psi_1(\boldsymbol{q}_N)\\ & & & \cdots & & \\ \psi_i(\boldsymbol{q}_1) & \cdots & \psi_i(\boldsymbol{q}_i) & \psi_i(\boldsymbol{q}_{i+1}) & \cdots & \psi_i(\boldsymbol{q}_N)\\ \psi_{i+1}(\boldsymbol{q}_1) & \cdots & \psi_{i+1}(\boldsymbol{q}_i) & \psi_{i+1}(\boldsymbol{q}_{i+1}) & \cdots & \psi_{i+1}(\boldsymbol{q}_N)\\ & & & \cdots & & \\ \psi_N(\boldsymbol{q}_1) & \cdots & \psi_N(\boldsymbol{q}_i) & \psi_N(q_{i+1}) & \cdots & \psi_N(\boldsymbol{q}_N)\end{vmatrix}\right\rangle\tag{11.4.2}$$

考虑另一项 [式 (11.4.3)], 它和式 (11.4.2) 的差别只在于左边乘积中有两个相邻编号轨道 ψ_i' 和 ψ_{i+1}' 中的电子交换了位置, 因此与式 (11.4.2) 差一负号.

$$-\frac{1}{N!}\left\langle \psi_1'(\boldsymbol{q}_1) \quad \cdots \quad \psi_i'(\boldsymbol{q}_{i+1}) \quad \psi_{i+1}'(\boldsymbol{q}_i) \quad \cdots \quad \psi_N'(\boldsymbol{q}_N) | \hat{\boldsymbol{F}} | \right. \left. \begin{vmatrix} \psi_1(\boldsymbol{q}_1) & \cdots & \psi_1(\boldsymbol{q}_i) & \psi_1(\boldsymbol{q}_{i+1}) & \cdots & \psi_1(\boldsymbol{q}_N) \\ & & & \cdots & & \\ \psi_i(\boldsymbol{q}_1) & \cdots & \psi_i(\boldsymbol{q}_i) & \psi_i(\boldsymbol{q}_{i+1}) & \cdots & \psi_i(\boldsymbol{q}_N) \\ \psi_{i+1}(\boldsymbol{q}_1) & \cdots & \psi_{i+1}(\boldsymbol{q}_i) & \psi_{i+1}(\boldsymbol{q}_{i+1}) & \cdots & \psi_{i+1}(\boldsymbol{q}_N) \\ & & & \cdots & & \\ \psi_N(\boldsymbol{q}_1) & \cdots & \psi_N(\boldsymbol{q}_i) & \psi_N(\boldsymbol{q}_{i+1}) & \cdots & \psi_N(\boldsymbol{q}_N) \end{vmatrix} \right\rangle \tag{11.4.3}$$

将式 (11.4.3) 中的积分变量重新编号, 使 $\boldsymbol{q}_i$ 和 $\boldsymbol{q}_{i+1}$ 互换, 得

$$-\frac{1}{N!}\left\langle \psi_1'(\boldsymbol{q}_1) \quad \cdots \quad \psi_i'(\boldsymbol{q}_i) \quad \psi_{i+1}'(\boldsymbol{q}_{i+1}) \cdots \quad \psi_N'(\boldsymbol{q}_N) | \hat{\boldsymbol{F}} | \right. \left. \begin{vmatrix} \psi_1(\boldsymbol{q}_1) & \cdots & \psi_1(\boldsymbol{q}_{i+1}) & \psi_1(\boldsymbol{q}_i) & \cdots & \psi_1(\boldsymbol{q}_N) \\ \cdots & & & & & \\ \psi_i(\boldsymbol{q}_1) & \cdots & \psi_i(\boldsymbol{q}_{i+1}) & \psi_i(\boldsymbol{q}_i) & \cdots & \psi_i(\boldsymbol{q}_N) \\ \psi_{i+1}(\boldsymbol{q}_1) & \cdots & \psi_{i+1}(\boldsymbol{q}_{i+1}) & \psi_{i+1}(\boldsymbol{q}_i) & \cdots & \psi_{i+1}(\boldsymbol{q}_N) \\ \cdots & & & & & \\ \psi_N(\boldsymbol{q}_1) & \cdots & \psi_N(\boldsymbol{q}_{i+1}) & \psi_N(\boldsymbol{q}_i) & \cdots & \psi_N(\boldsymbol{q}_N) \end{vmatrix} \right\rangle \tag{11.4.4}$$

式 (11.4.3) 与式 (11.4.4) 的积分值自然应该相同. 如果将式 (11.4.4) 右边的 i 和 $i+1$ 列交换位置, 就得到式 (11.4.2), 由此证明式 (11.4.2) 和式 (11.4.3) 的积分值相等. 因为任意置换都可以表示成相邻两个标号的对换之连乘积, 所以式 (11.4.1) 左边行列式展开得到的 $N!$ 项是彼此相等的. 于是有

$$\begin{aligned}
&\langle \varPhi'(\boldsymbol{q}_1 \cdots \boldsymbol{q}_N) | \hat{\boldsymbol{F}} | \varPhi(\boldsymbol{q}_1 \cdots \boldsymbol{q}_N) \rangle \\
=&\left\langle \frac{1}{\sqrt{N!}} \sum_p (-1)^p \hat{\boldsymbol{P}}[\psi_1'(\boldsymbol{q}_1) \cdots \psi_N'(\boldsymbol{q}_N)] \middle| \hat{\boldsymbol{F}} \middle| \frac{1}{N!} \sum_p (-1)^p \hat{\boldsymbol{P}}[\psi_1(\boldsymbol{q}_1) \cdots \psi_N(\boldsymbol{q}_N)] \right\rangle \\
=&N! \frac{1}{N!} \left\langle \psi_1'(\boldsymbol{q}_1) \cdots \psi_N'(\boldsymbol{q}_N) \middle| \hat{\boldsymbol{F}} \middle| \sum_p (-1)^p \hat{\boldsymbol{P}}[\psi_1(\boldsymbol{q}_1) \cdots \psi_N(\boldsymbol{q}_N)] \right\rangle \\
=&\left\langle \psi_1'(\boldsymbol{q}_1) \cdots \psi_N'(\boldsymbol{q}_N) \middle| \hat{\boldsymbol{F}} \middle| \sum_p (-1)^p \hat{\boldsymbol{P}}[\psi_1(\boldsymbol{q}_1) \cdots \psi_N(\boldsymbol{q}_N)] \right\rangle
\end{aligned} \tag{11.4.5}$$

(证毕)

下面讨论两种特殊情况:

(1) $\hat{\boldsymbol{F}}$ 是单粒子算符.

$$\hat{\boldsymbol{F}} = \sum_i \hat{\boldsymbol{f}}(\boldsymbol{q}_i)$$

(a) 对角矩阵元.

$$
\begin{aligned}
&\langle \varPhi(\boldsymbol{q}_1\cdots\boldsymbol{q}_N)|\hat{\boldsymbol{F}}|\varPhi(\boldsymbol{q}_1\cdots\boldsymbol{q}_N)\rangle\\
=&\left\langle \psi_1(\boldsymbol{q}_1)\cdots\psi_i(\boldsymbol{q}_i)\cdots\psi_N(\boldsymbol{q}_N)\right|\sum_k \hat{\boldsymbol{f}}(\boldsymbol{q}_k)\left|\sum_p(-1)^p\hat{\boldsymbol{P}}[\psi_1(\boldsymbol{q}_1)\cdots\psi_i(\boldsymbol{q}_i)\cdots\psi_N(\boldsymbol{q}_N)]\right\rangle\\
=&\sum_k\left\langle \psi_1(\boldsymbol{q}_1)\cdots\psi_i(\boldsymbol{q}_i)\cdots\psi_N(\boldsymbol{q}_N)\right|\hat{\boldsymbol{f}}(\boldsymbol{q}_k)\left|\sum_p(-1)^p\hat{\boldsymbol{P}}[\psi_1(\boldsymbol{q}_1)\cdots\psi_i(\boldsymbol{q}_i)\cdots\psi_N(\boldsymbol{q}_N)]\right\rangle
\end{aligned}
\tag{11.4.6}
$$

式中, $k=i$ 的一项为

$$
\left\langle \psi_1(\boldsymbol{q}_1)\cdots\psi_i(\boldsymbol{q}_i)\cdots\psi_N(\boldsymbol{q}_N)\right|\hat{\boldsymbol{f}}(\boldsymbol{q}_i)\left|\sum_p(-1)^p\hat{\boldsymbol{P}}[\psi_1(\boldsymbol{q}_1)\cdots\psi_i(\boldsymbol{q}_i)\cdots\psi_N(\boldsymbol{q}_N)]\right\rangle
$$

这个式子展开有 $N!$ 项, 但是由于单粒子态 $\{\psi_i(\boldsymbol{q}_i)\}$ 的正交归一性质, 只有两边电子标号顺序相同的项不等于零, 即

$$
\begin{aligned}
&\left\langle \psi_1(\boldsymbol{q}_1)\cdots\psi_i(\boldsymbol{q}_i)\cdots\psi_N(\boldsymbol{q}_N)\right|\hat{\boldsymbol{f}}(\boldsymbol{q}_i)\left|\sum_p(-1)^p\hat{\boldsymbol{P}}[\psi_1(\boldsymbol{q}_1)\cdots\psi_i(\boldsymbol{q}_i)\cdots\psi_N(\boldsymbol{q}_N)]\right\rangle\\
=&\langle\psi_1(\boldsymbol{q}_1)\cdots\psi_i(\boldsymbol{q}_i)\cdots\psi_N(\boldsymbol{q}_N)|\hat{\boldsymbol{f}}(\boldsymbol{q}_i)|\psi_1(\boldsymbol{q}_1)\cdots\psi_i(\boldsymbol{q}_i)\cdots\psi_N(\boldsymbol{q}_N)\rangle\\
=&\langle\psi_i(\boldsymbol{q}_i)|\hat{\boldsymbol{f}}(\boldsymbol{q}_i)|\psi_i(\boldsymbol{q}_i)\rangle\\
=&\langle\psi_i(\boldsymbol{q}_1)|\hat{\boldsymbol{f}}(\boldsymbol{q}_1)|\psi_i(\boldsymbol{q}_1)\rangle
\end{aligned}
\tag{11.4.7}
$$

在最后的等式中, 将积分变量的标号任意地取为 1, 这是因为积分与电子的标号无关而只与单粒子态的标号有关. 注意 $i=1,2,\cdots$, 式 (11.4.5) 就可以写成

$$
\langle \varPhi(\boldsymbol{q}_1\cdots\boldsymbol{q}_N)|\hat{\boldsymbol{F}}|\varPhi(\boldsymbol{q}_1\cdots\boldsymbol{q}_N)\rangle=\sum_k\langle\psi_k(\boldsymbol{q}_1)|\hat{\boldsymbol{f}}(\boldsymbol{q}_1)|\psi_k(\boldsymbol{q}_1)\rangle \tag{11.4.8}
$$

这里求和是对有电子占据的轨道进行的.

(b) 非对角矩阵元. 如果 $\varPhi'$ 和 $\varPhi$ 只有一个单粒子态不同, 如 ψ_i' 和 ψ_i 不同

$$
\varPhi'=\frac{1}{\sqrt{N!}}\sum_p(-1)^p\hat{\boldsymbol{P}}[\psi_1(\boldsymbol{q}_1)\cdots\psi_i'(\boldsymbol{q}_i)\cdots\psi_N(\boldsymbol{q}_N)]
$$

$$
\varPhi=\frac{1}{\sqrt{N!}}\sum_p(-1)^p\hat{\boldsymbol{P}}[\psi_1(\boldsymbol{q}_1)\cdots\psi_i(\boldsymbol{q}_i)\cdots\psi_N(\boldsymbol{q}_N)]
$$

则

$$
\begin{aligned}
&\langle\varPhi'|\hat{\boldsymbol{F}}|\varPhi\rangle\\
=&\left\langle \psi_1(\boldsymbol{q}_1)\cdots\psi_i'(\boldsymbol{q}_i)\cdots\psi_N(\boldsymbol{q}_N)\right|\sum_k \hat{\boldsymbol{f}}(\boldsymbol{q}_k)\left|\sum_p(-1)^p\hat{\boldsymbol{P}}[\psi_1(\boldsymbol{q}_1)\cdots\psi_i(\boldsymbol{q}_i)\cdots\psi_N(\boldsymbol{q}_N)]\right\rangle\\
=&\langle\psi_1(\boldsymbol{q}_1)\cdots\psi_i'(\boldsymbol{q}_i)\cdots\psi_N(\boldsymbol{q}_N)|\hat{\boldsymbol{f}}(\boldsymbol{q}_i)|\psi_1(q_1)\cdots\psi_i(\boldsymbol{q}_i)\cdots\psi_N(\boldsymbol{q}_N)\rangle\\
=&\langle\psi_i'(\boldsymbol{q}_1)|\boldsymbol{f}(\boldsymbol{q}_1)|\psi_i(\boldsymbol{q}_1)\rangle
\end{aligned}
\tag{11.4.9}
$$

即只有一项不等于零, 因为其他项中一定包含有两个不同单粒子态函数的积分, 而不同的单粒子态是正交的.

如果 $\varPhi'$ 和 $\varPhi$ 有两个以上单粒子态不同, 则展开式中每一项至少都有一个因子是两个不同单粒子态的积分, 所以 $\langle\varPhi'|\hat{\boldsymbol{F}}|\varPhi\rangle\equiv 0$. 容易看出, 对于单粒子算符, 用 Slater 行列式或 Hartree 乘积波函数, 矩阵元是一样的.

(2) 双粒子算符.

$$\hat{\boldsymbol{F}}=\sum_{k<l}\hat{\boldsymbol{g}}(\boldsymbol{q}_k,\boldsymbol{q}_l)$$

(a) 对角矩阵元. 根据与上面类似的讨论, 即得

$$\begin{aligned}&\left\langle\varPhi(\boldsymbol{q}_1,\cdots,\boldsymbol{q}_N)\left|\sum_{k<l}\hat{\boldsymbol{g}}(\boldsymbol{q}_k,\boldsymbol{q}_l)\right|\varPhi(\boldsymbol{q}_1,\cdots,\boldsymbol{q}_N)\right\rangle\\&=\left\langle\psi_1(\boldsymbol{q}_1)\cdots\psi_i(\boldsymbol{q}_i)\cdots\psi_j(\boldsymbol{q}_j)\cdots\psi_N(\boldsymbol{q}_N)\left|\sum_{k<l}\hat{\boldsymbol{g}}(\boldsymbol{q}_k,\boldsymbol{q}_l)\right|\right.\\&\quad\left.\times\sum_p(-1)^p\hat{\boldsymbol{P}}[\psi_1(\boldsymbol{q}_1)\cdots\psi_i(\boldsymbol{q}_i)\cdots\psi_j(\boldsymbol{q}_j)\cdots\psi_N(\boldsymbol{q}_N)]\right\rangle\\&=\sum_{i<j}[\langle\psi_i(\boldsymbol{q}_1)\psi_j(\boldsymbol{q}_2)|\hat{\boldsymbol{g}}(\boldsymbol{q}_1,\boldsymbol{q}_2)|\psi_i(\boldsymbol{q}_1)\psi_j(\boldsymbol{q}_2)\rangle\\&\quad-\langle\psi_i(\boldsymbol{q}_1)\psi_j(\boldsymbol{q}_2)|\hat{\boldsymbol{g}}(\boldsymbol{q}_1,\boldsymbol{q}_2)|\psi_i(\boldsymbol{q}_2)\psi_j(\boldsymbol{q}_1)\rangle]\end{aligned}\tag{11.4.10}$$

共有 $2N(N-1)$ 项.

(b) 非对角矩阵元. 如果 $\varPhi'$ 和 $\varPhi$ 中只有一个单粒子态 ψ_i' 与 ψ_i 不同, 则有 $2(N-1)$ 项不等于零

$$\begin{aligned}\langle\varPhi'|\hat{\boldsymbol{F}}|\varPhi\rangle&=\left\langle\psi_1(\boldsymbol{q}_1)\cdots\psi_i'(\boldsymbol{q}_i)\cdots\psi_N(\boldsymbol{q}_N)\left|\sum_{k<l}\hat{\boldsymbol{g}}(\boldsymbol{q}_k,\boldsymbol{q}_l)\right|\sum_p(-1)^p\hat{\boldsymbol{P}}[\psi_1(\boldsymbol{q}_1)\right.\\&\quad\left.\cdots\psi_i(\boldsymbol{q}_i)\cdots\psi_N(\boldsymbol{q}_N)]\right\rangle\\&=\sum_{j\neq i}[\langle\psi_i'(\boldsymbol{q}_i)\psi_j(\boldsymbol{q}_j)|\hat{\boldsymbol{g}}(\boldsymbol{q}_i,\boldsymbol{q}_j)|\psi_i(\boldsymbol{q}_i)\psi_j(\boldsymbol{q}_j)\rangle\\&\quad-\langle\psi_i'(\boldsymbol{q}_i)\psi_j(\boldsymbol{q}_j)|\hat{\boldsymbol{g}}(\boldsymbol{q}_i,\boldsymbol{q}_j)|\psi_i(\boldsymbol{q}_j)\psi_j(\boldsymbol{q}_i)\rangle]\\&=\sum_{j\neq i}[\langle\psi_i'(\boldsymbol{q}_1)\psi_j(\boldsymbol{q}_2)|\hat{\boldsymbol{g}}(\boldsymbol{q}_1,\boldsymbol{q}_2)|\psi_j(\boldsymbol{q}_1)\psi_j(\boldsymbol{q}_2)\rangle\\&\quad-\langle\psi_i'(\boldsymbol{q}_1)\psi_j(\boldsymbol{q}_2)|\hat{\boldsymbol{g}}(\boldsymbol{q}_1,\boldsymbol{q}_2)|\psi_j(\boldsymbol{q}_1)\psi_i(\boldsymbol{q}_2)\rangle]\end{aligned}\tag{11.4.11}$$

如果 $\varPhi'$ 和 $\varPhi$ 中有两个单粒子态 $[(\psi_i',\psi_j')$ 和 $(\psi_i,\psi_j)]$ 不同, 就只有两项不等于零

$$\begin{aligned}\langle\varPhi'|\hat{\boldsymbol{F}}|\varPhi\rangle=&\langle\psi_i'(\boldsymbol{q}_1)\psi_j'(\boldsymbol{q}_2)|\hat{\boldsymbol{g}}(\boldsymbol{q}_1\boldsymbol{q}_2)|\psi_i(\boldsymbol{q}_1)\psi_j(\boldsymbol{q}_2)\rangle\\&-\langle\psi_i'(\boldsymbol{q}_1)\psi_j'(\boldsymbol{q}_2)|\hat{\boldsymbol{g}}(\boldsymbol{q}_1,\boldsymbol{q}_2)|\psi_j(\boldsymbol{q}_1)\psi_i(\boldsymbol{q}_2)\rangle\end{aligned}\tag{11.4.12}$$

如果 Φ' 和 Φ 有两个以上单粒子态不同, 则

$$\langle \Phi' | \hat{\boldsymbol{F}} | \Phi \rangle \equiv 0$$

11.4.2 原子的能量矩阵元

利用以上结果, 就容易写出原子无微扰态的 Hamilton 矩阵元. 式 (11.2.2) 可写为

$$\begin{aligned} \boldsymbol{H}_0 &= \sum_i \hat{\boldsymbol{h}}(i) + \sum_{i<j}\sum \hat{\boldsymbol{g}}_{ij} \\ \hat{\boldsymbol{h}}(i) &= \left(-\frac{1}{2}\nabla_i^2 - \frac{Z}{r_i}\right) \\ \hat{\boldsymbol{g}}_{ij} &= \frac{1}{r_{ij}} \end{aligned} \tag{11.4.13}$$

于是对角矩阵元为

$$\begin{aligned} \langle \hat{\boldsymbol{H}}_0 \rangle \equiv & \langle \Phi | \boldsymbol{H}_0 | \Phi \rangle \\ = & \sum_i \langle \psi_i(\boldsymbol{q}_1) | \hat{\boldsymbol{h}}(\boldsymbol{q}_1) | \psi_i(\boldsymbol{q}_1) \rangle \\ & + \sum_{i<j}\sum [\langle \psi_i(\boldsymbol{q}_1)\psi_j(\boldsymbol{q}_2) | \hat{\boldsymbol{g}}_{12} | \psi_i(\boldsymbol{q}_1)\psi_j(\boldsymbol{q}_2) \rangle \\ & - \langle \psi_i(\boldsymbol{q}_1)\psi_j(\boldsymbol{q}_2) | \hat{\boldsymbol{g}}_{12} | \psi_j(\boldsymbol{q}_1)\psi_i(\boldsymbol{q}_2) \rangle] \end{aligned} \tag{11.4.14}$$

将单粒子态用中心场近似波函数 $\psi_i(\boldsymbol{q}_i) \equiv \psi_i(\boldsymbol{r}_i)\eta_i(\sigma_i) = R_{n_i l_i}(r_i) Y_{l_i} m_{l_i}(\theta_i, \phi_i)\eta_i(\sigma_i)$ 代入, 就可以具体求出能量矩阵元的表达式. 根据第 9 章的结果, 有

$$\langle \hat{\boldsymbol{H}}_0 \rangle = \sum_i I(n_i l_i) + \sum_{i<j}\sum (J_{ij} - K_{ij}) \tag{11.4.15}$$

$$\begin{aligned} I(n_i l_i) =& \langle \psi_i(\boldsymbol{r}) | \hat{\boldsymbol{h}} | \psi_i(\boldsymbol{r}) \rangle \\ =& \left\langle \psi_i(\boldsymbol{r}) \middle| -\frac{1}{2}\nabla^2 - \frac{Z}{\boldsymbol{r}} \middle| \psi_i(\boldsymbol{r}) \right\rangle \\ =& \int_0^\infty \left\{ \frac{1}{2} r^{2l_i+2} \frac{\mathrm{d}}{\mathrm{d}r}\left[\frac{R_{n_i l_i}(r)}{r^{l_i}}\right] \frac{\mathrm{d}}{\mathrm{d}r}\left[\frac{R_{n_i l_i}(r)}{r^{l_i}}\right] - Zr R_{n_i l_i}(r) R_{n_i l_i}(r) \right\} \mathrm{d}r \end{aligned} \tag{11.4.16}$$

$$\begin{aligned} J_{ij} =& \langle \psi_i(\boldsymbol{r}_1)\psi_j(\boldsymbol{r}_2) | \hat{\boldsymbol{g}}_{12} | \psi_i(\boldsymbol{r}_1)\psi_j(\boldsymbol{r}_2) \rangle \\ =& \left\langle \psi_i(\boldsymbol{r}_1)\psi_j(\boldsymbol{r}_2) \middle| \frac{1}{r_{12}} \middle| \psi_i(\boldsymbol{r}_1)\psi_j(\boldsymbol{r}_2) \right\rangle \\ =& \sum_{k=0}^\infty a^k(l_i m_{l_i}; l_j m_{l_j}) F^k(n_i l_i; n_j l_j) \end{aligned} \tag{11.4.17}$$

式中

$$a^k(l_im_{l_i};l_jm_{l_j})=c^k(l_im_{l_i};l_im_{l_i})c^k(l_jm_{l_j};l_jm_{l_j}) \tag{11.4.18}$$

$$F^k(n_il_i;n_jl_j)=\int_0^\infty\int_0^\infty R^2_{n_il_i}(r_1)R^2_{n_jl_j}(r_2)\frac{r^k_<}{r^{k+1}_>}r_1^2r_2^2\mathrm{d}r_1\mathrm{d}r_2 \tag{11.4.19}$$

$$\begin{aligned}K_{ij}&=\langle\psi_i(\boldsymbol{r}_1)\psi_j(\boldsymbol{r}_2)|\hat{\boldsymbol{g}}_{12}|\psi_j(\boldsymbol{r}_1)\psi_i(\boldsymbol{r}_2)\rangle\\&=\left\langle\psi_i(\boldsymbol{r}_1)\psi_j(\boldsymbol{r}_2)\left|\frac{1}{r_{12}}\right|\psi_j(\boldsymbol{r}_1)\psi_i(\boldsymbol{r}_2)\right\rangle\\&=\delta(m_{s_i}m_{s_j})\sum_{k=0}^{\infty}b^k(l_im_{l_i};l_jm_{l_j})G^k(n_il_i;n_jl_j)\end{aligned} \tag{11.4.20}$$

式中

$$b^k(l_im_{l_i};l_jm_{l_j})=[c^k(l_im_{l_i};l_jm_{l_j})]^2 \tag{11.4.21}$$

$$G^k(n_il_i;n_jl_j)=\int_0^\infty\int_0^\infty R_{n_il_i}(r_1)R_{n_jl_j}(r_1)R_{n_il_i}(r_2)R_{n_jl_j}(r_2)\frac{r^k_<}{r^{k+1}_>}r_1^2r_2^2\mathrm{d}r_1\mathrm{d}r_2 \tag{11.4.22}$$

通常将 J_{ij} 称为 Coulomb 积分, K_{ij} 称为交换积分, F^k 和 G^k 称为 Slater 积分. 至于非对角元, 利用行列式函数矩阵元的计算规则和下面两个式子即可算出.

$$\begin{aligned}\langle\psi_i(\boldsymbol{q})|\hat{\boldsymbol{h}}|\psi_i'(\boldsymbol{q})\rangle=&\delta(m_{s_i},m_{s_i}')\left\langle\psi_i(\boldsymbol{r})\left|-\frac{1}{2}\nabla^2-\frac{Z}{r}\right|\psi_i'(\boldsymbol{r})\right\rangle\\=&\delta(l_i,l_i')\delta(m_{l_i},m_{l_i}')\delta(m_{s_i},m_{s_i}')\\&\times\int_0^\infty\left[\frac{1}{2}r^{2l_i+2}\frac{\mathrm{d}}{\mathrm{d}r}\left(\frac{R_{n_il_i}(r)}{r^{l_i}}\right)\frac{\mathrm{d}}{\mathrm{d}r}\left(\frac{R'_{n_il_i}}{r^{l_i}}\right)-ZrR_{n_il_i}(r)R'_{n_il_i}(r)\right]\mathrm{d}r\end{aligned} \tag{11.4.23}$$

$$\begin{aligned}&\langle\psi_i(\boldsymbol{q}_1)\psi_j(\boldsymbol{q}_2)|\hat{\boldsymbol{g}}_{12}|\psi_r(\boldsymbol{q}_1)\psi_t(\boldsymbol{q}_2)\rangle\\=&\delta(m_{s_i},m_{s_r})\delta(m_{s_j},m_{s_t})\left\langle\psi_i(\boldsymbol{r}_1)\psi_j(\boldsymbol{r}_2)\left|\frac{1}{r_{12}}\right|\psi_r(\boldsymbol{r}_1)\psi_t(\boldsymbol{r}_2)\right\rangle\\=&\delta(m_{s_i},m_{s_r})\delta(m_{s_j},m_{s_t})\delta(m_{l_i}+m_{l_j},m_{l_r}+m_{l_t})\\&\times\sum_{k=0}^{\infty}c^k(l_im_{l_i};l_rm_{l_r})c^k(l_tm_{l_t};l_jm_{l_j})R^k(ij;rt)\end{aligned}$$

式中

$$R^k(ij;rt)=\int_0^\infty\int_0^\infty R_{n_il_i}(r_1)R_{n_jl_j}(r_2)R_{n_rl_r}(r_1)R_{n_tl_t}(r_2)\frac{r^k_<}{r^{k+1}_>}r_1^2r_2^2\mathrm{d}r_1\mathrm{d}r_2 \tag{11.4.24}$$

11.4.3　谱项的能量

有了 $\hat{\boldsymbol{L}}^2$, $\hat{\boldsymbol{S}}^2$, $\hat{\boldsymbol{L}}_z$, $\hat{\boldsymbol{S}}_z$ 的本征函数, 利用上述方法, 即可求得谱项波函数的 Hamilton 矩阵元. 如果在一个组态内某一谱项只出现一次, 则这一谱项的本征函数也是

Hamilton 量的近似本征函数, 求得的 Hamilton 量的对角元就是谱项的一级近似能量了. 不过, 这样做是相当麻烦的. 如果我们并不需要求波函数而只要求能量, 则在一个组态内只出现一次的谱项能量, 用 Slater 的对角和规则比较容易得到. 其原理如下：设想我们已造出以无微扰态行列式函数为基的 Hamilton 矩阵, 久期方程为

$$\begin{vmatrix} H_{11}-E & H_{12} & \cdots & H_{1n} \\ H_{21} & H_{22}-E & \cdots & H_{2n} \\ & \cdots & & \\ H_{n1} & H_{n2} & \cdots & H_{nn}-E \end{vmatrix} = 0 \tag{11.4.25}$$

将式 (11.4.25) 展开, 得

$$E^n - E^{n-1}(H_{11}+H_{22}+\cdots+H_{nn})+\cdots=0 \tag{11.4.26}$$

根据式 (A1.6.8), 可知

$$E_1+E_2+\cdots+E_n = H_{11}+H_{12}+\cdots+H_{nn} \tag{11.4.27}$$

也就是说, 久期方程的根 (能级值) 之和等于 Hamilton 矩阵的对角元之和. 如果已经知道 $(n-1)$ 个能级值, 则由 Hamilton 矩阵的对角元之和就可以求得第 n 个能级. 由于不同 M_L 和 M_S 值无微扰态的 $\hat{\boldsymbol{H}}$ 矩阵元为零, 我们只需在具有相同 M_L 和 M_S 值的无微扰态之间去解久期方程. 下面就以求 $(2\mathrm{p})^1(3\mathrm{p})^1$ 组态各谱项的能量为例, 说明这个方法. 已经知道这一组态包含的谱项有 ${}^1S$, ${}^1P$, ${}^1D$, ${}^3S$, ${}^3P$, ${}^3D$. 容易看出, 具有 $M_L=2$、$M_S=1$ 的无微扰态只有一个, 它是 ${}^3D$ 的一个本征态, 由式 (11.4.14)～ 式 (11.4.22) 得 ${}^3D$ 谱项的相对能量为

$$\begin{aligned} E({}^3D) &= \langle \varPhi(2\mathrm{p}_1^+,3\mathrm{p}_1^+)|\hat{\boldsymbol{H}}_0|\varPhi(2\mathrm{p}_1^+,3\mathrm{p}_1^+)\rangle \\ &= I(2\mathrm{p})+I(3\mathrm{p})+F^0(2\mathrm{p},3\mathrm{p})+\frac{1}{25}F^2(2\mathrm{p},3\mathrm{p})-G^0(2\mathrm{p},3\mathrm{p})-\frac{1}{25}G^2(2\mathrm{p},3\mathrm{p}) \end{aligned} \tag{11.4.28}$$

再考虑 $M_L=1$, $M_S=1$ 的无微扰态, 共有两个：$\varPhi(2\mathrm{p}_1^+,3\mathrm{p}_0^+)$ 和 $\varPhi(2\mathrm{p}_0^+,3\mathrm{p}_1^+)$, 由它们组合出 ${}^3D$ 和 ${}^3P$ 的本征函数各一个, 所以它们的 Hamilton 矩阵的迹等于 $E({}^3D)+E({}^3P)$. 因为

$$\begin{aligned} &\langle \varPhi(2\mathrm{p}_1^+,3\mathrm{p}_0^+)|\hat{\boldsymbol{H}}_0|\varPhi(2\mathrm{p}_1^+,3\mathrm{p}_0^+)\rangle \\ =&\langle \varPhi(2\mathrm{p}_0^+,3\mathrm{p}_1^+)|\hat{\boldsymbol{H}}_0|\varPhi(2\mathrm{p}_0^+,3\mathrm{p}_1^+)\rangle \\ =&I(2\mathrm{p})+I(3\mathrm{p})+F^0(2\mathrm{p},3\mathrm{p})-\frac{2}{25}F^2(2\mathrm{p},3\mathrm{p})+\frac{3}{25}G^2(2\mathrm{p},3\mathrm{p}) \end{aligned} \tag{11.4.29}$$

故

$$E({}^3D)+E({}^3P) = 2I(2\mathrm{p})+2I(3\mathrm{p})+2F^0(2\mathrm{p},3\mathrm{p})-\frac{4}{25}F^2(2\mathrm{p},3\mathrm{p})-\frac{6}{25}G^2(2\mathrm{p},3\mathrm{p}) \tag{11.4.30}$$

减去式 (11.4.28), 得

$$E(^3P) = I(2\mathrm{p}) + I(3\mathrm{p}) + F^0(2\mathrm{p},3\mathrm{p}) - \frac{1}{5}F^2(2\mathrm{p},3\mathrm{p}) + G^0(2\mathrm{p},3\mathrm{p}) - \frac{1}{5}G^2(2\mathrm{p},3\mathrm{p}) \tag{11.4.31}$$

类似地, 由 $M_L = 0$、$M_s = 1$ 的三个无微扰态 $\Phi(2\mathrm{p}_1^+, 3\mathrm{p}_{-1}^+)$, $\Phi(2\mathrm{p}_{-1}^+, 3\mathrm{p}_1^+)$ 和 $\Phi(2\mathrm{p}_0^+, 3\mathrm{p}_0^+)$ 的 Hamilton 矩阵的迹可求得 $E(^3D) + E(^3P) + E(^3S)$, 减去 $E(^3D)$ 和 $E(^3P)$ 就得到

$$E(^3S) = I(2\mathrm{p}) + I(3\mathrm{p}) + F^0(2\mathrm{p},3\mathrm{p}) + \frac{2}{5}F^2(2\mathrm{p},3\mathrm{p}) - G^0(2\mathrm{p},3\mathrm{p}) - \frac{2}{5}G^2(2\mathrm{p},3\mathrm{p}) \tag{11.4.32}$$

同理, 由 $M_L = 2$、$M_S = 0$ 的两个无微扰态 $\Phi(2\mathrm{p}_1^+, 3\mathrm{p}_1^-)$, $\Phi(2\mathrm{p}_1^-, 3\mathrm{p}_1^+)$ 可求得 $E(^3D) + E(^1D)$, 从而求得

$$E(^1D) = I(2\mathrm{p}) + I(3\mathrm{p}) + F^0(2\mathrm{p},3\mathrm{p}) + \frac{1}{25}F^2(2\mathrm{p},3\mathrm{p}) + G^0(2\mathrm{p},3\mathrm{p}) + \frac{1}{25}G^2(2\mathrm{p},3\mathrm{p}) \tag{11.4.33}$$

$E(^1P)$ 和 $E(^1S)$ 可类似求得.

如果某一谱项在一个组态中出现 N 次, $N > 1$, 上述方法就行不通了. 如前所述, N 个 (LSM_LM_S) 相同的本征态可能发生耦合, $\hat{\boldsymbol{H}}_0$ 的近似本征态是它们的线性组合, 需要通过解久期方程的办法确定 $\hat{\boldsymbol{H}}_0$ 的本征态的组合系数和能量本征值, 这称为谱项混合或谱项相互作用. 例如, $(n\mathrm{d})^3$ 组态中有两个 ^2D 谱项. 式 (11.3.37) 中的 $\Psi_1\left(2\ 0\ \frac{1}{2}\ \frac{1}{2}\right)$ 和 $\Psi_2\left(2\ 0\ \frac{1}{2}\ \frac{1}{2}\right)$ 是 $\hat{\boldsymbol{L}}^2$、$\hat{\boldsymbol{S}}^2$、$\hat{\boldsymbol{L}}_z$、$\hat{\boldsymbol{S}}_z$ 的共同本征函数, 但不是 $\hat{\boldsymbol{H}}$ 的近似本征函数. 因为, 容易验证

$$\begin{aligned}\hat{\boldsymbol{H}}_0\Psi_1\left(2\ 0\ \frac{1}{2}\ \frac{1}{2}\right) =& \left[3I(n\mathrm{d}) + 3F^0(n\mathrm{d},n\mathrm{d}) + \frac{1}{7}F^2(n\mathrm{d},n\mathrm{d}) + \frac{1}{7}F^4(n\mathrm{d},n\mathrm{d})\right]\Psi_1\left(2\ 0\ \frac{1}{2}\ \frac{1}{2}\right)\\ &+\sqrt{21}\left[\frac{3}{49}F^2(n\mathrm{d},n\mathrm{d}) - \frac{5}{147}F^4(n\mathrm{d},n\mathrm{d})\right]\Psi_2\left(2\ 0\ \frac{1}{2}\ \frac{1}{2}\right)\end{aligned} \tag{11.4.34}$$

$$\begin{aligned}\hat{\boldsymbol{H}}_0\Psi_2\left(2\ 0\ \frac{1}{2}\ \frac{1}{2}\right) =& \left[3I(n\mathrm{d}) + 3F^0(n\mathrm{d},n\mathrm{d}) + \frac{3}{49}F^2(n\mathrm{d},n\mathrm{d})\right.\\ &\left. - \frac{19}{147}F^4(n\mathrm{d},n\mathrm{d})\right]\Psi_2\left(2\ 0\ \frac{1}{2}\ \frac{1}{2}\right)\\ &+\sqrt{21}\left[\frac{3}{49}F^2(n\mathrm{d},n\mathrm{d}) - \frac{5}{147}F^4(n\mathrm{d},n\mathrm{d})\right]\Psi_1\left(2\ 0\ \frac{1}{2}\ \frac{1}{2}\right)\end{aligned} \tag{11.4.34a}$$

为了求得两个 ^2D 谱项的能量, 解下列久期方程 $(H_{ij} \equiv \langle\Psi_i|\hat{\boldsymbol{H}}_0|\Psi_j\rangle)$:

$$\begin{vmatrix} H_{11} - \varepsilon & H_{12} \\ H_{21} & H_{22} - \varepsilon \end{vmatrix} = 0$$

$$
\begin{aligned}
E(^2D) =& 3I(n\mathrm{d}) + 3F^0(n\mathrm{d}, n\mathrm{d}) + \frac{5}{49}F^2(n\mathrm{d}, n\mathrm{d}) \\
&+ \frac{3}{441}F^4(n\mathrm{d}, n\mathrm{d}) \pm \frac{1}{441}\{15633[F^2(n\mathrm{d}, n\mathrm{d})]^2 \\
&- 14850F^2(n\mathrm{d}, n\mathrm{d})F^4(n\mathrm{d}, n\mathrm{d}) + 8325[F^4(n\mathrm{d}, n\mathrm{d})]^2\}^{\frac{1}{2}}
\end{aligned} \tag{11.4.35}
$$

其他谱项的能量表达式可查阅文献 [1]~[4].

11.4.4 已充满壳层的作用和互补组态的能量

下面两个定理有助于深入了解原子能级的多重态结构和简化多重态结构的理论计算.

(1) 具有相同未充满亚层组态的原子, 不论已充满壳层的情况如何, 其能级的多重态结构相同.

上面已经说明, 组态中已充满的亚层对于它包含的谱项的数目不起作用. 现在要证明, 组态中已充满的亚层对原子的多重态结构没有影响, 即对于各谱项的相对能量没有影响, 只是给每个谱项能量加上同样的一个常数. 为此, 我们要证明, 当一个组态中添加一个充满的亚层 $(n_jl_j)^{2(2l_j+1)}$ 时, 无微扰态行列式波函数的 Hamilton 矩阵的非对角元不变, 对角元只差一个常数.

先考虑对角元. 从式 (11.4.15) 知道, 充满的亚层 $(n_jl_j)^{2(2l_j+1)}$ 对单电子积分的贡献为 $2(2l_j+1)I(n_jl_j)$, 对每个对角元一样. 再看对双电子积分的贡献, 我们知道球函数加法定理是 [参考式 (9.3.21)]

$$
P_l(\cos\gamma) = \sum_{m_l=-l}^{l} \frac{(l-|m_l|)!}{(l+|m_l|)!} P_l^{|m_l|}(\cos\theta_1) P_l^{|m_l|}(\cos\theta_2) \exp[\mathrm{i}m_l(\phi_1-\phi_2)] \tag{11.4.36}
$$

这里, (θ_1,ϕ_1) 和 (θ_2,ϕ_2) 确定 $\boldsymbol{r}_1, \boldsymbol{r}_2$ 的方向, γ 则是 $\boldsymbol{r}_1$ 和 $\boldsymbol{r}_2$ 的夹角. 令 $\theta_1=\theta_2=\theta$, $\phi_1=\phi_2=\phi$, 则 $\gamma=0$, $\cos\gamma=1$, 得

$$
P_l(1) = 1 = \sum_{m_l=-l}^{l} \frac{(l-|m_l|)!}{(l+|m_l|)!} [P_l^{|m_l|}(\cos\theta)]^2 \tag{11.4.37}
$$

故

$$
\begin{aligned}
\sum_{m_l=-l}^{l} Y_{lm_l}^* Y_{lm_l} &= \sum_{m_l=-l}^{l} \frac{(2l+1)}{4\pi} \frac{(l-|m_l|)!}{(l+|m_l|)!} [P_l^{|m_l|}(\cos\theta)]^2 \\
&= \frac{2l+1}{4\pi}
\end{aligned}
$$

$$
\sum_{m_{l_j}=-l_j}^{l_j} \psi_j^*(\boldsymbol{r}_2)\psi_j(\boldsymbol{r}_2) = \frac{2l_j+1}{4\pi}[R_{n_jl_j}(\boldsymbol{r}_2)]^2 \tag{11.4.38}
$$

将 $\psi_i^*(\boldsymbol{r}_1)\psi_i(\boldsymbol{r}_1)\dfrac{1}{r_{12}}$ 乘式 (11.4.38) 两边, 对空间积分并对自旋求和, 注意式 (11.4.17) 和 $c^k(00;00)=\delta_{k0}$, 得

$$\sum_{m_{s_j}=-\frac{1}{2}}^{\frac{1}{2}}\sum_{m_{l_j}=-l_j}^{l_j}J_{ij}=2(2l_j+1)F^0(n_il_i;n_jl_j) \tag{11.4.39}$$

式 (11.4.39) 说明, 一个电子与一个已充满壳层之间的 Coulomb 积分和这个电子所在轨道的 m_l 值无关. 再看交换积分, 利用球函数加法定理, 可得

$$\begin{aligned}\sum_{m_{l_j}=-l_j}^{l_j}\psi_j^*(\boldsymbol{r}_2)\psi_j(\boldsymbol{r}_1)&=R_{n_jl_j}(r_2)R_{n_jl_j}(r_1)\sum_{m_{l_j}=-l_j}^{l_j}Y^*(\theta_2\phi_2)Y(\theta_1\phi_1)\\&=\frac{2l_j+1}{4\pi}R_{n_jl_j}(r_2)R_{n_jl_j}(r_1)P_{l_j}(\cos\gamma)\end{aligned} \tag{11.4.40}$$

γ 是 $\boldsymbol{r}_1$ 和 $\boldsymbol{r}_2$ 的夹角. 由式 (11.4.40) 和 $\dfrac{1}{r_{12}}$ 的展开式可得

$$\sum_{m_{l_i}=-l_i}^{l_j}\psi_j^*(\boldsymbol{r}_2)\psi_j(\boldsymbol{r}_1)\frac{1}{r_{12}}=\sum_{k=0}^{\infty}\frac{2l_j+1}{4\pi}R_{n_jl_j}(r_1)R_{n_jl_j}(r_2)\frac{r_<^k}{r_>^{k+1}}P_k(\cos\gamma)P_{l_j}(\cos\gamma) \tag{11.4.41}$$

$P_k(\cos\gamma)P_{l_j}(\cos\gamma)$ 可用 Legendre 函数展开, 即

$$P_k(\cos\gamma)P_{l_j}(\cos\gamma)=\sum_l A(k,l,l_j)P_l(\cos\gamma) \tag{11.4.42}$$

为了求得 $A(k,l,l_j)$, 用 $P_{l_i}(\cos\gamma)\sin\gamma$ 乘式 (11.4.42) 两边, 将 γ 从 0 到 π 积分, 注意 Legendre 函数的正交性, 得

$$\int_0^{\pi}P_{l_i}(\cos\gamma)P_k(\cos\gamma)P_{l_j}(\cos\gamma)\sin\gamma\mathrm{d}\gamma=\frac{2A(k,l_i,l_j)}{2l_i+1} \tag{11.4.43}$$

利用 Gaunt 积分公式以及 c^k 的定义, 得

$$A(k,l_i,l_j)=\sqrt{\frac{2l_i+1}{2l_j+1}}c^k(l_i0;l_j0) \tag{11.4.44}$$

将式 (11.4.42) 和式 (11.4.44) 代入式 (11.4.41), 对 $P_l(\cos\gamma)$ 用式 (11.4.36), 得

$$\begin{aligned}\sum_{m_{l_j}=-l_j}^{l_j}\psi_j^*(\boldsymbol{r}_2)\psi_j(\boldsymbol{r}_1)\frac{1}{r_{12}}=&\sum_{k=0}^{\infty}\sum_{l=0}^{\infty}\sum_{m_l=-l}^{l}\sqrt{\frac{2l_j+1}{2l+1}}R_{n_jl_j}(r_1)R_{n_jl_j}(r_2)\\&\times\frac{r_<^k}{r_>^{k+1}}c^k(l0;l_j0)Y_{lm_l}(\theta_1\phi_1)Y_{lm_l}^*(\theta_2\phi_2)\end{aligned} \tag{11.4.45}$$

两边乘 $\psi_i^*(\boldsymbol{r}_1)\psi_i(\boldsymbol{r}_2)$, 并对空间积分 [不用对自旋求和, 因为交换积分中存在 $\delta(m_{s_i}, m_{s_j})$], 得

$$\begin{aligned}\sum_{m_{l_j}=-l_j}^{l_j} K_{ij} =& \sum_{k=0}^{\infty}\sum_{l=0}^{\infty}\sum_{m_l=-l}^{l}\sqrt{\frac{2l_j+1}{2l+1}}c^k(l0;l_j0)\\ &\times\int R_{n_il_i}(r_1)R_{n_jl_j}(r_2)R_{n_jl_j}(r_1)R_{n_il_i}(r_2)\frac{r_<^k}{r_>^{k+1}}r_1^2r_2^2\mathrm{d}r_1\mathrm{d}r_2\\ &\times\int Y_{lm_l}(\theta_1\phi_1)Y_{l_im_{l_i}}^*(\theta_1\phi_1)\mathrm{d}\Omega_1\int Y_{lm_l}^*(\theta_2\phi_2)Y_{l_im_{l_i}}(\theta_2\phi_2)\mathrm{d}\Omega_2\\ =&\sum_{k=0}^{\infty}\sqrt{\frac{2l_j+1}{2l_i+1}}c^k(l_i0;l_j0)G^k(n_il_i;n_jl_j)\end{aligned}\tag{11.4.46}$$

由此可见, 一个电子和整个充满的亚层电子之间的排斥能与该电子所在轨道的 m_l 值无关. 而因为 $J_{ij}-K_{ij}$(当 $i=j$ 时) 为零, 以上结论对于充满壳层内的一个电子来说也是成立的. 因此, 多一个充满的亚层 $(n_jl_j)^{2(2l_j+1)}$, 无微扰态的 $\hat{\boldsymbol{H}}$ 矩阵对角元中双电子积分部分多出 $\sum\limits_{i=1}^{N}\left[\sum\limits_{m_{l_j}=-l_j}^{l_j}(J_{ij}-K_{ij})\right]$ 来. 对于一个组态内的不同无微扰态来说, 各亚层的电子的数目相同, 只是未充满壳层的电子占据轨道的 m_l 值不同. 既然 $\left[\sum\limits_{m_{l_j}=-l_j}^{l_i}(J_{ij}-K_{ij})\right]$ 与 m_l 值无关, $\sum\limits_{i=1}^{N}\left[\sum\limits_{m_{l_j}=-l_j}^{l_j}(J_{ij}-K_{ij})\right]$ 对于各个无微扰态是一样的. 这样, 我们证明了一个充满壳层对 $\hat{\boldsymbol{H}}_0$ 矩阵的各个对角元的贡献一样, 即增加一个相同的常数.

再看非对角元. 设 Φ 和 Φ' 只有一个单粒子态 ψ_i 和 ψ_i' 不同, 对于同一个组态的各无微扰态来说, 必有 $n_i=n_i'$, $l_i=l_i'$. 由式 (11.4.11)、式 (11.4.23)、式 (11.4.24)、式 (11.4.39) 和式 (11.4.46) 可知, 只有当 $m_{l_i}=m_{l_i}'$, $m_{s_i}=m_{s_i}'$ 时

$$\left\langle\psi_i(q)\left|-\frac{1}{2}\nabla^2-\frac{Z}{r}\right|\psi_i'(q)\right\rangle$$

和

$$\sum_{m_{l_j}=-l_j}^{l_j}\left[\left\langle\psi_i(\boldsymbol{q}_1)\psi_j(\boldsymbol{q}_2)\left|\frac{1}{r_{12}}\right|\psi_i'(\boldsymbol{q}_1)\psi_j(\boldsymbol{q}_2)\right\rangle-\left\langle\psi_i(\boldsymbol{q}_1)\psi_j(\boldsymbol{q}_2)\left|\frac{1}{r_{12}}\right|\psi_j(\boldsymbol{q}_1)\psi_i'(\boldsymbol{q}_2)\right\rangle\right]$$

才不等于零. 根据 Pauli 原理, 这是不可能的. 若 Φ 和 Φ' 有两个单粒子态 [(ψ_i,ψ_j) 和 (ψ_i',ψ_j')] 不同, 则根据式 (11.4.12) 可知, $\langle\Phi|\hat{\boldsymbol{F}}|\Phi'\rangle$ 只与 $\psi_i,\psi_i',\psi_j,\psi_j'$ 有关, 但这

些单粒子态不可能属于已充满壳层. 因此, 当只考虑一个组态时, 已充满壳层对于非对角元的贡献为零.

这样, 我们就证明了一个组态中增加一个已充满的亚层时, Hamilton 矩阵只是对角元增加一个相同的常数, 只要作简单的变量变换 $E' = E+$ 常数 (这相当于改变能量的零点), 就可使久期方程变得和未增加这个充满壳层时的情况一样, 所以两种情况下的谱项能量相对值完全一样, 即原子能级的多重态结构一样. 例如, $1s^2 2s^2 2p^6 3s^2 3p^6 3d^2$ 组态中谱项 ^1G, ^3F, ^1D, ^3P, ^1S 的相对能量值可由 $3d^2$ 组态的各谱项求得 (注意, 当两个电子在同一亚层时, $G^k = F^k$), 即

$$
\begin{aligned}
E(^1G) &= \langle \varPhi(3d_2^+, 3d_2^-)|\hat{\boldsymbol{H}}_0|\varPhi(3d_2^+, 3d_2^-)\rangle + \text{常数} \\
&= 2I(3d) + F^0(3d,3d) + \frac{4}{49}F^2(3d,3d) + \frac{1}{441}F^4(3d,3d) + \text{常数} \\[2ex]
E(^3F) &= \langle \varPhi(3d_2^+, 3d_1^+)|\hat{\boldsymbol{H}}_0|\varPhi(3d_2^+, 3d_1^+)\rangle + \text{常数} \\
&= 2I(3d) + F^0(3d,3d) - \frac{8}{49}F^2(3d,3d) - \frac{1}{49}F^4(3d,3d) + \text{常数} \\
E(^3P) &= \langle \varPhi(3d_2^+, 3d_{-1}^+)|\hat{\boldsymbol{H}}_0|\varPhi(3d_2^+, 3d_{-1}^+)\rangle \\
&\quad + \langle \varPhi(3d_1^+, 3d_0^+)|\hat{\boldsymbol{H}}_0|\varPhi(3d_1^+, 3d_0^+)\rangle - E(^3F) + \text{常数} \\
&= 2I(3d) + F^0(3d,3d) + \frac{1}{7}F^2(3d,3d) - \frac{12}{63}F^4(3d,3d) + \text{常数} \\
&\quad \cdots
\end{aligned} \tag{11.4.47}
$$

(2) 互补定理. 上面已经证明, 互补组态包含的谱项相同. 现在要进一步证明, 互补组态各谱项的相对能量值也相同, 即具有相同的多重态结构. 设互补组态为 $(nl)^{N_1}$ 和 $(nl)^{N_0-N_1}$, $N_0 = 2(2l+1)$, 则从图 11.4.1 可以得出

$$
\begin{aligned}
&\frac{1}{2}\sum_{i=1}^{N_1}\sum_{j=1}^{N_1}[J_{ij} - K_{ij}] \\
=&\frac{1}{2}\sum_{i=1}^{N_0}\sum_{j=1}^{N_0}[J_{ij} - K_{ij}] \\
&-\frac{1}{2}\sum_{j=N_1+1}^{N_0}\sum_{i=1}^{N_0}[J_{ij} - K_{ij}] \\
&-\frac{1}{2}\sum_{i=N_1+1}^{N_0}\sum_{j=1}^{N_0}[J_{ij} - K_{ij}] \\
&+\frac{1}{2}\sum_{i=N_1+1}^{N_0}\sum_{j=N_1+1}^{N_0}[J_{ij} - K_{ij}]
\end{aligned} \tag{11.4.48}
$$

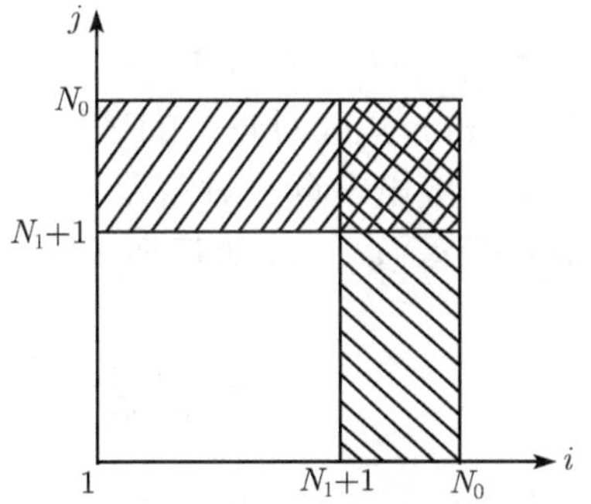

图 11.4.1　互补组态的能量关系示意图

式中, 左边和右边第四项分别是 $(nl)^{N_1}$ 和 $(nl)^{N_0-N_1}$ 组态中对应无微扰态的电子排斥矩阵对角元, 而右边第一、第二和第三项都包括有对已充满亚层的求和, 从而是与 m_l 值无关的. 所以, $(nl)^{N_1}$ 和 $(nl)^{N_0-N_1}$ 组态中, 所有对应无微扰态的电子排斥矩阵对角元之间只差一个常数. 因为单粒子算符矩阵元与 m_l 值无关, 所以两种组态的对应无微扰态的 Hamilton 矩阵对角元只差一个与 N_1 有关的常数. 另外, 只要注意到在 $(nl)^{N_1}$ 组态中一个电子从 ψ_i' 移到 ψ_i 与 $(nl)^{N_0-N_1}$ 组态中一个电子从 ψ_i 移到 ψ_i' 相对应, 根据 Slater 行列式波函数的非对角元计算规则可知, 这两个组态的 Hamilton 矩阵的非对角元是相同的. 于是, 互补组态的整个 Hamilton 矩阵, 除了主对角线上的元素差一共同常数以外是相同的, 因此, 各对应谱项的相对能量值一样.

上面两个定理使关于原子多重态结构的讨论大为简化. 我们只需要考虑未充满层的情况, 而且只要讨论半充满前组态的多重态结构. 还可以知道, 只要未充满层的角量子数相同, 即使主量子数不同, 谱项相对能量的表达式一样, 只不过 Slater 积分的数值不同而已.

11.4.5 组态平均能量

在从头计算中, 通常算出各谱项的总能量. 在同一组态中, 各谱项的总能量不同, 但其差别相对来说是比较小的. 将各谱项能量按权重 $(2L+1)(2S+1)$ 求平均值 E_{av}, 称为组态平均能量. 可以认为 E_{av} 对应于式 (11.2.4) 中 $\hat{\boldsymbol{H}}_{00}$ 的期望值, 而一个组态中各谱项能级相对于 E_{av} 的分裂是由 $\hat{\boldsymbol{H}}'$ 微扰的结果. 因为 $(2L+1)(2S+1)$ 是组态的久期方程的根的简并度, 所以组态平均能量等于它的 Hamilton 矩阵对角元的平均值. 这一平均值可按以下方式求得[1].

考虑 $(nl)^{N_1}$ 亚层, 令 $N_0 = 2(2l+1)$. N_1 个电子在 N_0 个轨道上的放置方式有 $w = \dfrac{N_0!}{N_1!(N_0-N_1)!}$ 种, 相应地有 w 个无微扰态行列式波函数. 要求出这些函数的 Hamilton 矩阵对角元的平均值. 单电子算符矩阵元与 m_l 值无关, 故其平均值即 $N_1 I(nl)$. 双电子算符对角元之和是许多 $g(ij) \equiv (J_{ij} - K_{ij})$ 项之和. 含有指定的一对单粒子态 (ψ_i, ψ_j) 的行列式的个数为

$$\frac{(N_0-2)!}{(N_1-2)!(N_0-2-N_1+2)!} = \frac{(N_0-2)!}{(N_1-2)!(N_0-N_1)!}$$

相应的 $g(ij)$ 项也将出现这样多次. 求平均值时要用 w 去除, 所以平均值中 $g(ij)$ 项前的系数是

$$\frac{(N_0-2)!}{(N_1-2)!(N_0-N_1)!}\frac{(N_0-N_1)!N_1!}{N_0!} = \frac{N_1(N_1-1)}{N_0(N_0-1)}$$

记 $g(ij)$ 的全亚层平均值为 $[J_{ij}-K_{ij}]_{\rm av}$, 则每对轨道对于能量平均值的贡献为

$$\frac{N_1(N_1-1)}{N_0(N_0-1)}[J_{ij}-K_{ij}]_{\rm av}$$

N_0 个轨道共可配 $N_0(N_0-1)/2$ 对, 所以 $(nl)^{N_1}$ 层对于能量平均值的贡献为 $\frac{1}{2}N_1(N_1-1)[J_{ij}-K_{ij}]_{\rm av}$. $[J_{ij}-K_{ij}]_{\rm av}$, 容易求得, 只要将一个充满壳层的总电子排斥能除以两两轨道配对的数目就是. 根据式 (11.4.39) 和式 (11.4.46), 得

$$\begin{aligned}[J_{ij}-K_{ij}]_{\rm av}&=\frac{2}{N_0(N_0-1)}\frac{N_0}{2}\left[2(2l+1)F^0(nl;nl)-\sum_{k=0}^{\infty}c^k(l0;l0)F^k(nl;nl)\right]\\&=F^0(nl;nl)-\frac{1}{4l+1}\sum_{k\neq0}c^k(l0;l0)F^k(nl;nl)\end{aligned}\tag{11.4.49}$$

再考虑不同亚层之间电子相互作用. 设两个亚层中分别有 N_1 和 N_2 个电子 $(n_1l_1)^{N_1}(n_2l_2)^{N_2}$, 两个亚层之间轨道配对的方式有 N_1N_2 种, 按照与上面相似的推理可知, 每对轨道在权重平均值中的权重相等. 因此, $(n_1l_1)^{N_1}$ 和 $(n_2l_2)^{N_2}$ 两个亚层之间的电子的总相互作用能为 $N_1N_2[J_{ij}-K_{ij}]_{\rm av}$. 为了求得 $[J_{ij}-K_{ij}]_{\rm av}$, 还是利用式 (11.4.39) 和式 (11.4.46). 将两式相减, 两边再对 i 求和一次, 得到

$$\begin{aligned}\sum_{m_{s_i}}\sum_{m_{l_i}}\sum_{m_{s_j}}\sum_{m_{l_j}}(J_{ij}-K_{ij})=&2(2l_2+1)\times2(2l_1+1)F^0(n_1l_1;n_2l_2)\\&-2(2l_2+1)\sqrt{\frac{2l_1+1}{2l_2+1}}\sum_k c^k(l_10;l_20)G^k(n_1l_1;n_2l_2)\end{aligned}$$

除以两个亚层之间总的轨道配对数, 即得平均值

$$[J_{ij}-K_{ij}]_{\rm av}=F^0(n_1l_1;n_2l_2)-\frac{1}{2}\sqrt{\frac{1}{(2l_1+1)(2l_2+1)}}\sum_k c^k(l_10;l_20)G^k(n_1l_1;n_2l_2)\tag{11.4.50}$$

于是, 得出组态平均能量为

$$E_{\rm av}=\sum_i I(n_il_i)+\sum_{i<j}[J_{ij}-K_{ij}]_{\rm av}\tag{11.4.51}$$

求和是对所有电子进行的, 若 (i,j) 电子在同一亚层, $[J_{ij}-K_{ij}]_{\rm av}$ 用式 (11.4.49), 若在不同亚层, $[J_{ij}-K_{ij}]_{\rm av}$ 用式 (11.4.50). 设组态为 $(n_1l_1)^{N_1}\cdots(n_il_i)^{N_i}\cdots(n_jl_j)^{N_j}\cdots(n_ml_m)^{N_m}$, 则式 (11.4.51) 可化为

$$\begin{aligned}E_{\rm av}=&\sum_{i=1}^m N_iI(n_il_i)+\sum_{i=1}^m\frac{N_i(N_i-1)}{2}\left[F^0(n_il_i;n_il_i)+\sum_{k\neq0}^{2l_i}f_k(l_i,l_i)F^k(n_il_i;n_il_i)\right]\\&+\sum_{i=j+1}^m\sum_{j=1}^m N_iN_j\left[F^0(n_il_i;n_jl_j)+\sum_{k=|l_i-l_j|}^{l_i+l_j}g_k(l_i,l_j)G^k(n_il_i;n_jl_j)\right]\end{aligned}\tag{11.4.52}$$

式中

$$f_k(l_i,l_i)=-\frac{1}{4l_i+1}c^k(l_i0;l_i0)$$

$$g_k(l_i,l_j)=-\frac{1}{2}\sqrt{\frac{1}{(2l_i+1)(2l_j+1)}}c^k(l_i0;l_j0)$$

将谱项能量用组态平均能量表示出来是有好处的. 令

$$E(^{2S+1}L)=E_{\text{av}}+\Delta E(LS) \tag{11.4.53}$$

按照前面说过的方法求出 $E(^{2S+1}L)$ 和 E_{av}, 即可确定 $\Delta E(LS)$. 但还有更简便的办法[1]. 先求出未充满壳层轨道对的电子相互作用能与其平均作用能之差值列成表 (表 11.4.1 列出参考文献 [1] 中给出的一些轨道对的这种能量差值). 将无微扰态的所有电子占据轨道对的这种能量差值加起来, 再加上 E_{av}, 就得到 Hamilton 矩阵对角元. 由此求得的谱项能量就具有式 (11.4.53) 的形式.

表 11.4.1 轨道对的电子排斥能与其平均值之差 $\Delta E(l_im_{l_i},l_jm_{l_j})$

	等价电子	
(pp)	F^2(pp)/25	
	自旋同向	
$\Delta E(1,0)$	−3	
$\Delta E(1,-1)$	−3	
	自旋反向	
$\Delta E(1,1)$	3	
$\Delta E(1,0)$	0	
$\Delta E(1,-1)$	3	
$\Delta E(0,0)$	6	
(dd)	F^2(dd)/441	F^4(dd)/441
	自旋同向	
$\Delta E(2,1)$	−58	5
$\Delta E(2,0)$	−58	5
$\Delta E(2,-1)$	−4	−25
$\Delta E(2,-2)$	50	−55
$\Delta E(1,0)$	23	−40
$\Delta E(1,-1)$	−31	−10
	自旋反向	
$\Delta E(2,2)$	50	15
$\Delta E(2,1)$	−4	10
$\Delta E(2,0)$	−22	20
$\Delta E(2,-1)$	−4	10
$\Delta E(2,-2)$	50	15
$\Delta E(1,1)$	23	30
$\Delta E(1,0)$	32	−10

续表

$\Delta E(1,-1)$	23	30	
$\Delta E(0,0)$	50	50	
	不等价电子		
(ss')	$G^0(ss')/2$		
	自旋同向		
$\Delta E(0,0)$	-1		
	自旋反向		
$\Delta E(0,0)$	1		
(sp)	$G^1(sp)/6$		
	自旋同向		
$\Delta E(0,1)$	-1		
$\Delta E(0,0)$	-1		
	自旋反向		
$\Delta E(0,1)$	1		
$\Delta E(0,0)$	1		
(sd)	$G^2(sd)/10$		
	自旋同向		
$\Delta E(0,2)$	-1		
$\Delta E(0,1)$	-1		
$\Delta E(0,0)$	-1		
	自旋反向		
$\Delta E(0,2)$	1		
$\Delta E(0,1)$	1		
$\Delta E(0,0)$	1		
(pp')	$F^2(pp')/25$	$G^0(pp')/6$	$G^2(pp')/75$
	自旋同向		
$\Delta E(1,1)$	1	-5	2
$\Delta E(1,0)$	-2	1	-4
$\Delta E(1,-1)$	1	1	-13
$\Delta E(0,0)$	4	-5	-7
	自旋反向		
$\Delta E(1,1)$	1	1	5
$\Delta E(1,0)$	-2	1	5
$\Delta E(1,-1)$	1	1	5
$\Delta E(0,0)$	4	1	5
(pd)	$F^2(pd)/35$	$G^1(pd)/15$	$G^2(pd)/490$
	自旋同向		
$\Delta E(1,2)$	2	-5	15
$\Delta E(1,1)$	-1	-2	3
$\Delta E(1,0)$	-2	0	-15
$\Delta E(1,-1)$	-1	1	-39

续表

$\Delta E(1,-2)$	2	1	−69		
$\Delta E(0,2)$	−4	1	−9		
$\Delta E(0,1)$	2	−2	−27		
$\Delta E(0,0)$	4	−3	−33		
自旋反向					
$\Delta E(1,2)$	2	1	21		
$\Delta E(1,1)$	−1	1	21		
$\Delta E(1,0)$	−2	1	21		
$\Delta E(1,-1)$	−1	1	21		
$\Delta E(1,-2)$	2	1	21		
$\Delta E(0,2)$	−4	1	21		
$\Delta E(0,1)$	2	1	21		
$\Delta E(0,0)$	4	1	21		
(dd′)	$F^2(\mathrm{dd}')/49$	$F^4(\mathrm{dd}')/441$	$G^0(\mathrm{dd}')/10$	$G^2(\mathrm{dd}')/245$	$G^4(\mathrm{dd}')/2,205$
自旋同向					
$\Delta E(2,2)$	4	1	−9	−13	58
$\Delta E(2,1)$	−2	−4	1	−23	38
$\Delta E(2,0)$	−4	6	1	−13	−12
$\Delta E(2,-1)$	−2	−4	1	7	−112
$\Delta E(2,-2)$	4	1	1	7	−287
$\Delta E(1,1)$	1	16	−9	2	−17
$\Delta E(1,0)$	2	−24	1	2	−87
$\Delta E(1,-1)$	1	16	1	−23	−137
$\Delta E(0,0)$	4	36	−9	−13	−117
自旋反向					
$\Delta E(2,2)$	4	1	1	7	63
$\Delta E(2,1)$	−2	−4	1	7	63
$\Delta E(2,0)$	−4	6	1	7	63
$\Delta E(2,-1)$	−2	−4	1	7	63
$\Delta E(2,-2)$	4	1	1	7	63
$\Delta E(1,1)$	1	16	1	7	63
$\Delta E(1,0)$	2	−24	1	7	63
$\Delta E(1,-1)$	1	16	1	7	63
$\Delta E(0,0)$	4	36	1	7	63

例如, $[1s^22s^22p^63s^23p^64s^2]3d^2$ 组态的 ^3P 谱项能量为

$$\begin{aligned}E(^3P) =&\langle \Phi(3d_2^+,3d_{-1}^+)|\hat{\boldsymbol{H}}_0|\Phi(3d_2^+,3d_{-1}^+)\rangle\\&+\langle \Phi(3d_1^+,3d_0^+)|\hat{\boldsymbol{H}}_0|\Phi(3d_1^+,3d_0^+)\rangle\\&-\langle \Phi(3d_2^+,3d_1^+)|\hat{\boldsymbol{H}}_0|\Phi(3d_2^+,3d_1^+)\rangle\\=&E_{\mathrm{av}}+\Delta E(3d_2^+,3d_{-1}^+)+\Delta E(3d_1^+,3d_0^+)-\Delta E(3d_2^+,3d_1^+)\end{aligned} \tag{11.4.54}$$

由表 11.4.1 可查得

$$\begin{aligned}\Delta E(3\mathrm{d}_2^+,3\mathrm{d}_{-1}^+) &= -\frac{4}{441}F^2(3\mathrm{d},3\mathrm{d})-\frac{25}{441}F^4(3\mathrm{d},3\mathrm{d})\\ \Delta E(3\mathrm{d}_1^+,3\mathrm{d}_0^+) &= \frac{23}{441}F^2(3\mathrm{d},3\mathrm{d})-\frac{40}{441}F^4(3\mathrm{d},3\mathrm{d})\\ \Delta E(3\mathrm{d}_2^+,3\mathrm{d}_1^+) &= -\frac{58}{441}F^2(3\mathrm{d},3\mathrm{d})+\frac{5}{441}F^4(3\mathrm{d},3\mathrm{d})\end{aligned}$$

故

$$E(^3P)=E_{\mathrm{av}}+\frac{11}{63}F^2(3\mathrm{d},3\mathrm{d})-\frac{10}{63}F^4(3\mathrm{d},3\mathrm{d}) \tag{11.4.55}$$

式 (11.4.53) 中的 $\Delta E(LS)$ 显然有以下性质:

(1) 当一个组态中只包含有一个光谱项时, $\Delta E(LS)=0$, 如闭壳层组态或只有一个未充满壳层且其中只有一个电子 (或只差一个电子就充满) 的组态就是这样.

(2) 根据互补定理

$$\Delta E(l^{N_1},LS)=\Delta E(l^{2(2l+1)-N_1},LS)$$

亦即互补组态的对应光谱项能量表示式完全相同, 只是 E_{av} 不同.

(3) $\sum\limits_{L,S}(2S+1)(2L+1)\Delta E(L,S)=0$

$\sum\limits_{L,S}$ 表示对组态中的所有谱项求和.

表 11.4.2 列出用 E_{av} 表示出来的 p^n 和 d^n 组态的谱项能量公式[1].

表 11.4.2　p^n 和 d^n 组态的谱项能量公式 $[F_l^k\equiv F^k(l,l)]$

p^2	$E(^3P)=E_{\mathrm{av}}-\frac{3}{25}F_{\mathrm{p}}^2$
	$E(^1D)=E_{\mathrm{av}}+\frac{3}{25}F_{\mathrm{p}}^2$
	$E(^1S)=E_{\mathrm{av}}+\frac{12}{25}F_{\mathrm{p}}^2$
p^3	$E(^4S)=E_{\mathrm{av}}-\frac{9}{25}F_{\mathrm{p}}^2$
	$E(^2D)=E_{\mathrm{av}}$
	$E(^2P)=E_{\mathrm{av}}+\frac{6}{25}F_{\mathrm{p}}^2$
d^2	$E(^3F)=E_{\mathrm{av}}-\frac{58}{441}F_{\mathrm{d}}^2+\frac{5}{441}F_{\mathrm{d}}^4$
	$E(^3P)=E_{\mathrm{av}}+\frac{77}{441}F_{\mathrm{d}}^2-\frac{70}{441}F_{\mathrm{d}}^4$
	$E(^1G)=E_{\mathrm{av}}+\frac{50}{441}F_{\mathrm{d}}^2+\frac{15}{441}F_{\mathrm{d}}^4$

续表

	$E(^1D) = E_{\text{av}} - \frac{13}{441}F_{\text{d}}^2 + \frac{50}{441}F_{\text{d}}^4$
	$E(^1S) = E_{\text{av}} + \frac{140}{441}F_{\text{d}}^2 + \frac{140}{441}F_{\text{d}}^4$
d^3	$E(^4F) = E_{\text{av}} - \frac{93}{441}F_{\text{d}}^2 - \frac{30}{441}F_{\text{d}}^4$
	$E(^4P) = E_{\text{av}} + \frac{42}{441}F_{\text{d}}^2 - \frac{105}{441}F_{\text{d}}^4$
	$E(^2H) = E_{\text{av}} - \frac{12}{441}F_{\text{d}}^2 + \frac{30}{441}F_{\text{d}}^4$
	$E(^2G) = E_{\text{av}} - \frac{57}{441}F_{\text{d}}^2 + \frac{55}{441}F_{\text{d}}^4$
	$E(^2F) = E_{\text{av}} + \frac{123}{441}F_{\text{d}}^2 - \frac{45}{441}F_{\text{d}}^4$
	$E(^2D_{1,2}) = E_{\text{av}} + \frac{87}{441}F_{\text{d}}^2 + \frac{45}{441}F_{\text{d}}^4 \pm \frac{1}{441}\sqrt{15633(F_{\text{d}}^2)^2 - 14850F_{\text{d}}^2F_{\text{d}}^4 + 8325(F_{\text{d}}^4)^2}$
	$E(^2P) = E_{\text{av}} - \frac{12}{441}F_{\text{d}}^2 + \frac{30}{441}F_{\text{d}}^4$
d^4	$E(^5D) = E_{\text{av}} - \frac{105}{441}F_{\text{d}}^2 - \frac{105}{441}F_{\text{d}}^4$
	$E(^3H) = E_{\text{av}} - \frac{69}{441}F_{\text{d}}^2 + \frac{15}{441}F_{\text{d}}^4$
	$E(^3G) = E_{\text{av}} - \frac{24}{441}F_{\text{d}}^2 - \frac{10}{441}F_{\text{d}}^4$
	$E(^3F_{1,2}) = E_{\text{av}} + \frac{39}{441}F_{\text{d}}^2 + \frac{15}{882}F_{\text{d}}^4 \pm \frac{1}{882}\sqrt{49572(F_{\text{d}}^2)^2 - 43740F_{\text{d}}^2F_{\text{d}}^4 + 20025(F_{\text{d}}^4)^2}$
	$E(^3D) = E_{\text{av}} + \frac{39}{441}F_{\text{d}}^2 - \frac{45}{441}F_{\text{d}}^4$
	$E(^3P_{1,2}) = E_{\text{av}} + \frac{39}{441}F_{\text{d}}^2 + \frac{15}{882}F_{\text{d}}^4 \pm \frac{1}{882}\sqrt{73872(F_{\text{d}}^2)^2 - 89640F_{\text{d}}^2F_{\text{d}}^4 + 38025(F_{\text{d}}^4)^2}$
	$E(^1I) = E_{\text{av}} - \frac{51}{441}F_{\text{d}}^2 + \frac{75}{441}F_{\text{d}}^4$
	$E(^1G_{1,2}) = E_{\text{av}} + \frac{39}{441}F_{\text{d}}^2 + \frac{155}{882}F_{\text{d}}^4 \pm \frac{1}{882}\sqrt{57348(F_{\text{d}}^2)^2 - 67500F_{\text{d}}^2F_{\text{d}}^4 + 30825(F_{\text{d}}^4)^2}$
	$E(^1F) = E_{\text{av}} + \frac{84}{441}F_{\text{d}}^2$
	$E(^1D_{1,2}) = E_{\text{av}} + \frac{165}{441}F_{\text{d}}^2 + \frac{15}{882}F_{\text{d}}^4 \pm \frac{1}{882}\sqrt{104976(F_{\text{d}}^2)^2 - 93960F_{\text{d}}^2F_{\text{d}}^4 + 30825(F_{\text{d}}^4)^2}$
	$E(^1S_{1,2}) = E_{\text{av}} + \frac{174}{441}F_{\text{d}}^2 + \frac{65}{441}F_{\text{d}}^4$

续表

$$\pm\frac{1}{882}\sqrt{250128(F_d^2)^2-237600F_d^2F_d^4+133200(F_d^4)^2}$$

d^5

$$E(^6S)=E_{av}-\frac{175}{441}F_d^2-\frac{175}{441}F_d^4$$

$$E(^4G)=E_{av}-\frac{85}{441}F_d^2-\frac{50}{441}F_d^4$$

$$E(^4F)=E_{av}+\frac{23}{441}F_d^2-\frac{40}{441}F_d^4$$

$$E(^4D)=E_{av}-\frac{22}{441}F_d^2-\frac{85}{441}F_d^4$$

$$E(^4P)=E_{av}-\frac{112}{441}F_d^2+\frac{35}{441}F_d^4$$

$$E(^2I)=E_{av}-\frac{76}{441}F_d^2+\frac{50}{441}F_d^4$$

$$E(^2H)=E_{av}-\frac{58}{441}F_d^2+\frac{110}{441}F_d^4$$

$$E(^2G_1)=E_{av}+\frac{167}{441}F_d^2-\frac{15}{441}F_d^4$$

$$E(^2G_2)=E_{av}+\frac{23}{441}F_d^2-\frac{5}{441}F_d^4$$

$$E(^2F_1)=E_{av}-\frac{85}{441}F_d^2+\frac{125}{441}F_d^4$$

$$E(^2F_2)=E_{av}+\frac{59}{441}F_d^2-\frac{25}{441}F_d^4$$

$$E(^2D)=E_{av}+\frac{104}{441}F_d^2+\frac{20}{441}F_d^4$$

$$E(^2D_{1,2})=E_{av}+\frac{113}{441}F_d^2+\frac{50}{441}F_d^4\pm\frac{1}{441}\sqrt{41533(F_d^2)^2-40500F_d^2F_d^4+20700(F_d^4)^2}$$

$$E(^2P)=E_{av}+\frac{320}{441}F_d^2-\frac{100}{441}F_d^4$$

$$E(^2S)=E_{av}+\frac{113}{441}F_d^2-\frac{55}{441}F_d^4$$

注意，有些书上原子光谱项能量是用 Slater-Condon 参数 F_k、G_k 表示的，$F_k=F^k/D_k$，$G_k=G^k/D_k$，式中，D_k 是 a^k 或 b^k 中的分母 [参阅式 (11.4.17) 和式 (11.4.20)]. 对于 d^n 组态，常用 Racah 参数 A、B、C 来表示，有

$$\begin{aligned}A&=F^0(d,d)-\frac{49}{441}F^4(d,d)\\B&=\frac{F^2(d,d)}{49}-\frac{5}{441}F^4(d,d)\\C&=\frac{35}{441}F^4(d,d)\end{aligned}\tag{11.4.56}$$

对于 f^n 组态, 则用 Racah 参数 E^0、E^1、E^2、E^3 表示, 有

$$\begin{aligned}
E^0 &= F^0(\mathrm{f,f}) - \frac{10}{225}F^2(\mathrm{f,f}) - \frac{33}{1089}F^4(\mathrm{f,f}) - \frac{286}{736164}F^6(\mathrm{f,f}) \\
E^1 &= \frac{7}{9}\left[\frac{10}{225}F^2(\mathrm{f,f}) + \frac{33}{1089}F^4(\mathrm{f,f}) + \frac{286}{736164}F^6(\mathrm{f,f})\right] \\
E^2 &= \frac{1}{9}\left[\frac{1}{225}F^2(\mathrm{f,f}) - \frac{3}{1089}F^4(\mathrm{f,f}) + \frac{7}{736164}F^6(\mathrm{f,f})\right] \\
E^3 &= \frac{1}{3}\left[\frac{5}{225}F^2(\mathrm{f,f}) + \frac{6}{1089}F^4(\mathrm{f,f}) - \frac{91}{736164}F^6(\mathrm{f,f})\right]
\end{aligned} \tag{11.4.57}$$

Hund 根据光谱学实验资料总结出以下规则 (Hund 规则): 原子的基态光谱项是 S 值最大的谱项中的 L 值最大者. 例如, d^2 组态的基态谱项是 ${}^3F$. 在 $L-S$ 耦合方案适用的情况下, Hund 规则还没有发现过例外.

Hund 规则的另一种说法是, 在同一组态的各谱项中, S 值较大的谱项能量较低, 当 S 值相同时, L 值较大者能量较低. 但这只对于 p^n 组态成立, 对一般组态不成立. 例如, $V^{2+}(1s^22s^22p^63s^23p^63d^3)$ 的能级顺序是 ${}^4F <{}^2P <{}^4P <{}^2G <{}^2D <{}^2H$. 不过, 粗略来说, S 大的谱项能量一般较低.

11.4.6 Slater 积分的实验拟合

Slater 积分 F^k, G^k 等可以从轨道径向波函数算出. 另一方面, 原子光谱项的能量可用 E_{av}, F^k, G^k 等表达出来. 我们可以从原子光谱求出原子光谱项的能量, 所以也能从光谱数据求出 F^k, G^k 的值. 谱项能级数据比有关的 F^k, G^k 的数目多, 而式 (11.4.53) 并不严格成立, 所以, 我们用加权最小二乘法求 F^k、G^k 的值, 以使由式 (11.4.53) 算得的谱项能量值与实验值的均方差达到极小. 现举例说明如下:

(1) $(n\mathrm{p})^2$ 组态, 有三个谱项, 能量表达式为

$$\begin{aligned}
E({}^3P) &= E_{\mathrm{av}} - \frac{3}{25}F^2(\mathrm{p,p}) \\
E({}^1D) &= E_{\mathrm{av}} + \frac{3}{25}F^2(\mathrm{p,p}) \\
E({}^1S) &= E_{\mathrm{av}} + \frac{12}{25}F^2(\mathrm{p,p})
\end{aligned} \tag{11.4.58}$$

实验求得 N II① $(1s^22s^22p^2)$ 的三个光谱项的能量为

$$\begin{aligned}
E({}^3P) &= -54.07848 \text{ a.u.} \\
E({}^1D) &= -54.00910 \text{ a.u.} \\
E({}^1S) &= -53.92994 \text{ a.u.}
\end{aligned}$$

---

① 光谱学家用 M I 代表中性 M 原子, M II代表 M^+ 等, 余类推.

若将以上数值代入式 (11.4.58), 就得到三个方程, 但只有两个未知数. 这种方程组一般没有解 (除非有一些方程不是独立的), 要用最小二乘法求近似解. 为了与上面对 E_{av} 的定义一致, 计算时给予谱项 $({}^{2S+1}L)$ 的权为 $(2S+1)(2L+1)$. 具体计算求得

$$E_{\mathrm{av}} = -54.04545 \text{ a.u.}$$
$$F^2 = 0.26140 \text{ a.u.}$$

用这种方法求得的 E_{av} 正好是实验值的加权平均.

(2) $(n\mathrm{d})^2$ 组态, 有五个光谱项, 能量表达式由表 11.4.2 可以查得. 实验求得 Zr Ⅰ $(1\mathrm{s}^2 2\mathrm{s}^2 2\mathrm{p}^6 3\mathrm{s}^2 3\mathrm{p}^6 3\mathrm{d}^{10} 4\mathrm{s}^2 4\mathrm{p}^6 4\mathrm{d}^2 5\mathrm{s}^2)$ 的五个谱项相对于基态谱项的能量为

$$E({}^3F) = 0 \text{ a.u.}$$
$$E({}^3P) = 0.016079 \text{ a.u.}$$
$$E({}^1G) = 0.033421 \text{ a.u.}$$
$$E({}^1D) = 0.019957 \text{ a.u.}$$
$$E({}^1S) = 0.056590 \text{ a.u.}$$

据此可列出五个方程, 用最小二乘法可以求得

$$E_{\mathrm{av}} = 0.013375 \text{ a.u. (相对于基态谱项}{}^3F\text{的能量)}$$
$$F^2(4\mathrm{d}, 4\mathrm{d}) = 0.10207 \text{ a.u.}$$
$$F^4(4\mathrm{d}, 4\mathrm{d}) = 0.081671 \text{ a.u.}$$

关于如何从光谱数据求 Slater 积分的更详细的讨论可参考文献 [5] 和 [6]. 详细的原子光谱数据可查阅文献 [7] 和 [8].

在半经验的理论计算中, 常将 F^k, G^k 作为参数, 由实验确定.

11.5 磁相互作用 [1,9]

11.5.1 考虑旋–轨耦合的氢原子

在第 3 章中我们详细讨论了氢原子和类氢离子的 Schrödinger 方程及其解, 但在 Hamilton 量中只考虑电子绕核运动的动能以及电子与核的 Coulomb 能. 事实上, 电子具有自旋磁矩, 自旋磁矩和电子的轨道运动之间有相互作用, 这种相互作用称为旋–轨耦合作用 (spin-orbit interaction). 因此类氢离子的 Schrödinger 方程应写为

$$\hat{\boldsymbol{H}}\psi = E\psi \tag{11.5.1}$$

$$
\begin{aligned}
\hat{\boldsymbol{H}} &= \hat{\boldsymbol{H}}_0 + \hat{\boldsymbol{H}}_{\mathrm{so}} + \text{其他次要项} \\
\hat{\boldsymbol{H}}_0 &= -\frac{1}{2}\nabla^2 - \frac{Z}{r} \\
\hat{\boldsymbol{H}}_{\mathrm{so}} &= \text{旋 - 轨耦合作用能}
\end{aligned}
\tag{11.5.2}
$$

在氢原子中, $\hat{\boldsymbol{H}}_{\mathrm{so}} \ll \hat{\boldsymbol{H}}_0$, 所以我们可以用微扰理论来解方程 [式 (11.5.1)](参看 5.3 节).

类氢离子的无微扰的 Hamiltonian 算符为

$$
\hat{\boldsymbol{H}}_0 = -\frac{1}{2}\nabla^2 - \frac{Z}{r} \tag{11.5.3}
$$

它的完备对易算符集合是

$$
\hat{\boldsymbol{H}}_0, \hat{\boldsymbol{l}}^2, \hat{\boldsymbol{s}}^2, \hat{\boldsymbol{l}}_z, \hat{\boldsymbol{s}}_z, \hat{\boldsymbol{P}} \tag{11.5.4}
$$

式中, $\hat{\boldsymbol{P}}$ 是宇称算符. 这六个算符中的任意两个都可以对易, 因而它们有共同的本征函数

$$
|nlm_lm_s\rangle \equiv \psi_{nlm_lm_s}(\boldsymbol{r},\sigma) = R_{nl}(r)Y_{lm_l}(\theta,\phi)\eta_{m_s}(\sigma) \tag{11.5.5}
$$

又因这组算符集合是完备的, 所以它们只有这一个共同本征函数系. 换句话说, 完备算符集合 (这里常将对易两字略去) 一定有而且只有一个共同本征函数系. 这六个算符的本征方程依次为

$$
\begin{aligned}
&\hat{\boldsymbol{H}}_0|nlm_lm_s\rangle = E_0|nlm_lm_s\rangle && E_0 = -\frac{Z^2}{2n^2} \\
&\hat{\boldsymbol{l}}^2|nlm_lm_s\rangle = l(l+1)|nlm_lm_s\rangle && l = 0,1,2,\cdots,n-1 \\
&\hat{\boldsymbol{s}}^2|nlm_lm_s\rangle = \frac{1}{2}\left(\frac{1}{2}+1\right)|nlm_lm_s\rangle && s = \frac{1}{2} \\
&\hat{\boldsymbol{l}}_z|nlm_lm_s\rangle = m_l|nlm_lm_s\rangle && m_l = 0,\pm 1,\cdots,\pm l \\
&\hat{\boldsymbol{s}}_z|nlm_lm_s\rangle = m_s|nlm_lm_s\rangle && m_s = \pm\frac{1}{2} \\
&\hat{\boldsymbol{P}}|nlm_lm_s\rangle = (-1)^l|nlm_lm_s\rangle
\end{aligned}
\tag{11.5.6}
$$

现在将旋–轨耦合作用 $\hat{\boldsymbol{H}}_{\mathrm{so}}$ 考虑进去. 原子体系中的旋–轨耦合作用本质上是一种相对论效应, 要根据相对论性波动方程 (Dirac 方程) 才能得出满意的解释 (参看文献 [1] 和 [9]). 在本书中我们从非相对论性波动方程出发讨论问题, 通过经典类比的方式引入旋–轨耦合作用. 当电子运动速度比光速小得多时, 这种处理方法是可行的.

考虑一个电子静止于其中的坐标系, 原子核在其中运动. 根据电磁学理论可知, 当电荷为 Z 的原子核以速度 $\boldsymbol{v}$ 运动时, 它在电子所在点产生的磁场为 (Biot-Savart 定律)

$$
\boldsymbol{H} = \frac{Z}{cr^3}[\boldsymbol{v}\times\boldsymbol{r}] \tag{11.5.7}
$$

式中, $\boldsymbol{r}$ 表示从原子核到电子的矢量, $r=|\boldsymbol{r}|$, c 是光速 (注意使用原子单位).

电子的自旋磁矩为 (参见 4.4.6 节)

$$\boldsymbol{\mu}_s=-\frac{1}{c}\boldsymbol{s} \tag{11.5.8}$$

它与原子核运动产生的磁场的相互作用能为

$$E_{\mathrm{so}}=-\boldsymbol{H}\cdot\boldsymbol{\mu}_s=\frac{Z}{c^2r^3}[\boldsymbol{v}\times\boldsymbol{r}]\cdot\boldsymbol{s} \tag{11.5.9}$$

实际上我们是在原子核静止的坐标系中处理旋–轨耦合作用的. 当从电子静止坐标系变换到原子核静止坐标系时, 式 (11.5.9) 变为

$$E_{\mathrm{so}}=\frac{Z}{2c^2r^3}(\boldsymbol{r}\times\boldsymbol{u})\cdot\boldsymbol{s} \tag{11.5.10}$$

式中, $\boldsymbol{u}$ 是电子相对于核的运动速度, 分母中的 2 是为了与相对论量子力学导出的结果一致添加的. 因为 $m_e=1$, 故 $\boldsymbol{u}=\boldsymbol{p}$, $(\boldsymbol{r}\times\boldsymbol{u})=\boldsymbol{l}$, 所以

$$E_{\mathrm{so}}=\frac{Z}{2c^2r^3}(\boldsymbol{l}\cdot\boldsymbol{s}) \tag{11.5.11}$$

写成算符的形式, 得

$$\hat{\boldsymbol{H}}_{\mathrm{so}}=\frac{Z}{2c^2r^3}(\hat{\boldsymbol{l}}\cdot\hat{\boldsymbol{s}})=\xi_{nl}(r)\hat{\boldsymbol{l}}\cdot\hat{\boldsymbol{s}} \tag{11.5.12}$$

式中

$$\xi_{nl}(r)=\frac{Z}{2c^2r^3}=\frac{1}{2c^2r}\left(\frac{\partial U}{\partial r}\right) \tag{11.5.13}$$

U 是电子的势能.

当类氢离子的 Hamilton 量中包含旋–轨耦合项, 即

$$\hat{\boldsymbol{H}}=\hat{\boldsymbol{H}}_0+\hat{\boldsymbol{H}}_{\mathrm{so}} \tag{11.5.14}$$

时, $\hat{\boldsymbol{l}},\hat{\boldsymbol{s}}$ 不再与 $\hat{\boldsymbol{H}}$ 对易. 因为

$$\hat{\boldsymbol{l}}\cdot\hat{\boldsymbol{s}}=\hat{\boldsymbol{l}}_z\cdot\hat{\boldsymbol{s}}_z+\hat{\boldsymbol{l}}_x\hat{\boldsymbol{s}}_x+\hat{\boldsymbol{l}}_y\hat{\boldsymbol{s}}_y=\hat{\boldsymbol{l}}_z\hat{\boldsymbol{s}}_z+\frac{1}{2}(\hat{\boldsymbol{l}}_+\hat{\boldsymbol{s}}_-+\hat{\boldsymbol{s}}_+\hat{\boldsymbol{l}}_-) \tag{11.5.15}$$

$$[\hat{\boldsymbol{l}}_z,\hat{\boldsymbol{l}}\cdot\hat{\boldsymbol{s}}]=\frac{1}{i}[\hat{\boldsymbol{l}}_z(\hat{\boldsymbol{l}}\cdot\hat{\boldsymbol{s}})-(\hat{\boldsymbol{l}}\cdot\hat{\boldsymbol{s}})\hat{\boldsymbol{l}}_z]=(\hat{\boldsymbol{l}}_y\hat{\boldsymbol{s}}_x-\hat{\boldsymbol{l}}_x\hat{\boldsymbol{s}}_y) \tag{11.5.16}$$

$$[\hat{\boldsymbol{s}}_z,\hat{\boldsymbol{l}}\cdot\hat{\boldsymbol{s}}]=\frac{1}{i}[\hat{\boldsymbol{s}}_z(\hat{\boldsymbol{l}}\cdot\hat{\boldsymbol{s}})-(\hat{\boldsymbol{l}}\cdot\hat{\boldsymbol{s}})\hat{\boldsymbol{s}}_z]=(\hat{\boldsymbol{l}}_x\hat{\boldsymbol{s}}_y-\hat{\boldsymbol{l}}_y\hat{\boldsymbol{s}}_x) \tag{11.5.17}$$

但 $(\hat{\boldsymbol{l}}_z+\hat{\boldsymbol{s}}_z)$ 与 Hamilton 量可对易, 记 $\hat{\boldsymbol{j}}_z=\hat{\boldsymbol{l}}_z+\hat{\boldsymbol{s}}_z$, 则

$$[\hat{\boldsymbol{j}}_z,(\hat{\boldsymbol{l}}\cdot\hat{\boldsymbol{s}})]=0$$

同理, 记 $\hat{\boldsymbol{j}}_x = \hat{\boldsymbol{l}}_x + \hat{\boldsymbol{s}}_x$, $\hat{\boldsymbol{j}}_y = \hat{\boldsymbol{l}}_y + \hat{\boldsymbol{s}}_y$, 则有

$$[\hat{\boldsymbol{j}}_x, (\boldsymbol{l} \cdot \hat{\boldsymbol{s}})] = 0 \qquad [\hat{\boldsymbol{j}}_y, (\boldsymbol{l} \cdot \hat{\boldsymbol{s}})] = 0 \tag{11.5.18}$$

从而有 ($\hat{\boldsymbol{j}}^2 \equiv \hat{\boldsymbol{j}}_x^2 + \hat{\boldsymbol{j}}_y^2 + \hat{\boldsymbol{j}}_z^2$)

$$[\hat{\boldsymbol{j}}^2, (\hat{\boldsymbol{l}} \cdot \hat{\boldsymbol{s}})] = 0 \tag{11.5.19}$$

故 $\hat{\boldsymbol{j}}^2$、$\hat{\boldsymbol{j}}_z$ 与 $\hat{\boldsymbol{H}}$ 对易. $\hat{\boldsymbol{j}}$ 称为一个电子的总角动量算符.

因此, 当旋–轨耦合作用较强时, $\hat{\boldsymbol{l}}$ 和 $\hat{\boldsymbol{s}}$ 不再是运动常量, l, s, m_l, m_s 不再是描述电子状态的好量子数, $\hat{\boldsymbol{j}}^2$ 和 $\hat{\boldsymbol{j}}_z$ 才是运动常量. $\hat{\boldsymbol{H}}, \hat{\boldsymbol{j}}^2, \hat{\boldsymbol{j}}_z$ 构成体系的完备算符集合, 可以用它们的共同本征函数来描述体系的状态. 根据角动量的一般理论, 可知 $\hat{\boldsymbol{j}}^2, \hat{\boldsymbol{j}}_z$ 满足以下本征方程:

$$\begin{aligned}
\hat{\boldsymbol{j}}_z|j, m_j\rangle &= m_j|j, m_j\rangle \\
\hat{\boldsymbol{j}}^2|\boldsymbol{j}, m_j\rangle &= j(j+1)|j, m_j\rangle \\
j &= 0, \frac{1}{2}, 1, \cdots, \frac{n}{2}, \cdots \qquad (n\text{为非负整数}) \\
m_j &= -j, \cdots, 0, \cdots, j
\end{aligned} \tag{11.5.20}$$

当旋–轨耦合作用很弱时, 可以取 n, l, s 确定的一组本征函数 $\{|n, l, m_l, s, m_s\rangle\}$ 的线性组合作为体系的近似本征函数. 此时

$$j = |l - s|, \cdots, l + s \qquad m_j = -j, \cdots, j$$

因为

$$\hat{\boldsymbol{j}}^2 = (\hat{\boldsymbol{l}} + \hat{\boldsymbol{s}})(\hat{\boldsymbol{l}} + \hat{\boldsymbol{s}}) = \hat{\boldsymbol{l}}^2 + \hat{\boldsymbol{s}}^2 + 2\hat{\boldsymbol{l}} \cdot \hat{\boldsymbol{s}} \tag{11.5.21}$$

所以

$$\hat{\boldsymbol{l}} \cdot \hat{\boldsymbol{s}} = \frac{1}{2}(\hat{\boldsymbol{j}}^2 - \hat{\boldsymbol{l}}^2 - \hat{\boldsymbol{s}}^2) \tag{11.5.22}$$

作为一级微扰, 旋–轨耦合作用能的近似值为

$$\begin{aligned}
E_{\text{so}} &= \langle nlsjm_j|\xi(r)\hat{\boldsymbol{l}} \cdot \hat{\boldsymbol{s}}|nlsjm_j\rangle \\
&= \frac{1}{2}\zeta_{nl}[j(j+1) - l(l+1) - s(s+1)]
\end{aligned} \tag{11.5.23}$$

式中

$$\zeta_{nl} = \int_0^\infty [R_{nl}(r)]^2 \xi_{nl}(r) r^2 \mathrm{d}r \tag{11.5.24}$$

称为旋–轨耦合常数, 显然它是只与 (nl) 有关的正值. 旋–轨耦合作用使轨道能级分裂, 由式 (11.5.23) 可知, $j = l + \dfrac{1}{2}$ 与 $j = l - \dfrac{1}{2}$ 的状态能量差值为 $(l \neq 0)$

$$E_{\text{so}}\left(j = l + \frac{1}{2}\right) - E_{\text{so}}\left(j = l - \frac{1}{2}\right) = \frac{2l+1}{2}\zeta_{nl} \tag{11.5.25}$$

将式 (11.5.13) 和类氢离子的波函数代入 ζ 的定义式, 可得

$$\zeta_{nl} = \frac{1}{2c^2}\frac{Z^4}{n^3 l\left(l+\dfrac{1}{2}\right)(l+1)} \tag{11.5.26}$$

由此可见, 类氢离子中的旋–轨耦合常数与核电荷的四次方成正比. 所以, 对于核电荷 Z 大的类氢离子, 旋–轨耦合作用很快地加强.

11.5.2　多电子原子中的磁相互作用

上两节我们讨论多电子原子的结构时忽略了磁相互作用, 即式 (11.2.1) 中的 $\hat{\boldsymbol{H}}_{\mathrm{m}}$, 它包括:

(1) 电子自旋与自身轨道运动的相互作用 ($\hat{\boldsymbol{H}}_{\mathrm{so}}$).

(2) 电子自旋与其他电子轨道运动的相互作用 ($\hat{\boldsymbol{H}}_{\mathrm{soo}}$).

(3) 各电子之间的自旋相互作用.

(4) 各电子之间的轨道运动相互作用.

(5) 电子自旋与核自旋的相互作用.

(6) 电子轨道运动与核自旋的相互作用等.

其中最重要的是第 (1) 项, 即旋–轨耦合作用. 后面几项在原子光谱中也有所反映, 但比较起来要弱得多, 所以这里只讨论旋–轨耦合作用.

在多电子原子 (或离子) 中, 在中心场近似下, 旋–轨耦合作用算符为

$$\hat{\boldsymbol{H}}_{\mathrm{so}} = \sum_k \xi_{n_k l_k}(r_k)\hat{\boldsymbol{l}}_k \cdot \hat{\boldsymbol{s}}_k \tag{11.5.27}$$

这里忽略了 $\hat{\boldsymbol{H}}_{\mathrm{soo}}$. 与在类氢离子体系中一样, 可以证明, 包括旋–轨耦合作用后, $\hat{\boldsymbol{L}}$, $\hat{\boldsymbol{S}}$ 不再与 $\hat{\boldsymbol{H}}$ 互易, 但 $\hat{\boldsymbol{J}} = \hat{\boldsymbol{L}} + \hat{\boldsymbol{S}}$ 和 $\hat{\boldsymbol{J}}^2$ 与 $\hat{\boldsymbol{H}}$ 对易. $\hat{\boldsymbol{J}}$ 是体系的总角动量算符, $\hat{\boldsymbol{H}}$, $\hat{\boldsymbol{J}}^2$, $\hat{\boldsymbol{J}}_z$ 构成完备对易算符集, 可以用它们的共同本征函数来描述体系的状态. 在 L-S 耦合方案中, 可由同一谱项中的本征函数 $|\alpha L M_L S M_S\rangle$ 组合出 $\hat{\boldsymbol{J}}^2$ 和 $\hat{\boldsymbol{J}}_z$ 的共同本征函数

$$|\alpha LSJM_J\rangle = \sum_{M_L, M_S} |\alpha L M_L S M_S\rangle\langle\alpha L M_L S M_S|\alpha LSJM_J\rangle \tag{11.5.28}$$

其本征值为

$$\begin{aligned} J &= |L-S|, \cdots, L+S \\ M_J &= -J, \cdots, J \end{aligned}$$

根据群的置换定理 (第 8 章), 注意到 $|LM_LSM_S\rangle$ 和 $\hat{\boldsymbol{L}}$, $\hat{\boldsymbol{S}}$, $\hat{\boldsymbol{l}}_k$, $\hat{\boldsymbol{s}}_k$ 都是旋转群的不可约表示基, 可得

$$\begin{aligned}
&\left\langle \alpha LM_LSM_S \middle| \sum_k \xi(r_k)\hat{\boldsymbol{l}}_k \cdot \hat{\boldsymbol{s}}_k \middle| \alpha LM_L'SM_S' \right\rangle \\
=&\sum_k \sum_{\alpha'} \langle \alpha LM_LSM_S|\xi(r_k)\hat{\boldsymbol{l}}_k|\alpha' LM_L'SM_S\rangle \\
&\times \langle \alpha' LM_L'SM_S|\hat{\boldsymbol{s}}_k|\alpha LM_L'SM_S'\rangle \\
=&\sum_k \sum_{\alpha'} \gamma_L(\alpha\alpha' LS)\gamma_S(\alpha\alpha' LS) \\
&\times \langle \alpha LM_LSM_S|\hat{\boldsymbol{L}}|\alpha LM_L'SM_S\rangle\langle \alpha LM_L'SM_S|\hat{\boldsymbol{S}}|\alpha LM_L'SM_S'\rangle \\
=&\lambda(\alpha\ L\ S)\langle \alpha LM_LSM_S|\hat{\boldsymbol{L}}\cdot\hat{\boldsymbol{S}}|\alpha LM_L'SM_S'\rangle
\end{aligned} \tag{11.5.29}$$

式中, $\lambda(\alpha\ L\ S) = \sum\limits_{k,\alpha'} \gamma_L(\alpha\alpha'\ LS)\gamma_S(\alpha\alpha'\ LS)$ 是与 M_L, M_L', M_S, M_S' 无关而只与谱项有关的参数. 由 $\hat{\boldsymbol{J}} = \hat{\boldsymbol{L}} + \hat{\boldsymbol{S}}$ 得

$$\hat{\boldsymbol{L}}\cdot\hat{\boldsymbol{S}} = \frac{1}{2}(\hat{\boldsymbol{J}}^2 - \hat{\boldsymbol{L}}^2 - \hat{\boldsymbol{S}}^2) \tag{11.5.30}$$

作为一级微扰, 旋–轨耦合能的近似值为

$$\begin{aligned}
E_{\mathrm{so}} &= \langle \alpha LSJM_J|\hat{\boldsymbol{H}}_{\mathrm{so}}|\alpha SLJM_J\rangle \\
&= \lambda(\alpha LS)\langle \alpha LSJM_J|\hat{\boldsymbol{L}}\cdot\hat{\boldsymbol{S}}|\alpha LSJM_J\rangle \\
&= \frac{1}{2}\lambda(\alpha LS)\langle \alpha LSJM_J|\hat{\boldsymbol{J}}^2 - \hat{\boldsymbol{L}}^2 - \hat{\boldsymbol{S}}^2|\alpha LSJM_J\rangle \\
&= \frac{1}{2}\lambda(\alpha LS)[J(J+1) - L(L+1) - S(S+1)]
\end{aligned} \tag{11.5.31}$$

在一个谱项内, $|\alpha LSJM_J\rangle$ 对于 $\hat{\boldsymbol{H}}$ 是对角化的, 所以式 (11.5.31) 就给出同一谱项内不同 J 值状态的近似旋–轨耦合能. E_{so} 与 J 有关, 故谱项能级分裂. 用符号 ${}^{2S+1}L_J$ 表示由 ${}^{2S+1}L$ 谱项派生的具有相同 J 值的 $(2J+1)$ 个本征态的集合, 称为光谱支项. ${}^{2S+1}L_J$ 与 ${}^{2S+1}L_{J-1}$ 之间的能量差为

$$E_{\mathrm{so}}(J) - E_{\mathrm{so}}(J-1) = \lambda(\alpha LS)J \tag{11.5.32}$$

即"J 和 $(J-1)$ 两个相邻光谱支项的能量间距正比于 J", 这称为 Landé 间距定律. 例如, V III $3d^2$ 组态的 ${}^3F$ 谱项由于旋–轨耦合作用分裂为三个光谱支项, 能量间距之比为 412:318≈4:3(图 11.5.1). 由图 11.5.1 可近似求得 $\lambda(3d^2, {}^3F) \approx 105\text{cm}^{-1} = 4.78\times10^{-4}$a.u.. 按定义, ζ_{nl} 只与径向波函数 $R_{nl}(r)$ 有关, 因此, 从 $(nl)^{N_1}$ 组态的所有谱项求得的 ζ_{nl} 应当一样. 实际上并不严格如此, 因为以上推论只是一级近似.

ζ_{nl} 一般是和 Slater 积分一起, 按最小二乘法原则, 通过拟合光谱数据求出. 文献 [1, 4, 6] 列有部分 ζ_{nl} 的数据.

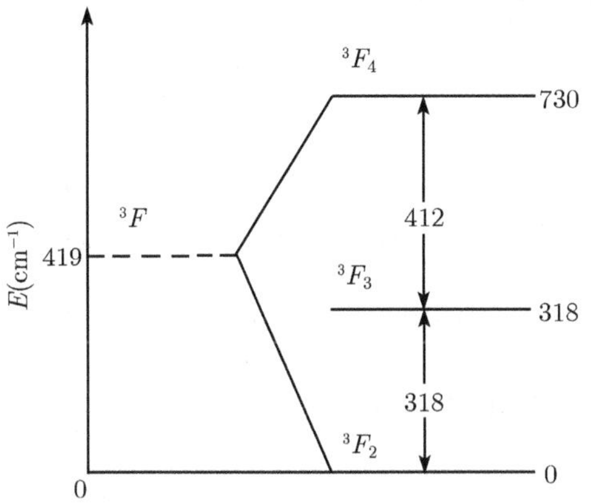

图 11.5.1 V III 3d^2 ^3F 谱项的光谱支项能级

通过式 (11.5.29) 可以找出 $\lambda(\alpha SL)$ 与 ζ_{nl} 的关系. 式 (11.5.29) 右边为

$$\begin{aligned}&\lambda(\alpha LS)\langle\alpha LM_LSM_S|\hat{\boldsymbol{L}}\cdot\hat{\boldsymbol{S}}|\alpha LM_LSM_S\rangle\\=&\lambda(\alpha LS)\left\langle\alpha LM_LSM_S\left|\hat{\boldsymbol{L}}_z\hat{\boldsymbol{S}}_z+\frac{1}{2}(\hat{\boldsymbol{L}}_+\hat{\boldsymbol{S}}_-+\hat{\boldsymbol{L}}_-\hat{\boldsymbol{S}}_+)\right|\alpha LM_LSM_S\right\rangle\\=&\lambda(\alpha LS)M_LM_S\end{aligned}\tag{11.5.33}$$

若 $|\alpha LSM_LM_S\rangle$ 是一个单行列式波函数, 则由单粒子算符的行列式波函数矩阵元计算规则得

$$\left\langle\alpha LM_LSM_S\left|\sum_k\xi_{n_kl_k}(r_k)\hat{\boldsymbol{l}}_k\cdot\hat{\boldsymbol{s}}_k\right|\alpha LM_LSM_S\right\rangle=\sum_k\zeta_{n_kl_k}m_{l_k}m_{s_k}\tag{11.5.34}$$

故

$$\lambda(\alpha LS)=\frac{1}{M_LM_S}\sum_k\zeta_{n_kl_k}m_{l_k}m_{s_k}\tag{11.5.35}$$

式中

$$\zeta_{nl}=\int_0^\infty[R_{nl}(r)]^2\xi_{nl}(r)r^2\mathrm{d}r\tag{11.5.36}$$

ζ 近似地与轨道有效核电荷的四次方成正比. 例如, $(3\mathrm{d})^2$ 组态 ^3F 谱项 $M_L=3$, $M_S=1$ 的本征态为 $\varPsi(3\mathrm{d}_2^+,3\mathrm{d}_1^+)$, 由式 (11.5.34) 可得

$$\begin{aligned}\lambda(3\mathrm{d}^2,{}^3F)&=\frac{1}{3\cdot1}\left(\zeta_{3\mathrm{d}}\cdot2\cdot\frac{1}{2}+\zeta_{3\mathrm{d}}\cdot1\cdot\frac{1}{2}\right)\\&=\frac{1}{2}\zeta_{3\mathrm{d}}\end{aligned}\tag{11.5.37}$$

当 $|LM_LSM_S\rangle$ 是几个行列式波函数的线性组合时, 只要知道组合系数, $\lambda(\alpha LS)$ 与 ζ_{nl} 的关系也可按类似方式求得.

我们知道 ζ_{nl} 总是正数, 但 $\lambda(\alpha LS)$ 则可正可负. 对于基态, 在一个亚层半充满以前, 若波函数是单行列式, 则 $\sum\limits_k m_{n_k} = M_L$, $\sum\limits_k m_{s_k} = M_S$, $|M_S|_{\max} = S$. 由式 (11.5.35) 得

$$\lambda(\alpha LS) = \frac{1}{M_S M_L}\sum_k \zeta_{nl} m_{l_k}\frac{1}{2} = \frac{\zeta_{nl} M_L}{2SM_L} = \frac{\zeta_{nl}}{2S} \tag{11.5.38}$$

在半充满之后, 根据互补组态理论, 注意式 (11.3.1), 有

$$\begin{aligned}\lambda(\alpha LS) &= \frac{1}{M_S M_L}\sum_k \zeta_{nl} m_{l_k}\frac{1}{2}\\ &= \frac{\zeta_{nl}}{2S}\cdot\frac{-M_L}{M_L} = -\frac{\zeta_{nl}}{2S}\end{aligned} \tag{11.5.39}$$

所以, 根据式 (11.5.32) 可知, 在 $(nl)^{N_1}$ 组态中的基态谱项中, 在半充满以前 $(N_1 < 2l+1)$ 是 J 值最小的光谱支项能量最低, 在半充满以后 $(N_1 > 2l+1)$ 是 J 值最大的光谱支项能量最低. 前者称为正常顺序, 后者称为反转顺序. 这称为 Hund 第二规则. 这一规则常有例外.

上面我们只限于在一个谱项之内来讨论旋–轨耦合问题. 当旋–轨耦合能比谱项之间的能量间距小得多 [$\hat{\boldsymbol{H}}_{\rm m} \ll \hat{\boldsymbol{H}}'$, 参阅式 (11.2.1)~ 式 (11.2.6)] 时, 这已是足够好的近似. 不过, 如果不是这种情况, 就需要考虑由不同的谱项派生的各 $|JM_J\rangle$ 态之间的相互混合, 亦即要将同一组态中具有相同 J, M_J 量子数的态的 Hamilton 矩阵对角化. 在计算它的非对角矩阵元时, 直接用算符 $\hat{\boldsymbol{H}}_{\rm so} = \sum\limits_k \xi_{n_k l_k}(r_k)\hat{\boldsymbol{l}}_k\cdot\hat{\boldsymbol{s}}_k$ 比较方便. 混合态不再有确定的 L, S 量子数, 原子光谱中关于 L 和 S 的选律就部分失效. 这是所谓中间耦合的情况, 在重原子的光谱中经常出现. 例如, 有人计算得到 $Er^{3+}f^{11}$ 组态的基态波函数为

$$\Psi_{混合}(^4I_{15/2}) = 0.984\,\Psi(^4I_{15/2}) + 0.176\,\Psi(^2K_{15/2}) + 0.019\,\Psi(^2L_{15/2})$$

能量较高的光谱支项混合得更厉害.

11.5.3　*j-j* 耦合

L-S 耦合方案适合于电子静电排斥能 $\hat{\boldsymbol{H}}'$ 大大超过旋–轨耦合能 $\hat{\boldsymbol{H}}_{\rm so}$ 的情况. 这对于轻元素大体上是成立的. 但 $\zeta_{nl} \propto Z^{*4}$, 所以, 对于重元素, 在某种情况下就有可能旋–轨耦合能 $\hat{\boldsymbol{H}}_{\rm so}$ 超过静电排斥能 $\hat{\boldsymbol{H}}'$. 这时就应在式 (11.2.2) 中先将 $\hat{\boldsymbol{H}}_{\rm m}$(主要是 $\hat{\boldsymbol{H}}_{\rm so}$) 作为一级微扰考虑, 而将 $\hat{\boldsymbol{H}}'$ 作为更高一级的微扰. 在中心场近

似下, 先求出 $\hat{\boldsymbol{H}}_{00}+\boldsymbol{H}_{\rm so}$, $\hat{\boldsymbol{j}}^2$, $\hat{\boldsymbol{j}}_z$ 的共同本征函数 (单粒子态), 用 n, j 和 m_j 表示, $j=l+\frac{1}{2}, \left|l-\frac{1}{2}\right|, m_j=-j,\cdots,j$. 多电子体系的电子组态用 $(n_1j_1)^{x_1},\cdots,(n_mj_m)^{x_m}$ 表示. 由于电子排斥作用 $\hat{\boldsymbol{H}}'$ 的微扰, 各个电子的总角动量耦合为原子的总角动量 $\hat{\boldsymbol{J}}=\sum_i \hat{\boldsymbol{j}}_i$. 不同总角动量状态的能级不同, 但具有相同总角动量的 $2J+1$ 个状态仍是简并的 (对应于 L-S 耦合方案中的一个光谱支项). 图 11.5.2 右边画出 $(n{\rm p})^1[(n+1){\rm s}]^1$ 组态的 j-j 耦合方案示意图. 由 p 轨道得出 $j_1=\frac{3}{2},\frac{1}{2}$ 轨道, 由 s 轨道得出 $j_2=\frac{1}{2}$ 轨道, 电子在 j_1 和 j_2 两组轨道中有两种放置方式 (j-j 耦合的组态)$\left(\frac{3}{2}\right)^1\left(\frac{1}{2}\right)^1$ 和 $\left(\frac{1}{2}\right)^1\left(\frac{1}{2}\right)^1$, 分属两个能级. 当考虑电子间斥力时, j_1 和 j_2 耦合为总角动量 J, 能级将发生分裂, 每个 J 值对应于一个光谱支项.

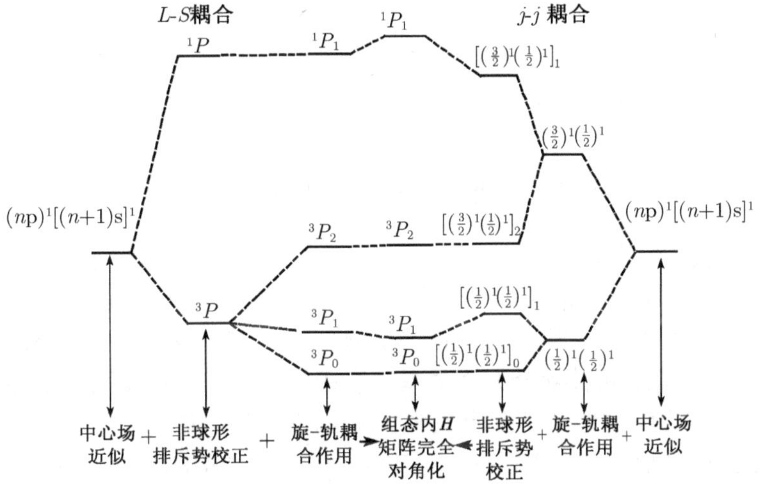

图 11.5.2　两种耦合方案的关系

一般说来, 在原子的基态, 符合 j-j 耦合方案的情况比较少见, L-S 耦合方案还是比较好的近似. 以第四主族元素 C、Si、Ge、Sn、Pb 原子的 $\rm p^2$ 组态光谱为例, 图 11.5.3 示出各光谱支项的能级. 可以看出, 即使对于最重的 Pb 原子, 谱项间能量重心间距还是比光谱支项间的能量间距大.

在重原子中也有典型的 j-j 耦合情况, 如镧系元素的 $\rm 4f^6s$ 组态, Pb 的 6p7s 组态等. 这是因为两个电子处于不同的亚层, 静电排斥作用较弱, 而重原子的旋–轨耦合较强. 不过, 大多数情况都属于中间耦合, 或多或少地偏向某一方面, 亦即 $\hat{\boldsymbol{H}}_{\rm so}$ 和 $\hat{\boldsymbol{H}}'$ 是同数量级的量. 在有几个开壳层的情况下, 还可能出现在各开壳层内部

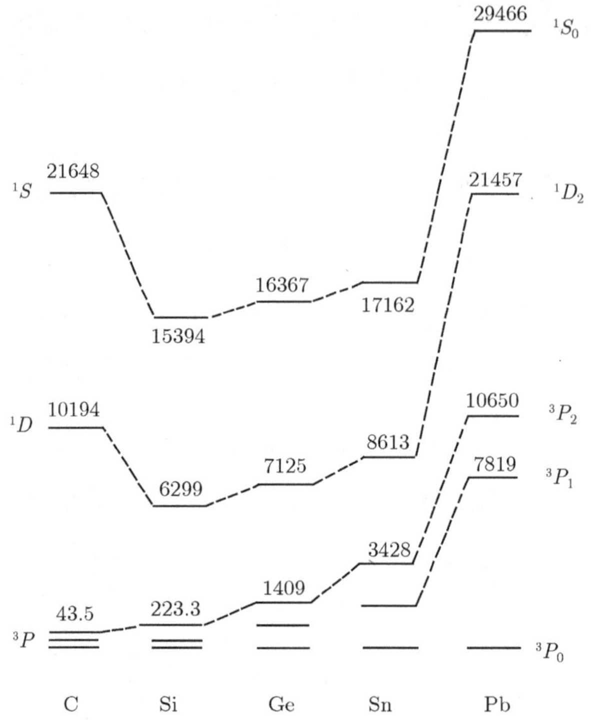

图 11.5.3　第四主族元素的原子能级 (cm^{-1})

$\hat{H}' > \hat{H}_{so}$, 而在各开壳层之间 $\hat{H}' < \hat{H}_{so}$ 的情况 (如镧系元素的 $4f^n5d^26p$ 组态), 所以, 为了求得较准确的能级和波函数, 必须将整个 Hamilton 矩阵对角化, 而只要做到这一步, 则不论 L-S 耦合方案或 j-j 耦合方案, 最后结果一样, 见图 11.5.2 中 $(n\mathrm{p})^1[(n+1)\mathrm{s}]^1$ 组态两种耦合方案关系示意图. 不过, 根据实际情况选择适当的耦合方案还是重要的, 因为可以更清楚地显示出能级的结构.

这里, 我们需要注意, 以上关于复杂原子的电子结构的多重态理论是建立在独立粒子近似、中心场近似、单组态近似等一系列近似的基础上的. 我们假定原子的波函数可以用来自一个组态的无微扰态的线性组合表示, 这当然是很粗糙的近似, 因为来自一个组态的无微扰态并不是一个完备基组, 只有来自所有组态的无微扰态的全体才构成完备基组. 所以, 为了得到更精确的结果, 必须考虑来自不同组态的无微扰态之间的混合, 这称为组态混合或组态相互作用. 由于 (LM_LSM_S) 或 (JM_J) 量子数不同的态之间不能混合 (非对角 Hamilton 矩阵元为零), 我们只需要考虑由不同组态来的具有相同 (LM_LSM_S) 或 (JM_J) 量子数的状态之间的混合即可.

实验结果表明: 单组态近似定性来说还是一个相当好的近似, 一般可以根据由单组态近似求得的多重态结构对原子光谱进行理论分析和指认, 但定量方面则是不够理想的. 例如, Mg Ⅰ 的基态组态是 $[1s^22s^22p^6]3s^2$, 只有一个光谱项 ^1S, 能量最低的一个激发组态是 3s3d, 有两个谱项 ^3D 和 ^1D. 容易求得

$$E(^3D) = I(3s) + I(3d) + F^0(3s, 3d) - \frac{1}{5}G^2(3s, 3d)$$

$$E(^1D) = I(3s) + I(3d) + F^0(3s, 3d) + \frac{1}{5}G^2(3s, 3d) \tag{11.5.40}$$

因为 $G^2(3s, 3d)$ 是正数, 应当有 $E(^3D) < E(^1D)$, 但实际情况正好相反. 这是因为

Mg Ⅰ 的更高激发组态 $3p^2$ 有三个谱项 ^1S, ^1D, ^3P. 前面已经算出这三个谱项能量表示式, 即

$$E(3p^2, {}^1S) = 2I(3p) + F^0(3p, 3p) + \frac{10}{25}F^2(3p, 3p)$$

$$E(3p^2, {}^1D) = 2I(3p) + F^0(3p, 3p) + \frac{1}{25}F^2(3p, 3p)$$

$$E(3p^2, {}^3\mathrm{P}) = 2I(3p) + F^0(3p, 3p) - \frac{5}{25}F^2(3p, 3p) \tag{11.5.41}$$

如果近似波函数不是用来自一个组态的无微扰态的线性组合表示, 而是包括这三个组态的全部无微扰态, 则即便使用 $\hat{\boldsymbol{L}}^2$, $\hat{\boldsymbol{S}}^2$, $\hat{\boldsymbol{L}}_z$, $\hat{\boldsymbol{S}}_z$ 的共同本征函数作为基函数, Hamilton 矩阵仍然不是对角化的, 还有 2×2 的对角块 ($3s^2\ ^1S$, $3p^2\ ^1S$, $3s3d\ ^1D$, $3p^2\ ^1D$), 将对角块再对角化, 就相当于使来自不同组态而 (LM_LSM_S) 相同的两个态混合起来. 两个 ^1D 态混合的结果是 $3p^2\ ^1D$ 的能量上升, $3s3d\ ^1D$ 的能量下降, 而 $3s3d\ ^3D$ 能量不变, 这样, 前者就比后者更低了.

所以, 虽然我们还是可以根据由单组态近似得到的多重态结构来指认原子光谱 (因为组态相互作用并不改变应当存在的谱项的种类和数目), 但是要注意, 真正的谱项波函数并非来自唯一的一个组态, 而是来自两个或几个组态, 不过其中某一组态占更大的比重而已. 例如, 上面的 MgⅠ ^1D 谱项中, 来自 3s3d 的 ^1D 占 3/4, 而来自 $3p^2$ 的 ^1D 占 1/4.

11.5.4 Zeeman 效应

根据上面的讨论得知, 当没有外磁场存在时, 光谱支项 $^{2S+1}L_J$ 仍然是 $(2J+1)$ 重简并的. 当外磁场存在时, 这种简并态将分裂为 $(2J+1)$ 个非简并态. 这种现象称为 Zeeman 效应.

我们知道, 单个电子的轨道磁矩为 (μ_{B}是Bohr磁子)

$$\boldsymbol{\mu}_{l_i} = -\boldsymbol{l}_i\mu_{\mathrm{B}}$$

自旋磁矩为

$$\boldsymbol{\mu}_{s_i} = -2\boldsymbol{s}_i\mu_{\mathrm{B}}$$

总磁矩为

$$\boldsymbol{\mu}_i = \boldsymbol{\mu}_{l_i} + \boldsymbol{\mu}_{s_i}$$

在外磁场 $\boldsymbol{H}$ 存在时, 有相互作用能 $E_Z = -\boldsymbol{H}\cdot\boldsymbol{\mu}_i$. 在多电子原子 (或离子) 中, 相应地有

$$\begin{aligned}
\boldsymbol{\mu} &= \sum_i \boldsymbol{\mu}_i = \boldsymbol{\mu}_L + \boldsymbol{\mu}_S \\
\boldsymbol{\mu}_L &= -\boldsymbol{\mu}_{\mathrm{B}}\boldsymbol{L} \\
\boldsymbol{\mu}_S &= -2\mu_{\mathrm{B}}\boldsymbol{S} \\
E_Z &= -\boldsymbol{H}\cdot\boldsymbol{\mu} = -\boldsymbol{H}\cdot(\boldsymbol{\mu}_L + \boldsymbol{\mu}_S)
\end{aligned} \tag{11.5.42}$$

如果这一作用能比 E_{so} 小得多, 就可以作为微扰处理. 用 $|LSJM_J\rangle$ 作为零级波函数, 则近似作用能为 (取 $\boldsymbol{H}$ 的方向为 z 轴)

$$\begin{aligned}
E_Z &= \langle LSJM_J|\boldsymbol{H}_z\cdot(\hat{\boldsymbol{L}}_z + 2\hat{\boldsymbol{S}}_z)\mu_{\mathrm{B}}|LSJM_J\rangle \\
&= \mu_{\mathrm{B}}H_z\langle LSJM_J|\hat{\boldsymbol{J}}_z + \hat{\boldsymbol{S}}_z|LSJM_J\rangle
\end{aligned} \tag{11.5.43}$$

根据群的置换定理, 可得

$$E_Z = g\mu_{\mathrm{B}}H_z\langle LSJM_J|\hat{\boldsymbol{J}}_z|LSJM_J\rangle = g\mu_{\mathrm{B}}M_JH_z \tag{11.5.44}$$

式中, g 是与 M_J 无关的比例常数, 称为 Landé 因子. 利用旋转群理论可求得

$$g = 1 + \frac{J(J+1) - L(L+1) + S(S+1)}{2J(J+1)} \tag{11.5.45}$$

从式 (11.5.44) 可以看出, 当外磁场存在时, 每个光谱支项能级都分裂为 $(2J+1)$ 个, 在一个光谱支项内, 分裂间距相同, 但不同光谱支项则不同. 对于单重态 ($S=0$), $g=1$, 能级分裂间距与 J 无关, 称为正常 Zeeman 效应. 对于其他多重态, g 与 L, S, J 有关, 就产生反常 Zeeman 效应. 在两种情况下, 光谱呈现出不同的特征, 可用图 11.5.4 作示意说明. 其中图 11.5.4(a) 属于正常 Zeeman 效应, $^1F_3$ 和 $^1D_2$ 属于单重态, 由式 (11.5.45) 可求得 $g=1$. 在外磁场中, 两个光谱支项都按相同间距分裂. 根据光谱跃迁选律 $\Delta M_J = 0, \pm1$(参阅第 5 章), 可得三条谱线. 图 11.5.4(b) 属于

反常 Zeeman 效应. 谱项 ^2P 和 ^2S 不是单重态, 由式 (11.5.45) 可求得$g(^2P_{\frac{1}{2}})=\dfrac{2}{3}$, $g(^2S_{\frac{1}{2}})=2$, 光谱选律仍是 $\Delta M_J=0, \pm 1$, 但 ΔM_J 相同的跃迁, 能量不同, 光谱线就不止三条.

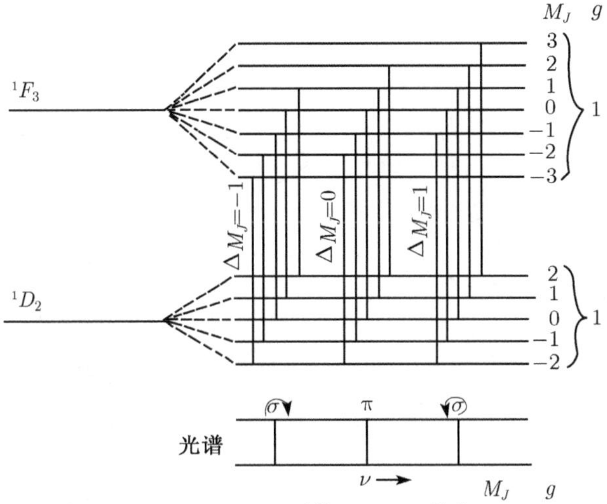

(a) 正常 Zeeman 效应

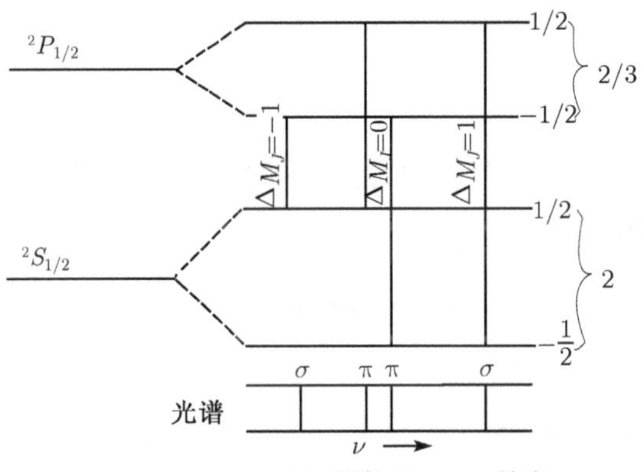

(b) 反常 Zeeman 效应

图 11.5.4　Zeeman 效应示意图

从 Zeeman 效应可以得到关于原子能级的信息, 对于原子光谱的指认和原子电子结构的确定很有用处. 图 11.5.5 是原子能级在各种微扰作用下的分裂情况示意图.

当外加磁场加强, E_Z 比 E_{so} 小得多的条件不再满足时, 以上简单的微扰理论处理也就不是好的近似了, 这时旋–轨耦合作用受到干扰或破坏, 出现非线性磁效应 (如 Paschen–Back 效应), 需要作更精细的理论处理. 请参看文献 [1].

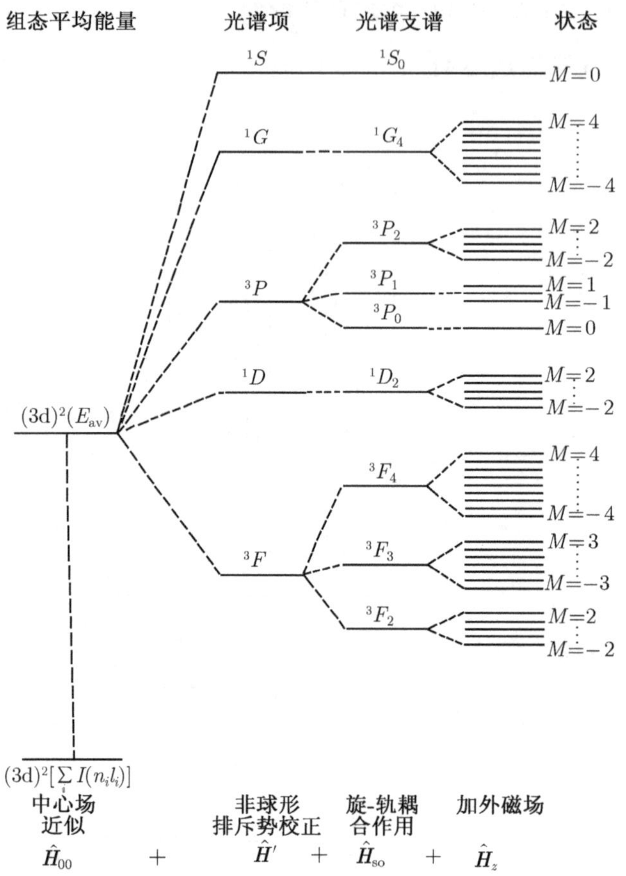

图 11.5.5 $(3d)^2$ 组态能级示意图

11.5.5 原子光谱的指认

最后, 我们简单讨论一下根据原子电子结构的多重态理论分析复杂原子光谱的问题, 因为这是对理论是否正确的一个检验.

对于指定的原子, 我们可以用以上讨论过的方法找出它可能存在的光谱项、光谱支项等, 然后根据原子光谱选律, 预测可能存在的光谱线, 并与实验结果比较. 为了对原子光谱线进行确切的指认, 需要比较一系列等电子离子的光谱. 等电子离子具有相同的多重态结构, 而有关的参数应随原子序数连续变化. 还要比较同一个元素的不同电离度离子的光谱, 这样可以识别当增加 (或减少) 一个电子时新出现 (或消失) 的谱线. 尽可能地利用其他辅助实验信息, 特别是利用 Zeeman 效应提供的谱线分裂情况来确定其 J 值和 g 值. 进一步还要根据光谱数据拟合出 Slater 参数

F^k, G^k, 旋–轨耦合常数 ζ_{nl} 等, 使根据这些参数计算出来的光谱与实验谱尽可能一致, 为此, 通常必须考虑相邻组态的混合作用. 原子光谱的指认是一项相当细致的工作, 详见文献 [5, 6, 10]. 通常将原子能级及存在的跃迁用图解表示出来, 称为 Grotrian 图. 相关详细资料可查阅文献 [11].

我们需要补充讨论一下原子光谱选律. 在 5.4.4 节中指出电偶极跃迁的选律为

$$\begin{aligned}\Delta S &= 0\\ \Delta L &= 0,\ \pm 1\\ \Delta J &= 0,\ \pm 1;\ 0 \not\leftrightarrow 0\\ \Delta M_J &= 0,\ \pm 1;\ 0 \not\leftrightarrow 0 \qquad (\Delta J = 0\text{时})\end{aligned}$$

以上选律只当旋–轨耦合作用可以忽略时, 才是严格起作用的. 当旋–轨耦合作用逐渐加强时, 选律 $\Delta S = 0$ 和 $\Delta L = 0, \pm 1$ 就逐渐失效, 因为 L 和 (或)S 不同的态通过旋–轨耦合而成为具有确定 J, M_J 值的状态. L 和 S 本身不再是描述体系状态的好量子数, 没有明确的含义, 相应的选律也就失效了. 越是重原子, 这个问题越突出. 例如, 在轻原子中, $\Delta S \neq 0$(自旋禁阻) 的跃迁是很微弱的, 但是, 对于重原子 (如 Hg), $\Delta S \neq 0$ 的跃迁则相当强. 当达到 j-j 耦合极限时, $\Delta S = 0$ 和 $\Delta L = 0, \pm 1$ 完全不起作用, 选律为

$$\begin{aligned}\Delta J &= 0,\ \pm 1;\quad 0 \not\leftrightarrow 0\\ \Delta M_J &= 0,\ \pm 1;\quad 0 \not\leftrightarrow 0 \qquad (\text{当}\Delta J = 0\text{时})\end{aligned}$$

由于原子的Hamilton 量具有反演对称性, 原子波函数的宇称必须为奇或偶. 电偶极算符 $D = \sum e\boldsymbol{r}_i$ 具有奇的宇称, 所以电偶极跃迁服从 Laporte 选律, 即电偶极跃迁只能在奇宇称态和偶宇称态之间发生. 这是一个严格的选律. 因为来自同一组态的各光谱项具有相同的宇称, 它们之间的跃迁是禁阻的. 在中心场近似下, 总的状态波函数当 $\sum\limits_i l_i =$ 奇数时为奇宇称而当 $\sum\limits_i l_i =$ 偶数时为偶宇称 (对 i 求和遍及所有电子占据的自旋轨道). 由于 $D = \sum\limits_i e\boldsymbol{r}_i$ 是单电子算符, 如果两个态有两个以上的 $n_i l_i$ 值不同, 则其矩阵元必为零, 所以双电子跃迁是禁阻的, 每次跃迁只涉及一个电子. 于是根据 Laporte 选律可知, 这个电子在跃迁前后的角量子数必须改变 1, 即 $\Delta l = \pm 1$. 注意, Laporte 选律是严格成立的, 而 $\Delta l = \pm 1$ 则有赖于中心场近似.

关于磁偶极跃迁、电四极跃迁等的选律可作类似的讨论, 这里从略.

参考文献

[1] Slater J C. Quantum Theory of Atomic Structure. New York: McGraw-Hill, 1960

[2] Condon E U, Shortly G H. The Theory of Atomic Spectra. Cambridge: Cambridge University Press, 1953

[3] Nielson C W, Koster G F. Spectroscopic Coefficients for the p^n, d^n and f^n Configurations. Boston: M. I. T. Press, 1963

[4] Griffith J S. The Theory of Transition Metal Ions. Cambridge: Cambridge University Press, 1961

[5] Anno T, Teruya H. J Chem Phys, 1970, 52: 2840

[6] Gschneider K A Jr, Eyring L R. Handbook on the Physics and Chemistry of Rare Earths. Amsterdam: North-Holland Pub., 1978

[7] Moore C E. Atomic Energy Levels, Vol Ⅰ, Ⅱ, Ⅲ. Circular of the National Bureau of Standards, 1949, 1952, 1958

[8] Martin W C, Zalubas R, Hagan L. Atomic Energy Levels——The Rare-Earth Element. Washington D C: U S Government Printing Office, 1978

[9] McWeeny R. Methods of Molecular Quantum Mechanics, 2nd edition. London: Academic Press, 1992

[10] Frage S. Karwowski J, Saxena K M S. Atomic Energy Levels, Data for Parameters Calculations. Amsterdam: Elsevier Scientific Pub., 1979

[11] Bashkin S, Stoner Jr J O. Atomic Energy-Levels and Grotrian Diagrams. Amsterdam: North-Holland Pub., 1975

习　　题

1. 证明: 算符 $\hat{\theta}_A = \dfrac{1}{N!}\sum_p(-1)^p\hat{\boldsymbol{P}}$ 为反对称投影算符而 $\hat{\theta}_s = \dfrac{1}{N!}\sum_P\hat{\boldsymbol{P}}$ 为对称投影算符. 它们作用在任意 N 粒子函数上, 即分别将其中的反对称成分和对称成分投影出来. 取 $N=3$ 为例验证之.
2. 计算 p^3, $\mathrm{s}^2\mathrm{d}^4$, sf^5, $\mathrm{f}^9\mathrm{d}$, $1\mathrm{s}^2 2\mathrm{s}^2 2\mathrm{p}^6 3\mathrm{s}^2 3\mathrm{d}^5$ 各组态中包含的微观状态数.
3. 证明来自同一组态的所有谱项的宇称相同.
4. 指出由以下各组态派生的谱项的奇偶性: sd^3, pd^2, $\mathrm{p}^2\mathrm{d}$, $\mathrm{sp}^3\mathrm{d}^2$, fdp^2, $\mathrm{f}^2\mathrm{d}^2\mathrm{p}^3$. 指出表 11.3.5 中谱项奇偶性的规律.
5. 推算 f^2 组态中可能存在的光谱项.
6. 推算 fd^2 组态中可能存在的光谱项.
7. 推算由 sp^2, $\mathrm{d}^2\mathrm{s}$, sdp, $\mathrm{f}^2\mathrm{s}$ 组态产生的光谱项. 推而广之, 说明 $l^n\mathrm{s}$ 组态与 l^n 组态的谱项之间有什么联系.
8. 作出 p^2 组态 ^3P 谱项的全部波函数.
9. 作出 f^2 组态 ^3H 谱项的以下本征函数: $|5511\rangle, |5411\rangle, |5311\rangle, |5510\rangle, |551-1\rangle$.

10. 用投影算符方法作出 d^2 组态 ^3P 谱项的本征函数 $|1111\rangle$, 再用阶梯算符求出 ^3P 谱项的其余本征函数.
11. 根据定义, 推导 $c^k(lm_l;l'm_l')$ 的下列性质:
(1) $c^k(l-m_l;l'-m_l')=c^k(lm_l;l'm_{l'})$
(2) $c^k(lm;l'm')=0$, 除非 $|l-l'|\leqslant k\leqslant l+l'$
(3) $c^k(lm;l'm')=0$, 对于 $k<|m-m'|$
(4) $c^k(lm;l'm')=0$, 除非 $l+l'+k$ 是偶数
(5) $c^0(lm;l'm')=\delta_{ll'}\delta_{mm'}$
(6) $c^k(lm;00)=(2l+1)^{-\frac{1}{2}}\delta_{kl}$
12. 导出 $2s2p^2$ 组态各谱项的能量表达式.
13. 导出 $2p^3$ 和 $2s2p^3$ 组态各谱项的能量表达式, 通过组态平均能量表示.
14. 导出 d^2 组态各谱项的能量表达式, 通过组态平均能量表示.
15. 以 p^2, s^2p^2, s^2p^4 组态为例验证 11.4.4 节中的两个定理.
16. 验证 $2s2p^4$ 组态与 $2s2p^2$ 组态对应谱项的能量表达式相同, 只是 $E_{\rm av}$ 不同.
17. 表 11.4.1 中未包含 f 轨道, 请补充与 f 轨道有关的数据.
18. 计算 $2s2p^2$, $2s2p^4$, $2p^3$, $2s2p^3$, $3d^2$ 的组态平均能量, 再利用表 11.4.1 计算出各基态谱项的能量表达式并与前面各题直接计算的结果比较.
19. 计算 d^8 组态的平均能量以及各谱项的能量.
20. 只考虑组态的基态谱项, 试证明

$$E(l^{2l+1+x})=E(l^{2l+1})+E(l^x)+(2l+1)xF^0(nl,nl)\qquad(0\leqslant x\leqslant 2l+1)$$

21. 根据 Hund 第一规则, 写出镧系元素的原子基态光谱项及其波函数.
22. 证明: 如果 l^n 组态 $^{2S_0+1}L$ 谱项能量为 $E(^{2S_0+1}L)$, 该谱项与一个 s 电子结合得出两个谱项 $^{2S'+1}L$, 其 $S'=S_0+\dfrac{1}{2}$ 和 $S'=S_0-\dfrac{1}{2}$, 则两个谱项的能量差为 $E(^{2S_0+2}L)-E(^{2S_0}L)=-(2S_0+1)\dfrac{G^l(\mathrm{s},l)}{2l+1}$. 进一步证明: 若将谱项能量用组态平均能量表达出来, 则只需在 $E(^{2S_0+1}L)$ 的表达式中分别加上 $-S_0\dfrac{G^l(\mathrm{s},l)}{2l+1}$ $\left(对于S'=S_0+\dfrac{1}{2}\right)$ 和 $(S_0+1)\dfrac{G^l(\mathrm{s},l)}{2l+1}$ $\left(对于S'=S_0-\dfrac{1}{2}\right)$, 就得到 $E(^{2S'+1}L)$ 的能量表达式 (注意, l^n 与 l^ns 的组态平均能量不同). 这称为 van Vleck 定理 (参考文献 [1]).
23. 由于单组态近似是比较粗略的处理, 根据一个组态内各谱项的能量公式来拟合光谱数据以求 Slater 积分, 结果误差较大. 若在各谱项能量表示式中加上一项 $\alpha L(L+1)$, 将 α 作为可调参数, 则拟合情况有较大改善. 这种添加项通常称为极化效应修正. 试在 Zr Ⅰ 的光谱数据拟合中添加极化效应修正, 重新拟合求 Slater 积分以及 α, 考察拟合方差减小的情况.
24. 证明: 互补组态的旋–轨耦合作用矩阵元数值相等, 符号相反.

25. 证明: l^n 组态的基态谱项由于旋–轨耦合作用产生的总的能级分裂间距为$\Delta E=\left(L+\dfrac{1}{2}\right)\zeta_{nl}$.

26. 计算在 10000Gs 外加磁场下, 氢原子的 2p $^2P_{\frac{1}{2}}$ 谱项能级分裂的大小.

27. 已知 Pr Ⅳ f^2 组态的光谱数据如下:

光谱项	光谱支项	相对能级 (cm^{-1})
^3H	4	0.00
	5	2152.2
	6	4389.1
^3F	2	4996.7
	3	6415.4
	4	6854.9
^1G	4	9921.4
^1D	2	17334.5
^3P	0	21390.1
	1	22007.6
	2	23160.9
^1I	6	22211.6
^1S	0	—

(1) 假定 L-S 耦合方案近似成立, 按单组态近似, 拟合出 E_{av}, F^2, F^4 和 F^6.

(2) 缺少的 ^1S 谱项的能级, 估计在什么地方?

(3) 引入极化效应项 $\alpha L(L+1)$, 重复上两项运算.

(4) 利用单个谱项的数据求 $\lambda(^{2S+1}L)$ 和 ζ_{4f}.

(5) 对 E_{av}, F^2, F^4, F^6, α 和 ζ_{4f} 同时进行拟合, 与上面的结果比较.

28. 习题 27 中, 若加上 10000Gs 的磁场, 计算 ^3H 各光谱支项的分裂.

29. 造出 $^2S_{1/2}$ 和 $^2P_{3/2}$ 能级的 Zeeman 效应跃迁图, 证明有六条谱线, 写出这些谱线的一级近似能量表达式.

30. 试以 d^3 组态为例, 通过下列几个问题, 总结本章主要内容.

(1) d^3 组态有多少个无微扰态行列式波函数? 列出具有各种 $(M_L M_S)$ 值的无微扰态的数目.

(2) 如果将具有相同 $(M_L M_S)$ 值的无微扰态排在一起, 作出对所有无微扰态的 Hamilton 矩阵, 则它的分块结构是怎样的? 如果直接把这个矩阵对角化, 则对角矩阵元的数值分布有什么规律?

(3) 如果先将无微扰态组合成 $\hat{\boldsymbol{L}}^2$, $\hat{\boldsymbol{S}}^2$, $\hat{\boldsymbol{L}}_z$, $\hat{\boldsymbol{S}}_z$ 的共同本征函数 $|LM_LSM_S\rangle$, 则可以得到哪些谱项的波函数?

(4) 将属于同一谱项的本征函数排在一起, 用它们作基函数的 Hamilton 矩阵的结构如何? 还有哪些非对角矩阵元存在? 要最后得到 Hamilton 的全部本征函数还要进行什么运算?

(5) 如果旋–轨耦合作用比静电斥力小得多, 当将其考虑进来时, 以上 Hamilton 矩阵的结构有什么变化?
(6) 当旋–轨耦合作用越来越强时, 上述 Hamilton 矩阵的结构将如何变化? 其极限情况(旋–轨耦合作用远大于静电斥力) 如何? 为什么这时候应该改用 j-j 耦合方案?
由此说明我们为什么不直截了当地解久期方程而要用 L-S 耦合或 j-j 耦合方案来处理这个简并态的微扰问题.

第 12 章

原子结构的自洽场计算

12.1　闭壳层组态的 Hartree-Fock 方程

12.1.1　自洽场近似和 Hartree 方程

上面的讨论都是建立在独立粒子近似的基础上的. 我们把多电子体系的状态波函数表示成反对称化的单粒子态函数乘积的线性组合. 单粒子态函数选得越好, 这种近似自然越好, 所以单粒子态函数应尽可能接近实际体系中单个粒子的运动状态. 一种合理的处理方案是把一个电子的单粒子态函数选为该电子在体系的核势场和其他电子的平均作用势场下运动的 Schrödinger 方程的解. 在这一章中我们讨论这种单粒子态函数的求法[1].

如果我们已经知道这些单粒子态, 就知道了电荷的分布情况, 可以计算出对于体系中各个电子的平均势场, 而根据这个势场又可以求出各电子的单粒子态函数. 所以, 单粒子态和平均势场是互相制约的. 合理的要求是由单粒子态决定的平均势场与由平均势场确定的单粒子态要互相协调或“自洽”. 满足这种要求的体系的平均势场称为自洽势场. 这种想法最早是由 Hartree 提出来的[2], 他实现这种想法的办法如下:

设原子体系有 N 个电子, 根据 Pauli 原理, 分布在各单粒子态中, 第 i 个电子的单粒子态函数为 $\psi_i(\boldsymbol{r}_i)$, 电荷分布就是 $-|\psi_i(\boldsymbol{r}_i)|^2$, 它在第 j 个电子所在的空间 $\boldsymbol{r}_j$ 点产生的静电势是

$$V^{(i)}(\boldsymbol{r}_j) = -\int \frac{1}{r_{ij}}|\psi_i(\boldsymbol{r}_i)|^2\mathrm{d}\tau_i$$
$$r_{ij} = |\boldsymbol{r}_i - \boldsymbol{r}_j| \tag{12.1.1}$$

除去第 j 个电子以外, 其他电子在 $\boldsymbol{r}_j$ 点产生的总静电势是

$$V'(\boldsymbol{r}_j) = -\sum_{i\neq j}^{N}\int \frac{1}{r_{ij}}|\psi_i(\boldsymbol{r}_i)|^2\mathrm{d}\tau_i \tag{12.1.2}$$

于是, 在任意点 $\boldsymbol{r}$ 的第 j 个电子受到核与其他电子的总作用势能为

$$V_j(\boldsymbol{r}) = -\frac{Z}{r} + \sum_{i\neq j}^{N}\int \frac{1}{|\boldsymbol{r}_i - \boldsymbol{r}|}|\psi_i(\boldsymbol{r}_i)|^2\mathrm{d}\tau_i \tag{12.1.3}$$

Hamilton 量是

$$\hat{\boldsymbol{H}}_j \equiv -\frac{1}{2}\nabla^2 - \frac{Z}{r} + \sum_{i\neq j}^{N}\int \frac{1}{|\boldsymbol{r}_i - \boldsymbol{r}|}|\psi_i(\boldsymbol{r}_i)|^2\mathrm{d}\tau_i \tag{12.1.4}$$

相应的定态 Schrödinger 方程是

$$\hat{\boldsymbol{H}}_j\psi_j(\boldsymbol{r}) = \varepsilon_j\psi_j(\boldsymbol{r}) \qquad (j = 1,\ 2, \cdots, N) \tag{12.1.5}$$

方程组 (12.1.5) 称为 Hartree 方程, 其解 ψ_j 就是第 j 个电子的单粒子态函数.

为了解出方程组 (12.1.5), Hartree 进一步引用中心势场近似, 对势场函数作球形平均, 使势场只是 r 的函数. 在中心势场中单粒子 Schrödinger 方程的解形式为

$$\psi_i(\boldsymbol{r}_i) = R_{n_il_i}(r_i)Y_{l_im_{l_i}}(\theta_i, \phi_i) \tag{12.1.6}$$

相应的电荷分布的球形平均值为

$$|\psi_i(\boldsymbol{r}_i)|^2_{\text{av}} = \frac{1}{4\pi}[R_{n_il_i}(r_i)]^2 \int Y_{l_im_{l_i}}(\theta_i\phi_i)Y^*_{l_im_{l_i}}(\theta_i\phi_i)\mathrm{d}\Omega_i = \frac{1}{4\pi}[R_{n_il_i}(r_i)]^2 \tag{12.1.7}$$

由电荷球形平均产生的势场就是球形平均的势场, 根据静电学原理知道, 它在半径为 r 的球面上任一点的值为

$$\overline{V}^i(r) = -\frac{1}{r}Y_0(n_il_i, n_il_i/r) \tag{12.1.8}$$

式中

$$\begin{aligned} Y_0(n_il_i, n_il_i/r) &= \int_0^r \left[\iint |\psi_i(\boldsymbol{r}_i)|^2_{\text{av}}\mathrm{d}\Omega_i\right] r_i^2\mathrm{d}r_i + \int_r^\infty \left[\iint |\psi_i(\boldsymbol{r}_i)|^2_{\text{av}}\mathrm{d}\Omega_i\right]\frac{r}{r_i}r_i^2\mathrm{d}r_i \\ &= \int_0^r P^2_{n_il_i}(r_i)\mathrm{d}r_i + \int_r^\infty P^2_{n_il_i}(r_i)\frac{r}{r_i}\mathrm{d}r_i \end{aligned} \tag{12.1.9}$$

式中, $P_{n_il_i}(r_i) = r_iR_{n_il_i}(r_i)$. 除 j 电子以外, 其余电子在半径为 r 的球面上任一点产生的总球形平均势场为

$$\overline{V}_j(r) = \sum_{i\neq j}^N \frac{(-1)}{r}Y_0(n_il_i, n_il_i/r) \tag{12.1.10}$$

这样, 在半径为 r 的球面上任一点, j 电子的势能为

$$V_j(r) = -\frac{Z}{r} + \sum_{i\neq j}^N \frac{1}{r}Y_0(n_il_i, n_il_i/r) \tag{12.1.11}$$

其单粒子 Hamilton 量为

$$\hat{\boldsymbol{H}}_j = -\frac{1}{2}\nabla^2 - \frac{Z}{r} + \sum_{i\neq j}^N \frac{1}{r}Y_0(n_il_i, n_il_i/r)$$

用变量分离法 (参考 3.1.5 节) 即可得到相应的径向方程

$$\left[-\frac{1}{2}\frac{\mathrm{d}^2}{\mathrm{d}r^2} + \frac{l_j(l_j+1)}{2r^2} - \frac{Z}{r} + \sum_{i\neq j}^N \frac{1}{r}Y_0(n_il_i, n_il_i/r)\right]P_{n_jl_j}(r) = \varepsilon_{n_jl_j}P_{n_jl_j}(r)$$
$$(j = 1, 2, \cdots, N) \tag{12.1.12}$$

这就是原子的径向 Hartree 方程. 这个微分方程组比式 (12.1.5) 容易处理得多, 不过仍然非常复杂. 它的每个方程都涉及所有电子的单粒子态函数, 是非线性的积分–微分方程, 只能用迭代逼近方法求解. 大致过程是先给出原始的势函数 $V_j^{(0)}(r)$, 代入式 (12.1.12), 就得到 N 个独立的常微分方程. 解之, 可求得$P_{n_jl_j}^{(1)}(r)(j=1,2,\cdots,N)$. 利用求出的 $\{P_{n_il_i}(r)\}$ 函数集合, 根据式 (12.1.11) 计算 $V_j^{(1)}(r)$. 这是第一轮近似. 用 $V_j^{(1)}(r)$ 作第二轮计算, 代入式 (12.1.12) 求 $P_{n_jl_j}^{(2)}(r)(j=1,2,\cdots,N)$, 再求出 $V_j^{(2)}(r),\cdots\cdots$ 这样重复下去, 直到势函数 $V_j^{(n)}(r)$ 和 $V_j^{(n+1)}(r)(j=1,2,\cdots,N)$ 之差达到要求的精确度为止, 这时的势场就是自洽势场, $P_{n_jl_j}^{(n)}(r)\cong P_{n_jl_j}^{(n+1)}(r)$ 就是式 (12.1.12) 的解, 从式 (12.1.6) 即可求得单粒子态函数 $\psi_j(\boldsymbol{r})(j=1,2,\cdots,N)$.

Hartree 最初是从直观想象得出 Hartree 方程的, 但简单的乘积波函数不满足反对称性的要求. Fock[3] 和 Slater[4] 考虑到这一要求, 独立地以反对称化的单粒子态乘积函数为波函数计算体系的总能量, 得出体系总能量作为单粒子态函数的泛函的表达式, 再对能量泛函变分, 导出单粒子态函数应满足的微分方程组, 通常称为 Hartree-Fock 方程, 作一定近似就得到 Hartree 方程. Hartree-Fock 方程的解比 Hartree 方程的解能给出更低的体系总能量, 是在独立粒子近似下可能得到的最优单粒子态函数. 显然, Hartree-Fock 方法不仅适用于原子, 也适用于分子或固体. 我们先来讨论 Hartree-Fock 方法的一般原理.

12.1.2　闭壳层组态的 Hartree-Fock 方程的变分推导

第 11 章已经说明, 组态内一个谱项的本征函数是这个组态的无微扰态行列式的线性组合, 在特殊情况下可能只有一个行列式, 如闭壳层组态的谱项就是这样. 现在先就这种比较简单的情况, 根据变分原理导出 Hartree-Fock 方程. 设体系有 p 个 α 自旋电子和 p 个 β 自旋电子, 它们按 Pauli 原理排布在能量最低的 $N=2p$ 个单粒子态中, 则状态波函数为 [参看式 (11.2.17)]

$$\varPsi=\frac{1}{\sqrt{N_!}}\begin{vmatrix}\psi_1(1)\alpha(1) & \psi_1(2)\alpha(2) & \cdots & \psi_1(N)\alpha(N)\\ \psi_2(1)\alpha(1) & \psi_2(2)\alpha(2) & \cdots & \psi_2(N)\alpha(N)\\ \cdots & \cdots & \cdots & \cdots\\ \psi_p(1)\alpha(1) & \psi_p(2)\alpha(2) & \cdots & \psi_p(N)\alpha(N)\\ \psi_{p+1}(1)\beta(1) & \psi_{p+1}(2)\beta(2) & \cdots & \psi_{p+1}(N)\beta(N)\\ \cdots & \cdots & \cdots & \cdots\\ \psi_N(1)\beta(1) & \psi_N(2)\beta(2) & \cdots & \psi_N(N)\beta(N)\end{vmatrix} \tag{12.1.13}$$

式中, $(\psi_1,\cdots,\psi_p)$ 是正交归一函数集合, $(\psi_{p+1},\cdots,\psi_N)$ 也是正交归一函数集合, 但两组函数之间不一定要求正交, 因为由自旋函数的正交性可以保证不同自旋单粒子

态函数相互正交. 忽略磁相互作用, Hamilton 量可以写为

$$\hat{\boldsymbol{H}} = \sum_{i=1}^{2p} \hat{\boldsymbol{h}}(i) + \sum_{i<j}\sum \hat{\boldsymbol{g}}(i,j) \tag{12.1.14}$$

式中, $\hat{\boldsymbol{h}}(i)$ 是单电子算符, 表示第 i 个电子的动能和核吸引能; $\hat{\boldsymbol{g}}(i,j)$ 是双电子算符, 表示 (i,j) 两个电子之间的排斥能. 根据行列式波函数矩阵元的计算规则 [参考式 (11.4.14)], 可求得体系的能量表达式

$$\langle \hat{\boldsymbol{H}} \rangle = \sum_i f_i + \sum_{i<j}\sum (J_{ij} - K_{ij}) \tag{12.1.15}$$

式中

$$f_i = \int \psi_i^*(1)\hat{\boldsymbol{h}}(1)\psi_i(1)\mathrm{d}\tau_1$$

$$J_{ij} = \int \psi_i^*(1)\psi_j^*(2)\hat{\boldsymbol{g}}_{12}\psi_i(1)\psi_j(2)\mathrm{d}\tau_1\mathrm{d}\tau_2$$

$$K_{ij} = \delta(m_{s_i}m_{s_j})\int \psi_i^*(1)\psi_j^*(2)\hat{\boldsymbol{g}}_{12}\psi_j(1)\psi_i(2)\mathrm{d}\tau_1\mathrm{d}\tau_2$$

为了求得 Hartree-Fock 方程, 要求在保持上述正交条件下, 调整单粒子态函数, 使能量泛函取极小值. 这是一个条件极值的变分问题. 按照 Lagrange 不定乘子法[5], 就是求泛函

$$W = \langle \hat{\boldsymbol{H}} \rangle - \sum_{i<j}\sum \delta(m_{s_i}m_{s_j})\varepsilon_{ij}\int \psi_i^*(1)\psi_j(1)\mathrm{d}\tau_1 \tag{12.1.16}$$

的极值. 设 ψ_i 有变化 $\delta\psi_i$, 则

$$\begin{aligned}
\delta\langle \hat{\boldsymbol{H}} \rangle = &\int \delta\psi_i^*(1)\hat{\boldsymbol{h}}(1)\psi_i(1)\mathrm{d}\tau_1 + \int \psi_i^*(1)\hat{\boldsymbol{h}}(1)\delta\psi_i(1)\mathrm{d}\tau_1 \\
&+ \sum_j \left[\int \delta\psi_i^*(1)\psi_j^*(2)\hat{\boldsymbol{g}}_{12}\psi_i(1)\psi_j(2)\mathrm{d}\tau_1\mathrm{d}\tau_2\right. \\
&\left. - \delta(m_{s_i}m_{s_j})\int \delta\psi_i^*(1)\psi_j^*(2)\hat{\boldsymbol{g}}_{12}\psi_j(1)\psi_i(2)\mathrm{d}\tau_1\mathrm{d}\tau_2\right] \\
&+ \sum_j \left[\psi_i^*(1)\psi_j^*(2)\hat{\boldsymbol{g}}_{12}\delta\psi_i(1)\psi_j(2)\mathrm{d}\tau_1\mathrm{d}\tau_2\right. \\
&\left. - \delta(m_{s_i}m_{s_j})\int \psi_i^*(1)\psi_j^*(2)\hat{\boldsymbol{g}}_{12}\psi_j(1)\delta\psi_i(2)\mathrm{d}\tau_1\mathrm{d}\tau_2\right] \\
= &\int \delta\psi_i^*(1)\left\{\hat{\boldsymbol{h}}(1)\psi_i(1) + \sum_j \left[\int \psi_j^*(2)\hat{\boldsymbol{g}}_{12}\psi_j(2)\mathrm{d}\tau_2\psi_i(1)\right.\right. \\
&\left.\left. - \delta(m_{s_i}m_{s_j})\int \psi_j^*(2)\hat{\boldsymbol{g}}_{12}\psi_i(2)\mathrm{d}\tau_2\psi_j(1)\right]\right\}\mathrm{d}\tau_1
\end{aligned}$$

$$
\begin{aligned}
&+\int \delta\psi_i(1)\Big\{\hat{\boldsymbol{h}}(1)\psi_i^*(1)+\sum_j\Big[\int \psi_j^*(2)\hat{\boldsymbol{g}}_{12}\psi_j(2)\mathrm{d}\tau_2\psi_i^*(1)\\
&-\delta(m_{s_i}m_{s_j})\int \psi_i^*(2)\hat{\boldsymbol{g}}_{12}\psi_j(2)\mathrm{d}\tau_2\psi_j^*(1)\Big]\Big\}\mathrm{d}\tau_1
\end{aligned} \tag{12.1.17}
$$

$$
\begin{aligned}
&\delta\left[\sum_i\sum_j\varepsilon_{ij}\int \psi_i^*(1)\psi_j(1)\mathrm{d}\tau_1\right]\\
=&\sum_j\varepsilon_{ij}\int \delta\psi_i^*(1)\psi_j(1)\mathrm{d}\tau_1+\sum_i\varepsilon_{ij}\int \psi_i^*(1)\delta\psi_j(1)\mathrm{d}\tau_1\\
=&\sum_j\varepsilon_{ij}\int \delta\psi_i^*(1)\psi_j(1)\mathrm{d}\tau_1+\sum_j\varepsilon_{ji}\int \psi_j^*(1)\delta\psi_i(1)\mathrm{d}\tau_1
\end{aligned} \tag{12.1.18}
$$

由 $\delta W=0$ 得

$$
\begin{aligned}
&\int \delta\psi_i^*(1)\Big\{\hat{\boldsymbol{h}}(1)\psi_i(1)+\sum_j\Big[\int \psi_j^*(2)\hat{\boldsymbol{g}}_{12}\psi_j(2)\mathrm{d}\tau_2\psi_i(1)\\
&-\delta(m_{s_i}m_{s_j})\int \psi_j^*(2)\hat{\boldsymbol{g}}_{12}\psi_i(2)\mathrm{d}\tau_2\psi_j(1)\Big]-\sum\delta(m_{s_i}m_{s_j})\varepsilon_{ij}\psi_j(1)\Big\}\mathrm{d}\tau_1\\
&+\int \delta\psi_i(1)\Big\{\hat{\boldsymbol{h}}(1)\psi_i^*(1)+\sum_j\Big[\int \psi_j^*(2)\hat{\boldsymbol{g}}_{12}\psi_j(2)\mathrm{d}\tau_2\psi_i^*(1)\\
&-\delta(m_{s_i}m_{s_j})\int \psi_i^*(2)\hat{\boldsymbol{g}}_{12}\psi_j(2)\mathrm{d}\tau_2\psi_j^*(1)\Big]-\sum_j\delta(m_{s_i}m_{s_j})\varepsilon_{ji}\psi_j^*(1)\Big\}\mathrm{d}\tau_1=0
\end{aligned} \tag{12.1.19}
$$

因为 $\delta\psi_i(1)$ 和 $\delta\psi_i^*(1)$ 是任意的, 故有

$$
\begin{aligned}
&\hat{\boldsymbol{h}}(1)\psi_i(1)+\sum_j\Big[\int \psi_j^*(2)\hat{\boldsymbol{g}}_{12}\psi_j(2)\mathrm{d}\tau_2\psi_i(1)-\delta(m_{s_i}m_{s_j})\int \psi_j^*(2)\hat{\boldsymbol{g}}_{12}\psi_i(2)\mathrm{d}\tau_2\psi_j(1)\Big]\\
=&\sum_j\delta(m_{s_i}m_{s_j})\varepsilon_{ij}\psi_j(1)\qquad (i=1,\cdots,N)
\end{aligned} \tag{12.1.20}
$$

$$
\begin{aligned}
&\hat{\boldsymbol{h}}(1)\psi_i^*(1)+\sum_j\Big[\int \psi_j^*(2)\hat{\boldsymbol{g}}_{12}\psi_j(2)\mathrm{d}\tau_2\psi_i^*(1)-\delta(m_{s_i}m_{s_j})\int \psi_i^*(2)\hat{\boldsymbol{g}}_{12}\psi_j(2)\mathrm{d}\tau_2\psi_j^*(1)\Big]\\
=&\sum_j\delta(m_{s_i}m_{s_j})\varepsilon_{ji}\psi_j^*(1)\qquad (i=1,\cdots,N)
\end{aligned} \tag{12.1.21}
$$

将式 (12.1.21) 取复数共轭并减去式 (12.1.20), 得

$$
\sum_j(\varepsilon_{ji}^*-\varepsilon_{ij})\psi_j(1)=0 \tag{12.1.22}
$$

因为 ψ_j 是线性独立的, 故得到 $\varepsilon_{ij}=\varepsilon_{ji}^*$, 即 $[\varepsilon_{ij}]$ 是 Hermite 矩阵. 若定义 Coulomb 算符 $\hat{\boldsymbol{J}}_j$ 和交换算符 $\hat{\boldsymbol{K}}_j$ 为

$$\begin{aligned}\hat{\boldsymbol{J}}_j(1)\psi_i(1)&=\left[\int\psi_j^*(2)\hat{\boldsymbol{g}}_{12}\psi_j(2)\mathrm{d}\tau_2\right]\psi_i(1)\\ \hat{\boldsymbol{K}}_j(1)\psi_i(1)&=\left[\delta(m_{s_i}m_{s_j})\int\psi_j^*(2)\hat{\boldsymbol{g}}_{12}\psi_i(2)\mathrm{d}\tau_2\right]\psi_j(1)\end{aligned}\tag{12.1.23}$$

则式 (12.1.20) 可写为

$$\hat{\boldsymbol{F}}_i(1)\psi_i(1)=\sum_j\varepsilon_{ij}\psi_j(1)\qquad(i=1,\cdots,N)\tag{12.1.24}$$

式中

$$\hat{\boldsymbol{F}}_i(1)\equiv\hat{\boldsymbol{h}}(1)+\sum_j[\hat{\boldsymbol{J}}_j(1)-\hat{\boldsymbol{K}}_j(1)]$$

称为 Fock 算符. 式 (12.1.20) 或式 (12.1.24) 称为 Hartree-Fock 方程.

式 (12.1.20) 不具有本征值方程的形式, 因为右边还有 $\varepsilon_{ij}\neq 0$. 我们可以将它的形式化简一些. 作酉变换

$$\psi_q'=\delta(m_{s_q}m_{s_j})\sum_j\psi_jc_{jq}^*\tag{12.1.25}$$

则

$$\psi_j=\delta(m_{s_q}m_{s_j})\sum_q c_{jq}\psi_q'\tag{12.1.26}$$

$$\begin{aligned}&\sum_j\delta(m_{s_i}m_{s_j})\psi_j^*(2)\psi_j(1)\\ =&\sum_{j,p,q}\delta(m_{s_i}m_{s_j})\delta(m_{s_j}m_{s_p})\delta(m_{s_j}m_{s_q})c_{jp}^*c_{jq}\psi_p'^*(2)\psi_q'(1)\end{aligned}\tag{12.1.27}$$

但

$$\sum_j c_{jp}^*c_{jq}=\delta_{pq}$$

故

$$\begin{aligned}&\sum_j\delta(m_{s_i}m_{s_j})\psi_j^*(2)\psi_j(1)\\ =&\sum_{q,p}\delta(m_{s_i}m_{s_j})\delta(m_{s_j}m_{s_p})\delta(m_{s_j}m_{s_q})\psi_p'^*(2)\psi_q'(1)\delta_{pq}\\ =&\sum_q\delta(m_{s_i}m_{s_q})\psi_q'^*(2)\psi_q'(1)\end{aligned}\tag{12.1.28}$$

同理有

$$\sum_j \psi_j^*(2)\psi_j(2) = \sum_q \psi_q'^*(2)\psi_q'(2) \tag{12.1.29}$$

对式 (12.1.20) 作以上酉变换, 得

$$\begin{aligned}&\sum_p c_{ip}\Big\{\hat{\boldsymbol{h}}(1)\psi_p'(1) + \sum_q \Big[\int \psi_q'^*(2)\hat{\boldsymbol{g}}_{12}\psi_q'(2)\mathrm{d}\tau_2\psi_p'(1) \\ &\quad - \delta(m_{s_p}m_{s_q})\int \psi_q'^*(2)\hat{\boldsymbol{g}}_{12}\psi_p'(2)\mathrm{d}\tau_2\psi_q'(1)\Big]\Big\} \\ &= \sum_{q,j}\delta(m_{s_p}m_{s_q})\varepsilon_{ij}c_{jq}\psi_q'(1)\end{aligned} \tag{12.1.30}$$

两边乘以 c_{ip}^* 并对 i 求和, 得

$$\begin{aligned}&\hat{\boldsymbol{h}}(1)\psi_p'(1) + \sum_q \Big[\int \psi_q'^*(2)\hat{\boldsymbol{g}}_{12}\psi_q'(2)\mathrm{d}\tau_2\psi_p'(1) - \delta(m_{s_p}m_{s_q})\int \psi_q'^*(2)\hat{\boldsymbol{g}}_{12}\psi_p'(2)\mathrm{d}\tau_2\psi_q'(1)\Big] \\ &= \sum_{q,i,j}\delta(m_{s_q}m_{s_p})c_{ip}^*\varepsilon_{ij}c_{jq}\psi_q'(1) \\ &= \sum_q \delta(m_{s_p}m_{s_q})\varepsilon_{pq}'\psi_q'(1)\end{aligned}$$

$$\varepsilon_{pq}' = \sum_{i,j} c_{ip}^*\varepsilon_{ij}c_{jq} \tag{12.1.31}$$

因为 $\varepsilon_{ij}^* = \varepsilon_{ji}$ 构成 Hermite 矩阵, 总可以通过酉变换对角化. 于是, 我们可以将 Hartree-Fock 方程写成 ($\varepsilon_{ii} \equiv \varepsilon_i$)

$$\begin{aligned}&\hat{\boldsymbol{h}}(1)\psi_i(1) + \sum_j \Big[\int \psi_j^*(2)\hat{\boldsymbol{g}}_{12}\psi_j(2)\mathrm{d}\tau_2\psi_i(1) - \delta(m_{s_i}m_{s_j})\int \psi_j^*(2)\hat{\boldsymbol{g}}_{12}\psi_i(2)\mathrm{d}\tau_2\psi_j(1)\Big] \\ &= \varepsilon_i\psi_i(1) \qquad (i = 1, 2, \cdots, N)\end{aligned} \tag{12.1.32}$$

或写成

$$\begin{aligned}&\hat{\boldsymbol{F}}_i(1)\psi_i(1) = \varepsilon_i\psi_i(1) \\ &\quad \hat{\boldsymbol{F}}_i(1) \equiv \hat{\boldsymbol{h}}(1) + \sum_j [\hat{\boldsymbol{J}}_j(1) - \hat{\boldsymbol{K}}_j(1)] \\ &\quad = \hat{\boldsymbol{h}}(1) + \sum_j \Big[\int \psi_j^*(2)\hat{\boldsymbol{g}}_{12}\psi_j(2)\mathrm{d}\tau_2 - \delta(m_{s_i}m_{s_j})\int \frac{\psi_j^*(2)\hat{\boldsymbol{g}}_{12}\psi_i(2)\psi_j(1)}{\psi_i(1)}\mathrm{d}\tau_2\Big]\end{aligned} \tag{12.1.33}$$

式 (12.1.32) 或式 (12.1.33) 称为 Hartree-Fock 方程的正则形式, 相应的解称为正则解. 容易看出, 如果在 Fock 算符的交换算符中只保留 $j = i$ 一项, 式 (12.1.33) 就与 Hartree 方程一样了.

上面我们对单粒子态空间函数的限制条件是相同自旋单粒子态的空间函数相互正交. 与不同自旋函数配合的空间函数之间并没有加上什么限制. 式 (12.1.32) 实际上是两组方程

$$\begin{aligned}\hat{\boldsymbol{F}}_m^{(\alpha)}(1)\psi_m^{(\alpha)}(1) = &\Big[\hat{\boldsymbol{h}}(1) + \sum_{l=1}^{p}\int \psi_l^{*(\alpha)}(2)\hat{\boldsymbol{g}}_{12}\psi_l^{*(\alpha)}(2)\mathrm{d}\tau_2 \\ &+ \sum_{l=p+1}^{N}\int \psi_l^{*(\beta)}(2)\hat{\boldsymbol{g}}_{12}\psi_l^{(\beta)}(2)\mathrm{d}\tau_2\Big]\psi_m^{\alpha}(1) \\ &- \sum_{l=1}^{p}\int \psi_l^{*(\alpha)}(2)\hat{\boldsymbol{g}}_{12}\psi_m^{(\alpha)}(2)d\tau_2\psi_l^{(\alpha)}(1) \\ = &\varepsilon_m^{(\alpha)}\psi_m^{(\alpha)}(1) \qquad (m = 1, \cdots, p)\end{aligned} \tag{12.1.34}$$

$$\begin{aligned}\hat{\boldsymbol{F}}_n^{(\beta)}(1)\psi_n^{(\beta)}(1) = &\Big[\hat{\boldsymbol{h}}(1) + \sum_{l=1}^{p}\psi_l^{*(\alpha)}(2)\hat{\boldsymbol{g}}_{12}\psi_l^{(\alpha)}(2)\mathrm{d}\tau_2 \\ &+ \sum_{l=p+1}^{N}\int \psi_l^{*(\beta)}(2)\hat{\boldsymbol{g}}_{12}\psi_l^{(\beta)}(2)\mathrm{d}\tau_2\Big]\psi_n^{(\beta)}(1) \\ &- \sum_{l=p+1}^{N}\int \psi_l^{*(\beta)}(2)\psi_n^{(\beta)}(2)\mathrm{d}\tau_2\psi_l^{(\beta)}(1) \\ = &\varepsilon_n^{(\beta)}\psi_n^{(\beta)}(1) \qquad (n = p+1, \cdots, N)\end{aligned} \tag{12.1.35}$$

对于闭壳层组态, $p = \dfrac{N}{2}$, 即 α 自旋和 β 自旋电子的数目相同, 故式 (12.1.34) 和式 (12.1.35) 两组方程之间有一一对应关系, 即 $m = i$ 和 $n = p + i$ 两个方程的 Fock 算符是一样的, 解自然也一样. 所以单粒子态成对出现, 它们的空间部分相同, 只是自旋取向不同, 这和一个空间轨道容纳两个电子的概念是一致的. 显然, 在这种情况下, 只要考虑一组 Hartree-Fock 方程的解就可以了.

12.1.3 Hartree-Fock 方程的一些性质

(1) Hartree-Fock 方程是最佳的等效单电子 Schrödinger 方程.

式 (12.1.33) 具有单电子 Schrödinger 方程的形式, Fock 算符就是等效单电子 Hamilton 算符. 容易证明, 对于闭壳层组态, Fock 算符对于体系所属对称操作群的变换是不变的, 它的解构成该对称操作群的不可约表示的基函数. 由于 Hartree-Fock 方程是从量子力学基本假定出发, 在限定波函数取单个行列式函数的条件下, 根据变分原理严格推导出来的, 它是在独立粒子近似下最佳的等效单电子 Schrödinger 方程, 用它的解构造的单行列式函数是在独立粒子近似下能得到的 Schrödinger

方程最佳解. 所以, 借助 Hartree-Fock 方程达到了将多电子体系问题转化为单电子问题处理的目的, 使求解多电子 Schrödinger 方程的问题得到很大的简化. 不过, 由于 Fock 算符本身依赖于式 (12.1.33) 的解, 所以, 它实际上是一组非常复杂的非线性积分–微分方程, 只能用迭代方法求解. 当 Fock 算符与它的解达到"自洽"标准时, 我们就得到自洽的等效势场和 Hartree-Fock 方程的近似解.

从式 (12.1.34) 看, Hartree-Fock 方程给出 p 个解. 注意求各个解时势函数不尽相同 (Fock 算符有差异). 这 p 个解代表被 $2p$ 个电子占据的空间轨道. 不过它并不限于这 p 个解, 实际上它有无穷多个解. 从第 $p+1$ 个解以后, Fock 算符都一样. 这些解通常称为体系的虚轨道. 应当注意的是, 按照自洽场的概念, 将 $2p$ 个单粒子态中的一个换成一个由虚轨道构成的单粒子态, 并不代表体系的激发态, 因为这时势场也要改变. 实际上虚轨道顶多只能看成是 $2p+1$ 个电子的体系中的第 $2p+1$ 个电子的轨道. 如果 $2p$ 电子体系是中性原子或分子, 它的虚轨道就近似代表负离子的轨道. 精确的 Hartree-Fock 计算表明, 在这种情况下, 束缚态中一般并不存在这种虚轨道.

(2) Hartree-Fock 方程的解不是唯一的.

Hartree-Fock 方程是由能量取极值的条件推导出来的, 因此它的解给出的能量可能只是能量曲面上的局部极小值或鞍点而不是绝对极小值 (甚至可能是极大值).

即使对于指定的组态, Hartree-Fock 方程的解仍然不是完全确定的. 容易证明体系的总状态波函数和体系总能量是不因占据单粒子态空间内的线性变换而改变的, 体系的其他物理量也不会改变. 式 (12.1.29) 就表明了总电荷密度不因酉变换而改变. 如果某一组单粒子态使体系能量取极值, 则取这些单粒子态的某种线性组合为新的单粒子态, 体系能量仍取极值; 若是酉变换, 则仍保持单粒子态之间的正交性, 只是各组单粒子态的函数形式不同. Hartree-Fock 方程的解的这种不确定性正好被用在轨道的定域化描述中. 选择式 (12.1.33) 为 Hartree-Fock 方程的标准形式并不是必需的.

(3) Hartree-Fock 方程的解构成正交归一的完备函数集合.

容易证明, Hartree-Fock 方程的属于不同本征值的解互相正交. 只需考虑自旋函数相同的单粒子态. 令式 (12.1.33) 中 $\psi_i=\psi_m$, 乘以 ψ_n^* 并对 $\mathrm{d}\tau_1$ 积分, 得

$$\int\psi_n^*(1)\hat{\boldsymbol{F}}_m(1)\psi_m(1)\mathrm{d}\tau_1=\varepsilon_m\int\psi_n^*(1)\psi_m(1)\mathrm{d}\tau_1 \tag{12.1.36}$$

取式 (12.1.33) 的复数共轭, 令 $\psi_i^*=\psi_n^*$, 乘以 ψ_m 并对 $\mathrm{d}\tau_1$ 积分, 得

$$\int\psi_m(1)\hat{\boldsymbol{F}}_n(1)\psi_n^*(1)\mathrm{d}\tau_1=\varepsilon_n\int\psi_n^*(1)\psi_m(1)\mathrm{d}\tau_1 \tag{12.1.37}$$

式 (12.1.36) 减式 (12.1.37), 得

$$
\begin{aligned}
&[\varepsilon_m - \varepsilon_n]\int \psi_n^*(1)\psi_m(1)\mathrm{d}\tau_1 \\
=&\left[\int \psi_n^*(1)\hat{\boldsymbol{h}}(1)\psi_m(1)\mathrm{d}\tau_1 - \int \psi_m(1)\hat{\boldsymbol{h}}^*(1)\psi_n^*(1)\mathrm{d}\tau_1\right] \\
&+\Big[\sum_j \int \psi_j^*(2)\psi_n^*(1)\hat{\boldsymbol{g}}_{12}\psi_j(2)\psi_m(1)\mathrm{d}\tau_1 d\tau_2 \\
&-\sum_j \int \psi_j(2)\psi_m(1)\hat{\boldsymbol{g}}_{12}\psi_j^*(2)\psi_n^*(1)\mathrm{d}\tau_1\mathrm{d}\tau_2\Big] \\
&+\Big[\sum_j \delta(m_{s_j}m_{s_n})\int \psi_j^*(2)\psi_n^*(1)\hat{\boldsymbol{g}}_{12}\psi_j(1)\psi_m(2)\mathrm{d}\tau_1\mathrm{d}\tau_2 \\
&-\sum_j \delta(m_{s_j}m_{s_m})\int \psi_j(2)\psi_m(1)\hat{\boldsymbol{g}}_{12}\psi_j^*(1)\psi_n^*(2)\mathrm{d}\tau_1\mathrm{d}\tau_2\Big] \\
=&0
\end{aligned}
\tag{12.1.38}
$$

第一个方括号由于单粒子算符的 Hermite 性质等于零; 第二个方括号显然为零; 只需将第二项中的积分变量交换标号, 且注意 $m_{s_n} = m_{s_m}$, 也可看出第三个方括号为零. 这就证明了 Fock 算符的 Hermite 性质. 所以, 当 $\varepsilon_n \neq \varepsilon_m$ 时, 属于它们的本征函数正交, 并且 Hartree-Fock 方程的所有解构成一个正交归一的完备集合, 任何坐标和自旋的品优函数都可以用它来展开.

显然, Hartree-Fock 方程的解构成的函数空间分解为两个正交的子空间, 一个子空间是由有电子占据的轨道 $\psi_i(i = 1, 2, \cdots, p)$ 构成的, 另一个子空间则是由未占据的轨道 $\psi_a(a = p+1, \cdots, \infty)$ 构成的. 在这两个子空间内部的任意线性变换并不影响对体系的物理性质的计算结果. 容易证明, 对于任意的 ψ_i 和 ψ_a(并且不限于正则解), 有

$$\int \psi_a^*(1)\hat{\boldsymbol{F}}_i(1)\psi_i(1)\mathrm{d}\tau_1 = 0 \tag{12.1.39}$$

式 (12.1.39) 称为 Hartree-Fock 条件.

(4) Fermi 相关和 Fermi 穴.

Hartree-Fock 方程 [式 (12.1.33)] 与 Hartree 方程 [式 (12.1.5)] 的区别在于多了

$$\left[-\delta(m_{s_i}m_{s_j})\sum_{j\neq i}\int \frac{\psi_j^*(2)\hat{\boldsymbol{g}}_{12}\psi_i(2)\psi_j(1)}{\psi_i(1)}\mathrm{d}\tau_2\right]$$

这一项, 它是由于电子具有波动性, 并且要求体系总状态波函数具有反对称性而出现的, 因此没有经典的物理量可与之类比. 将 $j = i$ 项包括进来, 可以将其改写为

$$-\left[\delta(m_{s_i}m_{s_j})\sum_j \frac{\int \psi_i^*(1)\psi_j^*(2)\hat{\boldsymbol{g}}_{12}\psi_j(1)\psi_i(2)\mathrm{d}\tau_2}{\psi_i^*(1)\psi_i(1)}\right]$$

它相当于电荷密度

$$\rho_{m_{s_i}}^{\mathrm{ex}}(2)=\sum_j \delta(m_{s_i}m_{s_j})\frac{\psi_i^*(1)\psi_j^*(2)\psi_j(1)\psi_i(2)}{\psi_i^*(1)\psi_i(1)} \tag{12.1.40}$$

对于在点 1 的 ψ_i 电子的作用势. 因为这种作用势的总和等于交换积分, 所以这种电荷密度称为对于在点 1 的 ψ_i 电子的交换电荷密度. 可以看出, 交换电荷有以下三个特点:

(1) 如果 ψ_i 是有电子占据的轨道, 则交换电荷的总量等于一个电子的电荷的负值

$$\int \rho_{m_{s_i}}^{\mathrm{ex}}(2)\mathrm{d}\tau_2=1$$

如果 ψ_i 是没有电子占据的轨道, 则为零. 因为当式 (12.1.40) 对 $\mathrm{d}\tau_2$ 积分时, 由于 ψ_i 和 ψ_j 的正交关系, 只剩下 $i=j$ 项不等于零. 若 ψ_i 是有电子占据的轨道, 和式中有 $j=i$ 这一项, 积分值为 1. 若 ψ_i 是没有电子占据的轨道, 就没有 $j=i$ 项, 积分值为零.

(2) 从 $\delta(m_{s_i}m_{s_j})$ 可知, 交换电荷密度是由与 ψ_i 电子具有相同自旋取向的电子贡献的.

(3) 交换电荷密度在 ψ_i 电子所在点 1 的值等于与这个电子具有相同自旋取向的电子在该点的总电荷密度的负值

$$\rho_{m_{s_i}}^{\mathrm{ex}}(1)=\sum_j \delta(m_{s_i}m_{s_j})\psi_j^*(1)\psi_i(1)=-\rho_{m_{s_i}}(1)$$

因此, ψ_i 轨道上的电子受到的作用势包括: ① 原子核的吸引势; ② 所有具有相反自旋取向电子的排斥势; ③ 除 ψ_i 上的电子以外, 其余具有相同自旋取向电子的作用势. 这是符合直观想像的. 有趣的是, 与 ψ_i 电子具有相同自旋取向的电子电荷在该电子所在点的值恒为零, 因为交换电荷正好将其抵消. 这是由反对称原理引起的, 根据反对称的要求, 空间任意一点不可能同时出现两个自旋取向相同的电子 [参考式 (11.1.12)]. 所以, 对于相同自旋取向的电子来说, 每个电子所在地及其紧邻是其他电子的禁区. 一个电子运动到某处, 其他自旋取向相同的电子就自动让开, 在它周围形成一个“穴”. 这个穴称为 Fermi 穴. 图 12.1.1 是均匀电子气的 Fermi 穴的示意图, $g(\boldsymbol{r}_1,\boldsymbol{r}_2)$ 表示当有一个电子在 $\boldsymbol{r}_1$ 时, 另一个自旋取向相同的电子在 $\boldsymbol{r}_2$ 出现的概率, 横坐标以 $|\boldsymbol{r}_1-\boldsymbol{r}_2|/R$ 为单位, R 的含义见下文. 在实际的原子或分子体系中, 由于电子密度是不均匀的, Fermi 穴的形状要复杂得多.

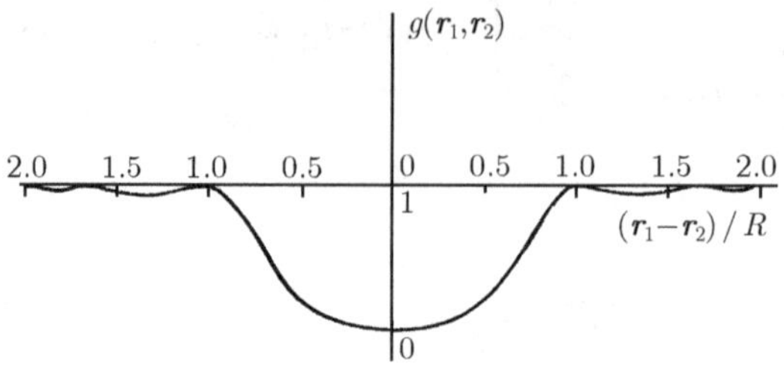

图 12.1.1 均匀电子气的 Fermi 穴

因此, 在 Hartree-Fock 近似中, 相同自旋取向的电子的运动并不是彼此"独立"的, 而是相互制约的. 这种相互制约性, 称为电子间的 Fermi 相关. Hartree 方程不能反映出这个特点, 所以用它的解作为单粒子态计算出来的总能量不如 Hartree-Fock 方程的好. 显然, 不同自旋取向电子之间也应该有"相关"性, 即每个电子所到之处, 不同自旋取向电子由于静电斥力也会"躲开", 这称为 Coulomb 相关 (形成的穴称为 Coulomb 穴). Hartree-Fock 方程不能反映这一点, 是它的缺陷. 这将在第 14 章讨论.

从式 (12.1.40) 可知, 对于不同的单粒子态, 交换电荷密度不同, Fermi 穴的具体形状不同, 所以不同单粒子态中的电子是在不同势场中运动的. 不过, 既然交换电荷的总量都是 1, 当 $\boldsymbol{r}_1$ 点与 $\boldsymbol{r}_2$ 点重合时, 其数值与单粒子态无关, 故不同单粒子态的 Fermi 穴是差不太多的. 粗略地可以假定 Fermi 穴为球形, 它的半径反比于相同自旋取向电子总密度绝对值的 1/3 次方. 因为若假定穴的半径为 R, 交换电荷密度分布均匀, 其中容纳的总电荷量等于 1 个电子的电荷, 则

$$\frac{4}{3}\pi R^3|\rho_{m_{s_i}}(\boldsymbol{r}_1)| = 1$$

故 $R \propto |\rho_{m_{s_i}}(\boldsymbol{r}_1)|^{-\frac{1}{3}}$. 注意, 从式 (12.1.40) 看, 即使对于虚单粒子态, Fermi 穴也是存在的.

12.1.4 Koopmans 定理[6]

根据式 (12.1.15), 得

$$\begin{aligned} E &= \sum_i^N f_i + \sum_{i<j}^N \sum^N (J_{ij} - K_{ij}) \\ &= \sum_i^N f_i + \frac{1}{2}\sum_i^N \sum_j^N (J_{ij} - K_{ij}) \end{aligned} \tag{12.1.15a}$$

记

$$G_i = \sum_j^N (J_{ij} - K_{ij})$$

则式 (12.1.15a) 可简化为

$$E=\sum_{i=1}^{N}\left(f_i+\frac{1}{2}G_i\right) \tag{12.1.41}$$

用 ψ_i^* 乘式 (12.1.24), 积分并对 i 求和, 得 (为了记号简单起见, 以下采取 Dirac 符号, 电子坐标规定按自然顺序排列, 但不写出)

$$\sum_{i=1}^{N}\varepsilon_i=\sum_{i=1}^{N}\langle\psi_i|\hat{\boldsymbol{F}}_i|\psi_i\rangle=\sum_{i=1}^{N}(f_i+G_i) \tag{12.1.42}$$

结合式 (12.1.41) 和式 (12.1.42), 即得

$$E=\sum_{i}\left(\varepsilon_i-\frac{1}{2}G_i\right)=\frac{1}{2}\sum_{i}(\varepsilon_i+f_i) \tag{12.1.43}$$

显然, 式 (12.1.41)~ 式 (12.1.43) 并不限于用正则 Hartree-Fock 方程的解. 应注意的是体系总能量 $E\neq\sum\limits_{i=1}^{N}\varepsilon_i$, 因为 $\sum\limits_{i}\varepsilon_i$ 将电子之间的排斥作用重复计算, 所以要减去 $\dfrac{1}{2}\sum\limits_{i}G_i$. 这是与简单的单粒子模型不同之处.

上面已经说明, Hartree-Fock 方程并不一定要取正则形式 [式 (12.1.33)]. 不过, 正则形式的本征值和本征函数有比较直观的物理意义. 这从 Koopmans 定理可以看出.

Koopmans 定理: 正则 Hartree-Fock 方程的第 k 个本征值近似等于体系的第 k 个轨道上的电子的电离势之负值. 从 N 电子体系的 Slater 行列式波函数中抽去第 k 个正则轨道后得到的 Slater 行列式是除去第 k 个电子之后的 $N-1$ 电子体系的较好的近似波函数.

证明　设 N 电子体系的 Slater 行列式波函数为

$$\Psi=\frac{1}{\sqrt{N!}}\det(\psi_1\psi_2\cdots\psi_{k-1}\psi_k\psi_{k+1}\cdots\psi_N)$$

抽去第 k 个电子后, $N-1$ 电子体系的 Slater 行列式为

$$\Psi_k=\frac{1}{\sqrt{(N-1)!}}\det(\psi_1\psi_2\cdots\psi_{k-1}\psi_{k+1}\cdots\psi_N)$$

则按式 (12.1.15), $N-1$ 电子体系的 Hamilton 量的期望值为

$$\langle\hat{\boldsymbol{H}}(N-1)\rangle=\sum_{i\neq k}^{N}f_i+\sum_{\substack{i<j\\ i,j\neq k}}\sum(J_{ij}-K_{ij}) \tag{12.1.44}$$

从式 (12.1.15) 减去式 (12.1.44), 得

$$E(N)-\langle\hat{\boldsymbol{H}}(N-1)\rangle=f_k+\sum_j(J_{kj}-K_{kj}) \tag{12.1.45}$$

在式 (12.1.24) 中取 $i=k$, 用 ψ_k^* 乘两边并积分, 得

$$\varepsilon_k=\langle\psi_k|\hat{\boldsymbol{F}}_k|\psi_k\rangle=f_k+\sum_j(J_{kj}-K_{kj}) \tag{12.1.46}$$

故

$$E(N)-\langle\hat{\boldsymbol{H}}(N-1)\rangle=\varepsilon_k$$

或

$$\langle\hat{\boldsymbol{H}}(N-1)\rangle=E(N)-\langle\psi_k|\hat{\boldsymbol{F}}_k|\psi_k\rangle \tag{12.1.47}$$

以上推导不论 $\{\psi_i\}$ 是否正则轨道都成立. 我们还要证明, 在 N 电子体系的占据子空间内, 只当 ψ_k 为正则轨道时, $\langle\hat{\boldsymbol{H}}(N-1)\rangle$ 才取极小值, 此时 $\varPsi_k$ 才是 $(N-1)$ 电子体系的好的近似解, $\langle\hat{\boldsymbol{H}}(N-1)\rangle$ 才较好地近似代表 $N-1$ 电子体系的总能量 $E(N-1)$, ε_k 才具有 ψ_k 轨道上的电子的电离势负值的意义. 设 $\{\psi_i^0\}$ 为一组占据的正则轨道, 将 $\{\psi_i\}$ 表示为 $\{\psi_i^0\}$ 的线性组合

$$\psi_k=\sum_{i=1}^N c_{ik}\psi_i^0$$

代入式 (12.1.47), 得

$$\begin{aligned}\langle\hat{\boldsymbol{H}}(N-1)\rangle&=E(N)-\sum_{i=1}^N\sum_{j=1}^N c_{ik}^*c_{jk}\langle\psi_i^0|\hat{\boldsymbol{F}}_j|\psi_j^0\rangle\\&=E(N)-\sum_i^N\sum_j^N c_{ik}^*c_{jk}\delta_{ij}\varepsilon_j\end{aligned} \tag{12.1.48}$$

根据 ψ_k 的归一条件有

$$\langle\psi_k|\psi_k\rangle=\sum_{i=1}^N\sum_{j=1}^N c_{ik}^*c_{jk}\langle\psi_i^0|\psi_j^0\rangle=\sum_{i=1}^N\sum_{j=1}^N c_{ik}^*c_{jk}\delta_{ij} \tag{12.1.49}$$

在满足式 (12.1.49) 条件下, 将 $\langle\hat{\boldsymbol{H}}(N-1)\rangle$ 对 c_{ik}^* 变分, 得

$$\sum_{j=1}^N(-\delta_{ij}\varepsilon_j-\lambda\delta_{ij})c_{jk}=0\qquad(i=1,\cdots,N) \tag{12.1.50}$$

从而有

$$\det(-\delta_{ij}\varepsilon_j - \lambda\delta_{ij}) = 0 \tag{12.1.51}$$

式 (12.1.51) 的解为

$$\lambda = -\varepsilon_k \qquad (k = 1, 2, \cdots, N) \tag{12.1.52}$$

代入式 (12.1.50), 得

$$(\varepsilon_k - \varepsilon_i)c_{ik} = 0 \qquad (i = 1, 2, \cdots, N) \tag{12.1.53}$$

显然, 式 (12.1.53) 的非零解只有

$$c_{ik} = \delta_{ik} \tag{12.1.54}$$

故

$$\psi_k = \psi_k^0 \tag{12.1.55}$$

所以, 当 ψ_k 为正则轨道时, $\langle \hat{\boldsymbol{H}}(N-1) \rangle = E(N-1)$, 从而有

$$\varepsilon_k = E(N) - E(N-1) = -I_k \tag{12.1.56}$$

式中, I_k 是 k 轨道上的电子电离势. 这就证明了 Koopmans 定理. 因为 $E(N-1)$ 对于除 ψ_k 以外的其余 $N-1$ 个轨道的任意酉变换是不变的, 所以 Koopmans 定理只要求被抽掉电子的单电子态必须为正则轨道. 反过来说, 如果从 Ψ_0 中除去的一个不是正则轨道, 则得到的 Ψ_k 将不是 $N-1$ 电子体系的近似波函数, 从而 $E(N) - \langle \hat{\boldsymbol{H}}(N-1) \rangle$ 不具有明确的物理意义, 对应的 ε_k 也就没有明确的物理意义. 所以, 虽然从体系总能量来看, Hartree-Fock 方程的正则解不占有特殊地位, 但从本征值看, 正则方程有其优越之处.

Koopmans 定理并不严格成立, 有两个原因:

(1) 它实际上要求当从 N 电子体系中取掉一个电子时, 其余电子的单粒子态不变, 即没有"松弛"作用 (上面对 $\langle \hat{\boldsymbol{H}}(N-1) \rangle$ 的变分限制在 N 粒子体系的占据子空间之内导致的结果). 这是不符合实际的, 因为当少了一个电子以后, 整个自洽势场都改变了, 其他单粒子态不能不改变. 所以, $\langle \hat{\boldsymbol{H}}(N-1) \rangle$ 不是真正的绝对极小值, $\langle \hat{\boldsymbol{H}}(N-1) \rangle > E(N-1)$. 这使得从 Koopmans 定理算得的电离势有正的偏差.

(2) Hartree-Fock 计算没有考虑到电子的瞬时相关作用也引起偏差, 对于电离势的计算, 这种偏差可能是正的或负的. 我们从表 12.1.1 可以看出 Koopmans 定理成立的近似程度. 由正离子与中性原子自洽场总能量差值求得的电离势考虑了电子分布的"松弛"效应, 但与实验值仍有差距, 因为没有考虑电子瞬时相关作用, 也未进行相对论效应校正.

表 12.1.1 Ne 和 Ar 的电离势 (eV)[7]

正离子中电离掉一个电子的原子轨道		正离子的电子组态	电离势		
			按Koopmans定理的计算值	中性原子与正离子自洽场总能量差值	实验值
Ne^+	1s	$1s2s^22p^6$	891.7	868.6	870.3
	2s	$1s^22s2p^6$	52.5	49.3	48.5
	2p	$1s^22s^22p^5$	23.1	19.8	21.6
Ar^+	1s	$1s2s^22p^63s^23p^6$	3227.4	3195.2	3206.3
	2s	$1s^22s2p^63s^23p^6$	335.3	324.8	—
	2p	$1s^22s^22p^53s^23p^6$	260.4	248.9	248.5
	3s	$1s^22s^22p^63s3p^6$	34.8	33.2	29.2
	3p	$1s^22s^22p^63s^23p^5$	16.1	14.8	15.8

12.1.5 Brillouin 定理[8]

这个定理说明 Hartree-Fock 方程的解的一个重要性质, 可叙述如下:

设 Ψ_0 是由占据的 Hartree-Fock 单粒子态构成的一个行列式波函数, Ψ_i^a 是用一个虚轨道 ψ_a 代替 Ψ_0 中任意一个单粒子态 ψ_i 得到的行列式波函数, 则

$$\langle \Psi_i^a|\hat{\boldsymbol{H}}|\Psi_0\rangle = 0$$

证明 因为 ψ_a 是体系的某一个虚轨道, 根据计算行列式波函数矩阵元的规则, 得

$$\begin{aligned}
\langle \Psi_i^a|\hat{\boldsymbol{H}}|\Psi_0\rangle &= \langle\psi_a|\hat{\boldsymbol{h}}|\psi_i\rangle + \sum_{j=1}^{N}\left[\left\langle \psi_a\psi_j\left|\frac{1}{r_{12}}\right|\psi_i\psi_j\right\rangle - \delta(m_{s_a}m_{s_j})\left\langle \psi_a\psi_j\left|\frac{1}{r_{12}}\right|\psi_j\psi_i\right\rangle\right] \\
&= \langle\psi_a|\hat{\boldsymbol{h}}|\psi_i\rangle + \left\langle\psi_a\left|\sum_{j=1}^{N}(\hat{\boldsymbol{J}}_j - \hat{\boldsymbol{K}}_j)\right|\psi_i\right\rangle \\
&= \langle\psi_a|\hat{\boldsymbol{F}}_i|\psi_i\rangle \\
&= \sum_j \varepsilon_{ij}\langle\psi_a|\psi_j\rangle \\
&= 0
\end{aligned} \tag{12.1.57}$$

这里利用了 Hartree-Fock 方程的解的正交性质.

设 ψ_x 为虚轨道的线性组合

$$\psi_x = \sum_a c_{ax}\psi_a$$

对于所有 ψ_a, 式 (12.1.57) 都成立, 故有 $\langle \Psi_i^x|\hat{\boldsymbol{H}}|\Psi_0\rangle = 0$, 此处 Ψ_i^x 为用 ψ_x 代替 Ψ_0 中的 ψ_i 得到的行列式波函数. 因此 Brillouin 定理对任何形式的虚轨道都成立.

从 Brillouin 定理可以得出一个重要的推论 (又称为 Møller 和 Plesset 定理)[9]：用 Hartree-Fock 行列式函数 Ψ_0 为零级近似基态波函数计算出来的单电子算符的期望值正确到一级.

证明 设将精确波函数 Ψ 按多电子函数的完备集合展开为

$$\Psi = \Psi_0 + \sum_i \sum_a c_i^a \Psi_i^a + \sum_{i<j} \sum_{a<b} c_{ij}^{ab} \Psi_{ij}^{ab} + \cdots \tag{12.1.58}$$

式中, Ψ_i^a 表示用 ψ_a 代替 Ψ_0 中的 ψ_i 得到的行列式波函数, 余类推; $1 \leqslant i < j \cdots \leqslant N < a < b \cdots \infty$. 容易证明, Ψ_0 是零级 Hamilton $\hat{\boldsymbol{H}}_0 = \sum\limits_i \hat{\boldsymbol{F}}_i$ 的本征函数, 即

$$\hat{\boldsymbol{H}}_0 \Psi_0 = \left[\sum_{i=1}^{N} \varepsilon_i\right] \Psi_0 \tag{12.1.59}$$

故

$$\langle \Psi_i^a | \hat{\boldsymbol{H}}_0 | \Psi_0 \rangle = 0 \tag{12.1.60}$$

取 $\hat{\boldsymbol{H}}' = \hat{\boldsymbol{H}} - \hat{\boldsymbol{H}}_0$ 为微扰 Hamilton 量, 则由 Brillouin 定理, $\langle \Psi_i^a | \hat{\boldsymbol{H}} | \Psi_0 \rangle = 0$ 可知

$$\langle \Psi_i^a | \hat{\boldsymbol{H}}' | \Psi_0 \rangle = 0 \tag{12.1.61}$$

根据微扰理论, 只有 $\langle \Psi' | \hat{\boldsymbol{H}}' | \Psi_0 \rangle \neq 0$ 的 Ψ' 成分才可能存在于一级波函数 $\Psi^{(1)}$ 中, 所以 Ψ_i^a 是不能在 $\Psi^{(1)}$ 中出现的, 即 $c_i^a = 0$, 故

$$\Psi^{(1)} = \Psi_0 + \sum_{i<j} \sum_{a<b} c_{ij}^{ab} \Psi_{ij}^{ab} \equiv \Psi_0 + \Sigma c_\mu \Psi_\mu \tag{12.1.62}$$

对于单电子算符, $\hat{\boldsymbol{Q}} = \sum\limits_i \hat{\boldsymbol{q}}_i$, 则

$$\langle \Psi_0 | \hat{\boldsymbol{Q}} | \Psi_{ij}^{ab} \rangle = \langle \Psi_0 | \hat{\boldsymbol{Q}} | \Psi_\mu \rangle = 0 \tag{12.1.63}$$

故 $\hat{\boldsymbol{Q}}$ 的期望值为

$$\begin{aligned} \frac{\langle \Psi | \hat{\boldsymbol{Q}} | \Psi \rangle}{\langle \Psi | \Psi \rangle} &= \frac{\langle \Psi^{(1)} | \hat{\boldsymbol{Q}} | \Psi^{(1)} \rangle}{\langle \Psi^{(1)} | \Psi^{(1)} \rangle} + \text{高级项} \\ &\approx Q_{00} + \frac{\sum\limits_\mu |c_\mu|^2 (Q_{\mu\mu} - Q_{00}) + \sum\limits_\nu \sum\limits_{\mu \neq \nu} c_\mu^* c_\nu Q_{\mu\nu}}{1 + \sum\limits_\mu |c_\mu|^2} \end{aligned} \tag{12.1.64}$$

式中, $Q_{\mu\nu} \equiv \langle \Psi_\mu | \hat{\boldsymbol{Q}} | \Psi_\nu \rangle$. 实际上, 由于式 (12.1.64) 的第二项中的各项互相抵消, $\langle \Psi_0 | \hat{\boldsymbol{Q}} | \Psi_0 \rangle$ 是 $\hat{\boldsymbol{Q}}$ 的相当好的近似期望值.

12.2 开壳层组态的 Hartree-Fock 方法

12.2.1 自旋非限制的 Hartree-Fock 方法

在开壳层组态中, 一般说来, 一个组态包含有几个谱项, 谱项波函数是几个 Slater 行列式的线性组合; 只有在特殊情况下 (如锰原子的 $[Ar]3d^54s^2$ 组态的 ^6S 谱项), 谱项波函数才是单个的行列式. 但下面我们假定波函数可以取为单个的行列式函数.

与闭壳层组态不同, 现在 α 自旋电子和 β 自旋电子的数目不相等. 设有 p 个 α 电子, $N-p$ 个 β 电子, 行列式波函数为

$$\Psi = \frac{1}{\sqrt{N!}}\det(\psi_1\alpha\psi_2\alpha\cdots\psi_p\alpha\psi_{p+1}\beta\cdots\psi_N\beta) \tag{12.2.1}$$

沿用 12.1.2 节中的推导方法, 即对波函数式 (12.2.1) 求出 Hamilton 量的期望值, 再在保持 $\{\psi_1,\cdots,\psi_p\}$ 和 $\{\psi_{p+1},\cdots,\psi_N\}$ 两组轨道各自相互正交的条件下变分, 即可得出 Hartree-Fock 方程

$$\begin{aligned}&\hat{\boldsymbol{F}}_i(1)\psi_i(1)=\varepsilon_i\psi_i(1)\\&\hat{\boldsymbol{F}}_i(1)=\hat{\boldsymbol{h}}(1)+\sum_{j=1}^{N}[\hat{\boldsymbol{J}}_j(1)-\hat{\boldsymbol{K}}_j(1)]\qquad(i=1,2,\cdots,N)\end{aligned} \tag{12.2.2}$$

可以将其写成两组方程

$$\begin{aligned}&\hat{\boldsymbol{F}}_k\psi_k=\varepsilon_k\psi_k\\&\hat{\boldsymbol{F}}_k(1)=\hat{\boldsymbol{h}}(1)+\sum_{i=1}^{N}\int\psi_i^*(2)\psi_i(2)\hat{\boldsymbol{g}}_{12}\mathrm{d}\tau_2-\sum_{l=1}^{p}\int\psi_l^*(2)\hat{\boldsymbol{g}}_{12}\psi_k(2)\mathrm{d}\tau_2\frac{\psi_l(1)}{\psi_k(1)}\\&(k=1,\cdots,p)\end{aligned} \tag{12.2.3}$$

$$\begin{aligned}&\hat{\boldsymbol{F}}_m\psi_m=\varepsilon_m\psi_m\\&\hat{\boldsymbol{F}}_m(1)=\hat{\boldsymbol{h}}(1)+\sum_{i=1}^{N}\int\psi_i^*(2)\psi_i(2)\hat{\boldsymbol{g}}_{12}\mathrm{d}\tau_2-\sum_{n=p+1}^{N}\int\psi_n(2)\hat{\boldsymbol{g}}_{12}\psi_m(2)\mathrm{d}\tau_2\frac{\psi_n(1)}{\psi_m(1)}\\&(m=p+1,\cdots,N)\end{aligned} \tag{12.2.4}$$

现在，$p\neq N-p$, 所以式 (12.2.3) 中的 Fock 算符与式 (12.2.4) 中的不相同, 因此, ψ_i 与 ψ_{p+i} 并不相同, 也就是说, 一个空间轨道容纳一对自旋方向相反的电子的传统看法被破坏了. 这是因为 α 电子的数目与 β 电子的数目不同, 从而两组电子的交换算符不同. 这种现象称为自旋极化. 在式 (12.2.2) 的推导中, 我们不按传统观

点强求 ψ_i 和 ψ_{p+i} 相同, 所以称为 (自旋) 非限制的 Hartree-Fock (spin unrestricted Hartree-Fock, 简称 SUHF 或 UHF) 方法.

SUHF 方法有自己的优点: ① 保持 Hartree-Fock 方法的简单性, 除了 ψ_i 与 ψ_{p+i} 不同以外, 闭壳层组态的 Hartree-Fock 方法的有关讨论对它也是成立的, 特别是 Koopmans 定理和 Brillouin 定理仍然成立; ② 用 SUHF 方法可以计算体系的自旋密度, 即空间任一点 α 自旋电子的密度 ρ_α 与 β 自旋电子的密度 ρ_β 之差 $(\rho_\alpha - \rho_\beta)$, 结果和实验符合较好, 如果强求 $\psi_i = \psi_{p+i}$, 则 $\rho_\alpha - \rho_\beta$ 值与实验不符合. 所以在计算与自旋密度有关的课题时, 经常使用 SUHF 方法.

但是 SUHF 方法有一定缺点, 它的 Fock 算符不具有体系完全的对称性 (不属于体系所属对称性群的恒等表示), 从而它的解不具有正确的对称性质. 特别是根据 $\hat{\boldsymbol{S}}^2$, $\hat{\boldsymbol{S}}_+$, $\hat{\boldsymbol{S}}_-$ 算符的性质可以证明, 除非 $\psi_i = \psi_{p+i}$, 否则式 (12.2.1) 所示的波函数不是 $\hat{\boldsymbol{S}}^2$ 的本征函数, 而是多种自旋态的混合, 其自旋本征值为 $S = \dfrac{N-2p}{2}, \dfrac{N-2p}{2}+1, \cdots$. 例如, 对于铁原子的 $[\mathrm{Ar}]3\mathrm{d}^6 4\mathrm{s}^2\ {}^5D$ 态的 SUHF 波函数, $S(S+1) = 6.018 > 2(2+1)$. 所以, 它主要是 ${}^5D$ 态, 但也混有少量 ${}^7D, {}^9D, \cdots$ 态.

为了得到纯自旋态波函数, 可以用自旋投影方法 (参见 11.3.6 节和 13.2.5 节), 但是这样得到的波函数不是通过变分法直接求得的, 所以不是最优的函数. 为了解决这个问题, 可以先用自旋投影算符从 $\varPsi$ 作出 $\hat{\boldsymbol{S}}^2$ 的本征函数 $\varPsi_S$, 由 $\varPsi_S$ 作出能量泛函, 再对单粒子态函数变分, 这种方法称为自旋推广的 Hartree-Fock (spin extended Hartree-Fock, 简称 SEHF) 方法. 不过, 这样得出的 $\varPsi_S$ 不再是单个行列式, 而是多个行列式的线性组合. 当电子数目较多时, 问题变得很复杂, 实际上难以应用. 而且, 单粒子模型的图像也模糊了.

12.2.2　限制的 Hartree-Fock 方法

根据群论可知, 一个体系的精确波函数应该表现出该体系的对称性质, 即是该体系所属对称性群的不可约表示的基函数. 具体地说, 如果旋–轨耦合作用可以忽略, 则波函数应该是 $\hat{\boldsymbol{S}}^2$ 的本征函数, 还应该是它所属的对称操作群的不可约表示的基. 按单粒子模型建立起来的解也应该满足这些一般性条件. 上面已经指出, 非限制的 Hartree-Fock 方法的解不能满足这些条件, 采取投影算符方法又太复杂. 为了保持单粒子模型的明晰性, 可以人为地加进一些限制. 为了保证波函数是 $\hat{\boldsymbol{S}}^2$, $\hat{\boldsymbol{S}}_z$ 的本征函数, 规定一个空间轨道上可以容纳两个自旋方向相反的电子, 即在式 (12.2.1) 中强令 $\psi_i = \psi_{p+i}$, 这称为自旋等价限制. 如果单粒子态是 n 重简并的, 隶属于它的空间轨道为 $\psi_k, \psi_{k+1}, \cdots, \psi_{k+n-1}$, 我们要求这 n 个空间轨道在对称操作下按一定的不可约表示变换, 这称为对称性等价限制. 对变分空间的函数加上这些限制的方法称为限制的 Hartree-Fock (RHF) 方法. 应当指出, 精确波函数一定满足对称性的要求, 但满足对称性要求的近似波函数的能量值不一定最接近真实值, 如 RHF 方法的结果比 SUHF 方法的就差一些. 所以较合理的方法是推广的 Hartree-Fock (EHF) 方法, 取一个由不加任何限制的单粒子态构成的波函数, 通过投影算符作用得到具有所需对称性的波函数, 用以作出能量泛函, 再对单粒子态函数变分. 不过, 这样一来计算就变得非常复杂, 不切实可行了.

曾经提出过多种处理开壳层组态的限制的 Hartree-Fock 方法, 最简单的方法是只解式 (12.2.3)(假设 α 自旋电子数目比 β 自旋电子的多), 而让 β 电子轨道的空间部分与 α 电子的相同. 这是个近似可行的方法, 因为在一般情况下, 式 (12.2.3) 和式 (12.2.4) 中的 Fock 算符的差别是不大的 (起主导作用的 $\hat{\boldsymbol{h}}$ 和 $\sum\limits_{i=1}^{N}\hat{\boldsymbol{J}}_i$算符相同, 交换项差别也不大), 所以 ψ_i 和 ψ_{p+i} 的差别也不会大, 但这毕竟不是严格的变分解法. 现在流行的是 Roothaan 提出来的方法[10], 下面作详细介绍.

设有两组轨道函数, 一组为 $\{\psi_i\}(i=1,\cdots,p)$, 属于闭壳层子空间, 容纳 $2p$ 个电子. 另一组为 $\{\psi_j\}(j=p+1,\cdots,p+q)$, 属于一个开壳层子空间, 其中的 q 个函数构成体系所属对称操作群的一组不可约表示的基. 设总电子数为 $N, 2p<N<2(p+q)$, 则从这两组轨道可以组成多个 Slater 行列式波函数 (包含 $2p$ 个闭壳层电子和 $N-2p$ 个开壳层电子), 从这些行列式的线性组合可以得到各个谱项的波函数, 从而求得谱项能量的表达式 (参看第 11 章). 在很多情况下, 能量表达式可以写成

$$
\begin{aligned}
E=&2\sum_{k=1}^{p}f_k+\sum_{k=1}^{p}\sum_{l=1}^{p}(2J_{kl}-K_{kl})\\
&+\nu\Big[2\sum_{m=p+1}^{p+q}f_m+\nu\sum_{m=p+1}^{p+q}\sum_{n=p+1}^{p+q}(2aJ_{mn}-bK_{mn})+\sum_{k=1}^{p}\sum_{m=p+1}^{p+q}(2J_{km}-K_{km})\Big]
\end{aligned}
\tag{12.2.5}
$$

式中, $k,l(=1,\cdots p)$ 表示闭壳层轨道 $m,n(=p+1,\cdots,p+q)$ 表示开壳层轨道, i,j 泛指任意一个轨道. 第一、二个求和项代表闭壳层的能量, 第三、四个求和项代表开壳层的能量, 而第五个求和项代表闭壳层与开壳层之间的相互作用能. $0<\nu=\dfrac{N-2p}{2q}<1$, ν 是开壳层的占据分数, a,b 是与谱项有关的系数. 例如, 对于半闭壳层 (q 个电子占据 q 个轨道且自旋平行), $\nu=\dfrac{1}{2}, a=1, b=2$.

为了导出 Hartree-Fock 方程, 我们对泛函 $W=\langle\hat{\boldsymbol{H}}\rangle-\sum\limits_{i=1}^{p+q}\sum\limits_{j=1}^{p+q}2\varepsilon_{ij}\langle\psi_i|\psi_j\rangle$ 进行变分. 由式 (12.2.5) 得

$$\delta\langle\hat{\boldsymbol{H}}\rangle = 2\sum_k \left[\langle\delta\psi_k|\hat{\boldsymbol{F}}_c|\psi_k\rangle + \langle\psi_k|\hat{\boldsymbol{F}}_c|\delta\psi_k\rangle\right] + 2\nu\sum_m \left[\langle\delta\psi_m|\hat{\boldsymbol{F}}_o|\psi_m\rangle + \langle\psi_m|\hat{\boldsymbol{F}}_o|\delta\psi_m\rangle\right] \tag{12.2.6}$$

式中

$$\hat{\boldsymbol{F}}_c = \hat{\boldsymbol{h}} + \sum_k(2\hat{\boldsymbol{J}}_k - \hat{\boldsymbol{K}}_k) + \nu\sum_m(2\hat{\boldsymbol{J}}_m - \hat{\boldsymbol{K}}_m) \tag{12.2.7}$$

$$\hat{\boldsymbol{F}}_o = \hat{\boldsymbol{h}} + \sum_k(2\hat{\boldsymbol{J}}_k - \hat{\boldsymbol{K}}_k) + 2a\nu\sum_m\hat{\boldsymbol{J}}_m - b\nu\sum_m\hat{\boldsymbol{K}}_m \tag{12.2.8}$$

都是 Hermite 算符. 而

$$\delta\left[\sum_i\sum_j 2\varepsilon_{ij}\langle\psi_i|\psi_j\rangle\right] = \sum_i\sum_j\left[\varepsilon_{ij}\langle\delta\psi_i|\psi_j\rangle + \varepsilon_{ji}\langle\psi_j|\delta\psi_i\rangle\right] \tag{12.2.9}$$

令 $\delta W = 0$, 并注意到 $\delta\psi_i$ 和 $\delta\psi_i^*$ 的任意性, 得

$$\hat{\boldsymbol{F}}_c\psi_k = \sum_j\varepsilon_{kj}\psi_j = \sum_l\varepsilon_{kl}\psi_l + \sum_n\varepsilon_{kn}\psi_n \tag{12.2.10}$$

$$\hat{\boldsymbol{F}}_c^*\psi_k^* = \sum_j\varepsilon_{jk}\psi_j^* \tag{12.2.11}$$

$$\nu\hat{\boldsymbol{F}}_o\psi_m = \sum_j\varepsilon_{mj}\psi_j = \sum_l\varepsilon_{ml}\psi_l + \sum_n\varepsilon_{mn}\psi_n \tag{12.2.12}$$

$$\nu\hat{\boldsymbol{F}}_o^*\psi_m^* = \sum_j\varepsilon_{jm}\psi_j^* \tag{12.2.13}$$

对式 (12.2.11) 和式 (12.2.13) 取复数共轭, 并分别减去式 (12.2.10) 和式 (12.2.12), 得

$$\varepsilon_{jk}^* = \varepsilon_{kj} \qquad \varepsilon_{jm}^* = \varepsilon_{mj} \tag{12.2.14}$$

即 $\varepsilon_{ij}^* = \varepsilon_{ji}, [\varepsilon_{ij}]$ 是 Hermite 矩阵. 在闭壳层组态或开壳层组态非限制的 Hartree-Fock 方法中, 我们可以利用 Fock 算符对于轨道的酉变换的不变性将所有的非对角元 $\varepsilon_{ij}(i \neq j)$ 消去. 在开壳层组态限制的 Hartree-Fock 方法中做不到这点, 因为增加了等价限制条件, 能量表达式 (12.2.5) 和 Fock 算符 [式 (12.2.7) 及式 (12.2.8)] 对于所有占据轨道的任意酉变换不是不变的. 不过, $\hat{\boldsymbol{F}}_c$ 和 $\hat{\boldsymbol{F}}_o$ 分别对于闭壳层子空间内部和开壳层子空间内部的酉变换是不变的, 可以利用这点消去 $\varepsilon_{kl}(k \neq l)$ 和 $\varepsilon_{mn}(m \neq n)$. 于是, 式 (12.2.10) 和式 (12.2.12) 可变成

$$\hat{\boldsymbol{F}}_c\psi_k = \varepsilon_k\psi_k + \sum_m\varepsilon_{km}\psi_m \tag{12.2.15}$$

$$\nu\hat{\boldsymbol{F}}_o\psi_m=\varepsilon_m\psi_m+\sum_k\varepsilon_{mk}\psi_k \tag{12.2.16}$$

式中 $\varepsilon_k,\varepsilon_m$ 为实数, 且 $\varepsilon_{mk}^*=\varepsilon_{km}$.

因此, 对于开壳层组态, 用限制的 Hartree-Fock 方法, 在保持轨道正交的条件下, 没有办法得到单粒子本征值方程. 这给方程组式 (12.2.15) 和式 (12.2.16) 的求解造成一定困难. 不过, 可以用下列投影算符方法将其变成准本征值方程. 这个方法的实质是将式 (12.2.15) 和式 (12.2.16) 中的非对角项吸收到 Hamilton 算符中去.

用 ψ_m^* 乘式 (12.2.15) 并积分, 得

$$\varepsilon_{km}=\langle\psi_m|\hat{\boldsymbol{F}}_c|\psi_k\rangle \tag{12.2.17}$$

另一方面, 由式 (12.2.16) 可得

$$\varepsilon_{km}=\varepsilon_{mk}^*=\langle\psi_k|\nu\hat{\boldsymbol{F}}_o|\psi_m\rangle^*=\langle\psi_m|\nu\hat{\boldsymbol{F}}_o|\psi_k\rangle \tag{12.2.18}$$

取式 (12.2.17) 和式 (12.2.18) 的权重平均 (x 为待定权重因子)

$$\varepsilon_{km}=\langle\psi_m|\hat{\boldsymbol{F}}_A|\psi_k\rangle \tag{12.2.19}$$

$$\hat{\boldsymbol{F}}_A=x\hat{\boldsymbol{F}}_c+(1-x)\nu\hat{\boldsymbol{F}}_o \tag{12.2.20}$$

对每个轨道 ψ_j 引入一个投影算符 $\hat{\boldsymbol{P}}_j$, 其定义为

$$\hat{\boldsymbol{P}}_j\psi=|\psi_j\rangle\langle\psi_j|\psi\rangle \tag{12.2.21}$$

对闭壳层轨道求和, 得出到闭壳层子空间的投影算符

$$\hat{\boldsymbol{Q}}_c\psi=\sum_k\hat{\boldsymbol{P}}_k\psi=\sum_k|\psi_k\rangle\langle\psi_k|\psi\rangle \tag{12.2.22}$$

容易证明, $\hat{\boldsymbol{Q}}_c$ 是 Hermite 的和等幂的

$$\hat{\boldsymbol{Q}}_c^H=\hat{\boldsymbol{Q}}_c \qquad \hat{\boldsymbol{Q}}_c^2=\hat{\boldsymbol{Q}}_c \tag{12.2.23}$$

类似地, 到开壳层子空间的投影算符为

$$\hat{\boldsymbol{Q}}_o=\sum_m\hat{\boldsymbol{P}}_m \tag{12.2.24}$$

它也是 Hermite 的和幂等的

$$\hat{\boldsymbol{Q}}_o^H=\hat{\boldsymbol{Q}}_o \qquad \hat{\boldsymbol{Q}}_o^2=\hat{\boldsymbol{Q}}_o \tag{12.2.25}$$

$\hat{\boldsymbol{Q}}_c$ 和 $\hat{\boldsymbol{Q}}_o$ 对轨道的作用为

$$\hat{\boldsymbol{Q}}_c\psi_k = \psi_k \qquad \hat{\boldsymbol{Q}}_c\psi_m = 0 \tag{12.2.26}$$

$$\hat{\boldsymbol{Q}}_o\psi_k = 0 \qquad \hat{\boldsymbol{Q}}_o\psi_m = \psi_m \tag{12.2.27}$$

于是, 可将式 (12.2.15) 改写为

$$\hat{\boldsymbol{F}}_c\psi_k = \varepsilon_k\psi_k + \sum_m |\psi_m\rangle\langle\psi_m|\hat{\boldsymbol{F}}_A|\psi_k\rangle \tag{12.2.28}$$

$$\hat{\boldsymbol{F}}_c\psi_k = \varepsilon_k\psi_k + \hat{\boldsymbol{Q}}_o\hat{\boldsymbol{F}}_A\psi_k \tag{12.2.29}$$

即

$$(\hat{\boldsymbol{F}}_c - \hat{\boldsymbol{Q}}_o\hat{\boldsymbol{F}}_A)\psi_k = \varepsilon_k\psi_k \tag{12.2.30}$$

$\hat{\boldsymbol{Q}}_o\hat{\boldsymbol{F}}_A$ 不是 Hermite 的, 不过, $\hat{\boldsymbol{Q}}_o\hat{\boldsymbol{F}}_A + \hat{\boldsymbol{F}}_A\hat{\boldsymbol{Q}}_o$ 是 Hermite 的, 而且由式 (12.2.27) 可知 $\hat{\boldsymbol{F}}_A\hat{\boldsymbol{Q}}_o\psi_k = 0$. 因此, 式 (12.2.30) 可写成

$$[\hat{\boldsymbol{F}}_c - (\hat{\boldsymbol{Q}}_o\hat{\boldsymbol{F}}_A + \hat{\boldsymbol{F}}_A\hat{\boldsymbol{Q}}_o)]\psi_k = \varepsilon_k\psi_k \tag{12.2.31}$$

或

$$\hat{\boldsymbol{H}}_c\psi_k = \varepsilon_k\psi_k \tag{12.2.32}$$

式中

$$\hat{\boldsymbol{H}}_c = [\hat{\boldsymbol{F}}_c - (\hat{\boldsymbol{Q}}_o\hat{\boldsymbol{F}}_A + \hat{\boldsymbol{F}}_A\hat{\boldsymbol{Q}}_o)] \tag{12.2.33}$$

为有效 Hamilton 算符. 这样, 我们就得到一组形式上的本征值方程或准本征值方程.

类似地, 对于开壳层轨道, 有

$$\hat{\boldsymbol{H}}_o\psi_m = \eta_m\psi_m \tag{12.2.34}$$

式中, $\hat{\boldsymbol{H}}_o$ 是开壳层轨道的有效 Hamilton 算符, 即

$$\hat{\boldsymbol{H}}_o = \hat{\boldsymbol{F}}_o - \frac{1}{\nu}(\hat{\boldsymbol{Q}}_c\hat{\boldsymbol{F}}_A + \hat{\boldsymbol{F}}_A\hat{\boldsymbol{Q}}_c) \tag{12.2.35}$$

$$\eta_m = \frac{1}{\nu}\varepsilon_m \tag{12.2.36}$$

显然, 有效 Hamilton 的选择有一定的任意性, 这从 $\hat{\boldsymbol{F}}_A$ 的定义 [式 (12.2.20)] 中 x 的任意性可以看出. 实际上, 设 $\hat{\boldsymbol{R}}$ 是任意的对于闭壳层子空间内部的酉变换不变的 Hermite 算符, 则

$$\begin{aligned}[\hat{\boldsymbol{R}} - (\hat{\boldsymbol{Q}}_c\hat{\boldsymbol{R}} + \hat{\boldsymbol{R}}\hat{\boldsymbol{Q}}_c)]\psi_k &= \hat{\boldsymbol{R}}\psi_k - \hat{\boldsymbol{Q}}_c\hat{\boldsymbol{R}}\psi_k - \hat{\boldsymbol{R}}\psi_k \\ &= -\hat{\boldsymbol{Q}}_c\hat{\boldsymbol{R}}\psi_k = -\sum_l \psi_l\langle\psi_l|\hat{\boldsymbol{R}}|\psi_k\rangle \\ &\equiv \sum_l \psi_l\xi_{kl} \end{aligned} \tag{12.2.37}$$

将式 (12.2.32) 和式 (12.2.37) 相加, 得

$$[\hat{\boldsymbol{H}}_c + \hat{\boldsymbol{R}} - (\hat{\boldsymbol{Q}}_c\hat{\boldsymbol{R}} + \hat{\boldsymbol{R}}\hat{\boldsymbol{Q}}_c)]\psi_k = \sum_l (\xi_{kl} + \delta_{kl}\varepsilon_k)\psi_l \tag{12.2.38}$$

因为方程左边的算符是 Hermite 的, 且对于闭壳层子空间的酉变换不变, 我们可以通过酉变换将右边的 Hermite 矩阵 $[\xi_{kl} + \delta_{kl}\varepsilon_k]$ 对角化, 再将式 (12.2.38) 变成准本征值方程. 所以, 将算符 $[\hat{\boldsymbol{R}} - (\hat{\boldsymbol{Q}}_c\hat{\boldsymbol{R}} + \hat{\boldsymbol{R}}\hat{Q}_c)]$ 加到 $\hat{\boldsymbol{H}}_c$ 中去, 只在闭壳层子空间内部引起一种酉变换, 对方程的解没有本质的影响. 同理, 若 $\hat{\boldsymbol{T}}$ 是 Harmite 算符, 且对于开壳层子空间内部的酉变换不变, 则将 $[\hat{\boldsymbol{T}} - (\hat{\boldsymbol{Q}}_o\hat{\boldsymbol{T}} + \hat{\boldsymbol{T}}\hat{\boldsymbol{Q}}_o)]$ 加到 $\hat{\boldsymbol{H}}_o$ 中, 也对方程式 (12.2.34) 的解没有本质影响. 由此可见, 本征值方程式 (12.2.32) 和式 (12.2.34) 不像闭壳层组态本征值方程那样有唯一确定的解, 而只能确定到闭壳层子空间和开壳层子空间, 在各个子空间内, 解的选择有任意性. 利用这种任意性, 适当选择 $\hat{\boldsymbol{R}}$ 和 $\hat{\boldsymbol{T}}$, 可以使得开壳层轨道和闭壳层轨道的有效 Hamilton 相同.

不过, 从实际计算的观点看, 更方便的是让 $\hat{\boldsymbol{H}}_c$ 和 $\hat{\boldsymbol{H}}_o$ 不相同. 适当选择 x, 可使 $\hat{\boldsymbol{F}}_A$ 中的大部分项互相抵消. 由 $\hat{\boldsymbol{F}}_o$ 和 $\hat{\boldsymbol{F}}_A$ 的定义可知, 若令

$$x + (1-x)\nu = 0$$

即

$$x = -\frac{\nu}{1-\nu}$$

则 $\hat{\boldsymbol{F}}_A$ 中就只剩下开壳层中的 Coulomb 和交换算符 $\hat{\boldsymbol{J}}_m$ 和 $\hat{\boldsymbol{K}}_m$. 这样, 式 (12.2.33) 和式 (12.2.35) 可简化为

$$\hat{\boldsymbol{H}}_c = \hat{\boldsymbol{h}} + 2\hat{\boldsymbol{J}}_c - \hat{\boldsymbol{K}}_c + 2\hat{\boldsymbol{J}}_o - \hat{\boldsymbol{K}}_o + 2\alpha\hat{\boldsymbol{L}}_o - \beta\hat{\boldsymbol{M}}_o \tag{12.2.39}$$

$$\hat{\boldsymbol{H}}_o = \hat{\boldsymbol{h}} + 2\hat{\boldsymbol{J}}_c - \hat{\boldsymbol{K}}_c + 2a\hat{\boldsymbol{J}}_o - b\hat{\boldsymbol{K}}_o + 2\alpha\hat{\boldsymbol{L}}_c - \beta\hat{\boldsymbol{M}}_c \tag{12.2.40}$$

式中

$$\begin{aligned}
\hat{\boldsymbol{J}}_c &= \sum_k \hat{\boldsymbol{J}}_k & \hat{\boldsymbol{K}}_c &= \sum_k \hat{\boldsymbol{K}}_k \\
\hat{\boldsymbol{J}}_o &= \nu\sum_m \hat{\boldsymbol{J}}_m & \hat{\boldsymbol{K}}_o &= \nu\sum_m \hat{\boldsymbol{K}}_m \\
\hat{\boldsymbol{L}}_c &= \hat{\boldsymbol{Q}}_c\hat{\boldsymbol{J}}_o + \hat{\boldsymbol{J}}_o\hat{\boldsymbol{Q}}_c & \hat{\boldsymbol{M}}_c &= \hat{\boldsymbol{Q}}_c\hat{\boldsymbol{K}}_o + \hat{\boldsymbol{K}}_o\hat{\boldsymbol{Q}}_c \\
\hat{\boldsymbol{L}}_o &= \nu(\hat{\boldsymbol{Q}}_o\hat{\boldsymbol{J}}_o + \hat{\boldsymbol{J}}_o\hat{\boldsymbol{Q}}_o) & \hat{\boldsymbol{M}}_o &= \nu(\hat{\boldsymbol{Q}}_o\hat{\boldsymbol{K}}_o + \hat{\boldsymbol{K}}_o\hat{\boldsymbol{Q}}_o) \\
\alpha &= \frac{1-a}{1-\nu} & \beta &= \frac{1-b}{1-\nu}
\end{aligned} \tag{12.2.41}$$

$\hat{\boldsymbol{L}}_c, \hat{\boldsymbol{M}}_c, \hat{\boldsymbol{L}}_o, \hat{\boldsymbol{M}}_o$ 称为耦合算符. 这样选择 x, 可以使耦合项 L, M 的作用较小.

用 ψ_k^* 和 ψ_m^* 分别乘式 (12.2.32) 和式 (12.2.34) 并积分, 注意式 (11.2.39) 和式 (11.2.40), 得

$$\varepsilon_k = f_k + \sum_l (2J_{kl} - K_{kl}) + \nu \sum_m (2J_{km} - K_{km}) \tag{12.2.42}$$

$$\eta_m = f_m + \sum_k (2J_{km} - K_{km}) + \nu \sum_n (2aJ_{mn} - bK_{mn}) \tag{12.2.43}$$

将式 (12.2.42) 和式 (12.2.43) 与总能量表达式 (12.2.5) 比较, 即得

$$E = \sum_k (f_k + \varepsilon_k) + \nu \sum_m (f_m + \eta_m) \tag{12.2.44}$$

与闭壳层组态的式 (12.1.43) 类似.

应当注意到, 式 (12.2.5) 中的第三、四、五个求和项是对整个简并轨道组 (开壳层子空间) 进行的, 尽管开壳层中电子不一定是半充满的. 因此, 能量表达式 (12.2.5) 对于闭壳层子空间和开壳层子空间内部的任意酉变换是不变的, 从而对于体系所属对称性群的变换是不变的. 由这个能量表达式导出的 Fock 算符也具有体系完全的对称性, 它的本征函数构成体系所属对称性群的不可约表示的基函数. 所以, 用这种方法处理, 能保证单粒子模型的解的对称性质符合群论原理的要求.

上面的推导是建立在能量可以表达成式 (12.2.5) 的基础上的. 能满足以上条件的情况包括:

(1) 开壳层中只有一个电子或者只缺少一个电子.

(2) 半闭壳层, 即一组简并轨道半充满, 且电子自旋相互平行.

(3) 开壳层是二重或三重简并的.

虽然不是所有情况都能满足以上条件, 但上述三种情况和闭壳层的情况加在一起, 就包括了绝大多数原子、分子、离子和自由基的基态. 所以 Roothaan 方法应用很广泛. 将上述方法推广到有几个未充满层, 但每个对称类型的未充满壳层只出现一次的情况, 可参考文献 [11].

12.3　径向 Hartree-Fock 方程

12.3.1　原子的 Hartree-Fock 计算

现在回到原子的电子结构计算问题上来. 式 (12.1.33) 或式 (12.2.32) 和式 (12.2.34) 是非常复杂的, 实际上仍无法直接求解, 必须作进一步的简化处理. 在原子问题中, 我们可以利用球形对称性, 引入中心场近似, 假定势场是球形对称的, 从而解具有 $R_{nl}(r)Y_{lm_l}(\theta,\phi)$ 形式. 对于闭壳层组态, 这不是额外引入的简化, 因为这时电荷分布是球形对称的, 势场本来就是球形对称的. 对于其他情况, 这是进一

步的简化, 即对实在的势场进行球形平均. 将这种形式的解代入式 (12.1.33), 分离 $Y_{lm_l}(\theta,\phi)$, 就得到 $R(r)$ 满足的方程——径向 Hartree-Fock 方程. 这种一维方程可以用数值方法求解.

下面我们遵循 Hartree 提出来的方法[12], 取原子轨道的形式为 $R_{n_il_i}(r)Y_{l_i m_{l_i}}(\theta,\phi)\eta_i(\sigma)$, 将原子光谱项的能量表达为 $R_{n_il_i}(r)$ 的泛函的形式, 再对径向函数 $R_{n_il_i}(r)$ 变分, 导出径向 Hartree-Fock 方程. 先考虑较简单的闭壳层组态的情形.

根据式 (11.4.15)、式 (11.4.39) 和式 (11.4.46), 可得闭壳层组态的能量表达式为 (i,j 为亚层的标号)

$$\begin{aligned}\langle\hat{\boldsymbol{H}}\rangle=&\sum_i(4l_i+2)\Big\{I(n_il_i)+\frac{1}{2}\sum_j(4l_j+2)\Big[F^0(n_il_i,n_jl_j)\\&-\frac{1}{2}\sqrt{\frac{1}{(2l_i+1)(2l_j+1)}}\sum_k c^k(l_i0,l_j0)G^k(n_il_i,n_jl_j)\Big]\Big\}\end{aligned}\tag{12.3.1}$$

根据 $I(n_il_i),F^0(n_il_i,n_jl_j)$ 和 $G^k(n_il_i,n_jl_j)$ 的表达式 [式 (11.4.16)、式 (11.4.19) 和式 (11.4.22)] 可知, $\langle\hat{\boldsymbol{H}}\rangle$ 只是 $P_{n_il_i}(r)=rR_{n_il_i}(r)$ 的泛函. 在保持 $P_{n_il_i}(r)$ 正交的条件下变分, 使 $\langle\hat{\boldsymbol{H}}\rangle$ 取极值, 得

$$\begin{aligned}&\delta\Big[\langle\hat{\boldsymbol{H}}\rangle-\sum_i(4l_i+2)\varepsilon_{ii}\int_0^\infty P^2_{n_il_i}(r)\mathrm{d}r\\&-\sum_{i\neq j}\delta(l_i,l_j)2(4l_i+2)(4l_j+2)\varepsilon_{ij}\int_0^\infty P_{n_il_i}(r)P_{n_jl_j}(r)\mathrm{d}r\Big]=0\end{aligned}\tag{12.3.2}$$

这里只考虑 l 相同的径向函数之间的正交要求, 因为不同 l 值的波函数, 其角度部分已经正交. 因

$$\begin{aligned}\delta I(n_il_i)=&\int_0^\infty\delta P_{n_il_i}(r)\Big[-\frac{1}{2}\frac{\mathrm{d}^2}{\mathrm{d}r^2}+\frac{l_i(l_i+1)}{2r^2}-\frac{Z}{r}\Big]P_{n_il_i}(r)\mathrm{d}r\\&+\int_0^\infty P_{n_il_i}(r)\Big[-\frac{1}{2}\frac{\mathrm{d}^2}{\mathrm{d}r^2}+\frac{l_i(l_i+1)}{2r^2}-\frac{Z}{r}\Big]\delta P_{n_il_i}(r)\mathrm{d}r\\=&2\int_0^\infty\delta P_{n_il_i(r)}\left[-\frac{1}{2}\frac{\mathrm{d}^2}{\mathrm{d}r^2}+\frac{l_i(l_i+1)}{2r^2}-\frac{Z}{r}\right]P_{n_il_i}(r)\mathrm{d}r\end{aligned}$$

$$\delta F^k(n_il_i,n_il_i)=4\int_0^\infty\delta P_{n_il_i}(r)P_{n_il_i}(r)\frac{1}{r}Y_k(n_il_i,n_il_i/r)\mathrm{d}r$$

$$\delta F^k(n_il_i,n_jl_j)=2\int_0^\infty\delta P_{n_il_i}(r)P_{n_il_i}(r)\frac{1}{r}Y_k(n_jl_j,n_jl_j/r)\mathrm{d}r$$

$$\delta G^k(n_il_i,n_jl_j)=2\int_0^\infty\delta P_{n_il_i}(r)P_{n_jl_j}(r)\frac{1}{r}Y_k(n_il_i,n_jl_j/r)\mathrm{d}r$$

$$\delta\int_0^\infty P^2_{n_il_i}(r)\mathrm{d}r=2\int_0^\infty\delta P_{n_il_i}(r)P_{n_il_i}(r)\mathrm{d}r$$

$$\delta\int_0^\infty P_{n_il_i}(r)P_{n_jl_j}(r)\mathrm{d}r=\int_0^\infty \delta P_{n_il_i}(r)P_{n_jl_j}(r)\mathrm{d}r \qquad (i\neq j, l_i=l_j) \tag{12.3.3}$$

式中

$$Y_k(n_il_i,n_jl_j/r)=\frac{1}{r^k}\int_0^r P_{n_il_i}(r')P_{n_jl_j}(r')r'^k\mathrm{d}r'+r^{k+1}\int_r^\infty P_{n_il_i}(r')P_{n_jl_j}(r')r'^{-k-1}\mathrm{d}r' \tag{12.3.4}$$

将式 (12.3.3) 中的各式代入式 (12.3.2), 得

$$\begin{aligned}&\int_0^\infty \delta P_{n_il_i}(r)2(4l_i+2)\Big\{\Big[-\frac{1}{2}\frac{\mathrm{d}^2}{\mathrm{d}r^2}+\frac{l_i(l_i+1)}{2r^2}-\frac{Z}{r}\\&+\sum_j(4l_j+2)\frac{1}{r}Y_0(n_jl_j,n_jl_j/r)\Big]P_{n_il_i}(r)\\&-\sum_j\sqrt{\frac{2l_j+1}{2l_i+1}}\sum_k c^k(l_i0,l_j0)\frac{1}{r}Y_k(n_il_i,n_jl_j/r)P_{n_jl_j}(r)\\&-\varepsilon_{ii}P_{n_il_i}(r)-\sum_{j\neq i}\delta(l_j,l_i)(4l_j+2)\varepsilon_{ij}P_{n_jl_j}(r)\Big\}\mathrm{d}r\\=\;&0\end{aligned} \tag{12.3.5}$$

令大括号内的式子等于零, 即得

$$\begin{aligned}&\Big[-\frac{1}{2}\frac{\mathrm{d}^2}{\mathrm{d}r^2}+\frac{l_i(l_i+1)}{2r^2}-\frac{Z}{r}+\sum_j(4l_j+2)\frac{1}{r}Y_0(n_jl_j,n_jl_j/r)\Big]P_{n_il_i}(r)\\&-\sum_j\sqrt{\frac{2l_j+1}{2l_i+1}}\sum_k c^k(l_i0,l_j0)\frac{1}{r}Y_k(n_il_i,n_jl_j/r)P_{n_jl_j}(r)\\=\;&\varepsilon_{ii}P_{n_il_i}(r)+\sum_{j\neq i}\delta(l_i,l_j)(4l_j+2)\varepsilon_{ij}P_{n_jl_j}(r)\end{aligned} \tag{12.3.6}$$

可以像处理式 (12.1.24) 一样, 证明非对角元 $\varepsilon_{ij}(i\neq j)$ 可以通过酉变换消除. 于是, 得到闭壳层组态的径向 Hartree-Fock 方程为

$$\left[-\frac{1}{2}\frac{\mathrm{d}^2}{\mathrm{d}r^2}+\frac{1}{2}q_{n_il_i}(r)\right]P_{n_il_i}(r)=\varepsilon_{n_il_i}P_{n_il_i}(r)+\frac{1}{r}X_{n_il_i}(r) \tag{12.3.7}$$

式中

$$q_{n_il_i}(r)=\frac{l_i(l_i+1)}{r^2}-\frac{2}{r}\left[Z-\sum_j(4l_j+2)Y_0(n_jl_j,n_jl_j/r)\right] \tag{12.3.8}$$

$$X_{n_il_i}(r)=\sum_j\sqrt{\frac{2l_j+1}{2l_i+1}}\sum_k c^k(l_i0,l_j0)Y_k(n_il_i,n_jl_j/r)P_{n_jl_j}(r) \tag{12.3.9}$$

对于开壳层组态, 可以按同样的方式处理. 具体的步骤与闭壳层组态类似, 将总能量表达为径向函数的泛函, 变分求极值, 就得到径向 Hartree-Fock 方程. 与闭壳层组态不同的是, 这时我们对变分函数加上自旋等价和对称性等价限制, 所以非对角 Lagrange 因子不能够通过酉变换消除, 这在上节已经讨论过了. 举一个简单的例子, 考虑 Li 的 $1s^2 2s^1$ 组态 (^2S 谱项), 容易写出能量泛函表达式

$$\langle \hat{\boldsymbol{H}} \rangle = 2I(1s) + I(2s) + F^0(1s,1s) + 2F^0(1s,2s) - G^0(1s,2s) \tag{12.3.10}$$

由

$$\delta[\langle \hat{\boldsymbol{H}} \rangle - 2\varepsilon_{11}\int P_{1s}^2(r)\mathrm{d}r - 4\varepsilon_{12}\int P_{1s}(r)P_{2s}(r)\mathrm{d}r - \varepsilon_{22}\int P_{2s}^2(r)\mathrm{d}r] = 0 \tag{12.3.11}$$

得

$$\begin{aligned}&\left[-\frac{1}{2}\frac{\mathrm{d}^2}{\mathrm{d}r^2} - \frac{2}{r} + \frac{1}{r}Y_0(1s,1s/r) + \frac{1}{r}Y_0(2s,2s/r)\right]P_{1s}(r)\\ =&\varepsilon_{11}P_{1s}(r) + \varepsilon_{12}P_{2s}(r) + \frac{1}{2r}Y_0(1s,2s/r)P_{2s}(r)\end{aligned} \tag{12.3.12}$$

$$\begin{aligned}&\left[-\frac{1}{2}\frac{\mathrm{d}^2}{\mathrm{d}r^2} - \frac{2}{r} + \frac{2}{r}Y_0(1s,1s/r)\right]P_{2s}(r)\\ =&2\varepsilon_{12}P_{1s}(r) + \varepsilon_{22}P_{2s}(r) + \frac{1}{r}Y_0(1s,2s/r)P_{1s}(r)\end{aligned} \tag{12.3.13}$$

以上方程组可以求解, 但 ε_{12} 消不掉. 因为以 $P_{2s}(r)$ 乘式 (12.3.12), $P_{1s}(r)$ 乘式 (12.3.13) 相减, 并对 r 积分. 根据 $P_{1s}(r)$ 和 $P_{2s}(r)$ 的正交性质, 得

$$\varepsilon_{12} = -\frac{1}{2}\int_0^\infty\int_0^\infty P_{1s}(r)P_{2s}(r)P_{2s}^2(r')\frac{2}{r_>}\mathrm{d}r\mathrm{d}r' \tag{12.3.14}$$

($r_>$ 表示 r, r' 中之大者), 可见 $\varepsilon_{12} \neq 0$. 但是, 式 (12.3.14) 相当于电荷 $P_{2s}^2(r)$ 和重叠电荷 $P_{1s}(r)P_{2s}(r)$ 之间的静电相互作用. 重叠电荷 $P_{1s}(r)P_{2s}(r)$ 的总值为零, 所以 ε_{12} 一般很小.

12.3.2 超 Hartree-Fock 方法

Hartree 的开壳层处理方法, 即对各个谱项能量单独变分求径向函数, 虽然可以得到较低的总能量, 但计算量很大, 而且求得的同一组态不同谱项的单粒子态函数稍有不同, 不便于应用. 例如, Be 的 $1s^2 2s2p$ 组态, 有 ^1P, ^3P 两个谱项. 从 ^1P 或 ^3P 谱项的能量表达式出发进行 Hartree-Fock 计算, 得到的 2s, 2p 轨道示于图 12.3.1. 显然, 两组轨道有些差别. 如果我们要计算与两个谱项有关的量, 就比较麻烦. 因此, Shortley 提出另一种处理方法, 对组态平均能量变分求极值, 导出单粒子

态满足的微分方程. 这种方法有时称为超 Hartree-Fock 方法. 用这种方法计算出的总能量比按谱项能量变分求得的稍高一些 (~0.002.a.u.), 波函数也稍有差别, 但它没有 Hartree-Fock 方法的缺点, 而且能量表达式和 Fock 算符是旋转不变的, 满足原子球形对称的要求. 具体的处理步骤与对闭壳层组态的处理没有什么不同.

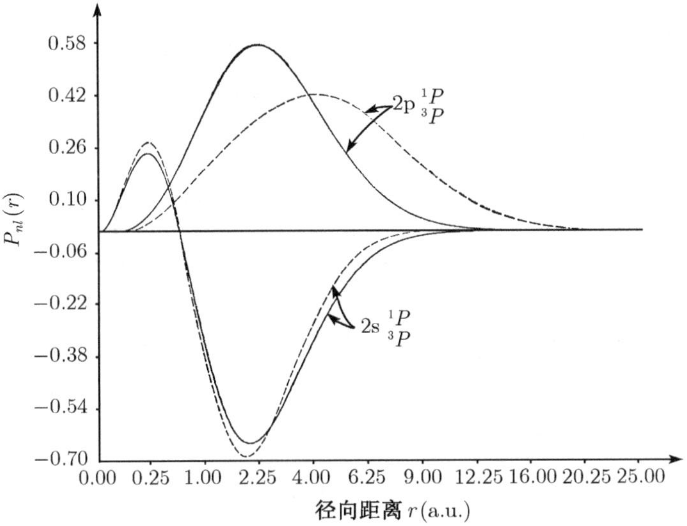

图 12.3.1 Be $1s^22s2p$ 组态 ^1P 和 ^3P 谱项的 Hartree-Fock 2s, 2p 径向波函数

根据式 (11.4.52) 可以写出组态平均能量作为径向函数的泛函 $\langle\hat{\boldsymbol{H}}\rangle$ 和泛函 W

$$W=\left[\langle\hat{\boldsymbol{H}}\rangle-\sum_i N_i\varepsilon_{ii}\int P_{n_il_i}^2(r)\mathrm{d}r-2\sum_{i<j}\sum\delta(l_i,l_j)N_iN_j\varepsilon_{ij}\int P_{n_il_i}(r)P_{n_jl_j}(r)\mathrm{d}r\right] \tag{12.3.15}$$

然后对径向函数变分, 即得

$$\begin{aligned}&\Big\{-\frac{1}{2}\frac{\mathrm{d}^2}{\mathrm{d}r^2}+\frac{l_i(l_i+1)}{2r^2}-\frac{1}{r}\Big[Z-\sum_j N_jY_0(n_jl_j,n_jl_j/r)+Y_0(n_il_i,n_il_i/r)\\&-(N_i-1)\sum_{k\neq0}f_k(l_i,l_i)Y_k(n_il_i,n_il_i/r)\Big]\Big\}P_{n_il_i}(r)\\&=-\frac{1}{r}\sum_{j\neq i}N_j\sum_k g_k(l_i,l_j)Y_k(n_il_i,n_jl_j/r)P_{n_jl_j}(r)\\&+\varepsilon_{ii}P_{n_il_i}(r)+\sum_{j\neq i}\delta(l_i,l_j)N_j\varepsilon_{ij}P_{n_jl_j}(r)\end{aligned} \tag{12.3.16}$$

式中

$$
\begin{aligned}
f_k(l_i,l_i) &= -\frac{1}{4l_i+1}c^k(l_i0,l_i0)\\
g_k(l_i,l_j) &= -\frac{1}{2}\sqrt{\frac{1}{(2l_i+1)(2l_j+1)}}c^k(l_i0,l_j0)
\end{aligned}
\tag{12.3.17}
$$

i, j 是亚层的标号, N_i 是 n_il_i 亚层内的电子数. 除非是闭壳层组态, 一般 $\varepsilon_{ij}\neq 0$, 因为已加上自旋限制和对称性限制条件. 用 $P_{n_jl_j}(r)$ 乘式 (12.3.16) 两边并对 r 积分, 可得 $(j\neq i, l_j=l_i)$

$$
\begin{aligned}
\varepsilon_{ij} =& N_j^{-1}\Big\{\int_0^\infty P_{n_jl_j}(r)\left[-\frac{1}{2}\frac{\mathrm{d}^2}{\mathrm{d}r^2}+\frac{l_i(l_i+1)}{2r^2}-\frac{Z}{r}\right]P_{n_il_i}(r)\mathrm{d}r\\
&+(N_i-1)R^0(ii,ij)+N_jR^0(jj,ji)+\sum_{s\neq i,j}N_sR^0(js,is)\\
&+(N_i-1)\sum_{k\neq 0}f_k(l_i,l_i)R^k(ii,ij)\\
&+N_j\sum_k g_k(l_i,l_j)R^k(jj,ji)\\
&+\sum_{s\neq i,j}N_s\sum_k g_k(l_i,l_s)R^k(ji,ss)\Big\}
\end{aligned}
\tag{12.3.18}
$$

$R^k(ij,st)$ 的含义见式 (11.4.24).

在开壳层组态中, 由于 α 和 β 自旋电子的数目可能不同, 有时需要考虑自旋极化. 类似上面的推理, 容易知道, 考虑自旋极化时的能量表达式为 (用 l_i, l_j 标志已充满亚层, l 标志未充满亚层, N_α 等表示其电子数, 假定只有一个未充满亚层)

$$
\begin{aligned}
\langle\hat{\boldsymbol{H}}\rangle =& I+V\\
I =& \sum_i(2l_i+1)[I(n_il_i\alpha)+I(n_il_i\beta)]+N_\alpha I(nl\alpha)+N_\beta I(nl_\beta)\\
V =& \sum_i l_i(2l_i+1)[F^0(n_il_i\alpha,n_il_i\alpha)+F^0(n_il_i\beta,n_il_i\beta)]\\
&+\sum_i(2l_i+1)^2F^0(n_il_i\alpha,n_il_i\beta)+\sum\sum_{i<j}(2l_i+1)(2l_j+1)\\
&\times[F^0(n_il_i\alpha,n_jl_j\alpha)+F^0(n_il_i\alpha,n_jl_j\beta)\\
&+F^0(n_il_i\beta,n_jl_j\alpha)+F^0(n_il_i\beta,n_jl_j\beta)]\\
&+\sum_i(2l_i+1)\{N_\alpha[F^0(n_il_i\alpha,nl\alpha)+F^0(n_il_i\beta,nl\alpha)]\\
&+N_\beta[F^0(n_il_i\alpha,nl\beta)+F^0(n_il_i\beta,nl\beta)]\}
\end{aligned}
$$

$$
\begin{aligned}
&+\frac{1}{2}[N_\alpha(N_\alpha-1)F^0(nl\alpha,nl\alpha)+2N_\alpha N_\beta F^0(nl\alpha,nl\beta)\\
&+N_\beta(N_\beta-1)F^0(nl\beta,nl\beta)]\\
&-\sum_i\frac{1}{2}(2l_i+1)\sum_{k\neq 0}c^k(l_i0,l_i0)[F^k(n_il_i\alpha,n_il_i\alpha)+F^k(n_il_i\beta,n_il_i\beta)]\\
&-\sum_{i<j}\sum[(2l_i+1)(2l_j+1)]^{\frac{1}{2}}\sum_k c^k(l_i0,l_j0)\\
&\times[G^k(n_il_i\alpha,n_jl_j\alpha)+G^k(n_il_i\beta,n_jl_j\beta)]\\
&-\frac{1}{2l}\sum_{k\neq 0}c^k(l0,l0)\Big[\frac{1}{2}N_\alpha(N_\alpha-1)F^k(nl\alpha,nl\alpha)\\
&+\frac{1}{2}N_\beta(N_\beta-1)F^k(nl\beta,nl\beta)\Big]\\
&-\sum_i\left[\frac{(2l_i+1)}{(2l+1)}\right]^{\frac{1}{2}}c^k(l_i0,l0)[N_\alpha G^k(n_il_i\alpha,nl\alpha)\\
&+N_\beta G^k(n_il_i\beta,nl\beta)]
\end{aligned}\tag{12.3.19}
$$

由此即可求得自旋极化的超 Hartree-Fock 方程如下:

对于已充满亚层, 有

$$
\begin{aligned}
&\Big\{-\frac{1}{2}\frac{\mathrm{d}^2}{\mathrm{d}r^2}+\frac{l_i(l_i+1)}{2r^2}-\frac{Z}{r}+\frac{2l_i}{r}Y_0(n_il_i\alpha,n_il_i\alpha/r)\\
&+\frac{(2l_i+1)}{r}Y_0(n_il_i\beta,n_il_i\beta/r)\\
&+\sum_{j\neq i}\frac{(2l_j+1)}{r}[Y_0(n_jl_j\alpha,n_jl_j\alpha/r)+Y_0(n_jl_j\beta+n_jl_j\beta/r)]\\
&+\frac{N_\alpha}{r}Y_0(nl\alpha,nl\alpha/r)+\frac{N_\beta}{r}Y_0(nl\beta,nl\beta/r)\\
&-\sum_{k\neq 0}c^k(l_i0,l_i0)\frac{1}{r}Y_k(n_il_i\beta,n_il_i\alpha/r)\Big\}P_{n_il_i\alpha}(r)\\
&-\sum_{j\neq i}\left(\frac{2l_j+1}{2l_i+1}\right)^{\frac{1}{2}}\sum_k c^k(l_i0,l_j0)\frac{1}{r}Y_k(n_il_i\alpha,n_jl_j\alpha/r)P_{n_jl_j\alpha}(r)\\
&-N_\alpha[(2l_i+1)(2l_j+1)]^{-\frac{1}{2}}\sum_k c^k(l_i0,l0)\\
&\times\frac{1}{r}Y_k(n_il_i\alpha,nl\alpha/r)P_{nl\alpha}(r)\\
=&\varepsilon_{n_il_i\alpha}P_{n_il_i\alpha}(r)
\end{aligned}\tag{12.3.20}
$$

对于未充满亚层, 有

$$\begin{aligned}&\Big\{-\frac{1}{2}\frac{\mathrm{d}^2}{\mathrm{d}r^2}+\frac{l(l+1)}{2r^2}-\frac{Z}{r}+(N_\alpha-1)\frac{1}{r}Y_0(nl\alpha,nl\alpha/r)\\&+N_\beta\frac{1}{r}Y_0(nl\beta,nl\beta/r)+\sum_i(2l_i+1)\frac{1}{r}\\&\times[Y_0(n_il_i\alpha,n_il_i\alpha/r)+Y_0(n_il_i\beta,n_il_i\beta/r)]\\&-\frac{N_\beta-1}{2l}\sum_{k\neq 0}c^k(l0,l0)\frac{1}{r}Y_k(nl\alpha,nl\alpha/r)\Big\}P_{nl\alpha}(r)\\&-\sum_i\left[\frac{2l_i+1}{2l+1}\right]^{\frac{1}{2}}\sum_k c^k(l_i0,l0)\frac{1}{r}Y_k(n_il_i\alpha,nl\alpha/r)P_{n_il_i\alpha}(r)\\=&\varepsilon_{nl\alpha}P_{nl\alpha}(r)\end{aligned}\tag{12.3.21}$$

对于 β 自旋态的空间轨道有类似公式. 从式 (12.3.20) 和式 (12.3.21) 容易求得轨道能量, 总能量可通过轨道能量表示为

$$\begin{aligned}E=&\frac{2l_i+1}{2}\sum_i[\varepsilon_{n_il_i\alpha}+I(n_il_i\alpha)+\varepsilon_{n_il_i\beta}+I(n_il_i\beta)]\\&+\frac{1}{2}\{N_\alpha[\varepsilon_{nl\alpha}+I(nl\alpha)]+N_\beta[\varepsilon_{nl\beta}+I(nl\beta)]\}\end{aligned}\tag{12.3.22}$$

12.4 径向 Hartree-Fock 方程的求解[12,13]

12.4.1 径向 Hartree-Fock 方程的性态

下面我们具体讨论径向 Hartree-Fock 方程的解法. 为此, 首先要了解它的一般性态. 式 (12.3.16) 可写成

$$\begin{aligned}&\left[\frac{\mathrm{d}^2}{\mathrm{d}r^2}-\frac{l_i(l_i+1)}{r^2}+\frac{2}{r}(Z-Y_{n_il_i}(r))-\lambda_i\right]P_{n_il_i}(r)\\=&\frac{2}{r}X_{n_il_i}(r)+\sum_{\substack{j\neq i\\ l_j=l_i}}\lambda_{ij}P_{n_jl_j}(r)\end{aligned}\tag{12.4.1}$$

式中

$$\begin{aligned}Y_{n_il_i}(r)=&\sum_j N_jY_0(n_jl_j,n_jl_j/r)-Y_0(n_il_i,n_il_i/r)\\&-(N_i-1)\sum_{k\neq 0}f_k(l_i,l_i)Y_k(n_il_i,n_il_i/r)\end{aligned}\tag{12.4.2}$$

$$X_{n_il_i}(r) = -\sum_{j\neq i} N_j \sum_k g_k(l_i,l_j) Y_k(n_il_i,n_jl_j/r) P_{n_jl_j}(r) \tag{12.4.3}$$

$$\lambda_i = -2\varepsilon_{ii} \tag{12.4.4}$$

$$\lambda_{ij} = -2N_j\varepsilon_{ij}\delta(l_i,l_j) \tag{12.4.5}$$

解 $\{P_{n_il_i}(r)\}$ 满足边界条件和正交归一条件

$$P(0)=0 \qquad P(\infty)\to 0 \tag{12.4.6}$$

$$\int_0^\infty P_{n_il_i}(r)P_{n_jl_i}(r)\mathrm{d}r = \delta(n_i,n_j) \tag{12.4.7}$$

这是一个非线性的积分微分方程, 只能用迭代方法求解. 假定前一轮计算已经求得一组 $\{P_{n_jl_j}(r)\}$, 则代入式 (12.3.4)、式 (12.4.2)、式 (12.4.3)、式 (12.3.18) 和式 (12.4.5) 即可求得 $Y_{n_il_i}(r)$ 和 $X_{n_il_i}(r)$ 以及 $\sum\limits_{j\neq i}\lambda_{ij}P_{n_jl_j}(r)$, 所以在解方程的过程中, 可以认为它们是 r 的已知函数, 即式 (12.4.1) 转化成一个二阶线性非齐次微分方程.

当式 (12.4.1) 右边等于零时, 得到齐次方程 (若再弃去 $k\neq 0$ 的 Y_k 项, 就得到径向 Hartree 方程)

$$\left\{\frac{\mathrm{d}^2}{\mathrm{d}r^2} - \frac{l_i(l_i+1)}{r^2} + \frac{2}{r}[Z - Y_{n_il_i}(r)]\right\} P_{n_il_i}(r) = \lambda_i P_{n_il_i}(r) \tag{12.4.8}$$

这是一个 Sturm-Liouville 型本征方程. 根据常微分方程理论[5] 知道, 它的解有以下性质 (对于固定的 l_i 值):

(1) 只当 λ_i 取某些特定值时, 才有非零解, 这些 λ_i 值就是要求的本征值, 相应的非零解是本征函数.

(2) 有无限多个本征值 $\lambda_1 \leqslant \lambda_2 \leqslant \cdots$, 若将本征值按从小到大顺序排列, 相应本征函数的节点数等于排列的序数减 1. n_i 可以作为序号标志, $n_i = l_i+1$ 对应于最低的本征值, $n_i = l_i+2$ 对应于次低的本征值, …… 本征函数的节点数为 n_i-l_i-1. n_i 相当于类氢离子体系中的主量子数.

(3) 属于不同本征值的本征函数互相正交, 本征函数的全体构成一个完备集合.

从式 (12.3.4) 可知

$$Y_k(n_il_i,n_il_i/r) \xrightarrow[r\to 0]{} \sim r^{k+1}$$

$$Y_k(n_il_i,n_il_i/r) \xrightarrow[r\to \infty]{} \sim \frac{1}{r^k} \tag{12.4.9}$$

故

$$
\begin{aligned}
&Y_{n_il_i}(r) \xrightarrow[r\to 0]{} \sim r \\
&Y_{n_il_i}(r) \xrightarrow[r\to\infty]{} (N-1)
\end{aligned}
\tag{12.4.10}
$$

由此知道方程式 (12.4.8) 的解的渐近性质. 当 $r\to 0$ 时, 它有类氢离子形式的解, $P_{n_il_i}(r)\sim r^{(l_i+1)}$, 因为这时的势函数与核电荷为 Z 的类氢离子的势函数相同. 同理, 当 $r\to\infty$ 时, 势函数变为 $\dfrac{Z-N+1}{r}$, 故解渐近于核电荷为 $(Z-N+1)$ 的类氢离子的波函数. 容易想像在中间区域, 当 r 越来越大时, 势函数相当于核电荷数越来越小的类氢离子体系的势函数, 其解也类似于核电荷越来越小的类氢离子体系的波函数. 我们知道, 不同核电荷的类氢离子有类似形状的解 (有相同的节点数和类似的渐近行为), 只不过伸展的区域不同, Z 越大, 收缩得越厉害. 于是, 我们知道, 径向齐次方程的解的形状类似于类氢离子的具有相同 n_il_i 值的解, 节点数相同, 只不过越靠近原子核, 波函数收缩得越厉害 (似 Z 正离子的波函数), 逐渐远离原子核, 波函数就逐渐变成原子序数较小的类氢离子波函数, 当 $r\to\infty$ 时, 其渐近性态与核电荷为 $(Z-N+1)$ 的类氢离子波函数相同.

当式 (12.4.1) 右边不等于零时, 其解可表示为[5]

$$
P_{n_il_i}(r)=\int_0^\infty K(r,x,\lambda)U(x)\mathrm{d}x \tag{12.4.11}
$$

式中

$$
U(x)\equiv\frac{2}{x}X_{n_il_i}(x)+\sum_{\substack{j\neq i\\ l_j=l_i}}\lambda_{ij}P_{n_jl_j}(x) \tag{12.4.12}
$$

$K(r,x,\lambda)$ 是 Green 函数 (C 为常数)

$$
K(r,x,\lambda)=C\begin{cases} w_1(r)w_2(x) & r<x \\ w_2(r)w_1(x) & r\geqslant x\end{cases} \tag{12.4.13}
$$

$w_1(r)$ 和 $w_2(r)$ 是相应齐次方程的解, 但 $w_1(r)$ 只满足 $r=0$ 处的边界条件, $w_2(r)$ 只满足 $r=\infty$ 时的边界条件. 只有 λ 和 c 取特定值时才有满足条件式 (12.4.6) 和 (12.4.7) 的唯一解. 与式 (12.4.8) 一样, 解的节点数是 $n_i-l_i-1,(n_i-l_i)$ 是 λ 值按大小排列的序号.

现在看式 (12.4.1) 的解的渐近行为. 注意式 (12.4.9) 以及

$$
\begin{aligned}
&Y_k(n_il_i,n_jl_j/r)\xrightarrow[r\to 0]{}\sim r^{k+1} \\
&Y_k(n_il_i,n_jl_j/r)\xrightarrow[r\to\infty]{}\sim \frac{1}{r^k}
\end{aligned}
\tag{12.4.14}
$$

可知 (注意, 最小的 k 值 $k_{\min}$ 等于 $|l_i - l_j|$)

$$X_{n_i l_i}(r) \xrightarrow[r\to 0]{} \sim r^{k_{\min}+1} \cdot r^{l_j+1} \leqslant r^{l_i+2}$$
$$X_{n_i l_i}(r) \xrightarrow[r\to \infty]{} \sim r^{-k_{\min}} P_{n_z l_z}(\infty) \tag{12.4.15}$$

$P_{n_z l_z}(\infty)$ 为 $P_{n_j l_j}(r)(j \neq i)$ 中当 $r \to \infty$ 时绝对值最大的一个.

当 $r \to 0$ 时, 有

$$X_{n_i l_i}(r)/r \leqslant \sim r^{l_i+1}$$
$$\sum_{\substack{j\neq i\\ l_j=l_i}} \lambda_{ij} P_{n_j l_j}(r) \to \sim r^{l_i+1} \tag{12.4.16}$$

用级数展开求解方法可以证明这两项对 $P_{n_i l_i}(r)$ 的贡献只是 $\sim r^{l_i+3}$ 级的, 而 $P_{n_i l_i}(r)$ 本身是 $\sim r^{l_i+1}$ 级的, 因此可以忽略不计. 由此可知, 非齐次方程式 (12.4.1) 在 $r \to 0$ 时渐近解也具有类氢离子解的形式.

当 r 很大时, 式 (12.4.1) 可写成

$$\begin{aligned}\frac{\mathrm{d}^2}{\mathrm{d}r^2} P_{n_i l_i}(r) =& \lambda_i P_{n_i l_i}(r) + \sum_{\substack{j\neq i\\ l_j=l_i}} \lambda_{ij} P_{n_j l_j}(r)\\ &+ \sum_j \sum_k \beta(n_i l_i, n_j l_j, k) r^{-(k+1)} P_{n_j l_j}(r)\end{aligned} \tag{12.4.17}$$

此处, $\beta(n_i l_i, n_j l_j, k)$ 是有关系数. 我们可以将式 (12.4.17) 写成矩阵形式

$$\boldsymbol{P}'' = \boldsymbol{A}(r)\boldsymbol{P} \tag{12.4.18}$$

$\boldsymbol{A}(r)$ 矩阵的矩阵元是 r 的函数, $\boldsymbol{P}$ 是元素为 $P_{n_s l_s}(r)$ 的列矢量. 当 r 很大时, $\boldsymbol{A}(r)$ 的变化比较平缓, 假定在一个很窄的 r 范围内, 可以将 $\boldsymbol{A}(r)$ 看成常数矩阵, 而且是正定的, 则可以将其对角化. 设本征值矩阵为 $\boldsymbol{D} = [\zeta_i]$, 本征矢矩阵为 $\boldsymbol{U}$, 即

$$\boldsymbol{U}^{-1}\boldsymbol{A}\boldsymbol{U} = \boldsymbol{D}$$

设

$$\boldsymbol{Q} = \boldsymbol{U}^{-1}\boldsymbol{P} \tag{12.4.19}$$

则式 (12.4.18) 可化为

$$\boldsymbol{Q}'' = \boldsymbol{D}\boldsymbol{Q}$$

或

$$Q_i'' = \zeta_i Q_i \tag{12.4.20}$$

故

$$Q_i(r) \sim e^{-\sqrt{\zeta_i} r}$$

$$P_{n_i l_i}(r) = \sum_j U_{ij}(r) Q_j(r) \tag{12.4.21}$$

令 ζ 为 ζ_i 中的最小者, 则当 r 很大时, 有

$$P_{n_i l_i}(r) \sim e^{-\sqrt{\zeta} r} \tag{12.4.22}$$

因此, 当 $r \to \infty$ 时, 式 (12.4.1) 的解也按指数律下降 (但指数并不一定是 $\sqrt{\lambda_i}$).

12.4.2 齐次方程的数值解法

方程式 (12.4.1) 的解可以用函数值表给出, 即以表格形式给出当 r 取某些值时相应的 $P_{n_i l_i}(r)$ 的数值. 对这种函数的微分、积分等运算, 需用数值计算方法进行. 下面首先简单介绍一点数值计算方法基本知识.

(1) 有限差分. 设函数 $f(x)$ 在一串间距相等的点 $a+mh, h>0, m=0,1,\cdots,n$ 上的值 $f(a+mh)$ 为已知, 称 $\Delta f(a+mh) = f(a+(m+1)h) - f(a+mh)$ 为函数 $f(x)$ 在点 $(a+mh)$ 的一阶差分. 将一阶差分的一阶差分称为二阶差分, 即

$$\begin{aligned}
\Delta^2 f(a+mh) =& \Delta[\Delta f(a+mh)] \\
=& \Delta f[a+(m+1)h] - \Delta f(a+mh) \\
=& f[a+(m+2)h] - 2f[a+(m+1)h] + f(a+mh)
\end{aligned}$$

类似地定义三阶差分、四阶差分等.

更常用的是中心差分. 一阶中心差分 $\delta f(x)$ 的定义为

$$\delta f(x) = f\left(x+\frac{h}{2}\right) - f\left(x-\frac{h}{2}\right) \tag{12.4.23}$$

二阶中心差分的定义为

$$\delta^2 f(x) = \delta f\left(x+\frac{h}{2}\right) - \delta f\left(x-\frac{h}{2}\right) = f(x+h) - 2f(x) + f(x-h) \tag{12.4.24}$$

余类推.

(2) 插值公式. 函数值表只给出特定点的函数值, 不在特定点上的函数值可用插值公式求出. 所谓插值公式就是一个较简单的函数 $\phi(x)$(一般取为多项式), 在指定的 $(n+1)$ 个点 $a_0, a_1, \cdots, a_n$ 上计算出来的 $\phi(x)$ 值与在这 $(n+1)$ 个点上由函数值表给出的 $f(x)$ 的值相同. $a_0, a_1, \cdots, a_n$ 点称为插值点, $[a_0, a_n]$ 称为插值区间, $\phi(x)$ 称为插值函数. 插值函数在区间的中心最准确. 插值公式很多, 举 Stirling 公

式为例. 设 $x = x_j + sh$, 则 Stirling 公式为

$$\begin{aligned}f(x) =& f(x_j + sh) \cong f(x_j) + \frac{s}{2}\left[\delta f\left(x_j + \frac{h}{2}\right) + \delta f\left(x_j - \frac{h}{2}\right)\right] \\ &+ \frac{s^2}{2!}\delta^2 f(x_j) + \frac{s(s^2-1^2)}{3!}\cdot\frac{1}{2}\left[\delta^3 f\left(x_j + \frac{h}{2}\right)\right. \\ &\left.+ \delta^3 f\left(x_j - \frac{h}{2}\right)\right] + \frac{s^2(s^2-1^2)}{4!}\delta^4 f(x_j) + \cdots \\ &+ \frac{s^2(s^2-1^2)\cdots(s^2-(m-1)^2)}{(2m)!}\delta^{2m} f(x_j) \\ &+ \frac{s(s^2-1^2)\cdots(s^2-m^2)}{(2m+1)!}\cdot\frac{1}{2}\left[\delta^{2m+1} f\left(x_j + \frac{h}{2}\right)\right. \\ &\left.+ \delta^{2m+1} f\left(x_j - \frac{h}{2}\right)\right] + \cdots \end{aligned} \tag{12.4.25}$$

(3) 数值微分, 即求由函数表给出的函数 $f(x)$ 在指定点的微分. 办法是利用 $f(x)$ 的插值多项式 $\phi(x)$ 的微分来逼近 $f(x)$ 的微分. 若 $\phi(x)$ 用 Stirling 公式, 则令 $\phi(x_j + sh)$ 对 s 微分, 再令 $s \to 0$, 得

$$\begin{aligned}f'(x_j) = \frac{1}{h}\Big\{&\frac{1}{2}\left[\delta f\left(x_j + \frac{h}{2}\right) + \delta f\left(x_j - \frac{h}{2}\right)\right] \\ &- \frac{1}{12}\left[\delta^3 f\left(x_j + \frac{h}{2}\right) + \delta^3 f\left(x_j - \frac{h}{2}\right)\right] \\ &+ \frac{1}{60}\left[\delta^5 f\left(x_j + \frac{h}{2}\right) + \delta^5 f\left(x_j - \frac{h}{2}\right)\right] + \cdots\Big\}\end{aligned} \tag{12.4.26}$$

$$f''(x_j) = \frac{1}{h^2}\left[\left(\delta^2 - \frac{1}{12}\delta^4 + \frac{1}{90}\delta^6 - \frac{1}{560}\delta^8\right) f(x_j) + \cdots\right] \tag{12.4.27}$$

式 (12.4.27) 可改写成

$$\delta^2 f(x_j) = h^2\left(1 + \frac{1}{12}\delta^2 - \frac{1}{240}\delta^4 + \frac{31}{60480}\delta^6 - \cdots\right) f''(x_j) \tag{12.4.28}$$

(4) 数值积分, 即根据被积函数在积分区间上的一些点的值来计算定积分的近似值. 我们可以在积分区间内分段用插值多项式 $\phi(x)$ 逼近被积函数 $f(x)$, 取 $\int_a^b \phi(x)\mathrm{d}x \approx \int_a^b f(x)\mathrm{d}x$. 这样得到的积分公式称为插值求积公式. 最简单的就是梯形公式 (在 a,b 两点间用线性内插公式)

$$\phi(x) = f(a) + (x-a)\frac{f(b)-f(a)}{b-a}$$

$$\int_a^b f(x)\mathrm{d}x \approx \int_a^b \phi(x)\mathrm{d}x = \frac{1}{2}(b-a)[f(a)+f(b)]$$

梯形公式不够准确. 常用的是 Simpson 公式

$$\int_a^b f(x)\mathrm{d}x \approx \frac{b-a}{6}\left[f(a)+4f\left(\frac{a+b}{2}\right)+f(b)\right]$$

将 Simpson 公式用于整个积分区域 $[A, B]$, 就得到大 Simpson 公式 [设积分区域分为 n(偶数) 等分, $h=\dfrac{B-A}{n}$ 称为积分步长]

$$\begin{aligned}\int_A^B f(x)\mathrm{d}x \approx & \frac{(B-A)}{3n}\{f(A)+4[f(A+h)+f(A+3h)+\cdots \\ & +f(A+(n-1)h)]+2[f(A+2h)+f(A+4h) \\ & +\cdots+f(A+(n-2)h)]+f(B)\}\end{aligned} \tag{12.4.29}$$

更精确一些的是 Newton-Cotes 公式

$$\begin{aligned}\int_a^b f(x)\mathrm{d}x = & (b-a)\sum_{k=0}^{n}\alpha_k f\left[a+\frac{k}{n}(b-a)\right] \\ = & nh\sum_{k=0}^{n}\alpha_k f(a+kh)\end{aligned} \tag{12.4.30}$$

这里将 $[a, b]$ 分为 n 等分, 步长 $h=\dfrac{b-a}{n}$, α_k 值如表 12.4.1 所示.

表 12.4.1 Newton-Cotes 公式的 α_k 值

n	α_0	α_1	α_2	α_3	α_4	α_5	α_6
1	$\frac{1}{2}$	$\frac{1}{2}$					
2	$\frac{1}{6}$	$\frac{4}{6}$	$\frac{1}{6}$				
3	$\frac{1}{8}$	$\frac{3}{8}$	$\frac{3}{8}$	$\frac{1}{8}$			
4	$\frac{7}{90}$	$\frac{16}{45}$	$\frac{2}{15}$	$\frac{16}{45}$	$\frac{7}{90}$		
5	$\frac{19}{288}$	$\frac{25}{96}$	$\frac{25}{144}$	$\frac{25}{144}$	$\frac{25}{96}$	$\frac{19}{288}$	
6	$\frac{41}{840}$	$\frac{9}{35}$	$\frac{9}{280}$	$\frac{34}{105}$	$\frac{9}{280}$	$\frac{9}{35}$	$\frac{41}{840}$

当 $n=2$ 时, 即还原为 Simpson 公式.

下面讨论齐次方程式 (12.4.8) 的数值求解. 令

$$q_{n_il_i}(r)=\frac{l_i(l_i+1)}{r^2}-\frac{2}{r}[Z-Y_{n_il_i}(r)] \tag{12.4.31}$$

则式 (12.4.8) 可写为

$$\frac{\mathrm{d}^2}{\mathrm{d}r^2}P_{n_il_i}(r)-q_{n_il_i}(r)P_{n_il_i}(r)=\lambda_iP_{n_il_i}(r) \tag{12.4.32}$$

设将 $P_{n_il_i}(r)$ 不等于零的区域 $[0,R]$ 分为 M 等分, $h=\dfrac{R}{M}$ 即为步长. 从零开始, 第 k 等分的终点用 r_k 表示, 称为结点或网格点. 记 $P_{n_il_i}(r_k)\equiv P_k, q_{n_il_i}(r_k)\equiv q_k, \lambda_i\equiv\lambda$, 如果只取式 (12.4.28) 的第一项, 则由式 (12.4.24) 可知, 式 (12.4.32) 可用以下近似差分方程逼近

$$\frac{1}{h^2}(P_{k+1}-2P_k+P_{k-1})-q_kP_k=\lambda P_k \tag{12.4.33}$$

或

$$P_{k+1}=-P_{k-1}+(2+q_kh^2+\lambda h^2)P_k \tag{12.4.34}$$

边界条件式 (12.4.6) 就是

$$P_0=0 \qquad P_M\approx 0 \tag{12.4.35}$$

我们知道解当 $r\to 0$ 时的渐近形式, 因此可用级数展开的办法求得 P_1、P_2 等开头几点的值. 只要步长 h 足够小, 这几点的数值可以足够精确. 而从式 (12.4.34) 可知, 给定一个 λ 值, 知道了 P_0 和 P_1 的值, 就可以求出 P_2 的值, 从 P_1 和 P_2 可求出 P_3 的值,$\cdots\cdots$, 直到 P_M. 当 λ 取任意数值时, P_M 将趋向 $+\infty$ 或 $-\infty$ 而非零. 但只要选择适当的 λ 值, 就可以获得 $P_M\approx 0$ 的解. 这时的 λ 值就是方程式 (12.4.32) 的近似本征值, 而数列 $\{P_i\}\equiv[P_0P_1\cdots P_M]^{\mathrm{T}}$ 给出相应的本征矢. 乘上适当常数可以使它满足归一条件 [式 (12.4.7)]. 于是, 我们原则上解决了求方程式 (12.4.32) 的近似解和近似本征值的问题. 只要步长取得足够小, 解及本征值可以足够精确. 不过, 为了提高效率和解的精度, 在实际中用数值方法求解式 (12.4.32) 时还要仔细考虑一些具体问题. 下面我们详细讨论求解方程式 (12.4.32) 的实际方法[12]. 分为以下几个问题考虑:

(1) 网格剖分. 为了将微分方程用差分方程逼近, 首先要确定取结点的方式, 即如何将区间 $[0,R]$ 划分成网格. 径向函数在 r 小的地方变化很剧烈, 在 r 大的地方 (过了最后一个峰值以后) 变化比较平缓. 为了得到足够精确的解, 在 r 小的地方步长必须很小. 但径向函数不等于零的区间延伸得相当宽广, 如果步长取得太小, 结点太多, 计算量就太大. 因此, 比较合理的网格剖分方式是在 r 小处步长取小, r 大处步长取大. 为了达到这一目的, 通常用两种方法[13,14]. 一种方法是作变量变换, 令 $\rho=\log_{\mathrm{e}}r$, 再将 ρ 均匀剖分. 因为 $\Delta\rho\cong\dfrac{\Delta r}{r}$, $\Delta r\cong r\Delta\rho, \Delta\rho$为常数, Δr 就随 r 而增大. 另一个方法是将 $[0,R]$ 区分为 m 段, 各段的步长不同[14]. 例如, 将 $[0,R]$ 分为 11~15 段, 各段按 r 从小到大编号. 设第一段的步长为 Δr, 第二段的步长就增大一倍, 取为 $2\Delta r$, 第三段的步长再加大一倍, 取为 $2^2\Delta r,\cdots\cdots$ 第 m 段的步长取

为 $2^{m-1}\Delta r$. 一般将每段再分为 40 等份, 即每段内有 41 个结点 (包括始末两点). 下面我们只考虑后一种方法.

(2) 方程的差分化. 式 (12.4.33) 所示的差分方程不够精确, 至少需取至式 (12.4.28) 的第二项, 这就是 Numerov 的差分化方法:

$$\delta^2 f(x_k) = h_k^2 \left(1 + \frac{1}{12}\delta^2\right) f''(x_k) \tag{12.4.36}$$

故

$$\begin{aligned}\delta^2 P_{n_i l_i}(r_k) =& h_k^2 \left(1 + \frac{1}{12}\delta^2\right) P''_{n_i l_i}(r_k) \\ =& h_k^2 \left(1 + \frac{1}{12}\delta^2\right) [\lambda_i + q_{n_i l_i}(r_k)] P_{n_i l_i}(r_k)\end{aligned} \tag{12.4.37}$$

式中, k 是结点序号, h_k 表示 k 点处的步长, $h_k = r_{k+1} - r_k$. 记 $P_{n_i l_i}(r_k) \equiv P_k, q_{n_i l_i}(r_k) \equiv q_k, \lambda_i \equiv \lambda$, 若 k 点在一段内部, 有

$$\begin{aligned}&\left(1 - \frac{1}{12}h_k^2 q_{k-1}\right) P_{k-1} - \left(2 + \frac{5}{6}h_k^2 q_k\right) P_k + \left(1 - \frac{1}{12}h_k^2 q_{k+1}\right) P_{k+1} \\ =&\lambda h_k^2 \left(\frac{1}{12}P_{k-1} + \frac{5}{6}P_k + \frac{1}{12}P_{k+1}\right)\end{aligned}$$

而当 k 点为两段的交界点时, 有

$$\begin{aligned}&\left(1 - \frac{1}{12}h_k^2 q_{k-2}\right) P_{k-2} - \left(2 + \frac{5}{6}h_k^2 q_k\right) P_k + \left(1 - \frac{1}{12}h_k^2 q_{k+1}\right) P_{k+1} \\ =&\lambda h_k^2 \left(\frac{1}{12}P_{k-2} + \frac{5}{6}P_k + \frac{1}{12}P_{k+1}\right)\end{aligned} \tag{12.4.38}$$

或合并写成

$$\begin{aligned}&b_{k-\alpha}(h_k)P_{k-\alpha} + d_k(h_k)P_k + b_{k+1}(h_k)P_{k+1} \\ =&\lambda h_k^2 \left(\frac{1}{12}P_{k-\alpha} + \frac{5}{6}P_k + \frac{1}{12}P_{k+1}\right) \qquad (k = 1, \cdots, M)\end{aligned}$$

式中

$$\begin{aligned}b_{k'}(h_k) &= 1 - \frac{1}{12}h_k^2 q_{k'} \\ d_k(h_k) &= -\left(2 + \frac{5}{6}h_k^2 q_k\right)\end{aligned} \tag{12.4.39}$$

k 点为两段的交界点时, $\alpha = 2$, 在各段内部, $\alpha = 1$.

若要求更高的精确度, 就需取式 (12.4.28) 的更高次项, 类似地, 可写出差分方程.

(3) $Y_{n_il_i}(r)$ 的计算. $q_{n_il_i}(r)$ 中包含 $Y_{n_il_i}(r)$ 一项, 即

$$
\begin{aligned}
Y_{n_il_i}(r) = &\sum_j N_j Y_0(n_jl_j, n_jl_j/r) - Y_0(n_il_i, n_il_i/r) \\
&- (N_i - 1)\sum_{k\neq 0} f_k(l_i, l_i) Y_k(n_il_i, n_il_i/r)
\end{aligned}
\tag{12.4.40}
$$

$$
\begin{aligned}
Y_k(n_il_i, n_jl_j/r) =& r^{-k}\int_0^r P_{n_il_i}(r')P_{n_jl_j}(r')r'^k \mathrm{d}r' \\
&+ r^{k+1}\int_r^\infty P_{n_il_i}(r')P_{n_jl_j}(r')r'^{-k-1}\mathrm{d}r'
\end{aligned}
\tag{12.4.41}
$$

但直接按式 (12.4.40) 和式 (12.4.41) 计算 Y_k 很麻烦, 因为对于每个结点 r_k, 都要进行一次 $[0, R]$ 区间上的数值积分. Hartree 提出以下方便的方法, 令

$$
Z_k(n_il_i, n_jl_j/r) = \int_0^r \left(\frac{r'}{r}\right)^k P_{n_il_i}(r')P_{n_jl_j}(r')\mathrm{d}r' \tag{12.4.42}
$$

容易证明, Z_k 和 Y_k 满足方程

$$
\frac{\mathrm{d}}{\mathrm{d}r}Z_k(n_il_i, n_jl_j/r) = P_{n_il_i}(r)P_{n_jl_j}(r) - \frac{k}{r}Z_k(n_il_i, n_jl_j/r) \tag{12.4.43}
$$

$$
\frac{\mathrm{d}}{\mathrm{d}r}Y_k(n_il_i, n_jl_j/r) = \frac{1}{r}[(k+1)Y_k(n_il_i, n_jl_j/r) - (2k+1)Z_k(n_il_i, n_jl_j/r)] \tag{12.4.44}
$$

边界条件为

$$
\begin{aligned}
&Z_k(n_il_i, n_jl_j/r)_{r=0} = 0 \\
&Y_k(n_il_i, n_jl_j/r) \xrightarrow[r\to\infty]{} Z_k(n_il_i, n_jl_j/r)
\end{aligned}
\tag{12.4.45}
$$

这是 $y' = f(x, y)$ 型的一阶微分方程, 边界条件为 $y(x_0) = y_0$, 很容易用数值方法求解. 例如, 可用 Runge-Kutta 方法, 积分公式为

$$
y_{n+1} = y_n + \frac{h}{6}(k_1 + 2k_2 + 2k_3 + k_4) \tag{12.4.46}
$$

式中

$$
\begin{aligned}
k_1 =& f(x_n, y_n) \\
k_2 =& f\left(x_n + \frac{1}{2}h,\ y_n + \frac{1}{2}hk_1\right)
\end{aligned}
$$

$$
\begin{aligned}
k_3 &= f\left(x_n + \frac{1}{2}h,\ y_n + \frac{1}{2}hk_2\right) \\
k_4 &= f(x_n + h,\ y_n + hk_3)
\end{aligned}
\tag{12.4.47}
$$

$h = x_{n+1} - x_n$ 是积分步长 (注意两段交界点处步长的变化). 不在结点上的函数值可用插值公式求得. y 在第一点的值由边界条件给出, 从第一点出发可求第二点的值, 再求第三点的值,……, 最后得出用函数表给出的 y 函数. 由此可见, 只要将方程式 (12.4.43) 和式 (12.4.44) 积分一次, 就可以求得在 $[0, R]$ 区间上的 Y_k 值了. 知道函数 Y_k 即不难求得 $q_{n_il_i}(r)$.

(4) $r \to 0$ 时的波函数值. 在原子核的紧邻, 径向波函数变化很剧烈, 用数值方法较难处理. 但是, 我们知道这时势函数和解的渐近形式, 所以, 可用级数展开方法求得在零附近几点的波函数值. 设 $\frac{1}{r}Y_{n_il_i}(r)$ 可展开成 r 的幂级数

$$\frac{1}{r}Y_{n_il_i}(r) = a_0 + a_1 r + \cdots \tag{12.4.48}$$

则

$$
\begin{aligned}
\frac{1}{h_1}Y_{n_il_i}(h_1) &= a_0 + a_1 h_1 + \cdots \\
\frac{1}{2h_1}Y_{n_il_i}(2h_1) &= a_0 + 2a_1 h_1 + \cdots
\end{aligned}
\tag{12.4.49}
$$

由此可以解出

$$
\begin{aligned}
a_0 &= \frac{1}{2h_1}[4Y_{n_il_i}(h_1) - Y_{n_il_i}(2h_1)] \\
a_1 &= \frac{1}{2h_1}[Y_{n_il_i}(2h_1) - 2Y_{n_il_i}(h_1)]
\end{aligned}
\tag{12.4.50}
$$

因为 $Y_{n_il_i}(h_1)$ 和 $Y_{n_il_i}(2h_1)$ 为已知值, 故 a_0 和 a_1 可以求得. 径向波函数在零附近有类氢离子形式的解, 设其级数展开形式为

$$P_{n_il_i}(r) = A_0 r^{l+1}(1 + A_1 r + A_2 r^2 + A_3 r^3 + \cdots) \tag{12.4.51}$$

将式 (12.4.48) 和式 (12.4.51) 代入式 (12.4.31) 和式 (12.4.32), 比较 r 的同次幂的系数, 可得

$$
\begin{aligned}
A_1 &= -\frac{Z}{l+1} \\
A_2 &= \frac{1}{2(l+1)(2l+3)}[2Z^2 + (l+1)(2a_0 + \lambda_i)] \\
A_3 &= \frac{-1}{6(l+1)(l+2)(2l+3)}[2Z^3 + (3l+4)(2a_0+\lambda_i)Z - 2(l+1)(2l+3)a_1]
\end{aligned}
\tag{12.4.52}
$$

a_0, a_1 为已知量, 预给一个 λ_i 值, A_1, A_2, A_3 即可求得. A_0 可暂取为 1, 最后再由归一化条件决定. 只要步长 h 取得足够小, 用式 (12.4.51) 计算开头几点的波函数值可以很准确.

(5) r 很大时的波函数值. 当 r 很大时 (越过径向函数最后一个峰值以后), $q_{n_il_i}(r)$ 的变化比较平缓. 在这一区域内, 式 (12.4.32) 可写成

$$\frac{\mathrm{d}^2}{\mathrm{d}r^2}P_{n_il_i}(r) = F_i(r)P_{n_il_i}(r) \tag{12.4.53}$$

$$F_i(r) = q_{n_il_i}(r) + \lambda_i$$

$F_i(r)$ 必为正值, 且当 $r \to \infty$ 时, $F_i(r) \to \lambda_i$, 设式 (12.4.53) 的近似解为

$$P_{n_il_i}(r) = A(r)\exp\left[-\int_{r_0}^{r}\frac{K}{[A(x)]^2}\mathrm{d}x\right] \tag{12.4.54}$$

K 为待定常数, r_0 为某一足够大的 r 值. 代入式 (12.4.53), 得

$$\frac{\mathrm{d}^2}{\mathrm{d}r^2}A(r) = F_i(r)A(r) - \frac{K^2}{[A(r)]^3} \tag{12.4.55}$$

当 $r \to \infty$ 时, $A(\infty)$ 为常数. 故 $\dfrac{\mathrm{d}^2}{\mathrm{d}r^2}A(r)\xrightarrow[r\to\infty]{}0$, 又因 $F_i(r) \to \lambda_i$, 故得 $K = \sqrt{\lambda_i}[A(\infty)]^2$, 假定在 r 很大的区域, $A''(r)/A(r) \cong 0$, 则 $A(r) = \dfrac{K^{\frac{1}{2}}}{F_i(r)^{\frac{1}{4}}}$, 从而有

$$P_{n_il_i}(r) \overset{}{\underset{r\to\infty}{=\!=\!=}} K^{\frac{1}{2}}[F_i(r)]^{-\frac{1}{4}}\exp\left[-\int_{r_0}^{r}F_i(x)^{\frac{1}{2}}\mathrm{d}x\right] \tag{12.4.56}$$

于是, 第 $M+1$ 点和第 M 点 $P_{n_il_i}(r)$ 函数值之比为

$$\frac{P_{M+1}}{P_M} = \left(\frac{F_M}{F_{M+1}}\right)^{\frac{1}{4}}\exp\left[-F_M^{\frac{1}{2}}(r_{M+1}-r_M)\right] \tag{12.4.57}$$

此处 $F_M \equiv F_i(r_M)$.

由 $P_{nl}(r)$ 的渐近性质得知, 只当 $r \to \infty$ 时才有 $P_{nl}(r) \to 0$. 因此将 r 很大时的边界条件取为式 (12.4.57) 比取为 $P_M = 0$ 更合理.

(6) 差分方程式 (12.4.39) 的求解——打靶法. 方程式 (12.4.39) 显然是一种递推关系式, 只要知道任意相邻两点的函数值, 即可求得各点的函数值. Hartree 就利用这种性质来解方程式 (12.4.39), 方法如下:

取一个试用的本征值 λ_i, 从 $r=0$ 开始向外积分. 用级数展开方法求开头四五个点的 P_i 值. 利用式 (12.4.39), 即可求得以后各点直到 M 点的值 P_M. 如果 λ_i 选得合适, 则求得的 $P_{n_il_i}(r)$ 函数具有 $(n_i - l_i - 1)$ 个节点. 当 r 越过最后一个峰值

后, 绝对值即指数式下降, 到 r 足够大时 P_{i+1}/P_i 符合式 (12.4.57). 这时 $\{P_i\}$ 数列就给出要求的相应于本征值 λ_i 的本征矢. 常数 A_0 由归一化条件确定. 这个方法的特点是从一端的边界条件出发积分到另一端, 要求解恰巧能满足另一端的边界条件, 像瞄准目标射击一样, 故称为打靶法. λ_i 值要选得合适. 若 λ_i 值选得与指定 n_il_i 轨道的本征值相差太远, 则数值函数 $\{P_i\}$ 的节点数不等于 n_i-l_i-1; λ_i 值太小时, 节点数过多, λ_i 值太大则节点数不足. 即使差得不远, 节点数不错, 当 $r\to\infty$ 时, $P_{n_il_i}(r)\to\pm\infty$, 也不对. 在 $F_i(r)>0$ 的区域, 数值过程不稳定, 累积误差很大. 为了克服这一困难, 通常采取由两端向中间积分的方法. 由 $r=0$ 开始, 向外积分到 r 越过 $P_{n_il_i}(r)$ 的最后一个峰值以后的 K 点停止 (假定节点数符合要求, 否则, 改变 λ_i 值重新由 $r=0$ 开始向外积分). 记求得的函数为 $P_{向外}$, 在 K 点, 设其值为 P_{K_1}, 其一阶导数值为 P'_{K_1}. 然后从 $r=R$[R 足够大, 以保证式 (12.4.57) 成立] 开始, 任意给一个数值 P_{M+1}, 利用式 (12.4.57) 确定 P_M, 再用式 (12.4.38) 确定 $P_{M-1},P_{M-2},\cdots$, 直到 K 点. 记求得的函数为 $P_{向内}$. 设在此点函数的值为 P_{K_2}, 一阶导数为 P'_{K_2}. 因为式 (12.4.32) 是线性齐次方程, 其解乘以任意常数仍为解. 假定我们用 P_K^{-1} 遍乘由向外积分得到的解, $P_{K_2}^{-1}$ 遍乘向内积分得到的解, 则两种解在 K 点的值都是 1, 互相接合. 如果两种解是一个真正解的两部分, 则在接合点的一阶导数也应该相等. 即应有

$$P'_{K_1}/P_{K_1}=P'_{K_2}/P_{K_2} \tag{12.4.58}$$

或者说在 K 点的对数微商相等. 若不满足式 (12.4.58), 则求得的 $P_{向外}$ 和 $P_{向内}$ 不是满足条件的解, 重新选定一个 λ_i 的修正值再进行计算. 容易证明[12], 当 λ_i 与真正本征值相差不太大时, $\Delta\lambda$ 与 $(P'_{K_1}/P_{K_1}-P'_{K_2}/P_{K_2})$ 有近似线性关系

$$\Delta\lambda=\left[\frac{P'_{K_2}}{P_{K_2}}-\frac{P'_{K_1}}{P_{K_1}}\right]\Bigg/\left[\frac{\int_0^{r_k}P^2_{向外}(r)\mathrm{d}r}{P^2_{K_1}}+\frac{\int_{r_k}^{\infty}P^2_{向内}(r)\mathrm{d}r}{P^2_{K_2}}\right] \tag{12.4.59}$$

由式 (12.4.59) 即可求得下一次计算应选取的修正的 λ_i 值. 重复以上过程, 直到 $\Delta\lambda_i$ 小于规定的误差限度为止.

(7) 差分方程式 (12.4.39) 的求解——直接解法. 我们也可以将式 (12.4.39) 当作一个代数本征值问题来处理. 先处理边界条件, 第一个方程是

$$\begin{aligned}&\left(1-\frac{1}{12}h_1^2q_0\right)P_0-\left(2+\frac{5}{6}h_1^2q_1\right)P_1+\left(1-\frac{1}{12}h_1^2q_2\right)P_2\\&=\lambda h_1^2\left(\frac{1}{12}P_0+\frac{5}{6}P_1+\frac{1}{12}P_2\right)\end{aligned} \tag{12.4.60}$$

因为

$$P_0=0$$

$$q_0P_0=\begin{cases}-2ZA_0 & l=0\\ 2A_0 & l=1\\ 0 & l\geqslant 2\end{cases} \tag{12.4.61}$$

根据级数展开式, 得知

$$A_0=P_1\left[h_1^{l+1}\left(1-\frac{Zh_1}{(l+1)}\right)\right]^{-1} \tag{12.4.62}$$

将式 (12.4.61) 和式 (12.4.62) 代入式 (12.4.60), 得

$$d_1^*P_1+\left(1-\frac{1}{12}h_1^2q_2\right)P_2=\lambda h_1^2\left(\frac{5}{6}P_1+\frac{1}{12}P_2\right) \tag{12.4.63}$$

$$d_1^*=\begin{cases}-\left(2+\frac{5}{6}h_1^2q_1\right)+\frac{h_1Z}{6(1-Zh_1)} & l=0\\ -\left(2+\frac{5}{6}h_1^2q_1\right)-\left[6\left(1-\frac{1}{2}Zh_1\right)\right]^{-1} & l=1\\ -\left(2+\frac{5}{6}h_1^2q_1\right) & l\geqslant 2\end{cases} \tag{12.4.64}$$

最末一个方程是 (设 $r_{M+1}-r_M=r_M-r_{M-1}=h_M$)

$$\begin{aligned}&\left(1-\frac{1}{12}h_M^2q_{M-1}\right)P_{M-1}-\left(2+\frac{5}{6}h_M^2q_M\right)P_M+\left(1-\frac{1}{12}h_M^2q_{M+1}\right)P_{M+1}\\ =&\lambda h_M^2\left(\frac{1}{12}P_{M-1}+\frac{5}{6}P_M+\frac{1}{12}P_{M+1}\right)\end{aligned} \tag{12.4.65}$$

当给定 λ 值时, 利用式 (12.4.57), 可确定 P_{M+1}/P_M 的比值, 设为 c, 即

$$\frac{P_{M+1}}{P_M}=c \tag{12.4.66}$$

将其代入式 (12.4.65), 得

$$\begin{aligned}&\left(1-\frac{1}{12}h_M^2q_{M-1}\right)P_{M-1}+\left[-\left(2+\frac{5}{6}h_M^2q_M\right)+c\left(1-\frac{1}{12}h_M^2q_{M+1}\right)\right]P_M\\ =&\lambda h_M^2\left[\frac{1}{12}P_{M-1}+\left(\frac{5}{6}+\frac{c}{12}\right)P_M\right]\end{aligned} \tag{12.4.67}$$

这样, 方程组式 (12.4.39) 可写成矩阵形式

$$\boldsymbol{AP}=\lambda\boldsymbol{BP} \tag{12.4.68}$$

矩阵 $\boldsymbol{A}$、$\boldsymbol{B}$、$\boldsymbol{P}$ 的形式分别为

$$
\begin{array}{r}
\text{在一段}\\
\text{内部}\rightarrow\\
\\
\boldsymbol{A}=\\
\text{在两段}\\
\text{交界点}\rightarrow\\
\\
\\
\\
\end{array}
\left[\begin{array}{ccccccccc}
d_1^* & b_2 & & & & & & & \\
b_1 & d_2 & b_3 & & & 0 & & & \\
0 & b_2 & d_3 & b_4 & & & & & \\
\cdots & \cdots & \cdots & \cdots & \cdots & \cdots & \cdots & \cdots & \cdots \\
 & & & b_{k-2} & d_{k-1} & b_k & & & \\
 & 0 & & b_{k-2} & 0 & d_k & b_{k+1} & & \\
 & & & & & b_k & d_{k+1} & b_{k+2} & \\
\cdots & \cdots & \cdots & \cdots & \cdots & \cdots & \cdots & \cdots & \cdots \\
 & & & & & & & b_{M-1} & d_M^*
\end{array}\right]
\tag{12.4.69}
$$

式中, $b_{k'} \equiv b_{k'}(h_k)$ 和 $d_k \equiv d_k(h_k), k = 1, \cdots, m-1$, 由式 (12.4.39) 定义, d_1^* 由式 (12.4.64) 定义, 而 d_M^* 为

$$
d_M^* = -\left(2 + \frac{5}{6}h_M^2 q_M\right) + c\left(1 - \frac{1}{12}h_M^2 q_{M+1}\right) \tag{12.4.70}
$$

$$
\begin{array}{r}
\text{在一段}\\
\text{内部}\rightarrow\\
\\
\boldsymbol{B}=\\
\text{在两段}\\
\text{交界点}\rightarrow\\
\\
\\
\\
\end{array}
\left[\begin{array}{ccccccccc}
\frac{5}{6}h_1^2 & \frac{1}{12}h_1^2 & & & & & & & \\
\frac{1}{12}h_1^2 & \frac{5}{6}h_1^2 & \frac{1}{12}h_1^2 & & & & & & \\
0 & \frac{1}{12}h_1^2 & \frac{5}{6}h_1^2 & \frac{1}{12}h_1^2 & & & & & \\
\cdots & \cdots & \cdots & \cdots & \cdots & \cdots & \cdots & \cdots & \cdots \\
 & & & \frac{1}{12}h_{k-1}^2 & \frac{5}{6}h_{k-1}^2 & \frac{1}{12}h_{k-1}^2 & & & \\
 & & & \frac{1}{12}h_k^2 & 0 & \frac{5}{6}h_k^2 & \frac{1}{12}h_k^2 & & \\
 & & & & & \frac{1}{12}h_k^2 & \frac{5}{6}h_k^2 & \frac{1}{12}h_k^2 & \\
\cdots & \cdots & \cdots & \cdots & \cdots & \cdots & \cdots & \cdots & \cdots \\
\cdots & \cdots & \cdots & \cdots & \cdots & \cdots & \cdots & \frac{1}{12}h_M^2 & \left(\frac{5}{6}+\frac{c}{12}\right)h_M^2
\end{array}\right]
\tag{12.4.71}
$$

$$
\boldsymbol{P} = [P_1 \cdots P_M]^{\mathrm{T}} \tag{12.4.72}
$$

式 (12.4.68) 是一个广义本征值问题, 我们要求的只是少数几个本征值和相应的本征矢. 下面介结两种比较适合这种要求的解法.

一种是 Newton-Raphson 迭代法. 将方程式 (12.4.68) 写成

$$
(\boldsymbol{A} - \lambda\boldsymbol{B})\boldsymbol{P} = 0 \tag{12.4.73}
$$

假定 $\boldsymbol{A}$ 和 $\boldsymbol{B}$ 是对称的, $\boldsymbol{B}$ 还是正定的. 设本征矢的第一个分量最大, 其值为 P_J. 将矢量 $\boldsymbol{P}$ 记作 $\boldsymbol{P} \equiv [P_J\boldsymbol{V}^{\mathrm{T}}]^{\mathrm{T}}, \boldsymbol{V} \equiv [P_2P_3\cdots P_M]^{\mathrm{T}}$. 将式 (12.4.73) 用分块矩阵表

示, 令

$$\boldsymbol{A}=\begin{bmatrix} a_{11} & \boldsymbol{A}_{12} \\ \boldsymbol{A}_{12}^{\mathrm{T}} & \boldsymbol{A}_{22} \end{bmatrix} \qquad \boldsymbol{B}=\begin{bmatrix} b_{11} & \boldsymbol{B}_{12} \\ \boldsymbol{B}_{12}^{\mathrm{T}} & \boldsymbol{B}_{22} \end{bmatrix}$$

则

$$(a_{11}P_J+\boldsymbol{A}_{12}\boldsymbol{V})-\lambda(b_{11}P_J+\boldsymbol{B}_{12}\boldsymbol{V})=0 \tag{12.4.74}$$

$$(\boldsymbol{A}_{12}^{\mathrm{T}}P_J+\boldsymbol{A}_{22}\boldsymbol{V})-\lambda(\boldsymbol{B}_{12}^{\mathrm{T}}P_J+\boldsymbol{B}_{22}\boldsymbol{V})=0 \tag{12.4.75}$$

假定已给出一个 λ 值, 由式 (12.4.75) 可以求得 $\boldsymbol{V}$, 如果 λ 正好是式 (12.4.73) 的本征值, 则式 (12.4.74) 成立, 即 λ 是该方程的根. 如果 λ 不是本征值, 则式 (12.4.74) 不成立, 设此时右边不等于零而是 $f(\lambda)$.

$$f(\lambda)=(a_{11}P_J+\boldsymbol{A}_{12}\boldsymbol{V})-\lambda(b_{11}P_J+\boldsymbol{B}_{12}\boldsymbol{V}) \tag{12.4.76}$$

找本征值 λ 相当于找函数 $f(\lambda)$ 的零点. Newton-Raphson 迭代法找函数零点的公式为

$$\lambda^{(k+1)}=\lambda^{(k)}-\frac{f(\lambda^{(k)})}{f'(\lambda^{(k)})} \tag{12.4.77}$$

$\lambda^{(k)}$ 表示 λ 的第 k 次迭代近似值. 假定预给一个 $\lambda^{(k)}$, 由式 (12.4.75) 可以求出 $\boldsymbol{V}$. 注意式 (12.4.75) 是一个非齐次线性方程组, 即

$$(\boldsymbol{A}_{22}-\lambda\boldsymbol{B}_{22})\boldsymbol{V}=\lambda\boldsymbol{B}_{12}^{\mathrm{T}}P_J-\boldsymbol{A}_{12}^{\mathrm{T}}P_J$$

其解容易求得 (参考 A1.5.3 节). 将 $\boldsymbol{V}$ 代入式 (12.4.76), 可求得 $f(\lambda^{(k)})$, 再代入式 (12.4.77), 即可求得修正的 λ 值 $\lambda^{(k+1)}$. 式中的 $f'(\lambda^{(k)})$ 按以下方法求得. 对于给定的 λ, 有

$$(\boldsymbol{A}-\lambda\boldsymbol{B})\boldsymbol{P}=[f(\lambda),0,\cdots,0]^{\mathrm{T}} \tag{12.4.78}$$

注意, $\boldsymbol{P}=[P_J,\boldsymbol{V}^{\mathrm{T}}]^{\mathrm{T}}$, $\boldsymbol{V}$ 满足式 (12.4.75). 用 $\boldsymbol{P}^{\mathrm{T}}$ 左乘式 (12.4.78), 得

$$P_Jf(\lambda)=\boldsymbol{P}^{\mathrm{T}}(\boldsymbol{A}-\lambda\boldsymbol{B})\boldsymbol{P} \tag{12.4.79}$$

故

$$P_Jf'(\lambda)=\left[\frac{\partial\boldsymbol{P}}{\partial\lambda}\right]^{\mathrm{T}}(\boldsymbol{A}-\lambda\boldsymbol{B})\boldsymbol{P}+\boldsymbol{P}^{\mathrm{T}}(\boldsymbol{A}-\lambda\boldsymbol{B})\left[\frac{\partial\boldsymbol{P}}{\partial\lambda}\right]-\boldsymbol{P}^{\mathrm{T}}\boldsymbol{B}\boldsymbol{P}$$

因 $\boldsymbol{P}^{\mathrm{T}}(\boldsymbol{A}-\lambda\boldsymbol{B})\left[\frac{\partial\boldsymbol{P}}{\partial\lambda}\right]$ 是一个标积, 转置不变, 故

$$\boldsymbol{P}^{\mathrm{T}}(\boldsymbol{A}-\lambda\boldsymbol{B})\left[\frac{\partial\boldsymbol{P}}{\partial\lambda}\right]=\left[\boldsymbol{P}^{\mathrm{T}}(\boldsymbol{A}-\lambda\boldsymbol{B})\left[\frac{\partial\boldsymbol{P}}{\partial\lambda}\right]\right]^{\mathrm{T}}=\left(\frac{\partial\boldsymbol{P}}{\partial\lambda}\right)^{\mathrm{T}}(\boldsymbol{A}-\lambda\boldsymbol{B})\boldsymbol{P} \tag{12.4.80}$$

这里用的 $\boldsymbol{A}$ 和 $\boldsymbol{B}$ 是对称矩阵. 因为 P_J 为常数, 故

$$\left[\frac{\partial \boldsymbol{P}}{\partial \lambda}\right]^{\mathrm{T}}=\left[0, \frac{\partial P_2}{\partial \lambda}, \cdots, \frac{\partial P_M}{\partial \lambda}\right] \tag{12.4.81}$$

将式 (12.4.78) 和式 (12.4.81) 代入, 可知式 (12.4.80) 右边等于零, 于是

$$f'(\lambda)=-\boldsymbol{P}^{\mathrm{T}}\boldsymbol{B}\boldsymbol{P}/P_J$$

故

$$\lambda^{(k+1)}=\lambda^{(k)}+\frac{\boldsymbol{P}^{\mathrm{T}}(\boldsymbol{A}-\lambda^{(k)}\boldsymbol{B})\boldsymbol{P}}{\boldsymbol{P}^{\mathrm{T}}\boldsymbol{B}\boldsymbol{P}}=\frac{\boldsymbol{P}^{\mathrm{T}}\boldsymbol{A}\boldsymbol{P}}{\boldsymbol{P}^{\mathrm{T}}\boldsymbol{B}\boldsymbol{P}} \tag{12.4.82}$$

$\dfrac{\boldsymbol{P}^{\mathrm{T}}\boldsymbol{A}\boldsymbol{P}}{\boldsymbol{P}^{\mathrm{T}}\boldsymbol{B}\boldsymbol{P}}$ 称为矢量 $\boldsymbol{P}$ 的 Rayleigh 商.

总结起来, 式 (12.4.73) 的解法如下: 设第 k 级近似本征值为 $\lambda^{(k)}$, 近似本征矢为 $\boldsymbol{P}^{(k)} \equiv [P_J, \boldsymbol{V}^{(k)\mathrm{T}}]^{\mathrm{T}}$, 则迭代过程可表示为

$$\left.\begin{aligned}
&[\boldsymbol{A}_{22}-\lambda^{(k)}\boldsymbol{B}_{22}]\boldsymbol{V}^{(k+1)}=\lambda^{(k)}\boldsymbol{B}_{21}^{\mathrm{T}}P_J-\boldsymbol{A}_{12}^{\mathrm{T}}P_J\\
&\boldsymbol{P}^{(k+1)}=[P_J, \boldsymbol{V}^{(k+1)\mathrm{T}}]^{\mathrm{T}}\\
&\lambda^{(k+1)}=\lambda^{(k)}+\frac{\boldsymbol{P}^{(k+1)\mathrm{T}}(\boldsymbol{A}-\lambda^{(k)}\boldsymbol{B})\boldsymbol{P}^{(k+1)}}{\boldsymbol{P}^{(k+1)\mathrm{T}}\boldsymbol{B}\boldsymbol{P}^{(k+1)}}=\frac{\boldsymbol{P}^{(k+1)\mathrm{T}}\boldsymbol{A}\boldsymbol{P}^{(k+1)}}{\boldsymbol{P}^{(k+1)\mathrm{T}}\boldsymbol{B}\boldsymbol{P}^{(k+1)}}\\
&\qquad\qquad\qquad\qquad\qquad\qquad\qquad\qquad\qquad (k=0,1,\cdots)
\end{aligned}\right\} \tag{12.4.83}$$

即从已知的 $\lambda^{(k)}$, 由第一个式子解出 $\boldsymbol{V}^{(k+1)}$, 由第二个式子作出 $\boldsymbol{P}^{(k+1)}$, 代入第三个式子得 $\lambda^{(k+1)}$, 再用 $\lambda^{(k+1)}$ 作新的一轮计算, 直到 $\lambda^{(k+1)}-\lambda^{(k)}$ 达到要求的精确度为止. Newton-Raphson 方法收敛较快, 但开始的 $\lambda^{(0)}$ 值要选得足够精确, 否则 $\lambda^{(k)}$ 不收敛到最邻近的本征值. 注意, 本方法要求第一个分量最大, 否则解的误差较大.

在以上推导中, 假定 $\boldsymbol{A}$ 和 $\boldsymbol{B}$ 为对称矩阵, 而实际上并非如此. 不过, 它们还是接近于对称的, 这样处理问题不大. 另处, 还假定本征矢的第一个分量最大, 而 $P_{n_il_i}(r)$ 不是这样. 为了解决这个问题, 我们可以将这个方法和打靶法联合使用. 对于给定的一个 λ 值, 我们从 $r=0$ 开始积分, 一直到 $P_{n_il_i}(r)$ 的最后一个峰值 (当然, 首先要确定所用的 λ 值能给出具有正确节点数的径向波函数), 设这点的值为 P_J, 然后撇开第 J 个方程, 将从第 $J+1$ 到最后一个方程看成方程组式 (12.4.75), 就可以应用上面的方法求解了. 实际上我们可以先从后面的方程组求出本征值 λ_i, 然后用打靶法从 $r=0$ 积分到 r_J 点. 只要适当选择常数 A_0, 可以使函数在 r_J 点的值为 P_J. 这样就求得本征函数了. 最后再实施波函数的归一化计算.

另一种求解式 (12.4.73) 的有效方法是反幂法. 其原理如下：设式 (12.4.73) 对应于本征值 λ_i 的解为 $\boldsymbol{P}_{n_il_i}(r)$, 有

$$(\boldsymbol{A}-\lambda_i\boldsymbol{B})\boldsymbol{P}_{n_il_i}=0$$

即

$$\boldsymbol{A}\boldsymbol{P}_{n_il_i}=\lambda_i\boldsymbol{B}\boldsymbol{P}_{n_il_i}$$

假定 $\boldsymbol{A}$ 和 $\boldsymbol{B}$ 都是对称矩阵, $\boldsymbol{B}$ 还是正定的. 若用任意函数 $\boldsymbol{Z}$ 代替 $\boldsymbol{P}_{n_il_i}$, 任意数 λ 代替 λ_i, 则 $(\boldsymbol{A}-\lambda\boldsymbol{B})\boldsymbol{Z}\neq 0$, 假设它等于 $\boldsymbol{B}\boldsymbol{Y}$, 即

$$(\boldsymbol{A}-\lambda\boldsymbol{B})\boldsymbol{Z}=\boldsymbol{B}\boldsymbol{Y} \tag{12.4.84}$$

因 $\{\boldsymbol{P}_{n_il_i}(r)\}$ 形成正交归一完备集合, 故 $\boldsymbol{Z}$ 和 $\boldsymbol{Y}$ 可用 $\{\boldsymbol{P}_{n_il_i}(r)\}$ 展开, 即

$$\boldsymbol{Z}=\sum_i\gamma_i\boldsymbol{P}_{n_il_i} \tag{12.4.85}$$

$$\boldsymbol{Y}=\sum_i\beta_i\boldsymbol{P}_{n_il_i}$$

代入式 (12.4.84), 可得

$$\gamma_i=\beta_i/(\lambda-\lambda_i) \tag{12.4.86}$$

若 λ 接近于 λ_i, 则任给函数 $\boldsymbol{Y}$, 解方程式 (12.4.84) 得出的函数 $\boldsymbol{Z}$ 中包含的 $\boldsymbol{P}_{n_il_i}$ 成分比原来的函数 $\boldsymbol{Y}$ 中包含的 $\boldsymbol{P}_{n_il_i}$ 成分增大 $1/(\lambda-\lambda_i)$ 倍, 即 $\boldsymbol{Z}$ 比 $\boldsymbol{Y}$ 更接近 $\boldsymbol{P}_{n_il_i}$. 如 λ 和 λ_i 足够接近, 则归一化后的 $\boldsymbol{Z}$ 实际上就是 $\boldsymbol{P}_{n_il_i}$ 了. 若将第 k 次的解 $\boldsymbol{P}_{n_il_i}^{(k)}$ 当作 $\boldsymbol{Y}$, 解式 (12.4.84) 求得的解 $\boldsymbol{Z}^{(k+1)}$ 归一化后当作 $\boldsymbol{P}_{n_il_i}^{(k+1)}$, 则 $\boldsymbol{P}_{n_il_i}^{(k+1)}$ 当然比 $\boldsymbol{P}_{n_il_i}^{(k)}$ 更接近真解 $\boldsymbol{P}_{n_il_i}$. 利用求得的 $\boldsymbol{P}_{n_il_i}^{(k+1)}$ 值可求得更精确的 $\lambda_{n_il_i}^{(k+1)}$, 代入式 (12.4.84) 再求 $\boldsymbol{P}_{n_il_i}^{(k+2)}, \cdots\cdots$ 迭代过程可总结为以下公式:

$$\left.\begin{aligned}&[\boldsymbol{A}-\lambda_i^{(k)}\boldsymbol{B}]\boldsymbol{Z}^{(k+1)}=\boldsymbol{B}\boldsymbol{P}_{n_il_i}^{(k)}\\&\boldsymbol{P}_{n_il_i}^{(k+1)}=\frac{\boldsymbol{Z}^{(k+1)}}{\|\boldsymbol{Z}^{(k+1)}\|}\\&\lambda_i^{(k+1)}=\frac{\boldsymbol{Z}_{n_il_i}^{(k+1)\mathrm{T}}\boldsymbol{A}\boldsymbol{Z}_{n_il_i}^{(k+1)}}{\boldsymbol{Z}_{n_il_i}^{(k+1)\mathrm{T}}\boldsymbol{B}\boldsymbol{Z}_{n_il_i}^{(k+1)}}\end{aligned}\right\}\quad(k=0,1,2,\cdots) \tag{12.4.87}$$

式中, $\|\boldsymbol{Z}^{(k+1)}\|$ 是矢量 $\boldsymbol{Z}^{(k+1)}$ 的模, 即

$$\|\boldsymbol{Z}^{(k+1)}\|=[\boldsymbol{Z}^{(k+1)\mathrm{T}}\cdot\boldsymbol{Z}^{(k+1)}]^{\frac{1}{2}}$$

为了保证收敛到指定的 λ_i 值, 要求初值 $\lambda_i^{(0)}$ 离 λ_i 足够近. 只要 $|\lambda_i^{(0)}-\lambda_i|$ 足够小, 这个方法收敛很快. 这个方法可以推广到 $\boldsymbol{A}$ 不是对称矩阵的情况.

为了验证数值方法及计算机程序的正确性, 可用数值方法解类氢离子的波动方程, 再将数值解与精确解进行比较.

12.4.3 径向 Hartree-Fock 方程的数值解法

满足相同边界条件和归一条件的非齐次方程的解与相应齐次方程的解有类似的地方. 对于给定的 n_il_i 值, 解的节点数相同, $r\to 0$ 和 $r\to\infty$ 的渐近行为相似, 在 $r\to 0$ 附近, 解也可以用级数展开为

$$P_{n_il_i}(r)=A_0r^{l_i+1}(1+A_1r+A_2r^2+A_3r^3+\cdots)$$

因为$\dfrac{1}{r}X_{n_il_i}(r)\sim r^{l_i+1}$, 它对 $P_{n_il_i}(r)$ 的贡献只是 $\sim r^{l_i+3}$ 级的, 而 $P_{n_il_i}(r)$ 本身是 $\sim r^{l_i+1}$ 级的, 所以在开头几点, $X_{n_il_i}(r)$ 的作用可以忽略. 非齐次方程由 $r=0$ 向外或由 $r=\infty$ 向内积分的手续是类似的. 非齐次方程的解除了满足边界条件和归一条件以及有正确的节点数以外, 按习惯还要求 $r\to 0$ 时函数取正值, 即 $P_{n_il_i}(r)/r^{l+1}=A_0>0$.

但是非齐次方程解的情况比相应的齐次方程的要复杂一些: ① 因为方程对于 $P_{n_il_i}(r)$ 不是齐次的, 解不能乘以任意常数, 所以不能用先求出满足边界的解再归一化的办法, 必须在求解过程中同时使边界条件和正交归一条件得到满足; ② λ_i 的初值更难寻找, 因为解的节点数不是随 λ_i 的减小而单调增加的, 即使选择的 λ_i 值能给出具有正确节点数的解, 它在 $r=0$ 附近却不一定取正值. 另外, 由于非齐次项的存在, 在解的尾部可能出现假节点, 即在过了它的最后一个峰值以后还出现新的节点和新的峰. 但这种峰一般比较小, 容易识别. 在计算解的节点时, 这种假节点应除外.

式 (12.4.1) 可改写为

$$\begin{aligned}\frac{\mathrm{d}^2P_{n_il_i}(r)}{\mathrm{d}r^2}=&F_i(r)P_{n_il_i}(r)+G_i(r)\\F_i(r)=&\frac{l_i(l_i+1)}{r^2}-\frac{2}{r}[Z-Y_{n_il_i}(r)]+\lambda_i\\G_i(r)=&\frac{2}{r}X_{n_il_i}(r)+\sum_{\substack{j\neq i\\l_j=l_i}}\lambda_{ij}P_{n_jl_j}(r)\end{aligned}\tag{12.4.88}$$

$$\begin{aligned}P_{n_il_i}(0)=&0\qquad P_{n_il_i}(\infty)\to 0\\\int_0^\infty P_{n_il_i}(r)P_{n_jl_j}(r)\mathrm{d}r=&\delta(n_i,n_j)\end{aligned}\tag{12.4.89}$$

按 Numerov 方法差分化, 可以得到以下差分方程:

$$t_{j-\alpha}(h_j)P_{j-\alpha}+s_j(h_j)P_j+t_{j+1}(h_j)P_{j+1}=c_j(h_j)\qquad (j=1,2,\cdots,M)\tag{12.4.90}$$

式中

$$\left.\begin{aligned}
t_{j'}(h_j) &= 1-\frac{1}{12}h_j^2F_{j'} \\
s_j(h_j) &= -\left(2+\frac{5}{6}h_j^2F_j\right) \\
c_j(h_j) &= \frac{1}{12}h_j^2(G_{j-\alpha}+10G_j+G_{j+1}) \\
P_j &\equiv P_{n_il_i}(r_j) \\
F_j &\equiv F_i(r_j) \\
G_j &\equiv G_i(r_j) \\
h_j &= r_{j+1}-r_j
\end{aligned}\right\} \tag{12.4.91}$$

当 j 点在一段之内时, $\alpha=1$; 当 j 点是两段的交界点时, $\alpha=2$. 这一差分方程的解法也有两种, 现分别介绍如下:

1. 打靶法

设式 (12.4.88) 满足 $r=0$ 边界条件的特解为 $\overline{P}_{n_il_i}(r), \overline{P}_{n_il_i}(0)/r^{l_i+1}=\overline{A}_0$. 一般说来, $\overline{P}_{n_il_i}(r)$ 不满足 $r=\infty$ 的边界条件, 需要调整 $\overline{A}_0$ 才能使它满足. 注意到 $P_{n_il_i}(r)$ 对于 A_0 是线性的, 可设同时满足两端边界条件的解为

$$P_{n_il_i}(r)=\overline{P}_{n_il_i}(r)+\Delta A\left[\frac{\partial P_{n_il_i}(r)}{\partial A_0}\right] \tag{12.4.92}$$

代入式 (12.4.88), 得

$$\frac{\mathrm{d}^2}{\mathrm{d}r^2}\left[\frac{\partial P_{n_il_i}(r)}{\partial A_0}\right]=F_i(r)\left[\frac{\partial P_{n_il_i}(r)}{\partial A_0}\right] \tag{12.4.93}$$

所以 $\dfrac{\partial P_{n_il_i}(r)}{\partial A_0}\equiv Q_{n_il_i}$是相应齐次方程的解, 并且满足 $r=0$ 的边界条件. 由 $P_{n_il_i}(r)$ 满足边界条件 $P_{n_il_i}(\infty)\cong P_{M+1}=0$, 得

$$\Delta A=-\frac{\overline{P}_{M+1}}{Q_{M+1}} \tag{12.4.94}$$

这样, 我们只要由方程式 (12.4.88) 和式 (12.4.93) 求出满足 $r=0$ 边界条件的解, 直到 r_{M+1} 点的值 $\overline{P}_{M+1}$ 和 Q_{M+1}, 再利用式 (12.4.94) 和式 (12.4.92) 即可求得满足两端边界条件的解. 但是, 与齐次方程的情况一样, 直接由 $r=0$ 向外积分到 r_{M+1}, 数值过程不稳定. 因此也需要采取从两端向中间积分, 在中间接合的办法, 具体做法如下:

设选定试用值 λ_i 和 $\overline{A}_0$, 由 $r=0$ 开始向外积分方程式 (12.4.88) 和式 (12.4.93), 直到 r 越过最后一个峰值所在点, 到达某点 r_{K+1}, 这样求得的函数 $\overline{P}^{(1)}(r)$ 和 $Q^{(1)}(r)$ 满足 $r=0$ 点的边界条件. 设它们在 r_K 和 r_{K+1} 点的值分别为 $\overline{P}_K^{(1)}, Q_K^{(1)}$ 和

$\overline{P}_{K+1}^{(1)}, Q_{K+1}^{(1)}$. 再从 $r = r_{M+1}[r_{M+1}$ 选得足够大, 以保证函数值满足式 (12.4.57) 或接近于零] 开始向内积分方程式 (12.4.88) 和式 (12.4.93), 直到 r_K 点, 这样求得的函数 $\overline{P}^{(2)}(r)$ 和 $Q^{(2)}(r)$ 满足 $r \to \infty$ 时的边界条件. 设它们在 r_K 和 r_{K+1} 点的值分别为 $\overline{P}_K^{(2)}, Q_K^{(2)}$ 和 $\overline{P}_{K+1}^{(2)}, Q_{K+1}^{(2)}$. 显然, 对于任意常数 α 和 β, $\overline{P}^{(1)}(r) + \alpha Q^{(1)}(r)$ 是满足 $r = 0$ 边界条件的解, $\overline{P}^{(2)}(r) + \beta Q^{(2)}(r)$ 是满足 $r \to \infty$ 边界条件的解. 为了求得同时满足两端边界条件的解, 我们让这两个解结合起来. 这只要令两点的函数值相等, 即

$$\begin{aligned} \overline{P}_K^{(1)} + \alpha Q_K^{(1)} &= \overline{P}_K^{(2)} + \beta Q_K^{(2)} \\ \overline{P}_{K+1}^{(1)} + \alpha Q_{K+1}^{(1)} &= \overline{P}_{K+1}^{(2)} + \beta Q_{K+1}^{(2)} \end{aligned} \tag{12.4.95}$$

我们可以选定 $\overline{P}_K^{(2)} = \overline{P}_K^{(1)}$, $Q_K^{(2)} = Q_K^{(1)}$, 于是

$$\alpha = \beta = \frac{\overline{P}_{K+1}^{(1)} - \overline{P}_{K+1}^{(2)}}{Q_{K+1}^{(2)} - Q_{K+1}^{(1)}}$$

这样, 我们就找到了同时满足两端边界条件的解. 但这个解不一定满足归一条件, 只当选择的 λ_i 正好是式 (12.4.88) 的本征值时, 它才是满足要求的径向函数.

$\overline{A}_0$ 值原则上可以任意选取, 不过, 最好选取接近 $A_0 = [P_{n_i l_i}(r)/r^{l_i+1}]_{r=0}$ 的值, 这样, 系数 α 和 β 就很小, 有利于进行数值计算.

2. 直接解代数方程组

将边界条件考虑进去 [参考式 (12.4.61)、式 (12.4.64) 和式 (12.4.66)], 则式 (12.4.90) 可写成矩阵形式

$$\overline{\boldsymbol{H}}\boldsymbol{P} = \boldsymbol{c} \tag{12.4.96}$$

$$\overline{\boldsymbol{H}} = \begin{bmatrix} s_1^* & t_2 & & & & & & & \\ t_1 & s_2 & t_3 & & & & & \boldsymbol{0} & \\ & t_2 & s_3 & t_4 & & & & & \\ & & \cdots & & & & & & \\ & & & t_{j-2} & s_{j-1} & t_j & & & \\ & & & & 0 & s_j & t_{j+1} & & \\ & & & & & t_j & s_{j+1} & t_{j+2} & \\ & \boldsymbol{0} & & & & & \ddots & \ddots & \ddots \\ & & & & & & & t_{m-1} & s_m^* \end{bmatrix} \tag{12.4.97}$$

式中

$$
\left.\begin{aligned}
s_1^* &= s_1 + \frac{h_1 Z}{6(1 - Zh_1)} && l = 0 \\
&= s_1 - \frac{1}{6\left(1 - \frac{1}{2}Zh_1\right)} && l = 1 \\
&= s_1 && l \geqslant 2 \\
s_M^* &= s_M + t_{M+1}\left(\frac{P_{M+1}}{P_M}\right) \\
s_j &\equiv s_j(h_j) \\
t_j &\equiv t_j(h_j)
\end{aligned}\right\} \tag{12.4.98}
$$

$$\boldsymbol{P} = [P_1, P_2, \cdots, P_M]^{\mathrm{T}} \tag{12.4.99}$$

$$\boldsymbol{c} = [c_1, c_2, \cdots, c_M]^{\mathrm{T}} \tag{12.4.100}$$

$\overline{\boldsymbol{H}}$ 矩阵不是三对角的, 不过容易将其变成三对角阵. 设 r_j 是两段的边界点, 则第 $j-1$ 和第 j 个方程是

$$t_{j-2}(h_{j-1})P_{j-2} + s_{j-1}(h_{j-1})P_{j-1} + t_j(h_{j-1})P_j = c_{j-1}(h_{j-1}) \tag{12.4.101}$$

$$t_{j-2}(h_j)P_{j-2} + s_j(h_j)P_j + t_{j+1}(h_j)P_{j+1} = c_j(h_j) \tag{12.4.102}$$

从式 (12.4.102) 减去 $t_{j-2}(h_j)/t_{j-2}(h_{j-1}) \equiv m_j$ 与式 (12.4.101) 的乘积, 得

$$
\begin{aligned}
&-m_j s_{j-1}(h_{j-1})P_{j-1} + [s_j(h_j) - m_j t_j(h_{j-1})]P_j + t_{j+1}(h_j)P_{j+1} \\
=&c_j(h_j) - m_j c_{j-1}(h_{j-1})
\end{aligned} \tag{12.4.103}
$$

在各段的交接点处, 用式 (12.4.103) 代替式 (12.4.102), 就将 $\overline{\boldsymbol{H}}$ 化为三对角阵 $\boldsymbol{H}$ 了. 式 (12.4.96) 变为

$$\boldsymbol{HP} = \boldsymbol{D} \tag{12.4.104}$$

$$
\boldsymbol{H} = \begin{bmatrix}
s_1^* & t_2 & & & \\
a_1 & s_2 & t_3 & & \\
& a_2 & s_3 & t_4 & \\
& & \ddots & \ddots & \ddots \\
& & & a_{m-1} & s_M^*
\end{bmatrix} \tag{12.4.105}
$$

$$\boldsymbol{D} = [d_1, d_2, \cdots d_M]^{\mathrm{T}} \tag{12.4.106}$$

在各段内部

$$\left.\begin{aligned}a_{j-1}&\equiv t_{j-1}(h_j)\\ s_j&\equiv s_j(h_j)\\ t_{j+1}&\equiv t_{j+1}(h_j)\\ d_j&\equiv c_j(h_j)\\ r_{j+1}-r_j=r_j-r_{j-1}&=h_j\end{aligned}\right\} \tag{12.4.107}$$

在两段的交界点上

$$\begin{gathered}a_{j-1}=-m_j s_{j-1}(h_{j-1}) \qquad s_j=s_j(h_j)-m_j t_j(h_{j-1})\\ t_{j+1}\equiv t_{j+1}(h_j) \qquad d_j=c_j(h_j)-m_j c_{j-1}(h_{j-1})\\ m_j=t_{j-2}(h_j)/t_{j-2}(h_{j-1})\\ r_{j+1}-r_j=h_j=2(r_j-r_{j-1})=2h_{j-1}\end{gathered} \tag{12.4.108}$$

式 (12.4.104) 可以用 Gauss 消去法求解 (参考 A1.5.3 节).

打靶法对于式 (12.4.88) 中 $F_i(r)<0$ 的区域稳定而代数方法则在 $F_i(r)>0$ 的区域稳定, 所以也可以将两种方法结合起来用, 用打靶法从 $r=0$ 向外积分, 到波函数通过最后一个极值 (不算假节点), 接下去再用代数方法求出满足 $r\to\infty$ 的边界条件的解. 然后将这两个区域的解结合起来.

这样求得的解 $[P_1,\cdots,P_M]^{\mathrm{T}}$ 满足两端的边界条件, 为了使它同时满足归一条件, 还需要调整 λ_i, 这可用迭代逼近的方法来完成 (类似于齐次方程的情况, 详细可参考文献 [13]).

以上我们所讨论的都是一轮计算中的问题, 即假定势函数为已知, 求各单粒子态的径向函数. 在一轮计算中, 可以求出足够数目的本征值和相应的原子轨道, 以容纳体系的全部电子 (在不违反 Pauli 原理的前提下). 利用这一轮得出的轨道, 可以重新计算 $\varepsilon_{ij}, X_{n_il_i}(r), Y_{n_il_i}(r)$ 等函数, 再进行下一轮的计算. 重复进行下去, 直到相继两次的结果的差别达到要求的精确度为止; 所需迭代次数当然与原始波函数 (或势函数) 有关, 所以要尽可能选择接近实际的输入波函数 (或势函数). 比较粗糙的办法是选用适当有效核电荷的类氢离子波函数作为原始输入函数. 更好一些的办法是从周期表中邻近原子 (或离子) 的波函数估计某一原子的近似波函数. 例如, 我们已知原子序数为 Z_2 的原子的径向波函数, 则原子序数为 Z_1 的原子径向波函数近似为

$$P_{n_il_i}(Z_1,r)\cong\sqrt{\frac{Z_1^*}{Z_2^*}}P_{n_il_i}\left(Z_2,\frac{Z_1^*}{Z_2^*}r\right)$$

这里 Z_1^* 和 Z_2^* 分别是两个原子的相应轨道的有效核电荷. 用这个方法得出的 $P_{n_il_i}(r)$ 估计值比用有效核电荷为 Z^* 的类氢离子波函数好.

得到原子的径向波函数以后就可以计算原子的电子总能量 (组态平均能量、谱项能量) 和其他物理量. 通常将符合维里定理的程度作为近似解精确度的一种量度, 所以除总能量以外, 一般同时算出势能和动能的比值, 用以检验结果的可靠性.

由于了解原子电子结构的重要性和常微分方程的数值求解比较容易, 比较早就有人用数值方法对全部元素的原子电子结构进行过精确的 Hartree-Fock 计算, 将计算结果 (包括原子轨道能级、原子轨道在网格点上的数值、电子总能量和其他原子特征常数) 列表, 供人查阅 (例如, 参考文献 [15~18], 文献 [18] 是相对论量子力学计算的结果). 不过目前在理论计算中, 当需要这些数据时, 通常是采用成熟的程序直接计算的.

12.4.4　径向 Hartree-Fock 方程的分析解法

径向 Hartree-Fock 方程也可用分析方法求近似解. 选取一组基函数 (如 $r^n\mathrm{e}^{-\zeta r}$ 型函数), 将原子轨道表达成它们的线性组合, 将总能量用这些原子轨道的组合系数表达出来, 然后在保持原子轨道正交的条件下, 对组合系数变分, 使总能量取极小值, 由此得到关于组合系数的代数方程组, 称为 Hartree-Fock-Roothaan 方程. 我们在第 13 章中再详细讨论这个方程的推导. 用自洽迭代方法解 Hartree-Fock-Roothaan 方程, 即可求得轨道能量和组合系数, 从而求得在这组基函数中体系总能量的极小值. 然后, 调整基函数的指数, 进行新的一轮计算, 直到总能量不能再降低为止, 就得到用最佳指数基函数组合出来的原子轨道的近似分析解. 很多人用这种方法对很多原子和离子进行过计算[19,20]. 文献 [19] 列有从 He 到 Xe 的原子自洽场分析波函数.

求解径向 Hartree-Fock 方程的数值方法和分析方法各有优缺点. 数值方法原则上能得到更精确的解. 随着电子数的增加, 计算量只是线性地增加, 而且计算方法统一, 不论原子和离子都适用, 计算误差可以从理论上估计 (改变步长 h, 外推可求得极限值). 缺点是得到的波函数只能以数表的形式给出, 不便于应用. 分析解通过基函数的指数和系数表达, 用起来方便一些. 但分析解的精确度稍低一些, 而且基函数最优指数因原子或电离度不同而异, 不易选择. 随着电子数的增加, 计算量迅速增大, 而且计算误差也较难估计.

分析 Hartree-Fock 波函数对于一般应用来说太复杂了. Clementi 等发现[19,21], 只要基函数组中对应于每个径向波函数用两个指数型 (Stater 型) 函数, 适当选择指数和组合系数, 即可获得相当精确的解, 计算出来的原子总能量值接近于精确的 Hartree-Fock 值 (对于轻原子, 误差小于万分之一). 例如, 对于 $N(1\mathrm{s}^2 2\mathrm{s}^2 2\mathrm{p}^3)\ ^4S$ 谱

项, 基函数为

$$\chi_{1s} = \exp(-8.49597r)$$

$$\chi'_{1s} = \exp(-5.98644r)$$

$$\chi_{2s} = r\exp(-2.26086r)$$

$$\chi'_{2s} = r\exp(-1.42457r)$$

$$\chi_{2p} = r\exp(-3.24933r)$$

$$\chi'_{2p} = r\exp(-1.49924r)$$

原子轨道径向函数为

$$\psi_{1s} = 0.27067\chi_{1s} + 0.73875\chi'_{1s} - 0.00293\chi_{2s} + 0.00253\chi'_{2s}$$

$$\varepsilon_{1s} = -15.62541 \text{ a.u.}$$

$$\psi_{2s} = 0.01358\chi_{1s} - 0.28392\chi'_{1s} + 0.72969\chi_{2s} + 0.34546\chi'_{2s}$$

$$\varepsilon_{2s} = -0.94316 \text{ a.u.}$$

$$\psi_{2p} = 0.28810\chi_{2p} + 0.72826\chi'_{2p}$$

$$\varepsilon_{2p} = -0.56587 \text{ a.u.}$$

原子总能量为 −54.397951 a.u., 精确的 Hartree-Fock 值为 −54.400924 a.u. (分析解) 或 −54.400934 a.u. (数值解). 这种基函数组称为双 ζ 基组, 它不算太复杂, 不但在用于构成原子轨道时能使计算出的原子总能量及其他原子性质相当符合实际, 而且在用于构成分子轨道时不用重新优化指数, 计算出的分子性质也相当符合实际, 所以应用较广.

比双 ζ 基组更简化的就是单 ζ 基组, 对应于每个径向函数只用一个 Slater 型函数. 单 ζ 基组的计算结果精确度较低, 早期由于计算能力较低, 在比较粗略的计算中曾得到广泛应用. 目前在量子化学从头计算中很少使用, 但在半经验计算中还在使用.

参考文献

[1] Slater J C. Quantum Theory of Atomic Structure. New York: McGraw-Hill, 1960

[2] Hartree D R. Proc Cambridge Phil Soc, 1928, 24: 89

[3] Fock V. Z Physik, 1930, 61: 126

[4] Slater J C. Phys Rev, 1930, 35: 210

[5] 程建春. 数学物理方程及其近似方法. 北京: 科学出版社, 2004
[6] Koopmans T A. Physica, 1933, 1: 104
[7] Schaeffer H F III. The Electronic Structure of Atoms and Molecules. New York: Addison-Wesley, 1972
[8] Brillouin L. J Phys, 1932, 3: 373
[9] Møller C, Plesset M S. Phys Rev, 1934, 46: 618
[10] Roothaan C C J. Rev Mod Phys, 1960, 32: 179
[11] Roothaan C C J, Bagus R S. Methods in Computational Physics. Vol 2. New York: Academic Press, 1963
[12] Hartree D R. The Calculation of Atomic Structures. New York: John Wiley & Sons, 1957
[13] Fischer C F. The Hartree-Fock Method for Atoms. New York: John Wiley & Sons, 1977
[14] Herman F, Skillman S. Atomic Structure Calculations. Englewood Cliffs: Prentice-Hall, 1963
[15] Mann J B, Atomic Data and Nuclear Data Tables, 1973, 12: 1
[16] Fischer C F. Atomic Data, 1972, 4: 302
[17] Fischer C F. Atomic Data and Nuclear Data Tables, 1973, 12: 87
[18] Desclaux J P. Atomic Data and Nuclear Data Tables, 1973, 12: 311
[19] Clementi E, Roetti C. Atomic Data and Nuclear Data Tables, 1974, 14: 177
[20] Mclean A D, Mclean R S. Atomic Data and Nuclear Data Tables, 1981, 26: 197
[21] Roetti C, Clementi E. J Chem Phys, 1974, 60: 4725

习　　题

1. 取多电子体系波函数的变分函数为单电子态函数的乘积, 根据变分原理导出 Hartree 方程.
2. 证明: 若对行列式波函数

$$\Psi = \frac{1}{\sqrt{(2p)!}}\det(\psi_1\alpha\psi_1\beta\psi_2\alpha\psi_2\beta\cdots\psi_p\alpha\psi_p\beta)$$

作线性变换

$$\psi_i' = \sum_{j=1}^{p}\psi_j T_{ji}$$

则

$$\begin{aligned}\Psi' &= \frac{1}{\sqrt{(2p)!}}\det(\psi_1'\alpha\psi_1'\beta\psi_2'\alpha\psi_2'\beta\cdots\psi_p'\alpha\psi_p'\beta)\\ &= (\det T)^2\,\Psi\end{aligned}$$

其中 $\det T$ 是变换矩阵 $[T_{ji}]$ 的行列式, 从而证明, 闭壳层组态的总状态波函数不因占据轨道空间内的线性变换而发生变化 (除归一化常数外).

3. 证明: 闭壳层组态的 Fock 算符对于体系所属的对称性群的变换是不变的, 从而它的解构成该对称性群的不可约表示基函数.
4. 证明: Fock 算符是 Hermite 算符.
5. 以 Li 原子 ($1s^2 2s$) 为例, 验证当 $\psi_{1s}^{\alpha} \neq \psi_{1s}^{\beta}$ 时, SUHF 波函数不是 $\hat{\boldsymbol{S}}^2$ 的本征函数.
6. 证明: 单行列式波函数不是 $\hat{\boldsymbol{S}}^2$ 的本征函数, 除非允许两个自旋方向相反的电子占据同一空间轨道 (参见 Löwdin P O, Advan Chem Phys, 1959, 2: 207).
7. 论证 SUHF 方法的 Fock 算符一般不具有体系完全的空间对称性. 在什么条件下, 它能具有体系完全的空间对称性?
8. 写出 p^n 组态的能量表达式并表示成式 (12.2.5) 的形式, 从而求出不同谱项的 ν, a, b 值 [注意: 从一个谱项波函数求出的能量表达式不具有式 (12.2.5) 的形式, 要对从所有波函数求出的能量表达式求平均].
9. 讨论开壳层组态中按 Roothaan 方法求得的本征值 ε_k 和轨道电离能的关系.
10. 证明式 (12.4.43) 和式 (12.4.44).
11. 证明式 (12.4.59).
12. 讨论径向 Hartree-Fock 方程和它的解当 $r \to 0$ 和 $r \to \infty$ 时的渐近性质.
13. 原子和离子的势场 $V(r)$ 可近似表示为

$$V(r) = \{(N-1)[1-\Omega(r)] - Z\}/r$$

式中

$$\Omega(r) = \left[\left(\frac{\eta_m}{\varepsilon_m}\right)(e^{\varepsilon_m r} - 1) + 1\right]^{-1}$$

$$\varepsilon_m = \varepsilon_0 + \varepsilon_1(Z-N)$$

$$\eta_m = \eta_0 + \eta_1(Z-N)$$

式中, Z 是原子序数, N 是电子数, m 是电离度, $\eta_0, \eta_1, \varepsilon_0, \varepsilon_1$ 是与 N 有关的常数. 用这种模型势代入 Schrödinger 方程可以求得原子轨道, 用优选的 $\varepsilon_0, \varepsilon_1, \eta_0, \eta_1$ 值求得的波函数计算的体系总能量只比精确的 Hartree-Fock 能量高 ~50ppm. 所以用这种近似势函数来计算原子的近似自洽场轨道颇为方便. 对于 Be 原子 $1s^2 2s^2$ 组态, $N = 4, \varepsilon_0 = 1.300, \varepsilon_1 = 0.6465, \eta_0 = 1.880, \eta_1 = 0.5547$.

(1) 请据此写出 Be 原子的模型势单电子 Schrödinger 方程.
(2) 按二阶差分格式 [式 (12.4.34)] 将以上方程差分化 (网格剖分方式参阅正文, 将积分区间分为 3 段, 每段再分 10 等分).
(3) 用打靶法求出 Be 原子的 1s 和 2s 轨道.
(4) 用直接解法求出 Be 原子的 1s 和 2s 轨道.

14. (1) 根据习题 13 的势能公式和数据, 写出 Be^{2+} 的模型势单电子 Schrödinger 方程.

(2) 按 Numerov 差分格式 [式 (12.4.38) 和式 (12.4.39)] 将以上方程差分化 (网格剖分方式同习题 13).

(3) 用打靶法求 Be^{2+} 的 1s, 2s, 2p 轨道.

(4) 用代数方程组法求 Be^{2+} 的 1s, 2s, 2p 轨道.

第 13 章

分子的自洽场计算[1~8]

13.1　分子电子结构概述

13.1.1　Born-Oppenheimer 近似与单粒子近似

分子作为一个多粒子体系, 从量子力学的角度看来与原子体系并无区别, 所以在第 11、12 章中关于原子问题的许多论述, 如交换对称性和 Pauli 原理、单粒子近似、多重态结构、自洽场近似方法和 Hartree-Fock 方程等, 对于分子也同样是成立的. 但是, 具体也有不同之处, 突出的有以下两点:

(1) 分子体系的运动形式更为复杂. 一个分子中有两个或两个以上的原子核和若干个电子. 在考虑体系的运动状态时, 必须同时考虑电子和原子核的运动, 包括分子整体的平动和转动, 分子内部各原子核之间的相对运动 (振动), 电子在各原子核势场和相互排斥作用下的运动以及这几种运动形式之间的相互耦合等 (参看 5.1.2 节). 考虑得更精细一点, 则还应包括电子的旋–轨耦合作用、电子自旋–核自旋相互作用、核自旋–核自旋相互作用等. 要同时考虑这些运动是太复杂了, 必须分清主次, 作合理的简化. 最重要的简化是引入 Born-Oppenheimer 近似. 考虑到电子质量比原子核的质量小三个数量级以上, 电子的运动速度比核的运动速度大得多, 可以假定, 在任何瞬间, 原子核处于某种相对位置时, 分子的电子状态与原子核长期固定在该位置时的电子状态一样, 亦即核的运动与电子的运动是相对独立的. 因此, 我们可以将分子整体的平动、转动和振动与电子的运动分开处理, 而将电子运动受原子核运动的影响作为微扰处理. 这称为 Born-Oppenheimer 近似. 因为当考虑分子中电子的运动时, 我们假定原子核是固定的, 所以又称为固定核近似 (参见 5.1.3 节). 下面将只讨论在固定核近似下的电子运动. 有关分子中原子核运动的量子力学处理通常在分子光谱理论中讨论.

(2) 分子体系中电子所处的势场不具有球形对称性, 而只具有点群对称性. 因此, 分子体系的电子状态不能用角动量理论 (或旋转群) 来描述, 而只能用点群来描述, 为了标志分子的电子状态, 就不能用角量子数和磁量子数, 而要用分子所属点群的不可约表示记号 (参见 8.1.1 节).

注意到以上两个特点, 我们就可以将原子量子理论中的许多概念和方法引用到分子体系中来. 首先是存在交换对称性和 Pauli 原理, 即在分子体系中, 总电子波函数对于交换任意一对电子必须是反对称的. 其次, 对于分子体系也可以采用单粒子近似, 即假定每个电子都在各原子核和其他电子的平均作用势场中独立地运动, 其运动状态用单电子函数描述. 这种单电子函数称为分子轨道, 是采用平均势场的单电子 Schrödinger 方程的解. 我们假定单个电子所处的平均势场具有分子骨架的对称性, 因而单电子 Schrödinger 方程的 Hamilton 量与分子所属对称群的操作可对易,分子轨道构成相应点群的不可约表示基. 用 (λ, t) 标志它，指明它属于 λ 不可约表示的 t 行基. 若属于某个不可约表示的分子轨道有很多组, 则另加一个数字 n 来区别. 通常假定一个空间轨道可以容纳两个自旋取向相反的电子, 每个单电子态还要用一个自旋量子数 m_s 来描述. 这样, 每个单电子态也是用四个量子数 n, λ, t, m_s 标志. 例如, 属于 $T_{\rm d}$ 群的分子可以有 $1{\rm a}_1\alpha, 1{\rm a}_1\beta, 2{\rm a}_1\alpha, 2{\rm a}_1\beta, \cdots, 1{\rm e}_\zeta\alpha, \cdots, 1{\rm t}_{2x}\beta, \cdots$, 单电子态 (通常用小写的不可约表示记号标志单电子态, 而用大写字母标志分子的电子状态). 同一组不可约表示基的单电子态是简并的, 构成分子电子结构的一个"亚层". 最后, 作为零级近似, 分子的电子结构可以用电子组态来描述, 即指明电子在各个亚层中分布情况. 例如, O_2 分子 (属 $D_{\infty\rm h}$ 群) 的基态电子组态为

$$(1\sigma_{\rm g}^+)^2(1\sigma_{\rm u}^+)^2(2\sigma_{\rm g}^+)^2(2\sigma_{\rm u}^+)^2(3\sigma_{\rm g}^+)^2(1\pi_{\rm u})^4(1\pi_{\rm g})^2$$

NO(属 $C_{\infty\rm v}$ 群) 的基态电子组态为

$$(1\sigma^+)^2(2\sigma^+)^2(3\sigma^+)^2(4\sigma^+)^2(1\pi)^4(5\sigma^+)^2(2\pi)^1$$

$H_2O(C_{2\rm v})$ 的基态电子组态为

$$(1{\rm a}_1)^2(2{\rm a}_1)^2(1{\rm b}_1)^2(3{\rm a}_1)^2(1{\rm b}_2)^2$$

$CH_4(T_{\rm d})$ 的基态电子组态为

$$(1{\rm a}_1)^2(2{\rm a}_1)^2(1{\rm t}_2)^6$$

而激发态电子组态则有

$$(1{\rm a}_1)^2(2{\rm a}_1)^2(1{\rm t}_2)^5(2{\rm t}_2)^1$$

或

$$(1{\rm a}_1)^2(2{\rm a}_1)^2(1{\rm t}_2)^5(3{\rm a}_1)^1$$

等. 我们将每个亚层都充满的组态称为闭壳层组态, 如上例中 H_2O 和 CH_4 的基态, 而将有一个以上亚层未充满的组态称为开壳层组态, 如 O_2, NO 的基态组态和 CH_4 的两个激发组态. 根据分子的电子组态, 可以写出分子的零级近似波函数——由电子占据的分子轨道构成的 Slater 行列式, 可称之为分子的无微扰态, 如 CH_4 基态的 Slater 行列式波函数为

$$|1{\rm a}_1\alpha, 1{\rm a}_1\beta, 2{\rm a}_1\alpha, 2{\rm a}_1\beta, 1{\rm t}_{2x}\alpha, 1{\rm t}_{2x}\beta, 1{\rm t}_{2y}\alpha, 1{\rm t}_{2y}\beta, 1{\rm t}_{2z}\alpha, 1{\rm t}_{2z}\beta|$$

显然, 由闭壳层组态只能写出一个无微扰态函数, 是非简并态, 而由开壳层组态则能构成多个无微扰态, 故为简并态. 与在原子体系中一样, 设组态为 $(n_1\lambda_1)^{x_1}(n_2\lambda_2)^{x_2}\cdots(n_k\lambda_k)^{x_k}$, 则其无微扰态的简并度为

$$w = \prod_k \frac{N_k}{(N_k - x_k)!x_k!}$$

式中, N_k 是 k 壳层全充满时电子的数目. 显然, 已充满的壳层对于简并度并没有贡献, 在计算 w 时可以不考虑.

以上几点从原子体系到分子体系的推广是直截了当的.

13.1.2 分子的电子多重态结构和谱项

作为从原子体系向分子体系推广的另一个内容, 我们来讨论分子的电子多重态结构. 在固定核近似下, 由 N 个原子组成的共有 n 个电子的分子体系的 Hamilton 量可以写成

$$\hat{\boldsymbol{H}} = -\frac{1}{2}\sum_{i=1}^{n}\nabla_i^2 - \sum_{i=1}^{n}\sum_{s=1}^{N}\frac{Z_s}{r_{is}} + \sum_{i<j}^{n}\sum^{n}\frac{1}{r_{ij}} + \hat{\boldsymbol{H}}_{\mathrm{m}} \tag{13.1.1}$$

式中, $\hat{\boldsymbol{H}}_{\mathrm{m}}$ 代表磁相互作用项. 式 (13.1.1) 对应于式 (11.2.1). 在分子的电子理论中, 重点要考虑的是分子的价层电子, 因为它决定分子的主要化学和物理性质. 内层电子集中在各个原子核的附近, 其状态从该局部来看与自由原子的情况差别很小, 因为在某一原子核附近的势场主要由该核对电子的吸引和在该处的电子排斥决定, 其他处的原子核和电子对这一区域势场的影响只能算一个小的微扰. 对于价层电子来说, 磁相互作用比起电子间的静电排斥来要小得多, 因此可以将静电斥力作为一级微扰, 而将磁相互作用作为二级微扰处理. 这相当于原子体系中的 L-S 耦合, 有时也称为 Λ-S 耦合. 这样, 我们可以将式 (13.1.1) 改写为

$$\hat{\boldsymbol{H}} = \hat{\boldsymbol{H}}_0 + \hat{\boldsymbol{H}}_1 + \hat{\boldsymbol{H}}_{\mathrm{m}} \tag{13.1.2}$$

式中

$$\hat{\boldsymbol{H}}_0 = -\frac{1}{2}\sum_{i=1}^{n}\nabla_i^2 - \sum_{i}^{n}V_i(\boldsymbol{r}_i) \tag{13.1.3}$$

$V_i(\boldsymbol{r}_i)$ 为第 i 个电子所处的等效势场, 分子轨道 ϕ_i 就是在这一势场下的 Schrödinger 方程的解. 而

$$\hat{\boldsymbol{H}}_1 = \sum_{i}^{n}\left[V_i(\boldsymbol{r}_i) - \sum_{s=1}^{B}\frac{Z_s}{r_{is}} + \frac{1}{2}\sum_{j\neq i}^{n}\frac{1}{r_{ij}}\right] \tag{13.1.4}$$

源于实际势场与单电子势场之差. 我们选择单电子势场, 使得 $\hat{\boldsymbol{H}}_1$ 极小, 因而可以作为微扰处理.

在 $\hat{\boldsymbol{H}}_1$ 的微扰下, 开壳层组态的简并态将发生分裂. 在 $\hat{\boldsymbol{H}}_1$ 微扰下仍不分裂的一组状态称为分子的谱项 (偶然简并除外). $\hat{\boldsymbol{H}}_1$ 中虽不显含与电子自旋有关的算符, 由于电子的交换作用, 电子自旋取向的不同将影响谱项的能量, 所以分子谱项也具有自旋多重度. 下面说明如何导出分子组态的谱项.

(1) 闭壳层组态的谱项总属于分子所属对称群的恒等表示, 且必为单重态. 例如, H_2O 的基态为 $^1A_1$.

证明 设闭壳层组态谱项的波函数为

$$\varPsi_0 = |\phi_1\alpha\phi_1\beta\phi_2\alpha\phi_2\beta\cdots\phi_M\alpha\phi_M\beta| \tag{13.1.5}$$

分子轨道是对称群不可约表示的基. 设在对称操作下发生变换

$$\hat{\boldsymbol{O}}_R\phi_i = \sum_j^M \phi_j T_{ji} \tag{13.1.6}$$

式中, $[T_{ji}]$ 是正交矩阵 (一般将分子轨道选为实函数). 由于是闭壳层, ϕ_j 将不能越出 $\phi_1,\cdots,\phi_M$ 的范围 (对称操作只引起同一组不可约表示基之间的线性变换). 根据行列式的性质, 容易证明 (参见第 12 章习题 2)

$$\hat{\boldsymbol{O}}_R\varPsi_0 = (\det T)^2\varPsi_0 = \varPsi_0 \tag{13.1.7}$$

因为正交矩阵的行列式 $\det T = 1$. 再看自旋角动量算符的作用, 因为每个空间轨道中电子成对, 显然有

$$\hat{\boldsymbol{S}}_z\varPsi_0 = 0 \tag{13.1.8}$$

而

$$\hat{\boldsymbol{S}}^2 = \hat{\boldsymbol{S}}_+\hat{\boldsymbol{S}}_- + \hat{\boldsymbol{S}}_z^2 - \hat{\boldsymbol{S}}_z \tag{13.1.9}$$

$$\hat{\boldsymbol{S}}_- = \sum_i \hat{\boldsymbol{S}}_-(i) \tag{13.1.10}$$

$$\hat{\boldsymbol{S}}_-(i)\phi(i)\alpha(i) = \phi(i)\beta(i) \tag{13.1.11}$$

$$\hat{\boldsymbol{S}}_-(i)\phi(i)\beta(i) = 0 \tag{13.1.12}$$

所以 $\hat{\boldsymbol{S}}_-$ 作用在 $\varPsi_0$ 上, 其各项或因式 (13.1.12) 而直接得零, 或因式 (13.1.11) 使行列式的两行相同而为零, 所以有

$$\hat{\boldsymbol{S}}^2\varPsi_0 = 0 \tag{13.1.13}$$

即 $\varPsi_0$ 为自旋单重态. 根据以上证明可知, 闭壳层组态谱项的波函数在对称操作下是不变的, 对自旋多重度的贡献为零. 所以在讨论开壳层组态谱项波函数的变换性质时, 已充满的壳层可以不必考虑.

(2) 若开壳层中只有一个电子, 则谱项所属不可约表示就是该开壳层轨道所属不可约表示, 且为二重态. 由 (1) 的证明, 这是显然的. 例如, NO 的基态为 $^2\varPi$. 大部分自由基都属于这种情况.

(3) 考虑一个开壳层中有两个电子的情况. 假定此开壳层有 f 个空间轨道, 共有 $2f$ 个单粒子态, 则共可作出 $\dfrac{2f(2f-1)}{2}$ 个无微扰态行列式. 根据 Pauli 原理, $M_S=1$ 和 $M_S=-1$ 的态各有 $\dfrac{f(f-1)}{2}$ 个, 行列式为 $|\phi_i\alpha\phi_j\alpha|$ 或 $|\phi_i\beta\phi_j\beta|(i<j=2,\cdots,f)$, 而 $M_S=0$ 的态有 f^2 个, 行列式为 $|\phi_i\alpha\phi_j\beta|(i,j=1,2\cdots,f)$. 由于对称操作不影响电子的自旋态, 所以 M_S 相等的一组无微扰态张成分子对称群的一个表示空间. 为了将此空间约化, 需要知道这些可约表示的特征标. 先看 $M_S=1$ 的情况. 设 ϕ_i 在 $\hat{\boldsymbol{O}}_R$ 作用下按

$$\hat{\boldsymbol{O}}_R\phi_i=\sum_{i'=1}^{f}\phi_{i'}D_{i'i}^{(\lambda)}(R) \tag{13.1.14}$$

变换, 则

$$\hat{\boldsymbol{O}}_R|\phi_i\alpha\phi_j\alpha|=\sum_{i'=1}^{f}\sum_{j'=1}^{f}|\phi_{i'}\alpha\phi_{j'}\alpha|D_{i'i}^{(\lambda)}(R)D_{j'j}^{(\lambda)}(R) \tag{13.1.15}$$

注意, 式 (13.1.15) 中若 $i=j,i'=j'$, 则行列式为零, 而当 $i'\neq j'$ 时

$$|\phi_{j'}\alpha\phi_{i'}\alpha|=-|\phi_{i'}\alpha\phi_{j'}\alpha| \tag{13.1.16}$$

故可简化为

$$\begin{aligned}\hat{\boldsymbol{O}}_R|\phi_i\alpha\phi_j\alpha|&=\sum_{i'<j'}^{f}[D_{i'i}^{(\lambda)}(R)D_{j'j}^{(\lambda)}(R)-D_{j'i}^{(\lambda)}(R)D_{i'j}^{(\lambda)}(R)]|\phi_{i'}\alpha\phi_{j'}\alpha|\\&=\sum_{i'<j'}^{f}\sum^{f}\begin{vmatrix}D_{i'i}^{(\lambda)}(R)D_{i'j}^{(\lambda)}(R)\\D_{j'i}^{(\lambda)}(R)D_{j'j}^{(\lambda)}(R)\end{vmatrix}|\phi_{i'}\alpha\phi_{j'}\alpha|\end{aligned} \tag{13.1.17}$$

所以对应于操作 R 的特征标为

$$\begin{aligned}\chi(R)_{M_S=1}&=\sum_{i<j}^{f}\sum^{f}\begin{vmatrix}D_{ii}^{(\lambda)}(R)D_{ij}^{(\lambda)}(R)\\D_{ji}^{(\lambda)}(R)D_{jj}^{(\lambda)}(R)\end{vmatrix}\\&=\frac{1}{2}\sum_{i=1}^{f}\sum_{j=1}^{f}[D_{ii}^{(\lambda)}(R)D_{jj}^{(\lambda)}(R)-D_{ij}^{(\lambda)}(R)D_{ji}^{(\lambda)}(R)]\\&=\frac{1}{2}[\chi^{(\lambda)}(R)^2-\chi^{(\lambda)}(R^2)]\end{aligned} \tag{13.1.18}$$

再看 $M_S=0$ 的情况

$$\hat{\boldsymbol{O}}_R|\phi_i\alpha\phi_j\beta|=\sum_{i'=1}^{f}\sum_{j'=1}^{f}D_{i'i}^{(\lambda)}(R)D_{j'j}^{(\lambda)}(R)|\phi_{i'}\alpha\phi_{j'}\beta| \tag{13.1.19}$$

其特征标为

$$\chi(R)_{M_S=0} = \sum_{i=1}^{f}\sum_{j=1}^{f} D_{ii}^{(\lambda)}(R)D_{jj}^{(\lambda)}(R) = \chi^{(\lambda)}(R)^2 \tag{13.1.20}$$

注意, $M_S = 1$ 的态全部属于 $S = 1$ 的谱项, 而 $M_S = 0$ 的态来自 $S = 1$ 和 $S = 0$ 两个谱项. 扣除来自 $S = 1$ 的谱项的贡献后, 得到 $S = 0$ 的谱项的态荷载的表示的特征标为

$$\chi(R)_{S=0} = \frac{1}{2}[\chi^{(\lambda)}(R)^2 + \chi^{(\lambda)}(R^2)] \tag{13.1.21}$$

容易看出, 式 (13.1.18) 是 $D^{(\lambda)} \otimes D^{(\lambda)}$ 的反对称积的特征标, 而式 (13.1.21) 是 $D^{(\lambda)} \otimes D^{(\lambda)}$ 的对称积的特征标 (参看 7.3.2 节). 这个结果可以这样来理解, 从空间函数考虑, 同一表示的两组基的乘积集合构成直积空间的一组基, 可以分解为对称积和反对称积两个子空间. 从自旋函数考虑, $S = 1$ 的谱项自旋函数对于交换电子是对称的, 而 $S = 0$ 的谱项为反对称. 但总波函数必须是反对称的, 所以与 $S = 1$ 配合的应为反对称积, 而与 $S = 0$ 配合的应为对称积. 于是, 我们得知, 当一个属于 $D^{(\lambda)}(G)$ 表示的开壳层中有两个电子时, 由它可导出谱项 ${}^3D^{(\mu)}(G)$ 和 ${}^1D^{(\nu)}(G)$, 其中 $D^{(\mu)}(G)$ 包含在反对称积 $\{D^{(\lambda)} \otimes D^{(\lambda)}\}$ 中, 而 $D^{(\nu)}(G)$ 包含在对称积 $[D^{(\lambda)} \otimes D^{(\lambda)}]$ 中. 例如, $D_{\infty \mathrm{h}}$ 群分子 $\mathrm{O_2}$ 的基态组态为 $(1\pi_{\mathrm{g}})^2$, 而

$$\{\pi_{\mathrm{g}} \otimes \pi_{\mathrm{g}}\} = \Sigma_{\mathrm{g}}^- \tag{13.1.22}$$

$$[\pi_{\mathrm{g}} \otimes \pi_{\mathrm{g}}] = \Sigma_{\mathrm{g}}^+ + \Delta_{\mathrm{g}} \tag{13.1.23}$$

故由 $(\pi_{\mathrm{g}})^2$ 组态导出的谱项有 ${}^3\Sigma_{\mathrm{g}}^-, {}^1\Sigma_{\mathrm{g}}^+, {}^1\Delta_{\mathrm{g}}$. 又如, 对于 T_{d} 群分子, 由于 $\{E \otimes E\}$ 中包含表示 A_2, 而 $[E \otimes E]$ 中包含表示 A_1 和 E, 所以由 e^2 组态导出的谱项有 ${}^3A_2, {}^1A_1$ 和 ${}^1E$.

(4) 考虑一个开壳层中有三个电子的情况. 通过类似的讨论可以得到$M_S = \dfrac{3}{2}$ 的 $\dfrac{f(f-1)(f-2)}{6}$ 个形如 $|\phi_i\alpha\phi_j\alpha\phi_k\alpha|(i < j < k = 3, \cdots, f)$的行列式荷载的表示的特征标为

$$\begin{aligned}
\chi(R)_{M_S=\frac{3}{2}} = \chi(R)_{S=\frac{3}{2}} &= \sum_{i<j<k} \begin{vmatrix} D_{ii}^{(\lambda)}(R) & D_{ij}^{(\lambda)}(R) & D_{ik}^{(\lambda)}(R) \\ D_{ji}^{(\lambda)}(R) & D_{jj}^{(\lambda)}(R) & D_{jk}^{(\lambda)}(R) \\ D_{ki}^{(\lambda)}(R) & D_{kj}^{(\lambda)}(R) & D_{kk}^{(\lambda)}(R) \end{vmatrix} \\
&= \frac{1}{6}\sum_{i}^{f}\sum_{j}^{f}\sum_{k}^{i}\{D_{ii}^{(\lambda)}(R)D_{jj}^{(\lambda)}(R)D_{kk}^{(\lambda)}(R) \\
&\quad -[D_{ii}^{(\lambda)}(R)D_{jk}^{(\lambda)}(R)D_{kj}^{(\lambda)}(R) + D_{ji}^{(\lambda)}(R)D_{ij}^{(\lambda)}(R)D_{kk}^{(\lambda)}(R) \\
&\quad +D_{ki}^{(\lambda)}(R)D_{ik}^{(\lambda)}(R)D_{jj}^{(\lambda)}(R)] + [D_{ij}^{(\lambda)}(R)D_{jk}^{(\lambda)}(R)D_{ki}^{(\lambda)}(R)
\end{aligned}$$

$$+ D_{ik}^{(\lambda)}(R)D_{ji}^{(\lambda)}(R)D_{kj}^{(\lambda)}(R)]\}$$

$$= \frac{1}{6}[\chi^{(\lambda)}(R)^3 - 3\chi^{(\lambda)}(R)\chi^{(\lambda)}(R^2) + 2\chi^{(\lambda)}(R^3)] \tag{13.1.24}$$

由 $\frac{1}{2}f^2(f-1)$ 个 $M_S = \frac{1}{2}$的形如 $|\phi_i\alpha\phi_j\alpha\phi_k\beta|(i < j = 2, \cdots, f; k = 1, \cdots, f)$ 的行列式荷载的表示特征标为

$$\chi(R)_{M_S=\frac{1}{2}} = \sum_{i<j}^{f}\sum_{k=1}^{f}\begin{vmatrix} D_{ii}^{(\lambda)}(R) & D_{ij}^{(\lambda)}(R) \\ D_{ji}^{(\lambda)}(R) & D_{jj}^{(\lambda)}(R)\end{vmatrix} D_{kk}^{(\lambda)}(R)$$

$$= \frac{1}{2}\sum_{i=1}^{f}\sum_{j=1}^{f}\sum_{k=1}^{f}[D_{ii}^{(\lambda)}(R)D_{jj}^{(\lambda)}(R) - D_{ij}^{(\lambda)}(R)D_{ji}^{(\lambda)}(R)]D_{kk}^{(\lambda)}(R)$$

$$= \frac{1}{2}[\chi^{(\lambda)}(R)^3 - \chi^{(\lambda)}(R)\chi^{(\lambda)}(R^2)] \tag{13.1.25}$$

或

$$\chi(R)_{S=\frac{1}{2}} = \chi(R)_{M_S=\frac{1}{2}} - \chi(R)_{S=\frac{3}{2}} = \frac{1}{3}[\chi(R)^3 - \chi(R^3)] \tag{13.1.26}$$

根据式 (13.1.24) 和式 (13.1.26) 计算出特征标, 即可将可约表示分解, 再配以相应的自旋多重度, 就得出由 $(\lambda)^3$ 组态导出的谱项. 例如, 由 O_h 群 $(\mathrm{t_{2g}})^3$ 组态导出的谱项有 $^4A_{2\mathrm{g}}, ^2E_{\mathrm{g}}, ^2T_{1\mathrm{g}}, ^2T_{2\mathrm{g}}$.

(5) 互补定理. 与原子体系一样, 容易证明在分子多重态理论中也存在互补定理, 开壳层组态 $(\lambda)^p$ 和它的互补组态 $(\lambda)^{P-p}$(P 为该壳层能容纳的最大电子数目) 具有相同的谱项, 且谱项的相对能量值相同.

这样, 有关具有一个开壳层组态的谱项问题就全部解决了, 因为分子对称群的不可约表示最高维数为 3[属于 I_h 群的原子簇 (如 C_{60}) 等除外].

(6) 有两个以上开壳层的组态. 在过渡金属络合物或激发组态中常会碰到这种情况. 处理这种情况的办法如下：先作出来自各个开壳层组态的谱项, 然后将不同壳层中的各谱项两两组合, 由点群表示的直积的分解求得各谱项所属的不可约表示, 而由自旋耦合规则求得允许出现的自旋多重度, 两者再配合起来即得出可能存在的谱项. 例如, 对于 $D_{\infty\mathrm{h}}$ 分子 O_2 的激发组态 $(\pi_\mathrm{u}^3\pi_\mathrm{g}^3)$, 来自 π_u^3 的谱项为 $^2\Pi_\mathrm{u}$, 来自 π_g^3 的谱项为 $^2\Pi_\mathrm{g}$, 而

$$\Pi_\mathrm{u} \otimes \Pi_\mathrm{g} = \Sigma_\mathrm{u}^+ \oplus \Sigma_\mathrm{u}^- \oplus \Delta_\mathrm{u} \tag{13.1.27}$$

$$S = 0, 1 \tag{13.1.28}$$

故由 $\pi_\mathrm{u}^3\pi_\mathrm{g}^3$ 组态派生的谱项为

$$^3\Sigma_\mathrm{u}^+,\ ^3\Sigma_\mathrm{u}^-,\ ^3\Delta_\mathrm{u},\ ^1\Sigma_\mathrm{u}^+,\ ^1\Sigma_\mathrm{u}^-,\ ^1\Delta_\mathrm{u}$$

又如, 对于苯分子 ($D_{6\text{h}}$) 的 $(\text{e}_{1\text{g}})^3(\text{e}_{2\text{u}})^1$ 激发组态, 由

$$(\text{e}_{1\text{g}})^3 \sim (\text{e}_{1\text{g}})^1 \longrightarrow {}^2E_{1\text{g}} \qquad (\text{e}_{2\text{u}})^1 \longrightarrow {}^2E_{2\text{u}}$$

得

$$^2E_{1\text{g}} \otimes {}^2E_{2\text{u}} = {}^3B_{1\text{u}} \oplus {}^3B_{2\text{u}} \oplus {}^3E_{1\text{u}} \oplus {}^1B_{1\text{u}} \oplus {}^1B_{2\text{u}} \oplus {}^1E_{1\text{u}} \tag{13.1.29}$$

对于甲烷的激发组态 $(1\text{t}_2)^5(2\text{t}_2)^1$, 由

$$(1\text{t}_2)^5 \sim (1\text{t}_2)^1 \longrightarrow {}^2T_2 \qquad (2\text{t}_2)^1 \longrightarrow {}^2T_2$$

得

$$\begin{aligned}(1\text{t}_2)^5(2\text{t}_2)^1 &\longrightarrow {}^2T_2 \otimes {}^2T_2 \\ &= {}^1A_1 \oplus {}^1E \oplus {}^1T_1 \oplus {}^1T_2 \oplus {}^3A_1 \oplus {}^3E \oplus {}^3T_1 \oplus {}^3T_2\end{aligned} \tag{13.1.30}$$

13.1.3 分子谱项的能量和波函数

与在原子体系中一样, 谱项的一级近似波函数取为无微扰态行列式的线性组合, 因此计算分子谱项能量的办法与计算原子谱项能量的办法完全类似. 实际上, 比较式 (13.1.1) 和式 (11.2.1) 可知, 只要适当重新定义单电子算符, 则用分子行列式波函数求出 Hamilton 矩阵元与原子体系的 Hamilton 矩阵元形式上完全一样. 因此, 只要能计算出 Hamilton 算符对于分子轨道的矩阵元, 即易于求得谱项能量, 这里就不详述了.

造分子谱项波函数的办法与造原子谱项波函数的办法也类似, 只不过是用对应于对称操作的算符代替角动量阶梯算符, 形式上差别稍大一些. 这个问题相当于要将两个或多个表示空间的直积分解为不可约表示子空间. 解决这个问题的标准方法是投影算符方法, 在 7.2.7 节中已讨论过. 因为我们暂不考虑旋–轨耦合, 所以可将自旋空间和坐标空间分开处理, 即用点群的投影算符造出点群的不可约表示基, 而用自旋投影算符作出自旋角动量的本征函数. 这个方法原理上是很清楚的, 不过, 对于对称性比较高的体系, 计算量相当大. 如果只要求造出具体某个体系的波函数, 也可用比较简单的办法. 举两个例子.

(1) 由 O_2 的基态组态 $(\pi_\text{g})^2$ 派生的各谱项的波函数. 前面已经指出, 共有三个谱项 ${}^3\Sigma_\text{g}^-$, ${}^1\Sigma_\text{g}^+$, ${}^1\Delta_\text{g}$. 有 $w = \dfrac{4!}{2!2!} = 6$ 个无微扰态行列式

$$\left.\begin{aligned} D_1 &= |\pi_{\text{g}1}\alpha\pi_{\text{g}-1}\alpha| & M_L &= 0, M_S = 1 \\ D_2 &= |\pi_{\text{g}1}\alpha\pi_{\text{g}1}\beta| & M_L &= 2, M_S = 0 \\ D_3 &= |\pi_{\text{g}1}\alpha\pi_{\text{g}-1}\beta| & M_L &= 0, M_S = 0 \\ D_4 &= |\pi_{\text{g}-1}\alpha\pi_{\text{g}1}\beta| & M_L &= 0, M_S = 0 \\ D_5 &= |\pi_{\text{g}-1}\alpha\pi_{\text{g}-1}\beta| & M_L &= -2, M_S = 0 \\ D_6 &= |\pi_{\text{g}1}\beta, \pi_{\text{g}-1}\beta| & M_L &= 0, M_S = -1 \end{aligned}\right\} \tag{13.1.31}$$

显然, D_2 和 D_5 是 $^1\Delta_{\rm g}$ 的 $M_L=\pm 2$ 的波函数. D_1 和 D_6 是 $\hat{\boldsymbol{S}}_z$ 的 $M_S=\pm 1$ 的本征函数, 而根据

$$\hat{\boldsymbol{i}}|\pi_{\rm g1}\alpha\pi_{\rm g-1}\alpha| = |\pi_{\rm g1}\alpha\pi_{\rm g-1}\alpha| \tag{13.1.32}$$

$$\hat{\boldsymbol{\sigma}}_v|\pi_{\rm g1}\alpha\pi_{\rm g-1}\alpha| = -|\pi_{\rm g1}\alpha\pi_{\rm g-1}\alpha| \tag{13.1.33}$$

可知它们属于 $^3\Sigma_{\rm g}^-$. 用 $\hat{\boldsymbol{S}}_-$ 作用在 D_1 上可得 $^3\Sigma_{\rm g}^-$ 的 $M_S=0$ 的波函数为 $\dfrac{1}{\sqrt{2}}(D_3-D_4)$. 最后, $^1\Sigma_{\rm g}^+$ 的波函数应有 $M_S=0$, $M_L=0$, 且与 $^3\Sigma_{\rm g}^-$ 的波函数正交, 它只能是 $\dfrac{1}{\sqrt{2}}(D_3+D_4)$.

(2) 考虑 $T_{\rm d}$ 群分子的 $\rm e^2$ 组态. 由 $\rm e^2$ 组态派生出 $^3A_2$, $^1A_1$, ^1E 三个谱项. 设在 $T_{\rm d}$ 群中, A_1, A_2 和 E 表示的基函数在生成元 $\hat{\boldsymbol{S}}_4$ 和 $\hat{\boldsymbol{C}}_3$ 作用下按以下方式变换 (参考 7.4.3 节):

不可约表示	基记号	$\hat{\boldsymbol{S}}_4$	$\hat{\boldsymbol{C}}_3$
A_1	a_1	1	1
A_2	a_2	-1	1
E	ξ	ξ	$-\frac{1}{2}\xi+\frac{\sqrt{3}}{2}\eta$
	η	$-\eta$	$-\frac{\sqrt{3}}{2}\xi-\frac{1}{2}\eta$

将两个电子放在 ξ,η 两个分子轨道上, 按 Pauli 原理可以得到六个无微扰态行列式

$$\left.\begin{array}{ll} D_1=|\xi\alpha\xi\beta| & M_S=0\\ D_2=|\xi\alpha\eta\alpha| & M_S=1\\ D_3=|\xi\alpha\eta\beta| & M_S=0\\ D_4=|\eta\alpha\xi\beta| & M_S=0\\ D_5=|\xi\beta\eta\beta| & M_S=-1\\ D_6=|\eta\alpha\eta\beta| & M_S=0 \end{array}\right\} \tag{13.1.34}$$

因为只有 M_S 相同的态才能组合, 可知 D_2 和 D_5 属于 $^3A_2$ 谱项, 用 $\hat{\boldsymbol{S}}_4$ 和 $\hat{\boldsymbol{C}}_3$ 作用, 证明确实是这样.

$$\hat{\boldsymbol{S}}_4|\xi\alpha\eta\alpha| = -|\xi\alpha\eta\alpha| \tag{13.1.35}$$

$$\begin{aligned}\hat{\boldsymbol{C}}_3|\xi\alpha\eta\alpha| &= \left|\left(-\frac{1}{2}\xi+\frac{\sqrt{3}}{2}\eta\right)\alpha\left(-\frac{\sqrt{3}}{2}\xi-\frac{1}{2}\eta\right)\alpha\right|\\ &= \frac{1}{4}|\xi\alpha\eta\alpha|-\frac{3}{4}|\eta\alpha\xi\alpha| = |\xi\alpha\eta\alpha|\end{aligned} \tag{13.1.36}$$

用 $\hat{\boldsymbol{S}}_-$ 作用在 D_2 上, 可以得出 $^3A_2, M_S=0$ 的波函数为

$$\Psi(^3A_2, M_S=0)=\frac{1}{\sqrt{2}}(D_3-D_4) \tag{13.1.37}$$

与之正交的一个函数是 $D_7=\dfrac{1}{\sqrt{2}}(D_3+D_4)$. $^1A_1$ 和 ^1E 的波函数应由 D_1, D_6, D_7 组合而成, 设

$$\Psi(^1A_1)=C_1D_1+C_6D_6+C_7D_7 \tag{13.1.38}$$

用 $\hat{\boldsymbol{S}}_4$ 作用

$$\hat{\boldsymbol{S}}_4\Psi(^1A_1)=\Psi(^1A_1)$$

得

$$C_1D_1+C_6D_6-C_7D_7=C_1D_1+C_6D_6+C_7D_7 \tag{13.1.39}$$

比较式 (13.1.39) 两边, 得知 $C_7=0$, 用 $\hat{\boldsymbol{C}}_3$ 作用, 得

$$\hat{\boldsymbol{C}}_3\Psi(^1A_1)=\Psi(^1A_1)$$

$$\begin{aligned}&D_1\left(\frac{1}{4}C_1+\frac{3}{4}C_6\right)-\frac{\sqrt{3}}{4}D_3(C_1-C_6)-\frac{\sqrt{3}}{4}D_4(C_1-C_6)+D_6\left(\frac{3}{4}C_1+\frac{1}{4}C_6\right)\\&=C_1D_1+C_6D_6\end{aligned} \tag{13.1.40}$$

为了使式 (13.1.40) 成立. 要求 $C_1=C_6$. 加上归一化条件, 可得

$$\Psi(^1A_1)=\frac{1}{\sqrt{2}}(D_1+D_6) \tag{13.1.41}$$

显然, $D_8=\dfrac{1}{\sqrt{2}}(D_6-D_1)$ 和 D_7 就是 ^1E 的两个波函数, 用 $\hat{\boldsymbol{S}}_4$ 和 $\hat{\boldsymbol{C}}_3$ 作用在 D_8 和 D_7 上可以证明, D_8 和 D_7 分别像 $|E\xi\rangle$ 和 $|E\eta\rangle$ 一样变换.

13.2 分子轨道的自洽场方程

13.2.1 LCAO-MO 近似

确定最优分子轨道的方法和求最优原子轨道的方法类似, 就是将体系总能量表示为分子轨道的泛函, 在保持分子轨道正交归一的条件下变分求极值, 导出分子体系的单电子 Schrödinger 方程; 解之, 得出分子轨道函数和轨道能量. 12.1 节和 12.2 节中关于 Hartree-Fock 方法的论述同样适用于分子体系。

但是, 原子体系和分子体系的自洽场计算也有不同的地方. 原子有球形对称性, 其 Hartree-Fock 方程可以简化为径向方程, 用数值方法求解, 而分子体系一般不可

能做到这点. 对于分子体系, 除了双原子分子以外, 用数值方法求解其 Hartree-Fock 方程至少在目前是不实用的.

为了解决计算上的困难, 我们将分子轨道按某个选定的完备基函数集合 (简称基组) 展开. 适当选取基组, 可以用有限项展开式按一定精确度要求逼近精确的分子轨道. 这样, 对分子轨道的变分就转化为对展开系数的变分, Hartree-Fock 方程就从一组非线性的积分–微分方程转化为一组数目有限的代数方程 ——Hartree-Fock-Roothaan 方程[9]. 对于原子体系，当然也可以这样做 (参见 12.4.4 节), 但对于分子体系, 实际上非这样做不可. 这组方程仍然是非线性方程, 只能用迭代方法求解, 不过比微分方程的求解容易得多. 当然, 这种解只是近似的, 因为要精确逼近任意函数, 必须用无限多项, 而我们实际上只能取有限项. 通常将严格满足 Hartree-Fock 方程的解称为 Hartree-Fock 轨道, 而将在选定的有限基组下满足 Hartree-Fock-Roothaan 方程的解称为自洽场分子轨道. 自洽场轨道的极限精确值就是 Hartree-Fock 轨道. 目前, 除极简单的分子之外, 严格的分子 Hartree-Fock 轨道是得不到的. 通常将精确度足够高的自洽场轨道称为近似 Hartree-Fock 轨道 (near Hartree-Fock orbitals).

基组的选择是任意的, 总的原则是“提高效率”, 即要求基函数的数目尽可能小, 而逼近精确度尽可能高. 人们最早想到的是将基组选为组成分子的原子轨道集合. 将分子轨道表达为原子轨道线性组合的方法称为 LCAO-MO 方法. 这种选择是很合理的, 因为根据实验知道, 当原子组成分子时, 它的内层电子分布变化很小, 只有价电子层变化较大. 用 LCAO 方法能够只用很小的基组就将分子轨道的特征表达出来, 这是用其他基组办不到的. 另外, LCAO 方法还能将分子的性质和原子的性质联系起来, 对于寻找化学现象的规律是很有帮助的. 不过, 从计算量子化学的角度看, 用精确的原子轨道集合作基组也并不是最有效的, 因为分子轨道毕竟不是原子轨道的简单叠加. 由原子形成分子时, 电荷分布有较大的变化, 对于价电子层更是这样. 所以, 基组也不一定要与原子轨道集合发生联系, 只要效率高, 选择其他形式的基组也是完全可以的.

13.2.2　闭壳层组态的 Hartree-Fock-Roothaan 方程

显然, Hartree-Fock-Roothaan 方程就是 Hartree-Fock 方程在某种函数空间中的矩阵表示. 所以, 只要将 Hartree-Fock 方程中的算符和分子轨道用矩阵表示出来, 就得到 Hartree-Fock-Roothaan 方程. 下面导出它的具体形式, 首先考虑闭壳层组态的情况.

设分子有 N 个原子核和 n 个电子. 根据限制性 Hartree-Fock 方法的假定, 每个空间轨道可以容纳两个自旋取向不同的电子. 记空间轨道为 $\{\phi_i\}$ $\left(i=1,2,\cdots,\dfrac{n}{2}\right)$, 则可写出行列式波函数为

$$\Psi_0 = |\phi_1\alpha(1)\phi_1\beta(2)\cdots\phi_{\frac{n}{2}}\alpha(n-1)\phi_{\frac{n}{2}}\beta(n)| \tag{13.2.1}$$

根据式 (13.1.1)(略去磁相互作用项 $\hat{\boldsymbol{H}}_{\mathrm{m}}$), 定义单电子算符为

$$\hat{\boldsymbol{h}}_i = -\frac{1}{2}\nabla_i^2 - \sum_{s=1}^{N}\frac{Z_s}{r_{is}} \tag{13.2.2}$$

双电子算符为

$$\hat{\boldsymbol{g}}_{ij} = \frac{1}{r_{ij}} \tag{13.2.3}$$

式中, Z_s 是第 s 个原子核的电荷, r_{is} 是电子 i 至核 s 之间的距离, r_{ij} 是电子 i 与 j 之间的距离. 根据计算行列式波函数矩阵元的规则, 可得到与原子体系完全类似的能量表达式

$$E = 2\sum_i f_i + \sum_i^{\frac{n}{2}}\sum_j^{\frac{n}{2}}(2J_{ij} - K_{ij}) \tag{13.2.4}$$

式中

$$\begin{aligned} f_i &= \langle\phi_i|\hat{\boldsymbol{h}}_i|\phi_i\rangle \\ J_{ij} &= J_{ji} = \langle\phi_i|\hat{\boldsymbol{J}}_j|\phi_i\rangle = \langle\phi_i\phi_j|\hat{\boldsymbol{g}}_{ij}|\phi_i\phi_j\rangle \\ K_{ij} &= K_{ji} = \langle\phi_i|\hat{\boldsymbol{K}}_j|\phi_i\rangle = \langle\phi_i\phi_j|\hat{\boldsymbol{g}}_{ij}|\phi_j\phi_i\rangle \end{aligned} \tag{13.2.5}$$

设分子轨道用基函数 (通常取为实函数) 展开为

$$\phi_i = \sum_{\mu}^{m} c_{\mu i}\chi_\mu \tag{13.2.6}$$

则

$$f_i = \sum_\mu\sum_\nu c_{\mu i}^* c_{\nu i} h_{\mu\nu} \tag{13.2.7}$$

$$J_{ij} = \sum_\mu\sum_\lambda\sum_\nu\sum_\sigma c_{\mu i}^* c_{\lambda j}^* c_{\nu i} c_{\sigma j}(\mu\nu|\lambda\sigma) \tag{13.2.8}$$

$$K_{ij} = \sum_\mu\sum_\lambda\sum_\nu\sum_\sigma c_{\mu i}^* c_{\lambda j}^* c_{\nu i} c_{\sigma j}(\mu\sigma|\lambda\nu) \tag{13.2.9}$$

$$\langle\phi_i|\phi_j\rangle = \sum_{\mu\nu} c_{\mu i}^* c_{\nu j} S_{\mu\nu} \tag{13.2.10}$$

式中

$$h_{\mu\nu} = \int \chi_\mu(1)\hat{\boldsymbol{h}}(1)\chi_\nu(1)\mathrm{d}\tau_1 \tag{13.2.11}$$

$$(\mu\nu|\lambda\sigma) = \int\int \chi_\mu(1)\chi_\nu(1)\hat{\boldsymbol{g}}_{12}\chi_\lambda(2)\chi_\sigma(2)\mathrm{d}\tau_1\mathrm{d}\tau_2 \tag{13.2.12}$$

$$S_{\mu\nu} = \int \chi_\mu(1)\chi_\nu(1)\mathrm{d}\tau_1 \tag{13.2.13}$$

分别为单电子积分、双电子积分和重叠积分. 式 (13.2.4) 变为

$$\begin{aligned}E =&2\sum_{\mu}\sum_{\nu}\sum_{i}c_{\mu i}^{*}c_{\nu i}h_{\mu\nu}+\sum_{\mu}\sum_{\lambda}\sum_{\nu}\sum_{\sigma}\sum_{i}\sum_{j}c_{\mu i}^{*}c_{\nu i}c_{\lambda j}^{*}c_{\sigma j}\\&\times[2(\mu\nu|\lambda\sigma)-(\mu\sigma|\lambda\nu)]\end{aligned} \tag{13.2.14}$$

为了求系数 $c_{\mu i}$ 在满足 $\langle\phi_i|\phi_j\rangle=\delta_{ij}$ 条件下的最优值, 需对泛函

$$W=E-2\sum_{i}\sum_{j}\varepsilon_{ji}\langle\phi_i|\phi_j\rangle$$

变分求极值. 假定基组已经固定, 则由

$$\delta\phi_i=\sum_{\mu}\delta c_{\mu i}\chi_\mu$$

得

$$\begin{aligned}\delta W =&\delta E-2\sum_{i}\sum_{j}\varepsilon_{ij}\delta\langle\phi_i|\phi_j\rangle\\=&2\sum_{i}\sum_{\mu}\sum_{\nu}\delta c_{\mu i}^{*}c_{\nu i}h_{\mu\nu}+\sum_{i}\sum_{j}\sum_{\mu}\sum_{\lambda}\sum_{\nu}\sum_{\sigma}(\delta c_{\mu i}^{*}c_{\lambda j}^{*}c_{\nu i}c_{\sigma j}\\&+c_{\mu i}^{*}\delta c_{\lambda j}^{*}c_{\nu i}c_{\sigma j})[2(\mu\nu|\lambda\sigma)-(\mu\sigma|\lambda\nu)]\\&-2\sum_{i}\sum_{j}\sum_{\mu}\sum_{\nu}\varepsilon_{ji}\delta c_{\mu i}^{*}c_{\nu j}S_{\mu\nu}+\text{复共轭}=0\end{aligned} \tag{13.2.15}$$

因为 $\delta c_{\mu i}^{*}$ 是任意的, 故得

$$\begin{aligned}&\sum_{\nu}\{c_{\nu i}h_{\mu\nu}+\sum_{j}\sum_{\lambda}\sum_{\sigma}c_{\lambda j}^{*}c_{\nu i}c_{\sigma j}[2(\mu\nu|\lambda\sigma)-(\mu\sigma|\lambda\nu)]\}\\=&\sum_{j}\varepsilon_{ji}\sum_{\nu}c_{\nu j}S_{\mu\nu}\end{aligned} \tag{13.2.16}$$

容易证明, $[\varepsilon_{ji}]$ 是 Hermite 矩阵, 可以通过适当酉变换使它的非对角元为零, 于是得

$$\sum_{\nu}(F_{\mu\nu}-\varepsilon_i S_{\mu\nu})c_{\nu i}=0 \qquad (\mu=1,\cdots,m;i=1,\cdots,m) \tag{13.2.17}$$

式 (13.2.17) 称为 Hartree-Fock-Roothaan(HFR) 方程, 其中

$$F_{\mu\nu} =h_{\mu\nu}+G_{\mu\nu} \tag{13.2.18}$$

$$\begin{aligned}G_{\mu\nu} =&\sum_{\lambda}\sum_{\sigma}\left(\sum_{j}c_{\sigma j}c_{\lambda j}^{*}\right)[2(\mu\nu|\lambda\sigma)-(\mu\sigma|\lambda\nu)]\\=&\sum_{\lambda}\sum_{\sigma}[2(\mu\nu|\lambda\sigma)-(\mu\sigma|\lambda\nu)]P_{\sigma\lambda}\end{aligned} \tag{13.2.19}$$

$$P_{\sigma\lambda} =\sum_{j}^{\text{occ}}c_{\sigma j}c_{\lambda j}^{*} \tag{13.2.20}$$

我们可以将以上结果用矩阵的形式表达如下：

$$\begin{aligned} \boldsymbol{F}\boldsymbol{c} &= \boldsymbol{S}\boldsymbol{c}\boldsymbol{\varepsilon} \\ \boldsymbol{F} &= \boldsymbol{h} + \boldsymbol{G} \end{aligned} \tag{13.2.21}$$

通常将 $\boldsymbol{F}$、$\boldsymbol{h}$ 和 $\boldsymbol{G}$ 矩阵分别称为 Fock 矩阵、Hamilton 矩阵和电子排斥矩阵, 矩阵元分别按式 (13.2.18)、式 (13.2.11) 和式 (13.2.19) 计算. 矩阵 $\boldsymbol{P} \equiv [P_{\sigma\lambda}]$ 称为密度矩阵, $\boldsymbol{S} \equiv [S_{\mu\nu}]$ 称为重叠矩阵. 式 (13.2.21) 形式上是一个广义的本征方程, $\boldsymbol{\varepsilon} \equiv [\varepsilon_i\delta_{ij}]$ 是 $\boldsymbol{F}$ 的广义本征值矩阵, $\boldsymbol{c}$ 是相应的本征矢矩阵. 解广义本征方程式 (13.2.21) 相当于要寻找一个变换矩阵 $\boldsymbol{c}$, 它同时将 $\boldsymbol{S}$ 矩阵变为单位矩阵 $\boldsymbol{I}$, 将 $\boldsymbol{F}$ 矩阵变为对角矩阵 ε, 即

$$\begin{aligned} \boldsymbol{c}^{\mathrm{H}}\boldsymbol{S}\boldsymbol{c} &= \boldsymbol{I} \\ \boldsymbol{c}^{\mathrm{H}}\boldsymbol{F}\boldsymbol{c} &= \boldsymbol{\varepsilon} \end{aligned} \tag{13.2.22}$$

对角矩阵 $\boldsymbol{\varepsilon}$ 的矩阵元就是需求的本征值 —— 分子轨道能级, 而变换矩阵 $\boldsymbol{c}$ 的每一列就是一个分子轨道的组合系数.

为了便于寻找矩阵 $\boldsymbol{c}$, 我们需先将式 (13.2.21) 变为标准本征方程, 这相当于将基组正交化. 作变换

$$\boldsymbol{\chi}^{\tau} = \boldsymbol{\chi}\boldsymbol{S}^{-\frac{1}{2}} \tag{13.2.23}$$

式中, $\boldsymbol{\chi}^{\tau}$ 和 $\boldsymbol{\chi}$ 是基组行矩阵, $\boldsymbol{S}^{-\frac{1}{2}}$ 是 $\boldsymbol{S}^{-1}$ 的对称平方根矩阵

$$(\boldsymbol{S}^{-\frac{1}{2}})^{\mathrm{T}}\boldsymbol{S}^{-\frac{1}{2}} = \boldsymbol{S}^{-\frac{1}{2}}(\boldsymbol{S}^{-\frac{1}{2}})^{\mathrm{T}} = \boldsymbol{S}^{-1} \tag{13.2.24}$$

则 $\boldsymbol{\chi}^{\tau}$ 是正交归一基组

$$\begin{aligned} \langle\chi_\mu^\tau|\chi_\nu^\tau\rangle &= \left\langle \sum_\lambda \chi_\lambda(\boldsymbol{S}^{-\frac{1}{2}})^{\mathrm{T}}_{\mu\lambda} \Big| \sum_\sigma \chi_\sigma(\boldsymbol{S}^{-\frac{1}{2}})_{\sigma\nu} \right\rangle \\ &= \sum_\lambda\sum_\sigma (\boldsymbol{S}^{-\frac{1}{2}})^{\mathrm{T}}_{\mu\lambda}\boldsymbol{S}_{\lambda\sigma}(\boldsymbol{S}^{-\frac{1}{2}})_{\sigma\nu} \\ &= [(\boldsymbol{S}^{-\frac{1}{2}})^{\mathrm{T}}\boldsymbol{S}\boldsymbol{S}^{-\frac{1}{2}}]_{\mu\nu} = \delta_{\mu\nu} \end{aligned} \tag{13.2.25}$$

变换式 (13.2.23) 就是 Löwdin 的对称正交化[10]. 用 $\{\chi_\mu^\tau\}$ 为基组, 展开式 (13.2.26) 中的系数矩阵和 Fock 矩阵相应地变为

$$\boldsymbol{c}^{\tau} = \boldsymbol{S}^{\frac{1}{2}}\boldsymbol{c} \tag{13.2.26}$$

$$\boldsymbol{F}^{\tau} = (\boldsymbol{S}^{-\frac{1}{2}})^{\mathrm{T}}\boldsymbol{F}\boldsymbol{S}^{-\frac{1}{2}} \tag{13.2.27}$$

式 (13.2.21) 变为标准本征值方程

$$\begin{aligned}\boldsymbol{F}^{\tau}\boldsymbol{c}^{\tau} &=(\boldsymbol{S}^{-\frac{1}{2}})^{\mathrm{T}}\boldsymbol{F}\boldsymbol{S}^{-\frac{1}{2}}\boldsymbol{S}^{\frac{1}{2}}\boldsymbol{c}\\&=(\boldsymbol{S}^{-\frac{1}{2}})^{\mathrm{T}}\boldsymbol{F}\boldsymbol{c}=(\boldsymbol{S}^{-\frac{1}{2}})^{\mathrm{T}}\boldsymbol{S}\boldsymbol{c}\boldsymbol{\varepsilon}\\&=\boldsymbol{S}^{\frac{1}{2}}\boldsymbol{c}\boldsymbol{\varepsilon}=\boldsymbol{c}^{\tau}\boldsymbol{\varepsilon}\end{aligned}\tag{13.2.28}$$

解方程式 (13.2.28) 相当于对基组 $\{\chi_{\mu}^{\tau}\}$ 作酉变换, 使 $\boldsymbol{F}^{\tau}$ 对角化 (参考 A 1.6 节), 即

$$\begin{aligned}(\boldsymbol{c}^{\tau})^{\mathrm{H}}\boldsymbol{c}^{\tau} &=\boldsymbol{I}\\(\boldsymbol{c}^{\tau})^{\mathrm{H}}\boldsymbol{F}\boldsymbol{c}^{\tau} &=\boldsymbol{\varepsilon}\end{aligned}\tag{13.2.29}$$

求得 $\boldsymbol{c}^{\tau}$ 后, 按式 (13.2.26a) 可求得矩阵 $\boldsymbol{c}$

$$\boldsymbol{c}=(\boldsymbol{S}^{-\frac{1}{2}})\boldsymbol{c}^{\tau}\tag{13.2.26a}$$

当然, 方程式 (13.2.28) 只在形式上是本征值方程. 实际上, 因为 Fock 矩阵本身是分子轨道组合系数 $\{c_{\mu i}\}$ 的二次函数, 它是关于 $\{c_{\mu i}\}$ 的三次方程, 目前只能用迭代方法求近似解. 求得本征值 $\boldsymbol{\varepsilon}$ 和本征矢 $\boldsymbol{c}$ 后, 即可计算体系的电子总能量 E

$$\begin{aligned}E &=2\mathrm{tr}(\boldsymbol{P}\boldsymbol{h})+\mathrm{tr}(\boldsymbol{P}\boldsymbol{G})\\&=2\mathrm{tr}\left[\boldsymbol{P}\left(\boldsymbol{h}+\frac{1}{2}\boldsymbol{G}\right)\right]\\&=\mathrm{tr}[\boldsymbol{P}(\boldsymbol{h}+\boldsymbol{F})]\end{aligned}\tag{13.2.30}$$

因为 $\boldsymbol{F}=\boldsymbol{h}+\boldsymbol{G}$. 由式 (13.2.22) 和式 (13.2.20) 可得

$$\begin{aligned}\sum_{i}^{\mathrm{occ}}(\boldsymbol{c}^{\mathrm{H}}\boldsymbol{F}\boldsymbol{c})_{ii} &=\sum_{i}^{\mathrm{occ}}\varepsilon_i\\\sum_{i}^{\mathrm{occ}}\sum_{\mu}\sum_{\nu}c_{i\mu}^{*}F_{\mu\nu}c_{\nu i} &=\sum_{i}^{\mathrm{occ}}\varepsilon_i\\\sum_{\mu}\sum_{\nu}P_{\nu\mu}F_{\mu\nu} &=\sum_{i}^{\mathrm{occ}}\varepsilon_i\end{aligned}$$

或

$$\mathrm{tr}(\boldsymbol{P}\boldsymbol{F})=\mathrm{tr}\boldsymbol{\varepsilon}\tag{13.2.31}$$

对 $\boldsymbol{\varepsilon}$ 的求迹只计及占据轨道. 于是电子总能量又可通过轨道能量表示为

$$\begin{aligned}E &=\sum_{i=1}^{\mathrm{occ}}\boldsymbol{\varepsilon}_i+\sum_{\mu}\sum_{\nu}P_{\nu\mu}h_{\mu\nu}\\&=2\sum_{i=1}^{\mathrm{occ}}\boldsymbol{\varepsilon}_i-\sum_{\mu}\sum_{\nu}P_{\nu\mu}G_{\mu\nu}\end{aligned}\tag{13.2.32}$$

或

$$E = \mathrm{tr}\boldsymbol{\varepsilon} + \mathrm{tr}(\boldsymbol{Ph}) = 2\mathrm{tr}\boldsymbol{\varepsilon} - \mathrm{tr}(\boldsymbol{PG}) \tag{13.2.33}$$

式 (13.2.32) 表明, 电子的总能量并不等于电子的轨道能量之和, 而是要减去电子的排斥能 $\sum\limits_{\mu}\sum\limits_{\nu} P_{\nu\mu}G_{\mu\nu}$. 这是因为在计算每个电子的轨道能量时都考虑到其他电子的排斥作用, 在全部电子轨道能量之和中, 每对电子的排斥作用能就被计算了两次. 所以计算体系电子的总能量时应该从轨道能量之和中减去多计算了的电子排斥能.

13.2.3 开壳层组态的限制性 Hartree-Fock-Roothaan 方程

下面推导开壳层组态的限制性 Hartree-Fock-Roothaan 方程[11]. 设含 N 个原子的分子有 n 个电子, 其中有 $2p$ 个填充在闭壳层轨道 $\{\phi_i\}(i = 1, \cdots, p)$ 中, 有 $n - 2p$ 个填充在开壳层轨道 $\{\phi_j\}(j = p+1, \cdots, p+q)$ 中, 可以证明, 在大多数情况下, 分子谱项能量可以表示为 [参考式 (12.2.5)]

$$\begin{aligned}E =& 2\sum_{k} f_k + \sum_{k}^{p}\sum_{l}^{p}(2J_{kl} - K_{kl}) \\ &+ \gamma\Big[2\sum_{m} f_m + \gamma\sum_{m}\sum_{n}(2aJ_{mn} - bK_{mn}) \\ &+ 2\sum_{k}\sum_{m}(2J_{km}) - K_{km}\Big]\end{aligned} \tag{13.2.34}$$

这里用 i, j 标记一般分子轨道, 用 $k, l\,(= 1, \cdots, p)$ 标记闭壳层轨道, 而用 $m, n(= p+1, \cdots, p+q)$ 标记开壳层轨道. a, b 是与谱项有关的常数, 而 $\gamma = \dfrac{n-2p}{2q}$ 是开壳层的电子占据分数, $0 \leqslant \gamma \leqslant 1$. 将 ϕ_i 的展开式代入, 得

$$\begin{aligned}E =& 2\sum_{\mu}\sum_{\nu} P^{\mathrm{c}}_{\nu\mu}h_{\mu\nu} + \sum_{\mu\nu}\sum_{\lambda\sigma} P^{\mathrm{c}}_{\nu\mu}P^{\mathrm{c}}_{\sigma\lambda}[2(\mu\nu|\lambda\sigma) - (\mu\sigma|\lambda\nu)] \\ &+ \gamma\Big\{2\sum_{\mu}\sum_{\nu} P^{\mathrm{o}}_{\nu\mu}h_{\mu\nu} + \gamma\sum_{\mu\nu}\sum_{\lambda\sigma} P^{\mathrm{o}}_{\nu\mu}P^{\mathrm{o}}_{\sigma\lambda}[2a(\mu\nu|\lambda\sigma) \\ &- b(\mu\sigma|\lambda\nu)] + 2\sum_{\mu\nu}\sum_{\lambda\sigma} P^{\mathrm{c}}_{\nu\mu}P^{\mathrm{o}}_{\sigma\lambda}[2(\mu\nu|\lambda\sigma) - (\mu\sigma|\lambda\nu)]\Big\}\end{aligned} \tag{13.2.35}$$

式中

$$P^{\mathrm{c}}_{\nu\mu} = \sum_{k=1}^{p} c_{\nu k}c^*_{\mu k} \tag{13.2.36}$$

$$P^{\mathrm{o}}_{\nu\mu} = \sum_{m=p+1}^{p+q} c_{\nu m}c^*_{\mu m} \tag{13.2.37}$$

分别为闭壳层和开壳层的密度矩阵元. 对泛函

$$W = E - \sum_{i=1}\sum_{j=1}\sum_{\mu}\sum_{\nu} 2\varepsilon_{ji} c_{\mu i}^* c_{\nu j} S_{\mu\nu}$$

变分, 即得到开壳层组态的限制性 Hartree-Fock-Roothaan 方程

$$\boldsymbol{F}^{\mathrm{c}} \boldsymbol{c}_k = \sum_j \boldsymbol{S} \boldsymbol{c}_j \varepsilon_{jk} \tag{13.2.38}$$

$$\gamma \boldsymbol{F}^{\mathrm{o}} \boldsymbol{c}_m = \sum_j \boldsymbol{S} \boldsymbol{c}_j \varepsilon_{jm} \tag{13.2.39}$$

式中

$$\boldsymbol{F}^{\mathrm{c}} = \boldsymbol{h} + \sum_k (2\boldsymbol{J}_k - \boldsymbol{K}_k) + \gamma \sum_m (2\boldsymbol{J}_m - \boldsymbol{K}_m) \tag{13.2.40}$$

$$F^{\mathrm{o}} = \boldsymbol{h} + \sum_k (2\boldsymbol{J}_k - \boldsymbol{K}_k) + 2a\gamma \sum_m \boldsymbol{J}_m - b\gamma \sum_m \boldsymbol{K}_m \tag{13.2.41}$$

$\boldsymbol{c}_k$ 和 $\boldsymbol{c}_m$ 分别表示闭壳层和开壳层分子轨道的系数矩阵, $\boldsymbol{h}$ 是 Hamilton 矩阵, $\boldsymbol{J}_j$ 和 $\boldsymbol{K}_j$ 分别是 Coulomb 算符和交换算符的矩阵表示

$$\begin{aligned}(\boldsymbol{J}_j)_{\mu\nu} &= \sum_\lambda \sum_\sigma c_{\lambda j}^* c_{\sigma j} (\mu\nu|\lambda\sigma) \\ (\boldsymbol{K}_j)_{\mu\nu} &= \sum_\lambda \sum_\sigma c_{\lambda j}^* c_{\sigma j} (\mu\sigma|\lambda\nu)\end{aligned} \tag{13.2.42}$$

为了消去非对角元 $\varepsilon_{ij}(i \neq j)$, 采用与 12.2 节类似的方法. 对闭壳层和开壳层分别进行酉变换以消去各自内部的非对角元 $\varepsilon_{kl}(k \neq l)$ 和 $\varepsilon_{mn}(m \neq n)$. 但闭壳层与开壳层之间的非对角元 ε_{km} 是消不掉的. 为了得到形式上的本征值方程, Roothaan 提出以下的处理办法:

利用正交关系

$$\sum_{\mu\nu} c_{\mu i}^* c_{\nu j} S_{\mu\nu} = \delta_{ij} \tag{13.2.43}$$

可得

$$\varepsilon_{mk} = \boldsymbol{c}_m^{\mathrm{H}} \boldsymbol{F}^{\mathrm{c}} \boldsymbol{c}_k = \boldsymbol{c}_m^{\mathrm{H}} \gamma \boldsymbol{F}^{\mathrm{o}} \boldsymbol{c}_k = \boldsymbol{c}_m^{\mathrm{H}} \boldsymbol{F}^{\mathrm{A}} \boldsymbol{c}_k \tag{13.2.44}$$

式中

$$\boldsymbol{F}^{\mathrm{A}} = x\boldsymbol{F}^{\mathrm{c}} + (1-x)\gamma \boldsymbol{F}^{\mathrm{o}} \tag{13.2.45}$$

于是式 (13.2.8) 变成

$$\begin{aligned}\boldsymbol{F}^{\mathrm{c}} \boldsymbol{c}_k &= \boldsymbol{S} \boldsymbol{c}_k \boldsymbol{\varepsilon}_k + \sum_m \boldsymbol{S} \boldsymbol{c}_m \boldsymbol{c}_m^{\mathrm{H}} \boldsymbol{F}^{\mathrm{A}} \boldsymbol{c}_k \\ &= \boldsymbol{S} \boldsymbol{c}_k \boldsymbol{\varepsilon}_k + \sum_m (\boldsymbol{S} \boldsymbol{c}_m \boldsymbol{c}_m^{\mathrm{H}} \boldsymbol{F}^{\mathrm{A}} \boldsymbol{c}_k + \boldsymbol{F}^{\mathrm{A}} \boldsymbol{c}_m \boldsymbol{c}_m^{\mathrm{H}} \boldsymbol{S} \boldsymbol{c}_k) \\ &= \boldsymbol{S} \boldsymbol{c}_k \boldsymbol{\varepsilon}_k + (\boldsymbol{S} \boldsymbol{P}^{\mathrm{o}} \boldsymbol{F}^{\mathrm{A}} + \boldsymbol{F}^{\mathrm{A}} \boldsymbol{P}^{\mathrm{o}} \boldsymbol{S}) \boldsymbol{c}_k\end{aligned} \tag{13.2.46}$$

或

$$\boldsymbol{H}^{\mathrm{c}}\boldsymbol{c}_k = \boldsymbol{S}\boldsymbol{c}_k\varepsilon_k \tag{13.2.47}$$

式中

$$\boldsymbol{H}^{\mathrm{c}} = \boldsymbol{F}^{\mathrm{c}} - (\boldsymbol{S}\boldsymbol{P}^{\mathrm{o}}\boldsymbol{F}^{\mathrm{A}} + \boldsymbol{F}^{\mathrm{A}}\boldsymbol{P}^{\mathrm{o}}\boldsymbol{S}) \tag{13.2.48}$$

同样, 由式 (13.2.39) 得

$$\boldsymbol{H}^{\mathrm{o}}\boldsymbol{c}_m = \boldsymbol{S}\boldsymbol{c}_m\eta_m \tag{13.2.49}$$

式中

$$\begin{aligned}\boldsymbol{H}^{\mathrm{o}} &= \boldsymbol{F}^{\mathrm{o}} - \frac{1}{\gamma}(\boldsymbol{S}\boldsymbol{P}^{\mathrm{c}}\boldsymbol{F}^{\mathrm{A}} + \boldsymbol{F}^{\mathrm{A}}\boldsymbol{P}^{\mathrm{c}}\boldsymbol{S}) \\ \eta_m &= \frac{1}{\gamma}\varepsilon_m\end{aligned} \tag{13.2.50}$$

若取 $x = -\gamma/(1-\gamma)$, 则 $\boldsymbol{F}^{\mathrm{A}}$ 中只剩下来自开壳层轨道的 Coulomb 项与交换项, 有效 Hamilton 简化为

$$\boldsymbol{H}^{\mathrm{c}} = \boldsymbol{h} + 2\boldsymbol{J}^{\mathrm{c}} - \boldsymbol{K}^{\mathrm{c}} + 2\boldsymbol{J}^{\mathrm{o}} - \boldsymbol{K}^{\mathrm{o}} + 2\alpha\boldsymbol{L}^{\mathrm{o}} - \beta\boldsymbol{M}^{\mathrm{o}} \tag{13.2.51}$$

$$\boldsymbol{H}^{\mathrm{o}} = \boldsymbol{h} + 2\boldsymbol{J}^{\mathrm{c}} - \boldsymbol{K}^{\mathrm{c}} + 2a\boldsymbol{J}^{\mathrm{o}} - b\boldsymbol{K}^{\mathrm{o}} + 2\alpha\boldsymbol{L}^{\mathrm{c}} - \beta\boldsymbol{M}^{\mathrm{c}} \tag{13.2.52}$$

式中

$$\begin{gathered}\boldsymbol{J}^{\mathrm{c}} = \sum_k \boldsymbol{J}_k \qquad \boldsymbol{K}^{\mathrm{c}} = \sum_k \boldsymbol{K}_k \qquad \boldsymbol{J}^{\mathrm{o}} = \gamma\sum_m \boldsymbol{J}_m \qquad \boldsymbol{K}^{\mathrm{o}} = \gamma\sum_m \boldsymbol{K}_m \\ \boldsymbol{L}^{\mathrm{c}} = \boldsymbol{S}\boldsymbol{P}^{\mathrm{c}}\boldsymbol{J}^{\mathrm{o}} + \boldsymbol{J}^{\mathrm{o}}\boldsymbol{P}^{\mathrm{c}}\boldsymbol{S} \qquad \boldsymbol{M}^{\mathrm{c}} = \boldsymbol{S}\boldsymbol{P}^{\mathrm{c}}\boldsymbol{K}^{\mathrm{o}} + \boldsymbol{K}^{\mathrm{o}}\boldsymbol{P}^{\mathrm{c}}\boldsymbol{S} \\ \boldsymbol{L}^{\mathrm{o}} = \gamma(\boldsymbol{S}\boldsymbol{P}^{\mathrm{o}}\boldsymbol{J}^{\mathrm{o}} + \boldsymbol{J}^{\mathrm{o}}\boldsymbol{P}^{\mathrm{o}}\boldsymbol{S}) \qquad \boldsymbol{M}^{\mathrm{o}} = \gamma(\boldsymbol{S}\boldsymbol{P}^{\mathrm{o}}\boldsymbol{K}^{\mathrm{o}} + \boldsymbol{K}^{\mathrm{o}}\boldsymbol{P}^{\mathrm{o}}\boldsymbol{S}) \\ \alpha = \frac{1-a}{1-\gamma} \qquad \beta = \frac{1-b}{1-\gamma}\end{gathered} \tag{13.2.53}$$

方程式 (13.2.47) 或式 (13.2.49) 形式上也是广义的本征值方程, 求解时需先化为标准本征值方程. 与闭壳层组态的情况类似, 可求得总电子能量与分子轨道能级的关系为

$$\begin{aligned}E &= \sum_k (f_k + \varepsilon_k) + \gamma\sum_m (f_m + \eta_m) \\ &= \sum_{\sigma\lambda} P^{\mathrm{c}}_{\sigma\lambda}h_{\lambda\sigma} + \sum_{\sigma\lambda}\gamma P^{\mathrm{o}}_{\sigma\lambda}h_{\lambda\sigma} + \sum_k \varepsilon_k + \sum_k \varepsilon_m\end{aligned} \tag{13.2.54}$$

或

$$E = \mathrm{tr}[(\boldsymbol{P}^{\mathrm{c}} + \gamma\boldsymbol{P}^{\mathrm{o}})\boldsymbol{h}] + \mathrm{tr}(\varepsilon_k + \varepsilon_m) \tag{13.2.55}$$

以上推导也适用于由组态平均能量导出 Hartree-Fock-Rootlaan 方程. 实际上, 若开壳层有 q 个轨道, 容纳 $n-2p$ 个电子, 则容易证明, 组态平均能量为

$$\begin{aligned}E_{a\nu} =&2\sum_k f_k + \sum_k\sum_l(2J_{kl} - K_{kl})\\&+ \frac{n-2p}{2q}\left[2\sum_m f_m + \frac{n-2p-1}{2q-1}\sum_n\sum_m(2J_{mn} - K_{mn})\right]\\&+ \frac{n-2p}{q}\left[\sum_k\sum_m(2J_{km} - K_{km})\right]\end{aligned} \tag{13.2.56}$$

取 $\gamma = \dfrac{n-2p}{2q}, a = b = \dfrac{2q}{n-2p}\cdot\dfrac{n-2p-1}{2q-1}$, 则式 (13.2.34) 与式 (13.2.56) 完全一样.

13.2.4　非限制性 Hartree-Fock-Roothaan 方程

这里只讨论单行列式自旋非限制性 Roothaan(UHFR) 方程的推导. 设体系有 u 个 α 电子和 v 个 β 电子 $(u > v)$, 行列式波函数为

$$\Psi = |\phi_1^\alpha(1)\cdots\phi_u^\alpha(u)\phi_1^\beta(u+1)\cdots\phi_v^\beta(u+v)| \tag{13.2.57}$$

式中, ϕ_1^α 不一定等于 ϕ_1^β, 余类推. 容易求得体系的总能量

$$E = \sum_{i=1}^{u+v} f_i + \frac{1}{2}\left(\sum_i^{u+v}\sum_j^{u+v} J_{ij} - \sum_i^u\sum_j^u K_{ij}^\alpha - \sum_i^v\sum_j^v K_{ij}^\beta\right) \tag{13.2.58}$$

这里求和 $\sum\limits_i^u$ 和 $\sum\limits_i^v$ 分别遍及 α 和 β 轨道, 而

$$K_{ij}^\alpha = \int \phi_i^{\alpha*}(1)\phi_j^{\alpha*}(2)\hat{\boldsymbol{g}}_{12}\phi_j^\alpha(1)\phi_i^\alpha(2)\mathrm{d}\tau_1\mathrm{d}\tau_2 \tag{13.2.59}$$

K_{ij}^β 与此类似. 将分子轨道用基函数展开

$$\begin{aligned}\phi_i^\alpha &= \sum_\mu c_{\mu i}^\alpha \chi_\mu\\ \phi_i^\beta &= \sum_\mu c_{\mu i}^\beta \chi_\mu\end{aligned} \tag{13.2.60}$$

代入式 (13.2.58), 并定义

$$P_{\nu\mu}^\alpha = \sum_{i=1}^u c_{\nu i}^\alpha c_{\mu i}^{\alpha*} \qquad P_{\nu\mu}^\beta = \sum_{i=1}^\nu c_{\nu i}^\beta c_{\mu i}^{\beta*} \qquad P_{\nu\mu}^t = P_{\nu\mu}^\alpha + P_{\nu\mu}^\beta \tag{13.2.61}$$

则有

$$
\begin{aligned}
E =& \sum_{\mu\nu} P_{\nu\mu}^{t} h_{\mu\nu} + \frac{1}{2}\sum_{\mu\nu}\sum_{\lambda\sigma}[P_{\nu\mu}^{t}P_{\sigma\lambda}^{t}(\mu\nu|\lambda\sigma) - (P_{\nu\mu}^{\alpha}P_{\sigma\lambda}^{\alpha} + P_{\nu\mu}^{\beta}P_{\sigma\lambda}^{\beta})(\mu\sigma|\lambda\nu)] \\
=& \mathrm{tr}(\boldsymbol{P}^{\alpha}\boldsymbol{h}) + \frac{1}{2}\mathrm{tr}(\boldsymbol{P}^{\alpha}\boldsymbol{G}^{\alpha}) + \mathrm{tr}(\boldsymbol{P}^{\beta}\boldsymbol{h}) + \frac{1}{2}\mathrm{tr}(\boldsymbol{P}^{\beta}\boldsymbol{G}^{\beta})
\end{aligned}
\tag{13.2.62}
$$

式中

$$
\begin{aligned}
G_{\mu\nu}^{\alpha} &= \sum_{\sigma\lambda}[P_{\sigma\lambda}^{t}(\mu\nu|\lambda\sigma) - P_{\sigma\lambda}^{\alpha}(\mu\sigma|\lambda\nu)] \\
G_{\mu\nu}^{\beta} &= \sum_{\sigma\lambda}[P_{\sigma\lambda}^{t}(\mu\nu|\lambda\sigma) - P_{\sigma\lambda}^{\beta}(\mu\sigma|\lambda\nu)]
\end{aligned}
\tag{13.2.63}
$$

在保持 α, β 两组轨道各自正交归一的条件下, 对 α, β 轨道独立变分, 得

$$
\sum_{\nu}(F_{\mu\nu}^{\alpha} - \varepsilon_i^{\alpha} S_{\mu\nu})c_{\nu i}^{\alpha} = 0 \tag{13.2.64}
$$

$$
\sum_{\nu}(F_{\mu\nu}^{\beta} - \varepsilon_i^{\beta} S_{\mu\nu})c_{\nu i}^{\beta} = 0 \tag{13.2.65}
$$

式中

$$
\begin{aligned}
F_{\mu\nu}^{\alpha} &= h_{\mu\nu} + \sum_{\lambda\sigma}[P_{\sigma\lambda}^{t}(\mu\nu|\lambda\sigma) - P_{\sigma\lambda}^{\alpha}(\mu\sigma|\lambda\nu)] = h_{\mu\nu} + G_{\mu\nu}^{\alpha} \\
F_{\mu\nu}^{\beta} &= h_{\mu\nu} + \sum_{\lambda\sigma}[P_{\sigma\lambda}^{t}(\mu\nu|\lambda\sigma) - P_{\sigma\lambda}^{\beta}(\mu\sigma|\lambda\nu)] = h_{\mu\nu} + G_{\mu\nu}^{\beta}
\end{aligned}
\tag{13.2.66}
$$

写成矩阵的形式

$$
\boldsymbol{F}^{\alpha} c^{\alpha} = \boldsymbol{S}\boldsymbol{c}^{\alpha}\boldsymbol{\varepsilon}^{\alpha} \tag{13.2.67}
$$

$$
\boldsymbol{F}^{\beta}\boldsymbol{c}^{\beta} = \boldsymbol{S}\boldsymbol{c}^{\beta}\boldsymbol{\varepsilon}^{\beta} \tag{13.2.68}
$$

$$
\boldsymbol{F}^{\alpha} = \boldsymbol{h} + \boldsymbol{G}^{\alpha} \qquad \boldsymbol{F}^{\beta} = \boldsymbol{h} + \boldsymbol{G}^{\beta} \tag{13.2.69}
$$

式中, $\boldsymbol{h}$, $\boldsymbol{G}^{\alpha}$, $\boldsymbol{G}^{\beta}$ 的矩阵元分别是 $h_{\mu\nu}$, $G_{\mu\nu}^{\alpha}$, $G_{\mu\nu}^{\beta}$. 显然, 式 (13.2.67) 和式 (13.2.68) 是互相耦合的, 因为它们都与 $P_{\sigma\lambda}^{t}$ 有关系. 所以对 α 和 β 轨道的求解要联合进行, 直到两组轨道都得到自洽解为止. 电子总能量和轨道能量的关系式与闭壳组态的式 (13.2.33) 很类似

$$
E = \frac{1}{2}\left(\sum_{\nu\mu} P_{\nu\mu}^{t} h_{\mu\nu} + \sum_{i}^{\mathrm{occ}} \varepsilon_i^{\alpha} + \sum_{j}^{\mathrm{occ}} \varepsilon_j^{\beta}\right) = \frac{1}{2}[\mathrm{tr}(\boldsymbol{P}^{t}\boldsymbol{h}) + \mathrm{tr}\boldsymbol{\varepsilon}^{\alpha} + \mathrm{tr}\boldsymbol{\varepsilon}^{\beta}] \tag{13.2.70}
$$

对 $\boldsymbol{\varepsilon}^{\alpha}$ 和 $\boldsymbol{\varepsilon}^{\beta}$ 的求迹只计及占据轨道.

13.2.5　自旋态的纯化

自旋非限制性 Hartree-Fock 方法的优点是求得的自旋密度分布

$$\rho^s(\boldsymbol{r}) = \rho^\alpha(\boldsymbol{r}) - \rho^\beta(\boldsymbol{r}) = \sum_{\mu\nu}(P^\alpha_{\nu\mu} - P^\beta_{\nu\mu})\chi_\mu(\boldsymbol{r})\chi_\nu(\boldsymbol{r}) \tag{13.2.71}$$

比较符合实际, 可以说明自旋极化现象. 例如, 在原子体系中, 即使未充满壳层的 $l \neq 0$, 处于这一壳层的电子在原子核处的密度恒为零, 但原子核处的自旋密度却不是零, 而按照限制的 Hartree-Fock 方法, 这是不可能的.

但是, 自旋非限制性 Slater 行列式一般不是自旋角动量算符 $\hat{\boldsymbol{S}}^2$ 的本征函数[12]. 对于单行列式波函数, 根据自旋角动量算符的性质, $\langle\hat{\boldsymbol{S}}^2\rangle$ 可表示为

$$\hat{\boldsymbol{S}}^2 = S'(S'+1) + v + \sum_{i_1}^{\alpha}\sum_{j_1}^{\beta}\hat{\boldsymbol{P}}^s_{i_1j_1} \tag{13.2.72}$$

式中, $S' = \dfrac{1}{2}(u-v), \hat{\boldsymbol{P}}^s_{i_1j_1}$ 的作用是交换第 i_1 个 α 自旋轨道与第 j_1 个 β 自旋轨道. 设 Ψ_{UHF} 为单行列式波函数, 其分子轨道 ϕ_i^η 展开为 ($\eta = \alpha, \beta; \{\chi_\nu^\tau\}$ 为正交归一基组)

$$\phi_i^\eta = \sum_\nu c_{\nu i}^\eta \chi_\nu^\tau$$

则有

$$\langle\hat{\boldsymbol{S}}^2\rangle_{\text{UHF}} = \langle\Psi_{\text{UHF}}|\hat{\boldsymbol{S}}^2|\Psi_{\text{UHF}}\rangle = S'(S'+1) + v - \text{tr}(\boldsymbol{P}^\alpha\boldsymbol{P}^\beta) \tag{13.2.73}$$

若波函数为纯的 $S = S'$ 自旋态, 则应有 $\langle\boldsymbol{S}^2\rangle = S'(S'+1)$. 因 $v \geqslant \text{tr}(\boldsymbol{P}^\alpha\boldsymbol{P}^\beta)$, 故 $\langle\boldsymbol{S}^2\rangle_{\text{UHF}} \geqslant S'(S'+1)$, 即 Ψ_{UHF} 为 $S = S', S'+1, \cdots, \dfrac{u+v}{2}$ 态的混合物. 容易看出, $u \geqslant v$ 的单个行列式波函数为纯自旋态的条件是有 v 个轨道是双占据的 (α 电子的前 v 个轨道与 β 电子的 v 个轨道重合). 因为此时 $v = \text{tr}(\boldsymbol{P}^\alpha\boldsymbol{P}^\beta)$.

为了从 Ψ_{UHF} 获得纯自旋态波函数, 可用自旋投影算符方法, 亦即用算符

$$\hat{\boldsymbol{A}}_s = \prod_{k\neq S'}\frac{\hat{\boldsymbol{S}}^2 - k(k+1)}{S'(S'+1) - k(k+1)}$$

作用在函数 Ψ_{UHF} 上. 但是这样得到的波函数是很多行列式的线性组合, 非常复杂. 经验证明, 主要的自旋多重度沾污来自 $S'+1$ 态. 只要把它除去, 就得到几乎纯 $S = S'$ 的自旋态[13,14]. 为此, 只需用算符 $\hat{\boldsymbol{A}}_{S'+1} \equiv \hat{\boldsymbol{S}}^2 - (S'+1)(S'+2)$ 作用在 Ψ_{UHF} 上. 设

$$\Psi_{\text{UHF}} = \sum_S c_S\Psi_S \tag{13.2.74}$$

$$\hat{\boldsymbol{S}}^2\Psi_S = S(S+1)\Psi_S$$

则

$$\begin{aligned}\hat{\boldsymbol{A}}_{S'+1}\Psi_{\mathrm{UHF}} &= \sum_S c_S[S(S+1)-(S'+1)(S'+2)]\Psi_S \\ &= -2(S'+1)c_{S'}\Psi_{S'}+2(S'+2)c_{S'+2}\Psi_{S'+2}+\cdots \end{aligned} \tag{13.2.75}$$

由此得到消除 $\Psi_{S'+1}$ 态以后 $\hat{\boldsymbol{S}}^2$ 的期望值为

$$\begin{aligned}\langle\hat{\boldsymbol{S}}^2\rangle_{aa} &= \frac{\langle\hat{\boldsymbol{A}}_{S'+1}\Psi_{\mathrm{UHF}}|\hat{\boldsymbol{S}}^2|\hat{\boldsymbol{A}}_{S'+1}\Psi_{\mathrm{UHF}}\rangle}{\langle\hat{\boldsymbol{A}}_{S'+1}\Psi_{\mathrm{UHF}}|\hat{\boldsymbol{A}}_{S'+1}\Psi_{\mathrm{UHF}}\rangle} \\ &= \frac{\langle\hat{\boldsymbol{S}}^6\rangle_{\mathrm{UHF}}-2(S'+1)(S'+2)\langle\hat{\boldsymbol{S}}^4\rangle_{\mathrm{UHF}}+(S'+1)^2(S'+2)^2\langle\hat{\boldsymbol{S}}^2\rangle_{\mathrm{UHF}}}{\langle\hat{\boldsymbol{S}}^4\rangle_{\mathrm{UHF}}-2(S'+1)(S'+2)\langle\hat{\boldsymbol{S}}^2\rangle_{\mathrm{UHF}}+(S'+1)^2(S'+2)^2}\end{aligned} \tag{13.2.76}$$

式中, $\langle\hat{\boldsymbol{S}}^2\rangle_{\mathrm{UHF}}$ 由式 (13.2.73) 给出, 而

$$\begin{aligned}\langle\hat{\boldsymbol{S}}^4\rangle_{\mathrm{UHF}} =& B^2+uv+2[\mathrm{tr}^2(\boldsymbol{P}^\alpha\boldsymbol{P}^\beta)-\mathrm{tr}(\boldsymbol{P}^\alpha\boldsymbol{P}^\beta\boldsymbol{P}^\alpha\boldsymbol{P}^\beta)] \\ &-(2B+u+v-2)\mathrm{tr}(\boldsymbol{P}^\alpha\boldsymbol{P}^\beta)\end{aligned} \tag{13.2.77}$$

$$\begin{aligned}\langle\hat{\boldsymbol{S}}^6\rangle_{\mathrm{UHF}} =& B^3+Buv+uv(2B+u+v-2) \\ &-[3B^2+3B(u+v-2)+(u+v-2)^2 \\ &+uv+4(u-1)(v-1)]\mathrm{tr}(\boldsymbol{P}^\alpha\boldsymbol{P}^\beta) \\ &+2[3B+3(u+v)-10][\mathrm{tr}^2(\boldsymbol{P}^\alpha\boldsymbol{P}^\beta) \\ &-\mathrm{tr}(\boldsymbol{P}^\alpha\boldsymbol{P}^\beta\boldsymbol{P}^\alpha\boldsymbol{P}^\beta)]-6[\mathrm{tr}^3(\boldsymbol{P}^\alpha\boldsymbol{P}^\beta) \\ &-3\mathrm{tr}(\boldsymbol{P}^\alpha\boldsymbol{P}^\beta)\mathrm{tr}(\boldsymbol{P}^\alpha\boldsymbol{P}^\beta\boldsymbol{P}^\alpha\boldsymbol{P}^\beta)+2\mathrm{tr}(\boldsymbol{P}^\alpha\boldsymbol{P}^\beta\boldsymbol{P}^\alpha\boldsymbol{P}^\beta\boldsymbol{P}^\alpha\boldsymbol{P}^\beta)]\end{aligned} \tag{13.2.78}$$

式中, $B=S'(S'+1)+v$. 式 (13.2.75) 中的展开系数为

$$c_{S'+1}^2 \approx (\langle\hat{\boldsymbol{S}}^2\rangle_{\mathrm{UHF}}-\langle\hat{\boldsymbol{S}}^2\rangle_{aa})/2(S'+1) \tag{13.2.79}$$

$$\begin{aligned}c_{S'+2}^2 \approx& (\langle\hat{\boldsymbol{S}}^2\rangle_{aa}-\langle\hat{\boldsymbol{S}}^2\rangle_{\mathrm{UHF}}+\frac{1}{X}\{[u-\mathrm{tr}(\boldsymbol{P}^\alpha\boldsymbol{P}^\beta)][v-\mathrm{tr}(\boldsymbol{P}^\alpha\boldsymbol{P}^\beta)] \\ &+2\mathrm{tr}(\boldsymbol{P}^\alpha\boldsymbol{P}^\beta-\boldsymbol{P}^\alpha\boldsymbol{P}^\beta\boldsymbol{P}^\alpha\boldsymbol{P}^\beta)\})(1-c_{S'+1}^2)/4(2S'+3) \\ =& [\langle\hat{\boldsymbol{S}}^2\rangle_{aa}-\langle\hat{\boldsymbol{S}}^2\rangle_{\mathrm{UHF}}+\frac{1}{X}(\langle\hat{\boldsymbol{S}}^4\rangle_{\mathrm{UHF}}-\langle\hat{\boldsymbol{S}}^2\rangle_{\mathrm{UHF}}^2)](1-c_{S'+1}^2)/4(2S'+3)\end{aligned} \tag{13.2.80}$$

式中

$$X = (S'+1)(S'+2)-\langle\hat{\boldsymbol{S}}^2\rangle_{\mathrm{UHF}} = 2(S'+1)-v+\mathrm{tr}(\boldsymbol{P}^\alpha\boldsymbol{P}^\beta) \tag{13.2.81}$$

通常 $c_{S'}$ 比 $c_{S'+1}$ 大一两个数量级, 后者又比 $c_{S'+2}$ 大一两个数量级. 所以消除 $\Psi_{S'+1}$ 态以后, 得到的就是相当纯的 $\Psi_{S'}$ 自旋态.

消除 $S=S'+1$ 态以后, 其密度矩阵为

$$\begin{aligned}\boldsymbol{P}^{\alpha}_{aa} &= \boldsymbol{P}^{\alpha} - 2[\boldsymbol{P}^{\alpha}\boldsymbol{P}^{\beta}\boldsymbol{P}^{\alpha} - (\boldsymbol{P}^{\alpha}\boldsymbol{P}^{\beta} + \boldsymbol{P}^{\beta}\boldsymbol{P}^{\alpha})/2]/X \\ \boldsymbol{P}^{\beta}_{aa} &= \boldsymbol{P}^{\beta} - 2[\boldsymbol{P}^{\beta}\boldsymbol{P}^{\alpha}\boldsymbol{P}^{\beta} - (\boldsymbol{P}^{\beta}\boldsymbol{P}^{\alpha} + \boldsymbol{P}^{\alpha}\boldsymbol{P}^{\beta})/2]/X\end{aligned} \tag{13.2.82}$$

自旋密度为

$$\begin{aligned}\rho^{S}_{aa}(\boldsymbol{r}) &= \rho^{\alpha}_{aa}(\boldsymbol{r}) - \rho^{\beta}_{aa}(\boldsymbol{r}) = \sum_{\mu\nu}(\boldsymbol{P}^{\alpha}_{aa} - \boldsymbol{P}^{\beta}_{aa})_{\nu\mu}\chi_{\mu}(\boldsymbol{r})\chi_{\nu}(\boldsymbol{r}) \\ &= \sum_{\mu}\sum_{\nu}[\boldsymbol{P}^{\alpha}\boldsymbol{P}^{\beta} - 2(\boldsymbol{P}^{\alpha}\boldsymbol{P}^{\beta}\boldsymbol{P}^{\alpha} - \boldsymbol{P}^{\beta}\boldsymbol{P}^{\alpha}\boldsymbol{P}^{\beta})/X]_{\nu\mu}\chi_{\mu}(\boldsymbol{r})\chi_{\nu}(\boldsymbol{r})\end{aligned} \tag{13.2.83}$$

在以上推导中忽略了 $\left(\dfrac{c_{S'+1}}{c_{S'}}\right)^2$ 和 $\dfrac{c_{S'+2}}{c_{S'}}$项. 一般 $\boldsymbol{P}^{\alpha}_{aa}$ 与 $\boldsymbol{P}^{\alpha}$, $\boldsymbol{P}^{\beta}_{aa}$ 与 $\boldsymbol{P}^{\beta}$ 差别很小, 但 ρ^{S}_{aa} 与 ρ^{S} 则可能差别较大. 因为它是两个大的量值之差, 忽略高级项引起的相对误差比较大. 因此, 当 $c_{S'+1}/c_{S'}$ 不太小时 (如激发态, S_Z 不取极大值时 $c_{S'+1}/c_{S'}\approx 1$), 式 (13.2.83) 误差可能很大, 不能使用.

总电子密度投影前后差别很小. 总能量的变化也很小, 近似为

$$E_{aa} = [\mathrm{tr}(\boldsymbol{P}^{\alpha}_{aa} + \boldsymbol{P}^{\beta}_{aa})\boldsymbol{h} + \mathrm{tr}(\boldsymbol{P}^{\alpha}_{aa}\boldsymbol{F}^{\alpha}) + \mathrm{tr}(\boldsymbol{P}^{\beta}_{aa}\boldsymbol{F}^{\beta})]/2 + Y \tag{13.2.84}$$

$$Y = -\left[\sum_{\mu}\sum_{\nu}\sum_{\lambda}\sum_{\sigma}(\boldsymbol{P}^{\alpha} - \boldsymbol{P}^{\alpha}\boldsymbol{P}^{\beta})_{\lambda\mu}(\boldsymbol{P}^{\alpha}\boldsymbol{P}^{\beta} - \boldsymbol{P}^{\beta})_{\nu\sigma}(\mu\nu|\lambda\sigma)\right]\Big/X \tag{13.2.85}$$

式中, $\boldsymbol{h}$ 是 Hamilton 矩阵, $\boldsymbol{F}^{\alpha}$, $\boldsymbol{F}^{\beta}$ 是 Fock 矩阵, $(\mu\nu|\lambda\sigma)$ 是电子排斥积分, 一般 Y 是小的. Kato 等[15] 指出 RHF 和 UHF 能量之间存在简单的关系.

注意, 以上讨论是按正交基组进行的. 如果用的是非正交基组, 则需先将基组正交化, 或者用 $(\boldsymbol{P}'\boldsymbol{S})$ 代替以上各式中的 $\boldsymbol{P}$, 这里 $\boldsymbol{P}'$ 是按非正交基组造的密度矩阵, $\boldsymbol{S}$ 是重叠矩阵.

13.3　分子轨道的自洽场计算

13.3.1　自洽场计算过程

Hartree-Fock-Roothaan 方程是非线性代数方程组 (对于 $c_{\mu i}$ 是三次的), 要用迭代方法求解. 大体步骤如下：首先将单电子积分和双电子积分计算出来, 然后假定一个起始密度矩阵, 以便造出起始的 Fock 矩阵, 由起始 Fock 矩阵可以求得第一轮计算的本征值和本征矢 $\boldsymbol{c}$, 由 $\boldsymbol{c}$ 可计算密度矩阵 $\boldsymbol{P}$, 再由 $\boldsymbol{P}$ 可以造出第二论计算的

Fock 矩阵,…… 如此循环下去, 直到迭代收敛, 即相继两轮计算的密度矩阵或总能量的差别达到指定的自洽标准, 这时就得到 HFR 方程的解 (本征值和本征矢). 由求得的分子轨道造出体系的状态波函数, 可以计算各种需要的物理量.

开壳层组态和闭壳层组态自洽场计算的过程差不多. 所不同的是在开壳层组态的情况下, 如果采用 UHF 方法, 则在每一轮迭代计算中, 需对角化两个 Fock 矩阵 [一个 $\boldsymbol{F}^{\alpha}$, 一个 $\boldsymbol{F}^{\beta}$, 参见式 (13.2.67) 和式 (13.2.68)]. 这两个矩阵方程的解是相互耦合的. 如果采用限制性 Hartree-Fock 方法, 则需注意造 $\boldsymbol{P}^{\mathrm{c}}$ 矩阵时要用由解方程式 (13.2.47) 得出的 p 个最低能量轨道, 而造 $\boldsymbol{P}^{\mathrm{o}}$ 矩阵时要用解方程式 (13.2.49) 得来的第 $p+1$ 到 $p+q$ 个轨道. 计算过程可用图 13.3.1 表示.

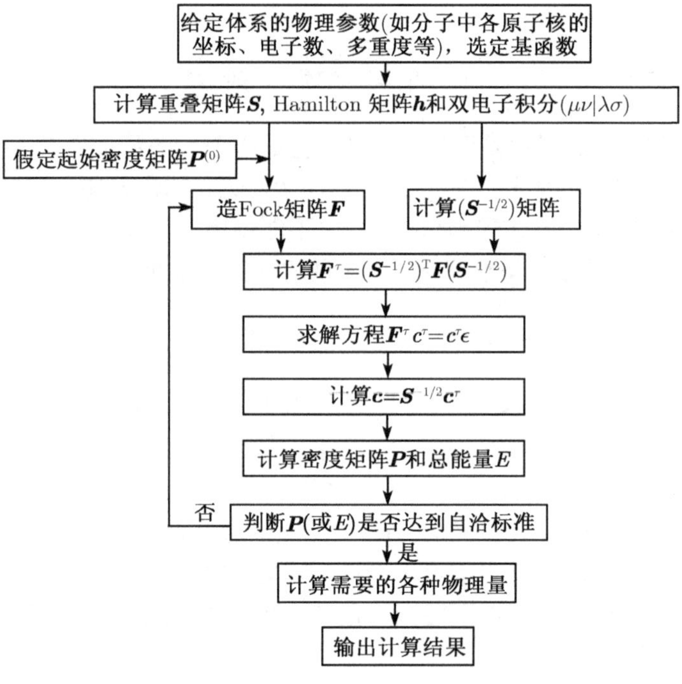

图 13.3.1　分子自洽场计算过程框图

根据本征矢矩阵可以对分子轨道进行分类, 即确定各分子轨道所属的不可约表示. 这只要考察各分子轨道在分子所属点群的生成元作用下变换矩阵的特征标就行了. 对于一维表示, 这是很简单的, 因为这种分子轨道在对称操作下变为它自身 (最多只差一个相因子), 所以等价基函数 (在对称操作下互换位置的基函数) 的分子轨道组合系数一定相等 (或差一个符号). 多维表示复杂一些, 不过点群的生成元最多不超过三个, 完成这项工作也并不困难. 属于一个多维表示的一组分子轨道能级应该简并, 所以根据本征值的简并情况也可确定是否多维表示 (但有出现偶然简并的可能).

起始密度矩阵选得合适 (尽可能接近收敛结果), 可以减少迭代的轮数, 节省计算机时. 迄今还没有一种可以确定最优起始密度矩阵的数学方法. 通常利用组成分子的原子的密度矩阵“拼出”起始密度矩阵, 或者先进行半经验量子化学计算 (EHMO、CNDO、MNDO 等) 得到的密度矩阵. 自然, 起始密度矩阵要符合分子对称性的要求.

在自洽迭代过程中, 如果造密度矩阵时机械地取能量最低的前若干个分子轨道为占据轨道, 则有时会出现分子轨道对称性不符合群论原理要求的情况. 例如, 不是分子所属对称群的不可约表示基, 或者属于一个不可约表示的一组分子轨道能级不简并. 这是因为在迭代过程中出现过能级顺序不合理, 使一组简并轨道跨在最高占据轨道 (highest occupied molecular orbitals, HOMO) 和最低未占据轨道 (lowest unoccupied molecular orbitals, LUMO) 之间. 由于电子没有充满一个亚层, 造出的密度矩阵和计算出来的势场不具有分子骨架的对称性质, 得到的解的对称性就不符合群论原理的要求. 只要在迭代过程中出现过一次这种情况, 在以后的迭代计算中势场的对称性就不能再恢复, 最后虽然可能得到形式上自洽的解, 却没有所需要的对称性质. 伴随这种现象发生的必然还有电荷分布不合理, 能级发生不应有的分裂等现象. 这种解自然应该摒弃. 数值计算的精确度不够高, 也会造成解的对称性质的轻微破坏.

在体系物理参数固定的前提下, 通常认为电子总能量越低的解越好. 因为按照最低能量原理 (参见 5.2.1 节), 变分计算得到的电子总能量是精确能量值的上界. 计算值越低自然越接近精确值, 相应的波函数 (从而构成波函数的分子轨道) 也就越好.

从 Hartree-Fock-Roothaan 方程的推导过程可以知道, 它的解只是能量取极值的必要条件而不是充分条件, 更不是取绝对极小值 (最小值) 的充分条件. 因此自洽场计算的解可能对应于鞍点或一般极小值而非绝对极小值. 关于判断得到的解是否对应于能量最小值或者解是否唯一等问题, 现在还没有简单的方法可以解决, 因为 HFR 方程是复杂的非线性方程组, 而且变量可能多达数百个. 目前, 判断求得的波函数质量优劣的通用办法是按“实验”标准, 即计算的物理量是否符合实验结果. 不过, “电子总能量最低”标准与“实验”标准可能不一致, 因为总能量对于原子核近邻波函数的质量很敏感而其他一些物理量则可能对价电子的分布更敏感. 评定波函数品质的优劣时应该全面考虑.

13.3.2 一个具体的例子 —— 氨分子的自洽场计算

下面以 NH_3 分子的计算为例, 给出有关的详细数据 (采用原子单位), 读者可以从中得到对自洽场计算的具体印象.

(1) NH_3 分子体系的物理参数. 基态 NH_3 为闭壳层组态分子, 自旋多重度为 1,

共有 10 个电子. 几何参数如下：N—H 键长 1.014Å, H—N—H 键角 106.8°, 属于 C_{3v} 点群. 为便于利用对称性质简化分子积分计算 (参见 13.4.1 节), 适当选择坐标系. 各原子的坐标如表 13.3.1 所示 (单位 a.u., 参看图 13.3.2).

表 13.3.1 各原子的坐标

原 子	x	y	z
N	0.30926	0.30926	0.30926
$H^{(1)}$	2.17510	0.00000	0.00000
$H^{(2)}$	0.00000	2.17510	0.00000
$H^{(3)}$	0.00000	0.00000	2.17510

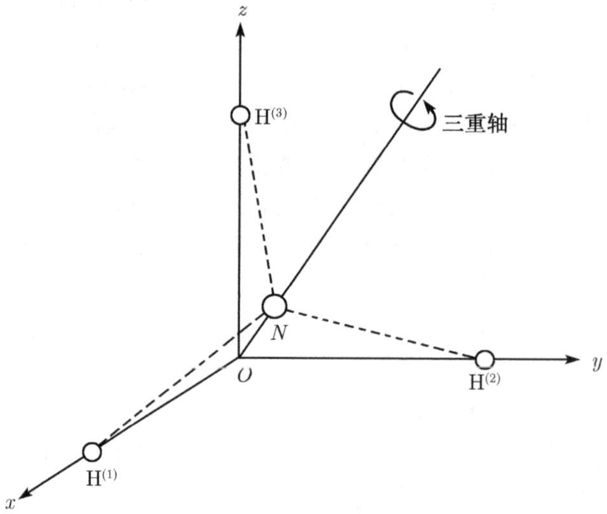

图 13.3.2 NH_3 分子中各原子的位置

(2) 基函数. 采用 LCAO-MO 方法, 选择以下近似原子轨道为基函数：

$$\begin{aligned}\chi(N_{1s}) =&0.1543[22.5377\exp(-99.9997r^2)]\\&+0.5353[6.2840\exp(-18.2151r^2)]\\&+0.4446[2.3579\exp(-4.9297r^2)]\\\chi(N_{2s}) =&-0.09997[1.9323\exp(-3.7805r^2)]\\&+0.3995[0.6467\exp(-0.8785r^2)]\\&+0.7001[0.2785\exp(-0.2857r^2)]\end{aligned}$$

$$
\begin{aligned}
\chi(N_{2p_x}) &= x\chi_p^0 \\
\chi(N_{2p_y}) &= y\chi_p^0 \\
\chi(N_{2p_z}) &= z\chi_p^0 \\
\chi_p^0 &= 0.1559[7.5140\exp(-3.7805r^2)] \\
&\quad + 0.6077[1.2123\exp(-0.8785r^2)] \\
&\quad + 0.3920[0.2978\exp(-0.2857r^2)] \\
\chi(H_{1s}) &= 0.1543[1.7083\exp(-3.2078r^2)] \\
&\quad + 0.5353[0.4763\exp(-0.5843r^2)] \\
&\quad + 0.4446[0.1787\exp(-0.1581r^2)]
\end{aligned}
$$

各原子轨道编号如下：$N_{1s}(1)$, $N_{2s}(2)$, $N_{2p_x}(3)$, $N_{2p_y}(4)$, $N_{2p_z}(5)$, $H_{1s}^{(1)}(6)$, $H_{1s}^{(2)}(7)$, $H_{1s}^{(3)}(8)$.

(3) 重叠矩阵 $[S_{\mu\nu}]$ 的矩阵元列于表 13.3.2.

表 13.3.2　重叠矩阵的矩阵元

μ \ ν	1	2	3	4	5	6	7	8
1	1.000000	0.233458	0.000000	0.000000	0.000000	0.059355	0.059355	0.059355
2	0.233458	1.000000	0.000000	0.000000	0.000000	0.502163	0.502163	0.502163
3	0.000000	0.000000	1.000000	0.000000	0.000000	0.424000	−0.070277	−0.070277
4	0.000000	0.000000	0.000000	1.000000	0.000000	−0.070277	0.424000	−0.070277
5	0.000000	0.000000	0.000000	0.000000	1.000000	−0.070277	−0.070277	0.424000
6	0.059355	0.502163	0.424000	−0.070277	−0.070277	1.000000	0.230288	0.230288
7	0.059355	0.502163	−0.070277	0.424000	−0.070277	0.230288	1.000000	0.230288
8	0.059355	0.502163	−0.070277	−0.070277	0.424000	0.230288	0.230288	1.000000

(4) Hamilton 矩阵 $[h_{\mu\nu}]$ 的矩阵元列于表 13.3.3.

表 13.3.3　Hamilton 矩阵的矩阵元

μ \ ν	1	2	3	4	5	6	7	8
1	−25.770146	−5.915384	−0.010155	−0.010155	−0.010155	−1.515078	−1.515078	−1.515078
2	−5.915384	−7.789240	−0.117933	−0.117933	−0.117933	−3.381957	−3.381957	−3.381957
3	−0.010155	−0.117933	−6.441312	−0.037447	0.037447	−2.448212	0.362767	0.362767
4	−0.010155	−0.117933	0.037447	−6.441312	0.037447	0.362767	−2.448212	0.362767
5	−0.010155	−0.117933	0.037447	0.037447	−6.441312	0.362767	0.362767	−2.448212
6	−1.515078	−3.381957	−2.448212	0.362767	0.362767	−4.655449	−1.351552	−1.351552
7	−1.515078	−3.381957	0.362767	−2.448212	0.362767	−1.351552	−4.655449	−1.351552
8	−1.515078	−3.381957	0.362767	0.362767	−2.448212	−1.351552	−1.351552	−4.655449

(5) 电子排斥积分 $(\mu\nu|\lambda\sigma)$. 电子排斥积分 $(\mu\nu|\lambda\sigma)$ 共有 8^4=4096 个, 但其中只有一小部分不等于零且互不相等, 列于表 13.3.4.

表 13.3.4 电子排斥积分

$\mu\ \nu\ \lambda\ \sigma$	$(\mu\nu\|\lambda\sigma)$	$\mu\ \nu\ \lambda\ \sigma$	$(\mu\nu\|\lambda\sigma)$
1 1 1 1	4.185383	6 2 6 2	0.164593
2 1 1 1	0.639249	6 3 1 1	0.276273
2 1 2 1	0.116363	6 3 2 1	0.064053
2 2 1 1	0.969969	6 3 2 2	0.241230
2 2 2 1	0.219532	6 3 3 1	0.013592
2 2 2 2	0.708246	6 3 3 2	0.090917
3 1 3 1	0.020721	6 3 3 3	0.263343
3 2 3 1	0.032152	6 3 4 1	−0.000737
3 2 3 2	0.156449	6 3 4 2	−0.006344
3 3 1 1	0.967205	6 3 4 3	−0.003814
3 3 2 1	0.219571	6 3 4 4	0.230044
3 3 2 2	0.708087	6 3 5 4	0.000340
3 3 3 3	0.762805	6 3 6 1	0.017568
4 3 4 3	0.041118	6 3 6 2	0.155794
4 4 3 3	0.680568	6 3 6 3	0.168222
6 1 1 1	0.165087	6 4 1 1	−0.045792
6 1 2 1	0.029789	6 4 2 1	−0.010617
6 1 2 2	0.055803	6 4 2 2	−0.039983
6 1 3 1	0.001469	6 4 3 3	−0.040126
6 1 3 2	0.002748	6 4 4 1	0.009269
6 1 3 3	0.056046	6 4 4 2	0.053693
6 1 4 1	−0.000243	6 4 4 3	0.010966
6 1 4 2	−0.000455	6 4 4 4	−0.041652
6 1 4 3	−0.000062	6 4 5 1	0.000122
6 1 4 4	0.055684	6 4 5 2	0.001051
6 1 5 4	0.000010	6 4 5 4	−0.001818
6 1 6 1	0.007746	6 4 5 5	−0.038129
6 2 1 1	0.379783	6 4 6 1	−0.002912
6 2 2 1	0.086910	6 4 6 2	−0.025815
6 2 2 2	0.307138	6 4 6 3	−0.024081
6 2 3 1	0.006855	6 4 6 4	0.026927
6 2 3 2	0.051472	6 5 6 4	0.003991
6 2 3 3	0.317596	6 6 1 1	0.503764
6 2 4 1	−0.001136	6 6 2 1	0.117123
6 2 4 2	−0.008531	6 6 2 2	0.471026
6 2 4 3	−0.002697	6 6 3 1	0.012403
6 2 4 4	0.301768	6 6 3 2	0.124855
6 2 5 4	0.000447	6 6 3 3	0.510315
6 2 6 1	0.022773	6 6 4 1	−0.002056

续表

$\mu\ \nu\ \lambda\ \sigma$	$(\mu\nu\|\lambda\sigma)$	$\mu\ \nu\ \lambda\ \sigma$	$(\mu\nu\|\lambda\sigma)$
6 6 4 2	−0.020694	7 4 6 5	−0.014970
6 6 4 3	−0.010091	7 4 6 6	0.152232
6 6 4 4	0.451104	7 5 6 5	0.020505
6 6 5 4	0.001673	7 5 6 6	−0.033408
6 6 6 1	0.031058	7 6 1 1	0.140830
6 6 6 2	0.310555	7 6 2 1	0.032443
6 6 6 3	0.331423	7 6 2 2	0.122029
6 6 6 4	−0.054933	7 6 3 1	0.001722
6 6 6 6	0.749621	7 6 3 2	0.014632
7 1 6 1	0.007596	7 6 3 3	0.123260
7 1 6 2	0.021897	7 6 4 3	0.001496
7 1 6 3	0.016002	7 6 5 1	−0.000684
7 1 6 4	−0.001900	7 6 5 2	−0.005814
7 1 6 5	−0.002802	7 6 5 3	−0.001146
7 1 6 6	0.029404	7 6 5 5	0.119442
7 1 7 1	0.007746	7 6 6 1	0.008391
7 2 6 1	0.021897	7 6 6 2	0.062769
7 2 6 2	0.130690	7 6 6 3	0.057303
7 2 6 3	0.100165	7 6 6 4	−0.002192
7 2 6 4	0.000202	7 6 6 5	0.010949
7 2 6 5	−0.019941	7 6 6 6	0.116983
7 2 6 6	0.201687	7 6 7 6	0.028657
7 3 6 3	0.017012	7 7 6 6	0.320105
7 3 6 4	0.000870	8 1 7 6	0.008131
7 3 6 5	−0.000072	8 2 7 6	0.051437
7 3 6 6	0.015918	8 3 7 6	−0.001891
7 4 6 1	0.016002	8 5 7 6	0.038971
7 4 6 2	0.100165	8 6 7 6	0.023936
7 4 6 3	0.075850	8 6 7 7	0.080336

(6) 达到自洽标准后的密度矩阵 $[P_{\mu\nu}]$ 的矩阵元列于表 13.3.5.

表 13.3.5　自洽密度矩阵的矩阵元

μ \ ν	1	2	3	4	5	6	7	8
1	1.042070	−0.167537	0.031491	0.031491	0.031491	−0.030823	−0.030823	−0.030823
2	−0.167537	0.746988	−0.173970	−0.173970	−0.173970	0.059621	0.059621	0.059621
3	0.031491	−0.173970	0.501714	0.156520	0.156520	0.318845	−0.044976	−0.044976
4	0.031491	−0.173970	0.156520	0.501715	0.156520	−0.044976	0.318845	−0.044976
5	0.031491	−0.173970	0.156520	0.156520	0.501715	−0.044976	−0.044976	0.318845
6	−0.030823	0.059621	0.318845	−0.044976	−0.044976	0.295801	−0.087652	−0.087652
7	−0.030823	0.059621	−0.044976	−0.318845	−0.044976	−0.087652	0.295801	−0.087652
8	−0.030823	0.059621	−0.044976	−0.044976	0.318845	−0.087652	−0.087652	0.295801

(7) 达到自洽标准后的 Fock 矩阵 $[F_{\mu\nu}]$ 的矩阵元列于表 13.3.6.

表 13.3.6 自洽 Fock 矩阵的矩阵元

μ \ ν	1	2	3	4	5	6	7	8
1	−15.303167	−3.893170	−0.014332	−0.014332	−0.014332	−1.003647	−1.003647	−1.003647
2	−3.893170	−1.938740	−0.068879	−0.068879	−0.068879	−0.896639	−0.896639	−0.896639
3	−0.014332	−0.068879	−0.331281	−0.009896	−0.009896	−0.481726	0.049194	0.049194
4	−0.014332	−0.068879	−0.009896	−0.331280	−0.009896	0.049194	−0.481726	0.049194
5	−0.014332	−0.068879	−0.009896	−0.009896	−0.331280	0.049194	0.049194	−0.481726
6	−1.003647	−0.896639	−0.481726	0.049194	0.049194	−0.561438	−0.347714	−0.347714
7	−1.003647	−0.896639	0.049194	−0.481726	0.049194	−0.347714	−0.561438	−0.347714
8	−1.003647	−0.896639	0.049194	0.049194	−0.481726	−0.347714	−0.347714	−0.561438

(8) 本征值 (分子轨道能级)ε_i 列于表 13.3.7.

表 13.3.7 分子轨道能级

	$1a_1$	$2a_1$	1e		$3a_1$	$4a_1$	2e	
ε_i	−15.312358	−1.096354	−0.579213	−0.579213	−0.360887	0.591624	0.700539	0.700539

(9) 本征矢 (分子轨道组合系数) 矩阵 $[c_{\mu i}]$ 的矩阵元列于表 13.3.8.

表 13.3.8 分子轨道组合系数

μ \ ν	$1a_1$	$2a_1$	1e		$3a_1$	$4a_1$	2e	
1	−0.992857	−0.219941	0.000000	0.000000	−0.089055	−0.184147	0.000000	0.000000
2	−0.034848	−0.736394	0.000000	0.000000	0.451106	1.271133	0.000000	0.000000
3	−0.003049	0.079144	−0.415448	0.239859	−0.515084	0.324697	0.748265	−0.432010
4	−0.003049	0.079144	0.415448	0.239859	−0.515084	0.324697	−0.748265	−0.432010
5	−0.003049	0.079144	0.000000	−0.479718	−0.515084	0.324697	0.000000	0.864022
6	0.007327	0.157274	−0.437866	0.252802	−0.124004	−0.709589	−0.871736	0.503296
7	0.007327	0.157274	0.437866	0.252802	−0.124004	−0.709589	0.871736	0.503296
8	0.007327	0.157274	0.000000	−0.505604	−0.124004	−0.709589	0.000000	−1.006595

(10) 迭代过程中电子总能量变化的情况见表 13.3.9. 在这一计算中, 自洽标准取为相继两次迭代的电子总能量之差小于 1.0×10^{-6} a.u..

(11) 计算出来的一些物理量.

分子总势能 $V = -110.847152$a.u. 总动能 $T = 55.393501$a.u.

分子总能量 $E = -55.453651$a.u. 维里比 $\dfrac{V}{T} = -2.001085$

偶极矩 $= 1.7419$ D

分子总能量实验值为 −56.554 a.u., 分子偶极矩实验值为 1.4280D., 计算值与实验值的差别还比较大. 这是因为采用的基组不够大, 并且没有考虑电子相关作用,下面再详细讨论这些问题.

表 13.3.9　迭代过程中电子总能量值的变化(a.u.)

迭代次数	电子总能量
1	−64.7193276
2	−67.2970392
3	−67.3837447
4	−67.3866713
5	−67.3868622
6	−67.3868882
7	−67.3868920
8	−67.3868935
9	−67.3868930
10	−67.3868930

13.3.3　基函数的选择

基函数的选择对于 SCF 的计算结果至关重要. 如果基组选择不当, 则无论用什么方法结果都不会好. 任何理论上的完备函数集合都可以选为基组, 问题只在于"效率", 即要求基组小, 计算量小, 而结果尽可能好. 为此, 要求基组具有与所描述体系一致的基本特征, 又便于计算相关的各种积分. 实际上, 这些要求通常不能同时得到满足, 只能根据实际需要作某种折衷处理. 历史上最早用的基组是构成分子的原子的近似原子轨道 [由此得 LCAO-MO(用原子轨道的线性组合构成分子轨道) 之名]. 现在, 最常用的是 Slater 函数基组和 Gauss 函数基组.

1. Slater 函数

Slater 函数最早是 Slater 建议使用的基函数, 其形式为 (作为近似的原子轨道时, 函数原点取在各原子中心处)

$$\chi_{nlm}(\boldsymbol{r}) = N_{\mathrm{s}} R_n(\zeta, r) Y_{lm}(\theta, \phi) \tag{13.3.1}$$

式中, N_{s} 是归一常数, $N_{\mathrm{s}} = \dfrac{(2\zeta)^{(2n+1)/2}}{\sqrt{(2n)\,!}}$, $Y_{lm}(\theta,\phi)$ 是球谐函数, 而 $R_n(\zeta, r) = r^{n-1}\exp(-\zeta r)$, ζ 是与 (n, l) 有关的参数. n, l, m 取整数值, 变化范围与原子轨道中三个量子数的相同, 即

$$l \geqslant 0 \qquad n \geqslant l+1 \qquad -l \leqslant m \leqslant l$$

与原子轨道不同之处在于它全是没有节点的函数, 具有相同 l, m 值的 χ_{nlm} 是不正交的. 我们可以把它们用 Schmidt 方法正交化, 从而得到正交的近似原子轨道. 但是, 从作为基组的角度看, STO 比有节点的正交原子轨道更好. 两者的完备性是相同的, 因为它们之间存在线性变换关系. 但 STO 更能适应描述分子环境引起的轨

道变化的要求. 环境会使原子的轨道发生形变, 内层电子变形较小, 外层电子变形较大, 所以应将原子轨道的内层部分和外层部分分开处理. 例如, 当从原子形成分子时反映内层电子的基函数的指数和系数可以少变或不变, 反映外层电子的基函数的指数和系数改变大一些或再多加一个基函数. 显然, 用 STO 基组更容易满足上述要求.

STO 中的指数 ζ 最初是按一定经验规则给出的. 后来, 有人 (特别是 Clementi) 用 STO 基组作原子的 SCF 计算, 根据使总能量最低的原则选择 ζ, 求出了所有元素的电子占据轨道的 ζ_{nl}(参见 12.4.4 节). 原则上, 当 STO 用于分子计算时, ζ 应重新优选 (选取 ζ, 使分子总能量最低), 但这样做计算量太大而收效并不显著, 所以在一般计算中不作这种优选.

在分子计算中通常取实基函数. 用直角坐标表示的常见实 Slater 型基函数列于表 13.3.10.

表 13.3.10 用直角坐标表示的 Slater 函数

n	l	m	标 记	函 数
1	0	0	1s	$(\zeta^3/\pi)^{1/2}\exp(-\zeta r)$
2	0	0	2s	$(\zeta^5/3\pi)^{1/2}r\exp(-\zeta r)$
2	1	0	$2p_z$	$(\zeta^5/\pi)^{1/2}z\exp(-\zeta r)$
2	1	±1	$2p_x$	$(\zeta^5/\pi)^{1/2}x\exp(-\zeta r)$
2	1	±1	$2p_y$	$(\zeta^5/\pi)^{1/2}y\exp(-\zeta r)$
3	0	0	3s	$(2\zeta^7/45\pi)^{1/2}r^2\exp(-\zeta r)$
3	1	0	$3p_z$	$(2\zeta^7/15\pi)^{1/2}zr\exp(-\zeta r)$
3	1	±1	$3p_x$	$(2\zeta^7/15\pi)^{1/2}xr\exp(-\zeta r)$
3	1	±1	$3p_y$	$(2\zeta^7/15\pi)^{1/2}yr\exp(-\zeta r)$
3	2	0	$3d_{z^2}$	$(\zeta^7/18\pi)^{1/2}(3z^2-r^2)\exp(-\zeta r)$
3	2	±1	d_{xz}	$(2\zeta^7/3\pi)^{1/2}xz\exp(-\zeta r)$
3	2	±1	$3d_{yz}$	$(2\zeta^7/3\pi)^{1/2}yz\exp(-\zeta r)$
3	2	±2	$3d_{x^2-y^2}$	$(2\zeta^7/3\pi)^{1/2}\dfrac{(x^2-y^2)}{2}\exp(-\zeta r)$
3	2	±2	$3d_{xy}$	$(2\zeta^7/3\pi)^{1/2}xy\exp(-\zeta r)$
4	0	0	4s	$(\zeta^9/315\pi)^{1/2}r^3\exp(-\zeta r)$
4	1	0	$4p_z$	$(\zeta^9/105\pi)^{1/2}zr^2\exp(-\zeta r)$
4	1	±1	$4p_x$	$(\zeta^9/105\pi)^{1/2}xr^2\exp(-sr)$
4	1	±1	$4p_y$	$(\zeta^9/105\pi)^{1/2}yr^2\exp(-\zeta r)$
4	2	0	$4d_z^2$	$(\zeta^9/252\pi)^{1/2}(3z^2-r^2)r\exp(-\zeta r)$
4	2	±1	$4d_{xz}$	$(\zeta^9/21\pi)^{1/2}xzr\exp(-\zeta r)$
4	2	±1	$4d_{yz}$	$(\zeta^9/21\pi)^{1/2}yzr\exp(-\zeta r)$
4	2	±2	$4d_{x^2-y^2}$	$(\zeta^9/21\pi)^{1/2}\dfrac{(x^2-y^2)}{2}r\exp(-\zeta r)$
4	2	±2	$4d_{xy}$	$(\zeta^9/21\pi)^{1/2}xyr\exp(-\zeta r)$
4	3	0	$4f_{z^3}$	$(\zeta^9/180\pi)^{1/2}z(5z^2-r^2)\exp(-\zeta r)$

续表

n	l	m	标　记	函　数
4	3	±1	$4f_{xz^2}$	$(\zeta^9/120\pi)^{1/2}x(5z^2-r^2)\exp(-\zeta r)$
4	3	±1	$4f_{yz^2}$	$(\zeta^9/120\pi)^{1/2}y(5z^2-r^2)\exp(-\zeta r)$
4	3	±2	$4f_{(x^2-y^2)z}$	$(\zeta^9/3\pi)^{1/2}\dfrac{(x^2-y^2)z}{2}\exp(-\zeta r)$
4	3	±2	$4f_{xyz}$	$(\zeta^9/3\pi)^{1/2}xyz\exp(-\zeta r)$
4	3	±3	$4f_{x^3}$	$(\zeta^9/72\pi)^{1/2}y(y^2-3x^2)\exp(-\zeta r)$
4	3	±3	$4f_{y^3}$	$(\zeta^9/72\pi)^{1/2}x(x^2-3y^2)\exp(-\zeta r)$

对于组成原子的价电子层以下的每个原子轨道用一个STO代表的基组称为最小基组. 例如, 碳原子的最小基组是1s(5.6727), 2s(1.6083), $2p_z$(1.2107), $2p_x$(1.2107), $2p_y$(1.2107)(括号内的数字指 ζ 值). 用最小基组的优点是能使分子轨道与其组成原子的轨道有清晰的联系, 对于定性讨论分子中原子间的成键是方便的. 用于计算, 结果一般能满意地预测分子几何构型, 也能给出相似分子的某些性质的正确相对值及变化趋势. 但是, 用它一般不能得出有定量意义的结果. Clementi 发现, 若对每个原子轨道用两个 ζ 不同的 STO 代表, 则对原子 SCF 计算的结果大为改善. 对分子计算也得到同样的结果. 这种基组称为双 ζ 基组. 显然, 它比最小基组大一倍. 例如, 碳原子的双 ζ 基组是 1s(7.4831), 1s′(5.1117),2s(1.8366), 2s′(1.1635), $2p_z$(2.7238), $2p_x$(2.7238), $2p_y$(2.7238), $2p'_z$(1.2549), $2p'_x$(1.2549), $2p'_y$(1.2549).

基组越大, 计算结果当然越好. 任何大于双 ζ 基组的基组都称为扩展基组. 扩展基组中最重要的是加“极化函数”的基组. 所谓极化函数是指角量子数比价层角量子数大 1 或 1 以上的 STO. 例如, 第二周期元素的极化函数是五个 3d 轨道. 一般极化函数的 ζ 指数对结果影响不大, 不必优选, 根据经验, 选择一定数值即可. 例如, 对于第二周期元素, 取 $\zeta_{3d}=1.5\sim3.0$. 经验表明, “双 ζ 加极化” 基组能得出相当接近 Hartree-Fock 极限的结果. 可以说, 基组在达到了双 ζ 等级以后, 最重要的扩充是加极化基. 极化基的用处是照顾原子轨道的变形, 因为分子中的电荷分布并不能看成原子电荷的简单叠加, 毕竟有质的变形. 可以想像, 为了反映这种变形, 可以使 STO 基的中心浮动. 通常将中心在价键区域的基函数称为键函数, 基组中添加键函数也像添加极化函数一样能有效地描述由原子形成分子时电子云的变化. 但键函数的最优中心位置和指数随不同分子而异, 比较难以预见.

当 $\boldsymbol{r}\to0$ 和 $\boldsymbol{r}\to\infty$ 时, STO 基具有正确波函数的渐近行为. 特别是 $r\to0$ 时的渐近行为保证它具有较好的“品质”. 精确的原子轨道 ψ_{lm} 在原点满足所谓“歧点条件” (cusp condition)[16].

$$\left[\left(\frac{\partial f_{lm}}{\partial r_A}\right)\Big/f_{lm}\right]_{r_{A=0}}=-Z_A/(l+1)$$

$$f_{lm}=r_A^{-l}\int Y_{lm}^*(\theta_A,\varphi_A)\psi_{lm}(r_A,\theta_A,\varphi_A)\mathrm{d}\Omega_A \tag{13.3.2}$$

式中, Z_A 是 A 原子的核电荷, (r_A,θ_A,φ_A) 是电子在以原子核 A 为坐标原点的球坐标 (参考 12.4.1 节的讨论). 在原子核的近邻, 电子动能变为无穷大, 势能也趋于无穷大. 基组满足歧点条件能保证两者近似相消, 否则求得的总能量误差就比较大. STO 基组满足歧点条件是它的重要优点.

由于使用 STO 基时计算三中心和四中心分子积分很困难, 所以目前对于非线形分子的严格 SCF 计算仍很少直接用 STO 基组. 对于双原子分子和线形分子, 由于有较简便的方法计算分子积分, 使用 STO 基组的计算较多.

2. Gauss 函数

Gauss 函数是 Boys[17] 首先建议用作基函数的, 它的形式为

$$\begin{aligned}\chi_{n_glm}&=N_gR_{n_g}(\alpha,r)Y_{1m}(\theta,\phi)\\ R_{n_g}(\alpha,r)&=r^{n_g-1}\exp(-\alpha r^2)\\ N_g&=\left[\frac{\alpha^{2n_g+1}\cdot 2^{4n_g+3}}{\pi(2n_g-1)!!^2}\right]^{\frac{1}{4}}\end{aligned} \tag{13.3.3}$$

式中, α 是与 (n_g,l) 有关的参数, n_g,l,m 具有 STO 中相应量子数的含义, 使用类似的标记, 如 $(1\mathrm{s})_\mathrm{G}$、$(2\mathrm{p}_0)_\mathrm{G}$ 等. 实际计算中用直角坐标的 GTO 更方便一些, 其形式为 (未计及归一化常数)

$$\chi_{pqt}(r)=\begin{cases}x^py^qz^t\exp[-\alpha(x^2+y^2+z^2)] & (n_g-l)\ \text{为奇}\\ x^py^qz^tr\exp[-\alpha(x^2+y^2+z^2)] & (n_g-l)\ \text{为偶}\end{cases} \tag{13.3.4}$$

式中, $p+q+t=n_g-1(n_g-l\text{为奇})$ 或 $p+q+t=n_g-2(n_g-l\text{为偶})$. Boys 证明, 对于 (n_g-l) 为奇数的 GTO, 两个中心不同的函数可以合并为一个新的 Gauss 函数, 因此多中心积分可以简化为单中心积分, 从而解决了计算多中心积分的困难. 关于 GTO 基组的分子积分已在第 10 章中详细讨论. 实际应用时, 只用最小的允许 n_g 值, $n_g=l+1$, 即只用

$$\begin{aligned}&(1\mathrm{s})_\mathrm{G}:\ \exp(-\alpha r^2)\\ &(2\mathrm{p})_\mathrm{G}:\ x\exp(-\alpha r^2),y\exp(-\alpha r^2),z\exp(-\alpha r^2)\\ &(3\mathrm{d})_\mathrm{G}:\ x^2\exp(-\alpha r^2),y^2\exp(-\alpha r^2),z^2\exp(-\alpha r^2)\\ &\qquad\quad xz\exp(-\alpha r^2),yz\exp(-\alpha r^2),xy\exp(-\alpha r^2)\\ &(4\mathrm{f})_\mathrm{G}:\ x^3\exp(-\alpha r^2),y^3\exp(-\alpha r^2),z^3\exp(-\alpha r^2)\end{aligned}$$

$$x^2y\exp(-\alpha r^2), x^2z\exp(-\alpha r^2), xy^2\exp(-\alpha r^2)$$
$$xz^2\exp(-\alpha r^2), y^2z\exp(-\alpha r^2), yz^2\exp(-\alpha r^2)$$
$$xyz\exp(-\alpha r^2)$$

等.

与 Slater 函数一样, Gauss 函数的最优指数也可通过原子的 SCF 计算确定. 将原子总能量表达为 GTO 指数 $\{\alpha_\mu\}$ 和组合系数 $\{c_{\mu i}\}$ 的函数, 用变分方法确定 $\{\alpha_\mu\}$ 和 $\{c_{\mu i}\}$ 的值. 或者先用数值方法或分析方法求出精确的 H-F 原子轨道, 再按最小二乘法用 GTO 的线性组合拟合它们来确定最优组合系数和指数值.

当待优化的非线性参数 (如 GTO 的指数) 很多时, 优化相当困难, 因为能量是参数极平坦的函数, 某些参数很接近线性相关, 很难确定其极小点的参数值. 针对这个问题, Ruedenberg 等[18] 提出 ET 基组 (even-tempered basis set), 其中各 GTO 的指数之间存在固定的比例关系. 具体说就是将原子轨道表达为

$$\phi_{lm} = \sum_{k}^{M} d_{kn_gl}\chi_{n_glm}^{(k)}$$

$$\chi_{n_glm}^{(k)} = N_l(\alpha_{lk})r^l\exp(-\alpha_{lk}r^2)Y_{lm}(\theta,\varphi)$$

$$N_l = \left\{\frac{\alpha_{lk}^{2l+3}\cdot 2^{4l+7}}{\pi[(2l+1)!!]^2}\right\}^{\frac{1}{4}}$$

$$\alpha_{lk} = \alpha_l\beta_l^k \qquad (\alpha_l > 0, \beta_l > 1, k = 1, \cdots, M) \tag{13.3.5}$$

α_l 和 β_l 只与原子和角量子数 l 有关, 与 n_g 无关. 例如, 1s, 2s, 3s, $\cdots$ 轨道的 α_s、β_s 值一样, 2p, 3p, $\cdots$ 轨道的 α_p、β_p 值一样等, 只是展开系数 $\{d_{kn_gl}\}$ 不同. 这样, 对于一个 l 值只有两个指数参数, 待优化的非线性参数很少; ET 基组中各基函数均匀张成单电子 Hilbert空间, 相邻接的两个基函数之间的重迭积分为 $S_{k,k+1} = \left(\dfrac{2\sqrt{\beta}}{1+\beta}\right)^{(2l+3)/2}$, 不会出现两个基函数近似线性相关的问题, 因此避免了参数优化中出现的困难. 对第三周期以前原子的计算结果表明 α_l 和 β_l 的值随展开长度 M 而变化, 近似满足式 (13.3.6)

$$\ln\ln\beta_l = b_l\ln M + b_l'$$
$$\ln\alpha_l = a_l\ln(\beta_l - 1) + a_l' \tag{13.3.6}$$

a_l、a_l'、b_l、b_l' 只与原子种类和 l 有关. α_l 和 β_l 值随 M 变化, 但总保持为近似的优化值. 于是利用这四个参数和式 (13.3.6) 可以计算出随 M 变化的一系列近似优化

的 α_l 和 β_l 值, 确定一个基组的系列, 当 $M \to \infty$ 时收敛于完备基组极限. 利用这点可以求得 Hartree-Fock 能量的极限值.

由于各 GTO 的指数不是相互独立的, ET 基组的变分柔顺度差一些, 对于同一类型的基组, 比起指数完全优化的基组来, 计算得到的 Hartree-Fock 能量精确度低一些. ET 基组系列的收敛也比较慢. 在 ET 基组中描述芯层和价层的 GTO 指数平等对待是一个缺点. Huzinaga 等[19] 在上述工作的基础上提出 WT 基组 (well-tempered basis set), 在给定 l 值的基组中 GTO 的指数满足式 (13.3.7)

$$\zeta_i = \alpha\beta^{i-1}\left[1+\gamma\left(\frac{i}{M}\right)^{\delta}\right] \qquad (i=1,2,\cdots,M) \tag{13.3.7}$$

由原子的 Hartree-Fock 计算优化求出 α, β, γ, δ 参数值. 对原子的计算结果表明, WT 基组的精度比 ET 基组有比较明显的提高.

Petersson 等[20] 进一步发展 Ruedenberg 等人的方法, 提出给定 l 值的优化的 GTO 指数满足的规律:

$$\ln\alpha_k = \sum_{j=0}^{j_{\max}} a_j P_j(x) \qquad x = \frac{2k-2}{M-1} - 1 \qquad (k=1,2,\cdots,M) \tag{13.3.8}$$

式中, $P_j(x)$ 是 Legendre 多项式, $j_{\max}+1$ 个参数由原子的 Hartree-Fock 总能量泛函对 $\{a_j\}$ 变分确定. 当 $j_{\max}=1$ 时就得到相当于式 (13.3.6) 的表达式. 用式 (13.3.8) 的六项展开式确定的不同大小的 GTO 基组对一系列原子进行 Hartree-Fock 计算, 得到的总能量相对于精确值的误差与用同样类型指数完全优化的 GTO 基组计算结果的误差很接近. 据此, 作者认为即使是很大的 GTO 基组, 也不用优化 6 个以上的变分参数, 就可以得到很接近完全优化的 GTO 指数. 式 (13.3.8) 提供了一种获得原子极限基组的有效办法.

另一种 Gauss 型函数是所谓 Gauss 瓣函数 (Gauss lobe function, GLO), 它将所有基函数都表示成 SGTO 的组合. 中心在 (X,Y,Z) 处的 SGTO 可写成

$$(1\mathrm{s})_\mathrm{G} = \exp\{-\alpha[(x-X)^2+(y-Y)^2+(z-Z)^2]\} \tag{13.3.9}$$

其他 GTO 可由 $(1\mathrm{s})_\mathrm{G}$ 对坐标 X,Y,Z 微商求得. 例如, 对 X 微商, 可得

$$\begin{aligned}
&\frac{\mathrm{d}}{\mathrm{d}X}\exp\{-\alpha[(x-X)^2+(y-Y)^2+(z-Z)^2]\}\\
=&2\alpha(x-X)\exp\{-\alpha[(x-X)^2+(y-Y)^2+(z-Z)^2]\}\\
=&2\alpha(2\mathrm{p}_x)_\mathrm{G}
\end{aligned}$$

若将微商用差商代替，就得到拉开不远的两个 SGTO 的叠加. 例如, 在 $X=Y=Z=0$ 附近, 有 (2δ 为差商网格步长)

$$(2\mathrm{p}_x)_\mathrm{G} \approx (4\alpha\delta)^{-1}\{\exp[-\alpha((x-\delta)^2+y^2+z^2)]-\exp[-\alpha((x+\delta)^2+y^2+z^2)]\}$$

即 $(2\mathrm{p}_x)_\mathrm{G}$ 是两个位于 $(\pm\delta,0,0)$ 处的 SGTO 的叠加. 类似地, 有

$$\begin{aligned}(3\mathrm{d}_{xy})_\mathrm{G} \approx &(4\alpha\delta)^{-2}\{\exp[-\alpha((x-\delta)^2+(y-\delta)^2+z^2)]\\ &-\exp[-\alpha((x+\delta)^2+(y-\delta)^2+z^2)]\\ &-\exp[-\alpha((x-\delta)^2+(y+\delta)^2+z^2)]\\ &+\exp[-\alpha((x+\delta)^2+(y+\delta)^2+z^2)]\}\end{aligned}$$

图 13.3.3 画出几个 Gauss 瓣函数的简图.

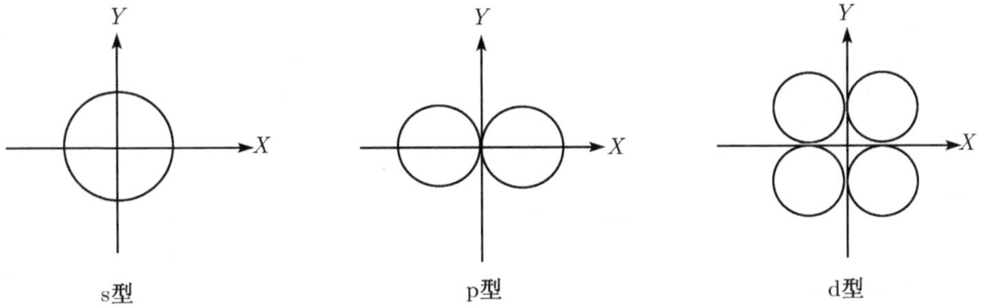

图 13.3.3　Gauss 瓣函数

Gauss 瓣函数的中心可根据需要浮动. 当中心距离较大时, 它表达不出原子轨道的正确角度分布. 不过, 常用的 δ 很小, 这个误差不大. le Rouzo 等[21] 通过多极展开证明, 其他球函数的沾污对于 p 轨道 $\sim 5\times10^{-8}$, 对于 d 轨道 $\sim 10^{-5}$. 还证明了 GLO 和 GTO 是很接近的, 所以对 GTO 求得的最优指数对 GLO 也差不多是最优的.

GTO 或 GLO 的优点是计算分子积分方便, 尤其是当需要利用分子的对称性简化分子积分计算和忽略微小的积分时, 这点更突出. 但是, GTO 也有严重的缺点, 它没有正确的 $r\to0$ 和 $r\to\infty$ 的渐近行为. 特别是当 $r\to0$ 时, 它不满足原子轨道的歧点条件, 为了正确表达原子轨道的行为, 必须用很多个 GTO, 即展开收敛很慢. 计算实践表明, 一般说来, 要用 3~ 5 个 GTO 才能抵得上一个 STO. 这样, 在用 GTO 基组时, 为了得到正确的结果, 必须用很大的基组, 这引起另外的困难. 首先是分子积分的数目增加很快, 双电子积分的数目差不多与基函数的数目的四次方成正比, 当基组增大时, 这个数目惊人地增长. 如果一个原子轨道用 5 个 GTO, 则即使对于甲烷这样简单的分子也要算 $\frac{1}{8}(5\times9)^4\sim5\times10^5$ 个积分. 这样, 巨大数目

的积分的计算和存储都成问题. 其次, 迭代求解时, 每次要对角化巨大的矩阵, 也很费时间. 所以, 直接使用 GTO 基组效率并不高.

表 13.3.11 列出文献报道的几种基组对第二周期原子计算的精确度比较. 其中 $\Delta = E_{\text{SCF}} - E_{\text{HF}}$, $\{j,k\}$ 或 (j,k) 表示基组中包含 j 个 s 型轨道, k 个 p 型轨道. $\{SZ\}$, $\{DZ\}$ 分别表示单 ζ 和双 ζ 基组, $\{BA\}$ 表示最优的原子基组.

表 13.3.11　不同基组的计算精度

原子谱项	H-F 能量 (a.u.)	$\Delta(\times 10^4\text{a.u.})$								
		STO				GTO				GLO
		$\{2,1\}$ $\{SZ\}$	$\{4,2\}$ $\{DZ\}$	$\{4,3\}$ $\{BA\}$	$\{5,4\}$ $\{BA\}$	$(5,3)\approx\{SZ\}$	$(7,4)\approx\{SZ\}$	$(9,5)\approx\{DZ\}$	$(10,6)\approx\{DZ\}$	$(10,5)\approx\{DZ\}$
Li ^2S	−7.43273	142	0	0	0	—	—	4	2	15
Be ^1S	−14.57302	163	7	0	0	—	—	10	4	27
B ^2P	−24.52906	307	12	1	0	645	106	19	8	50
C ^3P	−37.68862	662	19	1	0	1095	192	34	13	81
N ^4S	−54.40093	1320	30	1	0	1710	284	56	20	127
O ^3P	−74.80938	2690	52	2	0	2580	474	91	31	179
F ^2P	−99.40933	4672	81	4	0	3697	706	137	44	270
Ne ^1S	−128.5471	7348	123	6	0	—	—	203	61	368

3. 简缩 Gauss 基组

为了利用 GTO 的优点而避免其缺点, 人们想出用 GTO 的线性组合作基函数的方法. 这种基组称为简缩 Gauss 基组 (contracted Gaussian type orbitals, CGTO), 单个的 GTO 称为 Gauss 原函数. 简缩 Gauss 基函数可表示为

$$(\chi_{nlm})_{\text{CGTO}} = \left[\frac{\left(\dfrac{2}{\pi}\right)^{\frac{1}{2}} 2^{(2l+3)}}{(2l+1)!!}\right]^{\frac{1}{2}} r^l Y_{lm}(\theta,\phi)\sum_{k=1}^{K} d_k \alpha_k^{(2l+3)/4}\exp(-\alpha_k r^2) \tag{13.3.10}$$

式中, d_k 是展开系数, α_k 是 GTO 的指数. d_k 和 α_k 值可通过原子或分子的 SCF 计算优选. 文献上提出过多种简缩方案, 给出不同的 d_k 和 α_k 值. 可参阅文献 [5] 和 [8] 的有关章节.

一种很常用的方法是用 K 个 GTO 的线性组合逼近一个 STO. 在 10.2 节中已经讨论过这个问题. 这种基组通常称为 STO-KG 基组. 例如, 我们在 13.3.2 节 NH_3 的计算中用的就是 STO-3G 基组. 用一个 STO-KG 代替 K 个 GTO 进行分子计算, 需要计算的 GTO 积分数目并未减少, 但需要存储的分子积分数目 (现在是按 STO 数目计算) 则少许多, Fock 矩阵的阶数也小得多. STO-KG 基组的灵活性没

有 GTO 基组好. 不过, 实际计算表明, 这种损失不大而计算量大为减少.

表 13.3.12 列出一些文献报道的用 STO-KG 基组计算的结果. 可以看出, 即使用 STO-6G, SCF 总能量仍比 STO 基的高约 1eV. 值得指出的是, 虽然 Stewart 等[22] 建议的 STO-KG 基组得到广泛的应用, 但其展开系数和指数并不是最好的. 通过进一步优化参数, 计算结果还可以改善很多. 例如, 用我们建议的 STO-3G 新基组, 可以得到接近于 Stewart 的 STO-4G 基组的结果[23]. 具体结果列于表 13.3.13.

表 13.3.12　STO 用 GTO 展开的计算结果

计算项目	分　子	CGTO					STO
		$K=2$	$K=3$	$K=4$	$K=5$	$K=6$	
SCF 总能量 (a.u.)	NH_3	−53.8350	−55.4536	−55.8490	−55.9553	−55.9874	−56.0050
	HCN	−88.9456	−91.6622	−92.3275	−92.5058	−92.5608	−92.5903
	HF	−95.5572	−98.5274	−99.2204	−99.3969	−99.4501	−99.4785
	H_2CO	−109.0037	−112.3295	−113.1362	−113.3497	−113.4146	−113.4496
SCF 原子化能 (a.u.)	NH_3	0.3482	0.3085	0.2999	0.3003	0.3000	0.2999
	HCN	0.2879	0.2396	0.2270	0.2270	0.2271	0.2266
	HF	0.0683	0.0492	0.0476	0.0469	0.0469	0.0469
	H_2CO	0.4129	0.3491	0.3383	0.3387	0.3384	0.3381
偶极矩 (D)	NH_3	1.617	1.742	1.769	1.766	1.765	1.76
	HCN	1.858	2.099	2.122	2.122	2.121	2.11
	HF	0.496	0.850	0.874	0.880	0.879	0.878
	H_2CO	0.545	0.941	1.003	1.008	1.008	1.006

表 13.3.13　新、旧 STO-KG 基组计算结果比较*

能量值 (a. u.) 分子 / 基组	CH_4	NH_3	H_2O	HF
STO-3G	−39.7153	−55.4536	−74.9643	−98.5274
STO-3G(新)	−39.9227	−55.7966	−75.4930	−99.3397
STO-4G	−39.9985	−55.8490	−75.4968	−99.2204
STO-4G(新)	−40.0880	−56.0474	−75.8517	−99.8347
STO-6G	−40.1011	−55.9874	—	−99.4501

* 除氢的 $\zeta_{1s}=1.3$ 以外, 其余 ζ 采用按 Slater 规则给出的数值.

比 STO-KG 更好一些的基组是所谓“分裂价基”, 其中每个内层轨道用一个 STO-KG 逼近而每个价层轨道用两个 STO-KG 逼近. 作这种安排是因为预计当形成分子时, 原子的内层轨道变化较小, 而外层轨道变化较大. Gauss 序列程序中用的 4-31G 基组就属于这一类, 它用一个 STO-4G 逼近内层轨道, 而且一个 STO-3G 和一个 STO-1G 逼近价层轨道. 例如, 碳原子 4-31G 基组的组合系数和轨道指数如表 13.3.14 所示.

表 13.3.14　碳原子 4-31G 基组的组合系数和轨道指数

STO	组合系数 (d_k)	轨道指数 (α_k)
1s	0.0175983	486.867
	0.122846	73.3711
	0.433782	16.4135
	0.561418	4.34498
2s	−0.117489	8.67353
	−0.213994	2.09662
	1.17450	0.604651
2p	0.0640203	8.673530
	0.311203	2.09662
	0.752748	0.604651
2s′	1.000	0.183558
2p′	1.000	0.183558

更精确一些的基组就是双 ζ 等级的简缩 Gauss 基组, 即每个轨道用两个 STO-KG 逼近, 内层轨道取较大的 K 值 (为了逼近歧点性质), 外层轨道取较小的 K 值. 例如, (9s, 5p/4s, 2p)(或记作 (9s, 5p)/[4s, 2p]) 基组由 9 个 1s 型 GTO 简缩为 4 个 s 型函数, 再用以组合出 1s 和 2s 原子轨道; 由 5 个 2p 型 GTO 简缩为两个 p 型函数, 用以描述 2p 原子轨道, 在总的 GTO 增加不太多 (从而计算分子积分不必增加很多时间) 的情况下, 这样做可以使计算结果有较大的改进. 例如, 对于 CH_4, 若用 STO-5G 基组, 总共用 45 个 GTO, 总能量为 −40.0771a.u., 改用双 ζ 型简缩 Gauss 基组, 总共只用 41 个 GTO, 总能量降至 −40.1823a.u.[24].

简缩 Gauss 基组加极化基, 结果有较大改进. 由于 GTO 的原点很容易浮动, 所以加 GTO 型键基函数也很方便. 例如, 在 CH_4 的计算中, 在双 ζ 基组的基础上再在每个 C—H 键轴上离碳原子 0.6874a.u. 的位置分别加一个 s 型 GTO 键函数, 总能量从 −40.1823a.u. 降至 −40.1928a.u.[24]. 表 13.3.15 是文献报道的不同等级简缩 Gauss 基组计算结果的比较.

关于使用其他形式的函数作为基组的可能性, 有过不少的探索性工作. 例如, 有提出使用椭球 Gauss 函数[25]

$$
\begin{aligned}
\chi_{pqt} &= x^p y^q z^t \exp(-\alpha x^2 - \beta y^2 - \gamma z^2) \\
&= x^p y^q z^t \exp(-\delta r^2) \left(\sum_i \sum_j \sum_k A_{ijk} x^{2i} y^{2j} z^{2k} \right)
\end{aligned} \tag{13.3.11}
$$

希望它具有双 ζ 等级的精确度. 有人提出用约化 Bessel 函数 (reduced Bessel function)[26]

$$
\hat{\boldsymbol{K}}_\nu(\alpha r) = \left(\frac{2}{\pi}\right)^{\frac{1}{2}} (\alpha r)^\nu K_\nu(\alpha r) \tag{13.3.12}
$$

表 13.3.15　不同等级简缩 Gauss 基组的计算结果[分子总能量 (a.u.)]*

分　子	STO-3G	4-31G	6-31G	6-31G*	6-31G**	DZ	精确值	
H_2	−1.1175	−1.1268	−1.1268	−1.1268	−1.1313	−1.1266	−1.1336	
N_2	−107.501	−108.747	−108.868	−108.942	−108.942	−108.870	−108.997	
O_2	−147.634	−149.392	−149.545	−149.614	−149.614	—	—	
F_2	−195.982	−198.449	−198.646	−198.673	−198.673	−198.693	−198.770	
HF	−98.573	−99.887	−99.983	−100.003	−100.011	−100.015	−100.071	
H_2O	−74.966	−75.908	−75.981	−76.010	−76.023	−76.004	−76.065	
NH_3	−55.455	−56.105	−56.163	−56.184	−56.195	−56.171	−56.225	
CH_4	−39.727	−40.140	−40.180	−40.195	−40.202	−40.182	−40.225,	−40.214
C_2H_2	−75.856	−76.711	−76.793	−76.817	−76.821	−76.792	−76.860,	−76.848
C_2H_4	−77.074	−77.921	−78.003	−78.030	−78.038	−78.005	—	−78.062
C_2H_6	−78.306	−79.115	−79.197	−79.228	−79.237	−79.198	—	−79.259
CH_3F	−137.169	−138.857	−138.992	−139.035	−139.040	—	—	
CH_2O	−112.354	−113.692	−113.808	−113.864	−113.867	−113.821	—	
HCN	−91.675	−92.731	−98.828	−92.873	−92.875	−92.829	−92.920	

* 6-31G*: 在 6-31G 的基础上, 再在除氢原子以外的其他原子上加 3d 型极化基. 6-31G**: 在 6-31G* 的基础上, 再对氢原子加上 2p 型极化基.

式中, α 是参数, $\nu > 0$, K_ν 是修正的第二类 Bessel 函数. $\hat{\boldsymbol{K}}_\nu$ 具有容易在另一中心展开的优点. 还有人提出用 Hermite Gauss 函数或约化 Gauss 函数[27]

$$
\begin{aligned}
g(u,v,w,\boldsymbol{r},\boldsymbol{R}) &= N\frac{\partial^l}{\partial X^u \partial Y^v \partial Z^w}\exp[-\alpha(\boldsymbol{r}-\boldsymbol{R})^2] \\
&= N' H_u[\sqrt{\alpha}(x-X)]H_v[\sqrt{\alpha}(y-Y)]H_w[\sqrt{\alpha}(z-Z)]\exp[-\alpha(\boldsymbol{r}-\boldsymbol{R})^2]
\end{aligned}
\tag{13.3.13}
$$

式中, $l=u+v+w, x,y,z$ 和 X,Y,Z 分别是 $\boldsymbol{r}$ 和 $\boldsymbol{R}$ 的分量, $H_n(t)$ 是 n 阶 Hermite 多项式, N 是归一系数, 即

$$
N=\left(\frac{2\alpha}{\pi}\right)^{\frac{3}{4}}[\alpha^l(2u-1)!!(2v-1)!!(2w-1)!!]^{-\frac{1}{2}}=\alpha^{-\frac{l}{2}}N' \tag{13.3.14}
$$

用这种基函数易于计算 l 较大时的分子积分.

4. 选择基组时应该注意的问题

(1) 基组应该平衡. 对分子中不同原子, 应该选择逼近程度相似的基组, 不要对一部分原子很精细, 对另一部分原子很粗糙. 否则, 计算量无谓地增加很多, 结果并不会好.

(2) 对基组大小的要求视不同情况而异. 根据计算实践得知, 用比较小的基组 (如最小基组或 STO-3G), 一般就可以得出关于分子几何构型的正确结论 (至少定

性如此). 对于分子轨道能级, 则需要双 ζ 基或分裂价基才能得出较好的结果. 为了得到极限的 RHF 能量, 至少要采用双 ζ 加极化基, 对于对波函数质量很敏感的单电子性质 (如偶极矩), 不加极化基一般得不到正确的结果. 对于某些类型的计算 (如极化度、Rydberg 态等) 还要根据情况, 添加特定类型的基函数 (如弥散基函数: 指数值很小的 STO 或 GTO). 在达到要求的前提下, 选择小的基组可以节省计算时间. 如果精确度要求高, 必须用大的基组, 否则结果不可靠.

(3) 根据变分原理, 使体系总能量达到更低数值的波函数更逼近真正的波函数. 但实际上, 当基组不够大时, 使体系的总能量值更低的波函数用以计算其他分子性质 (如偶极矩), 结果不一定更好. Brillouin 定理虽然说明 HF 波函数对单电子性质正确到一级, 但基组不够大时, SCF 波函数与极限 RHF 波函数相差尚远, 用它计算某些单电子性质, 误差仍然可能很大.

(4) 当要求计算精确度较低时, 用 STO-KG 代替 STO, 能节省不少计算时间, 因为一般说来, 计算一个 STO 多中心积分比计算相应的 GTO 多中心积分, 需要的时间多 100~1000 倍, 而 GTO 积分数目只比 STO 积分数目多 $2^4 \sim 3^4$, 即 16~81 倍. 但若要求计算精确度很高 (如 $\sim 10^{-5}$a.u.), 则需用 STO-5G 以上的基组, 积分数目增加很快 (~ 625 倍), STO-KG 基组的优点就不突出了. 因此, 寻找 STO 多中心积分的方法一直是一个有人感兴趣的研究课题.

5. 目前常用的基组[8]

(1) Pople 型基组. 为简缩 Gauss 基组.

STO-KG 基组: 一个 STO 用 K 个 GTO 展开. $K = 2 \sim 6$, 指数是拟合 STO 得到的. STO-3G 基组最常用.

分裂价基: k-lmnG 型基组. GTO 轨道指数是通过原子 Hartree-Fock 计算优化的, s 和 p 层轨道指数相同. 记号中 k 表明芯层轨道用 k 个 GTO 展开, 短划以后的数字标明价层用几组 GTO 基展开, 各基组包含多少个 GTO. 在 G 字符之后标明加极化基和弥散基的情况. 例如, 3-21G 基组表示芯层轨道用 3 个 GTO 的简缩基模拟, 价层轨道 2s 和 2p 的内侧用 2 个 GTO 的简缩基、外侧用 1 个 GTO 模拟; 类似地, 6-31G 基组表示芯层轨道用 6 个 GTO 的简缩基模拟, 价层 2s 和 2p 轨道内侧用 3 个 GTO 的简缩基、外侧用 1 个 GTO 模拟; 6-311G 基组的芯层轨道用 6 个 GTO 的简缩基模拟, 2s、2p 轨道的内侧用 3 个 GTO 的简缩基、中间和外侧各用一个 GTO 模拟.

带弥散和 (或) 极化函数的基组: k-$lmn(\cdots)$G$(\cdots)$ 型基组. 在分裂价基的基础上添加弥散函数在 G 字符之前注明 (2 个 + 号表示对全部原子都添加, 1 个 + 号表示对除氢以外的原子添加), 添加极化函数在 G 字符之后注明 (一项表示只对非氢原子添加, 两项表示对全部原子都添加). 例如, 6-31+G(d) 基组是在 6-31 基组的基础上, 对除氢以外的元素添加 1 组弥散的 sp- 型函数和 1 组 d- 型极化函数; 6-311++G(2df, 2pd) 基组表示对非氢原子添加 sp- 型弥散函数和 2 组 d- 型函数、1 组 f- 型函数, 对氢原子添加 s- 型弥散函数和 2 组 p- 型函数、1 组 d- 型函数. 有时也用 * 号标记. 例如, 用 6-31G* 表示 6-31G(d) 基组, 用 6-31G** 表示 6-31G(d,p) 基组。

与 Pople 型基组类似的还有: ① Dunning-Huzinnaga 基组, 基函数的轨道指数是通过以不简缩的 GTO 基组进行原子的 Harteee-Fock 计算能量优化确定的, 分裂价基型的简缩 GTO 基组在形式与品质方面与 Pople 基组类似, 不同的只是没有 s-型和 p-型 GTO 的轨道指数相同的限制, 因此变分柔顺度好一些, 分子积分的计算工作量也大一些; ② Ahlrichs 型基组, 有 Kr 以前元素的 DZ、TZ、QZ 品质的基组, 包括分裂价极化基 (SVP)、3ζ 价基组 (TZV)、4ζ 价基组 (QZV) 等, 其 s-型和 p-型 GTO 的指数和相应的组合系数是由原子的 H-F 能量优化确定的, 而极化函数则来自 cc-pVXZ 基组.

(2) 相关一致基组. 电子相关能的计算在很多情况下是必须考虑的 (参看第 14 章). Dunning 等建立相关一致基组的目标是它不仅适合用于 H-F 计算, 也适合用于计算价层电子相关能. 相关一致基组是高精度的简缩 GTO 基组, 其 s-型和 p-型 GTO 的指数由原子 H-F 计算能量优化确定, 极化函数的指数是由原子 CISD 计算能量优化确定的 (参看第 14 章). 相关一致基组的缩写为 cc-pVDZ, cc-pVTZ, cc-pVQZ, cc-pV5Z, cc-pV6Z, 表示“相关一致极化价层双/三/四/五/六 ζ(correlation consistent polarized Valence Double/Triple/Quadruple/Quintuple/Sextuple Zeta)”基组. 相关一致的意思是: 基组在扩大的每一步包括的函数对相关能的贡献应该很接近. 例如, 第 1 个 d-型函数使能量下降最多, 第 2 个 d-型函数与第 1 个 f- 型函数的贡献接近, 第 3 个 d-型函数、第 2 个 f-型函数和第 1 个 g-型函数的贡献接近等. 因此, 逐步扩大基组时加极化基的次序是 1d, 2d1f, 3d2f1g 等. 还有, 由 sp-型基组缺陷产生的误差应与极化函数的不足导致的误差相当 (至少不更大), 故随着极化函数增加, sp-型基组也要增加. 总之, 包含的不同类型的 GTO 函数是均衡的. 如果添加弥散函数, 则加 aug- 字头表示. 加弥散函数时对各角量子数亚层都添加一个指数比较小的函数. 例如, aug-cc-pVDZ 基组是在 cc-pVDZ 基组中再添加 1 个 s-型、1 个 p-型、1 个 d-型函数. 考虑芯–芯和芯–价层的相关能的基组记为 cc-pCVXZ(X=D, T, Q 等), 是在相应的 cc-pVXZ 基组中添加大指数的函数构成的. 例如, cc-pCVTZ 基组是在非氢原子的 cc-pVTZ 基组中再添加 2 个 s-型、2 个 p-型、1 个 d-型大指数函数构成的. 相关一致基组是等级较高的基组, 计算结果的精度较高, 当然计算量也较大, 只能用于较小体系的计算.

(3) 极化一致基组. 由原子形成分子时最明显的变化是价层电荷向成键区转移, 基组中极化基配置 (包括极化基的类型、数目和轨道指数) 的优化对改善计算结果很重要. Jensen 等着眼于更好地描述形成分子时电荷极化, 提出极化一致基组 (polarization consistent basis sets), 缩写符号为 pc-n, n=0~4, n 越大的基组越大, pc-1 和 pc-2 分别相当于 DZ 和 TZ 等级的基组. 为了突出电荷极化作用, 极化一致基组的 GTO 指数不是通过原子能量的变分计算, 而是通过对一组小分子的能量变分计算优化的. s-型和 p-型简缩基的组合系数则通过以指数已优化的 GTO 为基进行原子 H-F 计算, 利用得到的原子轨道组合系数来确定. 选取极化基的原则与相关一致基类似 (极化基不简缩). 用极化一致基组对一些小分子的计算结果表明, 总能量、原子化能、键长和偶极矩等物理量都随基组增大而稳步趋向 H-F 极限值. 添加弥散基的极化一致基组用缩写 aug-pc-n 表示.

极化一致基组不但适用于 H-F 计算, 也适用于密度泛函 (DFT) 计算, 因为形式上要求解的单电子方程与 H-F 方程很类似 (参看第 15 章). 理论分析表明, 电子相关能随基组趋向完备极限的收敛速度比 H-F 或者 DFT 计算慢. 高等级的极化一致基组比相关一致基组小, 可以用于较大分子的计算. DFT 计算部分考虑了电子相关作用, 目前已被广泛应用, 极化一致基组有应用价值.

6. 基组重迭误差的校正

目前除了很小的分子以外, 量子化学计算的基组都是不完备的. 基组缺陷对计算的结果影响很大, 一般对稍大分子的计算, 总能量误差可能在 a.u. 的量级, 而一般化学过程的能量变化为 0.01~0.2a.u. (6~100kcal/mol) 的量级. 平常计算化学过程的能量差还能得到基本满意的结果 (误差在 ~0.005 的量级), 主要靠两次计算的误差绝大部分互相抵消了. 如果两次计算的基组完备性有差别, 就会有一部分误差没有抵消. 例如, 对于化学反应:

$$\mathrm{A}+\mathrm{B}\longrightarrow\mathrm{AB}$$

设用基组 a 计算分子 A, 用基组 b 计算分子 B, 用基组 (a+b) 计算分子 AB, 则反应能量的计算值为

$$\Delta E=E_{\mathrm{HF}}^{\mathrm{a\cup b}}(\mathrm{AB})-E_{\mathrm{HF}}^{\mathrm{a}}(\mathrm{A})-E_{\mathrm{HF}}^{\mathrm{b}}(\mathrm{B})$$

计算 A 和 B 的基组比计算 AB 的基组小. 如果三个基组对于所研究的问题来说完备性不同 (基组不均衡), 基组缺陷产生的误差就不同, 自然不能完全抵消, 反应能的计算值 ΔE 就有误差. 这种误差称为基组重迭误差 (basis set superposition error, BSSE). 消除 BSSE 的根本办法当然是采用完备基组 (或者准确均衡基组) 计算, 不过对于稍大一点的体系, 目前很难办到, 基组是否准确均衡也很难判断. 现在一般采取均衡校正 (counterpoise correction, CP) 的方法. 具体说, 就是对 A、B 按其在 AB 中的构型 (A^*、B^*) 分别采用 a 或 b 基组各计算一次; 再对 A 和 B 按其在 AB

中的构型采用 (a+b) 基组各计算一次, 在计算 A 时 (a+b) 基组按计算 (A+B) 时一样配置, 但 B 部分的原子核和电子不包括在计算中 (通常称基组 b 中的函数为鬼基函数); 对 B 部分的计算同样处理. 然后按式 (13.3.15) 计算反应能量:

$$\begin{aligned}\Delta E_{\text{校正}} =& E_{\text{HF}}^{\text{a}\cup\text{b}}(\text{AB}) - E_{\text{HF}}^{\text{a}\cup\text{b}}(\text{A}^*) - E_{\text{HF}}^{\text{a}\cup\text{b}}(\text{B}^*) \\ &+ \{[E_{\text{HF}}^{\text{a}}(\text{A}^*) - E_{\text{HF}}^{\text{a}}(\text{A})] + [E_{\text{HF}}^{\text{b}}(\text{B}^*) - E_{\text{HF}}^{\text{b}}(\text{B})]\}\end{aligned} \tag{13.3.15}$$

式中, 大括号部分是 $\text{A} \rightarrow \text{A}^*$ 和 $\text{B} \rightarrow \text{B}^*$ 过程能量的变化. 通常称 ΔE_{CP} 为基组重迭误差校正, $\Delta E_{\text{CP}} = E_{\text{HF}}^{\text{a}\cup\text{b}}(\text{A}^*) + E_{\text{HF}}^{\text{a}\cup\text{b}}(\text{B}^*) - E_{\text{HF}}^{\text{a}}(\text{A}^*) - E_{\text{HF}}^{\text{b}}(\text{B}^*)$. 显然, ΔE_{CP} 还只是近似的校正, 因为基组 (a+b) 用于计算 AB 和 A(或 B), 其完备程度还是有差别的. 不过, 实际计算表明平衡校正的方法是有一定效果的.

13.3.4　分子积分的存储和使用

为了造出 Fock 矩阵, 需要分子积分 $h_{\mu\nu}$ 和 $(\mu\nu|\lambda\sigma)$, 它的数量是巨大的. 如果基的数目为 m, 则 $h_{\mu\nu}$ 有 m^2 个, 考虑对称性 $h_{\mu\nu} = h_{\nu\mu}$, 实际上需计算 $\Sigma_1 = \frac{1}{2}m(m+1)$ 个. 同理, $(\mu\nu|\lambda\sigma)$ 有 m^4 个, 考虑到对称性

$$(\mu\nu|\lambda\sigma) = (\nu\mu|\lambda\sigma) = (\nu\mu|\sigma\lambda) = (\mu\nu|\sigma\lambda) = (\lambda\sigma|\mu\nu) = (\sigma\lambda|\mu\nu) = (\sigma\lambda|\nu\mu) = (\lambda\sigma|\nu\mu) \tag{13.3.16}$$

实际上需计算

$$\Sigma_2 = \frac{1}{2}m(m+1)\left[\frac{1}{2}m(m+1)+1\right]\Big/2 = \frac{1}{8}(m^4+2m^3+3m^2+2m)$$

个积分. 以苯为例, 取最小基组, 就有 $m = 36$, $\Sigma_1 = 666$ 个, $\Sigma_2 = 222111$ 个, 取双 ζ 基组, 则 $m = 72$, $\Sigma_1 = 2628$ 个, $\Sigma_2 = 3454506$ 个. 提高计算、存储和使用如此巨大数量的分子积分的效率是量子化学计算中的重要问题. 这方面已有人做过大量工作, 并提出很多巧妙的处理办法. 关于分子积分的计算已经在第 9、10 章中讨论过, $\{h_{\mu\nu}\}$ 按二维数组的方式很容易存储和使用, 所以这里只讨论双电子排斥积分的存储和使用问题.

从提高计算效率的角度考虑, 双电子积分最好以四维数组的形式存储在高速内存区. 但由于要求高速内存量太大, 通常要利用外部设备 (磁盘) 存储. 将分子积分整体分为若干块, 每次将一块调出或调入高速内存区. 由于存在式 (13.3.16) 所示的对称性, 对于指定的 μ、ν、σ、λ, 有 1、2、4 或 8 个双电子积分的数值与 $(\mu\nu|\lambda\sigma)$ 相等 (视四个指标相等的情况而定), 只需计算和存储数值不等的部分. 为此, 可给 $(\mu\nu|\lambda\sigma)$ 规定一个标准顺序, 如可取

$$\mu \geqslant \nu \qquad \lambda \geqslant \sigma \qquad [\mu\nu] \geqslant [\lambda\sigma] \tag{13.3.17}$$

式中, $[\mu\nu]=\dfrac{1}{2}\mu(\mu-1)+\nu$. 例如, 对于

$$(12|34),\ (21|34),\ (12|43),\ (21|43),$$
$$(34|12),\ (43|12),\ (34|21),\ (43|21)$$

八个积分, 我们只计算和存储 (43|21) 这一个. 这相当于将四维数组变成准二维矩阵, 并且只处理它的下三角阵. 我们可以直接按矩阵的形式, 将它存储起来, 由存储位置标志 $\mu, \nu, \lambda, \sigma$ 指标. 例如, 对于 $m=4$ 的体系, 可按表 13.3.16 排列双电子积分 ($[\mu\nu]=1\sim10$).

表 13.3.16　双电子积分按二维矩阵排列示例

$(\lambda\sigma)[\lambda\sigma]$ / $(\mu\nu)[\mu\nu]$	(11) 1	(21) 2	(22) 3	(31) 4	(32) 5	(33) 6	(41) 7	(42) 8	(43) 9	(44) 10
(11) 1	(11|11)									
(21) 2	(21|11)	(21|21)								
(22) 3	(22|11)	(22|21)	(22|22)							
(31) 4	(31|11)	(31|21)	(31|22)	(31|31)						
(32) 5	(32|11)	(32|21)	(32|22)	(32|31)	(32|32)					
(33) 6	(33|11)	(33|21)	(33|22)	(33|31)	(33|32)	(33|33)				
(41) 7	(41|11)	(41|21)	(41|22)	(41|31)	(41|32)	(41|33)	(41|41)			
(42) 8	(42|11)	(42|21)	(42|22)	(42|31)	(42|32)	(42|33)	(42|41)	(42|42)		
(43) 9	(43|11)	(43|21)	(43|22)	(43|31)	(43|32)	(43|33)	(43|41)	(43|42)	(43|43)	
(44) 10	(44|11)	(44|21)	(44|22)	(44|31)	(44|32)	(44|33)	(44|41)	(44|42)	(44|43)	(44|44)

还可以将它们按 $[[\mu\nu][\lambda\sigma]]$ 的顺序从小到大排列成一维数组. 这个方法的缺点是, 即使相同的或等于零的分子积分也要占据一个存储位置, 否则 $(\mu\nu|\lambda\sigma)$ 与位置之间就失去对应关系.

另一种储存方法是将指标 $\mu, \nu, \lambda, \sigma$ 和 $(\mu\nu|\lambda\sigma)$ 的数值一并存储起来 (在 13.3.2 节 NH_3 分子的计算中, 双电子积分就是按这种方式列出的). 这种方法的缺点是标号 $\mu, \nu, \lambda, \sigma$ 要占据存储位置, 但数值为零或相等的 $(\mu\nu|\lambda\sigma)$ 不需要再占据位置. 比较起来, 后一种方法可能优点多一些.

从储存的双电子排斥积分计算 Fock 矩阵中的 $G_{\mu\nu}=\sum\limits_{\lambda\sigma}P_{\lambda\sigma}[2(\mu\nu|\sigma\lambda)-(\mu\lambda|\sigma\nu)]$ [参见式 (13.2.19)], 最直接的方法就是逐个计算 $G_{\mu\nu}$. 这样每次都要查遍全部双电子积分, 并需将积分的指标顺序按需要还原, 效率很低, 利用外部设备存储时更加不利. 较好的方法是逐个取出 $(\mu\nu|\lambda\sigma)$, 每取出一个, 就将其还原为指标不同的几个积分, 然后直接纳入包括这些积分的矩阵元中去. 这样, 每个双电子积分就只需从外部设备调入一次. 这种方法对于研究忽略某些双电子积分对结果的影响很方便, 只要不读取被忽略的积分即可. 包括双电子积分 $(\mu\nu|\lambda\sigma)$ 的 $\boldsymbol{G}$ 矩阵的矩阵元的数目视 μ,

ν, λ, σ 四个指标相等的情况不同而异. 例如, 若四个指标相等, $(\mu\nu|\lambda\sigma) \to (\mu\mu|\mu\mu)$, 它就只出现在一个 $\boldsymbol{G}$ 矩阵的矩阵元 $(G_{\mu\mu})$ 中. 若四个指标不同, 它出现在六个 $\boldsymbol{G}$ 的矩阵元中 (注意 $\boldsymbol{G}$ 矩阵的对称性)

$$
\begin{aligned}
G_{\mu\nu} &= \sum_{\sigma\lambda} P_{\sigma\lambda}[2(\underline{\mu\nu|\lambda\sigma}) - (\mu\sigma|\lambda\nu)] \\
G_{\lambda\sigma} &= \sum_{\mu\nu} P_{\mu\nu}[2(\underline{\lambda\sigma|\nu\mu}) - (\lambda\mu|\nu\sigma)] \\
G_{\nu\sigma} &= \sum_{\mu\lambda} P_{\mu\lambda}[2(\nu\sigma|\lambda\mu) - (\underline{\nu\mu|\lambda\sigma})] \\
G_{\nu\lambda} &= \sum_{\mu\sigma} P_{\mu\sigma}[2(\nu\lambda|\sigma\mu) - (\underline{\nu\mu|\sigma\lambda})] \\
G_{\mu\sigma} &= \sum_{\nu\lambda} P_{\nu\lambda}[2(\mu\sigma|\lambda\nu) - (\underline{\mu\nu|\lambda\sigma})] \\
G_{\mu\lambda} &= \sum_{\nu\sigma} P_{\sigma\nu}[2(\mu\lambda|\sigma\nu) - (\underline{\mu\nu|\sigma\lambda})]
\end{aligned}
\tag{13.3.18}
$$

式 (13.3.18) 中用下划横线标出的数值等于 $(\mu\nu|\lambda\sigma)$ 的双电子积分, 注意在 $G_{\mu\nu}$ 和 $G_{\lambda\sigma}$ 中, 它是出现两次的.

另一种较好的方法是将分子积分组合成一种超矩阵来存储和使用 [28]. 式 (13.2.19) 可以改写为

$$
G_{\mu\nu} = \sum_{\lambda \geqslant \sigma}\sum P'_{\lambda\sigma} D_{\mu\nu,\lambda\sigma} \tag{13.3.19}
$$

式中

$$
P'_{\lambda\sigma} = 4P_{\lambda\sigma}\left(1 - \frac{1}{2}\delta_{\lambda\sigma}\right) = 4\sum_{i}^{\text{occ}} c_{\lambda i}c_{\sigma i}^{*}\left(1 - \frac{1}{2}\delta_{\lambda\sigma}\right) \tag{13.3.20}
$$

$D_{\mu\nu,\lambda\sigma}$ 是超矩阵 $\boldsymbol{D}$ 的矩阵元

$$
D_{\mu\nu,\lambda\sigma} = [(\mu\nu|\lambda\sigma) - \frac{1}{4}(\mu\lambda|\nu\sigma) - \frac{1}{4}(\mu\sigma|\nu\lambda)]\left(1 - \frac{1}{2}\delta_{[\mu\nu],[\lambda\sigma]}\right) \tag{13.3.21}
$$

显然有

$$
P'_{\lambda\sigma} = P'_{\sigma\lambda} \tag{13.3.22}
$$

$$
D_{\mu\nu,\lambda\sigma} = D_{\nu\mu,\lambda\sigma} = D_{\mu\nu,\sigma\lambda} = D_{\lambda\sigma,\mu\nu} = \cdots \tag{13.3.23}
$$

所以, 我们只需计算和储存 $\mu \geqslant \nu$, $\lambda \geqslant \sigma$ 和 $[\mu\nu] \geqslant [\lambda\sigma]$ 的矩阵元. 算出 $(\mu\nu|\lambda\sigma)$, $(\mu\lambda|\nu\sigma)$ 和 $(\mu\sigma|\nu\lambda)$ 就可以计算 $D_{\mu\nu,\lambda\sigma}$, $D_{\mu\lambda,\nu\sigma}$ 和 $D_{\mu\sigma,\nu\lambda}$. 超矩阵 $\boldsymbol{D}$ 可以准二维矩阵的形式存储. 矩阵元 $D_{\mu\nu,\lambda\sigma}$ 在 $\boldsymbol{G}$ 矩阵的两个矩阵元 $(G_{\mu\nu}, G_{\lambda\sigma})$ 中出现. $\boldsymbol{D}$ 矩阵

只需结合分子积分计算一次, 利用它和密度矩阵元 $P'_{\mu\nu}$ 造 $\boldsymbol{G}$ 矩阵比按式 (13.2.19) 简单, 因此可以减少迭代过程中造 Fock 矩阵所费的时间.

双电子积分的数量非常巨大, 但其中有许多数值是很小的, 特别是三中心和四中心积分, 数量非常多, 而当各中心距离较远时, 数值很小. 它们对于总能量的贡献很小, 而计算它们需要花费很多时间. 因此, 将这部分积分判别出来, 舍弃不算, 可以省去很多计算时间而计算精确度降低很少. 最早明确提出以上想法的是 Clementi[29]. 他建议将分子积分分为三类, 区别对待: ① 对于某种数值 (如 $\geqslant 10^{-5}$a.u.) 以上的积分作精确的计算, 用双精确度储存; ② 对于小一些的积分 (如为 $10^{-7} \sim 10^{-5}$a.u.) 只作粗略的计算, 如用一个 GTO 代替整个 CGTO, 用单精确度储存; ③ 对于更小的积分 (如 $< 10^{-7}$a.u.), 忽略不计. 这样, 可以减少很多计算分子积分的时间, 内存也可以减少, 而精确度降低很少 (若按以上数值标准, 则总能量误差为 $\sim 10^{-6}$a.u.). 为实现以上想法, 关键在于有简便办法判断积分属于哪种情况. 据 Clementi 宣称, 他将这种方法用于大分子, 能节省成百倍的计算时间.

有不少人在按照这种想法进行研究工作, 下面简单介绍 Ahlrichs[30] 关于处理 Gauss 瓣函数分子积分的方法.

设 χ_I 为简缩 Gauss 瓣函数, χ_i 为一个 Gauss 瓣 (SGTO)

$$\chi_I = \sum_i c_i \chi_i \tag{13.3.24}$$

$$\chi_i(r) = \left(\frac{2\eta_i}{\pi}\right)^{\frac{3}{4}} \exp[-\eta_i(\boldsymbol{r} - \boldsymbol{r}_i)^2] \tag{13.3.24a}$$

双电子积分 $(IJ|KL) \equiv (\chi_I\chi_J|\chi_K\chi_L)$, 可写成

$$(IJ|KL) = \sum_{kl} t_{kl} \sum_{ij} t_{ij} B^{\frac{1}{2}} F[B(\boldsymbol{r}_{ij} - \boldsymbol{r}_{kl})^2] \tag{13.3.25}$$

式中

$$t_{ij} = c_i c_j \int \chi_i \chi_j \mathrm{d}\tau = c_i c_j (4\eta_i\eta_j)^{\frac{3}{4}} (\eta_i + \eta_j)^{-\frac{3}{2}} \exp\left[-\frac{\eta_i\eta_j}{\eta_i + \eta_j}(\boldsymbol{r}_i - \boldsymbol{r}_j)^2\right] \tag{13.3.26}$$

$$\boldsymbol{r}_{ij} = \frac{\eta_i \boldsymbol{r}_i + \eta_j \boldsymbol{r}_j}{\eta_i + \eta_j} \tag{13.3.26a}$$

$$B = (q_{ij} + q_{kl})^{-1} \tag{13.3.26b}$$

$$q_{ij} = (\eta_i + \eta_j)^{-1} \tag{13.3.26c}$$

$$F(x) = x^{-\frac{1}{2}} \mathrm{erf}(x^{\frac{1}{2}}) \tag{13.3.26d}$$

$\mathrm{erf}(x)$ 是误差函数.

现在要检验积分是否小于某一阈值. 因为 $F(x)$ 是 x 的缓慢变化函数, 可以先不考虑. 而

$$B = (q_{ij} + q_{kl})^{-1} \leqslant (4q_{ij}q_{kl})^{-\frac{1}{2}} \tag{13.3.27}$$

引入记号

$$u_{ij} = |t_{ij}|q_{ij}^{-\frac{1}{4}}$$

并注意到 $F(x) \leqslant 2\pi^{-\frac{1}{2}}$, 可得

$$|t_{ij}t_{kl}B^{\frac{1}{2}}F[B(\boldsymbol{r}_{ij} - \boldsymbol{r}_{kl})^2]| \leqslant \left(\frac{2}{\pi}\right)^{\frac{1}{2}} u_{ij}u_{kl} \tag{13.3.28}$$

我们可以弃去积分中所有 $u_{ij}u_{kl}$ 小于选定阈值 T 的项. 但更方便的是引入

$$v_{ij} = \ln u_{ij} \tag{13.3.29}$$

$$V_{IJ} = \max_{ij} v_{ij} \tag{13.3.30}$$

$$V_M = \max_{IJ} V_{IJ} \tag{13.3.31}$$

$$TT = \ln T \tag{13.3.32}$$

以上条件可取为整数, 用半字长储存. 计算分子积分之前作判断. 若

$$V_{IJ} + V_M < TT \tag{13.3.33}$$

则所有 $(IJ|K'L')$ 积分均可弃去 (对于任意的 $K'L'$), 因为这些积分的贡献都不会大于 T. 若

$$V_{IJ} + V_{KL} < TT \tag{13.3.34}$$

则 $(IJ|KL)$ 可以不算. 若

$$V_{IJ} + v_{kl} < TT \tag{13.3.35}$$

则式 (13.3.25) 中所有包括 (kl) 的项可以不算. 若

$$v_{kl} + v_{ij} < TT \tag{13.3.36}$$

则式 (13.3.25) 中 $(ij|kl)$ 的贡献可以不计. 所以, 用 V_{ij}, V_{IJ} 和 V_M, TT 四组量, 即可随时判断小的可弃积分值. T 值由试算决定. 例如, 对于乙烯, 若取 $T = 10^{-5} \sim 10^{-7}$ a.u., 则总能量误差小于 $10T$.

以上关于如何判断可忽略双电子积分的讨论显然对 s-型 GTO 简缩基组也成立. Gremer 等[31] 指出, 对 p-型、d-型等 GTO 基组也近似成立. 后来 Häser 和 Ahlrichs[32] 提出一个更严格的判断 GTO 基组双电子积分是否可忽略的判据, 简述如下:

双电子积分可一般地表示为

$$(\mu\nu|\kappa\lambda)=\iint\frac{\rho_{\mu\nu}(1)\rho_{\kappa\lambda}(2)}{r_{12}}\mathrm{d}\tau_1\mathrm{d}\tau_2 \tag{13.3.37}$$

式中

$$\rho_{\mu\nu}(1)=\chi_\mu(1)\chi_\nu(1) \qquad \rho_{\kappa\lambda}(2)=\chi_\kappa(2)\chi_\lambda(2) \tag{13.3.37a}$$

可以证明 $\iint\frac{\rho_{\mu\nu}(1)\rho_{\mu\nu}(2)}{r_{12}}\mathrm{d}\tau_1\mathrm{d}\tau_2$ 是正定的. 根据 Schwarz 不等式, 有

$$\left|\iint\frac{\rho_{\mu\nu}(1)\rho_{\kappa\lambda}(2)}{r_{12}}\mathrm{d}\tau_1\mathrm{d}\tau_2\right|^2\leqslant\iint\frac{\rho_{\mu\nu}(1)\rho_{\mu\nu}(2)}{r_{12}}\mathrm{d}\tau_1\mathrm{d}\tau_2\iint\frac{\rho_{\kappa\lambda}(1)\rho_{\kappa\lambda}(2)}{r_{12}}\mathrm{d}\tau_1\mathrm{d}\tau_2 \tag{13.3.38}$$

即

$$|(\mu\nu|\kappa\lambda)|\leqslant(\mu\nu|\mu\nu)^{\frac{1}{2}}(\kappa\lambda|\kappa\lambda)^{\frac{1}{2}}\equiv Q_{\mu\nu}Q_{\kappa\lambda} \tag{13.3.38a}$$

式 (13.3.38) 在 $\mu,\nu=\kappa,\lambda$ 时等号成立, 故给出严格的上界. 于是, 对于给定的甄别阈值 VT, 有以下鉴别可忽略双电子积分的判据:

$$Q_{\mu\nu}Q_{\kappa\lambda}\leqslant VT \tag{13.3.39}$$

因为单电子积分 ($Q_{\mu\nu}$ 等) 数目比较少, 可以全部先算出来, 利用式 (13.3.39) 就很容易鉴别出可以忽略的双电子积分. Häser 等[32] 指出, Ahlrichs[30] 和 Cremer 等[31] 此前提出的判据是式 (13.3.39) 的特例.

通常计算双电子积分采用“批处理 (batchwise processing)”方法, 即分批计算积分, 一批积分中每组基函数的中心和轨道指数相同, 只有角度部分不同. 例如, 四组 p-型 GTO 的 $(pp|pp)$ 型双电子积分有 3^4=81 个, 一起计算. “批处理”方法通过避免重复计算多次出现的量提高计算效率. 在使用“批处理”方法计算双电子积分时, 对于一批双电子积分 $(MN|KL)$, 令

$$\max|(\mu\nu|\kappa\lambda)|\leqslant\max Q_{\mu\nu}\cdot\max Q_{\kappa\lambda}\equiv Q_{MN}\cdot Q_{KL} \qquad (\mu,\ \nu\in N,M;\kappa,\lambda\in K,L) \tag{13.3.40}$$

则对于给定的甄别阈值 VT, 双电子积分可忽略的判据为

$$Q_{MN}\cdot Q_{KL}\leqslant VT \tag{13.3.41}$$

如果式 (13.3.41) 成立. 则整批积分均可以不计算. 采用式 (13.3.39) 或式 (13.3.41) 为判据甄别可忽略双电子积分的操作称为 Schwarz 筛选.

判别式 (13.3.39) 只利用了被积函数中 Gauss 函数的衰减特性, 没有利用其中 $1/r_{12}$ 的性质. Lambrecht 等[33] 提出的基于多极展开的估计双电子积分值的方法利

用了 $1/r_{12}$ 的衰减性质. 实际计算表明, 对于较大的分子, 用 Lambrecht 等提出的方法比用式 (13.3.39) 作判据计算双电子积分效率显著提高.

Ahlrichs 指出对于中等以上的分子, 采用忽略足够小双电子积分的办法, 需要计算的分子积分的数目大约只正比于基函数数目的平方而非四次方. Strout 等[34] 通过对二维 $D_{6\mathrm{h}}$ 结构原子簇 ($\mathrm{C}_{6n^2}\mathrm{H}_{6n}, n=1\sim 9$) 和三维 T_{d} 结构原子簇 [$\mathrm{C}_{(4n^3-n)/3}\mathrm{H}_{4n^2}, n=1\sim 7$] 进行 Hartree-Fock 计算, 得出以下结论：通过采用 Schwarz 筛选的办法忽略小的双电子积分, 计算分子积分的计算量正比于 N^{α}(N 为基函数数目), 对于小、中体系在基组计算, $\alpha\approx 3.5$, 还是很接近 4, 对于大体系, α 随 N 增大而变小的极限值为 $2.2\sim 2.3$. 因此, 双电子积分计算是决定自洽场计算量的主要因素, 减少必须计算的双电子积分数目对大体系的计算至关重要. 实际上近年来提出的各种类型的线性标度算法都要用到忽略微小双电子积分的策略.

13.3.5　本征值方程的求解

Hartree-Fock-Roothaan 方程的一般形式为

$$\boldsymbol{F}\boldsymbol{c}=\boldsymbol{S}\boldsymbol{c}\boldsymbol{\varepsilon} \tag{13.3.42}$$

第一步要将它变为标准本征值方程. 作变换 $\boldsymbol{F}^{\tau}=(S^{-\frac{1}{2}})^{\mathrm{T}}\boldsymbol{F}\boldsymbol{S}^{-\frac{1}{2}}$ 和 $\boldsymbol{c}^{\tau}=\boldsymbol{S}^{\frac{1}{2}}\boldsymbol{c}$, 方程式 (13.3.42) 变为

$$\boldsymbol{F}^{\tau}\boldsymbol{c}^{\tau}=\boldsymbol{c}^{\tau}\boldsymbol{\varepsilon} \tag{13.3.43}$$

对称矩阵 $\boldsymbol{S}^{\frac{1}{2}}$ 为重叠矩阵的“平方根”.

求解本征值方程式 (13.3.43) 就是寻找本征矢矩阵 $\boldsymbol{c}^{\tau}$, 使得

$$\begin{aligned}(\boldsymbol{c}^{\tau})^{\mathrm{H}}\boldsymbol{c}^{\tau}&=\boldsymbol{I}\\(\boldsymbol{c}^{\tau})^{\mathrm{H}}\boldsymbol{F}^{\tau}\boldsymbol{c}^{\tau}&=\boldsymbol{\varepsilon}\end{aligned} \tag{13.3.44}$$

矩阵 $\boldsymbol{c}^{\tau}$ 的每列给出一个分子轨道的组合系数 (在对称正交化基组中的“坐标”), $\boldsymbol{\varepsilon}$ 给出本征值. 解决这个问题的办法之一是 Jacobi 方法, 详见 A1.6.4 节. Jacobi 方法基于对矩阵进行多次二维旋转变换, 每次变换使一对非对角元变为零. 但是, 不同的二维旋转之间存在干扰, 即当消去指定的一对非角元时, 原来已经消除的非对角元又会出现. 好在这种干扰是小的, 即当逐对消去非对角元时, 虽然有些已被消去的非对角元会重新出现, 但总的趋势是其数值越来越小, 于是可以持续进行变换, 直到所有非对角元都小于某一指定值为止. Jacobi 方法的优点是数值过程很稳定, 也适用于简并本征值的情况, 但收敛很慢, 花费的计算时间与 Fock 矩阵阶数的四次方成正比.

另一种较好的方法是不直接通过二维旋转变换将矩阵对角化, 而是首先将其三对角化, 这样可以避免各次变换之间的干扰. 然后再通过其他方法进一步将三对角

阵对角化. 这种方法效率较高, 花费的计算时间只与 Fock 矩阵阶数的三次方成比例, 是目前量子化学计算中常用的方法. 具体说来, 就是第一步先用 Householder 变换将 Fock 矩阵三对角化, 第二步再用 QL 方法 (或其他方法) 将三对角阵对角化. 现简单介绍如下:

(1) 将实对称矩阵化为三对角阵的 Householder 变换[35]. Householder 变换是相继进行 $n-2$ 次正交变换, 将 n 阶实对称矩阵变为三对角阵

$$\boldsymbol{F}^{(2)} = \boldsymbol{P}_1\boldsymbol{F}^{(1)}\boldsymbol{P}_1 \qquad \boldsymbol{F}^{(3)} = \boldsymbol{P}_2\boldsymbol{F}^{(2)}\boldsymbol{P}_2 \qquad \cdots \qquad \boldsymbol{F}^{(i+1)} = \boldsymbol{P}_i\boldsymbol{F}^{(i)}\boldsymbol{P}_i \tag{13.3.45}$$

第 i 次变换的变换矩阵是

$$\boldsymbol{P}_i = \boldsymbol{I} - 2\boldsymbol{W}_i\boldsymbol{W}_i^{\mathrm{T}} \tag{13.3.46}$$

式中, $\boldsymbol{I}$ 是 n 阶单位矩阵, $\boldsymbol{W}_i$ 是 n 维列向量, 且 $\boldsymbol{W}_i^{\mathrm{T}}\boldsymbol{W}_i = 1$. 例如, 对于五阶矩阵, 可通过三次变换变为三对角阵 (每次消去除三对角元素以外的一行和一列)

$$\begin{bmatrix} \times & \times & \times & \times & \times \\ \times & \times & \times & \times & \times \\ \times & \times & \times & \times & \times \\ \times & \times & \times & \times & \times \\ \times & \times & \times & \times & \times \end{bmatrix} \xrightarrow{\text{第一次变换}} \begin{bmatrix} \times & \times & \times & \times & 0 \\ \times & \times & \times & \times & 0 \\ \times & \times & \times & \times & 0 \\ \times & \times & \times & \times & \times \\ 0 & 0 & 0 & \times & \times \end{bmatrix} \xrightarrow{\text{第二次变换}}$$

$$\begin{bmatrix} \times & \times & \times & 0 & 0 \\ \times & \times & \times & 0 & 0 \\ \times & \times & \times & \times & 0 \\ 0 & 0 & \times & \times & \times \\ 0 & 0 & 0 & \times & \times \end{bmatrix} \xrightarrow{\text{第三次变换}} \begin{bmatrix} \times & \times & 0 & 0 & 0 \\ \times & \times & \times & 0 & 0 \\ 0 & \times & \times & \times & 0 \\ 0 & 0 & \times & \times & \times \\ 0 & 0 & 0 & \times & \times \end{bmatrix}$$

容易证明, $\boldsymbol{P}_i$ 为对称正交矩阵. 现在来找出它的具体形式, 为此, 只需找到 $\boldsymbol{W}_i$. 先看第一次变换

$$\boldsymbol{F}^{(2)} = (\boldsymbol{I} - 2\boldsymbol{W}_1\boldsymbol{W}_1^{\mathrm{T}})\boldsymbol{F}^{(1)}(\boldsymbol{I} - 2\boldsymbol{W}_1\boldsymbol{W}_1^{\mathrm{T}}) \tag{13.3.47}$$

我们要选择 $\boldsymbol{W}_1$, 使得 $\boldsymbol{F}^{(2)}$ 的第 n 行和第 n 列中的非三对角元素为零. 若选 $\boldsymbol{W}_1$ 的第 n 个分量为零, 则根据矩阵运算规则可知 $\boldsymbol{I} - 2\boldsymbol{W}_1\boldsymbol{W}_1^{\mathrm{T}}$ 的第 n 列为 $(0 \quad 0 \quad \cdots \quad 0 \quad 1)^{\mathrm{T}}$. 因此, $\boldsymbol{F}^{(2)}$ 的第 n 列 $\boldsymbol{F}_n^{(2)}$, 就是 $(\boldsymbol{I}-2\boldsymbol{W}_1\boldsymbol{W}_1^{\mathrm{T}})\boldsymbol{F}^{(1)}$ 的第 n 列. 所以, 若 $\boldsymbol{F}_n^{(1)}$ 是 $\boldsymbol{F}^{(1)}$ 的第 n 列, 而 $\boldsymbol{F}_n^{(2)}$ 具有形式 $\boldsymbol{F}_n^{(2)\mathrm{T}} = [0 \quad 0 \quad \cdots \quad 0 \quad \times \quad \times]$, 则我们要在 $\boldsymbol{W}_1\boldsymbol{W}_1^{\mathrm{T}} = \boldsymbol{I}$ 和 $\boldsymbol{W}_1^{\mathrm{T}} = [\times \quad \times \quad \cdots \quad \times \quad 0]$ 的限制下选取 $\boldsymbol{W}_1$, 使得 $(\boldsymbol{I} - 2\boldsymbol{W}_1\boldsymbol{W}_1^{\mathrm{T}})\boldsymbol{F}_n^{(1)} = \boldsymbol{F}_n^{(2)}$. 可以证明, 这样的 $\boldsymbol{W}_1$ 是存在的, 并且是唯一的 (确定到差一正负号).

定理 设有 $\boldsymbol{x}$ 和 $\boldsymbol{y}$ 两个列向量, $\boldsymbol{x} \neq \boldsymbol{y}$, 但 $\|\boldsymbol{x}\| = \|\boldsymbol{y}\|$, 则总存在列向量 $\boldsymbol{W}, \|\boldsymbol{W}\| = \pm 1$, 使得

$$(\boldsymbol{I} - 2\boldsymbol{W}\boldsymbol{W}^{\mathrm{T}})\boldsymbol{x} = \boldsymbol{y} \tag{13.3.48}$$

而

$$\boldsymbol{W} = \frac{(\boldsymbol{x} - \boldsymbol{y})}{\|\boldsymbol{x} - \boldsymbol{y}\|}$$

就是使式 (13.3.48) 成立的唯一向量 (确定到差一正负号).

证明 由 $\|\boldsymbol{x}\| = \|\boldsymbol{y}\|$, 得 $\boldsymbol{x}^{\mathrm{T}}\boldsymbol{x} = \boldsymbol{y}^{\mathrm{T}}\boldsymbol{y}$, 显然有 $\boldsymbol{x}^{\mathrm{T}}\boldsymbol{y} = \boldsymbol{y}^{\mathrm{T}}\boldsymbol{x}$. 将 $\boldsymbol{W} = \dfrac{(\boldsymbol{x} - \boldsymbol{y})}{\|\boldsymbol{x} - \boldsymbol{y}\|}$ 代入式 (13.3.48), 得

$$\begin{aligned}\left[\boldsymbol{I} - \frac{2(\boldsymbol{x} - \boldsymbol{y})(\boldsymbol{x} - \boldsymbol{y})^{\mathrm{T}}}{\|\boldsymbol{x} - \boldsymbol{y}\|^2}\right]\boldsymbol{x} &= \boldsymbol{x} - (\boldsymbol{x} - \boldsymbol{y})\frac{2(\boldsymbol{x} - \boldsymbol{y})^{\mathrm{T}}\boldsymbol{x}}{(\boldsymbol{x} - \boldsymbol{y})^{\mathrm{T}}(\boldsymbol{x} - \boldsymbol{y})} \\ &= \boldsymbol{x} - (\boldsymbol{x} - \boldsymbol{y})\frac{2(\boldsymbol{x}^{\mathrm{T}}\boldsymbol{x} - \boldsymbol{y}^{\mathrm{T}}\boldsymbol{x})}{\boldsymbol{x}^{\mathrm{T}}\boldsymbol{x} + \boldsymbol{y}^{\mathrm{T}}\boldsymbol{y} - \boldsymbol{y}^{\mathrm{T}}\boldsymbol{x} - \boldsymbol{x}^{\mathrm{T}}\boldsymbol{y}} \\ &= \boldsymbol{x} - \boldsymbol{x} + \boldsymbol{y} = \boldsymbol{y}\end{aligned} \tag{13.3.49}$$

这就证明了 $\boldsymbol{W}$ 的存在性. 再证明唯一性. 设有另一矩阵 $\boldsymbol{W}'$, 满足 $\boldsymbol{W}'^{\mathrm{T}}\boldsymbol{W}' = \boldsymbol{I}$, 且

$$(\boldsymbol{I} - 2\boldsymbol{W}'\boldsymbol{W}'^{\mathrm{T}})\boldsymbol{x} = \boldsymbol{y} = (\boldsymbol{I} - 2\boldsymbol{W}\boldsymbol{W}^{\mathrm{T}})\boldsymbol{x} \tag{13.3.50}$$

则有

$$(\boldsymbol{W}'\boldsymbol{W}'^{\mathrm{T}})\boldsymbol{x} = (\boldsymbol{W}\boldsymbol{W}^{\mathrm{T}})\boldsymbol{x} \tag{13.3.51}$$

因为 $\boldsymbol{x} \neq \boldsymbol{y}$, 故 $\boldsymbol{W}^{\mathrm{T}}\boldsymbol{x} \neq 0$, $\boldsymbol{W}'^{\mathrm{T}}\boldsymbol{x} \neq 0$, 从而 $\boldsymbol{W} = k\boldsymbol{W}'$, 而 $\|\boldsymbol{W}\| = \|\boldsymbol{W}'\| = 1$, 故 $k = \pm 1$. 即 $\boldsymbol{W}$ 是唯一的 (确定到差一正负号). (证毕)

现在回过头来求 $\boldsymbol{W}_1$. 因为 $\boldsymbol{W}_1$ 的第 n 个分量为零, 故 $\boldsymbol{F}_n^{(2)}$ 的第 n 个分量必为 $F_{nn}^{(1)}$, 又因 $\|\boldsymbol{F}_n^{(2)}\| = \|\boldsymbol{F}_n^{(1)}\|$, 故应有

$$\boldsymbol{F}_n^{(2)\mathrm{T}} = [0 \quad 0 \quad \cdots \quad 0 \quad \pm\sigma \quad F_{nn}^{(1)}] \tag{13.3.52}$$

式中

$$\sigma^2 = \|\boldsymbol{F}_n^{(1)}\|^2 - F_{nn}^{(1)^2} = \sum_{j=1}^{n-1} F_{jn}^{(1)^2} \tag{13.3.53}$$

如果 $\boldsymbol{F}_n^{(1)}$ 具有式 (13.3.52) 右边的形式, 则 $\boldsymbol{F}^{(1)}$ 的第 n 列已满足三对角形的要求. 否则, 根据以上定理, 取

$$\boldsymbol{W}_1^{\mathrm{T}} = \frac{[\boldsymbol{F}_n^{(1)} - \boldsymbol{F}_n^{(2)}]^{\mathrm{T}}}{\|\boldsymbol{F}_n^{(1)} - \boldsymbol{F}_n^{(2)}\|} = \frac{[F_{n,1}^{(1)} \quad F_{n,2}^{(1)} \quad \cdots \quad F_{n,n-2}^{(1)} \quad (F_{n,n-1}^{(1)} \pm \sigma) \quad 0]}{\|\boldsymbol{F}_n^{(1)} - \boldsymbol{F}_n^{(2)}\|} \tag{13.3.54}$$

作式 (13.3.47) 的变换, 即可将 $\boldsymbol{F}_n^{(1)}$ 变为式 (13.3.52) 所示的形式. σ 前的正负号可取与 $\boldsymbol{F}_{n,n-1}^{(1)}$ 的符号一致.

以上讨论第一次变换的情况, 处理的是 n 阶矩阵. 第二次变换就是按照类似方式处理由第一次变换得到的, 除去第 n 行第 n 列以外的 $n-1$ 阶矩阵. 依此类推, 第 i 次变换就是处理 $n-(i-1)$ 阶矩阵

$$\boldsymbol{F}^{(i+1)} = (\boldsymbol{I} - 2\boldsymbol{W}_i\boldsymbol{W}_i^{\mathrm{T}})\boldsymbol{F}^{(i)}(\boldsymbol{I} - 2\boldsymbol{W}_i\boldsymbol{W}_i^{\mathrm{T}}) \tag{13.3.55}$$

由于 $\boldsymbol{F}^{(i)}$ 的右下 $(i-1)$ 阶子矩阵是三对角阵, 而 $\boldsymbol{W}_i$ 的后 i 个分量取为零, 故变换只影响 $\boldsymbol{F}^{(i)}$ 的左上 $n-(i-1)$ 阶子矩阵. 第 i 次变换的具体公式如下, 记

$$\begin{aligned}
2\boldsymbol{W}_i\boldsymbol{W}_i^{\mathrm{T}} &= \frac{\boldsymbol{u}_i\boldsymbol{u}_i^{\mathrm{T}}}{H_i} \\
H_i &= \frac{1}{2}\boldsymbol{u}_i^{\mathrm{T}}\boldsymbol{u}_i \\
\boldsymbol{u}_i^{\mathrm{T}} &= [F_{l,1}^{(i)} \quad \cdots \quad F_{l,l-2}^{(i)} \quad (F_{l,l-1}^{(i)} \pm \sigma_i) \quad 0 \quad \cdots \quad 0] \\
l &= n-i+1 \\
\sigma_i^2 &= F_{l,1}^{(i)^2} + F_{l,2}^{(i)^2} + \cdots + F_{l,l-1}^{(i)^2}
\end{aligned} \tag{13.3.56}$$

若令

$$\begin{aligned}
\boldsymbol{p}_i &= \frac{\boldsymbol{F}^{(i)}\boldsymbol{u}_i}{H_i} \\
k_i &= \frac{\boldsymbol{u}_i^{\mathrm{T}}\boldsymbol{p}_i}{2H_i} \\
\boldsymbol{q}_i &= \boldsymbol{p}_i - \boldsymbol{u}_i k_i
\end{aligned} \tag{13.3.57}$$

则

$$\begin{aligned}
\boldsymbol{F}^{(i+1)} &= (\boldsymbol{I} - 2\boldsymbol{W}_i\boldsymbol{W}_i^{\mathrm{T}})\boldsymbol{F}^{(i)}(\boldsymbol{I} - 2\boldsymbol{W}_i\boldsymbol{W}_i^{\mathrm{T}}) \\
&= \left(\boldsymbol{I} - \frac{\boldsymbol{u}_i\boldsymbol{u}_i^{\mathrm{T}}}{H_i}\right)\boldsymbol{F}^{(i)}\left(\boldsymbol{I} - \frac{\boldsymbol{u}_i\boldsymbol{u}_i^{\mathrm{T}}}{H_i}\right) \\
&= \boldsymbol{F}^{(i)} - \frac{\boldsymbol{u}_i\boldsymbol{u}_i^{\mathrm{T}}\boldsymbol{F}^{(i)}}{H_i} - \frac{\boldsymbol{F}^{(i)}\boldsymbol{u}_i\boldsymbol{u}_i^{\mathrm{T}}}{H_i} + \frac{\boldsymbol{u}_i\boldsymbol{u}_i^{\mathrm{T}}\boldsymbol{F}^{(i)}\boldsymbol{u}_i\boldsymbol{u}_i^{\mathrm{T}}}{H_i^2} \\
&= \boldsymbol{F}^{(i)} - \boldsymbol{u}_i\boldsymbol{p}_i^{\mathrm{T}} - \boldsymbol{p}_i\boldsymbol{u}_i^{\mathrm{T}} + 2\boldsymbol{u}_i k_i\boldsymbol{u}_i^{\mathrm{T}} \\
&= \boldsymbol{F}^{(i)} - \boldsymbol{u}_i(\boldsymbol{p}_i^{\mathrm{T}} - k_i\boldsymbol{u}_i^{\mathrm{T}}) - (\boldsymbol{p}_i - \boldsymbol{u}_i k_i)\boldsymbol{u}_i^{\mathrm{T}} \\
&= \boldsymbol{F}^{(i)} - \boldsymbol{u}_i\boldsymbol{q}_i^{\mathrm{T}} - \boldsymbol{q}_i\boldsymbol{u}_i^{\mathrm{T}}
\end{aligned} \tag{13.3.58}$$

根据 $\boldsymbol{u}_i$ 和 $\boldsymbol{F}^{(i)}$ 的形式, 可知 $\boldsymbol{p}_i$ 和 $\boldsymbol{q}_i$ 的形式分别为

$$\boldsymbol{p}_i^{\mathrm{T}} = [p_{i,1} \quad p_{i,2} \quad \cdots \quad p_{i,l-1} \quad p_{i,l} \quad 0 \quad \cdots \quad 0] \tag{13.3.59}$$

$$\boldsymbol{q}_i^{\mathrm{T}} = [(p_{i,1} - k_i u_{i,1}) \quad \cdots \quad (p_{i,l-1} - k_i u_{i,l-1}) \quad p_{i,l} \quad 0 \quad \cdots \quad 0] \tag{13.3.60}$$

第 i 次变换的具体计算顺序为

$$\boldsymbol{F}^{(i)} \rightarrow \sigma_i \rightarrow \boldsymbol{u}_i^{\mathrm{T}} \rightarrow H_i \rightarrow \boldsymbol{p}_i \rightarrow k_i \rightarrow \boldsymbol{q}_i \rightarrow \boldsymbol{F}^{(i+1)}$$

在完成 $(n-2)$ 次变换之后, 即得到三对角阵.

(2) 用 QL 方法将实对称三对角阵对角化[36]. QL 方法以下述事实为基础, 即若 $\boldsymbol{A} = \boldsymbol{QL}, \boldsymbol{B} = \boldsymbol{LQ}$, 式中 $\boldsymbol{Q}$ 为正交矩阵, $\boldsymbol{L}$ 为下三角阵, 则

$$\boldsymbol{B} = \boldsymbol{LQ} = \boldsymbol{Q}^{\mathrm{T}}\boldsymbol{AQ} \tag{13.3.61}$$

$\boldsymbol{B}$ 与 $\boldsymbol{A}$ 相似. **QL** 算法就是不断重复上述过程. 若记初始矩阵为 $\boldsymbol{A}_1$, 经过 s 次变换后为 $\boldsymbol{A}_{s+1}$, 则

$$\boldsymbol{A}_s = \boldsymbol{Q}_s\boldsymbol{L}_s \qquad \boldsymbol{A}_{s+1} = \boldsymbol{L}_s\boldsymbol{Q}_s = \boldsymbol{Q}_s^{\mathrm{T}}\boldsymbol{A}_s\boldsymbol{Q}_s \qquad (s = 1, 2, \cdots) \tag{13.3.62}$$

矩阵序列 $\{\boldsymbol{A}_s\}$ 中的每个矩阵均与 $\boldsymbol{A}_1$ 相似. 若 $\boldsymbol{A}_1$ 具有不同模的本征值, 则矩阵序列收敛于一个下三角阵, 其主对角线元素便是按模从小到大顺序排列的 $\boldsymbol{A}_1$ 的本征值. 若 $\boldsymbol{A}_1$ 有 a 个本征值的模相等, 则极限矩阵不是下三角阵而是块三角阵, 有一个 a 阶主对角块, 其本征值趋于相应的 a 个本征值.

为了改进收敛速度, 可采取原点移动方法, 即按以下方式进行变换:

$$\boldsymbol{A}_s - k_s\boldsymbol{I} = \boldsymbol{Q}_s\boldsymbol{L}_s \qquad \boldsymbol{A}_{s+1} = \boldsymbol{L}_s\boldsymbol{Q}_s + k_x\boldsymbol{I} \tag{13.3.63}$$

$$\boldsymbol{A}_{s+1} = \boldsymbol{Q}_s^{\mathrm{T}}\boldsymbol{A}_s\boldsymbol{Q}_s \tag{13.3.64}$$

故 $\boldsymbol{A}_{s+1}$ 仍与 $\boldsymbol{A}_1$ 相似. 因为第 s 次变换对 (i, j) 元素收敛的贡献由 $(\lambda_i - k_s)/(\lambda_j - k_s)$ 确定 (λ_i 为 $\boldsymbol{A}_1$ 的本征值), 所以, 若取 $k_s \approx \lambda_1$(最小模本征值), 则除主对角元素以外, 第一行元素便迅速变小, 而 $A_{11}^{(s)}$ 就是一个本征值, 其余的本征值是余下的 $n-1$ 阶主对角矩阵的本征值.

上面是关于 QL 方法的一般介绍. 下面考虑 $\boldsymbol{A}_1$ 为实对称三对角阵的情况, 这时问题特别简单. 因为本征值是实的, 等模的本征值一定相等或者只差一个符号. 并且, 若三对角阵有一个 a 重简并的本征值, 则它一定至少有 $a-1$ 个零非对角元, 因此在一般情况下矩阵序列极限中出现主对角块矩阵的问题就不存在了. 将算法改为

$$\boldsymbol{Q}_s(\boldsymbol{A}_s - k_s\boldsymbol{I}) = \boldsymbol{L}_s \tag{13.3.65}$$

$$\boldsymbol{A}_{s+1} = \boldsymbol{L}_s\boldsymbol{Q}_s^{\mathrm{T}} \tag{13.3.66}$$

这里没有回加 $k_s\boldsymbol{I}$, 所以 $\boldsymbol{A}_s$ 与 $\left(\boldsymbol{A}_1-\sum\limits_s k_s\boldsymbol{I}\right)$ 而不是与 $\boldsymbol{A}_1$ 相似. $\boldsymbol{Q}_s$ 可用下面的矩阵乘积表示

$$\boldsymbol{Q}_s=\boldsymbol{P}_1^{(s)}\boldsymbol{P}_2^{(s)}\cdots\boldsymbol{P}_{n-1}^{(s)} \tag{13.3.67}$$

式中, $\boldsymbol{P}_i^{(s)}$ 是按 $\boldsymbol{P}_{n-1}^{(s)},\cdots,\boldsymbol{P}_1^{(s)}$ 的次序确定的, 而 $\boldsymbol{P}_i^{(s)}$ 是为了消除 $(i,i+1)$ 元素所作的旋转变换, 即

$$\boldsymbol{P}_i^{(s)}=\begin{bmatrix}1 &&&&&&\\ &\ddots&&&&\text{0}&\\ &&1&&&&\\ &&&\cos\theta&-\sin\theta&&\\ &&&\sin\theta&\cos\theta&&\\ &&&&&1&\\ &\text{0}&&&&&\ddots\\ &&&&&&&1\end{bmatrix}\begin{matrix}\\ \\ \\ \cdots\text{第 } i \text{ 行}\\ \cdots\text{第 } i+1 \text{ 行}\\ \\ \\ \\ \end{matrix} \tag{13.6.68}$$

故

$$\begin{aligned}&\boldsymbol{P}_1^{(s)}\boldsymbol{P}_2^{(s)}\cdots\boldsymbol{P}_{n-1}^{(s)}(\boldsymbol{A}_s-k_s\boldsymbol{I})=\boldsymbol{L}_s\\ &\boldsymbol{A}_{s+1}=\boldsymbol{L}_s\boldsymbol{P}_{n-1}^{(s)\mathrm{T}}\cdots\boldsymbol{P}_2^{(s)\mathrm{T}}\boldsymbol{P}_1^{(s)\mathrm{T}}\end{aligned} \tag{13.3.69}$$

矩阵 $\boldsymbol{L}_s$ 的形式为

$$\boldsymbol{L}_s=\begin{bmatrix}r_1 &&&&&&\\ w_2 & r_2 &&&&&\\ z_3 & w_3 & r_3 &&&\text{0}&\\ & z_4 & w_4 & r_4 &&&\\ &&\ddots&\ddots&\ddots&&\\ &\text{0}&&z_{n-1}&w_{n-1}&r_{n-1}&\\ &&&&z_n&w_n&r_n\end{bmatrix} \tag{13.3.70}$$

用 $\boldsymbol{P}_{n-1}^{(s)\mathrm{T}}\cdots\boldsymbol{P}_1^{(s)\mathrm{T}}$ 右乘它, 只产生一条上次对角线非零元素, 根据对称性, $\boldsymbol{A}_{s+1}$ 的主对角线下的第二条次对角线上的元素必为零, 因此不必去确定它, 而只需计算主对角线下的第一条次对角元素. $\boldsymbol{L}_s$ 的变换过程与确定 $\boldsymbol{A}_{s+1}$ 的过程可以同时进行.

按照上述原理, 通过详细的代数运算, 可得到以下具体的算式. 设 $d_i^{(s)}(i=1,\cdots,n)$ 和 $e_i^{(s)}(i=1,\cdots,n-1)$ 分别为经过 $s-1$ 次变换后的矩阵的主对角元素

和次对角元素, 从 n 开始, 依次计算以下各个量;

$$p_n = d_n^{(s)} - k_s \qquad c_n = 1 \qquad s_n = 0 \tag{13.3.71}$$

$$\left.\begin{aligned} r_{i+1} &= (p_{i+1}^2 + e_i^{(s)2})^{\frac{1}{2}} \\ g_{i+1} &= c_{i+1}e_i^{(s)} \\ h_{i+1} &= c_{i+1}p_{i+1} \\ e_{i+1}^{(s+1)} &= s_{i+1}r_{i+1} \\ c_i &= p_{i+1}/r_{i+1} \\ s_i &= e_i^{(s)}/r_{i+1} \\ p_i &= c_i(d_i^{(s)} - k_s) - s_i g_{i+1} \\ d_{i+1}^{(s+1)} &= h_{i+1} + s_i[c_i g_{i+1} + s_i(d_i^{(s)} - k_s)] \end{aligned}\right\} \quad (i = n-1, \cdots, 1) \tag{13.3.72}$$

$$e_1^{(s+1)} = s_1 p_1 \qquad d_1^{(s+1)} = c_1 p_1 \tag{13.3.73}$$

式中, $c_i \equiv \cos\theta_i, s_i \equiv \sin\theta_i$, 从式 (13.3.71)~ 式 (13.3.73) 的计算是对 $\boldsymbol{A}_s$ 矩阵进行的第 s 次变换, 它的目的是确定 c_1、s_1, 使 $e_1^{(s+1)}$ 被消去. 若第一次运算没有达到要求, 再从式 (13.3.71) 开始进行第二次运算, 经过若干次运算使 $e_1^{(s+1)}$ 被消去后, $d_1^{(s+1)} + \sum\limits_s k_s$ 便是一个本征值. 然后再用同样方法处理余下的 $n-1$ 阶矩阵, 直到最后.

如果矩阵中有某一个次对角元 $e_f^{(s)}$ 可以忽略, 则矩阵分解为较低阶子矩阵的直和, 可以分别求各子矩阵的本征值, 这样可以节省计算时间. 当原来的实对称矩阵具有简并的或很接近的本征值时, 经 Householder 方法三对角化后就会出现这种情况. 忽略 $e_f^{(s)}$ 的标准, 可取为

$$\begin{aligned} |e_f^{(s)}| &\leqslant b_f = \max h_j \\ h_j &= \varepsilon(|d_j^{(s)}| + |e_j^{(s)}|) \end{aligned} \qquad (j = 1, 2, \cdots, f) \tag{13.3.74}$$

式中, ε 是某一小的正数, 视所需的计算精确度确定.

k_s 可按以下方式求得. 设要处理的是从 f 行开始的子矩阵, 则可取 k_s 为 2×2 矩阵

$$\begin{bmatrix} d_f^{(s)} e_f^{(s)} \\ e_f^{(s)} d_{f+1}^{(s)} \end{bmatrix}$$

的接近 $d_f^{(s)}$ 的本征值. 例如, 取

$$k_s = \begin{cases} d_f^{(s)} - e_f^{(s)}/(q - \sqrt{1+q^2}) & (q < 0) \\ d_f^{(s)} - e_f^{(s)}/(q + \sqrt{1+q^2}) & (q \geqslant 0) \end{cases} \tag{13.3.75}$$

式中, $q = (d_{f+1}^{(s)} - d_f^{(s)})/2e_f^{(s)}$. 这样选取 k_s, 通常可得到三次方的收敛速度.

由于使用能级移动方法, 找出的本征值的顺序有任意性, 不再是按模从小到大排列, 必要时需将它们重新排列一次.

当三对角阵的对角化完成后, 将所有在三对角化与对角化过程中使用过的变换矩阵连乘起来, 就得到 $\boldsymbol{F}^{\tau}$ 矩阵的本征矢矩阵 $\boldsymbol{c}^{\tau}$, 由 $\boldsymbol{c}^{\tau}$ 即不难求得 Fock 矩阵的本征矢矩阵 $\boldsymbol{c}$.

13.3.6 迭代收敛问题

用迭代方法求解 Hartree-Fock-Roothaan 方程, 显然迭代次数越多, 花费的计算机时就越多, 有时还会碰到不收敛的问题. 这可能有两种情况. 一种是起始函数选得不合适, 在迭代过程中出现振荡或发散. 另一种是问题的性质决定了得不到收敛解, 也就是找不到一种起始函数使迭代结果收敛, 即便用与自洽解只差无穷小的函数作起始函数, 迭代结果也会偏离收敛解越来越大. 后一种情况被说成是内禀发散的, 在开壳层组态的计算中常会遇到.

为了解决收敛问题, Hartree 提出衰减办法. 设第 n 次迭代的输入为 $I^{(n)}$, 输出为 $R^{(n)}$, 则第 $n+1$ 次的输入为

$$I^{(n+1)} = \lambda R^{(n)} + (1-\lambda) I^{(n)} \tag{13.3.76}$$

λ 称为收敛因子. 这种方法很简单, 能有效地解决由于起始函数选择不当造成的迭代过程中的振荡现象, 提高迭代收敛速度, 所以用得很多. 但在不少情况下, 特别是在前线轨道区能级密集 (如分子处于远离平衡构型或者含过渡金属、镧系、锕系元素) 的情况下, 用衰减方法无法得到收敛结果. Saunders 等[37] 提出的能级移动法则能有效地解决不收敛问题, 包括内禀发散性的不收敛问题. 介绍如下:

以闭壳层组态为例. 设有 n 个正交基函数 $\boldsymbol{\chi} \equiv [\chi_1, \cdots, \chi_n]$, 组合出 n 个分子轨道 $\boldsymbol{\Phi} \equiv [\phi_1, \cdots, \phi_n]$, 体系的 $2m_1$ 个电子填充了 m_1 个分子轨道 (以 $\boldsymbol{\Phi}_1$ 表示), 还有 $m_2 = n - m_1$ 个分子轨道是空的 (以 $\boldsymbol{\Phi}_2$ 表示).

$$\boldsymbol{\Phi}_1 = \boldsymbol{\chi}\boldsymbol{T}_1 \qquad \boldsymbol{\Phi}_2 = \boldsymbol{\chi}\boldsymbol{T}_2 \tag{13.3.77}$$

$$\boldsymbol{\Phi} = [\boldsymbol{\Phi}_1 \vdots \boldsymbol{\Phi}_2] = \boldsymbol{\chi}[\boldsymbol{T}_1 \vdots \boldsymbol{T}_2] = \boldsymbol{\chi}\boldsymbol{T} \tag{13.3.78}$$

式中, $\boldsymbol{\Phi} = [\boldsymbol{\Phi}_1 \vdots \boldsymbol{\Phi}_2]$ 是行矩阵, 竖虚线划分占据空间和非占据空间. 体系波函数对于占据空间与非占据空间内部的酉变换是不变的, 只有这两个空间的混合才会使总能量发生变化. 设使 $\boldsymbol{\Phi}_1$ 有微小变化

$$\boldsymbol{\Phi}_1 \to \boldsymbol{\Phi}_1' = [\boldsymbol{\Phi}_1 \vdots \boldsymbol{\Phi}_2] \begin{bmatrix} \boldsymbol{I} \\ \cdots \\ \boldsymbol{\Delta} \end{bmatrix} = [\boldsymbol{\Phi}_1 \vdots \boldsymbol{\Phi}_2] \boldsymbol{Q}_1 \tag{13.3.79}$$

式中, $\boldsymbol{I}$ 是 $m_1 \times m_1$ 单位矩阵, $\boldsymbol{\Delta}$ 是 $m_2 \times m_1$ 混合矩阵, 假定它的矩阵元是小的. 能量的变化为

$$\Delta E = 4 \sum_{a}^{\text{unocc}} \sum_{i}^{\text{occ}} \Delta_{ai} F_{ai}^{\text{mo}} + \text{高级项} \tag{13.3.80}$$

式中, F_{ai}^{mo} 是空轨道 ϕ_a 与占据轨道 ϕ_i 之间的 Fock 矩阵元. 显然, 若选择 Δ_{ai} 的符号与 F_{ai}^{mo} 的相反, 则第一项恒为负; 只要高级项足够小 (其绝对值恒小于第一项的绝对值), 则 ΔE 总小于零, 亦即 $\boldsymbol{\Phi}_1 \to \boldsymbol{\Phi}_1'$ 的结果, 总使能量降低. 向收敛解逼近一步.

考虑 Hartree-Fock-Roothaan 方法中的第 n 次迭代. 设由第 $n-1$ 次迭代得到的密度矩阵造出的在正交基函数空间中的 Fock 矩阵为 $\boldsymbol{F}^{(n)}$, 把它对角化, 得

$$\boldsymbol{c}^{(n)\text{H}} \boldsymbol{F}^{(n)} \boldsymbol{c}^{(n)} = \boldsymbol{\varepsilon}^{(n)} \tag{13.3.81}$$

则 $\boldsymbol{\varepsilon}^{(n)}$ 和 $\boldsymbol{c}^{(n)}$ 就是第 n 次迭代中得到的本征值和本征矢矩阵. 设 $\boldsymbol{\varepsilon}^{(n)}$ 的对角元素是从小到大排列的, 前 m_1 个最小的本征值排在前面, 则 $\boldsymbol{c}^{(n)}$ 分解为占据空间和非占据空间 $\boldsymbol{c}^{(n)} = [\boldsymbol{c}_1^{(n)} \vdots \boldsymbol{c}_2^{(n)}]$.

另一方面, 我们也可以用第 $n-1$ 次迭代得出的本征矢矩阵对 $\boldsymbol{F}^{(n)}$ 预先作变换

$$\boldsymbol{V}^{(n)} = \boldsymbol{c}^{(n-1)\text{H}} \boldsymbol{F}^{(n)} \boldsymbol{c}^{(n-1)} \tag{13.3.82}$$

$\boldsymbol{V}^{(n)}$ 就是在 $(n-1)$ 次迭代得出的分子轨道空间中的 Fock 矩阵, 其形式为

$$\begin{aligned} \boldsymbol{V}^{(n)} &= \begin{bmatrix} \boldsymbol{V}_{\text{o}}^{(n)} & \boldsymbol{V}_{\text{int}}^{(n)\text{H}} \\ \boldsymbol{V}_{\text{int}}^{(n)} & \boldsymbol{V}_{\text{v}}^{(n)} \end{bmatrix} \\ &= \left[\begin{array}{c:c} \boldsymbol{c}_1^{(n-1)\text{H}} \boldsymbol{F}^{(n)} \boldsymbol{c}_1^{(n-1)} & \boldsymbol{c}_1^{(n-1)\text{H}} \boldsymbol{F}^{(n)} \boldsymbol{c}_2^{(n-1)} \\ \hdashline \boldsymbol{c}_2^{(n-1)\text{H}} \boldsymbol{F}^{(n)} \boldsymbol{c}_1^{(n-1)} & \boldsymbol{c}_2^{(n-1)\text{H}} \boldsymbol{F}^{(n)} \boldsymbol{c}_2^{(n-1)} \end{array} \right] \end{aligned} \tag{13.3.83}$$

式中, $\boldsymbol{V}_{\text{o}}^{(n)}$ 是占据轨道的 Fock 矩阵块, $\boldsymbol{V}_{\text{v}}^{(n)}$ 是非占据轨道的 Fock 矩阵块, $\boldsymbol{V}_{\text{int}}^{(n)}$ 表示相互作用矩阵块, 反映占据空间与非占据空间的相互作用. $\boldsymbol{V}_{\text{o}}^{(n)}$ 和 $\boldsymbol{V}_{\text{v}}^{(n)}$ 不一定是对角化的, 不过, 我们可以在占据空间和非占据空间内各自进行酉变换, 使之对角化, 而这并不影响体系的总波函数, 也不影响密度矩阵和总能量, 所以我们可以把它们按对角化矩阵块处理.

然后, 我们将 $\boldsymbol{V}^{(n)}$ 对角化

$$\boldsymbol{Q}^{(n)\text{H}} \boldsymbol{V}^{(n)} \boldsymbol{Q}^{(n)} = \boldsymbol{\varepsilon}^{(n)} \tag{13.3.84}$$

则 $\boldsymbol{Q}^{(n)}$ 是以 $\boldsymbol{\Phi}^{(n-1)} = \boldsymbol{\chi} \boldsymbol{c}^{(n-1)}$ 为基的本征矢矩阵, 而 $\boldsymbol{\varepsilon}^{(n)}$ 为本征值. 将它按升序排列, 则 $\boldsymbol{Q}$ 可分解为占据空间与非占据空间, 显然

$$\boldsymbol{c}^{(n)} = [\boldsymbol{c}_1^{(n)} \vdots \boldsymbol{c}_2^{(n)}] = [\boldsymbol{c}_1^{(n-1)} \vdots \boldsymbol{c}_2^{(n-1)}][\boldsymbol{Q}_1^{(n)} \vdots \boldsymbol{Q}_2^{(n)}] \tag{13.3.85}$$

现在我们来分析一下 $\boldsymbol{V}^{(n)}$. 如果 $\boldsymbol{V}_{\text{int}}^{(n)} = \boldsymbol{0}$, 那么就是到达收敛解了, $\boldsymbol{Q}^{(n)} = \boldsymbol{I}$. 如果 $\boldsymbol{V}_{\text{int}}^{(n)} \neq \boldsymbol{0}$, 但是足够小, 而整个 $\boldsymbol{V}^{(n)}$ 的对角元还是按升序排列的, 则第 n 次

迭代得到的占据空间与第 $n-1$ 次迭代得到的占据空间只有小的差别, 根据微扰理论, 进行式 (13.3.84) 变换的结果可表示为

$$\boldsymbol{\Phi}_1^{(n)} = \left[\boldsymbol{\Phi}_1^{(n-1)} \vdots \boldsymbol{\Phi}_2^{(n-1)}\right] \left[\begin{array}{c} \boldsymbol{I} \\ \cdots \\ \boldsymbol{\Delta} \end{array}\right] \tag{13.3.86}$$

式中, $\boldsymbol{\Delta}$ 的矩阵元为

$$\Delta_{ai} = \frac{V_{ai}^{(n)}}{V_{ii}^{(n)} - V_{aa}^{(n)}} + \text{高级项} \tag{13.3.87}$$

能量的变化为

$$\begin{aligned} \Delta E =& 4 \sum_a^{\text{unocc}} \sum_i^{\text{occ}} \Delta_{ai} V_{ai}^{(n)} + \text{高级项} \\ =& 4 \sum_a \sum_i \frac{|V_{ai}^{(n)}|^2}{V_{ii}^{(n)} - V_{aa}^{(n)}} + \text{高级项} \end{aligned} \tag{13.3.88}$$

因 $V_{ii}^{(n)} - V_{aa}^{(n)} < 0$, 故 ΔE 为负值, 即能量降低, 解向收敛极限靠近. 如果 $\boldsymbol{V}_{\text{int}}^{(n)}$ 不太小, 高级项不能忽略, ΔE 仍可能为正值, 但只要将 $\boldsymbol{V}_{\text{int}}^{(n)}$ 乘上足够小的正数 λ, 使高级项可以忽略, 则式 (13.3.88) 变为

$$\Delta E \approx 4 \sum_a \sum_i \frac{\lambda^2 |V_{ai}^{(n)}|^2}{V_{ii}^{(n)} - V_{aa}^{(n)}} \tag{13.3.89}$$

ΔE 仍可保持为负值, 从而逐渐趋向收敛极限. 这相当于 Hartree 的衰减法, λ 起收敛因子的作用. 但是, 如果 $\boldsymbol{\Phi}_{n-1}$ 与 $\boldsymbol{\Phi}_n$ 差别很大, 则不能保证 $\boldsymbol{V}_{\text{o}}^{(n)}$ 的对角元素都小于 $\boldsymbol{V}_{\text{v}}^{(n)}$ 的对角元素, 在填充电子时产生非占据轨道与占据轨道“交换”的现象, ΔE 就不能保证为负值了. 即使对 $V_{ai}^{(n)}$ 乘上收敛因子, ΔE 仍可能为正值 [因为分母中不保证 $V_{ii}^{(n)} < V_{aa}^{(n)}$]. 在迭代过程中, 若不断发生空轨道与占据轨道之间的大规模混合, 就出现解的剧烈振荡, 不能收敛.

如果考虑一个新的 Fock 矩阵 $\boldsymbol{V}^{(n)\prime}$, 它与 $\boldsymbol{V}^{(n)}$ 的差别在于在 $\boldsymbol{V}_{\text{v}}^{(n)}$ 的对角元素中加上足够大的数 b, $\boldsymbol{V}^{(n)\prime} = \boldsymbol{V}^{(n)} + b \begin{bmatrix} 0 & 0 \\ 0 & \boldsymbol{I} \end{bmatrix}$, 则根据微扰理论, 可以求得

$$\boldsymbol{\Phi}_1^{(n)} = \left[\boldsymbol{\Phi}_i^{(n-1)} \vdots \boldsymbol{\Phi}_2^{(n-1)}\right] \begin{bmatrix} \boldsymbol{I} \\ \boldsymbol{\Delta} \end{bmatrix} \tag{13.3.90}$$

$$\Delta E \approx 4 \sum_a \sum_i \Delta_{ai} V_{ai}^{(n)} \tag{13.3.91}$$

式中

$$\Delta_{ai} \approx \frac{V_{ai}^{(n)}}{V_{ii}^{(n)} - V_{aa}^{(n)} - b} \tag{13.3.92}$$

可以看出, 只要 b 足够大, 即使 $\boldsymbol{V}_{\mathrm{v}}^{(n)}$ 的对角元素不是都大于 $\boldsymbol{V}_{\mathrm{o}}^{(n)}$ 的对角元素, 仍可保证 $\varDelta_{ai}$ 与 $V_{ai}^{(n)}$ 符号相反, 从而使 ΔE 为负值, 而且不会发生占据轨道与虚轨道之间大规模混合的现象. 因此, 每次迭代的结果都向收敛极限趋近一步, 最后总可以达到能量曲面的极小点, 虽然不一定是最低点. 所以能级移动法能使收敛过程稳定和有保证. 自然, 应该从 $\boldsymbol{V}^{(n)}$ 求得的非占据轨道的本征值中减去常数 b 才是空轨道的本征值.

在实际的计算过程中不必先求出 $\boldsymbol{V}^{(n)}$ 和 $\boldsymbol{V}^{(n)'}$, 因为用 $\boldsymbol{c}^{(n-1)}$ 将 $\boldsymbol{V}^{(n)'}$ 变换回到基函数空间, 即得

$$\boldsymbol{F}^{(n)'} = \boldsymbol{F}^{(n)} + b\left[\boldsymbol{I} - \boldsymbol{P}^{(n-1)}\right] \tag{13.3.93}$$

式中, $\boldsymbol{I}$ 是单位矩阵, $\boldsymbol{P}^{(n-1)}$ 是第 $n-1$ 次迭代得到的密度矩阵. 也就是说, 只要在由第 $n-1$ 次迭代得到的 Fock 矩阵中加上 $b\left[\boldsymbol{I} - \boldsymbol{P}^{(n-1)}\right]$, 再进行第 n 次迭代运算即可. 开始迭代时 b 可选得大一些, 以后可让 b 逐渐减小.

容易看出, 灵活运用能级移运技巧还可以有效地加快收敛速度, 从式 (13.3.88) 可以看出, 只要保证其各项分母恒为负值, 则能保证 $\Delta E < 0$. 加 b 的目的就是为了保证各项分母恒为负值. 但是, 如果本来就有 $V_{ii}^{(n)} \ll V_{aa}^{(n)}$, 则加上大的正数 b，反而使 $|\Delta E|$ 减小, 即能量下降的速度减慢. 若在保证使式 (13.3.88) 各项分母为负数的条件下选择负的 b 值, 使 $|\Delta E|$ 尽可能地大, 收敛速度就快了.

不难将以上讨论推广到开壳层组态的 RHF 和 UHF 计算中去. 注意在以上讨论中我们假定基组是正交的. 如果用的不是正交基组, 其重叠矩阵为 $\boldsymbol{S}$, 则式 (13.3.93) 应改为

$$\overline{\boldsymbol{F}}^{(n)'} = \overline{\boldsymbol{F}}^{(n)} + b\boldsymbol{S}\left[\boldsymbol{I} - \overline{\boldsymbol{P}}^{(n-1)}\boldsymbol{S}\right] \tag{13.3.94}$$

式中, $\overline{\boldsymbol{F}}^{(n)'}$ 和 $\overline{\boldsymbol{F}}^{(n)}$ 是非正交基 Fock 矩阵, $\overline{\boldsymbol{P}}^{(n-1)}$ 是非正交基密度矩阵.

从式 (13.3.88) 可以看出在能量极值近邻, 收敛速度会比较慢, 使高收敛精度计算的迭代次数增加. 用 Pulay 提出的 DIIS(direct inversion in the iterative subspace) 方法可以加速收敛[38]. DIIS 方法的原理可简述如下：式 (13.3.83) 中的非对角块 $\boldsymbol{V}_{\mathrm{int}}^{(n)}$ 反映第 $n-1$ 次迭代得到的 Fock 矩阵 $\boldsymbol{F}^{(n)}$ 的偏差, 达到收敛时, $\boldsymbol{V}_{\mathrm{int}}^{(n)}$ 应该是零矩阵块. 自洽场计算达到收敛的充分和必要条件是 Fock 矩阵和密度矩阵对易. 据此, Pulay 将误差矢量取为 (对于正交归一基组)

$$\boldsymbol{u}_i = \boldsymbol{F}^{(n)}\boldsymbol{P}^{(n-1)} - \boldsymbol{P}^{(n-1)}\boldsymbol{F}^{(n)} \tag{13.3.95}$$

矢量 $\boldsymbol{u}_i$ 的分量为等式右边矩阵的矩阵元. 若为非正交归一基组, 式 (13.3.95) 则改为

$$\boldsymbol{u}_i = \overline{\boldsymbol{F}}^{(n)}\overline{\boldsymbol{P}}^{(n-1)}\boldsymbol{S} - \boldsymbol{S}\overline{\boldsymbol{P}}^{(n-1)}\overline{\boldsymbol{F}}^{(n)} \tag{13.3.96}$$

设在连续的 m 次迭代中得到 m 个误差矢量 $\{\boldsymbol{u}_i\}, i=1,\cdots,m$. 要在以 $\{\boldsymbol{u}_i\}$ 为基构成 m 维线性子空间 (迭代子空间) 中找出一个最短的误差矢量 $\boldsymbol{u}_n$, 可令

$$\boldsymbol{u}_n = \sum_{i=1}^{m} c_i \boldsymbol{u}_i \tag{13.3.97}$$

$\boldsymbol{u}_n$ 长度的平方 $\langle \boldsymbol{u}_n|\boldsymbol{u}_n\rangle$ 为

$$\langle \boldsymbol{u}_n|\boldsymbol{u}_n\rangle = \sum_{i,j=1}^{m} c_i c_j \langle \boldsymbol{u}_i|\boldsymbol{u}_j\rangle = \boldsymbol{c}^{\mathrm{T}}\boldsymbol{B}\boldsymbol{c}$$

式中, 矩阵 $\boldsymbol{B}$ 的矩阵元 $B_{ij} = \langle \boldsymbol{u}_i|\boldsymbol{u}_j\rangle$ 是两个误差矢量的标量积. 在 $\sum\limits_{i=1}^{m} c_i = 1$ 的约束条件下使 $\langle \boldsymbol{u}_n|\boldsymbol{u}_n\rangle$ 对 $\{c_i\}$ 变分求极值, 得到以下 $(m+1)$ 个方程:

$$\begin{aligned} \sum_{j=1}^{m} B_{ij}c_j - \lambda = 0 \qquad (i=1,\cdots,m) \\ \sum_{j=1}^{m} c_j = 1 \end{aligned} \tag{13.3.98}$$

直接求解方程组式 (13.3.98) 求得 $\{c_i\}$, 造 Fock 矩阵中 $\boldsymbol{F}^{(n)} = \sum\limits_{i=1}^{m} c_i \boldsymbol{F}^{(i)}$, 用作输入进行第 n 轮迭代, 则输出的 Fock 矩阵中 $\boldsymbol{V}_{\text{int}}^{(n+1)}$ 的矩阵元将变小, 从而达到加速收敛的目的.

DIIS 方法的计算过程如下：在经过几次迭代后, 按式 (13.3.95) 计算出误差矢量, 在最大误差矢量的长度 $u_{\max}$ 小于规定的阈值 (≈ 0.1a.u.) 以后, 开始上述 DIIS 迭代计算, 即在每次迭代中, 计算 Fock 矩阵和误差矢量并储存起来, 再计算矩阵元 $\{B_{ij}\}$, 建立方程组 [式 (13.3.98)], 由其系数矩阵的逆矩阵直接计算出 $\{c_i\}$, 造 Fock 矩阵 $\boldsymbol{F}^{(n)} = \sum\limits_{i=1}^{m} c_i \boldsymbol{F}^{(i)}$, 对角化 $\boldsymbol{F}^{(n)}$, 然后进行下一轮迭代. 虽然每次迭代都要计算矩阵 $\boldsymbol{B}$, 但实际上只要计算 $\boldsymbol{B}$ 的最后一行. 如果 $\boldsymbol{B}$ 接近病态, 可用 $(1+d)$ 乘其对角元以减少计算误差 ($d \approx 0.02$), 这相当于将变分泛函改为 $\{\langle \boldsymbol{u}_n|\boldsymbol{u}_n\rangle - d\sum\limits_{i=1}^{m} c_i^2 B_{ii}\}$. 可以从较小的 m 值开始, 如果 m 值比较大还达不到收敛点, 则应弃去较早的若干个误差矢量. 设在经过若干次 DIIS 迭代后 $u_{\max}$ 小于规定的阈值 (如 10^{-6}a.u.), 结束迭代, 输出收敛结果.

使用 DIIS 方法加速收敛, 要在 $\boldsymbol{V}_{\text{int}}^{(n)}$ 足够小后才能开始. 一般令 m 小于 8, 故解方程组的计算量不大, 需要增加的内存也只是连续 m 次迭代的 Fock 矩阵和误差矢量. 计算实践表明加速收敛的效果显著并且稳定, 因此得到广泛应用; 不但用于单组态的分子自洽场计算, 也用于多组态自洽场计算或者电子相关能的计算中.

能级移动法能保证得到收敛解, 但选择恰当的能级移动值不容易: 取值太小可能得不到收敛解; 取值太大, 不但收敛速度很慢, 而且可能得到不合理的收敛解, 有能级低于占据轨道的空轨道的"带穴态"存在. DIIS 方法如果在迭代过程中过早使用, 有可能得不到收敛结果; 而且收敛解可能不是能量极小点. 为了解决上述问题, Cancès 等[39] 提出放松约束算法 (relaxed constrained algorithm, RCA): 迭代过程中在轨道电子占据数 $\{n_i\}$ 满足 $\sum\limits_{i=1}^{\text{occ}} n_i = N$($N$ 为体系总电子数) 的条件下, 允许 $0 \leqslant n_i \leqslant 1$, 即 n_i 可以取非整数值; 这相当于密度矩阵 $\boldsymbol{P}$ 的幂等性条件 $\boldsymbol{PSP} = \boldsymbol{P}$ 放松为 $\widetilde{\boldsymbol{P}}\boldsymbol{S}\widetilde{\boldsymbol{P}} \leqslant \widetilde{\boldsymbol{P}}$. Cancès 等证明: 体系能量作为 $\boldsymbol{P}$ 与 $\widetilde{\boldsymbol{P}}$ 的泛函, $\widetilde{\boldsymbol{P}}$ 与 $\boldsymbol{P}$ 给出相同的泛函极值, 即达到收敛点时 $\widetilde{\boldsymbol{P}} = \boldsymbol{P}$. 最简单的 RCA 算法是最优阻尼算法 (optimal damping algorithm, ODA)[39], 在迭代过程中具体实施如下:

取一个合理的密度矩阵 $\boldsymbol{P}_0$, 令 $\widetilde{\boldsymbol{P}}_0 = \boldsymbol{P}_0$, 开始迭代. 设第 k 轮迭代时用密度矩阵 $\widetilde{\boldsymbol{P}}_k$ 构造 Fock 矩阵 $\widetilde{\boldsymbol{F}}_k(\widetilde{\boldsymbol{P}}_k)$, 对角化后按能级顺序确定占据轨道, 计算出密度矩阵 $\boldsymbol{P}_{k+1}$. 若 $\boldsymbol{P}_{k+1} - \widetilde{\boldsymbol{P}}_k$ 尚未达到收敛标准, 则用 $\boldsymbol{P}_{k+1}$ 构造 Fock 矩阵 $\boldsymbol{F}_{k+1}(\boldsymbol{P}_{k+1})$. 令 $\boldsymbol{p}_k = \boldsymbol{P}_{k+1} - \widetilde{\boldsymbol{P}}_k$, 并用密度矩阵 $\widetilde{\boldsymbol{P}}_k + \lambda\boldsymbol{p}_k$ 计算出电子总能量 $E(\widetilde{\boldsymbol{P}}_k + \lambda\boldsymbol{p}_k)$. 在 [0, 1] 区间找出使 $E(\widetilde{\boldsymbol{P}}_k + \lambda\boldsymbol{p}_k)$ 取极小值的 $\lambda = \lambda_k$. 令 $\widetilde{\boldsymbol{P}}_{k+1} = \widetilde{\boldsymbol{P}}_k + \lambda_k\boldsymbol{p}_k = (1-\lambda_k)\widetilde{\boldsymbol{P}}_k + \lambda_k\boldsymbol{P}_{k+1}$, 构造 Fock 矩阵 $\widetilde{\boldsymbol{F}}_{k+1} = (1-\lambda_k)\widetilde{\boldsymbol{F}}_k + \lambda_k\boldsymbol{F}_{k+1}$, 进行第 $k+1$ 轮迭代. 如此继续下去, 直至收敛. Cancès 等证明 $\boldsymbol{p}_k$ 是以密度矩阵元素为坐标的空间中能量泛函值下降最速的方向, 对于 Hartree-Fock 计算, 不论合理起始密度矩阵如何选取, 使用 RCA(ODA) 方法, 总可以使迭代收敛到正确解; 虽然在迭代过程中允许 $0 \leqslant n_i \leqslant 1$, 但达到收敛点后, 在正常情况下, 总有 $n_i = 1$ 或 0 的结果.

但 ODA 算法的收敛速度不如 DIIS 算法快. Kudin 等[40] 进一步将 ODA 算法发展为能量-DIIS(energy DIIS, EDIIS) 算法. 具体计算过程如下:

设连续 k 轮迭代获得的密度矩阵分别为 $\boldsymbol{P}_i, i = 0, \cdots, k$(一般取 $k = 1 \sim 10$), Fock 矩阵分别为 $\boldsymbol{F}_i, i = 0, \cdots, k$. 构造矩阵 $\widetilde{\boldsymbol{P}} = \sum\limits_{i=0}^{k} c_i\boldsymbol{P}_i$, 计算能量泛函 f^{EDIIS}

$$f^{\text{EDIIS}}(c_i, i = 0, \cdots, k) \equiv E^{\text{HF}}(\widetilde{\boldsymbol{P}}) = \sum_{i=0}^{k} c_i E^{\text{HF}}(\boldsymbol{P}_i)$$

$$-\frac{1}{2}\sum_{i,j=0}^{k} c_i c_j Tr[(\boldsymbol{F}_i - \boldsymbol{F}_j)(\boldsymbol{P}_i - \boldsymbol{P}_j)] \tag{13.3.99}$$

在 $\sum_{i=1}^{K} c_i = 1,\ c_i \geqslant 0, i = 1, \cdots, k$ 的条件下求出使能量泛函 f^{EDIIS} 取极值的 $\{c_i^k\}$, 然后用 $\widetilde{\boldsymbol{P}}^k = \sum_{i=0}^{k} c_i^k \boldsymbol{P}_i$ 构造 Fock 矩阵 $\widetilde{\boldsymbol{F}}^{k+1}(\widetilde{\boldsymbol{P}}^k) = \sum_{i=0}^{k} c_i^k \boldsymbol{F}_i$, 进行下一轮迭代. 上述算法与 DIIS 算法很类似, 只不过求极值的泛函不是误差泛函而是能量泛函, 故取名为能量–DIIS 方法. 但 DIIS 算法与 EDIIS 算法有实质上的差异. 在 DIIS 算法中, 下一轮迭代使用的 Fock 矩阵 $\boldsymbol{F} = \sum c_i \boldsymbol{F}_i$ 是外推值, 没有 $\{c_i \geqslant 0\}$ 的限制. 因此收敛点可能不是对应于能量极值的解, 甚至可能达不到收敛点. 在 EDIIS 算法中下一轮迭代使用的 Fock 矩阵 $\boldsymbol{F} = \sum c_i \boldsymbol{F}_i$ 是内插值. 一定要有 $\{c_i \geqslant 0\}$ 的约束条件来保证 $\widetilde{\boldsymbol{P}}$ 为凸函数才行. 因此虽然也可以采用与 DIIS 类似的方法解由能量泛函 f^{EDIIS} 满足约束条件变分得到的方程组求得 $\{c_i^k\}$, 但若其中有某些 $c_i < 0$, 则是不能接受的解. 在 EDIIS 算法中遇到的是非等式约束条件下求极值的问题, 有成熟的数学处理方法. 在前线轨道区能级密集的大体系 (如含过渡金属的大体系) 的迭代计算过程中常会出现电荷空间分布振荡的现象, 是导致收敛困难的重要原因. 实际计算表明 EDIIS 算法不但可以保证得到合理的收敛解, 并且能很快抑制迭代过程中体系电荷分布振荡的现象. 但在距离收敛点不太远的情况下, DIIS 算法也能收敛到正确解, 而速度比 EDIIS 算法快. 因此较好的做法是在迭代过程中先使用 EDIIS 算法, 收敛到一定程度后再改用 DIIS 算法, 以加速收敛过程.

13.3.7 直接自洽场计算方法

在前面讲述的自洽场计算方法中, 分子积分是先算出来储存在磁盘中的, 在每轮迭代中从磁盘读出来构造 Fock 矩阵. 早期计算机磁盘容量不够大, 大分子的计算因双电子积分数目巨大而无法进行. 为解决这一困难, Almlöf 等[41] 和 Cremer 等[31] 提出直接自洽场 (direct self-consistent field,DSCF) 方法, 即不储存双电子积分, 在迭代过程中, 每轮构造 Fock 矩阵时现场计算要用的双电子积分. 这显然要大幅度增加使用计算机 CPU 的时间. 为使直接自洽场计算方法有实际应用的可能, 在计算方法方面需要解决以下三个关键问题: ① 尽量减少每轮迭代中需要计算的双电子积分的数目并提高计算双电子积分的效率;② 尽量减少达到收敛需要的迭代次数; ③ 尽量缩短 Fock 矩阵对角化所需的时间.

对于第一个问题, Häser 等[32] 发展了 Schwarz 筛选方法, 进一步减少了需要计算的双电子积分. 在 13.3.4 节我们已经介绍过鉴别可忽略双电子积分的方法, 并充分评价其在自洽场计算中的重要性, 但有一点没有谈到. 从式 (13.2.18) 和式

(13.2.19) 可知, 双电子积分用于构造 Fock 矩阵, 它本身并不直接决定其对 Fock 矩阵元的贡献, 决定贡献大小的是双电子积分与相关密度矩阵元的乘积. 如果密度矩阵元足够小, 相关的数值比较大的双电子积分也可以忽略, 从而进一步减少需要计算的双电子积分. 在通常的自洽场计算方法中, 在迭代开始以前, 没有比较接近收敛解的密度矩阵, 没有办法利用这一点; 采用不合适的密度矩阵可能忽略掉部分不该忽略的双电子积分, 导致得到错误的计算结果; 对于大体系计算, 这个问题尤其突出. 在直接自洽场计算方法中, 每轮迭代重新计算双电子积分, 有上一轮迭代得出的近似密度矩阵, 可以根据上述思路建立新的判据, 甄别掉更多可以忽略的双电子积分; 并且在一轮迭代中双电子积分计算带进的误差不会传递下去. Almiöf 等提出以下减少双电子积分计算量的方案. 设第 $n-1$ 轮迭代得到的 Fock 矩阵为 (以闭壳层分子为例):

$$\boldsymbol{F}^{(n-1)} = \boldsymbol{h} + \boldsymbol{G}^{(n-1)}[\boldsymbol{P}^{(n-1)}]$$
$$G_{\mu\nu}^{(n-1)}[\boldsymbol{P}^{(n-1)}] = \sum_{\kappa,\lambda}\{2(\mu\nu|\kappa\lambda) - (\mu\kappa|\nu\lambda)\}P_{\kappa\lambda}^{(n-1)} \tag{13.3.100}$$

为进行第 n 次迭代, 按式 (13.3.101) 更新 Fock 矩阵

$$\boldsymbol{F}^{(n)} = \boldsymbol{F}^{(n-1)} + \boldsymbol{G}[\boldsymbol{P}^{(n)}] - \boldsymbol{G}[\boldsymbol{P}^{(n-1)}] = \boldsymbol{F}^{(n-1)} + \boldsymbol{G}[\Delta\boldsymbol{P}^{(n)}] \tag{13.3.101}$$

式中, $\Delta\boldsymbol{P}^{(n)} = \boldsymbol{P}^{(n)} - \boldsymbol{P}^{(n-1)}$, $\boldsymbol{P}^{(n-1)}$ 和 $\boldsymbol{P}^{(n)}$ 分别是第 $n-1$ 轮迭代的输入和输出密度矩阵. 注意, $\boldsymbol{h}$ 矩阵在迭代过程中是不变的. $\boldsymbol{F}^{(n-1)}$ 和 $\boldsymbol{P}^{(n-1)}$ 的数据量不大, 可以储存在磁盘中, 读入使用. 双电子积分 $(\mu\nu|\kappa\lambda)$ 对 $(\boldsymbol{G}_{\mu\nu}[\Delta\boldsymbol{P}])_{\mu\nu}$ 的贡献中最大的项为

$$CON_{\mu\nu,\kappa\lambda} = \max(4|\Delta P_{\mu\nu}|, 4|\Delta P_{\kappa\lambda}|, |\Delta P_{\mu\kappa}|, |\Delta P_{\mu\lambda}|, |\Delta P_{\nu\kappa}|, |\Delta P_{\nu\lambda}|)(\mu\nu|\kappa\lambda) \tag{13.3.102}$$

根据式 (13.3.38a), 有

$$\begin{aligned} CON_{\mu\nu,\kappa\lambda}^{\mathrm{upb}} =& \max(4|\Delta P_{\mu\nu}|, 4|\Delta P_{\kappa\lambda}|, |\Delta P_{\mu\kappa}|, |\Delta P_{\mu\lambda}|, |\Delta P_{\nu\kappa}|, \\ & |\Delta P_{\nu\lambda}|)Q_{\mu\nu}Q_{\kappa\lambda} \geqslant CON_{\mu\nu,\kappa\lambda} \end{aligned} \tag{13.3.103}$$

如果 $CON_{\mu\nu,\kappa\lambda}^{\mathrm{upb}}$ 小于指定的阈值,$(\mu\nu|\kappa\lambda)$ 就不必计算了. 如果按“批处理”方法计算一批双电子排斥积分 $(MN|KL)$, $\mu,\nu \in M,N; \kappa,\lambda \in K,L$, 则式 (13.3.102) 可改为

$$CON_{MN,KL} = \max(4\Delta P_{MN}, 4\Delta P_{KL}, \Delta P_{MK}, \Delta P_{ML}, \Delta P_{NK}, \Delta P_{NL})(MN|KL) \tag{13.3.104}$$

式中, $\Delta P_{MN}=\max\{|\Delta P_{\mu\nu}^{(n)}|\}, \mu\in M, \nu\in N, \cdots$ 根据式 (13.3.38a) 可知

$$\begin{aligned}CON_{MN,KL}^{\mathrm{upb}}=&\max(4\Delta P_{MN}, 4\Delta P_{KL}, \Delta P_{MK}, \Delta P_{ML},\\&\Delta P_{NK}, \Delta P_{NL})Q_{MN}Q_{KL}\geqslant CON_{MN,KL}\end{aligned}\qquad(13.3.105)$$

如果 $CON_{MN,KL}^{\mathrm{upb}}$ 小于指定的阈值, 整批双电子积分 $(MN|KL)$ 都不必计算了. 迭代越接近收敛点, 将有越多的 ΔP_{MN} 等趋于零, 按式 (13.3.105) 甄别的可忽略双电子积分将越多, 计算双电子积分的工作量也就越小.

利用分子的对称性还可以进一步减少需要计算的双电子积分, 详见 13.4.1 节.

为了解决第二个问题, 至少可以采取以下两个措施: ① 选取可能最接近收敛解的起始密度矩阵, 为此可以先做半经验方法或者小基组的自洽场计算, 修整由此得到的密度矩阵使之与直接自洽场计算的基组匹配后, 用作起始密度矩阵; ② 采用最有效的加速收敛的方法, 如 DIIS 方法等, 请参考 13.3.6 节.

对于第三个问题, 常用的办法是利用分子对称性将 Fock 矩阵转换为对角块矩阵. 可以先构造以基函数为基的 Fock 矩阵, 再转换为以群轨道为基的对角块矩阵 (参看 8.3 节), 也可以按 13.4 节介绍的办法在计算分子积分时结合密度矩阵直接构造以群轨道为基的 Fock 矩阵. 在这方面已经提出过很多解决问题的方案.

直接自洽场计算比通常的自洽场计算需要更多的 CPU 机时, 但通过采取以上措施, CPU 机时增加的量并不像乍看起来那么多, 而节省了很多数据传输时间. 近年来计算机硬件发展很快, 其运算速度和外设磁盘的容量都提高了几个数量级, 但 CPU 与磁盘间数据传输速度的提高相对比较慢. 开始提出直接自洽场计算方法时磁盘容量不足的问题几乎不存在了. 但目前常用的自洽场方法用于很大体系的计算又面临数据传输速度慢的障碍. 计算机运算速度的极大提高有利于直接自洽场方法的推广应用, 直接自洽场方法也更容易实现并行计算. 因此, 随着计算机运算速度的进一步提高和要求计算越来越大的体系, 直接自洽场方法有良好的发展前景. 有人提出将常用自洽场方法和直接自洽场方法结合起来的方案, 即存储小部分数值较大和 (或) 较难计算的双电子积分, 其余双电子积分在每轮迭代中即时计算, 这种方案也可能有发展前途.

13.4 分子对称性的利用

13.4.1 简化分子积分的计算

如果两个积分能通过对应于某种对称操作的酉变换联系起来 (称为对称性等价), 则其数值必定相等. 先考虑比较简单的情况. 设对称操作 $\hat{\boldsymbol{R}}$ 只是使基函数作简单的置换

$$\hat{\boldsymbol{O}}_R\phi_\mu = \phi_{\mu'} \qquad \hat{\boldsymbol{O}}_R\phi_\nu = \phi_{\nu'} \tag{13.4.1}$$

则

$$\begin{aligned} h_{\mu\nu} &= \int \phi_\mu \hat{\boldsymbol{h}}\phi_\nu \mathrm{d}\tau = \int \hat{\boldsymbol{O}}_R[\phi_\mu \hat{\boldsymbol{h}}\phi_\nu]\mathrm{d}\tau \\ &= \int \phi_{\mu'} \hat{\boldsymbol{h}}\phi_{\nu'} \mathrm{d}\tau = h_{\mu'\nu'} \end{aligned} \tag{13.4.2}$$

$$\begin{aligned} (\mu\nu|\lambda\sigma) &= \int \phi_\mu\phi_\nu \frac{1}{r_{12}}\phi_\lambda\phi_\sigma \mathrm{d}\tau_1\mathrm{d}\tau_2 \\ &= \int \hat{\boldsymbol{O}}_R\left(\phi_\mu\phi_\nu \frac{1}{r_{12}}\phi_\lambda\phi_\sigma\right)\mathrm{d}\tau_1\mathrm{d}\tau_2 \\ &= (\mu'\nu'|\lambda'\sigma') \end{aligned} \tag{13.4.3}$$

如果 $(\mu'\nu'|\lambda'\sigma') = -(\mu\nu|\lambda\sigma)$, 则可判断该积分为零.

以 H_2O 分子为例. H_2O 分子属于 C_{2v} 点群, 有 $\hat{\boldsymbol{E}}, \hat{\boldsymbol{C}}_2, \hat{\boldsymbol{\sigma}}_v^{(y)}, \hat{\boldsymbol{\sigma}}_v^{(x)}$ 四个对称操作. 设原子坐标确定 (如图 13.4.1 所示), 则在对称操作作用下, 各原子轨道 (基函数) 按表 13.4.1 变换.

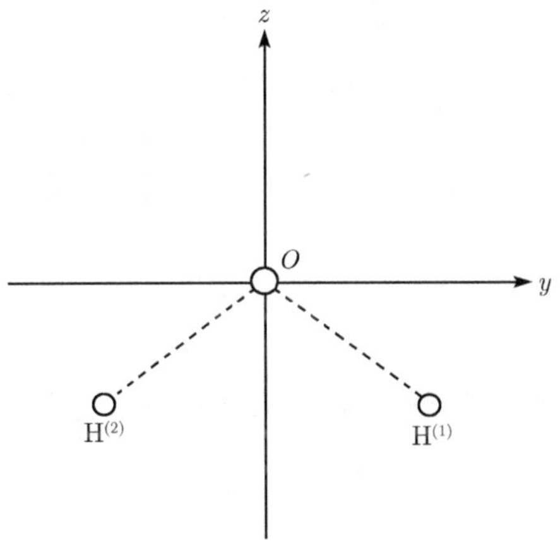

图 13.4.1　水分子中各原子的坐标

由于 $\hat{\boldsymbol{h}}$ 和 $\dfrac{1}{r_{12}}$ 对于对称操作是不变的, 显然有以下类型的等式成立:

$$\begin{aligned} h_{16} &= \hat{\boldsymbol{O}}_{C_2}(h_{16}) = h_{17} \\ h_{66} &= \hat{\boldsymbol{O}}_{C_2}(h_{66}) = h_{77} \\ h_{36} &= \hat{\boldsymbol{O}}_{C_2}(h_{36}) = -h_{37} = \hat{\boldsymbol{O}}_{\sigma_v^{(y)}}(h_{36}) = h_{37} = 0 \\ (\phi_1\phi_2|\phi_3\phi_4) &= (\hat{\boldsymbol{O}}_{\sigma_v^{(y)}}\phi_1\hat{\boldsymbol{O}}_{\sigma_v^{(y)}}\phi_2|\hat{\boldsymbol{O}}_{\sigma_v^{(y)}}\phi_3\hat{\boldsymbol{O}}_{\sigma_v^{(y)}}\phi_4) = -(\phi_1\phi_2|\phi_3\phi_4) = 0 \\ (\phi_3\phi_4|\phi_6\phi_7) &= (\hat{\boldsymbol{O}}_{\sigma_v^{(x)}}\phi_3\hat{\boldsymbol{O}}_{\sigma_v^{(x)}}\phi_4|\hat{\boldsymbol{O}}_{\sigma_v^{(x)}}\phi_6\hat{\boldsymbol{O}}_{\sigma_v^{(x)}}\phi_7) = -(\phi_3\phi_4|\phi_6\phi_7) = 0 \end{aligned} \tag{13.4.4}$$

表 13.4.1 在对称操作下水分子中各原子轨道的变换情况

原子轨道 ϕ(编号) \ 对称操作	$\hat{E}$	$\hat{C}_2$	$\hat{\sigma}_{\mathrm{v}}^{(y)}$	$\hat{\sigma}_{\mathrm{v}}^{(x)}$
O(1s) (1)	1	1	1	1
O(2s) (2)	2	2	2	2
O($2p_x$) (3)	3	−3	3	−3
O($2p_y$) (4)	4	−4	−4	4
O($2p_z$) (5)	5	5	5	5
$H^{(1)}$(1s) (6)	6	7	7	6
$H^{(2)}$(1s) (7)	7	6	6	7

$$
\begin{aligned}
(\phi_4\phi_4|\phi_6\phi_6) &=(\hat{O}_{C_2}\phi_4\hat{O}_{C_2}\phi_4|\hat{O}_{C_2}\phi_6\hat{O}_{C_2}\phi_6) = (\phi_4\phi_4|\phi_7\phi_7)\\
(\phi_5\phi_5|\phi_6\phi_6) &=(\hat{O}_{C_2}\phi_5\hat{O}_{C_2}\phi_5|\hat{O}_{C_2}\phi_6\hat{O}_{C_2}\phi_6) = (\phi_5\phi_5|\phi_7\phi_7)
\end{aligned} \tag{13.4.5}
$$

因此, 分子积分中有很多是对称性等价的, 其数值必定相等; 有很多是零. 例如, 在 13.3.2 节 NH_3 分子的计算中, 指标置换不等价的双电子积分有 666 个, 实际上数值不相等的非零积分只有 136 个. 如果预先作出判断, 只对不为零的和对称性不等价的积分进行计算, 实际需要计算的分子积分就少得多了.

现在我们来讨论一下, 对于具有点群对称性 G 的分子和给定的基组, 由对称性确定的独立的非零分子积分有多少个. 基组 $\{\phi_i\}(i=1,2,\cdots,N)$ 应当荷载点群 G 的一个 N 维表示 $D(G)$, 它可以分解为若干个不可约表示 $D^{(\lambda)}(G)$ 的直和

$$
D(G)=\sum_{\lambda}^{\oplus} n_\lambda D^{(\lambda)}(G)
$$

设表示 $D(G)$ 中对应于群 G 的操作 $\hat{\boldsymbol{R}}$ 的特征标为 $\chi_1(R)$, 则

$$
n_\lambda=\frac{1}{g}\sum_R \chi^{(\lambda)*}(R)\chi_1(R) \tag{13.4.6}
$$

式中, g 为群 G 的阶. 单电子积分 $\langle\phi_i^{(\lambda)}|\hat{\boldsymbol{h}}|\phi_j^{(\lambda')}\rangle$ 只当 $\phi_i^{(\lambda)}$ 和 $\phi_j^{(\lambda')}$ 属于相同不可约表示的同行基时才可能不等于零, 而其数值与基的行序无关. 因此, 不论 $D^{(\lambda)}(G)$ 的维数如何, n_λ 个 $D^{(\lambda)}(G)$ 表示的基产生的独立的非零积分有 $\dfrac{1}{2}n_\lambda(n_\lambda+1)$ 个 (注意 $\hat{\boldsymbol{h}}$ 算符的全对称性质), 总的独立非零单电子积分有 Σ_1' 个, 即

$$
\Sigma_1'=\sum_\lambda \frac{1}{2}n_\lambda(n_\lambda+1) \tag{13.4.7}
$$

同理, $\{\phi_i\}$ 的直积集合 $\{\phi_i\phi_j\}$ 构成群 G 的表示 $D(G)$ 的对称积 $[D(G)\otimes D(G)]$

的基. 对称积表示可分解为

$$[D(G)\otimes D(G)]=\sum_{\mu}n_{\mu}D^{(\mu)}(G)$$

$$n_{\mu}=\frac{1}{g}\sum_{R}\chi^{(\mu)*}(R)\chi_2(R) \tag{13.4.8}$$

式中, $\chi_2(R)$ 是 $[D(G)\otimes D(G)]$ 表示中对应于操作 $\hat{\boldsymbol{R}}$ 的特征标, 根据式 (7.3.16), 易知为

$$\chi_2(R)=\frac{1}{2}[\chi_1(R)^2+\chi_1(R^2)] \tag{13.4.9}$$

双电子积分 $([\phi_i\phi_j]^{(\lambda)}|[\phi_k\phi_l]^{(\lambda')})$ 也只当 $[\phi_i\phi_j]^{(\lambda)}$ 和 $[\phi_i\phi_l]^{(\lambda')}$ 属于相同不可约表示的同行基时才不等于零, 而其数值与表示的行序无关, 故独立的非零双电子积分的数目为

$$\varSigma_2'=\sum_{\mu}\frac{1}{2}n_{\mu}(n_{\mu}+1) \tag{13.4.10}$$

因此, 对于给定的分子和基组, 只要求出 $\chi_1(R)$, 就很容易求出独立的非零分子积分的数目. 当基函数取为 $\phi_{nlm}^{(A)}=R_n(r_A)\,Y_{lm}(\theta_A,\phi_A)$ 的形式时, $\chi_1(R)$ 可从以下考虑求得. 由于进行对称操作时只有等价原子或基函数的原点之间可以调换位置, 我们可以把等价的基函数划为一组, 使得每组对于群 G 的所有对称操作为一不变子集合. 例如, 在等价原点上的 N_A 组基函数 $\{\phi_{nl}^{A_i}\}[\phi_{nlm}^{A_i}=R_n(r_{A_i})Y_{lm}(\theta_{A_i}\phi_{A_i})(i=1,\cdots,N_A;m=-l,\cdots,l)]$ 的集合构成一个 $N_A(2l+1)$ 维子空间, 这里等价基函数的径向部分 $R_n(r_{A_i})$ 相同, 但定义各组基函数的局部坐标系的取向可以是任意的. 容易论证, $\{\phi_{nlm}^{A_i}\}$ 对于群 G 中任意对称操作是封闭的, 因为任意一个对称操作可看成分两步进行, 首先在保持局部坐标系取向不变的条件下移动基函数的原点, 再在固定的原点变换局部坐标系的取向. 既然等价基函数的径向部分是一样的, 原点是等价的, 而 $(2l+1)$ 个 $Y_{lm}(\theta,\phi)$ 对于任意旋转是封闭的, $\hat{\boldsymbol{O}}_R(\phi_{nlm}^{A_i})$ 一定在 $\{\phi_{nlm}^{A_i}\}$ 空间内部. 由整个基组张成的可约表示空间可以分解成若干个不变子空间的直和

$$\{\phi_i\}=\sum_{A_i,n,l}^{\oplus}\{\phi_{nlm}^{A_i}\}$$

现在来求对称操作 $\hat{\boldsymbol{R}}$ 在子空间 $\{\phi_{nlm}^{A_i}\}$ 中的表示矩阵 $\boldsymbol{D}(R)$ 的迹. 设 R 使原点 $A_i\to A_j$, 若 A_i 与 A_j 不重合, 则 $\boldsymbol{D}(R)$ 中的相应对角块必为零, 这种原点对于 $\boldsymbol{D}(R)$ 的迹没有贡献. 若 A_i 和 A_j 为同一点, 则相应的对角块不为零, 每一对角块相应于原点固定的一种对称操作, 其表示矩阵的迹容易求得. 例如:

$$\chi_1^{(l)}[\hat{\boldsymbol{C}}(\theta)] = \frac{\sin[(2l+1)\theta/2]}{\sin(\theta/2)} \tag{13.4.11}$$

$$\chi_1^{(l)}(\hat{\boldsymbol{\sigma}}) = 1$$

若有 $\chi_1^{(A)}$ 个原点不动, 则在子空间 $\{\phi_{nlm}^{A_i}\}$ 中的表示矩阵的迹为 $\chi_1^{(A)}(R)\chi_1^{(nl)}(R)$, 于是在由整个基组构成的空间中的表示矩阵的迹为

$$\chi_1(R) = \sum_{Anl} \chi_1^{(A)}(R)\chi_1^{(nl)}(R)$$

知道了 $\chi_1(R)$, 即容易求出 Σ_1' 和 Σ_2'. 举一个具体的例子. 设对于 NH_3 分子, 取"双 ζ 加极化"基组 (N:4s,2p,1d;H:2s,1p). 此时, $G = C_{3v}$. 基组分为 10 个子集合, 根据式 (13.4.11) 容易求得各子集合中表示矩阵的特征标以及 $\chi_1(R)$ 和 $\chi_2(R)$, 如表 13.4.2 所示.

表 13.4.2 NH_3 基组子集合在 C_{3v} 对称操作下的表示矩阵的特征标

原　子	基　组	$\hat{E}$	$2\hat{C}_3$	$3\hat{\sigma}_v$
N	4 组 s	1	1	1
	2 组 p	3	0	1
	1 组 d	5	−1	1
H	2 组 s	3	0	1
	1 组 p	9	0	1
	$\chi_1(R)$	30	3	10
	$\chi_2(R)$	465	6	65

利用式 (13.4.6) 和式 (13.4.8), 可知有以下分解:

$$\{\phi_i\} = 11A_1 \oplus 1A_2 \oplus 9E$$

$$\{\phi_i\phi_j\} = 112A_1 \oplus 47A_2 \oplus 153E$$

故

$$\Sigma_1' = \frac{1}{2}[11 \times 12 + 1 \times 2 + 9 \times 10] = 112$$

$$\Sigma_2' = \frac{1}{2}[112 \times 113 + 47 \times 48 + 153 \times 154] = 19237$$

而根据式 (13.3.16), 得

$$\Sigma_1 = 465 \qquad \Sigma_2 = 108345$$

所以, 即使对于对称性并不太高的分子, Σ_1' 和 Σ_2' 也分别比 Σ_1 和 Σ_2 小得多. 如果我们能够只计算 Σ_1' 和 Σ_2' 个积分, 计算量就减少了很多. 显然, 分子对称性越高, 基组越大, 这种节省就越显著. 例如, 容易证明, 对于 T_d 群分子, 独立的非零分子积

分只占分子积分总数的 5% 以下. 当然, 如果我们使用的基函数不是分子点群的不可约表示基 (对称性匹配基), 则对称性不等价的非零分子积分数目将会比理论上的独立分子积分数目多, 但比分子积分的总数还是少很多.

对于只有一维表示的低对称性点群, 用上面介绍过的简单方法就可以实现只计算非对称性等价非零分子积分的设想. 但对于较高对称性的点群, 一个对称操作可能不是使一个基函数简单地与另一个基函数调换而是变成几个基函数的线性组合. 尤其是在使用 CGTO 基时, 为了计算分子积分的方便, 规定各局部坐标系互相平行, 更容易出现这种情况. 这时上述简单方法就行不通了. 自然, 我们可以推广以上方法, 只计算最基本的分子积分而将其余积分表示为这些积分的线性组合. 不过, 这样一来就要储存一套组合系数, 对节省内存不利, 计算机程序也较复杂. 如果采取避开引起基函数混合的对称操作的方法, 即若 $\hat{O}_R\chi_i$ 不是另一个基函数, 就将结果作废, 则程序虽较简单, 却不能充分利用由对称性提供的关系式, 需要计算大于 $\Sigma_1' + \Sigma_2'$ 数量的分子积分. le Rouzo[42] 指出, 如果不用 CGTO 而改用 GLO, 则可以不要求各局部坐标系平行, 而造出对任意点群的任意对称操作都不会产生轨道混合的基组, 这样就可以有效地利用以上简单的轨道置换方法.

双电子积分计算是自洽场计算中最费时间的一步, 利用对称性减少计算双电子积分所需的时间有重要意义. 即使整体对称性很低的分子也还是有对称性质可以利用的. 例如, 对于单中心积分, 总可以利用球形对称性; 对于双中心积分, 总可以利用轴对称性; 对于三中心积分, 至少有一个对称平面; 而对于四中心积分, 还有可能利用局部的对称性. 例如, 计算“甲基”的四中心积分时就可以利用它的 C_{3v} 对称性.

13.4.2 节省内存

为了节省内存, 最好只存储对称性不等价的非零分子积分. 在造 Fock 矩阵时, 只要先将每个存储的分子积分“复原”, 即找出所有和它对称性等价的分子积分, 就可以使用 13.3.4 节中叙述的方法了. 但这种做法要花费一定“复原”的时间. Dacre[43] 提出了更巧妙的方法, 能有效地用于在对称操作下不出现基函数混合的情况. 具体说来, 就是根据上述简单的置换方法计算不等价的非零分子积分, 每个积分均除以和它等价的分子积分的数目再储存. 在造 Fock 矩阵时, 先根据这些分子积分造出一个矩阵, 然后用所有分子对称操作作用在各矩阵元上, 就得到正确的 Fock 矩阵了. 下面以水分子为例作具体说明.

先考察单电子积分 (Hamilton 矩阵). 如上所述, 对于水分子, 当采取最小基组 (氧 1s,2s,$2p_x$,$2p_y$,$2p_z$; 氢$_1$1s, 氢$_2$1s) 时, 不为零与非对称性等价的单电子积分只有 14 个, $h_{11}, h_{12}, h_{15}, h_{16} = h_{17}, h_{22}, h_{25}, h_{26} = h_{27}, h_{33}, h_{44}, h_{46} = -h_{47}, h_{55}, h_{56} = h_{57}, h_{66} = h_{77}, h_{67}$. 利用这些分子积分并根据 Hamilton 矩阵的对称性, 可造出以下

矩阵：

$$
\begin{array}{c} \\ 1 \\ 2 \\ 3 \\ 4 \\ 5 \\ 6 \\ 7 \end{array}
\begin{array}{c}
\begin{array}{ccccccc} 1 & 2 & 3 & 4 & 5 & 6 & 7 \end{array} \\
\begin{bmatrix}
h_{11} & h_{12} & 0 & 0 & h_{15} & h_{16} & h_{16} \\
h_{12} & h_{22} & 0 & 0 & h_{25} & h_{26} & h_{26} \\
0 & 0 & h_{33} & 0 & 0 & 0 & 0 \\
0 & 0 & 0 & h_{44} & 0 & h_{46} & -h_{46} \\
h_{15} & h_{25} & 0 & 0 & h_{55} & h_{56} & h_{56} \\
h_{16} & h_{26} & 0 & h_{46} & h_{56} & h_{66} & h_{67} \\
h_{16} & h_{26} & 0 & -h_{46} & h_{56} & h_{67} & h_{66}
\end{bmatrix}
\end{array}
$$

根据表 13.4.1, 用对称操作作用在每个矩阵元上, 并将结果相加, 可得到以下矩阵：

$$
\begin{array}{c} \\ 1 \\ 2 \\ 3 \\ 4 \\ 5 \\ 6 \\ 7 \end{array}
\begin{array}{c}
\begin{array}{ccccccc} 1 & 2 & 3 & 4 & 5 & 6 & 7 \end{array} \\
\begin{bmatrix}
4h_{11} & 4h_{12} & 0 & 0 & 4h_{15} & 2h_{16} & 2h_{16} \\
4h_{12} & 4h_{22} & 0 & 0 & 4h_{25} & 2h_{26} & 2h_{26} \\
0 & 0 & 4h_{33} & 0 & 0 & 0 & 0 \\
0 & 0 & 0 & 4h_{44} & 0 & 2h_{46} & -2h_{46} \\
4h_{15} & 4h_{25} & 0 & 0 & 4h_{55} & 2h_{56} & 2h_{56} \\
2h_{16} & 2h_{26} & 0 & 2h_{46} & 2h_{56} & 2h_{66} & 4h_{67} \\
2h_{16} & 2h_{26} & 0 & -2h_{46} & 2h_{56} & 4h_{67} & 2h_{66}
\end{bmatrix}
\end{array}
$$

显然, 如果先将每个单电子积分除以它在 $C_{2\mathrm{v}}$ 的全体 (四个) 对称操作作用下重复出现的次数, 再进行以上工作, 得出来的就正好是正确的 Hamilton 矩阵.

再考虑双电子积分 ($\boldsymbol{G}$ 矩阵)

$$
\begin{aligned}
G_{\mu\nu} &= \sum_{\lambda\sigma} P_{\sigma\lambda}[2(\mu\nu|\lambda\sigma) - (\mu\sigma|\lambda\nu)] \\
P_{\sigma\lambda} &= \sum_{i=1}^{\mathrm{occ}} c_{\lambda i} c_{\sigma i}
\end{aligned}
\tag{13.4.12}
$$

设在对称操作下

$$
\begin{aligned}
\hat{\boldsymbol{O}}_R \chi_\mu &= \theta_{\mu\mu'} \chi_{\mu'} \\
\hat{\boldsymbol{O}}_R \chi_\nu &= \theta_{\nu\nu'} \chi_{\nu'} \\
&\cdots
\end{aligned}
$$

$\theta_{\mu\mu'} = \pm 1$ 等, 显然有

$$
\begin{aligned}
\hat{\boldsymbol{O}}_R P_{\sigma\lambda} &= \theta_{\sigma\sigma'} \theta_{\lambda\lambda'} P_{\sigma'\lambda'} \\
\hat{\boldsymbol{O}}_R (\mu\nu|\lambda\sigma) &= \theta_{\mu\mu'} \theta_{\nu\nu'} \theta_{\lambda\lambda'} \theta_{\sigma\sigma'} (\mu'\nu'|\lambda'\sigma')
\end{aligned}
\tag{13.4.13}
$$

故有

$$\hat{\boldsymbol{O}}_R(G_{\mu\nu}) = \theta_{\sigma\sigma'}\theta_{\lambda\lambda'}\theta_{\mu\mu'}\theta_{\nu\nu'}\theta_{\lambda\lambda'}\theta_{\sigma\sigma'}G_{\mu'\nu'}$$
$$= \theta_{\mu\mu'}\theta_{\nu\nu'}G_{\mu'\nu'} \tag{13.4.14}$$

因为 $\theta^2_{\sigma\sigma'} = \theta^2_{\lambda\lambda'} = 1$, 由此可见, $\boldsymbol{G}$ 矩阵在对称操作作用下, 像单电子积分矩阵一样变换, 所以可同样处理. 而 Fock 矩阵为

$$\boldsymbol{F} = \boldsymbol{h} + \boldsymbol{G}$$

因此也可以像 Hamilton 矩阵一样处理. 于是, 我们得到了上面说过的利用不等价的非零分子积分造 Fock 矩阵的规则. 注意, 这里只涉及由分子对称性引起的相同分子积分的处理问题. 至于式 (13.3.16) 所示的分子积分的指标置换对称性, 仍像不考虑分子对称性时一样处理.

对于在对称操作下包含有基函数混合的情况, 以上简单方法就不好用了, 但处理问题的原则仍然有效. Elder[44] 和 Dupuis 等[45] 已具体将 Dacre 的方法改进, 可以在计算分子积分和构造 Fock 矩阵时更有效地利用分子的对称性.

13.4.3　简化本征值方程的求解

当基函数取为分子所属对称群的不可约表示基时, 由于 Fock 算符对于对称变换是不变的 (至少对于闭壳层组态和开壳层组态中的 RHF 方法是如此), Fock 矩阵将分成对角块, 每块属于一个不可约表示的同一行基 (适当排列基函数, 参考 8.3.1 节). 重叠矩阵也是如此. 设在一般基函数空间 $\{\chi_\mu\}$ 中的 Fock 方程为

$$\boldsymbol{F}\boldsymbol{c} = \boldsymbol{S}\boldsymbol{c}\boldsymbol{\varepsilon} \tag{13.4.15}$$

若将一般基函数组合成对称性匹配基, 变换方程为 (考虑到基函数的适当排列, 参考 8.3.2 节)

$$\overline{\chi}_\mu = \sum_\lambda \chi_\lambda Q_{\lambda\mu} \tag{13.4.16}$$

则

$$\overline{F}_{\mu\nu} = \langle\overline{\chi}_\mu|\hat{\boldsymbol{F}}|\overline{\chi}_\nu\rangle = \sum_{\lambda\sigma} Q^{\mathrm{H}}_{\mu\lambda}\langle\chi_\lambda|\hat{\boldsymbol{F}}|\chi_\sigma\rangle Q_{\sigma\nu} = (\boldsymbol{Q}^{\mathrm{H}}\boldsymbol{F}\boldsymbol{Q})_{\mu\nu}$$

即

$$\overline{\boldsymbol{F}} = \boldsymbol{Q}^{\mathrm{H}}\boldsymbol{F}\boldsymbol{Q} \tag{13.4.17}$$

同样

$$\overline{\boldsymbol{S}} = \boldsymbol{Q}^{\mathrm{H}}\boldsymbol{S}\boldsymbol{Q} \tag{13.4.18}$$

对式 (13.4.15) 作变换, 可得

$$\begin{aligned}(\boldsymbol{Q}^{\mathrm{H}}\boldsymbol{F}\boldsymbol{Q})(\boldsymbol{Q}^{\mathrm{H}}\boldsymbol{c}) &= (\boldsymbol{Q}^{\mathrm{H}}\boldsymbol{S}\boldsymbol{Q})(\boldsymbol{Q}^{\mathrm{H}}\boldsymbol{c})\boldsymbol{\varepsilon}\\ \overline{\boldsymbol{F}}\overline{\boldsymbol{c}} &= \overline{\boldsymbol{S}}\overline{\boldsymbol{c}}\,\overline{\boldsymbol{\varepsilon}}\end{aligned} \tag{13.4.19}$$

式中, $\overline{\boldsymbol{c}} = \boldsymbol{Q}^{\mathrm{H}}\boldsymbol{c}$. 再作左乘 $\overline{\boldsymbol{S}}^{-\frac{1}{2}}$ 的变换, 得标准本征值方程

$$(\overline{\boldsymbol{S}}^{-\frac{1}{2}})\overline{\boldsymbol{F}}\,\overline{\boldsymbol{S}}^{-\frac{1}{2}}\overline{\boldsymbol{S}}^{\frac{1}{2}}\overline{\boldsymbol{c}} = \overline{\boldsymbol{S}}^{\frac{1}{2}}\overline{\boldsymbol{c}}\boldsymbol{\varepsilon} \tag{13.4.20}$$

$$\overline{\boldsymbol{F}}^{\tau}\overline{\boldsymbol{c}}^{\tau} = \overline{\boldsymbol{c}}^{\tau}\boldsymbol{\varepsilon} \tag{13.4.21}$$

可以将两步变换合并起来, 用 $\boldsymbol{D} = \boldsymbol{Q}(\boldsymbol{Q}^{\mathrm{H}}\boldsymbol{S}\boldsymbol{Q})^{-\frac{1}{2}}$ 作变换矩阵

$$\boldsymbol{D}^{\mathrm{H}}\boldsymbol{F}\boldsymbol{D} = [(\boldsymbol{Q}^{\mathrm{H}}\boldsymbol{S}\boldsymbol{Q})^{-\frac{1}{2}}]^{\mathrm{H}}\boldsymbol{Q}^{\mathrm{H}}\boldsymbol{F}\boldsymbol{Q}(\boldsymbol{Q}^{\mathrm{H}}\boldsymbol{S}\boldsymbol{Q})^{-\frac{1}{2}} = \overline{\boldsymbol{F}}^{\tau} \tag{13.4.22}$$

$$\boldsymbol{D}^{\mathrm{H}}\boldsymbol{S}\boldsymbol{D} = [(\boldsymbol{Q}^{\mathrm{H}}\boldsymbol{S}\boldsymbol{Q})^{-\frac{1}{2}}]^{\mathrm{H}}\boldsymbol{Q}^{\mathrm{H}}\boldsymbol{S}\boldsymbol{Q}(\boldsymbol{Q}^{\mathrm{H}}\boldsymbol{S}\boldsymbol{Q})^{-\frac{1}{2}} = \boldsymbol{I} \tag{13.4.23}$$

$$\boldsymbol{D}^{-1}\boldsymbol{c} = (\boldsymbol{Q}^{\mathrm{H}}\boldsymbol{S}\boldsymbol{Q})^{\frac{1}{2}}\boldsymbol{Q}^{\mathrm{H}}\boldsymbol{c} = \boldsymbol{c}^{\tau} \tag{13.4.24}$$

$$\boldsymbol{c} = \boldsymbol{D}\boldsymbol{c}^{\tau} = \boldsymbol{Q}(\boldsymbol{Q}^{\mathrm{H}}\boldsymbol{S}\boldsymbol{Q})^{-\frac{1}{2}}\overline{\boldsymbol{c}}^{\tau} \tag{13.4.25}$$

也就是说, 只要用 $\boldsymbol{D}$ 矩阵代替 $\boldsymbol{S}^{-\frac{1}{2}}$ 进行变换, 则得到的标准本征值方程中 Fock 矩阵具有分块结构, 相当于变成许多较小的方程组. 求得的本征矢可以表示成对称性匹配基的线性组合 ($\overline{\boldsymbol{c}}$ 为组合系数矩阵), 或者一般基函数的线性组合 ($\boldsymbol{c}$ 为组合系数矩阵).

将矩阵分块可以节省对角化所需要的时间, 因为矩阵对角化所需要的时间正比于 m^3(m 为矩阵阶数), 而 $m^3 \geqslant \sum\limits_a m_a^3$ $(\sum\limits_a m_a = m)$. 上面我们是先按一般方式造出 Fock 矩阵, 再通过变换使它分块的. 如果我们直接造出对称性匹配基的 Fock 矩阵元, 不但可以省去一次矩阵变换, 而且需要计算和储存的矩阵元也可以减少, 因为有很多零矩阵块. 不过, 按通常方式从一般基函数的分子积分变到对称性匹配基的分子积分涉及多重变换; 特别是双电子积分, 涉及四重变换, 是比较费事的. 为了解决这个问题, Pitzer[46] 提出了一种直接从一般基函数的分子积分计算对称性匹配基分子积分的方法. 他提出以下定理: "由对称性联系起来的一般基函数的分子积分, 对于被积函数为全对称的对称性匹配基分子积分的贡献相等." 根据是, 若将被积函数展开, 则因为它是全对称的, 由对称性联系起来的一般基函数乘积 (或其线性组合) 一定是同样的函数, 除了空间位置和 (或) 取向不同以外, 而这是不影响积分数值的. 利用投影算符的性质也可以证明以上论点. 需要指出的是, 这个定理对被积函数的要求比鉴别积分是否为零的要求更苛刻, 后者只要求被积函数中包含有全对称成分.

例如, NH_3 分子属 C_{3v} 点群. 取 C_3 轴为 z 轴, 三个氢在 xy 平面上 (图 13.4.2), 则容易求得, 由三个 H 的 1s 轨道能够构成的对称性匹配基为

$$\phi(a_1) = \frac{1}{\sqrt{3}}(\mathrm{s}_a + \mathrm{s}_b + \mathrm{s}_c) \tag{13.4.26}$$

$$\phi(e_x) = \frac{1}{\sqrt{6}}(2\mathrm{s}_a - \mathrm{s}_b - \mathrm{s}_c) \tag{13.4.27}$$

$$\phi(e_y) = \frac{1}{\sqrt{2}}(\mathrm{s}_b - \mathrm{s}_c) \tag{13.4.28}$$

它们的单电子积分计有 $\langle a_1|\hat{\boldsymbol{h}}|a_1\rangle$; $\langle e_x|\hat{\boldsymbol{h}}|e_x\rangle, \langle e_y|\hat{\boldsymbol{h}}|e_y\rangle$, 第一个是全对称的, 第二和第三个不是, 不过, 按对称性要求应该相等. 若定义 $\langle e|\hat{\boldsymbol{h}}|e\rangle = \frac{1}{2}[\langle e_x|\hat{\boldsymbol{h}}|e_x\rangle + \langle e_y|\hat{\boldsymbol{h}}|e_y\rangle]$, 则它是全对称的, 将式 (13.4.26)~ 式 (13.4.28) 代入, 不难求出各对称性匹配基单电子积分中包含的一般基函数单电子积分成分, 如表 13.4.3 所示.

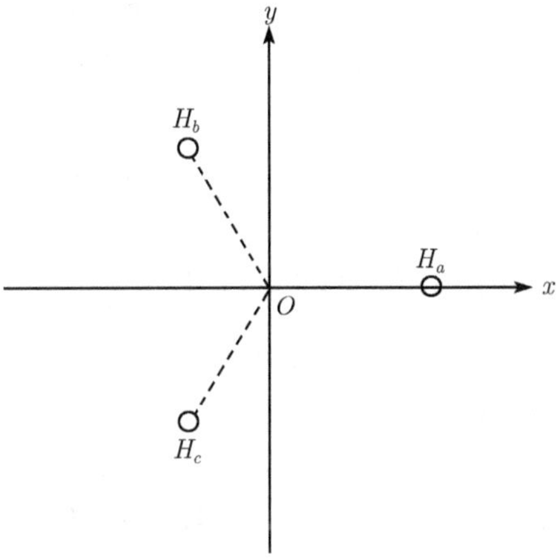

图 13.4.2　NH_3 分子中氢原子的坐标

表 13.4.3　对称性匹配基单电子积分中的一般基函数单电子积分成分

一般基函数积分 \ 对称性匹配基积分	$\langle \mathrm{s}_a\|\hat{\boldsymbol{h}}\|\mathrm{s}_a\rangle$	$\langle \mathrm{s}_b\|\hat{\boldsymbol{h}}\|\mathrm{s}_b\rangle$	$\langle \mathrm{s}_c\|\hat{\boldsymbol{h}}\|\mathrm{s}_c\rangle$	$\langle \mathrm{s}_a\|\hat{\boldsymbol{h}}\|\mathrm{s}_b\rangle$	$\langle \mathrm{s}_b\|\hat{\boldsymbol{h}}\|\mathrm{s}_c\rangle$	$\langle \mathrm{s}_c\|\hat{\boldsymbol{h}}\|\mathrm{s}_a\rangle$
$\langle a_1\|\hat{\boldsymbol{h}}\|a_1\rangle$	$\frac{1}{3}$	$\frac{1}{3}$	$\frac{1}{3}$	$\frac{2}{3}$	$\frac{2}{3}$	$\frac{2}{3}$
$\langle e_x\|\hat{\boldsymbol{h}}\|e_x\rangle$	$\frac{2}{3}$	$\frac{1}{6}$	$\frac{1}{6}$	$-\frac{2}{3}$	$\frac{1}{3}$	$-\frac{2}{3}$
$\langle e_y\|\hat{\boldsymbol{h}}\|e_y\rangle$	0	$\frac{1}{2}$	$\frac{1}{2}$	0	-1	0
$\langle e\|\hat{\boldsymbol{h}}\|e\rangle$	$\frac{1}{3}$	$\frac{1}{3}$	$\frac{1}{3}$	$-\frac{1}{3}$	$-\frac{1}{3}$	$-\frac{1}{3}$

可见各个一般基函数单电子积分对于被积函数为全对称的对称性匹配基的单电子积分的贡献是相等的, 而各个一般基函数单电子积分之间由对称操作有以下联系:

$$\begin{aligned}\langle \mathrm{s}_a|\hat{\boldsymbol{h}}|\mathrm{s}_a\rangle &= \langle \mathrm{s}_b|\hat{\boldsymbol{h}}|\mathrm{s}_b\rangle = \langle \mathrm{s}_c|\hat{\boldsymbol{h}}|\mathrm{s}_c\rangle \\ \langle \mathrm{s}_a|\hat{\boldsymbol{h}}|\mathrm{s}_b\rangle &= \langle \mathrm{s}_b|\hat{\boldsymbol{h}}|\mathrm{s}_c\rangle = \langle \mathrm{s}_c|\hat{\boldsymbol{h}}|\mathrm{s}_a\rangle \end{aligned} \tag{13.4.29}$$

因此, 只要计算两个单电子积分 (如 $\langle \mathrm{s}_a|\hat{\boldsymbol{h}}|\mathrm{s}_a\rangle$ 和 $\langle \mathrm{s}_a|\hat{\boldsymbol{h}}|\mathrm{s}_b\rangle$) 即可. 我们有

$$\begin{aligned}\langle a_1|\hat{\boldsymbol{h}}|a_1\rangle &= [\langle \mathrm{s}_a|\hat{\boldsymbol{h}}|\mathrm{s}_a\rangle + 2\langle \mathrm{s}_a|\hat{\boldsymbol{h}}|\mathrm{s}_b\rangle] \\ \langle e|\hat{\boldsymbol{h}}|e\rangle &= \langle e_x|\hat{\boldsymbol{h}}|e_x\rangle = \langle e_y|\hat{\boldsymbol{h}}|e_y\rangle = [\langle \mathrm{s}_a|\hat{\boldsymbol{h}}|\mathrm{s}_a\rangle - \langle \mathrm{s}_a|\hat{\boldsymbol{h}}|\mathrm{s}_b\rangle] \end{aligned} \tag{13.4.30}$$

因此, 利用 Pitzer 提出来的定理, 我们很容易从对称性不等价的一般基函数单电子积分得到对称性匹配基的单电子积分.

为了同样处理电子排斥积分, 需要给对称性匹配基定义特定的耦合系数, 使它们的双电子积分的被积函数成为全对称的, 详细的说明请参考文献 [47]. 这样, 我们就容易从一般基函数的分子积分直接造出对称性匹配基的 Fock 矩阵, 省去费时间的四重变换. Davidson 更进一步发展了 Pitzer 的方法, 详见文献 [48].

13.5 物理量的计算

13.5.1 体系总能量与分子几何构型优化

按照量子力学的基本假定, 可以计算体系的任何可测量的物理量. 总能量是决定体系性质的最基本物理量之一. 在 Born-Oppenheimer 近似下, 对于一定的分子几何构型 (原子核的空间分布), 包含 n 个电子的闭壳层的体系, 用 Hartree-Fock 方法进行计算, 电子总能量 E_{el} 见式 (13.2.4) 或式 (13.2.32); 闭壳层包含 $2p$ 个电子、开壳层包含 q 个电子的体系, 用限制性 Hartree-Fock 方法进行计算, 电子总能量 E_{el} 见式 (13.2.34) 或式 (13.2.55); 包含 u 个 α 自旋电子和 v 个 β 自旋电子的体系, 用非限制性 Hartree-Fock 方法进行计算, 电子总能量 E_{el} 见式 (13.2.62) 或式 (13.2.70). 设体系包含 N 个原子核, 核排斥能为

$$E_{\mathrm{nuc}} = \sum_{A<B}^{N}\sum^{N} \frac{Z_A Z_B}{|\boldsymbol{R}_A - \boldsymbol{R}_B|} \tag{13.5.1}$$

式中, $\{\boldsymbol{R}_K\}$ 表示原子核坐标的集合. 分子体系的总能量为

$$E_{\mathrm{tot}} = E_{\mathrm{nuc}} + E_{\mathrm{el}} \tag{13.5.2}$$

分子几何构型发生变化, 分子的电子总能量、核排斥能和体系总能量都将发生变化, 故体系总能量是体系中原子核坐标的函数, 即

$$E_{\mathrm{tot}} = U(\{\boldsymbol{R}_K\}) \tag{13.5.3}$$

通常称能量函数 $U(\{\boldsymbol{R}_K\})$ 为体系的势能 (超曲) 面. 分子稳定几何构型的总能量对应于体系势能面上的极小值; 若其势能面有多于一个的极小值, 则表明该分子有稳定的几何异构体, 全局极小值 (最小值) 对应于最稳定的几何构型. 因此, 为确定分子稳定几何构型, 只要找出与势能面的极小值对应的各原子核的坐标. 确定分子稳定几何构型是现代量子化学计算的常规内容之一, 称为分子几何构型优化.

当分子体系处于稳定构型时, 其中各个原子核受到的力均为零. 因此确定分子稳定几何构型的思路是: 从某个试探性的初始分子几何构型出发, 让每个原子核都向受力减小的方向移动直到受力为零 [实际计算中是到受力小于设定的阈值 (收敛标准) 为止]. 实际计算过程是用非线性优化方法搜索势能面上的极小值, 最常用的方法是最陡下降法、共轭梯度法和 Newton-Raphson 方法 (或其变种). 最陡下降法肯定可以得到能量函数的极小值, 但在接近收敛点时收敛速度很慢, 甚至达不到收敛点; Newton-Raphson 方法在能量极小点附近收敛很快, 但如果初始构型与稳定构型差别很大, 则可能效果很差, 有时候要将两种方法结合起来使用. 共轭梯度法是很常用的方法. 详细讨论可参考计算数学教材或有关文献 [8].

原子核 K 受到的力 $\boldsymbol{F}_K$ 由其所在点的能量梯度决定:

$$-\boldsymbol{F}_K = \boldsymbol{\nabla}_{\mathbf{R}_K} E_{\text{tot}} \equiv \boldsymbol{i}\frac{\partial U}{\partial X_K} + \boldsymbol{j}\frac{\partial U}{\partial Y_K} + \boldsymbol{k}\frac{\partial U}{\partial Z_K} \tag{13.5.4}$$

不论采用上述哪种非线性优化方法都要计算能量梯度. 计算势能面上各点的能量梯度的数值方法是: 逐个改变各原子核的坐标, 作自洽场计算, 得出体系不同几何构型的总能量, 计算差商 $\left\{\dfrac{\delta E_{\text{tot}}}{\delta R_I}, R_I = X_I, Y_I, Z_I; I = 1, \cdots, N\right\}$, 并用来代替式 (13.5.4) 中的微商, 即令

$$\frac{\partial U}{\partial R_I} \approx \frac{\delta E_{\text{tot}}}{\delta R_I} \qquad (I = 1, \cdots, N) \tag{13.5.5}$$

这种办法不但计算量很大, 而且差商的精度难于提高. 现在普遍采用的计算能量梯度的方法是 Pulay 首先提出来的[49]. 以闭壳层体系为例, 由式 (13.2.30) 可得

$$\begin{aligned} E_{\text{tot}} = U(\{R_I\}) &= \sum_{i=1}^{n/2}\sum_{r,s} c_{ri}^*(h_{rs} + F_{rs})c_{si} + E_{\text{nuc}} \\ &= \sum_{i=1}^{n/2}\sum_{r,s} c_{ri}^*(2h_{rs} + G_{rs})c_{si} + E_{\text{nuc}} \end{aligned} \tag{13.5.6}$$

式中

$$G_{rs} = \sum_{j=1}^{n/2}\sum_{t,u} c_{tj}^* c_{uj}[2(rs|tu) - (ru|ts)] \tag{13.5.6a}$$

将势能函数对 R_I(代表 $\boldsymbol{R}_I$ 的三个分量 R_{IX}, R_{IY} 或 R_{IZ}) 求微商, 得

$$\frac{\partial U}{\partial R_I}=\sum_{i=1}^{n/2}\sum_{r,s}\left(\frac{\partial c_{ri}^*}{\partial R_I}2h_{rs}c_{si}+c.c.+2c_{ri}^*\frac{\partial h_{rs}}{\partial R_I}c_{si}\right)+\frac{\partial}{\partial R_I}(c_{ri}^*G_{rs}c_{si})+\frac{\partial E_{\text{nuc}}}{\partial R_I} \tag{13.5.7}$$

式中, $c.c.$ 表示复数共轭.

$$\begin{aligned}
\frac{\partial}{\partial R_I}\sum_i\sum_{r,s}[c_{ri}^*G_{rs}c_{si}] =&\frac{\partial}{\partial R_I}\left\{\sum_i^{n/2}\sum_j^{n/2}\sum_{r,s}\sum_{t,u}c_{ri}^*c_{si}c_{tj}^*c_{uj}[2(rs|tu)-(ru|ts)]\right\}\\
=&\sum_i\sum_j\sum_{r,s}\sum_{t,u}\left\{2\frac{\partial c_{ri}^*}{\partial R_I}c_{si}c_{tj}^*c_{uj}[2(rs|tu)-(ru|ts)]+c.c.\right.\\
&\left.+c_{ri}^*c_{si}c_{tj}^*c_{uj}\left[2\frac{\partial}{\partial R_I}(rs|tu)-\frac{\partial}{\partial R_I}(ru|ts)\right]\right\}\\
=&\sum_{i=1}^{n/2}\sum_{r,s}\left\{2\frac{\partial c_{ri}^*}{\partial R_I}c_{si}G_{rs}+c.c.+c_{ri}^*c_{si}G'_{rs}\right\}
\end{aligned} \tag{13.5.7a}$$

式中

$$G'_{rs}=\sum_j^{n/2}\sum_{t,u}c_{tj}^*c_{uj}\left[2\frac{\partial}{\partial R_I}(rs|tu)-\frac{\partial}{\partial R_I}(ru|ts)\right] \tag{13.5.7b}$$

于是有

$$\frac{\partial U}{\partial R_I}=\sum_{i=1}^{n/2}\sum_{r,s}\frac{\partial c_{ri}^*}{\partial R_I}(2h_{rs}+2G_{rs})c_{si}+c.c.+\sum_{i=1}^{n/2}\sum_{r,s}c_{ri}^*\left(2\frac{\partial h_{rs}}{\partial R_I}+G'_{rs}\right)c_{si}+\frac{\partial E_{\text{nuc}}}{\partial R_I} \tag{13.5.8}$$

注意到归一化条件: $\sum\limits_{r,s}c_{ri}^*S_{rs}c_{sj}=\delta_{ij}$, S_{rs}是重叠矩阵元, 对核坐标微商可得

$$\sum_{r,s}\frac{\partial c_{ri}^*}{\partial R_I}S_{rs}c_{si}+c.c.=-\sum_{r,s}c_{ri}^*\frac{\partial S_{rs}}{\partial R_I}c_{si} \tag{13.5.9}$$

因

$$\sum_s F_{rs}c_{si}=\sum_s(h_{rs}+G_{rs})c_{si}=\sum_s S_{rs}c_{si}\varepsilon_i \tag{13.5.10}$$

故有

$$\sum_{i=1}^{n/2}\sum_{r,s}\frac{\partial c_{ri}^*}{\partial R_I}(2h_{rs}+2G_{rs})c_{si}+c.c.=-2\sum_{i=1}^{n/2}\varepsilon_i\sum_{r,s}c_{ri}^*\frac{\partial S_{rs}}{\partial R_I}c_{si} \tag{13.5.11}$$

故式 (13.5.7) 可写成 (P_{uv} 为密度矩阵元)

$$
\begin{aligned}
\frac{\partial U}{\partial R_I} &= \sum_{i=1}^{n/2}\sum_{r,s} c_{ri}^* \left(2\frac{\partial h_{rs}}{\partial R_I} - 2\varepsilon_i \frac{\partial S_{rs}}{\partial R_I} + G'_{rs}\right) c_{si} + \frac{\partial E_{\text{nuc}}}{\partial R_I} \\
&= \sum_{r,s} P_{sr} \left\{ \frac{\partial h_{rs}}{\partial R_I} + \frac{1}{2}\sum_{t,u} P_{tu}\left[\frac{\partial}{\partial R_I}(rs|tu) - \frac{1}{2}\frac{\partial}{\partial R_I}(ru|ts)\right]\right\} \\
&\quad + \frac{\partial E_{\text{nuc}}}{\partial R_I} - 2\sum_{i=1}^{n/2}\sum_{r,s} c_{ri}^*\varepsilon_i \frac{\partial S_{rs}}{\partial R_I} c_{si}
\end{aligned} \tag{13.5.12}
$$

$$
\begin{aligned}
\frac{\partial h_{rs}}{\partial R_{IX}} &= \langle \chi_r | \frac{\partial}{\partial R_{IX}} \left(-\frac{1}{2}\nabla^2 - \sum_I \frac{Z_I}{|\boldsymbol{r} - \boldsymbol{R}_I|}\right) |\chi_s\rangle \\
&= \langle \chi_r | -\sum_I Z_I \frac{(x - R_{IX})}{|\boldsymbol{r} - \boldsymbol{R}_I|^3} |\chi_s\rangle
\end{aligned} \tag{13.5.12a}
$$

$$
\frac{\partial E_{\text{nuc}}}{\partial R_{IX}} = \frac{\partial}{\partial R_{IX}} \left(\sum\sum_{A<I} \frac{Z_A Z_I}{|\boldsymbol{R}_A - \boldsymbol{R}_I|}\right) = \sum_{A\neq I} Z_A Z_I \frac{(R_{AX} - R_{IX})}{|\boldsymbol{R}_A - \boldsymbol{R}_I|^3} \tag{13.5.12b}
$$

采用直角坐标, GTO 基函数的一般形式为

$$
\chi_\alpha(\boldsymbol{r}, \boldsymbol{R}_I) = N(x - R_{IX})^l (y - R_{IY})^m (z - R_{IZ})^n \exp[-\alpha(\boldsymbol{r} - \boldsymbol{R}_I)^2]
$$

式中, N 是归一化常数. 故有

$$
\begin{aligned}
\frac{\partial}{\partial R_{IX}}\chi_\alpha(\boldsymbol{r}, \boldsymbol{R}_I) &= N\exp[-\alpha(\boldsymbol{r} - \boldsymbol{R}_I)^2][2(x - R_{IX})^{l+1}(y - R_{IY})^m (z - R_{IZ})^n \\
&\quad - (x - R_{IX})^{l-1}(y - R_{IY})^m (z - R_{IZ})^n]
\end{aligned} \tag{13.5.12c}
$$

可见基函数对核坐标的微商得出的仍然是 GTO 函数的线性组合. 对 R_{IY} 和 R_{IZ} 的微商有类似式子. 以上各式中不含 $\left\{\frac{\partial c_{ri}}{\partial R_I}\right\}$ 形式的项. 因此, 只要计算出基组对核坐标的微商, 做一次自洽场计算就可以计算出能量梯度了. 一般计算能量梯度的机时为 H-F 迭代计算的 1~2 倍, 比用数值方法更快且更准确. 更详细的论述见文献 [50].

13.5.2 分子振动频率

振动光谱是化学实验研究中常用的手段之一, 因此计算分子振动频率是现代量子化学计算的常规内容之一. 此外, 判断体系势能面极值的性质 (极大值、极小值或者鞍点), 也需要用到体系的振动频率.

设体系有 N 个原子核, 就有 $3N$ 个运动自由度, 可以用各原子的 3 个直角坐标的组合描述. $3N$ 个运动自由度中有 3 个对应于体系整体平动, 有 3 个 (对于线性分子是 2 个) 对应于体系整体旋转, 因此有 $(3N-6)$[或 $(3N-5)$] 个运动自由度对应于体系内原子核之间的相对运动 (振动). 为描述分子振动, 需要用 $(3N-6)$[或 $(3N-5)$] 个坐标. 这组坐标的选择有一定任意性, 通常采用内坐标. 内坐标也有不同的定义方式, 最常用的是取认为存在化学键的两个原子之间的距离 (键长)、相邻的两个化学键之间的夹角 (键角) 和由相连的三个 (或更多) 非共面化学键确定的二面角的适当组合为体系的内坐标 [共需 $(3N-6)$ 或 $(3N-5)$ 个]. 在进行分子几何优化时, 若能量梯度取为能量对直角坐标的微商, 由于其中包含描述分子整体的平动和转动的坐标, 会妨碍几何优化进程, 故通常采用对内坐标的能量梯度. 若存在多余内坐标, 即内坐标数目大于分子振动自由度的数目, 几何优化进程也会受到干扰, 要设法消除.

为了计算振动力常数, 通常首先进行分子几何优化, 获知分子稳定构型. 设令分子中各原子核围绕其平衡位置作微小振动, 核 A 的坐标 $\boldsymbol{R}_A$ 变化为

$$\delta \boldsymbol{R}_A = \boldsymbol{R}_A - \boldsymbol{R}_A^0 \tag{13.5.13}$$

式中, $\boldsymbol{R}_A^0$ 是核 A 在平衡位置时的坐标. 将势能函数围绕平衡几何构型展开为泰勒级数, 得

$$U(\{\boldsymbol{R}_I\}) \equiv E_{\text{tot}} = E_{\text{tot}}(\{\boldsymbol{R}_I^0\}) + \sum_{Ai} \frac{\partial U(\{\boldsymbol{R}_I\})}{\partial R_{Ai}} + \frac{1}{2} \sum_{Ai} \sum_{Bj} \frac{\partial^2 U(\{\boldsymbol{R}_I\})}{\partial R_{Ai} \partial R_{Bj}} \delta R_{Ai} \delta R_{Bj} + \cdots \tag{13.5.14}$$

式中, $R_{Ai} \equiv \{R_{AX}, R_{AY}, R_{AZ}\}$. 在稳定几何构型, 对所有原子核 $\dfrac{\partial U(\{\boldsymbol{R}_I\})}{\partial R_{Ai}} = 0$, 故展开式中第二项为零. 忽略展开式中的三级及更高级项, 得到势能函数的简谐近似表达式为

$$U(\{\boldsymbol{R}_I\}) = E_{\text{tot}}(\{\boldsymbol{R}_I^0\}) + \frac{1}{2} \sum_{Ai} \sum_{Bj} D_{Ai,Bj}^{\text{Hess}} \delta R_{Ai} \delta R_{Bj} \tag{13.5.15}$$

$$D_{Ai,Bj}^{\text{Hess}} \equiv \frac{\partial^2 U(\{\boldsymbol{R}_I\})}{\partial R_{Ai} \partial R_{Bj}} \tag{13.5.15a}$$

以体系能量对坐标的二阶微商 $D_{Ai,Bj}^{\text{Hess}}$ 为元素构成的矩阵称为势能函数的 Hess 矩阵. 利用分子内坐标与各原子核直角坐标的关系式, 可以将 Hess 矩阵变换为以体系能量对内坐标的二阶微商为元素的矩阵, 同时消除与体系整体的平动和振动自由度相关的 Hess 矩阵元.

在简谐近似下, 体系中原子核的 Schrödinger 方程为

$$\hat{\boldsymbol{H}}_N \Psi_N(\{\boldsymbol{R}_I\}) = E\Psi_N(\{\boldsymbol{R}_I\}) \tag{13.5.16}$$

$$\hat{\boldsymbol{H}}_N = -\sum_{A=1}^{N} \frac{1}{2M_A}\nabla_{R_A}^2 + \frac{1}{2}\sum_{Ai}\sum_{Bj} D_{Ai,Bj}^{\text{Hess}} \delta R_{Ai}\delta B_{Bj} \tag{13.5.16a}$$

M_A 是核 A 的质量 (原子单位). 在处理分子振动问题时, 通常作坐标变换, 令

$$\boldsymbol{\Delta}_A = \sqrt{M_A}(\boldsymbol{R}_A - \boldsymbol{R}_A^0) \tag{13.5.17}$$

则式 (13.5.16a) 变为

$$\hat{\boldsymbol{H}}_N = -\sum_{A=1}^{N} \frac{1}{2}\nabla_{\boldsymbol{\Delta}_A}^2 + \frac{1}{2}\sum_{Ai}\sum_{Bj} D_{AiBj}^{\text{Dym}} \Delta_{Ai}\Delta_{Bj} \tag{13.5.18}$$

式中, $D_{AiBj}^{\text{Dym}} = \dfrac{1}{\sqrt{M_A M_B}} D_{AiBj}^{\text{Hess}}$, 以 D_{AiBj}^{Dym} 为元素构成的矩阵称为动力学矩阵. 在能量极小值近邻, 动力学矩阵是正 (半) 定的, 可以通过正交变换对角化

$$\boldsymbol{U}\boldsymbol{D}^{\text{Dym}}\boldsymbol{U}^{\text{T}} = \boldsymbol{\Lambda} \tag{13.5.19}$$

式中, $\boldsymbol{\Lambda}$ 是对角矩阵, $\boldsymbol{U}$ 是变换矩阵, 记其矩阵元为 $\{U_{k,Ai}\}$. 再作坐标变换, 令

$$u_k = \sum_{Ai=1}^{3N} U_{k,Ai}\Delta_{Ai} \tag{13.5.20}$$

则

$$\begin{aligned}\frac{\partial^2}{\partial \Delta_{Ai}^2} &= \frac{\partial}{\partial \Delta_{Ai}}\left[\sum_k \frac{\partial u_k}{\partial \Delta_{Ai}}\frac{\partial}{\partial u_k}\right] = \frac{\partial}{\partial \Delta_{Ai}}\left[\sum_k U_{k,Ai}\frac{\partial}{\partial u_k}\right] \\ &= \sum_k U_{k,Ai}\sum_l \frac{\partial u_l}{\partial \Delta_{Ai}}\frac{\partial^2}{\partial u_k \partial u_l} = \sum_k\sum_l U_{k,Ai}U_{l,Ai}\frac{\partial^2}{\partial u_k \partial u_l}\end{aligned} \tag{13.5.21}$$

故有

$$\begin{aligned}-\frac{1}{2}\sum_{Ai=1}^{3N}\frac{\partial^2}{\partial \Delta_{Ai}^2} &= -\frac{1}{2}\sum_k\sum_l\left(\sum_{Ai=1}^{3N} U_{k,Ai}U_{l,Ai}\right)\frac{\partial^2}{\partial u_k \partial u_l} \\ &= -\frac{1}{2}\sum_k\sum_l \delta_{kl}\frac{\partial^2}{\partial u_k \partial u_l} = -\frac{1}{2}\sum_{k=1}^{3N}\frac{\partial^2}{\partial u_k^2}\end{aligned} \tag{13.5.22}$$

于是式 (13.5.16) 变为

$$\hat{H}_N \Psi_N(\{\boldsymbol{R}_I\}) = \sum_{k=1}^{3N}\left[-\frac{1}{2}\frac{\partial^2}{\partial u_k^2} + \frac{1}{2}\Lambda_k u_k^2\right]\Psi_N(\{\boldsymbol{R}_I\}) = E\Psi_N(\{\boldsymbol{R}_I\}) \tag{13.5.23}$$

令 $\Psi_N(\{\boldsymbol{R}_A\}) = \psi_1(u_1)\psi_2(u_2)\cdots\psi_{3N}(u_{3N})$, 则方程式 (13.5.23) 可分解为 $3N$ 个独立的方程:

$$\left[-\frac{1}{2}\frac{\mathrm{d}^2}{\mathrm{d}u_k^2} + \frac{1}{2}\Lambda_k^2 u_k^2\right]\psi_k(u_k) = E_k\psi_k(u_k) \qquad (k = 1, \cdots, 3N) \qquad (13.5.24)$$

$$E = \sum_{k=1}^{3N} E_k \qquad (13.5.24\text{a})$$

这是谐振子的 Schrödinger 方程, 其本征值为

$$E_k = \left(k_m + \frac{1}{2}\right)\sqrt{\Lambda_k} = \left(k_m + \frac{1}{2}\right)\omega_k \qquad (13.5.25)$$

式中, k_m 是表征第 k 个振动模式的能级和本征函数的量子数, $\psi_k(u_k)$ 描述各原子核运动的情况, 振动基频为 $\omega_k = \sqrt{\Lambda_k}$. 用 Hartree-Fock 方法计算出来的振动基频普遍比实验值高约 10%, 故通常将计算值乘上一个校正因子 (~0.9). 由于坐标中包含 6(或 5) 个平动和转动成分, 方程式 (13.5.24) 有 5(或 6) 个零本征值解. 如果在作式 (13.3.20) 的变换时将平动和转动坐标成分排除, 方程式 (13.5.24) 就没有零本征值解了. 如果将直角坐标下的动力学矩阵变换为对称坐标 (分子所属对称性群的不可约表示的基), 则可以将平动和转动坐标成分分离出去; 并且动力学矩阵将变成对角块矩阵, 可以节省对角化的时间 (参看第 8 章). 根据非零振动基频可以判断势能面极值的性质: 所有非零振动基频均为正值 (相当于 Hess 矩阵的本征值均大于零), 表明该极值为极小值; 若其中有一个 (且只有一个) 振动基频为虚数, 则表明该极值为势能面上的鞍点.

计算分子振动力常数和振动频率, 主要的工作量用在 Hess 矩阵元 $D_{Ai,Bj}^{\mathrm{Hess}} \equiv \dfrac{\partial^2 U(\{\boldsymbol{R}_I\})}{\partial R_{Ai}\partial R_{Bj}}$ 的计算上. 将式 (13.5.12) 再对核坐标微商一次即可得到 Hess 矩阵元的表达式. 该表达式中包含有密度矩阵 (或分子轨道组合系数) 和分子轨道能级对各原子核坐标的微商, 要通过求解一级耦合微扰 Hartree-Fock(coupled perturbed Hartree-Fock, CPHF) 方程计算, 比较复杂, 详细论述见文献 [8] 有关章节. 比较简单的办法是让各原子核的分子稳定构型近邻作微小移动, 计算由此产生的一系列几何构型下的分子总能量, 再将得到的能量作为核坐标的函数按式 (13.5.14) 拟合为解析式, 微商所得解析式即可得到 Hess 矩阵元. 但这种办法的计算效率和结果精度不如前面那种方法高. 不论用哪种方法, 计算量都相当大.

13.5.3 电离能和激发能

分子电离后和电离前的总能量之差即为其电离能

$$I_P = E^+ - E \qquad (13.5.26)$$

按单粒子近似, 它等于从某个分子轨道上取掉一个电子需要耗费的能量. 为了计算电离能, 应该进行两次自洽场计算. 对于闭壳层体系, 作为粗略的近似, 通常用 Koopmans 定理来估计电离能. 关于 Koopmans 定理的局限性在 12.1.4 节中已经讨论过. 对于分子体系, 经验表明, 如果失去电子的分子轨道主要是由 s 和 p 原子轨道组成的, 则 Koopmans 定理大体上成立 (参看表 13.5.1). 但如果失去电子的分子轨道主要是由 d 原子轨道组成的, 则轨道能级与 $\Delta E_{\mathrm{SCF}} = E^{+} - E$ 可能差别很大, 因为电子重排能相当大, 不能忽略 (参看表 13.5.2).

表 13.5.1　垂直电离势与轨道能量的关系(单位: eV)

分　子	电子状态	电离轨道	$-\varepsilon$	HF 能量差	实验值
N_2	$^1\Sigma_g^+$	$3\sigma_g$	17.36	16.03	15.78
		$1\pi_u$	17.10	15.40	16.98
		$2\sigma_u$	20.92	19.95	18.91
F_2	$^1\Sigma_g^+$	$1\pi_g$	17.71	16.27	15.83
		$3\sigma_g$	21.29	19.60	—
		$1\pi_u$	22.54	21.19	18.80
		$2\sigma_u$	40.17	38.79	—
CH_4	$^1A_1$	$1a_1$	304.76	—	209.61
		$2a_1$	25.69	—	22.86
		$1t_2$	14.86	—	14.39
H_2O	$^1A_1$	$1b_1$	13.79	11.08	12.6
		$3a_1$	15.84	13.34	14.8
		$1b_2$	19.56	17.61	18.3
NH_3	$^1A_1$	$3a_1$	11.64	—	10.85
		1e	17.28	—	15.8
H_2CO	$^1A_1$	$2b_2$	11.98	—	10.9
		$1b_1$	14.53	—	14.38
		$3a_1$	17.70	—	16.0

在开壳层组态的情况下, 对于 UHF 方法, Koopmans 定理是有效的, 但对于限制的 Hartree-Fock 方法它并不成立, 因为它的轨道本征值有任意性 (参看 12.2.2 节), 本征矢不能唯一地确定. 不过, 按 Roothaan 建议的方法选取 x, 耦合项 L 和 M 的作用通常较小, 由式 (13.2.47) 和式 (13.2.49) 求得的本征矢相当好地代表单电离态的分子轨道. 这样, 我们仍然可以从 ε_k 和 η_m 求得垂直电离势, 只要加上适当的校正项.

激发能是指使分子从基态转变为激发态所需的能量. 按单粒子近似, 就是使电子从基态的某个分子轨道跃迁到能量较高的分子轨道时需要的能量 (这里不讨论同一组态内不同谱项间的激发). 如果基态为闭壳层组态, 波函数为 Ψ, 其中 ϕ_k 轨道上的电子激发到能量更高的 ϕ_a 轨道, 则可能得到三重态或单重态. 设 ϕ_k 和 ϕ_a

表 13.5.2　$CuCl_4^{2-}$(D_{4h} 构型)的轨道能量与 HF 能量差值的比较(单位：eV)[51]

电离轨道	电子状态	ε_i	ΔE_{SCF}
$6b_{1g}$(3d)	$^1A_{1g}$	21.61	11.89
$2a_{2g}$	$^1B_{2g}$	10.67	10.37
$9e_u$	^1E_u	11.37	—
$2b_{2u}$	$^1A_{2u}$	11.54	11.32
$3e_g$	^1E_g	11.89	—
$4a_{2u}$	$^1B_{2u}$	12.54	12.33
$3b_{2g}$	$^1A_{2g}$	13.01	12.79
$5b_{1g}$	$^1A_{1g}$	13.06	—
$8e_u$	^1E_u	13.28	—
$9a_{1g}$	$^1B_{1g}$	14.01	13.99
$8a_{1g}$(3d)	$^1B_{1g}$	20.93	11.48
$2e_g$(3d)	^1E_g	21.33	11.56
$2b_{1g}$(3d)	$^1A_{2g}$	22.56	11.54

是非简并轨道, 激发态波函数为 $^3\Psi_{k\to a}$ 或 $^1\Psi_{k\to a}$. 为了求激发能应该对激发组态进行一次自洽场计算, 求其总能量

$$\begin{aligned}^3E_{k\to a} &= \langle ^3\Psi_{k\to a}|\hat{\boldsymbol{H}}|^3\Psi_{k\to a}\rangle \\ ^1E_{k\to a} &= \langle ^1\Psi_{k\to a}|\hat{\boldsymbol{H}}|^1\Psi_{k\to a}\rangle\end{aligned} \tag{13.5.27}$$

激发能等于 $^3E_{k\to a} - {}^1E_0$ 或 $^1E_{k\to a} - {}^1E_0$($^1E_0$ 为基态总能量). 但人们经常不作激发组态的自洽场计算而假定 ϕ_a 是闭壳层组态的一个虚轨道, 且激发时分子轨道保持不变; 亦即 $^3\Psi_{k\to a}$ 或 $^1\Psi_{k\to a}$ 与 Ψ 的差别只在于用 $\phi_a\alpha$ 或 $\phi_a\beta$ 代替了 Ψ 中的 $\phi_k\alpha$. 这称为虚轨道近似. 于是可以求得

$$\begin{aligned}^{1,3}E_{k\to a} =& \langle ^{1,3}\Psi|\hat{\boldsymbol{H}}|^{1,3}\Psi\rangle \\ =& \sum_{i=1}^{m}\left[2f_i + \sum_{j=1}^{m}(2J_{ij} - K_{ij})\right] - f_k - \sum_{i=1}^{m}(2J_{ik} - K_{ik}) + f_a \\ &+ \sum_{i=1}^{m}(2J_{ia} - K_{ia}) - J_{ka} + K_{ka} \pm K_{ka} \\ =& {}^1E_0 + (\varepsilon_a - \varepsilon_k) - (J_{ka} - K_{ka}) \pm K_{ka}\end{aligned} \tag{13.5.28}$$

式中, 求和是对 Ψ 中的所有轨道进行的. 由此可得

$$\begin{aligned}^1E_{k\to a} - {}^1E_0 &= \varepsilon_a - \varepsilon_k - J_{ka} + 2K_{ka} \\ ^3E_{k\to a} - {}^1E_0 &= \varepsilon_a - \varepsilon_k - J_{ka}\end{aligned} \tag{13.5.29}$$

所以激发到三重态或单重态, 二者的激发能差为 $2K_{ka}$. 由于 K_{ka} 为正值, 故三重态能量较低, 符合 Hund 规则. 在完全忽略电子排斥的粗略近似中就没有了这种区别, 即

$$\Delta E = \varepsilon_a - \varepsilon_k \tag{13.5.30}$$

应该指出, 这种虚轨道近似虽然有时使用, 但它的理论基础是有问题的, 因为虚轨道并不代表激发态分子的一个轨道, 最多只能代表分子负离子的基态的一个轨道, 而精确的自洽场计算表明, 负离子的最高占据轨道常处在连续谱中. 通常只因为基组不够大, 才出现虚假的分立虚轨道能级.

虚轨道近似也用于开壳层组态的激发能计算, 计算公式稍微复杂一些.

13.5.4　电荷密度分布与其形貌分析

电荷密度的空间分布为

$$\rho(\boldsymbol{r}) = \langle \Psi | \hat{\boldsymbol{\rho}}(\boldsymbol{r}) | \Psi \rangle \tag{13.5.31}$$

式中, $\hat{\boldsymbol{\rho}}(\boldsymbol{r}) = \sum\limits_i \delta(\boldsymbol{r} - \boldsymbol{r}_i)$ 是密度算符. 对于单行列式波函数

$$\rho(\boldsymbol{r}) = \sum_{i=1}^{\mathrm{occ}} n_i \phi_i^*(\boldsymbol{r}) \phi_i(\boldsymbol{r}) = \sum_{\mu\nu} P_{\nu\mu}^t \chi_\mu(\boldsymbol{r}) \chi_\nu(\boldsymbol{r}) \tag{13.5.32}$$

式中, n_i 是分子轨道 ϕ_i 的电子占据数. 通常用等电子密度线图或立体图形表示 $\rho(\boldsymbol{r})$. 例如, 图 13.5.1 是氨分子的电子密度分布图和等电子密度线图.

可以用电子密度差图表明当原子化合成分子时电荷重新分布的情况

$$\Delta\rho(\boldsymbol{r}) = \rho(\boldsymbol{r}) - \sum_{原子} \rho_{原子}(\boldsymbol{r}) \tag{13.5.33}$$

图 13.5.2(a) 和图 13.5.2(b) 分别是 N_2 $^1\Sigma_g^+$ 态和 LiF $^1\Sigma^+$ 态的电子密度与其组成原子的电荷密度叠加值之差的等值线图, 其中实线表示电子密度增加区, 虚线表示电子密度降低区. 可以清楚地看出, 当形成共价化合物时电荷向成键区集中和当形成离子化合物时电荷向负离子集中的倾向. 不过应当指出, 形成分子时电荷转移的详细情况是比较复杂的. 例如, 形成 N_2 分子时, N—N 原子核间也有电荷密度降低的区域, 氮分子的两端也有电荷密度增加的区域; 形成 LiF 分子时, 锂原子区也有电荷增加区域. 这是与化学家早先的推测不一致的.

类似地, 可作出激发时电子密度变化图, 表明分子激发时电荷重新分布的情况. 例如, 图 13.5.3 是甲醛分子的 $^1A_1$ 态与 $^1A_2$ 态的电子密度差等值线图, 表明 $\mathrm{n} \to \pi^*$ 激发时电子密度的变化. 从图 13.5.3 可以看出电荷从氧原子的孤对轨道转移到 C—O π 轨道的情况.

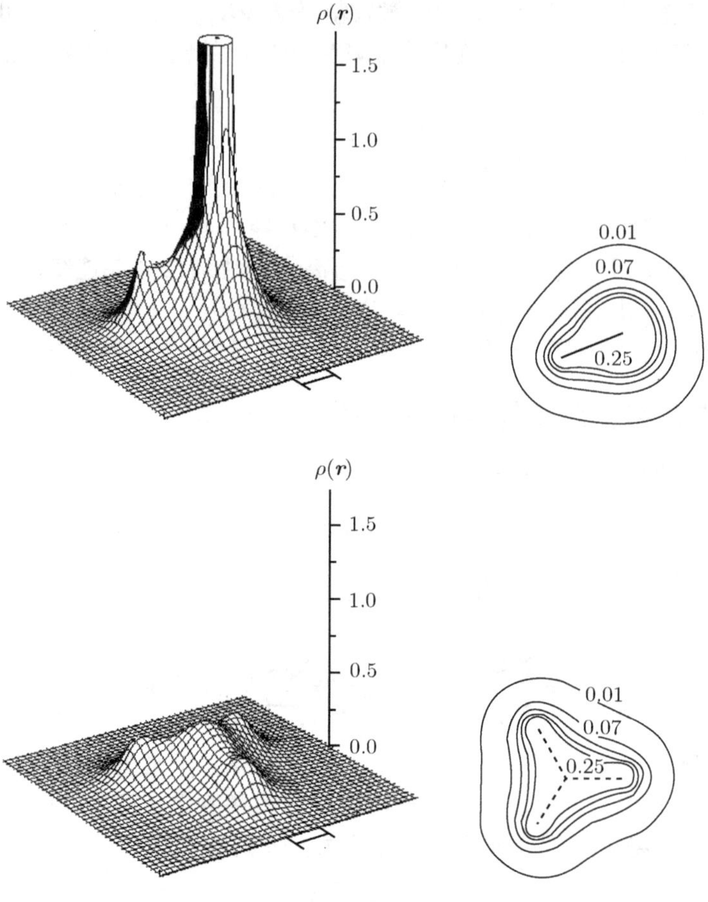

图 13.5.1　NH_3 的电子密度分布图

上：通过 H—N— 孤对的平面；下：通过三个氢的平面. 左：密度图 (|—| 表示 1.0 a.u.长度)；右：等密度线图 [密度值：0.01, 0.07, 0.13, 0.19, 0.25(e/a.u.^{3})，实线表示 N—H 键，虚线表示 N—H 键的投影]

对于开壳层组态，如果进行 UHF 计算，则由 $P^{\alpha}_{\mu\nu}$ 和 $P^{\beta}_{\mu\nu}$ 可以计算自旋密度分布 $\rho^s(\boldsymbol{r})$

$$\begin{aligned}\rho^s(\boldsymbol{r}) &= \rho^{\alpha}(\boldsymbol{r}) - \rho^{\beta}(\boldsymbol{r}) \\ &= \sum_{\nu\mu}(P^{\alpha}_{\nu\mu} - P^{\beta}_{\nu\mu})\chi_{\nu}(\boldsymbol{r})\chi_{\mu}(\boldsymbol{r}) \\ &= \sum_{\nu\mu} P^{s}_{\nu\mu}\chi_{\nu}(\boldsymbol{r})\chi_{\mu}(\boldsymbol{r}) \qquad (13.5.34)\end{aligned}$$

式中，$P^s_{\nu\mu}$ 是自旋密度矩阵元. 自旋密度分布与分子的核磁共振或电子顺磁共振性

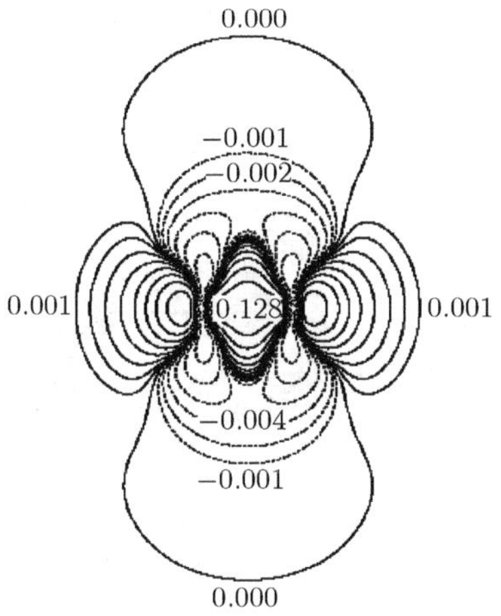

(a) N_2, $^1\Sigma_g^+$ 态

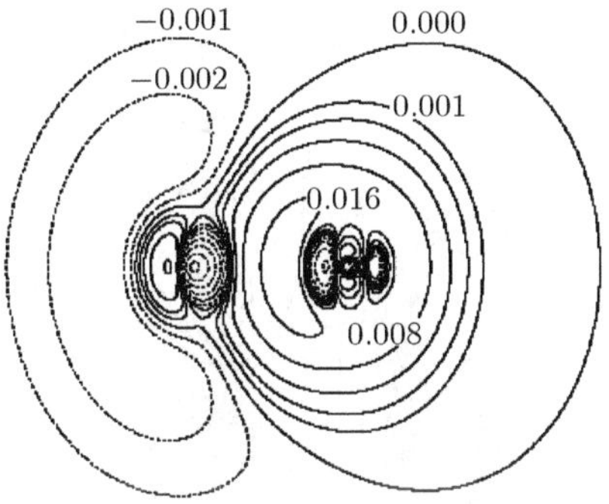

(b) LiF, $^1\Sigma^+$ 态

图 13.5.2　分子电子密度与其组成原子的电荷密度叠加值之差的等值线图
(等值线的数值为 $\pm 0.001 \times 2^n, n = 0 \sim 7$)

质有密切关系, 可以用来解释有关实验结果.

与电荷密度分布密切相关的是分子的静电 (库仑) 势场分布 $V_{\text{Coul}}(\boldsymbol{r})$

$$V_{\text{Coul}}(\boldsymbol{r}) = \sum_A \frac{Z_A}{|\boldsymbol{r} - \boldsymbol{R}_A|} + \int \frac{\rho(\boldsymbol{r}')}{|\boldsymbol{r} - \boldsymbol{r}'|} \mathrm{d}\tau' \tag{13.5.35}$$

可见空间任意点的静电势场是由各原子核的几何位置和电荷分布的整体情况决定的. 应当指出, 按式 (13.5.35) 计算的静电势场分布并非分子的一个电子受到的真实作用势, 而只是一个无穷小试探电荷感受到的作用, 但它在研究生物分子的变化

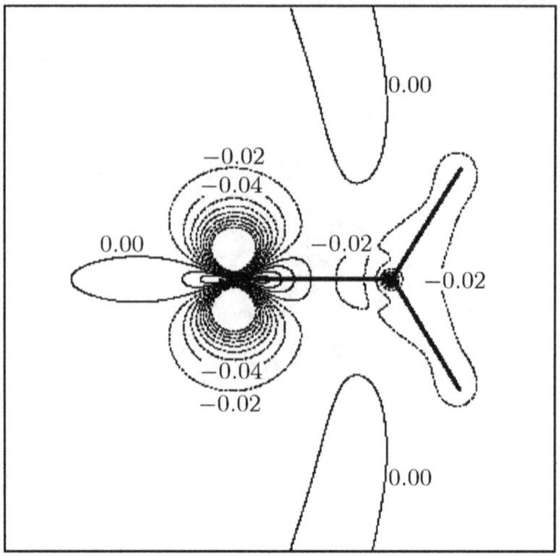

(a) 分子平面

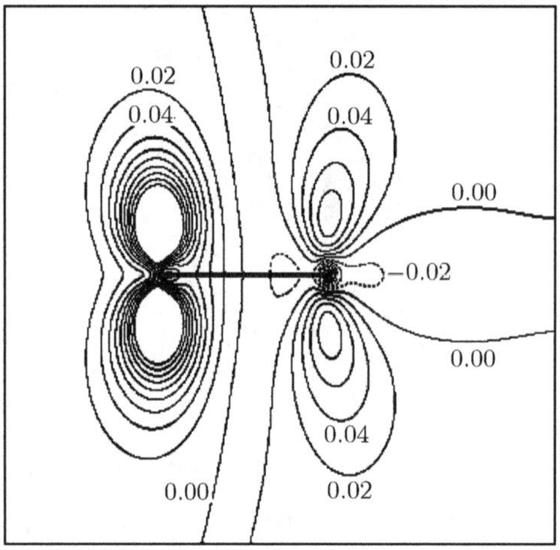

(b) π 键平面

图 13.5.3　甲醛分子 HCHO $^1A_1 \rightarrow\ ^3A_2(\mathrm{n} \rightarrow \pi^*)$ 跃迁的电子密度变化等值线图

线值从 −0.18(虚线) 到 +0.18(实线), 相邻线值差 0.02(e/a.u.^{3})

过程中有参考价值. 因为与一个生物分子起作用的其他分子 (如药物分子), 或者一个大生物分子的不同部位, 在远距离处要通过长程库仑势的吸引作用相互接近, 在充分接近官能部位以后近程相互作用才能发挥作用, 产生化学变化或者其他变化过程.

分子的电荷密度分布是由波函数计算出来的, 一定隐含有体系电子结构的重要特征信息. 分子的电荷密度分布又是可以用实验方法测定的, 因此, 如何从电荷密度分布特征中找出关于电子结构的有用信息是一个吸引人的研究课题. 电荷密度分布的拓扑学分析 (topological analysis of electron density) 就是这类研究的一种尝试, 并且已经获得有意义的结果.

分子中的电荷分布是不均匀的, 必定在空间一些点上出现极值 (极大、极小或者鞍点). 电荷密度梯度为零的点称为临界点 (critical point). 电荷密度的 Hess 矩阵为

$$D_{\mathrm{Hess}}(\boldsymbol{r}) = \begin{bmatrix} \dfrac{\partial^2\rho(\boldsymbol{r})}{\partial x^2} & \dfrac{\partial^2\rho(\boldsymbol{r})}{\partial x\partial y} & \dfrac{\partial^2\rho(\boldsymbol{r})}{\partial x\partial z} \\ \dfrac{\partial^2\rho(\boldsymbol{r})}{\partial y\partial x} & \dfrac{\partial^2\rho(\boldsymbol{r})}{\partial y^2} & \dfrac{\partial^2\rho(\boldsymbol{r})}{\partial y\partial z} \\ \dfrac{\partial^2\rho(\boldsymbol{r})}{\partial z\partial x} & \dfrac{\partial^2\rho(\boldsymbol{r})}{\partial z\partial y} & \dfrac{\partial^2\rho(\boldsymbol{r})}{\partial z^2} \end{bmatrix} \tag{13.5.36}$$

Bader 对电荷密度分布做了深入的拓扑分析研究[52,53]. 他考察大量实际分子的基态电荷密度分布后发现, 在分子构型基本合理的情况下, 临界点处的 Hess 矩阵都是满秩的. 根据 Hess 矩阵在临界点的本征值, 可以将临界点分为四类 (括号中的第一个数字表示非零本征值数, 第二个数字是正、负本征值数目之差):

(1) (3, −3), 三个本征值均为负数, 电荷密度为极大值, 可以近似地看成是出现在原子核所在位置.

(2) (3, −1), 两个负本征值, 一个正本征值, 是鞍点, 出现在被认为有化学键的两个原子之间, 称为键临界点 (bond critical point); 沿两个原子连线的方向看电荷密度为极小值, 在与之垂直的平面内看则为极大值.

(3) (3, 1), 两个正本征值, 一个负本征值, 也是鞍点, 出现在环状分子的中心, 称为环临界点 (ring critical point); 沿环平面的法线方向看电荷密度为极大值, 在环平面内则为极小值.

(4) (3, 3), 三个本征值均为正数, 电荷密度为极小值, 出现在笼形分子的中心, 称为笼临界点 (cage critical point).

电子密度梯度 $\boldsymbol{\nabla}\rho$ 构成一个矢量场, 梯度的轨线 (梯度路径) 是方程式 (13.5.37) 的积分曲线

$$\frac{\mathrm{d}\boldsymbol{r}(s)}{\mathrm{d}s} = \boldsymbol{\nabla}\rho(\boldsymbol{r}(s), \{\boldsymbol{R}_I\}) \tag{13.5.37}$$

通过 $\boldsymbol{r}_0$ 点的梯度路径为

$$\boldsymbol{r}(s) = \boldsymbol{r}_0 + \int_0^s \boldsymbol{\nabla}\rho(\boldsymbol{r}(t), \{\boldsymbol{R}_I\})\mathrm{d}t \tag{13.5.37a}$$

式中, $\{\boldsymbol{R}_I\}$ 代表分子中原子核坐标的集合. 梯度路径沿梯度的方向延伸, 即从低电密度向高电子密度方向延伸.

图 13.5.4 给出 C_2H_4 分子在两个截面上的电荷密度梯度场的一些梯度路径和密度分布临界点. 考察图 13.5.4 可以看到梯度路径有三种类型. 一类梯度路径的特征是终结于某一个原子核所在点. Bader 将所有终结于原子 A 的核所在点的梯度路径通过的空间区域 Ω_A 划分给 A 原子, 将 A 的原子核和 Ω_A 内的电荷组成的体系定义为分子中的原子 A. 另一类梯度路径的特征是沿两个负本征值的本征矢方向终结于两个原子之间的 (3, −1) 临界点, 这一类梯度路径通过的点在三维空间构成一个曲面 S, 这个曲面内任意点的法线 $\boldsymbol{n}(\boldsymbol{r})$ 均与电子密度梯度的方向垂直, 即

$$\boldsymbol{\nabla}\rho(\boldsymbol{r})\cdot\boldsymbol{n}(\boldsymbol{r})=0 \qquad \forall\boldsymbol{r}\in S$$

没有梯度路径穿过曲面 S, 故称为零流曲面 (zero-flux surface). 显然, 零流曲面将一个原子与其他原子完全隔开了. 这样, Bader 就将一个分子占据的空间完全而清楚地划分给它的各组成原子, 各原子的电荷有确定值.

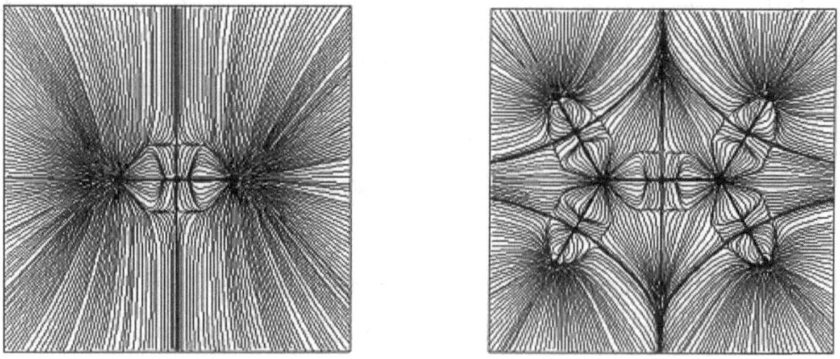

(a) π 键平面　　(b) 分子平面

图 13.5.4　乙烯分子梯度场在两个截面上的梯度路径和键临界点

第三类梯度路径始于一个 (3,−1) 临界点, 终结于一个原子核. 每个 (3, −1) 临界点有两支这一类梯度路径, 分别终结于两个原子核, 构成最大电子密度路径 (maximum electron density path), 与化学键的存在有密切关系, Bader 将其称为键路径 (bond path), 键路径中的临界点称为键临界点. 对大量分子的计算结果表明, 传统认为有化学键的两个原子之间一定存在最大电子密度路径和键临界点, 认为没有化学键的两个原子之间就不出现最大电子密度路径和键临界点; 并且键临界点和化学键的性质有密切联系: 化学键为单键或者三重键时临界点的两个负本征值相等, 若为 π 键则两个负本征值不等, π 键特征越突出, 两者差别越大; 化学键强度大, 临界点的电荷密度就大; 键的极性越大, 键临界点就越偏向一边; 有张力的分子, 临界点将出现在两个原子连线之外等. Bader 将联结分子中全部键路径的网络定义为分子图 (molecular graph), 认为可用于表征分子的结构. 实际上, 对于普通稳定分子, 分子图与通常的分子结构式是一样的.

Bader 还发现电子密度分布的 Hess 矩阵之迹 $\nabla^2\rho(\boldsymbol{r})$ 包含丰富的化学键特征信息. 他将 $\nabla^2\rho(\boldsymbol{r})$ 构成的标量场称为拉普拉斯场. $\nabla^2\rho(\boldsymbol{r})$ 场与化学键性质有密切联系：若两个原子之间存在共价键, 则两者之间必有一个区域 $\nabla^2\rho(\boldsymbol{r})<0$, 若不存在共价键, 如两个离子或者两个惰性原子之间则没有 $\nabla^2\rho(\boldsymbol{r})<0$ 的区域; 孤对电子和键电子对的存在更清楚地表现出来等.

Bader 将对分子中电荷密度的拓扑分析称为量子拓扑学 (quantum topology), 是很有特色的工作. 对有关问题的讨论均以电子密度分布为基础, 因此应该看成是密度泛函理论的一个方面. 用电荷密度的拓扑分析方法讨论分子中的化学键得到广泛的应用. 一些奇特的分子中化学键存在的情况通常是化学家关心和争论的问题, 电荷密度的拓扑分析的结果可以提供有用的信息; 在化学反应过程中化学键的断裂和形成的情况也是人们感兴趣的问题, 电荷密度的拓扑分析可以提供有助于理解微观过程的结果, 可惜这种分析只能给出定性的、描述性的结果. 对于 Bader 定义分子中原子的方法, 则存在一些争议：它有优点, 有具体的物理量作依据, 可以毫不含糊地确定分子中的原子; 也有缺点, 划分出来的原子的空间分布与化学家的传统观念 (应接近自由原子) 差别太大, 在一些分子中电荷在各原子间的分配看起来不合理等.

13.5.5　电子布居分析

电子密度分布图能很好地表达分子中电荷的空间分布, 但是作图方法比较麻烦, 并且没有将分子与其组成原子联系起来. 为了表明电荷在各组成原子之间的分布情况, Mulliken 提出了“电子布居分析”的方法[54].

按照分子轨道理论, 分子的电荷密度是由各分子轨道上的电子贡献的, 一个分子轨道上, 或者没有电子, 或者有整数个电子. 但是, 我们也可以将分子电荷密度看成是由组成分子的各原子的原子轨道上的电子贡献的. 从原子轨道的角度看, 每个轨道上的电子数不一定为整数, 电子在各原子轨道上有一个分布或者“布居”. 分析这种布居对于了解分子中原子的成键情况是有帮助的, 与化学家传统的认为分子是由原子组成的观点也比较一致.

先看双原子分子的情况. 设 $\{\chi_\mu\}$ 和 $\{\chi_\lambda\}$ 是两组原子轨道, 分别属于原子 A 和原子 B. 设分子轨道为

$$\phi_i=\sum_{\mu}^{A}c_{\mu i}\chi_\mu+\sum_{\lambda}^{B}c_{\lambda i}\chi_\lambda \tag{13.5.38}$$

式中, $\sum\limits_{\mu}^{A}$ 表示对 μ 的求和遍及 A 原子的所有原子轨道, 余类推. 设分子轨道组成系数为实数, 则

$$\phi_i\phi_i = \sum_{\mu}^{A}\sum_{\nu}^{A} c_{\mu i}c_{\nu i}\chi_\mu\chi_\nu + \sum_{\lambda}^{B}\sum_{\sigma}^{B} c_{\lambda i}c_{\sigma i}\chi_\lambda\chi_\sigma + \sum_{\mu}^{A}\sum_{\lambda}^{B} c_{\mu i}c_{\lambda i}\chi_\mu\chi_\lambda + \sum_{\mu}^{A}\sum_{\lambda}^{B} c_{\mu i}c_{\lambda i}\chi_\mu\chi_\lambda \tag{13.5.39}$$

积分式 (13.5.39) 并乘以 n_i, 假定同一原子内各轨道是正交的, 则得

$$n_i = n_i\left[\sum_{\mu}^{A} c_{\mu i}^2 + \sum_{\lambda}^{B} c_{\lambda i}^2 + 2\sum_{\mu}^{A}\sum_{\lambda}^{B} c_{\mu i}c_{\lambda i}S_{\mu\lambda}\right] \tag{13.5.39a}$$

式中, n_i 是分子轨道 ϕ_i 上的电子数. 式 (13.5.39a) 表示, ϕ_i 上的 n_i 个电子有 $n_i\sum\limits_{\mu}^{A} c_{\mu i}^2$ 个在 A 原子中, 有 $n_i\sum\limits_{\lambda}^{B} c_{\lambda i}^2$ 个在 B 原子中, 而有 $2n_i\sum\limits_{\mu}^{A}\sum\limits_{\lambda}^{B} c_{\mu i}c_{\lambda i}S_{\mu\lambda}$ 个电子在两个原子的轨道重叠区. 这重叠布居部分可以和成键作用联系起来. 对所有分子轨道求和, 可得

$$n = \sum_{\mu}^{A} P_{\mu\mu}^t + \sum_{\lambda}^{B} P_{\lambda\lambda}^t + 2\sum_{\mu}^{A}\sum_{\lambda}^{B} P_{\lambda\mu}^t S_{\mu\lambda} \tag{13.5.39b}$$

式中, $P_{\lambda\mu}^t = \sum\limits_{i}^{\text{occ}} n_i c_{\mu i}c_{\lambda i}$, 式 (13.5.39b) 右边三项依次代表电子在原子 A、原子 B 和重叠区的电子数.

现在讨论一般情况. 设分子有 N 个原子 (用 $A, B, \cdots$ 标记), n 个电子, 分子轨道为

$$\phi_i = \sum_{A}\sum_{\mu} c_{A\mu i}\chi_{A\mu} \tag{13.5.40}$$

式中, $\chi_{A\mu}$ 表示 A 原子的 μ 轨道. 我们有

$$\phi_i\phi_i = \sum_{A}\sum_{B}\sum_{\mu}\sum_{\nu} c_{A\mu i}c_{B\lambda i}\chi_{A\mu}\chi_{B\lambda} \tag{13.5.41}$$

两边积分, 并乘以 n_i 可得

$$n_i = n_i\sum_{A}\sum_{\mu}^{A} c_{A\mu i}^2 + 2n_i\sum\sum_{A>B}\sum_{\mu}^{A}\sum_{\lambda}^{B} c_{A\mu i}c_{B\lambda i}S_{A\mu,B\lambda} \tag{13.5.42}$$

利用式 (13.5.42) 可以作出电荷分布的分析如下:

(1) 分子轨道 ϕ_i 中的电子, 分布在原子轨道 $\chi_{A\mu}$ 上的电荷为

$$n(i, A\mu) = n_i c_{A\mu i}^2 \tag{13.5.43}$$

(2) 对 i 求和, 得到的原子轨道 $\chi_{A\mu}$ 上的电荷为

$$n(A\mu) = \sum_i n(i, A_\mu) = \sum_i n_i c_{A\mu i}^2 = P_{\mu\mu}^t \tag{13.5.44}$$

(3) 对 A 原子的所有原子轨道求和, 得到的 A 原子上的电荷为

$$n(A) = \sum_\mu n(A\mu) = \sum_\mu P_{\mu\mu}^t \tag{13.5.45}$$

(4) 分子轨道 ϕ_i 中, 属于 A 原子的 μ 轨道和 B 原子的 λ 轨道的重叠区电荷为

$$n(i, A\mu, B\lambda) = 2n_i c_{A\mu i} c_{B\lambda i} S_{A\mu,B\lambda} \tag{13.5.46}$$

(5) 对分子轨道 i 求和, 得到的 A 原子的 μ 轨道和 B 原子的 λ 轨道的总重叠电荷为

$$\begin{aligned} n(A\mu, B\lambda) &= \sum_i n(i, A\mu, B\lambda) \\ &= \sum_i 2n_i c_{A\mu i} c_{B\lambda i} S_{A\mu,B\lambda} \\ &= 2P_{\lambda\mu}^t S_{\mu\lambda} = 2\rho_{\lambda\mu} \end{aligned} \tag{13.5.47}$$

通常将 $[\rho_{\lambda\mu}]$ 称为按原子轨道的布居矩阵.

(6) 对 A 和 B 原子的所有轨道求和, 得到的 A 和 B 原子间的总重叠电荷为

$$n(A, B) = 2\sum_\lambda^B \sum_\mu^A P_{\lambda\mu}^t S_{\mu\lambda} = 2\sum_\lambda^B \sum_\mu^A \rho_{\lambda\mu} \tag{13.5.48}$$

Mulliken指出, $n(A, B)$ 的数值反映A和B原子间形成共价键的程度. 若 $n(A, B)$ 较大, 则A和B原子间有共价键存在, 若 $n(A, B)$ 很小, 则表示A和B原子间或者不存在化学键或者是离子键. 所以通常将按原子的布居矩阵 $[M_{AB}]$ $\left(M_{AB}=\sum_\lambda^B \sum_\mu^A \rho_{\lambda\mu}\right)$ 称为 Mulliken 键级矩阵.

(7) 最后, 对分子中所有原子求和, 自然得到

$$\begin{aligned} n &= \sum n(A) + \sum_{A>B}\sum n(A, B) \\ &= \sum_A \sum_\mu^A P_{\mu\mu}^t + 2\sum_{A>B} \sum_\lambda^B P_{\lambda\mu}^t S_{\mu\lambda} \end{aligned} \tag{13.5.49}$$

或

$$n = \sum_\sigma \sum_\nu P_{\sigma\nu}^t S_{\nu\sigma} = \sum_\sigma \sum_\nu \rho_{\sigma\nu} \tag{13.5.50}$$

式 (13.5.50) 中的求和遍及所有原子轨道.

Mulliken 将重叠区电荷平均分配给有关原子轨道. 对布居矩阵的 μ 行求和, 得到的 A 原子 μ 轨道上的总电荷为

$$\begin{aligned} n_{A\mu} &= \rho_{\mu\mu} + \frac{1}{2}\sum_{\nu\neq\mu}\rho_{\mu\nu} + \frac{1}{2}\sum_{\nu\neq\mu}\rho_{\nu\mu} \\ &= \rho_{\mu\mu} + \sum_{\nu\neq\mu}\rho_{\mu\nu} = \sum_{\nu}\rho_{\mu\nu} \end{aligned} \tag{13.5.51}$$

因为 $\rho_{\mu\nu}=\rho_{\nu\mu}$, 引入 $\frac{1}{2}$是由于只有一半重叠电荷分给原子 A 的 μ 轨道. 对属于原子 A 的所有轨道求和, 得到的 A 原子上的总电荷为

$$n_A = \sum_{\mu}^{A} n_\mu = \sum_{\mu}^{A}\sum_{\nu}\rho_{\mu\nu} \tag{13.5.52}$$

于是, 原子 A 上的净电荷为 $q_A = Z_A - n_A$.

例如, 根据 13.3.2 节中的密度矩阵和重叠矩阵, 可以求得 NH_3 分子按原子轨道的布居矩阵 $[\rho_{\lambda\mu}]$ 的元素, 列于表 13.5.3. 按原子的布居矩阵 (Mulliken 键级矩阵)$[M_{AB}]$ 的元素列于表 13.5.4. 氮原子和氢原子的总电荷分别为 7.4497 和 0.8501, 净电荷分别为 −0.4497 和 0.1499.

表 13.5.3　NH_3 分子按原子轨道布居矩阵的元素*

λ \ μ	1	2	3	4	5	6	7	8
1	2.084140	−0.078226	0	0	0	−0.003658	−0.003658	−0.003658
2	−0.078226	1.493976	0	0	0	0.059878	0.059878	0.059878
3	0	0	1.003430	0	0	0.270380	0.006322	0.006322
4	0	0	0	1.003430	0	0.006322	0.270380	0.006322
5	0	0	0	0	1.003430	0.006322	0.006322	0.270380
6	−0.003658	0.059878	0.270380	0.006322	0.006322	0.591602	−0.040370	−0.040370
7	−0.003658	0.059878	0.006322	0.270380	0.006322	−0.040370	0.591602	−0.040370
8	−0.003658	0.059878	0.006322	0.006322	0.270380	−0.040370	−0.040370	0.591602

* 由于计算中使用的 N(1s) 和 N(2s) 函数不是严格的氮原子 1s、2s 轨道, 两者不正交, 氮原子内部的轨道重叠布居 $\rho_{12}=\rho_{21}\neq 0$.

表 13.5.4　NH_3 分子的键级矩阵元

	N	$H^{(1)}$	$H^{(2)}$	$H^{(3)}$
N	6.431954	0.339244	0.339244	0.339244
$H^{(1)}$	0.339244	0.591602	−0.040370	−0.040370
$H^{(2)}$	0.339244	−0.040370	0.591602	−0.040370
$H^{(3)}$	0.339244	−0.040370	−0.040370	0.591602

很多现象与原子电荷分布有联系. 例如, 含碳化合物的光电子能谱中, 碳的 1s 峰的位置与按 Mulliken 布居数分析得出的碳原子上的电荷数目有一定关系. 假定 C_{1s} 轨道和其他原子轨道的重叠可以忽略, 则各原子上的电荷对 C_{1s} 电子的作用在于产生一个静电势场, 与孤立的碳原子比较, 分子中碳原子的 C_{1s} 轨道能量的变化为[55]

$$-\Delta\varepsilon = kq(\mathrm{C}) + \sum_{A\neq \mathrm{C}} q(A)/R_{\mathrm{C}A} + X \tag{13.5.53}$$

式中, $q(\mathrm{C})$ 和 $q(A)$ 分别是碳原子和其他原子 (A) 上的 Mulliken 净电荷, $R_{\mathrm{C}A}$ 是碳原子与 A 原子间的距离, k 和 X 是常数. 光电子能谱中碳原子 1s 峰的位移 $\delta E_{1\mathrm{s}}$ 反映 C_{1s} 电子结合能的变化 $-\Delta\varepsilon$. 将 $\left(\delta E_{1\mathrm{s}} - \sum\limits_{A\neq \mathrm{C}} q(A)/R_{A\mathrm{C}}\right)$对 $q(\mathrm{C})$ 作图, 确实得到良好的直线. ESCA 中 δE_i 与原子电荷间的这类关系式已经得到很多实验证实. 在核磁共振谱中, $^{13}\mathrm{C}$ 的化学位移与碳原子上的净电荷之间也有明显的关系. 因此, Mulliken 提出的布居分析方法在一定程度上是反映客观实际的.

但是, Mulliken 的布居分析方法也有一些严重的缺点, 主要表现在以下方面:

(1) 固定地将 $2c_{\mu i}c_{\lambda i}S_{\mu\lambda}$ 平均分配给轨道 χ_μ 和 χ_λ 的方案不合理, 特别是对于极性键和孤对电子, 因为电荷显然是偏向一边的.

(2) 从电荷的空间分布看, 某些原子的外层轨道扩展得很远. A 原子某些轨道的主要电荷分布区很可能在 B 原子的核附近, 将这部分电荷指派给 A 原子, 从空间分布看并不合理, 因为它和 B 核的作用比和 A 核的作用还强.

(3) 在某种情况下会得到不合理的数值, 某些轨道中的电子数目是负的, 而另一些轨道中的电子数目又可能超过 2, 违反 Pauli 原理. 例如, 设想一个只有一个占据轨道的双原子分子, 该轨道为

$$\phi = c_A\chi_A + c_B\chi_B \equiv \sqrt{N_R}(\chi_A + p\chi_B)$$

$\sqrt{N_R}$ 是归一化系数, 由 $\langle\phi|\phi\rangle = 1$ 确定为

$$N_R = \frac{1}{1 + p^2 + 2pS_{AB}} \tag{13.5.54}$$

按照 Mulliken 分析, 在 A 原子上的电荷为

$$q_A = 2(c_A^2 + c_Ac_BS_{AB}) = 2N_R(1 + pS_{AB}) \tag{13.5.55}$$

设 $S_{AB} > 0$, 则当 $-S_{AB} < p < 0$ 时

$$q_A = \frac{2(1 + pS_{AB})}{1 + p^2 + 2pS_{AB}} > 2 \tag{13.5.55a}$$

$$q_B = \frac{2p(p + S_{AB})}{1 + p^2 + 2pS_{AB}} < 0 \tag{13.5.55b}$$

这显然是不合理的. 这种不合理现象对于稳态分子并不突出, 但对于激发态 (反键轨道) 则较严重.

(4) 电荷分布的具体数值对基组 (原子轨道) 的依赖性很大. 因为基组是可以任意选择的, 所以 Mulliken 布居分析法得出的电荷分布主观任意性相当大, 给出几乎同样电子密度的两个不同的基组, 布居分析的结果可能很不相同. 采用扩展基组, 原子轨道与基函数没有简单关系, 电荷在各基函数上的分布含义不明确; 进一步说, 如果基组与原子轨道没有明确联系 (如基组中含有浮动高斯函数或者平面波基), 根本就不能进行这种分析.

由于分子中原子带有不同量的电荷这个概念在化学中扎根很深, 经常被用来讨论问题, 显得很重要, 所以有不少人在设法解决 Mulliken 布居分析方法中存在的问题. 举例如下：

Christoffersen 等[56] 建议将 χ_a、χ_b 两个原子轨道的重叠电荷加权分配，取 χ_a 的权重为 $w_{ai}=\dfrac{c_{bi}^2}{c_{ai}^2+c_{bi}^2}=\dfrac{1}{1+p_{ab,i}^2}$, 式中, c_{ai} 是原子轨道 χ_a 在分子轨道 ϕ_i 中的组成系数, $p_{ab,i}=\dfrac{c_{bi}}{c_{ai}}$. 例如, 对于上述两个原子之间只有一个双占据轨道的情况, 将式 (13.5.55) 改为

$$q_A=2\left[c_A^2+\frac{c_A^2}{c_A^2+c_B^2}(2c_Ac_BS_{AB})\right]=\frac{2}{1+p^2} \tag{13.5.56}$$

显然, q_A 的最小值为零, 最大值为 2. 这样就消除了 Mulliken 布居分析方法中存在的 (1)、(3) 两个缺陷. 但另两个问题仍然存在.

Hirshfeld 提出“股份制”方法[57,58]：将分子电荷按以下权重函数分配给各原子：

$$f_A(\boldsymbol{r})=\frac{\rho_A^0(\boldsymbol{r})}{\sum\limits_B\rho_B^0(\boldsymbol{r})} \tag{13.5.57}$$

式中, $\rho_A^0(\boldsymbol{r})$ 是自由 A 原子的电荷密度, $\sum\limits_B\rho_B^0(\boldsymbol{r})$ 是分子中所有原子自由状态下的电荷密度叠加. 于是, 在原子 A 上的电子布居数为 [$\rho(\boldsymbol{r})$ 为分子电荷密度]

$$q_A=\int f_A(\boldsymbol{r})\rho(\boldsymbol{r})\mathrm{d}\tau=\int\frac{\rho_A^0(\boldsymbol{r})}{\sum\limits_B\rho_B^0(\boldsymbol{r})}\rho(\boldsymbol{r})\mathrm{d}\tau \tag{13.5.58}$$

Hirshfeld 建议的分配方案有其合理性, 没有 Mulliken 分析方法的缺陷, 但也存在如何选取 $\{\rho_I^0(\boldsymbol{r})\}$ 才最合理的问题, 而且因为没有重叠电荷, 也不能讨论原子间化学成键的问题. 实际计算表明, 将 $\{\rho_I^0(\boldsymbol{r})\}$ 取为自由 A 原子的电荷密度来确定权重的

分配方案只在分子中原子间电荷转移小时才是“公正”的, 计算出来的原子电荷布居才比较合理.

Pople 等[59] 提出可将分子电荷密度 $\rho(\boldsymbol{r})$ 分配给指定的一组函数 $\{\Omega_j(\boldsymbol{r})\}$: 令 $\rho(\boldsymbol{r}) \approx \sum\limits_j q_j \Omega_j(\boldsymbol{r})$, 通过最小二乘拟合求出在 $\Omega_j(\boldsymbol{r})$ 上的电子布居 q_j. 这样, 不论波函数是用什么基组给出的, 只要 $\rho(\boldsymbol{r})$ 相同, 则布居数相同. 如果选 $\Omega_A(\boldsymbol{r})$ 为孤立原子的电子密度函数, 则由 q_A 可以知道在分子中的 A 原子内的电荷量; 而且, 只要拟合时加上条件 $q_j \geqslant 0, j=1,2,\cdots; \sum\limits_j q_j = n$, 就可以保证不会出现不合理的电荷分布. 若 $\Omega_j(\boldsymbol{r})$ 函数选为自由原子各亚层或者各原子轨道的电子密度函数, 就可以得出电子在各亚层或者各原子轨道上的分布. 但对这一方法同样可以提出异议, 因为 $\{\Omega_j(\boldsymbol{r})\}$ 的选择是任意的; 同样, 也不能用来讨论原子间化学成键的问题.

Mulliken 布居分析可以看成是在函数空间中将分子的电子密度分布矢量向其基矢量 (基函数) 投影, 结果显然与基矢量的选择有直接关系. 因为希望结果能合理反映电子在其组成原子上的分布, 以各原子核为中心的基函数应该均衡, 最主要的基矢量必须反映原子电子密度的特征. 原子的电子密度是由其轨道的电子占据情况决定的, 因此以分子环境中的原子轨道为基础进行布居分析会得到比较合理的结果. 在分子环境中的原子轨道可以定义为, 在一个原子核周围, 电子在球形平均势场作用下运动的单电子波函数, 与自由原子的轨道有所不同. 设分子中原子 A 的轨道 $\phi_i^A(\boldsymbol{r})$ 为

$$\phi_i^A(\boldsymbol{r}) = \frac{1}{r} P_{nl}^A(r) Y_{lm}(\theta, \varphi) \tag{13.5.59}$$

式中, (r, θ, φ) 是以原子核 A 为原点的球坐标, 其中的径向波函数 $P_{nl}^A(r)$ 可以通过求解方程式 (13.5.60) 得到[60]

$$\left[-\frac{1}{2}\frac{\mathrm{d}^2}{\mathrm{d}r^2} + \frac{l(l+1)}{2r^2} + V_0^A(r)\right] P_{nl}^A(r) = E_i^A P_{nl}^A(r) \tag{13.5.60}$$

式中, $V_0^A(r)$ 是以核 A 为中心的球形平均势场. 对每个 l 值, 将 $P_{nl}^A(r)$ 用基组 $\{\chi_k^A(r)\}$ 展开

$$P_{nl}^A(r) = \sum_k c_{k,nl} \chi_k^A(r) \tag{13.5.61}$$

方程式 (13.5.60) 变为矩阵方程式 (13.5.62)

$$\boldsymbol{F}_l^A \boldsymbol{C}_l^A = \boldsymbol{S}_l^A \boldsymbol{C}_l^A \boldsymbol{E}_l^A \tag{13.5.62}$$

式中, $\boldsymbol{F}_l^A$、$\boldsymbol{S}_l^A$、$\boldsymbol{C}_l^A$ 和 $\boldsymbol{E}_l^A$ 分别是 Fock 矩阵、重叠矩阵、轨道组成系数矩阵和能级矩阵. 在采用扩展基组的 Hartree-Fock 计算中, 如果采用自洽场计算用的基组展

开 $P_{nl}^A(r)$, 则 Fock 矩阵 $\boldsymbol{F}_l^A$ 和重叠矩阵 $\boldsymbol{S}_l^A$ 分别为

$$\boldsymbol{F}_l^A = \frac{1}{2l+1}\sum_{m=-l}^{l}\boldsymbol{F}_{lm}^A \tag{13.5.62a}$$

$$\boldsymbol{S}_l^A = \frac{1}{2l+1}\sum_{m=-l}^{l}\boldsymbol{S}_{lm}^A \tag{13.5.62b}$$

因为对属于原子 A 的具有相同 l 不同 m 的矩阵块进行平均, 实现了对 Fock 算符中的势场以核 A 为中心的球形平均. 根据分子环境中原子轨道的能级分布情况可以判断基组在各原子的分布是否比较均衡. 用分子环境中的原子轨道为基函数进行 Mulliken 布居分析, 在一定程度上消除了选取基函数的主观随意性, 使布居数有比较确定的含义, 解决了用大基组计算时 Mulliken 布居数物理意义不明确的问题. 对一系列分子的实际计算表明[61], 布居分析的结果比直接按自洽场计算用的基组进行布居分析有显著改善, 基本上克服了原来方法中的缺陷. 由于 Mulliken 布居分析简单易行, 在利用从头计算结果讨论分子的电子结构和成键的大致情况时还是有用的方法.

Davidson[62] 提出, 采用 Löwdin 对称正交化的正交归一化原子轨道基组进行 Mulliken 布居分析, 重叠电荷不存在, 原来方法中存在的 (1)、(3) 两个问题就自然消失. 但这样一来, 就不能利用重叠电荷大致估计两原子之间成键作用的强弱. 而且, 正交归一化原子轨道严格说来是离域的, 多中心的, 将其电荷指定属于一个原子也不尽合理.

Weinhold 等人提出的自然原子轨道 (natural atomic orbital, NAO) 分析法[63,64] 也采用正交化轨道 (自然原子轨道) 进行电子布居分析. 具体计算包括四个步骤:

(1) 计算预自然原子轨道 (pre-natural atomic orbitals, p-NAO). 对属于原子 A 的一个亚层 l 的密度矩阵块 $\boldsymbol{P}^{(Alm)}$ 和重叠矩阵块 $\boldsymbol{S}^{(Alm)}$ 作角度平均, 得出的矩阵元分别为

$$P_{ij}^{(Al)} = \frac{1}{2l+1}\sum_{m=-l}^{l}P_{ij}^{(Alm)} \tag{13.5.63a}$$

$$S_{ij}^{(Al)} = \frac{1}{2l+1}\sum_{m=-l}^{l}S_{ij}^{(Alm)} \tag{13.5.63b}$$

求解广义本征值方程

$$\boldsymbol{P}^{(Al)}\boldsymbol{X}^{(Al)} = \boldsymbol{S}^{(Al)}\boldsymbol{X}^{(Al)}\boldsymbol{n}^{(Al)} \tag{13.5.64}$$

由本征矢 $\boldsymbol{X}^{(Al)}$ 确定原子 A 的 l 亚层的各个 p-NAO, $\boldsymbol{n}^{(Al)}$ 就给出各个 p-NAO 上的电子布居. 对每个原子都作以上处理. 记从原子轨道型基组到 p-NAO 的变换矩阵为 $\boldsymbol{X}$.

(2) 将各原子的电子布居数大的 p-NAO 汇集为最小预自然原子轨道基组 (natural minimal basis, NMB) 所含基函数的数目等于自由原子中有电子占据亚层的原子轨道数目之和, 将其余电子布居很小的 p-NAO 汇集为“自然里德堡基组”(natural Rydberg basis, NRB). 让 NRB 对 NMB 作 Schmidt 正交化, 记其变换矩阵为 $\boldsymbol{O}_S$. 将密度矩阵和重叠矩阵变换到这样得到的 NMB 和 NRB 基组, 再对以各原子的 NRB 为基的密度矩阵块和重叠矩阵块作角度平均, 并求解相应的广义本征值方程, 得到新的 NRB 及该基组中各基函数的电子布居. 将这种变换的矩阵记作 $\boldsymbol{X}_R$.

(3) 对 NMB 和 NRB 分别进行原子间加权对称正交化, 变换矩阵为

$$\boldsymbol{O}_n = \boldsymbol{n}(\boldsymbol{nSn})^{-1/2} \tag{13.5.65}$$

式中, $\boldsymbol{n}$ 是式 (13.5.64) 计算得到的电子布居矩阵. 若 $\boldsymbol{n}$ 为单位矩阵, 则 $\boldsymbol{O}_n = \boldsymbol{S}^{-1/2}$, 就是 Löwdin 对称正交化. 当 $\boldsymbol{n}$ 不是常数矩阵时, 布居数小的基函数受到的影响小. 将原子间加权对称正交化得到的基组分别记为 $\{\varphi_{im}^n\}$ 和 $\{\varphi_{ir}^n\}$.

(4) 将密度矩阵和重叠矩阵变换到 $\{\varphi_{im}^n\}$ 和 $\{\varphi_{ir}^n\}$ 基组, 然后对属于各原子各亚层的密度矩阵块和重叠矩阵块作方向平均并求解相应的本征值方程, 求得的本征矢就是自然原子轨道, 本征值就是各原子亚层上的电子布居数, 一个原子的各亚层的电子布居之和即为该原子的电子布居数.

从原子轨道基组变换到自然原子轨道基组, 总的变换矩阵可以汇总为

$$\boldsymbol{T} = \boldsymbol{X}\boldsymbol{O}_S\boldsymbol{X}_R\boldsymbol{O}_n\boldsymbol{X}_R \tag{13.5.66}$$

用 NAO 布居分析方法得到的原子布居数不会有不合理的负值, 并且对基组的变化不那么敏感, 克服了 Mulliken 方法的主要缺点, 因此自然布居分析法得到比较广泛的应用. 但它也存在与 Davidson[62] 提出的布居分析方法类似的问题: 重叠电荷表面上虽然不出现了, 但轨道正交化中实际上隐含了重叠电荷的分配问题, 而且自然原子轨道还是相当离域的, 将其电子布居归属一个原子并不完全合理; 也不能利用重叠电荷估计两原子之间成键作用的强弱.

Weinhold 等人提出自然键轨道 (natural bond orbitals, NBO) 分析法来分析原子之间成键的问题. 在按上述方法得到 NAO 以后, 将密度矩阵转换到 NAO 基组, 设密度矩阵为

$$\boldsymbol{D} = 2\boldsymbol{C}_0\boldsymbol{C}_0^{\mathrm{T}} \tag{13.5.67}$$

式中, $\boldsymbol{C}_0$ 是以 NAO 为基函数的占据正则轨道组合系数矩阵

$$\boldsymbol{C}_0^{\mathrm{T}}\boldsymbol{C}_0 = \boldsymbol{I} \tag{13.5.68}$$

$\boldsymbol{I}$ 是单位矩阵. 将 $\boldsymbol{D}$ 写成分块矩阵的形式

$$\boldsymbol{D} = \begin{bmatrix} \boldsymbol{D}_{AA} & \boldsymbol{D}_{AB} & \cdots & \boldsymbol{D}_{AL} \\ \boldsymbol{D}_{BA} & \boldsymbol{D}_{BB} & \cdots & \boldsymbol{D}_{BL} \\ \cdots & \cdots & \cdots & \cdots \\ \boldsymbol{D}_{LA} & \boldsymbol{D}_{LB} & \cdots & \boldsymbol{D}_{LL} \end{bmatrix} \tag{13.5.69}$$

式中, 每个对角块对应于一个原子, 每个非对角块的元素为两个原子的轨道之间的密度矩阵元. 设将一个原子 (如 A) 对应的子矩阵看成一个独立体系, 求解本征值方程

$$\boldsymbol{D}_{AA}\boldsymbol{C}_A = \boldsymbol{C}_A\boldsymbol{N}_A \tag{13.5.70}$$

$\boldsymbol{N}_A = \mathrm{diag}(n_1^A n_2^A \cdots n_i^A \cdots)$ 为对角化本征值矩阵. 当本征值 $n_i^A \approx 2$(如 $n_i^A > 1.95$) 时, 对应的本征矢 $\boldsymbol{C}_A^i$ 就是只分布在原子 A 上的一个占据轨道, 如芯层轨道或者孤对. 如果将对应于两个原子 (如 A、B) 的子矩阵看成一个独立体系, 求解本征值方程

$$\boldsymbol{D}(\boldsymbol{A},\boldsymbol{B})\boldsymbol{C}_{AB} = \boldsymbol{C}_{AB}\boldsymbol{N}_{AB} \tag{13.5.71}$$

式中

$$\boldsymbol{D}(\boldsymbol{A},\boldsymbol{B}) = \begin{bmatrix} \boldsymbol{D}_{AA} & \boldsymbol{D}_{AB} \\ \boldsymbol{D}_{BA} & \boldsymbol{D}_{BB} \end{bmatrix} \tag{13.5.71a}$$

本征值 $n_i^{AB} \approx 2$ 的本征矢就是分布在原子 A 和 B 范围内的占据轨道, 包括 A 和 B 原子的芯层轨道、孤对和 A、B 原子之间的键轨道. 为了避免孤对或芯层轨道和 A、B 原子之间的键轨道混合, 可预先从 $\boldsymbol{D}(\boldsymbol{A},\boldsymbol{B})$ 中扣除只含 A 或 B 原子基组的占据轨道, 即令

$$\overline{\boldsymbol{D}(\boldsymbol{A},\boldsymbol{B})} = \boldsymbol{D}(\boldsymbol{A},\boldsymbol{B}) - \sum_i n_i^A \boldsymbol{C}_A^i \boldsymbol{C}_A^{i\mathrm{T}} - \sum_j n_j^B \boldsymbol{C}_B^j \boldsymbol{C}_B^{j\mathrm{T}} \tag{13.5.72}$$

求出 $\overline{\boldsymbol{D}(\boldsymbol{A},\boldsymbol{B})}$ 的本征值 $n_i^{AB} \approx 2$ 的本征矢就只是对应于分布在 A、B 原子之间的键轨道了. 对每一对相邻原子同样处理, 就可以求得主体分布在一个原子之内或两个原子之间的所有占据轨道. 如果得到的占据键轨道的数目小于电子对数目, 就说明有三中心或多中心键存在, 用上述方法处理对应于三个或多个原子的子矩阵就可以求出相关的占据键轨道. 最后可以求得定域在一个原子上的内层轨道或者孤对电子轨道, 定域在两个原子间的单中心键轨道或者几个原子间的多中心键轨道 (强占据轨道, 等于占据分子轨道的数目) 和电子布居很小 (或为零) 的弱占据轨道. 将它们对称正交化就得到正交的键轨道, 称为自然键轨道 (NBO). 根据键轨道的 NAO 组成系数可以分析各原子轨道参与成键的情况.

显然, 用 NAO 布居分析法计算电子布居和用 NBO 分析方法考察原子间成键情况比用 Mulliken 方法费事得多, 但得到的关于分子电子结构和成键的信息更合

理. 由于现在有成熟的商品程序可用, 计算量比起自洽场计算来不算大, NAO 和 NBO 分析法得到相当广泛的应用.

以上电子布居分析法都离不开以原子核为中心的基函数, 实质上可以看作是在基函数定义的希尔伯特空间中将分子电荷分割为原子电荷的叠加. 人们也提出了在实际物理空间中分割分子电荷的方法. 迄今最著名的是 Bader[52,53] 以电荷密度分布拓扑学分析 (详见 13.5.4 节) 为基础的方法, 即将围绕一个原子核的盆地 (basin) 中包含的电荷指定为分子中该原子具有的电荷. 这个方法的优点是原子电荷的定义明确, 因为盆地的界面可以精确地划定. 在差别不太大的分子中, 同种原子的"盆地"很相似, 因此有良好的可移植性. 缺点是给出的原子电荷分布不是球形的, 与人们习惯的观念相去甚远; 原子的电荷量也不够合理 (化学键的离子性太强), 简化为点电荷计算分子的偶极矩结果也不好; 加上计算量较大, 目前并没有广泛应用于电子布居分析中. 另一种方法是将分子占据的空间分割为 Voronoi 多面体, 每个多面体包含一个原子核, 指定多面体内包含的电荷为该原子的电荷[65]. Voronoi 多面体是由垂直于两个原子之间连线的平面围成的, 用 Voronoi 多面体可以充满整个空间不留任何空隙. Rousseau 等[66] 发现如果平面与原子核间连线的交点离两个原子核的距离之比等于两个原子的 van der Waals 半径之比, 则得到的电子布居比较合理.

将分子看成带一定量电荷的原子组成的概念在化学界有广泛的运用, 因此如何合理指定分子中原子带有的电荷是多年来人们有兴趣研究的问题, 除上面介绍的几种处理方法以外, 还提出过其他很多种处理问理的方案, 此处不能一一列举, 请参阅文献 [8] 有关章节.

13.6　定域分子轨道

13.6.1　正则(离域)分子轨道与定域分子轨道的等价性

上面用 Hartree-Fock 方程的正则解讨论问题, 并且指出正则分子轨道 (canonical molecular orbitals, CMO) 的优越性. 它有明确的数学定义 (标准本征值方程的解); 它是分子所属对称群的不可约表示基, 具有正确的变换性质; 占据轨道能级近似等于该轨道上的电子电离势的负值 (Koopmans 定理), 虚轨道近似具有激发态轨道的性质, 因此用正则分子轨道讨论电离和激发过程特别方便等. 这些性质是 Hartree-Fock 方程其他形式的解所没有的. 不过, 同时也指出, Hartree-Fock 方程的解不是唯一的, 满足方程 $\hat{\boldsymbol{F}}_i\phi_i=\sum_j\lambda_{ij}\phi_j$ 的任意解都和正则解等价.

正则分子轨道一般是离域的, 即遍布整个体系, 各原子轨道对它都有或多或少

的贡献 (除了因对称性限制而等于零者以外). 这和化学中的传统观念 (如两个原子之间有电子对键、某些原子带具有反应活性的孤对电子等观念) 是不一致的. 大量事实表明, 分子有许多性质是与这种定域电子相联系的. 这类性质有明显的"加和性"和"恒定性": 分子整体的性质相当精确地等于局部性质之和, 而这种局部性质与某种局部结构单元有相当固定的联系, 即不论该局部结构单元出现在什么分子中, 它对分子这种性质的贡献几乎是不变的. 例如, 所有饱和烃中的 C—H 和 C—C 键的键能几乎都是一样的, 分子的总键能几乎严格等于各键键能之和. 分子这类具有定域特征的性质用定域轨道 (localized molecular orbitals, LMO), 也就是说, 只分布在分子某一局部区域的轨道来描述应该是更合适的.

当然, 定域轨道和正则轨道描述的差异只是表面上的, 既然它们描述相同的客观情况, 它们之间一定存在某种变换关系. 我们可以将定域轨道看成是正则轨道的"杂化", 正如由原子轨道的杂化可以构成价键轨道一样. 事实上, Coulson[67] 早就指出, 甲烷分子的四个正则轨道 ($2a_1$, $1t_2$) 可以通过正交变换变成四个定域在 C—H 键区的定域轨道, 对应于价键理论的四个 C—H 键.

由于总波函数不随分子轨道的酉变换而改变, 通过酉变换联系起来的定域轨道与正则轨道对于由电子整体决定的分子性质的描述是完全等价的, 只不过表达的方式不同. 以电子密度为例. 设总波函数为

$$\Psi = |\phi_1\alpha\phi_1\beta\cdots\phi_m\alpha\phi_m\beta| \tag{13.6.1}$$

式中, $\{\phi_i\}$ 是正则分子轨道. 作正交变换 (设分子轨道是实函数)

$$u_i = \sum_j \phi_j T_{ji} \qquad (i = 1, 2, \cdots, m) \tag{13.6.2}$$

$\{u_i\}$ 是定域轨道, 相应的总波函数为

$$U = |u_1\alpha u_1\beta\cdots u_m\alpha u_m\beta| \tag{13.6.3}$$

则

$$\begin{aligned}
U &= \left|\left(\sum_j \phi_j T_{j1}\right)\alpha\left(\sum_j \phi_j T_{j1}\right)\beta\cdots\left(\sum_j \phi_j T_{jm}\right)\alpha\left(\sum_j \phi_j T_{jm}\right)\beta\right| \\
&= |\det T|^2|\phi_1\alpha\phi_1\beta\cdots\phi_m\alpha\phi_m\beta| \\
&= |\phi_1\alpha\phi_1\beta\cdots\phi_m\alpha\phi_m\beta| = \Psi
\end{aligned} \tag{13.6.4}$$

$$\rho(u_i) = \langle U|\hat{\boldsymbol{\rho}}|U\rangle = 2\sum_{i=1}^{m} u_i^2 \tag{13.6.5}$$

$$\rho(\phi_i) = \langle \Psi | \hat{\boldsymbol{\rho}} | \Psi \rangle = 2\sum_{i=1}^{m} \phi_i^2 \tag{13.6.6}$$

$$\rho(u_i) = \rho(\phi_i) \tag{13.6.7}$$

设 u_i 是假想的极端定域轨道, 即不同轨道占据不同的空间区域, 彼此完全不重叠, 则式 (13.6.5) 认为总电子云是由空间不同区域的各块电子云“拼”成的, 而式 (13.6.6) 认为总电子云是由遍布整个分子的各个分子轨道的电子云“叠加”成的, 而不论认为是“拼”成的或“叠加”出来的, 电子云整体完全一样.

如果描述的是与单个电子有关的过程, 如电离过程, 情况就有所不同. 可以设想, 当从正则分子轨道上取去一个电子时, 电子在整个体系中的分布仍近似是均衡的, 电子云不需要作大的调整就可以达到新的平衡状态, Koopmans 定理关于电离过程中分子轨道不“松弛”的假定近似成立, 从而使轨道本征值具有明确的物理意义, 即近似等于电离能的负值. 如果是从定域轨道上取去一个电子, 则一般说来, 电子云的空间分布就失去均衡. 为了达到新的均衡分布, 必须有大的调整, Koopmans 定理关于轨道基本上不变形的假定不成立, 电子重新分布放出很大的能量. 虽然定域轨道也可看成某种平均势场下的单电子态函数, 其近似本征值与电离能一般就没有简单的关系了. 所以, 由酉变换联系起来的定域轨道描述与离域轨道描述, 若涉及的是与电子整体有关的性质, 两者是完全等价的; 若涉及单个电子的过程, 正则分子轨道描述与有关物理量的联系比较直接; 若涉及与分子的空间结构有关的特性, 则定域分子轨道描述较为直观. 定域轨道具有更符合传统化学观念的优点, 化学家乐于使用.

从计算量子化学的角度看, 定域分子轨道描述的一个很吸引人的地方是它的“恒定性”. 化学家早就从经验确定的某些分子性质 (如键能、键矩等) 的几乎严格的“恒定性”, 在单粒子近似中相当于定域分子轨道的“恒定性”. 如果这种“恒定性”存在, 则从小分子得到的计算结果将可移用于大分子中, 对于减少大分子的计算量是很有意义的. 这方面已经做过很多研究, 结论基本上是肯定的, 虽然“恒定性”并不严格存在. 另外, 在电子相关能的计算中定域轨道基组也有一定优点.

13.6.2 定域准则. 正交定域轨道

定域分子轨道既要有空间分布定域化的特征, 又要满足某种等效的单电子 Schrödinger 方程. 有两种方法可以得到它. 一种方法是先求出正则轨道再通过酉变换变为定域轨道, 另一种方法是直接求解某种单电子 Schrödinger 方程. 这两种方法都要求有一个定域准则, 以确定从正则轨道到定域轨道的变换矩阵或者有关的单电子 Schrödinger 方程. 曾经提出过各种各样的定域准则, 可参阅文献 [68] 和 [69]. 在这些准则中, 有些是根据问题的特征, 人为地指定定域轨道的形状和位置. 例如,根据传统的化学观念和分子的对称性质, 认为氨分子应有相当于氮原子的内层电子和孤对电子的两个定域轨道, 还有三个位于 N—H 键区的对称性等价的定域轨道. 这五个定域轨道的具体组成再根据其他考虑确定. 这种准则称为外部定域准则, 显然, 它的任意性很大. 从理论分析的角度看, 应当有一个唯一的、客观的准则. 这种准则称为内禀定域准则. 现在比较普遍接受的内禀定域准则是 Foster 和 Boys[70] 提出的轨道中心距离最大准则 (互斥轨道), 以及 Edmiston 和 Ruedenberg[71] 提出的使各轨道内部电子排斥能之和最大的准则 (能量定域轨道).

Foster 和 Boys 的准则是要求各个定域轨道的中心之间的距离在保持轨道正交的条件下尽可能地大. 轨道 ϕ_i 的中心用

$$\boldsymbol{R}_i = \int \phi_i^* \boldsymbol{r} \phi_i \mathrm{d}\tau$$

定义. 互斥轨道满足

$$\max\left[\prod_{i<j}|\boldsymbol{R}_i - \boldsymbol{R}_j|^2\right] \tag{13.6.8}$$

即轨道重心距离的平方之积取极大值的条件. 按这个准则确定定域轨道, 只需计算偶极矩算符关于各分子轨道的期望值, 比较简单, 可以应用于大的分子. 具体的做法是, 令

$$u_i = \sum_r A_{ri}\phi_r$$

u_i 和 ϕ_r 分别为定域轨道和正则轨道. 改变 $\{A_{ri}\}$, 在保持 $(u_i|u_j) = \delta_{ij}$ 的条件下使式 (13.6.8) 得到满足, 从而确定定域轨道.

用式 (13.6.8) 作为定域准则, 在一些情况下会遇到困难. 例如, 不能用于同一个原子的两个 s 轨道, 因为它们的中心总是重合的. 后来, 将定域准则改为

$$\max\left[\sum\sum_{i<j}|\boldsymbol{R}_i - \boldsymbol{R}_j|^2\right] \tag{13.6.8a}$$

即让互斥轨道满足轨道重心距离的平方之和取极大值的条件, 避免了上述困难.

Edmiston 和 Ruedenberg 的准则是使各定域轨道内部电子排斥能之和取极大值, 也就是说, 使交换能取极小值, 从而使能量取尽可能接近经典的表达式. 以闭壳层组态为例, 能量表达式为 (m 为占据轨道数)

$$E_0 = 2\sum_{i=1}^{m} f_i + 2\sum_{i=1}^{m}\sum_{j=1}^{m} J_{ij} - \sum_{i=1}^{m}\sum_{j=1}^{m} K_{ij} \tag{13.6.9}$$

或

$$E_0 = 2\sum_{i=1}^{m} f_i + \sum_{i=1}^{m} J_{ii} + 2\sum_{i\neq j}^{m}\sum^{m} J_{ij} - \sum_{i\neq j}^{m}\sum^{m} K_{ij} \tag{13.6.10}$$

由于 $\rho(1,2)=2\sum_{i=1}^{m}\phi_i^*(1)\phi_i(2)$ 对于正交变换是不变的, 所以式 (13.6.9) 中各项对于正交变换是不变的. 而式 (13.6.10) 的后三项之和虽然是不变的, 但后两项各自则不能保持不变. 若对轨道作正交变换, 使轨道内部电子互斥能之和最大 (这相当于使一个轨道内的电子尽可能地密集, 即定域化), 则式 (13.6.10) 后两项 (轨道之间的总 Coulomb 能和总交换能) 就取极小值. 如果能使交换能为零, 能量表达式就与经典的由若干块电子云拼成的体系的能量表达式一样. 实际上做不到 $\sum_{i\neq j}K_{ij}=0$, 但这种定域轨道确使能量取尽可能接近经典的表达式.

下面考察使 $\sum_i J_{ii}$ 取极大值的条件. 记

$$D\equiv\sum_{i=1}^{m}J_{ii}$$

$$D(u)=\sum_{i=1}^{m}(u_iu_i|u_iu_i) \tag{13.6.11}$$

u_i 是定域轨道. 作无穷小变换

$$u_j'=u_j+\delta u_j=\sum_{i=1}^{m}u_iT_{ij} \tag{13.6.12}$$

$$T_{ij}=\delta_{ij}+t_{ij} \tag{13.6.13}$$

式中, t_{ij} 是无穷小量. 因为是正交变换, 所以

$$\sum_k T_{ik}T_{jk}=\delta_{ij} \tag{13.6.14}$$

取到一级无穷小, 可得

$$t_{ij}=-t_{ji} \tag{13.6.15}$$

$D(u)$ 取极大值的必要条件是

$$\begin{aligned}\delta D(u)=&0=4\sum_{i=1}^{m}(\delta u_iu_i|u_iu_i)\\=&4\sum_{i=1}^{m}\sum_{j=1}^{m}t_{ji}(u_ju_i|u_iu_i)\\=&4\sum_{i<j}^{m}t_{ji}[(u_ju_i|u_iu_i)-(u_iu_j|u_ju_j)]\end{aligned} \tag{13.6.16}$$

因为 t_{ji} 可取任意值, 故有

$$(u_j u_i|u_i u_i) = (u_i u_j|u_j u_j) \qquad (i < j = 2, \cdots, m) \tag{13.6.17}$$

设定域轨道与正则轨道之间的变换矩阵为 $\boldsymbol{B}$, 式 (13.6.17) 提供 $m(m-1)/2$ 个方程. 加上正交变换条件

$$\sum_k B_{ik}B_{jk} = \delta_{ij} \qquad (i, j = 1, \cdots, m) \tag{13.6.18}$$

提供的 $m(m+1)/2$ 个方程, 正好足以确定变换矩阵 $\boldsymbol{B}$ 的 m^2 个矩阵元. 当这些方程以 B_{ij} 表达出来时, 得到二次以上的方程组, 不只有一组解. 其中对应于使 D 取极小值的解必定很接近于正则解. 例如, 考虑碳原子的 2s 和 $2p_z$ 轨道. 设定域轨道为

$$u_1 = c\phi_{2s} + s\phi_{2p_z} \qquad u_2 = -s\phi_{2s} + c\phi_{2p_z}$$
$$c^2 + s^2 = 1 \tag{13.6.19}$$

代入式 $(u_1^2|u_1u_2) = (u_2^2|u_1u_2)$ 中, 得

$$(c^2 - s^2)cs(J_{2s,2s} + J_{2p_z2p_z} - 2J_{2s,2p_z} - 4K_{2s,2p_z}) = 0 \tag{13.6.20}$$

式 (13.6.20) 有以下两组解:

(1) $c = 1$, s=0 或 c=0,s=1.

(2) $c^2 = s^2 = \dfrac{1}{2}$. (13.6.21)

解 (1) 相当于 D 取极小值, 显然是正则轨道, 解 (2) 是使 D 取极大值的定域轨道, 相当于 sp 杂化轨道.

原则上, 我们可以通过解关于 B_{ij} 的方程组求得使 D 取极大值的解, 即定域轨道. 但这样做比较麻烦. Edmiston 和 Ruedenberg 提出一种比较简单的直接计算 D, 并使它取极大值以确定定域轨道的办法, 介绍如下:

先考虑只有两个轨道的情况. 设正则轨道为 ϕ_1 和 ϕ_2, 作变换

$$\begin{aligned} u_1 &= \phi_1 \cos\gamma + \phi_2 \sin\gamma \\ u_2 &= -\phi_1 \sin\gamma + \phi_2 \cos\gamma \end{aligned} \tag{13.6.22}$$

则

$$D(u_1, u_2) = D(\phi_1, \phi_2) + A_{12} + (A_{12}^2 + B_{12}^2)^{\frac{1}{2}} \cos 4(\gamma - \alpha) \tag{13.6.23}$$

式中

$$D(u_1, u_2) = (u_1^2|u_1^2) + (u_2^2|u_2^2)$$

$$D(\phi_1, \phi_2) = (\phi_1^2|\phi_1^2) + (\phi_2^2|\phi_2^2)$$

$$
\begin{aligned}
A_{12} &= (\phi_1\phi_2|\phi_1\phi_2) - \frac{1}{4}(\phi_1^2 - \phi_2^2|\phi_1^2 - \phi_2^2) \\
B_{12} &= (\phi_1^2 - \phi_2^2|\phi_1\phi_2) \\
\cos 4\alpha &= -\frac{A_{12}}{(A_{12}^2 + B_{12}^2)^{\frac{1}{2}}}
\end{aligned}
\tag{13.6.24}
$$

交换积分为

$$
(u_1u_2|u_1u_2) = (\phi_1\phi_2|\phi_1\phi_2) - \frac{1}{2}A_{12} - \frac{1}{2}(A_{12}^2 + B_{12}^2)^{\frac{1}{2}}\cos 4(\gamma - \alpha) \tag{13.6.25}
$$

显然, 当 $\gamma = \alpha,\ \alpha + \frac{\pi}{2},\ \alpha + \frac{3}{2}\pi$ 时, $D(u_1, u_2)$ 取极大值, 而当 $\gamma = \alpha + \frac{\pi}{4},\ \alpha + \frac{3}{4}\pi,\ \alpha + \frac{5}{4}\pi,\ \alpha + \frac{7}{4}\pi$ 时, $D(u_1, u_2)$ 取极小值, 即

$$
D_{\max}(u_1, u_2) = D(\phi_1, \phi_2) + A_{12} + (A_{12}^2 + B_{12}^2)^{\frac{1}{2}} \tag{13.6.26}
$$

$$
D_{\min}(u_1, u_2) = D(\phi_1, \phi_2) + A_{12} - (A_{12}^2 + B_{12}^2)^{\frac{1}{2}} \tag{13.6.27}
$$

交换积分则相应地取极小或极大值. 此时

$$
\begin{aligned}
u_1 &= \phi_1 \cos\alpha_0 + \phi_2 \sin\alpha_0 \\
u_2 &= -\phi_1 \sin\alpha_0 + \phi_2 \cos\alpha_0
\end{aligned}
\tag{13.6.28}
$$

α_0 可由以下方法求得. 先由 A_{12}, B_{12} 求得 $\cos 4\alpha_0$, 根据三角学公式, 容易求得

$$
\begin{aligned}
\cos\alpha_0 &= \sqrt{\frac{1}{2}\left\{1 \pm \left[\frac{1}{2}(1 + \cos 4\alpha_0)\right]^{\frac{1}{2}}\right\}} \\
\sin\alpha_0 &= \sqrt{1 - \cos^2\alpha_0}
\end{aligned}
\tag{13.6.29}
$$

显然, 两对中有一对使 $D(u_1, u_2)$ 取极大值, 就是满足条件

$$
4\cos\alpha_0 \sin\alpha_0(\cos^2\alpha_0 - \sin^2\alpha_0) = \sin 4\alpha_0 \tag{13.6.30}
$$

的一对 $(\cos\alpha, \sin\alpha_0)$.

现在考虑有 n 个轨道的情况. 取一对轨道 (ϕ_i, ϕ_j), 按上述方法变换, 使 D 取极大值. 容易看出, 在此过程中, $\sum\limits_{\substack{n<m\\ n\neq i\\ m\neq j}}(\phi_n\phi_m|\phi_n\phi_m)$ 与 $\sum\limits_{n\neq i,j}[(\phi_n\phi_i|\phi_n\phi_i) + (\phi_n\phi_j|\phi_n\phi_j)]$ 是保持不变的, 所以交换积分的总变化等于 $(\phi_i\phi_j|\phi_i\phi_j)$ 单独的变化, 也就是说, $[(\phi_i^2|\phi_i^2) + (\phi_j^2|\phi_j^2)]$ 的变化等于 D 的变化. 设我们已先求出正则轨道的 D. 变换

一对 (ϕ_i,ϕ_j), 求出 D 的增量 $[D(u_i,u_j)-D(\phi_i,\phi_j)]$, 加到 D 上去, 再处理另一对 (ϕ_i,ϕ_j), 求更大的 D 值. 将所有 (ϕ_i,ϕ_j) 对处理完一遍之后 [作 $n(n-1)/2$ 次变换] 再作第二遍逐对变换, 直到 D 的增量都小于某一数值为止. 将变换过程的矩阵乘起来, 就得到从 CMO 到 LMO 的变换矩阵, 从而求得 LMO 的 LCAO 表达式.

Edmiston-Ruedenberg 的计算方法类似于 Jacobi 方法, 其数值过程稳定, 收敛也较快, 一般经 5~8 次迭代即达到要求. 但需要的计算时间大约正比于基函数数目的六次方, 用于大分子是很费时间的.

表 13.6.1 是用 Edmiston-Ruedenberg 方法处理水分子得到的结果. 从正则轨道变到定域轨道, 总交换能从 0.6573 a.u. 降到 0.3441 a.u.. 从定域轨道的 LCAO 展开系数可以清楚看出各定域轨道的特征.

表 13.6.1 水分子的定域轨道*

(a) 从正则轨道到定域轨道的变换矩阵

正则轨道 \ 定域轨道	i (氧内层轨道)	l_1 (氧孤对电子)	l_2	b [O—H$^{(1)}$]	b [O—H$^{(2)}$]
$1a_1$	0.990	−0.090	−0.090	−0.044	−0.044
$2a_1$	0.127	0.424	0.424	0.559	0.559
$3a_1$	0.063	0.559	0.559	−0.432	−0.432
$1b_2$	0	0	0	0.707	−0.707
$1b_1$	0	0.707	−0.707	0	0

(b) 定域轨道的 LCAO 展开系数

轨　道	i	l_1	l_2	b[O—H$^{(1)}$]	b[O—H$^{(2)}$]
O_{1s}	0.992	0.095	0.095	0.014	0.014
O_{2s}	−0.120	0.653	0.653	0.226	0.226
O_{2p_z}	0.035	−0.376	−0.376	0.414	0.414
O_{2p_x}	0	0	0	0.412	−0.412
O_{2p_y}	0	0.707	−0.707	0	0
$H_{1s}^{(1)}$	−0.004	−0.102	−0.102	0.566	−0.160
$H_{1s}^{(2)}$	−0.004	−0.102	−0.102	−0.160	0.566

* y 轴垂直分子平面, z 轴为二重轴.

Edmiston-Ruedenberg 方法计算得到的定域轨道与用 Boys 方法得到的“重心互斥”轨道很接近. 前者比后者计算量大得多, 但有较好的理论依据, 因此常被取作检验其他方法优劣的“基准”. 它不但可用于单行列式波函数, 也可用于多行列式波函数, 还可以只将一部分正则轨道变换为定域轨道而保持另一部分正则轨道不动. 用这个方法求得的定域轨道自然满足分子对称性的要求, 还能得到只根据对称性等价准则得不到的一些有意思的结果. 例如, 对乙烯中的 C═C 双键早就提出过两种表达方式, 即 σ 键 (由 sp^2 杂化轨道组成) 加 π 键 (由 p_z 轨道组成), 或者两个等价的弯 (香蕉) 键. 用 Edmiston-Ruedenberg 方法得到的结果是, 除碳的内层 1s

轨道以外，乙烯中存在四个 C—H σ 键和两个 C═C 间的弯键. 类似地，对乙炔求得的结果是有两个 C—H σ 键、三个 C—C 间弯键和各个碳原子的内层 1s 轨道[72]. 对二硼烷的计算结果也是有意思的[73]，它表明除了硼内层 1s 轨道和四个 B—H σ 端键以外，还存在两个 B—H—B 三中心键.

能量定域轨道与化学家提出来的用以解释分子几何构型的“电子对排斥模型”显然有密切的联系. 极端的定域轨道描述 (完全消除交换积分) 使电子间的排斥能量取经典的表达式

$$V_{\text{e-e}} = \sum_i \int \frac{u_i^2(1)u_i^2(2)}{r_{12}} \mathrm{d}\tau_1 \mathrm{d}\tau_2 + 2\sum\sum_{i \neq j} \frac{u_i^2(1)u_j^2(2)}{r_{12}} \mathrm{d}\tau_1 \mathrm{d}\tau_2 \tag{13.6.31}$$

为了使电子排斥能降低，各定域轨道要尽可能地远离，从而决定分子的几何构型. 这可以作为对“电子对排斥模型”的理论说明.

值得指出的是，不可能将共轭 π 轨道变换成良好地定域于两个原子之间的定域轨道. 例如，对于苯，若将它的三个占据 π 分子轨道除外，其余正则轨道可以变换成良好定域的六个 C—C σ 键、六个 C—H σ 键和各碳原子的内层 1s 轨道. 但三个占据 π 轨道却不能变换成三个良好定域于两个碳原子之间的轨道 (每个“定域”轨道至少明显地散布到三个碳原子上)[74]. 这说明对于具有离域键 (共轭 π 键) 的化合物，不可能只用定域轨道作满意的描述. 这与化学家早就发现了的事实是一致的. 因此“能量定域轨道”与化学家传统的定域化学键相当接近.

除 Boys 的轨道重心互斥准则和 Ruedenberg 的能量定域准则定域化方法以外，人们还提出过其他多种方法. 例如，von Niessen 提出不同轨道间电荷密度重叠最小的“密度定域准则”[75]. 轨道电子云密度的重叠积分为

$$[i^2j^2] \equiv \int |\phi_i|^2 |\phi_j|^2 \mathrm{d}\tau \tag{13.6.32}$$

式中，$\{\phi_i\}$ 是占据分子轨道. 电荷密度重叠积分总和为

$$\sum_i \sum_j [i^2j^2] = \sum_i [i^2i^2] + 2\sum\sum_{i<j} [i^2j^2] \tag{13.6.33}$$

式 (13.6.33) 左边$\sum_i \sum_j [i^2j^2]$ 项对于占据分子轨道的酉变换不变，但是右边的 $\sum_i [i^2i^2]$ 项和 $2\sum\sum_{i<j}[i^2j^2]$ 项则不是不变的. von Niessen 的“密度定域准则”就是使 $2\sum\sum_{i<j}[i^2j^2]$ 项最小化，即 $\min\left\{\sum\sum_{i<j}[i^2j^2]\right\}$，但最小化 $\sum\sum_{i<j}[i^2j^2]$ 意味着最大化 $\sum_i [i^2i^2]$ 项. 因此，“密度定域准则”也可定义为最大化 $\sum_i [i^2i^2]$ 项. 设

密度定域轨道 $\{u_i\}$ 满足正交条件, 则

$$D[\{u_i\}] \equiv \sum_i \int |u_i|^2|u_i|^2 \mathrm{d}\tau = \max \sum_i \left[i^2 i^2\right] \tag{13.6.34}$$

式 (13.6.34) 与“能量定域准则”的式 (13.6.11) 相当, 只是被积函数中没有电子排斥算符 $1/r_{ij}$. von Niessen 用与计算能量定域轨道完全类似的方法计算密度定域轨道. 对一系列分子计算得到的定域轨道与相应的能量定域轨道很接近, 而由于不涉及电子排斥积分, 计算量大幅度减少. 不过, 可能由于“密度定域准则”的物理意义没有“能量定域准则”明确, von Niessen 提出的方法没有得到广泛应用.

Reed 和 Weinhold 则提出自然定域轨道方法[76]. 以闭壳层分子为例, 说明如下: 首先利用自洽场计算得到的密度矩阵造出正交归一化的自然原子轨道 (NAO, 分为强占据轨道和弱占据轨道两组, 参看 13.5.5 节), 然后将密度矩阵转换为以 NAO 为基, 构造自然键轨道 NBO, 其中电子布居数接近 2 的强占据轨道的数目等于占据分子轨道的数目; 电子布居数很小的弱占据轨道与非占据轨道数目相等 (参见 13.5.5 节). 由于强占据自然键轨道的电子布居数并不严格等于 2, 由强占据自然键轨道构成的空间与分子的占据轨道空间并不完全重合. 将密度矩阵转换成以自然键轨道为基时, 在强占据轨道与弱占据轨道之间以及弱占据轨道彼此之间的矩阵元将会有小的数值. 通过 Jacobi 旋转变换将这些小的矩阵元变为零, 密度矩阵即对角化并且只有占据轨道的对角元不为零, 其本征矢即为自然定域轨道. 对一些分子的计算表明除多重键的弯键以外, 自然定域轨道与 Boys 定域轨道或 E-R 定域轨道很接近. 构造自然定域轨道的计算量较小, 可用于处理较大的分子体系.

13.6.3 紧缩的非正交定域轨道

上面介绍的几种定域轨道都是正交化的, 称为正交定域轨道 (OLMO). 虽然其主体部分与化学家传统的定域 (或者局部离域) 化学键的图像一致, 但并不像化学家想像中的定域键那样分布在空间不同区域, 彼此不交叠. 由于正交化的要求, 存在“正交化尾巴”, 不同正交定域轨道之间有相当大的交叠, 严格说来还是离域的, 电荷分布在相当宽空间范围内. 为了得到与传统化学键更一致的图像, 很早就有人想构造非正交化定域轨道, 甩掉“正交化尾巴”. 近年来量子化学计算要求发展大体系的高精度算法, 对大体系的线性标度算法成为量子化学研究的热点之一. 采用线性标度算法, 在体系大到一定程度以后其计算量只是随原子数目线性地增大, 因此可以处理很大的分子. 线性标度算法是以稳态体系中电子运动具有局域性的概念为基础的, 要设定局域区的大小, 在局域区之外将一些按指数衰减的量忽略掉 (假设为零). 为此需要采用定域轨道基组, 轨道定域化程度越高, 对线性标度算法越有利. 采用定域轨道基组也有利于大体系电子相关能的计算 (参看第 14 章). 正交定

域轨道由于带有“正交化尾巴”，降低了轨道的局域性和可移植性，对提高线性标度计算和相关能计算效率的作用大受影响. 非正交定域轨道比正交定域轨道更加定域化，具有更强的可移值性. 因此，构造非正交定域轨道又成为人们关注的研究课题.

构造非正交定域轨道的方法大致可以分为两类. 第一类是将分子分成若干区，对每个区均采用中心在该区内的基函数构成变分空间，通过能量极小化求出定域在该区内的轨道. 定域于不同区的轨道是不正交的，不存在“正交化尾巴”. 例如，Altona 等[77] 提出的“严格定域化轨道”，Hall 等[78] 提出的“极端定域化分子轨道”等. 第二类是通过不附加正交化条件的线性变换构造与正则分子轨道等价的非正交定域轨道. 例如，Lipscomb 等[79] 提出的“Hartree 能量极小化”方法和杨伟涛等[80] 提出的“延伸度极小化”方法. 第一类方法的主观任意性太强，并且存在基组截断误差，得到的只是近似的定域轨道，这里不作进一步的介绍，下面只讨论第二类方法.

Lipscomb 等采用“Hartree 能量极小化”的定域准则构造非正交定域轨道. 以含 n 个电子的闭壳层分子为例说明如下：设自洽场计算得到的 Hartree-Fock 正则占据分子轨道为 $\{\phi_k, k = 1, \cdots, n/2\}$, $\langle\phi_k|\phi_l\rangle = \delta_{kl}$. 记 Hartree 乘积函数为 $\varPhi(1,2,\cdots,n) = \overline{\phi}_1(1)\alpha(1)\overline{\phi}_1(2)\beta(2)\cdots\overline{\phi}_n(n-1)\alpha(n-1)\overline{\phi}_n(n)\beta(n)$, 式中，$\{\overline{\phi}_k, k = 1, \cdots, n/2\}$ 与 $\{\phi_k, k = 1, \cdots, n/2\}$ 存在非奇异线性变换关系. 相应的能量泛函为

$$\langle\varPhi|\hat{\boldsymbol{H}}|\varPhi\rangle = \sum_i\{2\langle\overline{\phi}_i|\hat{\boldsymbol{h}}|\overline{\phi}_i\rangle + [\overline{\phi}_i\overline{\phi}_i|\overline{\phi}_i\overline{\phi}_i]\} + \sum_{i\neq j}2[\overline{\phi}_i\overline{\phi}_i|\overline{\phi}_j\overline{\phi}_j] \tag{13.6.35}$$

式中，$\hat{\boldsymbol{h}}$ 是单粒子 Hamilton 算符，$[\overline{\phi}_i\overline{\phi}_j|\overline{\phi}_k\overline{\phi}_l] \equiv \langle\overline{\phi}_i\overline{\phi}_j|r_{12}^{-1}|\overline{\phi}_k\overline{\phi}_l\rangle$ 是电子排斥积分. 若在正交归一条件约束下极小化泛函 $\langle\varPhi|\hat{\boldsymbol{H}}|\varPhi\rangle$，将得到一个方程组

$$\hat{\boldsymbol{H}}_i|\overline{\phi}_i\rangle = \sum_j\overline{\phi}_j\lambda_{ji} \qquad \lambda_{ij} = \lambda_{ji} \tag{13.6.36}$$

这里 $\hat{\boldsymbol{H}}_i$ 是 Hartree 算符

$$\hat{\boldsymbol{H}}_i = \hat{\boldsymbol{h}} + \hat{\boldsymbol{J}}_i + \sum_{j\neq i}2\hat{\boldsymbol{J}}_j \tag{13.6.36a}$$

λ_{ij} 是为保持轨道正交性而引入的 Lagrange 乘子. 由 Lagrange 乘子矩阵的对称性可知

$$\langle\overline{\phi}_i|\hat{\boldsymbol{H}}_j|\overline{\phi}_j\rangle = \langle\overline{\phi}_j|\hat{\boldsymbol{H}}_j|\overline{\phi}_i\rangle \tag{13.6.36b}$$

式 (13.6.36b) 与能量定域准则的式 (13.6.17) 是一致的. 如果去掉正交条件，仅在归一化条件下极小化泛函 $\langle\varPhi|\hat{\boldsymbol{H}}|\varPhi\rangle$，则得到 Hartree 方程

$$\hat{\boldsymbol{H}}_i|\overline{\phi}_i\rangle = \overline{\phi}_i\varepsilon_i \tag{13.6.37}$$

这里 $\hat{\boldsymbol{H}}_i$ 仍为 Hartree 算符, ε_i 是为了保持轨道归一化引入的 Lagrange 乘子. 但通过从 $\{\phi_k, k=1,\cdots,n/2\}$ 到 $\{\overline{\phi}_k, k=1,\cdots,n/2\}$ 的变换使泛函 $\langle\Phi|\hat{\boldsymbol{H}}|\Phi\rangle$ 取最小值, 结果是最终得到的线性变换矩阵通常是奇异的, 得到非正交定域轨道线性相关, 违反 Pauli 原理. 为了获得合理的非正交定域轨道 $\{\overline{\phi}_k, k=1,\cdots,n/2\}$, Lipscomb 等采用以下变分泛函 W:

$$W=|\boldsymbol{S}|^2\langle\Phi|\hat{\boldsymbol{H}}|\Phi\rangle-2\sum_{k=1}^{n/2}\langle\overline{\phi}_k|\overline{\phi}_k\rangle\varepsilon_k \tag{13.6.38}$$

式中, 重叠矩阵 $\boldsymbol{S}$ 的元素为 $S_{kl}=\langle\overline{\phi}_k|\overline{\phi}_l\rangle$, $|\boldsymbol{S}|^2$ 是非定域轨道重叠矩阵行列式的平方, ε_k 是对归一化条件引入的 Lagrange 乘子. 引入 $|\boldsymbol{S}|^2$ 是为了防止出现奇异线性变换矩阵. 极小化泛函 W 得到方程组 [式 (13.6.39)], 称为“Pauli 限制的 Hartree 方程”

$$|\boldsymbol{S}|^2\left(\hat{\boldsymbol{H}}_i|\phi_i\rangle+\sum_j|\phi_j\rangle(\boldsymbol{S}^{-1})_{ji}\langle\Phi|\hat{\boldsymbol{H}}|\Phi\rangle\right)=\varepsilon_i|\phi_i\rangle \tag{13.6.39}$$

在 H-F 占据空间内解方程式 (13.6.39), 即可得到使 Hartree 能量极小化的非正交定域轨道, 称为 VDHPO(variationally deorthogonalized Hartree product orbitals). 推广到 Edmidton-Ruedenberg 能量定域准则, 极大化泛函 $D=|\boldsymbol{S}|^2\sum_k[\phi_k\phi_k|\phi_k\phi_k]-2\sum_k\langle\phi_k|\phi_k\rangle d_k$, 得到 Edmidton-Ruedenberg 能量定域准则的非正交定域轨道, 称为 VDERO; 推广到 Foster-Boys 轨道重心互斥定域准则, 极大化泛函 $B=|\boldsymbol{S}|^2\sum_{k>l}(\langle\phi_k|\hat{\boldsymbol{r}}|\phi_k\rangle-\langle\phi_l|\hat{\boldsymbol{r}}|\phi_l\rangle)^2-2\sum_k\langle\phi_k|\phi_k\rangle b_k$, 得到 Foster-Boys 定域准则的非正交定域轨道, 称为 VDBLO. Lipscomb 等用上述方法得到了线性独立的非正交定域轨道, 但对一系列小分子的实际计算结果表明, 非正交与正交化定域轨道的差别相当小, 因此认为采用非正交定域轨道没有多少优越性.

杨伟涛等[80] 认为 Lipscomb 等得到的非正交定域轨道和正交化定域轨道差别不大是因为采用 $|\boldsymbol{S}|^2$ 防止得到的非定域轨道线性相关: 最小化泛函 W 或者 D、B 时 $|\boldsymbol{S}|^2$ 趋于 1, 即非定域轨道趋于正交化. 杨伟涛等提出用轨道延伸度 Ω 来表征轨道定域的程度

$$\Omega[\phi]\equiv\sum_{k=1}^{\text{occ}}\frac{\langle\phi_k|(\boldsymbol{r}-\overline{\boldsymbol{r}}_k|)^2|\phi_k\rangle}{\langle\phi_k|\phi_k\rangle} \tag{13.6.40}$$

式中, $\phi\equiv\{\phi_k\}$ 是一组占据的定域轨道. 可以证明, 在 $\{\phi_k\}$ 为正交化轨道的情况下, 极小化泛函 $\Omega[\phi]$ 与 Boys 定域准则等价, 但放弃正交化约束, 两者并不等价. 考虑闭壳层分子, 设 $\{\psi_i=1,\cdots,n/2\}$ 为一组占据正则分子轨道 (CMO), n 是分子中的

电子数. $\{\psi_i\}$ 满足正交归一条件

$$\langle\psi_i|\psi_j\rangle = \delta_{ij} \tag{13.6.41}$$

由 $\{\psi_i\}$ 张成的占据轨道空间对于任意的非奇异线性变换是不变的. 选择适当的 $(n/2\times n/2)$ 非奇异变换矩阵 $\boldsymbol{A}$, 可以将正则轨道变换为一组定域分子轨道 $\{\phi_k, k = 1,\cdots,n/2\}$

$$\phi_k = \sum_{i=1}^{n/2}\psi_i A_{ik} \tag{13.6.42}$$

$\{\phi_k\}$ 满足归一化条件

$$\langle\phi_k|\phi_k\rangle = 1 \qquad (k = 1,2,\cdots,n/2) \tag{13.6.43}$$

$\{\phi_k\}$ 和 $\{\psi_i\}$ 两组轨道构成的单行列式波函数是完全等价的. 若 $\{\phi_k\}$ 同时还满足正交化条件

$$\langle\phi_k|\phi_l\rangle = \delta_{kl} \qquad (k,l = 1,2,\cdots,n/2) \tag{13.6.44}$$

则 $\{\phi_k\}$ 为正交定域轨道 (OLMO). 用轨道延伸度 $\Omega[\phi]$ 衡量轨道的定域程度, 由式 (13.6.40) 得

$$\Omega[\phi] = \sum_{k=1}^{n/2}\langle\phi_k|(\boldsymbol{r}-\overline{\boldsymbol{r}}_k)^2|\phi_k\rangle = \sum_{k=1}^{n/2}\left[\langle\phi_k|\boldsymbol{r}^2|\phi_k\rangle - (\langle\phi_k|\boldsymbol{r}|\phi_k\rangle)^2\right] \tag{13.6.45}$$

式中, $\boldsymbol{r}$ 是位置矢量, 有 x,y,z 三个分量, $\overline{\boldsymbol{r}}_k$ 是 ϕ_k 的重心

$$\overline{\boldsymbol{r}}_k = \langle\phi_k|\boldsymbol{r}|\phi_k\rangle \tag{13.6.45a}$$

用矩阵表示, 式 (13.6.45) 可以写成

$$\Omega[\boldsymbol{A}] = \sum_{k=1}^{n/2}\{(\boldsymbol{A}^{\mathrm{T}}\boldsymbol{R}^2\boldsymbol{A})_{kk} - [(\boldsymbol{A}^{\mathrm{T}}\boldsymbol{R}\boldsymbol{A})_{kk}]^2\} = \sum_{k=1}^{n/2}\Omega_k[\boldsymbol{a}_k] \tag{13.6.46}$$

式中

$$(\boldsymbol{R}^2)_{ij} = \langle\psi_i|\boldsymbol{r}^2|\psi_j\rangle = \langle\psi_i|x^2+y^2+z^2|\psi_j\rangle \tag{13.6.46a}$$

$$(\boldsymbol{R})_{ij} = \{\langle\psi_i|x|\psi_j\rangle, \langle\psi_i|y|\psi_j\rangle, \langle\psi_i|z|\psi_j\rangle\} \tag{13.6.46b}$$

$$\Omega_k[\boldsymbol{a}_k] = \boldsymbol{a}_k^{\mathrm{T}}\boldsymbol{R}^2\boldsymbol{a}_k - (\boldsymbol{a}_k^{\mathrm{T}}\boldsymbol{R}\boldsymbol{a}_k)^2 \tag{13.6.46c}$$

$\boldsymbol{a}_k$ 是矩阵 $\boldsymbol{A}$ 的第 k 列矢量. 归一化条件式 (13.6.44) 可写成

$$\boldsymbol{a}_k^{\mathrm{T}}\boldsymbol{a}_k = \sum_{i=1}^{n/2}(A_{ik})^2 = 1 \tag{13.6.44a}$$

获得延伸度小的定域轨道的办法就是在保持变换矩阵 $\boldsymbol{A}$ 非奇异和 $\{\phi_k\}$ 归一化的条件下优化矩阵 $\boldsymbol{A}$, 使得轨道延伸度泛函 $\Omega[\boldsymbol{A}]$ 达到最小. 文献 [80] 采用了在优化过程中强制矩阵 $\boldsymbol{A}$ 满秩来保证 $\boldsymbol{A}$ 为非奇异矩阵, 即令矩阵 $\boldsymbol{A}$ 的秩恒满足 $\mathrm{rank}(\boldsymbol{A}) = n/2$. $\mathrm{rank}(\boldsymbol{A})=\mathrm{rank}(\boldsymbol{A}^{\mathrm{T}}\boldsymbol{A})$, 故优化过程可以表示为

$$\min_{\sum_i^{n/2}(A_{ik})^2=1} \{[\Omega[\boldsymbol{A}] + C_\alpha[n/2 - \mathrm{rank}(\boldsymbol{A}^{\mathrm{T}}\boldsymbol{A})]^2\} \tag{13.6.47}$$

式中, $C_\alpha[n/2-\mathrm{rank}(\boldsymbol{A}^{\mathrm{T}}\boldsymbol{A})]^2$ 是使 $\boldsymbol{A}$ 保持其秩为 $n/2$ 的罚函数, C_α 是罚函数系数, 取为 1000. 对一系列分子进行计算的结果表明, 得到的非正交定域轨道比正交定域轨道定域程度高得多, 延伸度收缩了 10%~20%, 平均 17% 左右, 故称之为紧缩定域轨道. 与 Lipscomb 等人得到的结果不同, 得到的定域轨道明显偏离正交, 但仍然保持线性独立.

上述方法的优化过程不稳定, 开始时认为是由于泛函有多个极小值造成的. 但进一步的研究表明保持线性变换矩阵满秩的约束条件不能保证稳定地获得合理的 (与传统化学键图像一致的) 定域轨道[81]. 因为轨道的延伸度是 $|\boldsymbol{S}|^{2/n}$ 的单调下降函数, 当 $|\boldsymbol{S}|^{2/n}$ 在 (0,1) 区间内变化时没有极值. 只要 $|\boldsymbol{S}|^{2/n} > 0$, 理论上定域轨道都线性独立, 变换矩阵 $\boldsymbol{A}$ 都是满秩的. 但当 $|\boldsymbol{S}|^{2/n}$ 小于某个阈值 h 以后, 定域轨道的线性独立是病态的, 优化过程极不稳定; 当 h 值接近 0 时, 所有轨道都向较重原子的最紧缩轨道塌缩, 无法得到合理的定域轨道.

研究发现[82], 将非正交定域轨道的重心固定在相应正交定域轨道的重心上, 使轨道延伸度泛函 $\Omega[\boldsymbol{A}]$ 极小化可以稳定地得到收缩度高的合理非正交定域轨道. 轨道重心为

$$\overline{\boldsymbol{r}}_k = \langle\phi_k|\boldsymbol{r}|\phi_k\rangle = \boldsymbol{a}_k^{\mathrm{T}}\boldsymbol{R}\boldsymbol{a}_k \tag{13.6.48}$$

约束条件为

$$\overline{\boldsymbol{r}}_k - \overline{\boldsymbol{r}}_{k0} = 0 \qquad (k = 1, 2, \cdots, n/2) \tag{13.6.49}$$

$\overline{\boldsymbol{r}}_{k_0}$ 是相应正交定域轨道的重心,

$$\overline{\boldsymbol{r}}_{k0} = \langle\phi_{k0}|\boldsymbol{r}|\phi_{k0}\rangle = \boldsymbol{a}_{k0}^{\mathrm{T}}\boldsymbol{R}\boldsymbol{a}_{k0} \tag{13.6.50}$$

式中, ϕ_{k0} 是第 k 个正交定域轨道, $\boldsymbol{a}_{k0}$ 是由正则轨道到 ϕ_{k0} 的变换列矢量. 由于延伸度泛函 $\Omega[\boldsymbol{A}]$ 和约束条件相对于矢量 $\boldsymbol{a}_k$ 都没有交叉项, 对每个 ϕ_k 可以在各自的约束下单独优化各个 $\Omega_k[\boldsymbol{a}_k]$, 然后将所有的 $\Omega_k[\boldsymbol{a}_k]$ 相加得到总的 $\Omega[\boldsymbol{A}]$, 将一个 $(n/2 \times n/2)$ 维的优化问题简化为 $n/2$ 个独立的 $n/2$ 维优化问题. 采用 Lagrange 乘子–罚函数法处理上述约束优化问题, 定义变分泛函为

$$\begin{aligned} W[\boldsymbol{a}_k, \boldsymbol{\lambda}] = {} & \Omega_k[\boldsymbol{a}_k] - \lambda_1(\boldsymbol{a}_k^{\mathrm{T}}\boldsymbol{X}\boldsymbol{a}_k - x_{k0}) - \lambda_2(\boldsymbol{a}_k^{\mathrm{T}}\boldsymbol{Y}\boldsymbol{a}_k - y_{k0}) - \lambda_3(\boldsymbol{a}_k^{\mathrm{T}}\boldsymbol{Z}\boldsymbol{a}_k - z_{k0}) \\ & - \lambda_4(\boldsymbol{a}_k^{\mathrm{T}}\boldsymbol{a}_k - 1) - \eta[(\boldsymbol{a}_k^{\mathrm{T}}\boldsymbol{X}\boldsymbol{a}_k - x_{k0})^2 + (\boldsymbol{a}_k^{\mathrm{T}}\boldsymbol{Y}\boldsymbol{a}_k - y_{k0})^2 \\ & + (\boldsymbol{a}_k^{\mathrm{T}}\boldsymbol{Z}\boldsymbol{a}_k - z_{k0})^2 + (\boldsymbol{a}_k^{\mathrm{T}}\boldsymbol{a}_k - 1)^2] \end{aligned} \tag{13.6.51}$$

式中, $\boldsymbol{\lambda}$ 是由 4 个 Lagrange 乘子构成的列矢量, $\boldsymbol{\lambda}=[\lambda_1,\lambda_2,\lambda_3,\lambda_4]^{\mathrm{T}}$, η 是罚函数项的系数, 对收敛结果没有影响, 取为一个充分大的常数 (如 20~50) 即可. $\boldsymbol{X},\boldsymbol{Y},\boldsymbol{Z}$ 是矩阵 $\boldsymbol{R}$ 的三个分量, x_{k0},y_{k0},z_{k0} 是 $\bar{\boldsymbol{r}}_{k0}$ 的三个分量. 优化过程如下：对于第 k 个轨道，选定一组 $\boldsymbol{\lambda}^{(1)}=[\lambda_1^{(1)},\lambda_2^{(1)},\lambda_3^{(1)},\lambda_4^{(1)}]^{\mathrm{T}}$ 作为初始 Lagrange 乘子值作为参数, 用以优化泛函 $W[\boldsymbol{a}_k,\boldsymbol{\lambda}^{(1)}]$ 直至收敛. 然后更新 $\boldsymbol{\lambda}$ 乘子, 以新的乘子 $\boldsymbol{\lambda}^{(2)}=[\lambda_1^{(2)},\lambda_2^{(2)},\lambda_3^{(2)},\lambda_4^{(2)}]^{\mathrm{T}}$ 为参数优化 $W[\boldsymbol{a}_k,\boldsymbol{\lambda}^{(2)}]$; 如此继续下去, 直至得到一组合适的乘子 $\boldsymbol{\lambda}^f$, $W[\boldsymbol{a}_k,\boldsymbol{\lambda}^f]$ 的极值点同时满足约束条件式 (13.6.44a) 和式 (13.6.49). 此时, $W[\boldsymbol{a}_k,\boldsymbol{\lambda}]$ 关于 $\boldsymbol{a}_k$ 的极值点也就是 $\Omega_k[\boldsymbol{a}_k]$ 在指定约束下的极值点, 从而求得第 k 个非正交定域轨道的变换列矢量 $\boldsymbol{a}_k$. 对每一个轨道重复上面的过程, 最后求得总的 $\Omega[\boldsymbol{A}]$ 和变换矩阵 $\boldsymbol{A}$.

对一系列分子进行计算, 将轨道重心固定在 Boys 重心互斥轨道的重心上优化延伸度泛函 $\Omega[\boldsymbol{A}]$, 得到延伸度比正交定域轨道的显著缩小的结果, 如表 13.6.2 所示. 但预先找出 Boys 重心互斥轨道对于较大的分子计算量较大. 确定正交自然键轨道的重心计算量要小得多, 方法如下[83]：

设分子轨道计算用的基组为 $\{\chi_\mu,\mu=1,2,\cdots,m\}$, $\boldsymbol{P}$ 为计算得到分子的密度矩阵, 有

$$\boldsymbol{P}=2\boldsymbol{C}_0\boldsymbol{C}_0^{\mathrm{T}} \tag{13.6.52}$$

式中, $\boldsymbol{C}_0$ 是 $(m\times n/2)$ 阶的占据正则轨道组合系数矩阵, 满足条件

$$\boldsymbol{C}_0^{\mathrm{T}}\boldsymbol{S}\boldsymbol{C}_0=\boldsymbol{I} \tag{13.6.53}$$

$\boldsymbol{S}$ 和 $\boldsymbol{I}$ 分别是基组重叠矩阵和单位矩阵. 容易看出

$$\left(\frac{1}{2}\boldsymbol{PS}\right)^2=\left(\frac{1}{2}\boldsymbol{PS}\right) \tag{13.6.54}$$

即 $\frac{1}{2}\boldsymbol{PS}$ 具有幂等性, 为占据空间投影算符. 电子布居矩阵为

$$\boldsymbol{D}=\boldsymbol{SPS} \tag{13.6.55}$$

$$\boldsymbol{DC}_0=2\boldsymbol{SC}_0 \tag{13.6.56}$$

广义本征方程式 (13.6.56) 的本征值为轨道的电子占据数. 由电子布居矩阵 $\boldsymbol{D}$ 计算出全部自然键轨道, 将其组合系数排在一起, 可得到 $(m\times n/2)$ 阶的自然键轨道系数矩阵 $\boldsymbol{C}_{\mathrm{NBO}}$. 设 $\boldsymbol{A}$ 为从正则轨道系数矩阵 $\boldsymbol{C}_0$ 到 $\boldsymbol{C}_{\mathrm{NBO}}$ 的非奇异线性变换矩阵

$$\boldsymbol{C}_0\boldsymbol{A}=\boldsymbol{C}_{\mathrm{NBO}} \tag{13.6.57}$$

由于 NBO 的占据数一般不严格等于 2, 它们可能不完全在分子的占据轨道空间之内, 要用投影算符将其在占据分子轨道中的成分投影出来并重新归一化, 得

$$\boldsymbol{C}_0\boldsymbol{A} = \left[\frac{1}{2}\boldsymbol{PSC}_{\mathrm{NBO}}\right]_{\text{归一化}} \equiv \boldsymbol{C}_{\mathrm{NBO}}^{M} \tag{13.6.58}$$

用 $\boldsymbol{C}_0^{\mathrm{T}}\boldsymbol{S}$ 左乘式 (13.6.58) 两边, 可得

$$\boldsymbol{A} = \boldsymbol{C}_0^{\mathrm{T}}\boldsymbol{SC}_{\mathrm{NBO}}^{M} \tag{13.6.59}$$

由 $\boldsymbol{A}$ 即可计算 NBO 的重心. 按上面叙述的方法, 将非定域轨道的重心固定于 NBO 的重心上, 对有不同类型化学键的一系列分子进行计算, 结果表明, 得到的 NOLMO 空间分布合理, 轨道紧缩程度很接近已有的最佳结果, 而计算量比已有方法大幅度降低, 可以用来处理很大的分子体系. 结果也列于表 13.6.2.

表 13.6.2 一些分子的非定域轨道延伸度计算结果

分 子	$\Omega[\boldsymbol{A}]$ (OLMO)[1)]	$\Omega_{\min}[\boldsymbol{A}]$ (NOLMO)[2)]	$\Omega_{\min}[\boldsymbol{A}]$ (NOLMO)[3)]	$\Omega_{\min}[\boldsymbol{A}]$ (NOLMO)[4)]	$\Omega[\boldsymbol{A}]$ (CMO)[5)]
CH_4	10.1237	9.1373(9.7)	9.1352(49.2)	10.1369(43.7)	17.9968
NH_3	8.5559	7.1878(16.0)	7.2821(41.0)	8.6416(30.0)	12.3494
H_2O	6.8070	5.4160(20.4)	5.4939(39.7)	6.8602(24.7)	9.1099
HF	5.0785	3.9076(23.1)	3.9276(39.3)	5.0903(21.4)	6.4738
B_2H_6	17.4636	16.3315(6.5)	16.3294(72.6)	17.5673(70.6)	59.6657
C_2H_6	17.9586	15.8088(12.0)	15.5549(69.8)	17.5199(66.0)	51.5812
C_2H_4	15.6235	13.3129(14.8)	13.2113(67.5)	15.6623(61.5)	40.6860
C_2H_2	14.0834	10.9172(22.0)	11.0198(63.4)	14.1189(53.1)	30.1110
C_4H_6	29.5920	24.4310(17.5)	24.2060(85.4)	29.6391(82.2)	166.342
C_6H_6	47.4402	35.5954(25.0)	···	···	···
CH_3OH	···	···	12.1669(65.1)	14.3303(58.9)	34.8998
C_4H_4O	32.6692	25.4149(22.2)	···	···	···
$B_3N_3H_6$	38.0855	30.2702(20.5)	···	···	···
CO_3^{2-}	23.1233	17.0420(26.3)	···	···	···
NO_3^-	22.2430	16.2868(26.8)	···	···	···
$C_{10}H_{22}$	···	···	68.2345(96.3)	78.2963(95.8)	1865.50
平均值%		18.78			

1) Boys 重心互斥轨道 (OLMO, 正交定域轨道).

2) 轨道重心固定在相应 Boys-OLMO 重心上的非正交定域轨道 (括号内给出 $\Omega[\boldsymbol{A}]$ 相对于 OLMO 减少的百分数).

3) 轨道重心固定在相应 NBO-OLMO 重心上的非正交定域轨道 (括号内给出 $\Omega[\boldsymbol{A}]$ 相对于 CMO 减少的百分数).

4) 自然键轨道 (NBO, 括号内给出 $\Omega[\boldsymbol{A}]$ 相对于 CMO 减少的百分数).

5) 正则轨道 (CMO).

图 13.6.1 和图 13.6.2 分别给出乙烯和乙硼烷的定域轨道剖面等值线图. 图 13.6.1 显示了乙烯 C—C 键定域轨道的香蕉键图像. 对于乙烯的双键, 定域轨道显示的是两个对称的弯键. 一般在化学键理论中认为双键分为不等价的 σ 键和 π 键,

两者中心都在键轴中心. 如果将 σ 键和 π 键分开处理也可以得到 σ − π 键分开的图像. 实际上, 正则轨道更能够反映分子中与能量相关的性质, 定域轨道反映分子电子云空间分布更直观, 两者对于分子性质的描述是等价的. 图 13.6.2 清晰地反映了 B_2H_6 分子的 B—H—B 三中心键, 可以看到, 轨道的中心正好在处于桥中间位置的 H 原子上.

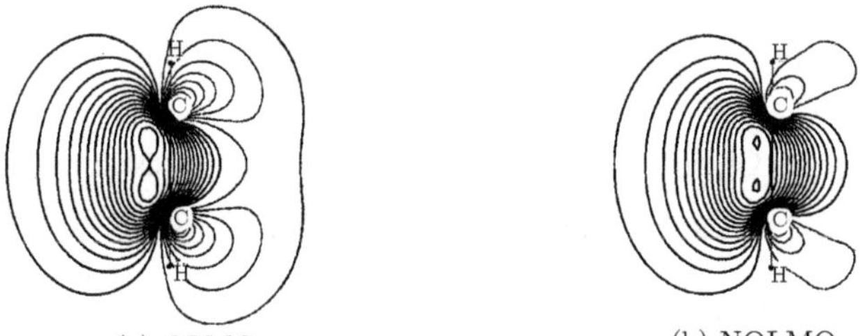

(a) OLMO　　(b) NOLMO

图 13.6.1　垂直于分子平面的乙烯 C══C 弯键定域轨道等值线图

两个弯键对称分布在乙烯的 H—C—C—H 分子平面两侧

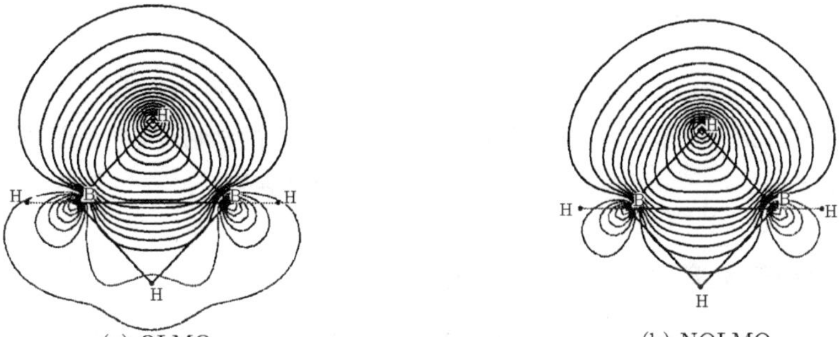

(a) OLMO　　(b) NOLMO

图 13.6.2　乙硼烷中的 B—H—B 桥键之一的定域轨道等值线图

图 13.6.3 和图 13.6.4 分别给出苯的单键和共轭 π 键的等值面图. 从图 13.6.3 和图 13.6.4 可以看到, 对于苯分子, C—C 之间的定域轨道分为两组, 分别对应于 3 个交替的单键和 3 组弯键, 显示 Kekulé 结构图像. 从图中可以看到, 与乙烯的弯键不同, 苯的弯键延伸到两个碳原子以外的空间, 分布弥散得多, 反映出共轭效应产生的电子离域作用.

从图 13.6.1～ 图 13.6.4 中轨道的形状可以清楚看到, 非正交定域轨道与相应的正交定域轨道图像的主体部分很相似, 都与传统化学键的图像一致, 但是非正交轨道因为没有“正交尾巴”明显收缩一些，与相邻原子的关联减少，所以非正交定域轨道不但更加局域化，也应比正交定域轨道具有更好的可移植性。

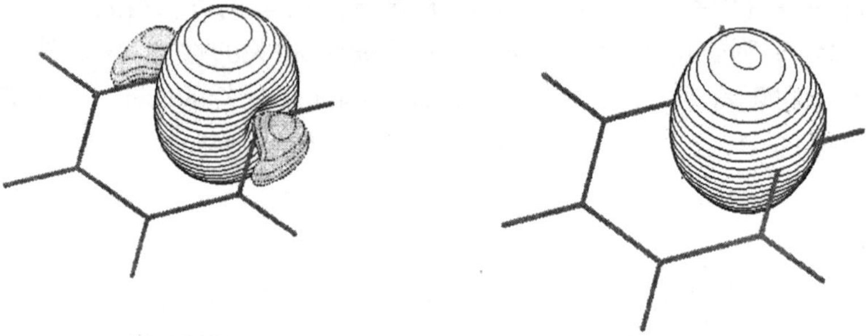

(a) OLMO　　(b) NOLMO

图 13.6.3　苯的 Kekulé 结构 C—C 单键的定域轨道等值面图

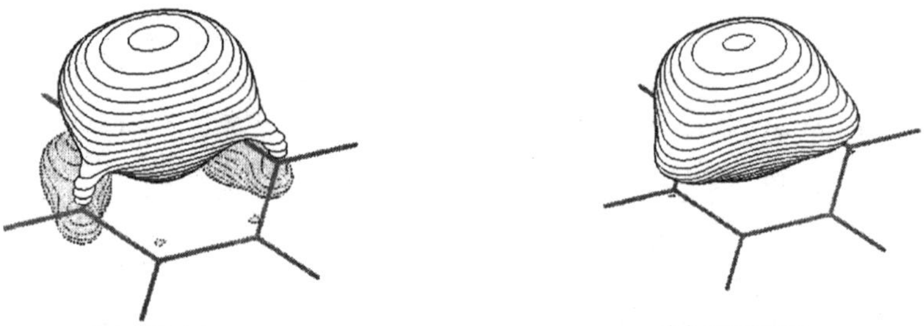

(a) OLMO　　(b) NOLMO

图 13.6.4　苯的 Kekulé 结构 C═C 弯键之一的定域轨道等值面图

两个弯键对称分布在苯分子平面两侧

13.6.4　直接计算自洽场定域轨道的方法

先求出正则轨道再转换成定域轨道的方法比较麻烦, 所以早就有人提出过各种直接求 SCF-LMO 的方法. Gilbert 曾就此作过总结[68], 他指出只要在正则 Hartree-Fock 方程的 Fock 算符中加入适当的项 (相当于进行某种酉变换), 就得到对应于某种定域势的算符, 由此即能直接求得定域轨道. 还有人提出利用 Brillouin 定理直接求外部定域 SCF-LMO 的方法[84,85]. 下面只介绍一种简单的根据外部定域准则求 LMO 的方法.

由 RHF 方程的推导过程可以知道, 对于用什么函数作基函数并无限制, 虽然基函数的选择对结果的精确度有影响. 我们可以选键函数 (看作定域分子轨道) 为基函数以求解 RHF 方程. 如果键函数选得正好与严格求出的定域轨道一样, 则只要基函数的数目等于电子对的数目, 就可以得出正确的 SCF 计算结果. 我们无法预先知道 LMO, 但从变分原理知道, 在指定的函数形式范围内, 只要使键函数的参数对总能量优化, 就得到近似的定域轨道.

按传统的化学概念, 电子对键可以看成一个旋转椭圆电子云球. 具有这种形状

的函数可近似写成 $u=\exp[-\alpha(x-X)^2-\alpha(y-Y)^2-\gamma(z-Z)^2]$, 其中心在 (X, Y, Z) 处, α 和 γ 则表征椭圆的两个轴. 这种键轨道自然不是正交的, 不过并不难使之正交化. 如果我们取键函数的数目等于电子对的数目 (这种基组称为绝对最小基组), 每个键函数放一对电子, 则行列式波函数为

$$U=|u_1\alpha(1)u_1\beta(2)\cdots u_m\alpha(2m-1)u_m\beta(2m)| \tag{13.6.60}$$

对于正交基, 能量表达式为

$$E=2\sum_\mu f_\mu+\sum_\mu\sum_\nu(2J_{\mu\nu}-K_{\mu\nu}) \tag{13.6.61}$$

按照 Löwdin 对称正交化方法, 设正交基为 $\{\chi_\mu\}$, 则

$$\chi_\mu=\sum_i u_i(\boldsymbol{S}^{-\frac{1}{2}})_{i\mu} \tag{13.6.62}$$

故

$$\begin{aligned}\sum_\mu f_\mu&=\sum_\mu\langle\chi_\mu|\hat{\boldsymbol{h}}|\chi_\mu\rangle\\&=\sum_\mu\sum_i\sum_j\langle u_i|\hat{\boldsymbol{h}}|u_j\rangle(\boldsymbol{S}^{-\frac{1}{2}})_{\mu i}(\boldsymbol{S}^{-\frac{1}{2}})_{j\mu}\\&=\sum_i\sum_j\langle u_i|\hat{\boldsymbol{h}}|u_j\rangle(\boldsymbol{S}^{-1})_{ji}\\&=\sum_i\sum_j h_{ij}(\boldsymbol{S}^{-1})_{ji}\end{aligned} \tag{13.6.63}$$

$$\begin{aligned}\sum_\mu\sum_\nu J_{\mu\nu}&=\sum_\mu\sum_\nu(\mu\mu|\nu\nu)\\&=\sum_i\sum_j\sum_k\sum_l(ij|kl)(\boldsymbol{S}^{-1})_{ji}(\boldsymbol{S}^{-1})_{lk}\end{aligned} \tag{13.6.64}$$

$$\begin{aligned}\sum_\mu\sum_\nu K_{\mu\nu}&=\sum_\mu\sum_\nu(\mu\nu|\nu\mu)\\&=\sum_i\sum_j\sum_k\sum_l(ij|kl)(\boldsymbol{S}^{-1})_{jk}(\boldsymbol{S}^{-1})_{li}\end{aligned} \tag{13.6.65}$$

代入式 (13.6.61), 得

$$\begin{aligned}E=&2\sum_i\sum_j\langle u_i|\hat{\boldsymbol{h}}|u_j\rangle(\boldsymbol{S}^{-1})_{ji}\\&+\sum_i\sum_j\sum_k\sum_l(ij|kl)[2(\boldsymbol{S}^{-1})_{ji}(\boldsymbol{S}^{-1})_{lk}-(\boldsymbol{S}^{-1})_{jk}(\boldsymbol{S}^{-1})_{li}]\\=&2\sum_i\sum_j h_{ij}(\boldsymbol{S}^{-1})_{ji}+\sum_i\sum_j\sum_k\sum_l[2(ij|kl)-(il|kj)](\boldsymbol{S}^{-1})_{ji}(\boldsymbol{S}^{-1})_{lk}\end{aligned} \tag{13.6.66}$$

求定域轨道就是寻找使总能量 E 取极小值的 $\{u_i\}$. 这里 $\{u_i\}$ 是单一的函数, 没有组合系数作为变分参量, 变分参量是 α, γ, X, Y, Z 等键函数的参数. 这种非线性变分问题有成熟的非线性优化方法可以解决.

参 考 文 献

[1] 唐敖庆等. 量子化学. 北京：科学出版社, 1982

[2] Csizmadia I G. 有机分子轨道计算的理论与实践. 戴乾圜译. 北京：科学出版社, 1980

[3] Carsdy P，Urban M. *Ab Initio* Calculations: Methods and Applications in Chemistry. Berlin: Springer-Verlag, 1980

[4] McWeeny R. Methods of Molecular Quantum Mechanics. 2^{nd}ed. London: Academic Press, 1992

[5] Veszprémi T, Fehér M. Quantum Chemistry: Fundamentals to Applications. Dordrecht, New York: Kluwer Academic/Plenum Publishing, 1999

[6] Springborg M. Methods of Electronic-Structure Calculations: From Molecules to Solids. New York: John Wiley & Sons, 2000

[7] Cook D B. Handbook of Computational Quantum Chemistry. London: Dover Publications, 2005

[8] Jensen F. Introduction to Computational Chemistry. 2^{nd}ed. New York: John Wiley & Sons, 2007

[9] Roothaan C C J. Rev Mod Phys, 1951, 23: 69

[10] Löwdin P O. J Chem Phys, 1950, 18: 365

[11] Roothaan C C J. Rev Mod Phys, 1960, 32: 179

[12] Löwdin P O. Advan Chem Phys, 1959, 2: 201

[13] Amos A T, Snyder L G. J Chem Phys, 1964, 41: 1773; Amos A T, Hall G G. Proc Roy Soc (London), 1961, A263: 483

[14] Bacon A D. Zerner M C. Thoeret Chim Acta, 1979, 53: 21

[15] Kato H, Yamashita K, Kimihiko K. Thoeret Chim Acta, 1980, 55: 225

[16] Pack R T, Brown W B. J Chem Phys, 1966, 45: 556

[17] Boys S F. Proc Roy Soc (London), 1950, A200: 542

[18] Schmidt M W, Ruedenberg K. J Chem Phys, 1979, 71: 3951

[19] Huzinaga S, Klobukowski M, Tatewski H. Can J Chem, 1985, 63: 1812

[20] Petersson G A, Zhong S, Montgomery J A Jr, Frisch M J. J Chem Phys, 2003, 118: 1101

[21] le Rouzo H, Silvi B. Intern J Quantum Chem, 1978, 13: 297

[22] Stewart R F. J Chem Phys, 1970, 52: 431. Hehre W J, Stewart R F, Pople J A. 1969, 51: 2657

[23] 吴榕之, 徐光宪, 黎乐民等. 科学通报, 1982, 27: 766

[24] 王德民, 邓坤杰, 朱芝仙等. 高等学校化学学报, 1982, 3: 251

[25] Cohen D, Basch H. Thoeret Chim Acta, 1976, 42: 199; *ibid*, 1978, 50: 263
[26] Steinborn E O, Weniger E J. Intern J Quantum Chem, 1977, S11: 509; *ibid*, 1978, S12: 103
[27] Golebiewski A, Mrozek J. Intern J Quantum Chem, 1973, 7: 623; *ibid*, 1973, 7: 1021
[28] Raffenetti R C. Chem Phys Letters, 1973 20: 335
[29] Clementi E. Proc Natl Acad Sci USA, 1972, 69: 2942
[30] Ahlrichs R. Thoeret Chim Acta, 1974, 33: 157
[31] Cremer D, Gauss J. J Comput Chem, 1986, 7: 274
[32] Häser M, Ahlrichs R. J Comput Chem, 1989, 10: 104
[33] Lambrecht D S, Ochsenfeld C. J Chem Phys, 2005, 123: 184101
[34] Strout D L, Scuseria G E. J Chem Phys, 1995, 102: 8448
[35] Wilkinson J H. The Algebraic Eigenvalues Problem. Oxford: Oxford University Press, 1965
[36] Bowdler H. Martin R S, Reinsch C, Wikinson J H. Numer Math, 1968, 11: 293
[37] Saunders V R, Hiller I H. Inter J Quantum Chem, 1973, 7: 699
[38] Pulay P. Chem Phys Letters, 1980, 73: 393; Pulay P. J Comput Chem, 1982, 3: 556; Hamilton T P, Pulay P. J Chem Phys, 1986, 84: 5728
[39] Cancés E, le Bris C. Inter J Quantum Chem, 2000, 79: 82; Cancés E. J Chem Phys, 2001, 114: 10616
[40] Kudin K N, Scuseria G E, Cancés E. J Chem Phys, 2002, 116: 8255
[41] Almlöf J, Faegri K Jr, Korsell K. J Comput Chem, 1982, 3: 385
[42] le Rouzo H. Intern J Quantum Chem, 1979. 15: 57
[43] Dacre P D. Chem Phys Letters, 1970, 7: 47
[44] Elder M. Intern J Quantum Chem, 1973, 7: 75
[45] Dupuis M, King H F. Intern J Quantum Chem, 1977, 11: 613
[46] Pitzer R M. J Chem Phys, 1973, 58: 3111
[47] Pitzer R M. J Chem Phys, 1973, 59: 3308
[48] Davidson E R. J Chem Phys, 1975, 62: 400
[49] Pulay P. Mol Phys, 1969, 17: 197
[50] Yamaguchi V, Osamura Y, Goddard J D, Schaefer H F III. A New Dimension of Quantum Chemistry: Analytic Derivative Methods in *Ab Initio* Molecular Electronic Structure Theory. Oxford: Oxford University Press, 1994
[51] Demuynck I, Veillard A, Wahlgren U. J Am Chem Soc, 1973, 95: 5563
[52] Bader R F W, Nguyen-Dang T T, Tal Y. Rep Prog Phys, 1981, 44: 893; Bader R F W. Acc Chem Res, 1985, 18: 9
[53] Bader R F W. Atoms in Molecules: A Quantum Theory. Oxford: Oxford University Press, 1990
[54] Mulliken R S. J Chem Phys, 1955, 23: 1833

[55] Shirley D A. Advan Chem Phys, 1973, 23: 116
[56] Christoffersen R E, Baker K A. Chem Phys Letters, 1971, 8: 4
[57] Hirshfeld F L. Theoret Chim Acta, 1977, 44: 129
[58] Rousseau B, Peeters A, van Alsenoy C. Chem Phys Letters, 2000, 324: 189
[59] Yaŭze M, Stewart R F, Pople J A. Acta Cryst, 1978, A34: 641
[60] 黎乐民, 肖力. 庆祝唐敖庆教授执教五十年学术论文专辑. 长春: 吉林大学出版社, 1990
[61] Liu W J, Li L M. Theoret Chim Acta, 1997, 95: 81
[62] Davidson E R. J Chem Phys, 1967, 46: 3320
[63] Reed A E, Weinstock R B, Weinhold F. J Chem Phys, 1985, 82: 735
[64] Reed A E, Curtiss L A, Weinhold F. Chem Rev, 1988, 88: 899
[65] Politzer P, Harris R R. J Am Chem Soc, 1970, 92: 6451
[66] Rousseau B, Peeters A, van Alsenoy C. J Mol Struct(Theochem), 2001, 538: 235
[67] Coulson C A. Trans Faraday Soc, 1937, 33: 388
[68] Gilbert T L. in "Molecular Orbitals in Chemistry, Physics and Biology", Löwdin P O & Pullman B (eds). New York: Academic Press, 1964
[69] Millié Ph, Lévy B, Berthier G. in "Localization and Delocalization in Quantum Chemistry", Vol 1, Chalvet O, Daudel R, Diner S, Malries J P(eds). Boston: Reidel, 1975
[70] Foster J M, Boys S F. Rev Mod Phys, 1960, 32: 300
[71] Edmiston C, Ruedenberg K. Rev Mod Phys, 1963. 35: 457
[72] Kaldor U. J Chem Phys, 1967, 46: 1981
[73] Swithes E, Stevens R M, Libsconb W N, Newton M D. J Chem Phys, 1969, 51: 2085
[74] England W, Ruedenberg K. J Am Chem Soc, 1973, 95: 8769; England W, Ruedenberg K. Theoret Chim Acta, 1971, 22: 196
[75] von Niessen W. J Chem Phys, 1972, 56: 4290
[76] Read A E, Weinhold F. J Chem Phys, 1985, 83: 1736
[77] Smits G F, Altona C. Theoret Chim Acta, 1985, 67: 461
[78] Couty M, Bayse C A, Hall M B. Theoret Chem Acc, 1997, 97: 96
[79] Sundberg K R, Bicerano J, Lipscomb W N. J Chem Phys, 1979, 71: 1515
[80] Liu S B. Perez-Jorda J M, Yang W T. J Chem Phys, 2000, 112: 1634
[81] Feng H S, Bian J, Li L M. Science in China B, 2004, 47: 1
[82] Feng H S, Bian J, Li L M, Yang W T. J Chem Phys, 2004, 120: 9458
[83] 冯华升, 卞江, 黎乐民. 高等学校化学学报, 2004, 25: 1291
[84] Wilhite D L, Whitten J L. J Chem Phys, 1973, 58: 948
[85] Daudey J P. Chem Phys Letters, 1974, 24: 574

习 题

1. 写出 H_2O 分子的完全 Hamilton 量和电子 Hamilton 量, 考察 Born Oppenheimer 近似忽略了哪些项. 是否合理?

2. 导出 $T_{\rm d}$ 群 $({\rm t}_2)^4$ 和 $({\rm t}_2)^3({\rm e})^1$ 组态的谱项.
3. 导出 $O_{\rm h}$ 群 $({\rm t}_{1{\rm g}})^1({\rm e}_{\rm u})^1$ 组态的谱项及其波函数.
4. 求 O_2 分子基态组态 $(\pi_{\rm g})^2$ 各谱项的相对能量值的表达式.
5. 求出 $C_{3{\rm v}}$ 群 $({\rm e})^2$ 组态的谱项、波函数及各谱项的相对能量值的表达式.
6. 证明: 分子多重态理论中的互补定理.
7. 在分子中, 旋–轨耦合作用应如何考虑?
8. 指出 $T_{\rm d}$ 点群 $({\rm t}_2)^3$ 组态的哪些谱项能量表达式可以写成式 (13.2.34) 的形式.
9. 验证 $O_{\rm h}$ 点群 $({\rm t}_{2{\rm g}})^2$ 组态平均能量可以表示成式 (13.2.56).
10. 根据总自旋角动量算符的定义, 证明式 (13.2.72).
11. 证明 $\langle\hat{\boldsymbol{S}}^2\rangle_{\rm UHF}$ 和 $\langle\hat{\boldsymbol{S}}^4\rangle_{\rm UHF}$ 的表达式 [式 (13.2.73) 和式 (13.2.77)].
12. 推导消除 $S=S'+1$ 态后的“纯”S' 态的密度矩阵 $\boldsymbol{P}_{aa}^{\alpha}$ 和 $\boldsymbol{P}_{aa}^{\beta}$ 的表达式 [式 (13.2.82)].
13. 推导消除最低自旋激发态沾污后的能量表达式 [式 (13.2.84)].
14. 证明: 闭壳层组态的 Fock 算符和开壳层组态 RHF 方法的 Fock 算符具有分子所属对称性群完全的对称性.
15. 论证: UHF 方法的 Fock 算符一般不具有分子点群完全的对称性. 在什么条件下可以有完全的对称性?
16. 考察虚轨道的物理意义. 在什么条件下才可合理地取为近似的激发轨道?
17. 证明正确波函数一定满足歧点条件式 (13.3.2)

$$\left[\left(\frac{\partial f_{lm}}{\partial r_A}\right)\Big/ f_{lm}\right]_{r_A\to 0}=-Z_A/(l+1)$$

$$f_{lm}=r_A^{-l}\int Y_{lm}^{*}(\theta_A,\varphi_A)\psi_{lm}(r_A,\theta_A,\varphi_A){\rm d}\Omega_A$$

验证 STO 满足这一条件, GTO 不满足这一条件.

18. 在分子计算中用单中心函数作基组或平面波函数作基组的效果都不好, 收敛很慢, 试探讨其原因.
19. 找出包含有分子积分 $(\mu\nu|\lambda\sigma)$ 的 $\boldsymbol{G}$ 矩阵的矩阵元.
20. 由 $\boldsymbol{V}^{(n)'}=\boldsymbol{V}^{(n)}+b\begin{bmatrix}0 & 0\\ 0 & I\end{bmatrix}$ 导出式 (13.3.93) 和式 (13.3.94).
21. 试证明: $\{Y_{lm}\}$ 子空间的基可取为 $(2l+1)$ 个取向不同的 Y_{l0} 型函数.
22. 比较 STO, GTO, CGTO, GLO 基组的优缺点.
23. 设

$$\boldsymbol{A}=\begin{vmatrix}1 & 1 & 2 & 3\\ 1 & 9 & -1 & 2\\ 2 & -1 & 7 & 3\\ 3 & 2 & 3 & 12\end{vmatrix}$$

请先用 Householder 方法三对角化, 再用 QL 方法求本征值和本征矢矩阵 (非对角元 $\leqslant 10^{-5}$).

24. 设求解 Hartree-Fock-Roothaan 方程已得出本征值和本征矢, 如何确定其所属不可约表示? 试以 NH_3 为例说明.
25. 计算 $C_6H_6(D_{6h})$ 和 $MnO_4^-(T_d)$ 取最小基组时非零独立分子积分的数目.
26. 设 NH_3 分子中各原子的坐标按图 13.3.2 确定. 请作出对称操作表, 并找出与 (63|21), (64|63), (72|62), (74|66), (81|76) 等值的积分.
27. NH_3 的基态组态为 $(1a_1)^2(2a_1)^2(1e)^4(3a_1)^2$. 要求出一组定域轨道, 其中三个 N—H 键是等价的, 另有一个内层轨道和一对孤对电子.
    (1) 按 E-R 定域标准写出要求解的方程组.
    (2) 写出用迭代方法求解的公式.
    (3) 作出 N 原子的不等性 sp^3 杂化轨道. 试讨论它和定域轨道的联系.
28. 氧的 STO 指数为 $\zeta(1s) = 7.70, \zeta(2s) = 2.275$. 请用 Schmidt 方法和 Löwdin 方法使之正交化. 并用 E-R 方法使之定域. 求出四种情况下的交换能和 Coulomb 能的值. 比较各自定域的情况.

第 14 章

电子相关问题[1~9]

14.1 电子相关作用

14.1.1 物理图像

在前面讨论过的自洽场方法中, 我们假定一个电子在由原子核和其他电子形成的平均势场中独立地运动, 所以考虑了粒子之间时间平均的相互作用, 但没有考虑电子之间的瞬时相关, 即在平均势场中独立地运动的两个自旋反平行的电子有可能在某一瞬间在空间的同一点出现. 由于电子间的 Coulomb 推斥, 这是不可能的, 所以电子实际上并不能“独立”地运动, 当一个电子处于空间某一点时, 这一点的紧邻是“禁止”其他电子进入的, 每个电子在自己的周围建立起一个“Coulomb 穴”, 降低其他电子靠近的概率. 电子之间的这种相互制约作用称为电子运动的瞬时相关性或电子的动态相关效应. 这种作用直接影响电子体系的势能, 由于维里定理也影响电子体系的动能. 单组态自洽场方法没有计及这种电子相关作用, 导致相关误差. 从数学上说, 它反映出双粒子算符不能精确地用有限项的某种等效的单粒子算符之和来代替的事实.

我们可以从两个电子同时出现的概率的角度来考察电子相关作用. 设 $P_1(\boldsymbol{r}_1)$ 是任一个电子在 $\boldsymbol{r}_1$ 出现的概率, $P_2(\boldsymbol{r}_1,\boldsymbol{r}_2)$ 是任何两个电子分别同时在$\boldsymbol{r}_1$ 和 $\boldsymbol{r}_2$ 出现的概率, 则条件概率 $\dfrac{P_2(\boldsymbol{r}_1,\boldsymbol{r}_2)}{P_1(\boldsymbol{r}_2)}$ 就是当已知有一个电子在 $\boldsymbol{r}_2$ 时在 $\boldsymbol{r}_1$ 发现一个电子的概率. 因为电子之间有 Coulomb 推斥作用, $\dfrac{P_2(\boldsymbol{r}_1,\boldsymbol{r}_2)}{P_1(\boldsymbol{r}_2)}$ 一定比 $P_1(\boldsymbol{r}_1)$ 小. 函数

$$P_{\boldsymbol{r}_2}(\boldsymbol{r}_1)=\frac{P_2(\boldsymbol{r}_1,\boldsymbol{r}_2)}{P_1(\boldsymbol{r}_2)}-P_1(\boldsymbol{r}_1)$$

取负值, $r_{12}=|\boldsymbol{r}_1-\boldsymbol{r}_2|$ 越小, 其值越负, 所以它确定一个环绕位于 $\boldsymbol{r}_2$ 的电子的“相关穴”, 表明在 $\boldsymbol{r}_2$ 的紧邻画了一个“禁区”, 其他电子不得“自由”进入. 显然, 如果电子是独立地运动的, 则 $P_2(\boldsymbol{r}_1,\boldsymbol{r}_2)=P_1(\boldsymbol{r}_1)P_1(\boldsymbol{r}_2), P_{\boldsymbol{r}_2}(\boldsymbol{r}_1)=0$. 引入相关函数 $f(\boldsymbol{r}_1,\boldsymbol{r}_2)$

$$P_{\boldsymbol{r}_2}(\boldsymbol{r}_1)=P_1(\boldsymbol{r}_1)f(\boldsymbol{r}_1,\boldsymbol{r}_2)$$

则

$$P_2(\boldsymbol{r}_1,\boldsymbol{r}_2)=P_1(\boldsymbol{r}_1)P_1(\boldsymbol{r}_2)[1+f(\boldsymbol{r}_1,\boldsymbol{r}_2)]$$

对于闭壳层组态, α 自旋取向和 β 自旋取向电子在空间任一点出现的概率相等, $f(\boldsymbol{r}_1,\boldsymbol{r}_2)$ 可分解为

$$f(\boldsymbol{r}_1,\boldsymbol{r}_2)=\frac{1}{2}[f^{\alpha\alpha}(\boldsymbol{r}_1,\boldsymbol{r}_2)+f^{\alpha\beta}(\boldsymbol{r}_1,\boldsymbol{r}_2)]$$

式中, $f^{\alpha\alpha}(\boldsymbol{r}_1,\boldsymbol{r}_2)\equiv f^{\beta\beta}(\boldsymbol{r}_1,\boldsymbol{r}_2)$ 是两个自旋平行电子的相关函数, 主要反映一个电子周围的 Fermi 穴; $f^{\alpha\beta}(\boldsymbol{r}_1,\boldsymbol{r}_2)=f^{\beta\alpha}(\boldsymbol{r}_1,\boldsymbol{r}_2)$ 是两个自旋反平行电子的相关函数, 反映一个电子周围的 Coulomb 穴.

在 Hartree-Fock 方法中, 由于 Pauli 原理的限制, 自旋平行的两个电子不可能在空间同一点出现, 基本上正确地反映出一个电子周围有一个 Fermi 穴的情况, 只是没有反映电子周围还有一个 Coulomb 穴, 所以相关误差主要来自自旋反平行电子的相关作用. 关于 Fermi 穴和 Coulomb 穴的形状和性质文献上有过不少讨论, 但由于得到准确 $f(\boldsymbol{r}_1,\boldsymbol{r}_2)$ 需要知道体系的精确波函数和 Hartree-Fock 极限解, 这种要求在一般情况下达不到, 所以对 $f(\boldsymbol{r}_1,\boldsymbol{r}_2)$ 难以了解得很仔细. 图 14.1.1 为文献报道的假想的环状 H_6 分子的电子相关函数图, 图中横坐标取为 H_6 环线, A, B, C, D, E, F 标志六个氢核的位置, f_{HF} 表示由 Hartree-Fock 波函数算出的相关函数. 由图显然可以看出, $f^{\alpha\alpha}\approx f_{\mathrm{HF}}^{\alpha\alpha}$, 即 Hartree-Fock 波函数已经基本上包括了自旋平行电子的相关作用, 而 $f_{\mathrm{HF}}^{\alpha\beta}\equiv 0$, 完全没有反映出 Coulomb 穴的存在.

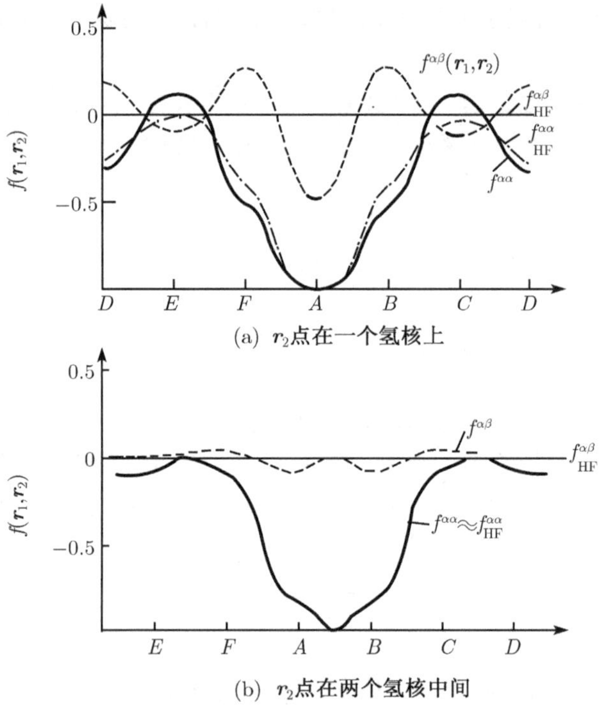

图 14.1.1　正六角形 H_6 分子的相关函数

14.1.2　电子相关能

单组态自洽场方法没有考虑电子的 Coulomb 相关, 求得的体系总能量比实际值要高一些. 因为它在计算能量时过高地估计了两个电子相互接近的概率, 使计算出的电子排斥能过高. 电子相关能就是指 Hartree-Fock 能量的这种偏差. 现在一般接受 Löwdin 提出的定义[10]:“指定的一个 Hamilton 量的某个本征态的电子相关能是指该 Hamilton 量的该状态的精确本征值和它的限制性 Hartree-Fock 极限期望值之差”.

相关能反映了独立粒子模型的偏差, 由 Hartree-Fock 方法的变分性质可知它一定是负值. 显然, Hamilton 算符的精确度等级不同, 相关能也不同. 一般在相关能计算时, Hamilton 量中只计及 Coulomb 作用而忽略磁效应. 在目前许多自洽场计算中实际上并未求得 Hartree-Fock 极限能量值, 而且 Hamilton 量的精确本征值是由实验值扣除相对论校正后得到的, 而现在尚难于进行精确的相对论校正, 因此给出的相关能值一般只是一种近似值. 各种能量值的关系如图 14.1.2 所示.

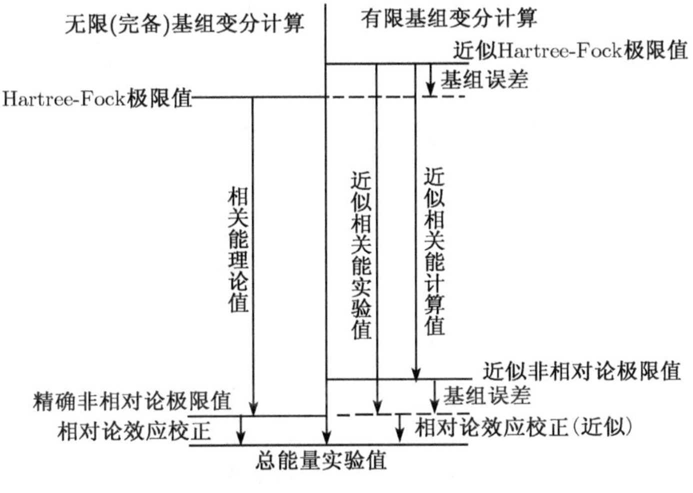

图 14.1.2　各种能量值的关系

电子相关能在体系总能量中占的比例并不大, 只占 0.3%～1%(参见表 14.1.1), 因此独立粒子模型 (Hartree-Fock 方法) 就其总能量的相对误差来看应该说是一种相当好的近似. 不幸的是, 化学和物理过程涉及的常是能量的差值. 相关能的数值与一般化学过程的反应热或活化能具有相同的能量级, 甚至大一个数量级. 例如, H_2O 的相关能几乎等于它的键能, 约占总能量的 0.5%. 因此, 对于化学问题来说, Hartree-Fock 方法中的相关能偏差是一个严重的问题, 除非所考虑的化学过程的始态和终态的相关能几乎一样, 从而相互抵消, 否则由 Hartree-Fock 方法提供的计算结果将完全是不可靠的. 虽然在不少情况下发现存在体系相关能近似守恒的“规律”, 但在一般情况下这种“规律”是不成立的, 特别是关于电子激发、反应途径 (势能面) 和分子离解等化学家非常感兴趣的过程的计算, 相关误差使 Hartree-Fock

方法显现出致命的弱点, 有时连定性结论也不正确. 因此解决电子相关能问题在量子化学研究中占有重要地位, 成为长时期以来最活跃的研究领域之一. 本章下面的内容就是介绍计算电子相关能的方法. 这里我们只能介绍几种主要的计算稳态分子电子相关能的方法.

表 14.1.1 某些原子和分子基态的相关能(a.u.)

原子或分子	谱 项	Hartree-Fock 总能量	电子相关能
He	^1S	−2.8617	−0.0420
Li	^2S	−7.4327	−0.0454
Be	^1S	−14.5730	−0.0940
B	^2P	−24.5291	−0.1240
C	^3P	−37.6886	−0.1551
N	^4S	−54.4009	−0.1861
O	^3P	−74.8094	−0.2539
F	^2P	−99.4093	−0.3160
Ne	^1S	−128.5470	−0.381
Na	^2S	−161.8589	−0.386
Mg	^1S	−199.6146	−0.428
Al	^2P	−241.8767	−0.459
Si	^3P	−288.8543	−0.494
P	^4S	−340.7187	−0.521
S	^3P	−397.5048	−0.595
Cl	^2P	−459.4189	−0.667
Ar	^1S	−526.8173	−0.732
H_2	$^1\Sigma_g^+$	−1.3334	−0.0410
LiH	$^1\Sigma^+$	−7.9878	−0.0827
BeH	$^2\Sigma^+$	−15.1536	−0.111
BH	$^1\Sigma^+$	−25.1320	−0.155
CH	$^3\Pi$	−38.2801	−0.199
NH	$^3\Sigma^-$	−54.9789	−0.249
OH	$^2\Pi$	−75.4218	−0.313
FH	$^1\Sigma^+$	−100.0710	−0.381
H_2O	^1A	−76.070	−0.368
NH_3	^1A	−56.225	−0.338
CH_4	^1A	−40.220	−0.293

14.2 组态相互作用

14.2.1 波函数的组态展开

组态相互作用 (configuration interaction, CI) 又称为组态混合 (configuration mixing) 或组态叠加 (superposition of configuration), 这是最早提出来的计算电子相关能的方法之一. 1928 年 Hylleraas[11] 就用这种方法相当准确地计算出氦原子的电子总能量. 这种方法观念上很简单, 实际上是一种线性变分法. 设 $\{\psi_k(x)\}$ 为完备集合, 则任意单变量函数均可展开为

$$\Psi(x_1) = \sum_{k_1=1}^{\infty} c_{k_1}\psi_{k_1}(x_1)$$

对于二变量函数 $\Psi(x_1, x_2)$ 我们可以先将 x_2 当作参数, 将它对 x_1 展开, 展开系数 $c_{k_1}(x_2)$ 将是 x_2 的函数. 再将它对 x_2 展开, 就得到

$$\Psi(x_1, x_2) = \sum_{k_1=1}^{\infty} c_{k_1}(x_2)\psi_{k_1}(x_1) = \sum_{k_1,k_2}^{\infty} c_{k_1k_2}\psi_{k_1}(x_1)\psi_{k_2}(x_2)$$

依此类推, $\Psi(x_1, x_2, \cdots, x_N)$ 可展开为

$$\Psi(x_1, x_2, \cdots, x_N) = \sum_{k_1\cdots k_N}^{\infty} c_{k_1\cdots k_N}\psi_{k_1}(x_1)\psi_{k_2}(x_2)\cdots\psi_{k_N}(x_N)$$

若 $\Psi(x_1, x_2, \cdots, x_N)$ 是多电子波函数, 它必须是反对称的, 在反对称投影算符 $\hat{\boldsymbol{O}}_A$ 作用下不变, 故

$$\hat{\boldsymbol{O}}_A\Psi = \frac{1}{N!}\sum_p(-1)^p\hat{\boldsymbol{P}}\Psi = \Psi$$

式中, $\hat{\boldsymbol{P}}$ 是电子坐标置换算符. 于是有

$$\begin{aligned}\Psi(x_1, x_2, \cdots, x_N) &= (N!)^{-1}\sum_{k_1\cdots k_N}^{\infty} c_{k_1\cdots k_N}\sum_p(-1)^p\hat{\boldsymbol{P}}\psi_{k_1}(x_1)\psi_{k_2}(x_2)\cdots\psi_{k_N}(x_N) \\ &= (N!)^{-1}\sum_{k_1\cdots k_N}^{\infty} c_{k_1\cdots k_N}\det\{\psi_{k_1}(x_1)\psi_{k_2}(x_2)\cdots\psi_{k_N}(x_N)\} \\ &= \sum_{k_1<k_2\cdots<k_N}^{\infty} c_{k_1\cdots k_N}\det\{\psi_{k_1}(x_1)\psi_{k_2}(x_2)\cdots\psi_{K_N}(x_N)\} \\ &= \sum_K^{\infty} c_K\Phi_K \end{aligned} \tag{14.2.1}$$

式中

$$\begin{aligned} c_K &= (N!)^{\frac{1}{2}}c_{k_1\cdots k_N} \\ \Phi_K &= (N!)^{-\frac{1}{2}}\det\{\psi_{k_1}(x_1)\psi_{k_2}(x_2)\cdots\psi_{k_N}(x_N)\} \end{aligned}$$

习惯上将 Φ_K 称为组态函数, 简称组态 (configuration). 注意不要将它和前面用过的“电子组态”概念混淆. 从一组完备的单电子基函数 $\{\psi_k(x)\}$ 出发, 可以造出

一个完备的行列式函数集合 $\{\Phi_k\}$, 任何多电子波函数都可以用它来展开. 通常将 $\{\psi_k(x)\}$ 张成的空间称为轨道空间, $\{\Phi_k\}$ 张成的空间称为组态空间.

在组态相互作用方法中, 将多电子波函数近似展开为有限个行列式波函数的线性组合 (CI 展开)

$$\Psi = \sum_{s=0}^{M} c_s \Phi_s \tag{14.2.2}$$

并按变分法确定系数 c_s, 即选取 c_s 使体系能量取极小值 (参看 5.2.6 节). 我们得到广义本征值方程

$$\boldsymbol{Hc} = \boldsymbol{ScE} \tag{14.2.3}$$

式中, 矩阵的元素 $H_{st} = \langle \Phi_s | \hat{\boldsymbol{H}} | \Phi_t \rangle, S_{st} = \langle \Phi_s | \Phi_t \rangle$, $\boldsymbol{E}$ 是能量本征值矩阵, $\boldsymbol{c}$ 是系数矩阵, 满足以下条件:

$$\boldsymbol{c}_p^{\mathrm{H}} \boldsymbol{S} \boldsymbol{c}_q \equiv \sum_{s,t} c_{sp} S_{st} c_{tq} = \delta_{pq} \tag{14.2.4}$$

$\boldsymbol{c}_p$ 为矩阵 $\boldsymbol{c}$ 的第 p 列. 若 $\{\Phi_s\}$ 为正交归一集合, 则式 (14.2.3) 和式 (14.2.4) 变为

$$\boldsymbol{Hc} = \boldsymbol{cE} \tag{14.2.5}$$

$$\boldsymbol{c}_p^{\mathrm{H}} \boldsymbol{c}_q = \delta_{pq} \tag{14.2.6}$$

若我们将能量本征值 E_i 从低到高排列

$$E_1 \leqslant E_2 \leqslant \cdots \leqslant E_M$$

则各个 E_i 为 $\hat{\boldsymbol{H}}$ 的相应精确本征值的上界, 当 $M \to \infty$ 时两者即相等.

组态叠加方法是一种非常普遍的方法, 它既适用于闭壳层组态, 也适用于开壳层组态, 既适用于基态, 又适用于激发态, 适用于体系的平衡几何构型, 也适用于远离平衡的构型等, 对 $\{\Phi_s\}$ 原则上也没有苛刻的要求, 这对于势能面等与化学反应过程有关的计算是很重要的.

在组态相互作用方法中, 对组态函数 Φ_s 的形式原则上没有特殊要求. 但是为了提高计算效率, Φ_s 的形式是否选择得当很重要. 一般让它满足一定的对称性条件, 如反对称条件 (将 Φ_s 取为行列式函数就是为满足这个条件)、自旋匹配条件 (取 Φ_s 为 $\hat{\boldsymbol{S}}^2$ 及 $\hat{\boldsymbol{S}}_z$ 的本征值与 Ψ 相同的本征函数)、对称匹配条件 (Φ_s 和 Ψ 为分子对称性群的相同类型不可约表示的基) 等. 例如, 由 H_2O 的激发电子组态 $[(1a_1^2 2a_1^2 1b_2^2 1b_1^2) 3a_1 4a_1]$ 可构成四个 Slater 行列式函数 (略去双占据轨道不写)

$$\begin{aligned}
\Phi_1' &= |3a_1\alpha 4a_1\alpha| \\
\Phi_2' &= |3a_1\beta 4a_1\alpha| \\
\Phi_3' &= |3a_1\alpha 4a_1\beta| \\
\Phi_4' &= |3a_1\beta 4a_1\beta|
\end{aligned}$$

可以组合出四个对称性匹配的组态函数

$$\Phi_1 = \Phi_1' \qquad \Phi_2 = \frac{1}{\sqrt{2}}(\Phi_2' + \Phi_3') \qquad \Phi_3 = \Phi_4'$$

(对称性为 $^3A_1$), $\Phi_4 = \dfrac{1}{\sqrt{2}}(\Phi_2' - \Phi_3')$(对称性为 $^1A_1$). 若 Ψ 属于 $^3A_1$, 则展开式中只需取 Φ_1, Φ_2 和 Φ_3 三个组态函数.

我们知道对于平衡几何构型的闭壳层组态分子, Hartree-Fock 解是体系相当好的近似, 因此我们如果选取体系的 Hartree-Fock 波函数作为展开式的第一项, 则它占的比例一定很大, 其余各项只起小的修正作用, 这对简化计算很有好处. 在一般情况下, CI 展开式中可能不只是第一项起主要作用, 而有若干项都较重要 (如展开系数都在 0.1 以上). 通常把这部分 Φ_s 称为根组态函数或参考组态函数, 由它们张成的空间称为根组态空间 (或参考组态空间). 从组态相互作用的观点看来, Hartree-Fock 波函数的局限性在于它仅仅取了精确波函数近似展开式中的首项, 而完全的展开是应该有无限项的.

14.2.2 波函数的歧点条件

下面讨论计算电子动态相关能的问题. 这部分相关能的计算十分困难. 实际计算证明, 为了得到体系的绝大部分 (如 90% 以上) 相关能, 需要成百上千甚至上万个组态函数, 更不必说要得到全部相关能了; 越是最后的百分之几越难以得到. 这是因为当两个电子之间的距离 $r_{ij} \to 0$ 时, 波函数有歧性. 这有点类似于对 δ 函数作 Fourier 展开, 对于有歧性的函数, 级数展开收敛极慢. 首先我们考察一下 H_2 分子的情况, 以便得到具体印象. H_2 的 Schrödinger 方程为 (a, b 标志氢核, 1, 2 标志电子)

$$\left(-\frac{1}{2}\nabla_1^2 - \frac{1}{2}\nabla_2^2 - \frac{1}{r_{1a}} - \frac{1}{r_{1b}} - \frac{1}{r_{2a}} - \frac{1}{r_{2b}} + \frac{1}{r_{12}}\right)\Psi = E\Psi \tag{14.2.7}$$

当两个电子并不在氢核的紧邻而 $r_{12} \to 0$ 时, 相对的核吸引项可以忽略, 于是有

$$\left(-\frac{1}{2}\nabla_1^2 - \frac{1}{2}\nabla_2^2 + \frac{1}{r_{12}}\right)\Psi = 0 \tag{14.2.8}$$

作变换

$$\boldsymbol{R} = \frac{1}{2}(\boldsymbol{r}_1 + \boldsymbol{r}_2) \qquad \boldsymbol{r} = \boldsymbol{r}_1 - \boldsymbol{r}_2 \qquad r = r_{12} \tag{14.2.9}$$

代入式 (14.2.8), 可得

$$\left(-\frac{1}{2}\nabla_{\boldsymbol{r}}^2 + \frac{1}{2r}\right)\Psi = 0 \tag{14.2.10}$$

方程式 (14.2.10) 的任何有界的解都可以按球谐函数 $Y_{lm}(\theta,\phi)$ 展开为

$$\Psi(\boldsymbol{r})=\sum_{l=0}^{\infty}\sum_{m=-l}^{l}r^{l}f_{lm}(r)Y_{lm}(\theta,\phi) \tag{14.2.11}$$

而且对于单重态, 波函数的空间部分应对于交换 $\boldsymbol{r}_1$ 和 $\boldsymbol{r}_2$ 不变, 即

$$\Psi(-\boldsymbol{r})=\Psi(\boldsymbol{r}) \tag{14.2.12}$$

这意味着展开式 (14.2.11) 中, l 为奇数的项不会出现, 因此

$$\Psi(\boldsymbol{r})=f_{00}(r)+0(\boldsymbol{r}^2) \tag{14.2.13}$$

设将 $f_{00}(r)$ 展开为级数

$$f_{00}(r)=a+br+cr^2+\cdots \tag{14.2.14}$$

代入式 (14.2.10), 让两边 r^{-1} 项系数相等, 可得

$$b=\frac{1}{2}a \tag{14.2.15}$$

因此, 在 $r_{12}=0$ 的邻域, 波函数可展开为

$$\Psi(\boldsymbol{r})=\Psi_{r_{12}=0}(\boldsymbol{r})\left[1+\frac{1}{2}r_{12}+\mathbf{0}(r_{12}^2)\right] \tag{14.2.16}$$

式 (14.2.16) 表明波函数在 $r_{12}\to 0$ 处满足的歧点条件, 它和波函数在原子核所在点满足的歧点条件是类似的. 波函数的这个性质保证了电子在该点的无限大势能和动能相互抵消而保持体系能量为有限值. 式 (14.2.16) 的推导只是针对一种特例作的, Kato[12] 曾一般地证明, 当 $r_{12}\to 0$ 时, 波函数 Ψ 满足歧点条件 (Kato cusp condition)

$$\left(\frac{\partial\Psi_{\text{av}}}{\partial r_{12}}\right)_{r_{12}=0}=\frac{1}{2}\Psi(\boldsymbol{R},\boldsymbol{R},\boldsymbol{r}_3,\cdots,\boldsymbol{r}_N) \tag{14.2.17}$$

式中, Ψ_{av} 是 $\Psi(\boldsymbol{R},\boldsymbol{R},\boldsymbol{r}_3,\cdots,\boldsymbol{r}_N)$ 对 r_{12} 所有方向求平均, N 是体系电子数目. 式 (14.2.17) 可以写成

$$\Psi=\Psi_{r_{12}\to 0}(\boldsymbol{R},\boldsymbol{R},\boldsymbol{r}_3,\cdots,\boldsymbol{r}_N)\left(1+\frac{1}{2}r_{12}\right)+\boldsymbol{r}_{12}\cdot\boldsymbol{C}(\boldsymbol{R},\boldsymbol{r}_3,\cdots,\boldsymbol{r}_N)+\mathbf{0}(r_{12}^2) \tag{14.2.18}$$

式中, $\boldsymbol{C}$ 是一个矢量函数, 当电子密度均匀时为零.

由于波函数歧点条件的存在, 用不包含 r_{ij} 坐标的函数集合来展开它, 收敛就特别慢. CI 的具体计算表明, 要获得一部分相关能是容易的, 要获得全部相关能就极其困难, 越是接近完全, 收敛越慢, 展开效率越低. 组态函数的数目大量增加, 计算出的相关能却增加很少. 这是 CI 方法的致命弱点. CI 计算的基本问题之一就是如何做到选择尽可能少的组态函数而获得能满足一定要求的相关能.

14.2.3　动态相关能的计算

现在来讨论用组态相互作用方法计算电子动态相关能的问题. 设有一个分子自旋轨道的完备集合 $(\tilde{\psi}_1,\tilde{\psi}_2,\cdots,\tilde{\psi}_i,\cdots,\tilde{\psi}_j,\cdots,\tilde{\psi}_n,\tilde{\psi}_{n+1},\cdots,\tilde{\psi}_a,\cdots,\tilde{\psi}_b,\cdots)$, 将分子轨道按能级从低到高排列

$$\varepsilon_1\leqslant\varepsilon_2\cdots\leqslant\varepsilon_i\cdots\leqslant\varepsilon_j\cdots\leqslant\varepsilon_n\leqslant\varepsilon_{n+1}\cdots\leqslant\varepsilon_a\cdots\leqslant\varepsilon_b\cdots$$

假定有 N 个电子, 按能量从低到高填充到分子自旋轨道中, 得到的 Slater 行列式波函数记为 $\Phi_0=|\tilde{\psi}_1\tilde{\psi}_2\cdots\tilde{\psi}_i\cdots\tilde{\psi}_j\cdots\tilde{\psi}_N|$(如果处理的是开壳层组态, 则 Φ_0 取为自旋和空间对称性匹配的线性组合, 参看 13.1.3 节), 然后依次取其单电子激发组态 Φ_i^a(Φ_0 中的占据轨道 i 用一个空轨道 a 替换, 即 $\Phi_i^a=|\tilde{\psi}_1\tilde{\psi}_2\cdots\tilde{\psi}_a\cdots\tilde{\psi}_j\cdots\tilde{\psi}_N|$), 双电子激发组态 Φ_{ij}^{ab}(Φ_0 中的 i,j 轨道分别用空轨道 a,b 替换, 即 $\Phi_{ij}^{ab}=|\tilde{\psi}_1\tilde{\psi}_2\cdots\tilde{\psi}_a\cdots\tilde{\psi}_b\cdots\tilde{\psi}_N|$), 三电子激发组态 Φ_{ijk}^{abc} 等为各 Φ_s 项, 则展开式 (14.2.2) 变为

$$\begin{aligned}\Psi&=\Phi_0+\sum_a\sum_i c_i^a\Phi_i^a+\sum_{a<b}\sum_{i<j}c_{ij}^{ab}\Phi_{ij}^{ab}+\sum_{a<b<c}\sum_{i<j<k}c_{ijk}^{abc}\Phi_{ijk}^{abc}+\cdots\\&=\Phi_0+\sum_a\sum_i c_i^a\Phi_i^a+\left(\frac{1}{2!}\right)^2\sum_{a\neq b}\sum_{i\neq j}c_{ij}^{ab}\Phi_{ij}^{ab}+\left(\frac{1}{3!}\right)^2\sum_{a\neq b\neq c}\sum_{i\neq j\neq k}c_{ijk}^{abc}\Phi_{ijk}^{abc}+\cdots\end{aligned}\tag{14.2.19}$$

在第二个等号中利用了 c 系数和 Φ_s 函数对于上 (下) 指标置换的反对称性质. Ψ 为 $\hat{\boldsymbol{H}}$ 算符的精确波函数, 满足 Schrödinger 方程

$$\hat{\boldsymbol{H}}\Psi=E\Psi\tag{14.2.20}$$

为了方便起见, 这里令 $c_0=1$. 如果 $\{\Phi_s\}$ 是正交归一集合, 即 $\langle\Phi_r|\Phi_s\rangle=\delta_{rs}$, 则 $\langle\Phi_0|\Psi\rangle=1$, 归一化常数为 $(\langle\Psi|\Psi\rangle)^{-\frac{1}{2}}=(1+\langle X|X\rangle)^{-\frac{1}{2}}$, 式中, $X=\Psi-\Phi_0$, 为波函数的相关部分.

假定 $\{\Phi_s\}$ 是正交归一集合. 用 Ψ 作变分函数, 容易导出

$$\sum_t H_{st}c_t=Ec_s\qquad(s=0,1,2,\cdots)\tag{14.2.21}$$

式中, $H_{st}=\langle\Phi_s|\hat{\boldsymbol{H}}|\Phi_t\rangle$. 因为 $\hat{\boldsymbol{H}}$ 中最多只涉及双电子算符, 根据 Slater 行列式矩阵元计算规则, 对于 $\Phi_s=\Phi_0$, 这一方程是

$$\langle\Phi_0|\hat{\boldsymbol{H}}|\Phi_0\rangle+\sum_a\sum_i c_i^a\langle\Phi_0|\hat{\boldsymbol{H}}|\Phi_i\rangle+\sum_{i<j}\sum_{a<b}\langle\Phi_0|\hat{\boldsymbol{H}}|\Phi_{ij}^{ab}\rangle c_{ij}^{ab}=E\tag{14.2.22}$$

或写成

$$
\begin{aligned}
E &= E_0 + \sum_i \varepsilon_i + \sum_{i<j} \varepsilon_{ij} \\
E_c &= E - E_0 = \sum_i \varepsilon_i + \sum_{i<j} \varepsilon_{ij}
\end{aligned} \tag{14.2.23}
$$

式中

$$
\begin{aligned}
E_0 &= \langle \Phi_0 | \hat{\boldsymbol{H}} | \Phi_0 \rangle \\
\varepsilon_i &= \sum_a \langle \Phi_0 | \hat{\boldsymbol{H}} | \Phi_i^a \rangle c_i^a \\
\varepsilon_{ij} &= \sum_{a<b} \langle \Phi_0 | \hat{\boldsymbol{H}} | \Phi_{ij}^{ab} \rangle c_{ij}^{ab}
\end{aligned} \tag{14.2.24}
$$

E_c 是电子相关能. 式 (14.2.22) 表明, 为了得到体系的精确能量, 只要知道展开式 (14.2.19) 中双电子激发组态以前的各项即可. 但不要误认为式 (14.2.19) 只要展开到 Φ_{ij}^{ab} 以前的各项, 因为以后各项的系数通过波函数 Ψ 的归一化条件牵制 c_i^a, c_{ij}^{ab} 等的数值. 实际上, 我们取式 (14.2.21) 中的 Φ_s 分别为 Φ_i^a 和 Φ_{ij}^{ab}, 就可以得到

$$
\begin{aligned}
&\langle \Phi_i^a | \hat{\boldsymbol{H}} | \Phi_0 \rangle + \sum_j \sum_b \langle \Phi_i | \hat{\boldsymbol{H}} | \Phi_j^b \rangle c_j^b + \sum_{j<k} \sum_{b<c} \langle \Phi_i^a | \hat{\boldsymbol{H}} | \Phi_{jk}^{bc} \rangle c_{jk}^{bc} \\
&\quad + \sum_{j<k<l} \sum_{b<c<d} \langle \Phi_i^a | \hat{\boldsymbol{H}} | \Phi_{jkl}^{bcd} \rangle c_{jkl}^{bcd} = E c_i^a
\end{aligned} \tag{14.2.25}
$$

$$
\begin{aligned}
&\langle \Phi_{ij}^{ab} | \hat{\boldsymbol{H}} | \Phi_0 \rangle + \sum_k \sum_c \langle \Phi_{ij}^{ab} | \hat{\boldsymbol{H}} | \Phi_k^c \rangle c_k^c + \sum_{k<l} \sum_{c<d} \langle \Phi_{ij}^{ab} | \hat{\boldsymbol{H}} | \Phi_{kl}^{cd} \rangle c_{kl}^{cd} \\
&\quad + \sum_{k<l<m} \sum_{c<d<e} \langle \Phi_{ij}^{ab} | \hat{\boldsymbol{H}} | \Phi_{klm}^{cde} \rangle c_{klm}^{cde} \\
&\quad + \sum_{k<l<m<n} \sum_{c<d<e<f} \langle \Phi_{ij}^{ab} | \hat{\boldsymbol{H}} | \Phi_{klmn}^{cdef} \rangle c_{klmn}^{cdef} = E c_{ij}^{ab}
\end{aligned} \tag{14.2.26}
$$

由式 (14.2.26) 可见, 想要从式 (14.2.25) 计算 c_i^a, 需知道 c_{ij}^{ab}, c_{ijk}^{abc}, 而想要从式 (14.2.26) 计算 c_{ij}^{ab}, 需知道 c_{ijk}^{abc}, c_{ijkl}^{abcd} 等, 实际上就是要完全解方程组式 (14.2.21) 才行. 展开式 (14.2.19) 中包括由给定的一组自旋轨道函数 $\{\widetilde{\psi}_k\}$ 能构成的全部组态函数 $\{\Phi_s\}$ 的 CI 计算称为完全的 CI(full CI, FCI) 计算. 从以上分析可知, 单激发和双激发组态是展开式中最重要的项, 实际计算经验表明, 只要展开到单激发组态和双激发组态就可以计算出 95% 以上的相关能. 但对于很多化学问题的理论研究, 还要计算出更完全的相关能才能满足要求. 为此展开式 (14.2.19) 中还必须包括更高激发等级的组态函数. 通常将展开式在单 (single)、双 (double)、三 (triple)、四 (quadruple) 等电子激发组态函数截断的非完全 CI 计算简记为 CIS、CISD、CISDT、CISDTQ 等.

式 (14.2.23) 表明, 电子相关能 E_c 可分解为单电子贡献与双电子贡献之和. 如果我们将分子轨道选取为 Hartree-Fock 轨道 (不论是正则轨道或定域轨道), 则根据 Brillouin 定理, $\langle \Phi_0|\hat{\boldsymbol{H}}|\Phi_i^a\rangle = 0$, 式 (14.2.23) 简化为

$$E = E_0 + \sum_{i<j} \varepsilon_{ij} \tag{14.2.27}$$

或

$$\begin{aligned} E_c = E - E_0 &= \sum_{i<j} \varepsilon_{ij} \\ &= \sum_{i<j} \sum_{a<b} \langle \tilde{\psi}_i \tilde{\psi}_j | \hat{\boldsymbol{R}} | \tilde{\psi}_a \tilde{\psi}_b \rangle c_{ij}^{ab} \end{aligned} \tag{14.2.28}$$

式中, $\hat{\boldsymbol{R}} = \dfrac{1}{r_{12}}(1 - \hat{\boldsymbol{P}}_{12})$, $\hat{\boldsymbol{P}}_{12}$ 是电子 1 和 2 的坐标置换算符. 式 (14.2.28) 说明, 电子相关能是由激发轨道与占据轨道电子间的相互作用贡献的. 从式 (14.2.22) 还可以看出, 只要

$$c_i^a = 0 \tag{14.2.29}$$

则式 (14.2.23) 也可简化为式 (14.2.27). 式 (14.2.29) 称为 Brueckner 条件, 而定义满足这一条件的分子轨道为 Brueckner 轨道. 可以证明, 由 Brueckner 轨道构成的单组态波函数与精确波函数具有最大的重叠, 所以 Brueckner 轨道是实现最优 CI 展开的一种轨道, 至少对于展开到一级为止是这样. 但 Brueckner 轨道是通过精确波函数 Ψ 来定义的, 实际上无法求得. 通常将能使近似 CI 展开式中不出现 $\{\Phi_i^a\}$ 项的分子轨道当作近似的 Brueckner 轨道. 对于闭壳层组态, Brueckner 轨道很接近 Hartree-Fock 轨道. 对于一级组态相互作用强烈的场合, 它的含义比 Hartree-Fock 轨道明确. 注意, Hartree-Fock 轨道或 Brueckner 轨道虽然都简化式 (14.2.23), 但含义不同, 用 Hartree-Fock 轨道时, 展开式中 $c_i^a \neq 0$, 只是

$$\langle \Phi_i^a|\hat{\boldsymbol{H}}|\Phi_0\rangle = 0$$

但 $\langle \Phi_i^a|\hat{\boldsymbol{H}}|\Phi_{ij}^{ab}\rangle$、$\langle \Phi_i^a|\hat{\boldsymbol{H}}|\Phi_{ijk}^{abc}\rangle$ 等一般并不等于零. 因此对于高精度 CI 计算, 采用 Hartree-Fock 轨道时, 单激发组态项还要包括在波函数展开式中.

近年来 Nakatsuji 等[13,14] 发展了一种迭代组态相互作用, 或称迭代补足相互作用 [iterative configuration(或 complement) interaction, ICI] 方法, 在迭代过程中不断扩大组态空间, 直到收敛, 原则上可以得到 Schrödinger 方程的精确解. 但计算量很大, 虽然对小分子的试算结果很好, 目前还难于直接应用到中等以上分子的计算中.

14.2.4 非动态相关能的计算, 多组态自洽场方法

Hartree-Fock 方法对于平衡构型的闭壳层组态分子是相当好的近似, 但如果体系有几个组态是简并或者接近简并的 (在远离平衡构型的体系中经常会遇到), 情况就不同了, Hartree-Fock 近似的缺点变得很突出. 根据用 Hartree-Fock 方法计算出来的势能面预测分子的离解行为, 连定性结论都可能不正确. 这样的例子很多, 最简单而又著名的例子是 Hartree-Fock 方法计算出来的 H_2 的势能曲线预示它的离解产物为两个氢原子和 H^- 及 H^+ 的混合物, 而实验的结果是两个氢原子. 参看图 14.2.1, 图中点线是实验势能曲线, 实线是 Hartree-Fock 方法的计算结果, 它在平衡键长附近 (1.4 a.u.) 是定性 (或半定量) 正确的, 但在核间距 ~3a.u. 以后就完全不对了.

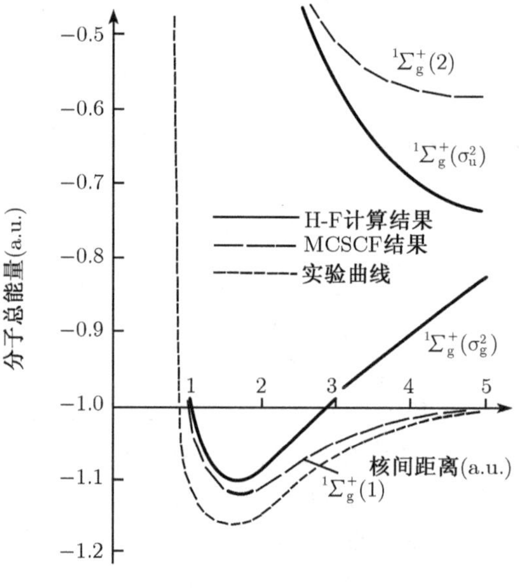

图 14.2.1 H_2 分子的势能曲线

如果我们不将基态波函数取为 $\Phi(\sigma_g^2)\ {}^1\Sigma_g^+$, 而取为 $\Phi(\sigma_u^2)\ {}^1\Sigma_g^+$ 和 $\Phi(\sigma_g^2)\ {}^1\Sigma_g^+$ 的组合

$$\Psi = \Phi(\sigma_g^2) + \mu\Phi(\sigma_u^2) \tag{14.2.30}$$

μ 通过变分确定, 则得到的势能曲线如图 14.2.1 中短划线所示. 从图中可以看出, ${}^1\Sigma_g^+(1)$ 曲线虽然定量上与实验值仍有差距, 但在定性预言离解产物方面是正确的. 有意思的是, 如果我们将分子轨道取为两个 H 的 1s 轨道的线性组合

$$\sigma_g = \frac{(1s)_a + (1s)_b}{\sqrt{2(1+S_{ab})}} \qquad \sigma_u = \frac{(1s)_a - (1s)_b}{\sqrt{2(1-S_{ab})}}$$

$S_{ab} = \langle (1\mathrm{s})_a | (1\mathrm{s})_b \rangle$, 当 $\mu = -\dfrac{1 - S_{ab}}{1 + S_{ab}}$ 时, Ψ 正好是 Heitler-London 早在 1927 年就提出来的价键波函数. 众所周知, 他们的很简单的价键波函数能相当正确地描述氢分子的离解行为.

容易看出, 在上述例子中 Hartree-Fock 方法之所以失败, 是由于当核间距离加大时, $E(\sigma_g^2)$ 和 $E(\sigma_u^2)$ 能级趋于简并, 光用 $\Phi(\sigma_g^2)\ {}^1\Sigma_g^+$ 一项来逼近精确波函数是太粗糙了, 展开式中至少有两项 $[\Phi(\sigma_g^2), \Phi(\sigma_u^2)]$ 具有可以比拟的展开系数. 也就是说, 没有一种单电子模型能很好地描述这种体系, 因为两个分子轨道既然是简并的, 两个电子不应放在其中的一个轨道上而空出来另外一个. 所以体系有几个对称性相同的组态函数接近于简并将导致 Hartree-Fock 方法完全失效, 这称为非动态相关效应或一级组态相互作用, 以区别于前面说过的动态相关效应. 通过 H_2 的例子, 我们可以猜想, 非动态相关是比较容易处理的, 因为能量接近的组态函数不会很多, 式 (14.2.2) 中不会有很多项的系数都大, 只要取少数组态函数就行. 实际情况正是这样. 当然, 动态和非动态相关效应是不能截然分开的, 不过两者性质是有所不同. 非动态相关能随环境变化较大, 但用有限的组态就可以较精确地计算出来; 而动态相关能则很难精确计算, 但随环境变化很小, 具有“恒定性”, 可以参数化, 这在势能面的计算中是很重要的.

处理非动态相关效应的最有效的方法是多组态自洽场方法 (MCSCF). 在一般的 CI 方法中, Φ_s 是预先确定的, 通过变分求线性展开系数 c_s. 在传统的 Hartree-Fock 方法中, 只取展开式 (14.2.2) 的第一项, 而对 Φ_0 中的分子轨道变分使总能量取最小值. 多组态自洽场方法是将这两种方法结合起来, 将总能量同时作为组态展开系数和分子轨道的泛函变分求极值. 对展开系数变分得到通常的久期方程, 而对分子轨道变分则导致一组积分–微分方程 (类似于 Hartree-Fock 方程); 通过选择适当的基组可以将它变为代数方程 (类似于 Hartree-Fock-Roothaan 方程). 两组方程是互相耦合的, 因而需要用迭代方法求解. MCSCF 波函数比起组态函数的数目相同的 CI 波函数来自然精确得多.

设体系 MCSCF 波函数为

$$\Psi = \sum_I c_I \Phi_I \tag{14.2.31}$$

Φ_I 是组态函数, 其中的分子轨道 $\{\phi_k\}$ 用基函数 $\{\chi_\nu\}$ 展开

$$\phi_k = \sum_\nu c_{\nu k} \chi_\nu \tag{14.2.32}$$

则 MCSCF 方法中的 Fock 方程可写为

$$\boldsymbol{F}_i(\{c_I\}, \{c_{\nu k}\})\boldsymbol{c}_i = \varepsilon_i \boldsymbol{S}\boldsymbol{c}_i + \sum_{j \neq i} \varepsilon_{ji} \boldsymbol{S}\boldsymbol{c}_j \tag{14.2.33}$$

式中, $\boldsymbol{c}_i$ 是 $c_{\nu i}$ 系数列矩阵, $\boldsymbol{S}$ 是重叠矩阵, $S_{pq}=\langle\chi_p|\chi_q\rangle$, $\boldsymbol{F}_i(\{c_I\},\{c_{\nu k}\})$ 表示 Fock 矩阵 $\boldsymbol{F}_i$ 是 c_I 系数和 $c_{\nu k}$ 系数的函数, ε_i 和 ε_{ij} 是为使分子轨道满足条件

$$\boldsymbol{c}_i^{\mathrm{H}}\boldsymbol{S}\boldsymbol{c}_j=\delta_{ij} \tag{14.2.34}$$

引进的 Lagrange 乘子

$$\varepsilon_{ij}=\varepsilon_{ji}^* \tag{14.2.35}$$

方程式 (14.2.33) 可以用 Roothaan 处理开壳层组态 SCF 的方法简化为准本征值方程. 由式 (14.2.33) 和式 (14.2.34) 得

$$\boldsymbol{c}_j^{\mathrm{H}}\boldsymbol{F}_i\boldsymbol{c}_i=\varepsilon_{ji} \tag{14.2.36}$$

$$\boldsymbol{F}_i\boldsymbol{c}_i=\varepsilon_i\boldsymbol{S}\boldsymbol{c}_i+\sum_{j\neq i}\boldsymbol{S}\boldsymbol{c}_j\boldsymbol{c}_j^{\mathrm{H}}\boldsymbol{F}_i\boldsymbol{c}_i=\varepsilon_i\boldsymbol{S}\boldsymbol{c}_i+\sum_{j\neq i}[\boldsymbol{S}\boldsymbol{c}_j(\boldsymbol{F}_i\boldsymbol{c}_j)^{\mathrm{H}}+\boldsymbol{F}_i\boldsymbol{c}_j(\boldsymbol{S}\boldsymbol{c}_j)^{\mathrm{H}}]\boldsymbol{c}_i \tag{14.2.37}$$

方括号内第二项作用在 $\boldsymbol{c}_i$ 上为零, 加进去是为了使方括号的表示式具有 Hermite 性质. 若定义

$$\boldsymbol{R}_i=\sum_{j\neq i}[\boldsymbol{S}\boldsymbol{c}_j(\boldsymbol{F}_i\boldsymbol{c}_j)^{\mathrm{H}}+\boldsymbol{F}_i\boldsymbol{c}_j(\boldsymbol{S}\boldsymbol{c}_j)^{\mathrm{H}}] \tag{14.2.38}$$

则式 (14.2.33) 可写成

$$(\boldsymbol{F}_i-\boldsymbol{R}_i)\boldsymbol{c}_i=\varepsilon_i\boldsymbol{S}\boldsymbol{c}_i \tag{14.2.39}$$

式中, $\boldsymbol{R}_i$、$\boldsymbol{F}_i$ 和 $\boldsymbol{S}$ 都是实对称矩阵. 一般由式 (14.2.34) 和式 (14.2.39) 不能完全确定 $\boldsymbol{c}_i$ 和 ε_i, 需要加上关于 $\boldsymbol{c}_i$ 的限制条件. 从式 (14.2.35) 和式 (14.2.36) 可得

$$\boldsymbol{c}_i^{\mathrm{H}}(\boldsymbol{F}_j-\boldsymbol{F}_i)\boldsymbol{c}_j=0 \tag{14.2.40}$$

表面看起来, 可以用类似单组态自洽场的方法迭代求解式 (14.2.39), 但实际上这样通常得不到符合要求的收敛解. 因此进行多组态自洽场计算的关键问题之一是解决收敛问题. 下面介绍利用推广的 Brillouin 定理的解法. 在很多情况下, 它能较快地得到收敛结果[15].

设 $\varPsi$ 是 MCSCF 波函数, 则由变分原理有

$$\langle\delta\varPsi|\hat{\boldsymbol{H}}|\varPsi\rangle=0 \tag{14.2.41}$$

但 $\varPsi=\sum\limits_I c_I\varPhi_I$, 故 $\delta\varPsi=\sum\limits_I(\delta c_I\varPhi_I+c_I\delta\varPhi_I)$. c_I 也满足变分方程

$$\sum_{I,J}\sum\delta c_Ic_J\langle\varPhi_I|\hat{\boldsymbol{H}}|\varPhi_J\rangle=0 \tag{14.2.42}$$

联立式 (14.2.41) 和式 (14.2.42), 得

$$\sum_I c_I\langle\delta\varPhi_I|\hat{\boldsymbol{H}}|\varPsi\rangle=0 \tag{14.2.43}$$

Φ_I 的变分由构成它的轨道的改变完成. 在保持正交归一条件下, 轨道的变分形式为

$$\delta\psi_i = \sum_{j\neq i} u_{ji}\psi_j \qquad u_{ij} + u_{ji} = 0 \tag{14.2.44}$$

若令 $u_{ji} = 0$, 除非 $i = i'$, $j = j'$, 则

$$\delta\Phi_I = [\Phi_I(i' \to j') - \Phi_I(j' \to i')]u_{j'i'} \tag{14.2.45}$$

式中, $\Phi_I(i' \to j')$ 表示从 $\psi_{i'} \to \psi_{j'}$ 的单电子激发, 即将 Φ_I 中的 $\psi_{i'}$ 轨道用 $\psi_{j'}$ 代替, 如果这种改变是不允许的 (如 $\psi_{i'}$ 或 $\psi_{j'}$ 不是 Φ_I 中的占据轨道, 或者由于 Pauli 原理的限制), 则令该项为零. 将式 (14.2.45) 代入式 (14.2.43), 得到推广的 Brillouin 定理

$$\left\langle \sum_I c_I[\Phi_I(i \to j) - \Phi_I(j \to i)]|\hat{\boldsymbol{H}}|\Psi \right\rangle = 0 \tag{14.2.46}$$

我们可以利用这个定理来确定 c_I 和 Φ_I, 即要求 Ψ 的单重激发态和 Ψ 之间 $\hat{\boldsymbol{H}}$ 的矩阵元均为零. 为此, 可采用以下迭代方式:

(1) 将基组正交化, 构成一组起始的分子轨道 $\{\psi_i^{(0)}\}$, 从中造出组态函数 $\{\Phi_I^{(0)}\}$, 解一个 CI 久期方程, 求得 $\{c_I\}$ 系数, 即求得 $\Psi^{(0)}$.

(2) 构造单重激发态函数 $\Psi(i \to j)$, 并造出新的 CI 波函数

$$\Psi^{(0)'} = \Psi^{(0)} + \sum_{j>i} u_{ji}\Psi^{(0)}(i \to j)$$

再解关于 $\Psi^{(0)'}$ 的久期方程, 求得 u_{ji} 系数.

(3) 构成新的一组轨道 $\{\psi_i^{(1)}\}$(必要时进行正交化)

$$\psi_i^{(1)} = \psi_i^0 + \sum_{j\neq i} u_{ji}\psi_j^{(0)} \qquad u_{ij} = -u_{ji}$$

(4) 用 $\{\psi_i^{(1)}\}$ 代替 $\{\psi_i^{(0)}\}$, 回到步骤 (1), 造出 $\Psi^{(1)}$, 开始新的一轮迭代, 直到收敛. 此时 $\Psi^{(n)}$ 满足广义的 Brillouin 定理, 也就是 MCSCF 方法的解. 上述迭代收敛的条件是 u_{ij} 足够小, 适当选取起始分子轨道 $\{\psi_i^{(0)}\}$, 这一条件可以得到满足.

上述方法的优点是不用计算能量对于 $\{c_I\}$ 和 $\{c_{\nu k}\}$ 的微商, 但收敛比较慢. 采用 Newton-Raphson 优化算法可以提高收敛速度. 近年来由于有了高效率的计算能量对变分参数微商的方法, 基于 Newton-Raphson 优化算法的求解 MCSCF 方程组的方法已被普遍采用[1,6].

MCSCF 方法是计算出部分相关能的最有效方法, 在势能曲线 (或曲面) 的计算中, 用这种方法最合适. 选择最优的价层组态 (optimized valence configuration, OVC), 只需用不多几个组态, 就可算得相当好的光谱常数. 以 F_2 为例, 单重组态

Hartree-Fock 计算给出 F_2 的离解能为 -1.37eV, 即 F_2 为不稳定分子, 显然这是不对的. 但只要采用表 14.2.1 中的 1、2 两个组态, 就得到 $F_2 \longrightarrow 2F$ 的离解能为 0.54eV, 这个结果至少定性上是正确的. 若采用表 14.2.1 中的六个组态, 计算的光谱常数已相当好. 表 14.2.2 列出文献报道的详细计算结果, 表中也列出更全面计算相关能的结果, 以资比较.

表 14.2.1　用于 F_2 MCSCF 计算的组态

编　号	相对于基态组态 ψ_0 的激发 2)	组态函数
1 1)	—	$[1\sigma_g^2 1\sigma_u^2 2\sigma_g^2 2\sigma_u^2]3\sigma_g^2 1\pi_u^4 1\pi_g^4$
2	$3\sigma_g^2 \to 3\sigma_u^2$	$[1\sigma_g^2 1\sigma_u^2 2\sigma_g^2 2\sigma_u^2]3\sigma_u^2 1\pi_u^4 1\pi_g^4$
3	$1\pi_u^2 \to 3\sigma_u^2$	$[1\sigma_g^2 1\sigma_u^2 2\sigma_g^2 2\sigma_u^2]3\sigma_g^2 3\sigma_u^2 1\pi_u^2 1\pi_g^4$
4	$1\pi_g^2 \to 3\sigma_u^2$	$[1\sigma_g^2 1\sigma_u^2 2\sigma_g^2 2\sigma_u^2]3\sigma_g^2 3\sigma_u^2 1\pi_u^4 1\pi_g^2$
5	$3\sigma_g 1\pi_u \to 3\sigma_u 2\pi_g$	$[1\sigma_g^2 1\sigma_u^2 2\sigma_g^2 2\sigma_u^2]3\sigma_g 3\sigma_u 1\pi_u^3 1\pi_g^4 2\pi_g$
6	$3\sigma_g 1\pi_g \to 3\sigma_u 2\pi_u$	$[1\sigma_g^2 1\sigma_u^2 2\sigma_g^2 2\sigma_u^2]3\sigma_g 3\sigma_u 1\pi_u^4 1\pi_g^3 2\pi_u$

1) 单组态 Hartree-Fock 计算中使用的组态, 取作基态组态 Ψ_0.

2) $i \to j$ 激发表示将基态组态中的 i 轨道换成 j 轨道.

表 14.2.2　F_2 的 MCSCF 计算结果(光谱常数)

计算方法	总能量 (a.u.) (R=2.68 a.u.)	R_e(a.u.)	D_e(eV)	ω_e(cm^{-1})	α_e	B_e
Hartree-Fock	−198.776	2.50	−1.05	1257	0.0108	—
二组态 MCSCF	−198.843	2.74	0.54	678	—	—
六组态 MCSC	−198.885	2.64	1.82	986	0.0159	0.90
全面考虑电子相关	−198.981	2.67	1.67	942	0.0160	0.88
实验值	—	2.28	1.68	932	0.0146	0.89

应当指出 MCSCF 方法主要计算出相关能中对分子几何结构改变灵敏的部分, 一般只是总相关能中的一小部分, 但已经能得到相当精确的光谱常数和正确地描述分子的离解行为, 说明得到了比较准确的势能面. 当然, 式 (14.2.31) 中包含的组态函数越多, 计算得出来的相关能越多, 结果越精确, 但计算量迅速增大, 有时这样做也并非必要. 因此, 根据所研究问题的情况适当选取组态函数是 MCSCF 计算中的重要问题. 现在最常用的方法之一是完全活性空间自洽场 (complete active space self-consistent field, CASSCF) 方法, 也有人称之为完全优化反应空间 (full optimized reaction space, FORS) 方法. 具体做法是, 将分子轨道空间划分为活性和非活性子空间, 通常是用 RHF 计算得到的若干前线轨道或者在所研究问题中变化显著的那些轨道张成活性子空间, 其余轨道属于非活性子空间. 设活性子空间包含 m 个自旋轨道, 将 n 个电子以所有可能的方式放置其中, 将得到的组态函数集合全部纳入展开式 (14.2.31) 中进行 MCSCF 计算 (保持非活性子空间不变). 习惯上将这样的计算简记作 $[n, m]$-CASSCF. 当轨道活性子空间太大时, 可以采用限制的活性空间

自洽场 (restricted active space self-consistent field, RASSCF) 方法, 将活性子空间分为三区：能量较低的双占据轨道划归一区 (RS1), 前线轨道中的少数轨道划归二区 (RS2), 能量较高的虚轨道划归三区 (RS3); MCSCF 计算包括由 RS2 区自旋轨道能构造出来的全部组态函数以及由 RS1 和 RS2 区中的占据轨道到 RS3 区轨道的 0、1、2 电子激发产生的组态函数. 显然, 如果不将全部价轨道包括在活性空间中, CACSCF 方法存在对电子相关作用处理不平衡的问题, 因为非活性子空间以及非活性与活性子空间之间的相关作用没有考虑. 但对于稍大的分子, 将全部价轨道包括在活性空间中进行 MCSCF 计算工作量又太大. 因此合理选择"活性轨道空间"是 MCSCF 计算获得满意结果的关键之一.

当然, 为得到比较完全的电子相关能, 还是要采用 CI 方法. 在 14.2.3 节讲述的 CI 方法中, 激发组态函数是从 RHF 计算得到的基态单行列式波函数出发, 通过电子从占据轨道激发到虚轨道产生的, 称为单参考组态 CI 方法. 当体系的前线轨道密集, 要用 MCSCF 方法处理时, 得到的波函数是多个优化的组态函数的线性组合. 取其函数作为参考组态的 CI 计算称为多参考态 CI (multi-reference configuration interaction, MRCI) 方法. 此时一个电子的激发将涉及包含在 MCSCF 计算中的所有组态的激发, CI 计算中包含的组态数目自然要增加. 显然 MRCI 方法可以得到更精确的结果, 但计算量也更大[16,17].

附带指出, 在非动态相关效应很重要的情况下, Löwdin 对电子相关能的定义是有缺陷的, 因为此时独立粒子模型不是好的近似, 用 Hartree-Fock 方法得不到合理的不包括电子相关能的参考组态; 而用 MCSCF 方法得到的能量中已经包括部分相关能, 也不能用作计算相关能的零点.

14.3 组态相互作用计算中的一些具体问题[5~7]

14.3.1 概述

下面讨论 CI 计算中的一些具体问题. CI 计算的过程大致如下：

(1) 选定基函数组 $\{\chi_p\}(p=1,2,\cdots,m')$, 计算基组的分子积分, 进行 Hartree-Fock 计算, 求得分子轨道 (表示为基函数的线性组合)

$$\psi_i=\sum_{p=1}^{m'}\chi_p U_{pi} \qquad (i=1,2,\cdots,m;m\leqslant m')$$

(2) 选择分子轨道基组 $\{\psi_i\}$, 并由基函数的分子积分计算分子轨道的分子积分. 可以直接用 Hartree-Fock 轨道, 也可以转换为其他类型的轨道 (参看 14.3.2 节). 由分子轨道基组构成的空间称为分子轨道空间. 一般选择为正交归一组, 以简化计算.

(3) 造出具有正确对称性的组态函数. 由造出来的组态函数集合构成组态空间. CI 计算就是在组态空间中的变分计算. 若 CI 展开式中包括全部由 $\{\psi_i\}$ 可能造出的组态函数, 则称为完全的 CI 计算. 完全的 CI 计算对于电子数稍多的体系是很困难的, 因此需要选择出在展开式中起作用较大的组态而忽略其余不重要的组态.

(4) 造 CI Hamilton 矩阵, 即计算式 (14.2.21) 中的 H_{st}, 这个过程需要用分子轨道的分子积分 (参见 14.3.7 节).

(5) 将 Hamilton 矩阵对角化.

(6) 计算所需要的体系的各种物理量的期望值.

整个 CI 计算过程可用如图 14.3.1 所示的框图表示.

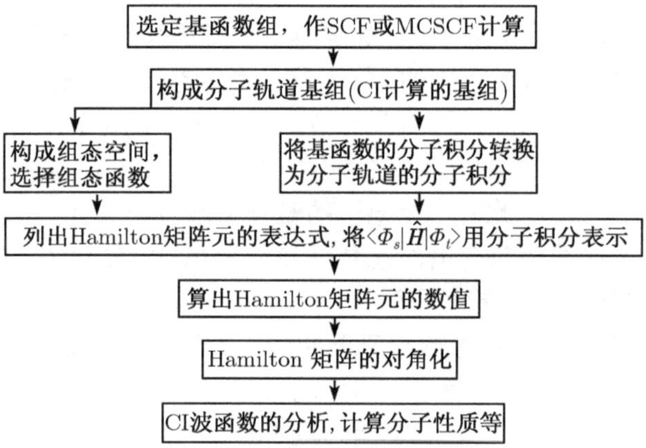

图 14.3.1　CI 计算过程框图

在以上各步中, 费时最多的是计算基函数和分子轨道的分子积分和造组态函数的 Hamilton 矩阵. 有一些具体计算中的问题在第 13 章中已经讨论过, 下面只讨论在 CI 计算中新出现的问题.

14.3.2　基组选择

基组在 SCF 计算中很重要, 在 CI 计算中更加需要小心选择. 基组的质量决定了 CI 计算可能达到的最高精确度. 基组选择不当, 无论如何也不可能得到好的结果. 选择 CI 基组自然要计及 SCF 计算的要求, 但也有所不同. 例如, 在 SCF 计算中, 基函数的分子积分花费最多的时间, 所以选择基组时优先采用便于计算分子积分的函数, 如 GTO 用得最多. 在 CI 计算中, 这一运算步骤占的时间比例相对地降低了, 其他因素就突出. 选用的基组自然要能给出好的 SCF 占据轨道. 为了能对电子相关有合适的描述, 还必须能从基组造出好的相关轨道, 后者应该出现在电子占据轨道的同一空间范围, 但要有更多的节面. 例如, 环绕原子的节面提供径

向相关 (内外相关), 处于两个原子之间的节面提供侧向相关 (左右相关), 通过分子平面的节面提供上下相关, 通过原子中心或分子轴的节面提供角向相关等. 一般说来, 为了提供较好的相关轨道, 必须用包括极化函数的扩展基组, 而它们的指数需要与 SCF 计算中所用的相近. 如果要计算体系的总相关能 (包括原子内层电子的相关能), 则对原子内层轨道也需要增加极化基. 例如, 对于 K 层要增加 p 函数 (指数和 1s 函数的差不多), 对于 L 层要增加指数接近 2s 函数的 d 函数等. 如果要计算激发态, 还要增加适宜于描述该激发态的函数. 在 13.3.3 节中谈到过的相关一致基组就是考虑电子相关能计算的需要而设计和优化出来的.

14.3.3　分子轨道基组的选择

在完全的 CI 计算中, 计算结果完全由基组决定, 与分子轨道的形式无关, 即对于分子轨道的任意非奇异线性变换不变. 这是容易理解的, 因为完全 CI 计算是在由分子轨道基组确定的整个组态空间中进行的变分计算, 而用不同形式的分子轨道只相当于组态空间的基矢的选择不同, 不影响计算结果. 类似地可以知道, 如果由分子轨道基组确定的轨道空间可以分解为几个相互正交的子空间, 则组态函数可按电子在各子空间中的分布来分类. 如果各类组态函数, 或者完全包括在 CI 波函数中, 或者完全不包括进去, 则 CI 波函数对于在各子空间内部的任意非奇异线性变换不变. 例如, 闭壳层组态的 SCF 轨道空间可以分为占据轨道空间和虚空间, 两者相互正交. 组态函数可以按激发程度 (电子在两个空间中的分布情况) 分类. 若 CI 展开中全部包括或完全不包括某一激发程度相同的组态函数, 则计算结果对于在占据空间和虚空间内部的任意非奇异线性变换不变. 后一种 CI 计算可称为完全类的 CI(full-class CI) 计算. 子空间的分法自然是任意的. 一种常见的分法是将分子轨道空间分为内层空间 (在 CI 计算中每个自旋轨道的占据数为 1), 价层空间 (包括占据轨道和空价轨道, 它们基本上是由价层原子轨道组成的) 以及其余虚空间 (对相关能计算贡献不大, 必要时可能忽略). 例如, 在 F_2 分子中, $1\sigma_g$ $1\sigma_u$ $2\sigma_g$ $2\sigma_u$ 构成内层空间, $3\sigma_g$ $3\sigma_u$ $1\pi_g$ $1\pi_u$ $2\pi_g$ $2\pi_u$ 构成价层空间, 更高能量的轨道构成其余虚空间. 这类计算的结果与子空间的分法有关, 与各子空间的基的选取无关. 不过, 各子空间内轨道选择不同的形式, 不但使 CI 波函数形式上不同, 而且可以使展开式中有重要作用的组态函数的数目不同, 如果我们不是作完全类的 CI 计算而只希望选取一部分组态函数, 这显然就有意义了. 可以说, 基函数组的质量决定了可能取得的最优结果, 而分子轨道形式的选择决定 CI 展开的收敛速度, 后者在实际计算中无疑是很重要的.

SCF 轨道是 CI 计算中最常用的分子轨道形式, 但其空轨道并不太适于用作相关轨道, 因为在大基组 SCF 计算中 (一般 CI 计算都用大基组) 空价层轨道过分弥散, 其分布与电子占据轨道不在同一空间区域, 因而不能有效地起相关轨道的作用.

这是因为 SCF 的占据轨道是在 $(N-1)$ 个电子的等效势场下得到的, 而空轨道是由 N 个电子的等效势场产生的. 为了克服这一缺点, 有人提出用包含 $(N-1)$ 个电子的等效势场的 Hamilton 求空轨道, 并保持这些空轨道与原 Hamilton 的占据轨道空间正交. 这种轨道更接近于实际的激发轨道, 能计算出更多的电子相关能. 此外, 也有人尝试过用定域轨道. 当然, 从理论上说最好首先将 SCF 轨道转换为自然轨道 (参见 14.4.3 节). 如果要计算激发态相关能, 则最好用由对该激发态的 SCF 计算得到的轨道, 而不要简单地用基态 SCF 轨道. 如果是计算势能面, 则最好用多组态自洽场的分子轨道. MCSCF 轨道的相关轨道和占据轨道集中在相同的空间区域, 能较有效地描述相关. 用 MCSCF 方法求得全部相关能是不经济的, 不过, MCSCF 与 CI 方法结合起来却比较有效, 即用较少的组态作 MCSCF 计算, 再用这样得到的轨道作大规模 CI 计算, 效率比较高.

为了计算 Hamilton 矩阵元的方便, 一般都选用正交归一轨道. 若用 SCF 轨道或自然轨道, 这个条件基本上是得到满足的, 不过最好用 Schmidt 方法再正交化一次, 因为如果正交归一化的精确度不够高, 误差传播到 Hamilton 矩阵元中可能变得相当大 (参见 14.3.5 节). 另外, 分子轨道的位相最好能按一定规则固定, 以保证多维不可约表示的各个基按规定的不可约表示矩阵变换. 最简单的办法就是每种对称类型选定一个基函数, 规定它在分子轨道中的系数总取正号.

14.3.4 组态函数的选择

完全 CI 计算具有对分子轨道基组的任意非奇异线性变换不变的优点, 能够得到由基组品质确定的最佳结果. 但完全 CI 计算的组态函数随体系的增大而迅速增加. 若分子轨道数为 m, 电子数为 N, 则可构成 Slater 行列式的数目为 $\dfrac{(2m)!}{N!(2m-N)!}$. 例如, 有 10 个分子轨道, 5 个电子, 则有 $\dfrac{20!}{15!5!}=15504$ 项, 即使这样小的体系, 行列式数已过万了. 考虑自旋对称性限制 (不考虑空间对称性限制), 则总自旋为 S 的组态函数的数目为

$$n(N,S,m)=\frac{2S+1}{m+1}\begin{pmatrix} m+1 \\ \dfrac{1}{2}(N-2S) \end{pmatrix}\begin{pmatrix} m+1 \\ \dfrac{1}{2}(N+2S)+1 \end{pmatrix} \tag{14.3.1}$$

例如:

$$n\left(5,\frac{1}{2},10\right)=3300$$

$$n\left(5,\frac{3}{2},10\right)=1848$$

$$n\left(5,\frac{5}{2},10\right)=252$$

总状态数为

$$252 \times 6 + 1848 \times 4 + 3300 \times 2 = 15504$$

虽然加上自旋对称匹配限制以后展开式短了许多, 但项数仍然很多. 显然, 只有对极小的体系和很小的分子轨道基组才可能进行完全的 CI 计算. 另一方面, 实际计算表明, 若组态函数选择得好, 只要取其中较少一部分, 就能获得相当大部分相关能. 所以选择 CI 组态函数是进行 CI 计算的重要技巧, 既不能将有重要作用的组态函数漏掉, 又要使选用的组态函数尽可能地少.

Φ_s 的重要性可以从它在 CI 展开式中的系数或者对相关能的贡献来考察. 对于平衡构型附近的闭壳层组态来说, Φ_0 取为 Hartree-Fock 波函数是很好的, 其余各项的系数要小得多. 但对于远离平衡的构型或激发态, 单组态 Hartree-Fock 方法不太适用, 应该用 MCSCF 波函数, Φ_s 中有若干项的系数相当大, 这时要将它们都包括在参考组态空间中. 最简单的例子是当研究 H_2 的解离时, 除 $(1\sigma_g)^2$ 基态组态以外, 还应当包括 $(1\sigma_u)^2$ 在参考组态空间中. 参考组态函数的选择可根据物理设想和试算决定.

对于平衡构型附近的闭壳层组态, 如果 Φ_s 是由 RHF 轨道构成的, 则它在 CI 展开式中的系数的量级一般说来由激发程度 (参考组态函数中占据轨道被空轨道置换的数目) 决定. $\langle\Phi_s|\hat{\boldsymbol{H}}|\Phi_t\rangle$ 当 Φ_s 和 Φ_t 有两个以上轨道不同时为零, 根据微扰理论可知, 有三个以上激发轨道的 Φ_s 的作用一定很小. 又由 Brillouin 定理可知, 单重激发组态也不重要. 因此对 SCF 波函数的一级校正只能来自双重激发组态. 二级校正将来自单重激发组态、三重激发组态和四重激发组态, 因为只有它们与一级波函数的 Hamilton 矩阵元不为零.

对于开壳层组态, 单重激发组态也是重要的. 就是在闭壳层组态计算中一般也包括它, 因为它的数目不多, 增加计算量不大, 而在计算单电子性质时起重要作用.

由于组态函数随激发程度的增加而迅速增加, 一般只能考虑到双重激发组态, 最多只能考虑到三重激发组态, 即进行 CISD 或 CISDT 计算. 即使这样, 组态函数仍然太多, 需要进一步筛选. 例如, 在同一激发等级内, 将组态函数分类 (根据占据数将分子轨道分成子集合), 而将不重要的类完全弃去 (通过物理推断和试算). 又如, 当将分子轨道基组分成内层占据轨道、价层轨道、内层相关轨道时, 不考虑内层电子的激发 (这相当于不考虑内层电子内部和内层电子之间的相关能), 只考虑价层电子的激发, 而且只激发到空价层轨道而不激发到其余空轨道等. 当然, 这种区分要根据计算的目的. 例如, 如果计算的是化学反应过程中相关能之差, 则不考虑内层电子的相关能是合适的; 如果要计算总相关能或者涉及内层电子的过程, 这种办法就不合适了.

对留下的组态函数的进一步筛选很多时候要凭经验. 例如, 根据组态函数中包含的分子轨道对相关作用的重要性来估计. 一种有章可循的办法是通过微扰理论. 根据 Rayleigh-Schrödinger 微扰公式, 展开式中组态 Φ_s 的系数 c_s 为

$$c_s = \frac{H_{0s}}{H_{00} - H_{ss}} \tag{14.3.2}$$

式中, $H_{st} = \langle \Phi_s | \hat{\boldsymbol{H}} | \Phi_t \rangle$(假定各 Φ_s 正交归一, Φ_0 是参考组态空间中的一个组态函数或几个组态函数的线性组合). 它对二级微扰能的贡献为

$$\Delta E_s = \frac{|H_{0s}|^2}{H_{00} - H_{ss}} \tag{14.3.3}$$

只要 Φ_0 是 Ψ 的好的零级近似函数, 而 Φ_s 的贡献主要是通过与 Φ_0 的直接作用产生的, 则以上估计式子是相当好的近似. 计算出矩阵元 H_{0s} 和 H_{ss}, 就可以求出 c_s 和 ΔE_s, 从而确定 Φ_s 是否重要. 如果 c_s 不是很小, 式 (14.3.2) 和式 (14.3.3) 不是足够好的近似, 则可以先对参考组态空间和要检验的组态函数解一次本征值的问题 (忽略矩阵元 H_{rs}, 其中 Φ_r 和 Φ_s 都是要检验的组态), 以求得 c_s, 然后利用式 (14.3.4) 求 ΔE_s

$$\Delta E_s = |c_s|^2 (H_{00} - H_{ss}) \tag{14.3.4}$$

式 (14.3.4) 不包括 H_{0s}, 即使 $H_{0s} = 0$, ΔE_s 也不一定等于零, 所以包括了 Φ_s 的更高级贡献. 因为 $[c_s]$ 是 $\hat{\boldsymbol{H}}$ 的本征矢, 容易推得, 若从 Ψ 的展开式中抽去一个 Φ_s, 而保持其余展开系数不变, 则计算的总能量的变化为

$$\Delta E_s = \frac{(E - H_{ss})|c_s|^2}{(\langle \Psi | \Psi \rangle - |c_s|^2)} \tag{14.3.5}$$

当 $|c_s|^2 \ll 1$ 时, 就得到式 (14.3.4). 式 (14.3.5) 也适用于 Φ_s 是参考组态空间中一个函数的情况, 亦即可以用于判断每个组态函数对相关能的贡献. 这在参考组态空间还未确定的场合是重要的. 从式 (14.3.2) 和式 (14.3.3) 看, 根据 $|c_s|$ 或 ΔE_s 的大小选择组态函数, 有时结论会有些不同, 因为即使 c_s 较小 (由于 $H_{00} - H_{ss}$ 较大), 若 H_{0s} 较大, 则 Φ_s 仍会有相当大的能量贡献. 就相关能的计算而言, 能量标准更合适一些, 但在选择参考组态空间时根据展开系数更合理, 因为它涉及与零级函数作用的其他函数的作用效果. $|c_s|$ 或 ΔE_s 多大的组态才保留, 当然视要求的精确度而定, 一般可取 $\Delta E_s < 10^{-5}$ a.u.. 改变舍弃标准, 作一系列计算, 还可以通过外推对计算的精确度作一估计.

一般说来, 对于较小的分子, 只要选择适当的参考组态空间以及在相对于参考组态空间为单重激发和双重激发的组态中根据 ΔE_s 的大小选择组态函数, CI 计算的结果将很接近于完全不加选择地包括全部类组态的计算结果, 而且与所选择的分子轨道形式没有很大关系. 当然, 分子轨道形式的选择对展开式长度有很大影响, 从而影响计算工作量.

14.3.5　分子积分的计算和变换

在 CI 计算中, 造 Hamilton 矩阵时需要用分子轨道的分子积分. 通常是首先计算出基函数的分子积分, 再变换为分子轨道的分子积分. 在 CI 计算中, 这是费时最多的环节. 基函数的分子积分的计算和存储问题在第 13 章中已经讨论过. CI 计算对基函数的分子积分的精确度要求更高, 特别是当使用大基组或者基函数之间有近似的线性关系时. 在 SCF 计算中, 基函数的分子积分只通过占据分子轨道进入 Fock 矩阵影响计算结果, 而占据轨道是变化比较平缓的函数 (分子轨道系数基本上在 1 的量级上下), 当从基函数的分子积分变换为分子轨道的分子积分时, 误差不会通过传播放大很多. 在 CI 计算中要在空轨道空间中造出相关轨道. 这些轨道会剧烈起伏, 某些分子轨道系数会比 1 大一两个数量级, 因而在计算这些轨道的分子积分时, 基函数的分子积分的误差会放大很多. 因此, 基组的分子积分要有很高的精确度. 有时需要删去少数起伏特别大的轨道 (删去包含很大正负组合系数的分子轨道) 以减少误差.

设分子轨道用基函数表示为

$$\phi_i = \sum_{p=1}^{m'} \chi_p c_{pi} \qquad (i = 1, 2, \cdots, m) \tag{14.3.6}$$

分子轨道的分子积分为

$$\begin{aligned} f_{ij} &\equiv \langle \phi_i(\boldsymbol{r}_1) | \hat{\boldsymbol{h}} | \phi_j(\boldsymbol{r}_2) \rangle \\ g_{ijkl} &\equiv \left\langle \phi_i(\boldsymbol{r}_1)\phi_k(\boldsymbol{r}_2) \left| \frac{1}{r_{12}} \right| \phi_j(\boldsymbol{r}_1)\phi_l(\boldsymbol{r}_2) \right\rangle \\ &\equiv (ij|kl) \end{aligned} \tag{14.3.7}$$

而基函数的分子积分为

$$\begin{aligned} \bar{h}_{pq} &= \langle \chi_p | \hat{\boldsymbol{h}} | \chi_q \rangle \\ \bar{g}_{pqrs} &= \left\langle \chi_p(\boldsymbol{r}_1)\chi_r(\boldsymbol{r}_2) \left| \frac{1}{r_{12}} \right| \chi_q(\boldsymbol{r}_1)\chi_s(\boldsymbol{r}_2) \right\rangle \equiv (pq|rs) \end{aligned} \tag{14.3.8}$$

从基函数的分子积分变换为分子轨道的分子积分的运算为

$$\begin{aligned} f_{ij} &= \sum_{p,q} c_{pi} c_{qj} \bar{h}_{pq} \\ g_{ijkl} &= \sum_{p,q,r,s} c_{pi} c_{qj} c_{rk} c_{sl} \bar{g}_{pqrs} \end{aligned} \tag{14.3.9}$$

若直接按式 (14.3.9) 进行变换, 则需计算 $\frac{1}{8}m^4(m')^4$ 项, 当 m 较大时, 计算量极大. 若改用分步变换, 即依次作变换

$$
\begin{aligned}
A_{pqrl} &= \sum_{s=1}^{m'} c_{sl} \bar{g}_{pqrs} \\
B_{pqkl} &= \sum_{r=1}^{m'} c_{rk} A_{pqrl} \\
C_{pjkl} &= \sum_{q=1}^{m'} c_{qj} B_{pqkl} \\
g_{ijkl} &= \sum_{p=1}^{m'} c_{pi} C_{pjkl}
\end{aligned}
\tag{14.3.10}
$$

则计算量正比于 $m(m')^4 + m^2(m')^3 + m^3(m')^2 + m^4 m'$, 亦即大致正比于 m^5(设 $m \approx m'$), 比 $m^4(m')^4$ 大为减少. 要将这些式子程序化需要一定技巧, 主要是因为 $\bar{g}_{pqrs}$ 和 g_{ijkl} 的数量极大, 内存是一个问题. 尽量减少高速内存与外部设备之间的传输成为提高效率的重要方面. 有兴趣的读者请参阅有关文献 [5].

如果分子具有一定对称性, 则不但可以利用来减少计算基函数的分子积分的时间, 也可以利用来减少积分变换的工作量. 如果基函数可以按对称性分为互不混合的几组, 则转换矩阵有分块结构 (只有相同对称类型的函数才能组合), $\bar{\boldsymbol{g}}$ 矩阵也会是稀疏的或分块的, 当从 $\bar{\boldsymbol{g}}$ 变换到 $\boldsymbol{g}$ 时, 式 (14.3.9) 中的求和就不是从 1 到 m' 而只是某一部分, 有时还可以分块独立进行, 每块的阶数比 m' 小. 这样对计算机内存的要求和计算时间都大大减少. 一种有效的办法是将积分变换分两步进行, 首先将基函数变换为对称性匹配基, 再由后者组成分子轨道, 这一步的变换矩阵完全是分块的. 从基组的分子积分到对称性匹配基的分子积分的变换矩阵较小, 容易进行. 如果使用直接从一般基组的分子积分算出对称性匹配基的分子积分的方法 (参看 13.4 节) 则更省事. 由于变换矩阵分块, 从对称性匹配基的分子积分变换到分子轨道的分子积分也容易得多.

14.3.6 构成有正确对称性的组态函数

可以将组态函数写成

$$
\begin{aligned}
&\Phi_{s\lambda}(\boldsymbol{x}_1, \boldsymbol{x}_2, \cdots, \boldsymbol{x}_N) \\
=&\hat{\boldsymbol{A}} \Xi_s(\boldsymbol{r}_1, \boldsymbol{r}, \cdots, \boldsymbol{r}_N) \Theta_\lambda(\sigma_1, \sigma_2, \cdots, \sigma_N)
\end{aligned}
\tag{14.3.11}
$$

的形式, 其中 $\boldsymbol{x}_i$ 表示空间和自旋坐标, $\boldsymbol{r}_i$ 是空间坐标, σ_i 是自旋坐标, $\hat{\boldsymbol{A}} = (N!)^{-\frac{1}{2}} \sum\limits_p (-1)^p \hat{\boldsymbol{P}}$, 是反对称化算符, Ξ_s 和 Θ_λ 分别是波函数的空间部分和自旋部分.

波函数首先要满足交换反对称性 (Pauli 原理). 这点很重要. 自旋函数的对称性和空间函数的对称性即使不满足, 也只增加计算量, 对计算结果并无影响, 而交换对称性若不满足, 则结果肯定不对. 电子波函数对于电子坐标的交换一定是反对称的, 即属于置换群的全反对称不可约表示. 许多物理上不存在的态 (属于置换群的其他不可约表示) 具有比全反对称不可约表示低得多的能量. 因此, 若波函数不是反对称的, 则计算出来的能量不是实际体系能量的上界, 求得波函数也不是实际波函数的近似. 不过, 反对称条件很容易达到, 只要使用 Slater 行列式波函数或者用反对称化算符 $\hat{\boldsymbol{A}}$ 作用在试用函数上就行, 而这并不引起计算 Hamilton 矩阵元的任何困难.

使组态函数的自旋部分和空间部分满足对称性要求则主要是为了简化 Hamilton 矩阵元的计算. 空间对称性匹配的函数可以用群论方法通过投影算符作用在原始函数上得出, 这在第 13 章中已经讨论过. 注意空间对称性投影算符与反对称化算符 $\hat{\boldsymbol{A}}$ 是可对易的, $\hat{\boldsymbol{A}}$ 的存在并不引起麻烦. 如果分子轨道本身不具有一定对称性 (如定域轨道), 则最好首先将它们变换为对称性轨道, 方法在第 8 章中已经讨论过. 对于 Abel 群, 因为只有一维不可约表示, 用投影算符方法很简单. 对于立方体群, 按它的某个子群来处理简单些, 如甲烷分子按 $C_{3\text{v}}$ 或 $D_{2\text{d}}$ 处理. 有一种处理方法是使组态函数对体系所属对称性群的某个算符对角化. 例如, 在原子的多重态理论中, 我们先将无微扰态函数组合成 $\hat{\boldsymbol{L}}^2$ 和 $\hat{\boldsymbol{S}}^2$ 算符的本征函数. 实际上这也是造出有关群 (或其某个子群) 的对称性匹配函数.

为了使组态函数成为自旋算符的本征函数, 可以用角动量耦合方法 (合成法) 或 Löwdin 的投影算符方法 (分解法), 也可以用置换群和酉群方法 (参看第 21 章). 这里介绍一种造价键型自旋本征函数的方法. 用这种方法可以直接得出 $\hat{\boldsymbol{S}}^2$ 算符低 S 值的本征函数, 不像角动量耦合方法那样需要从最高 S 值的本征函数开始, 再逐级往下推求. 得出的组态函数形式也较紧凑, 在计算 Hamilton 矩阵元时比较方便. 而且, 每种组态表示明确的一种自旋耦合方式, 有利于根据物理图像选择最重要的组态函数.

首先计算在有 N' 个单占据轨道的情况下, 总自旋为 S 的多重态 (多重度为 $2S+1$) 的数目 $f_S^{N'}$(双占据轨道在决定自旋多重态的数目时不起作用, 可不考虑). 用分支图很容易得到它. 分支图的构成方法实际上来自简单的矢量耦合模型. 按照这个模型, 当将一个电子 $\left(\text{自旋为}\dfrac{1}{2}\right)$ 耦合到原先总自旋为 S 的多重态上时, 产生 $S+\dfrac{1}{2}$ 和 $S-\dfrac{1}{2}$ 两个自旋多重态 $\left(S\neq 0, \text{否则只得出} S+\dfrac{1}{2}\text{态}\right)$. 分支图的圆圈中的数字即 $f_S^{N'}$, 就是这样从 $N'=1$ 开始逐步推出来的. 图中箭头表示产生自旋多重态, 所以圆圈中的数字 $f_S^{N'}$ 等于从原点开始, 顺着箭头到达圆圈的不同途径的数目, 如图 14.3.2 所示.

我们可以得出 $f_S^{N'}$ 的一般表达式. 首先考虑 $M_S = S+1$ 的函数的总数 $n(N', M_S = S+1)$. 由

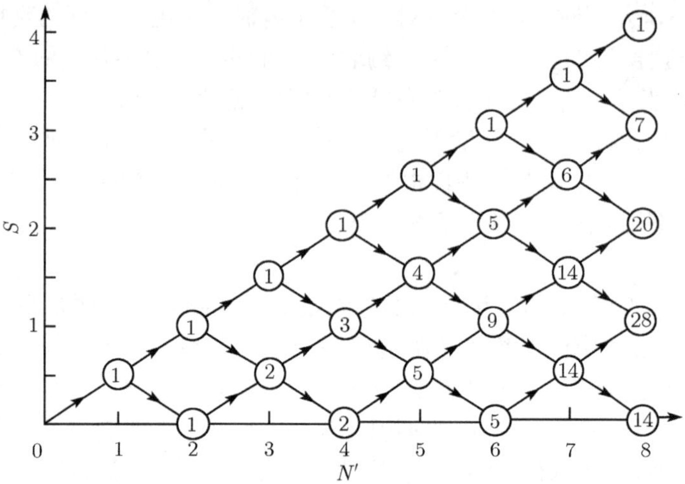

图 14.3.2 分支图

$$M_S = \frac{1}{2}(n_\alpha - n_\beta) = S + 1 \qquad n_\alpha + n_\beta = N' \tag{14.3.12}$$

(n_α, n_β 分别是单占据轨道上的 α 电子和 β 电子的数目), 可得

$$n_\alpha = \frac{1}{2}N' + S + 1 \tag{14.3.13}$$

$n(N', M_S = S + 1)$ 是从 N' 个轨道中取 n_α 个 α 轨道的组合数, 即

$$\begin{aligned} n(N', M_S = S+1) &= \begin{pmatrix} N' \\ \frac{1}{2}N' + S + 1 \end{pmatrix} \\ &= \frac{N'!}{\left(\frac{1}{2}N' + S + 1\right)!\left(\frac{1}{2}N' - S - 1\right)!} \end{aligned} \tag{14.3.14}$$

同理

$$\begin{aligned} n(N', M_S = S) &= \begin{pmatrix} N' \\ \frac{1}{2}N' + S \end{pmatrix} \\ &= \frac{N'}{\left(\frac{1}{2}N' + S\right)!\left(\frac{1}{2}N' - S!\right)} \end{aligned} \tag{14.3.15}$$

在 $n(N', M_S = S)$ 个态中, 有 $n'(N', M_S = S + 1)$ 个函数可以从 $M_S = S + 1$ 的函数通过递降算符 $\hat{S}_-$ 得出, 它们属于总自旋大于 S 的自旋多重态. 剩下的 $M_S = S$

的函数必属于总自旋为 S 的多重态, 故

$$
\begin{aligned}
f_S^{N'} &= \begin{pmatrix} N' \\ \frac{1}{2}N'+S \end{pmatrix} - \begin{pmatrix} N' \\ \frac{1}{2}N'+S+1 \end{pmatrix} \\
&= \frac{(2S+1)N'!}{\left(\frac{1}{2}N'+S+1\right)!\left(\frac{1}{2}N'-S\right)!}
\end{aligned}
\tag{14.3.16}
$$

现在来具体构作价键型自旋匹配函数. 这种函数最早是由 Heitler 和 Rumer 以及 Slater 提出来的. 下面介绍 Boys 和 Reeves 的方法[18]. 这里只讨论 $M_S = S$ 的情况, 因为波函数的空间部分和不包括自旋的算符的期望值与 M_S 无关, 且其他 M_S 值的波函数可通过 $\hat{\boldsymbol{S}}_-$ 算符求得.

先看一个简单的例子. 设有三个单占据轨道, 则据式 (14.3.16), $S=\frac{1}{2}$ 的自旋多重态有两个. 利用角动量耦合方法, 很容易求得两个 $M_S=\frac{1}{2}$ 的自旋本征函数为

$$
\begin{aligned}
\Phi_1\left(\frac{1}{2},\frac{1}{2}\right) &= \frac{1}{\sqrt{2}}(|\phi_1\alpha\phi_2\alpha\phi_3\beta| - |\phi_1\alpha\phi_2\beta\phi_3\alpha|) \\
\Phi_2\left(\frac{1}{2},\frac{1}{2}\right) &= \frac{1}{\sqrt{2}}(|\phi_1\alpha\phi_2\beta\phi_3\alpha| - |\phi_1\beta\phi_2\alpha\phi_3\alpha|)
\end{aligned}
\tag{14.3.17}
$$

(这两个函数彼此不正交, 暂不必管它). 我们可以将这两个函数改写为

$$
\Phi_1\left(\frac{1}{2},\frac{1}{2}\right) = \hat{\boldsymbol{A}}\phi_1(\boldsymbol{r}_1)\phi_2(\boldsymbol{r}_2)\phi_3(\boldsymbol{r}_3)\alpha(\sigma_1)\frac{\alpha(\sigma_2)\beta(\sigma_3)-\beta(\sigma_2)\alpha(\sigma_3)}{\sqrt{2}} \tag{14.3.18}
$$

$$
\Phi_2\left(\frac{1}{2},\frac{1}{2}\right) = \hat{\boldsymbol{A}}\phi_1(\boldsymbol{r}_1)\phi_2(\boldsymbol{r}_2)\phi_3(\boldsymbol{r}_3)\alpha(\sigma_3)\frac{\alpha(\sigma_1)\beta(\sigma_2)-\beta(\sigma_1)\alpha(\sigma_2)}{\sqrt{2}}
$$

由此可见, 一个自旋匹配的组态函数可以写成 $\Phi_{s\lambda} = \hat{\boldsymbol{A}}\Xi_s\Theta_\lambda$ 的形式, Ξ_s 是空间轨道的乘积, 而 Θ_λ 是自旋函数乘积的组合, 其中不"耦合"的电子取简单的自旋函数形式, 而"耦合"的一对电子 (i,j) 则取 $\frac{\alpha(\sigma_i)\beta(\sigma_j)-\beta(\sigma_i)\alpha(\sigma_j)}{\sqrt{2}}$ 的形式. 亦即有 N' 个单占据轨道的自旋匹配组态函数一般可写成

$$
\begin{aligned}
\Phi(S,M_S=S) = {}& \hat{\boldsymbol{A}}\phi_1(\boldsymbol{r}_1)\phi_2(\boldsymbol{r}_2)\cdots\phi_{N'}(\boldsymbol{r}_{N'})\overbrace{\cdots\alpha(\sigma_k)\alpha(\sigma_l)\cdots}^{2S\text{项}} \\
&\times\cdots\overbrace{\frac{\alpha(\sigma_u)\beta(\sigma_v)-\beta(\sigma_u)\alpha(\sigma_v)}{\sqrt{2}}\,\frac{\alpha(\sigma_x)\beta(\sigma_y)-\beta(\sigma_x)\alpha(\sigma_y)}{\sqrt{2}}}^{\left(\frac{1}{2}N'-S\right)\text{项}}\cdots
\end{aligned}
\tag{14.3.19}
$$

式中, $\cdots\alpha(\sigma_k)\alpha(\sigma_l)\cdots$ 对应于 $2S$ 个不“耦合”的 α 电子, 而耦合的电子有 $\dfrac{N'-2S}{2}$ 对. 如果除单占据轨道以外还要包括双占据轨道, 则只需在表达式中插入 $\phi_i(\boldsymbol{r}_i)\phi_i(\boldsymbol{r}_{i+1})\cdots\alpha(\sigma_i)\beta(\sigma_{i+1})\cdots$ 项, 这些项相当于式 (14.3.19) 中对应于一个耦合对的空间轨道相等, 只差一个 $\sqrt{2}$ 的归一因子. 容易验证

$$
\begin{aligned}
\hat{\boldsymbol{S}}_z\varPhi(S,S) &= S\varPsi_S(S,S)\\
\hat{\boldsymbol{S}}_+\varPhi(S,S) &= 0
\end{aligned}
\tag{14.3.20}
$$

可见 $\varPhi(S,S)$ 确是一个自旋本征函数. 注意, 反对称化并不影响这一自旋耦合体系.

我们引用记号 $[\phi_i和\phi_j]$ 分别表示 ϕ_i 中放 α 电子, ϕ_j 中放 β 电子. 于是, 对于 N 个电子 (包括双占据轨道上的电子) 总自旋为 S 的体系, 将有 $\dfrac{1}{2}N-S$ 对耦合轨道, 从而有 $\dfrac{1}{2}N-S$ 个配对的方括号, 有 $2S$ 个未耦合轨道, 也就有 $2S$ 个不配对的方括号. 当然, 一个左方括号之后不一定是一个右方括号. 与耦合对 $\cdots[\phi_s(\boldsymbol{r}_u)[\cdots]\phi_t(\boldsymbol{r}_v)]\cdots$ 对应的自旋函数为

$$
\begin{cases}
\dfrac{1}{\sqrt{2}}[(\alpha(\sigma_u)\beta(\sigma_v)-\beta(\sigma_u)\alpha(\sigma_v)] & (s\neq t)\\
\alpha(\sigma_u)\beta(\sigma_v) & (s=t)
\end{cases}
\tag{14.3.21}
$$

例如:

$$
\begin{aligned}
[\phi_s\phi_t][\phi_u \underset{s\neq t\neq u}{\equiv} & \hat{\boldsymbol{A}}\phi_s(\boldsymbol{r}_1)\phi_t(\boldsymbol{r}_2)\phi_u(\boldsymbol{r}_3)\\
& \times\frac{1}{\sqrt{2}}[\alpha(\sigma_1)\beta(\sigma_2)-\beta(\sigma_1)\alpha(\sigma_2)]\alpha(\sigma_3)
\end{aligned}
\tag{14.3.22}
$$

又如:

$$
\begin{aligned}
&[\phi_s\phi_s][\phi_t[\phi_u\phi_v]\phi_w]\\
=&\hat{\boldsymbol{A}}\phi_s(\boldsymbol{r}_1)\phi_s(\boldsymbol{r}_2)\phi_t(\boldsymbol{r}_3)\phi_u(\boldsymbol{r}_4)\phi_v(\boldsymbol{r}_5)\phi_w(\boldsymbol{r}_6)\alpha(\sigma_1)\\
&\times\beta(\sigma_2)\frac{1}{\sqrt{2}}[\alpha(\sigma_3)\beta(\sigma_6)-\beta(\sigma_3)\alpha(\sigma_6)]\\
&\times\frac{1}{\sqrt{2}}[\alpha(\sigma_4)\beta(\sigma_5)-\beta(\sigma_4)\alpha(\sigma_5)]
\end{aligned}
\tag{14.3.23}
$$

将式 (14.3.23) 的轨道顺序调换 (不带括号), 我们很容易写出许多组态函数, 不过它们不全是线性独立的. 我们按下述规则可以得出全部 $f_S^{N'}$ 个线性独立的组态函数. 设有 N 个电子, 总自旋量子数为 S. 将空间轨道写成乘积的形式, 其中出现两次的轨道属于双占据轨道. 让 $\left(\dfrac{1}{2}N+S\right)$ 个轨道带左括号, $\left(\dfrac{1}{2}N-S\right)$ 个轨道带右括

号. 放置括号时遵循以下规则: ① 双占据轨道的括号总配成一对; ② 从左向右看, 任何时候左括号出现的次数不少于右括号出现的次数. 规则①是显然的, 因为双占据轨道的电子对自旋多重度没有贡献. 规则②是与分支图一致的, 左括号对应于向上的箭头, 右括号对应于向下的箭头, 这个规则就保证了一种这样的括号放置方式对应于分支图中到达指定的一个圆圈的正确路径 (而且路径不会落到基线以下). 前面已经说过, 到达指定圆圈的独立路径的数目等于多重态的数目, 因此正好对应于这些路径的一组自旋函数是线性独立的, 而且是完全的. 例如, 有六个轨道 ϕ_a, ϕ_b, ϕ_c, ϕ_d, ϕ_e, ϕ_f, 有七个电子, 其中 ϕ_a 轨道放两个. 按式 (14.3.16), $N=7$, $N'=5$, $S=\dfrac{1}{2}$ 的自旋多重态有 $n\left(5,\dfrac{1}{2}\right)=5$ 个, 五个独立的 $\Psi_r\left(\dfrac{1}{2},\dfrac{1}{2}\right)$ 为 $(r=1,2,\cdots,5)$

$$
\begin{aligned}
&[\phi_a\phi_a][\phi_b\phi_c][\phi_d\phi_e][\phi_f\\
&[\phi_a\phi_a][\phi_b\phi_c][\phi_d[\phi_e\phi_f]\\
&[\phi_a\phi_a][\phi_b[\phi_c\phi_d]\phi_e][\phi_f\\
&[\phi_a\phi_a][\phi_b[\phi_c\phi_d][\phi_e\phi_f]\\
&[\phi_a\phi_a][\phi_b[\phi_c[\phi_d\phi_e]\phi_f]
\end{aligned}
\tag{14.3.24}
$$

这样得到的组态函数是不正交的 (但由不同轨道乘积得出来的是正交的, 只要轨道正交), 可以用 Schmidt 方法正交化.

14.3.7　Hamilton 矩阵元的计算

Hamilton 矩阵元为

$$
\langle \varPhi_s|\hat{\boldsymbol{H}}|\varPhi_t\rangle = \langle \hat{\boldsymbol{A}}\varXi_s\varTheta_s|\hat{\boldsymbol{H}}|\hat{\boldsymbol{A}}\varXi_t\varTheta_t\rangle \tag{14.3.25}
$$

若选用正交归一分子轨道, 容易直截了当地计算. 只要将组态函数的 $\hat{\boldsymbol{H}}$ 矩阵元展开, 实际要计算的就是 $\langle D_k|\hat{\boldsymbol{H}}|D_l\rangle$ 型的矩阵元 (D_k, D_l 为 Slater 行列式波函数). 若 D_k, D_l 只有一个自旋轨道不同 [例如 $\tilde{\phi}_p(\boldsymbol{r}_i)$, $\tilde{\phi}_q(\boldsymbol{r}_i)$], 则

$$
\langle D_k|\hat{\boldsymbol{H}}|D_l\rangle = \langle\tilde{\phi}_p|\hat{\boldsymbol{h}}|\tilde{\phi}_q\rangle + \sum_{t\neq p,q}\left[\left\langle\tilde{\phi}_p\tilde{\phi}_t\left|\frac{1}{r_{12}}\right|\tilde{\phi}_q\tilde{\phi}_t\right\rangle - \left\langle\tilde{\phi}_p\tilde{\phi}_t\left|\frac{1}{r_{12}}\right|\tilde{\phi}_t\tilde{\phi}_q\right\rangle\right] \tag{14.3.26}
$$

若 D_k, D_l 有两个自旋轨道不同 $(\tilde{\phi}_p(\boldsymbol{r}_i),\tilde{\phi}_r(\boldsymbol{r}_i),\tilde{\phi}_q(\boldsymbol{r}_j),\tilde{\phi}_s(\boldsymbol{r}_j))$, 则

$$
\langle D_k|\hat{\boldsymbol{H}}|D_l\rangle = \left\langle\tilde{\phi}_p\tilde{\phi}_q\left|\frac{1}{r_{12}}\right|\tilde{\phi}_r\tilde{\phi}_s\right\rangle - \left\langle\tilde{\phi}_p\tilde{\phi}_q\left|\frac{1}{r_{12}}\right|\tilde{\phi}_s\tilde{\phi}_r\right\rangle \tag{14.3.27}
$$

不过, 这种方法效率很低, 因为 $\varPhi_s$, $\varPhi_t$ 是 $\{D_k\}$ 的线性组合, 在 $\langle\varPhi_s|\hat{\boldsymbol{H}}|\varPhi_t\rangle$ 中, 同一个 $\langle D_k|\hat{\boldsymbol{H}}|D_l\rangle$ 可能出现多次, 要重复计算. Hamilton 矩阵元的计算是 CI 计算中最费时间的一个步骤, 因此充分利用组态函数的对称性质以减少计算量是很重要的.

将 Hamilton 矩阵元按分子轨道的分子积分展开, 可得

$$\langle \Phi_s|\hat{\boldsymbol{H}}|\Phi_t\rangle = \sum_{ij} a_{ij}^{st} f_{ij} + \sum_{ij}\sum_{kl} b_{ijkl}^{st} g_{ijkl} \tag{14.3.28}$$

式中

$$f_{ij} \equiv \langle \phi_i(\boldsymbol{r}_1)|\hat{\boldsymbol{h}}|\phi_j(\boldsymbol{r}_1)\rangle$$

$$g_{ijkl} \equiv \left\langle \phi_i(\boldsymbol{r}_1)\phi_k(\boldsymbol{r}_2)\left|\frac{1}{r_{12}}\right|\phi_j(\boldsymbol{r}_1)\phi_l(\boldsymbol{r}_2)\right\rangle \equiv (ij|kl)$$

系数 a_{ij}^{st}, b_{ijkl}^{st} 称为投影约化系数 (projective reduction coefficients), 它与 Φ_s, Φ_t 中的轨道匹配和自旋耦合情况有关. 如果轨道是正交归一的, 与轨道本身无关. 曾经提出过多种计算投影约化系数的方法, 下面介绍用价键型自旋匹配函数时的情况. 按这种类型组态函数导出的 Hamilton 矩阵元的计算公式适宜于计算机上使用. 这里只谈计算方法, 证明请参看文献 [19].

设有两个价键型自旋匹配函数 Φ 和 Φ'[式 (14.3.19)]. 计算 $\langle\Phi|\hat{\boldsymbol{H}}|\Phi'\rangle$ 的步骤如下 (对照表 14.3.1):

(1) 将 Φ 和 Φ' 中的轨道重排, 使两者轨道排列达到最大重合, 但要保持原来自旋耦合的情况 (不改变方括号配对的情况), 并使耦合的轨道尽可能地靠近. 设重排后 Φ 和 Φ' 中的轨道排列分别为 $\phi_1, \phi_2, \cdots, \phi_N$ 和 $\phi_1', \phi_2', \cdots, \phi_N'$, 并有最大数目的 $\phi_i = \phi_i'$.

(2) 令各个轨道与相邻近的轨道连接起来, 一个轨道最多只能连接两个, 一个是在同一价键函数中与它耦合的轨道 (如果没有就不连接), 一个是在另一个价键函数中的和它对应的轨道 (例如 ϕ_i—ϕ_i').

(3) 这种连接线可能是封闭的, 构成环; 也可能不封闭, 构成链, 链还分为奇键和偶链, 视 ϕ_i—ϕ_i' 连接线的奇偶性而定, 奇链的终端分别落在两个价键函数上, 而偶链的终端则落在同一价键函数上. 链的总数为 $2S$, 偶链的数目总是偶数; 因此单重态不可能有链, $S < 1$ 时没有偶链. 例如, 表 14.3.1 中列出五种情况下的环和链, 图中 $a \equiv \phi_a$, 星号标记的线是 $\phi_i \neq \phi_i'$ 的地方 (非重合线).

(4) 可以证明[19]: 如果连接线图中有两条以上非重合线或者有两个以上偶链, 则 $\langle\Phi_B|\hat{\boldsymbol{H}}|\Phi_{B'}\rangle = 0$, 否则按式 (14.3.29) 计算

$$\begin{aligned}\langle\Phi_B|\hat{\boldsymbol{H}}|\Phi_{B'}\rangle = \Gamma\Bigg\{ R\sum_i Q_i\langle\phi_i|\hat{\boldsymbol{h}}|\phi_i'\rangle + \sum_{i<j} Q_{ij}\Bigg[R\left\langle \phi_i\phi_j\left|\frac{1}{r_{12}}\right|\phi_i'\phi_j'\right\rangle \\ + q_{ij}\left\langle \phi_i\phi_j\left|\frac{1}{r_{12}}\right|\phi_j'\phi_i'\right\rangle\Bigg]\Bigg\}\end{aligned} \tag{14.3.29}$$

表 14.3.1　$\langle \boldsymbol{\Phi}_{\boldsymbol{B}}|\hat{\boldsymbol{H}}|\boldsymbol{\Phi}'_{\boldsymbol{B}'}\rangle$ 计算说明(示例)

价键函数	最大重合的排列方式 i=1　2　3　4　5　6　7	连接线图 1　2　3　4　5　6　7	参　数*
$\Phi_B\,[ab][cd]$ $\Phi_{B'}\,[ad][bc]$	$[a\cdots b]$　$[c\cdots d]$ ⋮　⋮　⋮　⋮ $[a$　$[b\cdots c]$　$d]$	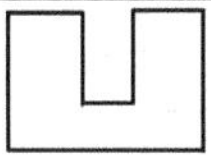 (环)	$\sigma=\sigma'=0,\ c=1,\ J=0$ $\Gamma=-\dfrac{1}{2},\ Q_i=Q_{ij}=1$ (所有i, j)
$\Phi_B\,[ab][c[d$ $\Phi_{B'}\,[ad][e[f$	$[d$　$[a\cdots b]$　$[c$ ⋮　⋮　⋮　⋮ $[d\cdots a]$　$[e$　$[f$	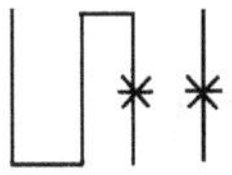 (奇链)	$q_{12}=q_{14}=q_{23}=q_{34}=1$ $q_{13}=q_{24}=-2$ $\sigma=1,\ \sigma'=0,\ c=0,\ J=0$ $\Gamma=\dfrac{1}{2},\ Q_{34}=1,\ q_{34}=-1$
$\Phi_B\,[aa][bc][d$ $\Phi_{B'}\,[ab][cd][e$	$[a\cdots a]$　$[b\cdots c]$　$[d$ ⋮　⋮　⋮　⋮　⋮ $[e$　$[a\cdots b]$　$[c\cdots d]$	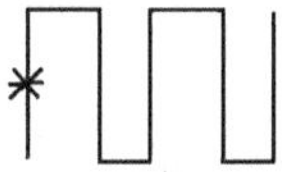 (奇链)	$\sigma=\sigma'=0,\ c=0,\ J=1$ $\Gamma=\dfrac{\sqrt{2}}{4},\ Q_1=Q_{1j}=-1$(所有$j$) $q_{12}=0,\ q_{14}=1,\ q_{13}=q_{15}=-2$
$\Phi_B\,[ab][cd][e[f$ $\Phi_{B'}\,[af][gh][c[d$	$[f$　$[a\cdots b]$　$[e$　$[c\cdots d]$ ⋮　⋮　⋮　⋮　⋮　⋮ $[f\cdots a]$　$[g\cdots h]$　$[c$　$[d$	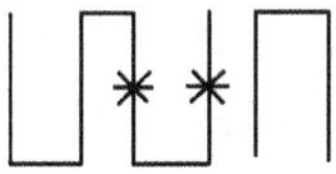 (偶链)	$\sigma=1,\ \sigma'=0,\ c=0,\ J=0$ $\Gamma=-\dfrac{1}{4},\ R=0,\ Q_{34}=1$ $q_{34}=0$
$\Phi_B\,[aa][bc][de][f$ $\Phi_{B'}\,[ab][cc][df][g$	$[a\cdots a]$　$[c\cdots b]$　$[e\cdots d]$　$[f$ ⋮　⋮　⋮　⋮　⋮　⋮　⋮ $[a$　$[c\cdots c]$　$b]$　$[g$　$[d\cdots f]$	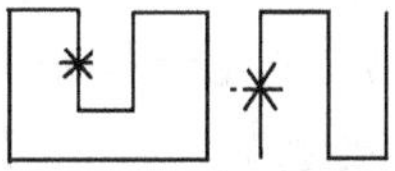 (环)　(奇链)	$\sigma=\sigma'=0,\ c=1,\ J=2$ $\Gamma=\dfrac{1}{2},\ Q_{25}=1$ $q_{25}=-\dfrac{1}{2}$

* 不注明的Q均为零, 不注明的R均为1.

式中

$$Q_i=\begin{cases}1 & \text{除 } i \text{ 以外}, \phi_k=\phi'_k\\ 0 & \text{其他情况}\end{cases}$$

$$Q_{ij}=\begin{cases}1 & \text{除 } i,j \text{ 以外}, \phi_k=\phi'_k\\ 0 & \text{其他情况}\end{cases}$$

$$R=\begin{cases}1 & \text{无偶链}\\ 0 & \text{其他情况}\end{cases}$$

若 $\phi_i=\phi_j$ 和 (或)$\phi'_i=\phi'_j$, 则交换积分系数 q_{ij} 为零, 否则按以下方式决定: 若 ϕ_i 是处于图形中的偶数位置, 取 $p_i=1$, 否则取 $p_i=-1$, 然后按 i,j 所在图形的情况和 p_ip_j 值由表 14.3.2 查出 q_{ij}. 系数 Γ 由式 (14.3.30) 给出

$$\Gamma=(-1)^{\sigma+\sigma'}\left(-\frac{1}{2}\right)^{\frac{N}{2}-S-c}2^{\frac{J}{2}} \tag{14.3.30}$$

式中, σ 和 σ' 表示为将 Φ 和 Φ' 造成最大重合需要对不耦合轨道进行置换的奇偶性, c 是环的数目, J 是满足 $\phi_i=\phi_j, \phi'_i\neq\phi'_j$ 或 $\phi_i\neq\phi_j, \phi'_i=\phi'_j$ 条件的 i,j 对数.

表 14.3.2 q_{ij} 的取值 *

包含 i,j 的图	p_ip_j	q_{ij}
在同一个环或同一个奇链	+1	−2
	−1	+1
在不同的环或一个在环另一个在奇链	+1	$-\frac{1}{2}$
	−1	$-\frac{1}{2}$
在不同奇链	+1	−1
	−1	0
在不同偶链	+1	+1
	−1	−1

* 这是针对 $\phi_i\neq\phi_j, \phi'_i\neq\phi'_j$ 的情况, 否则 q_{ij} 为零, 未标明的情况也表示 $q_{ij}=0$.

表 14.3.1 中给出几个例子的参数, 请读者按所述规则核对是否正确. 注意在第三个例子中 $\phi_1=\phi_2$, 故 $q_{12}=0$, 而在第四个例子中, ϕ_3, ϕ_4 在同一偶链, $q_{34}=0$.

式 (14.3.29) 提供了一种计算价键型自旋匹配函数的 Hamilton 矩阵元投影约化系数 a_{ij}^{st} 和 b_{ijkl}^{st} 的方法. 由于它们不依赖于轨道的具体性质 (因而和选用的计算参数无关), 可以先计算出备用. 在大规模 CI 计算中, 有两个以上轨道不同的 Φ 和 Φ' 很多. 粗略地说, 对于 N 电子体系, 在包括以闭壳层组态为参考态的所有双重激发组态的 CI 计算中, 非零的 Hamilton 矩阵元的比例只有大约 $\dfrac{8}{N(N-2)}$, 所以在计算每个矩阵元之前应该先判断它是否为零.

例如, H_2O 分子有两个组态, 分别为

$$^1\Phi_0 = 1a_1^2\ 2a_1^2\ 3a_1^2\ 1b_2^2\ 1b_1^2$$

$$^1\Phi = 1a_1^2\ 2a_1^2\ 3a_1\ 1b_2\ 1b_1^2\ 4a_1\ 2b_2$$

$$\langle ^1\Phi_0|\hat{\boldsymbol{H}}|^1\Phi\rangle = ?$$

将 $^1\Phi_0$ 和 $^1\Phi_a$ 写成带方括号形式并重排成最大重合的形式, 得 (有两个线性独立的 $^1\Phi$, 这里只考虑其中的一个)

$^1\Phi_0$	$[1a_1\cdots$	$1a_1]$	$[2a_1\cdots$	$2a_1]$	$[3a_1\cdots$	$3a_1]$	$[1b_2\cdots$	$1b_2]$	$[1b_1\cdots$	$1b_1]$
	⋮	⋮	⋮	⋮	⋮	⋮	⋮	⋮	⋮	⋮
$^1\Phi_a$	$[1a_1\cdots$	$1a_1]$	$[2a_1\cdots$	$2a_1]$	$[4a_1$	$[3a_1\cdots$	$1b_2]$	$2b_2]$	$[1b_1\cdots$	$1b_1]$
轨道编号	1	2	3	4	5	6	7	8	9	10

可以连四个环. $Q_i\equiv 0$, 因为对任意 i, Φ_0 和 $^1\Phi_a$ 中至少还有一个分子轨道不同. 故

$\sum_i Q_i\langle\phi_i|\hat{\boldsymbol{h}}|\phi_i'\rangle=0$. 无偶链, 故 $R=1$. 由 $\sigma=0,\sigma'=0,N=10,S=0,c=4$(有四个环), $J=2$(有两对不同) 得 $\varGamma=-1$, $Q_{58}=1$, 其余为零. $p_5=-1$, $p_8=+1$, $p_5p_8=-1$, 由表 14.3.2 查得 $q_{58}=1$, 因此

$$\langle\varPhi_0|\hat{\boldsymbol{H}}|^1\varPhi_a\rangle=-[\langle 3\mathrm{a}_1 1\mathrm{b}_2|\hat{\boldsymbol{g}}_{12}|4\mathrm{a}_1 2\mathrm{b}_2\rangle+\langle 3\mathrm{a}_1 1\mathrm{b}_2|\hat{\boldsymbol{g}}_{12}|2\mathrm{b}_2 4a_1\rangle] \tag{14.3.31}$$

空间轨道部分也可能是对称性匹配的线性组合. 为了处理这种情况, 提出过很多方法, 但没有特别有效的通用方法. 简单的做法是将它展开, 逐项计算 (每项相当于一个自旋匹配的组态函数).

14.3.8　Hamilton 矩阵的对角化

CI 计算中的 Hamilton 矩阵阶数很高 ($\sim 10^4$ 以上), 它的对角化不能用通常 SCF 计算中使用的效率很高的 Householder 三对角化–QL 对角化方法, 因为这种方法需将矩阵元同时存储在高速内存区. 另一方面, CI 的 Hamilton 矩阵又是稀疏的, 一般有 80% 以上的矩阵元为零, 而且要求的本征值和本征矢只是很有限的几个, 所以也没有必要用 QL 方法. 通常采用迭代解法. 在原子 Hartree-Fock 径向方程的数值解法中, 我们已经用到过这类方法. 在 CI 计算中, 人们熟识的一种方法是 Nesbet 提出来的[20].

从式 (14.2.3) 看, 若 $(\boldsymbol{H}-E\boldsymbol{S})\,\boldsymbol{c}=0$ 中 $\boldsymbol{c}$ 用 $\boldsymbol{c}'$(不是本征矢) 代替, 则上式右边将不等于零而是 $\boldsymbol{c}'$ 的一个泛函 $\boldsymbol{\sigma}(\boldsymbol{c}')=(\boldsymbol{H}-E\boldsymbol{S})\boldsymbol{c}'$. Nesbet 的方法就是用迭代方法寻找 $\boldsymbol{c}'$, 使得 $\boldsymbol{\sigma}(\boldsymbol{c}')$ 小于某一阈值. 具体方法如下:

式 (14.2.3) 可重排为

$$c_r=\sum_{t\neq r}(H_{rt}-ES_{rt})c_t/(ES_{rr}-H_{rr}) \tag{14.3.32}$$

将第 $(n-1)$ 次迭代得到的 $\{c_t\}$ 代入式 (14.3.32), 就得到第 n 次迭代的 $\{c_r\}$. 令

$$\sigma_r^{(n)}=\sum_t(H_{rt}-ES_{rt})c_t^{(n-1)}$$

则

$$c_r^{(n)}-c_r^{(n-1)}=\Delta c_r^{(n)}=\frac{\sigma_r^{(n)}}{ES_{rr}-H_{rr}}$$

系数矢量的一个分量在计算过程中固定为 1, 其余按上式变化, 每次迭代要计算一次归一因子和能量. 计算步骤如下:

(1) 猜一个起始矢量 $\boldsymbol{c}^{(0)}$, 算出归一化常数 $D^{(0)}=\sum_{rt}c_r^{(0)}S_{rt}c_t^{(0)}$ 和能量 $E^{(0)}=\sum_{rt}c_r^{(0)}H_{rt}c_t^{(0)}/D^{(0)}$.

(2) 迭代, 对 $r=1,2,\cdots,N$ 求 $\Delta c_r^{(n)}$, 若 $|\Delta c_r^{(n)}|$ 大于某一阈值 $\Delta_{\max}$, 则从 $r=1$ 开始进行新的一轮计算. 归一化常数及能量的增量为

$$\Delta D^{(n)} = \Delta c_r^{(n)}\left[2\sum_t c_t^{(n-1)} S_{rt} + \Delta c_r^{(n)}\right]$$

$$\Delta E^{(n)} = \frac{\sigma_r^{(n)}\Delta c_r^{(n)}}{D^{(n)}+\Delta D^{(n)}}$$

(3) 重复步骤 (2), 直到所有增量 $|\Delta c_r|$ 都小于某一指定的阈值为止. 这一方法能量精确到二级, 收敛到最低本征值是单调的.

Shavitt 等[21] 提出另一种方法, 称为最优松弛法. 调节 c_r(每次一个), 使每步能量降得尽可能低一些. 因

$$E = \frac{\sum\limits_{r,t} c_r H_{rt} c_t}{\sum\limits_{r,t} c_r S_{rt} c_t}$$

若令 $c_r \to c_r + \alpha_r$, 则能量是 α_r 的函数. 将 E 对 α_r 微分, 从而求得使 E 取极小值的 α_r. 容易证明 α_r 是以下方程的解:

$$a\alpha_r^2 + b\alpha_r + d = 0 \tag{14.3.33}$$

式中

$$a = \sum_t (H_{rr}S_{rt} - S_{rr}H_{rt})c_t/D$$

$$b = H_{rr} - ES_{rr}$$

$$d = \sum_t (H_{rt} - ES_{rt})c_t$$

对于 $r=1,\cdots,N$, 反复计算 α_r 及 c_r. 当所有 $\alpha_r(r=1,\cdots,N)$ 都小于某一阈值后即得收敛的结果. 以上两种方法都只能求最低 (或最高) 本征值和本征矢. 为求邻近的几个根, 可以使用"根移动方法", 当求出一个最低根后, 将 $\boldsymbol{H}$ 矩阵修正, 使得下一个待求的根变为最低根. 求解 CI 久期方程还有许多其他有效的算法, 如改进的 Lanczos 算法等[22].

鉴于普通 CI 方法中造 Hamilton 矩阵和使之对角化的困难, 有人提出通过迭代直接求 Schrödinger 方程的近似解的方法, 称为直接 CI (direct CI, DCI) 方法. 其大意如下:

设有试用波函数 Ψ, 不满足波动方程, 有余项 Φ

$$\hat{\boldsymbol{H}}\Psi = E\Psi + \Phi \tag{14.3.34}$$

问题就是要让 $\Phi \to 0$. 为此, 将波函数校正为

$$\Psi' = \Psi + \lambda\Phi \tag{14.3.35}$$

逐次迭代, 选择 λ 使式 (14.3.34) 收敛到某个本征值和本征函数. 实际上, 将式 (14.3.34) 和式 (14.3.35) 用矩阵表示, 可以将 DCI 方法转化为用 Nesbet 方法或 Davidson 算法计算巨大矩阵部分低能级本征值或本征函数的问题, 只是不预先将全部 CI 矩阵元计算出来存储备用, 而是在迭代计算过程中由分子积分即时计算要用的 CI 矩阵元. 详细算法可参看文献 [5] 和 [6]. 这种方法不用存储巨大数目的 CI 矩阵元, 可用于电子数较多的体系的 CI 计算.

总的说来, 为作好一个 CI 计算, 需要根据情况小心设计并注意各步的细节. CI 展开式的收敛一般是很慢的, 对较大体系的完全 CI 计算极其困难, 目前只能用于很小的体系. 但 CI 方法的原理简单, 结果可靠, 所以用这种方法可以得到小分子体系的可靠信息, 还可用于检验其他方法的可靠性以分析其中引入的假定和近似的合理性. CI 方法虽以收敛慢, 效率低而闻名, 但在相关能的计算中是不可缺少的基本方法之一.

14.3.9 大小一致性和大小广延性

完全的 CI 计算是一种严格的变分计算, 给出精确能量的上界, 结果对于分子轨道基组的任意非奇异线性变换不变, 而且计算出的能量具有正确的广延量的性质. 若体系由不相互作用的子体系组成, 则其总能量等于这些子体系的能量之和, 通常称为大小一致性. 但是, 实际上进行的都不是完全的 CI 计算, 一般只包括单重激发组态和双重激发组态中的一部分. 这种“截短的”CI 计算虽然仍得到精确能量的上界, 却不具有大小一致性. 先看一个简单的例子, 设有两个孤立的二电子体系 A 和 B, 分别展开到二重激发组态, 有

$$\begin{aligned} \Psi_A(1,2) &= \hat{\boldsymbol{A}}_2[\tilde{\phi}_1(1)\tilde{\phi}_2(2) + \tilde{u}_{12}(1,2)] \\ \Psi_B(1,2) &= \hat{\boldsymbol{A}}_2[\tilde{\phi}_3(3)\tilde{\phi}_4(4) + \tilde{u}_{34}(3,4)] \end{aligned} \tag{14.3.36}$$

式中, $\tilde{u}_{ij} = \sum\limits_{a>b} c_{ij}^{ab}\tilde{\phi}_a(1)\tilde{\phi}_b(2)$, 表示所有双重激发组态的贡献. 在二体系远离, 无相互作用的极限下, 体系的总波函数为 Ψ_A 和 Ψ_B 的反对称化乘积

$$\begin{aligned} \Psi_{AB}(1,2,3,4) =& \hat{\boldsymbol{A}}_4\{\tilde{\phi}_1(1)\tilde{\phi}_2(2)\tilde{\phi}_3(3)\tilde{\phi}_4(4) + \tilde{\phi}_1(1)\tilde{\phi}_2(2)\tilde{u}_{34}(3,4) \\ &+ \tilde{u}_{12}(1,2)\tilde{\phi}_3(3)\tilde{\phi}_4(4) + \tilde{u}_{12}(1,2)\tilde{u}_{34}(3,4)\} \end{aligned} \tag{14.3.37}$$

而将 A 和 B 当作一个体系直接展开到二重激发, 则只有

$$\Psi_{AB}(1,2,3,4) = \hat{\boldsymbol{A}}_4\{\tilde{\phi}_1(1)\tilde{\phi}_2(2)\tilde{\phi}_3(3)\tilde{\phi}_4(4) + \tilde{\phi}_1(1)\tilde{\phi}_2(2)\tilde{u}_{34}(3,4) + \tilde{u}_{12}(1,2)\tilde{\phi}_3(3)\tilde{\phi}_4(4)\} \tag{14.3.38}$$

缺少 $\tilde{u}_{12}(1,2)\tilde{u}_{34}(3,4)$ 项, 用这种波函数计算能量显然缺乏大小一致性. 从物理图像上看, 不包括二重以上激发的 CI 展开式, 相当于假定当有一对电子激发时, 另一对电子无论距离多远也禁止激发. 如果体系的这两部分分得很开, 这显然是不合理的. 相对独立部分越多, 这种不合理性越突出. 因此体系越大, CI 展开到有限级引起的误差越大, 因为独立地同时发生的多重激发的概率越大. 例如, 由两个氢分子组成的体系, 二重激发贡献的相关能占总相关能的 98.3%, 由 10 个 H_2 组成的体系占 86.2%, 由 25 个 H_2 组成的体系只占 70.1%. 对于实际的多电子体系 (如苯), 这个问题显然也是存在的. 可以证明, 即使 CI 展开到 p 重激发 ($p < N, N$ 是体系的电子数), 计算得到的相关能仍没有大小一致性.

下面分析 CI 展开到二重激发的情况. 由方程式 (14.2.21) 可得 (不考虑单重激发组态, 取 $s = 0, 1$)

$$\begin{aligned} \langle \Phi_0|\hat{\boldsymbol{H}}|\Phi_0\rangle + \sum_{a<b}\sum_{i<j} c_{ij}^{ab}\langle \Phi_0|\hat{\boldsymbol{H}}|\Phi_{ij}^{ab}\rangle &= E \\ \langle \Phi_{ij}^{ab}|\hat{\boldsymbol{H}}|\Phi_0\rangle + \sum_{c<d}\sum_{k<l} c_{kl}^{cd}\langle \Phi_{kl}^{cd}|\hat{\boldsymbol{H}}|\Phi_{ij}^{ab}\rangle &= c_{ij}^{ab}E \end{aligned} \tag{14.3.39}$$

设体系为稀薄氢分子气体, 这相当于许多独立的二电子体系. 假定采取最小基组, 这样每个分子就只有一个空轨道. 于是 CI 波函数包含有 n 个双重激发组态, 各激发组态能量均为 E_1, 展开系数均为 c_1, 与基态的矩阵元均为 H_{01}. 设取 $\langle \Phi_0|\hat{\boldsymbol{H}}|\Phi_0\rangle = 0$, 则式 (14.3.39) 简化为 ($E_c = E - E_0$)

$$E_c = nc_1H_{01} \tag{14.3.40}$$

$$H_{01} + c_1E_1 = c_1E_c \tag{14.3.41}$$

用 $\dfrac{1}{c_1}E_c$ 乘式 (14.3.41), 并将式 (14.3.40) 代入其中的一项, 得

$$E_c^2 - E_1E_c - \frac{1}{c_1}H_{01}nc_1H_{01} = 0 \tag{14.3.42}$$

解得

$$E_c = \frac{E_1}{2} - \frac{1}{2}\sqrt{E_1^2 + 4n|H_{01}|^2} \tag{14.3.43}$$

因为 E_1 为有限值, 当 $n \to \infty$ 时

$$E_c = -\sqrt{n}|H_{01}| \tag{14.3.44}$$

所以 E_c 不是正比于 n 而是 $\sqrt{n}$, 也就是缺乏大小一致性. 如果 $n < \dfrac{E_1^2}{4H_{01}^2}$, 则式 (14.3.43) 可展开为

$$E_c = -\frac{nH_{01}^2}{E_1} + \frac{n^2H_{01}^4}{E_1^3} - 2\frac{n^3H_{01}^6}{E_1^5} + \cdots \tag{14.3.45}$$

当 nH_{01}^2/E_1 足够小时, E_c 对于与 n 成正比的偏差表现为 n^2 项.

因此, 只考虑双重激发的 CI 方法的结果, 不能用以严格比较大小不同的分子. 例如, 有人计算过 $2BH_3 \longrightarrow B_2H_6$ 的二聚能, 用 $E(B_2H_6)-2E(BH_3)$ 与用 $E(B_2H_6)-E(BH_3\cdots BH_3)$ 的结果不一样 (分别为 −115kJ/mol 和 −143kJ/mol), 应当用后者才对, 因为当用两个 BH_3 计算时, 实际上考虑了两对电子的同时激发, 而在 B_2H_6 计算中只计及二重激发.

与大小一致性含义很接近但并不相同的一个概念是大小广延性 (size extensivity). 大小一致性是对无相互作用的子体系定义的, 大小广延性则是指计算得到的量与子体系的数目有正确的标度关系, 子体系之间可以有相互作用. 完全 CI 计算同时满足大小一致性和大小广延性要求, 但所有"截短"的 CI 计算均不满足要求. 这也就是用"截短"的 CI 方法计算得到的相关能在总相关能中的份额随体系增大而越来越小的原因. 满足大小一致性和大小广延性条件是对量子化学计算方法的基本要求.

经验表明, 为了实际上能满足大小一致性的要求, CI 展开式中至少要包括到四重激发, 这是很难办到的. Davidson 等[23] 曾提出从二重激发组态贡献的相关能 $\Delta E_{\rm D}$ 估计四重激发组态贡献的相关能 ($\Delta E_{\rm Q}$) 的简单公式

$$\Delta E_{\rm Q} = (1 - c_{\rm D0})^2 \Delta E_{\rm D} \tag{14.3.46}$$

式中, $c_{\rm D0}$ 是包括全部二重激发组态的归一 CI 展开式中 SCF 项的系数 (闭壳层组态). 经验表明, 这个公式的估计值相当不错. 由于高激发组态项数极多, 要直接将它们包括在 CI 计算中是不可能的, 这类校正方法是有实际意义的.

14.4 约化密度矩阵和自然轨道

14.4.1 约化密度矩阵

由 CI 计算得出的波函数十分复杂. 它是很多组态函数的组合, 其物理图像远没有由单组态自洽场计算得到的清晰明确, 因此需要有一种办法来对它进行分析和解释. 约化密度矩阵对此是一种很好的工具. 密度矩阵是量子统计力学中广泛使用的概念, 是 von Neumann(1927) 和 Dirac(1929) 首先提出来的. 在量子力学的应用中它被简化为描述少数粒子出现概率的低阶矩阵, 称为约化密度矩阵 (有时仍简称为密度矩阵).

设归一化的反对称 N 电子函数为 $\Psi(\boldsymbol{x}_1, \boldsymbol{x}_2, \cdots, \boldsymbol{x}_N)$, 则其 N 阶密度矩阵定义为 ($\{\boldsymbol{x}_i\}$ 为空间和自旋坐标的集合)

$$\begin{aligned}&\Gamma_{\Psi}^{(N)}(\boldsymbol{x}_1',\boldsymbol{x}_2',\cdots,\boldsymbol{x}_N'|\boldsymbol{x}_1,\boldsymbol{x}_2,\cdots,\boldsymbol{x}_N)\\&=\Psi^*(\boldsymbol{x}_1',\boldsymbol{x}_2',\cdots,\boldsymbol{x}_N')\Psi(\boldsymbol{x}_1,\boldsymbol{x}_2,\cdots,\boldsymbol{x}_N)\end{aligned}\tag{14.4.1}$$

p 阶约化密度矩阵为 ($\mathrm{d}\boldsymbol{x}_i\equiv\mathrm{d}\tau_i\mathrm{d}\sigma_i$, $\mathrm{d}\tau_i$和$\mathrm{d}\sigma_i$ 分别为空间和自旋坐标体积元)

$$\begin{aligned}&\Gamma_{\Psi}^{(p)}(\boldsymbol{x}_1',\boldsymbol{x}_2',\cdots,\boldsymbol{x}_p'|\boldsymbol{x}_1,\boldsymbol{x}_2,\cdots,\boldsymbol{x}_p)\\&=\begin{pmatrix}N\\p\end{pmatrix}\int\Psi^*(\boldsymbol{x}_1',\boldsymbol{x}_2',\cdots,\boldsymbol{x}_p',\boldsymbol{x}_{p+1},\cdots,\boldsymbol{x}_N)\\&\quad\times\Psi(\boldsymbol{x}_1,\boldsymbol{x}_2,\cdots,\boldsymbol{x}_p,\boldsymbol{x}_{p+1},\cdots,\boldsymbol{x}_N)\mathrm{d}\boldsymbol{x}_{p+1}\cdots\mathrm{d}\boldsymbol{x}_N\end{aligned}\tag{14.4.2}$$

特殊地, 一阶和二阶约化密度矩阵为

$$\gamma(\boldsymbol{x}_1'|\boldsymbol{x}_1)=N\int\Psi^*(\boldsymbol{x}_1',\boldsymbol{x}_2,\cdots,\boldsymbol{x}_N)\Psi(\boldsymbol{x}_1,\boldsymbol{x}_2,\cdots,\boldsymbol{x}_N)\mathrm{d}\boldsymbol{x}_2\cdots\mathrm{d}\boldsymbol{x}_N\tag{14.4.3}$$

$$\Gamma(\boldsymbol{x}_1',\boldsymbol{x}_2'|\boldsymbol{x}_1,\boldsymbol{x}_2)=\begin{pmatrix}N\\2\end{pmatrix}\int\Psi^*(\boldsymbol{x}_1',\boldsymbol{x}_2',\boldsymbol{x}_3,\cdots,\boldsymbol{x}_N)\Psi(\boldsymbol{x}_1,\boldsymbol{x}_2,\cdots,\boldsymbol{x}_N)\mathrm{d}\boldsymbol{x}_3\cdots\mathrm{d}\boldsymbol{x}_N\tag{14.4.4}$$

为了简洁起见, 下面用 $\Gamma_{\Psi}^{(p)}(\boldsymbol{x}_1,\boldsymbol{x}_2,\cdots,\boldsymbol{x}_p)$ 记 $\Gamma_{\Psi}^{(p)}$ 的对角元, 即

$$\Gamma_{\Psi}^{(p)}(\boldsymbol{x}_1,\boldsymbol{x}_2,\cdots,\boldsymbol{x}_p|\boldsymbol{x}_1,\boldsymbol{x}_2,\cdots,\boldsymbol{x}_p)\equiv\Gamma_{\Psi}^{(p)}(\boldsymbol{x}_1,\boldsymbol{x}_2,\cdots,\boldsymbol{x}_p)$$

根据定义, 容易推出约化密度矩阵的一些性质. 例如:

(1) Hermite 性.

$$\Gamma(\boldsymbol{x}_1,\boldsymbol{x}_2|\boldsymbol{x}_1',\boldsymbol{x}_2')=\Gamma^*(\boldsymbol{x}_1',\boldsymbol{x}_2'|\boldsymbol{x}_1,\boldsymbol{x}_2)\tag{14.4.5}$$

(2) 对于各对指标置换的反对称性.

$$\Gamma(\boldsymbol{x}_2',\boldsymbol{x}_1'|\boldsymbol{x}_1,\boldsymbol{x}_2)=-\Gamma(\boldsymbol{x}_1',\boldsymbol{x}_2'|\boldsymbol{x}_1,\boldsymbol{x}_2)=\Gamma(\boldsymbol{x}_1',\boldsymbol{x}_2'|\boldsymbol{x}_2,\boldsymbol{x}_1)\tag{14.4.6}$$

(3) 低阶密度矩阵可从高阶密度矩阵导出. 例如:

$$\gamma(\boldsymbol{x}_1'|\boldsymbol{x}_1)=\frac{2}{N-1}\int\Gamma(\boldsymbol{x}_1',\boldsymbol{x}_2|\boldsymbol{x}_1,\boldsymbol{x}_2)\mathrm{d}\boldsymbol{x}_2\tag{14.4.7}$$

(4) 由 Ψ 的归一化条件, 得出密度矩阵的迹为

$$\begin{aligned}&\mathrm{tr}\gamma(\boldsymbol{x}_1'|\boldsymbol{x}_1)=\int\gamma(\boldsymbol{x}_1)\mathrm{d}\boldsymbol{x}_1=N\\&\mathrm{tr}\Gamma(\boldsymbol{x}_1',\boldsymbol{x}_2'|\boldsymbol{x}_1,\boldsymbol{x}_2)=\int\Gamma(\boldsymbol{x}_1,\boldsymbol{x}_2)\mathrm{d}\boldsymbol{x}_1\mathrm{d}\boldsymbol{x}_2=\frac{N(N-1)}{2}\end{aligned}\tag{14.4.8}$$

(5) 物理解释.

$\gamma(\boldsymbol{x}_1)\mathrm{d}\tau_1$ 等于在 $\boldsymbol{r}_1$ 处的 $\mathrm{d}\tau_1$(空间体积元) 内出现自旋为 s_1 的任何一个电子的概率 (不管其他电子的位置及自旋是什么).

$\Gamma(\boldsymbol{x}_1,\boldsymbol{x}_2)\mathrm{d}\tau_1\mathrm{d}\tau_2$ 等于任何一个自旋为 s_1 的电子在 $\boldsymbol{r}_1$ 处的 $\mathrm{d}\tau_1$ 内和另外任何一个自旋为 s_2 的电子在 $\boldsymbol{r}_2$ 处的 $\mathrm{d}\tau_2$ 内出现的概率 (不管其他电子的位置和自旋如何).

根据这种解释, 容易想到电子相关作用和二阶密度矩阵有密切的联系. 还可以导出密度矩阵的其他性质, 如歧点条件等, 详细的请参考文献 [8].

约化跃迁密度矩阵是约化密度矩阵的推广

$$
\begin{aligned}
&\Gamma_{IJ}^{(N)}(\boldsymbol{x}_1',\boldsymbol{x}_2',\cdots,\boldsymbol{x}_N'|\boldsymbol{x}_1,\boldsymbol{x}_2,\cdots,\boldsymbol{x}_N)=\Psi_I^*(\boldsymbol{x}_1',\boldsymbol{x}_2',\cdots,\boldsymbol{x}_N')\Psi_J(\boldsymbol{x}_1,\boldsymbol{x}_2,\cdots,\boldsymbol{x}_N)\\
&\qquad\cdots\\
&\gamma_{IJ}(\boldsymbol{x}_1'|\boldsymbol{x}_1)=N\int\Psi_I^*(\boldsymbol{x}_1',\boldsymbol{x}_2,\cdots,\boldsymbol{x}_N)\Psi_J(\boldsymbol{x}_1,\boldsymbol{x},\cdots,\boldsymbol{x}_N)\mathrm{d}\boldsymbol{x}_2\cdots\mathrm{d}\boldsymbol{x}_N\\
&\Gamma_{IJ}(\boldsymbol{x}_1',\boldsymbol{x}_2'|\boldsymbol{x}_1,\boldsymbol{x}_2)=\begin{pmatrix}N\\2\end{pmatrix}\int\Psi_I^*(\boldsymbol{x}_1',\boldsymbol{x}_2',\boldsymbol{x}_3,\cdots,\boldsymbol{x}_N)\Psi_J(\boldsymbol{x}_1,\boldsymbol{x}_2,\cdots,\boldsymbol{x}_N)\mathrm{d}\boldsymbol{x}_3\cdots\mathrm{d}\boldsymbol{x}_N
\end{aligned}
\tag{14.4.9}
$$

利用约化密度矩阵, 可以将物理量的期望值表示成简洁的形式. 任何物理量算符对于电子交换必须是对称的, 故总可以表示为

$$
\hat{\boldsymbol{\Omega}}=\hat{\boldsymbol{\Omega}}_0+\sum_i\hat{\boldsymbol{\Omega}}_i+\frac{1}{2!}\sum_{i\neq j}\hat{\boldsymbol{\Omega}}_{ij}+\frac{1}{3!}\sum_{i\neq j\neq k}\hat{\boldsymbol{\Omega}}_{ijk}+\cdots \tag{14.4.10}
$$

其期望值为

$$
\begin{aligned}
\langle\Psi|\hat{\boldsymbol{\Omega}}|\Psi\rangle&=\int\Psi^*(\boldsymbol{x}_1,\boldsymbol{x}_2,\cdots,\boldsymbol{x}_N)\hat{\boldsymbol{\Omega}}\Psi(\boldsymbol{x}_1,\boldsymbol{x}_2,\cdots,\boldsymbol{x}_N)\mathrm{d}\boldsymbol{x}_1\mathrm{d}\boldsymbol{x}_2\cdots\mathrm{d}\boldsymbol{x}_N\\
&\equiv\int_{\boldsymbol{x}_1'=\boldsymbol{x}_1,\cdots,\boldsymbol{x}_N'=\boldsymbol{x}_N}\hat{\boldsymbol{\Omega}}\Gamma^{(N)}(\boldsymbol{x}_1',\boldsymbol{x}_2',\cdots,\boldsymbol{x}_N'|\boldsymbol{x}_1,\boldsymbol{x}_2,\cdots,\boldsymbol{x}_N)\mathrm{d}\boldsymbol{x}_1\mathrm{d}\boldsymbol{x}_2\cdots\mathrm{d}\boldsymbol{x}_N
\end{aligned}
\tag{14.4.11}
$$

式中, $\hat{\boldsymbol{\Omega}}$ 只作用在不带撇的坐标上, 而当 $\hat{\boldsymbol{\Omega}}$ 作用之后积分时, 令 $\boldsymbol{x}_1'=\boldsymbol{x}_1,\cdots,\boldsymbol{x}_N'=\boldsymbol{x}_N$ 等. 这样, 即使 $\hat{\boldsymbol{\Omega}}$ 中有微分算符, 式 (14.4.11) 也成立. 下面遵循这一规则而不另行标出. 将式 (14.4.10) 代入, 得

$$
\begin{aligned}
\langle\Psi|\hat{\boldsymbol{\Omega}}|\Psi\rangle=&\Omega_0+\int\hat{\boldsymbol{\Omega}}_1\gamma(\boldsymbol{x}_1'|\boldsymbol{x}_1)\mathrm{d}\boldsymbol{x}_1\\
&+\int\hat{\boldsymbol{\Omega}}_{12}\Gamma(\boldsymbol{x}_1',\boldsymbol{x}_2'|\boldsymbol{x}_1,\boldsymbol{x}_2)\mathrm{d}\boldsymbol{x}_1\mathrm{d}\boldsymbol{x}_2\\
&+\int\hat{\boldsymbol{\Omega}}_{123}\Gamma^{(3)}(\boldsymbol{x}_1',\boldsymbol{x}_2',\boldsymbol{x}_3'|\boldsymbol{x}_1,\boldsymbol{x}_2,\boldsymbol{x}_3)\mathrm{d}\boldsymbol{x}_1\mathrm{d}\boldsymbol{x}_2\mathrm{d}\boldsymbol{x}_3+\cdots
\end{aligned}
$$

$$
\begin{aligned}
&= \Omega_0 + \mathrm{tr}[\hat{\boldsymbol{\Omega}}_1 \gamma(\boldsymbol{x}_1'|\boldsymbol{x}_1)] \\
&\quad + \mathrm{tr}[\hat{\boldsymbol{\Omega}}_{12} \Gamma(\boldsymbol{x}_1', \boldsymbol{x}_2'|\boldsymbol{x}_1, \boldsymbol{x}_2)] \\
&\quad + \mathrm{tr}[\hat{\boldsymbol{\Omega}}_{123} \Gamma^{(3)}(\boldsymbol{x}_1', \boldsymbol{x}_2', \boldsymbol{x}_3'|\boldsymbol{x}_1, \boldsymbol{x}_2, \boldsymbol{x}_3)] \\
&\quad + \cdots
\end{aligned} \tag{14.4.12}
$$

同样, 对于非对角元

$$
\begin{aligned}
\langle \Psi_I|\hat{\boldsymbol{\Omega}}|\Psi_J\rangle &= S_{IJ}\Omega_0 + \int \hat{\boldsymbol{\Omega}}_1 \gamma_{IJ}(\boldsymbol{x}_1'|\boldsymbol{x}_1)\mathrm{d}\boldsymbol{x}_1 \\
&\quad + \int \hat{\boldsymbol{\Omega}}_{12} \Gamma_{IJ}(\boldsymbol{x}_1', \boldsymbol{x}_2'|\boldsymbol{x}_1, \boldsymbol{x}_2)\mathrm{d}\boldsymbol{x}_1\mathrm{d}\boldsymbol{x}_2 \\
&\quad + \cdots
\end{aligned} \tag{14.4.13}
$$

式中, $S_{IJ} = \dfrac{1}{N}\displaystyle\int \gamma_{IJ}(\boldsymbol{x}_1'|\boldsymbol{x}_1)\mathrm{d}\boldsymbol{x}_1$, 是 Ψ_I 与 Ψ_J 的重叠积分.

实际上大多数物理量只包含到第三项. 例如, 分子体系的 Hamilton 算符为

$$
\hat{\boldsymbol{H}} = \sum_{A<B}\frac{Z_A Z_B}{R_{AB}} + \sum_{i=1}^{N}\left(-\frac{1}{2}\nabla_i^2 - \sum_A \frac{Z_A}{r_{iA}}\right) + \frac{1}{2}\sum_{i\neq j}\frac{1}{r_{ij}} \tag{14.4.14}
$$

代入式 (14.4.12), 得

$$
\begin{aligned}
E &= \sum_{A<B}\frac{Z_A Z_B}{R_{AB}} + \int\left(-\frac{1}{2}\nabla_1^2 - \sum_A \frac{Z_A}{r_{1A}}\right)\gamma(\boldsymbol{x}_1'|\boldsymbol{x}_1)\mathrm{d}\boldsymbol{x}_1 \\
&\quad + \int \frac{1}{r_{12}}\Gamma(\boldsymbol{x}_1, \boldsymbol{x}_2|\boldsymbol{x}_1, \boldsymbol{x}_2)\mathrm{d}\boldsymbol{x}_1\mathrm{d}\boldsymbol{x}_2 \\
&= \sum_{A<B}\frac{Z_A Z_B}{R_{AB}} + \int \hat{\boldsymbol{h}}_1\gamma(\boldsymbol{x}_1'|\boldsymbol{x}_1)\mathrm{d}\boldsymbol{x}_1 + \int \hat{\boldsymbol{g}}_{12}\Gamma(\boldsymbol{x}_1, \boldsymbol{x}_2)\mathrm{d}\boldsymbol{x}_1\mathrm{d}\boldsymbol{x}_2
\end{aligned} \tag{14.4.15}
$$

由此可见, 体系的性质完全由它的二阶密度矩阵决定, 或者说只取决于两个函数 $\gamma(\boldsymbol{x}_1'|\boldsymbol{x}_1)$ 和 $\Gamma(\boldsymbol{x}_1, \boldsymbol{x}_2)$, 每个只是两组坐标的函数. 这比用涉及 $N(N>2)$ 组变量的波函数来表示要简单得多. 这一点很重要, 因为当 N 很大时, N 电子波函数非常复杂, 记录 (存储) 和使用都很困难, 而用约化密度矩阵来描述就解决了这个困难, 不管 N 多大, 它也只用两个各包含两组坐标变量的函数. 早就有人想绕过波函数, 直接用密度矩阵进行多电子体系的理论计算. Dirac 首先提出, 完全可以根据一阶密度矩阵得到 Hartree-Fock 理论的结果. McWeeny 具体提出了用一阶密度矩阵处理自洽场问题的方法 (参看文献 [1]). 还有人设想, 可以根据式 (14.4.15), 通过变分法直接求近似的 $\gamma(\boldsymbol{x}_1'|\boldsymbol{x}_1)$ 和 $\Gamma(\boldsymbol{x}_1, \boldsymbol{x}_2)$, 这多么简单! 可惜至今这种尝试未获得有实际应用价值的成果, 在原子和分子理论计算中还很少得到应用. 因为约化密度矩阵必须要能从一个 N 电子波函数导出 (就是所谓的 N–可表示性条件), 按式 (14.4.15)

变分求得的 E 值才具有能量上界的性质. 换句话说, 变分空间必须满足比较复杂的边界条件. N–可表示性的充分和必要条件的研究是约化密度矩阵理论的中心问题之一, 也是量子化学中一个受到重视的研究课题[8]. 近几年 Mazziotti 提出一种在变分计算中强制二阶约化密度矩阵近似满足 N 可表示性条件的方法, 并计算了一系列较大的分子, 结果相当好[24,25]. 但该方法计算过程比较复杂, 计算量也很大, 能否在量子化学计算中占据重要地位还有待实践作结论.

约化密度矩阵为波函数的分析提供一种有力的工具, 将由不同计算方法得出的形式上很不同的复杂波函数简化到相同的基础上来进行比较, 也简化了从复杂波函数获得分子性质的计算.

14.4.2　CI 波函数的密度矩阵

设行列式函数 Φ_K 和 Φ_L 分别为

$$\begin{aligned}\Phi_K &= |\tilde{\phi}_1(\boldsymbol{x}_1)\tilde{\phi}_2(\boldsymbol{x}_2)\cdots\tilde{\phi}_k(\boldsymbol{x}_k)\cdots\tilde{\phi}_N(\boldsymbol{x}_N)| \\ \Phi_L &= |\tilde{\psi}_1(\boldsymbol{x}_1)\tilde{\psi}_2(\boldsymbol{x}_2)\cdots\tilde{\psi}_l(\boldsymbol{x}_k)\cdots\tilde{\psi}_N(\boldsymbol{x}_N)|\end{aligned} \tag{14.4.16}$$

这里 $\{\tilde{\phi}_k\}$ 和 $\{\tilde{\psi}_l\}$ 属于一组完全的线性独立的自旋轨道, 不一定正交. 按照约化跃迁密度矩阵的定义, 得

$$\gamma_{KL}(\boldsymbol{x}'_1|\boldsymbol{x}_1) = \sum_{k=1}^{N}\sum_{l=1}^{N}\tilde{\phi}^*_k(\boldsymbol{x}'_1)\tilde{\psi}_l(\boldsymbol{x}_1)S_{KL}(\tilde{\phi}_k|\tilde{\psi}_l) \tag{14.4.17}$$

$$\begin{aligned}\Gamma_{KL}(\boldsymbol{x}'_1\boldsymbol{x}'_2|\boldsymbol{x}_1\boldsymbol{x}_2) =& \frac{1}{2}\sum_{j<k}^{N}\sum_{l<m}^{N}\begin{vmatrix}\tilde{\phi}^*_j(\boldsymbol{x}'_1) & \tilde{\phi}^*_k(\boldsymbol{x}'_1) \\ \tilde{\phi}^*_j(\boldsymbol{x}'_2) & \tilde{\phi}^*_k(\boldsymbol{x}'_2)\end{vmatrix} \\ &\times\begin{vmatrix}\tilde{\psi}_l(\boldsymbol{x}_1) & \tilde{\psi}_m(\boldsymbol{x}_1) \\ \tilde{\psi}_l(\boldsymbol{x}_2) & \tilde{\psi}_m(\boldsymbol{x}_2)\end{vmatrix}S_{KL}(\tilde{\phi}_j\tilde{\phi}_k|\tilde{\psi}_l\tilde{\psi}_m)\end{aligned} \tag{14.4.18}$$

式中, $S_{KL}(\tilde{\phi}_k|\tilde{\psi}_l)$ 和 $S_{KL}(\tilde{\phi}_j\tilde{\phi}_k|\tilde{\psi}_l\tilde{\psi}_m)$ 分别是重叠矩阵 $\boldsymbol{S}_{KL}$ 的行列式的一阶和二阶代数余子式 (参见 A1.4.1 节)

$$\boldsymbol{S}_{KL} \equiv \begin{bmatrix}\langle\tilde{\phi}_1|\tilde{\psi}_1\rangle & \langle\tilde{\phi}_1|\tilde{\psi}_2\rangle\cdots\langle\tilde{\phi}_1|\tilde{\psi}_N\rangle \\ \langle\tilde{\phi}_2|\tilde{\psi}_1\rangle & \langle\tilde{\phi}_2|\tilde{\psi}_2\rangle\cdots\langle\tilde{\phi}_2|\tilde{\psi}_N\rangle \\ & \cdots \\ \langle\tilde{\phi}_N|\tilde{\psi}_1\rangle & \langle\tilde{\phi}_N|\tilde{\psi}_2\rangle\cdots\langle\tilde{\phi}_N|\tilde{\psi}_N\rangle\end{bmatrix} \tag{14.4.19}$$

式中, $\langle\tilde{\phi}_k|\tilde{\psi}_l\rangle \equiv \int\tilde{\phi}^*_k(\boldsymbol{x})\hat{\varphi}_l(\boldsymbol{x})\mathrm{d}\boldsymbol{x}$. 利用行列式的性质

$$\begin{aligned}S_{KL}(\tilde{\phi}_j\tilde{\phi}_k|\tilde{\psi}_l\tilde{\psi}_m) &= -S_{KL}(\tilde{\phi}_k\tilde{\phi}_j|\tilde{\psi}_l\tilde{\psi}_m) \\ &= -S_{KL}(\tilde{\phi}_j\tilde{\phi}_k|\tilde{\psi}_m\tilde{\psi}_l)\end{aligned} \tag{14.4.20}$$

式 (14.4.18) 可以变为

$$\begin{aligned}&\Gamma_{KL}(\boldsymbol{x}_1'\boldsymbol{x}_2'|\boldsymbol{x}_1\boldsymbol{x}_2)\\=&\frac{1}{2}\sum_j^N\sum_k^N\sum_l^N\sum_m^N\tilde{\phi}_j^*(\boldsymbol{x}_1')\tilde{\phi}_k^*(\boldsymbol{x}_2')\tilde{\psi}_l(\boldsymbol{x}_1)\tilde{\psi}_m(\boldsymbol{x}_2)S_{KL}(\tilde{\phi}_j\tilde{\phi}_k|\tilde{\psi}_l\tilde{\psi}_m)\end{aligned} \quad (14.4.21)$$

于是, CI 波函数 $\Psi=\sum\limits_K\Phi_K c_K=\sum\limits_L\Phi_L c_L$ 的一阶密度矩阵为

$$\begin{aligned}\gamma(\boldsymbol{x}_1'|\boldsymbol{x}_1)&=\sum_K^{(k)}\sum_L^{(l)}c_K^*\gamma_{KL}(\boldsymbol{x}_1'|\boldsymbol{x}_1)c_L\\&=\sum_K^{(k)}\sum_L^{(l)}c_K^*c_L\sum_k\sum_l\tilde{\phi}_k^*(\boldsymbol{x}_1')\tilde{\psi}_l(\boldsymbol{x}_1)S_{KL}(\tilde{\phi}_k|\tilde{\psi}_l)\\&=\sum_k\sum_l\tilde{\phi}_k^*(\boldsymbol{x}_1')\tilde{\psi}_l(\boldsymbol{x}_1)\sum_K^{(k)}\sum_L^{(l)}c_K^*S_{KL}(\tilde{\phi}_k|\tilde{\psi}_l)c_L\end{aligned} \quad (14.4.22)$$

式中, $\sum\limits_K^{(k)}$ 表示对 K 求和遍及所有包含 $\tilde{\phi}_k$ 的行列式波函数, 余类推. 若令

$$\gamma_{lk}=\sum_K^{(k)}\sum_L^{(l)}c_K^*S_{KL}(\tilde{\phi}_k|\tilde{\psi}_l)c_L \quad (14.4.23)$$

则式 (14.4.22) 变为

$$\gamma(\boldsymbol{x}_1'|\boldsymbol{x}_1)=\sum_k\sum_l\tilde{\phi}_k^*(\boldsymbol{x}_1')\tilde{\psi}_l(\boldsymbol{x}_1)\gamma_{lk} \quad (14.4.24)$$

由此可见, 当基组 $\{\cdots,\tilde{\phi}_k,\cdots,\tilde{\psi}_l,\cdots\}$ 确定以后, $\gamma(\boldsymbol{x}_1'|\boldsymbol{x}_1)$ 由 $\{\gamma_{lk}\}$ 唯一地确定. 故 $\{\gamma_{lk}\}$ 也称为一阶密度矩阵. 实际上, $[\gamma_{lk}]$ 才真正是普通意义下的矩阵, $\gamma(\boldsymbol{x}_1'|\boldsymbol{x}_1)$ 是一种广义的矩阵, 它的"下标" $\boldsymbol{x}_1',\boldsymbol{x}_1$ 是连续变化的. 例如, 其求对角和的运算是进行积分

$$\mathrm{tr}\ \gamma(\boldsymbol{x}_1'|\boldsymbol{x}_1)\equiv\int\gamma(\boldsymbol{x}_1)\mathrm{d}\boldsymbol{x}_1 \quad (14.4.25)$$

我们可以定义一个一阶密度算符 $\hat{\gamma}$, 它是以密度矩阵 $\boldsymbol{\gamma}(\boldsymbol{x}_1'|\boldsymbol{x}_1)$ 为核的一个积分算符, 当它作用在函数 $\tilde{\psi}(\boldsymbol{x}_1)$ 上时得出的新函数 $\tilde{\psi}'(\boldsymbol{x}_1)$ 为

$$\tilde{\psi}'(\boldsymbol{x}_1)=\hat{\boldsymbol{\gamma}}\tilde{\psi}(\boldsymbol{x}_1)=\int\gamma(\boldsymbol{x}_1'|\boldsymbol{x}_1)\tilde{\psi}(\boldsymbol{x}_1')\mathrm{d}\boldsymbol{x}_1' \quad (14.4.26)$$

亦即将被作用函数的变量改为 $\boldsymbol{x}_1'$, 乘上积分核 $\gamma(\boldsymbol{x}_1'|\boldsymbol{x}_1)$ 后对 $\boldsymbol{x}_1'$ 积分, 得到 $\boldsymbol{x}_1$ 的一个新函数. 显然 $\hat{\gamma}$ 是一个线性算符. 积分的核 $\gamma(\boldsymbol{x}_1'|\boldsymbol{x}_1)$ 是它的一个 (特殊的) 表

示, 它的行、列指标是连续的. 若取 $\{\cdots,\tilde{\phi}_k,\cdots,\tilde{\psi}_l,\cdots\}$ 为基组, 则 $\boldsymbol{\gamma}\equiv[\gamma_{lk}]$ 就是它的一个表示. $\hat{\gamma}$ 在其中的矩阵元为

$$\begin{aligned}\langle\tilde{\phi}_k|\hat{\gamma}|\tilde{\psi}_l\rangle&=\int\tilde{\phi}_k^*(\boldsymbol{x}_1)\gamma(\boldsymbol{x}_1'|\boldsymbol{x}_1)\tilde{\psi}_l(\boldsymbol{x}_1')\mathrm{d}\boldsymbol{x}_1'\mathrm{d}\boldsymbol{x}_1\\&=\int\tilde{\phi}_k^*(\boldsymbol{x}_1)\left[\sum_{l',k'}\gamma_{l'k'}\tilde{\psi}_{l'}(\boldsymbol{x}_1)\tilde{\phi}_{k'}^*(\boldsymbol{x}_1')\right]\tilde{\psi}_l(\boldsymbol{x}_1')\mathrm{d}\boldsymbol{x}_1'\mathrm{d}\boldsymbol{x}_1\\&=\sum_{l',k'}\langle\tilde{\phi}_k|\tilde{\psi}_{l'}\rangle\gamma_{l'k'}\langle\tilde{\phi}_{k'}|\tilde{\psi}_l\rangle=(\boldsymbol{S}\boldsymbol{\gamma}\boldsymbol{S})_{kl}\end{aligned}$$

式中, $\boldsymbol{S}$ 是基组的重叠矩阵. 由此得

$$\gamma_{lk}=\sum_{l'k'}(\boldsymbol{S}^{-1})_{lk'}\langle\tilde{\phi}_{k'}|\hat{\gamma}|\tilde{\psi}_{l'}\rangle\langle\boldsymbol{S}^{-1}\rangle_{l'k}\tag{14.4.27}$$

类似地有

$$\Gamma(\boldsymbol{x}_1'\boldsymbol{x}_2'|\boldsymbol{x}_1\boldsymbol{x}_2)=\sum_{kk'}\sum_{ll'}\tilde{\phi}_k^*(\boldsymbol{x}_1')\tilde{\phi}_{k'}^*(\boldsymbol{x}_2')\tilde{\psi}_l(\boldsymbol{x}_1)\tilde{\psi}_{l'}(\boldsymbol{x}_2)\Gamma_{ll',kk'}\tag{14.4.28}$$

$$\Gamma_{ll',kk'}=\frac{1}{2!}\sum_K^{(kk')}\sum_L^{(ll')}c_K^*S_{KL}(\tilde{\phi}_k\tilde{\phi}_{k'}|\tilde{\psi}_l\tilde{\psi}_{l'})c_L\tag{14.4.29}$$

$\Gamma_{ll',kk'}$ 称为二阶密度矩阵, $\sum\limits_K^{(kk')}$ 表示对 K 的求和遍及包括 $\tilde{\phi}_k,\tilde{\phi}_{k'}$ 轨道的 Φ_K. 和上面类似, 我们也可以将它看成一个二阶密度算符的以 $\{\tilde{\phi}_k\tilde{\psi}_l\}$ 为基的表示. 容易证明, 如果采用正交归一基组, 则

$$\begin{aligned}S_{KL}(\tilde{\phi}_k|\tilde{\psi}_l)=&\Delta_k\delta_{kl}\\\Delta_k=&\begin{cases}1&\text{抽去}\tilde{\phi}_k\text{和}\tilde{\psi}_l\text{以后},\Phi_K\text{和}\Phi_L\text{之间没有不同轨道}\\0&\text{其他情况}\end{cases}\end{aligned}\tag{14.4.30}$$

$$\begin{aligned}S_{KL}(\tilde{\phi}_k\tilde{\phi}_{k'}|\tilde{\psi}_l\tilde{\psi}_{l'})=&\Delta_{kl}\delta_{kk'}\delta_{ll'}\\\Delta_{kl}=&\begin{cases}1&\text{抽去}\tilde{\phi}_k,\tilde{\phi}_{k'}\text{和}\tilde{\psi}_l,\tilde{\psi}_{l'}\text{以后},\Phi_K\text{和}\Phi_L\text{之间没有不同的轨道}\\0&\text{其他情况}\end{cases}\end{aligned}\tag{14.4.31}$$

式中, $\delta_{ij}=(-1)^{i+j}$. 所以使用正交基组, 密度矩阵的表示式可以大大简化.

$[\gamma_{lk}]$ 和 $[\Gamma_{ll',kk'}]$ 也具有与 $\gamma(\boldsymbol{x}_1'|\boldsymbol{x}_1)$ 和 $\Gamma(\boldsymbol{x}_1'\boldsymbol{x}_2'|\boldsymbol{x}_1\boldsymbol{x}_2)$ 类似的一些性质. 例如:

(1) Hermite 性.

$$\gamma_{kl}=\gamma_{lk}^*\qquad\Gamma_{kk',ll'}=\Gamma_{ll',kk'}^*$$

(2) 对指标置换的反对称性.

$$\Gamma_{l'l,kk'} = -\Gamma_{ll',kk'} = \Gamma_{ll',k'k} = \cdots$$

(3) 可以由高阶密度矩阵推导出低阶密度矩阵.

$$\gamma_{lk} = \frac{2}{N-1}\sum_{k'}\sum_{l'}\langle\tilde{\phi}'_k|\tilde{\psi}'_l\rangle\Gamma_{ll',kk'}$$

(4) 归一化条件.

$$\sum_k\sum_l\langle\tilde{\phi}_k|\tilde{\psi}_l\rangle\gamma_{lk} = N$$

$$\sum_k\sum_{k'}\sum_l\sum_{l'}\langle\tilde{\phi}_k|\tilde{\psi}_l\rangle\langle\tilde{\phi}_{k'}|\tilde{\psi}_{l'}\rangle\Gamma_{ll',kk'} = \begin{pmatrix} N \\ 2 \end{pmatrix}$$

(5) 密度投影算符.

由单行列式波函数得来的一阶密度矩阵 (Fock-Dirac 密度矩阵) 具有特殊的性质. 若 $\{\tilde{\psi}_r\}$ 为一组完备的正交归一自旋轨道, 其中有 N 个占据自旋轨道, 则单行列式波函数的一阶密度算符 $\hat{\boldsymbol{\gamma}}_F$ 的核为

$$\hat{\boldsymbol{\gamma}}_F(\boldsymbol{x}'_1|\boldsymbol{x}_1) = \sum_r^{\text{occ}}\tilde{\psi}_r(\boldsymbol{x}_1)\tilde{\psi}^*_r(\boldsymbol{x}'_1) \tag{14.4.32}$$

设有任意函数 $\tilde{\psi}(\boldsymbol{x}_1)$, 它在 $\{\tilde{\psi}_r\}$ 中的展开式为

$$\tilde{\psi}(\boldsymbol{x}_1) = \sum_s c_s\tilde{\psi}_s(\boldsymbol{x}_1) \tag{14.4.33}$$

用 $\hat{\boldsymbol{\gamma}}_F$ 作用, 得

$$\hat{\boldsymbol{\gamma}}_F\tilde{\psi}(\boldsymbol{x}_1) = \sum_r^{\text{occ}} c_r\tilde{\psi}_r(\boldsymbol{x}_1) \tag{14.4.34}$$

所以 $\hat{\boldsymbol{\gamma}}_F$ 消除 $\tilde{\psi}(\boldsymbol{x}_1)$ 中的所有成分, 除 $\hat{\boldsymbol{\gamma}}_F(\boldsymbol{x}'_1|\boldsymbol{x}_1)$ 中包含的占据轨道成分以外; 也就是说, 它将 $\tilde{\psi}(\boldsymbol{x}_1)$ 投影到由占据的自旋轨道张成的子空间中来. 如果占据轨道只有一个, 则

$$\hat{\boldsymbol{\gamma}}_F(\boldsymbol{x}'_1|\boldsymbol{x}_1) = \tilde{\psi}_r(\boldsymbol{x}_1)\tilde{\psi}^*_r(\boldsymbol{x}'_1) \tag{14.4.35}$$

它作用在任意函数上, 就将任意函数的 $\tilde{\psi}_r$ 成分投影出来

$$\begin{aligned}\hat{\boldsymbol{\gamma}}_F\tilde{\psi}(\boldsymbol{x}_1) &= \int\tilde{\psi}_r(\boldsymbol{x}_1)\tilde{\psi}^*_r(\boldsymbol{x}'_1)\tilde{\psi}(\boldsymbol{x}'_1)\mathrm{d}\boldsymbol{x}'_1 \\ &= \tilde{\psi}_r(\boldsymbol{x}_1)\int\tilde{\psi}^*_r(\boldsymbol{x}'_1)\tilde{\psi}(\boldsymbol{x}'_1)\mathrm{d}\boldsymbol{x}'_1\end{aligned} \tag{14.4.36}$$

所以 $\hat{\gamma}_F$ 是一种投影算符, 通常将它写成 $\hat{\gamma}_F = \sum\limits_{r\in A} |\tilde{\psi}_r\rangle\langle\tilde{\psi}_r|$. 这样, 当它作用在任意函数上时, 形式上很简洁

$$\hat{\gamma}_F|\tilde{\psi}\rangle = \sum_r^{\text{occ}} |\tilde{\psi}_r\rangle\langle\tilde{\psi}_r|\tilde{\psi}\rangle \tag{14.4.37}$$

容易证明, $\hat{\gamma}_F$ 具有一般投影算符的幂等性

$$\hat{\gamma}_F^2 = \hat{\gamma}_F$$

互斥性

$$\hat{\gamma}_F\hat{\gamma}'_F = \hat{\gamma}'_F\hat{\gamma}_F = 0 \qquad (\hat{\gamma}'_F = 1 - \hat{\gamma}_F)$$

和完备性

$$\hat{\gamma}_F + \hat{\gamma}'_F = 1$$

后一式称为 1 的分解. 这些性质是与基的选择无关的. 以上讨论不难推广到非正交基的情况.

(6) 物理解释.

类似于 Mulliken 在 LCAO 近似中作的布居数分析, 对 CI 波函数也可以利用密度矩阵作在分子轨道上的布居数分析.

(a) 在 $\tilde{\psi}_k$ 自旋轨道上的净布居为

$$n(k) = \langle\tilde{\psi}_k|\tilde{\psi}_k\rangle\gamma_{kk}$$

(b) 在自旋轨道对 $(\tilde{\phi}_k, \tilde{\psi}_l)$ 上的重叠布居为

$$n(kl) = 2\langle\tilde{\phi}_k|\tilde{\psi}_l\rangle\gamma_{lk}$$

(c) 在自旋轨道 $\tilde{\phi}_k$ 上的总布居为

$$N(k) = n(k) + \frac{1}{2}\sum_{l\neq k} n(k,l)$$

(d) 总电子数为 N

$$\sum_k N(k) = \sum_k n(k) + \sum_{k<l} n(k,l) = N$$

体系的各种物理性质很容易用密度矩阵表达出来

$$\begin{aligned}\langle\Psi|\hat{\boldsymbol{\Omega}}|\Psi\rangle =& \Omega_0 + \sum_k\sum_l \langle\tilde{\phi}_k|\hat{\boldsymbol{\Omega}}_1|\tilde{\psi}_l\rangle\gamma_{lk} + \sum_{kk'}\sum_{ll'}\langle\tilde{\phi}_k\tilde{\phi}_l|\hat{\boldsymbol{\Omega}}_{12}|\tilde{\psi}_{k'}\tilde{\psi}_{l'}\rangle\Gamma_{ll',kk'} + \cdots \\ =& \Omega_0 + \text{tr}\ \boldsymbol{\Omega}_1\gamma + \text{tr}\ \boldsymbol{\Omega}_{12}\boldsymbol{\Gamma} + \cdots\end{aligned} \tag{14.4.38}$$

例如, 对于电子总能量

$$E = \text{tr}\ \boldsymbol{h\gamma} + \text{tr}\ \boldsymbol{G\Gamma} \tag{14.4.39}$$

式中

$$\begin{aligned} h_{kl} &= \int \tilde{\phi}_k^*(\boldsymbol{x}_1)\left(-\frac{1}{2}\nabla_1^2 - \sum_\alpha \frac{Z_\alpha}{r_{1\alpha}}\right)\tilde{\psi}_l(\boldsymbol{x}_1)\mathrm{d}\boldsymbol{x}_1 \\ G_{kk',ll'} &= \int \tilde{\phi}_k^*(\boldsymbol{x}_1)\tilde{\phi}_{k'}^*(\boldsymbol{x}_2)\frac{1}{r_{12}}\tilde{\psi}_l(\boldsymbol{x}_1)\tilde{\psi}_{l'}(\boldsymbol{x}_2)\mathrm{d}\boldsymbol{x}_1\mathrm{d}\boldsymbol{x}_2 \end{aligned} \tag{14.4.40}$$

两点说明:

(1) 以上密度矩阵是对自旋轨道定义的. 若对自旋求和, 则得到按空间轨道定义的密度矩阵

$$\begin{aligned} \rho(\boldsymbol{r}_1'|\boldsymbol{r}_1) &\equiv \sum_\sigma \gamma(\boldsymbol{x}_1'|\boldsymbol{x}_1) = \sum_\sigma \gamma(\boldsymbol{r}_1'\boldsymbol{\sigma}|\boldsymbol{r}_1\boldsymbol{\sigma}) \\ &= \sum_k \sum_l \phi_k^*(\boldsymbol{r}_1')\psi_l(\boldsymbol{r}_1)\rho_{lk} \\ \rho_{lk} &= \sum_\sigma \gamma_{lk} \\ P(\boldsymbol{r}_1'\boldsymbol{r}_2'|\boldsymbol{r}_1\boldsymbol{r}_2) &\equiv \sum_{\sigma_1\sigma_2} \Gamma(\boldsymbol{x}_1'\boldsymbol{x}_2'|\boldsymbol{x}_1\boldsymbol{x}_2) \\ &= \sum_{\sigma_1\sigma_2} \Gamma(\boldsymbol{r}_1'\boldsymbol{\sigma}_1, \boldsymbol{r}_2'\boldsymbol{\sigma}_2|\boldsymbol{r}_1\boldsymbol{\sigma}_1, \boldsymbol{r}_2\boldsymbol{\sigma}_2) \\ &= \sum_{kk'}\sum_{ll'} \phi_k^*(\boldsymbol{r}_1')\phi_{k'}^*(\boldsymbol{r}_2')\psi_l(\boldsymbol{r}_1)\psi_{l'}(\boldsymbol{r}_2)P_{ll',kk'} \\ P_{ll',kk'} &= \sum_{\sigma_1}\sum_{\sigma_2} \Gamma_{ll',kk'} \end{aligned}$$

(2) 在计算体系的各种物理量时, 使用按基函数定义的密度矩阵是方便的. 容易求得密度矩阵从以分子轨道定义到以基函数定义的变换公式. 设基组为 $\{\chi_p\}$

$$\phi_i = \sum_p \chi_p u_{pi} \tag{14.4.41}$$

则

$$\bar{\rho}_{pq} = \sum_{lk} u_{qk}^* u_{pl}\rho_{lk} \tag{14.4.42}$$

$$\bar{P}_{pp',qq'} = \sum_{ll'}\sum_{kk'} u_{qk}^* u_{q'k'}^* P_{ll',kk'} u_{pl} u_{p'l'} \tag{14.4.43}$$

用按原子轨道定义的 $\bar{\rho}_{pq}$ 代替 ρ_{lk} 作布居分析, 就是 Mulliken 布居分析. 体系性质用按原子轨道定义的密度矩阵表示出来以后, 可以将物理量分成各原子的贡献. 例如, 分子偶极矩可分解为

$$\begin{aligned}\boldsymbol{\mu} &= \boldsymbol{\mu}_f + \sum_k \sum_l \langle \chi_k|\hat{\boldsymbol{\mu}}|\chi_l\rangle \bar{\rho}_{lk} \\ &= \boldsymbol{\mu}_f + \sum_a \left[\sum_k^a \sum_l^a \langle \chi_k|\hat{\boldsymbol{\mu}}|\chi_l\rangle \bar{\rho}_{lk}\right] + \sum_{b\neq a}\sum \left[\sum_k^a \sum_l^b \langle \chi_k|\hat{\boldsymbol{\mu}}|\chi_l\rangle \bar{\rho}_{lk}\right] \\ &= \boldsymbol{\mu}_f + \sum_a \boldsymbol{\mu}_a + \sum_{a<b} \boldsymbol{\mu}_{ab}\end{aligned} \tag{14.4.44}$$

式中, $\boldsymbol{\mu}_f$ 是由分子中原子核的电荷和几何位置决定的偶极矩

$$\mu_a = \sum_k^a \sum_l^a \langle \chi_k|\hat{\boldsymbol{\mu}}|\chi_l\rangle \bar{\rho}_{lk}$$

是由原子 a 上的净电子电荷产生的偶极矩

$$\mu_{ab} = 2\left(\sum_k^a \sum_l^b \langle \chi_k|\hat{\boldsymbol{\mu}}|\chi_l\rangle \bar{\rho}_{lk}\right)$$

是由原子 a 和原子 b 的重叠电荷产生的共价偶极矩. 总能量也可以作类似的划分.

14.4.3 自然轨道

上面已经说过选择不同形式的分子轨道, CI 展开的收敛速度也不同. 能否找出使 CI 展开收敛最快的分子轨道形式? 下面我们将看到, 所谓自然轨道就具有这种好的性质.

假定我们已经进行了 CI 计算, 得出精确波函数

$$\Psi = \sum_K c_k \Phi_k$$

由它可以做出一阶密度矩阵 (假定分子自旋轨道 $\{\tilde{\phi}_i\}$ 为正交归一集合)

$$\begin{aligned}\gamma(\boldsymbol{x}'|\boldsymbol{x}) &= \sum_k \sum_l \tilde{\phi}_k^*(\boldsymbol{x}')\tilde{\phi}_l(\boldsymbol{x})\gamma_{lk} \\ \gamma_{lk} &= \sum_K^{(k)} \sum_L^{(l)} c_K^* S_{KL}(\tilde{\phi}_k|\tilde{\phi}_l) c_L\end{aligned} \tag{14.4.45}$$

但密度矩阵 $[\gamma_{lk}]$ 不是对角化的. 如果我们对分子自旋轨道作酉变换, 令

$$\begin{aligned}\tilde{\boldsymbol{\lambda}} &= [\tilde{\lambda}_1, \tilde{\lambda}_2, \tilde{\lambda}_3, \cdots] \\ \tilde{\boldsymbol{\phi}} &= [\tilde{\phi}_1, \tilde{\phi}_2, \tilde{\phi}_3, \cdots] \\ \tilde{\boldsymbol{\lambda}} &= \tilde{\boldsymbol{\phi}}\boldsymbol{u}, \quad \boldsymbol{u}\boldsymbol{u}^{\mathrm{H}} = \boldsymbol{I}\end{aligned} \tag{14.4.46}$$

自然 $\gamma(\boldsymbol{x}'|\boldsymbol{x})$ 是保持不变的, 但 $[\gamma_{lk}]$ 却改变. 由于 $[\gamma_{lk}]$ 是 Hermite 矩阵, 故可选择 $\boldsymbol{\lambda}$ 使之对角化, 并使本征值按降序排列

$$\begin{aligned}\gamma(\boldsymbol{x}'|\boldsymbol{x}) &= \sum_k \lambda_k^*(\boldsymbol{x}')\lambda_k(\boldsymbol{x})\left(\sum_{ji} u_{jk}^*\gamma_{ji}u_{ik}\right)\\ &= \sum_k \lambda_k^*(\boldsymbol{x}')\lambda_k(\boldsymbol{x})n_k \\ n_k &= \sum_{ij} u_{jk}^*\gamma_{ji}u_{ik}\end{aligned} \tag{14.4.47}$$

本征值 n_k 称为 λ_k 轨道的占据数, 标志该轨道的重要程度. 根据波函数的正交归一条件和密度矩阵的定义, 容易证明

$$\begin{aligned}\sum_K |c_K|^2 &= 1\\ 1 \geqslant \gamma_{kk} &= \sum_K^{(k)} |c_K|^2 \geqslant 0\end{aligned} \tag{14.4.48}$$

$$\begin{aligned}\sum_k \gamma_{kk} &= N\\ 1 \geqslant n_1 &\geqslant n_2 \cdots \geqslant 0\\ \sum_k n_k &= N\end{aligned} \tag{14.4.49}$$

Löwdin 将满足式 (14.4.47) 的函数称为自然自旋轨道 (NSO). 实际上自然自旋轨道就是一阶密度算符 $\hat{\gamma}$ 的本征函数, 占据数即为其本征值. 类似地, 将使密度矩阵 $\rho(\boldsymbol{r}_1|\boldsymbol{r}_1')$ 对角化的函数称为自然轨道 (NO)[26]. 我们知道, Hermite 矩阵有以下性质: 对于任何正交归一基组, 它的最大本征值是所有对角元的上界; 它的前 P 个最大本征值之和是任何 P 个对角元之和的上界 (证明见习题 16). 因此

$$\begin{aligned}n_1 &\geqslant \gamma_{kk}\\ \sum_{k=1}^P n_k &\geqslant \sum_{k=1}^P \gamma_{kk}\end{aligned} \tag{14.4.50}$$

这是自然自旋轨道不同于其他轨道的特点. 现在问题是用自然自旋轨道作 CI 展开, 收敛速度是否比用其他形式的分子轨道快呢?

先看二电子体系的情况. 任何二电子反对称波函数总可以表示成由完备的正交归一自旋轨道集合构成的 2×2 Slater 行列式的线性组合 (设 $S_z=0$)

$$\Psi(\boldsymbol{x}_1,\boldsymbol{x}_2) = \sum_{i,j}^N c_{ij}|\phi_i\alpha\phi_j\beta| \tag{14.4.51}$$

这是一个双重求和, 有 N^2 项. 其一级密度矩阵为

$$\begin{aligned}\rho(\boldsymbol{r}_1'|\boldsymbol{r}_1) &= \sum_{\sigma_1}\int \Psi^*(\boldsymbol{x}_1',\boldsymbol{x}_2)\Psi(\boldsymbol{x}_1\boldsymbol{x}_2)\mathrm{d}\boldsymbol{x}_2 \\ &= \sum_{\sigma_1}\sum_{i,j}^{N}\sum_{k,l}^{N} c_{ij}c_{kl}^*\int|\phi_i\alpha\phi_j\beta||\phi_k^*\alpha\phi_l^*\beta|\mathrm{d}\boldsymbol{x}_2 \\ &= \sum_i\sum_k(\boldsymbol{cc}^{\mathrm{H}})_{ik}^{\alpha}\phi_i\phi_k^* + \sum_j\sum_l(\boldsymbol{cc}^{\mathrm{H}})_{jl}^{\beta}\phi_j\phi_l^* \\ &= \sum_i\sum_k\gamma_{ik'}^{\alpha}\phi_i\phi_k^* + \sum_j\sum_l\gamma_{jl}^{\beta}\phi_j\phi_l^*\end{aligned} \tag{14.4.52}$$

它一般不是对角化的. 为了缩减式 (14.4.51) 中求和的项数, 可以定义一组对应轨道

$$\phi_i'\beta = \sum_j c_{ij}\phi_j\beta \tag{14.4.53}$$

注意行列式乘以常数的规则, 可得

$$\Psi(\boldsymbol{x}_1,\boldsymbol{x}_2) = \sum_i|\phi_i\alpha\phi_i'\beta| \tag{14.4.54}$$

这样就缩短为单重求和, 即只有 N 项, 但是, $\{\phi_i'\}$ 不满足正交归一化条件

$$\langle\phi_k'|\phi_i'\rangle = \sum_l c_{il}c_{kl}^* = (\boldsymbol{cc}^{\mathrm{H}})_{ik} \tag{14.4.55}$$

设进行酉变换

$$\bar{\phi}_i = \sum_k u_{ik}^*\phi_k \tag{14.4.56}$$

使密度矩阵 $(\boldsymbol{cc}^{\mathrm{H}})$ 对角化并令本征值按从大到小的顺序排列, 即令

$$\begin{aligned}(\boldsymbol{ucc}^{\mathrm{H}}\boldsymbol{u}^{\mathrm{H}})_{ij} = n_i\delta_{ij} = d_i^2\delta_{ij} \\ n_i \geqslant n_k \qquad (i>k)\end{aligned} \tag{14.4.57}$$

并定义对应轨道

$$\bar{\phi}_i' = \sum_j\frac{1}{d_i}(\boldsymbol{ucu}^{\mathrm{H}})_{ij}\bar{\phi}_j = \sum_l\frac{1}{d_i}(\boldsymbol{uc})_{il}\phi_l \tag{14.4.58}$$

则 $\{\bar{\phi}_i'\}$ 是正交归一的

$$\begin{aligned}\langle\bar{\phi}_k'|\bar{\phi}_i'\rangle &= \left\langle\sum_l\frac{1}{d_k}(\boldsymbol{uc})_{kl}\phi_l\middle|\sum_j\frac{1}{d_i}(\boldsymbol{uc})_{ij}\phi_j\right\rangle \\ &= \sum_{lj}\frac{1}{d_id_k}(\boldsymbol{uc})_{lk}^{\mathrm{H}}(\boldsymbol{uc})_{ij}\int\phi_l^*\phi_j\mathrm{d}\boldsymbol{\tau}\end{aligned}$$

$$\begin{aligned}
&= \sum_{lj} \frac{1}{d_i d_k} (\boldsymbol{uc})^{\mathrm{H}}_{lk} (\boldsymbol{uc})_{ij} \delta_{lj} \\
&= \sum_{j} \frac{1}{d_i d_k} (\boldsymbol{uc})_{ij} (\boldsymbol{uc})^{\mathrm{H}}_{jk} \\
&= \frac{1}{d_i d_k} (\boldsymbol{ucc}^{\mathrm{H}} \boldsymbol{u}^{\mathrm{H}})_{ik} \\
&= \frac{1}{d_i d_k} d_i^2 \delta_{ik} = \delta_{ik}
\end{aligned} \tag{14.4.59}$$

而式 (14.4.51) 变为

$$\Psi(\boldsymbol{x}_1, \boldsymbol{x}_2) = \sum_i d_i |\bar{\phi}_i(\boldsymbol{r}_1)\alpha(\sigma_1)\bar{\phi}'_i(\boldsymbol{r}_2)\beta(\sigma_2)| \tag{14.4.60}$$

$\{\bar{\phi}_i\alpha\}$ 和 $\{\bar{\phi}'_j\beta\}$ 各自为正交归一集合, 一阶密度矩阵变为

$$\rho(r'_1|r_1) = \sum_i n_i^{\alpha} \bar{\phi}_i \bar{\phi}_i^* + \sum_j n_j^{\beta} \bar{\phi}'_j \bar{\phi}'^*_j$$

显然自旋轨道集合 $\{\bar{\phi}_i\alpha, \bar{\phi}'_i\beta\}$ 就是 Löwdin 定义的自然自旋轨道. 一般说来. 重叠矩阵 $[\langle\bar{\phi}_i|\bar{\phi}'_j\rangle]$ 不是对角的. 但如果选 ϕ_i 和 c_{ij} 为实的, 问题就很简单. 若 $\Psi(\boldsymbol{x}_1, \boldsymbol{x}_2)$ 属于纯单重态, 则 $c_{ij} = c_{ji}$, $\boldsymbol{u}$ 可选为正交矩阵, 得出 $\bar{\phi}_i = \bar{\phi}'_i$, 因而

$$\Psi(\boldsymbol{x}_1, \boldsymbol{x}_2) = \sum_i d_i |\bar{\phi}_i\alpha\bar{\phi}_i\beta| \tag{14.4.61}$$

若 $\Psi(\boldsymbol{x}_1, \boldsymbol{x}_2)$ 为纯三重态, 则 $c_{ij} = -c_{ji}$, $\boldsymbol{u}$ 可选为正交矩阵, $\boldsymbol{ucu}^{\mathrm{H}}$ 变为沿对角线的 2×2 矩阵块 $\begin{bmatrix} 0 & d_i \\ -d_i & 0 \end{bmatrix}$, 因此 $\bar{\phi}'_{2i-1} = \bar{\phi}_{2i}$, $\bar{\phi}'_{2i} = -\bar{\phi}_{2i-1}$, 从而

$$\begin{aligned}
\Psi(\boldsymbol{x}_1, \boldsymbol{x}_2) &= \sum_{i=1}^{\frac{N}{2}} d_{2i} \{|\bar{\phi}_{2i-1}\alpha\bar{\phi}_{2i}\beta| - |\bar{\phi}_{2i}\alpha\bar{\phi}_{2i-1}\beta|\} \\
&= \sum_i d_{2i} \{|\bar{\phi}_{2i-1}\bar{\phi}_{2i}||\alpha\beta|\}
\end{aligned} \tag{14.4.62}$$

容易证明, $S_z = \pm 1$ 时

$$\Psi(\boldsymbol{x}_1, \boldsymbol{x}_2) = \sum_i d_{2i} |\bar{\phi}_{2i-1}\bar{\phi}_{2i}| \begin{cases} \alpha\alpha \\ \beta\beta \end{cases} \tag{14.4.63}$$

由此可见, 对于二电子体系, 将轨道集合取为自然自旋轨道, 精确波函数的展开式就从 N^2 项缩短为 N 项, 收敛速度提高了很多. 有人曾对 H_2 的 ${}^1\Sigma_{\mathrm{g}}^+$ 态作过计算,

采用 15 个函数的基组作 SCF 计算, 然后造出一个 33 项的 CI 展开式进行计算, 求得总能量为 -1.1731a.u., 这 33 项的系数均不为零. 将这个波函数的密度矩阵对角化, 求出自然自旋轨道, 再进行同样的计算, 发现其中 18 个组态的系数为零, 亦即只用 15 项自然轨道展开式就得出原先 33 项 CI 展开式的结果. 这 15 个组态都是 ϕ_i^2 的形式, $\phi_i\phi_j$ 型的项消失了.

现在来看一般的多电子体系的情况. 如果在 CI 展开式中只取一项 (用一个 Slater 行列式波函数作 Hartree-Fock 计算), 则由于 $c_0=1$, $c_K=0\ (K\neq 0)$, 根据式 (14.4.48), 得

$$\gamma_{kk}=1 \qquad (\tilde{\phi}_k\text{为占据轨道})$$
$$\gamma_{kk}=0 \qquad (\tilde{\phi}_k\text{为非占据轨道})$$

反过来也只有波函数为单个行列式时上述条件才能满足, 因为从式 (14.4.48) 看, 只有当 $\tilde{\phi}_k$ 出现在所有组态函数中时, r_{kk} 才等于 1, 而 N 个 γ_{kk} 都等于 1, 就说明 N 个 $\tilde{\phi}_k$ 同时出现在唯一的一个行列式中. 因此 Hartree-Fock 轨道对于 Fock-Dirac 密度矩阵是对角化的. 现在假定我们对 Hartree-Fock 轨道作一个变换, 将其占据轨道 $(\tilde{\phi}_1,\tilde{\phi}_2,\cdots,\tilde{\phi}_N)$ 在由 P 个函数构成的基组展开, 则 $\gamma(\boldsymbol{x}_1'|\boldsymbol{x}_1)$ 仍保持不变, 但 CI 波函数变为 $\begin{pmatrix} P \\ N \end{pmatrix}$ 个行列式波函数的线性组合, $[\gamma_{lk}]$ 也要改变, 它不再是对角的了. 因为 $\sum\limits_{k=1}^{P}\gamma_{kk}=N, P>N$, 故 γ_{kk} 一般地将小于 1, 而 $\gamma_{kk}(k>N\text{时})$ 也不等于零了. 由此可见, 采用与使密度矩阵对角化基组不同的函数作分子轨道, 将使 CI 波函数复杂化, 并使 γ_{kk} 变小. 反过来可以设想, 如果一个 CI 波函数给出的密度矩阵不是对角化的, 则变换到使密度矩阵对角化的基组, 有可能使 CI 波函数简化, 亦即对于相同的精确度, CI 展开式可以短一些. 从 n_k 考虑, 则可以设想, 若从完全的基组中截取 P 个轨道作为 CI 展开的基组, 则选择占据数之和最大的 P 个轨道将能给出最好的结果. 这是根据 “自然” 的标准选择的轨道, 故称为自然轨道.

设 Λ_T 代表由自然自旋轨道造出的 Slater 行列式波函数

$$\Lambda_T=\frac{1}{\sqrt{N!}}\det\{\tilde{\lambda}_{t_1}(x_1),\tilde{\lambda}_{t_2}(x_2),\cdots,\tilde{\lambda}_{t_N}(x_N)\}$$
$$n_{t_1}\geqslant n_{t_2}\geqslant\cdots\geqslant n_{t_N} \tag{14.4.64}$$

CI 展开式为

$$\Psi=\sum_T a_T\Lambda_T \tag{14.4.65}$$

根据式 (14.4.48), 有

$$\sum_T^{(t_k)}|a_T|^2=n_k$$

结合式 (14.4.48) 和式 (14.4.50), 得

$$\sum_{t_k=1}^{P}\sum_{T}^{(t_k)}|a_T|^2 \geqslant \sum_{k=1}^{P}\sum_{K}^{(k)}|c_K|^2 \tag{14.4.66}$$

这是一个严格的公式, 它说明, 如果在 CI 展开式中只取包括某 P 个分子轨道的所有组态函数, 则当分子轨道为自然轨道时, 其逼近精确波函数的程度将较用任何其他轨道时为高, 因为

$$1-\sum_{t_k=1}^{P}\sum_{T}^{(t_k)}|a_T|^2=\delta_T$$

或

$$1-\sum_{k=1}^{P}\sum_{K}^{(k)}|c_K|^2=\delta_K$$

正是近似的与精确的 CI 波函数之差的量度.

在两电子体系的情况下, 每个自然自旋轨道 λ_{t_k} 只出现在一个组态函数中, $\sum\limits_{T}^{(t_k)}|a_T|^2=d_k^2=n_k$, 式 (14.4.66) 左边只有 P 项, 该式右边的项数则多得多, 因为每个 $\left(\sum\limits_{K}^{(k)}|c_K|^2\right)$ 都包含很多项. 所以式 (14.4.66) 说明用自然轨道的 CI 展开式逐项优于用其他类型轨道的 CI 展开式, 即不论 CI 展开式取多少项, 前者总比后者更接近精确波函数. 这就解决了本节一开始提出的问题, 即自然自旋轨道是使 CI 展开式最快地收敛的分子轨道形式. 但对于 $N>2$ 的体系, 问题不是那么简单, 因为这时包含每个自然轨道的组态函数原则上有无限多个, $\sum\limits_{T}^{(t_k)}|a_T|^2$ 有无限多项, 从而式 (14.4.66) 两边都包含无限多项. 式 (14.4.66) 只是说明 $\sum\limits_{T}^{(t_k)}|a_T|^2$ 逐项比 $\sum\limits_{K}^{(k)}|c_K|^2$ 大, 但 $|a_T|^2$ 不一定逐项比 $|c_K|^2$ 大. 因此, 如果从某个有限的 $T=K$ 值截断, 式 (14.4.66) 就不一定成立, 亦即用自然轨道的 CI 展开式的收敛性不一定优于用其他轨道的.

Löwdin 推测, 若求和 $\sum\limits_{K}^{(k)}$ 不取无限项, 而只取 $\begin{pmatrix}P\\N\end{pmatrix}$ 项, 亦即由 P 个轨道所能造出的全部 Slater 行列式波函数, 式 (14.4.66) 仍然成立, 即

$$1\geqslant\sum_{T=1}^{\binom{P}{N}}|a_T|^2\geqslant\sum_{K=1}^{\binom{P}{N}}|c_K|^2 \tag{14.4.67}$$

这个推测的含义是前 P 个轨道的占据数越大的基组越好. 若我们使用有限的自旋轨道组 $(\tilde{\phi}_1, \tilde{\phi}_2, \cdots, \tilde{\phi}_P, P > N)$ 作 CI 展开, 并希望当 $P \to \infty$ 时最优地收敛, 则自然自旋轨道 $(\tilde{\lambda}_1, \tilde{\lambda}_2, \cdots, \tilde{\lambda}_P)$ 可能是接近于最优的基组, 如果在 P 取任一数值时, 可能构成的 $\begin{pmatrix} P \\ N \end{pmatrix}$ 个 Slater 行列式都取为组态函数的话. 它还说明, CI 展开式较短时用的最优轨道当 CI 展开式扩大时并不改变, 亦即短的 CI 展开式的一组最优轨道也包括在较长的 CI 展开式的最优轨道中. 这个推测未能得到严格的证明, 不过实际经验表明大体上是成立的.

但是式 (14.4.67) 无助于实际计算, 因为 $\begin{pmatrix} P \\ N \end{pmatrix}$ 随 P 的增大而迅速增加, 在实际计算中要将 $\begin{pmatrix} P \\ N \end{pmatrix}$ 个行列式波函数都包括在 CI 展开式中是不可能的. 问题是从其中选出相同数目的一部分组态函数, 是否仍是用自然自旋轨道最好? 对这个问题还缺少详细的理论分析, 但实践结果表明答案可能是否定的. 相对于正则 SCF 轨道来说, 自然自旋轨道有较好的收敛性质. 以 Shavitt 等[27] 对 H_2O 分子的 CI 计算为例. 在该计算中用 39 个 STO 作基组, 求出 SCF 解, 在这个基础上作大规模 CI 计算, 其 CI 展开式包括全部对于基态组态的单、双激发组态函数. 根据这个 CI 波函数求出自然轨道, 然后对自然轨道和 SCF 正则轨道作一系列的比较计算, 考察当 CI 展开式长度改变时计算出的相关能是怎样变化的, 结果见表 14.4.1. 可以看出, 当 CI 展开长度较短时, 用自然轨道作基组的计算结果要好很多, 不过, 当展开长度较大时, 这种优势逐渐消失. 自然自旋轨道只是就所使用的自旋轨道的数目方面来说是接近于最优的, 就 CI 展开式的长度来说并不是这样 (二电子体系除外).

表 14.4.1　为获得不同份额的相关能所需要的组态数

总相关能的百分数*	需要的组态函数的数目	
	SCF MO	NO
50	87	32
60	140	50
70	220	79
80	351	147
90	617	362
95	944	697
98	1410	1213
99	1760	1652
100	4120	4120

* 总相关能指包括全部单重激发组态和双重激态组态的 CI 计算得到的相关能.

实际计算结果表明, 自然轨道清楚地分为两类, 一类占据数接近于 1, 很类似

Hartree-Fock 轨道, 称为主自然轨道 (principal natural orbitals, PNO), 另一类占据数很小, 称为相关自然轨道 (correlating natural orbitals, CNO). 相关自然轨道和主自然轨道分布在相同的空间区域, 但具有更多的节面. 注意, 相关自然轨道虽然能量比主自然轨道高, 后者很接近 Hartree-Fock 占据轨道, 但前者和真实的比较弥散的分子激发轨道并不相似. 计算结果还表明, 虽然第一自然组态 (由主自然轨道构成的组态) 极类似于 SCF 函数, 但用以计算分子性质则结果好得多, 有时接近大规模 CI 计算的结果. 但用 NSO 作 CI 计算也有缺点, 它的 Hamilton 矩阵对角化比较困难, 要经过较多次的迭代. 这是由于它的 $\boldsymbol{H}$ 矩阵有较大的非对角元素, 它是由包括与内层相关的轨道的组态产生的. 与内层相关的轨道由于在内层区域有节面, 动能很大.

14.4.4 近似自然轨道

精确的自然自旋轨道是很难得到的, 因为它要由精确波函数计算. 好在计算经验表明, 合理的近似 NSO 具有几乎所有精确 NSO 的优点. 因此人们提出了几种求近似 NSO 的方法. 比较有效的方法之一是迭代自然自旋轨道 (INO) 法. 这种方法是进行一系列有限基组的 CI 计算. 一般首先进行一次自洽场计算, 然后选择认为重要的组态函数作 CI 计算, 由求得的波函数造出密度矩阵和近似自然轨道, 再利用求得的近似自然轨道造出认为重要的组态函数进行新的一轮 CI 计算, 求出新的近似自然轨道,…… 如此迭代下去, 随时将不重要的组态函数弃去并添加重要的新组态, 直到能量达极小值. 组态函数是否选择得当至关重要. 在一般情况下, CI 展开式中首项系数 ~ 1(通常大于 0.9, 至少对闭壳层组态是如此), 其他项的系数远小于 1(通常小于 0.2), 所以收敛很快, 迭代两三次就完成了. 近似的 INO 几乎具有真正 NO 的全部优点. 但迭代自然轨道方法的计算量很大, 因为要进行多次 CI 计算, 而且在每次迭代中都要进行一次新的分子积分变换.

另一种近似自然轨道是准自然轨道 (PSNO), 计算过程如下: 设将 (i,j) 电子对的对函数记为 ϕ_{ij}, 它具有反对称性质, $\phi_{ij}(1,2) = -\phi_{ij}(2,1)$. 设 $\{|\tilde{\phi}_x(1)\tilde{\phi}_y(2)|\}$, $(1 \leqslant x < y < \infty)$ 构成完备集合, 则 ϕ_{ij} 可展开为

$$\phi_{ij} = |\tilde{\phi}_i\tilde{\phi}_j| + \sum_{a<b} |\tilde{\phi}_a\tilde{\phi}_b| c_{ij}^{ab} \tag{14.4.68}$$

这里用 i,j 标志占据轨道, a,b 标志空轨道. 这样, 包括电子对 (i,j) 的相关作用在内的电子对相关波函数 Ψ_{ij}, 可表示为

$$\Psi_{ij} = \Phi_0 + \frac{1}{\sqrt{2}}\hat{\boldsymbol{A}}\left[u(i,j)\prod_{k\neq i,j}^{N}\tilde{\phi}_k(k)\right] \tag{14.4.69}$$

式中, $\hat{\boldsymbol{A}}$ 是反对称化算符

$$\hat{\boldsymbol{A}} = \frac{1}{\sqrt{N!}}\sum_{p}(-1)^p\hat{\boldsymbol{P}} \qquad u(i,j) = \sum_{a<b} c_{ij}^{ab}|\tilde{\phi}_a\tilde{\phi}_b|$$

在式 (14.4.69) 中, 除了 $\tilde{\phi}_i$ 和 $\tilde{\phi}_j$ 以外, 其余占据轨道在所有组态函数行列式中都出现. 根据式 (14.4.48) 可知, 如果我们作出 Ψ_{ij} 的一阶密度矩阵, 则除 i,j 轨道以外, 其余占据轨道的占据数都是 1, 而由 $\{\phi_a\}$ 组成的密度矩阵块则不是对角化的. 我们可以对基组 $\{\phi_a\}$ 进行酉变换, 使相应的一阶密度矩阵块对角化, 此时占据轨道将保持原状. 这相当于使二电子函数 $u_{ij}(1,2)$ 变换成没有交叉项的形式[参看式 (14.4.60)]

$$u_{ij}(1,2) = \sum_{\alpha} c_{ij}^{\alpha}|\tilde{\phi}_{ij}^{\alpha}\tilde{\phi}_{ij}^{\alpha'}| \tag{14.4.70}$$

对于 Ψ_{ij} 波函数来说, 这就是近似的自然自旋轨道. 不过, 显然这不是真的自然轨道, 因为 Ψ_{ij} 只是包括 i,j 轨道电子相关的近似波函数. 当 i,j 指不同的电子对时, 得到的近似自然轨道也不相同. 由于这种自然轨道是针对某一对电子求得的, 故称为对自然轨道或准自然轨道. 注意: 针对某一对电子求得的一组准自然轨道可以选为正交归一的, 但由不同电子对出发求得的准自然轨道却不正交, 因为两者涉及的空间 (虚轨道空间) 可能互相重叠.

使用对自然轨道, 电子对函数可表示为

$$\phi_{ij} = |\tilde{\phi}_i\tilde{\phi}_j| + \sum_{\alpha}|\tilde{\phi}_{ij}^{\alpha}\tilde{\phi}_{ij}^{\alpha'}|c_{ij}^{\alpha} \tag{14.4.71}$$

式中, 双重求和已变为单重求和. 于是 (i,j) 对的 CI 展开式可写成

$$\Psi_{ij} = \Phi_0 + \sum_{\alpha} c_{ij}^{\alpha}\,\Psi_{ij}^{\alpha\alpha'} \tag{14.4.72}$$

式中

$$\Psi_{ij}^{\alpha\alpha'} \equiv |\tilde{\phi}_{ij}^{\alpha}\tilde{\phi}_{ij}^{\alpha'}\cdots\tilde{\phi}_k(k)\cdots| \qquad (k \neq i,j)$$

亦即 Φ_0 中第 i,j 个占据轨道用准自然自旋轨道 $\tilde{\phi}_{ij}^{\alpha}$ 和 $\tilde{\phi}_{ij}^{\alpha'}$ 代替.

我们可以对每对电子都作这种处理, 求出各对的自然自旋轨道以及 $\Psi_{ij}^{\alpha\alpha'}$. 于是, 包含双电子激发的 CI 展开式波函数可写成

$$\Psi = \Psi_0 + \sum_{i<j}\sum_{\alpha(i,j)} c_{ij}^{\alpha}\,\Psi_{ij}^{\alpha\alpha'} \tag{14.4.73}$$

对相关轨道的双重求和已变为单重求和. 一般在 CI 计算中, 占据轨道只有少数, 相关轨道很多, 而准自然轨道则具有较好的相关性质, 只要不多的几个轨道就可以计

算出大部分相关能. 因此, 使用准自然轨道, CI 展开式缩短了很多. 实际上, 它比用 "真" 的自然轨道缩短得还多. 因为用 "真" 的自然轨道原则上需要包括由自然轨道可能构成的所有 Slater 行列式, 或者需要从其中选出起重要作用者. 准自然轨道本身的数目显然少得多. 用式 (14.4.73) 再作 CI 计算 (固定轨道重新求展开系数), 求得的总能量就具有严格的上界性质, 也就是考虑到各对电子之间的相互作用了. 这种方法称为 PSNO-CI 方法, 是精确计算电子相关能的有效方法之一. 容易导出, PSNO-CI 的方程为 (CI 展开式只包括参考组态和双重激发组态)

$$(E_0 - E) + \sum_{i<j}\sum_{\alpha(i,j)} \langle \Phi_0|\hat{\boldsymbol{H}} - E|\Psi_{ij}^{\alpha\alpha'}\rangle c_{ij}^{(\alpha)} = 0$$

$$\langle \Psi_{ij}^{\alpha\alpha'}|\hat{\boldsymbol{H}} - E|\Phi_0\rangle + \sum_{k<l}\sum_{\beta(k,l)} \langle \Psi_{ij}^{\alpha\alpha'}|\hat{\boldsymbol{H}} - E|\Psi_{kl}^{\beta\beta'}\rangle c_{kl}^{(\beta)} = 0$$

$$[1 \leqslant i < j \leqslant N; \quad \alpha(i,j), \cdots] \tag{14.4.74}$$

使用 PSNO 作 CI 计算带来一些困难. 展开式 (14.4.73) 中各个组态函数是相互正交的, 对于固定的 (i,j) 对, $\{\Psi_0, \Psi_{ij}^{\alpha\alpha'}\}$ 是正交归一集合. 不同 (i,j) 对的组态函数也相互正交, 因为其占据轨道中至少有一个不同, 而占据轨道是彼此正交的. 但不同 (i,j) 对的准自然轨道却不一定正交, 这就给行列式矩阵元的计算带来麻烦. 容易证明, 如果构成函数 $D_K = |k_1k_2\cdots k_N|$ 和 $D_L = |l_1l_2\cdots l_N|$ 的轨道不正交, 则单电子算符 $\hat{\boldsymbol{F}} = \sum_{i=1}^{N}\hat{\boldsymbol{h}}(i)$ 的矩阵元为

$$F_{KL} = \sum_{i=1}^{N}\sum_{m=1}^{N} \langle k_i|\hat{\boldsymbol{h}}|l_m\rangle S_{KL}(i|m) \tag{14.4.75}$$

双电子算符 $\hat{\boldsymbol{G}} = \sum_{i<j}^{N}\hat{\boldsymbol{g}}(i,j)$ 的矩阵元为

$$G_{KL} = \sum_{i<j}^{N}\sum_{m<r}^{N} [\langle k_ik_j|\hat{\boldsymbol{g}}|l_ml_n\rangle - \langle k_ik_j|\hat{\boldsymbol{g}}|l_nl_m\rangle] S_{KL}(ij|mn) \tag{14.4.76}$$

式中, $S_{KL}(i|j)$ 是 $\boldsymbol{S}_{KL}$ 矩阵的对应于 $\boldsymbol{i}$ 行 $\boldsymbol{j}$ 列的代数余子式, $S_{KL}(ij|mn)$ 是 $\boldsymbol{S}_{KL}$ 矩阵的对应于 (i,j) 行和 (m,n) 列的代数余子式, 而重叠矩阵 $\boldsymbol{S}_{KL}$ 为

$$\boldsymbol{S}_{KL} = \begin{bmatrix} \langle k_1|l_1\rangle\langle k_1|l_2\rangle\cdots\langle k_1|l_N\rangle \\ \langle k_2|l_1\rangle\langle k_2|l_2\rangle\cdots\langle k_2|l_N\rangle \\ \cdots \\ \langle k_N|l_1\rangle\langle k_N|l_2\rangle\cdots\langle k_N|l_N\rangle \end{bmatrix} \tag{14.4.77}$$

式中, $\langle k_i|l_j\rangle = \int k_i^*(1)l_j(1)\mathrm{d}\tau_1$ 是重叠积分. 这样, 单电子算符矩阵元多一重求和, 双电子算符矩阵多元二重求和, 计算量增大很多. 好在两组准自然轨道的不正交只是局部的, 因为所有 PSNO 都与占据轨道正交, 即

$$\int \tilde{\phi}_k^*(1)\tilde{\phi}_{ij}^{\alpha}(1)\mathrm{d}\tau_1 = \int \tilde{\phi}_k^*(1)\tilde{\phi}_{ij}^{\alpha'}(1)\mathrm{d}\tau_1 = 0 \qquad (\text{对于所有的}i,j,k,\alpha) \tag{14.4.78}$$

因此, 式 (14.4.74) 中的矩阵元当简化到以轨道的矩阵元表示时, 最多只涉及 2×2 的子重叠矩阵. 例如:

$$\langle \varPsi_0|\hat{\boldsymbol{H}}|\varPsi_{ij}^{\alpha\alpha'}\rangle = \langle \tilde{\phi}_i\tilde{\phi}_j|\hat{\boldsymbol{R}}|\tilde{\phi}_{ij}^{\alpha}\tilde{\phi}_{ij}^{\alpha'}\rangle \equiv \langle ij|\hat{\boldsymbol{R}}|\alpha\alpha'\rangle \qquad \alpha\in\{(i,j)\}$$

当 $kl=ij, \alpha=\beta$ 时, 有

$$\langle \varPsi_{ij}^{\alpha\alpha'}|\hat{\boldsymbol{H}}-E|\varPsi_{ij}^{\alpha\alpha'}\rangle = E_{ij}^{\alpha\alpha'}-E$$

其中

$$\begin{aligned}E_{ij}^{\alpha\alpha'}=&E_0+\langle\alpha|\hat{\boldsymbol{F}}|\alpha\rangle+\langle\alpha'|\hat{\boldsymbol{F}}|\alpha'\rangle-\langle i|\hat{\boldsymbol{F}}|i\rangle-\langle j|\hat{\boldsymbol{F}}|j\rangle\\&+\langle\alpha\alpha'|\hat{\boldsymbol{R}}|\alpha\alpha'\rangle+\langle ij|\hat{\boldsymbol{R}}|ij\rangle-\langle i\alpha|\hat{\boldsymbol{R}}|i\alpha\rangle\\&-\langle i\alpha'|\hat{\boldsymbol{R}}|i\alpha'\rangle-\langle j\alpha|\hat{\boldsymbol{R}}|j\alpha\rangle-\langle j\alpha'|\hat{\boldsymbol{R}}|j\alpha'\rangle\\&\alpha\in\{(i,j)\}\end{aligned}$$

式中, $\hat{\boldsymbol{F}} = \hat{\boldsymbol{h}}_1+\sum_{k=1}^{N}(k|\hat{\boldsymbol{R}}|k), \hat{\boldsymbol{h}}_1 = -\frac{1}{2}\nabla_1^2-\sum_{\alpha}\frac{Z_\alpha}{r_{\alpha 1}}$; 而 $\hat{\boldsymbol{R}} = \frac{1}{r_{12}}(1-\hat{\boldsymbol{P}}_{12})$. 当 $kl=ij, \alpha\neq\beta$ 时, 有

$$\langle \varPsi_{ij}^{\alpha\alpha'}|\hat{\boldsymbol{H}}-E|\varPsi_{ij}^{\beta\beta'}\rangle = \langle\alpha\alpha'|\hat{\boldsymbol{R}}|\beta\beta'\rangle \qquad \alpha,\beta\in\{(i,j)\}$$

当 $kl\neq ij$, 但有一个重合时, 有

$$\begin{aligned}\langle \varPsi_{ij}^{\alpha\alpha'}|\hat{\boldsymbol{H}}-E|\varPsi_{jk}^{\beta\beta'}\rangle =&\langle\alpha\alpha'|\hat{\boldsymbol{S}}|\beta\beta'\rangle\{\langle k|\hat{\boldsymbol{F}}|i\rangle+\langle jk|\hat{\boldsymbol{R}}|ij\rangle\}\\&+\langle\alpha'|\beta'\rangle\langle k\alpha|\hat{\boldsymbol{R}}|i\beta\rangle+\langle\alpha|\beta\rangle\langle k\alpha'|\hat{\boldsymbol{R}}|i\beta'\rangle\\&-\langle\alpha'|\beta\rangle\langle k\alpha|\hat{\boldsymbol{R}}|i\beta'\rangle-\langle\alpha|\beta'\rangle\langle k\alpha'|\hat{\boldsymbol{R}}|i\beta\rangle\\&\alpha\in\{(i,j)\},\quad \beta\in\{(j,k)\}\end{aligned}$$

$$\begin{aligned}\langle \varPsi_{ij}^{\alpha\alpha'}|\hat{\boldsymbol{H}}-E|\varPsi_{ik}^{\beta\beta'}\rangle =&-\langle\alpha\alpha'|\hat{\boldsymbol{S}}|\beta\beta'\rangle\{\langle k|\hat{\boldsymbol{F}}|j\rangle-\langle ik|\hat{\boldsymbol{R}}|ij\rangle\}\\&-\langle\alpha'|\beta'\rangle\langle k\alpha|\hat{\boldsymbol{R}}|j\beta\rangle-\langle\alpha|\beta\rangle\langle k\alpha'|\hat{\boldsymbol{R}}|j\beta'\rangle\\&+\langle\alpha'|\beta\rangle\langle k\alpha|\hat{\boldsymbol{R}}|j\beta'\rangle+\langle\alpha|\beta'\rangle\langle k\alpha'|\hat{\boldsymbol{R}}|j\beta\rangle\\&\alpha\in\{(i,j)\},\quad \beta\in\{(i,k)\}\end{aligned}$$

当 $kl\neq ij$(全不相同) 时, 有

$$\begin{aligned}\langle \varPsi_{ij}^{\alpha\alpha'}|\hat{\boldsymbol{H}}-E|\varPsi_{kl}^{\beta\beta'}\rangle = \langle\alpha\alpha'|\hat{\boldsymbol{S}}|\beta\beta'\rangle\langle kl|\hat{\boldsymbol{R}}|ij\rangle\\\alpha\in\{(i,j)\},\quad \beta\in\{(k,l)\}\end{aligned}$$

式中

$$\langle\alpha\beta|\hat{\boldsymbol{S}}|\gamma\delta\rangle = \langle\alpha|\gamma\rangle\langle\beta|\delta\rangle - \langle\alpha|\delta\rangle\langle\beta|\gamma\rangle$$
$$\langle\alpha|\beta\rangle = \int \tilde{\phi}_{ij}^{*\alpha}\tilde{\phi}_{kl}^{\beta}\mathrm{d}\tau$$

利用这些公式即可求得方程式 (14.4.74) 的显式. 有实际算例表明准自然轨道比真自然轨道在加速 CI 展开式收敛方面的性能更好.

自然轨道概念除了与 CI 展开的最优收敛性相联系以外, 还给不同形式的复杂波函数的分析和比较提供了方便. 例如, H_2 的 James-Coolidge 波函数和 CI 波函数形式上尽管很不相同, 但由它们求得的自然轨道占据数却很接近, 这对于比较由不同方法得到的结果是很重要的.

14.5 微扰理论方法

14.5.1 多体微扰理论

电子相关能与体系总能量比较起来是个小量, 其中又只有双重激发组态占重要地位, 因此用微扰方法计算相关能是很有希望的. 在第 5 章中已讨论过微扰理论, 但只具体计算到一级校正. 相关能计算由于精确度要求高, 这是不够的. 下面介绍多体微扰理论 (many-body perturbation theory, MBPT). 它的特点是可以通过图解方法直接获得用分子轨道电子排斥积分表示的微扰矩阵元和微扰能 (相关能) 公式.

设将 Hamilton 算符表示为

$$\hat{\boldsymbol{H}} = \hat{\boldsymbol{H}}_0 + \hat{\boldsymbol{V}} \tag{14.5.1}$$

式中, $\hat{\boldsymbol{H}}_0$ 是无微扰的 Hamilton 算符, $\hat{\boldsymbol{V}}$ 是微扰量. Schrödinger 方程 $\hat{\boldsymbol{H}}\Psi = E\Psi$ 可表示为

$$(E - \hat{\boldsymbol{H}}_0)|\Psi\rangle = \hat{\boldsymbol{V}}|\Psi\rangle \tag{14.5.2}$$

设将 Ψ 按 $\boldsymbol{H}_0$ 的本征函数系 $\{\Phi_i\}$展开

$$\hat{\boldsymbol{H}}_0\Phi_i = E_i\Phi_i \qquad (i = 0, \cdots, \infty)$$
$$\Psi = \sum_{i=0}^{\infty} a_i\Phi_i \qquad (a_0 \equiv 1) \tag{14.5.3}$$

一般说来, $E \neq E_i$, 设正交归一化条件取为

$$\langle\Phi_i|\Phi_j\rangle = \delta_{ij} \qquad \langle\Phi_0|\Psi\rangle = 1 \tag{14.5.4}$$

用 $\langle\Phi_i|$ 乘式 (14.5.2), 得

$$(E-E_i)a_i=\langle\Phi_i|\hat{\boldsymbol{V}}|\Psi\rangle \tag{14.5.5}$$

造投影算符 $\hat{\boldsymbol{P}}_0=|\Phi_0\rangle\langle\Phi_0|$, 它将函数 Ψ 投影到 Φ_0

$$\hat{\boldsymbol{P}}_0|\Psi\rangle\equiv\left(\int\Phi_0\Psi\mathrm{d}\tau\right)|\Phi_0\rangle=|\Phi_0\rangle \tag{14.5.6}$$

则

$$\begin{aligned}\Psi&=\sum_i a_i\Phi_i=\Phi_0+\sum_{i=1}^{\infty}a_i\Phi_i\\&=\Phi_0+\sum_{i=1}^{\infty}\frac{\langle\Phi_i|\hat{\boldsymbol{V}}|\Psi\rangle}{E-E_i}|\Phi_i\rangle=\Phi_0+\sum_{i=1}^{\infty}\frac{|\Phi_i\rangle\langle\Phi_i|}{E-E_i}(\hat{\boldsymbol{V}}|\Psi\rangle)\\&=\Phi_0+\frac{1-\hat{\boldsymbol{P}}_0}{E-\hat{\boldsymbol{H}}_0}\hat{\boldsymbol{V}}|\Psi\rangle=\Phi_0+\hat{\boldsymbol{G}}\hat{\boldsymbol{V}}|\Psi\rangle\end{aligned} \tag{14.5.7}$$

这里利用了算符方程 (证明见习题 22)

$$\sum_{i=1}^{\infty}\frac{|\Phi_i\rangle\langle\Phi_i|}{(E-E_i)}=\frac{1-\hat{\boldsymbol{P}}_0}{E-\hat{\boldsymbol{H}}_0}\equiv\hat{\boldsymbol{G}} \tag{14.5.8}$$

$E\neq E_i$, 算符 $E-\hat{\boldsymbol{H}}_0$ 之逆是存在的. 式 (14.5.7) 可用迭代方法求解, 得

$$\Psi=\sum_{n=0}^{\infty}(\hat{\boldsymbol{G}}\hat{\boldsymbol{V}})^n|\Phi_0\rangle \tag{14.5.9}$$

$$\begin{aligned}E&=E_0+\langle\Phi_0|\hat{\boldsymbol{V}}|\Psi\rangle\\&=E_0+\langle\Phi_0|\hat{\boldsymbol{V}}\sum_{n=0}^{\infty}(\hat{\boldsymbol{G}}\hat{\boldsymbol{V}})^n|\Phi_0\rangle\end{aligned} \tag{14.5.10}$$

具体写出来, 就是

$$\Psi=|\Phi_0\rangle+|\Psi^{(1)}\rangle+|\Psi^{(2)}\rangle+\cdots \tag{14.5.11}$$

$$E=E_0+\varepsilon^{(1)}+\varepsilon^{(2)}+\varepsilon^{(3)}+\cdots \tag{14.5.12}$$

式中

$$\begin{aligned}\Psi^{(1)}&=\hat{\boldsymbol{G}}\hat{\boldsymbol{V}}|\Phi_0\rangle=\frac{(1-\boldsymbol{P}_0)}{E-\hat{\boldsymbol{H}}_0}\hat{\boldsymbol{V}}|\Phi_0\rangle\\\Psi^{(2)}&=\hat{\boldsymbol{G}}\hat{\boldsymbol{V}}\hat{\boldsymbol{G}}\hat{\boldsymbol{V}}|\Phi_0\rangle\\&\cdots\end{aligned} \tag{14.5.13}$$

$$\begin{aligned}\varepsilon^{(1)}&=\langle\Phi_0|\hat{\boldsymbol{V}}|\Phi_0\rangle\\\varepsilon^{(2)}&=\langle\Phi_0|\hat{\boldsymbol{V}}\hat{\boldsymbol{G}}\hat{\boldsymbol{V}}|\Phi_0\rangle\\\varepsilon^{(3)}&=\langle\Phi_0|\hat{\boldsymbol{V}}\hat{\boldsymbol{G}}\hat{\boldsymbol{V}}\hat{\boldsymbol{G}}\hat{\boldsymbol{V}}|\Phi_0\rangle\\&\cdots\end{aligned} \tag{14.5.14}$$

以上 Ψ 和 E 的展开式称为 Brillouin-Wigner(BW) 微扰展开. 表面看来, 展开式很紧凑. 可惜它的展开式中包含 E, 而 E 是不知道的. 迭代求解时, E 只好用近似值代替, 只当展开到无穷项时, 才得到真正的 E 值. 另外, 容易看出, 由于分母中含有 E, BW 展开式不是按照微扰参数 λ 的级数展开的, 因而用以计算各级相关能时, $\varepsilon^{(k)}$ 不具有正确的大小一致性. 为了消除这一缺点, 可将 E 按 λ 的级数展开, 代入式 (14.5.10), 再重新整理 λ 的同次幂项. 这样一来就得到了普通的 Rayleigh-Schrödinger 微扰展开式. 将式 (14.5.1) 改写为 $\hat{\boldsymbol{H}} = \hat{\boldsymbol{H}}_0 + \lambda\hat{\boldsymbol{V}}$, 式 (14.5.5) 可以变为

$$(E_0 - E_i)a_i = \langle \Phi_i|\lambda\hat{\boldsymbol{V}}|\Psi\rangle + (E_0 - E)a_i = \langle \Phi_i|\lambda\hat{\boldsymbol{V}} + E_0 - E|\Psi\rangle \tag{14.5.15}$$

于是式 (14.5.9) 和式 (14.5.10) 变成

$$\begin{aligned}\Psi &= \Phi_0 + \frac{(1-\hat{\boldsymbol{P}}_0)}{E_0 - \hat{\boldsymbol{H}}_0}[\lambda\hat{\boldsymbol{V}} + E_0 - E]|\Psi\rangle \\ &= \Phi_0 + \hat{\boldsymbol{G}}_0\lambda\hat{\boldsymbol{V}}'|\Psi\rangle \\ &= \sum_{n=0}^{\infty}(\hat{\boldsymbol{G}}_0\lambda\hat{\boldsymbol{V}}')^n|\boldsymbol{\Phi}_0\rangle\end{aligned} \tag{14.5.16}$$

$$E = E_0 + \langle \Phi_0|\lambda\hat{\boldsymbol{V}}|\Psi\rangle = E_0 + \langle \Phi_0|\lambda\hat{\boldsymbol{V}}\sum_{n=0}^{\infty}(\hat{\boldsymbol{G}}_0\lambda\boldsymbol{V}')^n|\Phi_0\rangle \tag{14.5.17}$$

式中

$$\lambda\boldsymbol{V}' = \lambda\boldsymbol{V} - (E - E_0) \qquad \boldsymbol{G}_0 = \frac{(1-\boldsymbol{P}_0)}{E_0 - \hat{\boldsymbol{H}}_0}$$

用迭代方法即可将 E 展开成微扰参数 λ 的级数的形式

$$E = E_0 + \lambda\varepsilon^{(1)} + \lambda^2\varepsilon^{(2)} + \lambda^3\varepsilon^{(3)} + \lambda^4\varepsilon^{(4)} + \cdots$$

式中

$$\begin{aligned}\varepsilon^{(1)} &= \langle \Phi_0|\hat{\boldsymbol{V}}|\Phi_0\rangle \equiv \langle\hat{\boldsymbol{V}}\rangle \\ \varepsilon^{(2)} &= \langle \Phi_0|\hat{\boldsymbol{V}}\hat{\boldsymbol{G}}_0\hat{\boldsymbol{V}}|\Phi_0\rangle \\ \varepsilon^{(3)} &= \langle \Phi_0|\hat{\boldsymbol{V}}\hat{\boldsymbol{G}}_0\hat{\boldsymbol{V}}\hat{\boldsymbol{G}}_0\hat{\boldsymbol{V}}|\Phi_0\rangle - \langle \Phi_0|\hat{\boldsymbol{V}}\hat{\boldsymbol{G}}_0\hat{\boldsymbol{G}}_0\hat{\boldsymbol{V}}|\Phi_0\rangle\langle \Phi_0|\hat{\boldsymbol{V}}|\Phi_0\rangle \\ &= \langle \Phi_0|\hat{\boldsymbol{V}}\hat{\boldsymbol{G}}_0(\hat{\boldsymbol{V}} - \langle\hat{\boldsymbol{V}}\rangle)\hat{\boldsymbol{G}}_0\hat{\boldsymbol{V}}|\Phi_0\rangle \\ \varepsilon^{(4)} &= \langle \Phi_0|\hat{\boldsymbol{V}}\hat{\boldsymbol{G}}_0(\hat{\boldsymbol{V}} - \langle\hat{\boldsymbol{V}}\rangle)\hat{\boldsymbol{G}}_0(\hat{\boldsymbol{V}} - \langle\hat{\boldsymbol{V}}\rangle)\hat{\boldsymbol{G}}_0\hat{\boldsymbol{V}}|\Phi_0\rangle - \boldsymbol{\varepsilon}^{(2)}\langle \Phi_0|\hat{\boldsymbol{V}}\hat{\boldsymbol{G}}_0\hat{\boldsymbol{G}}_0\hat{\boldsymbol{V}}|\Phi_0\rangle \\ &\cdots\end{aligned} \tag{14.5.18}$$

这个展开式形式上比式 (14.5.14) 复杂, 但没有式 (14.5.14) 的缺点. 实际上, 写出式 (14.5.18) 各项的规则很简单. 第 n 级的首项形式为 $\langle\Phi_0|\hat{\boldsymbol{V}}\hat{\boldsymbol{G}}_0\hat{\boldsymbol{V}}\hat{\boldsymbol{G}}_0\hat{\boldsymbol{V}}\cdots\hat{\boldsymbol{V}}\hat{\boldsymbol{G}}_0\hat{\boldsymbol{V}}|\Phi_0\rangle$ (共有 n 个 $\hat{\boldsymbol{V}}$), 其余各项只需以所有可能的方式在首项中插入成对的尖括号 (Dirac 符号) 即可得到. 尖括号对内可以包括任何数目的因子, 且尖括号对内可以放尖括号对. 但插入的尖括号需在 $\hat{\boldsymbol{V}}$ 旁边, 且最靠近两边的 $\hat{\boldsymbol{V}}$ 要除外. 所得各项的符号为 $(-1)^l$, 其中 l 为所加尖括号的对数. 第 n 级的总项数为 (包括首项) $\dfrac{(2n-2)}{n!(n-1)!}$. 例如, 第四级有

$$\frac{(8-2)!}{4!3!}=5$$

项, 它们分别是

$$\begin{aligned}
&(1)\ \langle\Phi_0|\hat{\boldsymbol{V}}\hat{\boldsymbol{G}}_0\hat{\boldsymbol{V}}\hat{\boldsymbol{G}}_0\hat{\boldsymbol{V}}\hat{\boldsymbol{G}}_0\hat{\boldsymbol{V}}|\Phi_0\rangle\\
&(2)\ -\langle\Phi_0|\hat{\boldsymbol{V}}\hat{\boldsymbol{G}}_0\langle\hat{\boldsymbol{V}}\rangle\hat{\boldsymbol{G}}_0\hat{\boldsymbol{V}}\hat{\boldsymbol{G}}_0\hat{\boldsymbol{V}}|\Phi_0\rangle=-\langle\hat{\boldsymbol{V}}\rangle\langle\Phi_0|\hat{\boldsymbol{V}}\hat{\boldsymbol{G}}_0\hat{\boldsymbol{G}}_0\hat{\boldsymbol{V}}\hat{\boldsymbol{G}}_0\hat{\boldsymbol{V}}|\Phi_0\rangle\\
&(3)\ -\langle\Phi_0|\hat{\boldsymbol{V}}\hat{\boldsymbol{G}}_0\hat{\boldsymbol{V}}\hat{\boldsymbol{G}}_0\langle\hat{\boldsymbol{V}}\rangle\hat{\boldsymbol{G}}_0\hat{\boldsymbol{V}}|\Phi_0\rangle=-\langle\hat{\boldsymbol{V}}\rangle\langle\Phi_0|\hat{\boldsymbol{V}}\hat{\boldsymbol{G}}_0\hat{\boldsymbol{V}}\hat{\boldsymbol{G}}_0\hat{\boldsymbol{G}}_0\hat{\boldsymbol{V}}|\Phi_0\rangle\\
&(4)\ \langle\Phi_0|\hat{\boldsymbol{V}}\boldsymbol{G}_0\langle\hat{\boldsymbol{V}}\rangle\hat{\boldsymbol{G}}_0\langle\hat{\boldsymbol{V}}\rangle\hat{\boldsymbol{G}}_0\hat{\boldsymbol{V}}|\Phi_0\rangle=\langle\boldsymbol{V}\rangle\langle\boldsymbol{V}\rangle\langle\Phi_0|\boldsymbol{V}\boldsymbol{G}_0\boldsymbol{G}_0\boldsymbol{G}_0\boldsymbol{V}|\Phi_0\rangle\\
&(5)\ -\langle\Phi_0|\boldsymbol{V}\hat{\boldsymbol{G}}_0\langle\boldsymbol{V}\hat{\boldsymbol{G}}_0\hat{\boldsymbol{V}}\rangle\hat{\boldsymbol{G}}_0\boldsymbol{V}|\Phi_0\rangle=-\langle\Phi_0|\hat{\boldsymbol{V}}\hat{\boldsymbol{G}}_0\hat{\boldsymbol{V}}|\Phi_0\rangle\langle\Phi_0|\hat{\boldsymbol{V}}\hat{\boldsymbol{G}}_0\hat{\boldsymbol{G}}_0\boldsymbol{V}|\Phi_0\rangle
\end{aligned}\tag{14.5.19}$$

通常称有两个以上尖括号对的项为重整化项.

无微扰算符 $\hat{\boldsymbol{H}}_0$ 的选择有一定的任意性. 最简单的选法是取为 Fock 算符之和. Hamilton 量的这种分法称为 Mϕller-Plesset 划分, 习惯上用 MP 标志. 因 $\hat{\boldsymbol{H}}=\sum\limits_i\hat{\boldsymbol{h}}_i+\sum\limits_{i>j}\dfrac{1}{r_{ij}}$, 若取

$$\hat{\boldsymbol{H}}_0=\sum_i\hat{\boldsymbol{F}}(i)=\sum_i[\hat{\boldsymbol{h}}(i)+\hat{\boldsymbol{U}}(i)]=\sum_i\{\hat{\boldsymbol{h}}(i)+[\hat{\boldsymbol{V}}_{\mathrm{HF}}(i)-\hat{\boldsymbol{h}}'(i)]\}\tag{14.5.20}$$

则

$$\hat{\boldsymbol{V}}=\hat{\boldsymbol{H}}-\hat{\boldsymbol{H}}_0=\sum_{i<j}\hat{\boldsymbol{g}}_{ij}-\sum_i[\hat{\boldsymbol{V}}_{\mathrm{HF}}(i)-\hat{\boldsymbol{h}}'(i)]\tag{14.6.21}$$

式中

$$\begin{aligned}
\hat{\boldsymbol{h}}(i)&=-\frac{1}{2}\nabla_i^2-\sum_\alpha\frac{Z_\alpha}{r_{i\alpha}}\\
\hat{\boldsymbol{g}}_{ij}&=\frac{1}{r_{ij}}\\
\hat{\boldsymbol{V}}_{\mathrm{HF}}(i)&=\sum_j(\hat{\boldsymbol{J}}_j-\hat{\boldsymbol{K}}_j)
\end{aligned}$$

$\hat{\boldsymbol{V}}_{\mathrm{HF}}$ 是 Hartree-Fock 平均势场, $\hat{\boldsymbol{J}}_j$ 和 $\hat{\boldsymbol{K}}_j$ 分别是 Coulomb 算符和交换算符

$$\hat{\boldsymbol{h}}'(i) = \sum_{a\neq r} |a\rangle\langle r|\varepsilon_{ar} + \sum_{k\neq r} |k\rangle\langle r|\varepsilon_{kr} \tag{14.5.22}$$

$$\varepsilon_{ar} = \langle a| - \frac{1}{2}\nabla_i^2 - \sum_{\alpha} \frac{Z_\alpha}{r_{i\alpha}} + \hat{\boldsymbol{V}}_{\mathrm{HF}}(i)|r\rangle \tag{14.5.23}$$

这里用指标 a, k 和 r 分别标志空轨道、占据轨道和任意轨道. 引入算符 $\hat{\boldsymbol{h}}'$ 是为了不限于使用正则 Hartree-Fock 轨道. 于是, 若基组取为 H-F 轨道或其某种酉变换, 则有 $\hat{\boldsymbol{F}}(i)|r\rangle = \varepsilon_r|r\rangle$, $\hat{\boldsymbol{H}}_0\Phi_0 = E_0\Phi_0$, $E_0 = \sum\limits_k \varepsilon_k$, 一级微扰能为

$$\begin{aligned}
E^{(1)} &= \langle \Phi_0|\hat{\boldsymbol{V}}|\Phi_0\rangle \\
&= \frac{1}{2}\sum_k\sum_l \langle kl|\hat{\boldsymbol{g}}_{12}(1-\hat{\boldsymbol{P}}_{12})|kl\rangle - \sum_k \langle k|\hat{\boldsymbol{V}}_{\mathrm{HF}}|k\rangle \\
&= -\frac{1}{2}\sum_k \langle k|\hat{\boldsymbol{V}}_{\mathrm{HF}}|k\rangle \\
&= -\langle \Phi_0|\sum_{i<j}\hat{\boldsymbol{g}}_{ij}|\Phi_0\rangle
\end{aligned} \tag{14.5.24}$$

这种选取 $\hat{\boldsymbol{H}}_0$ 的方法的一个缺点是, 零级能量 E_0 不是体系能量的 Hartree-Fock 期望值, 而等于 H-F 轨道能量之和, 一级微扰能为 $-\langle \Phi_0|\sum\limits_{i<j}\hat{\boldsymbol{g}}_{ij}|\Phi_0\rangle$, 因此微扰能不等于电子相关能. 为了避免这一缺点, 可取

$$\hat{\boldsymbol{H}}' = \hat{\boldsymbol{H}}_0 - \langle \Phi_0|\sum_{i<j}\hat{\boldsymbol{g}}_{ij}|\Phi_0\rangle \tag{14.5.25}$$

$$\hat{\boldsymbol{V}}' = \hat{\boldsymbol{V}} + \langle \Phi_0|\sum_{i<j}\hat{\boldsymbol{g}}_{ij}|\Phi_0\rangle \tag{14.5.26}$$

这样, $E_0 = \langle \Phi_0|\hat{\boldsymbol{H}}|\Phi_0\rangle$, $E^{(1)} = 0$. 如果我们取 Hartree-Fock 能量为零点, 定义

$$\begin{aligned}
\hat{\boldsymbol{H}}^c &= \hat{\boldsymbol{H}} - \langle \Phi_0|\hat{\boldsymbol{H}}|\Phi_0\rangle \\
\hat{\boldsymbol{H}}_0^c &= \hat{\boldsymbol{H}}_0 - \langle \Phi_0|\hat{\boldsymbol{H}}_0|\Phi_0\rangle \\
\hat{\boldsymbol{W}} &= \hat{\boldsymbol{H}}^c - \hat{\boldsymbol{H}}_0^c \\
&= (\hat{\boldsymbol{H}} - \hat{\boldsymbol{H}}_0) - \langle \Phi_0|\hat{\boldsymbol{H}} - \hat{\boldsymbol{H}}_0|\Phi_0\rangle \\
&= \left[\sum_{i<j}\frac{1}{r_{ij}} - \sum_i \boldsymbol{U}(i)\right] - \langle \Phi_0|\left[\sum_{i<j}\frac{1}{r_{ij}} - \sum_i \boldsymbol{U}(i)\right]|\Phi_0\rangle
\end{aligned} \tag{14.5.27}$$

则

$$\hat{\boldsymbol{H}}^c|\Psi\rangle = E_c|\Psi\rangle \tag{14.5.28}$$

$$E_c = E - \langle \Phi_0|\hat{\boldsymbol{H}}|\Phi_0\rangle \tag{14.5.29}$$

$\hat{\boldsymbol{H}}^c$ 算符的本征值 E_c 就是体系的电子相关能. 其微扰展开式 $E_c = \sum\limits_j \varepsilon^{(j)}$ 中的各项依次为

$$\begin{aligned}
&\varepsilon^{(0)} = 0 \\
&\varepsilon^{(1)} = \langle \Phi_0|\hat{\boldsymbol{W}}|\Phi_0\rangle = 0 \\
&\varepsilon^{(2)} = \langle \Phi_0|\hat{\boldsymbol{W}}\hat{\boldsymbol{G}}_0\hat{\boldsymbol{W}}|\Phi_0\rangle \\
&\varepsilon^{(3)} = \langle \Phi_0|\hat{\boldsymbol{W}}\hat{\boldsymbol{G}}_0\hat{\boldsymbol{W}}\hat{\boldsymbol{G}}_0\hat{\boldsymbol{W}}|\Phi_0\rangle \\
&\varepsilon^{(4)} = \langle \Phi_0|\hat{\boldsymbol{W}}\hat{\boldsymbol{G}}_0\hat{\boldsymbol{W}}\hat{\boldsymbol{G}}_0\hat{\boldsymbol{W}}\hat{\boldsymbol{G}}_0\hat{\boldsymbol{W}}|\Phi_0\rangle - \langle \Phi_0|\hat{\boldsymbol{W}}\hat{\boldsymbol{G}}_0\hat{\boldsymbol{W}}|\Phi_0\rangle\langle \Phi_0|\hat{\boldsymbol{W}}\hat{\boldsymbol{G}}_0\hat{\boldsymbol{G}}_0\hat{\boldsymbol{W}}|\Phi_0\rangle
\end{aligned} \tag{14.5.30}$$

习惯上用 MPn 标志展开到 n 级的微扰计算, 如 MP3 计算的近似相关能为 $E_c(\text{MP3}) = \varepsilon^{(1)} + \varepsilon^{(2)} + \varepsilon^{(3)}$. 于是, 相关能的计算就归结为计算形如式 (14.5.18) 或式 (14.5.30) 的各级微扰项 (矩阵元). 我们自然可以直接将 Hartree-Fock 波函数代进去求这些矩阵元, 传统的微扰方法就是这样做的. 不过, 对于多电子体系来说, 这样做很麻烦而且效率很低 (因为当将矩阵元简化到用电子排斥积分表示时, 大部分项都消去了), 而且计算不包括完备的同一等级激发组态, 结果不符合大小一致性要求.

14.5.2　图解方法

多体微扰理论利用图解方法, 可以将矩阵元直接用自旋轨道表达出来, 大大简化了计算, 而且按照一定的作图规则, 可以使结果具有大小一致性. 这种图解技术首先是由 Feynman 在量子电动力学中使用的, 因而这类图统称为 Feynman 图, 虽然它的具体式样很多. Brueckner 和 Goldstone 引用到核多体理论中, 而 Kelly 首先在量子化学中使用它. 具体步骤是首先画出所有对应于非零贡献的图, 然后根据图写出用轨道表示的矩阵元表达式. 画图和写式子的规则可以根据二次量子化表象中的 Fick 定理导出 (参看第 17 章), 这里只给出规则本身[28,29].

考虑 $\langle \Phi_0|\hat{\boldsymbol{W}}(\hat{\boldsymbol{G}}_0\hat{\boldsymbol{W}})^n|\Phi_0\rangle$ 型的矩阵元. 首先按以下规则画出与它对应的图形:

(1) 对每一个 $\hat{\boldsymbol{W}}$ 给定一个顶点, $(n+1)$ 个顶点排成一列.

(2) 每个顶点用四条有向线段与其他顶点连接起来构成一个图, 其中有两条线指向该点, 有两条线离开该点. 箭头向下的线称为穴线, 代表基态中的占据自旋轨道 (用 $K, L, M, \cdots$ 标志); 箭头向上的线称为粒子线, 代表基态中的空轨道 (用

$A, B, C, \cdots$ 标志). 这种图称为 Hugenholtz 图 (H 图, 或称主 Goldstone 图). 作出所有拓扑不等价的图形.

(3) 将 Hugenholtz 图的每一个顶点按两种可能的方式分解为水平的两个顶点, 每个顶点带有两条有向线段, 一条进入, 一条离去. 两点之间用点线 (相互作用线) 连起来. 例如:

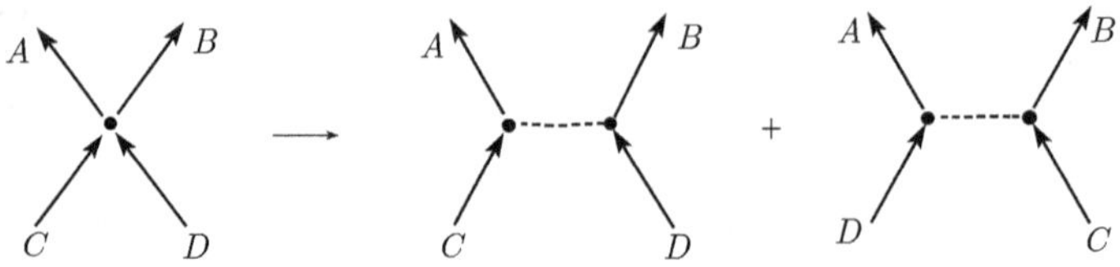

得到的图称为 Goldstone图(G 图), 每个 Hugenholtz图可以得到 2^n个 Goldstone 图.

例如, 对于二级微扰项, 矩阵元为 $\langle \Phi_0|\hat{\boldsymbol{W}}\hat{\boldsymbol{G}}_0\hat{\boldsymbol{W}}|\Phi_0\rangle$ 对应的 Hugenholtz 图只有一个, 可以分解为四个 Goldstone 图 (图 14.5.1).

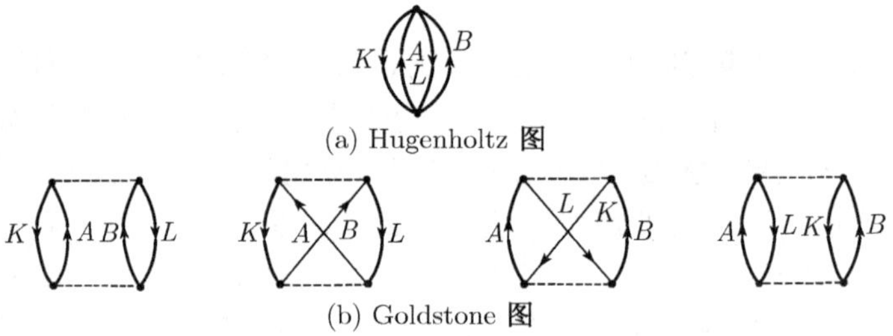

图 14.5.1 二级微扰项图

对于三级项, 矩阵元为 $\langle \Phi_0|\hat{\boldsymbol{W}}\hat{\boldsymbol{G}}_0\hat{\boldsymbol{W}}\hat{\boldsymbol{G}}_0\hat{\boldsymbol{W}}|\Phi_0\rangle$, Hugenholtz 图有三个 (图 14.5.2).

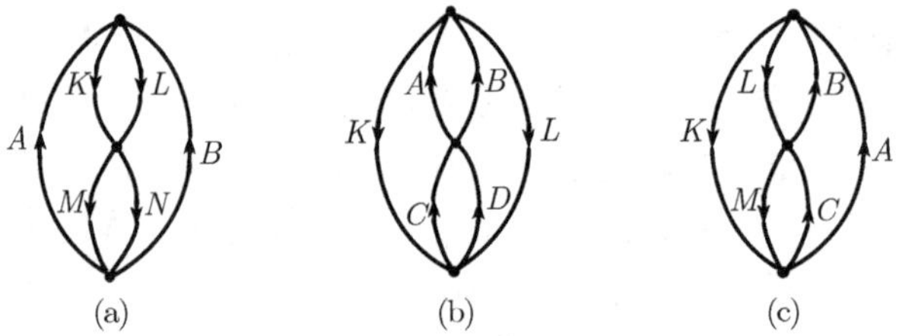

图 14.5.2 三级微扰项的 Hugenholtz 图

由这三个 Hugenholtz 图可作出 24 个 Goldstone 图. 图 14.5.3 给出不等价的 12 个图, 其中 (a)~(h) 由图 14.5.2(a) 作出, (i)、(j) 由图 14.5.2(b) 作出, (k)、(l) 由图 14.5.2(c) 作出.

画齐所有拓扑不等价的 Hugenholtz 图和 Goldstone 图之后, 就可以根据以下

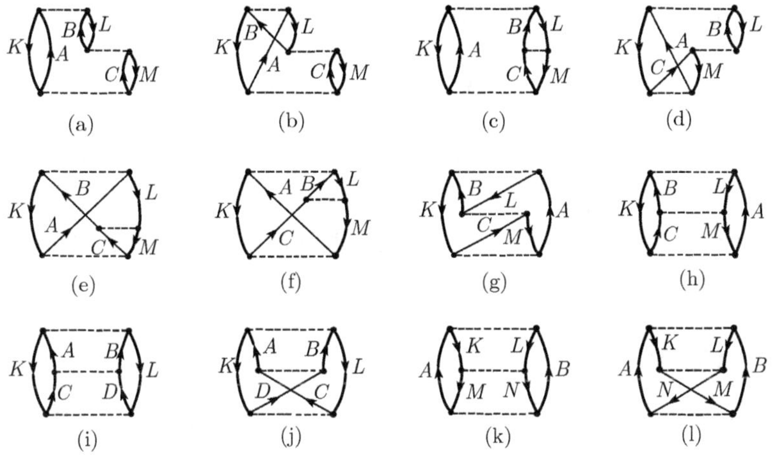

图 14.5.3　三级微扰项的 Goldstone 图

规则写出微扰矩阵元的表达式：

(1) 对每条相互作用线指定一个矩阵元 $\langle RS|\hat{\boldsymbol{g}}_{12}|TU\rangle$, 式中, R、S 指出去的线段, T、U 指进入的线段, 读标志线段字母的顺序是左出、右出, 左进、右进.

(2) 在相邻的每一对相互作用线之间画一条直线, 代表 $\hat{\boldsymbol{G}}_0$ 与直线相交的粒子线的数目就是微扰激发的重数. 对每个 $\hat{\boldsymbol{G}}_0$ 因子给予一个 $\left(\sum\limits_{\nu}\pm\varepsilon_\nu\right)^{-1}$, 式中 ν 指与两条相互作用线有联系的轨道, 求和遍及与 $\hat{\boldsymbol{G}}_0$ 线相交的所有状态线. 对于穴线, ε_ν 取正号, 对于粒子线, ε_ν 取负号.

(3) 对应于某个 Goldstone 图, 总表达式的符号由 $(-1)^{l+h}$ 决定, 式中 l 是图中封闭环的数目, h 是穴线的数目.

(4) 对 Goldstone 图中出现的所有轨道标号求和.

(5) 对由一种 Hugenholtz 图产生的所有 Goldstone 图求和.

(6) 对由 (5) 所得之和式乘以拓扑因子 $\dfrac{1}{2^m}$, 其中 m 是等价对的数目. 所谓等价对是 Hugenholtz 图中的一对线, 从同一点出发, 到同一点结束.

(7) 到 (6) 为止, 得到的是用自旋轨道表示的矩阵元. 若对每个 Goldstone 图乘以因子 2^l, 其中 l 是封闭环的数目 (因为同一环中自旋函数必须相等), 即得到以轨道表示的矩阵元. 这相当于对自旋求和.

以二级微扰能为例. 按规则 (1)~(6), 由图 14.5.1(b) 可求得 (按 Goldstone 图的顺序)

$$(1)\quad +\sum_{KLAB}\frac{\langle KL|\hat{\boldsymbol{g}}_{12}|AB\rangle\langle AB|\hat{\boldsymbol{g}}_{12}|KL\rangle}{\varepsilon_K+\varepsilon_L-\varepsilon_A-\varepsilon_B}$$

$$\text{(ii)}\quad -\sum_{KLAB}\frac{\langle KL|\hat{\boldsymbol{g}}_{12}|AB\rangle\langle BA|\hat{\boldsymbol{g}}_{12}|KL\rangle}{\varepsilon_K+\varepsilon_L-\varepsilon_A-\varepsilon_B}$$

$$\text{(iii)}\quad -\sum_{KLAB}\frac{\langle LK|\hat{\boldsymbol{g}}_{12}|AB\rangle\langle AB|\hat{\boldsymbol{g}}_{12}|KL\rangle}{\varepsilon_K+\varepsilon_L-\varepsilon_A-\varepsilon_B}$$

$$\text{(iv)}\quad +\sum_{KLAB}\frac{\langle LK|\hat{\boldsymbol{g}}_{12}|AB\rangle\langle AB|\hat{\boldsymbol{g}}_{12}|LK\rangle}{\varepsilon_K+\varepsilon_L-\varepsilon_A-\varepsilon_B} \tag{14.5.31}$$

显然, (i) 与 (iv), (ii) 与 (iii) 的贡献相同. 按规则 (5), 将四个式子加起来, 再按规则 (6), 乘以 $\frac{1}{4}$ $(m=2)$, 即得

$$\begin{aligned}\varepsilon^{(2)}=&\langle \Phi_0|\hat{\boldsymbol{W}}\hat{\boldsymbol{G}}_0\boldsymbol{W}|\Phi_0\rangle\\=&\frac{1}{4}\sum_{KLAB}2\langle KL|\hat{\boldsymbol{g}}_{12}|AB\rangle\frac{1}{\varepsilon_K+\varepsilon_L-\varepsilon_A-\varepsilon_B}\{\langle AB|\hat{\boldsymbol{g}}_{12}|KL\rangle-\langle BA|\hat{\boldsymbol{g}}_{12}|KL\rangle\}\end{aligned} \tag{14.5.32}$$

按规则 (7), 改写成用轨道表示的矩阵元 (这里用小写字母表示空间轨道), 得

$$\text{(i)}\ +4\sum_{klab}\langle kl|\hat{\boldsymbol{g}}_{12}|ab\rangle\frac{1}{\varepsilon_k+\varepsilon_l-\varepsilon_a-\varepsilon_b}\langle ab|\hat{\boldsymbol{g}}_{12}|kl\rangle$$

$$\text{(ii)}\ -2\sum_{klab}\langle kl|\hat{\boldsymbol{g}}_{12}|ab\rangle\frac{1}{\varepsilon_k+\varepsilon_l-\varepsilon_a-\varepsilon_b}\langle ba|\hat{\boldsymbol{g}}_{12}|kl\rangle$$

$$\text{(iii)}\ -2\sum_{klab}\langle kl|\hat{\boldsymbol{g}}_{12}|ab\rangle\frac{1}{\varepsilon_k+\varepsilon_l-\varepsilon_a-\varepsilon_b}\langle ba|\hat{\boldsymbol{g}}_{12}|kl\rangle$$

$$\text{(iv)}\ +4\sum_{klab}\langle kl|\hat{\boldsymbol{g}}_{12}|ab\rangle\frac{1}{\varepsilon_k+\varepsilon_l-\varepsilon_a-\varepsilon_b}\langle ab|\hat{\boldsymbol{g}}_{12}|kl\rangle \tag{14.5.33}$$

将它们相加, 并乘以拓扑因子 1/4, 得

$$\begin{aligned}\varepsilon^{(2)}&=\langle \Phi_0|\hat{\boldsymbol{W}}\hat{\boldsymbol{G}}_0\hat{\boldsymbol{W}}|\Phi_0\rangle\\&=\sum_{klab}\frac{\langle kl|\hat{\boldsymbol{g}}_{12}|ab\rangle[2\langle ab|\hat{\boldsymbol{g}}_{12}|kl\rangle-\langle ba|\hat{\boldsymbol{g}}_{12}|kl\rangle]}{\varepsilon_k+\varepsilon_l-\varepsilon_a-\varepsilon_b}\end{aligned} \tag{14.5.34}$$

从规则 (1)~(7) 可以看出为什么要引用 Goldstone 图和 Hugenholtz 图两种图. H 图数量少 (一个 H 图最多可产生 2^n 个 G 图, n 为 H 图的顶点数目), 容易找齐全部拓扑不等价图形. 从 H 图再系统地找 G 图, 不致遗漏, 这对于高级微扰项是重要的. 由 H 图还可以给出 G 图的拓扑因子, 但从 H 图不能给出正确的自旋求和规则及各项的符号. 对于四级以上微扰矩阵元, 要作出所有拓扑不等价的 H 图和 G 图并不是很简单的事情.

类似地, 根据三个 Hugenholtz 图、24 个 Goldstone 图和以上 7 条规则, 可得出三级微扰能的表达式如下:

$$\varepsilon^{(3)}=\varepsilon_{\mathrm{I}}^{(3)}+\varepsilon_{\mathrm{II}}^{(3)}+\varepsilon_{\mathrm{III}}^{(3)} \tag{14.5.35}$$

式中

$$\varepsilon_{\mathrm{I}}^{(3)} = \sum_{\substack{klm\\abc}} R_{klab}R_{kmac}\{[2\langle kl|\hat{\boldsymbol{g}}_{12}|ab\rangle - \langle kl|\hat{\boldsymbol{g}}_{12}|ba\rangle] \times [2\langle lm|\hat{\boldsymbol{g}}_{12}|bc\rangle - \langle lb|\hat{\boldsymbol{g}}_{12}|mc\rangle][2\langle km|\hat{\boldsymbol{g}}_{12}|ac\rangle - \langle km|\hat{\boldsymbol{g}}_{12}|ca\rangle] - 3\langle kl|\hat{\boldsymbol{g}}_{12}|ba\rangle\langle lb|\hat{\boldsymbol{g}}_{12}|mc\rangle\langle km|\hat{\boldsymbol{g}}_{12}|ca\rangle\} \tag{14.5.36}$$

来自 G 图 [图 14.5.3(a)~(h)]

$$\varepsilon_{\mathrm{II}}^{(3)} = \sum_{\substack{kl\\abcd}} R_{klab}R_{klcd}\langle kl|\hat{\boldsymbol{g}}_{12}|ab\rangle\langle ab|\hat{\boldsymbol{g}}_{12}|cd\rangle \times [2\langle kl|\hat{\boldsymbol{g}}_{12}|cd\rangle - \langle kl|\hat{\boldsymbol{g}}_{12}|dc\rangle] \tag{14.5.37}$$

来自 G 图 [图 14.5.3(i) 和 (j)]

$$\varepsilon_{\mathrm{III}}^{(3)} = \sum_{\substack{klmn\\ab}} R_{klab}R_{mnab}\langle kl|\hat{\boldsymbol{g}}_{12}|ab\rangle\langle kl|\hat{\boldsymbol{g}}_{12}|mn\rangle[2\langle mn|\hat{\boldsymbol{g}}_{12}|ab\rangle - \langle nm|\hat{\boldsymbol{g}}_{12}|ab\rangle] \tag{14.5.38}$$

来自 G 图 [图 14.5.3(k) 和 (l)], 其中

$$R_{klab} = \frac{1}{\varepsilon_k + \varepsilon_l - \varepsilon_a - \varepsilon_b} \tag{14.5.39}$$

其余类推.

读者可能注意到, 我们还未处理 $\langle \Phi_0|\boldsymbol{W}|\Phi_0\rangle$ 和 $\langle \Phi_0|\hat{\boldsymbol{W}}\hat{\boldsymbol{G}}_0\hat{\boldsymbol{G}}_0\hat{\boldsymbol{W}}|\Phi_0\rangle, \cdots$ 类型的矩阵元. $\langle \Phi_0|\hat{\boldsymbol{W}}|\Phi_0\rangle$ 对应图称为 Hartree-Fock 项图, 采用算符 $\hat{\boldsymbol{H}}^c$, 它等于零, 不必处理. 至于 $\langle \Phi_0|\hat{\boldsymbol{W}}\hat{\boldsymbol{G}}_0\hat{\boldsymbol{G}}_0\boldsymbol{W}|\Phi_0\rangle$ 类型的项, 14.5.3 节将证明也用不着具体计算.

14.5.3 Brueckner-Goldstone 定理[29,30]

现在来讨论四级微扰项的图解计算. 在二级和三级微扰项中, 只包括双重激发中间态, 四级微扰项则除此以外还包括单重激发、三重激发和四重激发中间态. 按照前述规则可作出 39 个相连的 Hugenholtz 图 (linked-diagram, 所有顶点都通过有向线段连在一起的图. 此外还有不相连的图, 详见下面的讨论). 其中包括单重激发中间态的有 4 个, 只包括双重激发中间态的有 12 个, 包括三重激发中间态的有 16 个, 包括四重激发中间态的有 7 个. 由每个 Hugenholtz 图可作出 2^4 个 Goldstone 图, 故后者共有 624 个.

为了简化图形和矩阵元的表达式, 将作图规则改为如下所述: 将 H 图的每个顶点按一种方式分解为两个顶点, 两者之间用相互作用线 (- - - - - -) 连接起来. 不考虑连接各顶点的状态线交换位置所产生的图. 因此由每个 H 图只得到一个这种图. 例如, 三级微扰项中只包括以下三个图:

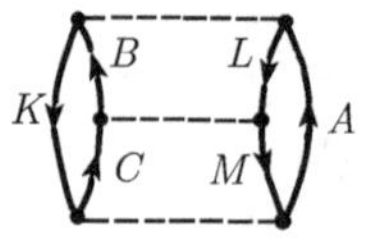

(a)　　(b)　　(c)

由图写矩阵元表达式时, 只需将规则 (1) 改为对每条作用线

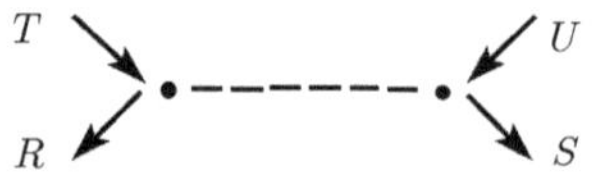

给予一个因子 $(RT \parallel SU) \equiv [\langle RS|\hat{\boldsymbol{g}}_{12}|TU\rangle - \langle RS|\hat{\boldsymbol{g}}_{12}|UT\rangle]$, 规则 (7) 废弃不用, 其余规则不变. 例如, 对于二级微扰项, 只有一个图

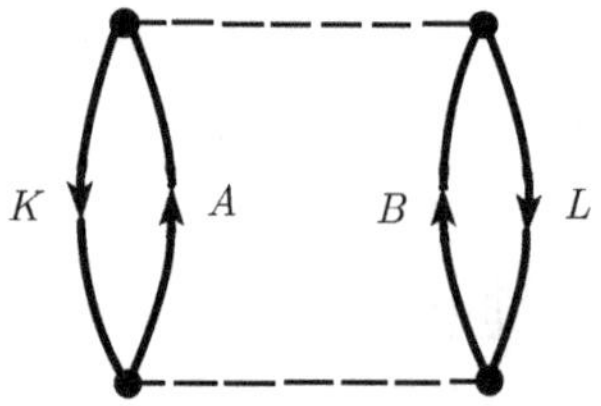

对应的矩阵元表达式为

$$\varepsilon^{(2)} = \langle \Phi_0|\hat{\boldsymbol{W}}\hat{\boldsymbol{G}}_0\hat{\boldsymbol{W}}|\Phi_0\rangle = \frac{1}{4}\sum_{\substack{KL\\AB}}(-1)^4\frac{(KA \parallel LB)^2}{\varepsilon_K+\varepsilon_L-\varepsilon_A-\varepsilon_B} \tag{14.5.40}$$

将式 (14.5.40) 展开, 就得到式 (14.5.32). 这种作图方法比较简单, 缺点是得不到简单的自旋求和公式 (表达式不易换成以空间轨道表示的形式).

四级微扰能为

$$\varepsilon^{(4)} = \langle \Phi_0|\hat{\boldsymbol{W}}\hat{\boldsymbol{G}}_0\hat{\boldsymbol{W}}\hat{\boldsymbol{G}}_0\hat{\boldsymbol{W}}\hat{\boldsymbol{G}}_0\hat{\boldsymbol{W}}|\Phi_0\rangle - \langle \Phi_0|\hat{\boldsymbol{W}}\hat{\boldsymbol{G}}_0\hat{\boldsymbol{W}}|\Phi_0\rangle\langle \Phi_0|\hat{\boldsymbol{W}}\hat{\boldsymbol{G}}_0\hat{\boldsymbol{G}}_0\hat{\boldsymbol{W}}|\Phi_0\rangle \tag{14.5.41}$$

按以上规则, 可作出与 $\langle \Phi_0|\hat{\boldsymbol{W}}\hat{\boldsymbol{G}}_0\hat{\boldsymbol{W}}\hat{\boldsymbol{G}}_0\hat{\boldsymbol{W}}\hat{\boldsymbol{G}}_0\hat{\boldsymbol{W}}|\Phi_0\rangle$ 对应的图如下：单重激发中间态图 4 个

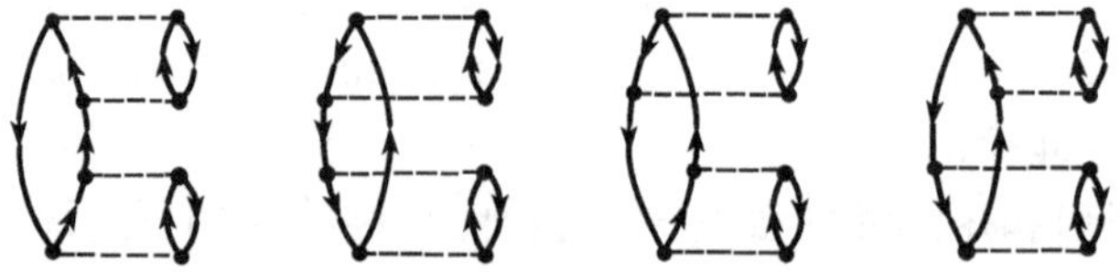
(a)　　(b)　　(c)　　(d)

双重激发中间态图 12 个

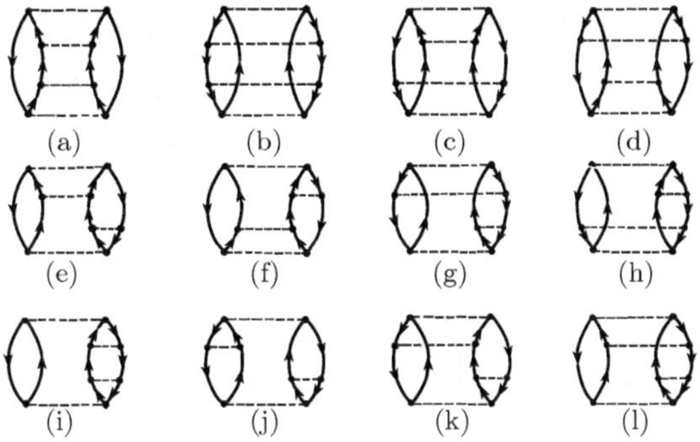

三重激发中间态图 16 个

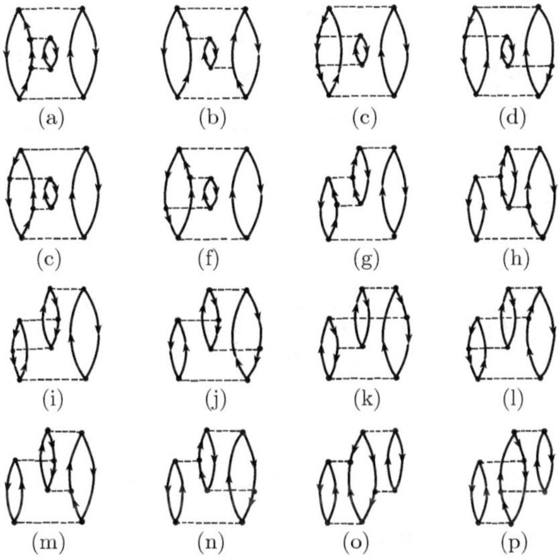

四重激发中间态图 9 个, 其中包括 2 个不相连的图 (h 和 i)

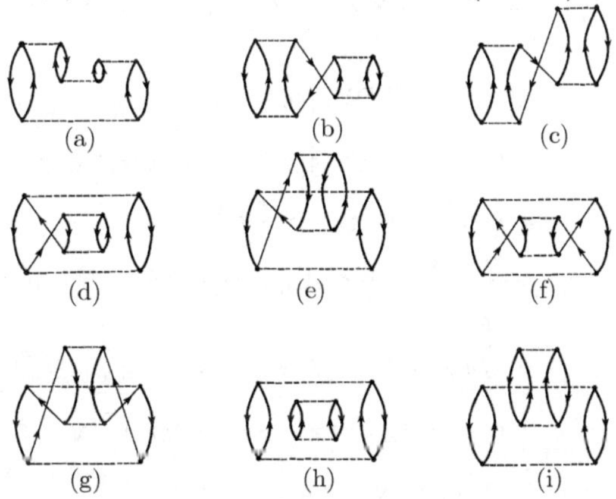

按规则不难写出各图对应的矩阵元表达式. 下面详细考察包含四重激发中间态图的情况. 我们将四重激发中间态的 7 个相连图加上轨道标志重画在图 14.5.4 中. 同时也画出了四重激发中间态的另外两个不相连的图 (可以看成两个不相连接的二级图放在一起). 这些图可分为五种类型, 用字母 a~e 标志.

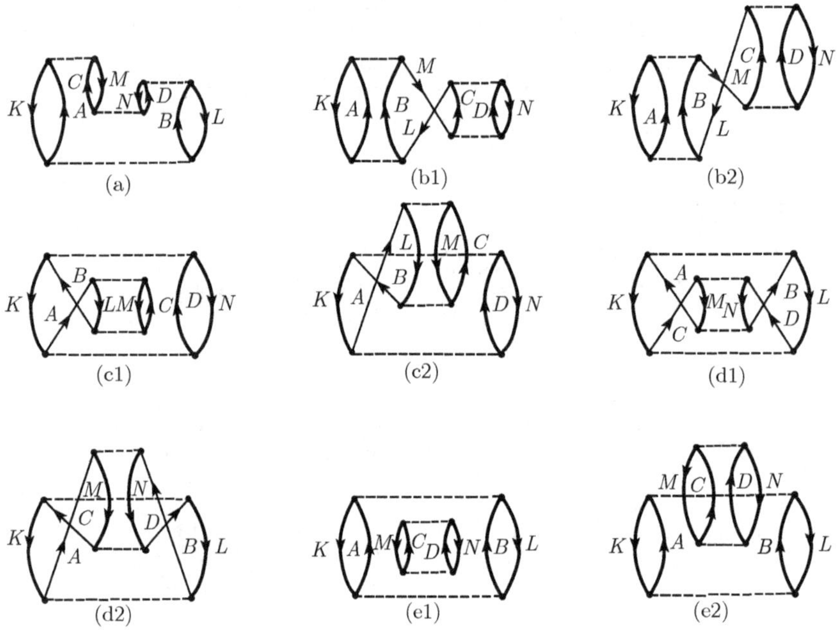

图 14.5.4 四级微扰项中的四重激发中间态图

在这五类图中, 同一类图的矩阵元表达式加起来可以简化. 例如:

$$
\begin{aligned}
\varepsilon^{(4)}(d1+d2) =& \frac{1}{16}\sum_{\substack{KLMN\\ABCD}}[(KA\parallel LB)(MC\parallel ND)(MA\parallel NB)\\
&\times(KC\parallel LD)]/[(\varepsilon_K+\varepsilon_L-\varepsilon_A-\varepsilon_B)\\
&\times(\varepsilon_K+\varepsilon_L-\varepsilon_A-\varepsilon_B+\varepsilon_M+\varepsilon_N-\varepsilon_C-\varepsilon_D)\\
&\times(\varepsilon_K+\varepsilon_L-\varepsilon_C-\varepsilon_D)]\\
&+\frac{1}{16}\sum_{\substack{KLMN\\ABCD}}[(KA\parallel LB)(MC\parallel ND)(KC\parallel LD)\\
&\times(MA\parallel NB)]/[(\varepsilon_K+\varepsilon_L-\varepsilon_A-\varepsilon_B)\\
&\times(\varepsilon_K+\varepsilon_L-\varepsilon_A-\varepsilon_B+\varepsilon_M+\varepsilon_N-\varepsilon_C-\varepsilon_D)\\
&\times(\varepsilon_M+\varepsilon_N-\varepsilon_A-\varepsilon_B)]
\end{aligned}
$$

$$
\begin{aligned}
=&\frac{1}{16}\sum_{\substack{KLMN\\ABCD}}[(KA\parallel LB)(MC\parallel ND)(KC\parallel LD)\\
&\times(MA\parallel NB)]/[(\varepsilon_K+\varepsilon_L-\varepsilon_A-\varepsilon_B)\\
&\times(\varepsilon_K+\varepsilon_L-\varepsilon_C-\varepsilon_D)(\varepsilon_M+\varepsilon_N-\varepsilon_A-\varepsilon_B)]
\end{aligned}
\tag{14.5.42}
$$

最后一个等式利用了恒等关系

$$
\frac{1}{X(X+Y)}+\frac{1}{Y(X+Y)}=\frac{1}{XY} \tag{14.5.43}
$$

$X=\varepsilon_K+\varepsilon_L-\varepsilon_C-\varepsilon_D, Y=\varepsilon_M+\varepsilon_N-\varepsilon_A-\varepsilon_B$. 类似地, 可以求得

$$
\begin{aligned}
&\varepsilon^{(4)}(e1+e2)\\
=&\frac{1}{16}\sum_{\substack{KLMN\\ABCD}}\frac{(KA\parallel LB)^2(MC\parallel ND)^2}{(\varepsilon_K+\varepsilon_L-\varepsilon_A-\varepsilon_B)^2(\varepsilon_M+\varepsilon_N-\varepsilon_C-\varepsilon_D)^2}\\
=&\varepsilon^{(2)}S
\end{aligned}
\tag{14.5.44}
$$

式中, $\varepsilon^{(2)}$ 是二级微扰能, 而

$$
S=\langle\Phi_1|\Phi_1\rangle=\frac{1}{4}\sum_{\substack{KL\\AB}}\frac{(KA\parallel LB)^2}{(\varepsilon_K+\varepsilon_L-\varepsilon_A-\varepsilon_B)^2} \tag{14.5.45}
$$

Φ_1 是波函数的一级微扰修正项, 即

$$
\Phi_1=\hat{G}_0\boldsymbol{W}|\Phi_0\rangle=\frac{1}{4}\sum_{\substack{KL\\AB}}\frac{(KA\|LB)}{(\varepsilon_K+\varepsilon_L-\varepsilon_A-\varepsilon_B)}\Phi_{KL}^{AB} \tag{14.5.46}
$$

在 $\varepsilon^{(4)}$ 的表达式中, 重整化项 $-\langle\Phi_0|\boldsymbol{W}\hat{\boldsymbol{G}}_0\hat{\boldsymbol{W}}|\Phi_0\rangle\langle\Phi_0|\hat{\boldsymbol{W}}\hat{\boldsymbol{G}}_0\hat{\boldsymbol{G}}_0\hat{\boldsymbol{W}}|\Phi_0\rangle$ 正是 $-\varepsilon^{(2)}S$, 因此 $\varepsilon^{(4)}(e1+e2)$ 正好和它相消. 这种相消是很重要的, 它保证了 $\varepsilon^{(4)}$ 项有正确的大小一致性. 因为 $\varepsilon^{(2)}$ 和 S 都与粒子数 N 成比例, $\varepsilon^{(2)}S$ 就正比于 N^2, 如果不消去, $\varepsilon^{(4)}$ 就不能正比于 N, 它对粒子数的依赖关系就不对了. 以上分析还表明, 四级微扰能 $\varepsilon^{(4)}$ 完全来自相连图的贡献, 不相连图在计算时可以不考虑. 这种结论可以推广到任意级微扰, 由此得到相连图定理 (Brueckner 和 Goldstone 定理, linked-diagram theorem):“任何不相连图的贡献均被重整化项抵消, 因而计算时只需考虑相连的图”. 于是计算相关能的公式变为

$$
E_c=\Delta E=\sum_{n=0}^{\infty}\left\langle\Phi_0\middle|\hat{\boldsymbol{W}}\left[\frac{1-\hat{\boldsymbol{P}}_0}{E_0-\hat{\boldsymbol{H}}_0}\hat{\boldsymbol{W}}\right]^n\middle|\Phi_0\right\rangle_{\mathrm{L}} \tag{14.5.47}
$$

下标 L 表示只计算相连图. 与 Rayleigh-Schrödinger 展开式

$$
E_c=\Delta E=\sum_{n=0}^{\infty}\left\langle\Phi_0\middle|\hat{\boldsymbol{W}}\left[\frac{1-\hat{\boldsymbol{P}}_0}{E_0-\hat{\boldsymbol{H}}_0}(\hat{\boldsymbol{W}}-\Delta E)\right]^n\middle|\Phi_0\right\rangle \tag{14.5.47a}
$$

比较, 若 $(1-\hat{\boldsymbol{P}}_0)$ 作用的空间是完备的, 则两者是逐级相等的. 但若 $(1-\hat{\boldsymbol{P}}_0)$ 作用的空间不完备, 例如只限于取双重激发组态, 则两式不逐级对应, 因为前者包括了高级激发作用对低级激发效果的抵消作用. 换句话说, 若 Rayleigh-Schrödinger 微扰展开只限于使用双重激发组态, 则实际上保留了不相连图的贡献, 而这是不应当的, 它将导致大小不一致性. 在式 (14.5.47) 中, 大小一致性保持了, 代价是混合了不同等级的激发 (微扰波函数不是按激发等级截断的). 相连图定理对于简化高级微扰项的计算显然是很重要的.

因为对各轨道指标求和遍及所有轨道, 会出现一对占据轨道或一对虚轨道标号相同的情况. 例如, 图 14.5.4(a) 中, 当 $L=M$ 时, 相当于出现激发 $L\to B, L\to C$ 的情况. 但 L 为自旋轨道, 只能容纳一个电子, 这种激发是违反 Pauli 原理的, 所以将这种图称为违反不相容原理的图 (exclusion principle violating, EPV). 但是如果将这个图的有向线段连接方式作一改变, 则得图 14.5.4(c1)(参看图 14.5.5). 故此时由 (a) 和 (c1) 得出的矩阵元绝对值相等而符号相反, 求和时就互相抵消了. 同理, 若 (c1) 中 $B=C$, 则改变一下连接方式之后就得到图 14.5.4(e1), 两个矩阵元只差一个负号, 求和时相消.

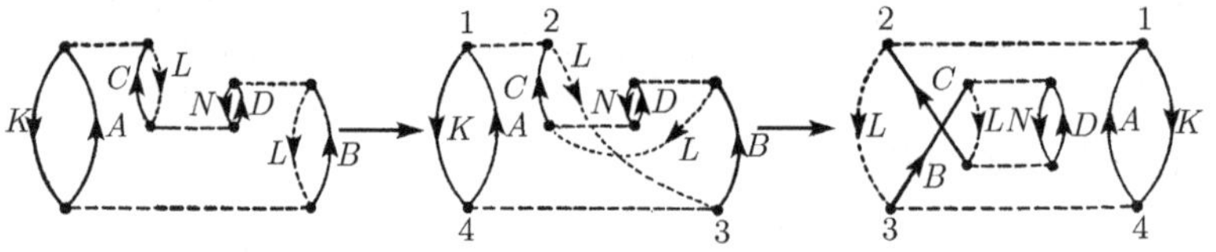

图 14.5.5 EPV 图的消去

由此可见, 图 14.5.4(a)~(d) 中很多 EPV 图是彼此相消的, 但相消不完全, 有一部分是由非相连图 (e1) + (e2) 抵消的. 可以证明

$$\varepsilon^{(4)}(\mathrm{a+b+c+d+e})_{\mathrm{EPV}}=0$$

即

$$\varepsilon^{(4)}(\mathrm{a+b+c+d})_{\mathrm{EPV}}=-\varepsilon^{(4)}(\mathrm{e})_{\mathrm{EPV}}$$

这个式子的含义是, 本来 EPV 图在求和时是不应该包括进去的; 不过, 如果全部 EPV 图都包括进去, 它们正好彼此相消, 与不包括进去的结果一样. 以上结果可用表 14.5.1 表示, 表中 NEPV 为非 EPV 项, 方框内的项对相关能的贡献互相抵消.

表14.5.1 各种项对相关能的贡献

来 源	贡献类型	
相连图 (a)~(d)	EPV	NEPV
非相连图 (e)	EPV	NEPV
$\varepsilon^{(2)}S$项	“EPV”	NEPV

于是我们得到

$$
\begin{aligned}
&\varepsilon^{(4)}(\text{a}\sim\text{d})_{\text{NEPV}} - (\varepsilon^{(2)}S)\text{“}_{\text{EPV}}\text{”} \\
=&\varepsilon^{(4)}(\text{a}\sim\text{d})_{\text{NEPV}} - \varepsilon^{(4)}(\text{e})_{\text{EPV}} \\
=&\varepsilon^{(4)}(\text{a}\sim\text{d})_{\text{NEPV+EPV}}
\end{aligned}
\tag{14.5.48}
$$

结果和相连图定理是一致的.

图 14.5.4(a)~(e) 中的 EPV 项没有物理意义, 是应该相互消去的. 但 (e) 中的 EPV 项与 (a)~(d) 中的消去以后, 剩下的 NEPV 项与 $-\varepsilon^{(2)}S$ 项就只能消去一部分, 剩下 $-\varepsilon^{(2)}S$ 中的“EPV”项. 但 $-\varepsilon^{(2)}S$ 中的“EPV”项并不违反 Pauli 原理. 相反, $-\varepsilon^{(2)}S$ 中只有“EPV”项与 N 是线性关系, 而 NEPV 项与 N^2 成比例, 是应该消去的. $-\varepsilon^{(2)}S$ 中的“EPV”项在相关能计算中的作用很重要, 它说明四重激发组态图中的某些“对角”部分实际上来自双重激发组态. 对于二电子体系, 这点最明显, 因为这时没有四重激发项, 但 MBPT 的四级微扰项中仍有相连的四重激发组态图, 此时四重激发组态图的贡献等于 $-(\varepsilon^{(2)}S)$“$_{\text{EPV}}$”.

14.5.4　对部分高级项求和与微扰–变分方法

多体微扰理论使用图解方法，简化了矩阵元的计算, 因而提供了计算相关能主要部分的较简易的方法. 但它并不能解决电子相关能计算中的本质困难, 即展开式收敛很慢, 为了计算出全部相关能, 需要展开到无穷级. 进行相关能的微扰计算, 到二级一般是不能满足要求的, 到三级或四级才能得到比较好的结果. 下面列出计算的各级微扰相关能及其与 CISD(包括全部单重激发组态和双重激发组态的 CI 计算) 结果的比较情况. 表 14.5.2 列出文献报道的不同基组下对水分子的计算结果, 表 14.5.3 是某些小分子的各级微扰相关能的大小比较.

表 14.5.2　水分子的相关能(a.u.)*

基　组	SCF 能量	CISD	MBPT		$\frac{\varepsilon^{(2)}+\varepsilon^{(3)}}{\text{CISD}}(\%)$
			$\varepsilon^{(2)}$	$\varepsilon^{(2)}+\varepsilon^{(3)}$	
[4s2p/2s]	−76.00929	−0.1257	−0.1251	−0.1262	100.4
[4s2p/2s1p]	−76.03384	−0.1393	−0.1388	−0.1408	101.1
[4s2p1d/2s]	−76.03668	−0.1839	−0.1841	−0.1892	102.9
[4s2p1d/2s1p]	−76.04876	−0.1930	−0.1934	−0.1990	103.1

* 分子几何参数: $R_{\text{OH}} = 1.8089\text{Å}$, $\angle\text{HOH} = 104.52°$.

MBPT 到三级的结果一般比 CISD 的好一些, 但也有不太好的, 因此考虑更高级的微扰项有时是需要的. 但要全面计算四级以上微扰项是比较困难的. 在多体微扰理论中, 有一种处理办法, 就是进行“部分高级项求和”, 根据物理图像可以推测哪些类型的图高级项是重要的, 对它求和一直到无穷级. 所谓阶梯技术就属于这类

表 14.5.3 各级微扰相关能的比较*

分子	基组	$\varepsilon^{(2)}$	$\varepsilon^{(3)}$	$\varepsilon^{(4)}$			总计
				$\varepsilon_D^{(4)}$	$\varepsilon_S^{(4)}$	$\varepsilon_Q^{(4)}$	
BH_3	[4s2p1d/2s1p]	−93.53	−19.3	−4.92	−0.18	+1.45	−116.32
NH_3	[4s2p1d/2s1p]	−188.64	−12.8	−3.99	−0.57	+2.48	−203.53
CO_2	[5s3p1d]	−520.01	+20.53	−13.36	−11.77	+8.86	−515.75
CO	[5s3p1d]	−309.82	+4.29	−9.98	−6.92	+4.90	−316.89
HCN	[4s2p1d/2s1p]	−284.52	−2.03	−9.04	−3.70	+5.94	−293.36
N_2	[4s3p1d]	−340.58	+7.27	−11.58	−5.12	+7.30	−342.70
N_2 $R=3.00$a.u.	spd 键函数 (同上) RHF	−555.34	+195.79	−148.60	−35.91	+12.18	−531.88
N_2 $R=3.00$a.u.	(同上) UHF	−227.03	−25.96	−7.30	−7.16	+4.98	−262.47

* $\varepsilon_S^{(4)}$, $\varepsilon_D^{(4)}$, $\varepsilon_Q^{(4)}$ 分别表示单重激发、双重激发和四重激发中间态图的贡献 (单位: 10^{-3} a.u.). 计算中未包括三重激发中间态图. 内层电子不激发. 不特别标明者用平衡几何构型.

方法, 它的办法就是增加 Goldstone 图中的相互作用线, 直到无穷. 以图 14.5.6(a) 为例. 在不改变轨道标号的条件下增加相互作用线, 就得到图 14.5.6(b)~(d) 等 (所谓对角阶梯图), 这类图对应于不同级的微扰展开.

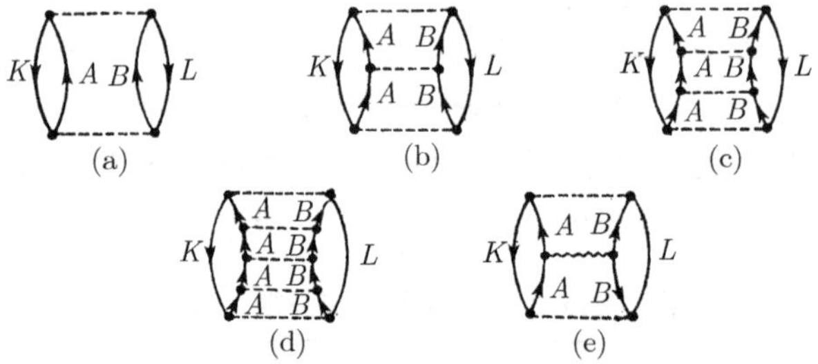

图 14.5.6 对角阶梯图

我们要计算这类图的贡献之和, 直到无穷级. 为此定义新的相互作用线 $\sim\!\sim\!\sim \equiv \sum_{i=0}^{\infty}[\cdots\cdots]_i$. 于是图 14.5.6(a) + (b) + $\cdots$ + ∞ 可表示为图 14.5.6(e). 根据上面说过的规则, 我们可以得出对应于图 14.5.6(e) 的矩阵元表达式

$$V=\sum_{KLAB}\frac{\langle KL|\hat{\boldsymbol{g}}_{12}|AB\rangle}{\varepsilon_K+\varepsilon_L-\varepsilon_A-\varepsilon_B}\left\{\sum_{i=0}^{\infty}\left[\frac{\langle AB|\hat{\boldsymbol{g}}_{12}|AB\rangle}{\varepsilon_K+\varepsilon_L-\varepsilon_A-\varepsilon_B}\right]^i\right\}\langle AB|\hat{\boldsymbol{g}}_{12}|KL\rangle \tag{14.5.49}$$

式 (14.5.49) 大括号内为一几何级数, 形如 $1+q+q^2+\cdots$, 故其和为

$$\begin{aligned}S_n &= \frac{1}{1-q} = \frac{1}{1-\dfrac{\langle AB|\hat{\boldsymbol{g}}_{12}|AB\rangle}{\varepsilon_K+\varepsilon_L-\varepsilon_A-\varepsilon_B}} \\ &= \frac{\varepsilon_K+\varepsilon_L-\varepsilon_A-\varepsilon_B}{\varepsilon_K+\varepsilon_L-\varepsilon_A-\varepsilon_B-\langle AB|\hat{\boldsymbol{g}}_{12}|AB\rangle}\end{aligned} \tag{14.5.50}$$

代入式 (14.6.49), 得

$$V = \sum_{KLAB} \frac{\langle KL|\hat{\boldsymbol{g}}_{12}|AB\rangle\langle AB|\hat{\boldsymbol{g}}_{12}|KL\rangle}{\varepsilon_K+\varepsilon_L-\varepsilon_A-\varepsilon_B-\langle AB|\hat{\boldsymbol{g}}_{12}|AB\rangle} \tag{14.5.51}$$

可见无限级求和的结果相当于在分母中加一项, 即出现所谓分母位移 (DS), 位移值对应于相互作用线连接的两个空轨道的矩阵元, 所以将图 14.5.6(e) 称为对角粒子–粒子阶梯图. 显然, 图 14.5.6(a) 中还可能有其他连接相互作用线的方式. 若全部考虑进去, 最后可得的这类图的总贡献为

$$\varepsilon_{1,\infty}^{(2)} = \sum_{KLAB} \frac{\langle KL|\hat{\boldsymbol{g}}_{12}|AB\rangle\langle AB|\hat{\boldsymbol{g}}_{12}|KL\rangle}{\varepsilon_K+\varepsilon_L-\varepsilon_A-\varepsilon_B+DS} \tag{14.5.52}$$

式中

$$\begin{aligned}DS =& -(AA\parallel BB)-(KK\parallel LL)+(KK\parallel AA) \\ &+(KK\parallel BB)+(LL\parallel AA)+(LL\parallel BB)\end{aligned} \tag{14.5.53}$$

注意, 这种方法只是将某种类型的图的双激发贡献求和到无穷级, 并未包括全部双激发贡献. 应当指出, 使用这种部分求和技术的合理性并没有得到严格的数学证明. 部分求和的图只能根据物理考虑来选择. 使用部分求和的方法是违反微扰理论将微扰分等级的基本原则的. 阶梯图无穷级求和相当于对独立电子对函数变分 (在其他粒子的有效势场的作用下). 加上分母位移, 有时结果有改善, 有时反而不好, 这是需要进一步研究的问题.

以上讨论是以单行列式波函数为无微扰参考态展开的. 与多参考态组态相互作用方法一样, 也可将多体微扰理论方法用于无微扰态为多行列式波函数的情况, 如以 CASSCF 波函数为参考态的 CASMP2 或 CASTP2 方法 [17]. 在非动态相关作用显著的情况下, 用多参考态微扰理论方法结果较好, 当然计算量也会显著增加.

MBPT 方法存在微扰展开式 (14.5.16) 或式 (14.5.17) 是否收敛的问题. 迄今还没有人能提出可靠办法判断一个具体体系的微扰展开式是否收敛. 即使开始的几项表现出收敛趋势, 也不能保证展开到更高微扰项一定收敛. 可以肯定的只是如果

无微扰参考态选得不合适, MBPT 展开式的收敛行为将很差. 现在的办法只能是根据所研究体系的具体情况, 选取合理的无微扰参考态计算展开式的前几项. 计算经验表明, 在“正常”情况下, 一般 MP2 能计算出 80%~90%的相关能, MP3 可达 90%~95%, MP4 可望达到 95%~98%. 但以上估计是统计性的, 对于具体的一个体系, 加上高一级的微扰项结果不一定更接近精确值, 例如有时 MP3 计算的结果反而不如 MP2 的结果好.

由于微扰展开的收敛速度不同, 即使按相同的微扰等级计算, 不同体系或同一体系在不同条件下 (如计算势能面的不同点), 截断误差将不同, 影响对不同体系的相关能的比较. 为了减少这种误差, 可以采用 Padé[2/1] 近似

$$E_c[2/1] = \boldsymbol{\varepsilon}^{(2)}/(1 - \boldsymbol{\varepsilon}^{(3)}/\boldsymbol{\varepsilon}^{(2)}) \tag{14.5.54}$$

形式上这相当于假定从 $\varepsilon^{(2)}$ 项以后, 各级微扰能成等比级数, 式 (14.5.54) 是对无穷级数求和的结果. 不过 Padé[2/1] 近似有更坚实的基础, 并不一定要求各微扰项成等比级数. 若只计算到三级微扰, 则用 Padé[2/1] 近似一般效果较好.

为了克服微扰计算能量不具有上界性质的缺点, 可采取微扰–变分方法, 用微扰方法求得近似一级波函数的修正项 $\Phi^{(1)}$, 然后对波函数 $\Psi = \Phi_0 + \gamma\Phi^{(1)}$ 的变分参数 γ 变分求能量极小值[31]. 求得的相关能表达式为

$$\varepsilon_{\mathrm{c,var}} = \frac{\boldsymbol{\varepsilon}^{(3)} - \boldsymbol{\varepsilon}^{(2)}}{2S} - \left[\left(\frac{\boldsymbol{\varepsilon}^{(3)} - \boldsymbol{\varepsilon}^{(2)}}{2S}\right)^2 + \frac{(\boldsymbol{\varepsilon}^{(2)})^2}{S}\right]^{\frac{1}{2}} \tag{14.5.55}$$

式中

$$\begin{aligned} S &= \langle \Phi^{(1)} | \Phi^{(1)} \rangle \\ &= \sum_{\substack{kl \\ ab}} \frac{\langle kl|\hat{\boldsymbol{g}}_{12}|ab\rangle[2\langle kl|\hat{\boldsymbol{g}}_{12}|ab\rangle - \langle kl|\hat{\boldsymbol{g}}_{12}|ba\rangle]}{(\varepsilon_k + \varepsilon_l - \varepsilon_a - \varepsilon_b)^2} \end{aligned} \tag{14.5.56}$$

S 不难计算, 因为它与 $\varepsilon^{(2)}$ 的差别只在于分母中多一个因子.

用这种方法计算水分子, 结果与包含全部 2063 个单重激发组态和双重激发组态的 CI 计算结果比较, 得到相关能的 97.3%. 用以计算 N_2 的势能曲线也比较成功, 即使核间距离较大; 而用 MBPT 方法到三级并没有这样好的结果.

应当指出, 微扰方法计算能量没有上界性质的缺点并不像乍看起来那么严重. 在大多数情况下, 重要的并非体系总能量而是体系在不同状态下总能量之差. 微扰方法计算的能量虽无上界性质, 只要对不同状态的微扰计算条件比较一致 (相同基组、同级别微扰展开等), 误差可以大部分抵消, 能量差计算值还会比较精确, 因此微扰方法得到广泛应用.

14.6 耦合簇理论[32]

14.6.1 波函数的耦合簇展开

在 CI 方法中, 将波函数按组态展开

$$\Psi = \Phi_0 + \sum_i \sum_a c_i^a \Phi_i^a + \sum_{a<b} \sum_{i<j} c_{ij}^{ab} \Phi_{ij}^{ab} + \cdots \tag{14.6.1}$$

只将组态函数按激发程度分类, 作为展开的基矢, 还没有仔细考察它与电子相关效应的联系. 现在我们从电子相关的物理图像来讨论这个问题. 为了简单起见, 只讨论闭壳层组态分子. 将精确波函数表示为

$$\Psi = \Phi_0 + \eta \tag{14.6.2}$$

式中, Φ_0 是闭壳层组态 Slater 行列式波函数, η 是相关波函数, 它包括描述二电子相关, 三电子相关等成分

$$\eta = \sum_i^N U^{(i)} + \sum_{i<j}^N U^{(i,j)} + \sum_{i<j<k}^N U^{(i,j,k)} + \sum_{i<j<k<l} U^{(i,j,k,l)} + \cdots \tag{14.6.3}$$

式中, i, j, k 等是电子指标, 函数 $U^{(i)}$, $U^{(i,j)}$, $U^{(i,j,k)}$ 等分别称为单电子耦合簇 (coupled cluster)、二电子耦合簇、三电子耦合簇等, 它们分别描述一个电子、两个电子、三个电子等的相关效应. 但多电子相关还可区分为相连簇 (connected cluster) 和不相连簇 (disconnected cluster) 两种情况, 前者表示多个电子确实直接相关 (同时"碰"在一起), 后者则是同时分别在空间不同区域发生的几个较小的电子簇的相关. 以描述四个电子相关的 $U^{(i,j,k,l)}$ 为例, 它可以是真正的四个电子相关, 也可以是同时独立发生的两对电子的相关, 还可以是同时独立发生的单电子相关与三电子相关等. 可以设想, 四个电子"碰"在一起的概率是很小的, 所以相连的 $U^{(i,j,k,l)}$ 应该是不重要的, 但不相连的 $U^{(i,j,k,l)}$ 可能比较重要, 因为两对电子分别"碰"在一起的概率较大. 所以将四电子耦合簇一概忽略会引起较大的误差. 对于更多电子的相关簇自然也有同样的情况. 因此, 我们应该设法将相连簇和不相连簇分开处理. 在 CI 展开中, n 级激发组态是和 n 电子相关联系的. 以上讨论说明, 应该将同一激发等级的组态函数再分解为不同类型的成分.

函数 $U^{(i,j,\cdots)}$ 是将函数 Φ_0 中的 $i, j, \cdots$ 轨道换上一个能精确描述 $i, j, \cdots$ 轨道上的电子相关情况的函数 $u_{ij\cdots}$ 得到的. 例如:

$$U^{(12)} = \hat{\boldsymbol{A}}\{u_{12}(x_1 x_2)\phi_3(x_3)\cdots\}$$

式中, $\hat{\boldsymbol{A}}$ 是反对称化算符. 但任意函数都可以按完全基组展开, 所以 $U^{(i,j,\cdots)}$ 可以表示成 $\varPhi_0$ 中第 $i,j,\cdots$ 轨道被激发的组态函数的线性组合, 为了区分 $U^{(i,j,\cdots)}$ 中相连和不相连簇的贡献, 引入关系式

$$
\begin{aligned}
U^{(i)} &= \hat{\boldsymbol{t}}^{(i)}\varPhi_0 \\
U^{(i,j)} &= \hat{\boldsymbol{t}}^{(i,j)}\varPhi_0 + \hat{\boldsymbol{t}}^{(i)}\hat{\boldsymbol{t}}^{(j)}\varPhi_0 \\
U^{(i,j,k)} &= \hat{\boldsymbol{t}}^{(i,j,k)}\varPhi_0 + \hat{\boldsymbol{t}}^{(i)}\hat{\boldsymbol{t}}^{(j,k)}\varPhi_0 + \hat{\boldsymbol{t}}^{(j)}\hat{\boldsymbol{t}}^{(k,i)}\varPhi_0 + \hat{\boldsymbol{t}}^{(k)}\hat{\boldsymbol{t}}^{(i,j)}\varPhi_0 + \hat{\boldsymbol{t}}^{(i)}\hat{\boldsymbol{t}}^{(j)}\hat{\boldsymbol{t}}^{(k)}\varPhi_0 \\
&\cdots
\end{aligned}
\tag{14.6.4}
$$

算符 $\hat{\boldsymbol{t}}^{(i,j,\cdots)}$ 是相连簇产生算符, 它的功能是作用在 $\varPhi_0$ 上产生相连耦合簇. 如上所述, 它的作用可具体地写成

$$
\begin{aligned}
\sum_{(i)}\hat{\boldsymbol{t}}^{(i)}\varPhi_0 &= \sum_i\sum_a t_i^a\varPhi_i^a \\
\sum_{i<j}\hat{\boldsymbol{t}}^{(i,j)}\varPhi_0 &= \sum_{i<j}\sum_{a<b} t_{ij}^{ab}\varPhi_{ij}^{ab} \\
\sum_{i<j<k}\hat{\boldsymbol{t}}^{(i,j,k)}\varPhi_0 &= \sum_{i<j<k}\sum_{a<b<c} t_{ijk}^{abc}\varPhi_{ijk}^{abc} \\
&\cdots
\end{aligned}
\tag{14.6.5}
$$

定义

$$
\begin{aligned}
\hat{\boldsymbol{T}}_1 &= \sum_i \hat{\boldsymbol{t}}^{(i)} \\
\hat{\boldsymbol{T}}_2 &= \sum_{i<j} \hat{\boldsymbol{t}}^{(i,j)} \\
\hat{\boldsymbol{T}}_3 &= \sum_{i<j<k} \hat{\boldsymbol{t}}^{(i,j,k)}
\end{aligned}
$$

以及 $\hat{\boldsymbol{T}} = \hat{\boldsymbol{T}}_1 + \hat{\boldsymbol{T}}_2 + \cdots + \hat{\boldsymbol{T}}_N$, N 是电子数, 则式 (14.6.1) 可简洁地写成

$$
\varPsi = \mathrm{e}^{\hat{\boldsymbol{T}}}\varPhi_0 = \mathrm{e}^{\hat{\boldsymbol{T}}_1}\mathrm{e}^{\hat{\boldsymbol{T}}_2}\cdots\mathrm{e}^{\hat{\boldsymbol{T}}_n}\varPhi_0 \tag{14.6.6}
$$

因为将式 (14.6.6) 展开, 得

$$
\varPsi = \left(1 + \hat{\boldsymbol{T}} + \frac{\hat{\boldsymbol{T}}^2}{2!} + \frac{\hat{\boldsymbol{T}}^3}{3!} + \cdots\right)\varPhi_0 \tag{14.6.6a}
$$

将算符 $\hat{\boldsymbol{T}}$ 作用在 $\varPhi_0$ 上, 并将相同电子数激发的组态函数归并在一起, 利用式 (14.6.5) 就可以得到式 (14.6.1). 这样, 我们通过式 (14.6.6) 就从形式上将相连簇和不相连簇分开了.

若将 $\hat{\boldsymbol{t}}^{(i,j,\cdots)}$ 算符作用的具体公式代入有关式子, 则可以得出 Ψ 用 Φ_i^a, Φ_{ij}^{ab}, $\cdots$ 展开的式子, 但各项系数为 $t_i^a, t_{ij}^{ab}, \cdots, t_i^a t_j^b, \cdots$, 在耦合簇理论中习惯上称展开系数为振幅. 与式 (14.6.1) 比较, 可以得出

$$\begin{aligned}
c_i^a =& t_i^a \\
c_{ij}^{ab} =& t_{ij}^{ab} + t_i^a t_j^b - t_i^b t_j^a = t_{ij}^{ab} + \hat{\boldsymbol{A}}_{ij}^{ab} \left(\frac{t_i^a t_j^b}{2!} \right) \\
c_{ijk}^{abc} =& t_{ijk}^{abc} + t_i^a t_{jk}^{bc} - t_j^a t_{ik}^{bc} + t_k^a t_{ij}^{bc} - t_i^b d_{jk}^{ac} + t_j^b t_{ik}^{ac} - t_k^b t_{ij}^{ac} + t_i^c t_{jk}^{ab} - t_j^c t_{ik}^{ab} \\
& + t_k^c t_{ij}^{ab} + t_i^a t_j^b t_k^c - t_i^a t_j^c t_k^b - t_i^b t_j^a t_k^c + t_i^b t_j^c t_k^a + t_i^c t_j^a t_k^b - t_i^c t_j^b t_k^a \\
=& t_{ijk}^{abc} + \hat{\boldsymbol{A}}_{ijk}^{abc} \left[\frac{t_i^a t_j^b t_k^c}{3!} + \frac{t_i^a t_{jk}^{bc}}{(2!)^2} \right] \\
c_{ijkl}^{abcd} =& t_{ijkl}^{abcd} + \hat{\boldsymbol{A}}_{ijkl}^{abcd} \left[\frac{t_i^a t_j^b t_k^c t_l^d}{4!} + \frac{t_i^a t_j^b t_{kl}^{cd}}{(2!)^2 2!} + \frac{t_i^a t_{jkl}^{bcd}}{(3!)^2} + \frac{t_{ij}^{ab} t_{kl}^{cd}}{(2!)^2 (2!)^2 2!} \right]
\end{aligned} \tag{14.6.7}$$

式中, $\hat{\boldsymbol{A}}_{ij}^{ab} \equiv \hat{\boldsymbol{A}}^{ab} \hat{\boldsymbol{A}}_{ij}$ 等是指标置换算符. 从形式上看来, CI 展开式和耦合簇展开式并无多大差别, 两者都用激发组态函数展开. 但两种展开的指导思想却是有差别的. CI 展开只是将组态函数作为基组, 机械地将基组按激发等级分类, 而耦合簇展开的基本量是相连耦合簇, 与“多体碰撞”这一物理图像联系在一起. CI 展开式中某一激发等级的组态函数实际上应该区分为不同类型的耦合簇成分, 即分为相连耦合簇和几个不相连耦合簇的乘积. CI 展开不作这种区别是它的一个很大的弱点. 在作 CI 展开时, 我们无法展开到包含很高激发程度的组态函数; 通常只能到双重激发组态, 三重激发以上的组态函数都被忽略了. 但是高激发项的系数中有低级项系数的乘积, 这一部分的值并不太小, 忽略它就会引起较大的误差. 电子数越多, 这种误差越大. 这是使 CI 展开式收敛很慢的重要原因之一, 也是非完全 CI 展开没有大小一致性的原因. 按照耦合簇展开就没有这个缺点, 即使只考虑二体以下的直接相关 (忽略更多电子的直接相关, 即取 $\hat{\boldsymbol{T}} = \hat{\boldsymbol{T}}_1 + \hat{\boldsymbol{T}}_2$), 起重要作用的不相连耦合簇对高激发项的贡献仍然保留, 这样误差就小多了, 而且保持大小一致性. 这种分析也给 CI 方法的改进提供了线索. 因为波函数展开式中高激发项的系数的主要部分是由低激发项系数的乘积得来的, 知道了低激发项的系数就可以估计不应该忽略的高级激发项的系数. Davidson 等[23] 提出的根据双重激发贡献的相关能 ΔE_{D} 估计四重激发贡献的相关能 ΔE_{Q} 的简单公式 $\Delta E_{\mathrm{Q}} = (1 - C_{0\mathrm{D}}^2)\Delta E_{\mathrm{D}}$, 其理论根据正在这里. 详见 14.6.4 节的讨论.

14.6.2　耦合电子对近似

虽然原则上所有多电子耦合簇都有存在的可能性, 但从两点考虑, 只有二电子

耦合簇是重要的：① Hamilton 量中最多只包含双电子算符, 因此电子间的相互作用可以分解为各对作用之和, 当考虑一对电子的作用时, 其他电子的存在只是间接地起作用; ② Pauli 原理禁止三个电子同时出现在空间一点, 因为三个电子中至少有两个是相同自旋取向的. 因此, 三个电子以上的相连耦合簇对短程相关能的贡献可以忽略. 实际计算表明, 90% 以上的相关能来自双重激发组态. 对于闭壳层组态, 三重激发的贡献只占千分之几. 在开壳层组态的情况下可能多一些, 不过不是来自相连的三电子耦合簇 (三体项), 而主要来自二体项与单体项的乘积 (由于此时 Brillouin 定理不严格成立, 单激发组态有贡献). 四重激发组态的贡献可达百分之几, 但主要来自二体项的乘积, 四体项和单体项与三体项的乘积贡献很少. 根据这种分析, 在式 (14.6.6) 中取 $\hat{\boldsymbol{T}} \approx \hat{\boldsymbol{T}}_2$, 至少对于闭壳层组态, 应该是足够好的近似. 耦合电子对理论就是只考虑二电子耦合簇的理论方法. 在耦合对多电子理论 (CPMET)[33] 和耦合电子对近似 (CEPA)[34] 中考虑了电子对内和电子对之间的相关作用.

只考虑二体相关, 取 $\hat{\boldsymbol{T}} \approx \hat{\boldsymbol{T}}_2$, 则

$$\varPsi = \mathrm{e}^{\hat{\boldsymbol{T}}_2}\varPhi_0 \tag{14.6.8}$$

如果直接用变分法处理, 即求出泛函 $\langle\varPsi|\hat{\boldsymbol{H}}|\varPsi\rangle/\langle\varPsi|\varPsi\rangle$ 的极值, 则四重激发以上的组态函数极多, 收敛极慢. 而且方程的变分系数不是线性的, 求得的总相关能不等于各电子对相关能之和. 因此 Čizěk 等建议采用一种非变分的处理方法 [33].

将 $\mathrm{e}^{\hat{\boldsymbol{T}}_2}\varPhi_0$ 展开, 并与 CI 展开式比较, 可得 [参考式 (14.6.7)]

$$\begin{aligned}
c_i^a =& 0\\
c_{ij}^{ab} =& t_{ij}^{ab}\\
c_{ijk}^{abc} =& 0 \qquad (\text{因} c_i^a = 0)\\
c_{ijkl}^{abcd} =& t_{ij}^{ab}t_{kl}^{cd} - t_{ik}^{ab}t_{jl}^{cd} + t_{il}^{ab}d_{jk}^{cd} - t_{ij}^{ac}t_{kl}^{bd} + t_{ik}^{ac}t_{jl}^{bd} - t_{il}^{ac}t_{jk}^{bd} + t_{ij}^{ad}t_{kl}^{bc} - t_{ik}^{ad}t_{jl}^{bc}\\
&+ t_{il}^{ad}t_{jk}^{bc} + t_{ij}^{cd}t_{kl}^{ab} - t_{ik}^{cd}t_{jl}^{ab} + t_{il}^{cd}t_{jk}^{ab} - t_{ij}^{bd}t_{kl}^{ac} + t_{ik}^{bd}t_{jl}^{ac} - t_{il}^{bd}t_{jk}^{ac}\\
&+ t_{ij}^{bc}t_{kl}^{ad} - t_{ik}^{bc}t_{jl}^{ad} + t_{il}^{bc}t_{jk}^{ad}\\
=& \frac{\hat{\boldsymbol{A}}_{ijkl}^{abcd}\, t_{ij}^{ab}t_{kl}^{cd}}{(2!)^2(2!)^2\cdot 2}
\end{aligned} \tag{14.6.9}$$

Schrödinger 方程为

$$\hat{\boldsymbol{H}}\mathrm{e}^{\hat{\boldsymbol{T}}_2}|\varPhi_0\rangle = E\mathrm{e}^{\hat{\boldsymbol{T}}_2}|\varPhi_0\rangle \tag{14.6.10}$$

用 $\langle\varPhi_0|$ 和 $\langle\varPhi_{ij}^{ab}|$ 分别左乘式 (14.6.10), 得

$$\langle\boldsymbol{\varPhi}_0|\hat{\boldsymbol{H}}\mathrm{e}^{\hat{\boldsymbol{T}}_2}|\varPhi_0\rangle = \langle\varPhi_0|\hat{\boldsymbol{H}}(1+\hat{\boldsymbol{T}}_2)|\varPhi_0\rangle = E\langle\Phi_0|\mathrm{e}^{\hat{\boldsymbol{T}}_2}|\Phi_0\rangle = E \tag{14.6.11}$$

(注意: $e^{\hat{T}_2}$ 的展开式中的高次项, 由于矩阵元中两个波函数的不同轨道不能超过两个而失去作用.)

$$\begin{aligned}\langle \Phi_{ij}^{ab}|\hat{\boldsymbol{H}}e^{\hat{\boldsymbol{T}}_2}|\Phi_0\rangle &= \left\langle \Phi_{ij}^{ab}\middle|\hat{\boldsymbol{H}}\left(1+\hat{\boldsymbol{T}}_2+\frac{1}{2}\hat{\boldsymbol{T}}_2^2\right)\middle|\Phi_0\right\rangle \\ &= E\langle \Phi_{ij}^{ab}|e^{\hat{\boldsymbol{T}}_2}\Phi_0\rangle \\ &= E\langle \Phi_{ij}^{ab}|(1+\hat{\boldsymbol{T}}_2)\Phi_0\rangle \\ &= Et_{ij}^{ab}\end{aligned} \tag{14.6.12}$$

将 E 的表达式 [式 (14.6.11)] 代入式 (14.6.12), 可得

$$\left\langle \Phi_{ij}^{ab}\middle|\hat{\boldsymbol{H}}\left(1+\hat{\boldsymbol{T}}_2+\frac{1}{2}\hat{\boldsymbol{T}}_2^2\right)\middle|\Phi_0\right\rangle = \langle \Phi_0|\hat{\boldsymbol{H}}(1+\hat{\boldsymbol{T}}_2)|\Phi_0\rangle t_{ij}^{ab} \tag{14.6.13}$$

式 (14.6.11)~ 式 (14.6.13) 可写成

$$\langle \Phi_0|\hat{\boldsymbol{H}}|\Phi_0\rangle + \sum_{a<b}\sum_{i<j}\langle \Phi_0|\hat{\boldsymbol{H}}|\Phi_{ij}^{ab}\rangle t_{ij}^{ab} = E \tag{14.6.14}$$

$$\begin{aligned}&\langle \Phi_{ij}^{ab}|\hat{\boldsymbol{H}}|\Phi_0\rangle + \sum_{c<d}\sum_{k<l}\langle \Phi_{ij}^{ab}|\hat{\boldsymbol{H}}|\Phi_{kl}^{cd}\rangle t_{kl}^{cd} + \sum_{\substack{c<d\\ \neq a,b}}\sum_{\substack{k<l\\ \neq i,j}}\langle \Phi_{ij}^{ab}|\hat{\boldsymbol{H}}|\Phi_{ijkl}^{abcd}\rangle \hat{\boldsymbol{A}}_{ijkl}^{abcd}\frac{t_{ij}^{ab}t_{kl}^{cd}}{(2!)^2(2!)^2\cdot 2} \\ &= Et_{ij}^{ab}\end{aligned} \tag{14.6.15}$$

$$\begin{aligned}&\langle \Phi_{ij}^{ab}|\hat{\boldsymbol{H}}|\Phi_0\rangle + \sum_{c<d}\sum_{k<l}\langle \Phi_{ij}^{ab}|\hat{\boldsymbol{H}}|\Phi_{kl}^{cd}\rangle t_{kl}^{cd} + \sum_{\substack{c<d\\ \neq a,b}}\sum_{\substack{k<l\\ \neq i,j}}\langle \Phi_{ij}^{ab}|\hat{\boldsymbol{H}}|\Phi_{ijkl}^{abcd}\rangle \hat{\boldsymbol{A}}_{ijkl}^{abcd}\frac{t_{ij}^{ab}t_{kl}^{cd}}{32} \\ &= \langle \Phi_0|\hat{\boldsymbol{H}}|\Phi_0\rangle t_{ij}^{ab} + \sum_{c<d}\sum_{k<l}\langle \Phi_0|\hat{\boldsymbol{H}}|\Phi_{kl}^{cd}\rangle t_{kl}^{cd}t_{ij}^{ab}\end{aligned} \tag{14.6.16}$$

这是 CPMET 的基本公式. 式 (14.6.16) 是一个包括双线性项的方程组, 可以用迭代方法求解. 将求得的系数 t_{ij}^{ab} 代入式 (14.6.14), 即可求得总能量 E 或相关能 $E-\langle \Phi_0|\hat{\boldsymbol{H}}|\Phi_0\rangle$. 注意式 (14.6.16) 中有很多项是可以相消的, 因为

$$\langle \Phi_{ij}^{ab}|\hat{\boldsymbol{H}}|\Phi_{ijkl}^{abcd}\rangle t_{ij}^{ab}t_{kl}^{cd} = \langle \Phi_0|\hat{\boldsymbol{H}}|\Phi_{kl}^{cd}\rangle t_{ij}^{ab}t_{kl}^{cd} \qquad (i,j\neq k,l;a,b\neq c,d) \tag{14.6.17}$$

可以首先将它们消去, 正是这种相消作用保证体系能量具有大小一致性.

CPMET 相当于将 Schrödinger 方程投影到 Φ_0 和 Ψ_{ij}^{ab} 子空间, 因此, 它对于这两个子空间内部的变换是不变的, 亦即可以有以下操作:

(1) 将各 Φ_{ij}^{ab} 作成各种形式的线性组合, 如组成自旋和对称性匹配的组态函数.

(2) 在占据轨道内部和相关轨道内部进行任意线性变换, 并不影响结果, 这是 CPMET 的优点.

CPMET 方程组不是由变分方法得来的, $e^{\hat{T}_2}\varPhi_0$ 并非变分得到的波函数, 因而求得的能量没有上界性质. 不过, 由于它的准确度比较高, 这个问题不太严重.

为了简化, Meyer 引入耦合电子对近似 CEPA[34], 假定式 (14.6.16) 左边的第三大项可简化为

$$\sum_{\substack{c<d\\ \neq a,b}}\sum_{\substack{k<l\\ \neq i,j}}\langle\varPhi_{ij}^{ab}|\hat{\boldsymbol{H}}|\varPhi_{kl}^{cd}\rangle\hat{\boldsymbol{A}}_{ijkl}^{abcd}\frac{t_{ij}^{ab}t_{kl}^{cd}}{(2!)^2(2!)^2\cdot 2}\approx t_{ij}^{ab}\sum_{k<l\neq i,j}\sum_{c<d}\langle\varPhi_{kl}^{cd}|\hat{\boldsymbol{H}}|\varPhi_0\rangle t_{kl}^{cd} \tag{14.6.18}$$

这相当于将非相连耦合簇的四重激发组态的系数用其中较重要的一部分来代替. 因此, 在 CEPA 中, 虽然波函数仍为 $\varPsi=e^{\hat{T}_2}\varPhi_0$, 但对 $\hat{\boldsymbol{T}}_2\cdot\hat{\boldsymbol{T}}_2$ 耦合簇作了部分省略. 经验证明, 当电子对及相应的虚轨道定域较好时, 式 (14.6.18) 是一种好的近似. 于是式 (14.6.16) 简化为

$$\begin{aligned}&\langle\varPhi_{ij}^{ab}|\hat{\boldsymbol{H}}|\varPhi_0\rangle+\sum_{c<d}\sum_{k<l}\langle\varPhi_{ij}^{ab}|\hat{\boldsymbol{H}}|\varPhi_{kl}^{cd}\rangle t_{kl}^{cd}+t_{ij}^{ab}\sum_{k<l\neq i,j}\sum_{c<d}\langle\varPhi_{kl}^{cd}|\hat{\boldsymbol{H}}|\varPhi_0\rangle t_{kl}^{cd}\\ =&\langle\varPhi_0|\hat{\boldsymbol{H}}|\varPhi_0\rangle t_{ij}^{ab}+\sum_{c<d}\sum_{k<l}\langle\varPhi_0|\hat{\boldsymbol{H}}|\varPhi_{kl}^{cd}\rangle t_{kl}^{cd}t_{ij}^{ab}\end{aligned} \tag{14.6.19}$$

若定义电子对相关能 ε_{kl} 为

$$\varepsilon_{kl}=\sum_{c<d}\langle\varPhi_0|\hat{\boldsymbol{H}}|\varPhi_{kl}^{cd}\rangle t_{kl}^{cd} \tag{14.6.20}$$

则相关能 E_c 为

$$E_c=E-\langle\varPhi_0|\hat{\boldsymbol{H}}|\varPhi_0\rangle=\sum_{c<d}\sum_{k<l}\langle\varPhi_0|\hat{\boldsymbol{H}}|\varPhi_{kl}^{cd}\rangle t_{kl}^{cd}=\sum_{k<l}\varepsilon_{kl} \tag{14.6.21}$$

$$\langle\varPhi_{ij}^{ab}|\hat{\boldsymbol{H}}|\varPhi_0\rangle+\sum_{c<d}\sum_{k<l}\langle\varPhi_{ij}^{ab}|\hat{\boldsymbol{H}}|\varPhi_{kl}^{cd}\rangle t_{kl}^{cd}=t_{ij}^{ab}\langle\varPhi_0|\hat{\boldsymbol{H}}|\varPhi_0\rangle+t_{ij}^{ab}\varepsilon_{ij} \tag{14.6.22}$$

可用迭代方法求解: 先假定一组 ε_{ij} 代入式 (14.6.22) 求系数 t_{ij}^{ab} 等, 再用式 (14.6.21) 求 ε_{ij}, 直到自洽. 在 CEPA 中使用准自然轨道就是 CEPA-PSNO 方法[35].

CEPA 不是一种变分方法, 也不是对于主要占据轨道的酉变换不变的. 但用这种方法作过的一系列小分子计算表明, 它的精确度可与 CPMET 匹敌[36]. 对于分子几何构型、光谱常数、偶极矩、离解能、电离势和电子亲合势等的计算结果都相当好. 在离开平衡构型不太远的范围内, 势能面结果也比较好 (但在远离平衡位置时不好, 不收敛到正确的离解产物). 大致说来, 当基组足够大 (至少包含两组极化函数) 时, CEPA 方法可计算出总相关能的 85%左右.

文献上还有许多其他形式的基于耦合电子对的理论, 它们的主要差异在于如何处理不同电子对之间的耦合, 结果差别并不太大, 虽然各有一些优缺点.

14.6.3　耦合簇理论[32]

虽然电子对耦合簇对相关能作出最重要的贡献, 为得到更精确的计算结果, 其他耦合簇的贡献也不能完全忽略. 下面讲述更精确的耦合簇理论 (coupled cluster theory), 原则上可以对参考态加上所有给定类型的校正到无穷级, 将波函数的耦合簇展开式代入 Schrödinger 方程, 得

$$\hat{\boldsymbol{H}}\exp(\hat{\boldsymbol{T}})\varPhi_0 = E_{cc}\exp(\hat{\boldsymbol{T}})\varPhi_0 \tag{14.6.23}$$

按变分法处理, 能量泛函为

$$\begin{aligned}\tilde{E}_{cc} &= \frac{\left\langle \exp(\hat{\boldsymbol{T}})\varPhi_0 \middle| \hat{\boldsymbol{H}} \middle| \exp(\hat{\boldsymbol{T}})\varPhi_0 \right\rangle}{\left\langle \exp(\hat{\boldsymbol{T}})\varPhi_0 \middle| \exp(\hat{\boldsymbol{T}})\varPhi_0 \right\rangle} \\ &= \frac{\left\langle (1+\hat{\boldsymbol{T}}+\frac{1}{2}\hat{\boldsymbol{T}}^2+\cdots+\frac{1}{N!}\hat{\boldsymbol{T}}^N)\varPhi_0 \middle| \hat{\boldsymbol{H}} \middle| (1+\hat{\boldsymbol{T}}+\frac{1}{2}\hat{\boldsymbol{T}}^2+\cdots+\frac{1}{N!}\hat{\boldsymbol{T}}^N)\varPhi_0 \right\rangle}{\left\langle \left(1+\hat{\boldsymbol{T}}+\frac{1}{2}\hat{\boldsymbol{T}}^2+\cdots+\frac{1}{N!}\hat{\boldsymbol{T}}^N\right)\varPhi_0 \middle| (1+\hat{\boldsymbol{T}}+\frac{1}{2}\hat{\boldsymbol{T}}^2+\cdots+\frac{1}{N!}\hat{\boldsymbol{T}}^N)\varPhi_0 \right\rangle}\end{aligned} \tag{14.6.24}$$

式 (14.6.24) 太复杂, 很难据此进行实际变分计算. 为避开这一困难, 定义退激发算符 $\exp(-\hat{\boldsymbol{T}})$, 它作用在其左侧的波函数上使激发组态中激发电子按指定方式退激发. 用 $\exp(-\hat{\boldsymbol{T}})$ 乘式 (14.6.23) 两边, 得

$$\exp(-\hat{\boldsymbol{T}})\hat{\boldsymbol{H}}\exp(\hat{\boldsymbol{T}})\varPhi_0 \equiv \hat{\boldsymbol{H}}_{cc}\Phi_0 = E_{cc}\varPhi_0 \tag{14.6.25}$$

$\hat{\boldsymbol{H}}_{cc}$ 可以看作 $\hat{\boldsymbol{H}}$ 的相似变换, 但 $\hat{\boldsymbol{H}}_{cc}$ 是非厄米算符. 用 $\varPhi_0^*$ 乘式 (14.6.25) 两边并积分, 得

$$\langle \varPhi_0|\exp(-\hat{\boldsymbol{T}})\hat{\boldsymbol{H}}\exp(\hat{\boldsymbol{T}})|\varPhi_0\rangle = \langle \varPhi_0|\hat{\boldsymbol{H}}_{cc}|\varPhi_0\rangle = \langle \varPhi_0|\hat{\boldsymbol{H}}\exp(\hat{\boldsymbol{T}})|\varPhi_0\rangle = E_{cc} \tag{14.6.26}$$

因为 $\varPhi_0^*$ 不能再退激发, $\exp(-\hat{\boldsymbol{T}})$ 作用在 $\varPhi_0^*$ 上仍然得到 $\varPhi_0^*$. 式 (14.6.26) 比式 (14.6.24) 简单得多, 但 E_{cc} 不是变分极值, 没有上界性质. 将式 (14.6.26) 展开, 注意 $\hat{\boldsymbol{H}}$ 中只有单、双电子算符, 根据 Slater 行列式函数矩阵元的计算规则, 有

$$\begin{aligned}E_{cc} &= \langle \varPhi_0|\hat{\boldsymbol{H}}(1+\hat{\boldsymbol{T}}_1+\hat{\boldsymbol{T}}_2+\tfrac{1}{2}\hat{\boldsymbol{T}}_1^2)|\varPhi_0\rangle \\ &= E_0 + \sum_{i}^{\text{occ}}\sum_{a}^{\text{unocc}} t_i^a\langle \varPhi_0|\hat{\boldsymbol{H}}|\varPhi_i^a\rangle + \sum_{i<j}^{\text{occ}}\sum_{a<b}^{\text{unocc}}(t_{ij}^{ab}+t_i^a t_j^b - t_i^b t_j^a)\langle \varPhi_0|\hat{\boldsymbol{H}}|\varPhi_{ij}^{ab}\rangle\end{aligned} \tag{14.6.27}$$

若 $\varPhi_0$ 是由 Hartree-Fock 轨道构成的行列式函数, 根据 Brillouin 定理, 式 (14.6.27) 变为

$$E_{cc} = E_0 + \sum_{i<j}^{\text{occ}}\sum_{a<b}^{\text{unocc}}(t_{ij}^{ab}+t_i^a t_j^b - t_i^b t_j^a)\left[\left\langle \tilde{\psi}_i\tilde{\psi}_j \middle| \tilde{\phi}_a\tilde{\phi}_b \right\rangle - \left\langle \tilde{\phi}_i\tilde{\phi}_j \middle| \tilde{\phi}_b\tilde{\phi}_a \right\rangle\right] \tag{14.6.28}$$

$\{\tilde{\phi}_p\}$ 是自旋–轨道函数. 为求得相关波函数的展开系数, 利用以下关系式:

$$\langle \varPhi_m^e | \hat{\boldsymbol{H}}_{cc} | \varPhi_0 \rangle = 0 \tag{14.6.29a}$$

$$\langle \varPhi_{mn}^{ef} | \hat{\boldsymbol{H}}_{cc} | \varPhi_0 \rangle = 0 \tag{14.6.29b}$$

$$\langle \varPhi_{mnl}^{efg} | \hat{\boldsymbol{H}}_{cc} | \varPhi_0 \rangle = 0 \tag{14.6.29c}$$

等. 将 $\hat{\boldsymbol{H}}_{cc} = \exp(-\hat{\boldsymbol{T}})\hat{\boldsymbol{H}}\exp(\hat{\boldsymbol{T}})$ 展开有无限项; 但由于 $\hat{\boldsymbol{H}}$ 中只包含单、双电子算符, 式 (14.6.29a)~ 式 (14.6.29c) 中各方程都只有有限项. 例如, 方程式 (14.6.29a) 的展开式为

$$\langle \varPhi_i^e (1 - \hat{\boldsymbol{T}}_1) | \hat{\boldsymbol{H}} | [1 + \hat{\boldsymbol{T}}_1 + (\hat{\boldsymbol{T}}_2 + \frac{1}{2}\hat{\boldsymbol{T}}_1^2) + (\hat{\boldsymbol{T}}_3 + \hat{\boldsymbol{T}}_2\hat{\boldsymbol{T}}_1 + \frac{1}{6}\hat{\boldsymbol{T}}_1^3)] \varPhi_0 \rangle = 0 \tag{14.6.30}$$

即最多包含到 $\hat{\boldsymbol{T}}_3$ 算符. 类似地, 方程式 (14.6.29b) 的展开式中最多包含到 $\hat{\boldsymbol{T}}_4$ 算符

$$\left\langle \varPhi_{mn}^{ef} (1 - \hat{\boldsymbol{T}}_1 - \hat{\boldsymbol{T}}_2 + \frac{1}{2}\hat{\boldsymbol{T}}_1^2) | \hat{\boldsymbol{H}} \right| \left[\begin{array}{c} 1 + \hat{\boldsymbol{T}}_1 + (\hat{\boldsymbol{T}}_2 + \frac{1}{2}\hat{\boldsymbol{T}}_1^2) + (\hat{\boldsymbol{T}}_3 + \hat{\boldsymbol{T}}_2\hat{\boldsymbol{T}}_1 + \frac{1}{6}\hat{\boldsymbol{T}}_1^3) \\ +(\hat{\boldsymbol{T}}_4 + \hat{\boldsymbol{T}}_3\hat{\boldsymbol{T}}_1 + \frac{1}{2}\hat{\boldsymbol{T}}_2^2 + \frac{1}{2}\hat{\boldsymbol{T}}_2\hat{\boldsymbol{T}}_1^2 + \frac{1}{24}\hat{\boldsymbol{T}}_1^4) \end{array} \right] \varPhi_0 \right\rangle = 0 \tag{14.6.31}$$

在完全的耦合簇理论中, 对于 N 电子体系

$$\hat{\boldsymbol{T}} = \sum_{I=1}^{N} \hat{\boldsymbol{T}}_I \tag{14.6.32}$$

计算结果就给定的基组而言是精确的, 与 FCI 计算的结果等价. 对于稍大的体系, 这样做计算量太大, 难于实现, 只能取 $\hat{\boldsymbol{H}}_{cc}$ 展开式的前几项, 作截短的耦合簇计算. 通常将取 $\hat{\boldsymbol{T}} = \hat{\boldsymbol{T}}_2$、$\hat{\boldsymbol{T}} = \hat{\boldsymbol{T}}_1 + \hat{\boldsymbol{T}}_2$、$\hat{\boldsymbol{T}} = \hat{\boldsymbol{T}}_1 + \hat{\boldsymbol{T}}_2 + \hat{\boldsymbol{T}}_3$ 和 $\hat{\boldsymbol{T}} = \hat{\boldsymbol{T}}_1 + \hat{\boldsymbol{T}}_2 + \hat{\boldsymbol{T}}_3 + \hat{\boldsymbol{T}}_4$ 的耦合簇理论计算分别记作 CCD、CCSD、CCSDT 和 CCSDTQ. CCSDT 与 CCSDQTQ 方法的计算量分别正比于 N^3M^5 和 N^4M^6(N、M 分别为占据、非占据自旋–轨道函数的数目), 只能用于很小的体系. CCSD 的计算量大致正比于 N^2M^4, 是目前实际可以应用于中等大小分子的耦合簇计算方法. 下面列出有关的详细公式. 能量表达式见式 (14.6.28). 将振幅方程的表达式展开, 得

$$\begin{aligned} &\sum_{ia} t_i^a \langle \varPhi_m^e | \hat{\boldsymbol{H}} | \varPhi_i^a \rangle + \sum_{ijab} (t_{ij}^{ab} + t_i^a t_j^b - t_i^b t_j^a) \langle \varPhi_m^e | \hat{\boldsymbol{H}} | \varPhi_{ij}^{ab} \rangle \\ &\quad + \sum_{ijkabc} (t_{ij}^{ab} t_k^c + \cdots + t_i^a t_j^b t_k^c + \cdots) \langle \varPhi_m^e | \hat{\boldsymbol{H}} | \varPhi_{ijk}^{abc} \rangle \\ &\quad - t_m^e E_0 - t_m^e \sum_{ijab} (t_{ij}^{ab} + t_i^a t_j^b - t_i^b t_j^a) \langle \varPhi_m^e | \hat{\boldsymbol{H}} | \varPhi_{ij}^{ab} \rangle = 0 \end{aligned} \tag{14.6.33a}$$

$$
\begin{aligned}
&\langle \Phi_{mn}^{ef}|\hat{\boldsymbol{H}}|\Phi_0\rangle + \sum_{ia} t_i^a \langle \Phi_{mn}^{ef}|\hat{\boldsymbol{H}}|\Phi_i^a\rangle + \sum_{ijab}(t_{ij}^{ab} + t_i^a t_j^b - t_i^b t_j^a)\langle \Phi_{mn}^{ef}|\hat{\boldsymbol{H}}|\Phi_{ij}^{ab}\rangle \\
&\quad + \sum_{ijkabc}(t_{ij}^{ab}t_k^c + \cdots + t_i^a t_j^b t_k^c + \cdots)\langle \Phi_{mn}^{ef}|\hat{\boldsymbol{H}}|\Phi_{ijk}^{abc}\rangle \\
&\quad + \sum_{ijklabcd}(t_{ij}^{ab}t_{kl}^{cd} + \cdots + t_{ij}^{ab}t_k^c t_l^d + \cdots + t_i^a t_j^b t_k^c t_l^d + \cdots)\langle \Phi_{mn}^{ef}|\hat{\boldsymbol{H}}|\Phi_{ijkl}^{abcd}\rangle \\
&\quad - t_n^f \sum_{ia} t_i^a \langle \Phi_m^e|\hat{\boldsymbol{H}}|\Phi_i^a\rangle - t_n^f \sum_{ijab}(t_{ij}^{ab} + t_i^a t_j^b - t_i^b t_j^a)\langle \Phi_m^e|\hat{\boldsymbol{H}}|\Phi_{ij}^{ab}\rangle \qquad (14.6.33\text{b}) \\
&\quad - t_n^f \sum_{ijkabc}(t_{ij}^{ab}t_k^c + \cdots + t_i^a t_j^b t_k^c + \cdots)\langle \Phi_m^e|\hat{\boldsymbol{H}}|\Phi_{ijk}^{abc}\rangle \\
&\quad + (-t_{mn}^{ef} + t_m^e t_n^f - t_m^f t_n^e)\left[E_0 + \sum_{ijab}(t_{ij}^{ab} + t_i^a t_j^b - t_i^b t_j^a)\langle \Phi_0|\hat{\boldsymbol{H}}|\Phi_{ij}^{ab}\rangle\right] = 0
\end{aligned}
$$

按 Slater 行列式矩阵元计算规则, 式 (14.6.33a) 和式 (14.6.33b) 中的 Hamilton 矩阵元, 如果两边的行列式有两个以上分子轨道不同则其值为零. 令角标遍取所有允许值, 就得到一个包含全部单、双激发振幅的非线性方程组. 用迭代方法解该方程组可以求得所需单、双激发振幅, 代入能量表达式 [式 (14.6.28)] 和波函数展开式即可求得耦合簇计算的总能量和波函数. 应该指出的是在耦合簇理论方法中, 考虑到的激发等级比耦合簇的截断值大, 如 CCSD 方法中最大耦合簇为 2, 而部分四激发组态存在于振幅方程组中.

耦合簇计算方法满足大小一致性和大小广延性条件, 是当前可以实际应用于中等分子电子结构计算的最精确的方法之一.

14.6.4 几种理论方法的比较

下面我们对多体微扰理论、组态相互作用方法和耦合簇理论作一些比较.

在 CI 中, n 重激发表示组态函数中有 n 个占据轨道换成空轨道. 在耦合簇展开中也代表同样的意思, 但可能有多种来源, 即既可以来自相连的 n 电子耦合簇, 也可以来自不相连的几个较小的耦合簇 (它们的总电子数等于 n). 后者的结果虽然也是 n 重激发组态, 但其展开系数可以从较小的耦合簇的展开系数求得.

在 MBPT 中, 相关能由各级微扰能贡献, 但并不是一级对应于一种耦合簇, 也不是对应于一种激发组态. 实际上在各级微扰能中都包含有低于其级数的各级激发组态的贡献, 而每种激发组态还可能是由几个耦合簇贡献的.

在 MBPT 中, 若对应于某个图的式子中求和涉及的不同穴态 (占据轨道) 的数目为 n, 则该图称为 n 重激发中间态图, 代表 n 体相互作用. 但它和 CI 中的 n 重

激发可能不同, 和 n 电子耦合簇也可能不同. n_1 电子耦合簇和 n_2 电子耦合簇之间的耦合会给出 n_1+n_2 体相互作用. 例如, 在 MBPT 中, $\langle\Phi_0|\hat{\boldsymbol{W}}|\Phi_{ij}^{ab}\rangle\langle\Phi_{ij}^{ab}|\hat{\boldsymbol{W}}|\Phi_{ik}^{ac}\rangle\times\langle\Phi_{ik}^{ac}|\boldsymbol{W}|\Phi_0\rangle$ 称为三体作用项 ($i\neq j\neq k$). 若 i,j,k 中有任意两个相等, 则得二体项. 在 CI 中, 上式相当于 $c_{ij}^{ab}\langle\Phi_{ij}^{ab}|\hat{\boldsymbol{W}}|\Phi_{ik}^{ac}\rangle c_{ik}^{ac}$, 被认为属于二电子贡献, 来自 (i,j) 和 (i,k) 对之间的耦合. CI 中的三电子贡献必须是涉及 $c_{ijk}^{abc}\Phi_{ijk}^{abc}$ 的项. 在耦合簇展开中, 三体作用则指相连三电子耦合簇.

耦合簇展开中的不相连耦合簇与 MBPT 中的不相连图并不相互对应. 几个不相连耦合簇可以产生一个相连图. 实际上不但二、三级微扰项完全是由二电子耦合簇贡献的, 就是四级项四重激发中间态的图也完全是由 $\hat{\boldsymbol{T}}_2$ 贡献的. 只要将四重激发中间态的相关能表达式与耦合簇展开式比较, 就可以看出前者来自相关簇展开的 $\dfrac{1}{2}\hat{\boldsymbol{T}}_2^2$ 项. 仔细比较 MBPT 和耦合簇展开的式子, 可以得出各相连或不相连耦合簇开始出现的最低级微扰项, 如表 14.6.1 所示.

表 14.6.1 耦合簇开始出现的最低级微扰项

相连耦合簇	开始出现的最低级微扰项	不相连耦合簇	开始出现的最低级微扰项
$\hat{\boldsymbol{T}}_1$	4	$\hat{\boldsymbol{T}}_1\hat{\boldsymbol{T}}_2$	5
$\hat{\boldsymbol{T}}_2$	2	$1/2\hat{\boldsymbol{T}}_1^2$	6
$\hat{\boldsymbol{T}}_3$	4	$1/2\hat{\boldsymbol{T}}_2^2$	4
$\hat{\boldsymbol{T}}_4$	5	$\hat{\boldsymbol{T}}_1\hat{\boldsymbol{T}}_3$	6

按 MBPT 考虑, 只包括双重激发组态的 CI 方法的结果 E_{CID} 包括双激发中间态到无穷级的贡献和有关的重整化项. 如果忽略四级以上的贡献, 则相关能应为

$$E_c\approx E_{\text{CID}}^{(2)-(4)}=\varepsilon_{\text{D}}^{(2)}+\varepsilon_{\text{D}}^{(3)}+\varepsilon_{\text{D}}^{(4)}-\varepsilon_{\text{D}}^{(2)}S \tag{14.6.34}$$

但 MBPT 展开到四级微扰, 不考虑单重激发和三重激发中间态, 相关能应为

$$E_c\approx E_{\text{MBPT}}^{(2)-(4)}=\varepsilon_{\text{D}}^{(2)}+\varepsilon_{\text{D}}^{(3)}+\varepsilon_{\text{D}}^{(4)}+\varepsilon_{\text{Q}}^{(4)}-(\varepsilon_{\text{D}}^{(2)}S)_{\text{“EPV”}} \tag{14.6.35}$$

比较两式, 可以看出, 在 CID 中没有考虑 $\varepsilon_{\text{Q}}^{(4)}$, 但多包括了 $-\varepsilon_{\text{D}}^{(2)}S$ 的 NEPV 部分. 由于它总是正值, 保证了 CI 结果的上界性质. 但也由于它的存在, 使 CID 收敛很慢, 且使结果不具有大小一致性. 为了消去 $-(\varepsilon_{\text{D}}^{(2)}S)_{\text{NEPV}}$ 项, 必须考虑四重激发中间态. CID 波函数中不包括四重激发组态, 因此无法消去它.

设归一化的 CID 波函数为

$$\Psi_{\text{CID}}=c_{0\text{D}}\Phi_0+\sum_{i<j}\sum_{a<b}c_{ij}^{ab}\Phi_{ij}^{ab} \tag{14.6.36}$$

另一方面, 归一化的一级微扰波函数可写为

$$\Psi = (1+S)^{-\frac{1}{2}}(\Phi_0 + \Phi^{(1)})$$
$$S = \langle \Phi^{(1)} | \Phi^{(1)} \rangle \tag{14.6.37}$$

比较两式 Φ_0 前面的系数, 得

$$c_{0\mathrm{D}}^2 = \frac{1}{1+S}$$

故

$$1 - c_{0\mathrm{D}}^2 = \frac{S}{1+S} \tag{14.6.38}$$

正确到 S 的一级项, $(1-c_{0\mathrm{D}}^2) \approx S$. 设 $E_{\mathrm{CID}} \approx \varepsilon_{\mathrm{D}}^{(2)}$, 则

$$(1-c_{0\mathrm{D}}^2)E_{\mathrm{CID}} \approx \varepsilon_{\mathrm{D}}^{(2)} S \tag{14.6.39}$$

按 Davidson 等提出的公式加校正项, 则校正后的相关能 E_{CIDQ} 为

$$E_{\mathrm{CIDQ}} \approx \varepsilon_{\mathrm{D}}^{(2)} + \varepsilon_{\mathrm{D}}^{(3)} + \varepsilon_{\mathrm{D}}^{(4)} + (1-c_{0\mathrm{D}}^2)E_{\mathrm{CID}} - \varepsilon_{\mathrm{D}}^{(2)} S \approx \varepsilon_{\mathrm{D}}^{(2)} + \varepsilon_{\mathrm{D}}^{(3)} + \varepsilon_{\mathrm{D}}^{(4)} \tag{14.6.40}$$

也就是消去了 $-\varepsilon_{\mathrm{D}}^{(2)} S$ 项, 从而消除了大小不一致性, 改善所得结果. 但与式 (14.6.35) 比较可见, 它没有 $-(\varepsilon_{\mathrm{D}}^{(2)} S)$ “$_{\mathrm{EPV}}$” 项. 一般认为, Davidson 校正相当于近似考虑了四重激发组态的贡献. 从式 (14.6.40) 看, 实际上它并未包括 $\varepsilon_{\mathrm{Q}}^{(4)}$. 它只考虑了由四重激发中间态图来的不包括 $-(\varepsilon_{\mathrm{D}}^{(2)} S)_{\mathrm{NEPV}}$ 项的贡献, 但同时不正确地将应该保留的 $-(\varepsilon_{\mathrm{D}}^{(2)} S)$ “$_{\mathrm{EPV}}$” 项也消去了.

在电子对相关理论 (CPMET) 中, 只考虑二电子耦合簇. 这相当于包括双重激发中间态图到无穷级以及由不相连耦合簇 (如 $\frac{1}{2}\hat{\boldsymbol{T}}_2^2$) 来的四重激发中间态图再加上两者之间的耦合项. 因此, 它精确到三级微扰项, 也包含部分更高级微扰项的贡献 (如四级微扰项中的四重激发中间态的贡献). 不同的 CEPA 变种相当于包括的 EPV 成分不同. 在所有各种形式的 CEPA 中都包括对双重激发中间态的无穷级求和, $-(\varepsilon_{\mathrm{D}}^{(2)} S)_{\mathrm{NEPV}}$ 和不相连四重激发中间态图的 NEPV 部分也正确地消去了, 因而有正确的大小一致性. 就这个意义上说, CEPA 中隐含有四重激发组态的贡献. 但 CEPA 中并不包括四级微扰项中相连四重激发中间态图的贡献, 因而没有包括 $\varepsilon_{\mathrm{Q}}^{(4)}$ 项, $-(\varepsilon_{\mathrm{D}}^{(2)} S)$ “$_{\mathrm{EPV}}$” 项也只是近似地保留. 关于 CEPA, CPMET 与 MBPT 的比较可参考文献 [36].

为了对上面讨论过的各种量有个印象, 表 14.6.2 中给出文献报道的对 H_2O 的计算结果. 可以看出, $\varepsilon_{\mathrm{D}}^{(4)}$, $\varepsilon_{\mathrm{Q}}^{(4)}$ 和 $-(\varepsilon_{\mathrm{D}}^{(2)} S)$ “$_{\mathrm{EPV}}$” 的数值几乎相等, 但前二者为负值, 后者为正值. 所以可以有两种看法: ① $\varepsilon_{\mathrm{D}}^{(4)}$ 与 $-(\varepsilon_{\mathrm{D}}^{(2)} S)$ “$_{\mathrm{EPV}}$” 相消了, 故双重

激发组态的贡献为 $\varepsilon_{\mathrm{DR}}^{(2)-(4)} \approx \varepsilon_{\mathrm{D}}^{(2)} + \varepsilon_{\mathrm{D}}^{(3)}$(下标 R 表示已考虑了重整化项的作用), 这样 $\varepsilon_{\mathrm{D}}^{(4)}$ 几乎没有贡献, 四级微扰能主要由 $\varepsilon_{\mathrm{Q}}^{(4)}$ 来 (直接由四重激发组态来); ② 认为 $\varepsilon_{\mathrm{Q}}^{(4)}$ 与 $-(\varepsilon_{\mathrm{D}}^{(2)}S)$"$_{\mathrm{EPV}}$" 几乎相消, 即 $\varepsilon_{\mathrm{QR}}^{(4)} = \varepsilon_{\mathrm{Q}}^{(4)} - (\varepsilon_{\mathrm{D}}^{(2)}S)$"$_{\mathrm{EPV}}$" ≈ 0, $E_{\mathrm{MBPT}}^{(2)-(4)}$ 几乎等于 $\varepsilon_{\mathrm{D}}^{(2)} + \varepsilon_{\mathrm{D}}^{(3)} + \varepsilon_{\mathrm{D}}^{(4)}$, 说明双重激发组态的贡献是主要的. 因此, 只要将四重激发组态的贡献和 $-(\varepsilon_{\mathrm{D}}^{(2)}S)$"$_{\mathrm{EPV}}$" 同时抛掉, 结果将较好, 这相当于 Davidson 校正. $\varepsilon_{\mathrm{D}}^{(2)} \sim \varepsilon_{\mathrm{D}}^{(4)}$ 的计算是比较简单的.

表 14.6.2 H_2O 的相关能成分

项　目	能量 (a.u.)	注　释
E_{SCF}	−76.00929	简缩DZ Gauss基组
双重激发组态项 $\varepsilon_{\mathrm{D}}^{(2)}$	−0.12510	
$\varepsilon_{\mathrm{D}}^{(3)}$	−0.00111	
$\varepsilon_{\mathrm{D}}^{(4)}$	−0.00293	
$\varepsilon_{\mathrm{D}}^{(2)}S$	−0.00504	
$(\varepsilon_{\mathrm{D}}^{(2)}S)$"$_{\mathrm{EPV}}$"	−0.00257	
四重激发组态项 $\varepsilon_{\mathrm{Q}}^{(4)}$	−0.00338	
$\varepsilon_{\mathrm{D}}^{(2)} + \varepsilon_{\mathrm{D}}^{(3)} + \varepsilon_{\mathrm{D}}^{(4)}$	−0.12914	近似微扰
$\varepsilon_{\mathrm{D}}^{(2)} + \varepsilon_{\mathrm{D}}^{(3)} + \varepsilon_{\mathrm{D}}^{(4)} + \varepsilon_{\mathrm{Q}}^{(4)} - (\varepsilon_{\mathrm{Q}}^{(2)}S)$"$_{\mathrm{EPV}}$"	−0.12995	四级微扰
CI 结果　E_{CISD}	−0.12615	CI 上界
$E_{\mathrm{CISD}} + \varepsilon_{\mathrm{D}}^{(2)}S$	−0.13119	加 Davidson 校正

14.7　量子蒙特卡罗方法 [9,37]

蒙特卡罗 (Monte Carlo, MC) 方法是一类基于随机取样处理物理或者数学问题的方法, 在多种问题的理论研究中得到广泛的应用, 如模拟粒子的无规运动、计算高维积分、求解偏微分方程等. 对于强耦合 (相关) 的多粒子体系, 难于用变量分离方法处理, 采用蒙特卡罗方法是较好的选择. 在量子化学中, 蒙特卡罗方法被用于求解多粒子体系的 Schrödinger 方程 (或者 Dirac 方程), 包括计算各种算符的期望值 (高维数值积分), 称为量子蒙特卡罗 (quantum Monte Carlo, QMC) 方法; 已经提出过几种处理问题的方法, 其共同特征是不在独立粒子 (平均场) 近似的基础上再考虑电子相关作用, 而是直接处理多电子 Schrödinger 方程, 原则上可以得到精确解, 尽管计算精度受到统计误差的限制. 目前比较成熟和广泛使用的量子蒙特卡罗方法有两种: 变分蒙特卡罗 (variational Monte Carlo, VMC) 方法和扩散蒙特卡罗 (diffusion Monte Carlo, DMC) 方法. 本节简要介绍这两种方法. 由于蒙特卡罗方法与随机变量的取值紧密相关, 下面首先介绍有关随机变量的一些基础知识.

14.7.1　随机变量的概率分布函数和概率分布密度函数

"随机变量" 是指其每次取值不能由给定条件预先确定的变量. 随机变量的取值可以是可数的或者不可数的, 离散的或者连续的. 要注意的是, 随机变量并不是变化毫无规律的变量, 虽然我们不能预先确定它每一次取什么值, 其取值是服从一定统计规律的. 给定随机变量的所有可能取值的集合构成其取样空间, 每次取值对应于一个取样空间点. 在随机变量的多次取值中, 在空间的不同区域, 取样点出现的频次可能相同或者不同, 取样点在空间某一区域出现的次数除以取值的总次数反映随机变量在该区域取值的概率. 例如, 随意抛掷一个骰子到桌面上, 其朝上一面的数是什么我们不能预知 (因此是随机变量), 但必定是 1~6 的整数中的某一个 (六个数构成取样空间). 如果骰子是质地均匀的正六面体, 则在足够多次的投掷中, 各个整数出现的次数是很接近相等的. 这是取样点均匀 (等概率) 分布的例子. 如果我们随意地同时投掷两个质地均匀的骰子, 则在足够多次的投掷中, 两个骰子朝上一面的数之和将不接近相等, 取样点不是均匀分布了, 但有规律地分布在 2~12 这 11 个数之间, 其中最小的 2 和最大的 12 出现的次数最少 (平均在 1/36 左右), 中间值 7 出现的次数最多 (平均在 6/36 左右), 反映随机变量取值概率分布情况. 又如, 对于一队受过训练士兵的打靶射击, 我们不能准确预测每次射击的弹孔在靶上的位置, 但一般情况下在足够多次的射击以后, 绝大多数射击应该在靶上留下弹孔, 弹孔围绕靶心从靶心向外按一定规律分布, 靶心附近的弹孔比较多. 在后一个例子中, 随机变量 (靶面上弹孔的坐标) 是连续的, 取样空间是靶面上点的集合 (假定每次射击均中靶), 弹孔在靶面上的分布反映出随机变量取值的概率分布情况.

随机变量在其取样空间中的取值用概率分布函数描述. 对于一维随机变量 ζ, 其相继的取值构成随机数列, 设 x 为任意实数, 定义 "ζ 取小于 x 的值" 的概率 P 为随机变量 ζ 的概率分布函数 $F(x)$

$$F(x)=P\{\zeta<x\}\qquad F(+\infty)=1 \tag{14.7.1}$$

如果 ζ 是连续变化的, 其概率分布函数 $F(x)$ 可以表示为

$$F(x)=\int_{-\infty}^{x}p(z)\mathrm{d}z\qquad F(+\infty)=1 \tag{14.7.1a}$$

称函数 $p(z)$ 为随机变量 ζ 的概率分布密度. 显然有

$$p(z)\geqslant 0\qquad \int_{-\infty}^{\infty}p(z)\mathrm{d}z=1 \tag{14.7.2}$$

若 $p(z)$ 在 z 点连续, 则 $P\{z\leqslant\zeta<z+\mathrm{d}z\}=p(z)\mathrm{d}z$. 概率分布密度函数 $p(x)$ 的 k 级原点矩的定义为

$$\left\langle x^k\right\rangle_p=\int_{-\infty}^{\infty}x^k p(x)\mathrm{d}x \tag{14.7.3}$$

一级原点矩 $\langle x\rangle_p=\bar{x}$ 就是 x 的平均值, $\langle x^2\rangle_p$ 为二级原点矩. 相对于 x 的平均值的二级中心矩定义为

$$\left\langle(x-\bar{x})^2\right\rangle_p=\int_{-\infty}^{\infty}(x-\bar{x})^2p(x)\mathrm{d}x=\left\langle x^2\right\rangle_p-\bar{x}^2=\sigma^2 \tag{14.7.4}$$

σ^2 又称为方差, σ 称为标准偏差. 在 $[a,b]$ 区间内均匀取值的随机变量, 其概率分布密度函数 $p(x)$ 为常数, 方差为 $(b-a)^2/12$. 按正态律分布 (概率分布密度为 Gauss 函数) 的变量是连续随机变量的最常见的例子:

$$p(x)=\frac{1}{\sigma\sqrt{2\pi}}\exp\left[-\frac{(x-a)^2}{2\sigma^2}\right] \tag{14.7.5}$$

式中, a 是概率分布密度的中心, 是 x 取值的平均值, σ^2 是方差.

推广到多维空间, 设 $\boldsymbol{\zeta}=(\zeta_1,\ \zeta_2,\ \cdots,\zeta_n)$ 为 n 维空间中的随机矢量, 定义随机矢量 $\boldsymbol{\zeta}$ 的 n 维分布函数为

$$F(x_1,\ x_2,\ \cdots,\ x_n)=P\{\zeta_1<x_1,\zeta_2<x_2,\ \cdots,\ \zeta_n<x_n\} \tag{14.7.6}$$

若存在 $p(z_1,\ z_2,\ \cdots,\ z_n)\geqslant 0$, 对于任意 $(x_1,\ x_2,\cdots,\ x_n)$, 式 (14.7.7) 成立

$$F(x_1,\ x_2,\ \cdots,\ x_n)=\int_{-\infty}^{x_1}\int_{-\infty}^{x_2}\cdots\int_{-\infty}^{x_n}p(z_1,\ z_2,\ \cdots,\ z_n)\mathrm{d}z_1\mathrm{d}z_2\cdots\mathrm{d}z_n \tag{14.7.7}$$

则称 $p(z_1,\ z_2,\ \cdots,\ z_n)$ 为随机矢量 $\boldsymbol{\zeta}=(\zeta_1,\ \zeta_2,\ \cdots,\zeta_n)$ 的概率分布密度. 按定义有

$$\int_{-\infty}^{\infty}\int_{-\infty}^{\infty}\cdots\int_{-\infty}^{\infty}p(z_1,\ z_2,\ \cdots,\ z_n)\mathrm{d}z_1\mathrm{d}z_2\cdots\mathrm{d}z_n=1 \tag{14.7.8}$$

若矢量 $\boldsymbol{\zeta}=(\zeta_1,\ \zeta_2,\ \cdots,\zeta_n)$ 是连续变化的, 则它位于区域 $G(x_1\rightarrow x_1+\mathrm{d}x_1,\ x_2\rightarrow x_2+\mathrm{d}x_2,\cdots,\ x_n\rightarrow x_n+\mathrm{d}x_n)$ 内的概率为

$$P(G)=\int_{x_1}^{x_1+\mathrm{d}x_1}\int_{x_2}^{x_2+\mathrm{d}x_2}\cdots\int_{x_n}^{x_n+\mathrm{d}x_n}p(z_1,\ z_2,\ \cdots,\ z_n)\mathrm{d}z_1\mathrm{d}z_2\cdots\mathrm{d}z_n \tag{14.7.9}$$

多维随机变量的第 i 个分量的条件概率分布密度定义为

$$p_i(x_i)=\int_{-\infty}^{\infty}\int_{-\infty}^{\infty}\cdots\int_{-\infty}^{\infty}p(x_1,\ \cdots,\ x_i,\ \cdots,\ x_n)\mathrm{d}x_1\cdots\mathrm{d}x_{i-1}\mathrm{d}x_{i+1}\cdots\mathrm{d}x_n \tag{14.7.10}$$

各分量的平均值 $\langle x_i\rangle$、各级原点矩 $\langle x_i^k\rangle$ 和概率分布密度的方差 σ_i^2 与一维随机变量有类似的定义. 此外还有涉及两个或者更多变量的各级矩. 例如, 对于两个分量 x_i 和 x_j, 其协方差定义为

$$\mathrm{Cov}(x_i,\ x_j)\equiv\langle(x_i-\bar{x}_i)(x_j-\bar{x}_j)\rangle \tag{14.7.11}$$

它表征两个随机变量相关的程度. 如果一组随机变量 $\zeta_1, \zeta_2, \cdots, \zeta_n$ 的概率分布函数可表示为

$$F(x_1 \cdots x_n) = F_1(x_1) \cdots F_i(x_i) \cdots F_n(x_n) \tag{14.7.12}$$

并且 $F_k(+\infty) = 1$, $k = 1, 2, \cdots, n$, 则称之为独立随机变量, 其概率分布密度函数为

$$p(x_1 \cdots x_n) = p_1(x_1) \cdots p_i(x_i) \cdots p_n(x_n) \tag{14.7.13}$$

式 (14.7.13) 中 $F_i(x_i)$ 和 $p_i(x_i)$ 分别是随机变量 ζ_i 的概率分布函数和概率分布密度函数. 对于独立随机变量, 其协方差为零.

例如, 二维 Gauss 分布密度函数可表示为

$$p(x,y) = \frac{-1}{2\pi\sigma_1\sigma_2(1-r^2)} \exp\left\{-\frac{-1}{2(1-r^2)}\left[\frac{(x-a)^2}{\sigma_1^2} - 2r\frac{(x-a)(y-b)}{\sigma_1\sigma_2} + \frac{(y-b)^2}{\sigma_2^2}\right]\right\} \tag{14.7.14}$$

式中, σ_1^2 和 σ_2^2 分别是变量 x 和 y 的方差, r 是相关系数, 协方差是 $r\sigma_1\sigma_2$.

14.7.2　实现随机变量按指定概率分布密度函数取值的方法

1. 由具有均匀概率分布的随机变量的连续取值产生均匀分布的随机数列

具有任意概率分布函数的随机变量的取值通常是由均匀分布的随机数列产生的, 因此首先要解决产生均匀分布随机数列的问题. 一种通过计算机产生随机数列的简单方法如下：设 m 是一个足够大的整数, 在 0~ $m-1$ 个整数中任取一个 I_0 为随机数发生器的 “种子”, 按以下方式产生一个整数系列：设第 j 个整数为 I_j, 则第 $j+1$ 个整数取为 $I_{j+1} = (aI_j + b)_{\mathrm{mod}\, m}$, 式中 a、b 为整数. 用 $m-1$ 除这个数列, 就得出数值在区间 [0, 1] 上的随机数列. 用上述方法可以产生分布相当均匀的随机数列, 但必须适当选择参数 a、b 和 m. 通常取 m 为计算机能够产生的最大整数, 选择 a 和 b 使数列中不出现周期小于 m 的循环. 产生用于模拟多维随机矢量的几组随机数列还要考虑在多维空间中各分量是否彼此独立和均匀分布的问题. 显然, 无论如何选择参数 m、a 和 b, 产生的数列都不是严格意义上的随机数列, 因为数列是按一定规律产生的, 虽然看起来数列中的数是随机出现的, 其出现的顺序是可以预见的. 如何选择 m、a 和 b 使得产生的数列尽可能逼近真正的均匀随机数列是一个复杂的数学问题. 现在有产生最佳随机数列的计算机程序可以应用.

在 Monte Carlo 方法中, 常要求随机变量按指定的概率分布密度函数取值. 在某些情况下很容易实现这一要求. 设随机变量 ζ 的概率分布函数 $F(x)$ 连续. 令 $R = F(\zeta)$, 因为 $F(x)$ 为 [0, 1] 区间上单调上升的连续函数, 当 ζ 在 $[-\infty, x]$ 区间

取值时, R 的值必在 $[0,\ F(x)]$ 内, 且对应 $[0,\ 1]$ 区间上的一个 r, 满足 $r = F(x) = P\{\zeta < x\}$. 故 R 的概率分布函数 $F'(r)$ 为

$$F'(r) = P\{R < r\} = \begin{cases} 0 & r = 0 \quad (\zeta = -\infty) \\ P\{\zeta < x\} = r & 0 < r \leqslant 1 \quad (-\infty < \zeta < x) \end{cases}$$

即 R 具有均匀的概率分布密度. 故取 $\zeta = F^{-1}(R)$, 则随机变量 ζ 的概率分布函数为 $F(x)$. 不过这种由具有均匀概率分布密度的随机变量产生具有指定概率分布密度的随机变量的方法要求 $F(x)$ 有已知的表达式并且是可逆的, 因此不能普遍使用.

由均匀分布的随机数列出发实现随机变量 ζ 按指定概率分布密度 $p(x)$ 函数取值的最简单的方法是舍弃法. 令 $p(x)$ 的最大值为 $p_{\max}$, 设具有均匀概率分布密度的随机变量 ρ 的某一次取值为 y, 令 $p(y)/p_{\max} = w(y) \leqslant 1$, 然后产生在 $[0,\ 1]$ 区间上具有均匀概率分布密度的随机数 η. 如果 $\eta > w(y)$, 则弃去 ρ 的这次取值, 反之, 接受这次取值为随机变量 ζ 的一次取值. 这样, 当两次产生的随机数列都足够大时, 对于任意点 x, 随机变量 ζ 在 $[x,\ x + \mathrm{d}x]$ 区间取值的概率即为 $p(x)\mathrm{d}x$. 如果 $p(x)$ 与均匀概率密度分布差别大, 上述方法的效率比较低, 因为需要弃去 ρ 取值的次数多, 无效运算多. 改进的方法是找一个函数 $s(x)$, 对所有 x 满足 $s(x) > p(x)$. 用 $s(x)$ 代替 $p_{\max}$, 并令随机变量 ρ 按函数 $s(x)$ 取值, 再用上述办法根据随机数 η 舍弃随机变量 ρ 的部分取值, 由此确定随机变量 ζ 在 $[x,\ x + \mathrm{d}x]$ 区间取值的概率. 如果 $s(x)$ 和 $p(x)$ 很接近, 舍弃 η 取值的次数很少, 计算效率就提高了. 当然, 为产生具有概率分布密度为 $s(x)$ 的随机数列, 也要付出代价, 但若 $s(x)$ 是可逆的函数, 则代价可以比较低.

2. Metropolis 算法

在量子 Monte Carlo 方法中, 为实现随机变量按指定概率分布密度取值, 最常用的是 Metropolis 等提出的方法[38], 该方法用模拟质点随机迁移的算法产生按指定概率分布密度函数分布的取样点. 设空间有 M 个点, 记为 $D_1,\ \cdots,\ D_i,\ \cdots,\ D_j,\ \cdots,\ D_M$. 设一个位于 D_j 的质点可以随机地从该点迁移到其他点, 其概率为 P_{ij}, 显然 $\sum\limits_{i=1}^{M} P_{ij} = 1$. 质点在各点之间的迁移可以用迁移矩阵 $\boldsymbol{P} = [P_{ij}]$ 表示. 如果 $\boldsymbol{P}$ 与粒子的迁移经历和当前所在的点无关, 则粒子的迁移链称为 Markov 链. 设质点迁移 n 次后在空间各点出现的概率分布密度为 $\boldsymbol{p}^{(n)} \equiv [p_1^{(n)} \cdots p_i^{(n)}\ \cdots\ p_M^{(n)}]^T$, 则质点迁移 $(n+1)$ 次后在空间各点出现的概率分布密度将变为 $\boldsymbol{p}^{(n+1)} = [p_1^{(n+1)} \cdots p_i^{(n+1)} \cdots p_M^{(n+1)}]^T = \boldsymbol{P}\boldsymbol{p}^{(n)}$. 若起始的粒子概率分布密度为 $\boldsymbol{p}^0$, 则 $\boldsymbol{p}^{(1)} = \boldsymbol{P}\boldsymbol{p}^{(0)}$, $\boldsymbol{p}^{(2)} = \boldsymbol{P}^2\boldsymbol{p}^{(0)}$, $\cdots$, $\boldsymbol{p}^{(l)} = \boldsymbol{P}^l\boldsymbol{p}^{(0)}$. 根据统计力学的各态历经假定, 只要迁移的次数足够多, 粒子将遍历空间所有的 M 点. 设在经过足够多次 (m 次) 迁移以后, 有

$\left|\boldsymbol{p}^{(m+1)}-\boldsymbol{p}^{(m)}\right|\to\mathbf{0}$, 粒子的概率分布密度达到平衡, 设为 $\boldsymbol{p}^*$, 则有 $\boldsymbol{p}^*=\boldsymbol{P}\boldsymbol{p}^*$, 这是一个包括 M 个变量 (p_i^*, $i=1, 2, \cdots, M$) 的线性齐次方程组, 加上归一化条件 $\sum\limits_{j=1}^{M}p_j^*=1$ 即可算出这 M 个未知变量.

若不限于考察单个粒子的迁移而是考察大量粒子 (M 个, 构成一个系综) 彼此互不影响地迁移, 则经过足够多次的迁移后粒子也将达到平衡分布, 将各点上粒子的数目除以总粒子数就得到粒子在各点的分布概率, 应与单个粒子迁移足够多次后的概率分布密度近似相等, 当 $m\to\infty$ 和 $M\to\infty$ 时将严格相等. 因此, 当 m 和 M 足够大时, M 个粒子迁移 m 次达到的效果相当于单个粒子迁移 $M\times m$ 次.

以上讨论表明, 迁移矩阵决定粒子的平衡概率分布密度. 要解决的问题是对于给定的某种起始粒子密度分布, 如何选取迁移矩阵, 以便得到所需的粒子平衡概率分布密度. Metropolis 等提出了解决这一问题的办法 (舍弃法). 具体说就是, 建立一种作为迁移接受概率的矩阵 $\boldsymbol{A}\equiv[A_{ij}]$; 若 $p_i^*\leqslant p_j^*$, 取 $A_{ij}=p_i^*/p_j^*$, 若 $p_i^*>p_j^*$, 取 $A_{ij}=1$; 亦即若粒子尝试从点 j 向点 i 迁移, 产生一个在 [0, 1] 区间上具有均匀概率密度分布的随机数 η, 当 $\eta\leqslant A_{ij}$ 时接受这次迁移, 点 i 成为粒子的新位置; 否则舍弃这次迁移尝试, 粒子停留在点 j. 设在迁移某一次后, 点 i 有 n_i 个粒子, 点 j 有 n_j 个粒子, 这样选取 A_{ij} 的后果是, 若 $p_i^*>p_j^*$, 则点 j 的 n_j 个粒子均将迁移到点 i, 而点 i 的 n_i 个粒子将有 $n_ip_j^*/p_i^*$ 个迁移至点 j. 故点 j 上粒子数的变化为

$$\delta n_j=n_ip_j^*/p_i^*-n_j \tag{14.7.15}$$

若 $n_i/n_j=p_i^*/p_j^*$, 则 $\delta n_j=0$. 若对所有 j 点成立, 则达到了平衡概率分布密度. 若 $n_i/n_j>p_i^*/p_j^*$, 则 $\delta n_j>0$, 在接下去的迁移中点 j 的粒子数将增加; 反之将减少, 直到达到平衡. 以上结果可以表示为

$$A_{ij}=\min\left(p_i^*/p_j^*,\ 1\right) \tag{14.7.16}$$

式 (14.7.16) 给出一个粒子从点 j 迁移到点 i 的尝试被接受的概率, 也就实现了对部分迁移尝试的舍弃.

将以上讨论推广到连续随机变量的情况. 设每隔一段时间 δt 粒子迁移一次, 在时刻 t 粒子的概率分布密度函数为 $p(x, t)$, 在时刻 $(t+\delta t)$ 从点 x 到点 y 的迁移概率为 $G(y, x; \delta t)$, 则

$$p(y,\ t+\delta t)=\int p(x,\ t)G(y,\ x;\ \delta t)\mathrm{d}x \tag{14.7.17}$$

经过 m 次迁移, 有

$$p(y,\ t+m\delta t)=\int p(x,\ t)G(y,\ x;\ m\delta t)\mathrm{d}x \tag{14.7.18}$$

达到平衡概率分布后, 与式 (14.7.16) 对应的式子为

$$A(y,\ x;\ \delta t)=\min\left[p^*(y,t+\delta t)/p^*(x,\ t+\delta t),1\right] \tag{14.7.19}$$

3. 导向的重要性取样方法

以上是在假定粒子不受其他影响的条件下 (迁移概率密度分布是均匀的) 为得到所需平衡概率分布密度选取迁移接受概率矩阵的方法. 如果粒子受到外来影响产生迁移, 从点 i 到点 j 的迁移概率为 B_{ji}, 则为达到所需平衡概率分布密度应如何确定迁移接受概率矩阵 $\boldsymbol{T}\equiv[T_{ji}]$? 对应于式 (14.7.15), 在一次迁移中点 j 上的粒子数变化为 $\delta n_j=T_{ji}B_{ji}n_i-T_{ij}B_{ij}n_j$, 当达到平衡概率分布密度时, $\delta n_j=0$, $T_{ji}B_{ji}n_i^*=T_{ij}B_{ij}n_j^*$, 故

$$\frac{n_j^*}{n_i^*}=\frac{T_{ji}B_{ji}}{T_{ij}B_{ij}}=\frac{p_j^*}{p_i^*} \tag{14.7.20}$$

由此得

$$\frac{T_{ji}}{T_{ij}}=\frac{B_{ij}p_j^*}{B_{ji}p_i^*} \tag{14.7.21}$$

式 (14.7.21) 称为细致平衡原理. 这样选择 $\boldsymbol{T}\equiv[T_{ji}]$ 矩阵, 可以保证达到平衡后粒子按指定的概率分布密度函数分布. 与式 (14.7.16) 对应, 有

$$T_{ji}=\min\left(\frac{B_{ij}p_j^*}{B_{ji}p_i^*},\ 1\right) \tag{14.7.22}$$

推广到连续随机变量的情况, 对应于式 (14.7.22), 有

$$T(y,\ x;\ \delta t)=\min\left[q(y,\ x;\ \delta t),\ 1\right] \tag{14.7.23}$$

式中, $q(y,\ x;\ \delta t)=\dfrac{B(x,\ y;\ \delta t)p^*(y)}{B(y,\ x;\ \delta t)p^*(x)}$, $B(y,\ x;\ \delta t)$ 是粒子受到外来影响在时刻 $(t+\delta t)$ 从点 x 迁移到点 y 的概率. 这种构造迁移接受概率矩阵的方法称为推广的 Metropolis 方法. 上述对连续随机变量的结果可以直接推广到多维空间的情况.

14.7.3 变分 Monte Carlo 方法

1. Metropolis 算法

用变分法求多电子体系基态能量 E_0 需要计算 Hamilton 算符的平均值, 并求取其极小值

$$E_0\approx\min E[\Psi]=\min\left[\frac{\langle\Psi(\boldsymbol{x}_1\cdots\boldsymbol{x}_N)|\,\hat{\boldsymbol{H}}(\boldsymbol{x}_1\cdots\boldsymbol{x}_N)\,|\Psi(\boldsymbol{x}_1\cdots\boldsymbol{x}_N)\rangle}{\langle\Psi(\boldsymbol{x}_1\cdots\boldsymbol{x}_N)|\ \Psi(\boldsymbol{x}_1\cdots\boldsymbol{x}_N)\rangle}\right] \tag{14.7.24}$$

式中, Ψ 满足多电子波函数要求的条件, N 是电子数目, $\boldsymbol{x}_i$ 表示第 i 个电子的空间坐标. 一般说来, $\Psi(\boldsymbol{x})$ 的表达式很复杂, 几乎无法直接用解析方法计算 $E[\Psi]$ 的值. 在 CI 方法中, 通过将 $\Psi(\boldsymbol{x})$ 展开为由单电子轨道构成的 Slater 行列式函数的线性组合来计算其近似值. 但 CI 方法收敛极慢, 很难获得高精度计算结果. 如果采用包括显含电子间距离的坐标, 则线性展开的收敛情况有很大改善, 可是涉及的积分无法用解析方法处理, 只能用数值方法计算. 用通常的网格积分方法计算 $E[\Psi]$ 中的积分值存在两个问题: ① 要计算的是 $3N$ 维积分, 对一个坐标分量取 d 个值, 就有 $D = d^{3N}$ 个积分网格点, 计算量极大; ② 各网格点的被积函数值差别很大, 其中有很多点被积函数值 ≈ 0, 对 $E[\Psi]$ 实际上没有贡献, 是没有必要计算的. 用 Monte Carlo 积分方法计算 $E[\Psi]$ 泛函的值可以较好地解决上述问题. 变分 Monte Carlo (VMC) 方法就是用 Monte Carlo 方法计算式 (14.7.24) 中出现的高维积分, 即用 Monte Carlo 方法计算能量泛函 $E[\Psi]$ 的值. 如果直接按式 (14.7.24) 中 $E[\Psi]$ 的表达式, 采用具有均匀分布密度的随机数列给出积分点进行数值积分, 则还是存在上面说的第二个问题. 为避免这一缺点, 可将 $E[\Psi]$ 改写为

$$E[\Psi] = \frac{\displaystyle\int |\Psi(\boldsymbol{x})|^2 E_L(\boldsymbol{x})\mathrm{d}\boldsymbol{x}}{\displaystyle\int |\Psi(\boldsymbol{x})|^2\,\mathrm{d}\boldsymbol{x}} \equiv \int p(\boldsymbol{x})E_L(\boldsymbol{x})\mathrm{d}\boldsymbol{x} \equiv \langle E_L\rangle_{\Psi^2} \tag{14.7.25}$$

式中, $\boldsymbol{x} \equiv (\boldsymbol{x}_1 \cdots \boldsymbol{x}_N)$ 代表 N 个电子的坐标的集合, 表示 $3N$ 维空间一个点的坐标, $\mathrm{d}\boldsymbol{x} = \mathrm{d}\boldsymbol{x}_1 \cdots \mathrm{d}\boldsymbol{x}_N$ 表示 $3N$ 维空间中的体积元.

$$E_L(\boldsymbol{x}) = \frac{\hat{\boldsymbol{H}}\,\Psi(\boldsymbol{x})}{\Psi(\boldsymbol{x})} \tag{14.7.26}$$

是 x 点的局域能量密度;

$$p(\boldsymbol{x}) = \frac{|\Psi(\boldsymbol{x})|^2}{\displaystyle\int |\Psi(\boldsymbol{x})|^2\,\mathrm{d}\boldsymbol{x}} \tag{14.7.27}$$

显然, $p(\boldsymbol{x})$ 具有概率分布密度函数的意义和性质, 即 $p(\boldsymbol{x}) \geqslant 0$, $\displaystyle\int p(\boldsymbol{x})\mathrm{d}\boldsymbol{x} = 1$. 选择逼近 Schrödinger 方程精确解的 $\Psi(\boldsymbol{x})$, 则由 Schrödinger 方程可知 $E_L[\Psi] = \dfrac{\hat{\boldsymbol{H}}\,\Psi(\boldsymbol{x})}{\Psi(\boldsymbol{x})} \approx$ 常数. 采用 Metropolis 方法, 令 M 个积分点的平衡概率分布密度函数为 $p(\boldsymbol{x}) = \dfrac{|\Psi(\boldsymbol{x})|^2}{\displaystyle\int |\Psi(\boldsymbol{x})|^2\,\mathrm{d}\boldsymbol{x}}$, 则可计算能量泛函值

$$E[\Psi] \approx \frac{1}{M}\sum_{i=1}^{M} E_L(\boldsymbol{x}_i) \tag{14.7.28}$$

假定用以确定积分点的各坐标分量的随机变量取值是不相关联的, 则可按式 (14.7.4) 计算方差

$$\sigma^2(E[\Psi]) = \frac{\langle E_L^2 \rangle_{\Psi^2} - \langle E_L \rangle_{\Psi^2}^2}{M-1} \tag{14.7.29}$$

由 $\sigma^2(E[\Psi])$ 可以估计数值积分的统计误差. 按照概率论的大数定律, 统计误差由积分点 M 的多少决定, 与电子数目 N 没有直接关系, 与积分维数的关系较弱 (N 增大, 数值计算误差会变大), 故能量泛函的计算误差随 N 而增大比较慢.

用 Metropolis 方法按式 (14.7.25) 计算积分需要进行多次电子迁移的计算. 开始时由在 [0, 1] 区间上均匀概率分布的随机数列分别给出 N 个电子的坐标 ($3N$ 个随机数), 确定 $3N$ 维空间中的一个点 $\boldsymbol{x}$(构型点, 表征体系的一种电子构型或者状态); 共产生 M 个构型点, 构成一个系综. 然后, 采用式 (14.7.27) 表示的 $p(\boldsymbol{x})$ 为电子分布达到平衡时的概率分布密度函数, 按式 (14.7.19) 构造迁移接受概率矩阵, 即令

$$A(\boldsymbol{y},\ \boldsymbol{x};\ \delta t) = \min\left(|\Psi(\boldsymbol{y},\ t+\delta t)|^2 \Big/ |\Psi(\boldsymbol{x},\ t+\delta t)|^2\ ,\ 1 \right) \tag{14.7.19a}$$

让各个构型点在 $3N$ 维空间中迁移. 每次可以是 1 个电子迁移, 也可以若干电子同时迁移, 各电子到达的新位置由 $\rho\delta x$ 确定, 其中 ρ 是 [0, 1] 区间上均匀分布的随机数, 通过选取 δx 控制每次迁移中各个电子移动的距离. δx 的选取要恰当, 太小了到达平衡分布需要的迁移次数太多; 太大了 A_{ij} 的值可能太小, 尝试迁移的舍弃率很高, 计算效率低. 按式 (14.7.19a) 确定各次迁移的接受概率, 由此产生新的 M 个构型点. 这一过程也可以看作 $3N$ 维空间中一个 "粒子"(文献上常称之为一个行者, a walker) 的迁移. 连续进行迁移, 每次迁移均计算 $\langle E_L \rangle_{\Psi^2}$ 和 σ^2 的值, 直到根据 $\langle E_L \rangle_{\Psi^2}$ 和 σ^2 数值变化的情况判断构型点分布已经达到平衡概率分布密度为止, 即得出需要计算的 $\langle E_L \rangle_{\Psi^2}$ 和 σ^2 的最后结果.

2. 推广的 Metropolis 算法

每次迁移都要逐点计算 $\Psi(\boldsymbol{x})$、$E_L(\boldsymbol{x})$ 以及 $\langle E_L \rangle_{\Psi^2}$ 和 σ^2 的值, 计算量很大. 减少达到平衡概率分布密度所需的迁移次数显然非常重要. 使用推广的 Metropolis 方法, 即利用式 (14.7.23) 确定迁移概率, 可以加速收敛, 减少计算量. 对于给定的 $\Psi(\boldsymbol{x})$, $p^*(\boldsymbol{x}) = \dfrac{|\Psi(\boldsymbol{x})|^2}{\displaystyle\int |\Psi(\boldsymbol{x})|^2 \mathrm{d}\boldsymbol{x}}$ 是已知的, 需要找出 $G(\boldsymbol{y},\ \boldsymbol{x};\ \delta t)$. 根据 Schrödinger 方程可以推知 (参见 14.7.4 节), 可近似地取 $G(\boldsymbol{y},\ \boldsymbol{x};\ \delta t)$ 为 Gauss 分布函数

$$G(\boldsymbol{y},\ \boldsymbol{x};\ \delta t) = (2\pi\delta t)^{-3N/2} \exp\left\{ -\left[\boldsymbol{y} - \boldsymbol{x} - \frac{\delta t}{2}\boldsymbol{F}(\boldsymbol{x}) \right]^2 / 2\delta t \right\} \tag{14.7.30}$$

式中, δt 是 Gauss 分布函数的方差, $\boldsymbol{F}(\boldsymbol{x})=2\dfrac{\nabla\Psi(\boldsymbol{x})}{\Psi(\boldsymbol{x})}$, 有人称之为量子力 (quantum force), 它的存在使构型点倾向于向 $|\Psi(\boldsymbol{x})|$ 大的区域迁移, 可以提高达到平衡概率分布密度的速度. 采用推广的 Metrospolis 算法, 令尝试迁移的接受概率矩阵为

$$T(\boldsymbol{y},\ \boldsymbol{x};\ \delta t)=\min\left[q(\boldsymbol{y},\ \boldsymbol{x};\ \delta t),\ 1\right] \tag{14.7.23a}$$

式中, $q(\boldsymbol{y},\ \boldsymbol{x};\ \delta t)=\dfrac{G(\boldsymbol{x},\ \boldsymbol{y};\ \delta t)\left|\Psi(\boldsymbol{y})\right|^2}{G(\boldsymbol{y},\ \boldsymbol{x};\ \delta t)\left|\Psi(\boldsymbol{x})\right|^2}$. 计算过程和上面说过的类似, 不同之处只是在构型点每次迁移时, 由具有 Gauss 概率分布密度函数的随机变量 $\{\rho_i,\ i=1,\ \cdots,\ 3N\}$ 的取值确定电子从 $\boldsymbol{x}\to\boldsymbol{y}$ 的迁移, 即令 $\boldsymbol{y}=\boldsymbol{x}+\dfrac{\delta t}{2}\boldsymbol{F}(\boldsymbol{x})+\boldsymbol{\rho}$, 该 Gauss 概率分布密度函数以各电子迁移前所在位置 $(\boldsymbol{x})$ 为中心, 一般选择其方差使得迁移的平均接受概率为 50%左右.

3. 相关取样方法

计算体系基态能量需要求能量泛函 $E[\Psi]$ 的极值. 用 Monte Carlo 方法优化能量泛函存在统计误差的问题. 由于数值积分的取样点是随机分布的, 积分值存在标准偏差 σ. 根据概率论的分析, 按准确值出现的概率为 95%的要求, 设两次计算得到的结果分别为 $E_{\Psi1}$, σ_1 和 $E_{\Psi2}$, σ_2, 则准确值 E_{exact} 存在的范围分别为

$$E_{\Psi1}-2\sigma_1\leqslant E_{1\text{exact}}\leqslant E_{\Psi1}+2\sigma_1 \qquad E_{\Psi2}-2\sigma_2\leqslant E_{2\text{exact}}\leqslant E_{\Psi2}+2\sigma_2 \tag{14.7.31}$$

如果 $E_{\Psi1}\pm2\sigma_1$ 和 $E_{\Psi2}\pm2\sigma_2$ 有较大的重叠, 则难于可靠地判断 $E_{1\,\text{exact}}$ 和 $E_{2\,\text{exact}}$ 的相对高低. 为了减少这一困难, 可以采用相关取样方法, 同时计算优化涉及的各个数值. 办法是取一系列用以确定波函数 Ψ 的参数组 $\{\alpha\}_1$, $\{\alpha\}_2$, $\cdots$, $\{\alpha\}_n$, 选其中的某一组 $\{\alpha\}_0$ 确定的波函数 $\Psi\{\alpha\}_0\equiv\Psi_R$ 为参考函数, 将式 (14.7.25) 改写为

$$\langle E_L\rangle_{\Psi^2}=\frac{\displaystyle\int\left|\Psi_R(\boldsymbol{x})\right|^2 w(\boldsymbol{x})E_L(\boldsymbol{x})\mathrm{d}\boldsymbol{x}}{\displaystyle\int\left|\Psi_R(\boldsymbol{x})\right|^2 w(\boldsymbol{x})\mathrm{d}\boldsymbol{x}}=\lim_{M\to\infty}\frac{\displaystyle\sum_{i=1}^{M}E_L(\boldsymbol{x}_i)w(\boldsymbol{x}_i)}{\displaystyle\sum_{i=1}^{M}w(\boldsymbol{x}_i)} \tag{14.7.32}$$

式中, $w(\boldsymbol{x})=\left|\Psi(\boldsymbol{x})\right|^2/\left|\Psi_R(\boldsymbol{x})\right|^2$. 以 $\left|\Psi_R(\boldsymbol{x})\right|^2\Big/\displaystyle\int\left|\Psi_R(\boldsymbol{x})\right|^2\mathrm{d}\boldsymbol{x}$ 为指定的平衡概率分布密度, 通过构型点迁移确定数值积分取样点集 $\{\boldsymbol{x}_i\}$, 用以计算不同参数组 $\{\alpha\}_p$ 确定的 $\Psi\{\alpha\}_p$ 对应的 $E_L^{(p)}(\boldsymbol{x})$ 和 $w^{(p)}(\boldsymbol{x})$, 代入式 (14.7.32) 计算能量泛函值 $\langle E_L\rangle_{\Psi^2\{\alpha\}_p}$, 获得 $\langle E_L\rangle_{\Psi^2\{\alpha\}}$ 随参数组 $\{\alpha\}$ 变化的函数关系, 进而计算极小值. 应当指出, 这样计算出来的 $\langle E_L\rangle_{\Psi^2\{\alpha\}}$ 值除 $\langle E_L\rangle_{\Psi_R^2}$ 以外不是最优的, 方差可能大一些, 但由于各次数值积分取样点相同, 统计误差可以在相当大程度上抵消, 计算得到的能量泛函

值之差的误差反而比较小, 而且计算量可以大为降低. 当然, 选择合适的 Ψ_R 很重要.

以上对能量泛函优化的 Monte Carlo 方法 (有人称之为微分或示差 Monte Carlo 方法) 也可以用于其他泛函求极值或者由两个状态的能量之差确定的物理量, 如电离能、原子化能、能量梯度、对外场的响应常数等.

用 Monte Carlo 方法计算基态能量也可以通过计算方差泛函并求取其极小值实现. 假定取样点的各坐标分量是彼此不相关联的, 则局域能量密度的方差为

$$\sigma^2[\Psi] = \int (E_L(\boldsymbol{x}) - E[\Psi])^2 \,|\Psi(\boldsymbol{x})|^2 \,\mathrm{d}\boldsymbol{x} = \int \left(\hat{H}\,\Psi(\boldsymbol{x})\right)^2 \mathrm{d}\boldsymbol{x} - \langle E[\Psi]\rangle^2 \tag{14.7.33}$$

通过优化 $\Psi(\boldsymbol{x})$ 得到 $\sigma^2[\Psi]$ 的极小值 $\sigma^2_{\min}[\Psi_{\text{opt}}]$, 再用优化的波函数 $\Psi_{\text{opt}}(\boldsymbol{x})$ 计算基态能量最佳值 $E[\Psi_{\text{opt}}]$

$$E[\Psi_{\text{opt}}] \geqslant E_0 \geqslant E[\Psi_{\text{opt}}] - 2\sigma_{\min}[\Psi_{\text{opt}}] \tag{14.7.34}$$

当 $\sigma^2[\Psi_{\text{opt}}] = 0$ 时, $E[\Psi_{\text{opt}}] = E_0$. 这种方法的优点是知道 $\sigma^2[\Psi]$ 的精确下确界为零, 因此在求得基态能量的近似值的同时, 也得到对其近似程度的估计.

在求 $\sigma^2[\Psi]$ 的极小值时, 可将 $\langle E[\Psi]\rangle$ 作为参数, 用 $E_{\text{ref}} = \langle \Psi_{\text{ref}}|\,\hat{H}\,|\Psi_{\text{ref}}\rangle$ 代替, 进行 $\sigma^2[\Psi]$ 的优化计算, Ψ_{ref} 为选取的试用波函数. 在优化过程中, 可以用得到的初步优化的波函数代替 Ψ_{ref} 更新 E_{ref}, 直到得到收敛结果.

14.7.4 扩散 Monte Carlo 方法

1. 定态 Schrödinger 方程的积分形式

定态 (不含时)Schrödinger 方程为

$$[\hat{\boldsymbol{H}}(\boldsymbol{x}) - E_k]\,\Psi_k(\boldsymbol{x}) = 0 \qquad (k = 0,\ 1,\ \cdots,\ \infty) \tag{14.7.35}$$

通常定义其 Green 函数 $G(\boldsymbol{x},\boldsymbol{y};E)$ 为方程式 (14.7.36) 的解

$$[\hat{\boldsymbol{H}}(\boldsymbol{x}) - E]G(\boldsymbol{x},\boldsymbol{y};E) = \delta\,(\boldsymbol{x}-\boldsymbol{y}) \tag{14.7.36}$$

设将 $G(\boldsymbol{x},\boldsymbol{y};E)$ 用 $\hat{\boldsymbol{H}}$ 的本征函数系 $\{\Psi_k,\ k=1,\,2,\,\cdots,\,\infty\}$ 展开

$$G(\boldsymbol{x},\boldsymbol{y};E) = \sum_{k,k'} G_{kk'}\,\Psi_k(\boldsymbol{x})\,\Psi^*_{k'}(\boldsymbol{y}) \tag{14.7.37}$$

代入式 (14.7.36) 得

$$[\hat{\boldsymbol{H}}(x) - E]G(\boldsymbol{x},\boldsymbol{y};E) = \sum_{k,k'} G_{kk'}\,(E_k - E)\,\Psi_k(\boldsymbol{x})\,\Psi^*_{k'}(\boldsymbol{y}) = \delta(\boldsymbol{x}-\boldsymbol{y}) \tag{14.7.38}$$

由 $\{\Psi_k,\ k=1,2,\cdots,\infty\}$ 的完备性得

$$\sum_k \Psi_k(\boldsymbol{x})\,\Psi_k^*(\boldsymbol{y})=\delta\,(\boldsymbol{x}-\boldsymbol{y}) \tag{14.7.39}$$

代入式 (14.7.38) 得

$$\sum_{k,k'} G_{kk'}(E_k-E)\,\Psi_k(\boldsymbol{x})\,\Psi_{k'}^*(\boldsymbol{y})=\sum_{k,k'}\Psi_k(\boldsymbol{x})\,\Psi_{k'}^*(\boldsymbol{y})\delta_{kk'} \tag{14.7.38a}$$

逐项比较得

$$G_{kk'}(E_k-E)=\delta_{kk'} \tag{14.7.40}$$

将由式 (14.7.40) 得到的 $G_{kk'}$ 代入式 (14.7.37) 得

$$G(\boldsymbol{x},\boldsymbol{y};E)=\sum_k \frac{\Psi_k(\boldsymbol{x})\,\Psi_k^*(\boldsymbol{y})}{E_k-E} \tag{14.7.41}$$

对于方程

$$[\hat{\boldsymbol{H}}(\boldsymbol{x})-E]\,\Phi^{(n+1)}(\boldsymbol{x})=(E_R-E)\,\Phi^{(n)}(\boldsymbol{x}) \tag{14.7.42}$$

其解 $\Phi^{(n+1)}(\boldsymbol{x})$ 可表示为

$$\Phi^{(n+1)}(\boldsymbol{x})=(E_R-E)\int G(\boldsymbol{x},\boldsymbol{y};E)\,\Phi^{(n)}(\boldsymbol{y})\mathrm{d}\boldsymbol{y} \tag{14.7.43}$$

将式 (14.7.43) 代入式 (14.7.42) 即可验证

$$\begin{aligned}[\hat{\boldsymbol{H}}(\boldsymbol{x})-E]\,\Phi^{(n+1)}(\boldsymbol{x})&=[E_R-E]\int[\hat{\boldsymbol{H}}(\boldsymbol{x})-E]G(\boldsymbol{x},\boldsymbol{y};E)\,\Phi^{(n)}(\boldsymbol{y})\mathrm{d}\boldsymbol{y}\\&=(E_R-E)\int\delta\,(\boldsymbol{x}-\boldsymbol{y})\,\Phi^{(n)}(\boldsymbol{y})\mathrm{d}\boldsymbol{y}=(E_R-E)\,\Phi^{(n)}(\boldsymbol{x})\end{aligned} \tag{14.7.44}$$

用式 (14.7.43) 进行迭代, 即反复用 $\Phi^{(n+1)}(\boldsymbol{x})$ 作为 $\Phi^{(n)}(\boldsymbol{y})$ 进行计算, 只要选取 $E<E_0$(基态能量), 则当 n 足够大时 $\Phi^{(n+1)}(\boldsymbol{x})$ 逼近 $\hat{\boldsymbol{H}}$ 的基态 $\Psi_0(\boldsymbol{x})$. 这相当于从试用波函数出发, 用投影方法逐步增加基态波函数的成分. 证明如下: 将迭代起始函数 $\Phi^{(0)}(\boldsymbol{y})$ 用 $\hat{\boldsymbol{H}}$ 的本征函数系 $\{\Psi_k,\ k=1,2,\cdots,\infty\}$ 展开

$$\Phi^{(0)}(\boldsymbol{y})=\sum_{k'=0}^{\infty} C_{k'}\,\Psi_{k'}(\boldsymbol{y}) \tag{14.7.45}$$

代入式 (14.7.43), 则

$$\begin{aligned}\Phi^{(1)}(\boldsymbol{x})&=(E_R-E)\int G(\boldsymbol{x},\boldsymbol{y};E)\,\Phi^{(0)}(\boldsymbol{y})\mathrm{d}\boldsymbol{y}\\&=(E_R-E)\int\sum_k\frac{\Psi_k(\boldsymbol{x})\,\Psi_k^*(\boldsymbol{y})}{E_k-E}\sum_{k'}C_{k'}\,\Psi_{k'}(\boldsymbol{y})\mathrm{d}\boldsymbol{y}=\sum_k\left(\frac{E_R-E}{E_k-E}\right)^1 C_k\,\Psi_k(\boldsymbol{x})\end{aligned} \tag{14.7.46}$$

将 $\Phi^{(1)}(\boldsymbol{y})$ 再代入式 (14.7.43) 进行计算, 得

$$\Phi^{(2)}(\boldsymbol{x}) = (E_R - E)\int G(\boldsymbol{x},\boldsymbol{y};E)\,\Phi^{(1)}(\boldsymbol{y})\mathrm{d}\boldsymbol{y} = \sum_k \left(\frac{E_R - E}{E_k - E}\right)^2 C_k\,\Psi_k(\boldsymbol{x}) \quad (14.7.47)$$

继续下去, 第 n 次迭代的结果为

$$\Phi^{(n)}(\boldsymbol{x}) = \sum_k \left(\frac{E_R - E}{E_k - E}\right)^n C_k\,\Psi_k(\boldsymbol{x}) \quad (14.7.48)$$

选取 $E < E_R$ 和 $E < E_0$, 则 $\left(\dfrac{E_R - E}{E_k - E}\right)$ 为正值, 且随 k 的增大而变小. 随着 n 的增大, k 小的项占的比重越来越大, 只要 $\Phi^{(0)}(\boldsymbol{x})$ 的展开式中 $C_0 \neq 0$, 则当 $n \to \infty$ 时, 将只剩下 $\Psi_0(\boldsymbol{x})$ 成分. 因此, 只要知道 $\hat{\boldsymbol{H}}$ 的 Green 函数, 从含 $\Psi_0(\boldsymbol{x})$ 成分的任意函数 $\Phi^{(0)}(\boldsymbol{x})$ 出发, 通过迭代计算即可求得 $\Psi_0(\boldsymbol{x})$. 当然, $\Phi^{(0)}(\boldsymbol{x})$ 越接近 $\Psi_0(\boldsymbol{x})$, 迭代收敛越快.

2. 含时 Schrödinger 方程的积分形式

含时 Schrödinger 方程可以写成 (这里只考虑 Hamiltion 算符不显含时间的情况)

$$-\frac{\partial\,\Psi(\boldsymbol{x},t)}{i\partial t} = [\hat{\boldsymbol{H}}(\boldsymbol{x}) - E_R]\,\Psi(\boldsymbol{x},t) \quad (14.7.49)$$

式中, E_R 是选取能量参考点的常数. 若将 $\tau = it$ 视为虚时间, 则有

$$-\frac{\partial\,\Psi(\boldsymbol{x},\tau)}{\partial\tau} = (\hat{\boldsymbol{H}} - E_R)\,\Psi(\boldsymbol{x},\tau) \quad (14.7.50)$$

可以将方程式 (14.7.50) 看成电子作为粒子在虚时间中运动满足的方程, 其形式解可表示为 $\Psi(\boldsymbol{x},\tau) = \exp[-(\hat{\boldsymbol{H}} - E_R)\tau]\,\Psi(\boldsymbol{x},0)$, $\exp[-(\hat{\boldsymbol{H}} - E_R)\tau]$ 是粒子运动过程的演化算符. 设 $\tau = \tau_1$ 时粒子位于 $\boldsymbol{x}$, $\tau = \tau_2 = \tau_1 + \delta\tau$ 时粒子迁移到 $\boldsymbol{y}$, 描述这一迁移过程的 Green 函数 $G(\boldsymbol{y},\boldsymbol{x};\tau_2 - \tau_1)$ 满足以下方程:

$$\Psi(\boldsymbol{y},\tau_2) = \int G(\boldsymbol{y},\boldsymbol{x};\tau_2 - \tau_1)\,\Psi(\boldsymbol{x},\tau_1)\mathrm{d}\boldsymbol{x} \quad (14.7.51)$$

用 $[\hat{\boldsymbol{H}}(\boldsymbol{y}) - E_R]$ 作用于式 (14.7.51) 两边, 得

$$[\hat{\boldsymbol{H}}(\boldsymbol{y}) - E_R]\,\Psi(\boldsymbol{y},\tau_2) = \int [\hat{\boldsymbol{H}}(\boldsymbol{y}) - E_R]G(\boldsymbol{y},\boldsymbol{x};\tau_2 - \tau_1)\,\Psi(\boldsymbol{x},\tau_1)\mathrm{d}\boldsymbol{x} \quad (14.7.52)$$

将式 (14.7.51) 两边对 τ_2 微商, 得

$$-\frac{\partial}{\partial\tau_2}\,\Psi(\boldsymbol{y},\tau_2) = \int -\frac{\partial}{\partial\tau_2}G(\boldsymbol{y},\boldsymbol{x};\tau_2 - \tau_1)\,\Psi(\boldsymbol{x},\tau_1)\mathrm{d}\boldsymbol{x} \quad (14.7.53)$$

根据式 (14.7.50)、式 (14.7.52) 和式 (14.7.53) 可知

$$-\frac{\partial G(\boldsymbol{y},\boldsymbol{x};\tau_2-\tau_1)}{\partial\tau_2}=[\hat{\boldsymbol{H}}(\boldsymbol{y})-E_R]G(\boldsymbol{y},\boldsymbol{x};\tau_2-\tau_1) \tag{14.7.54}$$

可见 $G(\boldsymbol{y},\boldsymbol{x};\tau_2-\tau_1)$ 和 $\Psi(\boldsymbol{y},\tau_2)$ 满足相同的方程. 式 (14.7.54) 的解为

$$G(\boldsymbol{y},\ \boldsymbol{x};\ \tau_2-\tau_1)=\exp\left\{-[\hat{\boldsymbol{H}}(\boldsymbol{y})-E_R](\tau_2-\tau_1)\right\}G(\boldsymbol{y},\ \boldsymbol{x};\ 0) \tag{14.7.55}$$

由式 (14.7.54) 可知, 当 $\tau_2=\tau_1$ 时, $G(\boldsymbol{y},\boldsymbol{x};0)=\delta(\boldsymbol{y}-\boldsymbol{x})$, 而 $\sum\limits_i\Psi_i(\boldsymbol{y})\Psi_i^*(\boldsymbol{x})=\delta\,(\boldsymbol{y}-\boldsymbol{x})$, 故有

$$G(\boldsymbol{y},\ \boldsymbol{x};\tau_2-\tau_1)=\sum_{i=0}^{\infty}\exp[-(E_i-E_R)(\tau_2-\tau_1)]\,\Psi_i(\boldsymbol{y})\,\Psi_i^*(\boldsymbol{x}) \tag{14.7.56}$$

式中, $\{\Psi_i,\ i=1,\,2,\,\cdots,\,\infty\}$ 是 $\hat{\boldsymbol{H}}$ 的本征函数系. 将式 (14.7.56) 代入式 (14.7.54) 也可验证这一结论. 可以看出, $\hat{\boldsymbol{H}}$ 的不含时和含时 Green 函数存在以下变换关系:

$$G(\boldsymbol{y},\boldsymbol{x})=\int_{\tau=0}^{\infty}G(\boldsymbol{y},\boldsymbol{x};\ \tau)\mathrm{d}\tau \tag{14.7.57}$$

将式 (14.7.56) 代入式 (14.7.51), 并将 $\Psi(\boldsymbol{x},\ 0)$ 用 $\{\Psi_i,\ i=1,\,2,\,\cdots,\,\infty\}$ 展开, 得

$$\begin{aligned}\Psi(\boldsymbol{y},\ \delta\tau)&=\int\sum_{i=0}^{\infty}\exp[-(E_i-E_R)\delta\tau]\ \Psi_i(\boldsymbol{y})\,\Psi_i^*(\boldsymbol{x})\sum_{k=0}^{\infty}C_k\,\Psi_k(\boldsymbol{x})\mathrm{d}\boldsymbol{x}\\&=\sum_{k=0}^{\infty}C_k\exp[-(E_k-E_R)\delta\tau]\ \Psi_k(\boldsymbol{y})\end{aligned} \tag{14.7.58}$$

连续迁移 n 次, 将有

$$\Psi(\boldsymbol{y},\ n\delta\tau)=\sum_{k=0}^{\infty}C_k\exp[-(E_k-E_R)n\delta\tau]\,\Psi_k(\boldsymbol{y}) \tag{14.7.59}$$

式 (14.7.59) 中, $k=0$ 的波函数 (基态) 成分随 n 的增大衰减最慢, 因此当 $n\to\infty$ 时, $\Psi(\boldsymbol{y},\ n\delta\tau)\to\Psi_0(\boldsymbol{y})$.

3. 扩散 Monte Carlo 方法

不论用式 (14.7.43) 还是用式 (14.7.51) 通过迭代计算体系基态波函数, 都要知道 Green 函数 $G(\boldsymbol{y},\boldsymbol{x})$ 或者 $G(\boldsymbol{y},\boldsymbol{x};\ \tau)$. 下面介绍用推广的 Metropolis 算法求用式

(14.7.49) 表述的含时 Schrödinger 方程的基态解, 实际上也是在求方程式 (14.7.54) 的解 (相关的 Green 函数). 将式 (14.7.50) 详细写出来, 得

$$\frac{\partial \Psi(\boldsymbol{x},\tau)}{\partial \tau}=\frac{1}{2}\nabla^2\Psi(\boldsymbol{x},\tau)+[E_R-V(\boldsymbol{x})]\Psi(\boldsymbol{x},\tau) \tag{14.7.60}$$

直接用 Metropolis 算法求解方程式 (14.7.60) 遇到两个困难: ① 概率密度不能为负值, 而 $\Psi(\boldsymbol{x},\tau)$ 在空间不同点的值可能为正或者负; ② $V(\boldsymbol{x})$ 中包含 Coulomb 奇点, 使得在构型点迁移过程中构型点集居密度的涨落很大, 导致收敛缓慢和结果的统计误差增大. 为克服上述困难, 需要改变方程式 (14.7.60) 的形式. 选择尽可能接近体系基态本征函数 $\Psi_0(\boldsymbol{x})$ 的一个试用函数 $\Phi(\boldsymbol{x})$, 用 $\Phi(\boldsymbol{x})$ 乘 $\Psi(\boldsymbol{x},\tau)$, 记

$$f(\boldsymbol{x},\tau)\equiv\Phi(\boldsymbol{x})\Psi(\boldsymbol{x},\tau) \tag{14.7.61}$$

由式 (14.7.60) 可以导出

$$\begin{aligned}\frac{\partial f(\boldsymbol{x},\tau)}{\partial \tau}&=\frac{1}{2}\nabla^2 f(\boldsymbol{x},\tau)-\frac{1}{2}\boldsymbol{\nabla}\cdot[\boldsymbol{F}(\boldsymbol{x})f(\boldsymbol{x},\tau)]+[E_R-E_L(\boldsymbol{x})]f(\boldsymbol{x},\tau)\\&=\frac{1}{2}\{\nabla^2-[\boldsymbol{\nabla}\cdot\boldsymbol{F}(\boldsymbol{x})+\boldsymbol{F}(\boldsymbol{x})\cdot\boldsymbol{\nabla}]+2[E_R-E_L(\boldsymbol{x})]\}f(\boldsymbol{x},\tau)\end{aligned} \tag{14.7.62}$$

式中, $E_L(\boldsymbol{x})=\dfrac{\hat{\boldsymbol{H}}\Phi(\boldsymbol{x})}{\Phi(\boldsymbol{x})}$ 是局域能量密度, $\boldsymbol{F}(\boldsymbol{x})=\dfrac{2\boldsymbol{\nabla}\Phi(\boldsymbol{x})}{\Phi(\boldsymbol{x})}$, 常称为 “量子力”. 将相应的积分方程写成

$$f(\boldsymbol{y},\tau+\delta\tau)=\int G(\boldsymbol{y},\boldsymbol{x};\,\delta\tau)f(\boldsymbol{x},\tau)\mathrm{d}\boldsymbol{x} \tag{14.7.63}$$

问题就归结为求 Green 函数 $G(\boldsymbol{y},\ \boldsymbol{x};\ \tau)$. 比较式 (14.7.62) 和式 (14.7.54) 可知, $f(\boldsymbol{x},\tau)$ 与 $G(\boldsymbol{y},\ \boldsymbol{x};\ \tau)$ 满足相同的方程, 其解的形式类似式 (14.7.55). 如果式 (14.7.62) 的右边只保留第一项, 则得到描述粒子在 $3N$ 维空间自由运动 (扩散) 的方程, 若只保留第三项, 就得到描述粒子自发衰亡或者生长 (分支) 的过程. 右边第二项则描述粒子在外力作用下的随机运动, 粒子向密度高的方向漂移, $\boldsymbol{F}(\boldsymbol{x})$ 为有效速率. 方程式 (14.7.62) 的一种精确求解方法是利用推广的 Metropolis 算法获得粒子的平衡概率分布密度. 根据算符关系式

$$\exp[-\tau(\hat{\boldsymbol{A}}+\hat{\boldsymbol{B}})]=\exp(-\tau\hat{\boldsymbol{B}}/2)\exp(-\tau\hat{\boldsymbol{A}})\exp(-\tau\hat{\boldsymbol{B}}/2)+O[\tau^3] \tag{14.7.64}$$

和式 (14.7.55) 表示的 Green 函数的形式以及式 (14.7.62) 可知, 当 $\delta\tau$ 很小时, 方程式 (14.7.63) 中的 Green 函数可以近似地分解为两个因子 $G_1(\boldsymbol{y},\boldsymbol{x};\,\delta\tau)$ 和 $G_2(\boldsymbol{y},\boldsymbol{x};\,\delta\tau)$ 的乘积 (误差为 $O[\delta\tau^2]$)

$$G(\boldsymbol{y},\boldsymbol{x};\,\delta\tau)\approx G_1(\boldsymbol{y},\boldsymbol{x};\,\delta\tau)G_2(\boldsymbol{y},\boldsymbol{x};\,\delta\tau) \tag{14.7.65}$$

$G_1(\boldsymbol{y},\boldsymbol{x};\,\delta\tau)$ 和 $G_2(\boldsymbol{y},\boldsymbol{x};\,\delta\tau)$ 分别满足以下方程:

$$\frac{\partial G_1(\boldsymbol{y},\boldsymbol{x};\delta\tau)}{\partial\tau}=\frac{1}{2}\nabla^2 G_1(\boldsymbol{y},\boldsymbol{x};\delta\tau)-\frac{1}{2}[\boldsymbol{\nabla}\cdot\boldsymbol{F}(\boldsymbol{y})+\boldsymbol{F}(\boldsymbol{y})\cdot\boldsymbol{\nabla}]G_1(\boldsymbol{y},\boldsymbol{x};\delta\tau) \quad (14.7.66)$$

$$\frac{\partial G_2(\boldsymbol{y},\boldsymbol{x};\delta\tau)}{\partial\tau}=[E_R-E_L(\boldsymbol{y})]G_2(\boldsymbol{y},\boldsymbol{x};\delta\tau) \quad (14.7.67)$$

对于 N 粒子体系, 当 $\delta\tau$ 很小时, 将 $\boldsymbol{F}(\boldsymbol{y})$ 当作常数, 则方程式 (14.7.66) 的解 $G_1(\boldsymbol{y},\boldsymbol{x};\,\delta\tau)$ 是方差为 $\delta\tau$ 的 Gauss 概率分布密度函数

$$G_1(\boldsymbol{y},\boldsymbol{x};\,\delta\tau)=(2\pi\delta\tau)^{-3N/2}\exp\left\{-\left[\boldsymbol{y}-\boldsymbol{x}-\frac{1}{2}\delta\tau\boldsymbol{F}(\boldsymbol{x})\right]^2/2\delta\tau\right\} \quad (14.7.68)$$

将式 (14.7.68) 代入式 (14.7.66) 即可验证. 方程式 (14.7.67) 的解 $G_2(\boldsymbol{y},\boldsymbol{x};\,\delta\tau)$ 为

$$G_2(\boldsymbol{y},\boldsymbol{x};\,\delta\tau)=\exp\left\{-\left[\frac{1}{2}(E_L(\boldsymbol{x})+E_L(\boldsymbol{y}))-E_R\right]\delta\tau\right\} \quad (14.7.69)$$

在方程式 (14.7.69) 中出现的是变化平缓的 $\frac{1}{2}(E_L(\boldsymbol{x})+E_L(\boldsymbol{y}))$ 而不是 $V(\boldsymbol{x})$, 避免了 Coulomb 奇点问题的困扰.

由式 (14.7.68) 计算 $G_1(\boldsymbol{y},\boldsymbol{x};\delta\tau)$ 时, 用式 (14.7.70) 确定构型点从 $\boldsymbol{x}$ 迁移到达的下一个位置 $\boldsymbol{y}$

$$\boldsymbol{y}=\boldsymbol{x}+\boldsymbol{\eta}+\frac{1}{2}\delta\tau\boldsymbol{F}(\boldsymbol{x}) \quad (14.7.70)$$

式中, $\boldsymbol{\eta}$ 是 $3N$ 维空间中的一个随机矢量, 具有 Gauss 分布概率密度, 平均值为零, 方差等于 $\delta\tau$. 用 $\delta\tau$ 调控构型点迁移的步长. 因方程式 (14.7.66) 中的算符不是厄米的, 故 $G_1(\boldsymbol{y},\boldsymbol{x};\,\delta\tau)\neq G_1(\boldsymbol{x},\boldsymbol{y};\,\delta\tau)$, 不满足细致平衡原理, $\delta\tau$ 的选取对结果影响较大, 为减轻这种影响, 可按推广的 Metropolis 方法处理上面得到的 Green 函数. 令粒子的扩散迁移接受概率为

$$A(\boldsymbol{y},\boldsymbol{x};\,\delta\tau)=\min\left[q(\boldsymbol{y},\boldsymbol{x};\,\delta\tau),\ 1\right] \quad (14.7.71)$$

$$q(\boldsymbol{y},\boldsymbol{x};\,\delta\tau)=\frac{|\varPhi(\boldsymbol{y})|^2}{|\varPhi(\boldsymbol{x})|^2}\frac{G(\boldsymbol{x},\boldsymbol{y};\,\delta\tau)}{G(\boldsymbol{y},\boldsymbol{x};\,\delta\tau)}=\frac{|\varPhi(\boldsymbol{y})|^2}{|\varPhi(\boldsymbol{x})|^2}\frac{G_1(\boldsymbol{x},\boldsymbol{y};\,\delta\tau)}{G_1(\boldsymbol{y},\boldsymbol{x};\,\delta\tau)} \quad (14.7.71a)$$

实际计算表明, 采取式 (14.7.71) 所示的舍弃算法, 有效地减少了 $\delta\tau$ 的选取对结果的影响. 显然, 迁移的接受概率与时间步长 $\delta\tau$ 有关, $\delta\tau$ 大尝试迁移舍弃率高. 尝试迁移的舍弃率太高对计算结果影响将比较大. 一般要选取 $\delta\tau$, 使接受率 $\geqslant 99\%$.

总的 Green 函数为 $G(\boldsymbol{y},\boldsymbol{x};\,\delta\tau)=G_1(\boldsymbol{y},\boldsymbol{x};\,\delta\tau)G_2(\boldsymbol{y},\boldsymbol{x};\,\delta\tau)$, $G_2(\boldsymbol{y},\boldsymbol{x};\,\delta\tau)$ 的存在使得在构型点的迁移过程中系综出现分支. 有些构型的能量过高, 出现的概率应该很小, 可以将它们排除 (消灭); 反之, 在 $3N$ 维空间中能量比较低的区域, 构型点出现的概率比较大, 应该在该区域产生比较多的构型点. 这样, 在构型点不断迁移

的过程中, 应该调整系综, 使构型点的分布逐步逼近电子在 $3N$ 维空间中的密度分布. 由于构型点可能产生或者消灭, 其总数是变化的. 选择 E_R 可以调控构型点产生与消灭的分支比. 对于每个构型点, 由 $G_2(\boldsymbol{y},\boldsymbol{x};\delta\tau)$ 决定的下一次参与迁移的情况由式 (14.7.72) 确定

$$M_{\text{new}} = \text{INT}\ (\eta + \exp\{-\delta\tau[E_L(\boldsymbol{x}) + E_L(\boldsymbol{y}) - 2E_R]/2\}) \tag{14.7.72}$$

式中, η 是 [0, 1] 区间上的均匀概率分布随机数. $M_{\text{new}} = 0,\ 1,\ 2$ 分别表明该构型点是被消灭、保留或者产生一个新的构型点. 选取合适的起始 $f(\boldsymbol{x},\tau)$, 与求得的 $G(\boldsymbol{y},\boldsymbol{x};\delta\tau)$ 一起代入式 (14.7.63) 即可通过迭代计算函数 $f(\boldsymbol{y},\tau) \equiv \Phi(\boldsymbol{y})\Psi(\boldsymbol{y},\tau)$. 进行足够多次的迭代以后, $f(\boldsymbol{y},n\delta\tau) \underset{n\to\infty}{\longrightarrow} \Phi(\boldsymbol{y})\Psi_0(\boldsymbol{y}) \equiv f_\infty(\boldsymbol{y})$.

4. 固定节面近似

由于电子波函数对于交换电子坐标是全反对称性的, 在空间不同区域的值或正或负, 中间必然存在波函数值为零的界面, 通常称为节面, 在 $3N$ 维空间中是 $3N-1$ 维的超曲面. 三维空间中单电子波函数的节面是二维的曲面, 比较容易理解和想像. 对于多电子体系, 波函数的节面是很难确定和难于想像的.

在扩散 Monte Carlo 方法中, 用概率分布密度来描述电子的状态和有关的问题, 既要保持多电子波函数是全反对称的, 又要保证概率分布密度不出现负值. 固定节面近似是较早提出来的解决这一问题的有效方法, 运算操作比较简单, 容易程序化; 计算过程稳定, 计算结果通常很好, 是现在实际计算中常用的方法. 实际上固定节面近似已经成为扩散 Monte Carlo 方法的基本组成部分.

在 DMC 方法中, 要算的函数是 $f(\boldsymbol{x},\tau) \equiv \Phi(\boldsymbol{x})\Psi(\boldsymbol{x},\tau)$, $f(\boldsymbol{x},\tau)$ 具有概率密度的意义, 必须大于或等于零. $\Psi(\boldsymbol{x},\tau)$ 是多电子波函数, $\Phi(\boldsymbol{x})$ 要尽量逼近 $\Psi_0(\boldsymbol{x})$, 因此 $\Psi(\boldsymbol{x},\tau)$ 和 $\Phi(\boldsymbol{x})$ 都应该满足对交换电子坐标为全反对称的要求, 在空间的不同区域可能取正或负值. 为保证 $f(\boldsymbol{x},\tau) \geqslant 0$, $\Psi(\boldsymbol{x},\tau)$ 和 $\Phi(\boldsymbol{x})$ 必须在空间任何点同时取正或负值. 只要选取与 $\Psi(\boldsymbol{x},\tau)$ 具有同样的节面结构的 $\Phi(\boldsymbol{x})$, 这样的条件将自动满足. 但这是很难做到的, 因为 $\Psi(\boldsymbol{x},\tau)$ 是未知的, $\Phi(\boldsymbol{x})$ 的节面也难于确定. 固定节面近似避开确定波函数节面结构的困难, 只将各个构型点的迁移限制在由试用函数 $\Phi(\boldsymbol{x})$ 的节面围成的 $3N$ 维空间中互不连通的一个节包 (nodal pocket) 内, 即构型点的迁移不得越过 $\Phi(\boldsymbol{x})$ 节面 (越过节面的迁移构型点被消灭). 这样, 选定 $\Phi(\boldsymbol{x})$ 就限定了 $\Psi(\boldsymbol{x},\tau)$ 的节面结构. $\Phi(\boldsymbol{x})$ 不可能选得与 $\Psi_0(\boldsymbol{x})$ 相同, 因此必然对基态有关计算结果产生误差. 不过, 有人已经用微扰理论证明, 这样引起的误差是二级的, 能量计算值对 $\Phi(\boldsymbol{x})$ 的选择不是很敏感. 还可以证明用固定节面方法计算的总能量满足变分原理, 即以精确基态能量为其下确界.

固定节面算法的实现比较简单, 只要对每次构型点迁移都计算 $\Psi(\boldsymbol{x},\tau)/\Phi(\boldsymbol{x})$

的值, 弃去比值为负数的迁移, 即可限制构型点的迁移不越过节面, 保证 $f(\boldsymbol{x},\tau)\geqslant 0$. 当然不能排除一次迁移越过两个节面的可能性. 通过减小每次迁移的步长, 可以减少出现这种情况的概率.

为克服固定节面算法由于预先将节面固定必然产生误差的缺陷, 有人提出节面释放 (nodal release) 方法、适应节面 (adaptive nodes) 方法和相互影响系综 (interacting ensemble) 方法等, 虽然提出的方法都能解决固定节面近似存在的一些问题, 但各自都有比较严重的缺陷, 因此没有在较大范围内得到应用.

5. 基态能量和其他物理量的计算

用 DMC 方法进行计算, 在迭代过程中, 为监控迭代收敛的情况, 每轮迭代都要计算基态总能量及其方差. 迭代收敛后同时获得预定精度的波函数 $f_\infty(\boldsymbol{x},\tau)\equiv\Phi(\boldsymbol{x})\Psi_0(\boldsymbol{x},\tau)$ 和体系总能量 $\langle E_L\rangle_{f_\infty}$

$$
\begin{aligned}
\langle E_L\rangle_{f_\infty} &= \lim_{M\to\infty}\frac{1}{M}\sum_{k=1}^{M}E_L(\boldsymbol{x}_k)=\frac{\displaystyle\int f_\infty(\boldsymbol{x})E_L(\boldsymbol{x})\mathrm{d}\boldsymbol{x}}{\displaystyle\int f_\infty(\boldsymbol{x})\mathrm{d}\boldsymbol{x}} \\
&= \frac{\displaystyle\int \Phi(\boldsymbol{x})\Psi_0(\boldsymbol{x})[\hat{\boldsymbol{H}}\Phi(\boldsymbol{x})/\Phi(\boldsymbol{x})]\mathrm{d}\boldsymbol{x}}{\displaystyle\int \Phi(\boldsymbol{x})\Psi_0(\boldsymbol{x})\mathrm{d}\boldsymbol{x}}=\frac{\displaystyle\int \Psi_0(\boldsymbol{x})\hat{\boldsymbol{H}}\Phi(\boldsymbol{x})\mathrm{d}\boldsymbol{x}}{\displaystyle\int \Phi(\boldsymbol{x})\Psi_0(\boldsymbol{x})\mathrm{d}\boldsymbol{x}}\approx E_0
\end{aligned}
\tag{14.7.73}
$$

如果 $\Phi(\boldsymbol{x})=\Psi_0(\boldsymbol{x})$, 式 (14.7.73) 严格成立, 否则会产生误差. 值得指出的是, $\Phi(\boldsymbol{x})$ 的选择影响计算结果的方差, 但并不影响 $\langle E_L\rangle_{f_\infty}$. 另外, $G(\boldsymbol{y},\boldsymbol{x};\delta\tau)\approx G_1(\boldsymbol{y},\boldsymbol{x};\delta\tau)\times G_2(\boldsymbol{y},\boldsymbol{x};\delta\tau)$ 对 $\delta\tau$ 只精确到二级, $f_\infty(\boldsymbol{x})$ 也受到 $\delta\tau$ 的影响, 可以用 $\delta\tau\to 0$ 的外推方法估计这项误差.

与变分 Monte Carlo 方法相比, 扩散 Monte Carlo 方法的计算量要大得多, 特别是要求很高精度的计算, 计算量要大一个数量级以上. 但 VMC 方法实际上只解决提高超高维积分数值计算效率的问题, 计算结果的精确度是受试用波函数限制的, 尽管大大扩大了选择试用波函数的自由度, 还是只能得到近似的结果. DMC 方法则原则上能够得到 Schrödinger 方程的精确解 (在统计误差的范围内). 已有计算结果表明, 对于小分子, DMC 方法能算出 100% 的电子相关能. 随着计算机性能的不断提高以及计算方法和计算软件的发展, DMC 方法可能逐渐显出优势.

用量子 Monte Carlo 方法能得到精确的基态波函数和能量值, 自然能以更高精度计算体系的其他多种性质, 如偶极矩、能量梯度、极化率、超极化度等. QMC 方法也可以用于化学反应过程和机理的研究. 针对用 Monte Carlo 方法计算这些物理量遇到的特殊问题, 提出过各种处理方法来减少计算量和提高计算结果的精度.

量子 Monte Carlo 方法也可以用于激发态的能量和其他性质的计算, 提出过几种方法. 例如, 选取与需要计算的激发态波函数的节面结构尽可能一致的 $\Phi(\boldsymbol{x})$, 用固定节面方法计算出来的能量将近似为激发态的能量值, 因为每个激发态有特征的不同于基态和其他激发态的节面结构. 选取与基态或者较低能态的波函数正交的试用波函数或者对称性不同的试用波函数, 也可以计算激发态的能量. 从式 (14.7.59) 得知, 在构型点迁移过程中, 波函数中高激发态成分逐步减少, 因此跟踪迭代过程中函数和能量的变化可以获得不同激发态的信息, 有人据此设计出计算激发态能量的方法; 还有人据此提出同时计算若干较低激发态能量的办法. 有人利用推广的 Koopmams 定理计算激发态的近似能级. 不过, 迄今为止, 还没有一种计算激发态的 QMC 方法是令人比较满意并且得到广泛应用的. 相对而言, 固定节面方法是比较实际能用和用得比较多的方法. 总的说来, 量子 Monte Carlo 方法用于激发态计算远没有用于基态计算那样成熟, 工作还比较少.

6. 扩散 Monte Carlo 计算流程图

扩散 Monte Carlo 计算流程可用图 14.7.1 表示.

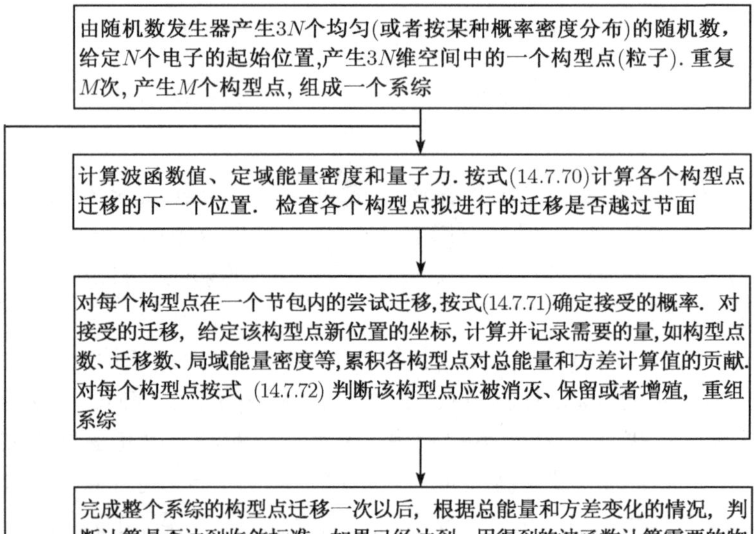

图 14.7.1　扩散 Monte Carlo 方法计算过程的流程示意图

14.7.5　试用波函数

1. Slater-Jastrow 型函数[39]

在量子 Monte Carlo 方法中, 试用波函数起重要作用. 不论在 VMC 方法还是 DMC 方法中, 它都决定计算结果的极限精确度. 在计算过程中, 每次构型点迁移都要计算试用波函数 $\Phi(\boldsymbol{x})$ 以及 $\boldsymbol{\nabla}\Phi(\boldsymbol{x})$ 和 $\nabla^2\Phi(\boldsymbol{x})$ 的值, 占很大一部分计算量, $\Phi(\boldsymbol{x})$ 的选择对计算效率也有重要影响. 寻找同时能产生精确结果并且便于计算的试用波函数是成功地应用量子 Monte Carlo 方法的关键.

迄今为止常用的办法是将试用的多电子波函数展开为用单电子轨道构造的 Slater 行列式函数的线性组合, 通过优化组合系数和单电子轨道得到逼近精确解的波函数. 但 CI 方法的研究表明, 展开式的收敛很慢, 主要原因是 Slater 行列式函数不满足当两个电子间的距离趋于零时的歧点条件. 为了解决这个问题, 在量子 Monte Carlo 方法中选用满足歧点条件的试用波函数. Monte Carlo 方法的重要优点之一就是选取试用波函数的自由度大, 特别是在试用波函数中可以有显含电子间距离的坐标, 已经提出过多种形式的试用波函数. 目前最常用的是将 Slater 行列式函数乘上一个全对称和非负的满足歧点条件的 Jastrow 因子构成的 Slater-Jastrow 型函数, 其一般形式为

$$\tilde{\Phi}(\boldsymbol{x}) = \exp[J(\boldsymbol{x})]D(\boldsymbol{x}) \tag{14.7.74}$$

式中, $D(\boldsymbol{x})$ 一般是单个 Slater 行列式函数, 当在简并或者接近简并态的情况下也可能要使用几个 Slater 行列式函数的线性组合. $\exp[J(\boldsymbol{x})]$ 应取为全对称非负函数, 不改变行列式波函数的节面结构. 在 Hamilton 算符与电子自旋无关的情况下, 一般用 $D_\uparrow(\boldsymbol{x})D_\downarrow(\boldsymbol{x})$ 代替 $D(\boldsymbol{x})$, 即令 Slater-Jastrow 函数取以下形式:

$$\Phi(\boldsymbol{x}) = \exp[J(\boldsymbol{x})]D_\uparrow(\boldsymbol{x})D_\downarrow(\boldsymbol{x}) \tag{14.7.74a}$$

式中, $D_\uparrow(\boldsymbol{x})$ 和 $D_\downarrow(\boldsymbol{x})$ 分别是 α 自旋态和 β 自旋态的 Slater 行列式函数. 这样做的好处是用两个小的行列式代替一个大的行列式, 可以减少计算量, 还便于加上歧点条件. 当然函数 $\Phi(\boldsymbol{x})$ 对于不同自旋电子的坐标交换是不满足全反对称要求的, 不过对于与自旋无关的算符 $\hat{\boldsymbol{O}}(\boldsymbol{x})$, 用 $\Phi(\boldsymbol{x})$ 和 $\tilde{\Phi}(\boldsymbol{x})$ 型函数计算其期望值结果是一样的, 即

$$\left\langle \hat{O} \right\rangle = \frac{\int \tilde{\Phi}^*(\boldsymbol{x})\hat{\boldsymbol{O}}(\boldsymbol{x})\tilde{\Phi}(\boldsymbol{x})\mathrm{d}\boldsymbol{x}}{\int \tilde{\Phi}^*(\boldsymbol{x})\tilde{\Phi}(\boldsymbol{x})\mathrm{d}\boldsymbol{x}} = \frac{\int \Phi^*(\boldsymbol{x})\hat{\boldsymbol{O}}(\boldsymbol{x})\Phi(\boldsymbol{x})\mathrm{d}\boldsymbol{x}}{\int \Phi^*(\boldsymbol{x})\Phi(\boldsymbol{x})\mathrm{d}\boldsymbol{x}} \tag{14.7.75}$$

用与证明 Slater 行列式函数矩阵元计算规则类似的方法可以证明式 (14.7.75).

2. Jastrow 因子 $J(\boldsymbol{x})$

一般只考虑两体相互作用, $J(\boldsymbol{x})$ 的形式取为

$$J(\boldsymbol{x})=\sum_{i=1}^{N}\chi(\boldsymbol{x}_i)-\frac{1}{2}\sum_{i=1}^{N}\sum_{\substack{j=1\\(j\neq i)}}^{N}u(\boldsymbol{x}_i,\,\boldsymbol{x}_j) \tag{14.7.76}$$

通过选取 $\chi(\boldsymbol{x}_i)$ 使 $J(\boldsymbol{x})$ 满足电子–核之间的歧点条件, 选取 $u(\boldsymbol{x}_i,\,\boldsymbol{x}_j)$ 使 $J(\boldsymbol{x})$ 满足电子–电子之间的歧点条件. 对于精确度要求很高的计算, $J(\boldsymbol{x})$ 中还要包含三体或者更高级的相互作用项.

考察为使 $J(\boldsymbol{x})$ 满足歧点条件, $u(\boldsymbol{x}_i,\,\boldsymbol{x}_j)$ 应该满足的条件. 在固定核近似下, 与自旋无关的 Hamilton 算符为

$$\hat{\boldsymbol{H}}(\boldsymbol{x})=-\frac{1}{2}\sum_{i=1}^{N}\nabla_{\boldsymbol{x}_i}^2+V(\boldsymbol{x}_1,\,\boldsymbol{x}_2,\,\cdots,\,\boldsymbol{x}_N) \tag{14.7.77}$$

式中, $\boldsymbol{x}$ 代表电子整体的空间坐标, $\{\boldsymbol{x}_i,\,i=1,\cdots,N\}$ 是第 i 个电子的空间坐标, $V(\boldsymbol{x}_1,\,\boldsymbol{x}_2,\,\cdots,\,\boldsymbol{x}_N)$ 是势能函数. 为简化符号, 原子核的坐标不显示标出.

首先考虑均匀电子分布体系. 以电子 i 和 j 的距离 $\boldsymbol{x}_{ij}$ 及质心坐标 $\boldsymbol{x}_m$ 代替 $\boldsymbol{x}_i$ 和 $\boldsymbol{x}_j$, 即 $\boldsymbol{x}_{ij}=\boldsymbol{x}_i-\boldsymbol{x}_j$, $\boldsymbol{x}_m=\dfrac{1}{2}(\boldsymbol{x}_i+\boldsymbol{x}_j)$, 则式 (14.7.77) 可改写为

$$\hat{\boldsymbol{H}}(\boldsymbol{x})=-\nabla_{\boldsymbol{x}_{ij}}^2-\frac{1}{4}\nabla_{\boldsymbol{x}_m}^2-\frac{1}{2}\sum_{\substack{k=1\\(k\neq i,j)}}^{N}\nabla_{\boldsymbol{x}_k}^2+V(\boldsymbol{x}_1,\,\cdots,\,\boldsymbol{x}_m,\,\boldsymbol{x}_{ij}\cdots,\,\boldsymbol{x}_N) \tag{14.7.78}$$

在电子 i 和 j 很接近, 即 $\boldsymbol{x}_{ij}=\boldsymbol{x}_i-\boldsymbol{x}_j\to 0$ 的情况下, 可以只考虑这两个电子间的相对动能和相互作用能, 忽略其他电子的存在. 设 $\varPhi(\boldsymbol{x})\approx\exp[-u(\boldsymbol{x}_{ij})]f(\boldsymbol{x}_{ij})$, 则

$$\begin{aligned}\frac{\hat{\boldsymbol{H}}\varPhi(\boldsymbol{x})}{\varPhi(\boldsymbol{x})}&\approx\frac{\hat{\boldsymbol{H}}\exp[-u(x_{ij})]f(\boldsymbol{x}_{ij})}{\exp[-u(x_{ij})]f(\boldsymbol{x}_{ij})}\approx\frac{\left(-\nabla_{\boldsymbol{x}_{ij}}^2+\dfrac{1}{x_{ij}}\right)\exp[-u(x_{ij})]f(\boldsymbol{x}_{ij})}{\exp[-u(x_{ij})]f(\boldsymbol{x}_{ij})}\\&=\frac{\mathrm{d}^2u(x_{ij})}{\mathrm{d}x_{ij}^2}+\frac{2}{x_{ij}}\frac{\mathrm{d}u(x_{ij})}{\mathrm{d}x_{ij}}-\left[\frac{\mathrm{d}u(x_{ij})}{\mathrm{d}x_{ij}}\right]^2+2\frac{\mathrm{d}u(x_{ij})}{\mathrm{d}x_{ij}}\frac{\boldsymbol{x}_{ij}}{x_{ij}}\cdot\frac{\boldsymbol{\nabla}f(\boldsymbol{x}_{ij})}{f(\boldsymbol{x}_{ij})}-\frac{\nabla^2f(\boldsymbol{x}_{ij})}{f(\boldsymbol{x}_{ij})}+\frac{1}{x_{ij}}\end{aligned} \tag{14.7.79}$$

如果电子 i 和 j 自旋取向相反, 则一般 $f(0)\neq 0$. 当 $x_{ij}\to 0$ 时, 设令 $\dfrac{\mathrm{d}^2u(x_{ij})}{\mathrm{d}x_{ij}^2}$ 和 $\dfrac{\mathrm{d}u(x_{ij})}{\mathrm{d}x_{ij}}$ 为有限值, 为使 $\dfrac{\hat{\boldsymbol{H}}\varPhi(\boldsymbol{x})}{\varPhi(\boldsymbol{x})}$ 保持有限值, 式 (14.7.79) 的第二项和最末一项必

须相互抵消, 故

$$2\frac{\mathrm{d}u(x_{ij})}{\mathrm{d}x_{ij}}\Big|_{x_{ij}\to 0}=-1 \qquad \frac{\mathrm{d}u(x_{ij})}{\mathrm{d}x_{ij}}\Big|_{x_{ij}\to 0}=-\frac{1}{2} \tag{14.7.80}$$

如果电子 i 和 j 自旋取向相同, 则 Pauli 原理要求 $f(\boldsymbol{x}_{ij})$ 为奇函数, 展开为 Taylor 级数, 得

$$f(\boldsymbol{x}_{ij})=\boldsymbol{x}_{ij}\cdot\nabla f(\boldsymbol{x}_{ij})_{\boldsymbol{x}_{ij}\to 0}+O(x_{ij}^3) \tag{14.7.81}$$

由此可知

$$\nabla^2 f(\boldsymbol{x}_{ij})_{\boldsymbol{x}_{ij}\to 0}=0 \qquad \left[\frac{\boldsymbol{\nabla} f(\boldsymbol{x}_{ij})}{f(\boldsymbol{x}_{ij})}\right]_{\boldsymbol{x}_{ij}\to 0}\approx\frac{\boldsymbol{\nabla} f(\boldsymbol{x}_{ij})_{\boldsymbol{x}_{ij}\to 0}}{\boldsymbol{x}_{ij}\cdot\boldsymbol{\nabla} f(\boldsymbol{x}_{ij})_{\boldsymbol{x}_{ij}\to 0}} \tag{14.7.82}$$

于是, $x_{ij}\to 0$ 时, 为使 $\dfrac{\hat{\boldsymbol{H}}\varPhi(\boldsymbol{x})}{\varPhi(\boldsymbol{x})}$ 保持有限值, 由式 (14.7.79) 得知必须式 (14.7.83) 成立, 即

$$\begin{aligned}&\left[\frac{2}{x_{ij}}\frac{\mathrm{d}u(x_{ij})}{\mathrm{d}x_{ij}}+2\frac{\mathrm{d}u(x_{ij})}{\mathrm{d}x_{ij}}\frac{\boldsymbol{x}_{ij}}{x_{ij}}\cdot\frac{\boldsymbol{\nabla} f(\boldsymbol{x}_{ij})_{\boldsymbol{x}_{ij}\to 0}}{\boldsymbol{x}_{ij}\cdot\boldsymbol{\nabla} f(\boldsymbol{x}_{ij})_{\boldsymbol{x}_{ij}\to 0}}+\frac{1}{x_{ij}}\right]_{x_{ij}\to 0}\\ =&\frac{1}{x_{ij}}\left[4\frac{\mathrm{d}u(x_{ij})}{\mathrm{d}x_{ij}}+1\right]_{x_{ij}\to 0}=0\end{aligned} \tag{14.7.83}$$

即应有 $\left[4\dfrac{\mathrm{d}u(x_{ij})}{\mathrm{d}x_{ij}}+1\right]_{x_{ij}\to 0}=0$. 故电子 i 和 j 自旋取向相同时的歧点条件为

$$\left[\frac{\mathrm{d}u(x_{ij})}{\mathrm{d}x_{ij}}\right]_{x_{ij}\to 0}=-\frac{1}{4} \tag{14.7.84}$$

因此, 电子对的 Jastrow 因子是与其自旋取向有关的.

已经提出过多种 Slater-Jastrow 型函数. 例如, 在最常用的 Padé-Jastrow 因子中, 有

$$u(r_{ij})=-\sum_{i=1}^{N}\sum_{j<i}^{N}\frac{a_1 r_{ij}+a_2 r_{ij}^2+\cdots}{1+b_1 r_{ij}+b_2 r_{ij}^2+\cdots} \tag{14.7.85}$$

根据歧点条件的要求, 对于自旋取向相反的一对电子, $a_1=\dfrac{1}{2}$; 对于自旋取向相同的一对电子, $a_1=\dfrac{1}{4}$. 但以上函数不满足当 $x_{ij}\to\infty$ 时电子间相互作用 $\to 1/x_{ij}$ 的要求. 对于均匀电子气体系, 取

$$u_{\sigma_i,\sigma_j}(\boldsymbol{x}_i,\boldsymbol{x}_j)=\frac{A_{\sigma_i,\sigma_j}}{x_{ij}}[1-\exp(-x_{ij}/F_{\sigma_i,\sigma_j})] \tag{14.7.86}$$

适当选择式子中的参数 $A_{\sigma_i\sigma_j}$ 和 $F_{\sigma_i\sigma_j}$ 可以同时满足歧点条件和 $x_{ij}\to\infty$ 时相互作用 $\to 1/x_{ij}$ 极限的要求. 假定 $A_{\uparrow\uparrow}=A_{\downarrow\downarrow}$, $A_{\uparrow\downarrow}=A_{\downarrow\uparrow}$; $F_{\uparrow\uparrow}=F_{\downarrow\downarrow}$, $F_{\uparrow\downarrow}=F_{\downarrow\uparrow}$. 根据歧点条件, 应有 $\dfrac{A_{\uparrow\uparrow}}{2F_{\uparrow\uparrow}^2}=\dfrac{1}{4}$; $\dfrac{A_{\uparrow\downarrow}}{2F_{\uparrow\downarrow}^2}=\dfrac{1}{2}$. 还有两个待定参数, 如取为 $A_{\uparrow\uparrow}$ 和 $A_{\uparrow\downarrow}$, 适当选择可以满足当 $x_{ij}\to\infty$ 时相互作用 $\sim 1/x_{ij}$ 极限的要求. 例如, 要求

$$u_{\sigma_i,\sigma_j}(\boldsymbol{x}_i,\boldsymbol{x}_j)=\frac{A_{\sigma_i,\sigma_j}}{x_{ij}}\left[1-\exp\left(-x_{ij}/F_{\sigma_i,\sigma_j}\right)\right]\underset{x_{ij}\to\infty}{\longrightarrow}\frac{1}{x_{ij}\sqrt{4\pi q}} \tag{14.7.87}$$

式中, q 是电子密度, 则得

$$A_{\uparrow\uparrow}=A_{\uparrow\downarrow}=\frac{1}{\sqrt{4\pi q}} \tag{14.7.88}$$

对于实际体系, 电子分布密度是不均匀的, $u(\boldsymbol{x}_i,\,\boldsymbol{x}_j)$ 函数不但与电子 i 与 j 之间的距离 x_{ij} 有关, 还与电子的坐标 $\boldsymbol{x}_i$ 和 $\boldsymbol{x}_j$ 有关. 例如, Boys-Handy 建议的 $u(\boldsymbol{x}_i,\,\boldsymbol{x}_j)$ 函数为

$$u(\boldsymbol{x})=-\sum_{i,j,A}\sum_{\mu}c_\mu\left(\frac{a_{1\mu}x_{iA}}{1+b_{1\mu}x_{iA}}\right)^{m_\mu}\left(\frac{a_{2\mu}x_{jA}}{1+b_{2\mu}x_{jA}}\right)^{n_\mu}\left(\frac{a_{3\mu}x_{ij}}{1+b_{3\mu}x_{ij}}\right)^{l_\mu} \tag{14.7.89}$$

式中, i, j 和 A 分别是电子和原子核的标号, $\{a_{k\mu}\}$, $\{b_{k\mu}\}$ 和 m_μ, n_μ, l_μ 等是可调整参数.

在 Slater-Jastrow 波函数中的 Jastrow 因子中采用显含 x_{ij} 坐标的 $u(\boldsymbol{x}_i,\,\boldsymbol{x}_j)$ 函数确实能很好地反映电子相关作用, 减少了电子之间的排斥能, 使变分计算的基态能量值显著降低, 但产生了一种不希望有的副作用: 对于实际体系, 电子密度分布发生变化, 电子从高密度区域的向低密度区域扩散, 使原子核近邻的电子密度降低, 远处电子密度略为升高, 这影响基态能量的计算值. 为了弥补这一缺陷, 在 Jastrow 因子中引进 $\{\chi(\boldsymbol{x}_i)\}$ 函数, 使电子密度恢复到符合实际的情况. 实际计算表明, 采用形如 $J(\boldsymbol{x})=\sum\limits_{i=1}^{N}\chi(\boldsymbol{x}_i)-\dfrac{1}{2}\sum\limits_{i=1}^{N}\sum\limits_{\substack{j=1\\(j\neq i)}}^{N}u(\boldsymbol{x}_i,\,\boldsymbol{x}_j)$ 的 Jastrow 函数, 效果很好. 由于 $\{\chi(\boldsymbol{x}_i)\}$ 函数主要反映电子–核的相关作用, 通常取为位于各原子核附近的局域函数之和的形式

$$\chi_\sigma(\boldsymbol{x}_i)=\sum_A g_{\sigma A}(\boldsymbol{x}_i-\boldsymbol{x}_A) \tag{14.7.90}$$

式中, $g_{\sigma A}(\boldsymbol{x}_i-\boldsymbol{x}_A)$ 是与原子 A 相关的局域函数, $\boldsymbol{x}_A$ 是原子核 A 的坐标. 为了计算方便, 通常用 Hartree-Fock 轨道或者 Kohn-Sham 轨道构成 Slater 行列式, 乘上电子相关校正函数构成 Slater-Jastrow 波函数, 但实际计算表明效果并不太好. 为得到更精确的结果, 需要将 Slater-Jastrow 波函数对基组的指数、轨道组成系数、Jastrow 函数中的参数单独进行全面优化, 原则上可以将 $\{\chi(\boldsymbol{x}_i)\}$ 函数的作用吸收到单电子

轨道中. 但全面优化计算量太大, 对于稍大的体系难于进行, 因此常采取以某些小体系为样品, 对 Jastrow 函数中的参数单独进行优化的方法. 由于 $\{\chi(\boldsymbol{x}_i)\}$ 函数与 $\{u(\boldsymbol{x}_i, \boldsymbol{x}_j)\}$ 函数有紧密联系, 将它作为 Jastrow 函数的组成部分进行优化.

14.7.6 与其他方法的比较

量子 Monte Carlo 方法在近十多年有显著的进展, 不少新的理论方法与计算技巧出现, 将其应用提高到新的水平. 不但可以用于小体系的基准性计算, 还可以用于较大的实际体系, 如几十个原子的簇合物 ($Ge_{29}H_{36}$, C_{60})、中等生物分子 [卟啉、细菌叶绿素 (bacteriochlorophyll)、河豚精蛋白 (pheroidine)] 和固体体系 (BN 立方超晶胞、金刚石超晶胞) 的计算, 还可以用于化学反应途径和机理的研究, 如环己二烯氧化为环己烯酮的反应. 量子 Monte Carlo 方法的主要特征和优点可概括如下:

(1) 处理的对象是多电子波函数, 直接得到量子多体效应的信息. 扩散 Monte Carlo 方法对试用波函数的选取自由度大, 可以包含电子间距离坐标, 对描述电子相关作用效率高, 还可以在较大程度上避开基组不完备的限制. 对于小体系, 计算结果可以包括几乎 100% 的电子相关能, 达到 "化学精度" 的要求.

(2) 方法具有普遍适用性, 可以处理的对象范围很广, 从物理模型 (如均匀电子气、电子交换相关孔)、实际分子、簇合物到凝聚态物体 (液体、晶态与非晶态固体)、固体或液体表面等; 几乎可以计算任何基态物理量, 包括静态物理量和静态响应物理量.

(3) 计算结果的高精度是系统性的, 即从原子、分子、固体到表面, 计算精度可以保持基本一样, 不随体系的变大而显著降低.

(4) 计算量随体系电子数增加的标度为 $\sim N^3$, 远低于其他采用相关波函数的计算方法, 如组态相互作用的 CCSD(T) 方法的标度为 $\sim N^6$. 这对用于计算较大体系很有利. 目前可计算包含上千个电子的大体系, 比耦合簇方法能计算的分子还要大. 已经有人提出线性标度算法, 认为对于足够大的体系, 基态能量的计算量正比于 $\sim N$, 激发态能量的计算量也只按 $\sim N^2$ 增长.

(5) 很容易实现并行化计算, 并行效率高; 容易程序化, 对内存的要求低.

当然量子 Monte Carlo 方法也有其局限性和问题. 主要的问题可概括如下:

(1) 计算结果的误差受到统计误差的限制. 大体上与计算时间的平方根成反比, 对于高精度计算, 要求很大的计算量; 这一缺陷是 Monte Carlo 方法固有的, 无法从根本上消除.

(2) 与上述缺陷相联系, 计算总能量对于原子核坐标的一级和二级微商比较困难, 从而计算原子间的作用力、体系振动基频以及进行几何构型优化等比较困难, 而这是现代理论化学计算中常规性的工作.

(3) 固定节面方法虽然有效并且在普遍使用, 但还存在缺陷; 将 Monte Carlo 方法用于处理 Fermi 粒子体系, 一些基本问题至今没有好的解决办法.

(4) 用于激发态计算, 方法还相当不成熟, 应用很受限制.

此外, 在要求精度不太高的情况下, 比起 DFT、MP2 方法来, QMC 方法的计算量还是相当大, 目前用于很大体系的计算还比较困难. 不过, 随着计算机能力的迅速提高, 这一困难可以逐步缓解, 这个问题可能会逐渐变得不那么严重.

14.8 显含电子间距离坐标的相关能计算方法

14.8.1 波函数显含电子间距离坐标的必要性

电子相关作用既然取决于两个电子之间的瞬时距离, 自然会想到应该使用显含任意两个电子间距离 r_{ij} 的函数作为变分函数. 实际上, 早在 1929 年 Hylleraas[40] 就用包含 r_{12} 变量的变分函数求得 He 原子的精确总能量. 1933 年 James 和 Goolidge[41] 对 H_2 的基态用以下形式的变分函数:

$$\Phi(1,2) = \exp[-\delta(\mu_1+\mu_2)] \sum_{klmnp} c_{klmnp}\mu_1^k\mu_2^l\nu_1^m\nu_2^n r_{12}^p \tag{14.8.1}$$

式中, r_{12} 是两个电子间的距离, $\mu = \dfrac{r_a + r_b}{R}$ $(1 \leqslant \mu \leqslant \infty)$, $\nu = \dfrac{r_a - r_b}{R}$ $(-1 \leqslant \nu \leqslant 1)$, r_a 和 r_b 分别是电子到核 a 和核 b 的距离, R 是两个核间的距离. $\Phi(1,2)$ 的收敛速度比组态叠加展开式的要快得多. 例如, 用以下简单的五项波函数计算的氢分子的结合能 D_e 为 4.53eV, 即

$$\begin{aligned}\Phi(1,2) =& \frac{1}{2\pi}\exp[-0.75(\mu_1+\mu_2)]\{2.23779 + 0.80483(\nu_1^2+\nu_2^2)\\ &- 0.55994\nu_1\nu_2 - 0.60985(\mu_1+\mu_2) + 0.56906 r_{12}\}\end{aligned} \tag{14.8.2}$$

使用 13 项的波函数, 就可求得 $E = -1.1735$ a.u.(精确值为 -1.1744 a.u.), $D_e =$ 4.72 eV [当时公认的实验值为 (4.74 ± 0.04) eV]. Kolos 和 Roothaan[42] 曾用 50 项的变分函数求得 $D_e = 4.7467$ eV, $R_e = 1.40081$ a.u.$= 0.74127$ Å, 与当时的光谱数据 $D_e = (4.7466 \pm 0.0007)$ eV 和 $R_e = 0.74116$ Å 很一致. 以后 Kolos 和 Wolniewiez[43] 用 100 项的变分函数求得氢分子的离解能为 $D_0 = 36117.4\ \text{cm}^{-1}$, 比当时公认的实验值低 3.8 cm^{-1}. 这比估计的实验误差大一个数量级. 以后有人重新进行了实验测定, 结果为 $36116.3\ \text{cm}^{-1} < D_0 < 36118.3\ \text{cm}^{-1}$, 与理论值一致. Kolos 等 [44] 将 James 和 Coolidge 的变分函数推广为

$$\Phi(1,2) = \exp[-\alpha(\mu_1+\mu_2)]\cosh\beta(\nu_1-\nu_2) \sum_{klmnp} c_{klmnp}\mu_1^k\mu_2^l\nu_1^m\nu_2^n r_{12}^p \tag{14.8.3}$$

用以计算势能曲线, 在 0.4 a.u.< R < 10.0 a.u. 的范围内得到精确的结果. 得到好的结果的关键在于使用显含 r_{ij} 变量的变分函数. 包含 r_{ij} 的一次项可以精确消去 $r_{12} \to 0$ 时 Schrödinger 方程中由 $\dfrac{1}{r_{12}}$ 引起的歧性.

但是, 要将 James 和 Coolidge 的方法推广到多电子体系是不可能的, 因为此时对于 N 电子体系将出现 $3N$ 维积分 (而不是像组态叠加法中那样是六维积分), 实际上无法计算, 因此不得不做必要的简化. 下面介绍两种简化方案.

14.8.2　超相关方法

设体系的非简并基态的能量为 E, Schrödinger 方程为

$$(\hat{\boldsymbol{H}} - E)\varPsi = 0 \tag{14.8.4}$$

选取 $\varPsi$ 为实函数. 显然, 任意函数 W 与方程式 (14.8.4) 左边的标积均为零, 即

$$\langle W|\hat{\boldsymbol{H}} - E|\varPsi\rangle = 0 \tag{14.8.5}$$

如果用近似波函数 $\varPsi(\alpha_s;\{x_i\})$ (α_s 为变分参数, $s = 1, 2, \cdots, n; \{x_i\}$ 为电子坐标), 则式 (14.8.5) 不再严格成立. 不过, 只要 $\varPsi(\alpha_s, \{x_i\})$ 足够接近 $\varPsi$, 则式 (14.8.5) 仍近似成立, 对 W 的依赖不大. 反之, 若对于选定的接近于构成完全空间基矢的一组 $\{W_r\}$, 式 (14.8.5) 均近似成立, 则必有 $(\hat{\boldsymbol{H}} - E)|\varPsi(\alpha_s)\rangle \approx 0$, $\varPsi(\alpha_s)$ 是方程的近似解. 因此, 适当选择 W_r(权重函数), 利用方程组

$$\langle W_r|(\boldsymbol{H} - E)|\varPsi(\alpha_s)\rangle = 0 \qquad (r = 1, 2, \cdots, n) \tag{14.8.6}$$

可以求得近似本征值 E 和参数 α_s. 这就是数学上的"权重商方法". 选取不同的 W_r 和 $\varPsi(\alpha_s)$, 就得到不同形式的方程. 例如, 取

$$W_0 = \varPsi \qquad W_r = \frac{\partial \varPsi}{\partial \alpha_r} \qquad (r = 1, 2, \cdots, n) \tag{14.8.7}$$

就得到标准的变分方程. 事实上前面在耦合电子对近似的公式推导中已用过这种方法. 如果 W_r 的数目大于 α_s 的数目, 则可以用最小二乘法使 $\delta = \sum\limits_r \omega_r|\langle W_r|(\hat{\boldsymbol{H}} - E)|\varPsi(\alpha_s)\rangle|^2$ 取极小值 (ω_r 为一组正的权重) 而求得 E 和 α_s 值.

回到式 (14.8.6). 先考虑简单的情况. 设 $\varPsi(\alpha_s)$ 取线性展开的形式

$$\varPsi = \varPsi_0 + \sum_{s=1}^{n} y_s \varPsi_s = \sum_{s=0}^{n} y_s \varPsi_s \qquad (y_0 = 1) \tag{14.8.8}$$

代入式 (14.8.6), 得到齐次线性方程组

$$\sum_{s=0}^{n} \langle W_r|(\boldsymbol{H} - E)|\varPsi_s\rangle y_s = 0 \qquad (r = 0, 1, \cdots, n) \tag{14.8.9}$$

为了有非零解, 要求

$$|\langle W_r|(\hat{\boldsymbol{H}}-E)|\Psi_s\rangle|=0 \tag{14.8.10}$$

W_r 是给定的函数, 若 Ψ_s 是已知的, 则由此即可求得近似本征值 E, 其最低值为基态能量的近似值. 不过, 由于系数矩阵不是对称的, 这样求得的本征值没有真实能量值上界的性质.

一般说来, $\Psi(\alpha_s)$ 可能不是参数 α_s 的线性函数. 不过, 可将它作 Taylor 级数展开

$$\Psi(\alpha_s+\delta\alpha_s)=\Psi(\alpha_s)+\sum_{s=1}^{n}\frac{\partial\Psi}{\partial\alpha_s}\delta\alpha_s+0(\delta\alpha_s^2) \tag{14.8.11}$$

与式 (14.8.8) 比较, 可取

$$\begin{aligned}\Psi_0&\equiv\Psi(\alpha_s)\\ \Psi_s&\equiv\frac{\partial\Psi(\alpha_s)}{\partial\alpha_s}\\ \delta\alpha_s&\equiv y_s\qquad(s=1,2,\cdots,n)\end{aligned} \tag{14.8.12}$$

于是, 给定一种形式的试用波函数 $\Psi(\alpha_s)$ 和一组起始 $\{\alpha_s^{(0)}\}$ 值, 就可以求得 Ψ_s, 再利用式 (14.8.9) 求 $y_s^{(1)}\equiv\delta\alpha_s^{(1)}$, 造出新的 $\{\alpha_s^{(1)}\}\equiv\{\alpha_s^{(0)}+\delta\alpha_s^{(1)}\}$, 再求 $y_s^{(2)}\equiv\delta\alpha_s^{(2)},\cdots$, 直到收敛. 这种迭代方法称为反 Taylor 法. 一般说来, 只要起始值不是特别差 ($y_s<0.3$), 参数 α_s 能很快收敛到满足式 (14.8.6) 的最优值.

Boys[45] 研究过由式 (14.8.9) 和式 (14.8.10) 求得的结果的精确性. 结论如下: 设 Ψ_{ex} 为精确波函数, 定义

$$\begin{aligned}\mu&=\min_{y_s}\left\langle\Psi_{\text{ex}}-\sum_{s=0}^{n}y_s\Psi_s\middle|\Psi_{\text{ex}}-\sum_{s=0}^{n}y_s\Psi_s\right\rangle^{\frac{1}{2}}\\ \nu&=\min_{x_r}\left\langle\Psi_{\text{ex}}-\sum_{r=0}^{n}x_rW_r\middle|\Psi_{\text{ex}}-\sum_{r=0}^{n}x_rW_r\right\rangle^{\frac{1}{2}}\end{aligned}$$

则由式 (14.8.9) 和式 (14.8.10) 求得的 E 和 Ψ 的 Taylor 展开式为

$$E=E_{\text{ex}}+\mu\nu(E^{11}+\mu E^{12}+\nu E^{21}+\cdots) \tag{14.8.13}$$

$$\Psi=\Psi_{\text{ex}}+\mu(\Psi^{01}+\nu\Psi^{11}+\mu\Psi^{02}+\cdots) \tag{14.8.14}$$

这里 E_{ex} 是精确能量值, E^{ij} 和 Ψ^{ij} 表示有关的系数. 值得注意的是, 能量误差不包含单独的 ν 项而只包含 $\mu\nu$ 之积. 这说明只要 $\Psi(\alpha_s)$ 是充分接近 Ψ_{ex} 的, 则能量误差是小的, 与 W_r 的关系不大. 同理, 波函数误差中不包含单独的 ν 项, 从而也是比较精确的. 显然, 若取 $W_r=\Psi_r$, 则 $\mu=\nu$, 能量误差 $\sim\mu^2$, 就回到标准的变分方

法. 所以变分方法的误差是更小的, 不过给予选择 W_r 的一定自由, 虽然精确度损失一些, 但可以大大简化计算, 这就是 Boys 引进这种方法的目的.

Boys[45] 提出将相关波函数取为

$$\Psi = C\Psi_0 \tag{14.8.15}$$

$$C = \prod_{i>j} f(\boldsymbol{r}_i, \boldsymbol{r}_j) \tag{14.8.16}$$

式中, Ψ_0 是非相关波函数, 例如一个 Slater 行列式; C 是一个包含电子坐标的对称函数. 最简单的情况是令 $f(\boldsymbol{r}_i, \boldsymbol{r}_j) \equiv f_{ij}$ 只是变量 r_{ij} 的函数, 但这样不能反映出相关作用对于电子密度的依赖性, 所以, 一般说来, 它应当是各个电子坐标的对称函数, $f_{ij} = f_{ji}$. 若取 $\Psi_0, \Psi_i^a, \Psi_{ij}^{ab}, \cdots$ 作为 W_r 函数组, 将式 (14.8.15) 和式 (14.8.16) 代入式 (14.8.9) 和式 (14.8.10), 将会出现 $3N$ 维积分, 无法处理. 故 Boys 提出超相关方法 (transcorrelated method), 取

$$\{W_r\} = \{C^{-1}\Psi_0, C^{-1}\Psi_i^a, C^{-1}\boldsymbol{\psi}_{ij}^{ab}, \cdots\} \tag{14.8.17}$$

代入式 (14.8.9) 和式 (14.8.10), 则矩阵元中不再包含 $3N$ 维积分, 而只包含超相关 Hamilton $\hat{\boldsymbol{H}}_{\mathrm{tr}} = C^{-1}\hat{\boldsymbol{H}}C$ 的 Slater 行列式矩阵元. 由于 C 除动能项外与 Hamilton 算符中的其余项均可互易, 故

$$\hat{\boldsymbol{H}}_{\mathrm{tr}} = \hat{\boldsymbol{H}} + (C^{-1}\hat{\boldsymbol{T}}C - \hat{\boldsymbol{T}}) \tag{14.8.18}$$

式中, $\hat{\boldsymbol{T}} = \sum\limits_i \left(-\frac{1}{2}\nabla_i^2\right)$ 是动能算符. 式 (14.8.18) 的第二项可展开为

$$C^{-1}\hat{\boldsymbol{T}}C - \hat{\boldsymbol{T}} = -\frac{1}{2}\sum_{i\neq j}\frac{\boldsymbol{\nabla}_i^2 f_{ij}}{f_{ij}} - \sum_{i\neq j}\frac{\boldsymbol{\nabla}_i f_{ij}\cdot\boldsymbol{\nabla}_i}{f_{ij}} - \frac{1}{2}\sum_{i\neq j\neq k}\frac{\boldsymbol{\nabla}_i f_{ij}\cdot\boldsymbol{\nabla}_i f_{ik}}{f_{ij}f_{ik}} \tag{14.8.19}$$

于是 $\hat{\boldsymbol{H}}_{\mathrm{tr}}$ 可表示为对称的一、二、三电子算符之和

$$\hat{\boldsymbol{H}}_{\mathrm{tr}} = C^{-1}\hat{\boldsymbol{H}}C = \sum_i \hat{\boldsymbol{\Omega}}_i + \frac{1}{2!}\sum_{i\neq j}\hat{\boldsymbol{\Omega}}_{ij} + \frac{1}{3!}\sum_{i\neq j\neq k}\hat{\boldsymbol{\Omega}}_{ijk} \tag{14.8.20}$$

式中

$$\begin{aligned}
\hat{\boldsymbol{\Omega}}_i &= -\frac{1}{2}\nabla_i^2 - \sum_\alpha \frac{Z_\alpha}{r_{\alpha i}} \\
\hat{\boldsymbol{\Omega}}_{ij} &= \frac{1}{r_{ij}} - \frac{\nabla_i^2 f_{ij}}{f_{ij}} - \frac{2\boldsymbol{\nabla}_i f_{ij}\cdot\boldsymbol{\nabla}_i}{f_{ij}} \\
\hat{\boldsymbol{\Omega}}_{ijk} &= -\frac{3\boldsymbol{\nabla}_i f_{ij}\cdot\boldsymbol{\nabla}_i f_{ik}}{f_{ij}f_{ik}}
\end{aligned} \tag{14.8.21}$$

根据 Slater 行列式矩阵元的计算规则, 以上算符的矩阵元简化为一、二、三电子积分, 而后者 (九维积分) 还可以简化, 因为积分

$$I_f \equiv \int f(\boldsymbol{r}_1, \boldsymbol{r}_2) f(\boldsymbol{r}_1, \boldsymbol{r}_3) \mathrm{d}\tau_1 \mathrm{d}\tau_2 \mathrm{d}\tau_3$$

中对 $\boldsymbol{r}_2, \boldsymbol{r}_3$ 的积分可以独立进行, 所以整个积分的计算量只比六维积分的多约一倍, 而比一般的九维积分的计算量要小得多. 这类积分有时称为准六维积分. 因此 Boys 提出的方法避开了 $3N$ 维积分的问题, 最多只涉及准六维积分.

将式 (14.8.15) 和式 (14.8.17) 代入式 (14.8.6), 即得

$$\begin{aligned}
&\langle \Psi_0 | C^{-1} \hat{\boldsymbol{H}} C - E | \Psi_0 \rangle = 0 \qquad \text{(A)能量方程} \\
&\langle \Psi_i^a | C^{-1} \hat{\boldsymbol{H}} C - E | \Psi_0 \rangle = 0 \qquad \text{(B)轨道方程} \\
&\langle \Psi_{ij}^{ab} | C^{-1} \hat{\boldsymbol{H}} C - E | \Psi_0 \rangle = 0 \qquad \text{(C)相关方程} \\
&\langle \Psi_{ijk}^{abc} | C^{-1} \hat{\boldsymbol{H}} C - E | \Psi_0 \rangle = 0 \qquad \text{(X)}
\end{aligned} \tag{14.8.22}$$

这就是超相关方法的基本方程. 注意：四重以上的激发组态作为 W_r, 自然满足式 (14.8.6), 因为 $C^{-1}\hat{\boldsymbol{H}}C$ 中最多只包含到三电子算符. 实际上, 方程 (X) 是多余的, 即确定变分参数时用不着它, 但可用于检验解的精确度. 也用不着由全部双激发组态造出的方程组 (C), 选择其中一部分, 结合方程组 (A) 和 (B) 即足以确定能量 E 及参数 α_s.

若相关函数 C 中的 f_{ij} 取为

$$f(\boldsymbol{r}_i, \boldsymbol{r}_j) = \exp\left[\sum_l G_l(\boldsymbol{r}_i, \boldsymbol{r}_j) D_l\right] \tag{14.8.23}$$

式中, D_l 是待定系数, G_l 是某种特定形式的函数, 则方程组 (A)、(B)、(C) 是强烈耦合的, D_l 的很小变化就会导致由方程组 (B) 确定的分子轨道很大变化. 当用反 Taylor 法迭代求解时严重振荡, 得不出收敛解. 为了克服这个困难, 可以利用相关波函数以下的不变性质：

$$\begin{aligned}
&\prod_{i<j} f(\boldsymbol{r}_i, \boldsymbol{r}_j) \hat{\boldsymbol{A}}(\psi_1 \psi_2 \cdots \psi_N) \\
\equiv& \left[\prod_{i<j} f(\boldsymbol{r}_i, \boldsymbol{r}_j) g(\boldsymbol{r}_i) g(\boldsymbol{r}_j)\right] \left[\prod_k g(\boldsymbol{r}_k)\right]^{1-N} \hat{\boldsymbol{A}}(\psi_1 \psi_2 \cdots \psi_N) \\
\equiv& \left[\prod_{i<j} f(\boldsymbol{r}_i, \boldsymbol{r}_j) g(\boldsymbol{r}_i) g(\boldsymbol{r}_j)\right] \hat{\boldsymbol{A}}[\psi_1(\boldsymbol{r}_1) g(r_1)^{1-N} \cdots \psi_N(\boldsymbol{r}_N) g(\boldsymbol{r}_N)^{1-N}] \\
\equiv& K \prod_{i<j} \bar{f}(\boldsymbol{r}_i, \boldsymbol{r}_j) \hat{\boldsymbol{A}}(\bar{\psi}_1 \bar{\psi}_2 \cdots \bar{\psi}_N)
\end{aligned} \tag{14.8.24}$$

式中, K 是归一化常数, $\bar{f}(\boldsymbol{r}_i,\boldsymbol{r}_j) = f(\boldsymbol{r}_i,\boldsymbol{r}_j)g(\boldsymbol{r}_i)g(\boldsymbol{r}_j)$, g 是任意单电子函数, $\bar{\psi}_1$, $\bar{\psi}_2,\cdots,\bar{\psi}_N$ 是函数

$$\psi_1(\boldsymbol{r}_1)g(\boldsymbol{r}_1)^{1-N},\cdots,\psi_N(\boldsymbol{r}_N)g(\boldsymbol{r}_N)^{1-N}$$

的某种正交归一的线性组合. 式 (14.8.24) 说明, 相关波函数 $C\varPsi_0$ 对于变换

$$\begin{aligned} f(\boldsymbol{r}_i,\boldsymbol{r}_j) &\to \bar{f}(\boldsymbol{r}_i,\boldsymbol{r}_j) \\ \psi_i &\to \bar{\psi}_i \end{aligned} \tag{14.8.25}$$

是不变的. 设 g 用函数集合 $\{g_p\}$ 展开, 则新的 f_{ij} 的形式为

$$f(\boldsymbol{r}_i,\boldsymbol{r}_j) = \exp\left\{\sum_l G_l(\boldsymbol{r}_i,\boldsymbol{r}_j)D_l + \sum_p [g_p(\boldsymbol{r}_i) + g_p(\boldsymbol{r}_j)]d_p\right\} \tag{14.8.26}$$

式 (14.8.23) 和式 (14.8.26) 从物理意义上说是等价的, 因为不论 d_p 取什么数值, 都可以通过适当改变自旋轨道而保持总波函数 $C\varPsi_0$ 不变. 所以将 d_p 称为多余参数. 但 d_p 参数实际上并不多余, 因为方程组 (B) 和 (C) 的耦合程度强烈依赖于 g_p 和 d_p. 适当选取 g_p 和 d_p, 可以使方程组 (B) 和 (C) 几乎完全去耦. 方程组 (B) 确定自旋轨道的最优形式, 而方程组 (C) 确定参数 D_l. 为了选择 d_p 使方程组 (B) 和 (C) 去耦, 考察方程组 (B). 如果 $C=1$, 则它变为

$$\langle \varPsi_i^a|\hat{\boldsymbol{H}}|\varPsi_0\rangle = 0$$

这正是 Brillouin 条件, 由它确定 Hartree-Fock 自旋轨道, 此时方程组 (B) 和 (C) 是完全去耦的. 于是可以想见, 若 $C^{-1}\hat{\boldsymbol{H}}C \approx \hat{\boldsymbol{H}}$, 即 $C^{-1}\hat{\boldsymbol{H}}C - C\hat{\boldsymbol{H}}C^{-1} \approx 0$, 则方程组 (B) 与方程组 (C) 几乎不耦合. Boys 和 Handy[46] 由此导出确定多余参数 d_p 的方程组 [简缩条件 (contraction condition); ω_i 是权重因子]

$$\delta\left(\sum_i \omega_i|\langle \varPsi_i^a|C^{-1}\hat{\boldsymbol{H}}\,C - C\hat{\boldsymbol{H}}C^{-1}|\varPsi_0\rangle|^2\right) = 0 \qquad \text{(D)去耦方程}$$

$\{W_r\}$ 不一定选取式 (14.8.17) 的形式. 也可以选取为

$$\begin{aligned} \{W_r\} &= \left\{C^{-1}\varPsi_0, \frac{\partial}{\partial x_r^i}(C^{-1}\varPsi_0), \frac{\partial}{\partial D_l}(C^{-1}\varPsi_0)\right\} \\ &= \left\{C^{-1}\varPsi_0, C^{-1}\frac{\partial}{\partial x_r^i}\varPsi_0, -C^{-1}\varPsi_0\frac{\partial(\ln C)}{\partial D_l}\right\} \end{aligned} \tag{14.8.27}$$

式中, x_r^i 是分子轨道组合系数, 而

$$\psi_i = \sum_r x_r^i \eta_r \tag{14.8.28}$$

代入式 (14.8.6), 得到以下方程组:

$$\langle \Psi_0 | C^{-1}\hat{\boldsymbol{H}}C - E | \Psi_0 \rangle = 0 \qquad (\mathrm{A}')\text{能量方程}$$

$$\left\langle \frac{\partial \Psi_0}{\partial x_r^i} \middle| C^{-1}\hat{\boldsymbol{H}}C - E \middle| \Psi_0 \right\rangle = 0 \qquad (\mathrm{B}')\text{轨道方程}$$

$$\left\langle \frac{\partial (\ln C)}{\partial D_l} \Psi_0 \middle| C^{-1}\hat{\boldsymbol{H}}C - E \middle| \Psi_0 \right\rangle = 0 \qquad (\mathrm{C}')\text{相关方程}$$

$$\left\langle \frac{\partial (\ln C)}{\partial d_p} \Psi_0 \middle| C^{-1}\hat{\boldsymbol{H}}C - C\hat{\boldsymbol{H}}C^{-1} \middle| \Psi_0 \right\rangle = \left\langle \sum_i g_p(\boldsymbol{r}_i) \Psi_0 | C^{-1}\hat{\boldsymbol{H}}C - C\hat{\boldsymbol{H}}C^{-1} | \Psi_0 \right\rangle = 0 \qquad (\mathrm{D}')\text{去耦方程} \quad (14.8.29)$$

方程组 (D′) 由简缩条件得来. 在以上方程组中, 方程的数目等于未知数 (E, x_r^i, D_l, d_p), 因此原则上可以精确求解. 在 C 函数的表达式中, 若用一般形式的函数 $G_l(\boldsymbol{r}_i, \boldsymbol{r}_j)$, 在方程组 (C′) 中会出现九维积分. 但若取为可分离的形式, $G_l(\boldsymbol{r}_i, \boldsymbol{r}_j) = G_l'(\boldsymbol{r}_i)G_l'(\boldsymbol{r}_j)$, 则方程组 (C′) 中最多只出现准六维积分. 由于去耦方程组 (D′) 并不能使方程组 (B′) 和 (C′) 完全去耦, 因此需采用以下迭代步骤求解. 从给定的一组参数 (E, x_i^r, d_p, D_l) 出发:

(1) 保持 d_p, D_l 固定, 从方程组 (A′) 和 (B′) 求改进的 E 和 x_r^i 值.

(2) 保持 D_l 和新得到的 x_r^i 固定, 从去耦方程组 (D′) 求得新的参数 d_p.

(3) 固定 E, x_r^i, d_p 在新得到的数值, 由相关方程确定参数 D_l.

(4) 用新参数 x_i^r, d_p, D_l 通过能量方程 (A′) 求新的总能量.

步骤 (1)~(3) 本身也要用迭代方法, 一般用反 Taylor 法是方便的. 超相关方法中涉及的积分可以用分析方法, 也可以用数值方法求得. 分析方法严重限制相关函数形式的选择, 从而影响结果; 数值方法则有网络点权重的选择、边界误差、被积函数有奇点等问题需要考虑.

下面用 Ne 的计算做具体例子来说明超相关方法[46]. 使用第一种超相关方程组, 设 $\Psi = C\Psi_0$, 其中

$$\Psi_0 = |\psi_1 \psi_2 \cdots \psi_N|$$

$$\psi_i = \sum_r x_r^i \eta_r$$

$$C = \prod_{i<j} f(\boldsymbol{r}_i, \boldsymbol{r}_j)$$

$$f(\boldsymbol{r}_i, \boldsymbol{r}_j) = \exp\left\{ \sum_l G_l(\boldsymbol{r}_i, \boldsymbol{r}_j) D_l + \sum_p [g_p(\boldsymbol{r}_i) + g_p(\boldsymbol{r}_j)] d_p \right\} \qquad (14.8.30)$$

与在 Hartree-Fock 计算中一样, 自旋轨道 $1\mathrm{s}\alpha$, $1\mathrm{s}\beta$, $\cdots$, $2\mathrm{p}_z\alpha$, $2\mathrm{p}_z\beta$ 等表示为自

旋部分与空间部分的乘积, 空间部分又是径向函数和球谐函数的乘积, 而前者取为 Slater 型函数 $r^n\exp(-\zeta r)$ 的线性组合. 显然, 只有对称类型和 ψ_i 一样的 η_r 才能包括在 ψ_i 中, 而 x_r^i 与磁量子数或自旋量子数无关. G_l 和 g_p 表示为 $\bar{r}_{ij}=\dfrac{r_{ij}}{a+r_{ij}}$ 和 $\bar{r}_i=\dfrac{r_i}{a+r_i}$ 的函数, 其中 a 为选定的常数. $f(\boldsymbol{r}_i,\boldsymbol{r}_j)$ 的头一项是 $G_0(\boldsymbol{r}_i,\boldsymbol{r}_j)=\dfrac{1}{2}a\bar{r}_{ij}$. 容易证明, 这样的总波函数在 $r_{ij}\to 0$ 的邻域有正确的渐近性质

$$\Psi=\Psi_{r_{ij}\to 0}\left[1+\frac{1}{2}r_{ij}+0(r_{ij}^2)\right] \tag{14.8.31}$$

这样, Hamilton 算符中由 r_{ij}^{-1} 引起的无限大能被由动能算符引起的无限大抵消, 从而当 $r_{ij}\to 0$ 时能量积分的被积函数能保持有限值. 这对于用数值积分方法是很有利的, 而且能改善相关波函数的收敛性质. 参数 (E,x_r^i,D_l,d_p) 由以下方程组确定:

$$\begin{aligned}
&\langle\Psi_0|C^{-1}\hat{\boldsymbol{H}}C-E|\Psi_0\rangle=0 && \text{(A)}\\
&\langle\Psi_i^a|C^{-1}\hat{\boldsymbol{H}}C-E|\Psi_0\rangle=0 && \text{(B)}\\
&\frac{\partial}{\partial D_l}\Big(\sum_{ijab}\omega_{ij}^{ab}|\langle\Psi_{ij}^{ab}|C^{-1}\hat{\boldsymbol{H}}C-E|\Psi_0\rangle|^2\Big)=0 && \text{(C)}\\
&\frac{\partial}{\partial d_p}\Big(\sum_{ia}\omega_i^a|\langle\Psi_i^a|C^{-1}\hat{\boldsymbol{H}}C-C\hat{\boldsymbol{H}}C^{-1}|\Psi_0|^2\Big)=0 && \text{(D)}
\end{aligned} \tag{14.8.32}$$

在方程组 (C) 和 (D) 的最小二乘计算中, 各项的权分别取为

$$\omega_{ij}^{ab}=(\Delta\varepsilon_{ij}^{ab})^{-1}=\{\langle\Psi_{ij}^{ab}|C^{-1}\hat{\boldsymbol{H}}C|\Psi_{ij}^{ab}\rangle-\langle\Psi_0|C^{-1}\hat{\boldsymbol{H}}C|\Psi_0\rangle\}^{-1} \tag{14.8.33}$$

和

$$\omega_i^a=(\Delta\varepsilon_i^a)^{-1}=\{\langle\Psi_i^a|C^{-1}\hat{\boldsymbol{H}}C|\Psi_i^a\rangle-\langle\Psi_0|C^{-1}\hat{\boldsymbol{H}}C|\Psi_0\rangle\}^{-1} \tag{14.8.34}$$

以便减少高激发组态在其中所起的作用. 原则上应包含所有的单重激发组态和双重激发组态, 实际计算时只用了全部单重激发组态和根据经验选定的 12 个双重激发组态. 用迭代方法求得 Ne 的基态 $(1s)^2(2s)^2(2p)^6\ {}^1S$ 的总能量为 -128.959 a.u.(实验值为 -128.929 a.u., 注意用这个方法求得的总能量值没有上界性质). 用同样方法求得 Ne^+ 的总能量为 -128.166 a.u., 故电离能为 0.793 a.u., 实验值为 0.791 a.u., 结果是相当好的. 求得的相关波函数列于表 14.8.1. 由表 14.8.1 给出的波函数比具有相同精确度的 CI 波函数简单得多, 后者包含几百个参数.

超相关方法的一个缺点是能量本征值没有上界性质. 只当精确度足够高时, 这个缺点才不突出. 另一个缺点是在计算其他算符的期望值时有很大困难. 在 $\langle\hat{\boldsymbol{\Omega}}\rangle=\dfrac{\langle\Psi|\hat{\boldsymbol{\Omega}}|\Psi\rangle}{\langle\Psi|\Psi\rangle}$ 中, 若 Ψ 为超相关波函数, 即使 $\hat{\boldsymbol{\Omega}}$ 是单电子算符, 也会出现 $3N$ 维积分,

表 14.8.1　Ne 基态的超相关波函数

(a) Slater 行列式中的轨道 (径向函数的组合系数 x_r^i)

轨道	$\exp(-9.7r)$	$r\exp(-2.925r)$	$r^2\exp(-2.925r)$	$r\exp(-9.7r)$	$r^3\exp(-2.925r)$	$r^2\exp(-9.7r)$
1s	60.2692	−0.9249	0.8241	−0.3254	−16.0195	100.705
2s	−13.8260	22.0024	−9.4287	4.4240	−14.9707	−22.2398
2p	0	21.2976	−16.6226	10.6350	9.0739	−1.4117

(b) 相关函数　$f(\boldsymbol{r}_i,\boldsymbol{r}_j)=\exp\left\{\frac{1}{2}a\bar{r}_{ij}+\sum\limits_{l=1}^{4}G_l(\boldsymbol{r}_i,\boldsymbol{r}_j)D_l+\sum\limits_{p=1}^{4}[g_p(\boldsymbol{r}_i)+g_p(\boldsymbol{r}_j)]d_p\right\}$

l	D_l	$G_l(\boldsymbol{r}_i,\boldsymbol{r}_j)$	p	d_p	$g_p(\boldsymbol{r}_i)+g_p(\boldsymbol{r}_j)$
1	−0.9650	$\bar{r}_{ij}^2$	1	0.4177	$\bar{r}_i+\bar{r}_j$
2	1.1219	$\bar{r}_{ij}^2(\bar{r}_i+\bar{r}_j)$	2	−0.2018	$\bar{r}_i^2+\bar{r}_j^2$
3	−1.4445	$\bar{r}_i\bar{r}_j$	3	0.2744	$\bar{r}_i^3+\bar{r}_j^3$
4	−0.1126	$\bar{r}_i\bar{r}_j(\bar{r}_i+\bar{r}_j)$	4	−0.9448	$\bar{r}_i^4+\bar{r}_i^4$

无法计算. 虽然可以通过 Hellmann-Feynman 定理

$$\left.\frac{\mathrm{d}E(\alpha)}{\mathrm{d}\alpha}\right|_{\alpha=0}=\frac{\langle\Psi|\dfrac{\partial\hat{\boldsymbol{H}}}{\partial\alpha}|\Psi\rangle}{\langle\Psi|\Psi\rangle}=\frac{\langle\Psi|\hat{\boldsymbol{\Omega}}|\Psi\rangle}{\langle\Psi|\Psi\rangle}\tag{14.8.35}$$

取 $\hat{\boldsymbol{H}}(\alpha)=\hat{\boldsymbol{H}}_0+\alpha\hat{\boldsymbol{\Omega}}$, 计算出几个 α 的 $E(\alpha)$ 值, 求出 $\left.\dfrac{\mathrm{d}E(\alpha)}{\mathrm{d}\alpha}\right|_{\alpha=0}$, 从而求得 $\langle\Psi|\hat{\boldsymbol{\Omega}}|\Psi\rangle$, 但计算误差较大 (因为 Ψ 可能不满足一定要求, Hellmann-Feynman 定理不严格成立), 而且计算量也很大.

由于计算方面的困难, 波函数显含电子间距离坐标 $\{r_{ij}\}$ 的方法至今没有得到实际应用, 但对这种方法的研究一直在进行中 [47,48]. 最近 Nakatsuji 等[49] 用 ICI 方法计算 He 等电子体系, 采用含 r_{12} 坐标的试用波函数, 得到极精确的基态能量; 对于 He 和 H^- 体系, 精确度达到 $\sim 10^{-40}$a.u..

14.8.3　相关穴方法

另一种直截了当的观念上很简单的考虑电子相关作用的方法就是在每个电子周围设立一个“禁区”(相关穴), 这样既可以保持单粒子图像的简单性, 又考虑了电子相关. 这种办法早就有人想到了, 而且作过各种尝试, 从在每个电子周围简单地画出一个球形禁区到试图通过准确的典型计算例子得出相关穴的正确函数形式都有人试用过. 这个方法由于其物理图像的简单性和推广到大分子计算的可能性, 一直吸引着人们的注意. 人们希望能通过只对 Hartree-Fock 结果作一点小的修正就将电子相关作用包括进去. 下面介绍 Colle 和 Salvetti 提出来的方法[50].

为了简单起见, 考虑闭壳层组态. 波函数形式取为

$$\Psi = C\Phi_0 \qquad C = \prod_{i<j} f(\boldsymbol{r}_i, \boldsymbol{r}_j) \tag{14.8.36}$$

首先考察一下波函数包括相关因子 C 对 Hartree-Fock 二级密度矩阵 P_2^0 有什么影响. 取

$$f(\boldsymbol{r}_i, \boldsymbol{r}_j) = 1 - \phi(\boldsymbol{r}_i, \boldsymbol{r}_j) \tag{14.8.37}$$

这里 $\phi(\boldsymbol{r}_i, \boldsymbol{r}_j)$ 是某种短程的函数, 用以引入当 $r_{ij} \to 0$ 时正确的歧点条件. 当从式 (14.8.36) 对 $N-2$ 个电子的坐标积分求二阶密度矩阵 $P_2(\boldsymbol{r}_1'\boldsymbol{r}_2'|\boldsymbol{r}_1, \boldsymbol{r}_2)$ 时, 因子 $\phi(\boldsymbol{r}_i, \boldsymbol{r}_j)$, $i, j \neq 1, 2$ 的作用很小, 因为在绝大部分积分域内, $\boldsymbol{r}_i - \boldsymbol{r}_j$ 很大, 此时 $\phi(\boldsymbol{r}_i, \boldsymbol{r}_j)$ 为零, 故对积分的贡献很小. 于是我们得到

$$P_2(\boldsymbol{r}_1', \boldsymbol{r}_2'|\boldsymbol{r}_1, \boldsymbol{r}_2) = P_2^0(\boldsymbol{r}_1', \boldsymbol{r}_2'|\boldsymbol{r}_1, \boldsymbol{r}_2)[1 - \phi(\boldsymbol{r}_1', \boldsymbol{r}_2') - \phi(\boldsymbol{r}_1, \boldsymbol{r}_2) + \phi(\boldsymbol{r}_1', \boldsymbol{r}_2')\phi(\boldsymbol{r}_1, \boldsymbol{r}_2)] \tag{14.8.38}$$

要解决的问题是选择 $\phi(\boldsymbol{r}_1, \boldsymbol{r}_2)$ 的函数形式, 使它能描述相关穴的大小和形状, 并且满足 N–可表示性条件, 如满足

$$(N-1)P_1(\boldsymbol{r}_1'|\boldsymbol{r}_1) = \int P_2(\boldsymbol{r}_1', \boldsymbol{r}_2|\boldsymbol{r}_1, \boldsymbol{r}_2)\mathrm{d}\tau_2 \tag{14.8.39}$$

但是由于电子对相关作用对于 Hartree-Fock 一阶密度矩阵 P_1^0 的影响较小, 我们可以令

$$P_1(\boldsymbol{r}_1'|\boldsymbol{r}_1) = P_1^0(\boldsymbol{r}_1'|\boldsymbol{r}_1) \tag{14.8.40}$$

联立式 (14.8.39) 和式 (14.8.40), 得

$$\int P_2^0(\boldsymbol{r}_1', \boldsymbol{r}_2|\boldsymbol{r}_1, \boldsymbol{r}_2)[\phi(\boldsymbol{r}_1', \boldsymbol{r}_2)\phi(\boldsymbol{r}_1, \boldsymbol{r}_2) - \phi(\boldsymbol{r}_1', \boldsymbol{r}_2) - \phi(\boldsymbol{r}_1, \boldsymbol{r}_2)]\mathrm{d}\tau_2 = 0 \tag{14.8.41}$$

对应于式 (14.8.38) 的能量为

$$E = E_0 + \frac{1}{2}\int P_2^0(\boldsymbol{r}_1, \boldsymbol{r}_2)\frac{[\phi^2(\boldsymbol{r}_1, \boldsymbol{r}_2) - 2\phi(\boldsymbol{r}_1, \boldsymbol{r}_2)]}{r_{12}}\mathrm{d}\tau_1\mathrm{d}\tau_2 \tag{14.8.42}$$

(E_0 是 Hartree-Fock 能量), 因此电子相关作用校正相当于用屏蔽势

$$g'(\boldsymbol{r}_1, \boldsymbol{r}_2) = \frac{[1 - 2\phi(\boldsymbol{r}_1, \boldsymbol{r}_2) + \phi^2(\boldsymbol{r}_1, \boldsymbol{r}_2)]}{r_{12}} \tag{14.8.43}$$

代替 Coulomb 势 r_{12}^{-1}. 这样, 选定能满足式 (14.8.41) 的 $\phi(\boldsymbol{r}_1, \boldsymbol{r}_2)$, 就能计算相关能. Salvetti 选取

$$\phi(\boldsymbol{r}_1, \boldsymbol{r}_2) = \exp[-\beta(\boldsymbol{R})^2 r^2]\left[1 - \phi(\boldsymbol{R})\left(1 + \frac{r}{2a_0}\right)\right] \tag{14.8.44}$$

式中, $\boldsymbol{R}=\frac{1}{2}(\boldsymbol{r}_1+\boldsymbol{r}_2)$, $r=|\boldsymbol{r}_1-\boldsymbol{r}_2|$, a_0 是 Bohr 半径. 式 (14.8.44) 满足 $r_{ij}\to 0$ 时的歧点条件. $\phi(\boldsymbol{R})$ 的存在表明相关穴的形状依赖于两个电子的平均位置, 而参数 β 决定穴的大小, 它应与电子密度有关, 从而与平均位置 $\boldsymbol{R}$ 有关. 若令 $\boldsymbol{r}_1=\boldsymbol{R}-\frac{1}{2}\boldsymbol{r}$, $\boldsymbol{r}_2=\boldsymbol{R}+\frac{1}{2}\boldsymbol{r}$, 将 $\boldsymbol{P}_2^0$ 作 Taylor 展开, 由式 (14.8.41) 可得出 $\phi(\boldsymbol{R})$ 与 $\beta(\boldsymbol{R})$ 之间的关系. 该关系式可以相当精确地拟合为[50,51]

$$\phi\approx\frac{\sqrt{\pi}a_0\beta}{1+\sqrt{\pi}a_0\beta} \tag{14.8.45}$$

对于自由电子气, 参数 β 应仅依赖于电子密度 ρ; 根据量纲分析可知

$$\beta=q\rho^{\frac{1}{3}} \tag{14.8.46}$$

式中, q 是无量纲常数. 因此式 (14.8.44) 能反映出相关穴的特征, 当电子密度大时, 相关穴是深的而且定域的, 当电子密度小时, 相关穴变得小而且扩散.

Colle 和 Salvetti 用以上方法对某些原子和小分子进行数值计算. 他们调整 q, 使对 He 得到好的结果, 然后用以计算其他八个体系, 结果如表 14.8.2 所示. 可以看出, 计算相关能的精确度达到 95% 以上, 相当令人满意. Colle 和 Salvetti 还将这个方法推广到开壳层和激发态, 计算了 Be, C_2H_4, HCHO 等分子的电离能, H_2 和 Li_2 分子的势能曲线, 结果都相当好. 但这个方法的结果对 β 的依赖性较大. 显然要获得更可靠的电子相关能与相关穴的定量关系, 必须对相关穴的形状和变化规律有更深入的认识. 为此人们进行了大量的理论分析和具体计算研究, 探求相关穴与电子密度和相关能的精确定量关系, 希望找到相关能作为电子密度或者一阶约化密度矩阵的泛函的精确形式. 这方面的研究取得了相当重要的成果, 但并没有突破性进展, 相关研究仍在继续中 (参看第 15 章).

表 14.8.2 相关穴方法的计算结果

体 系	SCF能量(a.u.)	相关能 (a.u.)		误差 (%)
		相关穴方法	文献"精确"值	
He	−2.86168	−0.0416	−0.0420	1
Li^+	−7.23641	−0.0438	−0.0435	0.7
Be^{2+}	−13.61126	−0.0441	−0.0443	0.4
Be	−14.57301	−0.0926	−0.0940	1.5
B^+	−24.23756	−0.106	−0.112	5
Ne	−128.54698	−0.374	−0.372	0.5
CH_4	−40.20452	−0.289	−0.283	2
H_2O	−76.0384	−0.336	−0.364	8
			−0.340	1

参 考 文 献

[1] McWeeny R. Methods of Molecular Quantum Mechanics. 2nd ed. London: Academic Press, 1992
[2] Veszprémi T. Fehér M. Quantum Chemistry: Fundamentals to Applications. Dordrecht, New York: Kluwer Academic/Plenum Publishing, 1999
[3] Springborg M. Methods of Electronic-Structure Calculations: From Molecules to Solids. New York: John Wiley & Sons, 2000
[4] Simons J. An Introduction to Theoretical Chemistry. Cambridge: Cambridge University Press, 2003
[5] Cook D B. Handbook of Computational Quantum Chemistry. London: Dover Publications, 2005
[6] Jensen F. Introduction to Computational Chemistry. 2nd ed. New York: John Wiley & Sons, 2007
[7] 文振翼, 王育邠. 酉群方法的理论和应用. 上海: 上海科学技术出版社, 1994
[8] 唐敖庆, 曾宗浩, 孙家钟. 约化密度矩阵引论. 长春: 吉林科学技术出版社, 1989
[9] Hammond B L, Lester W A Jr, Reynolds P J. Monte Carlo Methods in *Ab Initio* Quantum Chemistry. Singapore: World Scientific Publishing Co., 1994
[10] Löwdin P O. Adv Chem Phys, 1959, 2: 207
[11] Hylleraas E A. Z Physik, 1928, 48: 469
[12] Kato T. Comm Pure Appl Math, 1957, 10: 151
[13] Nakatsuji H, Davidson E R. J Chem Phys, 2001, 115: 2000; Nakatsuji H. J Chem Phys, 2002, 116: 1811; Nakatsuji H. Phys Rev A, 2005, 72: 062110
[14] Nakatsuji H, Nakashima H, Kurokawa Y, Ishikawa A. Phys Rev Lett, 2007, 99: 240402
[15] Das G. J Chem Phys, 1981, 74: 5775
[16] Sherrill C D, Schaefer H F III. Adv Quantum Chem, 1999, 34: 143
[17] Roos B O. In Theory and Applications of Computational Chemistry-The First Forty Years. Dykstra C E, Frenking G, Kim K S, Scuseria G E(eds). Amsterdam: Elsevier B V, 2005
[18] Reeves C M. Commun ACM, 1966, 9: 276
[19] Sutcliffe B T. J Chem Phys, 1966, 45: 235
[20] Nesbet R K. J Chem Phys, 1965, 43: 311
[21] Shavitt I, Bender C F, Pipano A, Hosteny R P. J Comput Phys, 1973, 11: 90
[22] Davidson E R. J Comput Phys, 1975, 17: 87
[23] Langhoff S R, Davidson E R. Intern J Quantum Chem, 1974, 8: 61
[24] Mazziotti D A. Phys Rev Lett, 2004, 93: 213001; Mazztotti D A. Acc Chem Res, 2006, 39: 207
[25] DePrince E A, Mazziotti D A. Phys Rev A, 2007, 76: 042501

[26] Löwdin P O. Phys Rev, 1955, 97: 1474, 1490, 1509
[27] Shavitt I, Rosenberg B J, Palalikit S. Intern J Quantum Chem, 1976, S10: 33
[28] Brandov B H. Rev Mod Phys, 1967, 39: 771
[29] Paldus J, Čizěk J. Adv Quantum Chem, 1975, 9: 105
[30] Goldstone J. Proc Roy Soc (London), 1957, A267: 239
[31] Cederbaum L S, Schönhammer K, Niessen W V. Chem Phys Lett, 1975, 34: 392
[32] Bartlett R J, Musial M. Rev Mod Phys, 2007, 79: 291
[33] Čizěk J, Paldus J. Intern J Quantum Chem, 1971, 5: 359
[34] Meyer W. J Chem Phys, 1973, 58: 1017
[35] Ahlrichs R, Keil F, Lischka H, Kutzelnigg W, Staemmler V. J Chem Phys, 1975, 63: 455; Ahlrichs R, Lischka H, Zurawski B, Kutzelnigg. *ibid*, 1975, 63: 4685
[36] Koch S, Kutzelnigg W. Theoret Chim Acta, 1981, 59: 387
[37] Foulkes W M C, Mitas L, Needs R J, Rajagopal G. Rev Mod Phys, 2001, 73: 33
[38] Metropolis N, Rosenbluth A W, Rosenbluth M N, Teller A H, Teller E. J Chem Phys, 1953, 21: 1087
[39] Jastrow R J. Phys Rev, 1955, 98: 1479
[40] Hylleraas E A. Z Physik, 1929, 54: 347
[41] James H, Coolidge A S. J Chem Phys, 1933, 1: 825
[42] Kolos W, Roothaan C C J. Rev Mod Phys, 1960, 32: 219
[43] Kolos W, Wolniewiez L. Phys Rev Lett, 1968, 20: 243
[44] Kolos W, Wolniewiez L. J Chem Phys, 1965, 43: 2429; *ibid*, 1968, 49: 404
[45] Boys S F. Proc Roy Soc(London), 1969, A309: 195; Boys S F, Handy N C. *ibid*, 1969, A309: 209; Boys S F, Handy N C. *ibid*, 1969, A310: 43
[46] Boys S F, Handy N C. Proc Roy Soc(London), 1969, A310: 63
[47] Kutzelnigg W, Klopper W. J Chem Phys, 1991, 94: 1985
[48] Klopper W. J Chem Phys, 1995, 102: 6168; 2004, 120: 10890; Tew D P, Klopper W. *ibid*, 2005, 123: 074101
[49] Nakashima H, Nakatsuji H. J Chem Phys, 2007, 127: 224104
[50] Colle R, Salvetti O. Theoret Chim Acta, 1975, 37: 329. Colle R, Salvetti O. Theoret Chim Acta, 1979, 53: 55
[51] Cohen L, Santhanam P, Frishberg C. Intern J Quantum Chem, 1980, S14: 143

习　　题

1. 概述电子相关作用的起因及目前对稳态体系电子相关作用的几种主要处理方法.
2. 推导 MCSCF 方程中 Fock 矩阵元用分子积分表示的式子.
3. 简述 CI 方法的原理. 从数学和物理两方面分析它收敛特别慢的原因.
4. 简述 CI 计算的步骤、主要困难及其优缺点.
5. 以 H_2 和 He_2 体系为例, 说明价键理论与 MCSCF(或 SCF-CI) 方法的联系与差异.

6. 叙述 Hartree-Fock 轨道、自然轨道和 Bruechner 轨道的定义和关系. 一个好的相关轨道应该满足什么条件?
7. 简述 CI 计算中选择组态函数的必要性和选择方法.
8. BH_2 的基态电子组态为 $1a_1^2 2a_1^2 1b_2^2 3a_1^1$. 设有六个相关轨道. 它总共有多少个单重激发和双重激发组态? 若作完全的 CI 计算, 共有多少个组态? 若只考虑 $S=\dfrac{1}{2}$ 的自旋态, 有多少个组态?
9. 水分子的电子组态为 $1a_1^2 2a_1^2 3a_1^2 1b_2^2 1b_1^2$. 设用两个相关轨道: $4a_1$ 和 $2b_2$, 假定 $1a_1^2$ 和 $2a_1^2$ 电子不激发, 写出 $^1A_1$ 态的单重激发组态和双重激发组态函数.
10. 造出电子组态为 $1a_1^2 2a_1^2 3a_1 1b_2 1b_1^2 4a_1 2b_2$ 的 H_2O 分子的所有独立的自旋匹配组态函数 (一个 $S=2$, 三个 $S=1$, 两个 $S=0$), 并计算它们的 Hamilton 矩阵元.
11. 设氟分子的电子组态为 $[1\sigma_g^2 1\sigma_u^2 2\sigma_g^2 2\sigma_u^2]3\sigma_g^2 1\pi_u^4 1\pi_g^4$, 相关轨道为 $3\sigma_u$, $2\pi_g$, $2\pi_u$, 若只考虑价层轨道的单重激发和双重激发, 有多少个组态函数? 其中 $S=0$ 的组态函数有多少个?
12. 设有五个轨道, 其中放置六个电子. 请作出 $S=1$ 的所有独立的价键型自旋函数.
13. 按所给的规则, 核算表 14.3.1 中最末一列所给的参数.
14. 推导式 (14.4.17)、式 (14.4.18) 以及式 (14.4.30)、式 (14.4.31).
15. 对分子总能量推导出与式 (14.4.44) 类似的式子.
16. 证明式 (14.4.48) 和式 (14.4.50).
17. 用 Hartree 乘积波函数和 Slater 行列式波函数作出一阶和二阶密度矩阵, 比较其异同, 说明后者反映了 Fermi 穴的存在.
18. 证明: 对于单行列式波函数 $|\tilde{\phi}_1(1)\tilde{\phi}_2(2)\cdots\tilde{\phi}_N(N)|$, 有

$$\gamma(\boldsymbol{x}_1'|\boldsymbol{x}_1)=\sum_{k=1}^{N}\tilde{\phi}_k^*(\boldsymbol{x}_1')\tilde{\phi}_k(\boldsymbol{x}_1)$$

$$\Gamma(\boldsymbol{x}_1'\boldsymbol{x}_2'|\boldsymbol{x}_1\boldsymbol{x}_2)=\frac{1}{2}\begin{vmatrix}\gamma(\boldsymbol{x}_1'|\boldsymbol{x}_1) & \gamma(\boldsymbol{x}_1'|\boldsymbol{x}_2)\\ \gamma(\boldsymbol{x}_2'|\boldsymbol{x}_1) & \gamma(\boldsymbol{x}_2'|\boldsymbol{x}_2)\end{vmatrix}$$

进而证明: 在 Hartree-Fock 近似范围内, 所有高阶密度矩阵均由一阶密度矩阵决定.

19. 证明: Hartree-Fock 解满足以下方程:

$$\begin{aligned}\hat{\boldsymbol{\Omega}}_1\rho_1(\boldsymbol{r}_1'|\boldsymbol{r}_1)&+2\int(\hat{\boldsymbol{\Omega}}_2+\hat{\boldsymbol{\Omega}}_{12})\rho_2(\boldsymbol{r}_1'\boldsymbol{r}_2'|\boldsymbol{r}_1\boldsymbol{r}_2)\mathrm{d}\tau_2\\&+3\int\!\!\int\boldsymbol{\Omega}_{13}\rho_3(\boldsymbol{r}_1'\boldsymbol{r}_2'\boldsymbol{r}_3'|\boldsymbol{r}_1\boldsymbol{r}_2\boldsymbol{r}_3)\mathrm{d}\tau_2\mathrm{d}\tau_3=E\rho_1(\boldsymbol{r}_1'|\boldsymbol{r}_1)\end{aligned}$$

式中, $\hat{\boldsymbol{\Omega}}_i$ 和 $\hat{\boldsymbol{\Omega}}_{ij}$ 分别是单粒子算符和双粒子算符, ρ_1 是一阶密度矩阵, 有

$$\rho_2=\frac{1}{2!}\det[\rho_1(\boldsymbol{r}_1'|\boldsymbol{r}_1)\rho_1(\boldsymbol{r}_2'|\boldsymbol{r}_2)],$$

$$\rho_3=\frac{1}{3!}\det[\rho_1(\boldsymbol{r}_1',|\boldsymbol{r}_1)\rho(\boldsymbol{r}_2'|\boldsymbol{r}_2)\rho_1(\boldsymbol{r}_3'|\boldsymbol{r}_3)]$$

20. 证明: 单重激发组态影响一阶密度矩阵, 从而影响单电子性质. 双重激发组态对一阶密度矩阵影响较小, 因而对单电子性质影响较小.

21. 导出 PSNO-CI 计算的矩阵元表达式.
22. 证明算符方程

$$\sum_{i=1}^{\infty}\frac{|\Phi_i\rangle\langle\Phi_i|}{E-E_i}=\frac{1-|\Phi_0\rangle\langle\Phi_0|}{E-\hat{\boldsymbol{H}}_0}$$

23. 试从 Brillouin-Wigner 微扰展开式导出 Rayleigh-Schrödinger 微扰展开式.
24. 根据所述规则, 导出三级微扰相关能的表达式 (14.5.35)∼ 式 (14.5.38).
25. 写出四级微扰相关能中对应于四重激发中间态图的矩阵元表达式, 证明同类图的矩阵元加在一起可以简化.
26. 推导微扰–变分方法的相关能表达式 [式 (14.5.55)].
27. 证明 CI 展开系数与耦合簇展开系数的关系式 [式 (14.6.7)].
28. 简述不同精确度的耦合簇理论中所作的主要近似.
29. 写出相连四重激发中间态对应的矩阵元之和的表达式, 并说明这些四级图是由二电子耦合簇贡献的.
30. 试编写一个计算程序, 用舍弃法将均匀概率密度分布的两维随机变量转变为概率密度按 Gauss 函数 [式 (14.7.14)] 分布的随机变量.
31. 简要说明 Metropolis 取样方法的原理.
32. 比较变分量子蒙特卡罗方法和组态相互作用方法的异同, 说明两者各自的优缺点.
33. 简述扩散量子蒙特卡罗方法处理问题的线索, 说明为何要通过含时 Schrödinger 方程求稳态体系的能量.
34. 简述超相关方法处理问题的基本线索、数学基础、优点和存在的困难.

第 15 章

密度泛函理论方法[1~5]

15.1　基态密度泛函理论

15.2　近似密度泛函的显表达式

15.3　密度泛函计算方法

15.4　激发态与电子多重态结构的能级

15.1　基态密度泛函理论

15.1.1　历史回顾

量子力学建立以后, 在电子、原子、分子和固体层次上遇到的一般物理和化学中的理论问题原则上都可以处理了. 但有两点人们觉得不方便: ① 波函数与人们的直观感觉距离太大, 波函数是 $3N$ 个坐标的函数 (N 为体系电子数), 很难想像多电子波函数的形状; ② 求解多电子体系的 Schrödinger 方程太困难. 电子密度分布与波函数有密切关系, 而只是三个空间坐标的函数, 是很直观的物理量. 在量子力学建立以前, 人们特别是化学家用电子密度的概念有效地解释了大量实验现象和规律. 因此量子力学刚建立, 就有人力图寻找能用电子密度而不用波函数描述体系状态和定量计算体系性质的方法, 弥补使用波函数的量子力学方法的不便. Thomas 和 Fermi 各自在 1927 年就提出用电子密度描述体系的方法, 后来称为 Thomas-Fermi 模型, 可以看成密度泛函理论的雏形. 1951 年 Slater 提出 X_α 近似方法, 用一个定域的电子密度函数的泛函逼近 Hartree-Fock 方法中离域的交换势, 大大减少了计算量, 曾得到广泛的应用. 按照 X_α 近似, 体系能量可以表示为电子密度函数的泛函, 因此可以看作密度泛函理论的前导. 但现代的密度泛函理论是在 1964 年 Hohenberg 和 Kohn 证明两个定理的基础上建立的; Kohn 和 Sham 提出的处理方法为密度泛函理论的实际应用和发展开辟了道路.

密度泛函理论要用到“泛函”这一数学概念, 也经常涉及对泛函的运算问题. 实际上在前面用变分法处理量子化学问题时已经涉及泛函的概念和运算, 只是没有明确提出来. 为便于下面的论述, 先介绍一下有关泛函的基本知识.

泛函是普通函数概念的推广, 简单说泛函就是函数的函数. 例如, 在 $[a,\ b]$ 区间内求曲线 $f(x)$ 下的面积 S, 有

$$S[f]=\int_a^b f(x)\,\mathrm{d}x \tag{15.1.1}$$

给定一个 $f(x)$, 就确定一个 S 值, 所以说, 面积 S 是函数 $f(x)$ 的一个泛函. 注意, 这里函数 $f(x)$ 是泛函 $S[f]$ 的 “自变量”. x 是函数 $f(x)$ 的自变量, 是积分变量, 与 S 无直接关系.

设在不同的 x 值上取 $y_i=f(x_i)$, $i=1,\ \cdots,\ n$, 则 $f(x)$ 的变化可以由 $\{y_i\}$ 的变化来近似表达, 于是可以将 S 看成 $\{y_i\}$ 的函数

$$S[f]\approx S(y_1,\ y_2,\ \cdots,\ y_n) \tag{15.1.2}$$

当 $n\to\infty$, $\{x_i\}$ 布满 $[a,\ b]$ 区间时, $S(y_1,\ y_2,\ \cdots,\ y_n)$ 将与 $S[f]$ 精确相等. 所以, $S[f(x)]$ 也可以看成是无限多变量的多元函数.

在三维空间的情况下, 将 $f(x,y,z)$ 用基函数组 $\{\phi_i(x,y,z), i=1,\cdots,M\}$ 展开

$$f(x,y,z)=\sum_{i=1}^{M} a_i\phi_i(x,y,z) \tag{15.1.3}$$

则 $f(x,y,z)$ 的变化将由展开系数 $\{a_i\}$ 来确定, 于是, $S[f]\approx S(a_1,\ a_2,\ \cdots,\ a_M)$ 可以看成是一个 M 元函数. 适当选择 $\{\phi_i\}$, 当 $M\to\infty$ 时, 展开式是精确的, $S[f(x)]$ 就是 $\{a_i\}$ 的无限变量多元函数. 通常说基函数组 $\{\phi_i(x,y,z), i=1,\cdots,M\}$ 张成一个函数空间, 如果当 $M\to\infty$ 时任意有界函数都可以用该基函数组精确展开, 则说该函数空间是完备的.

当函数 $f(x)$ 有无穷小变化时, 泛函 $S[f]$ 的变化称为泛函的变分

$$\delta S[f]=\int \frac{\delta S[f(x)]}{\delta f(x)}\delta f(x)\,\mathrm{d}x \tag{15.1.4}$$

式中, $\dfrac{\delta S[f(x)]}{\delta f(x)}$ 称为泛函微商. 这个式子可以看作是多元函数微分的推广

$$\mathrm{d}S(y_1,\cdots,y_n)=\sum_{i=1}^{n}\frac{\partial S}{\partial y_i}\mathrm{d}y_i=\sum_{i=1}^{n}\frac{\delta S}{\delta f(x_i)}\mathrm{d}f(x_i) \tag{15.1.5}$$

当 $n\to\infty$ 时, 将求和写成积分, 即为式 (15.1.4).

当将 $f(x,y,z)$ 用基函数组 $\{\phi_i(x,y,z)\}$ 展开时, $S[f\}$ 的变分问题实际上就变成了 $S(\{a_i\})$ 函数的微分问题

$$\delta S[f]\approx \mathrm{d}S(\{a_i\})=\sum_i \frac{\partial S}{\partial a_i}\mathrm{d}a_i \tag{15.1.6}$$

与多元函数类似, 泛函也可能存在极值. 求泛函的极值可以看成是求多元函数极值的推广. 泛函取极值的条件是

$$\delta S[f]\approx \mathrm{d}S(\{a_i\})=0 \tag{15.1.7}$$

由二阶泛函微商的值可判断极值的属性, 如为极大或极小值等.

求解微分方程的问题经常可以化为求泛函极值问题处理. 例如, 稳态 Schrödinger 方程的求解, 等价于在条件 $\langle\Psi|\Psi\rangle=1$ 的限制下求泛函 $H[\Psi]=\langle\Psi|\hat{\boldsymbol{H}}|\Psi\rangle$ 的极值问题. 因为用 Lagrange 乘子法, 由极值条件

$$\delta\left[\langle\Psi|\hat{\boldsymbol{H}}|\Psi\rangle-E(\langle\Psi|\Psi\rangle-1)\right]=0$$

得出的 Euler-Lagrange 方程就是 Schrödinger 方程. 这种处理办法的好处是便于求近似解.

线性变分方法是将 Ψ 用基函数组展开, 将泛函变为展开系数的多元函数, 使泛函求极值问题转化为多元函数求极值问题. 这是现在最常用的求泛函极值 (偏微分方程近似解) 的方法之一. 量子化学中的 CI 方法就是用的这种方法. 如果泛函近似地表达为变分参数的非线性多元函数, 也可以用非线性优化方法求泛函的极值.

密度泛函理论的指导思想是要用密度函数来描述和确定体系的性质而不求助于体系波函数. 1927 年量子力学刚建立, Thomas 和 Fermi 就作了这方面的尝试, 建立了 Thomas-Fermi 模型[1].

设将空间分为许多边长为 l 的小立方体, 对每个小立方体用自由电子模型, 可得

$$\varepsilon(n_x, n_y, n_z) = \frac{(2\pi)^2}{8l^2}(n_x^2 + n_y^2 + n_z^2) = \frac{(2\pi)^2 k^2}{8l^2} \tag{15.1.8}$$

$$k^2 = n_x^2 + n_y^2 + n_z^2 \qquad n_x, n_y, n_z = 1, 2, \cdots, \infty$$

(采用原子单位). 若取 n_x, n_y, n_z 为 x, y, z 坐标轴上的整数, 则每点标志一个量子态, 在以坐标原点为中心、k 为半径的球面上的点 (量子态) 具有相同的能量. 可知能量小于等于 ε 的量子态数目为

$$\Phi(\varepsilon) = \frac{1}{8}\left(\frac{4}{3}\pi k^3\right) = \frac{\pi}{6}\left(\frac{8l^2\varepsilon}{4\pi^2}\right)^{3/2} \tag{15.1.9}$$

由于 n_x、n_y 和 n_z 均大于零, 故只占 1/8 球体. 能量在 $\varepsilon \sim \varepsilon + \Delta\varepsilon$ 的能级数目为

$$g(\varepsilon)\Delta\varepsilon = \Phi(\varepsilon + \Delta\varepsilon) - \Phi(\varepsilon) = \frac{\pi}{4}\left(\frac{8l^2}{4\pi^2}\right)^{3/2} \varepsilon^{1/2}\Delta\varepsilon + O[(\Delta\varepsilon)^2] \tag{15.1.10}$$

$g(\varepsilon)$ 是能级 ε 处的态密度. 每个小立方体在 0 K、能量小于或等于 ε_F(费米能级) 的粒子组成的体系的能量为

$$\Delta E = 2\int_0^{\varepsilon_\mathrm{F}} \varepsilon g(\varepsilon)\mathrm{d}\varepsilon = 4\pi\left(\frac{2}{4\pi^2}\right)^{3/2} l^3 \int_0^{\varepsilon_\mathrm{F}} \varepsilon^{3/2}\mathrm{d}\varepsilon = \frac{8\pi}{5}\left(\frac{2}{4\pi^2}\right)^{3/2} l^3 \varepsilon_\mathrm{F}^{5/2} \tag{15.1.11}$$

这里处理闭壳层体系, 每个量子态有二个电子. 粒子总数则为

$$\Delta N = 2\int_0^{\varepsilon_\mathrm{F}} g(\varepsilon)\mathrm{d}\varepsilon = \frac{8\pi}{3}\left(\frac{2}{4\pi^2}\right)^{3/2} l^3 \varepsilon_\mathrm{F}^{3/2} \tag{15.1.12}$$

故有

$$\Delta E = \frac{3}{5}\Delta N \varepsilon_\mathrm{F} = \frac{3(2\pi)^2}{10}\left(\frac{3}{8\pi}\right)^{2/3} l^3 \left(\frac{\Delta N}{l^3}\right)^{5/3} \tag{15.1.13}$$

体系的总能量为

$$
\begin{aligned}
E \underset{l\to 0}{=} & \sum_{i=1}^{\infty} \frac{3(2\pi)^2}{10}\left(\frac{3}{8\pi}\right)^{2/3} \rho^{5/3}(\boldsymbol{r})\Delta V_i \\
= & \frac{3(2\pi)^2}{10}\left(\frac{3}{8\pi}\right)^{2/3} \int \rho^{5/3}(\boldsymbol{r})\mathrm{d}\boldsymbol{r} = C_{\mathrm{F}} \int \rho^{5/3}(\boldsymbol{r})\mathrm{d}\boldsymbol{r} \qquad (15.1.14) \\
C_{\mathrm{F}} = & \frac{3}{10}(3\pi^2)^{2/3}
\end{aligned}
$$

式中, $\rho(\boldsymbol{r})$ 为电子密度. 上述体系只有动能 ($V=0$), 故得动能泛函为

$$
T_{\mathrm{TF}}[\rho] = C_{\mathrm{F}} \int \rho^{5/3}(\boldsymbol{r})\mathrm{d}\boldsymbol{r} \qquad (15.1.15)
$$

用于原子体系, 得到 Thomas-Fermi 能量泛函为

$$
E_{\mathrm{TF}}[\rho] = C_{\mathrm{F}} \int \rho^{5/3}(\boldsymbol{r})\mathrm{d}\boldsymbol{r} - \int \frac{Z\rho(\boldsymbol{r})}{r}\mathrm{d}\boldsymbol{r} + \frac{1}{2}\int \frac{\rho(\boldsymbol{r}_1)\rho(\boldsymbol{r}_2)}{r_{12}}\mathrm{d}\boldsymbol{r}_1\mathrm{d}\boldsymbol{r}_2 \qquad (15.1.16)
$$

$\rho(\boldsymbol{r})$ 满足条件

$$
\int \rho(\boldsymbol{r})\mathrm{d}\boldsymbol{r} = N \qquad (15.1.16\mathrm{a})
$$

用 Lagrange 乘子变分方法求极值, 令

$$
\delta\left\{E_{\mathrm{TF}}[\rho] - \mu_{\mathrm{TF}}\left(\int \rho(\boldsymbol{r})\mathrm{d}\boldsymbol{r} - N\right)\right\} = 0 \qquad (15.1.17)
$$

得 Euler-Lagrange 方程

$$
\mu_{\mathrm{TF}} = \frac{\delta E_{\mathrm{TF}}[\rho]}{\delta\rho} = \frac{5}{3}C_{\mathrm{F}}\rho^{2/3}(\boldsymbol{r}) + \phi(\boldsymbol{r}) \qquad (15.1.18)
$$

$$
\phi(\boldsymbol{r}) = \frac{-Z}{r} + \int \frac{\rho(\boldsymbol{r}_2)}{|\boldsymbol{r}-\boldsymbol{r}_2|}\mathrm{d}\boldsymbol{r}_2 \qquad (15.1.18\mathrm{a})
$$

式中, μ_{TF} 是 Lagrange 乘子, $\phi(\boldsymbol{r})$ 是库仑势. 与条件 $\int \rho(\boldsymbol{r})\mathrm{d}\boldsymbol{r} = N$ 联立, 求解积分方程式 (15.1.18), 可得 $\rho(\boldsymbol{r})$, 从而求出 $E[\rho]$. 实际计算结果表明 $\rho(\boldsymbol{r})$ 与真实的 $\rho(\boldsymbol{r})$ 接近, 只是没有较精细的壳层结构. 但不能说明由原子可以形成分子, 即分子总能量总高于其组成原子的能量之和. 后来, 有人 (Dirac 等) 将交换能和相关能包括到 Thomas-Fermi 模型中去, 结果没有根本改善. 所以, Thomas-Fermi-Dirac 模型用于物理问题 (计算 X- 射线散射因子等) 取得一定成功, 至今还在使用, 但用于化学问题是不成功的. 化学家用电子密度分布概念解释了很多现象和规律, 但上述结果似乎表明用电子密度变化来说明化学现象没有物理学上的根据.

为减少 Hartree-Fock 方法的计算量, 1951 年 Slater[6] 提出 X_α 近似方法, 用一个密度泛函代替 Hartree-Fock 方程中交换势. 将交换势项改写成

$$\left[-\sum_j\int\psi_j^*(\boldsymbol{r}_2)\psi_i(\boldsymbol{r}_2)\frac{1}{|\boldsymbol{r}_1-\boldsymbol{r}_2|}\mathrm{d}\boldsymbol{r}_2\frac{\psi_j(\boldsymbol{r}_1)\psi_i^*(\boldsymbol{r}_1)}{\psi_i^*(\boldsymbol{r}_1)\psi_i(\boldsymbol{r}_1)}\right]\psi_i(\boldsymbol{r}_1)\equiv V_{\mathrm{X}}^i(\boldsymbol{r}_1)\psi_i(\boldsymbol{r}_1) \quad (15.1.19)$$

式中, 方括号内的量是电子 i 感受到的交换势, 记作 V_{X}^i. 令

$$\sum_j\frac{\psi_j^*(\boldsymbol{r}_2)\psi_i(\boldsymbol{r}_2)\psi_j(\boldsymbol{r}_1)\psi_i^*(\boldsymbol{r}_1)}{\psi_i^*(\boldsymbol{r}_1)\psi_i(\boldsymbol{r}_1)}=\rho_{\mathrm{X}}^i(r_1,r_2) \quad (15.1.20)$$

则

$$V_{\mathrm{X}}^i(\boldsymbol{r}_1)=-\int\rho_{\mathrm{X}}^i(\boldsymbol{r}_1,\boldsymbol{r}_2)\frac{1}{|\boldsymbol{r}_2-\boldsymbol{r}_1|}\mathrm{d}\boldsymbol{r}_2 \quad (15.1.21)$$

故 $\rho^i(\boldsymbol{r}_1,\boldsymbol{r}_2)$ 起一种离域分布电荷的作用, 称为交换电荷密度. 对于均匀分布电子气体系, 波函数为平面波 (δ 函数归一化)

$$\psi_{\boldsymbol{k}_l}(\boldsymbol{r})=(2\pi)^{-3/2}\exp[i\boldsymbol{k}_l\boldsymbol{r}]$$

将波函数 $\psi_{\boldsymbol{k}_l}$ 等代入式 (15.1.20), $\{\boldsymbol{k}_j\}$ 很密集, 可将对 $\boldsymbol{k}_j$ 的求和用积分代替, 则有

$$\rho_{\mathrm{X}}^{\boldsymbol{k}_l}(\boldsymbol{r}_1,\boldsymbol{r}_2)=(2\pi)^{-3}\int\exp[-i(\boldsymbol{k}_j-\boldsymbol{k}_l)(\boldsymbol{r}_2-\boldsymbol{r}_1)]\mathrm{d}k_{jx}\mathrm{d}k_{jy}\mathrm{d}k_{jz} \quad (15.1.22)$$

积分域为动量空间中以零点为中心, $\boldsymbol{k}_{\mathrm{F}}$ 为半径的 Fermi 球 (有电子占据的空间). 将 $\rho_{\mathrm{X}}^{\boldsymbol{k}_l}(\boldsymbol{r}_1,\boldsymbol{r}_2)$ 的表达式代入式 (15.1.21) 得

$$V_{\mathrm{X}}^{\boldsymbol{k}_l}(\boldsymbol{r}_1)=-(2\pi)^{-3}\int\mathrm{d}k_{jx}\mathrm{d}k_{jy}\mathrm{d}k_{jz}\int\frac{1}{|\boldsymbol{r}_2-\boldsymbol{r}_1|}\exp[-i(\boldsymbol{k}_j-\boldsymbol{k}_l)](\boldsymbol{r}_2-\boldsymbol{r}_1)\mathrm{d}\boldsymbol{r}_2 \quad (15.1.23)$$

取 $(\boldsymbol{k}_j-\boldsymbol{k}_l)$ 为 z 轴, 记 $(\boldsymbol{k}_j-\boldsymbol{k}_l)$ 与 $(\boldsymbol{r}_2-\boldsymbol{r}_1)$ 的夹角为 θ, $|\boldsymbol{r}_2-\boldsymbol{r}_1|=r_{12}$, 则

$$\begin{aligned}&\int\frac{1}{r_{12}}\exp[-i(\boldsymbol{k}_j-\boldsymbol{k}_l)(\boldsymbol{r}_2-\boldsymbol{r}_1)]\mathrm{d}\boldsymbol{r}_2\\&=\int\exp[-i\,|\boldsymbol{k}_j-\boldsymbol{k}_l|\,r_{12}\cos\theta]\frac{1}{r_{12}}r_{12}^2\sin\theta\mathrm{d}r_{12}\mathrm{d}\theta\mathrm{d}\varphi\\&=\frac{4\pi}{|\boldsymbol{k}_j-\boldsymbol{k}_l|^2}\end{aligned}$$

代入式 (15.1.23), 有

$$\begin{aligned}V_{\mathrm{X}}^{\boldsymbol{k}_l}(\boldsymbol{r}_1)&=-\frac{1}{2\pi^2}\int\frac{1}{|\boldsymbol{k}_j-\boldsymbol{k}_l|^2}\mathrm{d}k_{jx}\mathrm{d}k_{jy}\mathrm{d}k_{jz}\\&=-\frac{1}{2\pi^2}\int\frac{k_j^2\sin\theta_{jl}\mathrm{d}k_j\mathrm{d}\theta_{jl}\mathrm{d}\varphi}{k_j^2+k_l^2-2k_jk_l\cos\theta_{jl}}\end{aligned} \quad (15.1.23a)$$

$$= -\frac{1}{k_l \pi}\int_0^{k_\mathrm{F}} k_j \ln\frac{k_j + k_l}{|k_j + k_l|}\mathrm{d}k_j$$

式中, θ_{jl} 是 $\boldsymbol{k}_j$ 与 $\boldsymbol{k}_l$ 的夹角. 将积分域分为 $k_j < k_l$ 和 $k_j > k_l$ 两个区域进行积分, 可得

$$V_\mathrm{X}^{\boldsymbol{k}_l}(\boldsymbol{r}_1) = -\frac{k_\mathrm{F}}{\pi}\left(1 + \frac{1-\eta^2}{2\eta}\ln\frac{1+\eta}{1-\eta}\right) \tag{15.1.23b}$$

式中, $\eta = \dfrac{k_l}{k_\mathrm{F}}$. 另一方面, 闭壳层体系电子自旋成对, 电子密度 $\rho_\alpha = \rho_\beta = \dfrac{1}{2}\rho$, 有

$$\begin{aligned}\rho &= 2\int \psi_{k_j}^* \psi_{k_j} k_j^2 \sin\theta_{jl}\mathrm{d}k_j \mathrm{d}\theta_{jl}\mathrm{d}\varphi \\ &= \frac{1}{\pi^2}\int_0^{k_\mathrm{F}} k_j^2 \mathrm{d}k_j = \frac{1}{3\pi^2}k_\mathrm{F}^3\end{aligned} \tag{15.1.24}$$

故有 $k_\mathrm{F} = (3\pi^2\rho)^{1/3}$. 于是有

$$V_\mathrm{X}^{\boldsymbol{k}_l}(\boldsymbol{r}) = -\left(\frac{3\rho}{\pi}\right)^{1/3}\left(1 + \frac{1-\eta^2}{2\eta}\ln\frac{1+\eta}{1-\eta}\right) \tag{15.1.25}$$

式中, 已用 $\boldsymbol{r}$ 代替 $\boldsymbol{r}_1$, 因为均匀电子气各点是等价的. $V_\mathrm{X}^{\boldsymbol{k}_l}(\boldsymbol{r})$ 与 $\boldsymbol{k}_l$ 有关. 以

$$w_l = \frac{\psi_{\boldsymbol{k}_l}^* \psi_{\boldsymbol{k}_l} 4\pi k_l^2}{\displaystyle\int \psi_{\boldsymbol{k}_l}^* \psi_{\boldsymbol{k}_l} 4\pi k_l^2 \mathrm{d}k_l} = \frac{1}{\pi^2\rho}k_l^2 \tag{15.1.26}$$

为权重求 $V_\mathrm{X}^{\boldsymbol{k}_l}(\boldsymbol{r})$ 的平均值 $V_\mathrm{X}(\boldsymbol{r})$, 得

$$\begin{aligned}V_\mathrm{X}(\boldsymbol{r}) &= \int_0^{k_\mathrm{F}} w_l V_\mathrm{X}^{\boldsymbol{k}_l}\mathrm{d}k_l = \int_0^{k_\mathrm{F}}\left[-\left(\frac{3\rho}{\pi}\right)^{1/3}\left(1 + \frac{1-\eta^2}{2\eta}\ln\frac{1+\eta}{1-\eta}\right)\frac{k_l^2}{\pi^2\rho}\mathrm{d}k_l\right] \\ &= \int_0^1\left[-3\left(\frac{3\rho}{\pi}\right)^{1/3}\left(1 + \frac{1-\eta^2}{2\eta}\ln\frac{1+\eta}{1-\eta}\right)\eta^2\right]\mathrm{d}\eta = -3\left(\frac{3\rho}{8\pi}\right)^{1/3}\end{aligned} \tag{15.1.27}$$

式 (15.1.27) 是自旋成对的均匀电子气体系的交换势精确表达式. 用它代替 Hartree-Fock 方程中的交换势对原子分子体系进行计算, 结果与有关实验值偏差较大. 这容易理解, 因为原子分子中电子密度分布是不均匀的. 为能得到与实验更符合的结果, Slater 引入一个可调参数 α, 将交换势取为

$$V_{\mathrm{X}_\alpha}(\boldsymbol{r}) = -3\alpha\left(\frac{3\rho}{8\pi}\right)^{1/3} = -3\alpha\left(\frac{3\rho_\sigma}{4\pi}\right)^{1/3} \tag{15.1.28}$$

式中, σ 标志电子自旋态. 用 $V_{\mathrm{X}_\alpha}(\boldsymbol{r})$ 代替 Hartree-Fock 方程中的交换势, 得到的方程称为 X_α 方程. α 的优化值对不同元素不同, 为 0.69~0.78. 求解 X_α 方程也要进行

迭代计算, 但计算量比求解 Hartree-Fock 方程小很多, 而计算结果与 Hartree-Fock 方法的差不多, 在某些情况下还要好一些, 因此 20 世纪 90 年代以前曾得到广泛的应用.

式 (15.1.28) 表明 $V_{X_\alpha}(\boldsymbol{r})$ 是电子密度分布函数的泛函. 在 Hartree-Fock 总能量表达式中代入式 (15.1.28) 所示的交换势泛函, 即得出总能量的密度泛函表达式. 已经证明该总能量泛函严格满足 virial 定理和 Hellmann-Feynman 定理. 因此, Slater 提出的 X_α 方法可以看成是一种密度泛函理论. 但 Slater 主要从减少 Hartree-Fock 方法的计算量着眼, 将 X_α 方法看成一种有用的近似计算方法, 没有一般地证明体系的状态和性质可以用电子密度分布精确描述, 所以一般人认为密度泛函理论是在 Hohenberg 和 Kohn 证明两个定理以后才正式建立的.

15.1.2 Hohenberg-Kohn 定理[7]

1964 年, Hohenberg 和 Kohn 证明以下两个定理:

第一定理 体系的基态电子密度分布与体系所处外势场有一一对应关系 (除可加一个无关紧要的任意常数以外), 从而完全确定体系的所有性质.

证明 用反证法. 设两个体系所处外势场为 $V_1(\boldsymbol{r})$ 和 $V_2(\boldsymbol{r})$, $V_1(\boldsymbol{r}) - V_2(\boldsymbol{r}) \neq$ 常数, 则有两个不同的 Hamilton 量

$$\hat{\boldsymbol{H}}_1 = \hat{\boldsymbol{T}} + \sum_i V_1(\boldsymbol{r}_i) + \sum_{i<j}\sum \frac{1}{r_{ij}} \tag{15.1.29a}$$

$$\hat{\boldsymbol{H}}_2 = \hat{\boldsymbol{T}} + \sum_i V_2(\boldsymbol{r}_i) + \sum_{i<j}\sum \frac{1}{r_{ij}} \tag{15.1.29b}$$

设 $\hat{\boldsymbol{H}}_1$ 和 $\hat{\boldsymbol{H}}_2$ 的非简并态基态波函数分别为 Ψ_1 和 Ψ_2, 由 Ψ_1 和 Ψ_2 可求得相应的电子密度 $\rho_1(\boldsymbol{r})$ 和 $\rho_2(\boldsymbol{r})$, 按变分原理, 有

$$\begin{aligned} E_1 &= \langle \Psi_1 | \hat{\boldsymbol{H}}_1 | \Psi_1 \rangle < \langle \Psi_2 | \hat{\boldsymbol{H}}_1 | \Psi_2 \rangle \\ &= \langle \Psi_2 | \hat{\boldsymbol{H}}_2 | \Psi_2 \rangle + \langle \Psi_2 | \hat{\boldsymbol{H}}_1 - \hat{\boldsymbol{H}}_2 | \Psi_2 \rangle \\ &= E_2 + \int \rho_2(\boldsymbol{r})[V_1(\boldsymbol{r}) - V_2(\boldsymbol{r})]\mathrm{d}\boldsymbol{r} \end{aligned} \tag{15.1.30a}$$

类似地, 可以写出

$$\begin{aligned} E_2 &= \langle \Psi_2 | \hat{\boldsymbol{H}}_2 | \Psi_2 \rangle < \langle \Psi_1 | \hat{\boldsymbol{H}}_2 | \Psi_1 \rangle \\ &= \langle \Psi_1 | \hat{\boldsymbol{H}}_1 | \Psi_1 \rangle + \langle \Psi_1 | \hat{\boldsymbol{H}}_2 - \hat{\boldsymbol{H}}_1 | \Psi_1 \rangle \\ &= E_1 - \int \rho_1(\boldsymbol{r})[V_1(\boldsymbol{r}) - V_2(\boldsymbol{r})]\mathrm{d}\boldsymbol{r} \end{aligned} \tag{15.1.30b}$$

如果 $\rho_1(\boldsymbol{r}) = \rho_2(\boldsymbol{r})$, 将式 (15.1.30a) 和式 (15.1.30b) 相加, 得

$$E_1 + E_2 < E_2 + E_1$$

这是不可能的, 故 $\rho_1(\boldsymbol{r}) \neq \rho_2(\boldsymbol{r})$. 这说明 $\rho(\boldsymbol{r})$ 和 $V(\boldsymbol{r})$ 之间有一一对应关系. 于是, 由 $\rho(r)$ 就确定了 $V(\boldsymbol{r})$; 而 $\int \rho(\boldsymbol{r})\mathrm{d}\tau = N$, 确定了电子数目, 也就确定了体系的 Hamilton 量, 从而完全确定了体系的所有性质. 于是, 体系总能量、动能、电子间相互作用能都是 $\rho(\boldsymbol{r})$ 的泛函, 记作 $E[\rho]$、$T[\rho]$、$E_{\mathrm{ee}}[\rho]$, 且有

$$E[\rho] = T[\rho] + E_{\mathrm{ee}}[\rho] + \int \rho(\boldsymbol{r})V(\boldsymbol{r})\mathrm{d}\boldsymbol{r} \equiv F[\rho] + \int \rho(\boldsymbol{r})V(\boldsymbol{r})\mathrm{d}\boldsymbol{r} \tag{15.1.31}$$

式中

$$F[\rho] = T[\rho] + E_{\mathrm{ee}}[\rho] \tag{15.1.32}$$

$F[\rho]$ 与外势场 $V(\boldsymbol{r})$ 无显示关系, 为普适性的密度泛函. 这一定理说明, 可以用 $\rho(\boldsymbol{r})$ 代替电子数目和外势场来表征一个体系, 由 $\rho(\boldsymbol{r})$ 算出体系所有性质. 上述证明中假定基态为非简并态, 1985 年 Kohn 证明上述定理对简并基态同样成立.

第二定理 对于任意的函数 $\rho'(\boldsymbol{r})$, 若满足条件: $\rho'(\boldsymbol{r}) \geqslant 0$, $\int \rho'(\boldsymbol{r})\mathrm{d}\boldsymbol{r} = N$, 则 $E[\rho'(\boldsymbol{r})] \geqslant E_0$, N 是体系包含的电子数, E_0 是体系基态能量.

证明 $\rho'(\boldsymbol{r})$ 将确定一个 $V'(\boldsymbol{r})$, 从而有相应的 $\hat{\boldsymbol{H}}'$ 及基态波函数 $\varPsi'$. 设用 $\varPsi'$ 为变分函数, 则有

$$\langle \varPsi' | \hat{\boldsymbol{H}} | \varPsi' \rangle = F[\rho'(\boldsymbol{r})] + \int \rho'(\boldsymbol{r})V(\boldsymbol{r})\mathrm{d}\boldsymbol{r} = E[\rho'(\boldsymbol{r})] \geqslant \langle \varPsi | \hat{\boldsymbol{H}} | \varPsi \rangle = E[\rho(\boldsymbol{r})] = E_0 \tag{15.1.33}$$

$$E[\rho'(\boldsymbol{r})] \geqslant E_0 \tag{15.1.33a}$$

第二定理为计算体系基态总能量和电子密度分布提供了一种变分计算方法. 按 Lagrange 不定乘子变分方法, 有

$$\delta\left\{E[\rho] - \mu\left[\left[\int \rho(\boldsymbol{r})\mathrm{d}\boldsymbol{r} - N\right]\right]\right\} = 0 \tag{15.1.34}$$

式中, μ 是 Lagrange 乘子. 由此可得 Euler-Lagrange 方程

$$\mu = \frac{\delta E[\rho]}{\delta\rho} = V(\boldsymbol{r}) + \frac{\delta F[\rho]}{\delta\rho} \tag{15.1.35}$$

如果知道 $F[\rho]$ 的具体表达式, 求解方程式 (15.1.35) 就可得到 ρ 及 $E[\rho]$.

但这里存在两个问题:

(1) V 可表示性问题. $F[\rho]$ 是通过基态波函数产生的 $\rho(\boldsymbol{r})$ 定义的. 通过 $E[\rho]$ 对 $\rho(\boldsymbol{r})$ 变分求极值 E_0, 是否满足条件 $\rho(\boldsymbol{r}) \geqslant 0$, $\int \rho(\boldsymbol{r})\mathrm{d}\boldsymbol{r} = N$ 的 $\rho(\boldsymbol{r})$ 都可以包括在变分域中? 换句话说, 是否对于每一个满足上述条件的 $\rho'(\boldsymbol{r})$ 都可以找到一个外

势函数 $V'(\boldsymbol{r}), \rho'(\boldsymbol{r})$ 是由势函数 $V'(\boldsymbol{r})$ 确定的 Schrödinger 方程的基态波函数产生的电荷密度分布. 有人通过举例说明答案是否定的. 因此, 如何确定 $E[\rho]$ 的变分域是一个问题.

(2) Hohenberg-Kohn 定理只证明存在联系体系能量与其电子密度分布的普适性密度泛函 $F[\rho]$, 没有给出如何构造这一泛函的方法. $F[\rho]$ 的精确显表达式至今不知道. 若 $T[\rho]$ 用 Thomas-Fermi 动能泛函代入, E_{ee} 用库仑能代入, 则式 (15.1.35) 就回到 Thomas-Fermi 模型公式, 结果不好. 所以, 寻找精确的 $F[\rho]$ 是密度泛函理论的中心问题.

15.1.3　约束搜索方法定义的能量密度泛函

为了避开 V 可表示性问题, 1982 年 Levy 提出一种定义 $F[\rho]$ 的约束搜索办法[8], 定义

$$F[\rho] = \inf_{\Psi \to \rho} \langle \Psi | \hat{\boldsymbol{T}} + \hat{\boldsymbol{V}}_{\mathrm{ee}} | \Psi \rangle \tag{15.1.36}$$

$$\hat{\boldsymbol{V}}_{\mathrm{ee}} = \sum_{i<j}\sum \frac{1}{r_{ij}} \tag{15.1.36a}$$

即在所有产生 ρ 的 Ψ 中, $\langle \Psi | \hat{\boldsymbol{T}} + \hat{\boldsymbol{V}}_{\mathrm{ee}} | \Psi \rangle$ 的最小值即为 $F[\rho]$ (inf 表示最小值但不一定是极值). 由外势场产生的能量由 ρ 唯一确定. 记满足式 (15.1.36) 的 Ψ 为 Ψ_{inf}, 则泛函 $T[\rho]$ 和 $E_{\mathrm{ee}}[\rho]$ 分别为

$$T[\rho] = \langle \Psi_{\mathrm{inf}} | \hat{\boldsymbol{T}} | \Psi_{\mathrm{inf}} \rangle \tag{15.1.37}$$

$$E_{\mathrm{ee}}[\rho] = \langle \Psi_{\mathrm{inf}} | \hat{\boldsymbol{V}}_{\mathrm{ee}} | \Psi_{\mathrm{inf}} \rangle \tag{15.1.38}$$

于是用约束搜索方法求基态能量的过程可表示为

$$\begin{aligned}
E_0 &= \inf_{\Psi} \left\langle \Psi \left| \hat{\boldsymbol{T}} + \hat{\boldsymbol{V}}_{\mathrm{ee}} + \sum_{i=1}^{N} V(\boldsymbol{r}_i) \right| \Psi \right\rangle \\
&= \inf_{\rho} \left\{ \inf_{\Psi \to \rho} \left\langle \Psi \left| \hat{\boldsymbol{T}} + \hat{\boldsymbol{V}}_{\mathrm{ee}} + \sum_{i=1}^{N} V(\boldsymbol{r}_i) \right| \Psi \right\rangle \right\} \\
&= \inf_{\rho} \left\{ \inf_{\Psi \to \rho} \left\langle \Psi \left| \hat{\boldsymbol{T}} + \hat{\boldsymbol{V}}_{\mathrm{ee}} \right| \Psi \right\rangle + \int V(\boldsymbol{r}) \rho(\boldsymbol{r}) \mathrm{d}\boldsymbol{r} \right\} \\
&= \inf_{\rho} \left\{ F[\rho] + \int V(\boldsymbol{r}) \rho(\boldsymbol{r}) \mathrm{d}\boldsymbol{r} \right\} \\
&= \inf_{\rho} E[\rho]
\end{aligned} \tag{15.1.39}$$

亦即对于任意满足波函数条件的集合 $\{\Psi\}$, 先将产生相同 $\rho(\boldsymbol{r})$ 的划分为一组, 再对

每组 (每个 ρ 值) 确定 $F[\rho]$, 然后, 在所有 ρ 的集合中找出使$E[\rho] = F[\rho] + \int V\rho\mathrm{d}\boldsymbol{r}$ 取最小值的 ρ, 得出基态电子密度 ρ_0 和基态能量 $E[\rho_0]$.

Levy 的约束搜索方法弄清楚了用 ρ 描述体系和用 Ψ 描述体系之间的关系, 扩大了 $F[\rho]$ 的定义域. 因为只要求 $\rho(\boldsymbol{r})$ 是 N 可表示的, 而已经知道 $\rho(\boldsymbol{r}) \geqslant 0$, $\int \rho(\boldsymbol{r})\mathrm{d}\boldsymbol{r} = N$ 是 $\rho(\boldsymbol{r})$ 可表示性的必要和充分条件[2], 这样就避开了 V 可表示性问题的困扰. 已经有人将 Levy 对波函数的约束搜索推广为对密度矩阵的约束搜索.

15.1.4 Kohn-Sham 方程[9]

应用密度泛函理论进行电子结构计算必须知道能量作为密度的泛函或者 $F[\rho]$ 的具体表达式. Hohenberg-Kohn 定理只证明 $F[\rho]$ 的存在, Levy 的约束搜索方法虽然原则上给出了求 $F[\rho]$ 的方法, 但很难用于实际计算. 鉴于 Thomas-Fermi 模型处理化学问题不成功和借鉴 Hartree-Fock 方法和 X_α 近似的成功经验, Kohn 和 Sham 提出将能量泛函的主要部分先分离出来, 即将独立 (没有相互作用) 粒子的动能和库仑能从 $F[\rho]$ 中分出, 剩余部分再作近似处理的办法.

假设对任一个实际的存在电子相互作用的 N 电子体系都相应地有一个无电子相互作用的模型体系, 并存在正交归一函数组 $\{\phi_i, i = 1, \cdots, N\}$, 满足条件: $\rho(\boldsymbol{r}) = \sum_{i=1}^{N} |\phi_i(\boldsymbol{r})|^2$, $\rho(\boldsymbol{r})$ 是实际体系的电子密度分布函数. 将电子间没有相互作用的模型体系的动能表示为

$$T_\mathrm{s}[\rho] = \sum_{i=1}^{N} \langle\phi_i| -\frac{1}{2}\nabla^2 |\phi_i\rangle \tag{15.1.40}$$

则 $F[\rho]$ 可表示为

$$F[\rho] = T_\mathrm{s}[\rho] + J[\rho] + E_\mathrm{xc}[\rho] \tag{15.1.41}$$

式中, $J[\rho]$ 是经典库仑能

$$E_\mathrm{xc}[\rho] = T[\rho] - T_\mathrm{s}[\rho] + V_\mathrm{ee}[\rho] - J[\rho] \tag{15.1.42}$$

$E_\mathrm{xc}[\rho]$ 称为交换相关能泛函, 是 $T[\rho]$ 扣除 $T_\mathrm{s}[\rho]$ 和 $E_\mathrm{ee}[\rho]$ 扣除 $J[\rho]$ 后的剩余部分, 主要是交换能 (特别是抵消包含在 $J[\rho]$ 中的电子自相互作用能的部分). 如果 $\{\phi_i\}$ 选择得好, 则 $T_\mathrm{s}[\rho] + J[\rho]$ 是 $F[\rho]$ 的主要部分, $E_\mathrm{xc}[\rho]$ 就是一个量值较小的泛函, 作近似处理引进 $F[\rho]$ 中的误差就比较小了. 于是有

$$E[\rho] = T_\mathrm{s}[\rho] + J[\rho] + \int V(\boldsymbol{r})\rho(\boldsymbol{r})\mathrm{d}\boldsymbol{r} + E_\mathrm{xc}[\rho]$$

$$= \sum_{i=1}^{n}\int \phi_i^*(\boldsymbol{r})\left[-\frac{1}{2}\nabla^2\right]\phi_i(\boldsymbol{r})\mathrm{d}\boldsymbol{r} + \frac{1}{2}\int\frac{\rho(\boldsymbol{r}_1)\rho(\boldsymbol{r}_2)}{r_{12}}\mathrm{d}\boldsymbol{r}_1\mathrm{d}\boldsymbol{r}_2 + \int V(\boldsymbol{r})\rho(\boldsymbol{r})\mathrm{d}\boldsymbol{r} + E_{\mathrm{xc}}[\rho] \tag{15.1.43}$$

在 $\langle\phi_i \mid \phi_j\rangle = \delta_{ij}$, $i,j = 1\cdots,N$ 的条件下对 $\{\phi_i\}$ 变分求极值, 令

$$\delta\{E[\rho] - \sum_{i=1}^{N}\sum_{j=1}^{N}\varepsilon_{ij}\int\phi_i^*(\boldsymbol{r})\phi_j(\boldsymbol{r})\mathrm{d}\boldsymbol{r}\} = 0$$

即得 Kohn-Sham 方程

$$\hat{\boldsymbol{H}}_{\mathrm{KS}}\phi_i \equiv \left[-\frac{1}{2}\nabla^2 + V_{\mathrm{eff}}(\boldsymbol{r})\right]\phi_i(\boldsymbol{r}) = \varepsilon_i\phi_i(\boldsymbol{r}) \tag{15.1.44}$$

式中

$$V_{\mathrm{eff}}(\boldsymbol{r}) = V(\boldsymbol{r}) + \int\frac{\rho(\boldsymbol{r}')}{|\boldsymbol{r}-\boldsymbol{r}'|}\mathrm{d}\boldsymbol{r}' + V_{\mathrm{xc}}(\boldsymbol{r}) \tag{15.1.44a}$$

$$V_{\mathrm{xc}}(\boldsymbol{r}) = \frac{\delta E_{\mathrm{xc}}[\rho]}{\delta\rho(\boldsymbol{r})} \tag{15.1.44b}$$

这里已令

$$\varepsilon_{ij} = \varepsilon_i\delta_{ij}$$

(容易证明可以这样做). $V_{\mathrm{xc}}(\boldsymbol{r})$ 称为交换相关势, 知道 $E_{\mathrm{xc}}[\rho]$ 即可求出. 求解 Kohn-Sham 方程得到 $\{\phi_i\}$, 即可求得基态电子密度 $\rho(\boldsymbol{r})$ 和能量 $E[\rho]$.

对于 Kohn-Sham 方程的解 (KS 轨道, $\{\phi_i\}$) 和本征值 $\{\varepsilon_i\}$ 的物理意义有两种不同的观点. 一种观点认为 $\{\phi_i\}$ 只是借用来计算 $\rho(\boldsymbol{r})$ 和 $T_{\mathrm{s}}[\rho]$ 的数学函数, 并不具有分子轨道的含义, 由 $\{\phi_i\}$ 构成的行列式函数并不具有体系波函数的含义; $\{\varepsilon_i\}$ 也不具有轨道能级的含义, 因为 Koopmans 定理不成立. 另一种观点[10,11] 认为 KS 轨道与 Hartree-Fock(正则或离域) 轨道、Brillouin 轨道、自然轨道等具有同样的物理意义, 都可以当作对想像中的单电子状态的近似描述, 由这些轨道构造的行列式函数都可以近似描述体系状态. 采用精确的能量密度泛函, Koopmans 定理对于 KS 轨道是成立的, 对近似的 KS 轨道不成立是因为现有的能量密度泛函不严格正确的缘故. 考虑到 Kohn-Sham 方程与 Hartree-Fock 方程 (特别是作为其近似的 X_α 方程), 不但形式上很相似, 其物理意义也有类似之处, KS 轨道与 Hartree-Fock 轨道的形状也很类似, 因此通常还是将 $\{\phi_i\}$ 看成是近似的分子轨道.

15.1.5　Janak 定理 —— 过渡态方法[12,13]

使用近似交换相关势密度泛函的 Kohn-Sham 方程与 Hartree-Fock 方程的最显著不同之处是其本征值 $\{\varepsilon_i\}$ 不满足 Koopmans 定理, 即 $\varepsilon_i \neq E[\rho] - E[\rho_{-i}] = -I_i$,

式中, ρ_{-i} 表示移去 ϕ_i 上的电子后体系的电子密度. 设

$$\rho(\boldsymbol{r})=\sum_i n_i|\phi_i(\boldsymbol{r})|^2$$

可以证明对于 $\{\varepsilon_i\}$, 式 (15.1.45) 成立, 即

$$\left[\frac{\partial E[\rho]}{\partial n_i}\right]_{\varphi_i,\,n_j}=\langle\phi_i|-\frac{1}{2}\nabla^2+V(\boldsymbol{r})+\int\frac{\rho(\boldsymbol{r}')}{|\boldsymbol{r}-\boldsymbol{r}'|}\mathrm{d}\boldsymbol{r}'+V_{\mathrm{xc}}(\boldsymbol{r})\,|\phi_i\rangle=\varepsilon_i \qquad (15.1.45)$$

这里已假定电子占据数 n_i 可以是非整数. 只要将 $E[\rho]$ 中的各项写成与 n_i 显示有关的形式, 固定 $\{\phi_i\}$, 对 n_i 求偏导数, 即得到式 (15.1.45). 关系式 (15.1.45) 可以看成是 Koopmans 定理的微分形式, 文献上常称之为 Janak 定理. 不过实际上 1972 年 Slater 在 X_α 方法中已经证明过, 并提出利用 "过渡态" 方法, 可以不用计算体系总能量之差得到轨道电离势、电子亲合势和跃迁能, 弥补 X_α 方法的本征值不符合 Koopmans 定理的不足. Slater 提出的过渡态计算方法如下:

将式 (15.1.45) 写成

$$\frac{\partial E(N)}{\partial n_i}=\varepsilon_i$$

式中, $N=\sum_i n_i$. 设 ϕ_i 上只放置 $\frac{1}{2}$ 个电子得到的体系总能量为 $E_i\left(N-\frac{1}{2}\right)$, 将 $E(N)$ 和 $E_i(N-1)$ 以 $E_i\left(N-\frac{1}{2}\right)$ 为基点 (0) 作 Taylor 级数展开, 得

$$\begin{aligned}-I_i&=E(N)-E_i(N-1)\\&=E_i\left(N-\frac{1}{2}\right)+\left(\frac{\partial E}{\partial n_i}\right)_0\left(\frac{1}{2}\right)+\frac{1}{2!}\left(\frac{\partial^2 E}{\partial n_i^2}\right)_0\left(\frac{1}{2}\right)^2+\frac{1}{3!}\left(\frac{\partial^3 E}{\partial n_i^3}\right)_0\left(\frac{1}{2}\right)^3+\cdots\\&\quad-\left[E_i\left(N-\frac{1}{2}\right)-\left(\frac{\partial E}{\partial n_i}\right)_0\left(\frac{1}{2}\right)+\frac{1}{2!}\left(\frac{\partial^2 E}{\partial n_i^2}\right)_0\left(\frac{1}{2}\right)^2-\frac{1}{3!}\left(\frac{\partial^3 E}{\partial n_i^3}\right)_0\left(\frac{1}{2}\right)^3+\cdots\right]\\&\approx\left(\frac{\partial E}{\partial n_i}\right)_0+\frac{1}{24}\left(\frac{\partial^3 E}{\partial n_i^3}\right)_0\approx\varepsilon_i \qquad \left(n_i=\frac{1}{2}\right)\end{aligned} \qquad (15.1.46)$$

亦即 ϕ_i 上缺少 $\frac{1}{2}$ 个电子时求解 Kohn-Sham 方程得到的 $-\varepsilon_i$ 等于电子从该轨道电离的电离势. 显然, 只要在 LUMO 上放置 $\frac{1}{2}$ 个电子进行计算, 得到的 $-\varepsilon_{\mathrm{LUMO}}$ 即为该体系的电子亲合势. 设电子从占据轨道 ϕ_i 跃迁到空轨道 ϕ_j, 容易证明, 若在 ϕ_i 上少放置 $\frac{1}{2}$ 个电子, ϕ_j 上放置 $\frac{1}{2}$ 个电子, 计算出来的 $\varepsilon_j-\varepsilon_i=\Delta\varepsilon_{ij}$ 就是相应的电子跃迁能. 用这种方法计算出来的结果比 H-F 方法中按 Koopmans 定理得到的结果一般还要好些, 因为包括了部分弛豫能和相关能的变化值.

人们提出过多种从 Kohn-Sham 方程的本征值计算电子结合能的方法, 可参看文献 [14]. 虽然理论考虑更精密, 但比 Slater 的方法复杂而改进的效果并不显著, 因此没有得到广泛应用.

15.1.6 一些化学概念的明确定义

1. 电负性及电负性均衡原理

电负性是化学中很常用的概念, 但最初只是凭直觉提出来的, 没有严格的理论基础. 最早 Pauling 将原子的电负性定义为原子吸引电子的能力, 但如何衡量这种能力? 他通过键能和偶极矩的实验值确定电负性的 Pauling 标度, 实际上是经验性的.

1934 年 Mulliken 根据以下推理提出一种电负性的定义[15]. 设有 B、D 两种原子, 如何判断哪种原子的电负性更强? 设原子的第一电离势和电子亲合势分别为 I 和 A, 则将电子从 D 移到 B, 能量变化是 I_D-A_B; 将电子从 B 移到 D, 能量变化是 I_B-A_D. 若 B、D 电负性相等, 则应有 $I_D-A_B=I_B-A_D$, 即 $I_D+A_D=I_B+A_B$, 故 $I+A$ 可作为原子电负性的量度. 据此, Mulliken 将电负性定义为$\chi=\dfrac{1}{2}(I+A)$. 利用实验测定值即可计算出 Mulliken 定义的电负性值. 电负性的 Mulliken 值与 Pauling 值大致有线性关系. 以后有许多人提出过多种电负性定义或电负性标度, 但没有人对电负性给出精确的理论定义.

1951 年 Sanderson[16] 提出电负性均衡原理: 当原子 A 和 B 结合为分子时, 其电负性将因电荷迁移而变化, 形成稳定分子时达到均衡, 变为分子 AB 的电负性值 χ_{AB}

$$\chi_{AB}=\frac{1}{2}(\chi_A^0+\chi_B^0) \quad 或 \quad \chi_{AB}=\sqrt{\chi_A^0\chi_B^0}$$

这是根据一些实验结果归纳出来的原理, 没有严格定量的理论论证.

1978 年 Parr 等[17] 从密度泛函理论出发定义电负性及考察电负性均衡原理. 体系基态能量是粒子数 N 和外势场 $V(\boldsymbol{r})$ 的函数及泛函: $E=E[N,V(\boldsymbol{r})]$. 在保持体系为基态的条件下, 当 N 和 $V(\boldsymbol{r})$ 有微小变化时

$$\begin{aligned}\mathrm{d}E&=\left(\frac{\partial E}{\partial N}\right)_V\mathrm{d}N+\int\left[\frac{\partial E}{\partial V(\boldsymbol{r})}\right]_N\mathrm{d}V(\boldsymbol{r})\mathrm{d}\boldsymbol{r}\\&=\left(\frac{\partial E}{\partial N}\right)_V\mathrm{d}N+\int\rho(\boldsymbol{r})\mathrm{d}V(\boldsymbol{r})\mathrm{d}\boldsymbol{r}\end{aligned} \tag{15.1.47}$$

因为 $\left[\dfrac{\partial E}{\partial V(\boldsymbol{r})}\right]_N=\rho(\boldsymbol{r})$. 另一方面, $E[\rho]=F[\rho]+\displaystyle\int V(\boldsymbol{r})\rho(\boldsymbol{r})\mathrm{d}\boldsymbol{r}$, 故有

$$\delta E=\int\left[\frac{\delta E}{\delta\rho(\boldsymbol{r})}\right]_V\delta\rho(\boldsymbol{r})\mathrm{d}\boldsymbol{r}+\int\left[\frac{\delta E}{\delta V(\boldsymbol{r})}\right]_\rho\delta V(\boldsymbol{r})\mathrm{d}\boldsymbol{r}$$

$$
\begin{aligned}
&= \mu \int \delta\rho(\boldsymbol{r})\mathrm{d}\boldsymbol{r} + \int \rho(\boldsymbol{r})\delta V(\boldsymbol{r})\mathrm{d}\boldsymbol{r} \\
&= \mu \mathrm{d}N + \int \rho(\boldsymbol{r})\delta V(\boldsymbol{r})\mathrm{d}\boldsymbol{r}
\end{aligned} \tag{15.1.48}
$$

因为 $\left[\dfrac{\delta E}{\delta\rho(\boldsymbol{r})}\right]_V = \mu$ 为常数, $\left[\dfrac{\delta E}{\delta V(\boldsymbol{r})}\right]_\rho = \rho(\boldsymbol{r})$. 比较式 (15.1.47) 和式 (15.1.48), 得

$$
\left(\frac{\partial E}{\partial N}\right)_V = \mu \tag{15.1.49}
$$

将 $\left(\dfrac{\partial E}{\partial N}\right)_V$ 写成差分形式, 得

$$
\begin{aligned}
\left(\frac{\partial E}{\partial N}\right)_V &\approx \frac{E(N+1) - E(N) + E(N) - E(N-1)}{2} \\
&= -\frac{A+I}{2} = -\chi = \mu
\end{aligned} \tag{15.1.49a}
$$

于是 μ 的负值正好是 Mulliken 电负性. 所以 Parr 将 $-\mu$ 定义为电负性. Parr 的定义不但有密度泛函理论作基础, 可以严格计算, 并且便于推广. 例如, 带部分电荷的原子的电负性也可以明确定义, 并进行实际计算.

μ 也是 N 和 $V(\boldsymbol{r})$ 的函数和泛函, 对 μ 微分

$$
\mathrm{d}\mu = \left(\frac{\partial \mu}{\partial N}\right)_V \mathrm{d}N + \int \left[\frac{\delta\mu}{\delta V(\boldsymbol{r})}\right]_N \delta V(\boldsymbol{r})\mathrm{d}\boldsymbol{r} \tag{15.1.50}
$$

引入记号

$$
2\eta = \left(\frac{\partial \mu}{\partial N}\right)_V \tag{15.1.51}
$$

$$
f(\boldsymbol{r}) = \left[\frac{\delta\mu}{\delta V(\boldsymbol{r})}\right]_N \tag{15.1.52}
$$

则

$$
\mathrm{d}\mu = 2\eta \mathrm{d}N + \int f(\boldsymbol{r})\delta V(\boldsymbol{r})\mathrm{d}\boldsymbol{r} \tag{15.1.53}
$$

Parr 等由密度泛函理论导出电负性均衡原理. 设在外势 $V(\boldsymbol{r})$ 不变的条件下, A、B 两体系间有电荷迁移, 能量发生变化

$$
\begin{aligned}
E_A &= E_A^0 + \mu_A^0(N_A - N_A^0) + \eta_A(N_A - N_A^0)^2 + \cdots \\
E_B &= E_B^0 + \mu_B^0(N_B - N_B^0) + \eta_B(N_B - N_B^0)^2 + \cdots \\
E_A + E_B &= E_A^0 + E_B^0 + (\mu_A^0 - \mu_B^0)\Delta N + (\eta_A + \eta_B)\Delta N^2 \cdots \qquad (15.1.54) \\
\Delta N &= N_B^0 - N_B = N_A - N_A^0 \qquad (15.1.54\text{a})
\end{aligned}
$$

若 $\mu_B^0 > \mu_A^0$, 则电子从 B 流向 A, $\Delta N > 0$. 将 $(E_A + E_B)$ 对 ΔN 求极值, 即令

$$\left[\frac{\partial(E_A + E_B)}{\partial(\Delta N)}\right]_V = \mu_A - \mu_B = 0 \tag{15.1.55}$$

$$\mu_A = \mu_B \tag{15.1.55a}$$

这样就得到了电负性均衡原理. 因

$$\mu_A = \mu_A^0 + 2\eta_A \Delta N + \cdots$$

$$\mu_B = \mu_B^0 + 2\eta_B \Delta N + \cdots$$

精确到一级近似, 有

$$\Delta N = \frac{\mu_B^0 - \mu_A^0}{2(\eta_A + \eta_B)} \tag{15.1.56}$$

代入式 (15.1.54), 到二级近似, 有

$$\begin{aligned}\Delta E &= (E_A + E_B) - (E_A^0 + E_B^0)\\ &= -\frac{(\mu_B^0 - \mu_A^0)^2}{2(\eta_A + \eta_B)} + \frac{(\mu_B^0 - \mu_A^0)^2}{4(\eta_A + \eta_B)} = -\frac{(\mu_B^0 - \mu_A^0)^2}{4(\eta_A + \eta_B)} < 0\end{aligned} \tag{15.1.57}$$

因为实验和计算发现 $E(N)$ 是凸函数 (二阶微商恒大于零的函数), $\eta > 0$. 这说明, 至少在电子迁移量 ΔN 小时, 伴随电负性均衡化, 体系能量将降低, 这给 Pauling 的“超额离子共振能”提供了一个说明.

2. 绝对硬度、软度和硬软酸碱原理

1963 年 Pearson[18] 提出化学物质的硬度、软度的概念和硬软酸碱原理 (HSAB principle): 硬酸优先和硬碱结合而软酸优先和软碱结合. 分析实验结果表明可以将酸、碱分为软硬两类, 软硬酸碱原理表述的规律性也相当清楚. 但是, 虽然用酸碱的硬度和软度可以说明这两类酸碱明显不同的特征, 却无法给硬度和软度一个明确的定义和定量地描述. 1983 年 Parr 和 Pearson[19] 提出, 定义

$$\eta = \frac{1}{2}\left(\frac{\partial \mu}{\partial N}\right)_V = \frac{1}{2}\left(\frac{\partial^2 E}{\partial N^2}\right)_V \tag{15.1.58}$$

为体系的绝对硬度, 定义

$$S = \frac{1}{2\eta} = \left(\frac{\partial N}{\partial \mu}\right)_V \tag{15.1.59}$$

为体系的软度. 将 η 用差分表示

$$\begin{aligned}\eta &= \frac{1}{2}\left\{\frac{[E(N+1) - E(N)]}{1} - \frac{[E(N) - E(N-1)]}{1}\right\}\\ &= \frac{1}{2}(I - A) \approx \frac{1}{2}(\varepsilon_{\mathrm{LUMO}} - \varepsilon_{\mathrm{HOMO}})\end{aligned} \tag{15.1.60}$$

这样绝对硬度就有了一个明确定义, 可从理论计算或实验数据求得其数值. 已经发现绝对硬度与原子、分子的一些性质密切相关. 例如, 原子的软度与其极化度线性相关, 分子的硬度与其芳香性显著相关等. Parr 等用绝对硬度 (或软度) 的概念对软硬酸碱原理进行了理论分析, 并指出 Pearson 提出的体系绝对硬度最大化原理, 即体系达到稳定状态时其硬度达到最大值, 是硬软酸碱原理的要求.

3. 反应活性指标——Fukui 函数

按式 (15.1.48), 有

$$\mathrm{d}E = \mu \mathrm{d}N + \int \rho(\boldsymbol{r})\delta V(\boldsymbol{r})\mathrm{d}\boldsymbol{r} \tag{15.1.48a}$$

$\mathrm{d}E$ 是全微分, 根据全微分的性质, 有

$$\left[\frac{\delta\mu}{\delta V(\boldsymbol{r})}\right]_N = \left[\frac{\partial\rho(\boldsymbol{r})}{\partial N}\right]_V \equiv f(\boldsymbol{r}) \tag{15.1.61}$$

Parr 等[20] 将 $f(\boldsymbol{r})$ 定义为 Fukui 函数, 因为它标志体系的化学活性. 显然有

$$\int f(\boldsymbol{r})\mathrm{d}\boldsymbol{r} = \int \left[\frac{\partial\rho(\boldsymbol{r})}{\partial N}\right]_V \mathrm{d}\boldsymbol{r} = \left[\frac{\partial \int \rho(\boldsymbol{r})\mathrm{d}\boldsymbol{r}}{\partial N}\right]_V = 1$$

由 $f(\boldsymbol{r})$ 的定义式可见 $f(\boldsymbol{r})$ 有两个含义: $\left[\frac{\delta\mu}{\delta V(\boldsymbol{r})}\right]_N$ 表示在 $\boldsymbol{r}$ 点外势 $V(\boldsymbol{r})$ 有微小变化对化学势 μ 的影响. 体系化学势对 $V(\boldsymbol{r})$ 变化的敏感度在不同部位并不同, $f(\boldsymbol{r})$ 越大的区域, 体系的化学势对外势变化的敏感度越大, 因而越容易发生化学反应. $\left[\frac{\partial\rho(\boldsymbol{r})}{\partial N}\right]_V$ 则表示, 当体系电荷量有变化时, 哪些部位 $\rho(\boldsymbol{r})$ 变化最大, 即电荷密度变化最剧烈.

从分子轨道理论知道, 在基态条件下电子增减将在前线轨道发生, $f(\boldsymbol{r})$ 必与 LUMO 或 HOMO 有密切关系, 故称之为 Fukui 函数. 实际上

$$f^+(\boldsymbol{r}) \approx \rho_{\text{LUMO}} \qquad (\text{增加电荷}\delta\rho) \tag{15.1.62a}$$

$$f^-(\boldsymbol{r}) \approx \rho_{\text{HOMO}} \qquad (\text{减少电荷}\delta\rho) \tag{15.1.62b}$$

从 $f^+(\boldsymbol{r})$ 到 $f^-(\boldsymbol{r})$ 的变化可能是不连续的. 可定义

$$f^0(\boldsymbol{r}) = \frac{1}{2}[f^+(\boldsymbol{r}) + f^-(\boldsymbol{r})] \tag{15.1.63}$$

$f^+(\boldsymbol{r})$ 标志体系不同区域对亲核试剂的敏感度. $f^-(\boldsymbol{r})$ 标志体系不同区域对亲电试剂的敏感度.

从密度泛函理论导出的 Fukui 函数推广了前线轨道理论, 因为它是普遍性结论, 不是基于特殊的近似模型的推论.

15.1.7　自旋密度泛函理论

在以上关于密度泛函理论的论述中, 没有明显地涉及电子的自旋态, 而电子自旋态对决定体系的很多性质 (特别是磁学性质) 有重要作用. 为使密度泛函可用于研究与电子自旋态有关的问题, 1972 年 von Barth 和 Hedin[21] 以及 Pant 和 Rajagopal[22] 分别提出自旋密度泛函理论 (spin density functional theory, SDFT). 建立 SDFT 和 DFT 的逻辑推理是一样的, 只是在势函数中除电相互作用以外还包括磁相互作用项. 于是, 体系的 Hamilton 算符为

$$\hat{\boldsymbol{H}} = -\frac{1}{2}\sum_{i=1}^{N}\nabla_i^2 + \sum_{i<j}^{N}\sum^{N}\frac{1}{r_{ij}} + \sum_{i=1}^{N}V(\boldsymbol{r}_i) + 2\beta_e\sum_{i=1}^{N}\boldsymbol{B}(\boldsymbol{r})\boldsymbol{s}_i \tag{15.1.64}$$

式中, $\beta_e = \dfrac{e\hbar}{2mc}$ 是 Bohr 磁子, $\boldsymbol{B}(\boldsymbol{r})$ 是磁场强度, $\boldsymbol{s}_i$ 是第 i 个电子的自旋角动量. 将外势表达为

$$\hat{\boldsymbol{V}} = \sum_{i=1}^{N}V(\boldsymbol{r}_i) + 2\beta_e\sum_{i=1}^{N}\boldsymbol{B}(\boldsymbol{r})\boldsymbol{s}_i = \int V(\boldsymbol{r})\hat{\boldsymbol{\rho}}(\boldsymbol{r})\mathrm{d}\boldsymbol{r} + \int \boldsymbol{B}(\boldsymbol{r})\hat{\boldsymbol{m}}(\boldsymbol{r})\mathrm{d}\boldsymbol{r} \tag{15.1.65}$$

式中, $\hat{\boldsymbol{\rho}}(\boldsymbol{r}) = \sum\limits_{i=1}^{N}\delta(\boldsymbol{r}-\boldsymbol{r}_i)$ 是电子密度算符, $\hat{\boldsymbol{m}}(\boldsymbol{r}) = -2\beta_e\sum\limits_{i=1}^{N}\boldsymbol{s}_i\delta(\boldsymbol{r}-\boldsymbol{r}_i)$ 是电子的磁化强度算符. 假定 $\boldsymbol{B}(\boldsymbol{r})$ 和 $\boldsymbol{m}(\boldsymbol{r})$ 方向相同 (沿 z 轴取向), 则 $\hat{\boldsymbol{V}}$ 的期望值为

$$\begin{aligned}\langle\varPsi|\,\hat{\boldsymbol{V}}\,|\varPsi\rangle &= \int V(\boldsymbol{r})\rho(\boldsymbol{r})\mathrm{d}\boldsymbol{r} - \int \boldsymbol{B}(\boldsymbol{r})\boldsymbol{m}(\boldsymbol{r})\mathrm{d}\boldsymbol{r} \\ &= \int V(\boldsymbol{r})\rho(\boldsymbol{r})\mathrm{d}\boldsymbol{r} - \int B(\boldsymbol{r})m(\boldsymbol{r})\mathrm{d}\boldsymbol{r}\end{aligned} \tag{15.1.66}$$

式中

$$\rho(\boldsymbol{r}) = \langle\varPsi|\,\hat{\boldsymbol{\rho}}(\boldsymbol{r})\,|\varPsi\rangle = \langle\varPsi|\sum_{i=1}^{N}\delta(\boldsymbol{r}-\boldsymbol{r}_i)\,|\varPsi\rangle = \rho_\alpha(\boldsymbol{r}) + \rho_\beta(\boldsymbol{r}) \tag{15.1.67}$$

$$\begin{aligned}m(\boldsymbol{r}) &= -2\beta_e\langle\varPsi|\sum_{i=1}^{N}s_z(i)\delta(\boldsymbol{r}-\boldsymbol{r}_i)\,|\varPsi\rangle = -2\beta_e\sum_{\sigma=\alpha,\beta}s_z\rho_\sigma(\boldsymbol{r}) \\ &= -2\beta_e\left[\frac{1}{2}\rho_\alpha(\boldsymbol{r}) - \frac{1}{2}\rho_\beta(\boldsymbol{r})\right] = -\beta_e[\rho_\alpha(\boldsymbol{r}) - \rho_\beta(\boldsymbol{r})]\end{aligned} \tag{15.1.68}$$

$\rho_\alpha(\boldsymbol{r})$ 和 $\rho_\beta(\boldsymbol{r})$ 分别是 α 和 β 自旋态电子的密度. 仿照 Levy 的约束搜索方法, 有

$$E_0 = \inf_{\varPsi\to\rho_\alpha,\rho_\beta}\left\langle\varPsi\left|\hat{\boldsymbol{T}} + \hat{\boldsymbol{V}}_{\mathrm{ee}} + \sum_{i=1}^{N}V(\boldsymbol{r}_i) + 2\beta_e\sum_{i=1}^{N}B(\boldsymbol{r}_i)s_z(i)\right|\varPsi\right\rangle$$

$$\begin{aligned}
&= \inf_{\rho_\alpha,\rho_\beta}\left\{\inf_{\Psi\to\rho_\alpha,\rho_\beta}\left\langle \Psi\left|\hat{\boldsymbol{T}}+\hat{\boldsymbol{V}}_{\text{ee}}\right|\Psi\right\rangle+\int[V(\boldsymbol{r})\,\rho(\boldsymbol{r})-B(\boldsymbol{r})m(\boldsymbol{r})]\mathrm{d}\boldsymbol{r}\right\}\\
&= \inf_{\rho_\alpha,\rho_\beta}\left\{F[\rho_\alpha,\rho_\beta]+\int[(V(\boldsymbol{r})+\beta_e B(\boldsymbol{r}))\rho_\alpha(\boldsymbol{r})+(V(\boldsymbol{r})-\beta_e B(\boldsymbol{r}))\rho_\beta(\boldsymbol{r})]\mathrm{d}\boldsymbol{r}\right\}\\
&= \inf_{\rho} E[\rho_\alpha,\rho_\beta]
\end{aligned}\tag{15.1.69}$$

式中

$$F[\rho_\alpha,\rho_\beta]=\inf_{\Psi\to\rho_\alpha,\rho_\beta}\left\langle \Psi\left|\hat{\boldsymbol{T}}+\hat{\boldsymbol{V}}_{\text{ee}}\right|\Psi\right\rangle \tag{15.1.70}$$

这对应于密度泛函理论的 Hohenberg-Kohn 定理. 仿照 Kohn-Sham 方法, 设自旋轨道函数组 $\{\phi_{i\sigma},\ \sigma=\alpha,\ \beta\}$ 满足条件: $\sum_i n_{i\alpha}\left|\phi_{i\alpha}(\boldsymbol{r})\right|^2=\rho_\alpha(\boldsymbol{r})$, $\sum_i n_{i\beta}\left|\phi_{i\beta}(\boldsymbol{r})\right|^2=\rho_\beta(\boldsymbol{r})$. 将体系总能量表示为 $\{\phi_{i\sigma},\ \sigma=\alpha,\ \beta\}$ 的泛函

$$\begin{aligned}
E[\rho_\alpha,\rho_\beta]=&\sum_{i,\sigma} n_{i\sigma}\int \mathrm{d}\boldsymbol{r}\phi_{i\sigma}^*(\boldsymbol{r})\left(-\frac{1}{2}\nabla^2\right)\phi_{i\sigma}(\boldsymbol{r})+J[\rho_\alpha+\rho_\beta]+E_{\text{xc}}[\rho_\alpha,\rho_\beta]\\
&+\int \mathrm{d}\boldsymbol{r}\{[V(\boldsymbol{r})+\beta_e B(\boldsymbol{r})]\rho_\alpha(\boldsymbol{r})+[V(\boldsymbol{r})-\beta_e B(\boldsymbol{r})]\rho_\beta(\boldsymbol{r})\}
\end{aligned}\tag{15.1.71}$$

在 $\{\phi_{i\sigma},\ \sigma=\alpha,\ \beta\}$ 满足正交归一条件的约束下将 $E[\rho_\alpha,\rho_\beta]$ 对 $\phi_{i\sigma}$ 变分求极值, 即得 SDFT 的 Kohn-Sham 方程

$$\begin{gathered}
\hat{\boldsymbol{H}}_{\text{eff}}^{\sigma}\phi_{i\sigma}(\boldsymbol{r})=\left[-\frac{1}{2}\nabla^2+V_{\text{eff}}^{\sigma}\right]\phi_{i\sigma}(\boldsymbol{r})=\frac{\varepsilon'_{i\sigma}}{n_{i\sigma}}\phi_{i\sigma}(\boldsymbol{r})\equiv\varepsilon_{i\sigma}\phi_{i\sigma}(\boldsymbol{r})\\
\sigma=\alpha,\beta
\end{gathered}\tag{15.1.72}$$

式中, $\varepsilon'_{i\sigma}$ 等是 Lagrange 乘子

$$V_{\text{eff}}^{\alpha}(\boldsymbol{r})=V(\boldsymbol{r})+\beta_e B(\boldsymbol{r})+\int\frac{\rho(\boldsymbol{r}')}{|\boldsymbol{r}-\boldsymbol{r}'|}\mathrm{d}\boldsymbol{r}'+\frac{\delta E_{\text{xc}}[\rho_\alpha,\rho_\beta]}{\delta\rho_\alpha}\tag{15.1.73a}$$

$$V_{\text{eff}}^{\beta}(\boldsymbol{r})=V(\boldsymbol{r})-\beta_e B(\boldsymbol{r})+\int\frac{\rho(\boldsymbol{r}')}{|\boldsymbol{r}-\boldsymbol{r}'|}\mathrm{d}\boldsymbol{r}'+\frac{\delta E_{\text{xc}}[\rho_\alpha,\rho_\beta]}{\delta\rho_\beta}\tag{15.1.73b}$$

还有

$$\int\rho_\alpha(\boldsymbol{r})\mathrm{d}\boldsymbol{r}=N_\alpha\qquad\int\rho_\beta(\boldsymbol{r})\mathrm{d}\boldsymbol{r}=N_\beta\qquad N_\alpha+N_\beta=N$$

式中, N_α 和 N_β 分别是 α 和 β 自旋态电子的数目. 当体系由 N_α 个 α 电子和 N_β 个 β 电子组成时, 可分别对两种自旋态电子求解方程组式 (15.1.72), 但因 $\rho(\boldsymbol{r})=\rho_\alpha(\boldsymbol{r})+\rho_\beta(\boldsymbol{r})$, $E_{\text{xc}}[\rho_\alpha,\rho_\beta]$ 和 $V_{\text{eff}}^{\sigma}(\boldsymbol{r})$ 同时与 $\rho_\alpha(\boldsymbol{r})$、$\rho_\beta(\boldsymbol{r})$ 有关, 两种自旋态电子的 Kohn-Sham 方程组是互相耦合的. 若 $N_\alpha\neq N_\beta$, 则 $V_{\text{xc}}^{\alpha}\neq V_{\text{xc}}^{\beta}$, $\{\phi_{i\alpha}(\boldsymbol{r})\}$ 与 $\{\phi_{i\beta}(\boldsymbol{r})\}$ 也不相同, 要进行自旋极化计算.

15.1.8　相对论性密度泛函理论 [2,23]

在重元素原子核紧邻区域电子运动速度很高, 相对论效应很显著. 化学变化是与价电子相联系的, 价电子的运动速度并不高, 因此相对论量子力学的奠基人 Dirac 认为在考虑原子和分子的结构以及一般化学反应时相对论效应并不重要. 这一观点被普遍接受长达四十年. 在 20 世纪 70 年代前后, 人们发现这一认识有片面性, 相对论效应对重元素化合物的性质有明显的影响, 对含重元素体系的理论研究必须考虑相对论效应才能得到合理结果. 现在, 对于相对论效应对原子电子结构的主要影响认识已经比较清楚, 可以归纳为以下几点: ① 相对论效应使原子的 s 壳层收缩, 能级降低; ② 旋–轨耦合作用使 $l > 0$ 的壳层 (p, d, f, $\cdots$) 能级发生分裂; ③ 由于 s 壳层收缩, 内层电子屏蔽效应增大, 较外面的 d 壳层和 f 壳层向外膨胀, 能级升高. 三种效应的大小大体在同一量级, 均随原子序数增加而增长. 相对论效应导致重元素在原子基态、电离势、电子亲合势和原子半径等方面有不同于轻元素的特点, 并影响其化学性质. 对于化合物, 相对论效应的表现要复杂得多, 随化合物和化合物的不同性质而异, 并非其组成原子的相对论效应的简单加和. 例如, 键长可能增长或者缩短, 键离解能可以是变大或者变小. 有许多看起来很特殊的化学现象与相对论效应有关, 如元素金特别稳定, 在室温下汞处于液态等. 因此, 20 世纪 70 年代以来, 在重元素化学行为中相对论效应的影响方面的理论研究很活跃, 2002 年 J. Comput. Chem. 出过专辑 (Vol.23, No.8) 报道. 现在含重元素体系的电子结构计算都要考虑相对论效应, 需要求解 Dirac 方程或者经过近似处理的准相对论量子力学方程.

在电磁场中含时单电子 Dirac 方程为

$$i\frac{\partial}{\partial t}\psi = \hat{\boldsymbol{h}}_{\mathrm{D}}\psi \tag{15.1.74}$$

$$\hat{\boldsymbol{h}}_{\mathrm{D}} = c\boldsymbol{\alpha}\left(\boldsymbol{p} + \frac{1}{c}\boldsymbol{A}\right) + mc^2(\beta - 1) - \phi \tag{15.1.74a}$$

式中, c 是光速, 在原子单位中为 137.0359895, $\boldsymbol{p}$ 是动量算符, $\boldsymbol{A}$ 是外场矢势, $m = m_0\left(\sqrt{1 - \dfrac{v^2}{c^2}}\right)^{-1}$ 是电子动质量 (随运动速度 v 改变, m_0 是电子静质量), ϕ 是外场标势, $\boldsymbol{\alpha}$ 是常量矢量矩阵, β 是常量标量矩阵. $\boldsymbol{\alpha}$ 和 β 矩阵通常采取以下表示式:

$$\boldsymbol{\alpha} = \begin{pmatrix} 0 & \boldsymbol{\sigma} \\ \boldsymbol{\sigma} & 0 \end{pmatrix} \qquad \beta = \begin{pmatrix} \boldsymbol{I} & 0 \\ 0 & -\boldsymbol{I} \end{pmatrix} \tag{15.1.75}$$

式中, $\boldsymbol{I}$ 是二阶单位矩阵, $\boldsymbol{\sigma}$ 是 Pauli 自旋矢量矩阵

$$\sigma_x = \begin{pmatrix} 0 & 1 \\ 1 & 0 \end{pmatrix} \qquad \sigma_y = \begin{pmatrix} 0 & -i \\ i & 0 \end{pmatrix} \qquad \sigma_z = \begin{pmatrix} 1 & 0 \\ 0 & -1 \end{pmatrix} \tag{15.1.75a}$$

可以看出 $\boldsymbol{\alpha}$ 和 β 满足以下条件：① $\boldsymbol{\alpha}$ 和 β 是厄米的; ② $\alpha_x^2 = \alpha_y^2 = \alpha_z^2 = \beta^2 = 1$; ③ α_x, α_y, α_z, β 中的任意两个都是反对易的. 电子自旋算符为

$$\hat{\boldsymbol{s}} = \frac{1}{2}\boldsymbol{\Sigma} \qquad \boldsymbol{\Sigma} = \begin{pmatrix} \boldsymbol{\sigma} & 0 \\ 0 & \boldsymbol{\sigma} \end{pmatrix} \tag{15.1.76}$$

容易证明 $\hat{\boldsymbol{s}}$ 满足角动量算符的对易关系：$[s_k, s_l] = i\varepsilon_{klm}s_m; k, l, m$ 表示 x, y 或 z 分量.

对于电子体系, Dirac 方程有正能态解和负能态解, 在量子化学中通常只关心正能态解. 在弱场中 Dirac 方程对应于正能态的波函数四个分量中, 有两个分量约为另两个的 c 倍, 通常将它们分别称为大分量和小分量. 当 $c \to \infty$ 时, 电子波函数的大分量趋于 Schrödinger 方程的解, 小分量趋于零. 小分量产生电子态和正电子态 (负能态) 之间的耦合.

在无外磁场的中心势场 (如自由原子) 中, $\boldsymbol{A} = 0$, 令 $V(r) = -\phi$, 稳态单电子 Dirac 方程可以写成

$$\hat{\boldsymbol{h}}_{\mathrm{D}}\psi(r) = \varepsilon\psi(r) \tag{15.1.77}$$

$$\hat{\boldsymbol{h}}_{\mathrm{D}} = c\boldsymbol{\alpha}\cdot\boldsymbol{p} + mc^2(\beta - 1) + V(r) \tag{15.1.77a}$$

可以证明算符 $\hat{\boldsymbol{j}} = \hat{\boldsymbol{l}} + \dfrac{1}{2}\boldsymbol{\Sigma}$(式中, $\hat{\boldsymbol{l}} = \boldsymbol{r}\times\boldsymbol{p}$ 为角动量算符)、算符 $\hat{\boldsymbol{K}} = \beta(\boldsymbol{\Sigma}\cdot\hat{\boldsymbol{l}} + 1)$ 与 Dirac 算符 $\hat{\boldsymbol{h}}_{\mathrm{D}}$ 之间相互对易, 故可取 $(\varepsilon, \hat{\boldsymbol{j}}^2, \hat{\boldsymbol{j}}_z, \hat{\boldsymbol{K}})$ 为守恒量完备算符集. 它们的共同本征态可以写成

$$K = j + \frac{1}{2} \qquad \psi = \begin{pmatrix} \phi^A_{jm_j} f(r) \\ \phi^B_{jm_j} ig(r) \end{pmatrix} \tag{15.1.78}$$

或者

$$K = -\left(j + \frac{1}{2}\right) \qquad \psi = \begin{pmatrix} \phi^B_{jm_j} f(r) \\ \phi^A_{jm_j} ig(r) \end{pmatrix} \tag{15.1.78a}$$

式中

$$\phi^A_{jm_j} = \frac{1}{\sqrt{2l+1}} \begin{pmatrix} \sqrt{l + m_l + 1}\, Y_{lm_l} \\ \sqrt{l - m_l}\, Y_{l(m_l+1)} \end{pmatrix} \tag{15.1.79}$$

$$\phi^B_{jm_j} = \frac{1}{\sqrt{2l+3}} \begin{pmatrix} -\sqrt{l - m_l + 1}\, Y_{(l+1)m_l} \\ \sqrt{l + 1 + m_l + 1}\, Y_{(l+1)(m_l+1)} \end{pmatrix} \tag{15.1.79a}$$

$$j = l + \frac{1}{2}$$

Y_{lm} 等是球谐函数, $f(r)$ 和 $g(r)$ 是方程式 (15.1.80) 的解

$$\left[c\alpha_r\hat{\boldsymbol{p}}_r+\frac{icK}{r}\alpha_r\beta+mc^2(\beta-1)+V(r)-E\right]\begin{pmatrix}f(r)\\g(r)\end{pmatrix}=0 \tag{15.1.80}$$

式中, $\alpha_r=\boldsymbol{\alpha}\cdot\boldsymbol{r}/r$, $\hat{\boldsymbol{p}}_r$ 是动量算符的径向分量, E 是能量本征值.

对于类氢离子, 方程式 (15.1.80) 有解析解, 结果表明虽然本征函数的大小分量都有节点, 但是节点不重合, 所以本征函数没有节点, 这与非相对论方程的本征函数不同.

对于多电子体系, 还没有一个严格的相对论性基本方程, 现在通常使用的 Hamilton 算符是从量子电动力学出发, 用微扰展开的方法展开至 $\boldsymbol{\alpha}^2$ 级得到的 Dirac-Coulomb-Breit 算符

$$\hat{\boldsymbol{H}}=\sum_i\hat{\boldsymbol{h}}_{\rm D}(i)+\sum_{i<j}\left(\frac{1}{r_{ij}}+B_{ij}\right) \tag{15.1.81}$$

式中, $\dfrac{1}{r_{ij}}$ 是非相对论下电子间的库仑相互作用, B_{ij} 是 Breit 相互作用项, 与频率无关的项是

$$B_{ij}=-\frac{1}{2r_{ij}}\left[\boldsymbol{\alpha}_i\cdot\boldsymbol{\alpha}_j+\frac{(\boldsymbol{\alpha}_i\cdot\boldsymbol{r}_{ij})(\boldsymbol{\alpha}_j\cdot\boldsymbol{r}_{ij})}{r_{ij}^2}\right] \tag{15.1.82}$$

式中, 第一项是电子间的磁相互作用, 称为 Gaunt 相互作用; 第二项是由于电磁作用传播速度有限引起的延迟项. 式 (15.1.81) 表示的 Hamilton 算符不满足 Lorentz 不变性条件, 没有考虑高阶量子电动力学效应, 但对化学上通常关心的问题来说已经足够精确. Breit 项比库仑作用项小得多, 通常当作微扰处理. Breit 项中延迟项比 Gaunt 项约小一个数量级, 通常可以忽略不计; 但 Breit 项的大小与核电荷数关系不大, 因此在讨论轻元素的旋–轨耦合效应时不能忽略. 在研究由价电子决定的含重元素体系与磁性无关的性质时通常忽略 Breit 相互作用项.

对于多电子体系, 求解 Dirac 方程比求解 Schrödinger 方程难度更大. Dirac 算符是四分量的, 涉及复数运算. Dirac 算符的本征值谱包含正、负两部分, 用变分法求正能态解时可能出现变分塌陷. 含重元素体系电子数目多, 前线轨道区能级密集, 电子相关作用很突出, 与相对论效应的作用又没有简单的加和性质, 使得精确求解 Dirac 方程更加困难. 对多电子体系 Dirac 方程的求解, 在从头计算的理论框架下, 有单粒子近似的 Dirac-Fock 方法, 考虑电子相关作用的组态相互作用方法、多体微扰理论以及耦合簇方法等. 这些方法的计算量很大, 虽然改进算法有一定成效, 迄今还是只能处理很小的体系, 本书就不详细介绍了.

相对论密度泛函理论方法是处理相对论效应问题的另一有效途径. 1973 年 Rajagopal 和 Callaway[24] 首先将 Hohenberg-Kohn 定理推广, 提出相对论性密度泛

函理论 (relativistic density functional theory, RDFT). 1978 年 Rajagopal[24]、1979 年 MacDonald 和 Vosko[25] 分别独立地提出相对论性 Kohn-Sham 方程. 在存在体系与外电磁场相互作用的普遍情况下, RDFT 比非相对论密度泛函理论复杂得多, 因为 Dirac 方程的 Hamilton 算符比 Schrödinger 方程的复杂得多. 但在量子化学的电子结构计算中只考虑正能态解, 并且通常只涉及静电外势. 在这种情况下 RDFT 和 DFT 对 Hohenberg-Kohn 定理的叙述几乎一样, 即体系的基态和所有可观测量由其基态电子密度分布唯一确定, 虽然在两种情况下能量泛函和电子密度分布的内涵不同. RDFT 的体系总能量可近似表示为

$$E_{\text{total}} = T_{\text{s}} + \int V(\boldsymbol{r})\rho(\boldsymbol{r})\text{d}\boldsymbol{r} + E_{\text{Coul}} + E_{\text{xc}} \tag{15.1.83}$$

式中

$$T_{\text{s}} = \sum_{-2mc^2<\varepsilon_k\leqslant\varepsilon_{\text{F}}} \int \phi_k^{\dagger}(\boldsymbol{r})[c\boldsymbol{\alpha}\cdot\boldsymbol{p} + mc^2(\beta-1)]\phi_k(\boldsymbol{r})\text{d}\boldsymbol{r} \tag{15.1.83a}$$

$$E_{\text{Coul}} = \frac{1}{2}\int \frac{\rho(\boldsymbol{r})\rho(\boldsymbol{r}')}{|\boldsymbol{r}-\boldsymbol{r}'|}\text{d}\boldsymbol{r}'\text{d}\boldsymbol{r} \tag{15.1.83b}$$

$$\rho(\boldsymbol{r}) = \sum_{-2mc^2<\varepsilon_k<\varepsilon_{\text{F}}} \phi_k^{\dagger}\phi_k \tag{15.1.83c}$$

RDFT 和 DFT 的 Kohn-Sham 方程形式也很类似, 可近似表示为

$$\{c\boldsymbol{\alpha}\cdot\boldsymbol{p} + mc^2(\beta-1) + V(\boldsymbol{r}) + V_{\text{Coul}}(\boldsymbol{r}) + V_{\text{xc}}(\boldsymbol{r})\}\phi_k(\boldsymbol{r}) = \varepsilon_k\phi_k(\boldsymbol{r}) \tag{15.1.84}$$

$$V_{\text{Coul}}(\boldsymbol{r}) = \int \frac{\rho(\boldsymbol{r}')}{|\boldsymbol{r}-\boldsymbol{r}'|}\text{d}\boldsymbol{r}' \tag{15.1.84a}$$

$$V_{\text{xc}}([\rho];\boldsymbol{r}) = \frac{\delta E_{\text{xc}}[\rho]}{\delta\rho(\boldsymbol{r})} \tag{15.1.84b}$$

当然, 与 DFT 的 Kohn-Sham 方程相比也有显著不同之处: 动能算符是 4×4 的矩阵, $\{\phi_k\}$ 是四分量函数, 交换相关能和交换相关势泛函也不相同.

15.2 近似密度泛函的显表达式[26]

15.2.1 局域密度近似(LDA 泛函)

将密度泛函理论的 Kohn-Sham 方法用于实际计算, 必须知道 $E_{\text{xc}}[\rho]$ 或者 $V_{\text{xc}}[\rho]$ 与 $\rho(\boldsymbol{r})$ 的泛函关系. 这是密度泛函理论的核心问题, 对于一般体系迄今没有找到精确的答案. 但对于均匀电子气体系, 可以找到精确答案. 一种解决问题的方案是找

出均匀电子气的 $E_{\mathrm{xc}}[\rho]$ 和 $V_{\mathrm{xc}}[\rho]$, 作为零级近似用于实际原子分子体系的计算. 一般将 $E_{\mathrm{xc}}[\rho]$ 分解为交换能和相关能, 两者再按不同电子自旋态分开处理

$$\begin{aligned}
E_{\mathrm{xc}}[\rho] &= E_{\mathrm{x}}[\rho] + E_{\mathrm{c}}[\rho] \\
E_{\mathrm{x}}[\rho] &= E_{\mathrm{x}}^{\alpha}[\rho_\alpha] + E_{\mathrm{x}}^{\beta}[\rho_\beta] \\
E_{\mathrm{c}}[\rho] &= E_{\mathrm{c}}^{\alpha\alpha}[\rho_\alpha] + E_{\mathrm{c}}^{\beta\beta}[\rho_\beta] + E_{\mathrm{c}}^{\alpha\beta}[\rho_\alpha,\, \rho_\beta] \\
\rho(\boldsymbol{r}) &= \rho_\alpha(\boldsymbol{r}) + \rho_\beta(\boldsymbol{r})
\end{aligned}$$

在 α 电子和 β 电子数目不等要进行自旋极化计算时, 也可以采用 $\rho(\boldsymbol{r})$ 和 $\zeta(\boldsymbol{r})$ 作为能量密度泛函的变量, ζ 是自旋极化度

$$\zeta(\boldsymbol{r}) = [\rho_\alpha(\boldsymbol{r}) - \rho_\beta(\boldsymbol{r})]\,/[\rho_\alpha(\boldsymbol{r}) + \rho_\beta(\boldsymbol{r})] \tag{15.2.1}$$

当 α 电子和 β 电子数目相等, $\rho_\alpha(\boldsymbol{r}) = \rho_\beta(\boldsymbol{r})$ 时, $\zeta = 0$, 即恢复为闭壳层的情况.

先考虑交换能密度泛函. 按照 1930 年 Dirac 提出的方法[1], 设电子占据的空间是边长为 l 的立方体, 用自由电子模型处理, 采用周期性边界条件, 则单电子波函数 $\phi(\boldsymbol{r})$ 为平面波, 其复数形式为

$$\phi(k_x, k_y, k_z) = \sqrt{\frac{1}{l^3}}\exp[i(k_x x + k_y y +\, k_z z)] = \sqrt{\frac{1}{l^3}}\exp[i\boldsymbol{k}\cdot\boldsymbol{r}]$$

相应的能级为

$$\varepsilon(k_x,\, k_y,\, k_z) = \frac{1}{2}(k_x^2 + k_y^2 + k_z^2)$$

由周期性边界条件 $\phi\left(-\dfrac{\boldsymbol{l}}{2}\right) = \phi\left(\dfrac{\boldsymbol{l}}{2}\right)$ 可得

$$\varepsilon(n_x, n_y, n_z) = \frac{\pi^2}{2l^2}[(2n_x)^2 + (2n_y)^2 + (2n_z)^2] \tag{15.2.2}$$

式中, $n_x,\ n_y,\ n_z = 0,\ \pm1,\ \pm2,\ \cdots$, 是量子数

$$n_x = \frac{l}{2\pi}k_x \qquad n_y = \frac{l}{2\pi}k_y \qquad n_z = \frac{l}{2\pi}k_z \tag{15.2.2a}$$

先考虑自旋为 σ 的电子, 可以求得电子密度为

$$\rho_\sigma(\boldsymbol{r}) = \sum_{i=1}^{n_\sigma}|\phi_i(\boldsymbol{r},\sigma)|^2 = \sum_{i=1}^{n_\sigma}\left(\frac{1}{l^3}\right) \tag{15.2.3}$$

将式 (15.2.3) 的求和变为积分, 注意到 $\mathrm{d}\boldsymbol{n} = \left(\dfrac{l}{2\pi}\right)^3\mathrm{d}\boldsymbol{k}$, 可得

$$\begin{aligned}
\rho_\sigma(\boldsymbol{r}) &= \left(\frac{1}{l}\right)^3\int \mathrm{d}n_x\mathrm{d}n_y\mathrm{d}n_z = \left(\frac{1}{l}\right)^3\left(\frac{l}{2\pi}\right)^3\int \mathrm{d}k_x\mathrm{d}k_y\mathrm{d}k_z \\
&= \frac{1}{8\pi^3}\int_0^{k_{\mathrm{F}\sigma}} k^2\mathrm{d}k\int\sin\theta\mathrm{d}\theta\mathrm{d}\varphi = \frac{1}{6\pi^2}k_{\mathrm{F}\sigma}^3
\end{aligned} \tag{15.2.4}$$

式中, $k^2 = k_x^2 + k_y^2 + k_z^2$, $k_{\mathrm{F}\sigma}$ 是最高占据单电子态的 k 值, $k_{\mathrm{F}\sigma} = \sqrt{2\varepsilon_{\max}}$. 相应的一阶密度矩阵为

$$\rho_1^\sigma(\boldsymbol{r}_1, \boldsymbol{r}_2) = \sum_i n_i \phi_i(\boldsymbol{r}_1)\phi_i^*(\boldsymbol{r}_2) = \left(\frac{1}{l}\right)^3 \sum_k^{\mathrm{occ}} \exp[i\boldsymbol{k}\cdot(\boldsymbol{r}_1 - \boldsymbol{r}_2)] \tag{15.2.5}$$

令 $\boldsymbol{r} = \frac{1}{2}(\boldsymbol{r}_1 + \boldsymbol{r}_2), \boldsymbol{r}_{12} = \boldsymbol{r}_1 - \boldsymbol{r}_2$, 将求和变为积分, 得

$$\begin{aligned}\rho_1^\sigma(\boldsymbol{r}_1, \boldsymbol{r}_2) &= \frac{1}{8\pi^3}\int \exp[i\boldsymbol{k}\cdot(\boldsymbol{r}_1 - \boldsymbol{r}_2)]\mathrm{d}k_x\mathrm{d}k_y\mathrm{d}k_z \\ &= \frac{1}{8\pi^3}\int_0^{k_{\mathrm{F}\sigma}} k^2\mathrm{d}k \int\int \exp[i\boldsymbol{k}\cdot\boldsymbol{r}_{12}]\sin\theta\mathrm{d}\theta\mathrm{d}\varphi\end{aligned} \tag{15.2.6}$$

取 $\boldsymbol{r}_{12}$ 为 z 轴, 得

$$\begin{aligned}\rho_1^\sigma(\boldsymbol{r}_1, \boldsymbol{r}_2) &= \frac{1}{8\pi^3}\int_0^{k_{\mathrm{F}\sigma}} k^2\mathrm{d}k \int_0^\pi \sin\theta\exp[ikr_{12}\cos\theta]\mathrm{d}\theta\int_0^{2\pi}\mathrm{d}\varphi \\ &= 3\rho_\sigma(r)\left[\frac{\sin t - t\cos t}{t^3}\right]\end{aligned} \tag{15.2.7}$$

式中, $t = k_{\mathrm{F}\sigma}(\boldsymbol{r})r_{12}$. 交换能为

$$\begin{aligned}E_{\mathrm{x}}[\rho_\sigma] &= \frac{-1}{2}\int\frac{\rho_1^\sigma(\boldsymbol{r}_1, \boldsymbol{r}_2)\rho_1^\sigma(\boldsymbol{r}_2, \boldsymbol{r}_1)\mathrm{d}\boldsymbol{r}_1\mathrm{d}\boldsymbol{r}_2}{r_{12}} \\ &= \frac{-1}{2}\int\frac{|\rho_1^\sigma(\boldsymbol{r}_1, \boldsymbol{r}_2)|^2}{r_{12}}\mathrm{d}\boldsymbol{r}_1\mathrm{d}\boldsymbol{r}_2 \\ &= \frac{-1}{2}\cdot 9\int[\rho_\sigma(\boldsymbol{r})]^2\mathrm{d}\boldsymbol{r}\int_0^\infty\frac{1}{r_{12}}\left(\frac{\sin t - t\cos t}{t^3}\right)^2 4\pi r_{12}^2\mathrm{d}r_{12} \\ &= -\frac{9}{2}\cdot 4\pi\int\rho_\sigma^2(r)\mathrm{d}\boldsymbol{r}\frac{1}{k_{\mathrm{F}_\sigma}^2}\int_0^\infty\frac{(\sin t - t\cos t)^2}{t^5}\mathrm{d}t \\ &= -C_{\mathrm{x}}^\sigma\int\rho_\sigma^{4/3}(\boldsymbol{r})\mathrm{d}\boldsymbol{r} \equiv \int\varepsilon_{\mathrm{x}}^\sigma[\rho_\sigma]\rho_\sigma(\boldsymbol{r})\mathrm{d}\boldsymbol{r}\end{aligned} \tag{15.2.8}$$

$$C_{\mathrm{x}}^\sigma = \frac{3}{2}\left(\frac{3}{4\pi}\right)^{1/3} \tag{15.2.8a}$$

这里已利用 $k_{\mathrm{F}\sigma}(\boldsymbol{r}) = [6\pi^2\rho_\sigma(\boldsymbol{r})]^{1/3}$. 一个电子的交换能 $\varepsilon_{\mathrm{x}}^\sigma[\rho_\sigma]$ 为

$$\varepsilon_{\mathrm{x}}^\sigma[\rho_\sigma] = -C_{\mathrm{x}}^\sigma\rho_\sigma^{1/3}(\boldsymbol{r}) \tag{15.2.9}$$

当有两种自旋电子时

$$\rho(\boldsymbol{r}) = \sum_\sigma\rho_\sigma(\boldsymbol{r}) \tag{15.2.10}$$

$$\varepsilon_{\mathrm{x}}[\rho]=\sum_{\sigma}\varepsilon_{\mathrm{x}}^{\sigma}[\rho_{\sigma}] \tag{15.2.11}$$

$$E_{\mathrm{x}}[\rho]=\sum_{\sigma}E_{\mathrm{x}}^{\sigma}[\rho_{\sigma}] \tag{15.2.12}$$

当进行自旋极化计算时, 也可写成 (ζ 是自旋极化度)

$$\varepsilon_{\mathrm{x}}[\rho,\zeta]=2^{-1/3}C_{\mathrm{x}}^{\sigma}g(\zeta)\rho^{1/3}(\boldsymbol{r}) \tag{15.2.13}$$

$$E_{\mathrm{x}}[\rho,\zeta]=\int\varepsilon_{\mathrm{x}}[\rho,\zeta]\rho(\boldsymbol{r})\mathrm{d}\boldsymbol{r} \tag{15.2.13a}$$

$$g(\zeta)=\frac{1}{2}\left[(1+\zeta)^{4/3}+(1-\zeta)^{4/3}\right] \tag{15.2.13b}$$

对于相关能泛函, 人们提出过多种近似的表达式[2], 但对一般密度的均匀电子气难于得到相关能泛函精确的解析表达式. Ceperley[27] 等采用蒙特卡罗方法利用平面波波函数求得相关能与 ρ 的精确数值泛函关系, Vosko、Wilk 和 Nusair 将它拟合为一个解析式, 称为 VWN 相关能密度泛函公式[28]. 1992 年 Perdew 和 Wang 拟合出简单一些的表达式[29], 将一个电子的相关能 ε_{c} 表示为

$$\varepsilon_{\mathrm{c}}^{\mathrm{LDA}}(r_{\mathrm{s}},\zeta)=\varepsilon_{\mathrm{c}}(r_{\mathrm{s}},0)+a_{\mathrm{c}}(r_{\mathrm{s}})\frac{f(\zeta)}{f''(\zeta)}(1-\zeta^{4})+[\varepsilon_{\mathrm{c}}(r_{\mathrm{s}},1)-\varepsilon_{\mathrm{c}}(r_{\mathrm{s}},0)]\,f(\zeta)\zeta^{4} \tag{15.2.14}$$

式中

$$r_{\mathrm{s}}=\left[\frac{3}{4\pi}\left(\rho_{\alpha}+\rho_{\beta}\right)^{-1}\right]^{1/3} \tag{15.2.14a}$$

$$f\left(\zeta\right)=[(1+\zeta)^{4/3}+(1-\zeta)^{4/3}-2]/(2^{4/3}-2) \tag{15.2.14b}$$

$\varepsilon_{\mathrm{c}}(r_{\mathrm{s}},0),\varepsilon_{\mathrm{c}}(r_{\mathrm{s}},1)$ 和 $a_{\mathrm{c}}(r_{\mathrm{s}})$ 由经验公式 [式 (15.2.15)] 计算

$$\begin{aligned}&G\left(r_{\mathrm{s}},\,A,\,\alpha_{1},\,\beta_{1},\,\beta_{2},\,\beta_{3},\beta_{4}\right)\\&=-2A(1+\alpha_{1}r_{\mathrm{s}})\ln\left[1+\frac{1}{2A(\beta_{1}r_{\mathrm{s}}^{1/2}+\beta_{2}r_{\mathrm{s}}+\beta_{3}r_{\mathrm{s}}^{3/2}+\beta_{4}r_{\mathrm{s}}^{2})}\right]\end{aligned} \tag{15.2.15}$$

函数 $G\left(r_{\mathrm{s}},\,A,\,\alpha_{1},\,\beta_{1},\,\beta_{2},\,\beta_{3},\beta_{4}\right)$ 代表 $\varepsilon_{\mathrm{c}}(r_{\mathrm{s}},0)$、$\varepsilon_{\mathrm{c}}(r_{\mathrm{s}},1)$ 或者 $a_{\mathrm{c}}(r_{\mathrm{s}})$; A,α_{1},β_{1}, $\beta_{2},\beta_{3},\beta_{4}$ 是通过拟合实验结果确定的参数. Perdew 和 Wang 的表达式 (PW92) 得到比较广泛的应用.

相关能泛函为

$$E_{\mathrm{c}}\left[\rho\right]=\int\rho\left(\boldsymbol{r}\right)\varepsilon_{\mathrm{c}}\left(\boldsymbol{r}\right)\mathrm{d}\boldsymbol{r} \tag{15.2.16}$$

有了 $E_{\mathrm{xc}}=E_{\mathrm{x}}[\rho_{\alpha},\rho_{\beta}]+E_{\mathrm{c}}[\rho_{\alpha},\rho_{\beta}]$, 交换相关势即可按式 (15.2.17) 计算

$$V_{\mathrm{xc}}^{\sigma}[\rho_{\alpha},\rho_{\beta}]=\frac{\delta E_{\mathrm{xc}}[\rho_{\alpha},\rho_{\beta}]}{\delta\rho_{\sigma}}=\frac{\delta\{E_{\mathrm{x}}[\rho_{\sigma}]+E_{\mathrm{c}}[\rho_{\alpha},\rho_{\beta}]\}}{\delta\rho_{\sigma}} \tag{15.2.17}$$

注意, 由于 $E_{\mathrm{xc}}[\rho_\alpha, \rho_\beta]$ 对于 ρ_σ 不是线性的, $V_{\mathrm{xc}}^\sigma = V_{\mathrm{x}}^\sigma + V_{\mathrm{c}}^\sigma$ 与 $\varepsilon_{\mathrm{xc}}^\sigma = \varepsilon_{\mathrm{x}}^\sigma + \varepsilon_{\mathrm{c}}^\sigma$ 不同, 不要混淆这两个量.

对于均匀电子气体系, 电子密度分布是均匀的, 以上各式中的泛函值与坐标变量 $\boldsymbol{r}$ 无关. 但当将这些泛函用于实际分子体系时, 电荷密度分布是不均匀的. 假定在很小的空间体积元内电子可看成是均匀分布的, 在该空间体积元内由均匀电子气模型导出的能量密度泛函近似成立, 只是不同 $\boldsymbol{r}$ 点的 $\rho(\boldsymbol{r})$ 不同, 动能密度和势能泛函就是 $\boldsymbol{r}$ 的函数. 这种处理问题的方法称为局域密度近似 (local density approximation, LDA) 在 SDFT 中称为 LSDA(local spin-density approximation). 顺便指出, X_α 方法可看作一种局域密度近似的密度泛函理论. 其交换相关势函数取为

$$V_{\mathrm{X}_\alpha}^\sigma(\boldsymbol{r}) = -3\alpha\left[\frac{3}{4\pi}\rho_\sigma(\boldsymbol{r})\right]^{1/3}$$

α 取值为 $\dfrac{2}{3}\sim 1$.

LDA(在开壳层体系中是 LSDA) 对于均匀电子气体系是精确的, 但实际的分子体系远不是均匀的, 用 LDA 泛函计算的相关能大约比精确值高两倍; 交换能计算值的相对误差约为 10%, 但误差的绝对值比总相关能还要大. 因此计算出的键能通常过高, 平均约为 100kJ / mol. 为减少误差, 针对 LDA 近似存在的问题, 人们提出了多种提高近似能量密度泛函精度的方法, 如推广的密度梯度近似 (generalized gradient approximation, GGA)、自作用校正 (self-interaction correction, SIC)、超密度梯度近似 (meta-GGA) 和杂化密度泛函 (hybrid-GGA) 方法、优化有效势 (optimized effective potential) 方法以及非局域密度近似 (NLDA) 等. 目前 GGA 类型和 hybrid-GGA 类型的近似密度泛函表达式在实际计算中被采用最多, 经梯度校正后, 键能计算值一般 (在统计平均的意义上) 精确到 MP2 水平. 为进一步解决能量密度泛函理论中存在的问题, 优化有效势方法受到普遍重视. 下面简单介绍比较常见的包含各种校正的近似交换能和相关能密度泛函. 由于这些近似密度泛函的表达式的证明比较复杂, 只能从略, 请读者必要时查阅相关文献.

15.2.2 含密度梯度校正的泛函(GGA 类泛函)

为校正由于电子密度分布不均匀引进的误差, 最容易想到的就是将表征其不均匀性的电子密度梯度包含到能量密度泛函表达式中. 提出过很多种这一类型的近似校正公式, 特别是交换能泛函的密度梯度校正公式 (因为交换能泛函误差对计算结果的影响最大).

迄今已经提出过的 GGA 型交换能泛函表达式很多. 例如, 1988 年 Becke[30] 提出来的加梯度校正的交换能泛函 B88 的表达式为

$$E_{\mathrm{x}}^{\mathrm{B88}}[\rho_\sigma,\ x_\sigma]=E_{\mathrm{x}}^{\mathrm{LDA}}[\rho_\sigma]-b\int\rho_\sigma^{4/3}\frac{x_\sigma^2}{1+6bx_\sigma\sinh^{-1}x_\sigma}\mathrm{d}\boldsymbol{r} \tag{15.2.18}$$

式中, $x_\sigma=|\nabla\rho_\sigma|\,\rho_\sigma^{-4/3}$ 称为约化密度梯度, 为无量纲的量. 参数值 b 由拟合惰性气体原子的已知数据确定, $b=0.0042$. $E_{\mathrm{x}\sigma}^{\mathrm{B88}}[\rho_\sigma,\ x_\sigma]$ 只有一个可调参数, 将局域近似泛函的交换能误差降低约两个数量级, 得到较高的评价.

交换能泛函 PW86[31] 的表达式为

$$E_{\mathrm{x}}[\rho]=-\frac{3}{4}\left(\frac{3}{\pi}\right)^{1/3}\int\rho^{4/3}(\boldsymbol{r})F(x)\mathrm{d}\boldsymbol{r} \tag{15.2.19}$$

$$F(x)=\left[1+1.296\,(hx)^2+14\,(hx)^4+0.2\,(hx)^6\right]^{1/15} \tag{15.2.19a}$$

式中, $h=\left(24\pi^2\right)^{-1/3}$, $x=|\nabla\rho|\,\rho^{-4/3}$.

交换能泛函 PW91[32] 的表达式则为

$$E_{\mathrm{x}}^{\mathrm{PW91}}[\rho_\alpha,\ \rho_\beta]=\frac{1}{2}(E_{\mathrm{x}}^{\mathrm{PW91}}[2\rho_\alpha]+E_{\mathrm{x}}^{\mathrm{PW91}}[2\rho_\beta]\,) \tag{15.2.20}$$

$$E_{\mathrm{x}}^{\mathrm{PW91}}[\rho]=-\frac{3}{4}\left(\frac{3}{\pi}\right)^{1/3}\int\rho^{4/3}(\boldsymbol{r})F(x)\mathrm{d}\boldsymbol{r} \tag{15.2.20a}$$

$$F(x)=\frac{1+0.19645(hx)\sinh^{-1}(7.7956hx)+(hx)^2\{0.2743-0.1508\exp[-100(hx)^2]\}}{1+0.19645(hx)\sinh^{-1}(7.7956hx)+0.004(hx)^4} \tag{15.2.20b}$$

交换能泛函 PBE[33] 是在 PW91 泛函基础上的改进, 其表达式为

$$E_{\mathrm{x}}^{\mathrm{PBE}}[\rho,\ x]=E_{\mathrm{x}}^{\mathrm{LDA}}[\rho]-C_{\mathrm{x}}\int a\left(1-\frac{1}{1+bx^2}\right)\rho^{4/3}(\boldsymbol{r})\mathrm{d}\boldsymbol{r} \tag{15.2.21}$$

式中, $C_{\mathrm{x}}=\dfrac{3}{4}\left(\dfrac{3}{\pi}\right)^{1/3}$, a 和 b 是根据某些物理条件确定的非经验参数, $a=0.804$, $b=0.273$. 属于这一类的近似交换能泛函还有很多, 不能一一列举.

相关能泛函梯度校正可举 Perdew 和 Wang 提出的相关能梯度校正泛函 PW86 为例[34]:

$$E_{\mathrm{c}}^{\mathrm{PW}}[\rho]=E_{\mathrm{c}}^{\mathrm{LDA}}[\rho]+\int\mathrm{d}^{-1}\exp(-\varphi)C\,[\rho]\,|\nabla\rho|^2\,\rho^{-4/3}\mathrm{d}\boldsymbol{r} \tag{15.2.22}$$

式中

$$\varphi=0.19195C\,[\infty]\,|\nabla\rho|\left(C\,[\rho]\,\rho^{\frac{7}{6}}\right)^{-1} \tag{15.2.22a}$$

$$d=2^{1/3}\left[\left(\frac{1+\zeta}{2}\right)^{5/3}+\left(\frac{1-\zeta}{2}\right)^{5/3}\right]^{1/2} \tag{15.2.22b}$$

$$C\,[\rho]=a+\left(b+\alpha r_{\mathrm{s}}+\beta r_{\mathrm{s}}^2\right)\left(1+\gamma r_{\mathrm{s}}+\delta r_{\mathrm{s}}^2+10^4\beta r_{\mathrm{s}}^3\right)^{-1} \tag{15.2.22c}$$

$r_s = [3/(4\pi\rho)]^{1/3}$. $a, b, \alpha, \beta, \gamma, \delta$ 等是通过拟合实验结果得到的参数: $a = 0.001667, b = 0.002568, \alpha = 0.023266, \beta = 7.389 \times 10^{-6}, \gamma = 8.723,\ \delta = 0.472$.

相关能泛函 PW91[32] 的表达式则为

$$E_c^{PW91}[\rho_\alpha, \rho_\beta] = \int d\boldsymbol{r}\rho(\boldsymbol{r})[\varepsilon_c^{LSDA}(r_s,\ \zeta) + H(t, r_s, \zeta)] \tag{15.2.23}$$

$$H = H_0 + H_1$$

$$H_0 = f^3(\zeta)\frac{\beta^2}{2\alpha}\ln\left(1 + \frac{2\alpha}{\beta}\frac{t^2 + At^4}{1 + At^2 + A^2t^4}\right) \tag{15.2.23a}$$

$$A = \frac{2\alpha}{\beta}\frac{1}{\exp[-2\alpha\varepsilon_c^{LDA}(r_s,\ \zeta)/f^3(\zeta)\beta^2] - 1}$$

$$t = \frac{|\nabla\rho|}{2f(\zeta)k_s\rho} \qquad f(\zeta) = \frac{1}{2}\left[(1+\zeta)^{2/3} + (1-\zeta)^{2/3}\right]$$

$$k_s = [4(3\pi^{-1}\rho)^{1/3}]^{1/2}$$

参数 $\alpha = 0.09$, $\beta = \nu C_c(0)$.

$$H_1 = \nu[C_c(r_s) - C_c(0) - 3C_b/7]f^3t^2\exp[-100f^4(k_s^2/k_F^2)t^2] \tag{15.2.23b}$$

式中, $k_F = (3\pi^2\rho)^{1/3}$, $\nu = (16/\pi)(3\pi^2)^{1/3}$, $C_c(0) = 0.004235, C_b = -0.001667$.

$$C_c(r_s) = C_{xc}(r_s) - C_b$$

$$C_{xc}(r_s) = 10^{-3}\frac{2.568 + ar_s + br_s^2}{1 + cr_s + dr_s^2 + 10br_s^3}$$

$a = 23.266, b = 0.007389, c = 8.723, d = 0.472$. 除非 $x = |\nabla\rho|\rho^{-4/3} \ll 1, H_1$ 项可以忽略不计.

在高自旋密度梯度的情况下, 可在式 (15.2.23) 中加校正项 ΔE_c

$$\Delta E_c[\rho_\alpha, \rho_\beta] \approx C_c(0)\int d\boldsymbol{r}\rho(\boldsymbol{r})\left\{\frac{-0.458\zeta\nabla\zeta\cdot[\nabla\rho/\rho]}{[\rho(1-\zeta^2)]^{1/3}} + \frac{(-0.037 + 0.10\zeta^2)\,|\nabla\zeta|^2}{\rho^{1/3}(1-\zeta)}\right\}$$

相关能泛函 PBE 是在 PW91 泛函基础上的改进 [33]

$$E_c^{PBE}[\rho,\ \zeta] = E_c^{LDA}[\rho,\ \zeta] + \int G[t(\boldsymbol{r})]\rho(\boldsymbol{r})d\boldsymbol{r} \tag{15.2.24}$$

$$G[t(\boldsymbol{r})] = cf^3(\zeta)\ln\left[1 + gt^2\left(\frac{1 + Bt^2}{1 + Bt^2 + B^2t^4}\right)\right]$$

$$B = g\left[\exp\left(-\frac{\varepsilon_c^{LDA}}{cf^3(\zeta)}\right) - 1\right]^{-1}$$

式中, $c = 0.031091, g = 2.146119$, 是根据一定物理条件确定的非经验参数.

目前得到广泛使用的是李振德、杨伟涛和 Parr 提出来的将 $E_{\mathrm{c}}^{\mathrm{LDA}}$ 和密度梯度校正值合并在一起计算的 LYP 泛函[35]. LYP 相关能泛函是在 Colle-Salvetti 公式的基础上导出的, 具体表达式为

$$E_{\mathrm{c}}^{\mathrm{LYP}}(\rho_\alpha,\ \rho_\beta)=-a\int\frac{\gamma(\boldsymbol{r})}{1+d\rho^{-1/3}}\{\rho+2b\rho^{-5/3}[2^{2/3}C_{\mathrm{F}}\rho_\alpha^{8/3}+2^{2/3}C_{\mathrm{F}}\rho_\beta^{8/3}-\rho\, t_w(\boldsymbol{r})$$
$$+\frac{1}{9}[\rho_\alpha t_w^\alpha(\boldsymbol{r})+\rho_\beta t_w^\beta(\boldsymbol{r})]+\frac{1}{18}(\rho_\alpha\nabla^2\rho_\alpha+\rho_\beta\nabla^2\rho_\beta)]\exp(-c\rho^{-1/3})\}\mathrm{d}\boldsymbol{r} \tag{15.2.25}$$

式中

$$\gamma(\boldsymbol{r})=2\left[1-\frac{\rho_\alpha^2(\boldsymbol{r})+\rho_\beta^2(\boldsymbol{r})}{\rho^2(\boldsymbol{r})}\right]\qquad t_w(\boldsymbol{r})=\frac{1}{8}\frac{|\nabla\rho(\boldsymbol{r})|^2}{\rho(\boldsymbol{r})}-\frac{1}{8}\nabla^2\rho(\boldsymbol{r})\qquad C_{\mathrm{F}}=\frac{3}{10}(3\pi^2)^{2/3}$$

a,b,c,d 是通过拟合氦原子有关数据得到的常数, $a=0.04918, b=0.132, c=0.2533, d=0.349$.

Miehlich 等[35] 进一步将式 (15.2.25) 变换成不包含 $\nabla^2\rho(r)$ 的更便于计算的公式.

15.2.3 含密度梯度和动能密度的交换-相关能泛函(meta-GGA 类泛函)

在密度泛函理论的 Kohn-Sham 方法中, 交换能和相关能的含义与 Hartree-Fork 方法中的不同. 密度泛函理论中的交换能定义为用 Kohn-Sham 轨道按照 Hartree-Fork 方法的交换能表达式计算得到的能量; 而相关能则是电子间实际相互作用能减去经典相互作用能及交换能所得的量. 这样定义的交换–相关能中包含了实际体系与无相互作用参考体系的动能之差, 因此在交换和相关能泛函中包含动能密度作为变量应有助于提高近似能量密度泛函的精度. 包含动能密度作为变量的能量密度泛函称为 meta-GGA 泛函.

1989 年 Becke 和 Roussel 首先提出包含动能密度变量的交换能泛函 BR89[36]. 对于 σ 自旋态电子, 定义动能密度 τ_σ 和 $\tau_{w\sigma}$ 为

$$\tau_\sigma(\boldsymbol{r})=\frac{1}{2}\sum_i^{\mathrm{occ}}\left|\nabla\phi_{i\sigma}^2(\boldsymbol{r})\right|$$
$$\tau_{w\sigma}(\boldsymbol{r})=\frac{|\nabla\rho_\sigma(\boldsymbol{r})|^2}{8\rho_\sigma(\boldsymbol{r})}$$

式中, $\{\phi_{i\sigma}\}$ 是 Kohn-Sham 自旋轨道. BR89 交换能泛函的表达式为

$$E_{\mathrm{x}}^{\mathrm{BR89}}(\boldsymbol{r})=\sum_{\sigma=\alpha,\beta}\int\varepsilon_{\mathrm{x}\sigma}^{\mathrm{BR89}}(\boldsymbol{r})\rho_\sigma(\boldsymbol{r})\mathrm{d}\boldsymbol{r} \tag{15.2.26}$$

$$\varepsilon_{\mathrm{x}\sigma}^{\mathrm{BR89}}(\boldsymbol{r}) = -\frac{2-(2+ab)\exp(-ab)}{4b} \tag{15.2.26a}$$

$$a^3\exp(-ab) = 8\pi\rho_\sigma(\boldsymbol{r}) \tag{15.2.26b}$$

$$a(ab-2) = b\frac{\nabla^2\rho_\sigma(\boldsymbol{r}) - 4[\tau_\sigma(\boldsymbol{r}) - \tau_{w\sigma}(\boldsymbol{r})]}{\rho_\sigma(\boldsymbol{r})} \tag{15.2.26c}$$

对于给定的 $\rho_\sigma(\boldsymbol{r})$ 以及 $\nabla^2\rho_\sigma(\boldsymbol{r}), \tau_\sigma(\boldsymbol{r}), \tau_{w\sigma}(\boldsymbol{r})$, a, b 由联立求解式 (15.2.26b) 和式 (15.2.26c) 得到. 为了校正 BR89 泛函用于分子体系计算高估交换能的缺陷, 2000 年 Becke 对 BR89 提出修正, 修正后的泛函 B00 的形式为[37]

$$E_{\mathrm{x}}^{\mathrm{B00}}[\rho] = \sum_{\sigma=\alpha,\beta}\int \varepsilon_{\mathrm{x}\sigma}^{\mathrm{BR89}}(\boldsymbol{r})\rho_\sigma(\boldsymbol{r})[1+f_{\mathrm{x}\sigma}(t_\sigma)]\mathrm{d}\boldsymbol{r} \tag{15.2.27}$$

式中, $\varepsilon_{\mathrm{x}\sigma}^{\mathrm{BR89}}$ 是 BR89 泛函一个电子的交换能 [式 (15.2.26a)], $f_{\mathrm{x}\sigma}(t_\sigma)$ 是校正函数

$$f_{\mathrm{x}\sigma}(t_\sigma) = a_t\left(w_\sigma - 2w_\sigma^3 + w_\sigma^5\right) \tag{15.2.27a}$$

式中, a_t 的优选值为 0.928, $w_\sigma = \dfrac{t_\sigma - 1}{t_\sigma + 1}$, $t_\sigma = \dfrac{\tau_\sigma^{\mathrm{LSDA}}}{\tau^{\mathrm{exact}}}$, $\tau_\sigma^{\mathrm{LSDA}} = c_{K\sigma}\rho_\sigma^{5/3}$, $c_{K\sigma} = \dfrac{3}{10}\left(6\pi^2\right)^{2/3}$, $\tau_\sigma^{\mathrm{exact}} = \dfrac{1}{2}\sum_i^{\mathrm{occ}}|\nabla\phi_{i\sigma}|^2$.

1995 年 Becke 提出相关能泛函 B95[38], 一个电子的相关能为

$$\varepsilon_{\mathrm{c}}^{\mathrm{B95}}[\rho_\alpha,\ \rho_\beta] = \varepsilon_{\mathrm{c}}^{\alpha\beta}[\rho_\alpha,\ \rho_\beta] + \varepsilon_{\mathrm{c}}^{\alpha\alpha}[\rho_\alpha] + \varepsilon_{\mathrm{c}}^{\beta\beta}[\rho_\beta] \tag{15.2.28}$$

$$\varepsilon_{\mathrm{c}}^{\alpha\beta}[\rho_\alpha,\ \rho_\beta] = [1 + a(x_\alpha^2 + x_\beta^2)]^{-1}\varepsilon_{\mathrm{c}}^{\mathrm{PW},\alpha\beta}[\rho_\alpha,\ \rho_\beta] \tag{15.2.28a}$$

$$\varepsilon_{\mathrm{c}}^{\sigma\sigma}[\rho_\sigma] = [1 + bx_\sigma^2]^{-2}\frac{(\tau_\sigma - \tau_{w\sigma})}{c_{K\sigma}\rho_\sigma^{5/3}}\varepsilon_{\mathrm{c}}^{\mathrm{PW},\sigma\sigma}[\rho_\sigma] \qquad \sigma = \alpha,\ \beta \tag{15.2.28b}$$

式中, a, b 是拟合参数, $a = 0.0031, b = 0.038$, $\varepsilon_{\mathrm{c}}^{\mathrm{PW}}$ 是 LSDA 相关能泛函的 Perdew-Wang 表达式[29]. B95 是少数几个没有自作用问题的近似相关能泛函之一.

1998 年 van Voorhis 和 Scuseria 提出 VSXC 泛函[39], 其交换能泛函表达式为

$$E_{\mathrm{x}}[\rho_\alpha,\ \rho_\beta] = \sum_\sigma\int F_{\mathrm{x}}(x_\sigma,\ z_\sigma)\rho_\sigma(\boldsymbol{r})\varepsilon_{\mathrm{x}\sigma}^{\mathrm{LSDA}}(\boldsymbol{r})\mathrm{d}\boldsymbol{r} \tag{15.2.29}$$

$$F_{\mathrm{x}}(x_\sigma,\ z_\sigma) = \frac{a}{\varGamma(x_\sigma, z_\sigma)} + \frac{bx_\sigma^2 + cz_\sigma}{\varGamma^2(x_\sigma, z_\sigma)} + \frac{dx_\sigma^4 + ex_\sigma^2 z_\sigma + fz_\sigma^2}{\varGamma^3(x_\sigma, z_\sigma)} \tag{15.2.29a}$$

式中

$$\varGamma_\sigma(x,\ z) = 1 + \alpha(x_\sigma^2 + z_\sigma) \qquad x_\sigma = \frac{|\nabla\rho_\sigma|}{\rho_\sigma^{4/3}}$$

$$z_\sigma = \frac{\tau_\sigma}{\rho_\sigma^{5/3}} - C_{\mathrm{F}} \qquad C_{\mathrm{F}} = \frac{3}{5}(3\pi^2)^{2/3} \qquad \tau_\sigma = \frac{1}{2}\sum_i^{\mathrm{occ}}|\nabla\phi_{i\sigma}|^2$$

α, a, b, c, d, e, f 均为可调参数.

相关能泛函的表达式为

$$E_{\rm c}[\rho_\alpha,\ \rho_\beta] = E_{\rm c}^{\alpha\beta}[\rho_\alpha,\ \rho_\beta] + E_{\rm c}^{\alpha\alpha}[\rho_\alpha] + E_{\rm c}^{\beta\beta}[\rho_\beta] \tag{15.2.30}$$

$$E_{\rm c}^{\alpha\beta}[\rho_\alpha,\ \rho_\beta] = \int F_{\rm c}^{\alpha\beta}(x,\ z)\rho(\boldsymbol{r})\varepsilon_{{\rm c}\alpha\beta}^{\rm LSDA}{\rm d}\boldsymbol{r} \tag{15.2.30a}$$

$$E_{\rm c}^{\sigma\sigma}[\rho_\sigma] = \int F_{\rm c}^{\sigma\sigma}(x_\sigma,\ z_\sigma)D_\sigma\rho_\sigma(\boldsymbol{r})\varepsilon_{{\rm c}\sigma\sigma}^{\rm LSDA}{\rm d}\boldsymbol{r} \tag{15.2.30b}$$

式中, D_σ 是相同自旋自相互作用校正系数

$$D_\sigma = 1 - \frac{x_\sigma^2}{4\left(z_\sigma + C_{\rm F}\right)}$$

$F_{\rm c}^{\sigma\sigma}(x_\sigma,\ z_\sigma)$ 的表达式与 $F_{\rm x}(x_\sigma,\ z_\sigma)$ 的表达式 [式 (15.2.29a)] 相同, 但参数不同. $F_{\rm c}^{\alpha\beta}(x,z)$ 的表达式与 $F_{\rm x}(x_\sigma,\ z_\sigma)$ 的类似, 只是用 $x^2 = x_\alpha^2 + x_\beta^2$ 和 $z = z_\alpha + z_\beta$ 分别代替式 (15.2.29a) 中的 x_σ 和 z_σ, 优化的可调参数值也不同. $\varepsilon_{\rm c}^{\rm LSDA}$ 采用 Perdew-Wang 的表达式 [29]. VSXC 泛函的交换能和相关能表达式中包含 21 个可调参数.

TPSS 泛函是近年提出来精度较高的meta-GGA 型能量密度泛函 [40]. 对于零自旋密度体系, TPSS 交换能泛函的表达式为

$$E_{\rm x}^{\rm TPSS}[\rho] = \int {\rm d}\boldsymbol{r}\rho(\boldsymbol{r})\varepsilon_{\rm x}^{\rm LSDA}(\boldsymbol{r})F_{\rm x}^{\rm TPSS}(p,z) \tag{15.2.31}$$

式中, $\rho(\boldsymbol{r}) = \rho_\alpha(\boldsymbol{r}) + \rho_\beta(\boldsymbol{r})$, $\varepsilon_{\rm x}^{\rm LSDA}(\boldsymbol{r}) = -\dfrac{3}{4\pi}[3\pi^2\rho(\boldsymbol{r})]^{1/3}$, 是均匀电子气的交换能密度,

$$F_{\rm x}^{\rm TPSS} = 1+\kappa-\frac{\kappa}{1+x/\kappa} \tag{15.2.31a}$$

$$\begin{aligned} x = &\left\{\left[\frac{10}{81} + \frac{cz^2}{(1+z^2)^2}\right]p + \frac{146}{2025}\bar{q}_b^2 - \frac{73}{405}\bar{q}_b\left[\frac{1}{2}\left(\frac{3}{5}z\right)^2 + \frac{1}{2}p^2\right]^{1/2}\right. \\ &\left. +\frac{1}{\kappa}\left(\frac{10}{81}\right)^2 p^2 + \frac{20e^{1/2}}{81}\left(\frac{3}{5}z\right)^2 + e\mu p^3\right\}(1+e^{1/2}p)^{-2} \end{aligned} \tag{15.2.31b}$$

$x(p,\ z) \geqslant 0$. 式 (15.2.31b) 中, $\kappa = 0.084$, $c = 1.59096$, $e = 1.537$, $\mu = 0.21951$; z, p 是无量纲量

$$z = \tau_w/\tau \leqslant 1 \qquad \tau_w = \frac{\left|\nabla\rho(\boldsymbol{r})\right|^2}{8\rho(\boldsymbol{r})} \qquad \tau = \sum_\sigma \tau_\sigma \qquad \tau_\sigma = \sum_i^{\rm occ}\frac{1}{2}\left|\nabla\phi_{i\sigma}(\boldsymbol{r})\right|^2$$

$$p=\frac{|\nabla\rho(\boldsymbol{r})|^2}{4(3\pi^2)^{2/3}\rho^{8/3}(\boldsymbol{r})}$$

$$\bar{q}_b=\frac{(9/20)(\alpha-1)}{[1+b\alpha(\alpha-1)]^{1/2}}+2p/3$$

式中, $b=0.40$, $\alpha=(\tau-\tau_w)/\tau_{\text{unif}}=(5p/3)(z^{-1}-1)\geqslant 0$, $\tau_{\text{unif}}=\dfrac{3}{10}(3\pi^2)^{2/3}[\rho(\boldsymbol{r})]^{5/3}$ 是均匀电子气的动能密度.

利用关系式 $E_{\text{x}}[\rho_\alpha,\rho_\beta]=\dfrac{1}{2}\{E_{\text{x}}[2\rho_\alpha]+E_{\text{x}}[2\rho_\beta]\}$ 可以计算非零自旋密度体系的交换能.

TPSS 相关能泛函的表达式为

$$E_{\text{c}}^{\text{TPSS}}[\rho_\alpha,\ \rho_\beta]=\int \mathrm{d}\boldsymbol{r}\rho(\boldsymbol{r})\varepsilon_{\text{c}}^{\text{TPSS0}}[1+\mathrm{d}\varepsilon_{\text{c}}^{\text{TPSS0}}(\tau_w/\tau)^3] \tag{15.2.32}$$

$d=2.8$(原子单位), 对于零自旋密度体系, 令 $d=0$;

$$\begin{aligned}\varepsilon_{\text{c}}^{\text{TPSS0}}=&\,\varepsilon_{\text{c}}^{\text{PBE}}(\rho_\alpha,\ \rho_\beta,\ \nabla\rho_\alpha,\ \nabla\rho_\beta)[1+C(\zeta,\ \xi)(\tau_w/\tau)^2]\\&-\left[1+C(\zeta,\ \xi)(\tau_w/\tau)^2\sum_\sigma\frac{\rho_\sigma(\boldsymbol{r})}{\rho(\boldsymbol{r})}\bar{\varepsilon}_{\text{c}}\right]\end{aligned} \tag{15.2.33}$$

式中, $\varepsilon_{\text{c}}^{\text{PBE}}(\rho_\alpha,\ \rho_\beta,\ \nabla\rho_\alpha,\ \nabla\rho_\beta)$ 是 PBE 泛函一个电子的相关能 [参见式 (15.2.24)]

$$\bar{\varepsilon}_{\text{c}}=\max[\varepsilon_{\text{c}}^{\text{PBE}}(\rho_\sigma,\ 0,\ \nabla\rho_\sigma,\ 0),\ \varepsilon_{\text{c}}^{\text{PBE}}(\rho_\alpha,\ \rho_\beta,\ \nabla\rho_\alpha,\ \nabla\rho_\beta)] \tag{15.2.33a}$$

$$C(\zeta,\ \xi)=\frac{C(\zeta,\ 0)}{\{1+\xi^2[(1+\zeta)^{-4/3}+(1-\zeta)^{-4/3}]/2\}^4} \tag{15.2.33b}$$

式中, ζ 是自旋极化度, $\xi=\dfrac{|\nabla\zeta|}{2[3\pi^2\rho(\boldsymbol{r})]^{1/3}}$, $C(\zeta,\ 0)=0.53+0.87\zeta^2+0.50\zeta^4+2.26\zeta^6$.

TPSS 泛函的特点是不包含依靠实验数据调整的参数, 表达式中的数字系数是根据精确能量泛函应满足的条件确定的. 对电子分布比较均匀的晶体体系和电子分布激烈变化的分子体系都有较高的精度, 因此可用于同时涉及固体和分子的体系 (例如研究表面吸附和催化反应).

15.2.4 绝热关联. 杂化型泛函

将 Hartree-Fock 交换能与近似交换–相关能密度泛函按一定比例混合得到的杂化型泛函称为 hybrid 泛函, 是现在常用能量泛函的一种类型. 这种方法的合理性可以用绝热关联理论来论证.

设将体系的 Hamilton 算符写成

$$\hat{\boldsymbol{H}}_\lambda=-\frac{1}{2}\sum_i^N\nabla_i^2+\sum_i^N V_i(\rho,\ \lambda)+\frac{\lambda}{2}\sum_{i\neq}^N\sum_j^N\frac{1}{r_{ij}} \tag{15.2.34}$$

式中, 参量 λ 表征电子间相互作用的程度. $\lambda=0$ 对应无电子相互作用的参考体系, 而 $\lambda=1$ 对应存在电子相互作用的真实体系. 在保持 ρ 恒定的条件下, λ 从 0 连续地变到 1, 无电子相互作用的参考体系就绝热地过渡到真实体系. 将二阶约化密度矩阵的对角元表示为

$$\Gamma(\boldsymbol{r}_1,\boldsymbol{r}_2\,|\boldsymbol{r}_1,\boldsymbol{r}_2\,)\equiv\rho_2(\boldsymbol{r}_1,\boldsymbol{r}_2)=\frac{1}{2}\rho_1(\boldsymbol{r}_1)\rho_1(\boldsymbol{r}_2)+\frac{1}{2}\rho_1(\boldsymbol{r}_1)h_{\text{xc}}(\boldsymbol{r}_1,\boldsymbol{r}_2)\qquad(15.2.35)$$

式中, $\rho_1(\boldsymbol{r}_1)$ 是一阶密度矩阵的对角元, 也就是电子密度. $h_{\text{xc}}(\boldsymbol{r}_1,\boldsymbol{r}_2)$ 称为交换–相关穴, 因为由式 (15.2.35) 可得

$$h_{\text{xc}}(\boldsymbol{r}_1,\boldsymbol{r}_2)=\frac{2\rho_2(\boldsymbol{r}_1,\boldsymbol{r}_2)}{\rho_1(\boldsymbol{r}_1)}-\rho_1(\boldsymbol{r}_2)\qquad(15.2.36)$$

即它表示电子间存在和不存在交换和相互作用时电子在空间出现概率的差值. 在 Hartree-Fock 近似下, 没有相关能, 交换能为

$$\begin{aligned}E_{\text{x}}[\rho_\alpha,\rho_\beta]&=-\frac{1}{2}\int\frac{1}{r_{12}}\left[\left|\rho_1^{\alpha\alpha}(\boldsymbol{r}_1,\boldsymbol{r}_2)\right|^2+\left|\rho_1^{\beta\beta}(\boldsymbol{r}_1,\boldsymbol{r}_2)\right|^2\right]\mathrm{d}\boldsymbol{r}_1\mathrm{d}\boldsymbol{r}_2\\&=\sum_{\sigma=\alpha,\beta}-\frac{1}{2}\int\frac{1}{r_{12}}\left(\frac{\left|\rho_1^{\sigma\sigma}(\boldsymbol{r}_1,\boldsymbol{r}_2)\right|^2}{\rho_1^\sigma(\boldsymbol{r}_1)}\right)\rho_1^\sigma(\boldsymbol{r}_1)\mathrm{d}\boldsymbol{r}_1\mathrm{d}\boldsymbol{r}_2\end{aligned}\qquad(15.2.37)$$

式 (15.2.37) 可以解释为, 自旋为 σ 的电子的交换能是由一种离域分布的电荷 $\rho_{\text{x}}^\sigma(\boldsymbol{r}_1,\boldsymbol{r}_2)$ 与实际的电荷 ρ_1^σ 相互作用产生的. 因此可以定义交换电荷密度 (交换穴) 为

$$\rho_{\text{x}}^\sigma(\boldsymbol{r}_1,\boldsymbol{r}_2)=-\frac{\left|\rho_1^{\sigma\sigma}(\boldsymbol{r}_1,\boldsymbol{r}_2)\right|^2}{\rho_1^\sigma(\boldsymbol{r}_1)}\equiv h_{\text{x}}^\sigma(\boldsymbol{r}_1,\boldsymbol{r}_2)\qquad\sigma=\alpha,\beta\qquad(15.2.38)$$

显然, 当 $\boldsymbol{r}_1=\boldsymbol{r}_2$ 时, $\rho_{\text{x}}^\sigma(\boldsymbol{r}_1,\boldsymbol{r}_1)=-\rho_1^\sigma(\boldsymbol{r}_1)$.

一般假定可以将 $h_{\text{xc}}(\boldsymbol{r}_1,\boldsymbol{r}_2)$ 分解为交换穴和相关穴两部分

$$\begin{aligned}h_{\text{xc}}(\boldsymbol{r}_1,\boldsymbol{r}_2)&=h_{\text{x}}(\boldsymbol{r}_1,\boldsymbol{r}_2)+h_{\text{c}}(\boldsymbol{r}_1,\boldsymbol{r}_2)\\h_{\text{x}}(\boldsymbol{r}_1,\boldsymbol{r}_2)&=h_{\text{x}}^{\alpha\alpha}(\boldsymbol{r}_1,\boldsymbol{r}_2)+h_{\text{x}}^{\beta\beta}(\boldsymbol{r}_1,\boldsymbol{r}_2)\\h_{\text{c}}(\boldsymbol{r}_1,\boldsymbol{r}_2)&=h_{\text{c}}^{\alpha\alpha}(\boldsymbol{r}_1,\boldsymbol{r}_2)+h_{\text{c}}^{\beta\beta}(\boldsymbol{r}_1,\boldsymbol{r}_2)+h_{\text{c}}^{\alpha\beta}(\boldsymbol{r}_1,\boldsymbol{r}_2)\end{aligned}\qquad(15.2.39)$$

根据体系总能量的密度矩阵表达式和电子相关能的定义, Hamilton 算符为 $\hat{\boldsymbol{H}}_\lambda$ [式 (15.2.34)] 的体系的交换相关能可表示为

$$\begin{aligned}E_{\text{xc}}^\lambda&=\frac{1}{2}\int\mathrm{d}\boldsymbol{r}_1\rho_1^\lambda(\boldsymbol{r}_1)\int\frac{h_{\text{xc}}^\lambda(\boldsymbol{r}_1,\boldsymbol{r}_2)}{|\boldsymbol{r}_1-\boldsymbol{r}_2|}\mathrm{d}\boldsymbol{r}_2\\E_{\text{xc}}&=\int E_{\text{xc}}^\lambda\mathrm{d}\lambda\end{aligned}$$

如果假定 $E_{\mathrm{xc}}^{\lambda}$ 是 λ 的线性函数, E_{xc}^{1} 近似等于密度泛函理论的交换–相关能泛函 $E_{\mathrm{xc}}^{\mathrm{LSDA}}$, 则有

$$E_{\mathrm{xc}}=\frac{1}{2}(E_{\mathrm{xc}}^{0}+E_{\mathrm{xc}}^{1})=\frac{1}{2}E_{\mathrm{x}}^{\mathrm{exact}}+\frac{1}{2}E_{\mathrm{xc}}^{1}\approx\frac{1}{2}E_{\mathrm{x}}^{\mathrm{HF}}+\frac{1}{2}E_{\mathrm{xc}}^{\mathrm{LSDA}}$$

这就是 "半对半 (half and half)" 泛函的表达式. 当然以上假定是太粗略了. 如果选择合适的 $E_{\mathrm{xc}}^{\mathrm{LSDA}}$, 并通过拟合实验数据优化混合比例, 将能提高能量密度泛函的精度. 沿着这种思路, 人们提出了多种杂化型能量密度泛函, 彼此的差别在于采用的 $E_{\mathrm{xc}}^{\mathrm{LSDA}}$ 和混合系数不同. 例如, 将近似交换能泛函 B88 和近似相关能泛函 LYP 组合作为 $E_{\mathrm{xc}}^{\mathrm{LSDA}}$, 混入适当的用 Kohn-Sham 轨道计算的 $E_{\mathrm{x}}^{\mathrm{HF}}$("精确的" 交换能) 的 B3LYP 泛函; 将 B88 和近似相关能泛函 PW91 组合作为 $E_{\mathrm{xc}}^{\mathrm{LSDA}}$ 并混合一定量 $E_{\mathrm{x}}^{\mathrm{HF}}$ 的 B3PW91 泛函; 将 B88 和 PW91 交换能泛函与 LYP 相关能泛函组合作为 $E_{\mathrm{xc}}^{\mathrm{LSDA}}$, 再混入一定量 $E_{\mathrm{x}}^{\mathrm{HF}}$ 得到的 X3LYP 泛函; 以及 TPSS 泛函混入约 10% $E_{\mathrm{x}}^{\mathrm{HF}}$ 的 TPSSh 方法等[41]. 其中最流行的 Becke 三参数泛函 B3LYP 的表达式是

$$E_{\mathrm{xc}}^{\mathrm{B3LYP}}=(1-a)E_{\mathrm{x}}^{\mathrm{LSDA}}+aE_{\mathrm{x}}^{\mathrm{HF}}+b\Delta E_{\mathrm{x}}^{\mathrm{B88}}+cE_{\mathrm{c}}^{\mathrm{LYP}}+(1-c)E_{\mathrm{c}}^{\mathrm{LSDA}} \tag{15.2.40}$$

式中, 参数 $a\sim0.2$, $b\sim0.7$, $c\sim0.8$; $\Delta E_{\mathrm{x}}^{\mathrm{B88}}$ 是 B88 交换能泛函的梯度校正项.

一般说来在近似能量密度泛函中混入一定量的 "精确的" 交换能, 都对计算结果有改善作用, 特别是用于在优化混合系数中用到的那些分子性质. 付出的代价是为了计算 "精确的"Hartree-Fock 交换能和交换势, 需要像从头计算方法一样计算分子积分, 大大增加了计算量. 减少电子自作用误差是杂化型能量密度泛函精度有所提高的部分原因. 但交换能密度泛函完全采用 "精确的"Hartree-Fock 交换能结果并不好. 波函数量子力学方法的研究结果表明, 电子之间的交换能和相关能都是离域的, 但两者的远程作用方向相反, 在很大程度上互相抵消, 剩余部分主要是局域的. 将交换能和相关能合并在一起处理, 用局域近似可以给予相当好的描述. 这是现有近似密度泛函 (包括 LDA、GGA 和 meta-GGA) 取得成功的重要原因. 而将交换能按定义精确计算, 虽然消除了自作用误差的绝大部分, 但剩下的部分主体是离域的相关能, 局域近似不再是好的近似, 效果反而不好.

15.2.5 优化有效势方法

Kohn-Sham 方法将密度泛函理论的难点集中到交换–相关能泛函上. 已经知道交换–相关作用是离域的. 若已知能量作为密度的泛函的表达式, 能否找到一个定域有效势, 用该势函数代入 Kohn-Sham 方程中, 求得的电子密度分布使该能量泛函取极值? 在 Hartree-Fock 近似下, 知道能量作为轨道的泛函的表达式, 交换势的形式也是知道的, 是离域势. 问题就变成: 能否找到一个定域有效势, 代入 Kohn-Sham

方程中, 求得的电子密度分布使能量泛函取极值并等于 Hartree-Fock 能量? 优化有效势 (optimized effective potential, OEP) 方法要解决的就是这个问题.

设体系总能量作为单电子轨道 $\{\phi_i\}$ 的泛函为

$$E[\{\phi_i\}] = T_{\rm s}[\{\phi_i\}] + J[\{\phi_i\}] + E_{\rm xc}[\{\phi_i\}] + \int V(\boldsymbol{r})\rho(\boldsymbol{r})\mathrm{d}\boldsymbol{r} \tag{15.2.41}$$

现在要找一个局域有效势 $V_{\rm OEP}(\boldsymbol{r})$, 代入方程式 (15.2.42)

$$\hat{\boldsymbol{H}}\phi_i(\boldsymbol{r}) = \left[-\frac{1}{2}\nabla^2 + V_{\rm OEP}(\boldsymbol{r})\right]\phi_i(\boldsymbol{r}) = \varepsilon_i\phi_i(\boldsymbol{r}) \tag{15.2.42}$$

得到的解 $\{\phi_i\}$ 使总能量泛函取极小值. 因此, 要求

$$\frac{\delta E}{\delta V_{\rm OEP}} = \sum_i \int \frac{\delta E}{\delta\phi_i^*(\boldsymbol{r}')}\frac{\delta\phi_i^*(\boldsymbol{r}')}{\delta V_{\rm OEP}(\boldsymbol{r})}\mathrm{d}\boldsymbol{r}' + c.c. = 0 \tag{15.2.43}$$

为得到 $\phi_i^*(\boldsymbol{r}')$ 对 $V_{\rm OEP}(\boldsymbol{r})$ 的变分导数, 让 $V_{\rm OEP}(\boldsymbol{r})$ 改变 $\delta V_{\rm OEP}(\boldsymbol{r})$, 展开到一级近似, 由方程式 (15.2.42) 得

$$-\frac{1}{2}\nabla^2\delta\phi_i^*(\boldsymbol{r}) + [V_{\rm OEP}(\boldsymbol{r}) - \varepsilon_i]\delta\phi_i^*(\boldsymbol{r}) = [\delta\varepsilon_i - \delta V_{\rm OEP}(\boldsymbol{r})]\phi_i^*(\boldsymbol{r}) \tag{15.2.44}$$

设 $\{\phi_i\}$ 保持正交归一, 则 $\delta\phi_i^*(\boldsymbol{r})$ 的解近似为 [参看式 (5.3.25)]

$$\delta\phi_i^*(\boldsymbol{r}) = -\int \mathrm{d}\boldsymbol{r}' G_i(\boldsymbol{r},\boldsymbol{r}')\phi_i^*(\boldsymbol{r}')\delta V_{\rm OEP}(\boldsymbol{r}') \tag{15.2.45}$$

$$G_i(\boldsymbol{r},\boldsymbol{r}') = \sum_{j\neq i}(\varepsilon_j - \varepsilon_i)^{-1}\phi_j(\boldsymbol{r}')\phi_j^*(\boldsymbol{r}) \tag{15.2.46}$$

用 $(\hat{\boldsymbol{H}} - \varepsilon_i)$ 作用式 (15.2.46) 两边, 注意 $\{\phi_i\}$ 的完备性, 可得

$$(\hat{\boldsymbol{H}} - \varepsilon_i)G_i(\boldsymbol{r},\boldsymbol{r}') = \sum_{j\neq i}\phi_j^*(\boldsymbol{r})\phi_j(\boldsymbol{r}') = \delta(\boldsymbol{r} - \boldsymbol{r}') - \phi_i^*(\boldsymbol{r})\phi_i(\boldsymbol{r}') \tag{15.2.47}$$

故 $G_i(\boldsymbol{r},\boldsymbol{r}')$ 是算符 $(\hat{\boldsymbol{H}} - \varepsilon_i)$ 在正交于 $\phi_i(\boldsymbol{r})$ 的子空间中的 Green 函数. 由式 (15.2.45) 可得

$$\frac{\delta\phi_i^*(\boldsymbol{r}')}{\delta V_{\rm OEP}(\boldsymbol{r})} = -G_i(\boldsymbol{r}',\boldsymbol{r})\phi_i^*(\boldsymbol{r}) \tag{15.2.48}$$

对于 Kohn-Sham 能量泛函

$$\frac{\delta E}{\delta\phi_i^*(\boldsymbol{r})} = \left[-\frac{1}{2}\nabla^2 + V_{\rm Coul}(\boldsymbol{r}) + V_{\rm xc}(\boldsymbol{r}) + V(\boldsymbol{r})\right]\phi_i(\boldsymbol{r}) \tag{15.2.49}$$

式中, 交换–相关势 $V_{\rm xc}(\boldsymbol{r})$ 为

$$V_{\rm xc}(\boldsymbol{r}) = \frac{\delta E[\{\phi_i\}]}{\phi_i(\boldsymbol{r})\delta\phi_i^*(\boldsymbol{r})} \tag{15.2.49a}$$

在式 (15.2.49) 中加上和减去 $V_{\text{OEP}}(\boldsymbol{r})$, 利用式 (15.2.42), 式 (15.2.49) 可变为

$$\begin{aligned}\frac{\delta E}{\delta\phi_i^*(\boldsymbol{r})} &= \left[-\frac{1}{2}\nabla^2 + V_{\text{OEP}}(\boldsymbol{r}) - V_{\text{OEP}}(\boldsymbol{r}) + V_{\text{Coul}}(\boldsymbol{r}) + V_{\text{xc}}(\boldsymbol{r}) + V(\boldsymbol{r})\right]\phi_i(\boldsymbol{r}) \\ &= \left[\varepsilon_i - V_{\text{OEP}}(\boldsymbol{r}) + V_{\text{Coul}}(\boldsymbol{r}) + V_{\text{xc}}(\boldsymbol{r}) + V(\boldsymbol{r})\right]\phi_i(\boldsymbol{r}) \qquad (15.2.50)\end{aligned}$$

将式 (15.2.48) 和式 (15.2.50) 代入式 (15.2.43), 得

$$\begin{aligned}\sum_i \int \mathrm{d}\boldsymbol{r}' \{&[V_{\text{OEP}}(\boldsymbol{r}') - \varepsilon_i - V_{\text{Coul}}(\boldsymbol{r}') - V(\boldsymbol{r}')]\phi_i(\boldsymbol{r}') \\ &-V_{\text{xc}}(\boldsymbol{r}')\phi_i(\boldsymbol{r}')\}\, G_i(\boldsymbol{r}',\boldsymbol{r})\phi_i^*(\boldsymbol{r}) = 0 \qquad (15.2.51)\end{aligned}$$

将式 (15.2.46) 代入, 方程式 (15.2.51) 可写成

$$\int \mathrm{d}\boldsymbol{r}' W(\boldsymbol{r},\boldsymbol{r}')[V_{\text{OEP}}(\boldsymbol{r}') - V_{\text{Coul}}(\boldsymbol{r}') - V(\boldsymbol{r}')] = Q(\boldsymbol{r}) \qquad (15.2.52)$$

式中

$$W(\boldsymbol{r},\boldsymbol{r}') = \sum_i \sum_{j\neq i} (\varepsilon_j - \varepsilon_i)^{-1}\phi_i^*(\boldsymbol{r})\phi_j^*(\boldsymbol{r}')\phi_i(\boldsymbol{r}')\phi_j(\boldsymbol{r}) \qquad (15.2.52\text{a})$$

$$Q(\boldsymbol{r}) = \sum_i \int \mathrm{d}\boldsymbol{r}'\phi_i(\boldsymbol{r}')G_i(\boldsymbol{r}',\boldsymbol{r})V_{\text{xc}}(\boldsymbol{r}')\phi_i^*(\boldsymbol{r}) \qquad (15.2.52\text{b})$$

对 j 的求和只要遍历虚轨道, 因为求和式中指标 i 和 j 是反对称的. $W(\boldsymbol{r},\boldsymbol{r}')$ 是对称的, 若考虑的是基态组态, 也是正定的. 式 (15.2.52) 是关于 $V_{\text{OEP}}(\boldsymbol{r})$ 的积分方程. 由于 $V_{\text{OEP}}(\boldsymbol{r})$ 是与轨道有关的势函数, 需要与式 (15.2.42) 联立, 用迭代方法求解, 计算相当困难. 有人用 Hartree-Fock 交换势代替式 (15.2.52) 中的 V_{xc} 对原子和双原子分子做过计算, 结果与 Hartree-Fock 方法的结果很接近, 故可用类似方法求出 $V_{\text{OEP}}(\boldsymbol{r})$, 从而求得 Kohn-Sham 方程中的精确交换势. 当然, 若到此为止, 这个方法显然没有多少价值. 不过, 如果我们能知道交换–相关能作为轨道的泛函, 即可求得 Kohn-Sham 方程中精确的定域交换–相关势

$$V_{\text{xc}}(\boldsymbol{r}) = V_{\text{OEP}}(\boldsymbol{r}) - V_{\text{Coul}}(\boldsymbol{r}) - V(\boldsymbol{r}) \qquad (15.2.53)$$

在波函数方法中能量作为轨道的精确泛函的显表示式原则上是知道的. 因此, 原则上可以借助从头计算方法的 (接近) 精确的能量泛函求得精确的定域交换–相关势. Bartlett 等[42] 提出用 MP2 方法的总能量作为单电子轨道的泛函来求密度泛函方法的优化有效势和精确的交换–相关势, 称之为 ADFT(Ab Initio DFT) 方法. 对几个小分子进行计算, 结果相当好. ADFT 方法没有不符合整数不连续条件和自相互作用误差问题, 可以处理分子间的弱相互作用, 可能为系统改进近似密度泛函开辟一条道路. 但计算量比现有近似密度泛函方法的大得多, 大致按 $\sim N_{it}N^2M^3$

增长 (N 和 M 分别是占据和非占据自旋轨道数, N_{it} 是 $V_{\text{OEP}}(\boldsymbol{r}) \sim \{\phi_i\}$ 达到自洽的迭代次数), 而结果精度还稍高的 CCSD 方法也只按 $\sim N^2M^4$ 增长. 因此其发展前途如何还有待实践做结论.

优化有效势方法还要解决的一个重要问题是建立求解积分方程式 (15.2.52) 的有效方法. 杨伟涛等[43] 提出一种直接计算优化有效势的方法. 令

$$V_{\text{OEP}}(\boldsymbol{r}) = V(\boldsymbol{r}) + V_0(\boldsymbol{r}) + \sum_t b_t g_t(\boldsymbol{r}) \tag{15.2.54}$$

$$V_0(\boldsymbol{r}) = \frac{N-1}{N}\int \frac{\rho_0(\boldsymbol{r}')}{|\boldsymbol{r}-\boldsymbol{r}'|}\mathrm{d}\boldsymbol{r}' \tag{15.2.54a}$$

式中, $\rho_0(\boldsymbol{r})$ 是密度泛函 (如 LDA) 近似计算得到的电子密度分布函数, $\{g_t(\boldsymbol{r})\}$ 是基函数组, $\{b_t\}$ 是待定系数. 与式 (15.2.43) 对应, 有

$$\begin{aligned}\frac{\partial E[\{\phi_i\}]}{\partial b_t} &= \sum_i \int \mathrm{d}\boldsymbol{r}\mathrm{d}\boldsymbol{r}' \frac{\delta E[\{\phi_i\}]}{\delta \phi_i(\boldsymbol{r})}\frac{\delta \phi_i(\boldsymbol{r})}{\delta V_{\text{OEP}}(\boldsymbol{r}')}\frac{\delta V_{\text{OEP}}(\boldsymbol{r}')}{\partial b_t} + c.c. \\ &= \sum_i \int \mathrm{d}\boldsymbol{r}\mathrm{d}\boldsymbol{r}' \frac{\delta E[\{\phi_i\}]}{\delta \phi_i(\boldsymbol{r})} \sum_{a\neq i} \phi_a(\boldsymbol{r}) \frac{\phi_a^*(\boldsymbol{r}')\phi_i(\boldsymbol{r}')}{\varepsilon_i - \varepsilon_a} g_t(\boldsymbol{r}') + c.c. \\ &= \sum_i \sum_{a\neq i} \int \mathrm{d}\boldsymbol{r} \frac{\delta E[\{\phi_i\}]}{\delta \phi_i(\boldsymbol{r})} \phi_a(\boldsymbol{r}) \frac{\langle \phi_a | g_t | \phi_i \rangle}{\varepsilon_i - \varepsilon_a} + c.c.\end{aligned} \tag{15.2.55}$$

对于固定的 $\{\phi_i\}$, $E[\{b_t\}] = E[\{\phi_i\}]$. 由于有 $\dfrac{\partial E[\{b_t\}]}{\partial b_t}$ 的显表达式, $E[\{b_t\}]$ 对 $\{b_t\}$ 的优化比较容易进行. 当 $E[\{b_t\}]$ 达到极值, 即 $\dfrac{\partial E[\{b_t\}]}{\partial b_t} = 0$ 时, 确定一组 $\{b_t\}$ 值, 即可按式 (15.2.54) 计算优化有效势 $V_{\text{OEP}}(\boldsymbol{r})$, 或按式 (15.2.56) 计算交换–相关势

$$V_{\text{xc}}(\boldsymbol{r}) = \sum_i b_t g_t(\boldsymbol{r}) + \int \frac{\rho_0(\boldsymbol{r}') - \rho(\boldsymbol{r}')}{|\boldsymbol{r}-\boldsymbol{r}'|}\mathrm{d}\boldsymbol{r}' - \frac{1}{N}\int \frac{\rho_0(\boldsymbol{r}')}{|\boldsymbol{r}-\boldsymbol{r}'|}\mathrm{d}\boldsymbol{r}' \tag{15.2.56}$$

式中, $\rho(\boldsymbol{r}) = \sum\limits_{i=1}^{\text{occ}} |\phi_i|^2$ 是用求得的 $V_{\text{OEP}}(\boldsymbol{r})$ 代入式 (15.2.42) 计算得到的电子密度分布函数. 由于 $\dfrac{\partial E[\{\phi_i\}]}{\partial b_t}$ 依赖于 $\{\phi_i\}$, 要进行迭代计算, 但 $E[\{b_t\}]$ 对 $\{b_t\}$ 的优化比较容易进行, 上述方法可以用于实际分子体系的计算.

15.2.6　交换–相关能密度泛函应该满足的一般性条件[4,5]

密度泛函理论的基础是量子力学的基本方程, 只是描述体系电子结构的方法和采用波函数的传统量子力学方法不同. 密度泛函理论遇到的根本性困难是不知道电子体系的动能和交换–相关能泛函的显表示式. 差不多半个世纪以来, 人们都在力图解决这一困难, 即寻找电子体系的动能或者交换–相关能泛函的精确的显表示式.

在这一过程中, 人们根据量子力学的推论或者一些实际的物理要求, 得到了若干关于精确的交换能或者相关能泛函应该满足的条件. 这方面的知识可以用来判断近似能量密度泛函表达式的合理性. 下面介绍一些重要的精确能量密度泛函应满足的一般性条件.

从式 (15.2.38) 可知, 交换电荷密度 $\rho_{\mathrm{x}}(\boldsymbol{r},\boldsymbol{r}') \leqslant 0$. 将交换电荷密度的表达式 [式 (15.2.38)] 积分, 可得

$$\int \rho_{\mathrm{x}}^{\sigma}(\boldsymbol{r}_1,\boldsymbol{r}_2)\mathrm{d}\boldsymbol{r}_2 = \int h_{\mathrm{x}}^{\sigma}(\boldsymbol{r}_1,\boldsymbol{r}_2)\mathrm{d}\boldsymbol{r}_2 = -1 \tag{15.2.57}$$

将交换–相关穴的表达式 [式 (15.2.36)] 积分, 可得

$$\int h_{\mathrm{xc}}(\boldsymbol{r}_1,\boldsymbol{r}_2)\mathrm{d}\boldsymbol{r}_2 = \int \frac{2\rho_2(\boldsymbol{r}_1,\boldsymbol{r}_2)}{\rho_1(\boldsymbol{r}_1)}\mathrm{d}\boldsymbol{r}_2 - \int \rho_1(\boldsymbol{r}_2)\mathrm{d}\boldsymbol{r}_2 = (N-1) - N = -1 \tag{15.2.58}$$

设令

$$h_{\mathrm{xc}}(\boldsymbol{r}_1,\boldsymbol{r}_2) = h_{\mathrm{x}}^{\sigma}(\boldsymbol{r}_1,\boldsymbol{r}_2) + h_{\mathrm{c}}(\boldsymbol{r}_1,\boldsymbol{r}_2)$$

则有

$$\int h_{\mathrm{c}}(\boldsymbol{r}_1,\boldsymbol{r}_2)\mathrm{d}\boldsymbol{r}_2 = 0 \tag{15.2.59}$$

简单的 LDA 泛函满足上述交换–相关穴函数的条件, 这是将由均匀电子气模型导出的 LDA 泛函用于电子分布远非均匀的原子、分子体系能够得到大致合理结果的原因之一.

坐标标度关系表明当空间均匀收缩或者扩张 λ 倍时物理量数值变化的规律. 定义电子密度的标度关系为

$$\rho_\lambda(\boldsymbol{r}) = \lambda^3\rho(\lambda\boldsymbol{r}) \tag{15.2.60}$$

显然, 对于任何大于零的 λ, 体系电子数保持不变. 根据物理量的量子力学期望值表达式可以推导出相关的标度关系[1,5]. 对于交换能可以推导出

$$E_{\mathrm{x}}[\rho_\lambda] = \lambda E_{\mathrm{x}}[\rho] \qquad \lambda > 0 \tag{15.2.61a}$$

对于相关能, 不能得到直接的标度关系, 但有人证明存在不等式

$$E_{\mathrm{c}}[\rho_\lambda] > \lambda E_{\mathrm{c}}[\rho] \qquad \lambda > 1 \tag{15.2.61b}$$

从而有

$$E_{\mathrm{xc}}[\rho_\lambda] > \lambda E_{\mathrm{xc}}[\rho] \qquad \lambda > 1 \tag{15.2.61c}$$

在高密度极限, λ 趋于无限时

$$\lim_{\lambda\to\infty} \frac{1}{\lambda}E_{\mathrm{xc}}[\rho_\lambda] = E_{\mathrm{x}}[\rho] \tag{15.2.62}$$

对于有限体系

$$\lim_{\lambda\to\infty} E_{\mathrm{c}}[\rho_\lambda] \to \text{负常数} \tag{15.2.63}$$

Lieb 和 Oxford[44] 证明精确交换相关能泛函满足条件

$$E_{\mathrm{x}}[\rho] \geqslant E_{\mathrm{xc}}[\rho] \geqslant 2.273 E_{\mathrm{x}}^{\mathrm{LDA}}[\rho] \tag{15.2.64}$$

当电子密度为常数时，近似密度泛函应趋于 LSDA 泛函，因为对于均匀电子气它是精确的. 不过对化学应用来说，这点不太重要，因为所研究的体系电子密度远不是均匀的.

交换–相关势的渐近行为对于描述分子间的弱相互作用或者电子与远距离体系的作用很重要. 在 Hartree-Fock 方法中，没有电子自作用，在 N 电子体系中，一个电子感受到的是体系中的核电荷和其余 $(N-1)$ 个电子的作用势. 当一个电子运动到无穷远处，它与其他 $(N-1)$ 个电子的波函数的重叠趋于零. 有人证明当 r 增大时交换势 $V_{\mathrm{x}}(r) = -\dfrac{1}{r} + \mathrm{O}\left(\dfrac{1}{r^2}\right)$，相关势正比于 $-\dfrac{1}{2}\alpha r^{-4}$，其中 α 是电子数为 $N-1$ 体系的极化度，即相关势衰减更快. 故交换–相关势的远程渐近行为由交换势确定，$V_{\mathrm{xc}}(r) = -\dfrac{1}{r} + \mathrm{O}\left(\dfrac{1}{r^2}\right)$. 因此对于中性体系，有效作用势 $V_{\mathrm{eff}}(r)$ 的远程渐近行为是

$$\lim_{r\to\infty} V_{\mathrm{eff}}(r) = \frac{-1}{r} \tag{15.2.65}$$

为了改善势能泛函的远距离渐近性质，提出过几种修正交换–相关势渐近行为的方案，其基本思路是将在体系内部比较正确的势能泛函与有正确或者比较好的渐近行为的势能泛函光滑地接合起来. 实际计算结果表明，这种办法构造的接合式泛函精度有所提高[45,46].

经典物理中假定电荷是无限可分的，但按照量子力学，电荷的最小单位是一个电子的电荷，一个电子不能与自身的电荷有相互作用. 在 Hartree-Fock 方法或者密度泛函理论的 Kohn-Sham 方法中计算库仑能时包含电子的自作用. 在 Hartree-Fock 方法中，这部分电子自作用能被交换能完全抵消，精确的交换–相关能泛函也应该能完全抵消库仑能中包含的这种电子自作用. 但现有的大部分近似交换–相关能泛函都不满足这一条件，存在自作用误差. 由于自作用不能完全消除，在 $r \to \infty$ 时自作用误差变大，势能减弱太快. 这导致密度泛函方法用于弱相互作用 (如 van der Waals 力) 占主要地位的体系计算结果很差；电子密度在远处过于弥散，空轨道及其相应的能量本征值计算结果不好，特别是与体系对外电磁场响应有关性质 (静态极化率等) 的计算结果不好. 不少人在构建新的近似密度泛函时力图校正这种自作用误差 (self-interaction correction, SIC)，有少数近似能量密度泛函消除了这种误差，但至今尚未得到实际可用的没有电子自作用的近似能量密度泛函.

在传统的量子力学处理方法中，电子数只能按整数变化，稳定体系的能级是量子化的，当体系电子数变化时能量不能连续变化. 这是符合客观实际的. 但在密度

泛函理论中假定电荷密度是可以连续变化的. 在密度泛函理论的 Kohn-Sham 方法中, 交换–相关势的定义是 $V_{\rm xc}=\dfrac{\delta E_{\rm xc}[\rho]}{\delta\rho}$, 前提就是电子数目可以连续变化. 当电子数目变化跨过某个整数时, 体系能量发生跳跃性变化, $\dfrac{\delta E}{\delta\rho}$ 即不存在 (左极限与右极限不相等), 相互作用势也将发生不连续的跳跃. 从势能表达式可以看出核吸引势和库仑势对电子数目的改变显然是连续的, 因此必然是交换–相关势发生跳跃性变化. Perdew 等证明[47], 当体系电子数从 $M\to M+1$ 时, 交换–相关势的跃度是

$$\{V_{\rm xc}|_{M+\delta}-V_{\rm xc}|_{M-\delta}\}_{\delta\to0}=\left\{\frac{\delta E_{\rm xc}}{\delta\rho}|_{M+\delta}-\frac{\delta E_{\rm xc}}{\delta\rho}|_{M-\delta}\right\}_{\delta\to0}=I-A \qquad (15.2.66)$$

定义整数电子数时的交换–相关势为

$$V_{\rm xc}\equiv V_{\rm xc}|_M=\frac{1}{2}\left\{\frac{\delta E_{\rm xc}}{\delta\rho}|_{M+\delta}+\frac{\delta E_{\rm xc}}{\delta\rho}|_{M-\delta}\right\}_{\delta\to0}=-\frac{1}{2}(I+A) \qquad (15.2.67)$$

在 Kohn-Sham 方法中, 电中性体系的核吸引势和库仑势之和在无穷远处等于 0, 故交换–相关势的正确渐近行为应是

$$\lim_{r\to\infty}V_{\rm xc}=-\frac{1}{r}+\frac{I-A}{2} \qquad (15.2.68)$$

在密度泛函理论的 Kohn-Sham 方法中, 对于最高占据轨道, 有

$$\frac{\partial E}{\partial n_i}=\varepsilon_{\rm HOMO}=\mu=-\frac{I+A}{2} \qquad (15.2.69)$$

故有

$$\lim_{r\to\infty}V_{\rm xc}=-\frac{1}{r}+\varepsilon_{\rm HOMO}+I \qquad (15.2.70)$$

取电离势的实验值, 结合解 Kohn-Sham 方程的结果, 可以检验 $V_{\rm xc}$ 的渐近行为是否正确.

对于一个电子的交换能 $\varepsilon_{\rm x}$, 已经证明其正确的渐近行为是

$$\lim_{r\to\infty}\varepsilon_{\rm x}(r)=-\frac{1}{r} \qquad (15.2.71)$$

此外, 还提出过不少其他正确能量密度泛函应满足的条件或者其量值允许变化的范围. 这些应满足的条件或者量值变化范围的约束条件既可以用来评价近似能量密度泛函的优劣, 对构造新的近似能量密度泛函也有指导作用.

15.2.7 近似能量密度泛函的质量评估

寻找高精度近似能量密度泛函是近几十年密度泛函理论研究的核心任务, 提出过很多近似能量密度泛函的表达式. 如何评价一个近似能量密度泛函的优劣? 目

前主要用以下两方面的标准衡量：① 考察该近似泛函是否满足精确密度泛函应该满足的条件，或者偏离应满足条件的程度；② 将该泛函用于实际体系的计算，根据计算结果的精度和计算效率评价其优劣. 从理论上说，前一种评价标准更科学，因为采用后一种评价方法，由于在为检验泛函质量而进行的实际计算中样品分子的数目只能是有限的，并且结果与作为样品的分子集合的组成和结构以及考察的性质有关，得到的结论只能在一定范围内有效. 但后一种评价方法更具有实用性. 目前已有近似能量密度泛函中，没有一种能够完全满足全部已知的精确能量密度泛函应满足的条件，大部分只能满足其中的部分条件，而且不同近似能量泛函满足的部分条件不一定相同，因此很难据以判断其质量的高低. 实际上，很多不满足条件的近似泛函表达式用于实际计算得到的结果还相当好. 有人将由近似密度泛函计算得到的交换–相关穴与用标准量子力学从头计算方法得到的精确交换–相关穴比较，两者的差别一般都相当大，但用近似能量密度泛函计算得到的可观测物理量与实验结果符合还相当好. 出现这样的情况至少有两个原因：① 在 Kohn-Sham 方法中，体系总能量是变分优化的，交换–相关能是一个小的量，只占总能量的 $\sim 10\%$，因此总能量对交换–相关能泛函的形式不太敏感；② 因为可观测物理量均为两个量值 (特别是总能量值) 之差，由交换–相关能量泛函不精确产生的系统偏差可能大部分相互抵消了. 因此，现在人们主要通过实际计算对近似能量泛函进行数值检验，弄清楚哪种近似密度泛函用于哪种类型的计算结果比较可靠，并且在实际应用中据以作出选择.

对近似能量密度泛函进行数值检验的研究论文很多. 选作样品的体系主要是只含轻元素的分子，因为有实验数据或者精确的从头计算结果可以作为参照标准. 检验的分子性质 (可观测物理量) 则是各种各样的，如分子几何构型 (键长、键角等)、能量 (电离势、电子亲合势、质子亲合势、分子原子化能或键断裂能等)、谱学特征 (光学跃迁能量、振动基频、振子强度、NMR 化学位移等) 和热化学量 (零点能、生成焓等) 或者反应动力学量 (反应势垒、反应自由能等) 以及弱相互作用体系 (氢键化合物、弱给予–接受络合物、范德华分子等) 的结构与稳定性等. 由于所检验的分子集合不同，特别是检验的性质不同，用不同泛函计算的结果与实验 (或者从头计算精确值) 符合的情况不同. 特别是包含可调整参数的泛函，对于组成、结构与性质和优化参数使用的分子集合与分子性质接近的那些体系，结果一般相当好，但对于其他类型体系或者性质则结果可能比较差，所以很难对现有近似能量密度泛函给出统一的普遍认可的评价.

作为例子，表 15.2.1 列出用不同能量泛函对 22 个只含轻元素分子进行计算的结果[48]. 计算中相关能泛函采用 PW86，表中列出的泛函指采用的交换能泛函. VSX 是以 Hartree-Fock 交换能为标准优化参数的 VSXC 泛函；B00 泛函的经验参数 $a_t = 0.135$；CPX 是将满足均匀电子气极限条件但在原子边界上没有正确的渐近行为的 VSXC 泛函与在原子边界上有正确的渐近行为但不满足均匀电子气极限条件的 BR89 泛函接合起来的泛函: 在原子或分子的内区, 取 VSX 交换势 $V_{\mathrm{X}\sigma}^{\mathrm{S}}$; 在边界区, 取 BR89 交换势 $V_{\mathrm{X}\sigma}^{\mathrm{BR}}$; 两者之间的过渡区, 交换势泛函 $V_{\mathrm{X}\sigma}^{\mathrm{CPX}}$ 为

$$V_{\mathrm{X}\sigma}^{\mathrm{CPX}}(\boldsymbol{r})=\frac{1}{2}\left[(1+\eta_\sigma)V_{\mathrm{X}\sigma}^{\mathrm{S}}(\boldsymbol{r})+(1-\eta_\sigma)V_{\mathrm{X}\sigma}^{\mathrm{BR}}(\boldsymbol{r})\right] \tag{15.2.72}$$

$$\eta_\sigma=\frac{\mathrm{e}^{\kappa\Delta V_{\mathrm{X}\sigma}}-\mathrm{e}^{-\kappa\Delta V_{\mathrm{X}\sigma}}}{\mathrm{e}^{\kappa\Delta V_{\mathrm{X}\sigma}}+\mathrm{e}^{-\kappa\Delta V_{\mathrm{X}\sigma}}} \tag{15.2.72a}$$

$\Delta V_{\mathrm{X}\sigma}=V_{\mathrm{X}\sigma}^{\mathrm{BR}}(\boldsymbol{r})-V_{\mathrm{X}\sigma}^{\mathrm{S}}(\boldsymbol{r}),\kappa$ 是参数, 调节 κ 的大小可以控制过渡区的范围和两种交换势泛函的混合比例.

表 15.2.1　只含轻元素分子的原子化能(kJ/mol)[1)]

分　子	LDA	B88	BR89	B00	VSX	CPX	BLYP[2)]	HF	MP2	QCISD[2)]	Expt.
LiH	230.5	209.6	231.4	229.7	239.7	231.0	229.7	127.2	166.5	184.5	241.4
HF	643.9	586.6	621.3	631.8	592.0	610.0	520.5	343.5	494.5	477.0	588.7
HCl	464.0	418.0	437.6	448.5	438.1	436.4	—	—	—	—	444.3
LiF	618.4	577.8	634.3	630.9	582.0	610.4	567.4	356.5	541.8	516.7	580.7
F_2	307.9	254.0	272.0	296.2	290.4	280.7	228.0	−143.5	154.0	116.7	161.1
N_2	1101.6	979.9	956.5	932.2	1066.9	966.1	967.8	439.7	887.4	804.6	956.0
O_2	721.3	634.3	639.3	652.7	631.4	632.6	572.4	120.9	492.0	414.2	503.8
Cl_2	318.4	263.6	275.7	293.7	266.5	275.7	—	—	—	—	242.3
CO	1233.4	1137.6	1167.8	1176.1	1142.7	1148.5	1077.0	704.2	1064.0	993.3	1084.5
NO	820.1	710.4	691.2	676.1	728.4	695.0	681.2	194.1	564.0	522.2	639.7
SO	563.6	472.4	464.8	454.4	461.9	457.3	—	—	—	—	523.4
SC	795.0	715.0	727.2	735.1	736.8	720.1	—	—	—	—	716.3
H_2O	1069.0	958.1	993.7	996.6	988.3	986.2	867.3	551.0	789.9	768.6	971.1
CO_2	1965.6	1766.5	1814.2	1825.1	1709.2	1770.7	1643.9	982.0	1594.1	1455.2	1627.2
SO_2	1351.0	1164.8	1187.4	1190.8	1143.1	1156.0	—	—	—	—	1081.6
CH_3	1364.4	1247.7	1293.7	1302.1	1345.2	1307.5	1202.1	934.3	1085.3	1085.3	1282.0
NH_3	1344.3	1187.0	1207.5	1194.5	1302.1	1124.7	1130.1	712.1	972.4	965.2	1243.9
BF_3	2232.2	2025.9	2153.5	2182.0	2087.4	2087.8	—	—	—	—	1839.3
BCl_3	1561.1	1387.8	1451.0	1492.0	1446.0	1429.3	—	—	—	—	1368.2
C_2H_2	1872.8	1686.2	1746.8	1749.7	1806.2	1731.8	1604.1	1137.6	1529.7	1469.4	1695.8
CH_4	1874.0	1701.2	1759.4	1764.0	1846.4	1768.6	1631.3	1256.9	1482.0	1480.7	1753.5
C_2H_4	2584.5	2331.7	2406.6	2413.3	2492.0	2410.8	2209.6	1649.3	2047.6	2015.4	2353.1
D%	17.74	4.35	7.96	9.29	8.87	7.32	3.67	−51.17	−8.59	−13.8	0.00
AbsD%	18.15	8.25	9.76	11.51	10.14	9.16	6.73	51.17	8.59	13.8	0.00

1) 表 15.2.1 取自文献 [48], BLYP 与从头计算结果和实验值取自其他文献. D%是偏离精确值的相对误差的平均值, AbsD%是偏离精确值相对误差绝对值的平均值.

2) BLYP 指计算中采用交换能泛函 B88 和相关能泛函 LYP. QCISD 是包括部分由双激发组态乘积产生的四激发组态的 CISD 计算.

从表 15.2.1 可见, 对于只含轻元素的简单分子, 密度泛函计算结果均优于 Hartree-Fock 结果. 用 LDA 泛函计算的结果误差比较大, 但还是显著优于 Hartree-Fock 方法的结果. 用 BLYP 泛函得到的结果最好, 用 B88 泛函计算的结果也比较好, 都略优于 MP2 方法的计算结果. 用 B88 泛函计算的分子原子化能对实验值的偏差平均值为 20.6 kJ/mol. 用 VSX、BR89 和 CPX 泛函的计算结果接近, CPX 泛函的结果略好, 计算得到的分子原子化能对实验值的偏差平均值为 47.2 kJ/mol; 三者的计算误差虽略大于 MP2 方法的, 但均比 QCISD 方法的误差明显小一些. CPX 泛函的计算结果略优于 VSX 和 BR89 泛函的结果.

对一些分子的第一电离势的计算结果列于表 15.2.2. 可以看出第一电离势的计算结果普遍比较好, 只有用 VSX 泛函计算的结果稍差一些. 用最简单的 LDA 泛函计算效果最好. 这可能是因为对于表 15.2.2 中列出的体系, 中性分子与其一价离子的电荷分布在边界处差别比较小, 大部分误差彼此抵消. 这表明取不同分子性质作为比较标准, 各种近似泛函的精度排序可能差别很大.

表 15.2.2 第一电离势计算结果(eV)*

分子	LDA	BP86	BR89	B2000	VSX	CPX	Expt.
CO	14.21	14.10	14.35	14.23	14.00	14.15	14.01
N_2	15.62	15.51	15.90	15.82	15.01	15.60	15.59
NO	10.01	9.92	10.11	9.93	9.46	9.90	9.23
HCl	12.86	12.81	13.16	13.23	12.47	13.01	12.76
Cl_2	11.34	11.30	11.62	11.66	11.14	11.45	11.49
AgF	10.97	10.64	10.95	10.60	10.01	10.62	11.0
AgCl	10.23	10.08	10.44	10.31	9.74	10.20	$\leqslant$ 10.08
H_2O	13.10	12.80	13.11	12.83	11.99	12.73	12.69
$AsCl_3$	10.58	10.48	10.77	10.71	10.29	10.57	10.55
AsF_3	12.59	12.38	12.73	12.54	12.05	12.41	12.84
BCl_3	10.98	10.90	11.25	11.27	10.74	11.05	11.60
BBr_3	10.01	9.92	10.18	10.16	9.70	10.01	10.51
BF_3	14.82	14.60	15.13	15.04	14.16	14.76	15.7
CH_4	14.24	14.34	14.78	14.82	14.13	14.57	12.80
SiH_4	12.51	12.65	13.01	13.09	12.63	12.84	11.08
D%	1.39	0.48	3.27	2.55	-2.25	1.27	0.00
AbsD%	3.95	4.26	4.75	4.73	5.83	4.29	0.00

* 参看表 15.2.1 的注释.

迄今为止, 近似能量密度泛函的参数优化和精度检验计算在绝大多数情况下都是对只含轻元素的小分子进行的, 不包括含重元素分子. 表 15.2.3 列出对 23 个含重元素分子 (Ag、Au、Tl、Pb、Bi、I 与 H、F、Cl、Br、I、O、S、Se、Te 的化合物) 键长、振动频率和原子化能计算结果的误差统计. 计算采用相对论密度泛函方法, 考虑了相对论效应. 由表 15.2.3 的结果可见:

(1) 对于价层只含 s、p 轨道重原子的化合物, 各种近似泛函计算结果的精度 (除键长外) 与只含轻原子分子的情况差别不大.

(2) 对于不同分子性质, 各泛函的相对精度不同. LDA 显著过高估计键能, 其余泛函计算键能的精度差别不大; 但用 LDA 与 OP86 计算的键长、频率与实验符合好, 用其余泛函计算的键长均过长, 频率太低.

(3) 不含实验拟合参数的 B88P86 和 GP86 泛函在所有情况下精度差别不大; 含大量参数的泛函与 meta-GGA 泛函不一定比其他 GGA 泛函显著好. LYP 相关能泛函也不像在只含轻元素分子的情况那样总表现出优良性能.

表 15.2.3 一些含重元素分子的密度泛函计算结果 *

密度泛函	键长 r(Å)				振动频率 $\omega(\mathrm{cm}^{-1})$				原子化能 D_0(eV)			
	δr_{abs}	σr	$+\delta r_{\max}$	$-\delta r_{\max}$	$\delta\omega_{\mathrm{abs}}$	$\sigma\omega$	$+\delta\omega_{\max}$	$-\delta\omega_{\max}$	$\delta D_{0\mathrm{abs}}$	σD_0	$+\delta D_{0\max}$	$-\delta D_{0\max}$
LDA	0.018	0.023	0.021	−0.047	14.9	28.1	107.5	−67.5	0.625	0.666	0.999	−0.000
B97^{GGA}-1	0.022	0.026	0.051	−0.002	22.8	27.3	0.0	−70.0	0.118	0.149	0.316	−0.216
HCTH/407	0.037	0.043	0.093	−0.000	34.3	40.6	0.0	−100.8	0.135	0.172	0.285	−0.394
t-HCTH	0.023	0.026	0.042	−0.000	23.8	27.8	0.0	−69.3	0.126	0.165	0.393	−0.104
B88P86	0.034	0.037	0.060	−0.003	24.3	31.1	20.9	−85.9	0.137	0.176	0.409	−0.313
BLYP	0.063	0.067	0.105	−0.000	40.0	49.2	0.0	−120.3	0.153	0.202	0.161	−0.504
PBE	0.033	0.035	0.051	−0.000	23.2	30.1	9.2	−78.1	0.171	0.218	0.507	−0.235
revPBE	0.047	0.049	0.074	−0.000	31.5	38.9	0.8	−89.9	0.143	0.184	0.306	−0.414
P86P86	0.057	0.061	0.097	−0.000	36.0	46.2	1.0	−115.9	0.127	0.167	0.377	−0.364
RPBE	0.051	0.054	0.085	−0.000	34.5	42.1	0.0	−97.3	0.154	0.193	0.274	−0.431
GP86	0.026	0.028	0.047	−0.008	20.2	26.4	37.3	−74.1	0.144	0.186	0.389	−0.361
GLYP	0.053	0.057	0.092	−0.000	34.4	42.9	0.0	−108.2	0.172	0.227	0.115	−0.550
FT97	0.055	0.060	0.113	−0.000	33.6	44.0	37.1	−122.8	0.198	0.269	0.723	−0.407
PKZB	0.034	0.036	0.055	−0.000	26.2	34.4	1.6	−95.7	0.158	0.207	0.381	−0.368
VS98	0.047	0.051	0.091	−0.000	27.8	32.7	0.0	−90.2	0.148	0.185	0.409	−0.185
OP86	0.013	0.018	0.052	−0.011	15.4	21.5	6.1	−59.3	0.184	0.220	0.407	−0.341
OLYP	0.041	0.045	0.094	−0.000	33.0	39.6	0.0	−99.2	0.179	0.230	0.147	−0.537

* 表 15.2.3 取自文献 [49], 有关泛函缩写符号的说明详见该文献. δq_{abs} 指绝对偏差, σq 指标准偏差, $+\delta q_{\max}$ 指最大正偏差, $-\delta q_{\max}$ 指最大负偏差. q 可以是键长 (r)、振动频率 (ω) 或者原子化能 (D_0).

Perdew 将提高近似能量密度泛函精度的努力比喻成一个爬 Jacob 天梯的过程, 从地面 (Hartree-Fock 水平) 出发达到天堂 (化学精度), 中间分为五个阶梯: ① LDA, 泛函只与电子密度的局域值有关, 如 LDA、LSDA、$X\alpha$ 等; ② GGA, 泛函的变量中包括电子密度及其密度梯度的局域值, 如 B88、LYP、PW86、PW91、PBE 等; ③ meta-GGA, 泛函变量中包括电子的密度、密度梯度和动能密度的局域值, 如 BR、B95、TPSS、VSXC 等; ④ hybrid GGA 和 hybrid meta-GGA, 在 GGA 或者 meta-GGA 泛函的交换能中添加部分 "精确的"Hartree-Fock 交换能, 原则上涉及占据轨道整体, 如 B3LYP、B3P86、B3PW91、TPSSh、X3LYP 等; ⑤ 完全非定域泛函, 涉及全部占据轨道和部分或全部非占据轨道, 如 OEP2(ADFT) 等. 显然梯级越高, 泛函越复杂, 一般说来泛函的精度 (在统计平均的意义上) 也提高了, 但从表

15.2.1～ 表 15.2.3 的结果可以看出, 情况并不总是如此.

15.2.8　目前存在的主要问题和前景展望

目前近似密度泛函理论在应用中遇到的突出问题如下:

(1) 计算结果的精度有不确定性, 只具有统计平均的意义. 表 15.2.1～ 表 15.2.3 的数据清楚显示这一点. 例如, 即使用某种近似能量密度泛函计算的原子化能与精确值的标准偏差只有 10 kJ/mol, 对某些分子计算结果的偏差有可能达到几十甚至上百千焦每摩. 这使得密度泛函理论的预测能力大打折扣. 更严重的是迄今还没有找到一种实际能用的系统提高密度泛函精度而使计算结果的不确定性稳定地降低的方法.

(2) 现有近似能量密度泛函不能处理惰性气体原子之间的相互作用. 惰性气体原子之间由弥散力产生微弱的吸引作用起源于电子相关, 但大部分现有近似密度泛函方法算出的是排斥作用. 少数能得出这一结果的泛函也低估这种吸引作用. LSDA 可以算出惰性原子间的吸引作用是因为它过高估计原子间的键合能, 不是有正确理论基础的结果. 绝大部分近似密度泛函不能得出闭壳层分子间远程作用势按 R^{-6}(R 是分子间距离) 变化的特征.

(3) 对非典型化学键化合物的计算结果, 即使在统计平均的意义上误差也很大. 例如, 对带电荷的含奇数电子体系的解离过程的描述不正确或者误差很大. 由于现有近似能量密度泛函本质上是局域的, 所以不能恰当地描述电荷迁移体系.

(4) 不作自作用校正或者不作势函数远程渐近行为修正的泛函不能正确处理弱束缚电子, 如弱电负性元素阴离子. 用含弥散函数的基组得不到电子束缚态, 因为弱束缚电子在远距离处运动, 自作用误差大于键合能, 倾向于远离体系的其他部分. 用中等基组计算可以得到看似合理的结果, 但那是人为限制了泛函空间, 不是由于能量密度泛函精确的结果. 对于电子自作用校正或者势函数远程渐近行为的修正迄今没有理论上严格的办法.

(5) 低激发态虽然可以用含时密度泛函方法处理, 但处理一般激发态还存在不少困难. 泛函的渐近行为对体系的响应性质影响很大, 含时密度泛函方法处理高激发态误差较大.

(6) 对不同自旋多重态的相对能量的计算结果通常不好. 自旋多重态的各个空间成分在没有磁场时也不等价. 例如, B 原子的电子组态为 $1s^22s^22p^1$, 在没有外磁场存在时, $^2P_0$ 和 $^2P_{\pm1}$ 态的能量是简并的, 但用近似密度泛函计算的能量不同. 这导致在一些情况下无法确定原子基态能量, 因而无法严格计算分子的原子化能. 按单电子近似, 将电子置于 p_x、p_y 或者 p_z 轨道上结果应该一样, 但近似密度泛函计算结果有差异. 在密度泛函中加入流密度变量也许能改变情况, 但要用到复数轨道.

出现以上问题的原因当然是交换–相关能泛函不够精确. 电子的自作用没有完

全消除, 直接导致 Kohn-Sham 方程的本征值不具有单电子能量的意义, 势函数的远程渐近行为不正确等问题. 这又涉及 Kohn-Sham 方法对交换–相关能泛函的定义是否有明确物理意义的问题, 因为包含电子自作用显然不是真实存在的物理量.

电子运动服从 Schrödinger 方程或者 Dirac 方程, 这也是密度泛函理论的基础, 从 Hohenberg-Kohn 定理或者相应相对论性定理的证明看是显然的. 采用传统的量子力学方法描述体系的电子结构, 能量及其他可观测量作为波函数的泛函的显表达式都是知道的, 用于研究与原子、分子或者固体的由电子结构决定的性质没有原则上的困难, 只是计算量太大, 并且多电子波函数太复杂, 难于将计算结果转化为形象以加深对所研究问题的理解. 为了解决上述问题, 人们力图另辟蹊径, 发展避免使用波函数的研究物质电子结构的方法, 包括二阶约化密度矩阵理论、一阶约化密度矩阵理论、密度泛函理论方法等. 但在避开一种困难的同时又产生新的困难. 二阶约化密度矩阵理论将描述体系电子状态的函数包含的坐标变量从 $3N$ 个 (N 是电子数目, 不考虑电子自旋坐标) 减少为 6 个, 能量以及其他可观测量作为二阶约化密度矩阵的泛函的显表示式也是知道的, 却遇到 N 可表示性问题的困扰, 至今还没有找到有实用价值的解决方法. 一阶约化密度矩阵方法没有遇到 N 可表示性的难题, 但电子相关能泛函的显表示式是未知的. 密度泛函理论更将描述体系电子状态的函数包含的坐标变量减至 3 个, 便于直观想像, 有助于形象化思维, 也没有 N 可表示性的难题, 但电子的动能、电子间的交换能、相关能以及其他一些可观测量作为密度的泛函的显表达式都不知道, 因而只好采取近似处理的方法, 而这又导致上面提到的困难. 至今为止, 人们要想得到精确的计算结果还只能依靠采用波函数的量子力学方法.

面对目前的情况, 人们有两种看法, 采取两种不同的策略试图解决存在的问题. 一是认为找到精确的能量密度泛函显表达式太困难甚至是不可能的, 从实用的角度考虑, 现有近似密度泛函至少在很多应用中已经可以取得基本满意的结果, 只要在能量密度泛函中包含更多参数并且在更大范围内利用实验或者量子力学精确计算结果优化参数, 得到的泛函就可以基本满足化学应用的要求. VSXC 是这类泛函的典型代表, 它包含 21 个拟合参数. 另一种观点是: 经过不断努力 (一级级地爬梯), 还是可以上到天堂的, 可以找到达到化学精度要求的近似能量密度泛函, 办法是找寻更多的精确能量密度泛函应该满足的条件, 根据这些条件选择合适的泛函形式, 并按这些条件的要求而不是依赖拟合实验或者精确计算结果来确定泛函中的参数, 构造尽可能满足这些条件的近似泛函. TPSS 是这类泛函的典型代表, 它不含可调参数. 从发展密度泛函理论的角度考虑, 后一种策略看来更合理. 实际应用结果表明, 这类泛函的适应性比较强, 可应用于不同类型的体系或者研究不同的问题, 能得到精度比较一致的结果, 但一般说来精度可能不是最高. 前一种策略不能将密度泛函理论向纵深发展推进, 并且带有一些半经验性质. 由于取作优化标准的数据 (分子类型与分子性质) 有限, 得到的近似密度泛函在用于一定范围以内的某些体系或者问题的研究时结果虽然比根据后一种策略发展的泛函还要好, 但用于另外一些体系和问题的研究则误差较大, 结果的不确定性较大. 不过, 人们通常研究的是特定问题, 用后一种泛函能给出精度更高的结果, 有实际价值. 两种研究路线各有长短, 看来将在相当长一段时间内并存.

在寻找精确能量密度泛函的途径方面也存在不同的选择. 一部分人认为只用电子密度 (及其梯度) 分布作为泛函的变量不能构造出精确的能量密度泛函, "轨道" 还是不能抛弃. 将轨道 (或者一阶密度矩阵) 作为变量纳入能量泛函中, 至少可以写出动能和交换能主要部分的显表示式, 实际上 Kohn-Sham 方法就是这样做的. 杂化的密度泛函向这个方向又迈了一步, 优化势方法再迈一步, 到从头算密度泛函方法更是向这一方向前进了. 选择这条途径实际上是在向传统的波函数量子力学方法靠拢, 在提高近似密度泛函精度方面是卓有成效的, 从头算密度泛函方法看来为系统地提高能量泛函的精度开辟了道路. 不过, 计算过程也越来越复杂了, 从头算密度泛函方法要做 MP2 计算, 计算量几乎和 CCSD 方法一样, 精度还赶不上 CCSD, 那么密度泛函方法计算量小的优点就完全没有了, 偏离了起初发展密度泛函理论的宗旨. 另一部分人则坚持只用电子密度 (及其梯度) 作为能量密度泛函的变量, 完全不借助 "轨道" 的概念, 发展 "无轨道密度泛函理论". 这方面的努力实际上已经持续了 70 多年. 近些年虽有一定进展, 但计算复杂的程度超过 GGA 甚至 meta-GGA 方法, 离可用于实际体系计算还相当遥远, 前景如何还有待将来的实践做结论. 除了上面说的两种选择以外, 还有人提出过其他方法, 如局域标度变换 (local-scaling transformation) 方法[50] 等. 但沿这一途径努力困难也很多, 近年来的进展比较缓慢. 密度泛函理论要取得进一步的突破性进展, 面临的困难不少, 当然不是没有指望. 用 "山穷水尽疑无路, 柳暗花明又一村" 比喻密度泛函理论的现状和发展前景也许是贴切的.

15.3　密度泛函计算方法

15.3.1　求解 Kohn-Sham(K-S)方程的计算过程

Kohn-Sham 方程的一般形式为 (以闭壳层体系为例)

$$\hat{\boldsymbol{H}}_{\mathrm{KS}}\phi_i(\boldsymbol{r}) = \varepsilon_i\phi_i(\boldsymbol{r}) \tag{15.3.1}$$

$$\hat{\boldsymbol{H}}_{\mathrm{KS}}(\boldsymbol{r}) = -\frac{1}{2}\nabla^2 + V_{\mathrm{eff}}(\boldsymbol{r}) \tag{15.3.1a}$$

$$V_{\mathrm{eff}}(\boldsymbol{r}) = V(\boldsymbol{r}) + V_{\mathrm{Coul}}(\boldsymbol{r}) + V_{\mathrm{xc}}(\boldsymbol{r}) \tag{15.3.1b}$$

$$V_{\mathrm{Coul}}(\boldsymbol{r}) = \int \frac{\rho(\boldsymbol{r})}{|\boldsymbol{r}-\boldsymbol{r}'|}\mathrm{d}\boldsymbol{r}' \tag{15.3.1c}$$

Kohn-Sham 方程和 Hartree-Fock 方程的形式很类似, 求解过程也大体一样, 即用基组展开方法. 设

$$\phi_i(\boldsymbol{r}) = \sum_{k=1}^{m} C_{ki}\chi_k(\boldsymbol{r}) \tag{15.3.2}$$

$\{\chi_k\}$ 通常取为 STO 基组或数值基组, 也有用 GTO 基组的. 数值基组通常是用数值方法解有关原子(或离子)Kohn-Sham 方程得到的原子轨道, 可以通过样条函数插值方法转换为精确度足够高的解析表达式以便计算空间任意点的基函数值. 有针对密度泛函计算特点优化的 GTO 基组 (参见 13.3.3 节). 将式 (15.3.2) 代入 K-S 方程, 再用 χ_l 左乘之并积分, 得

$$\sum_{k=1}^{m} \langle\chi_l|\,\hat{\boldsymbol{H}}_{\mathrm{KS}}\,|\chi_k\rangle\, C_{ki} = \sum_{k=1}^{m} \langle\chi_l|\,\chi_k\rangle\, C_{ki}\varepsilon_i \tag{15.3.3}$$

$$l = 1,\ \cdots,\ m \qquad i = 1,\ \cdots,\ n \qquad m \geqslant n$$

写成矩阵形式

$$\boldsymbol{HC} = \boldsymbol{SC\varepsilon} \tag{15.3.4}$$

式中

$$H_{lk} = \langle\chi_l|\,\hat{\boldsymbol{H}}_{\mathrm{KS}}\,|\chi_k\rangle \qquad S_{lk} = \langle\chi_l|\,\chi_k\rangle \tag{15.3.4a}$$

$\boldsymbol{\varepsilon}$ 是本征值矩阵. 式 (15.3.4) 和 Hartree-Fock-Roothaan 方程很类似, $\boldsymbol{H}$ 与 $\{C_{ki}\}$ 有关, 要用迭代方法求解. 但有两点不同, 一是可以设法减少计算量. 由于交换–相关势 V_{xc} 局域化了, 库仑势可以分解为各原子核上的函数的线性组合, 最多只涉及三中心积分, 没有四中心积分出现, 因而计算量只与基组大小三次方成比例. 对于大体系, 这可以大幅度减少计算量. 另一是由于 V_{xc} 中有 $\rho^{\frac{1}{3}}$ 出现, $\boldsymbol{H}$ 矩阵元无法表示为分子积分的线性组合, 要用数值积分方法计算, 或者首先将 $\rho^{\frac{1}{3}}$ 拟合为某种函数的线性组合.

求解 Kohn-Sham 方程的计算过程可用图 15.3.1 表示.

对于自旋密度不为零的开壳层体系要用自旋密度泛函理论处理, 求解 K-S 方程的计算过程类似 (参看 15.1.7 节).

15.3.2 库仑势的计算

目前在求解 Kohn-Sham 方程的程序中, 矩阵元的计算占去很大一部分工作量, 特别是库仑势和交换–相关势矩阵元. 密度泛函理论的 Kohn-Sham 方法比 Hartree-Fock 方法计算量小, 关键在于简化了库仑势和交换势的计算方法. 库仑势矩阵元是六维积分, 被积函数中的电荷分布是多中心的, 直接计算很费机时. 为提高计算库

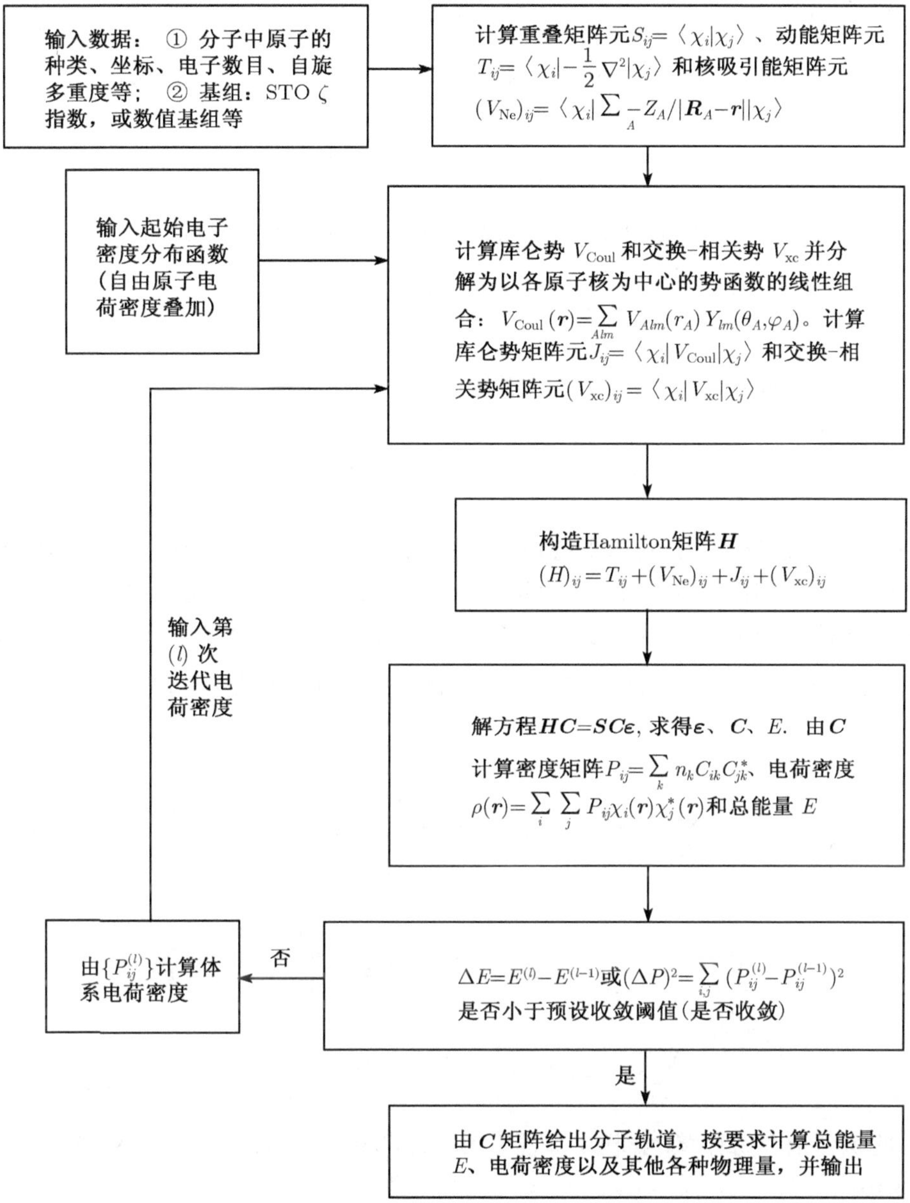

图 15.3.1　求解 K-S 方程的计算程序框图

仑矩阵元的效率, 需要将库仑势先计算出来. 目前计算库仑势主要有两种方法: 电荷密度拟合方法和电荷密度多极展开方法.

1. 电荷密度拟合方法[51]

在 Kohn-Sham 方法中体系的电荷密度 $\rho(\boldsymbol{r})$ 用 Kohn-Sham 轨道 $\{\phi_i(\boldsymbol{r})\}$ 表示为

$$\rho(\boldsymbol{r})=\sum_{i}^{\text{occ}} n_i\phi_i^*(\boldsymbol{r})\phi_i(\boldsymbol{r}) \tag{15.3.5}$$

式中, $\{n_i\}$ 是电子占据数. 用一组函数的线性组合拟合电荷密度, 即令

$$\rho(\boldsymbol{r})\approx\tilde{\rho}(\boldsymbol{r})=\sum_{i=1}^{n} a_i f_i(\boldsymbol{r}) \tag{15.3.6}$$

式中, $\{f_i(\boldsymbol{r})\}$ 和 $\{a_i\}$ 分别是中心在各原子核上的拟合函数和系数. $\rho(\boldsymbol{r})$ 可以分解为两部分, 即

$$\rho(\boldsymbol{r})=\sum_{A}\rho_A(\boldsymbol{r})+\sum_{A\neq B}\sum_{B}\rho_{AB}(\boldsymbol{r}) \tag{15.3.7}$$

式中, $\rho_A(r)$ 是核 A 上的单中心电荷密度, $\rho_{AB}(r)$ 是核 A 和核 B 间的电荷密度. 对 $\rho_A(r)$ 只用中心在核 A 上的拟合函数展开, 对双中心电荷密度 $\rho_{AB}(r)$ 只用中心在核 A 和核 B 上的拟合函数展开, 这样可以避免出现三中心重叠积分. 在 $\sum_{i=1}^{n}a_i\int f_i(\boldsymbol{r})\mathrm{d}\boldsymbol{r}=N$(体系电子数目) 的约束条件下用最小二乘法确定拟合系数 $\{a_i\}$. 令

$$\frac{\partial}{\partial a_i}\left\{\int\left[\rho(\boldsymbol{r})-\sum_{i=1}^{n}a_i f_i(\boldsymbol{r})\right]^2\mathrm{d}\boldsymbol{r}+2\lambda\left[\sum_{i=1}^{n}\int a_i f_i(\boldsymbol{r})\mathrm{d}\boldsymbol{r}-N\right]\right\}=0 \tag{15.3.8}$$

得

$$\begin{aligned}\sum_{j}^{n}a_j\int f_j(\boldsymbol{r})f_i(\boldsymbol{r})\mathrm{d}\boldsymbol{r}-\lambda\int f_i(\boldsymbol{r})\mathrm{d}\boldsymbol{r}&=\int\rho(\boldsymbol{r})f_i(\boldsymbol{r})\mathrm{d}\boldsymbol{r}\\ \sum_{j=1}^{n}a_j\int f_j(\boldsymbol{r})\mathrm{d}\boldsymbol{r}=N\qquad i&=1,2,\cdots,n\end{aligned} \tag{15.3.9}$$

式中的积分很容易计算. 解联立方程组 [式 (15.3.9)], 可求得 $\{a_i\}$. 库仑势即可按式 (15.3.10) 计算

$$V_{\text{Coul}}[\rho(\boldsymbol{r})]\approx\sum_{i}a_i V_{\text{Coul}}^i(\boldsymbol{r}) \tag{15.3.10}$$

$$V_{\text{Coul}}^i(\boldsymbol{r})=\int\frac{f_i(\boldsymbol{r}')}{|\boldsymbol{r}-\boldsymbol{r}'|}\mathrm{d}\boldsymbol{r}' \tag{15.3.10a}$$

如果计算采用 GTO 基组, 则 $\{f_i(\boldsymbol{r})\}$ 取为 Gauss 函数的线性组合 (自由原子或者离子的轨道函数). 交换–相关势也可以用一组 Gauss 函数的线性组合来拟合,

令

$$V_{\text{xc}}[\rho(\boldsymbol{r})] \approx \tilde{V}_{\text{xc}}[\rho(\boldsymbol{r})] = \sum_{i=1}^{m} b_i g_i(\boldsymbol{r}) \tag{15.3.11}$$

式中, $\{g_i(\boldsymbol{r})\}$ 和 $\{b_i\}$ 分别是拟合函数和拟合系数, 用最小二乘法确定 $\{b_i\}$. 由

$$\frac{\partial}{\partial b_i}\int [V_{\text{xc}}(\boldsymbol{r}) - \sum_{i=1}^{m} b_i g_i(\boldsymbol{r})]^2 \text{d}\boldsymbol{r} = 0 \tag{15.3.12}$$

可得

$$\sum_j b_j \int g_j(\boldsymbol{r}) g_i(\boldsymbol{r}) \text{d}\boldsymbol{r} = \int V_{\text{xc}}(\boldsymbol{r}) g_i(\boldsymbol{r}) \text{d}\boldsymbol{r} \qquad i = 1, 2, \cdots, m \tag{15.3.13}$$

式中, 积分 $\int V_{\text{xc}}(\boldsymbol{r}) g_i(\boldsymbol{r}) \text{d}\boldsymbol{r}$ 难于用解析方法计算, 一般采用数值积分方法. 求解方程组得到拟合系数 $\{b_i\}$, 即得到 $\tilde{V}_{\text{xc}}[\rho(\boldsymbol{r})]$ 的解析表达式. 因为拟合函数 $\{f_i(\boldsymbol{r})\}$ 和 $\{g_i(\boldsymbol{r})\}$ 都是 Gauss 函数, 可以用从头计算法中计算 Fock 矩阵元的方法计算 K-S 方程中涉及的矩阵元. 例如, DeMon 程序采用 GTO 基组; Gaussian 序列程序是采用 GTO 基组的, 其中的密度泛函计算部分矩阵元主要采用解析方法计算.

如果计算采用 STO 基组, 拟合函数 $\{f_i(\boldsymbol{r})\}$ 也采用 Slater 函数, 则由于势能矩阵元中包含有三中心积分, 需要用数值积分方法计算, 这时交换–相关势就不必拟合为解析式了.

2. 电荷密度多极展开方法[52]

首先将体系的电荷分割为单中心电荷的叠加, 令

$$\rho(\boldsymbol{r}) = \sum_A \rho_A(\boldsymbol{r}_A) \tag{15.3.14}$$

$$\rho_A(\boldsymbol{r}_A) = P_A(\boldsymbol{r})\rho(\boldsymbol{r}) \tag{15.3.15}$$

式中, $\boldsymbol{r}_A \equiv (r_A, \theta_A, \varphi_A)$ 是以原子核 A 为原点的球坐标, $P_A(\boldsymbol{r})$ 是分割函数, 满足条件

$$P_A(\boldsymbol{r}) \geqslant 0 \qquad \sum_A P_A(\boldsymbol{r}) = 1 \tag{15.3.16}$$

将单中心电荷作多极展开

$$\rho_A(\boldsymbol{r}_A) = \rho_A(\boldsymbol{r} - \boldsymbol{R}_A) = \sum_{l=0}^{\infty}\sum_{m=-l}^{l} Y_{lm}(\theta_A, \varphi_A)\rho_{Alm}(r_A) \tag{15.3.17}$$

用 $Y_{lm}^*(\theta_A,\ \varphi_A)$ 乘式 (15.3.17) 两边, 利用球函数的正交归一性, 可得

$$\rho_{Alm}(r_A) = \int_{r_A = |\boldsymbol{r} - \boldsymbol{R}_A|} Y_{lm}^*(\theta_A,\ \varphi_A) P_A(\boldsymbol{r})\rho(\boldsymbol{r}) \sin\theta_A \text{d}\theta_A \text{d}\varphi_A \tag{15.3.18}$$

$\rho_A(\boldsymbol{r}_A)$ 产生的库仑势为

$$V_{\text{Coul}}^A(\boldsymbol{r})=\int\frac{\rho_A(\boldsymbol{r}')}{|\boldsymbol{r}-\boldsymbol{r}'|}\mathrm{d}\boldsymbol{r}' \tag{15.3.19}$$

将式 (15.3.17) 和 $\dfrac{1}{|\boldsymbol{r}-\boldsymbol{r}'|}$ 的 Laplace 展开式代入, 化简后得

$$V_{\text{Coul}}^A(\boldsymbol{r})=\sum_{l=0}^{\infty}\sum_{m=-l}^{+l}\sqrt{\frac{4\pi}{2l+1}}Y_{lm}(\theta_A,\varphi_A)V_{Alm}(r_A) \tag{15.3.20}$$

$$V_{Alm}(r_A)=\sqrt{\frac{4\pi}{2l+1}}\left[\frac{1}{r_A^{l+1}}\int_0^{r_A}\rho_{Alm}(s)s^{l+2}\mathrm{d}s+r_A^l\int_{r_A}^{\infty}\rho_{Alm}(s)s^{1-l}\mathrm{d}s\right] \tag{15.3.21}$$

总库仑势为

$$V_{\text{Coul}}(\boldsymbol{r})=\sum_A V_A(\boldsymbol{r})=\sum_A\sum_{l=0}^{\infty}\sum_{m=-l}^{+l}\sqrt{\frac{4\pi}{2l+1}}Y_{lm}(\theta_A,\ \varphi_A)V_{Alm}(r_A) \tag{15.3.22}$$

由 $\rho(\boldsymbol{r})$ 和 $P_A(\boldsymbol{r})$ 按式 (15.3.18) 计算出 $\rho_{Alm}(r_A)$ 与 r_A 的数值函数关系, 通过样条函数插值得到 $\rho_{Alm}(r_A)$ 的近似解析表达式, 就可按式 (15.3.21) 计算出 $V_{Alm}(r_A)$ 的解析表达式, 空间任意点的库仑势 $V_{\text{Coul}}(\boldsymbol{r})$ 的数值即容易计算出来.

15.3.3 矩阵元的数值计算方法

使用 STO 基组或数值原子基组时, 矩阵元要用数值积分方法计算, 主要采用 Gauss 型求积公式. 对于缓慢 (或有规则地) 变化的被积函数, Gauss 型求积公式是效率最高的数值积分公式, 有多种形式. 例如, 对于一维积分, 有 Gauss-Legendre 公式

$$\int_{-1}^{+1}f(x)\mathrm{d}x=\sum_{i=0}^{n}A_if_i(x) \tag{15.3.23}$$

Gauss-Laguerre 公式

$$\int_0^{\infty}\exp[-x]f(x)\mathrm{d}x=\sum_{i=0}^{n}A_if(x_i) \tag{15.3.23a}$$

广义 Gauss-Laguerre 公式

$$\int_0^{\infty}\exp[-x^p]f(x)\mathrm{d}x=\sum_{i=0}^{n}A_if(x_i) \tag{15.3.23b}$$

Gauss-Chebyshev(第二类) 公式

$$\int_{-1}^{+1}\sqrt{1-x^2}f(x)\mathrm{d}x=\sum_{i=0}^{n}A_if_i(x) \tag{15.3.23c}$$

等. 对于给定的正交多项式和 n, 点集 $\{x_i\}$ 和相应系数 $\{A_i\}$ 可以在数学手册中查到. 如果被积函数或者积分区间不符合公式的要求, 则通过变量变换化为标准形式再用 Gauss 求积公式. $(n+1)$ 点 Gauss 求积公式的精度是 $2n+1$, 即在被积函数中的 $f(x)$ 若为不大于 $2n+1$ 阶的多项式, 求和式给出的积分值是精确的. 如果 $f(x)$ 不是多项式, 则求和式给出的积分值只是近似的. 但由于正交多项式构成完备集, 任何品优函数均可以用它精确展开, 所以只要 n 足够大, Gauss 求积公式总可以给出足够精确的积分值.

对于多维积分, 通常是按计算多维积分的规则逐维使用 Gauss 求积公式. 设矩阵元

$$M_{lk}=\int_{z_i}^{z_f}\int_{y_i}^{y_f}\int_{x_i}^{x_f}\phi_l^*(x,y,z)\hat{\boldsymbol{M}}(x,y,z)\phi_k(x,y,z)\mathrm{d}x\mathrm{d}y\mathrm{d}z \tag{15.3.24}$$

其数值积分过程一般可表示为

$$\bar{M}(y,z)=\int_{x_i}^{x_f}\phi_l^*(x',y,z)\hat{\boldsymbol{M}}(x',y,z)\phi_k(x',y,z)\mathrm{d}x' \tag{15.3.25}$$

$$\bar{\bar{M}}(z)=\int_{y_i}^{y_f}\bar{M}(y',z)\mathrm{d}y' \tag{15.3.25a}$$

$$M_{lk}=\int_{z_i}^{z_f}\bar{\bar{M}}(z)\mathrm{d}z \tag{15.3.25b}$$

依次对式 (15.3.25)、式 (15.3.25a) 和式 (15.3.25b) 使用 Gauss 求积公式, 即可计算出矩阵元 M_{lk}.

矩阵元的被积函数 $\phi_l^*(x,y,z)\hat{\boldsymbol{M}}(x,y,z)\phi_k(x,y,z)$ 一般是多中心的, 特别是在各原子核近邻, 核吸引势 $\to -\infty$, 原子轨道基函数值剧烈变化, 直接使用 Gauss 求积公式难于得到高精度积分值. 为解决这一问题, 1988 年 Baerends 等[53] 提出分区积分的办法. 在任意两个原子核间连线的中点作一个垂直于该直线的平面, 这些平面就将空间分割为以各原子核为中心的凸多面体 (靠边的原子核的多面体可能有一面不封闭, 在函数值实际为零的距离处添加一个平面以封闭之). 将积分空间按上述方式分割后, 每个多面体内包含一个原子核, 以原子核为中心在多面体内划出一个球形 (或者圆柱形) 的空间区域, 将多面体内其余空间分割为变形的四棱柱 (或者三棱柱) 体. 对球形 (或者圆柱形) 区域和四 (或三) 棱柱体分别使用 Gauss 求积公式计算积分, 加起来得到多面体的积分计算值, 矩阵元值等于各多面体的积分值之和.

Becke[54] 提出将空间按原子分割为若干重叠的子块, 分别对各子块用 Gauss 求积公式计算积分的办法. 适当选取分割函数 $P_A(\boldsymbol{r})$, 使分割出来的各块类似某种变形的原子, 在各原子核近邻电荷分布接近自由原子的情况, 在其余空间被积函数平缓变化. 这样就可以对不同区域选用不同的 Gauss 求积公式, 高效率高精度地计算

积分. Becke 将分割函数 $P_A(\boldsymbol{r})$ 取为

$$P_A(\boldsymbol{r}) = \frac{g_A(\boldsymbol{r})}{\sum\limits_A g_A(\boldsymbol{r})} \tag{15.3.26}$$

$$g_A(\boldsymbol{r}) = \prod_{B \neq A} s_k(\mu_{AB}) \tag{15.3.26a}$$

$$\mu_{AB} = \frac{(r_A - r_B)}{R_{AB}} \qquad -1 \leqslant \mu_{AB} \leqslant +1 \tag{15.3.26b}$$

式中, r_A 和 r_B 分别是点 $\boldsymbol{r}$ 到核 A 和 B 的距离, R_{AB} 是 A、B 核间的距离. $s_k(\mu)$ 由以下各式确定:

$$f(\mu) = \frac{3}{2}\mu - \frac{1}{2}\mu^3$$

$$f_1(\mu) = f(\mu)$$

$$f_2(\mu) = f[f_1(\mu)]$$

$$f_k(\mu) = f[f_{k-1}(\mu)] \tag{15.3.27}$$

$$s_k(\mu) = \frac{1}{2}[1 - f_k(\mu)] \tag{15.3.28}$$

各子块之间的重叠随 k 增大而减少, 选择 $k = 3$ 的效果比较好. 在原子半径差别比较大时, 可用 ν_{AB} 代替 μ_{AB}, $\nu_{AB} = \mu_{AB} + a_{AB}(1 - \mu_{AB}^2)$, $a_{AB} = u_{AB}/(u_{AB}^2 - 1)$, 但当 $a_{AB} \leqslant -\frac{1}{2}$ 时, 令 $a_{AB} = -\frac{1}{2}$; 当 $a_{AB} \geqslant \frac{1}{2}$ 时, 令 $a_{AB} = \frac{1}{2}$; $u_{AB} = (x-1)/(x+1)$, $x = R_A/R_B$, R_A、R_B 分别为 A、B 原子的 Bragg-Slater 半径. 容易看出这样定义的 $g_A(\boldsymbol{r})$ 和 $P_A(\boldsymbol{r})$ 满足条件 $P_A(\boldsymbol{r}) \geqslant 0$, $\sum\limits_A P_A(\boldsymbol{r}) = 1$. 还有人提出过其他比较简单的 $g_A(\boldsymbol{r})$ 表达式, 但效果没有 Becke 建议的好.

计算各子块的积分值时采用以该子块的原子核为原点的球极坐标. 对角度部分, 采用 Stroud-Lebedev 积分公式 (一种对球面的 Gauss 型求积公式), 对径向积分采用 Gauss-Chebyshev(第二类) 公式 (对径向积分有人建议采用广义 Gauss-Laguerre 公式). 矩阵元为各子块计算值之和.

采用上述分区或分块积分的方法, 由于对被积函数在原子核近邻的变化规律比较清楚, 其余空间被积函数变化比较平缓, 可以选用合适的 Gauss 求积公式, 有利于提高积分计算精度. ADF(Amsterdem density functional), DMOL 和 BDF(Beijing density functional) 等程序是采用数值方法 (用 Gauss 求积公式) 计算积分的.

15.3.4 能量差值的直接计算

设分子 AB 分解为 A 和 B 两部分 (分子片或原子), 则 A—B 键的断裂能 ΔE_b

为

$$\Delta E_{\mathrm{b}} = E_A + E_B - E_{AB}$$

但按上式计算 ΔE_{b} 要求计算出 E_A、E_B 和 E_{AB}, 不但计算量大, 且 ΔE_{b} 是两个大数之差, 误差较大. 为减少 ΔE_{b} 的计算误差, Ziegler 等[55] 提出计算键能的推广过渡态方法.

设 A、B 和 AB 的能量分别为 $E[\rho_A]$、$E[\rho_B]$ 和 $E[\rho_{AB}]$. 选择一个适当的模型分子电子密度, 如 $\rho_M = \rho'_A + \rho'_B$, 其能量为 $E[\rho_M] = E[\rho'_A] + E[\rho'_B] + E_{\mathrm{el}} + \Delta E_{\mathrm{xc}}$, 式中, E_{el} 是 A、B 间库仑作用能

$$E_{\mathrm{el}} = \sum_a^A \sum_b^B \frac{Z_a Z_b}{R_{ab}} + \int \frac{\rho'_A(\boldsymbol{r}_1)\rho'_B(\boldsymbol{r}_2)}{r_{12}} \mathrm{d}\boldsymbol{r}_1 \mathrm{d}\boldsymbol{r}_2 - \sum_a^A \int \frac{\rho'_B Z_a}{r_{a1}} \mathrm{d}\boldsymbol{r}_1 - \sum_b^B \int \frac{\rho'_A Z_b}{r_{b1}} \mathrm{d}\boldsymbol{r}_1 \tag{15.3.29}$$

式中, a、b 分别代表 A、B 中的原子核. 而

$$\Delta E_{\mathrm{xc}} = E_{\mathrm{xc}}[\rho_M] - E_{\mathrm{xc}}[\rho'_A] - E_{\mathrm{xc}}[\rho'_B] \tag{15.3.30}$$

电荷密度 ρ_M 和 ρ_{AB} 可表示为

$$\rho_M(\boldsymbol{r}) = \sum_i \sum_j P_{ij} \chi_i(\boldsymbol{r}) \chi_j(\boldsymbol{r}) \tag{15.3.31a}$$

$$\rho_{AB}(\boldsymbol{r}) = \sum_i \sum_j (P_{ij} + \Delta P_{ij}) \chi_i(\boldsymbol{r}) \chi_j(\boldsymbol{r}) \tag{15.3.31b}$$

式中, $P_{ij} = \sum\limits_k C_{ik} C_{jk}$ 是密度矩阵元. 定义过渡态电子密度 $\rho_T(\boldsymbol{r})$ 为

$$\rho_T(\boldsymbol{r}) = [\rho_M(\boldsymbol{r}) + \rho_{AB}(\boldsymbol{r})]/2 = \sum_i \sum_j Q_{ij} \chi_i(\boldsymbol{r}) \chi_j(\boldsymbol{r}) \tag{15.3.31c}$$

式中, $Q_{ij} = P_{ij} + \dfrac{1}{2}\Delta P_{ij}$. 将 ρ_T 代入能量表达式并对 Q_{ij} 微商, 得

$$\frac{\partial E[\rho_T]}{\partial Q_{ij}} = F_{ij}^T \tag{15.3.32}$$

F_{ij}^T 是用 $\rho_T(\boldsymbol{r})$ 造出来的过渡态的 Hamilton 矩阵元. 将 $E[\rho_M]$、$E[\rho_{AB}]$ 以 $E[\rho_T]$ 为基点作 Taylor 级数展开到二级, 得

$$E[\rho_M] = E[\rho_T] - \frac{1}{2} \sum_i \sum_j F_{ij}^T \Delta P_{ij} + \frac{1}{8} \sum_{ij} \sum_{kl} \frac{\partial^2 E[\rho_T]}{\partial Q_{ij} \partial Q_{kl}} \Delta P_{ij} \Delta P_{kl} \tag{15.3.33}$$

$$E[\rho_{AB}] = E[\rho_T] + \frac{1}{2} \sum_i \sum_j F_{ij}^T \Delta P_{ij} + \frac{1}{8} \sum_{ij} \sum_{kl} \frac{\partial^2 E[\rho_T]}{\partial Q_{ij} \partial Q_{kl}} \Delta P_{ij} \Delta P_{kl} \tag{15.3.34}$$

两式相减, 得

$$\Delta E = E[\rho_{AB}] - E[\rho_M] = \sum_i \sum_j F_{ij}^T \Delta P_{ij} + O[(\Delta P_{ij})^3] \tag{15.3.35}$$

若 Taylor 级数展开到三级, 则有

$$\Delta E = E[\rho_{AB}] - E[\rho_M] = \sum_i \sum_j \left(\frac{2}{3} F_{ij}^T + \frac{1}{6} F_{ij}^M + \frac{1}{6} F_{ij}^{AB} \right) \Delta P_{ij} + O[(\Delta P_{ij})^5] \tag{15.3.36}$$

A—B 键断裂能为

$$\begin{aligned} \Delta E_{\mathrm{b}} &= E[\rho_A] + E[\rho_B] - E[\rho_{AB}] \\ &= -E_{\mathrm{el}} - \Delta E_{\mathrm{xc}} - \Delta E - \Delta E_{\mathrm{prom}} \end{aligned} \tag{15.3.37}$$

式中, $\Delta E_{\mathrm{prom}} = (E[\rho_A'] - E[\rho_A]) + (E[\rho_B'] - E[\rho_B])$, 为分子片从 $\rho_A \to \rho_A'$, $\rho_B \to \rho_B'$ 的激发能. 选择 ρ_A', ρ_B' 使得 E_{el} 容易精确计算, 而且使 ΔP_{ij} 尽量小, 则 ΔE_{b} 的计算精度可以大为提高.

Beste 等[56] 提出基于密度泛函理论直接计算能量差 (电离能、轨道间跃迁能、键合能等) 的方法. 设体系始态和末态的电子密度分别为 $\rho_i(\boldsymbol{r})$ 和 $\rho_f(\boldsymbol{r})$, 则末态与始态的能量差为

$$\Delta E = E[\rho_f] - E[\rho_i] = \int_0^1 \frac{\partial E[\rho_\lambda]}{\partial \lambda} \mathrm{d}\lambda \tag{15.3.38}$$

式中, λ 是标志体系变化过程的参数, $\lambda = 0$ 和 $\lambda = 1$ 分别对应于体系的始态和末态. 根据变化过程选择 λ. 例如, 计算轨道 i 的电离能时, 取 $\lambda = n_i$; 计算从轨道 i 到轨道 f 的跃迁能时取 $n_f = \lambda$, $n_i = 1 - \lambda$; n_i 等为有关轨道的电子占据数. 计算出 $E[\rho_\lambda]$ 作为参数 λ 的函数, 按照式 (15.3.38) 即可计算能量差 ΔE.

15.3.5 含重元素体系的密度泛函计算

1. 四分量相对论密度泛函计算方法

在 15.1.8 节中已经指出, 在没有外磁场存在的情况下, 相对论密度泛函理论的 Dirac-Kohn-Sham 方程为 (采用原子单位)

$$\hat{\boldsymbol{H}}_{\mathrm{DKS}}(\boldsymbol{r})\psi_k(\boldsymbol{r}) = \varepsilon_k \psi_k(\boldsymbol{r}) \tag{15.3.39}$$

$$\hat{\boldsymbol{H}}_{\mathrm{DKS}} = c\boldsymbol{\alpha} \cdot \boldsymbol{p} + c^2(\beta - 1) + V(\boldsymbol{r}) + V_{\mathrm{Coul}}(\boldsymbol{r}) + V_{\mathrm{xc}}(\rho(\boldsymbol{r}); \boldsymbol{r}) \tag{15.3.39a}$$

式中, c 是光速, 在原子单位中为 137.0359895, $\boldsymbol{p}$ 是动量算符, $\boldsymbol{\alpha}$ 是常量矢量矩阵, β 是常量标量矩阵. $\boldsymbol{\alpha}$ 和 β 矩阵通常采取以下表示形式:

$$\boldsymbol{\alpha} = \begin{pmatrix} 0 & \boldsymbol{\sigma} \\ \boldsymbol{\sigma} & 0 \end{pmatrix} \qquad \beta = \begin{pmatrix} \boldsymbol{I} & 0 \\ 0 & -\boldsymbol{I} \end{pmatrix} \tag{15.3.40}$$

式中, $\boldsymbol{I}$ 是二阶单位矩阵, $\boldsymbol{\sigma}$ 是 Pauli 自旋矢量矩阵

$$\sigma_x = \begin{pmatrix} 0 & 1 \\ 1 & 0 \end{pmatrix} \qquad \sigma_y = \begin{pmatrix} 0 & -i \\ i & 0 \end{pmatrix} \qquad \sigma_z = \begin{pmatrix} 1 & 0 \\ 0 & -1 \end{pmatrix} \tag{15.3.40a}$$

$V(\boldsymbol{r})$ 是外势 (核吸引势), $V_{\text{Coul}}(\boldsymbol{r}) = \int \frac{\rho(\boldsymbol{r}')}{|\boldsymbol{r}-\boldsymbol{r}'|}\text{d}\boldsymbol{r}'$ 是电子间的库仑势, $V_{\text{xc}}([\rho];\boldsymbol{r}) = \frac{\delta E_{\text{xc}}[\rho]}{\delta\rho(\boldsymbol{r})}$ 是交换相关势, E_{xc} 是体系的交换–相关能, $\rho = \sum_k n_k \psi_k^\dagger \psi_k$ 是体系电子密度, $\psi_k = \begin{pmatrix} \psi_k^{\text{L}} \\ \psi_k^{\text{S}} \end{pmatrix}$ 是四分量单电子函数, ψ_k^{L} 和 ψ_k^{S} 分别是 ψ_k 的大分量和小分量, 其本身为两分量函数. 体系总能量为

$$E = \sum_k \langle\psi_k|\left[c\boldsymbol{\alpha}\cdot\boldsymbol{p} + (\beta-1)c^2\right]|\psi_k\rangle + \int \rho(\boldsymbol{r})V(\boldsymbol{r})\text{d}\boldsymbol{r} + \frac{1}{2}\int \frac{\rho(\boldsymbol{r})\rho(\boldsymbol{r}')}{|\boldsymbol{r}-\boldsymbol{r}'|}\text{d}\boldsymbol{r}\text{d}\boldsymbol{r}' + E_{\text{xc}}[\rho] \tag{15.3.41}$$

严格说来, 相对论与非相对论的交换–相关能密度泛函的表达式是不相同的. 但现有的近似交换–相关能泛函精度不够高, 用相对论与非相对论性泛函进行电子结构计算差别不大, 在相对论密度泛函计算中就采用非相对论密度泛函的表达式. 一般在研究由价电子决定的含重元素体系的性质时常忽略 Breit 相互作用项.

将$\{\psi_k\}$用四分量基函数$\{\chi_\mu\}$展开

$$\psi_k = \sum_\mu \chi_\mu C_{\mu k} \tag{15.3.42}$$

$$\chi_\mu = \begin{pmatrix} \varphi_\mu^{\text{L}} \\ \varphi_\mu^{\text{S}} \end{pmatrix} \tag{15.3.42a}$$

φ_μ^{L}、φ_μ^{S} 分别是 χ_μ 的大、小分量. 由此得到矩阵方程

$$\boldsymbol{HC} = \boldsymbol{SC\varepsilon} \tag{15.3.43}$$

式中, $\boldsymbol{H}$ 和 $\boldsymbol{S}$ 分别是 Hamilton 矩阵和重叠矩阵, 其矩阵元 (一般为复数) 分别为

$$H_{\mu\nu} = \langle\chi_\mu|\,\hat{\boldsymbol{H}}_{\text{DKS}}\,|\chi_\nu\rangle \tag{15.3.43a}$$

$$S_{\mu\nu} = \langle\chi_\mu|\,\chi_\nu\rangle \tag{15.3.43b}$$

四分量相对论密度泛函计算要采用 jj 耦合 (复基函数) 基组展开其波函数. 为避免变分塌陷, 大、小分量的基组要满足动能平衡条件[57,58], 即要求

$$\varphi_\mu^S = \frac{c}{2c^2 - V_t + \varepsilon_i}\boldsymbol{\sigma}\cdot\boldsymbol{p}\varphi_\mu^L \tag{15.3.44}$$

式中, $V_t = V(\boldsymbol{r}) + V_{\text{Coul}}(\boldsymbol{r}) + V_{\text{xc}}(\boldsymbol{r})$. 采用 STO 或 GTO 作为基函数, 为满足动能平衡条件, 对大、小分量要用不同的基组, 计算量大. 相对论原子数值轨道的大、小分量严格满足动能平衡条件, 用作基组有以下优点: $\{\psi_k\}$ 的大、小分量对基组具有相同的展开系数, 这相当于将四分量计算的问题转化为两分量计算问题来处理, 大幅度减少了计算量; 此外, 由于原子数值轨道有正确的渐近行为, 而分子轨道的主要成分是由原子轨道贡献的, 通常使用比较小的基组就能得到满意的计算结果. 对价层轨道可以添加 STO 基组, 扩大变分空间, 以便能更好地描述形成分子时电荷分布的变化. 辅助的 STO 基一般不需要经过特别优化. 使 STO 基组严格满足动能平衡条件比较麻烦, 考虑到相对论效应对价层的直接作用很小, 可使价层 STO 基组满足近似的动能平衡条件

$$\varphi_\mu^{\text{S}} = \frac{1}{2c}\boldsymbol{\sigma} \cdot \boldsymbol{p}\varphi_\mu^{\text{L}} \tag{15.3.45}$$

并令 $\{\psi_k\}$ 的大、小分量对基组取相同的展开系数. 实际计算结果表明, 作这样的近似处理引进的误差很小.

采用数值原子轨道基组, 矩阵元要用数值方法计算, 详见 15.3.3 节. 算出矩阵元后, 对角化矩阵方程式 (15.3.43), 即得到相对论 Kohn-Sham 方程的解. 由于矩阵元计算和矩阵对角化涉及复数运算, 计算量比较大.

2. 两分量和标量相对论密度泛函计算

高精度四分量相对论密度泛函方法计算量很大, 目前只能处理相当小的体系. 为了处理比较大的实际化学体系, 人们发展了多种近似处理相对论效应的计算方法, 如 ZORA (zero-order regular approximation) 方法[59,60], DKH (Douglas- Kroll-Heβ) 方法[61~63], 相对论有效势方法[64,65] 等. ZORA 方法和 DKH 方法都是通过对四分量 Hamilton 量进行变换获得近似的正能态两分量有效 Hamilton 量, 目前被认为是精度最高的近似处理相对论效应的理论方法. DKH 方法理论上更严谨, 但对于密度泛函计算来说, ZORA 方法更加方便, 因此它得到比较广泛的应用. 下面只介绍 ZORA 方法.

ZORA 方程的具体推导方法如下:

对于单电子体系, 相对论 Dirac 方程可写成 (设电子质量 $m = 1$)

$$\begin{pmatrix} V & c\boldsymbol{\sigma} \cdot \boldsymbol{p} \\ c\boldsymbol{\sigma} \cdot \boldsymbol{p} & V - 2c^2 \end{pmatrix} \begin{pmatrix} \psi^{\text{L}} \\ \psi^{\text{S}} \end{pmatrix} = \varepsilon \begin{pmatrix} \psi^{\text{L}} \\ \psi^{\text{S}} \end{pmatrix} \tag{15.3.46}$$

式中, $V = V(\boldsymbol{r})$. 展开式 (15.3.46), 有

$$c\boldsymbol{\sigma} \cdot \boldsymbol{p}\psi^{\text{S}}(\boldsymbol{r}) = [\varepsilon - V(\boldsymbol{r})]\psi^{\text{L}}(\boldsymbol{r}) \tag{15.3.46a}$$

$$c\boldsymbol{\sigma} \cdot \boldsymbol{p}\psi^{\text{L}}(\boldsymbol{r}) = [2c^2 + \varepsilon - V(\boldsymbol{r})]\psi^{\text{S}}(\boldsymbol{r}) \tag{15.3.46b}$$

由式 (15.3.46b) 可得大分量 ψ^{L} 和小分量 ψ^{S} 的关系式

$$\psi^{\mathrm{S}} = \frac{1}{2c^2 + [\varepsilon - V(\boldsymbol{r})]} c\boldsymbol{\sigma} \cdot \boldsymbol{p} \psi^{\mathrm{L}}(\boldsymbol{r}) \equiv \hat{\boldsymbol{X}} \psi^{\mathrm{L}}(\boldsymbol{r}) \tag{15.3.47}$$

将式 (15.3.47) 代入式 (15.3.46a) 得

$$\begin{aligned} \hat{\boldsymbol{H}}^0 \psi^{\mathrm{L}}(\boldsymbol{r}) &\equiv (V + c\boldsymbol{\sigma} \cdot \boldsymbol{p} \hat{\boldsymbol{X}}) \psi^{\mathrm{L}}(\boldsymbol{r}) \\ &= \left(V + \boldsymbol{\sigma} \cdot \boldsymbol{p} \frac{c^2}{2c^2 + \varepsilon - V} \boldsymbol{\sigma} \cdot \boldsymbol{p} \right) \psi^{\mathrm{L}}(\boldsymbol{r}) = \varepsilon \psi^{\mathrm{L}}(\boldsymbol{r}) \end{aligned} \tag{15.3.48}$$

式 (15.3.48) 中 $\psi^{\mathrm{L}}(\boldsymbol{r})$ 不是归一化的, 假设它的归一化形式为 $\phi^{\mathrm{L}} = \hat{\boldsymbol{O}} \psi^{\mathrm{L}}(\boldsymbol{r})$, 有

$$\begin{aligned} \int \phi^{\mathrm{L}\dagger} \phi^{\mathrm{L}} \mathrm{d}\boldsymbol{r} &= \int \psi^{\mathrm{L}\dagger} \hat{\boldsymbol{O}}^{\dagger} \hat{\boldsymbol{O}} \psi^{\mathrm{L}} \mathrm{d}\boldsymbol{r} = \int (\psi^{\mathrm{L}\dagger} \psi^{\mathrm{L}} + \psi^{\mathrm{S}\dagger} \psi^{\mathrm{S}}) \mathrm{d}\boldsymbol{r} \\ &= \int \psi^{\mathrm{L}\dagger} (1 + \hat{\boldsymbol{X}}^{\dagger} \hat{\boldsymbol{X}}) \psi^{\mathrm{L}} \mathrm{d}\boldsymbol{r} = 1 \end{aligned} \tag{15.3.49}$$

由式 (15.3.49) 可得

$$\hat{\boldsymbol{O}} = \sqrt{1 + \hat{\boldsymbol{X}}^{\dagger} \hat{\boldsymbol{X}}} \tag{15.3.50}$$

因此 ϕ^{L} 满足的 Hamilton 方程的形式为

$$\hat{\boldsymbol{H}} \phi^{\mathrm{L}}(\boldsymbol{r}) = \varepsilon \phi^{\mathrm{L}}(\boldsymbol{r}) \tag{15.3.51}$$

$$\hat{\boldsymbol{H}} = \hat{\boldsymbol{O}} \hat{\boldsymbol{H}}^0 \hat{\boldsymbol{O}}^{-1} = \sqrt{1 + \hat{\boldsymbol{X}}^{\dagger} \hat{\boldsymbol{X}}} \left(V + c\boldsymbol{\sigma} \cdot \boldsymbol{p} \hat{\boldsymbol{X}} \right) \frac{1}{\sqrt{1 + \hat{\boldsymbol{X}}^{\dagger} \boldsymbol{X}}} \tag{15.3.51a}$$

将 $\hat{\boldsymbol{X}}$ 的表达式写成

$$\hat{\boldsymbol{X}} = \frac{1}{2c^2 + \varepsilon - V} c\boldsymbol{\sigma} \cdot \boldsymbol{p} = \frac{c}{2c^2 - V} \left(1 + \frac{\varepsilon}{2c^2 - V} \right)^{-1} \boldsymbol{\sigma} \cdot \boldsymbol{p} \tag{15.3.52}$$

对于通常的原子和分子体系, 总有 $\left| \dfrac{\varepsilon}{2c^2 - V} \right| < 1$, 故将 $\hat{\boldsymbol{X}}$ 对 $\dfrac{\varepsilon}{2c^2 - V}$ 展开不存在奇点. 将 $\hat{\boldsymbol{H}}^0$ 和 $\hat{\boldsymbol{O}}$ 的表达式中的 $\hat{\boldsymbol{X}}$ 展开至一级可得

$$\hat{\boldsymbol{H}}^0 = V + \boldsymbol{\sigma} \cdot \boldsymbol{p} \frac{c^2}{2c^2 - V} \boldsymbol{\sigma} \cdot \boldsymbol{p} - \boldsymbol{\sigma} \cdot \boldsymbol{p} \frac{c^2 \varepsilon}{(2c^2 - V)^2} \boldsymbol{\sigma} \cdot \boldsymbol{p} \tag{15.3.53}$$

$$\hat{\boldsymbol{O}} = 1 + \frac{1}{2} \hat{\boldsymbol{X}}^{\dagger} \hat{\boldsymbol{X}} = 1 + \frac{1}{2} \boldsymbol{\sigma} \cdot \boldsymbol{p} \frac{c^2}{(2c^2 - V)^2} \boldsymbol{\sigma} \cdot \boldsymbol{p} \tag{15.3.54}$$

将式 (15.3.53) 和式 (15.3.54) 代入式 (15.3.51), 保留到零级项, 即得两分量的 ZORA 方程

$$\hat{\boldsymbol{H}}^{\mathrm{ZORA}} \psi_k(\boldsymbol{r}) = \varepsilon_k \psi_k(\boldsymbol{r}) \tag{15.3.55}$$

$$\hat{\boldsymbol{H}}^{\mathrm{ZORA}} = V + \boldsymbol{\sigma} \cdot \boldsymbol{p} \frac{c^2}{2c^2 - V} \boldsymbol{\sigma} \cdot \boldsymbol{p} \tag{15.3.55a}$$

从式 (15.3.55a) 可见 $\hat{\boldsymbol{H}}^{\text{ZORA}}$ 是厄米的. 以上对 ZORA 方程的推导是对单电子体系进行的, 很容易推广用到多电子体系的相对论密度泛函 Dirac-Kohn-Sham 方程中, 只要将 V 理解为 V_t 即可, 因为推导过程实际上只涉及动能算符. van Leeuwen 等[66] 证明, 对于核电荷数小于 c 的原子和分子体系, $\hat{\boldsymbol{H}}^{\text{ZORA}}$ 有下确界. ZORA 方程虽然本身是展开到零级的近似, 但是它已经包含了部分相对论效应.

在很多情况下, 忽略旋–轨耦合作用或者用微扰方法处理旋–轨耦合作用对计算结果不会产生大的误差, 可以将 ZORA 方程的 Hamilton 算符 $\hat{\boldsymbol{H}}^{\text{ZORA}}$ 分解为不含自旋和包含自旋的两部分

$$\hat{\boldsymbol{H}}^{\text{ZORA}} = \hat{\boldsymbol{H}}_{\text{SR}}^{\text{ZORA}} + \hat{\boldsymbol{H}}_{\text{SO}}^{\text{ZORA}} \tag{15.3.56}$$

式中, $\hat{\boldsymbol{H}}_{\text{SR}}^{\text{ZORA}}$ 和 $\hat{\boldsymbol{H}}_{\text{SO}}^{\text{ZORA}}$ 分别是标量相对论效应和旋–轨耦合作用算符

$$\hat{\boldsymbol{H}}_{\text{SR}}^{\text{ZORA}} = \boldsymbol{p} \cdot \frac{c^2}{2c^2 - V} \boldsymbol{p} + V \tag{15.3.56a}$$

$$\hat{\boldsymbol{H}}_{\text{SO}}^{\text{ZORA}} = i\boldsymbol{\sigma} \cdot \left(\boldsymbol{p} \times \frac{c^2}{2c^2 - V} \boldsymbol{p} \right) \tag{15.3.56b}$$

方程式 (15.3.57) 称为标量 ZORA 方程

$$\hat{\boldsymbol{H}}_{\text{SR}}^{\text{ZORA}} \psi_k(\boldsymbol{r}) = \varepsilon_k \psi_k(\boldsymbol{r}) \tag{15.3.57}$$

标量 ZORA 方程与非相对论 Kohn-Sham 方程很类似, 只是动能算符不同. 因此求解方法也很类似, 只有动能矩阵元的计算不相同. 求解两分量 ZORA 方程, 由于 Hamilton 量中含有旋轨耦合算符, Hamilton 矩阵比相应的非相对论方程的 Hamilton 矩阵维数高一倍, 因此计算量也大一倍以上.

ZORA 方法的优点是动能算符很简单, 不存在奇点, $\hat{\boldsymbol{H}}^{\text{ZORA}}$ 有下确界, 可以用变分法直接处理, 并且容易在自洽迭代中包括旋轨耦合作用, 计算量小, 用于价层电子结构计算结果精度很高. 缺点是动能项分母中包含有势能项, 而势能函数依赖于分子轨道, 难于使体系总能量对轨道变分取极值. 因此 ZORA 方法中总能量的表达式与其单电子方程之间没有变分联系, 这不但使总能量不具有极值性质, 也导致解析计算能量梯度时出现困难. 由于动能项分母中存在势能项, ZORA 方法不满足规范变换不变性要求, 即当体系的势能加上一个常数时 (这相当于改变能量计算的零点, 即改变测量标度), 能量并不相应地加上这个常数, 在计算体系两种状态的能量差时就会产生标度依赖性误差. 在原子的价电子电离或者形成分子时电子在原子芯层部分感受到的势能接近于增加一个常数, 在计算电离能或者分子原子化能时产生误差. 为解决 ZORA 方法中存在的上述问题, 提出过多种方法. 用排除奇点的近似展开 (singularity excluded approximate expansion, SEAX) 方法可以解决 ZORA 方法中存在的体系总能量与单电子方程之间没有变分联系和标度依赖性误差的问题[67], 概述如下:

体系总能量可用波函数的大分量表达为

$$
\begin{aligned}
E = & \sum_i \{\langle\psi_i^{\mathrm{L}}|\, V_{\mathrm{N}}\,|\psi_i^{\mathrm{L}}\rangle + \langle\psi_i^{\mathrm{L}}|\,\boldsymbol{\sigma}\cdot\boldsymbol{p}\frac{c^2(V_{\mathrm{N}}-2c^2)}{(2c^2-V+\varepsilon_i)^2}\boldsymbol{\sigma}\cdot\boldsymbol{p}\,|\psi_i^{\mathrm{L}}\rangle \\
& + \langle\psi_i^{\mathrm{L}}|\,\boldsymbol{\sigma}\cdot\boldsymbol{p}\frac{2c^2}{2c^2-V+\varepsilon_i}\boldsymbol{\sigma}\cdot\boldsymbol{p}\,|\psi_i^{\mathrm{L}}\rangle\} \\
& + \frac{1}{2}\iint\frac{\rho(\boldsymbol{r}_1)\rho(\boldsymbol{r}_2)}{|\boldsymbol{r}_1-\boldsymbol{r}_2|}\mathrm{d}\boldsymbol{r}_1\mathrm{d}\boldsymbol{r}_2 + E_{\mathrm{xc}}[\rho]
\end{aligned}
\tag{15.3.58}
$$

式中, $V=V_{\mathrm{N}}+V_{\mathrm{Coul}}+V_{\mathrm{xc}}$, V_{N} 是核吸引势. 将式 (15.3.58) 中的 $\dfrac{1}{2c^2-V+\varepsilon}$ 作级数展开

$$
\frac{1}{2c^2-V+\varepsilon}=\frac{1}{2c^2-V_0-\Delta V+\varepsilon}=\sum_{k=0}^{\infty}\frac{(\Delta V-\varepsilon)^k}{(2c^2-V_0)^{k+1}} \tag{15.3.59}
$$

式中, $\Delta V=V-V_0$, V_0 是空间限域势函数

$$
V_0(\boldsymbol{r})=\sum_A V_0^A(r_A) \tag{15.3.60}
$$

$$
V_0^A=V^A(r_A)\{1+\exp[\alpha(r_A-r_0^A)]\}^{-1} \tag{15.3.61}
$$

式中, $V^A(r_A)$ 是自由原子 A 的势能函数, $r_A=|\boldsymbol{r}-\boldsymbol{R}_A|$, $\boldsymbol{R}_A$ 是核的位置矢量, α, r_0^A 是参数, 选取足够大的 α(如 α=300) 和比较小的 r_0^A(如 0.5 a.u.), 且使不同原子间的 V_0^A 没有重叠, 则 V_0 在每个原子周围 ($r_A\leqslant r_0^A$) 几乎等于自由原子的势函数, 而在其他区域几乎为零, 不会随着分子构型的变化而发生变化, 从而可以几乎完全消除标度依赖性误差. 将展开到一级项的式子代入式 (15.3.58), 得到体系的一级近似总能量为

$$
\begin{aligned}
E^{(1)} = & \sum_i\{\langle\psi_i^{\mathrm{L}}|\, V_{\mathrm{N}}\,|\psi_i^{\mathrm{L}}\rangle + \langle\psi_i^{\mathrm{L}}|\,\boldsymbol{\sigma}\cdot\boldsymbol{p}\frac{c^2(V_{\mathrm{N}}-V_0)}{(2c^2-V_0)^2}\boldsymbol{\sigma}\cdot\boldsymbol{p}\,|\psi_i^{\mathrm{L}}\rangle \\
& + \langle\psi_i^{\mathrm{L}}|\,\boldsymbol{\sigma}\cdot\boldsymbol{p}\frac{c^2}{(2c^2-V_0)}\boldsymbol{\sigma}\cdot\boldsymbol{p}\,|\psi_i^{\mathrm{L}}\rangle\} \\
& + \frac{1}{2}\iint\frac{\rho(\boldsymbol{r}_1)\rho(\boldsymbol{r}_2)}{|\boldsymbol{r}_1-\boldsymbol{r}_2|}\mathrm{d}\boldsymbol{r}_1\mathrm{d}\boldsymbol{r}_2 + E_{\mathrm{xc}}[\rho]
\end{aligned}
\tag{15.3.62}
$$

将体系的一级近似总能量表达式对轨道变分, 得到 SEAX 方法的基本方程

$$
\begin{aligned}
& \left[\boldsymbol{\sigma}\cdot\boldsymbol{p}\frac{c^2}{2c^2-V_0}\boldsymbol{\sigma}\cdot\boldsymbol{p}+\boldsymbol{\sigma}\cdot\boldsymbol{p}\frac{c^2(V-V_0)}{(2c^2-V_0)^2}\boldsymbol{\sigma}\cdot\boldsymbol{p}+V\right]\psi_i^{\mathrm{L}} \\
& =\varepsilon_i[1+\boldsymbol{\sigma}\cdot\boldsymbol{p}\frac{c^2}{(2c^2-V_0)^2}\boldsymbol{\sigma}\cdot\boldsymbol{p}]\psi_i^{\mathrm{L}}
\end{aligned}
\tag{15.3.63}
$$

相应的标量方程为

$$\left[\boldsymbol{p}\frac{c^2}{2c^2-V_0}\boldsymbol{p}+\boldsymbol{p}\frac{c^2\,(V-V_0)}{(2c^2-V_0)^2}\boldsymbol{p}+V\right]\psi_i^{\mathrm{L}}=\varepsilon_i\left[1+\boldsymbol{p}\frac{c^2}{(2c^2-V_0)^2}\boldsymbol{p}\right]\psi_i^{\mathrm{L}} \qquad (15.3.64)$$

在 SEAE 方法中体系总能量与其单电子方程有变分联系, 便于进行解析能量梯度计算. SEAX 方法是精确至一级的方法, 标度依赖性引起的误差是二级小量. 根据总能量表达式, 容易得出分子与其组成原子的能量差之估计值为

$$\delta E_{\mathrm{b}}=\sum_A\sum_i\left\langle\phi_i^A\right|\boldsymbol{\sigma}\cdot\boldsymbol{p}\frac{2c^2(V_{\mathrm{N}}^A-V_0)\Delta V_0}{(2c^2-V_0)^3}\boldsymbol{\sigma}\cdot\boldsymbol{p}\left|\phi_i^A\right\rangle \qquad \delta E_{\mathrm{b}}\leqslant O(c^{-4}) \qquad (15.3.65)$$

式中, ϕ_i^A 是原子 A 的轨道 i 的大分量, $\Delta V_0=V_0^A-V_0$. 用限域势函数限定 V_0 的非零值范围又进一步减少计算能量差时标度依赖性引起的误差, 将标度依赖性误差减少到可以完全忽略的程度. 此外, SEAX 方法是对波函数大分量的近似求解方法, 波函数小分量很容易通过 $\psi_i^{\mathrm{S}}=\dfrac{c}{2c^2-V_0}\boldsymbol{\sigma}\cdot\boldsymbol{p}\psi_i^{\mathrm{L}}$ 得到, 与其他近似处理相对论效应的方法相比, 在计算体系性质时进行表象变换很简单. 式 (15.3.63) 和式 (15.3.64) 的第二项中包含势函数 V, 严格计算必须包含在迭代过程中, 将增加不少计算量. 但该项是小的校正项, 其中的 V 可以用原子势迭加代替, 求解 SEAX 方程的计算量比求解 ZORA 方程增加得不多.

对原子、分子体系的计算表明, 对于由价电子决定的性质, SEAX 方法和 ZORA 方法的结果差别很小. 但对于由内层电子决定的性质或者某些超重元素的性质, 用 SEAX 方法能得出很接近完全四分量相对论密度泛函计算的结果, 比 ZORA 方法的结果精确.

15.4 激发态与电子多重态结构的能级

近年来密度泛函理论的 Kohn-Sham 方法在物质电子结构研究中得到广泛的应用. Kohn-Sham 方程虽然理论上包含了电子相关作用, 蕴涵物质电子结构的全部信息 (包括基态与激发态性质), 但它形式上是单电子方程, 其解对应于某种基态行列式波函数, 原则上只适用于体系非简并基态电子结构计算. 但化学问题常涉及激发态和开壳层体系的电子多重态结构. 因此很多人致力于发展激发态密度泛函理论, 以便能用密度泛函方法处理激发态与电子多重态结构问题. 本节介绍现有的几种理论处理方法.

15.4.1 系综密度泛函理论与过渡态方法

Theophilou[68] 提出子空间理论, 将密度泛函理论推广, 涵盖激发态. 子空间理论实际上是等权系综理论, 其基础是关于系综的 Rayleigh-Ritz 变分原理：设体系

Hamilton 算符 $\hat{\boldsymbol{H}}$ 的 M 个最低能级为 $E_1, E_2, \cdots, E_M$; $\Phi_1, \Phi_2, \cdots, \Phi_M$ 为一组正交归一的全反对称函数, 则有

$$\sum_{i=1}^{M} \langle \Phi_i | \hat{\boldsymbol{H}} | \Phi_i \rangle \geqslant \sum_{i=1}^{M} E_i \tag{15.4.1}$$

根据系综变分原理, Theophilou 将 Hohenberg 和 Kohn 对于基态证明的两个定理推广到系综, 即系综的电荷密度分布与外势场有一一对应关系, 从而确定系综的全部性质; 系综能量密度泛函极小值是系综的能量. 根据式 (15.4.1), 分别求出体系的最低 $(M-1)$ 个和 M 个状态的等权系综的能量, 就可以求出第 M 个激发态的能量了.

Gross 等[69] 将 Theophilou 的系综变分原理推广到不等权系综: 设实数组 $\omega_1 \geqslant \omega_2 \geqslant \cdots \geqslant \omega_M > 0$, 则有 $\sum\limits_{i=1}^{M} \omega_i \langle \Phi_i | \hat{\boldsymbol{H}} | \Phi_i \rangle \geqslant \sum\limits_{i=1}^{M} \omega_i E_i$, $M \to \infty$ 时上式仍然成立. 利用这一变分原理建立了分数占据态的系综密度泛函理论: 设体系的 M 个最低能量本征态为 $\Psi_1, \Psi_2, \cdots, \Psi_M$, 系综电荷密度是 $\rho(\boldsymbol{r}) = \sum\limits_i \omega_i \langle \Psi_i | \hat{\rho}(\boldsymbol{r}) | \Psi_i \rangle$, $\int \rho(\boldsymbol{r}) \mathrm{d}\boldsymbol{r} = N$(体系电子数目), $\hat{\rho}(\boldsymbol{r})$ 是密度算符, 则 $\rho(\boldsymbol{r})$ 与外势场有一一对应关系, 从而决定系综的所有性质; 能量泛函 $E[\omega; \rho(\boldsymbol{r})]$ 当 $\rho(\boldsymbol{r})$ 为系综电荷密度时取极小值, 即为系综的能量. 依照 Kohn-Sham 的方法, 推导出类似的方程

$$\left[-\frac{1}{2}\nabla^2 + V_{\mathrm{s}}(\boldsymbol{r})\right] \psi_i(\boldsymbol{r}) = \varepsilon_i \psi_i(\boldsymbol{r}) \qquad i = 1,\ 2,\ \cdots;\ \varepsilon_1 \leqslant \varepsilon_2 \leqslant \cdots \tag{15.4.2}$$

式中

$$V_{\mathrm{s}}(\boldsymbol{r}) = V(\boldsymbol{r}) + \int \frac{\rho(\boldsymbol{r}')}{|\boldsymbol{r} - \boldsymbol{r}'|} \mathrm{d}\boldsymbol{r}' + V_{\mathrm{xc}}[\omega; \rho(\boldsymbol{r})] \tag{15.4.2a}$$

$$V_{\mathrm{xc}}[\omega; \rho(\boldsymbol{r})] = \delta E_{\mathrm{xc}}[\omega; \rho(\boldsymbol{r})] / \delta \rho(\boldsymbol{r}) \tag{15.4.2b}$$

$E_{\mathrm{xc}}[\omega; \rho]$ 是系综的交换–相关能泛函, $V(\boldsymbol{r})$ 是外势场. 系综的总能量泛函为

$$E_{\mathrm{v}}[\omega; \rho] = T_{\mathrm{s}}[\omega; \rho] + \int \rho(\boldsymbol{r}) V(\boldsymbol{r}) \mathrm{d}\boldsymbol{r} + \frac{1}{2} \int \frac{\rho(\boldsymbol{r}')\rho(\boldsymbol{r})}{|\boldsymbol{r} - \boldsymbol{r}'|} \mathrm{d}\boldsymbol{r} \mathrm{d}\boldsymbol{r}' + E_{\mathrm{xc}}[\omega; \rho] \tag{15.4.3}$$

$$T_{\mathrm{s}}[\omega; \rho] = \sum_k \omega_k \sum_i^{\mathrm{occ}} \langle \psi_{ki} | -\frac{1}{2}\nabla^2 | \psi_{ki} \rangle \tag{15.4.3a}$$

式中, $T_{\mathrm{s}}[\omega; \rho]$ 是无相互作用系综的动能. 利用以上结果即可计算激发态的能量. 以两态系综计算第一激发态能量为例. 设基态和激发态都是非简并的, 则系综电荷密度为

$$\begin{aligned}\rho_\omega(\boldsymbol{r}) &= (1-\omega)\langle \Psi_1 |\hat{\rho}(\boldsymbol{r})| \Psi_1\rangle + \omega\langle \Psi_2 |\hat{\rho}(\boldsymbol{r})| \Psi_2\rangle \\ &= \sum_{i=1}^{N-1} |\psi_i(\boldsymbol{r})|^2 + (1-\omega)|\psi_N(\boldsymbol{r})|^2 + \omega|\psi_{N+1}(\boldsymbol{r})|^2 \qquad 0 \leqslant \omega \leqslant \frac{1}{2}\end{aligned} \tag{15.4.4a}$$

系综总能量泛函为

$$E(\omega) = E_{\mathrm{v}}[\omega;\rho_\omega] = (1-\omega)E_1 + \omega E_2 \tag{15.4.4b}$$

式中, E_1 和 E_2 分别是基态和激发态的能量. 第一激发能为

$$\Delta E = E_2 - E_1 = [E(\omega) - E(0)]/\omega \tag{15.4.5}$$

或者

$$\Delta E = \mathrm{d}E(\omega)/\mathrm{d}\omega$$

$E(\omega)$ 可以表示为

$$\begin{aligned}E(\omega) = E_{\mathrm{v}}[\omega;\rho_\omega] &= \sum_{i=1}^{N-1}\varepsilon_i + (1-\omega)\varepsilon_N + \omega\varepsilon_{N+1} \\ &-\frac{1}{2}\int\frac{\rho_\omega(\boldsymbol{r})\rho_\omega(\boldsymbol{r}')}{|\boldsymbol{r}-\boldsymbol{r}'|}\mathrm{d}\boldsymbol{r}\mathrm{d}\boldsymbol{r}' - \int\rho_\omega V_{\mathrm{xc}}[\omega;\rho_\omega(\boldsymbol{r})]\mathrm{d}\boldsymbol{r} + E_{\mathrm{xc}}[\omega;\rho_\omega]\end{aligned} \tag{15.4.6}$$

可以证明

$$\begin{aligned}\delta E(\omega) &= \delta T_{\mathrm{s}}[\omega;\rho_\omega] + \int V(\boldsymbol{r})\delta\rho_\omega(\boldsymbol{r})\mathrm{d}\boldsymbol{r} + \int\frac{\rho_\omega(\boldsymbol{r})\delta\rho_\omega(\boldsymbol{r}')}{|\boldsymbol{r}-\boldsymbol{r}'|}\mathrm{d}\boldsymbol{r}\mathrm{d}\boldsymbol{r}' + \delta E_{\mathrm{xc}}[\omega;\rho_\omega] \\ &= \left[\varepsilon_{N+1} - \varepsilon_N + \left.\frac{\partial E_{\mathrm{xc}}[\omega;\rho]}{\partial\omega}\right|_{\rho=\rho_\omega}\right]\delta\omega\end{aligned} \tag{15.4.7}$$

故有

$$E_2 - E_1 = \varepsilon_{N+1} - \varepsilon_N + \left.\frac{\partial E_{\mathrm{xc}}[\omega;\rho]}{\partial\omega}\right|_{\rho=\rho_\omega} \tag{15.4.8}$$

由于 $E(\omega)$ 和 $E(0)$ 是在不同的电荷密度 ρ_ω 和 ρ_0 下计算的, 而 ε_{N+1} 和 ε_N 是在相同的 ρ_ω 下计算的, 其数值又比前者小得多, 故式 (15.4.8) 的计算结果应比式 (15.4.5) 的结果更精确. 当 $\omega = \frac{1}{2}$时, 式 (15.4.8) 类似于 Slater 在 X_α 近似的基础上提出来的过渡态方法计算激发能的式子, 但两者并不完全相同. Slater 的式子基于假定激发态和基态的交换势对密度有相同的依赖关系. 从式 (15.4.8) 可以看出, 激发能并不等于过渡态的两个单电子能级之差, 第三项一般不等于零. 对于精确的 $E_{\mathrm{xc}}[\omega;\rho]$ 泛函, 式 (15.4.8) 的计算结果应与 ω 无关, 但对于近似的 $E_{\mathrm{xc}}[\omega;\rho]$ 泛函, 实际计算表明, 式 (15.4.8) 的计算结果随 ω 变化, ω 取特定值时才与实验值符合.

以上讨论可以推广到系综包含电子部分占据的开壳层的情况. 设体系的 Schrödinger 方程为

$$\hat{\boldsymbol{H}}\Psi_k = E_k\Psi_k \qquad k=1,\ \cdots, M; E_1 \leqslant E_2 \leqslant \cdots \tag{15.4.9}$$

系综的能量为

$$E=\sum_{k=1}^{M}\omega_k E_k \tag{15.4.10}$$

式中, $\omega_1 \geqslant \omega_2 \geqslant \cdots \geqslant \omega_M \geqslant 0$. 设选择权重因子 ω_i 为

$$\begin{gathered}\omega_1=\omega_2=\cdots=\omega_{M-g}=(1-\omega g)/(M-g)\\ \omega_{M-g+1}=\omega_{M-g+2}=\cdots=\omega_M=\omega\\ 0\leqslant\omega\leqslant 1/M \qquad 1\leqslant g\leqslant M-1\end{gathered} \tag{15.4.11}$$

显然有 $\sum\limits_{k=1}^{M}\omega_k=1$. $\omega=0$ 对应于 $M-g$ 个状态的等权系综, 而 $\omega=\dfrac{1}{M}$ 对应于 M 个状态的等权系综. 系综电子密度为

$$\rho_\omega(\boldsymbol{r})=\sum_{k=1}^{M}\omega_k\rho_k(\boldsymbol{r}) \tag{15.4.12}$$

根据推广的 Hohenberg-Kohn 定理, 系综能量 E 是 $\rho_\omega(\boldsymbol{r})$ 的泛函. 可以导出系综的 Kohn-Sham 方程为

$$\left[-\frac{1}{2}\nabla^2+V_{\mathrm{KS}}(\boldsymbol{r})\right]\psi_i(\boldsymbol{r})=\varepsilon_i\psi_i(\boldsymbol{r}) \tag{15.4.13}$$

系综的势函数

$$\begin{aligned}V_{\mathrm{KS}}(\boldsymbol{r})&=V(\boldsymbol{r})+\int\frac{\rho_\omega(\boldsymbol{r}')}{|\boldsymbol{r}-\boldsymbol{r}'|}\mathrm{d}\boldsymbol{r}'+V_{\mathrm{xc}}^{M,g}(\omega,\rho_\omega(\boldsymbol{r}))\\ \rho_\omega(\boldsymbol{r})&=\frac{1-\omega g}{M-g}\sum_{m=1}^{M-g}\langle\Psi_m|\,\hat{\boldsymbol{\rho}}(\boldsymbol{r})\,|\Psi_m\rangle+\omega\sum_{m=M-g+1}^{M}\langle\Psi_m|\,\hat{\boldsymbol{\rho}}(\boldsymbol{r})\,|\Psi_m\rangle\end{aligned} \tag{15.4.14}$$

$\{\Psi_m\}$ 是由 K-S 轨道构成的 M 个最低能量的 Schrödinger 方程的 Slater 行列式本征态. 交换–相关势为

$$V_{\mathrm{xc}}^{M,g}(\omega,\rho_\omega(\boldsymbol{r}))=\delta E_{\mathrm{xc}}^{M,g}[\omega;\rho]/\delta\rho(\boldsymbol{r})|_{\rho=\rho_\omega} \tag{15.4.15}$$

选择 M 态和 $M-g$ 态系综均为包含完整的多重态的系综, 即 M 的取值为

$$M_I=\sum_{i=1}^{I}g_i \tag{15.4.16}$$

I 是包含在 M_I 态系综中的总多重态数目, g_i 是第 i 个多重态的简并度. 选择 $g = g_I$ 为系综中能量最高的多重态的简并度, 则有

$$\rho_\omega^I(\boldsymbol{r}) = \frac{1-\omega g_I}{M_{I-1}} \sum_{i=1}^{I-1} \sum_{k=1}^{g_i} \langle \Psi_{i,k} | \hat{\boldsymbol{\rho}}(\boldsymbol{r}) | \Psi_{i,k} \rangle + \omega \sum_{k=1}^{g_I} \langle \Psi_{I,k} | \hat{\boldsymbol{\rho}}(\boldsymbol{r}) | \Psi_{I,k} \rangle \tag{15.4.17}$$

$$E^I(\omega) = \frac{1-\omega g_I}{M_{I-1}} (g_1 \bar{E}_1 + g_2 \bar{E}_2 + \cdots + g_{I-1} \bar{E}_{I-1}) + \omega g_I \bar{E}_I \tag{15.4.18}$$

式中, $M_{I-1} = M_I - g_I$, $\bar{E}_i$ 是第 i 个多重态的能量. 若取 $\omega = \dfrac{1}{M_I}$, 则等权系综能量为

$$E^I(1/M_I) = (g_1 \bar{E}_1 + g_2 \bar{E}_2 + \cdots + g_I \bar{E}_I)/M_I \tag{15.4.19}$$

对 $I-1$ 可写出类似方程, 由此可求得第 I 个激发多重态的能量为

$$\bar{E}_I = \left(\frac{M_I}{g_I}\right) \left[E^I(1/M_I) - E^{I-1}(1/M_{I-1})\right] + E^{I-1}(1/M_{I-1}) \tag{15.4.20}$$

以及

$$E^I(1/M_I) - E^{I-1}(1/M_{I-1}) = \left(\frac{1}{M_I}\right) \frac{\mathrm{d}E^I(\omega)}{\mathrm{d}\omega} \tag{15.4.21}$$

从基态能量算起的激发能为

$$\bar{E}_I - \bar{E}_1 = \frac{1}{g_I} \frac{\mathrm{d}E^I(\omega)}{\mathrm{d}\omega}\bigg|_{\omega=\omega_I} + \sum_{i=2}^{I-1} \frac{1}{M_i} \frac{\mathrm{d}E^i(\omega)}{\mathrm{d}\omega}\bigg|_{\omega=\omega_i} \tag{15.4.22}$$

用 Kohn-Sham 轨道表示 $\rho_\omega^I(\boldsymbol{r})$,

$$\rho_\omega^I(\boldsymbol{r}) = \sum_{j=1}^{\infty} \left(\frac{1-\omega g_I}{M_{I-1}} a_j + \omega b_j \right) |\psi_j(\boldsymbol{r})|^2 \tag{15.4.23}$$

式中, $a_j = \displaystyle\sum_{m=1}^{M_{I-1}} f_{mj}$, $b_j = \displaystyle\sum_{m=M_{I-1}+1}^{M_I} f_{mj}$, f_{mj} 是在第 m 个多重态中的第 j 个轨道上的电子占据数, $f_{mj} = 0$ 或 1, 可得

$$\begin{aligned} E^I(\omega) = & \sum_{j=1}^{\infty} \left(\frac{1-\omega g_I}{M_{I-1}} a_j + \omega b_j \right) \varepsilon_j - \frac{1}{2} \iint \frac{\rho_\omega^I(\boldsymbol{r}) \rho_\omega^I(\boldsymbol{r}')}{|\boldsymbol{r}-\boldsymbol{r}'|} \mathrm{d}\boldsymbol{r} \mathrm{d}\boldsymbol{r}' \\ & - \int \rho_\omega^I(\boldsymbol{r}) V_{\mathrm{xc}}^I \left[\omega; \rho_\omega^I(\boldsymbol{r})\right] \mathrm{d}\boldsymbol{r} + E_{\mathrm{xc}}^I \left[\omega; \rho_\omega^I\right] \end{aligned} \tag{15.4.24}$$

$$\frac{\mathrm{d}E^I(\omega)}{\mathrm{d}\omega} = \sum_{j=1}^{\infty} \left(b_j - \frac{g_I}{M_{I-1}} a_j \right) \varepsilon_j + \frac{\partial E_{\mathrm{xc}}^I[\omega; \rho]}{\partial \omega}\bigg|_{\rho=\rho_\omega^I} \tag{15.4.25}$$

若知道精确的 $E_{\rm xc}^I[\omega,\rho]$, 就可以计算 $\dfrac{{\rm d}E^I(\omega)}{{\rm d}\omega}$, 从而计算多重态激发能或激发态能量.

系综密度泛函理论的困难主要在于无法确定 $E_{\rm xc}[\omega;\rho]$ 泛函或其好的近似表达式. Kohn[70] 曾提出准定域密度近似 (quasi-local density approximation) 方法, 假定等权系综等效于具有相同电荷密度分布的在适当温度下的正则系综, 由正则系综的定域密度近似计算 $E_{\rm xc}[\omega;\rho]$ 和 $V_{\rm xc}[\omega;\rho(\boldsymbol{r})]$. 但计算过程复杂, 难于有实际应用.

系综–过渡态方法是严格的在 DFT 框架内的理论处理方法, 原则上可以解决激发态计算问题. 但迄今没有实际可用的适用于系综的精度足够高的交换–相关能密度泛函公式, 因此还不能用于有实际意义体系的计算.

15.4.2　多重态结构能级的计算

对于开壳层体系, 一个电子组态可以产生多个简并或非简并状态, 称为多重态结构. 这些状态一般不能用单行列式波函数描述. 密度泛函理论的 Kohn-Sham 方法形式上没有脱离单电子近似的理论框架, 因而不能直接用来处理电子多重态结构问题. 以简单的非简并轨道二电子体系为例. 组态 $\rm a^1b^1$ 按电子自旋取向不同可以构成四个行列式波函数 (微观态)

$$\varPhi_1=|{\rm a}\alpha{\rm b}\alpha|\qquad \varPhi_2=|{\rm a}\beta{\rm b}\beta|\qquad \varPhi_3=|{\rm a}\alpha{\rm b}\beta|\qquad \varPhi_4=|{\rm a}\beta{\rm b}\alpha|$$

设按 Kohn-Sham 方法由 $\varPhi_i$ 计算得到的电荷密度为 $\rho_i(\boldsymbol{r})$, 能量为 $E[\rho_i]$. $\varPhi_1$ 和 $\varPhi_2$ 分别对应于状态 ${}^3\varPsi_1$ 和 ${}^3\varPsi_{-1}$, $E[{}^3\varPsi_1]=E[\varPhi_1]=E[{}^3\varPsi_{-1}]=E[\varPhi_2]$. 但 ${}^3\varPsi_0$ 和 ${}^1\varPsi_0$ 分别为 ${}^3\varPsi_0=\dfrac{1}{\sqrt{2}}(\varPhi_3+\varPhi_4), {}^1\varPsi_0=\dfrac{1}{\sqrt{2}}(\varPhi_3-\varPhi_4)$, 不能用单行列式函数描述. $E[\varPhi_3]=E[\varPhi_4]$ 不是体系本征态的能量, 没有明确的物理意义.

Ziegler 等[71] 将 Slater 计算原子电子光谱项能量的方法 (参看 11.4.3 节) 推广应用于密度泛函理论, 提出由谱项能量和计算多重态能量的方法. 对于给定的组态, 在很多情况下, 单行列式函数对应的能量可表示为多重态能量的权重和

$$E[\varPhi_i]=\sum_j C_{ij}E_j \tag{15.4.26}$$

Ziegler 等假定 $E[\rho_i]=E[\varPhi_i]$, 于是有

$$E[\rho_i]=\sum_j C_{ij}E_j\qquad i=1,2,\cdots \tag{15.4.27}$$

若有足够多个这一类型的独立关系式, 则解上述方程组就可以求得多重态能量 $\{E_j\}$. 在上面简单的例子中

$$\begin{aligned}E[\rho_3]&=E[\rho_4]=\frac{1}{2}\left(E\left[{}^3\varPsi_0\right]+E\left[{}^1\varPsi_0\right]\right)\\E[\rho_1]&=E\left[{}^3\varPsi_1\right]=E\left[{}^3\varPsi_0\right]\end{aligned}$$

由 Φ_1 和 Φ_3 计算出 $E[\rho_1]$ 和 $E[\rho_3]$, 就可以求得三重态和单重态的能量. 应该指出在有些情况下独立关系式不够, 如苯的第一激发组态为 $(\mathrm{e_{1g}})^3(\mathrm{e_{2u}})^1$, 可产生 6 个状态: ${}^{3,1}E_{1\mathrm{u}}, {}^{3,1}B_{1\mathrm{u}}$ 和 ${}^{3,1}B_{2\mathrm{u}}$, 但只能得到 4 个不同的微观态能量 $E[\rho_i]$, 因而不能求得每个激发态的能级值, 只能求得 ${}^{3,1}E_{1\mathrm{u}}$ 的能量以及 ${}^{3,1}B_{1\mathrm{u}}$ 和 ${}^{3,1}B_{2\mathrm{u}}$ 的单、三重态能量平均值. Ziegler 等提出通过补充计算少数双电子积分的方法来处理这类困难. 以 $\mathrm{MnO_4^-}$ 为例, 由 $1\mathrm{t}_1 \to 5\mathrm{t}_2$ 单电子跃迁产生的 ${}^3\mathrm{T}_1$ 和 ${}^3\mathrm{T}_2$ 态波函数为

$$\begin{aligned}\Psi\left[{}^3\mathrm{T}_1\right] &= \frac{1}{\sqrt{2}}\left(|\mathrm{t}_{1x}\alpha\mathrm{t}_{2y}\alpha| + |\mathrm{t}_{1y}\alpha\mathrm{t}_{2x}\alpha|\right)\\ \Psi\left[{}^3\mathrm{T}_2\right] &= \frac{1}{\sqrt{2}}\left(|\mathrm{t}_{1x}\alpha\mathrm{t}_{2y}\alpha| - |\mathrm{t}_{1y}\alpha\mathrm{t}_{2x}\alpha|\right)\end{aligned} \tag{15.4.28}$$

式 (15.4.28) 中的两个行列式对应于相同的能量–两个态的能量平均值 $E[{}^3\mathrm{T}_{1,2}]$. 而两个状态的能量分别为

$$\begin{aligned}E\left[{}^3\mathrm{T}_1\right] &= E\left[{}^3\mathrm{T}_{1,2}\right] - I_1\\ E\left[{}^3\mathrm{T}_2\right] &= E\left[{}^3\mathrm{T}_{1,2}\right] + I_1\end{aligned} \tag{15.4.28a}$$

式中

$$I_1 = \int \mathrm{t}_{1x}(\boldsymbol{r}_1)\mathrm{t}_{2x}(\boldsymbol{r}_2)\frac{1}{r_{12}}\mathrm{t}_{1y}(\boldsymbol{r}_1)\mathrm{t}_{2y}(\boldsymbol{r}_2)\mathrm{d}\boldsymbol{r}_1\mathrm{d}\boldsymbol{r}_2 \tag{15.4.28b}$$

是要计算的双电子积分. 对于 $4\,\mathrm{t}_2 \to 5\mathrm{t}_2$ 产生的激发态也存在类似问题, 需要计算积分

$$I_2 = \int 4\mathrm{t}_{2x}(\boldsymbol{r}_1)5\mathrm{t}_{2x}(\boldsymbol{r}_2)\frac{1}{r_{12}}4\mathrm{t}_{2y}(\boldsymbol{r}_1)5\mathrm{t}_{2y}(\boldsymbol{r}_2)\mathrm{d}\boldsymbol{r}_1\mathrm{d}\boldsymbol{r}_2$$

Daul 等[72] 利用体系的对称性系统地发展了由谱项能量和计算多重态能量的方法. 对于给定的组态, 多重态波函数 Ψ_i 可以表示为行列式函数 Φ_μ 的线性组合 $\Psi_i = \sum\limits_{\mu} A_{i\mu}\Phi_\mu$, 组合系数 $A_{i\mu}$ 由对称性决定, 可以用矢量耦合方法求得. 以组态的单电子能量为零点, 在很多情况下多重态的能量可表达为 (参看 11.4.3 节)

$$E\left[\Psi_i\right] = \sum_{j=1}^{r} C_{ij}E\left[\Phi_{\mu j}\right] \tag{15.4.29}$$

式中, 系数 C_{ij} 由体系对称性确定, $\Phi_{\mu j}$ 是在微观态中挑选出来的 r 个非多余 (nonredundant) 行列式函数; 在高对称性体系中, $\Phi_{\mu j}$ 只是可能存在的微观态中的一小部分. 计算出 r 个单行列式的能量, 就可以求出给定组态的所有多重态能量. 例如, 对于 d^2 正八面体络合物, e^2 组态产生的谱项有: ${}^1A_1$, ${}^3A_2$, ${}^1E$. 存在的微观态有六个

$$\begin{aligned}&\Phi_1 = \left|\mathrm{e}_\varepsilon^+\mathrm{e}_\varepsilon^-\right| \qquad &&\Phi_2 = \left|\mathrm{e}_\theta^+\mathrm{e}_\theta^-\right| \qquad &&\Phi_3 = \left|\mathrm{e}_\varepsilon^+\mathrm{e}_\theta^+\right|\\ &\Phi_4 = \left|\mathrm{e}_\varepsilon^-\mathrm{e}_\theta^+\right| &&\Phi_5 = \left|\mathrm{e}_\varepsilon^+\mathrm{e}_\theta^-\right| &&\Phi_6 = \left|\mathrm{e}_\varepsilon^-\mathrm{e}_\theta^-\right|\end{aligned}$$

可以求得

$$E[\Phi_1]=E[\Phi_2] \qquad E[\Phi_3]=E[\Phi_6]$$

$$E[\Phi_4]=\frac{1}{3}E[\Phi_1]+\frac{2}{3}E[\Phi_3]=E[\Phi_5]$$

故非多余行列式函数可取为 Φ_1 和 Φ_3. 多重态能量为

$$E\left[{}^1A_1\right]=\frac{4}{3}E[\Phi_1]-\frac{1}{3}E[\Phi_3]$$

$$E\left[{}^3A_2\right]=E[\Phi_3]$$

$$E\left[{}^1E\right]=\frac{2}{3}E[\Phi_1]+\frac{1}{3}E[\Phi_3]$$

但 Daul 的方法存在以下问题:

(1) 用非多余行列式计算出来的电荷密度分布可能不具有体系的完全对称性. 例如, 上例中的 Φ_1, 用那样的行列式函数作 Kohn-Sham 方法计算, 将得到不合理的结果.

(2) 当有两个以上对称性相同的谱项能量接近时, 必须考虑组态相互作用, 此时式中将包含有 Hamilton 矩阵的非对角元, 需要计算一些双电子积分. 例如, Daul 等在研究二茂钌 Ru(Cp)$_2$ 时, 在 $D_{5\mathrm{h}}$ 对称性场作用下 4d 轨道分裂为 $\mathrm{e}_2', \mathrm{a}_1', \mathrm{e}_1''$, 其基态为 $\left|(3\mathrm{e}_2')^4(5\mathrm{a}_1')^2(4\mathrm{e}_1'')^0, {}^1A_1'\right\rangle$, 单激发组态的三个三重态为

$$\left|(3\mathrm{e}_2')^4(5\mathrm{a}_1')^1(4\mathrm{e}_1'')^1,\ {}^3E_1''\right\rangle$$

$$\left|(3\mathrm{e}_2')^3(5\mathrm{a}_1')^2(4\mathrm{e}_1'')^1,\ {}^3E_1''\right\rangle$$

$$\left|(3\mathrm{e}_2')^3(5\mathrm{a}_1')^2(4\mathrm{e}_1'')^1,\ {}^3E_2'\right\rangle$$

前两个 ${}^3E_1''$ 态能级接近, 要考虑组态相互作用, 需要计算这两态间的非对角 Hamilton 矩阵元 (双电子排斥积分).

Stückl 等[73] 将过渡态概念与计算谱项和方法结合起来计算激发能. 将在基态与激发态构成的系综中从始态到终态的跃迁视为电子占据数的连续重新分布, 产生系综的连续变化. 映射到 $\lambda\in[0,1]$ 区间, 始态对应于 $\lambda=0$, 终态对应于 $\lambda=1$, 跃迁过程相当于 λ 从 0~1 的变化. 取 $\lambda=\dfrac{1}{2}$ 为过渡态, 可以求得终态与始态的能量差为

$$E_f-E_i\cong E\left[\rho^{(\lambda=\frac{1}{2})}\left\{n_{i\sigma}^{(f)}\right\}\right]-E\left[\rho^{(\lambda=\frac{1}{2})}\left\{n_{i\sigma}^{(i)}\right\}\right] \tag{15.4.30}$$

式中, $\left\{n_{i\sigma}^{(f)}\right\}$ 和 $\left\{n_{i\sigma}^{(i)}\right\}$ 分别是终态和始态在过渡态单电子函数上的占据数. 具体做法是: 将基态与激发态的电子组态平均起来作为过渡电子组态, 并将电子平均分布在简并轨道中以保持电荷分布的完全对称性. 按过渡态进行 Kohn-Sham 计算求

得单电子轨道. 用这些轨道构造行列式函数, 用求和方法计算基态和激发态 (多重态) 的能量. 这个方法用来计算过 $RuO_4, MnO_4^-, CrO_4^{2-}$ 的激发能.

为了能够从一次自洽场计算得出具有正确的空间和自旋对称性的多重态能级, Filatov 等[74] 提出自旋限制的开壳层 Kohn-Sham(ROKS) 方法. 将体系单电子函数分为全占据闭壳层子空间和部分占据的开壳层子空间. 设体系的多重态 $\varGamma$ 的能量可以表示为

$$E^{\varGamma} = \sum_L C_L E(\varPhi_L) \qquad \sum_L C_L = 1 \tag{15.4.31}$$

式中, $E(\varPhi_L)$ 是按行列式函数 $\varPhi_L$(微观态) 计算的能量. 记

$$\begin{aligned} h_i &= \left\langle \psi_i \left| -\frac{1}{2}\nabla^2 + V(\boldsymbol{r}) \right| \psi_i \right\rangle \\ J_{ij} &= \int \psi_i^*(\boldsymbol{r}_1)\psi_j^*(\boldsymbol{r}_2)\frac{1}{r_{12}}\psi_i(\boldsymbol{r}_1)\psi_j(\boldsymbol{r}_2)\mathrm{d}\boldsymbol{r}_1\mathrm{d}\boldsymbol{r}_2 \\ f_m &= \frac{1}{2}\sum_L C_L(n_{mL}^{\alpha} + n_{mL}^{\beta}) \\ a_{mn} &= \frac{1}{4f_m f_n}\sum_L (n_{mL}^{\alpha} + n_{mL}^{\beta})(n_{nL}^{\alpha} + n_{nL}^{\beta}) \end{aligned} \tag{15.4.32}$$

式中, $V(\boldsymbol{r})$ 是外势场, n_{mL}^{α} 是在第 L 个行列式中 m 轨道的电子占据数, 则体系能量可表示为

$$\begin{aligned} E^{\varGamma} = &\sum_k 2h_k + \sum_{k,l} 2J_{kl} \\ &+ \sum_m f_m \left(2h_m + 2\sum_k 2J_{km} + \sum_n 2f_n a_{mn} J_{mn} \right) + \sum_L C_L E_{\mathrm{xc}L} \end{aligned} \tag{15.4.33}$$

式中, 对 k, l 的求和遍及闭壳层轨道, 对 m, n 的求和遍及开壳层轨道, $E_{\mathrm{xc}L}$ 是微观态 L 的交换–相关能泛函

$$E_{\mathrm{xc}L} = E_{\mathrm{xc}}[\rho_L^{\alpha}, \rho_L^{\beta}] = \int \varepsilon_{\mathrm{xc}}[\rho_L^{\alpha}, \rho_L^{\beta}]\rho(\boldsymbol{r})\mathrm{d}\boldsymbol{r} \tag{15.4.33a}$$

式中, $\varepsilon_{\mathrm{xc}}[\rho_L^{\alpha}, \rho_L^{\beta}]$ 是一个电子的交换–相关能, ρ_L^{σ} 是微观态 L 的 σ 电子密度 ($\sigma = \alpha, \beta$)

$$\rho_L^{\sigma}(\boldsymbol{r}) = \sum_k \psi_k^*(\boldsymbol{r})\psi_k(\boldsymbol{r}) + \sum_m n_{mL}^{\sigma}\psi_m^*(\boldsymbol{r})\psi_m(\boldsymbol{r}) \tag{15.4.33b}$$

ρ_L^{σ} 不一定具有体系的全对称性. 其全对称性部分为

$$\begin{aligned} \bar{\rho}_{\mathrm{s}}(\boldsymbol{r}) &= \sum_k 2\psi_k^*(\boldsymbol{r})\psi_k(\boldsymbol{r}) + \sum_m 2f_m\psi_m^*(\boldsymbol{r})\psi_m(\boldsymbol{r}) \\ &= \sum_L C_L[\rho_L^{\alpha}(\boldsymbol{r}) + \rho_L^{\beta}(\boldsymbol{r})] \end{aligned} \tag{15.4.34}$$

$\bar{\rho}_s(\boldsymbol{r})$ 不是一个纯态的密度, 但它是一个无相互作用系综的 V 可表示密度. 采用 Roothaan 的耦合算符方法, 将 E^{Γ} 对 $\bar{\rho}_s$ 变分, 可求得单电子方程 (假定对于所有开壳层轨道 $f_m = f_n = f$)

$$\begin{aligned}&\Big\{\hat{\boldsymbol{h}} + 2\hat{\boldsymbol{J}}_T + V_{\text{xc}}^c + \hat{\gamma}\left[2\hat{\boldsymbol{J}}_o{}^m + \kappa\left(V_{\text{xc}}^c - V_{\text{xc}m}^o\right)\right]\hat{\boldsymbol{\rho}}_m \\ &+\hat{\boldsymbol{\rho}}_m\left[2\hat{\boldsymbol{J}}_o{}^m + \kappa\left(V_{\text{xc}}^c - V_{\text{xc}m}^o\right)\right]\hat{\gamma}\Big\}\psi_i = \varepsilon_i\psi_i\end{aligned} \tag{15.4.35}$$

式中

$$\hat{\boldsymbol{J}}_T = \sum_l \int \psi_l^*(\boldsymbol{r}_2) r_{12}^{-1}\psi_l(\boldsymbol{r}_2)\mathrm{d}\boldsymbol{r}_2 + f\sum_n \int \psi_n^*(\boldsymbol{r}_2) r_{12}^{-1}\psi_n(\boldsymbol{r}_2)\mathrm{d}\boldsymbol{r}_2 \tag{15.4.35a}$$

$$\hat{\boldsymbol{J}}_o^m = \frac{f}{1-f}\sum_n (1-a_{mn})\int \psi_n^*(\boldsymbol{r}_2) r_{12}^{-1}\psi_n \mathrm{d}\boldsymbol{r}_2$$

$$\hat{\gamma} = \sum_k |\psi_k\rangle\langle\psi_k| - \frac{1}{\kappa} + \frac{1}{2\kappa}\sum_m |\psi_m\rangle\langle\psi_m| \tag{15.4.35b}$$

$$\hat{\boldsymbol{\rho}}_m = |\psi_m\rangle\langle\psi_m| \qquad \kappa = \frac{1}{1-f}$$

$$V_{\text{xc}}^c = \frac{1}{2}\sum_L C_L(V_{\text{xc}L}^{\alpha} + V_{\text{xc}L}^{\beta})$$

$$V_{\text{xc}m}^o = \frac{1}{2f}\sum_L C_L(V_{\text{xc}L}^{\alpha} n_{mL}^{\alpha} + V_{\text{xc}L}^{\beta} n_{mL}^{\beta}) \tag{15.4.35c}$$

$$V_{\text{xc}L}^{\sigma} = \delta E_{\text{xc},L}/\delta\rho_L^{\sigma} \qquad \sigma = \alpha,\beta$$

引入算符 $\hat{\boldsymbol{H}}_L^{\sigma}$

$$\hat{\boldsymbol{H}}_L^{\sigma} = \hat{\boldsymbol{h}} + 2\hat{J}_c + \sum_m \frac{n_{mL}^{\sigma}}{f}\hat{J}_m + V_{\text{xc}L}^{\sigma} \qquad \sigma = \alpha,\beta \tag{15.4.36}$$

式中, $\hat{\boldsymbol{h}}$、$\hat{J}_c$ 和 $\hat{J}_m$ 分别是单体算符、闭壳层和开壳层的库仑算符, 则方程式 (15.4.35) 的 Hamilton 算符可写为

$$\begin{aligned}\hat{\boldsymbol{H}} = &\sum_L C_L\frac{\hat{\boldsymbol{H}}_L^{\alpha} + \hat{\boldsymbol{H}}_L^{\beta}}{2} + \kappa\sum_m\left[\hat{\gamma}\sum_L C_L\left\{\frac{(f-n_{mL}^{\alpha})}{2f}\hat{\boldsymbol{H}}_L^{\alpha} + \frac{(f-n_{mL}^{\beta})}{2f}\hat{\boldsymbol{H}}_L^{\beta}\right\}\hat{\boldsymbol{\rho}}_m\right. \\ &\left.+\hat{\boldsymbol{\rho}}_m\sum_L C_L\left\{\frac{f-n_{mL}^{\alpha}}{2f}\hat{\boldsymbol{H}}_{mL}^{\alpha} + \frac{(f-n_{mL}^{\beta})}{2f}\hat{\boldsymbol{H}}_L^{\beta}\right\}\hat{\gamma}\right]\end{aligned} \tag{15.4.37}$$

这个式子更便于应用现有的计算程序. 由方程式 (15.4.35) 计算出单电子函数 $\{\psi_i(\boldsymbol{r})\}$, 就可以按式 (15.4.31) 计算多重态能量. 应该指出, 式 (15.4.31) 中的 C_L 不一定为正数, 这是与系综 V 可表示性的要求不相符的. 可以限定 C_L 只取正数, 但有些谱项的能量就无法表示出来, 只能将适当谱项能量的组合用式 (15.4.31) 表

示. 从计算简便考虑, 还是允许 C_L 取负值为好, 这样做对计算结果精度影响很小 (误差在几个 m Hartree 以内), 也不会产生数值不稳定性.

在多重态能量计算中有一个基本问题就是交换–相关能如何用近似公式计算. 直接将源于单行列式函数的 LSDA 近似应用到多行列式函数 (多重态) 的情况, 会得到不合理的结果 (例如导致三重态的能级分裂). 为了解决这一问题, 有人建议将用 ρ^α 和 ρ^β 表示的交换–相关能泛函 $E_{\mathrm{xc}}^{\mathrm{LSDA}}$ 改用总电荷密度 $\rho(\boldsymbol{r})$ 和定域对密度 $P_2(\boldsymbol{r})$ 表示 $[\boldsymbol{x}_i \equiv (\boldsymbol{r}_i, \sigma_i)]$

$$P_2(\boldsymbol{r}) = \frac{1}{2}N(N-1)\int |\Psi(\boldsymbol{x}_1\boldsymbol{x}_2\cdots\boldsymbol{x}_{\mathrm{N}})|^2 \,\mathrm{d}\sigma_1\mathrm{d}\sigma_2\cdot\mathrm{d}\boldsymbol{x}_3\cdots\mathrm{d}\boldsymbol{x}_{\mathrm{N}}\,|_{\boldsymbol{r}_1=\boldsymbol{r}_2=\boldsymbol{r}} \tag{15.4.38}$$

LSDA 交换能泛函可表达为

$$\begin{aligned} E_{\mathrm{x}}^{\mathrm{LSDA}} &= -2^{-4/3}C_{\mathrm{x}}^{\sigma}\int \rho^{4/3}(\boldsymbol{r})F(\zeta)\mathrm{d}\boldsymbol{r} \qquad C_{\mathrm{x}}^{\sigma} = \frac{3}{2}\left(\frac{3}{4\pi}\right)^{1/3} \\ F(\zeta) &= (1+\zeta)^{4/3} + (1-\zeta)^{4/3} \\ \zeta &= [\rho_\alpha(\boldsymbol{r}) - \rho_\beta(\boldsymbol{r})]/\rho(\boldsymbol{r}) \end{aligned} \tag{15.4.39}$$

对于单行列式函数, 由式 (15.4.38) 和式 (15.4.39) 可得

$$P_2(\boldsymbol{r}) = \rho_\alpha(\boldsymbol{r})\rho_\beta(\boldsymbol{r}) = (1-\zeta^2)\rho^2(\boldsymbol{r})/4 \tag{15.4.40}$$

$$\zeta = [1 - 4P_2(\boldsymbol{r})/\rho^2(\boldsymbol{r})]^{1/2} \tag{15.4.40a}$$

将式 (15.4.40a) 代入式 (15.4.39) 即得到 $E_{\mathrm{x}}^{\mathrm{LSDA}}$ 用 $\rho(r)$ 和 $P_2(r)$ 表达的式子. 对于单行列式函数, 该表达式等价于

$$E_{\mathrm{xc}}^{\mathrm{LSDA}} = -C_{\mathrm{x}}\int \left[\rho_\alpha^{4/3}(\boldsymbol{r}) + \rho_\beta^{4/3}(\boldsymbol{r})\right]\mathrm{d}\boldsymbol{r}$$

但用于多行列式函数, 则不等价并且不会出现不合理的计算结果.

计算谱项能量和的方法利用对称性解决多重态结构问题, 计算易于进行, 已经应用于有实际意义体系的计算, 但是在有些情况下不能应用. Ziegler 等最初提出的方法可能要多次解 Kohn-Sham 方程, Filatov 等人的 ROKS 方法较好地解决了这一问题.

15.4.3 绝热关联–微扰理论方法

波函数方法处理激发态与多重态结构问题的原理很清楚, 但计算量太大. DFT 对闭壳层体系基态处理较好, 计算量小, 但处理激发态和多重态结构问题有困难. 将两者结合起来, 有可能达到取长补短的效果.

Görling[75] 提出基于绝热关联观念的微扰理论方法. 将 Schrödinger 方程写成

$$\left[\hat{\boldsymbol{T}}+\alpha\hat{\boldsymbol{V}}_{\rm ee}+\hat{\boldsymbol{V}}^{\alpha}\right]\Psi_n^{a}=E_n^{\alpha}\Psi_n^{\alpha}\qquad n=0,1,\cdots\tag{15.4.41}$$

式中, $\hat{\boldsymbol{T}}$ 是动能算符, $\hat{\boldsymbol{V}}_{\rm ee}=\sum\limits_{i<j}\dfrac{1}{r_{ij}}$; 当 $\alpha=0$ 时

$$\hat{\boldsymbol{V}}^{0}=\hat{\boldsymbol{V}}_{\rm s}=V(\boldsymbol{r})+V_{\rm Coul}([\rho_0];\boldsymbol{r})+V_{\rm xc}([\rho_0];\boldsymbol{r})\tag{15.4.42}$$

式中, $\hat{\boldsymbol{V}}_{\rm s}$ 是多电子体系的 Kohn-Sham 有效势, 当 $\alpha=1$ 时, $\hat{\boldsymbol{V}}^1=V(\boldsymbol{r})$. 当 α 从 0 逐渐增加到 1, 多粒子 Kohn-Sham 方程就沿绝热关联途径过渡到 Schrödinger 方程. 从方程式 (14.4.41) 的解 Ψ_0^{α} 求出的基态电荷密度 ρ_0 是不随 α 改变的, 根据 Hohenberg-Kohn 定理, $\hat{\boldsymbol{V}}^{\alpha}$ 是 $\rho_0(\boldsymbol{r})$ 的泛函, $\hat{\boldsymbol{V}}^{\alpha}=V^{\alpha}([\rho_0];\boldsymbol{r})$, Ψ_n^{α} 也是 ρ_0 的泛函.

绝热关联理论处理激发态问题的基本假定是: 相同对称性本征态 Ψ_n^{α} 的能级顺序沿绝热关联途径 (从 $\alpha=0$ 到 $\alpha=1$) 是不变的, Kohn-Sham 方程的第 n 个本征态 Φ_n 沿绝热相关途径连续过渡到 Schrödinger 方程的相应本征态 Ψ_n^1. 与 α 有关的第 n 个本征态的能量为

$$E_n^{\alpha}=F_n^{\alpha}[\rho_0]+\int\rho_n^{o}(\boldsymbol{r})V^{\alpha}([\rho_0];\boldsymbol{r})\mathrm{d}\boldsymbol{r}\tag{15.4.43}$$

$$F_n^{\alpha}[\rho_0]=\langle\Phi_n[\rho_0]|\hat{\boldsymbol{T}}|\Phi_n[\rho_0]\rangle+U_n[\rho_0]+E_{{\rm x},n}[\rho_0]+E_{{\rm c},n}^{\alpha}[\rho_0]\tag{15.4.44}$$

式中, ρ_n^{o} 是第 n 个 Kohn-Sham 本征态 $\Phi_n=\Psi_n^{o}$ 的电子密度 (注意 $\rho_n^0\neq\rho_n^{\alpha}$, 后者随 α 改变), $U_n[\rho_0]$ 是 ρ_n^{o} 的库仑作用能, $E_{{\rm x},n}[\rho_0]=\langle\Phi_n[\rho_0]|\hat{\boldsymbol{V}}_{\rm ee}|\Phi_n[\rho_0]\rangle-U_n[\rho_0]$ 是 Kohn-Sham 交换能, $E_{{\rm c},n}^{\alpha}[\rho_0]$ 包含了用 Kohn-Sham 波函数代替 Ψ_n^{α} 而未得到的全部能量

$$E_{{\rm c},n}^{\alpha}[\rho_0]=\langle\Psi_n^{\alpha}[\rho_0]|\,\hat{\boldsymbol{T}}+\alpha\hat{\boldsymbol{V}}_{\rm ee}+\hat{\boldsymbol{V}}^{\alpha}\,|\Psi_n^{\alpha}[\rho_0]\rangle-\langle\Phi_n[\rho_0]|\,\hat{\boldsymbol{T}}+\alpha\hat{\boldsymbol{V}}_{\rm ee}+\hat{\boldsymbol{V}}^{\alpha}\,|\Phi_n[\rho_0]\rangle\tag{15.4.45}$$

$F_n^{\alpha}[\rho_0]$ 可看作推广的激发态 Hohenberg-Kohn 泛函. 为计算激发态能量, 先解基态 Kohn-Sham 方程, 求得 $\rho_0(\boldsymbol{r})$ 和 $\Phi_n[\rho_0]$, 进而可以计算激发态能级 E_n^1.

问题是如何精确计算 $E_{{\rm x},n}[\rho_0]$ 和 $E_{{\rm c},n}^1[\rho_0]$. 为此采用微扰理论方法. 将 $V^{\alpha}([\rho_0];\boldsymbol{r})$ 展开为 α 的幂级数

$$V^{\alpha}([\rho_0];\boldsymbol{r})=\sum_{k=0}^{\infty}\alpha^k\,V_k([\rho_0];\boldsymbol{r})\tag{15.4.46}$$

级数的零级项 $V_0([\rho_0];\boldsymbol{r})=V_{\rm s}(\boldsymbol{r})$, 高级项与库仑势和交换–相关势有关. 由基态电子密度 ρ_0 与 α 无关的条件, 可以导出 $V_k(k\geqslant 1)$ 作为 Kohn-Sham 轨道、Kohn-Sham 本征值差和 $V_l(1\leqslant l\leqslant k-1)$ 的泛函; $V_k=V_k\left([\{\psi_i\},\{\varepsilon_i-\varepsilon_{i'}\},V_1(\boldsymbol{r}),\cdots,V_{k-1}(\boldsymbol{r})];\boldsymbol{r}\right)$, 从而可以逐级进行计算. 将 E_n^{α} 与 F_n^{α} 也作级数展开

$$E_n^\alpha = \sum_{k=0}^{\infty} \alpha^k E_{n,k} \tag{15.4.47}$$

$$F_n^\alpha = \sum_{k=0}^{\infty} \alpha^k F_{n,k} \tag{15.4.48}$$

则有

$$E_{n,k} = F_{n,k}\left[\{\psi_i\}, \{\varepsilon_i - \varepsilon_{i'}\}, V_1(\boldsymbol{r}), \cdots, V_{k-1}(\boldsymbol{r})\right] + \int \rho_n^0(\boldsymbol{r}) V_k(\boldsymbol{r}) \mathrm{d}\boldsymbol{r} \tag{15.4.49}$$

在 $\alpha = 1$ 时

$$\sum_{k=0}^{\infty} V_k([\rho_0]; \boldsymbol{r}) = V(\boldsymbol{r}) \tag{15.4.50}$$

$$E_n^1 = \sum_{k=0}^{\infty} F_{n,k}\left[\{\psi_i\}, \{\varepsilon_i - \varepsilon_{i'}\}, V_1(\boldsymbol{r}), \cdots, V_{k-1}(\boldsymbol{r})\right] + \int \rho_n^0(\boldsymbol{r}) V(\boldsymbol{r}) \mathrm{d}\boldsymbol{r} \tag{15.4.51}$$

式中

$$F_{n,0}[\rho_0] = \langle \Phi_n[\rho_0] | \hat{\boldsymbol{T}} | \Phi_n[\rho_0] \rangle \tag{15.4.51a}$$

$$F_{n,1}[\rho_0] = \langle \Phi_n[\rho_0] | \hat{\boldsymbol{V}}_{\mathrm{ee}} | \Phi_n[\rho_0] \rangle \tag{15.4.51b}$$

$$\begin{aligned} F_{n,2}[\rho_0] = & \sum_{j \neq n} \frac{\langle \Phi_n[\rho_0] | (\hat{\boldsymbol{V}}_{\mathrm{ee}} - \hat{\boldsymbol{V}}_{\mathrm{Coul}}[\rho_0] - \hat{\boldsymbol{V}}_{\mathrm{x}}[\rho_0]) | \Phi_j[\rho_0] \rangle}{E_n^{\mathrm{KS}} - E_j^{\mathrm{KS}}} \\ & \times \langle \Phi_j[\rho_0] | (\hat{\boldsymbol{V}}_{\mathrm{ee}} - \hat{\boldsymbol{V}}_{\mathrm{Coul}}[\rho_0] - \hat{\boldsymbol{V}}_{\mathrm{x}}[\rho_0]) | \Phi_n[\rho_0] \rangle \end{aligned} \tag{15.4.51c}$$

式中, $\hat{\boldsymbol{V}}_{\mathrm{Coul}}[\rho_0]$ 和 $\hat{\boldsymbol{V}}_{\mathrm{x}}[\rho_0]$ 分别是密度泛函理论中的库仑势和交换势算符, E_n^{KS} 是 Φ_n 对应的能量. 由于 Φ_n 和 E_n^{KS} 是由 Kohn-Sham 轨道和本征值计算的, 所以 $F_{n,k}[\rho_0]$ 也可表达为它们的泛函.

例如, 闭壳层体系的一个电子从占据轨道 ψ_i 跃迁到空轨道 ψ_v 时产生单态 (S) 或三重态 (T), 则零级近似跃迁能为

$$\Delta_0 E(\mathrm{S}, i \to v) = \Delta_0 E(\mathrm{T}, i \to v) = \varepsilon_v - \varepsilon_i \tag{15.4.52}$$

一级校正值为

$$\Delta_1 E(\mathrm{S}, i \to v) = \langle \psi_v | \hat{\boldsymbol{V}}_{\mathrm{x}}^{NL} - \hat{\boldsymbol{V}}_{\mathrm{x}}[\rho_0] | \psi_v \rangle - \langle \psi_i | \hat{\boldsymbol{V}}_{\mathrm{x}}^{NL} - \hat{\boldsymbol{V}}_{\mathrm{x}}[\rho_0] | \psi_i \rangle - (vv|ii) + 2(vi|vi) \tag{15.4.53}$$

$$\Delta_1 E(\mathrm{T}, i \to v) = \langle \psi_v | \hat{\boldsymbol{V}}_{\mathrm{x}}^{NL} - \hat{\boldsymbol{V}}_{\mathrm{x}}[\rho_0] | \psi_v \rangle - \langle \psi_i | \hat{\boldsymbol{V}}_{\mathrm{x}}^{NL} - \hat{\boldsymbol{V}}_{\mathrm{x}}[\rho_0] | \psi_i \rangle - (vv|ii) \tag{15.4.53a}$$

式中, $(ij|kl)$ 是电子排斥积分, $\hat{\boldsymbol{V}}_{\mathrm{x}}^{NL}$ 是 Hartree-Fock 型交换算符.

绝热相关–微扰理论方法实际上是利用基态 Kohn-Sham 计算求得单电子轨道及能级, 参照多体微扰理论方法, 以多粒子库仑相互作用算符与 Kohn-Sham 有效势之差作为微扰, 计算基态与激发态能量. 由于使用了波函数, 状态的对称性是明确的, Kohn-Sham 方法则因只用到电荷密度, 不能直接描述态的对称性. 这种方法原则上可以得到精确结果, 但要计算大量双电子排斥积分, 用于实际体系, 计算量将与 MBPT 方法在相同的量级.

15.4.4　MRCI-DFT 方法

CI 是处理电子相关作用的标准方法. CI 和 MCSCF 方法处理长程 (非动态) 相关作用很有效, 是处理激发态和多重态结构问题的最重要的方法. 但 CI 方法收敛慢, 计算量很大, 原因是计算动态相关作用效率低. 另一方面, DFT 较好地计及动态 (短程) 相关, 但不能处理以多组态为固有特征的问题 (如多重态结构). 将两者结合起来, 可以取长补短.

Grimme 等[76] 提出多参考态 CI 与 DFT 结合的方法如下：设 n_i 为闭壳层基态组态中第 i 个分子轨道的电子占据数, 则按波函数量子力学方法, 可以写出

$$F_{ij}^{\text{HF}} = h_{ij} + \sum_k n_k \left[(ij|kk) - \frac{1}{2}(ik|jk)\right] \tag{15.4.54}$$

$$E^{\text{HF}} = \sum_i n_i F_{ii}^{\text{HF}} - \frac{1}{2}\sum_i n_i n_j \left[(ii|jj) - \frac{1}{2}(ij|ij)\right] \tag{15.4.55}$$

$$\begin{aligned}\hat{\boldsymbol{H}} - E^{\text{HF}} = & -\sum_i n_i F_{ii}^{\text{HF}} - \frac{1}{2}\sum_{ij} n_i n_j \left[(ii|jj) - \frac{1}{2}(ij|ij)\right] + \sum_{ij} F_{ij}^{\text{HF}} \hat{\boldsymbol{E}}_i^j \\ & - \sum_{ijk}\left[(ij|kk) - \frac{1}{2}(ik|jk)\right] n_k \hat{\boldsymbol{E}}_i^j + \frac{1}{2}\sum_{ijkl}(ij|kl)\left[\hat{\boldsymbol{E}}_i^j \hat{\boldsymbol{E}}_k^l - \delta_{jk}\hat{\boldsymbol{E}}_i^l\right]\end{aligned} \tag{15.4.56}$$

式中, $\hat{\boldsymbol{E}}_i^j$ 等是单体空穴–粒子 (去) 激发算符 (参看 17.3.2 节). 采用自旋和空间都对称性匹配的组态函数 (Slater 行列式的线性组合)$|\omega\, w\rangle$ 为 CI 计算的基函数 (w 和 ω 分别标志行列式函数的轨道和自旋耦合特征). Hamilton 矩阵元可分为四类. 除对角元以外, 还有三类非对角元：(I) 两个组态函数的空间部分相同、自旋耦合部分不同; (II a) 空间部分有一个轨道不同; (II b) 空间部分有两个轨道不同.

直接用 CI 方法收敛很慢, 要求很大的变分组态空间; 在 CI 方法框架内加 DFT 动态相关能校正, 可以大幅度减少组态数目. 要解决的主要问题是避免动态相关能的重复计算. 为此, 除对角元加校正项外, 对非对角元进行指数衰减处理.

将对角元取为

$$
\begin{aligned}
&\langle \omega w|\hat{\boldsymbol{H}}^{\rm DFT}-E^{\rm DFT}|\omega w\rangle \\
&=\langle \omega w|\hat{\boldsymbol{H}}-E^{\rm HF}|\omega w\rangle-\sum_{c}^{n_{\rm exc}}(F_{cc}^{\rm HF}-F_{cc}^{\rm KS})+\sum_{a}^{n_{\rm exc}}(F_{aa}^{\rm HF}-F_{aa}^{\rm KS}) \\
&\quad+\frac{1}{n_{\rm exc}}\sum_{a}^{n_{\rm exc}}\sum_{c}^{n_{\rm exc}}(p_J(aa|cc)-p[N_0](ac|ac))
\end{aligned}
\tag{15.4.57}
$$

式中, $F_{ij}^{\rm KS}$ 是 Kohn-Sham 方程的 Hamilton 算符对基态组态轨道的矩阵元

$$
F_{ij}^{\rm KS}=h_{ij}+\langle i|V_{\rm xc}|j\rangle+\sum_{k}n_k(ij|kk) \tag{15.4.58}
$$

$E^{\rm DFT}$ 是基态组态行列式的纯 DFT 能量, c 和 a 分别标志从基态产生激发组态时添加和撤除的轨道, $n_{\rm exc}$ 表示相对于基态组态的激发等级. 后两项为对单电子激发能的标度化的双电子贡献, p_J 作为可调参数, 但很接近理论值; $p[N_0]$ 与组态中开壳层的数目 N_0 有关, 对不同多重态取不同值. 式 (15.4.57) 中校正项的贡献很小, 参数变化对结果影响并不大.

对于 (Ⅰ) 型非对角元, 令

$$
\langle \omega w|\hat{\boldsymbol{H}}^{\rm DFT}|\omega' w\rangle=\langle \omega w|\hat{\boldsymbol{H}}|\omega' w\rangle \tag{15.4.59}
$$

即直接采用 Hamilton 矩阵元. 对 (Ⅱ a) 和 (Ⅱ b) 类, 则作指数衰减处理, 即令

$$
\langle \omega w|\hat{\boldsymbol{H}}^{\rm DFT}|\omega' w'\rangle=\langle \omega w|\hat{\boldsymbol{H}}|\omega' w'\rangle p_1\exp\left[-p_2\Delta E_{ww'}^4\right] \tag{15.4.60}
$$

式中, p_1, p_2 是可调参数, $\Delta E_{ww'}$ 是两个组态函数的对角元之差. 指数衰减处理达到以下目的: 若两个组态的能量差 ($\Delta E_{ww'}$) 很大, 则长程相关作用很小, 对角元中 DFT 已经提供几乎全部相关能, 非对角元应该贡献很小; 反之, 若两者能量差很小, $\Delta E_{ww'}\approx 0$, 则长程 (非动态) 相关很重要, 应该用 CI 方法处理. 这样就在很大程度上解决了相关能重复计算的问题. $\Delta E_{ww'}$ 太大的组态可以不包括在 CI 计算中, 从而大幅度减少组态的数目. 例如, 忽略比基态组态能级高 1 a.u. 以上的组态, 对于六螺烯 (hexahelicene), 120 个价电子, 计算 18 个状态用 47 个参考组态, 只从总数 1.2×10^9 个组态函数中选用 6×10^5 个, 就得到满意的结果. 因此, MRCI-DFT 方法可以计算比较大的分子.

对 CO、H_2、CH_2O、O_3、苯、蒽、吡啶、卟吩等闭壳层分子, O_2、CF_2、C_6H_4 等双自由基分子以及 $FeCp_2$、$CoCp_2^+$ 等分子的 DFT-MRCI 计算结果表明, 激发能与实验值的平均误差为 0.15 eV 左右. 对环辛四烯、六螺烯等的 CD 谱计算结果也比较好, 表明用本方法得到的 CI 波函数的质量也是高的.

Filatov 等 [77] 在 ROKS 方法的基础上提出 REKS(spin-restricted ensemble-referenced Kohn-Sham) 方法, 处理具有两个 (近) 简并组态的体系. 设体系除双占

据的芯轨道外还有两个活性轨道 $\psi_{\rm r}$ 和 $\psi_{\rm s}$, 组态函数 $|{\rm core}\ \psi_{\rm r}\bar{\psi}_{\rm r}|$ 和 $|{\rm core}\ \psi_{\rm s}\bar{\psi}_{\rm s}|$ 具有 (近) 简并的能量 (用 ψ_i 和 $\bar{\psi}_i$ 分别代表 $\psi_i\alpha$ 和 $\psi_i\beta$ 自旋轨道). REKS 方法的能量泛函与电子密度的表达式如下:

$$\begin{aligned}E^{\rm REKS} &= \sum_L C_L(\gamma)E(\Phi_L) \equiv \left(\frac{1}{2}+\gamma\right)E(\psi_{\rm r}\bar{\psi}_{\rm r}) + \left(\frac{1}{2}-\gamma\right)E(\psi_{\rm s}\bar{\psi}_{\rm s})\\ &\quad + (1-4\gamma^2)^{3/4}\left[E(\psi_{\rm r}\psi_{\rm s}) - \frac{1}{2}E(\psi_{\rm r}\bar{\psi}_{\rm s}) - \frac{1}{2}E(\psi_{\rm s}\bar{\psi}_{\rm r})\right]\\ &= \frac{n_{\rm r}}{2}E(\psi_{\rm r}\bar{\psi}_{\rm r}) + \frac{n_{\rm s}}{2}E(\psi_{\rm s}\bar{\psi}_{\rm s})\\ &\quad + (n_{\rm r}n_{\rm s})^{3/4}\left[E(\psi_{\rm r}\psi_{\rm s}) - \frac{1}{2}E(\psi_{\rm r}\bar{\psi}_{\rm s}) - \frac{1}{2}E(\psi_{\rm s}\bar{\psi}_{\rm r})\right]\end{aligned} \tag{15.4.61}$$

$$\rho^{\rm REKS}(\boldsymbol{r}) = \sum_{k\in{\rm core}} 2|\psi_k(\boldsymbol{r})|^2 + n_{\rm r}|\psi_{\rm r}(\boldsymbol{r})|^2 + n_{\rm s}|\psi_{\rm s}(\boldsymbol{r})|^2 \tag{15.4.62}$$

式中, $E(\psi_{\rm r}\bar{\psi}_{\rm r})$ 等是相关组态函数的能量, $n_{\rm r} = 1+2\gamma, n_{\rm s} = 1-2\gamma$, 分别是 $\psi_{\rm r}$ 和 $\psi_{\rm s}$ 上的电子占据数, γ 是待优化参数. 在保持轨道正交归一条件下, 对给定的 γ, 由 $E^{\rm REKS}$ 对 ψ_i 变分, 得到以下单电子方程:

$$\hat{\boldsymbol{F}}\psi_i = \varepsilon_i\psi_i \tag{15.4.63}$$

$$\begin{aligned}\hat{\boldsymbol{F}} = \sum_L C_L(\gamma)\Bigg(&\frac{\hat{\boldsymbol{F}}_L^\alpha + \hat{\boldsymbol{F}}_L^\beta}{2} + \sum_{m={\rm r,s}}\Bigg\{\hat{\boldsymbol{g}}_m\left[\frac{(n_m-2n_{m,L}^\alpha)}{2n_m}\hat{\boldsymbol{F}}_L^\alpha + \frac{(n_m-2n_{m,L}^\beta)}{2n_m}\hat{\boldsymbol{F}}_L^\beta\right]\hat{\boldsymbol{\rho}}_m\\ &+\hat{\boldsymbol{\rho}}_m\left[\frac{(n_m-2n_{m,L}^\alpha)}{2n_m}\hat{\boldsymbol{F}}_L^\alpha + \frac{(n_m-2n_{m,L}^\beta)}{2n_m}\hat{\boldsymbol{F}}_L^\beta\right]\hat{\boldsymbol{g}}_m\Bigg\}\Bigg)\end{aligned} \tag{15.4.64}$$

式中, $\hat{\boldsymbol{\rho}}_m = |\psi_m\rangle\langle\psi_m|, \hat{\boldsymbol{g}}_m = \beta_m\sum\limits_{k\in{\rm core}}|\psi_k\rangle\langle\psi_k| + \dfrac{1}{2}\sum\limits_{m={\rm r,s}}|\psi_m\rangle\langle\psi_m| - 1, \beta_m = 2/(2-n_m)$, $n_{m,L}^\sigma$ 是组态函数 Φ_L 中的第 m 个 σ 自旋轨道的整数占据数.

$$\begin{aligned}\hat{\boldsymbol{F}}_L^\sigma = \hat{\boldsymbol{h}} + \sum_{k\in{\rm core}} 2\int\psi_k^*(\boldsymbol{r}_2)\frac{1}{r_{12}}\psi_k(\boldsymbol{r}_2){\rm d}\boldsymbol{r}_2 + \sum_{m={\rm r,s}}(n_{m,L}^\alpha + n_{m,L}^\beta)\\ \times\int\psi_m^*(\boldsymbol{r}_2)r_{12}^{-1}\psi_m(\boldsymbol{r}_2){\rm d}\boldsymbol{r}_2 + V_{{\rm xc},L}^\sigma \qquad \sigma=\alpha,\beta\end{aligned} \tag{15.4.65}$$

式中, $V_{{\rm xc},L}^\sigma$ 是由组态函数 Φ_L 计算的 Kohn-Sham 交换–相关势, $\hat{\boldsymbol{h}}$ 是单粒子算符. 对于给定的轨道, 将 $E^{\rm REKS}$ 对 γ 在 $[-0.5, 0.5]$ 区间内求极小值, 即由 $\partial E^{\rm REKS}/\partial\gamma = 0$ 确定 γ 值. 对轨道与 γ 求能量极小值的计算迭代进行直到收敛. 用上述方法计算

双自由基 $\cdot CH_2—CH_2—CH_2\cdot$ 和 $\cdot CH_2—CF_2—CH_2\cdot$ 的单、三重态, 分子几何结构和能量的结果都相当好.

DFT-CI 方法用 DFT 计算动态电子相关能, 利用 CI 方法处理非动态相关能, 取长补短, 原则上可以精确计算体系基态和激发态的能级. 但避免重复计算相关能的问题可能难于彻底解决, 因此还带有一定的半经验性质. 虽然可以大幅度减少 CI 组态的数目, 但是仍然需要用很大的组态变分空间, 要计算大量电子排斥积分, 计算量还是很大的.

15.4.5 含时密度泛函理论方法 [2,78]

1978 年 Peukert[79] 首先得到含时 Kohn-Sham 方程. 1984 年 Runge 和 Gross[80] 基于含时 Schrödinger 方程, 严格导出含时密度泛函理论 (TDDFT). 一个 N 电子体系, 在外势场 $V(\boldsymbol{r},t)$ 中, 从某个固定的起始状态 $\Psi(t_0)=\Psi_0$ 开始, 将按照含时 Schrödinger 方程随时间演化, (电子) 流密度和电子密度分布都随时间变化. Runge 和 Gross 证明, 对于固定的起始状态 $\Psi(t_0)=\Psi_0$, 若外势 $V(\boldsymbol{r},t)$ 和 $V'(\boldsymbol{r},t)$ 不同, 其差别不光是一个纯时间函数 $c(t)$, 即 $V(\boldsymbol{r},t)\neq V'(\boldsymbol{r},t)+c(t)$, 则对应的流密度 $\boldsymbol{j}(\boldsymbol{r},t)$ 和 $\boldsymbol{j}'(\boldsymbol{r},t)$ 不可能相同

$$\begin{aligned}\boldsymbol{j}(\boldsymbol{r},t) &= \langle\Psi(\boldsymbol{r},t)|\,\hat{\boldsymbol{j}}_p(\boldsymbol{r})\,|\Psi(\boldsymbol{r},t)\rangle\\ \boldsymbol{j}'(\boldsymbol{r},t) &= \langle\Psi'(\boldsymbol{r},t)|\,\hat{\boldsymbol{j}}_p(\boldsymbol{r})\,|\Psi'(\boldsymbol{r},t)\rangle\\ \Psi(\boldsymbol{r},t_0) &= \Psi'(\boldsymbol{r},t_0)=\Psi_0(\boldsymbol{r})\\ \boldsymbol{j}(\boldsymbol{r},t) &\neq \boldsymbol{j}'(\boldsymbol{r},t)\end{aligned}$$

式中, $\hat{\boldsymbol{j}}_p(\boldsymbol{r})$ 是顺磁流密度算符

$$\hat{\boldsymbol{j}}_p(\boldsymbol{r})=\frac{1}{2i}\sum_{j=1}^{N}[\nabla_{\boldsymbol{r}_j}\delta(\boldsymbol{r}-\boldsymbol{r}_j)+\delta(\boldsymbol{r}-\boldsymbol{r}_j)\nabla_{\boldsymbol{r}_j}]$$

对应的电子密度分布 $\rho(\boldsymbol{r},t)$ 也不可能相同

$$\rho(\boldsymbol{r},t)\neq\rho'(\boldsymbol{r},t)$$

因此, 流密度和电子密度与外势之间有一一对应关系, 外势由流密度和电子密度分布唯一确定 [到只可能差一个纯的时间函数 $c(t)$]. 外势决定含时间的波函数, 故波函数可以看成一个与时间有关的密度的泛函 (确定到一个只与时间有关的相因子)

$$\Psi(\boldsymbol{r},t)=\mathrm{e}^{-i\alpha(t)}\,\tilde{\Psi}([\rho];\boldsymbol{r},t)$$

因此在没有外磁场存在下, 任何量子力学算符 $\hat{\boldsymbol{Q}}(t)$ 的期望值都是电子密度的泛函

$$Q([\rho],t)=\left\langle\tilde{\Psi}([\rho];\boldsymbol{r},t)\right|\hat{\boldsymbol{Q}}(t)\left|\tilde{\Psi}([\rho];\boldsymbol{r},t)\right\rangle$$

以上结论可以推广到非零自旋密度的情况. 在此基础上, 根据稳态作用原理 (stationary action principle), Runge 和 Gross 导出在固定核近似下的含时 Kohn-Sham 方程

$$\left[-\frac{1}{2}\nabla^2 + V(\boldsymbol{r},t) + \int \frac{\rho(\boldsymbol{r},t)}{|\boldsymbol{r}-\boldsymbol{r}'|}\mathrm{d}\boldsymbol{r}' + V_{\mathrm{xc}}^{\sigma}(\boldsymbol{r},t)\right]\psi_i^{\sigma}(\boldsymbol{r},t) = i\frac{\partial}{\partial t}\psi_i^{\sigma}(\boldsymbol{r},t) \qquad \sigma=\alpha,\beta \tag{15.4.66}$$

式中, $V(\boldsymbol{r},t)$ 是与时间有关的外势. 流密度按式 (15.4.67) 计算

$$\boldsymbol{j}(\boldsymbol{r},t) = \frac{1}{2i}\sum_{k=1}^{N}[\psi_k^*(\boldsymbol{r},t)\nabla\psi_k(\boldsymbol{r},t) - \psi_k(\boldsymbol{r},t)\nabla\psi_k^*(\boldsymbol{r},t)] \tag{15.4.67}$$

电荷密度按式 (15.4.68) 计算

$$\rho(\boldsymbol{r},t) = \sum_{i\sigma} n_{i\sigma}\left|\psi_i^{\sigma}(\boldsymbol{r},t)\right|^2 \tag{15.4.68}$$

式中, $n_{i\sigma}$ 是 $\psi_i^{\sigma}(\boldsymbol{r},t)$ 轨道上的电子占据数. 电子密度与流密度均与实际有相互作用体系一致. 1998 年 van Leeuwen[81] 考虑因果关系, 以更严密的方式导出了含时 Kohn-Sham 方程.

含时密度泛函理论用于实际计算要解决的一个关键问题是要有交换–相关势 $V_{\mathrm{xc}}^{\sigma}(\boldsymbol{r},t)$ 的显表达式

$$V_{\mathrm{xc}}^{\sigma}(\boldsymbol{r},t) = \frac{\delta A_{\mathrm{xc}}[\rho_\alpha,\rho_\beta]}{\delta\rho_\sigma(\boldsymbol{r},t)} \tag{15.4.69}$$

式中, $A_{\mathrm{xc}}[\rho_\alpha,\rho_\beta]$ 是交换–相关作用积分作为密度的泛函 (参看文献 [78]). 但精确的 $A_{\mathrm{xc}}[\rho_\alpha,\rho_\beta]$ 现在实际上是不知道的, 只能采用近似的 $V_{\mathrm{xc}}^{\sigma}(\boldsymbol{r},t)$. 最简单的近似是绝热局域密度近似 (ALDA 或 TDLDA)

$$V_{\mathrm{xc}}^{\sigma}(\boldsymbol{r},t) \approx \frac{\delta E_{\mathrm{xc}}\left[\rho_\alpha(\boldsymbol{r},t),\rho_\beta(\boldsymbol{r},t)\right]}{\delta\rho_\sigma(\boldsymbol{r},t)} \tag{15.4.70}$$

精确的 $V_{\mathrm{xc}}^{\sigma}(\boldsymbol{r},t)$ 是与时间及空间有关的电子密度的泛函, 而绝热近似的 $V_{\mathrm{xc}}^{\sigma}(\boldsymbol{r},t)$ 则只是在特定时刻 t 的只与空间电子密度分布有关的泛函. 因此, 绝热近似交换–相关势不能反映推迟效应, 是一种低频近似, 当外势随时间变化缓慢时才较好地成立. 虽然已经有人提出其他 $V_{\mathrm{xc}}^{\sigma}(\boldsymbol{r},t)$ 泛函和含时优化有效势方法, 但迄今尚未获得实际应用.

在上面介绍的计算激发态与多重态能量的方法中都涉及如何计算体系不处于基态时的交换–相关能的问题, 至今尚未能解决. Petersilka 等[82] 提出应用含时密度泛函理论计算激发态能量的方法, 原则上可以避免上述困难. 该方法的基础是一个有限体系的与频率有关的线性响应在体系的激发能处有离散的极点. 要解决的

问题是建立一种系统的方法, 从 Kohn-Sham 轨道能级差出发, 逼近体系相关跃迁的精确激发能.

设闭壳层体系的外势 $V(\boldsymbol{r},t)=V_0(\boldsymbol{r})+V_1(\boldsymbol{r},t)$, 式中, $V_0(\boldsymbol{r})$ 是对应于体系基态的外势, $V_1(\boldsymbol{r},t)$ 是与时间有关的微扰外势. 定义密度响应函数为

$$\chi(\boldsymbol{r}t,\boldsymbol{r}'t')=\frac{\delta\rho([V];\boldsymbol{r},t)}{\delta V(\boldsymbol{r}',t')}\Big|_{V[\rho_0]}=\int \mathrm{d}x\mathrm{d}\tau\frac{\delta\rho([V];r,t)}{\delta V_{\mathrm{s}}(x,\tau)}\cdot\frac{\delta V_{\mathrm{s}}(x,\tau)}{\delta V(r',t')}\Bigg|_{V[\rho_0]} \tag{15.4.71}$$

式中, $V_{\mathrm{s}}(\boldsymbol{r},t)$ 是 Kohn-Sham 方程中的有效势, $\rho_0(\boldsymbol{r})$ 是体系基态电荷密度. 对微扰势 $V_1(\boldsymbol{r},t)$ 的线性密度响应 $\rho_1(\boldsymbol{r},t)$ 为

$$\rho_1(\boldsymbol{r},t)=\int\mathrm{d}t'\int\mathrm{d}\boldsymbol{r}'\chi(\boldsymbol{r}t,\boldsymbol{r}'t')V_1(\boldsymbol{r}',t') \tag{15.4.72}$$

定义 Kohn-Sham 响应函数为

$$\chi_{\mathrm{s}}(\boldsymbol{r}t,\boldsymbol{r}'t')=\frac{\delta\rho([V_{\mathrm{s}}];\boldsymbol{r},t)}{\delta V_{\mathrm{s}}(\boldsymbol{r}',t')}\Bigg|_{V_{\mathrm{s}}[\rho_0]} \tag{15.4.73}$$

由泛函微商的链规则, 有

$$\frac{\delta V_{\mathrm{s}}(\boldsymbol{x},\tau)}{\delta V(\boldsymbol{r}',t')}\Bigg|_{V[\rho_0]}=\delta(\boldsymbol{x}-\boldsymbol{r}')\delta(\tau-t')+\int\mathrm{d}\boldsymbol{x}'\mathrm{d}\tau'\left[\frac{\delta(\tau-\tau')}{|\boldsymbol{x}-\boldsymbol{x}'|}+\frac{\delta V_{\mathrm{xc}}(\boldsymbol{x},\tau)}{\delta\rho(\boldsymbol{x}',\tau')}\right]\frac{\delta\rho(\boldsymbol{x}',\tau')}{\delta V(\boldsymbol{r}',t')}\Bigg|_{V[\rho_0]}$$

式中, $V_{\mathrm{xc}}([\rho];\boldsymbol{r},t)$ 是交换–相关势. 定义交换–相关核 f_{xc} 为

$$f_{\mathrm{xc}}([\rho];\boldsymbol{r}t,\boldsymbol{r}'t')=\delta V_{\mathrm{xc}}([\rho];\boldsymbol{r},t)/\delta\rho(\boldsymbol{r}',t')|_{\rho_0} \tag{15.4.74}$$

则由式 (15.4.71) 可得

$$\begin{aligned}\chi(\boldsymbol{r}t,\boldsymbol{r}'t')=&\ \chi_{\mathrm{s}}(\boldsymbol{r}t,\boldsymbol{r}'t')+\int\mathrm{d}\boldsymbol{x}\int\mathrm{d}\tau\int\mathrm{d}\boldsymbol{x}'\int\mathrm{d}\tau'\chi_{\mathrm{s}}(\boldsymbol{r}t,\boldsymbol{x}\tau)\\&\times\left(\frac{\delta(\tau-\tau')}{|\boldsymbol{x}-\boldsymbol{x}'|}+f_{\mathrm{xc}}([\rho_0];\boldsymbol{x}\tau,\boldsymbol{x}'\tau')\right)\chi(\boldsymbol{x}'\tau',\boldsymbol{r}'t')\end{aligned} \tag{15.4.75}$$

和

$$\rho_1(\boldsymbol{r},t)=\int\mathrm{d}t'\int\mathrm{d}\boldsymbol{r}'\chi_{\mathrm{s}}(\boldsymbol{r}t,\boldsymbol{r}'t')V_{\mathrm{s}1}(\boldsymbol{r}',t') \tag{15.4.76}$$

$$V_{\mathrm{s}1}(\boldsymbol{r},t)=V_1(\boldsymbol{r},t)+\int\mathrm{d}\boldsymbol{r}'\frac{\rho_1(\boldsymbol{r}',t)}{|\boldsymbol{r}-\boldsymbol{r}'|}+\int\mathrm{d}\boldsymbol{r}'\int\mathrm{d}t'f_{\mathrm{xc}}([\rho_0];\boldsymbol{r}t,\boldsymbol{r}'t')\rho_1(\boldsymbol{r}',t') \tag{15.4.77}$$

对式 (15.4.76) 进行 Fourier 变换, 得到精确的与频率有关的线性密度响应为

$$\rho_1(\boldsymbol{r}\omega)=\int\mathrm{d}\boldsymbol{r}'\chi_{\mathrm{s}}(\boldsymbol{r},\boldsymbol{r}';\omega)\left[V_1(\mathbf{r}'\omega)+\int\mathrm{d}\boldsymbol{x}\left(\frac{1}{|\boldsymbol{r}'-\boldsymbol{x}|}+f_{\mathrm{xc}}([\rho_0];\boldsymbol{r}',\boldsymbol{x};\omega)\right)\right]\rho_1(\boldsymbol{x}\omega) \tag{15.4.78}$$

Kohn-Sham 响应函数可表示为 (闭壳层体系)

$$\chi_{\rm s}(\boldsymbol{r},\boldsymbol{r}';\omega)=2\sum_{jk}(n_k-n_j)\frac{\psi_k^*(\boldsymbol{r})\psi_j(\boldsymbol{r})\psi_j^*(\boldsymbol{r}')\psi_k(\boldsymbol{r}')}{\omega-\omega_{jk}+i\delta} \tag{15.4.79}$$

式中, n_k 等是 Kohn-Sham 轨道 $\psi_k(\boldsymbol{r})$ 的电子占据数, $\omega_{jk}=\varepsilon_j-\varepsilon_k$[对应于 $\psi_k(\boldsymbol{r})$ 到 $\psi_j(\boldsymbol{r})$ 的跃迁]. 式 (15.4.78) 可改写为

$$\begin{aligned}&\int\mathrm{d}\boldsymbol{x}\left[\delta(\boldsymbol{r}-\boldsymbol{x})-\int\mathrm{d}\boldsymbol{r}'\chi_{\rm s}(\boldsymbol{r},\boldsymbol{r}';\omega)\left\{\frac{1}{|\boldsymbol{r}'-\boldsymbol{x}|}+f_{\rm xc}([\rho_0];\boldsymbol{r}',\boldsymbol{x};\omega)\right\}\right]\rho_1(\boldsymbol{x}\omega)\\&=\int\mathrm{d}\boldsymbol{r}'\chi_{\rm s}(\boldsymbol{r},\boldsymbol{r}';\omega)V_1(\boldsymbol{r}'\omega)\end{aligned} \tag{15.4.80}$$

$\rho_1(\boldsymbol{x}\omega)$ 作为 ω 的函数, 在 $\omega=\Omega$(激发能) 处有极点, 而 $\chi_{\rm s}$ 在 $\omega=\omega_{ik}$ 处有极点. 一般 $\Omega\neq\omega_{ik}$, $\Omega=\omega_{ik}$ 时方程右边为有限值, 故当 $\omega\to\Omega$ 时, 式 (15.4.80) 左边作用于 $\rho_1(\boldsymbol{x}\omega)$ 的积分算符的本征值必为零. 将积分算符的 $\delta(\boldsymbol{r}-\boldsymbol{x})$ 项积分出来, 可得以下本征值方程:

$$\int\mathrm{d}\boldsymbol{r}\int\mathrm{d}\boldsymbol{r}'\chi_{\rm s}(\boldsymbol{x},\boldsymbol{r};\omega)\left[\frac{1}{|\boldsymbol{r}-\boldsymbol{r}'|}+f_{\rm xc}[\rho_0](\boldsymbol{r},\boldsymbol{r}';\omega)\right]\zeta(\boldsymbol{r}'\omega)=\lambda(\omega)\zeta(\boldsymbol{x}\omega) \tag{15.4.81}$$

本征值 λ 满足条件 $\lambda(\Omega)=1$.

由式 (15.4.81) 原则上可求得精确的激发能 Ω. 将式 (15.4.81) 中各项围绕 ω_{jk} 展开到 $(\omega-\omega_{jk})$ 的一级项, 可求得 Ω 的近似值为

$$\Omega=\omega_{jk}+\mathrm{Re}(M_{jk,jk}) \tag{15.4.82}$$

式中, $\mathrm{Re}(M_{jk,jk})$ 是 $\boldsymbol{M}$ 矩阵对角元的实部

$$M_{il,jk}(\omega)=2(n_k-n_j)\int\mathrm{d}\boldsymbol{r}\mathrm{d}\boldsymbol{r}'\psi_i(\boldsymbol{r})\psi_l^*(\boldsymbol{r})\left[\frac{1}{|\boldsymbol{r}-\boldsymbol{r}'|}+f_{\rm xc}(\boldsymbol{r},\boldsymbol{r}';\omega)\right]\psi_k^*(\boldsymbol{r}')\psi_j(\boldsymbol{r}') \tag{15.4.83}$$

用这个方法计算最低激发能结果良好. 以上讨论容易推广到开壳层非零自旋密度的情况. 激发能对交换–相关核 $f_{\rm xc}$ 相当敏感, 迄今已提出过多种 $f_{\rm xc}$ 的近似表达式 [83].

Jamorski 等[84] 提出一种用含时密度泛函理论计算极化度和激发能的方法. 设体系基态受到微扰外势 $V_1(\boldsymbol{r},t)$ 的作用, 则线性密度响应为

$$\delta\rho_\sigma(\boldsymbol{r},\omega)=\sum_{ij}\psi_{i\sigma}(\boldsymbol{r})\delta P_{ij\sigma}(\omega)\psi_{j\sigma}^*(\boldsymbol{r})\qquad\sigma=\alpha,\beta \tag{15.4.84}$$

$$\delta P_{ij\sigma}(\omega)=\frac{n_{j\sigma}-n_{i\sigma}}{\omega-(\varepsilon_{i\sigma}-\varepsilon_{j\sigma})+i\delta}\left[V_{1ij\sigma}(\omega)+\sum_{kl\tau}K_{ij\sigma,kl\tau}\delta P_{kl\tau}(\omega)\right] \tag{15.4.85}$$

$\delta P_{ij\sigma}(\omega)$ 是以基态 Kohn-Sham 轨道为基的密度矩阵的响应, 可看作式 (15.4.78) 的矩阵表示.

$$\begin{aligned}K_{ij\sigma,kl\tau} &= \frac{\partial V_{\mathrm{s}\ ij\sigma}}{\partial P_{kl\tau}} \\ &= \int \psi_{i\sigma}^*(\boldsymbol{r})\psi_{j\sigma}(\boldsymbol{r})\frac{1}{|\boldsymbol{r}-\boldsymbol{r}'|}\psi_{k\tau}(\boldsymbol{r}')\psi_{l\tau}^*(\boldsymbol{r}')\mathrm{d}\boldsymbol{r}\mathrm{d}\boldsymbol{r}' \\ &\quad + \int \psi_{i\sigma}^*(\boldsymbol{r})\psi_{j\sigma}(\boldsymbol{r})\frac{\delta^2 E_{\mathrm{xc}}[\rho_\alpha,\rho_\beta]}{\delta\rho_\sigma(\boldsymbol{r})\delta\rho_\tau(\boldsymbol{r}')}\psi_{k\tau}(\boldsymbol{r}')\psi_{l\tau}^*(\boldsymbol{r}')\mathrm{d}\boldsymbol{r}\mathrm{d}\boldsymbol{r}'\end{aligned} \tag{15.4.86}$$

设 $V_1(\boldsymbol{r}',t) = z\varepsilon_z(t), \varepsilon_z(t)$ 是沿 z 方向的场强, 则动态极化度的 xz 分量为

$$\alpha_{xz}(\omega) = -2\sum_{ij\sigma}^{n_{i\sigma}-n_{j\sigma}>0} x_{ji\sigma}(\mathrm{Re}\delta P_{ij\sigma})(\omega)/\varepsilon_z(\omega) \tag{15.4.87}$$

式中, $x_{ij\sigma}$ 是 $\hat{\boldsymbol{x}}$ 以基态 Kohn-Sham 轨道为基的矩阵元. 由式 (15.4.85) 解出 $\delta P_{ij\sigma}$, 取其实部代入式 (15.4.87), 可得 $\alpha_{xz}(\omega)$ 的表示式为

$$\alpha_{xz}(\omega) = 2\boldsymbol{x}^T\boldsymbol{\varphi}^{-\frac{1}{2}}(\boldsymbol{\Omega}-\omega^2\boldsymbol{I})^{-1}\boldsymbol{\varphi}^{-\frac{1}{2}}\cdot\boldsymbol{z} \tag{15.4.88}$$

式中

$$\begin{aligned}\varphi_{ij\sigma,kl\tau} &= \frac{\delta_{\sigma\tau}\delta_{ik}\delta_{jl}}{(n_{k\tau}-n_{l\tau})(\varepsilon_{l\tau}-\varepsilon_{k\tau})} \\ \Omega_{ij\sigma,kl\tau} &= \delta_{\sigma\tau}\delta_{ik}\delta_{jl}(\varepsilon_{l\tau}-\varepsilon_{k\tau})^2 + 2\sqrt{(n_{i\sigma}-n_{j\sigma})(\varepsilon_{j\sigma}-\varepsilon_{i\sigma})} \\ &\quad \times K_{ij\sigma,kl\tau}\sqrt{(n_{k\tau}-n_{l\tau})(\varepsilon_{l\tau}-\varepsilon_{k\tau})}\end{aligned} \tag{15.4.88a}$$

平均动态极化度为

$$\bar{\alpha}(\omega) = \frac{1}{3}\mathrm{tr}\alpha(\omega) = \sum_I \frac{f_I}{\omega_I^2-\omega^2} \tag{15.4.89}$$

式中, $\omega_I = E_I - E_0$ 是从基态 Ψ_0 到 Ψ_I 态的垂直激发能, f_I 是振子强度

$$f_I = \frac{2}{3}(E_I-E_0)\left(|\langle\Psi_0|\hat{x}|\Psi_I\rangle|^2 + |\langle\Psi_0|\hat{y}|\Psi_I\rangle|^2 + |\langle\Psi_0|\hat{z}|\Psi_I\rangle|^2\right) \tag{15.4.90}$$

比较式 (15.4.88) 和式 (15.4.89) 可知, 求解本征值方程 [式 (15.4.91)]

$$\boldsymbol{\Omega}\boldsymbol{F}_I = \omega_I^2\boldsymbol{F}_I \tag{15.4.91}$$

本征值 ω_I 即为激发能, 由本征矢 $\boldsymbol{F}_I$ 可计算 f_I

$$f_I = \frac{2}{3}\left(\left|\boldsymbol{x}^T\varphi^{-\frac{1}{2}}\boldsymbol{F}_I\right|^2 + \left|\boldsymbol{y}^T\varphi^{-\frac{1}{2}}\boldsymbol{F}_I\right|^2 + \left|\boldsymbol{z}^T\varphi^{-\frac{1}{2}}\boldsymbol{F}_I\right|^2\right)/|F_I|^2 \tag{15.4.92}$$

形式上, 可以让激发态 I 与一个波函数 Ψ_I 联系

$$\Psi_I = \sum_{ij\sigma}^{n_{i\sigma}-n_{j\sigma}>0} \sqrt{\frac{\varepsilon_{j\sigma}-\varepsilon_{i\sigma}}{\omega_I}} F_{ij\sigma}^I \hat{\boldsymbol{a}}_{j\sigma}^\dagger \hat{\boldsymbol{a}}_{i\sigma} \Phi \tag{15.4.93}$$

式中, Φ 是基态行列式函数, $\hat{\boldsymbol{a}}_{j\sigma}^\dagger$ 和 $\hat{\boldsymbol{a}}_{i\sigma}$ 分别是粒子产生和湮灭算符 (参见 17.1 节), 将函数 Φ 中的轨道 i 换成轨道 j. 本征矢 $\boldsymbol{F}_I$ 包含有激发态 I 的对称性信息.

在用上述 TD-DFT 响应理论计算激发能时只用到基态 Kohn-Sham 方程的本征值与轨道, 只需做一次自洽场计算. 在绝热近似下, 也只用到基态时的交换–相关能泛函. 激发能的计算同时解决了多重态结构问题.

含时密度泛函线性响应理论在 DFT 框架内解决激发态与多重态能量计算问题, 而且只要求知道基态交换–相关能泛函的显表达式, 在实际计算中容易实现, 当前受到普遍重视. 对于低激发态, 激发能的计算误差一般为 0.1~1.0 eV. 但计算结果对交换–相关能泛函的远程行为比较敏感. 采用现有的近似交换–相关能泛函, 对于高激发态计算误差比较大.

参 考 文 献

[1] Parr R G, Yang W. Density-Functional Theory of Atoms and Molecules. Oxford: Oxford University Press, 1989

[2] Dreizler D M, Gross E K U. Density Functional Theory: An Approach to the Quantum Many-Body Problem. Berlin: Springer-Verlag, 1990

[3] Koch W, Holthausen M C. Chemist's Guide to Density Functional Theory. Berlin: Wiley-VCH, 2000

[4] Jensen F. Introduction to Computational Chemistry. New York: John Wiley & Sons, 2007

[5] Nagy A. Phys Rep, 1998, 298: 1

[6] Slater J C. Phys Rev, 1951, 81: 385

[7] Hohenberg P, Kohn W. Phys Rev B, 1964, 136: 864

[8] Levy M. Phys Rev A, 1982, 26: 1200

[9] Kohn W, Sham L J. Phys Rev A, 1965, 140: 1133

[10] Baerends E J, Gritsenko O V. J Phys Chem A, 1997, 101: 5383

[11] Bartlett R J, Lotrich V F, Schweigert I V. J Chem Phys, 2005, 123: 062205

[12] Janak J F. Phys Rev B, 1978, 18: 7165

[13] Slater J C. Advan Quantum Chem, 1972, 6: 1; Slater J C. The Self-Consistent Field for Molecules and Solids: Quantum Theory of Molecules and Solids. Vol 4. New York: McGraw-Hill, 1974

[14] Jellinek J, Acioli P H. J Chem Phys, 2003, 118: 7783

[15] Mulliken R S. J Chem Phys, 1934, 2: 782

[16] Sanderson R T. Science, 1951, 114: 670
[17] Parr R G, Donnelly R A, Levy M, Palke W E. J Chem Phys, 1978, 69: 4431
[18] Pearson R G. J Am Chem Soc, 1963, 85: 3533
[19] Parr R G, Pearson R G. J Am Chem Soc, 1983, 105: 7512
[20] Parr R G, Yang W. J Am Chem Soc, 1984, 106: 4049
[21] von Barth U, Hedin L. J Phys C, 1972, 5: 1629
[22] Pant M M, Rajagopal A K. Solid State Commun, 1972, 10: 1157
[23] Engel E, Dreizler R M. Relativistic Density Functional Theory, in Topics in Current Chemistry. Vol 181. Berlin: Springer-Verlag, 1996
[24] Rajagopal A K, Callaway J. Phys Rev B, 1973, 7: 1912; Rajagopal A K. J Phys C, 1978, 11: L943
[25] MacDonald A H, Vosko S H. J Phys C, 1979, 12: 2977
[26] Scruseria G E, Staroverov V N. In Theory and Applications of Computational Chemistry: The First Forty Years. Dykstra C E, Frenking G, Kim K S, Scuseria G E(eds). Amsterdam: Elsevier B V, 2005
[27] Ceperley D M. Phys Rev B, 1978, 18: 3126; Ceperley D M, Alder B J. Phys Rev Lett, 1980, 45: 566
[28] Vosko S J, Wilk L, Nusair M. Can J Phys, 1980, 58: 1200
[29] Perdew J P, Wang Y. Phys Rev B, 1992, 45: 13244
[30] Becke A B. Phys Rev A, 1988, 38: 3098
[31] Perdew J P, Wang Y. Phys Rev B, 1986, 33: 3300
[32] Perdew J P, Chevary J A, Vosko S H, Jackson K A, Pederson M R, Singh D J, Fiolhais C. Phys Rev B, 1992, 46: 6671
[33] Perdew J P, Burke K, Ernzerhof M. Phys Rev Lett, 1996, 77: 3865
[34] Perdew J P, Wang Y. Phys Rev B, 1986, 33: 8822
[35] Lee C, Yang W, Parr R G. Phys Rev B, 1988, 37: 785; Miehlich B, Savin A, Stoll H, Preuss H. Chem Phys Letters, 1989, 157: 200
[36] Becke A D, Roussel M R. Phys Rev A, 1989, 39: 3761
[37] Becke A D. J Chem Phys, 2000, 112: 4020
[38] Becke A D. J Chem Phys, 1996, 104: 1040
[39] Voorhis T V, Scuseria G E. J Chem Phys, 1998, 109: 400
[40] Tao J, Perdew J P, Staroverov V N, Scuceria G E. Phys Rev Lett, 2003, 91: 146401
[41] Xu X, Goddard W A. Proc Natl Acad Sci USA, 2004, 101: 2673; Staroverov V N, Scuceria G E, Tao J, Perdew J P. J Chem Phys, 2003, 119: 12129
[42] Bartlett R J, Lotrich V F, Schweigert I V. J Chem Phys, 2005, 123: 062205
[43] Yang W, Wu Q. Phys Rev Lett, 2002, 89: 143002
[44] Lieb E H, Oxford S. Intern J Quantum Chem, 1981, 19: 427

[45] Grüling M, Gritsenko O V, van Gisbergen S J A, Baerends E J. J Chem Phys, 2001, 114: 652

[46] Tozer D J. J Chem Phys, 2000, 112: 3507; Iikura H, Tsuneda T, Yanai T, Hirao K. J Chem Phys, 2001, 115: 3540

[47] Perdew J P, Levy M. Phys Rev Lett, 1983, 51: 1884; Perdew J P, Burke K. Intern J Quantum Chem, 1996, 57: 309

[48] 张宇, 王繁, 黎乐民. 北京大学学报 (自然科学版), 2003, 39: 158

[49] Wang F, Li L M. J Comput Chem, 2004, 25: 669

[50] Ludeña E V, López-Boada R. Local-Scaling Transformation Version of Density Functional Theory: Generation of Density Functionals, in Topics in Current Chemistry. Vol 180. Berlin: Springer-Verlag, 1996

[51] Delley B, Ellis D E. J Chem Phys, 1982, 76: 1949

[52] Delley B. J Chem Phys, 1990, 92: 508

[53] Boerrigter P M, te Velde G, Baerends E J. Intern J Quantum Chem, 1988, 33: 87; te Velde G, Baerends E J. J Comput Phys, 1992, 99: 84

[54] Becke A D. J Chem Phys, 1988, 88: 2547

[55] Ziegler T, Rauk A. Theoret Chim Acta, 1977, 46: 1

[56] Beste A, Harrison R J, Yanai T. J Chem Phys, 2006, 125: 074101

[57] Aerts P J C, Nieuwpoort W C. Intern J Quantum Chem, 1985, S19: 267

[58] Stanton R E, Havriliak S J. J Chem Phys, 1984, 81: 1910

[59] Chang C, Pélissier M, Durand P. Phys Scr, 1986, 34: 394

[60] van Lenthe E, Baerends E J, Snijders J G. J Chem Phys, 1993, 99: 4597; van Lenthe E, Baerends E J, Snijders J G. J Chem Phys, 1994, 101: 9783

[61] Douglas M, Kroll N M. Ann Phys, 1974, 82: 89

[62] Heβ B A. Phys Rev A, 1985, 32: 756; Heβ B A. Phys Rev A. 1986, 33: 3742

[63] Matveev A, Rösch N. J Chem Phys, 2003, 118: 3997

[64] Stoll H, Metz B, Dolg M. J Comput Chem, 2002, 23: 767

[65] Lovallo C C, Klobukowski M. J Comput Chem, 2003, 24: 1009

[66] van Leeuwen R, van Lenthe E, Baerends E J, Snijders J G. J Chem Phys, 1994, 101: 1272

[67] Wang F, Li L M. Theoret Chem Accounts, 2002, 108: 53

[68] Theophilou A K. J Phys C, 1979, 12: 5419; Theophilou A K, Gidopoulos N I. Intern J Quantum Chem, 1995, 56: 333

[69] Gross E K U, Oliveira L N, Kohn W. Phys Rev A, 1988, 37: 2805, 2809, 2821

[70] Kohn W. Phys Rev A, 1986, 34: 737

[71] Ziegler T, Rauk A, Baerends E J. Theoret Chim Acta, 1977, 43: 261; Dickson R M, Ziegler T. Intern J Quantum Chem, 1996, 58: 681

[72] Daul C. Intern J Quantum Chem, 1994, 52: 867; Daul C, Güdel H-U, Weber J. J Chem Phys, 1993, 98: 4023
[73] Stückl A C, Daul C A, Güdel H U. Intern J Quantum Chem, 1997, 61: 579
[74] Filatov M, Shaik S. Chem Phys Lett, 1998, 288: 689; Filatov M, Shaik S. J Chem Phys, 1999, 110: 116
[75] Görling A. Phys Rev A, 1996, 54: 3912
[76] Grimme S, Waletzke M. J Chem Phys, 1999, 111: 5645
[77] Filatov M, Shaik S. Chem Phys Lett, 1999, 304: 429
[78] Gross E K U, Dobson J F, Petersilka M. Density Functional Theory of Time-Dependent Phenomena, in Topics in Current Chemistry. Vol 181. Berlin: Springer-Verlag, 1996
[79] Peukert V. J Phys C, 1978, 11: 4945
[80] Runge E, Gross E K U. Phys Rev Lett, 1984, 52: 997
[81] van Leeuwen R, Phys Rev Lett, 1998, 80: 1280; *ibid* 1999, 82: 3863; van Leeuwen R, Int J Mod Phys B, 2001, 15: 1969
[82] Petersilka M, Gossmann U J, Gross E K U. Phys Rev Lett, 1996, 76:1212
[83] Onida G, Reining L, Rubio A. Rev Mod Phys, 2002, 74: 601
[84] Jamorski C, Casida M E, Salahub D R. J Chem Phys, 1996, 104: 5134

第 16 章

有效芯势方法

化学实验事实和量子化学从头计算结果均表明, 在化学变化过程中原子芯层电子的状态是几乎不受扰动的. 化学变化过程的能量是体系在变化前后总能量之差, 其量值比体系总能量小得多, 为得到比较精确的化学变化能量值, 对体系总能量的计算精度要求很高. 芯电子轨道集中在原子核近邻, 其能量在体系的总能量中占很大比例; 为精确计算体系总能量, 要求波函数能准确描述芯层电子的状态. 如果采用 GTO 基组, 需要用很多很大指数的 GTO 才能达到要求. 这导致将很大的计算量花在化学过程中变化很小的芯层电子上, 显然不是好的计算方案. 计算涉及的原子越重, 这个问题越突出, 因为不但芯层电子越来越多, 而且芯层电子的相对论效应越来越突出, 用非相对论性的 Schrödinger 方程不能正确地描述其性态, 计算要用相对论性的 Dirac 方程 (或近似的相对论性方程, 如 Pauli 方程、DKH 方程、ZORA 方程等) 进行, 计算量就更大, 做的 "无用功" 就更多了. 因此, 多年来人们一直在探寻避开这种缺陷的计算方法[1]. 有效芯势 (effective core potential, ECP) 方法就是对每种原子构造一种能精确反映芯层电子对价层电子的作用的势函数 (模型势或者赝势), 用来进行主要由价层电子决定的分子或者固体体系性质的计算方法. 采用有效芯势的计算形式上只涉及价层电子, 不显示地涉及芯层电子的轨道和坐标.

早期量子化学处理问题时只考虑价电子, 得到良好的定性正确的结果. 在半经验量子化学计算方法中将原子的芯层电子看成是在化学过程中固定不变的球形分布电荷. 从经典静电学定律可知, 芯层电子在芯层以外空间产生的库仑势与电荷集中在球心上的点电荷产生的相当, 价电子受到的原子核和芯层电子的有效作用势为

$$V_{\text{eff}}(r) = -\frac{Z - n_c}{r}$$

式中, Z 是原子核电荷, n_c 是芯层总电子数, r 是价电子与原子核的距离. 分子中不同原子的芯层电子之间的库仑排斥相当于两个点电荷的相互作用. 对上述模型加上适当修正和调整经验参数, 用半经验计算方法能够得到合理的结果.

但芯层电子的这种简化模型对于定量的量子化学计算来说太粗糙, 至少存在四个问题: ① 芯层电子的分布并非严格限制在原子核紧邻的空间范围之内, 实际上有一部分延伸到价电子运动的空间, 理论上是延伸到无限远处的, 而价电子在芯电子所在区域也有出现的概率; ② 芯层电子与价电子之间不但有库仑作用, 还有交换和相关作用; ③ 芯层电子对价电子的 Pauling 排斥作用没有反映出来, 如若将 Li 原子核及其芯层电子对价电子的作用简化为等效电荷 $Z_{\text{eff}} = 1$ 的作用, 则其价电子的 Schrödinger 方程除原子核质量不同以外, 与氢原子的没有区别, 其解显然与实际不符; ④ 不能反映芯层电子运动的相对论效应, 对于重原子, 即使对价电子用 Dirac 方程进行计算, 也得不到合理结果. 因此, 为进行定量的计算, 必须改进对芯

层电子的近似处理方法. 有效芯势方法就是在解决上述问题的过程中发展起来的. 在目前用于分子价层有关性质计算的有效芯势方法中, 保留芯层电子轨道在化学变化过程中不变的基本假定, 但不将芯层电子的作用简化为点电荷, 而是考虑真实的芯层电子电荷分布. 芯层电子与价电子之间的作用不光考虑库仑势, 还考虑交换势甚至部分的相关作用. 采用强制价轨道与芯层轨道正交或者其他方式满足 Pauling 原理的要求. 需要时对电子采用相对论性动能算符 (或相关的近似算符), 反映相对论效应的作用. 为了提高计算效率, 将反映芯层电子对价层电子作用的有效芯势用适当基函数拟合为解析表达式; 或者通过比较采用有效芯势进行计算和同类型全电子计算的结果, 按两者的方差极小化的要求确定有效芯势表达式中的参数. 为得到更精确的计算结果, 还对芯层电子保持不变的假定做一些修正, 引进芯极化赝势反映在分子或者固体环境中芯层电子状态会发生的轻微变化. 目前使用的有效芯势有两种类型. 一种是模型势 (model potential), 只将芯层电子的库仑算符和交换算符拟合为解析表达式, 再加上反映 Pauling 排斥作用的能级移动项. 模型势与真实的势函数比较接近, 价电子轨道还是与芯层轨道近似正交的有径向节点的函数. 模型势方法与全电子计算的冻芯 (在分子计算中保持原子的芯层轨道固定不变) 方法类似, 价轨道函数比较接近全电子计算的结果, 但节省的计算量比较少. 另一种是赝势 (pseudopotetial), 是 “伪造” 的势函数. 采用赝势计算得到的赝价轨道函数是无径向节点的平缓变化的函数. 由于赝价轨道没有径向节点, 展开用的基组中不必有描述芯层轨道的函数, 赝势方法可以节省更多的计算量. 赝势和赝价轨道函数与实际的芯层–价层电子作用势和价层轨道差别很大, 而且有一定不确定性, 用来计算主要由价层电子决定的体系性质则是与精确的全电子计算结果一致的. 由于可以节省很大计算量而计算结果可以达到相当高的精度, 目前赝势方法在含重元素大体系的计算中得到广泛的应用.

用于分子计算的反映原子芯层电子对价层电子作用的有效芯势是通过对原子的计算确定的, 所以下面先来讨论原子的有效芯势.

16.1 原子模型势 [2]

16.1.1 非相对论模型势

设中性原子 (或者低价离子) 的核电荷为 Z, p 个芯层轨道上有 $n_c = 2p$ 个电子, 价层 q 个轨道上有 n_v 个电子. 在很多情况下其非相对论谱项能量 (暂不考虑旋–轨耦合作用) 可表达为 [参见式 (12.2.5)]

$$E = 2\sum_{c=1}^{p} f_c + \sum_{c=1}^{p}\sum_{d=1}^{p}(2J_{cd} - K_{cd}) + \nu\left[2\sum_{v=p+1}^{p+q} f_v + \nu\sum_{v=p+1}^{p+q}\sum_{u=p+1}^{p+q}(2aJ_{vu} - bK_{vu})\right]$$

$$+\sum_{c=1}^{p}\sum_{v=1}^{p+q}(2J_{cv}-K_{cv}) \tag{12.2.5}$$

式中, c, d 标志芯层轨道, v, u 标志价层轨道, a, b 是与谱项有关的系数, $\{f_i\}$, $\{J_{ij}\}$ 和 $\{K_{ij}\}$ 分别是单电子能量 (动能+核吸引能)、库仑能和交换能, 其表达式见式 (12.1.15). ν 是价层占据分数 $(0<\nu=\dfrac{n_v}{q}<1$, 若价层电子数超过价轨道数, 则谱项能量按互补组态的相应谱项计算, 参考 11.4.4 节). 由总能量泛函对轨道变分取极值, 可得价轨道的 Fock 方程为 [参见式 (12.2.16), 这里用 ε_v 代替 $\dfrac{1}{\nu}\varepsilon_v$]

$$\hat{\boldsymbol{F}}_v(\boldsymbol{r})\psi_v(\boldsymbol{r})=\varepsilon_v\psi_v(\boldsymbol{r})+\sum_{c=1}^{p}\varepsilon_{vc}\psi_c(\boldsymbol{r}) \qquad v=p+1,\cdots,p+q \tag{16.1.1}$$

$$\hat{\boldsymbol{F}}_v(\boldsymbol{r})=-\frac{1}{2}\nabla^2-\frac{Z}{r}+\sum_{c=1}^{p}[2\hat{\boldsymbol{J}}_c(\boldsymbol{r})-\hat{\boldsymbol{K}}_c(\boldsymbol{r})]+\left[2a\nu\sum_{v=p+1}^{p+q}\hat{\boldsymbol{J}}_v(\boldsymbol{r})-b\nu\sum_{v=p+1}^{p+q}\hat{\boldsymbol{K}}_v(\boldsymbol{r})\right] \tag{16.1.1a}$$

式中, $\hat{\boldsymbol{J}}_i(\boldsymbol{r})$ 和 $\hat{\boldsymbol{K}}_i(\boldsymbol{r})$ 分别是库仑和交换算符, 右边第四项为价电子产生的库仑势和交换势. $\sum\limits_{c=1}^{p}[2\hat{\boldsymbol{J}}_c(\boldsymbol{r})-\hat{\boldsymbol{K}}_c(\boldsymbol{r})]$ 项是芯层电子对价电子的作用势. 模型势方法要解决的问题是用不显含芯层轨道的式子代替这一项而不降低计算结果的精度. 芯层电子对价电子的库仑势算符为

$$\hat{\boldsymbol{J}}_C(\boldsymbol{r})\psi_v\equiv\sum_{c=1}^{p}2\hat{\boldsymbol{J}}_c(\boldsymbol{r})\psi_v(\boldsymbol{r})=\left[\int\frac{\rho_C(\boldsymbol{r}')}{|\boldsymbol{r}-\boldsymbol{r}'|}\mathrm{d}\boldsymbol{r}'\right]\psi_v(\boldsymbol{r}) \tag{16.1.2}$$

式中, $\rho_C(\boldsymbol{r})$ 是芯层电子密度. 芯层电子的库仑势是球形对称的定域势, 可以用适当函数精确拟合. 为便于与广泛采用的 GTO 基组配合使用, 通常将式 (16.1.1a) 中原子核和芯层电子对价电子的总库仑势表达为

$$V_{\mathrm{Coul}}^{\mathrm{Model}}(r)=-\frac{Z-n_c}{r}+\sum_k A_k r^{-1}\exp[-\alpha_k r^2] \tag{16.1.3}$$

式中, r 是空间任意点 $\boldsymbol{r}$ 到原子核的距离, $\{A_k\}$ 和 $\{\alpha_k\}$ 是拟合参数. 芯层电子对价层电子的交换势为非定域势, 作用在函数 $\chi(\boldsymbol{r})$ 上的结果是

$$\hat{\boldsymbol{K}}_C(\boldsymbol{r})\chi(\boldsymbol{r})\equiv\sum_{c=1}^{p}\hat{\boldsymbol{K}}_c(\boldsymbol{r})\chi(\boldsymbol{r})=\sum_{c=1}^{p}\left[\int\frac{\psi_c^*(\boldsymbol{r}')\chi(\boldsymbol{r}')}{|\boldsymbol{r}-\boldsymbol{r}'|}\mathrm{d}\boldsymbol{r}'\right]\psi_c(\boldsymbol{r}) \tag{16.1.4}$$

将原子轨道用基组 $\{\chi_{ilm_l}\}$ 展开, $\chi_{ilm_l}\equiv g_i(r)Y_{lm_l}(\theta,\varphi)$, $g_i(r)$ 是 Gaussian 原函数, 则交换势算符 $\hat{\boldsymbol{K}}_C(\boldsymbol{r})$ 可表示为[2]

$$\hat{\boldsymbol{K}}_C(\boldsymbol{r})\approx\hat{\boldsymbol{K}}_C^{\mathrm{Model}}(\boldsymbol{r})=\sum_l\sum_{m_l=-l}^{l}\sum_{a,b}|\chi_{alm_l}\rangle A_{l,ab}\langle\chi_{blm_l}| \tag{16.1.5}$$

式中, $A_{l,ab}$ 是与 l 有关的矩阵 $\boldsymbol{A}$ 的元素, $\boldsymbol{A}=\boldsymbol{S}^{-1}\boldsymbol{K}_C\boldsymbol{S}^{-1}$, 矩阵 $\boldsymbol{S}$ 和 $\boldsymbol{K}_C$ 的矩阵元分别是 $S_{ij}=\langle\chi_{ilm_l}\mid\chi_{jlm_l}\rangle$ 和 $(K_C)_{ij}=\langle\chi_{ilm_l}|\hat{\boldsymbol{K}}_C|\chi_{jlm_l}\rangle$. $A_{l,ab}$ 可以在原子的全电子计算中算出. 显然, 如果展开价轨道的 Gaussian 原函数包含在基组 $\{\chi_{ilm_l}\}$ 中, 则有

$$\langle\chi_{ilm_l}|\hat{\boldsymbol{K}}_C^{\text{Model}}|\chi_{jlm_l}\rangle=\langle\chi_{ilm_l}|\hat{\boldsymbol{K}}_C|\chi_{jlm_l}\rangle \tag{16.1.6}$$

式 (16.1.1) 右边第二项起强制价层轨道正交于芯层轨道的作用, 在模型势方法中简化为能级移动算符 $\hat{\boldsymbol{O}}_C(\boldsymbol{r})$

$$\begin{aligned}-\sum_{c=1}^{p}\varepsilon_{vc}\psi_c(\boldsymbol{r})&=-\sum_{c=1}^{p}|\psi_c\rangle\langle\psi_c|\hat{\boldsymbol{F}}_v|\psi_v\rangle=-\sum_{c=1}^{p}\Big[|\psi_c\rangle\langle\psi_c|\hat{\boldsymbol{F}}_v+\hat{\boldsymbol{F}}_v|\psi_c\rangle\langle\psi_c|\Big]|\psi_v\rangle\\&\Rightarrow\sum_{c=1}^{p}B_c|\psi_c\rangle\langle\psi_c|=\hat{\boldsymbol{O}}_C^{\text{Model}}(\boldsymbol{r})\end{aligned} \tag{16.1.7}$$

为保证价层轨道与芯层轨道严格正交, $\{B_c\}$ 的值应为 $+\infty$, 但通常取为 $\{-2\varepsilon_c\}$ 就可以取得满意结果了, 故令

$$\hat{\boldsymbol{O}}_C^{\text{Model}}(\boldsymbol{r})=\sum_{c=1}^{p}(-2\varepsilon_c)|\psi_c\rangle\langle\psi_c| \tag{16.1.8}$$

能级移动算符将芯层轨道的能级提升到占据价轨道能级之上, 防止电子填充到芯层轨道上, 从而满足 Pauling 原理的要求.

于是, 可将对应于式 (16.1.1) 的原子模型势单电子方程写为 (改变原子轨道标号)

$$\hat{\boldsymbol{F}}_v^{\text{Model}}(\boldsymbol{r})\psi_v^M(\boldsymbol{r})=\varepsilon_v^M\psi_v^M(\boldsymbol{r}) \tag{16.1.9}$$

$$\hat{\boldsymbol{F}}_v^{\text{Model}}(\boldsymbol{r})=-\frac{1}{2}\nabla^2+V_{\text{Core}}^{\text{Model}}(\boldsymbol{r})+\left[2a\nu\sum_{v=1}^{q}\hat{\boldsymbol{J}}_v(\boldsymbol{r})-b\nu\sum_{v=1}^{q}\hat{\boldsymbol{K}}_v(\boldsymbol{r})\right] \tag{16.1.9a}$$

$$\begin{aligned}V_{\text{Core}}^{\text{Model}}(\boldsymbol{r})=&-\frac{Z-n_c}{r}+\sum_k A_k r^{-1}\exp(-\alpha_k r^2)\\&+\sum_l\sum_{m_l=-l}^{l}\sum_{a,b}|\chi_{alm_l}\rangle A_{l,ab}\langle\chi_{blm_l}|+\sum_{c=1}^{p}(-2\varepsilon_c)|\psi_c\rangle\langle\psi_c|\end{aligned} \tag{16.1.9b}$$

也可以将模型势表达为另一种形式[3]. 交换势作用在价轨道上, 得

$$\hat{\boldsymbol{K}}_C(\boldsymbol{r})\psi_v(\boldsymbol{r})\equiv\sum_{c=1}^{p}\hat{\boldsymbol{K}}_c(\boldsymbol{r})\psi_v(\boldsymbol{r})=\sum_{c=1}^{p}\left[\int\frac{\psi_c^*(\boldsymbol{r}')\psi_v(\boldsymbol{r}')}{|\boldsymbol{r}-\boldsymbol{r}'|}\mathrm{d}\boldsymbol{r}'\right]\psi_c(\boldsymbol{r}) \tag{16.1.10}$$

故价层轨道的交换算符矩阵元为

$$\langle\psi_u|\,\hat{\boldsymbol{K}}_C\,|\psi_v\rangle=\langle\psi_u|\sum_{c=1}^{p}\hat{\boldsymbol{K}}_c\,|\psi_v\rangle=\sum_{c=1}^{p}\int \mathrm{d}\boldsymbol{r}\psi_u^*(\boldsymbol{r})\psi_c(\boldsymbol{r})\left[\int\frac{\psi_c^*(\boldsymbol{r}')\psi_v(\boldsymbol{r}')}{|\boldsymbol{r}-\boldsymbol{r}'|}\right]\mathrm{d}\boldsymbol{r}' \tag{16.1.11}$$

将原子轨道用球坐标表示：$\psi_i(\boldsymbol{r})=R_{nl}(\boldsymbol{r})Y_{lm_l}(\theta,\,\varphi)$, 将 $\dfrac{1}{|\boldsymbol{r}-\boldsymbol{r}'|}$ 按式 (9.3.24) 用 Laplace 公式展开

$$\frac{1}{|\boldsymbol{r}-\boldsymbol{r}'|}=\sum_{l=0}^{\infty}\sum_{m_l=-l}^{l}\frac{4\pi}{2l+1}\frac{\boldsymbol{r}_<^l}{r_>^{l+1}}Y_{lm_l}(\theta,\varphi)Y_{lm_l}^*(\theta',\varphi') \tag{16.1.12}$$

代入式 (11.6.11), 再将两个球谐函数的乘积展开为球谐函数的线性组合, 经整理后可得

$$\langle\psi_u|\,\hat{\boldsymbol{K}}_C\,|\psi_v\rangle=\sum_{l=0}^{\infty}\sum_{m_l=-l}^{l}\int\langle\psi_u(r,\theta,\varphi)|\;Y_{lm_l}(\theta,\varphi)\rangle\,V_l^{\mathrm{ex}}(r)\times\langle Y_{lm_l}(\theta',\varphi')|\;\psi_v(r,\theta',\varphi')\rangle\,\mathrm{d}r \tag{16.1.13}$$

式中

$$\langle Y_{lm_l}(\theta,\varphi)|\;\psi_v(r,\theta,\varphi)\rangle=\int Y_{lm_l}^*(\theta,\varphi)\psi_v(r,\theta,\varphi)\sin\theta\mathrm{d}\theta\mathrm{d}\varphi \tag{16.1.14}$$

因此, 可以将交换算符表示为

$$\hat{\boldsymbol{K}}_C(\boldsymbol{r})=\sum_{l=0}^{\infty}\sum_{m_l=-l}^{l}|Y_{lm_l}\rangle\,V_l^{\mathrm{ex}}(r)\,\langle Y_{lm_l}|=\sum_{l=0}^{\infty}V_l^{\mathrm{ex}}(r)\hat{\boldsymbol{P}}_l \tag{16.1.15}$$

式中, $\hat{\boldsymbol{P}}_l$ 是投影算符

$$\hat{\boldsymbol{P}}_l=\sum_{m_l=-l}^{l}\hat{\boldsymbol{P}}_{lm_l}=\sum_{m_l=-l}^{l}|Y_{lm_l}\rangle\,\langle Y_{lm_l}| \tag{16.1.15a}$$

通常称 $\hat{\boldsymbol{P}}_l$ 为半定域 (semilocal) 算符, 因为它对于角度变量是非定域的而对径向变量是定域的, 作用在函数 $f(r,\,\theta,\,\varphi)$ 上的结果是将其中所含的角量子数为 l 的成分投影出来.

$$\hat{\boldsymbol{P}}_lf(r,\theta,\varphi)=\sum_{m_l=-l}^{l}Y_{lm_l}(\theta,\varphi)\int Y_{lm_l}^*(\theta',\varphi')f(r,\theta',\varphi')\sin\theta\mathrm{d}\theta'\mathrm{d}\varphi' \tag{16.1.16}$$

$V_l^{\mathrm{ex}}(r)$ 可以用 GTO 拟合

$$V_l^{\mathrm{ex}}(r)=\sum_k D_{kl}r^{n_{kl}}\exp[-\beta_{kl}r^2] \tag{16.1.17}$$

故有

$$\hat{\boldsymbol{K}}_C^{\mathrm{Model}}(\boldsymbol{r})=\sum_{l=0}^{\infty}\sum_k D_{kl}r^{n_{kl}}\exp[-\beta_{kl}r^2]\hat{\boldsymbol{P}}_l \tag{16.1.18}$$

在采用 GTO 基组时, $\{\psi_c\}$ 的径向部分是 GTO 的线性组合, 故能级移动算符可表示为

$$\begin{aligned}\hat{O}_C^{\mathrm{Model}}(\boldsymbol{r})&=\sum_{c=1}^{p}(-2\varepsilon_c)\left|\psi_c\right\rangle\left\langle\psi_c\right|=\sum_{c=1}^{p}\sum_{m=-l}^{l}(-2\varepsilon_c)\left|Y_{lm_l}\right\rangle g_c(r)\left\langle Y_{lm_l}\right|\\&=\sum_{c=1}^{p}(-2\varepsilon_c)g_c(r)\hat{P}_l\end{aligned} \tag{16.1.19}$$

$g_c(r)$ 是 GTO 的线性组合. 于是, 可以将总库仑势、交换势和能级移动算符合成一项, 将模型势写成

$$V_{\mathrm{Core}}^{\mathrm{Model}}(\boldsymbol{r})=V_{\mathrm{Coul}}^{\mathrm{Model}}(r)+\hat{\boldsymbol{K}}_C^{\mathrm{Model}}(\boldsymbol{r})+\hat{\boldsymbol{O}}_C^{\mathrm{Model}}(\boldsymbol{r})=\sum_l V_l^{\mathrm{Core}}(r)\hat{\boldsymbol{P}}_l \tag{16.1.20}$$

$$V_l^{\mathrm{Core}}(r)\hat{\boldsymbol{P}}_l=\sum_k f_{lk}r^{n_{lk}}\exp(-\zeta_{lk}r^2)\hat{\boldsymbol{P}}_l \tag{16.1.20a}$$

式中, $\{n_{lk}\}$ 可取正、负整数或零值.

为确定模型势 $V_{\mathrm{Core}}^{\mathrm{Model}}(\boldsymbol{r})$ 中的参数 $\{A_k\}$、$\{\alpha_k\}$ 或者 $\{f_{lk}\}$、$\{\zeta_{lk}\}$ 等, 要对原子的一定状态 (谱项) 进行包括全部电子的大基组从头计算, 获得高精度的自洽解, 包括芯层和价层轨道以及对不同 l 值价层轨道的总势函数 (包括库仑势、交换势和 Pauli 排斥势在内), 从总势函数中减去价层电子产生的库仑势和交换势得出芯层电子对价层电子的 "精确" 的作用势函数. 将 $V_{\mathrm{Core}}^{\mathrm{Model}}(\boldsymbol{r})$ 的解析表达式对全电子计算得到的精确芯层作用势函数作最小二乘拟合, 即可求得 $V_{\mathrm{Core}}^{\mathrm{Model}}(\boldsymbol{r})$ 中的参数. 另一种办法是解方程式 (16.1.9), 调整模型势的参数, 由计算出来的 $\{\varepsilon_v^M\}$ 与全电子计算的相应值的均方差极小确定最优参数值. 这样得出来的原子模型势文献上常简写为 AIMP (Ab initio model potential). 使用原子模型势进行价层电子结构计算, 芯层轨道就不显示地出现了. 为了得到好的计算结果, 对于不同的有效芯势 (模型势), 要有优化的价层轨道基组配合. 因此, 通常在确定模型势参数的同时优化用于分子计算的价轨道基组.

16.1.2 相对论模型势 [4,5]

在重原子计算中相对论效应是必须考虑的因素. 虽然一般说来价层电子受到的影响不大 (旋–轨耦合作用可能不可忽略), 芯层电子状态受相对论效应的影响很大, 由此产生的对价层电子的间接影响可能相当大. 特别是重原子的 p 亚层电子, 由于

2p 亚层旋–轨耦合分裂显著, 而其他 p 亚层轨道因与 2p 轨道正交, 也会显著分裂, 其性态显著不同于非相对论 p 轨道. 考虑相对论效应, 需要求解 Dirac 方程或其他近似地处理相对论效应的方程, 如 Pauli 方程、DKH 方程或者 ZORA 方程等. 相对论与非相对论量子力学方程的差别主要源于电子动能算符的不同, 在近似的相对论量子力学方程中表现为在 Schrödinger 方程中增加一些单电子算符. 例如, 原子轨道的径向 Wood-Boring (WB) 方程为[6]

$$(\hat{\boldsymbol{H}}_{\text{nonrel}}+\hat{\boldsymbol{H}}_{mv}+\hat{\boldsymbol{H}}_{\text{DW}}+\hat{\boldsymbol{H}}_{\text{SO}})\phi_{n\kappa}(r)=\varepsilon_{n\kappa}\phi_{n\kappa}(r) \tag{16.1.21}$$

式中, $\phi_{n\kappa}(r)\equiv rR_{n\kappa}(r)$ 是正交归一的径向本征函数, 对于 $j=l\pm1/2,\kappa=\mp(j+1/2)$, $\hat{\boldsymbol{H}}_{\text{nonrel}}$ 是非相对论的 Hamilton 算符

$$\hat{\boldsymbol{H}}_{\text{nonrel}}\equiv-\frac{1}{2}\frac{\mathrm{d}^2}{\mathrm{d}r^2}+\frac{l(l+1)}{2r^2}+V(r) \tag{16.1.21a}$$

$V(r)$ 是不考虑相对论效应时的势函数. 在求解方程式 (16.2.21) 时, 不考虑 Dirac 波函数的小分量对电荷密度和势函数的贡献. 与对应的 Schrödinger 方程比较, 式 (16.2.21) 中多出了质量–速度项 $\hat{\boldsymbol{H}}_{mv}$, Darwin 项 $\hat{\boldsymbol{H}}_{\text{DW}}$ 和旋–轨耦合项 $\hat{\boldsymbol{H}}_{\text{SO}}$

$$\hat{\boldsymbol{H}}_{mv}(r)=-\frac{1}{2c^2}[\varepsilon_{n\kappa}-V(r)]^2 \tag{16.1.21b}$$

$$\hat{\boldsymbol{H}}_{\text{DW}}(r)=-\frac{1}{4c^2}\frac{\mathrm{d}V(r)}{\mathrm{d}r}B_{n\kappa}\left(\frac{\mathrm{d}}{\mathrm{d}r}-\frac{1}{r}\right) \tag{16.1.21c}$$

$$\hat{\boldsymbol{H}}_{\text{SO}}=-\frac{1}{4c^2}\frac{\mathrm{d}V(r)}{\mathrm{d}r}B_{n\kappa}\frac{\kappa+1}{r} \tag{16.1.21d}$$

$$B_{n\kappa}=\left(1+\frac{1}{2c^2}[\varepsilon_{n\kappa}-V(r)]\right)^{-1}$$

$\varepsilon_{n\kappa}\equiv\varepsilon_{nlj}$ 是轨道能量本征值, $n,l,j=l\pm1/2$(或 n,κ) 是在计及相对论效应后好的量子数. 省略旋–轨耦合项 $\hat{\boldsymbol{H}}_{\text{SO}}$, 就得到原子轨道的径向 Cowan-Griffin (CG) 方程[7]

$$(\hat{\boldsymbol{H}}_{\text{nonrel}}+\hat{\boldsymbol{H}}_{mv}+\hat{\boldsymbol{H}}_{\text{DW}})\phi_{n\kappa}(r)=\varepsilon_{n\kappa}\phi_{n\kappa}(r) \tag{16.1.22}$$

在近似相对论性计算中, 将 $\hat{\boldsymbol{H}}_{mv}$、$\hat{\boldsymbol{H}}_{\text{DW}}$ 和 $\hat{\boldsymbol{H}}_{\text{SO}}$ 三项作为势函数项处理. Wood 和 Boring 提出的方法是: 第一步只考虑标量相对论效应, 将相应的势函数项取为

$$\hat{\boldsymbol{V}}_{nl}^{\text{CG}}(r)=\hat{\boldsymbol{H}}_{mv}(r)+\hat{\boldsymbol{H}}_{\text{DW}}(r) \tag{16.1.23}$$

求解 Cowan 和 Griffin 径向方程

$$\left[-\frac{1}{2}\frac{\mathrm{d}^2}{\mathrm{d}r^2}+\frac{l(l+1)}{2r^2}+V(r)+\hat{\boldsymbol{V}}_{nl}^{\text{CG}}(r)\right]\phi_{nl}^{\text{CG}}(r)=\varepsilon_{nl}^{\text{CG}}\phi_{nl}^{\text{CG}}(r) \tag{16.1.24}$$

然后由求得的解按式 (16.1.21d) 计算近似的旋–轨耦合作用势. 在计算 $\hat{\boldsymbol{H}}_{mv}$、$\hat{\boldsymbol{H}}_{\mathrm{DW}}$ 和 $\hat{\boldsymbol{H}}_{\mathrm{SO}}$ 时, 式中的势函数 V 用近似的定域势 $\tilde{V}$ 代替.

原子的近似相对论单电子方程与相应非相对论单电子方程的 Hamilton 量的差别只在于多出反映相对论效应的势能项, 可以用完全类似的方法构造其有效芯势, 只要将反映近似相对论效应的势能项加入到 $V_{\mathrm{Core}}^{\mathrm{Model}}(\boldsymbol{r})$ 中就行了. Seijo 提出的方法如下[4]: 不考虑旋–轨耦合时, 用模型势 $\hat{\boldsymbol{V}}_{\mathrm{CG}}^{\mathrm{Model}}(\boldsymbol{r})$ 代替式 (16.1.24) 中的 $V(r)+\hat{\boldsymbol{V}}_{nl}^{\mathrm{CG}}(r)$

$$\hat{\boldsymbol{V}}_{\mathrm{CG}}^{\mathrm{Model}}(\boldsymbol{r})=V_{\mathrm{Coul}}^{\mathrm{Model}}(r)+\hat{\boldsymbol{V}}_{\mathrm{XMD}}^{\mathrm{Model}}(\boldsymbol{r})+\hat{\boldsymbol{O}}_{C}^{\mathrm{Model}}(\boldsymbol{r}) \tag{16.1.25}$$

式中, 总库仑势和能级移动算符的表达式分别为

$$V_{\mathrm{Coul}}^{\mathrm{Model}}(r)=-\frac{Z-n_c}{r}+\sum_k A_k r^{-1}\exp(-\alpha_k r^2) \tag{16.1.26}$$

$$\hat{\boldsymbol{O}}_{C}^{\mathrm{Model}}(\boldsymbol{r})=\sum_{c=1}^{p}(-2\varepsilon_c)\left|\psi_c\right\rangle\left\langle\psi_c\right|=\sum_{c=1}^{p}(-2\varepsilon_c)g_c(r)\hat{\boldsymbol{P}}_l \tag{16.1.27}$$

$g_c(r)$ 是 Gaussian 函数的线性组合. 考虑相对论效应后, 芯层轨道和芯电子密度改变, 用式 (16.1.26) 和式 (16.1.27) 表示的算符中是包含相对论效应的. 交换势 $\hat{\boldsymbol{K}}_C(r)$ 和相对论效应势中的质量–速度项 $\hat{\boldsymbol{H}}_{mv}$, Darwin 项 $\hat{\boldsymbol{H}}_{\mathrm{DW}}$ 则合并处理

$$\hat{\boldsymbol{V}}_{\mathrm{XMD}}^{\mathrm{Model}}(\boldsymbol{r})=\hat{\boldsymbol{\Omega}}(\hat{K}_C+\hat{\boldsymbol{V}}_{mv}+\hat{\boldsymbol{V}}_{\mathrm{DW}})\hat{\boldsymbol{\Omega}}=\sum_l\sum_{m_l=-l}^{l}\sum_{a,b}\left|\chi_{a,lm}\right\rangle A_{l,ab}^{\mathrm{MP}}\left\langle\chi_{b,lm}\right| \tag{16.1.28}$$

式中

$$\hat{\boldsymbol{\Omega}}=\sum_l\sum_{m_l=-l}^{l}\sum_{a,b}\left|\chi_{a,lm_l}\right\rangle(\boldsymbol{S}^{-1})_{l,ab}\left\langle\chi_{b,lm_l}\right| \tag{16.1.28a}$$

$$(\boldsymbol{S})_{l,ab}=\left\langle\chi_{a,lm_l}\mid\chi_{b,lm_l}\right\rangle \tag{16.1.28b}$$

$$\hat{\boldsymbol{V}}_{mv}+\hat{\boldsymbol{V}}_{\mathrm{DW}}=\sum_{nl\in\mathrm{valence}}\hat{\boldsymbol{P}}_l(\hat{\boldsymbol{H}}_{mv}+\hat{\boldsymbol{H}}_{\mathrm{DW}})\hat{\boldsymbol{P}}_l \tag{16.1.28c}$$

$A_{l,ab}^{\mathrm{MP}}$ 是矩阵 $\boldsymbol{A}^{\mathrm{MP}}$ 的矩阵元, $\boldsymbol{A}^{\mathrm{MP}}=\boldsymbol{S}^{-1}\boldsymbol{V}_{\mathrm{XMD}}\boldsymbol{S}^{-1}$. $\boldsymbol{V}_{\mathrm{XMD}}$ 的矩阵元为

$$(\boldsymbol{V}_{\mathrm{XMD}})_{ij}=\left\langle\chi_i\right|(\hat{\boldsymbol{K}}_C+\hat{\boldsymbol{V}}_{mv}+\hat{\boldsymbol{V}}_{\mathrm{DW}})\left|\chi_j\right\rangle \tag{16.1.28d}$$

$\boldsymbol{A}^{\mathrm{MP}}$ 是按 lm_l 分块的矩阵. 对于给定的 l, $\hat{\boldsymbol{V}}_{mv}$ 和 $\hat{\boldsymbol{V}}_{\mathrm{DW}}$ 在该分块矩阵中是对应于价层中能量最低轨道的 $\hat{\boldsymbol{V}}_{mv,nl}$ 和 $\hat{\boldsymbol{V}}_{\mathrm{DW},nl}$. 如果价层轨道中有一个以上的轨道具有相同的角量子数 l, 则用 $\left|R_{nl}\right\rangle(\hat{\boldsymbol{V}}_{mv,nl}+\hat{\boldsymbol{V}}_{\mathrm{DW},nl})\left\langle R_{nl}\right|$ 代替式 (16.1.28c) 中包含的 $(\hat{\boldsymbol{V}}_{mv,nl}+\hat{\boldsymbol{V}}_{\mathrm{DW},nl})$. 显然, 对于确定的基组, 下式总是成立的

$$\left\langle\chi_i\right|\hat{\boldsymbol{V}}_{\mathrm{XMD}}^{\mathrm{Model}}\left|\chi_j\right\rangle=\left\langle\chi_i\right|(\hat{\boldsymbol{K}}_C+\hat{\boldsymbol{V}}_{mv}+\hat{\boldsymbol{V}}_{\mathrm{DW}})\left|\chi_j\right\rangle$$

为确定模型势 $\hat{\boldsymbol{V}}_{\mathrm{CG}}^{\mathrm{Model}}(\boldsymbol{r})$, 首先用数值方法求出 Cowan-Griffin 径向方程式 (16.1.24) 的精确解, 用式 (16.1.26) 拟合精确的库仑势函数, 获得库仑模型势参数 $\{A_k\}$ 和 $\{\alpha_k\}$, 用 Gaussian 函数拟合芯层轨道获得 $g_c(r)$ 的组合系数. 利用数值求解的结果按原子价层总能量取极小值的要求优化价层轨道的基组. 然后将优化的价层轨道基组、芯层轨道函数 [$g_c(r)$ 的组合系数]、轨道能级以及 $\{V_{mv,nl}\}$ 和 $\{V_{\mathrm{DW},nl}\}$ 的数值计算结果储存在数据库中. 用模型势进行分子计算时, 用这些数据按式 (16.1.26)、式 (16.1.28) 和式 (16.1.27) 分别计算 $V_{\mathrm{Coul}}^{\mathrm{Model}}(r)$、$\hat{\boldsymbol{V}}_{\mathrm{XMD}}^{\mathrm{Model}}(\boldsymbol{r})$ 和 $\hat{\boldsymbol{O}}_{C}^{\mathrm{Model}}(\boldsymbol{r})$ 的矩阵元. 这样得到的模型势文献上常简写为 CG-AIMP. 应当指出, 相对论效应势能项中的 ε_{nlj} 和 $V(r)$ 包含价电子的贡献, 不容易分离出去, 只好作些近似处理, 通常是忽略价电子对芯层 ε_{nlj} 的影响, $V(r)$ 按定域势考虑.

当考虑旋–轨耦合作用时, 将旋–轨耦合算符加进 $\hat{\boldsymbol{V}}_{\mathrm{CG}}^{\mathrm{Model}}(\boldsymbol{r})$ 中, 令

$$\hat{\boldsymbol{V}}_{\mathrm{WB}}^{\mathrm{Model}}(\boldsymbol{r}) = \hat{\boldsymbol{V}}_{\mathrm{CG}}^{\mathrm{Model}}(\boldsymbol{r}) + \hat{\boldsymbol{V}}_{\mathrm{SO}}^{\mathrm{Model}}(\boldsymbol{r}) \tag{16.1.29}$$

旋–轨耦合算符的表达式为

$$\begin{aligned}\hat{\boldsymbol{V}}_{\mathrm{SO}}^{\mathrm{Model}}(\boldsymbol{r}) &= \sum_l \hat{\boldsymbol{V}}_{\mathrm{SO},nl}^{\mathrm{Model}}(r)\hat{\boldsymbol{P}}_l\hat{\boldsymbol{l}}\cdot\hat{\boldsymbol{s}}\hat{\boldsymbol{P}}_l \\ &= \sum_l \delta \sum_k \frac{B_{kl}\exp(-\beta_{kl}r^2)}{r^2}\hat{\boldsymbol{P}}_l\hat{\boldsymbol{l}}\cdot\hat{\boldsymbol{s}}\hat{\boldsymbol{P}}_l\end{aligned} \tag{16.1.30}$$

式中, $\hat{\boldsymbol{l}}$ 和 $\hat{\boldsymbol{s}}$ 分别是轨道角动量和自旋角动量算符, $\{B_k\}$ 和 $\{\beta_k\}$ 是参数, δ 是为使计算与实验得到的旋–轨耦合分裂能一致而加入的经验参数, 一般 δ 接近 1. 为确定模型势 $\hat{\boldsymbol{V}}_{\mathrm{WB}}^{\mathrm{Model}}(\boldsymbol{r})$, 首先按上述方法确定 $\hat{\boldsymbol{V}}_{\mathrm{CG}}^{\mathrm{Model}}(\boldsymbol{r})$, 并用 Cowan-Griffin 方程的精确解按式 (16.1.21d) 计算旋–轨耦合势 $\{\hat{\boldsymbol{V}}_{\mathrm{SO},nl}(r)\hat{\boldsymbol{l}}\cdot\hat{s} = \hat{\boldsymbol{H}}_{\mathrm{SO}}\hat{\boldsymbol{l}}\cdot\hat{s}\}$, 再用最小二乘法按式 (16.1.30) 拟合精确的旋–轨耦合势 (令 $\delta = 1$), 确定参数 B_{kl} 和 β_{kl}. 按式 (16.1.29) 将 $\hat{\boldsymbol{V}}_{\mathrm{SO}}^{\mathrm{Model}}(\boldsymbol{r})$ 加到 $\hat{\boldsymbol{V}}_{\mathrm{CG}}^{\mathrm{Model}}(\boldsymbol{r})$ 中即得到 $\hat{\boldsymbol{V}}_{\mathrm{WB}}^{\mathrm{Model}}(\boldsymbol{r})$, 文献上通常简记为 WB-AIMP. 在加进 $\hat{\boldsymbol{V}}_{\mathrm{SO}}^{\mathrm{Model}}(\boldsymbol{r})$ 项后, 对 $\hat{\boldsymbol{V}}_{\mathrm{CG}}^{\mathrm{Model}}(\boldsymbol{r})$ 优化的价层轨道的基组要重新优化, 才能使采用 $\hat{\boldsymbol{V}}_{\mathrm{WB}}^{\mathrm{Model}}(\boldsymbol{r})$ 模型势计算出来的旋–轨耦合分裂能与实验结果更好地一致. 对 $\hat{\boldsymbol{V}}_{\mathrm{WB}}^{\mathrm{Model}}(\boldsymbol{r})$ 优化的基组与 $\hat{\boldsymbol{V}}_{\mathrm{CG}}^{\mathrm{Model}}(\boldsymbol{r})$ 优化基组一般差别很小.

在上面的讨论中没有涉及芯层和价层电子划分的问题. 经验表明能级越低、空间分布越定域在原子核近邻的原子轨道受周围环境变化的影响越小. 因此, 将芯层取得越小, 按上述方法构造的原子有效芯势受原子环境变化的影响越小, 将它用于分子计算将得到越接近全电子计算的结果. 不过, 芯层取得越小, 价层轨道就越多, 节省的计算量就越少. 反之, 芯层划得越大, 价轨道就越少, 越能减少计算量, 但得到的有效芯势受原子环境变化的影响也大, 用于分子计算的结果与全电子计算的结果差别将比较大. 因此要根据具体情况, 包括考虑原子的电子结构特征、分子计算的计算量和对结果精度的要求等, 合理划分芯层和价层. 例如, Ce 原子, 根据实验

事实知道, 它的 4f、5d、6s 轨道和其他轨道的能级分得比较开, 在不同化合物中的电子占据数与在自由原子中的情况差别很大, 而其 5s、5p 亚层的电子占据数在不同环境中几乎不变, 因此好像应该将 4f、5d、6s 轨道划为价轨道, 而 5s、5p 亚层应归入芯层. 但这样划分得到的原子有效芯势用于分子计算或者原子的激发能、电离能计算, 误差很大. 这是因为 4f 电子主要分布在 5s、5p 亚层占据的球形空间的内部, 4f 电子数变化对 5s、5p 电子的能级影响很大. 将 5s、5p 轨道划入价层, 得到的有效芯势就好多了, 用来进行计算得到的结果精度能满足一般要求. 但 4f 轨道与 4s、4p、4d 轨道的空间分布还是靠近的, 为得到更好的有效芯势, 芯层应只包括 3d 以下的轨道. 当然这样一来价轨道就很多, 采用有效芯势进行计算能节省的计算量就少了. 通常将芯层小的模型势称为 "小芯"(模型) 势, 芯层大的称为 "大芯"(模型) 势. 作为示例, 表 16.1.1 和表 16.1.2 分别给出 Ru、Rh、Pd 的相对论性模型势中库仑势和旋–轨耦合作用的参数值, 表 16.1.3 给出与之配合的优化基组的指数和组合系数.

表 16.1.1 库仑模型势参数 *

Ru		Rh		Pd	
α_k	$-A_k$	α_k	$-A_k$	α_k	$-A_k$
327700.00	0.39317233	342900.00	0.39515183	328700.00	0.41114301
46000.000	0.51475457	48160.000	0.51712197	47790.000	0.52508622
10270.000	0.95982829	10757.000	0.96368997	10906.000	0.97240638
2820.0000	1.6040708	2959.0000	1.6031263	3037.0000	1.6105867
864.90000	2.0683157	915.00000	2.0505859	942.80000	2.0590086
258.90000	3.4573391	277.20000	3.3962405	286.30000	3.4529484
102.16000	4.8910938	109.50000	4.9271672	113.69000	4.8914501
28.010000	4.6412239	30.540000	4.4597899	31.490000	4.6197064
12.675000	8.7473719	13.743000	8.9256436	14.424000	8.7919767
4.0190000	1.8591637	4.4000000	1.8802679	4.5340000	1.8296397
1.5761000	0.86366598	1.7146000	0.88121480	1.8175000	0.83604790

* 参看式 (16.1.26). 数据取自文献 [8] 拟合 Cowan-Griffin 近似相对论计算的结果, 芯层取为 $[Ar]3d^{10}4s^2$.

表 16.1.2 4p 价轨道的旋–轨耦合模型势参数 $V_{SO}(4p)$*

Ru		Rh		Pd	
β_{kl}	B_{kl}	β_{kl}	B_{kl}	β_{kl}	B_{kl}
1613550.	.46526422	977000.	.36132065	981650.	.35712594
74883.	.24644003	92773.	.24381460	93993.	.24755979
11812.	.10307204	11883.	.11858969	11891.	.12133736
1621.4	.05176144	1621.4	.05128189	1619.1	.05218461
207.66	.01957996	206.22	.02036501	207.66	.02076550
25.392	.00734295	25.195	.00724096	25.390	.00751473
3.1525	.00184261	3.5760	.00188794	3.4250	.00189354
.4012	.00032349	.5033	.00042210	.5106	.00041752

* 参看式 (16.1.30). 数据取自文献 [9], $\delta = 1$.

表 16.1.3 5s、4p、4d 价轨道 Gaussian 基组的指数和组合系数 *

Ru($4p^6 5s^1 4d^7 - {}^5F$)		Rh($4p^6 5s^1 4d^8 - {}^4F$)		Pd($4p^6 5s^1 4d^9 - {}^1D$)	
指数	组合系数	指数	组合系数	指数	组合系数
			5s		
16917.1525	0.00066850	18024.0258	0.00065655	19143.6182	0.00064447
2197.22508	0.00466413	2323.24549	0.00458702	2452.84267	0.00449570
447.469418	0.01587044	471.182855	0.01560444	496.223753	0.01528192
42.1136456	−0.06995294	44.2395297	−0.07060209	46.6919230	−0.06818066
20.5279218	−0.02833839	18.2329916	−0.03985876	21.0829589	−0.03327044
7.27416070	0.14712323	9.28518095	0.10749504	9.63844398	0.09587806
3.82240028	0.16107510	4.76860067	0.19138292	5.12848505	0.19037347
1.497823475	−0.23084413	1.50877278	−0.22737821	1.66291793	−0.21599388
0.650737763	−0.38429023	0.685153174	−0.34939262	0.738897076	−0.34001748
0.088521508	0.67239274	0.091275177	0.65387103	0.093146798	0.64114707
0.033634177	0.47527453	0.034187840	0.48747715	0.034512530	0.49326093
			4p		
1040.33483	.00742318	1102.08983	.00749555	1162.56250	.00758785
237.355925	.04589777	251.047374	.04679519	264.618772	.04771497
72.6632972	.11651966	76.8127426	.11942361	80.9850891	.12208979
11.2101872	−.23396091	11.8036872	−.24423731	12.4718803	−.25009616
6.38260303	−.24975463	6.80386691	−.24782075	7.28442623	−.24909214
1.32555466	.70301670	1.43845679	.70713912	1.55301271	.71117167
.481932772	.42476270	.523883821	.42223519	.566306773	.41925885
			4d		
120.225274	−.01795763	129.145664	−.01822829	138.306748	−.01847834
34.0776379	−.08445685	36.6806282	−.08700078	39.3568728	−.08914425
11.4948673	−.15727871	12.4342250	−.16369887	13.4025525	−.16930390
1.56613219	.38658797	1.72780654	.39464228	1.89538692	.40120010
.559274043	.51712919	.621745783	.51494762	.686671400	51295757
.175251696	.30646372	.195665629	.29759477	.217061028	.29030438

* 数据取自文献 [8, 9], 4p、4d 价轨道基组优化考虑了旋–轨耦合校正.

文献上还报道过其他几种构造模型势的方法, 不同的方法基本思路相同, 但模型势的表达式不同或者确定模型势参数的方法不同. 模型势方法的思路接近 "冻芯近似", 只是将芯层电子对价电子的作用势 (包括 Pauling 排斥和相对论效应的作用) 拟合为解析式, 使芯层轨道不显示地出现在势函数中. 模型势与 "真实" 势还是很接近的, 得到的价轨道函数也和全电子计算的结果很接近. 因此模型势方法很容易应用于价电子的其他类型的计算 (MCSCF、CI 等). 但在原子模型势方法中, 为了满足 Pauling 原理的要求引入能级移动算符, 价轨道在芯层区是有径向节点的变化剧烈的函数. 虽然在价层计算中芯层轨道并不显示地出现, 但价层计算使用的基组必须包含能很好描述芯层轨道的基函数, 否则得到的价轨道不可能与芯层轨道严格正交. 因此, 计算中需要使用和相应全电子计算几乎一样的基组, 才能得到满意的结果, 在计算分子积分方面并没有节省多少计算量, 只是降低了 Fock 矩阵的维数, 节省了 Fock 矩阵对角化所需的计算时间.

16.2 原子赝势和赝波函数[5,10]

16.2.1 原子赝势和赝波函数

赝势方法的思路是: 构造一种代替模型势的势函数用于单电子方程中, 使其价层本征函数 (价轨道) 在芯层区是没有径向节点的变化比较平缓的函数, 而计算得到的主要由价轨道决定的性质则与全电子从头计算的结果吻合. 这种势函数和由此产生的价轨道与 "真实" 的势函数和价轨道实际上可能差别很大, 是 "赝品", 故称之为赝势和赝波函数. 不过, 重要的是采用赝势计算得到的可观测物理量符合客观实际. 因此赝势方法是一种科学的有价值的理论和计算方法, 它解决了模型势方法存在的计算量降低不够多的问题.

有多种导出赝势的途径, 下面以从 Hartree-Fock 方程出发的方法为例. 为简单起见, 首先讨论只有一个价电子的情况. 设有 n_c 个芯层电子, 价层轨道 Hartree-Fock 方程的一般形式为 (用 v, u 标志价层轨道, c 标志芯层轨道)

$$\hat{\boldsymbol{F}}_v\psi_v = \varepsilon_v\psi_v + \sum_{c=1}^{n_c/2} \varepsilon_{vc}\psi_c \tag{16.2.1}$$

定义投影算符

$$\hat{\boldsymbol{P}}_C = \sum_{c=1}^{n_c/2} |\psi_c\rangle\langle\psi_c| \tag{16.2.2}$$

用 $(1-\hat{\boldsymbol{P}}_C)$ 作用式 (16.2.1) 两边, 由价层和芯层的正交归一性, 得

$$(1-\hat{\boldsymbol{P}}_C)\hat{\boldsymbol{F}}_v\psi_v = \varepsilon_v\psi_v \tag{16.2.3}$$

由于价层轨道与具有相同对称性的芯层轨道正交, $\{\psi_v\}$ 一般是在芯层区有节点的函数. 将 ψ_v 与芯层轨道 $\{\psi_c\}$ 适当混合, 可以得到无节点的平缓变化的函数 $\tilde{\psi}_v$(赝价轨道函数)

$$\tilde{\psi}_v = N_v\left(\psi_v + \sum_{c=1}^{n_c/2} w_c\psi_c\right) \tag{16.2.4}$$

式中, N_v 是归一化常数. 当然, $\tilde{\psi}_c$ 与芯层轨道就不正交了. 式 (16.2.4) 表示从 "真实" 价轨道函数到赝价轨道函数的变换. 用 $(1-\hat{\boldsymbol{P}}_C)$ 作用式 (16.2.4) 两边, 得

$$(1-\hat{\boldsymbol{P}}_C)\tilde{\psi}_v = N_v(1-\hat{\boldsymbol{P}}_C)\left(\psi_v + \sum_{c=1}^{n_c/2} w_c\psi_c\right) = N_v\psi_v \tag{16.2.5}$$

由式 (16.2.5) 解出 ψ_v, 代入式 (16.2.3) 可得

$$(1-\hat{\boldsymbol{P}}_C)\hat{\boldsymbol{F}}_v(1-\hat{\boldsymbol{P}}_C)\tilde{\psi}_v = \varepsilon_v(1-\hat{\boldsymbol{P}}_C)\tilde{\psi}_v \tag{16.2.6}$$

记

$$\hat{\boldsymbol{V}}^{\text{GPK}} = -\hat{\boldsymbol{P}}_C\hat{\boldsymbol{F}}_v - \hat{\boldsymbol{F}}_v\hat{\boldsymbol{P}}_C + \hat{\boldsymbol{P}}_C\hat{\boldsymbol{F}}_v\hat{\boldsymbol{P}}_C + \varepsilon_v\hat{\boldsymbol{P}}_C \tag{16.2.7}$$

则式 (16.2.6) 可改写成

$$(\hat{\boldsymbol{F}}_v + \hat{\boldsymbol{V}}^{\text{GPK}})\tilde{\psi}_v = \varepsilon_v\tilde{\psi}_v \tag{16.2.8}$$

$\hat{\boldsymbol{V}}^{\text{GPK}}$ 称为 GPK(generalized Phillips-Kleinman) 赝势. 若假定芯轨道也是 $\hat{\boldsymbol{F}}_v$ 的本征函数, 则 $\hat{\boldsymbol{P}}_C$ 与 $\hat{\boldsymbol{F}}_v$ 可对易, 且 $\hat{\boldsymbol{P}}_C^2 = \hat{\boldsymbol{P}}_C$, 就得到 Phillips-Kleinman 赝势 V^{PK}[11]

$$V^{\text{PK}} = \sum_{c=1}^{n_c/2} (\varepsilon_v - \varepsilon_c)\,|\psi_c\rangle\,\langle\psi_c| \tag{16.2.9}$$

Phillips-Kleinman 赝势 V^{PK} 有以下性质:

$$(\hat{\boldsymbol{F}}_v+V^{\text{PK}})\psi_c=\left[\hat{\boldsymbol{F}}_v + \sum_{c'=1}^{n_c/2}(\varepsilon_v-\varepsilon_{c'})|\psi_{c'}\rangle\langle\psi_{c'}|\right]\psi_c=\varepsilon_c\psi_c+(\varepsilon_v-\varepsilon_c)\psi_c=\varepsilon_v\psi_c \tag{16.2.10}$$

亦即将所有芯层轨道的能级都提高到 ε_v, 将芯层轨道的能量特性抹掉了, 与价轨道 ψ_v 一起形成 $n_c/2+1$ 重简并轨道.

从式 (16.2.1) 到式 (16.2.8) 的变换称为 PK(或 PKA, Phillips-Kleinman-Antoncik) 赝势变换[11,12]. 从式 (16.2.9) 可以看出 V^{PK} 一定是正数, 并且在核吸引势越强的空间其值越正, 因此能在很大程度上抵消核吸引势, 使表观的总势函数比真实的势函数弱得多, 从计算的角度考虑有利. 在导出方程式 (16.2.8) 的过程中, 式 (16.2.4) 中出现过 $\{w_c\}$, 但其取值对方程式 (16.2.8) 成立并没有影响. 这表明 $\{w_c\}$ 的取值有一定任意性, 亦即可以造出无限多个 $\tilde{\psi}_v$ 满足方程式 (16.2.8). 据此我们可以通过选择 $\{w_c\}$, 使 $\tilde{\psi}_v$ 成为在芯层区平缓变化的函数. 通常称 $\tilde{\psi}_v$ 为赝轨道或者赝波函数, 强调它不是真实的轨道, 而且具有不确定性. 需要指出的是, 虽然 $\tilde{\psi}_v$ 和 ψ_v 并没有确定的关系, 满足方程式 (16.2.8) 的 $\tilde{\psi}_v$ 却与对应的真实价轨道 ψ_v 具有相同的本征能量.

方程式 (16.2.8) 表明赝势和赝波函数有紧密的联系. 虽然构造 $\tilde{\psi}_v$ 有一定任意性, 但 $\tilde{\psi}_v$ 一旦确定下来, 赝势也就完全确定了 (确定到只能差一个常数). 赝轨道与赝势的紧密联系与 Pauling 原理有关. Pauling 原理要求自旋相同的电子彼此互相

回避, 在一个电子周围形成一个 Fermi 穴. 当价电子按 $\tilde{\psi}_v$ 描述的方式进入芯层区, 价电子与芯层电子互相回避, 将形成一串 Fermi 孔 (Fermi 管), 赝势必须能反映这一情况. 因此, 赝势和赝波函数是紧密联系、相互制约的.

赝势与角量子数 l 有密切关系而与磁量子数 m_l 没有关系, 这很容易理解, 例如, 2s 要求与 1s 正交, 有径向节点, 有赝势项; 2p 没有相同对称性的芯层轨道, 没有径向节点, 赝势项不存在; 两种情况显然不同. 3s、3p、3d 轨道的径向节点数不同, 其赝势项也显然不同. l 相同的 $(2l+1)$ 个函数在球形势场中是等价的, 故赝势与 m_l 无关. 因此, 通常将 GPK 赝势算符写成

$$\hat{\boldsymbol{V}}^{\mathrm{GPK}}(\boldsymbol{r}) = \sum_{l=0}^{L-1} V_l^{\mathrm{GPK}}(r)\hat{\boldsymbol{P}}_l \tag{16.2.11}$$

式中, $L-1$ 是芯层轨道的最高角量子数, $\hat{\boldsymbol{P}}_l = \sum_{m_l=-l}^{l} |Y_{lm_l}\rangle\langle Y_{lm_l}|$ 是投影算符. 式 (16.2.8) 也可以写成

$$\left(-\frac{1}{2}\nabla^2 - \frac{Z}{r} + \sum_{c=1}^{n_v/2} 2\hat{\boldsymbol{J}}_c + \sum_{c=1}^{n_v/2}\hat{\boldsymbol{K}}_c + \hat{\boldsymbol{V}}^{\mathrm{GPK}}\right)\tilde{\psi}_v = \varepsilon_v\tilde{\psi}_v \tag{16.2.12}$$

或者将式中除动能以外的各项写成一个单电子势函数算符 $\hat{\boldsymbol{V}}^{\mathrm{PP}}(\boldsymbol{r})$

$$\left[-\frac{1}{2}\nabla^2 + \hat{\boldsymbol{V}}^{\mathrm{PP}}(\boldsymbol{r})\right]\tilde{\psi}_v = \varepsilon_v\tilde{\psi}_v \tag{16.2.13}$$

$$\hat{\boldsymbol{V}}^{\mathrm{PP}}(\boldsymbol{r}) = -\frac{Z}{r} + \sum_{c=1}^{n_v/2} 2\hat{\boldsymbol{J}}_c(r) + \sum_{c=1}^{n_v/2}\hat{\boldsymbol{K}}_c(\boldsymbol{r}) + \hat{\boldsymbol{V}}^{\mathrm{GPK}}(\boldsymbol{r}) \tag{16.2.13a}$$

式 (16.2.13a) 右边的第一、二项为库仑势, 是定域势; 第三、四项为半定域势; 两者可以分开处理

$$\hat{\boldsymbol{V}}^{\mathrm{PP}}(\boldsymbol{r}) = V_{\mathrm{loc}}^{\mathrm{PP}}(r) + \sum_{l=0}^{\infty} V_{\mathrm{nloc}}^{\mathrm{PP}}(r)\hat{P}_l \tag{16.2.14}$$

实际上, 对 l 的求和总是要在其某个值截止. 也可以将 $\hat{\boldsymbol{V}}^{\mathrm{PP}}(\boldsymbol{r})$ 按价轨道是否有径向节点分开处理. 由球谐函数系的完备性可知, $\sum_{l=0}^{\infty}\hat{\boldsymbol{P}}_l = 1$, 因此可以将式 (16.2.13a) 写成

$$\hat{\boldsymbol{V}}^{\mathrm{PP}}(\boldsymbol{r}) = V_L^{\mathrm{PP}}(r) + \sum_{l=0}^{L-1}\left[V_l^{\mathrm{PP}}(r) - V_L^{\mathrm{PP}}(r)\right]\hat{\boldsymbol{P}}_l \tag{16.2.15}$$

式中, $V_L^{\mathrm{PP}}(r)$ 是芯层电子对没有节点的价轨道的作用势 (包括库仑势和交换势). 当赝价轨道的 $l \geqslant L$ 时, 价轨道只感受到势 $V_L^{\mathrm{PP}}(r)$, 与上面说过的对应轨道的模型势

一样; 当价轨道 $l < L$ 时, 势函数 $\hat{\boldsymbol{V}}^{\mathrm{PP}}(\boldsymbol{r})$ 是 $V_L^{\mathrm{PP}}(r)$ 加上比较小的校正值, 并且可以部分抵消对 l 的求和在某个值截止产生的误差.

有多个价电子原子的价层赝势 Hamilton 算符 $\hat{\boldsymbol{H}}_v^{\mathrm{PP}}(\{\boldsymbol{r}_i\})$可以用类似的方法导出. 为此, 只要将式 (16.2.6) 中的 $\hat{\boldsymbol{F}}_v(\boldsymbol{r})$ 用 $\sum\limits_{i=1}^{n_v}\hat{\boldsymbol{F}}_v(\boldsymbol{r}_i)+\sum\limits_{i>j}^{n_v}\sum\limits_{j=1}^{n_v}\dfrac{1}{|\boldsymbol{r}_i-\boldsymbol{r}_j|}$ 代替, $\left[1-\hat{\boldsymbol{P}}_C(\boldsymbol{r})\right]$ 用 $\prod\limits_{i=1}^{n_v}\left[1-\hat{\boldsymbol{P}}_C(\boldsymbol{r}_i)\right]$ 代替. 相应的赝势 Schrödinger 方程为

$$\hat{\boldsymbol{H}}_v^{\mathrm{PP}}(\{\boldsymbol{r}_i\})\varPsi(\{\boldsymbol{r}_i\})=E_v\varPsi(\{\boldsymbol{r}_i\}) \tag{16.2.16}$$

式中, E_v 是价层电子的总能量, $\varPsi(\{\boldsymbol{r}_i\})$ 是价电子的行列式波函数, 其中的单电子轨道是赝价轨道函数. 通过能量泛函对赝轨道函数的变分即可获得类似于 Hartree-Fock 价轨道方程的赝势单电子方程. 但这样得到的 $\hat{\boldsymbol{H}}_v^{\mathrm{PP}}(\{\boldsymbol{r}_i\})$ 表达式非常复杂, 由此导出的赝势单电子方程也非常复杂, 从节省计算量的角度考虑没有意义. 因此, 通常根据物理直觉假定: ① 芯层电子对各个价电子的作用是相同和独立的, 可用单电子赝势描述; ② 价电子之间的相互作用算符不因芯层对价电子的作用采用赝势改变, 亦即可将价电子的赝势 Hamilton 算符写成

$$\hat{\boldsymbol{H}}_v^{\mathrm{PP}}(\{\boldsymbol{r}_i\})\approx\sum_{i=1}^{n_v}\hat{\boldsymbol{h}}^{\mathrm{PP}}(\boldsymbol{r}_i)+\sum_{i>j}^{n_v}\sum_{j=1}^{n_v}\frac{1}{|\boldsymbol{r}_i-\boldsymbol{r}_j|} \tag{16.2.17}$$

$$\hat{\boldsymbol{h}}^{\mathrm{PP}}(\boldsymbol{r}_i)=-\frac{1}{2}\nabla^2+\hat{\boldsymbol{V}}^{\mathrm{PP}}(\boldsymbol{r}_i) \tag{16.2.17a}$$

价电子的单电子方程为

$$\left[-\frac{1}{2}\nabla^2+\hat{\boldsymbol{V}}^{\mathrm{PP}}(\boldsymbol{r})+\sum_{u=1}^{n_v}\hat{\boldsymbol{J}}_u(\boldsymbol{r})+\sum_{u=1}^{n_v\alpha}\hat{\boldsymbol{K}}_u(\boldsymbol{r})+\sum_{u=1}^{n_v\beta}\hat{\boldsymbol{K}}_u(\boldsymbol{r})\right]\tilde{\psi}_v(\boldsymbol{r})=\varepsilon_v\tilde{\psi}_v(\boldsymbol{r}) \tag{16.2.18}$$

式中的第三至第五项为价电子之间的库仑势和交换势.

包括相对论效应的价电子赝势方程与式 (16.2.18) 类似. 将反映相对论效应的三项合并起来, 作成代表相对论效应的势函数项 $\hat{\boldsymbol{V}}_{\mathrm{rel}}(r)$, 加进用相对论芯层轨道构造的 $V^{\mathrm{PP}}(\boldsymbol{r})$ 中, 以 $\hat{\boldsymbol{V}}_{nlj}^{\mathrm{PP}}(\boldsymbol{r})$ 表示, 同时价轨道用量子数 (nlj) 或者 $(n\kappa)$ 标志之, 即得相对论性的赝势单电子方程

$$\left(-\frac{1}{2}\nabla^2+\hat{\boldsymbol{V}}_{nlj}^{\mathrm{PP}}(\boldsymbol{r})+W_{nlj}^{\mathrm{PP}}[\{\tilde{\psi}_{n'l'j'}\}]\right)\tilde{\psi}_{nlj}(\boldsymbol{r})=\varepsilon_{nlj}\tilde{\psi}_{nlj}(\boldsymbol{r}) \tag{16.2.19}$$

式中, $W_{nlj}^{\mathrm{PP}}[\{\tilde{\psi}_{n'l'j'}\}$ 是用赝价轨道计算的其他价电子对 $\tilde{\psi}_{nlj}$ 态价电子的库仑势和交换势

$$\hat{\boldsymbol{V}}_{nlj}^{\mathrm{PP}}(\boldsymbol{r})=\hat{V}^{\mathrm{PP}}(\boldsymbol{r})+\hat{\boldsymbol{V}}_{\mathrm{rel}}(\boldsymbol{r}) \tag{16.2.19a}$$

$$\hat{\boldsymbol{V}}_{\mathrm{rel}}(\boldsymbol{r})=\sum_{l=0}^{L-1}\sum_{j=l-1/2}^{l+1/2}V_{\mathrm{rel}}^{nlj}(r)\hat{\boldsymbol{P}}_{lj} \tag{16.2.19b}$$

式中, $\hat{\boldsymbol{P}}_{lj}=\hat{\boldsymbol{P}}_{l,l\pm1/2}=\sum\limits_{m_j=-j}^{j}|ljm_j(r)\rangle\langle ljm_j(r)|$ 是投影算符

$$V_{\mathrm{rel}}^{nlj}(r)=\hat{\boldsymbol{H}}_{mv}(r)+\hat{\boldsymbol{H}}_{\mathrm{DW}}(r)+\hat{\boldsymbol{H}}_{\mathrm{SO}}(r) \tag{16.2.19c}$$

当量子数为 $n,l,j=l\pm1/2$ 时 [参见式 (16.1.21b)~ 式 (16.1.21d)]

$$V_{\mathrm{rel}}^{nlj}(r)=-\frac{1}{2c^2}[\varepsilon_{nlj}-\tilde{V}_{nlj}(r)]^2-\frac{1}{4c^2}\frac{\mathrm{d}\tilde{V}_{nlj}(r)}{\mathrm{d}r}\left(\frac{1}{2c^2}[\varepsilon_{nlj}-\tilde{V}_{nlj}(r)]\right)^{-1}\left(\frac{\mathrm{d}}{\mathrm{d}r}\mp\frac{2j+1}{2r}\right) \tag{16.2.19d}$$

式中, $\tilde{V}_{nlj}(r)$ 是近似的 $V_{nlj}(r)$ 势函数. 可以将代表相对论效应的势能算符 $\hat{\boldsymbol{V}}_{\mathrm{rel}}(r)$ 分解为标量相对论效应势 $\hat{\boldsymbol{V}}_{\mathrm{rel}}^{\mathrm{scl}}(r)$ 和旋–轨耦合势 $\hat{\boldsymbol{V}}_{\mathrm{rel}}^{\mathrm{SO}}(r)$ 两部分

$$\hat{\boldsymbol{V}}_{\mathrm{rel}}(\boldsymbol{r})=\hat{\boldsymbol{V}}_{\mathrm{rel}}^{\mathrm{scl}}(\boldsymbol{r})+\hat{\boldsymbol{V}}_{\mathrm{rel}}^{\mathrm{SO}}(\boldsymbol{r}) \tag{16.2.20}$$

$$\hat{\boldsymbol{V}}_{\mathrm{rel}}^{\mathrm{scl}}(\boldsymbol{r})=\sum_{l}\frac{1}{2l+1}\left[lV_{\mathrm{rel}}^{nl,l-1/2}(r)+(l+1)V_{\mathrm{rel}}^{nl,l+1/2}(r)\right]\hat{\boldsymbol{P}}_l \tag{16.2.20a}$$

$$\hat{\boldsymbol{V}}_{\mathrm{rel}}^{\mathrm{SO}}(\boldsymbol{r})=\sum_{l}\frac{2}{2l+1}\left[V_{\mathrm{rel}}^{nl,l+1/2}(r)-V_{\mathrm{rel}}^{nl,l-1/2}(r)\right]\hat{\boldsymbol{P}}_l\hat{\boldsymbol{l}}\cdot\hat{\boldsymbol{s}}\hat{\boldsymbol{P}}_l \tag{16.2.20b}$$

式中, $\hat{\boldsymbol{P}}_l=\hat{\boldsymbol{P}}_{l,l+1/2}+\hat{\boldsymbol{P}}_{l,l-1/2}$, $\hat{\boldsymbol{l}}$ 和 $\hat{\boldsymbol{s}}$ 分别是轨道角动量和自旋角动量算符. 计算中需要用的 $\varepsilon_{nl,l-1/2}$ 和 $\varepsilon_{nl,l+1/2}$ 用它们的平均值 ε_{nl} 代替, $\tilde{V}_{nl,l-1/2}$ 和 $\tilde{V}_{nl,l+1/2}$ 也用其平均值代替. 在作标量相对论计算时, Hamilton 算符中只包含 $\hat{\boldsymbol{V}}_{\mathrm{rel}}^{\mathrm{scl}}(r)$ 项; 需要考虑旋–轨耦合作用时, 作两分量相对论计算, 则将 $\hat{\boldsymbol{V}}_{\mathrm{rel}}^{\mathrm{SO}}(r)$ 项加进去.

16.2.2 形状一致赝势(模守恒势)[5,10]

目前有两种常用的确定势函数 $V_{lj}^{\mathrm{PP}}(r)$ 的方法, 得到的赝势分别称为形状一致赝势 (shape-consistent pseudopotential, 或模守恒赝势, norm-conserving pseudopotential) 和能量一致赝势 (energy-consistent pseudopotential). 先讨论包括相对论效应的形状一致赝势方法. 对价层径向轨道 $\tilde{\phi}_{nlj}(r)$ 取以下形式的函数:

$$\tilde{\phi}_{nlj}(r)=\begin{cases}\phi_{nlj}(r) & r\geqslant r_C\\ f_{nlj}(r) & r<r_C\end{cases} \tag{16.2.21}$$

$$f_{nlj}(r)=\phi_{nlj}(r)-X_{nlj}(r) \tag{16.2.21a}$$

式中, $\tilde{\phi}_{nlj}(r)$ 是价层赝径向轨道函数, $\phi_{nlj}(r)$ 是全电子计算的价层径向轨道函数, 选择 $X_{nlj}(r)$ 消除 $\phi_{nlj}(r)$ 在芯层区的节点起伏, 使 $f_{nlj}(r)$ 成为没有径向节点的变

化平缓的函数. $\tilde{\phi}_{nlj}(r)$ 满足方程式 (16.2.22)

$$\left(-\frac{1}{2}\frac{\mathrm{d}^2}{\mathrm{d}r^2}+\frac{l(l+1)}{2r^2}+V_{nlj}^{\mathrm{PP}}(r)+W_{nlj}^{\mathrm{PP}}[\{\tilde{\phi}_{n'l'j'}\}]\right)\tilde{\phi}_{nlj}(r)=\varepsilon_{nlj}\tilde{\phi}_{nlj}(r) \tag{16.2.22}$$

式中, $V_{lj}^{\mathrm{PP}}(r)$ 是未知的待求势函数, $W_{nlj}^{\mathrm{PP}}[\{\tilde{\phi}_{n'l'j'}\}$ 是用赝价轨道计算的作用于 $\tilde{\phi}_{nlj}(r)$ 的库仑势和交换势, ε_{nlj} 是全电子计算的价轨道能级. 对于指定的赝轨道, $W_{nlj}^{\mathrm{PP}}[\{\tilde{\phi}_{n'l'j'}\}$ 可以直接计算出来.

采用形状一致赝势的根据是认为由原子组成分子时价轨道在芯层区的部分起的作用很小, 只是为保持与芯层轨道正交, 而芯层轨道在这一过程中是几乎不变的. 一般认为好的赝轨道函数应满足以下条件:

(1) 对于给定的原子电子组态, 赝价轨道和全电子计算轨道的本征值一致.

(2) 赝价轨道和全电子计算轨道函数在选定的半径为 r_C 的芯层球以外区域相同, 从而在该区域两者的势函数也相同, 因为对于选定的能量零点, 势函数由径向波函数和能量 ε_{nlj}(不一定是本征能量) 唯一地确定.

(3) 赝价轨道和全电子计算价轨道函数的对数微商在选定的 r_C 点相等, 因为对于任何平滑的势函数, 轨道函数 $\phi_{nlj}(r)$ 和它的径向微商 $\phi'_{nlj}(r)$ 在 r_C 点是连续的.

(4) 在半径为 r_C 的球以内, 对于每一种 nlj 值, 两种轨道波函数的积分电荷相等, 即

$$Q_{C,nlj}=\int_0^{r_C}\left|\tilde{\phi}_{nlj}(r)\right|^2 r^2\mathrm{d}r=\int_0^{r_C}\left|\phi_{nlj}(r)\right|^2 r^2\mathrm{d}r$$

亦即 "模守恒". "模守恒" 不但保证用赝波函数计算的在芯层区的电荷量正确, 而且使归一化后的赝轨道函数在半径为 r_C 的球以外区域和全电子计算的轨道函数相同. 当用于分子或固体计算时, 这就保证了在成键区赝轨道函数是正确的; 势函数也是正确的, 因为球形分布电荷在球外产生的库仑势由球内电荷总量完全决定.

(5) 赝价轨道和全电子计算轨道波函数对能量的一阶导数在 $r=r_C$ 的球面相等, 从而在半径为 $r \geqslant r_C$ 的球之外任意点均相等. 对于一种 "好的" 赝势, 这点很重要, 它保证赝价轨道对环境变化的响应在一级近似下是正确的, 使得从自由原子环境导出的赝势用于复杂 (分子或者固体) 环境计算时能得到好的结果. 在分子或固体环境中, 势场改变导致体系的波函数和能量本征值均不同于原子时的情况. 赝势满足条件 (5), 则单电子方程的能量本征值随环境势场的变化与全电子计算时的情况在一级近似下相同. 应该指出, 条件 (5) 是隐含在条件 (3) 和 (4) 中的.

选择函数 $f_{nlj}(r)$ 时要使上述 5 个条件得到满足. 能满足这一要求的函数很多, 已经提出过多种形式不同的 $f_{nlj}(r)$ 函数, 得到不同的形状一致 (模守恒) 赝势表达式. 一种常用的 $f_{nlj}(r)$ 函数是多项式, 如取为[13]

$$f_{nlj}(r) = r^l \sum_{i=0}^{4} c_i r^{2i} \tag{16.2.23}$$

多项式的系数 $\{c_i\}$ 由在 r_C 点 $f_{nlj}(r)$ 和 $\phi_{nlj}(r)$ 的值以及第一、二、三阶导数值相等, 加上模守恒 [等价于 $\tilde{\phi}_{nlj}(r)$ 归一化] 条件确定. 通常在 $\phi_{nlj}(r)$ 的最后一个的极大值之前取一点为 r_C. 这样选择的 $f_{nlj}(r)$ 可以保证 $\phi_{nlj}(r)$ 和 $\tilde{\phi}_{nlj}(r)$ 在 r_C 点以外完全重合, 并且当 $r \to 0$ 时动能项不出现奇点, 相应的有效芯势在原子核紧邻为有限值并且变化平缓.

形状一致赝势可以通过反演方程式 (16.2.22) 得出

$$V_{nlj}^{\text{total}}(r) = \varepsilon_{nlj} - \frac{1}{2}\left\{\frac{l(l+1)}{r^2} - [\tilde{\phi}_{nlj}(r)]^{-1}\frac{\mathrm{d}^2\tilde{\phi}_{nlj}(r)}{\mathrm{d}r^2}\right\} \tag{16.2.24}$$

$$V_{nlj}^{\text{PP}}(r) = V_{nlj}^{\text{total}}(r) - W_{nlj}^{\text{PP}}[\{\tilde{\phi}_{n'l'j'}, r\}] \tag{16.2.24a}$$

从精确的全电子计算得出 ε_{nlj}, $\{\phi_{nlj}(r)\}$和选定 $f_{nlj}(r)$ 以后, 计算出$\{\tilde{\phi}_{nlj}(r)\}$和 $W_{nlj}^{\text{PP}}[\{\tilde{\phi}_{n'l'j'}\}, r]$, 就可以用式 (16.2.24a) 将 $V_{nlj}^{\text{PP}}(r)$ 在各 r 点的值计算出来. 对价层所有 $\{nlj\}$ 计算出 $V_{nlj}^{\text{PP}}(r)$, 加和起来构造一个半定域势 $V^{\text{PP}}(\boldsymbol{r})$

$$V^{\text{PP}}(\boldsymbol{r}) = \sum_{lj} V_{nlj}^{\text{PP}}(r)\hat{\boldsymbol{P}}_{lj} \tag{16.2.25}$$

$$\hat{\boldsymbol{P}}_{lj} = \hat{\boldsymbol{P}}_{l,l\pm 1/2} = \sum_{m_j=-j}^{j} |ljm_j\rangle\langle ljm_j| \tag{16.2.25a}$$

对于指定的 (nlj), $V^{\text{PP}}(\boldsymbol{r})$ 和 $V_{nlj}^{\text{PP}}(r)$ 对 $\tilde{\phi}_{nlj}(r)$ 的作用是等价的, 故可以用 $V^{\text{PP}}(\boldsymbol{r})$ 代替式 (16.2.22) 中的 $V_{nlj}^{\text{PP}}(r)$. 将 $V^{\text{PP}}(\boldsymbol{r})$ 用基函数拟合为以下形式的函数:

$$V^{\text{PP}}(\boldsymbol{r}) = -\frac{Z-n_C}{r} + \sum_{lj}\left(\sum_k A_{nlj,k} r^{n_{lj,k}-2}\exp[-\alpha_{nlj,k}r^2]\right)\hat{\boldsymbol{P}}_{lj} \tag{16.2.26}$$

由此确定参数 $\{A_{nlj,k},\ n_{nlj,k},\ \alpha_{nlj,k}\}$.

与模型势的情况类似, 也可以将对 lj 的求和截至 $(L-1)$, $(L-1)$ 是芯层中占据轨道的最大角量子数. 当 $l \geqslant L$ 以后, 令 $V_{lj}(r) = V_L(r)$, 这相当于当 $l \geqslant L$ 以后令赝势与模型势相同. 于是有

$$\begin{aligned} V^{\text{PP}}(\boldsymbol{r}) = & -\frac{Z-n_C}{r} + V_L(r) \\ & + \sum_{l=0}^{L-1}\sum_{j=|l-1/2|}^{l+1/2}\left[\sum_k A_{nlj,k} r^{n_{lj,k}-2}\exp(-\alpha_{nlj,k}r^2) - V_L(r)\right]\hat{\boldsymbol{P}}_{lj} \end{aligned} \tag{16.2.27}$$

可以将赝势 $V^{\mathrm{PP}}(\boldsymbol{r})$ 分解为标量相对论赝势 $V_{\mathrm{scl}}^{\mathrm{PP}}(\boldsymbol{r})$ 和旋–轨耦合赝势 $V_{\mathrm{SO}}^{\mathrm{PP}}(\boldsymbol{r})$ 两部分, 再用基函数拟合为形如式 (16.2.26) 的解析式. 此时参数组 $\{A_{nlj,k},\ n_{nlj,k},\ \alpha_{nlj,k}\}$ 也分为两组, $\{A_{nlj,k}^{\mathrm{scl}},\ n_{nlj,k}^{\mathrm{scl}},\ \alpha_{nlj,k}^{\mathrm{scl}}\}$ 和 $\{A_{nlj,k}^{\mathrm{SO}},\ n_{nlj,k}^{\mathrm{SO}},\ \alpha_{nlj,k}^{\mathrm{SO}}\}$.

也有一种不必反演方程式 (16.2.22) 而获得 $V_{nlj}^{\mathrm{PP}}(r)$ 的方法[14]. 仍然采用上述赝价轨道和赝势函数的形式, 但参数待定. 采用一组试用参数造出 $V_{nlj}^{\mathrm{PP}}(r)$, 代入方程式 (16.2.22) 并求解得出 $\varepsilon_{nlj}^{\mathrm{Trial}}$ 和 $\phi_{nlj}^{\mathrm{Trial}}$, 定义算符

$$\hat{\boldsymbol{O}}_{nlj}=\varepsilon_{nlj}^{\mathrm{Trial}}\left|\phi_{nlj}^{\mathrm{Trial}}\right\rangle\left\langle\phi_{nlj}^{\mathrm{Trial}}\right|-\varepsilon\left|\tilde{\phi}_{nlj}\right\rangle\left\langle\tilde{\phi}_{nlj}\right|$$

调整参数使泛函 $\left\|\hat{\boldsymbol{O}}_{nlj}\right\|^2=\langle\phi_{nlj}|\,\hat{\boldsymbol{O}}_{nlj}^2\,|\phi_{nlj}\rangle$ 取极值, 由此确定赝价轨道和赝势函数中的参数. 优化泛函 $\left\|\hat{\boldsymbol{O}}_{nlj}\right\|^2$ 有同时使 $\left\langle\phi_{nlj}^{\mathrm{Trial}}\,\middle|\,\tilde{\phi}_{nlj}\right\rangle$ 重迭最大和 $\left|\varepsilon_{nlj}^{\mathrm{Trial}}-\varepsilon_{nlj}\right|$ 极小的效果. 这种方法可以避免因某些 $\tilde{\phi}_{nlj}(r)$ 有节点导致的反演方程式 (16.2.22) 时遇到的困难 (当采用 “小芯” 近似, 有两个或更多赝价轨道具有相同角量子数时会出现这种情况), 赝势函数的展开式也可以紧凑一些.

在含重元素体系的密度泛函计算中, 也有人采用赝势方法. 与从头计算中的赝势方法不同的只是在交换势的处理上. 此时, 芯层对价电子的交换–相关势算符为

$$\sum_{k=1}^{n_c}(-K_k)\rightarrow V_{\mathrm{xc}}[\rho_C(r)+\rho_v(r)]-V_{\mathrm{xc}}[\rho_v(r)] \tag{16.2.28}$$

芯层–价层交换相关能为

$$\langle\psi_v|\sum_{i=1}^{n_c}(-K_i)\,|\psi_v\rangle=E_{\mathrm{xc}}[\rho_C(r)+\rho_v(r)]-E_{\mathrm{xc}}[\rho_C(r)]-E_{\mathrm{xc}}[\rho_v(r)] \tag{16.2.29}$$

式中, $\rho_C(r)$ 和 $\rho_v(r)$ 分别是价层和芯层的电子密度. 也可以直接计算价电子经受的总交换–相关势和价电子的总交换–相关能, 不将芯层电荷对价电子的交换–相关作用分离出来.

为使势函数在 $r=0$ 处非奇异, 可将 $\dfrac{Z-n_C}{r}$ 乘上一个屏蔽因子, 即用 $\dfrac{Z-n_C}{r}\times\sum_i s_i\mathrm{erf}(\gamma_i r)$ 代替 $\dfrac{Z-n_C}{r}$, 式中 s_i 是可调整的参数, $\mathrm{erf}(x)$ 是误差函数, 当 $r\to 0$ 时线性地趋于零.

密度泛函赝势方法在固体物理的能带计算中得到广泛的应用. 在能带计算中最常用的是平面波基组. 赝势变化越平缓, 用平面波基组展开收敛越快, 越节省计算量. 因此人们力求构造出软赝势, 即在芯层区变化平缓、甚至接近常数的赝势. 例如, Kerker[15] 建议, 令

$$f_{nl}(r)=r^l\exp[p(r)]\qquad r<r_C \tag{16.2.30}$$

式中, $p(r)$ 是多项式

$$p(r) = c_0 + \sum_{i=2}^{4} c_i r^i \tag{16.2.31}$$

没有 r 一次方项可以避免势函数在 $r=0$ 处出现奇点. 多项式中的四个系数由模守恒条件和在 r_C 点 $f_{nl}(r)$ 与 $\phi_{nl}(r)$ 的值以及一阶、二阶导数值相等的条件确定. 反演径向单电子方程得到的总势函数 (包括价电子的贡献) 为

$$V_{nl}^{\text{Total}}(r) = \begin{cases} V_{nl}^{\text{AE}}(r) & r \geqslant r_C \\ \varepsilon_{nl} + \dfrac{l+1}{r}\dfrac{\dfrac{\mathrm{d}}{\mathrm{d}r}p(r)}{2} + \dfrac{\dfrac{\mathrm{d}^2}{\mathrm{d}r^2}p(r) + \left[\dfrac{\mathrm{d}}{\mathrm{d}r}p(r)\right]^2}{2} & r \leqslant r_C \end{cases} \tag{16.2.32}$$

式中, $V_{nl}^{\text{AE}}(r)$ 是全电子计算的自洽势函数. 利用式 (16.2.24a) 即可得到 $V_{nl}^{\text{PP}}(r)$. Troullier 和 Martins 将 Kerker 的方法推广[16], 将多项式取为

$$p(r) = c_0 + \sum_{i=1}^{6} c_{2i} r^{2i} \tag{16.2.33}$$

多项式中的 7 个系数由模守恒、赝波函数与全电子计算得到的轨道函数值以及首四阶导数的值在 r_C 点相等、势函数在 $r=0$ 处的二阶导数为零的条件确定. 在能带计算中使用这种软心赝势, 平面波基组的截断能量可以降低很多.

16.2.3 可分离赝势、超软赝势

用式 (16.2.25) 表示的赝势中, 半定域势是不可分离的, 即不能表示为两个含不同变量的函数乘积 (或乘积之和) 的形式. Kleinman 和 Bylander 指出[17], 可以将它变成可分离的形式, 称为可分离赝势 (separable pseudopotential). Vanderbilt[18] 和 Blöchl[19] 作了改进.

设将赝势单电子方程写成 [参看式 (16.2.13)]

$$\left[-\frac{1}{2}\nabla^2 + \hat{\boldsymbol{V}}_l^{\text{PP}}(\boldsymbol{r})\right]\tilde{\psi}_{lm_l}(\boldsymbol{r}) = \varepsilon_l \tilde{\psi}_{lm_l}(\boldsymbol{r}) \tag{16.2.34}$$

$$\hat{\boldsymbol{V}}_l^{\text{PP}}(\boldsymbol{r}) = V_{\text{loc}}(r) + \hat{\boldsymbol{V}}_{\text{nloc}}^{\text{PP}}(\boldsymbol{r}) \tag{16.2.34a}$$

式中, $V_{\text{loc}}(r)$ 是定域势 (与角量子数 l 无关), $\hat{\boldsymbol{V}}_{\text{nloc}}^{\text{PP}}(\boldsymbol{r})$ 是非定域势. 形状一致赝势在 $r > r_C$ 的球面以外与全电子计算的势函数相同, 故 $r > r_C$ 时, $\hat{\boldsymbol{V}}_l^{\text{PP}}(\boldsymbol{r}) = V_{\text{loc}}(r)$; 而且当 $r \to \infty$ 时, $\hat{\boldsymbol{V}}_l^{\text{PP}}(\boldsymbol{r}) = V_{\text{loc}}(r) \to -\dfrac{Z-n_c}{r}$, 故当 $r_C < r < \infty$ 时, $\hat{\boldsymbol{V}}_{\text{nloc}}^{\text{PP}}(\boldsymbol{r}) = 0$. 定义

$$\tilde{\chi}_{lm_l}(\boldsymbol{r}) = \left\{\varepsilon_l - \left[-\frac{1}{2}\nabla^2 + V_{\text{loc}}(r)\right]\right\}\tilde{\psi}_{lm_l}(\boldsymbol{r}) \tag{16.2.35}$$

则当 $r \geqslant r_C$ 时, $\tilde{\chi}_{lm_l}(\boldsymbol{r}) = 0$, 因为 $\hat{\boldsymbol{V}}^{\rm PP}_{\rm nloc}(r) = 0$, $\tilde{\psi}_{lm_l}(\boldsymbol{r})$ 是算符 $\left[-\frac{1}{2}\nabla^2 + V_{\rm loc}(r)\right]$ 的本征值为 ε_l 的本征函数. 可将非定域势 $\hat{V}^{\rm PP}_{\rm nloc}(\boldsymbol{r})$ 取为

$$\hat{\boldsymbol{V}}^{\rm PP}_{\rm nloc}(\boldsymbol{r}) = \sum_{l=0}^{\infty}\sum_{m_l=-l}^{l} \frac{|\tilde{\chi}_{lm_l}\rangle\langle\tilde{\chi}_{lm_l}|}{\left\langle \tilde{\chi}_{lm_l} \,\middle|\, \tilde{\psi}_{lm_l}\right\rangle} \tag{16.2.36}$$

它具有可分离非定域势的形式. 容易证明方程式 (16.2.34) 成立, 因为当 $r \geqslant r_C$ 时, $\hat{\boldsymbol{V}}^{\rm PP}_{\rm nloc}(\boldsymbol{r}) = 0$, 方程式 (16.2.34) 成立; 当 $r < r_C$ 时, 将 $\hat{\boldsymbol{V}}^{\rm PP}_{\rm nloc}(\boldsymbol{r})$ 的表达式代入可以证明方程式 (16.2.34) 也成立. 因此赝轨道函数 $\tilde{\psi}_{lm_l}(\boldsymbol{r})$ 和赝势是协调的. 使用可分离的赝势表达式, 在计算 $\hat{\boldsymbol{V}}^{\rm PP}_{\rm nloc}(\boldsymbol{r})$ 的矩阵元时实际要计算的只是重叠积分; 若基组为 $\{\chi_i, i = 1, \cdots, k\}$, 则只需多计算重叠矩阵元 $\langle\chi_i \mid \tilde{\chi}_{lm_l}\rangle$, 不必计算 $\frac{1}{2}k(k+1)$ 个矩阵元 $\langle\chi_i|\,\hat{\boldsymbol{V}}^{\rm PP}_{\rm nloc}\,|\chi_j\rangle$.

可以将式 (16.2.36) 推广到对于给定的 (lm_l) 包含多个能级的情况[18,19]. 定义 $\hat{\boldsymbol{V}}^{\rm PP}_{\rm nloc}(\boldsymbol{r})$ 为

$$\hat{\boldsymbol{V}}^{\rm PP}_{\rm nloc}(\boldsymbol{r}) = \sum_{l,\,m_l}\left[\sum_{i,\,j} B_{ij}\,|\tilde{\eta}_i\rangle\langle\tilde{\eta}_j|\right]_{lm_l} \qquad i, j = 1, \cdots, n \tag{16.2.37}$$

式中, i, j 标志能级 (省略下标 lm_l), $B_{ij} = \left\langle \tilde{\psi}_i \,\middle|\, \tilde{\chi}_j\right\rangle$, $\tilde{\eta}_i = \sum\limits_j (B^{-1})_{ji}\tilde{\chi}_j$. 将模守恒条件推广, 记

$$Q_{ij} \equiv \langle\psi_i \mid \psi_j\rangle_{r_C} - \left\langle \tilde{\psi}_i \,\middle|\, \tilde{\psi}_j\right\rangle_{r_C} \tag{16.2.38}$$

式中, $\langle\psi_i \mid \psi_j\rangle_{r_C}$ 表示 $\psi_i^*(\boldsymbol{r})\psi_j(\boldsymbol{r})$ 在半径为 r_C 的球内的积分. 可以证明, 若 $Q_{ij} = 0$, 则 $[B_{ij}]$ 是厄米矩阵. 为此设

$$\tilde{\psi}_i(\boldsymbol{r}) = \tilde{R}_i(r) Y_{lm_l}(\theta, \varphi) \tag{16.2.39}$$

$$\tilde{\phi}_i(r) = r\tilde{R}_i(r) \tag{16.2.39a}$$

则

$$B_{ij} = \int_0^{r_C} {\rm d}r\,\tilde{\phi}_i^*(r)\left[\varepsilon_j + \frac{1}{2}\frac{{\rm d}^2}{{\rm d}r^2} - \frac{l(l+1)}{2r^2} - V_{\rm loc}(r)\right]\tilde{\phi}_j(r) \tag{16.2.40a}$$

$$B_{ji}^* = \int_0^{r_C} {\rm d}r\,\tilde{\phi}_j(r)\left[\varepsilon_i + \frac{1}{2}\frac{{\rm d}^2}{{\rm d}r^2} - \frac{l(l+1)}{2r^2} - V_{\rm loc}(r)\right]\tilde{\phi}_i^*(r) \tag{16.2.40b}$$

对式 (16.2.40a) 和式 (16.2.40b) 的右边作分部积分后相减, 得

$$B_{ij} - B_{ji}^* = (\varepsilon_j - \varepsilon_i)\left\langle \tilde{\psi}_i \,\middle|\, \tilde{\psi}_j\right\rangle_{r_C} + \frac{1}{2}[\tilde{\phi}_i^*(r_C)\tilde{\phi}_j'(r_C) - \tilde{\phi'}_i^*(r_C)\tilde{\phi}_j(r_C)] \tag{16.2.41}$$

对全电子计算的轨道函数, 可以导出类似式子. 从式 (16.2.41) 减去类似式子, 注意全电子计算波函数和赝波函数以及它们的一阶导数在 $r = r_C$ 的值相等, 可得

$$B_{ij} - B_{ji}^{*} = (\varepsilon_i - \varepsilon_j)\left(\langle \psi_i \mid \psi_j \rangle_{r_C} - \left\langle \tilde{\psi}_i \,\middle|\, \tilde{\psi}_j \right\rangle_{r_C}\right) = (\varepsilon_i - \varepsilon_j) Q_{ij} = 0 \qquad (16.2.42)$$

即 $B_{ij} = B_{ji}^{*}$, 矩阵 $[B_{ij}]$ 是厄米的, 从而 $\hat{\boldsymbol{V}}_{\text{nloc}}^{\text{PP}}(\boldsymbol{r})$ 是厄米的, 故算符

$$\hat{\boldsymbol{F}}_v(\boldsymbol{r}) = -\frac{1}{2}\nabla^2 + V_{\text{loc}}(r) + \hat{\boldsymbol{V}}_{\text{nloc}}^{\text{PP}}(\boldsymbol{r}) \qquad (16.2.43)$$

也是厄米的. 容易证明 n 个 $\tilde{\psi}_i(\boldsymbol{r})$ 均满足方程

$$\hat{\boldsymbol{F}}_v(\boldsymbol{r})\tilde{\psi}_i = \varepsilon_i \tilde{\psi}_i(\boldsymbol{r}) \qquad i = 1, \cdots, n \qquad (16.2.44)$$

亦即赝势 [式 (16.2.37)] 和赝波函数 $\{\tilde{\psi}_i(\boldsymbol{r})\}$ 是协调的. 使用式 (16.2.37) 所示的可分离赝势, 计算结果可以在指定的能量范围与全电子从头计算结果一致到任意精度.

在固体能带计算中, 波函数变化越平缓, 用平面波基组展开收敛越快, 越省计算量. 模守恒赝势方法中, 赝价轨道在芯层区没有振荡行为, 对用平面波基组展开是有利的, 但波函数值的起伏还是偏大, 而且对于无径向节点的价轨道, 如 2p、3d 等, 赝轨道与全电子计算轨道没有区别. 为得到更加平缓变化的波函数, Vanderbilt 提出超软赝势 (ultrasoft pseudopotential) 方法[18]. 他指出: 放宽模守恒条件, 即不必要求

$$Q_{ij} \equiv \langle \psi_i \mid \psi_j \rangle_{r_C} - \left\langle \tilde{\psi}_i \,\middle|\, \tilde{\psi}_j \right\rangle_{r_C} = 0 \qquad (16.2.45)$$

赝势方法也可以重现全电子计算的结果. 为此, 定义重叠算符 $\hat{\boldsymbol{S}}$ 为

$$\hat{\boldsymbol{S}} = 1 + \sum_{i,j} Q_{ij} \left|\tilde{\eta}_i\right\rangle \left\langle\tilde{\eta}_j\right| \qquad (16.2.46)$$

$\hat{\boldsymbol{S}}$ 为厄米算符, 只在截断半径 r_C 以内才不等于 1. 将非定域赝势取为

$$\hat{\boldsymbol{V}}_{\text{nloc}}^{\text{PP}}(\boldsymbol{r}) = \sum_{i,j} D_{ij} \left|\tilde{\eta}_i\right\rangle \left\langle\tilde{\eta}_j\right| \qquad (16.2.47)$$

$$D_{ij} = B_{ij} + \varepsilon_j Q_{ij} \qquad (16.2.48)$$

根据上述定义, 可以证明

$$\left\langle \tilde{\psi}_i \middle| \hat{\boldsymbol{S}} \middle| \tilde{\psi}_j \right\rangle_{r_C} = \langle \psi_i | \psi_j \rangle_{r_C} \qquad (16.2.49)$$

由于 $Q_{ij} \neq 0$, $[B_{ij}]$ 不是厄米矩阵了, 但根据 D_{ij} 和 Q_{ij} 的定义. 利用式 (16.2.38), 可以证明 $[D_{ij}]$ 和 $[Q_{ij}]$ 是厄米矩阵, 从而 $\hat{\boldsymbol{V}}_{\text{nloc}}^{\text{PP}}(\boldsymbol{r})$ 是厄米算符, 算符 $\hat{\boldsymbol{F}}_v(\boldsymbol{r}) =$

$-\frac{1}{2}\nabla^2 + V_{\text{loc}}(r) + \hat{\boldsymbol{V}}^{\text{PP}}_{\text{nloc}}(\boldsymbol{r})$ 也是厄米的. $\{\tilde{\psi}_i\}$ 满足以下广义本征方程：

$$\hat{\boldsymbol{F}}_v(\boldsymbol{r})\tilde{\psi}_i(\boldsymbol{r}) = \left[-\frac{1}{2}\nabla^2 + V_{\text{loc}}(r) + \hat{\boldsymbol{V}}^{\text{PP}}_{\text{nloc}}(\boldsymbol{r})\right]\tilde{\psi}_i(\boldsymbol{r}) = \varepsilon_i\hat{\boldsymbol{S}}\tilde{\psi}_i(\boldsymbol{r}) \tag{16.2.50}$$

归一化条件为

$$\left\langle\tilde{\psi}_i\right|\hat{\boldsymbol{S}}\left|\tilde{\psi}_j\right\rangle = \delta_{ij} \tag{16.2.50a}$$

这只要将有关定义式代入式 (16.2.50) 即可证明. 由恒等式

$$\left[\frac{\mathrm{d}}{\mathrm{d}\varepsilon}\left\langle\tilde{\psi}_\varepsilon\right|\left(-\frac{1}{2}\nabla^2 + V_{\text{loc}} + \hat{\boldsymbol{V}}^{\text{PP}}_{\text{nloc}} - \varepsilon\hat{\boldsymbol{S}}\right)\left|\tilde{\psi}_\varepsilon\right\rangle_{r_C}\right]_{\varepsilon=\varepsilon_i} = 0 \tag{16.2.51}$$

可得

$$-\frac{1}{2}\tilde{\phi}_i^2(r)\frac{\mathrm{d}}{\mathrm{d}\varepsilon}\frac{\mathrm{d}}{\mathrm{d}r}\ln\tilde{\phi}_\varepsilon(r)\Big|_{r_C} = \left\langle\tilde{\psi}_i \mid \tilde{\psi}_i\right\rangle_{r_C} + Q_{ii} = \langle\psi_i \mid \psi_i\rangle_{r_C} \tag{16.2.52}$$

故全电子计算轨道与赝轨道的对数导数在 $r = r_C$ 处也是匹配的. 放宽 $Q_{ij} = 0$ 的条件后, 对各个全电子计算波函数 ψ_i 可以独立地造一个赝波函数 $\tilde{\psi}_i$, 只要 $\tilde{\psi}_i$ 和 ψ_i 在截断半径 r_C 处匹配. 这样, 截断半径可以远在其径向波函数最大极大值之外, 从而使 $\tilde{\psi}_i$ 比 ψ_i 的变化更平缓, 即使 ψ_i 是无径向节点的价轨道.

在超软赝势方法计算中, 价电子密度表达式为

$$\rho_v(\boldsymbol{r}) = \sum_{i=1}^{n_v}\tilde{\psi}_i^*(\boldsymbol{r})\tilde{\psi}_i(\boldsymbol{r}) + \sum_{i,j}\rho_{ij}Q_{ij}(\boldsymbol{r}) \tag{16.2.53}$$

$$\rho_{ij} = \sum_{m=1}^{n_v}\left\langle\tilde{\eta}_i \mid \tilde{\psi}_m\right\rangle\left\langle\tilde{\psi}_m \mid \tilde{\eta}_j\right\rangle \tag{16.2.54}$$

由式 (16.2.46) 和式 (16.2.50a) 可知

$$\int\rho_v(\boldsymbol{r})\mathrm{d}\tau = n_v \tag{16.2.55}$$

体系总能量的表达式为

$$E_{\text{total}} = \sum_{v=1}^{n_v}\left\langle\tilde{\psi}_v\right|\left[-\frac{1}{2}\nabla^2 + V_{\text{loc}} + \sum_{i,j}D_{ij}\left|\tilde{\eta}_i\right\rangle\left\langle\tilde{\eta}_j\right|\right]\left|\tilde{\psi}_v\right\rangle + E^v_{\text{Coul}} + E^v_{\text{ex}} \tag{16.2.56}$$

式中, E^v_{Coul} 和 E^v_{ex} 分别是价层电子的库仑能和交换 (相关) 能. 令

$$\begin{aligned}
V^T_{\text{loc}}(\boldsymbol{r}) &= V_{\text{loc}}(\boldsymbol{r}) + V^v_{\text{Coul}}(\boldsymbol{r}) + V^v_{\text{ex}}(\boldsymbol{r}) \\
D^v_{ij} &= \int\mathrm{d}\tau[V^v_{\text{Coul}}(\boldsymbol{r}) + V^v_{\text{ex}}(\boldsymbol{r})]Q_{ij}(\boldsymbol{r}) \\
D^T_{ij} &= D_{ij} + D^v_{ij}
\end{aligned}$$

式中, V_{Coul}^{v} 和 V_{ex}^{v} 分别表示价层电子的库仑势和交换 (相关) 势. 将能量泛函 [式 (16.2.56)] 对单电子轨道在式 (16.2.50a) 的约束条件下变分取极值, 可得价轨道赝势方程

$$\left[-\frac{1}{2}\nabla^2+V_{\mathrm{loc}}^{T}(\boldsymbol{r})+\hat{\boldsymbol{V}}_{\mathrm{nloc}}^{TPP}(\boldsymbol{r})-\varepsilon_v\hat{\boldsymbol{S}}\right]\tilde{\psi}_v(\boldsymbol{r})=0 \tag{16.2.57}$$

式中, $\hat{\boldsymbol{V}}_{\mathrm{nloc}}^{TPP}$ 表示非定域赝势中包括了价电子的贡献. 由于 $\{D_{ij}^{T}\}$ 依赖于价电子密度 ρ_v, 在计算的迭代过程中是不断更新的. 超软赝势方法的优点是赝波函数变化更平缓 (波函数的剧烈变化部分放在 Q_{ij} 中, 而 Q_{ij} 只在 $r<r_C$ 时不等于零, 比较容易处理), 用平面波基组展开收敛更快. 代价是要求解推广的本征值方程, 但这一代价不大.

16.2.4 能量一致赝势[20]

赝势方法的基本设想是从原子计算确定的赝势, 用于分子或固体的计算能得到与全电子计算尽可能一致的结果. 显然, 好的赝势应包含尽可能全面的与价层性质有关的原子电子状态的信息, 以便在环境改变时能作出正确的响应. 因此, 确定原子赝势用的参考数据应该来自能级接近的多种原子价层电子组态或状态的精确全电子计算. 在形状一致赝势方法中, 确定赝势的思路是使无节点的赝波函数的能级和在成键区的形状与全电子计算结果完全 (或尽可能) 一致, 从而与 "真实" 原子轨道有最接近的成键性能, 用于与价层电子结构有关性质的计算能得到与全电子计算一致的结果. 实际应用表明形状一致赝势方法是成功的, 用于分子计算可以比较好地重现全电子计算的结果. 但形状一致赝势方法也存在以下问题: 它确定赝势的参考标准是原子轨道的信息, 而原子轨道是建立在独立粒子近似的基础上的, 并非真实存在的客观事物; 而且, 单粒子近似在很多情况下不能成立, 特别是含过渡金属和镧系、锕系元素的体系, 其电子状态在大多数情况下不能用单行列式函数或者简单的谱项波函数描述. 因为形成化合物时涉及多种原子电子组态和状态、有多个轨道同时参与成键, 用哪一个原子电子状态的全电子计算结果或者用计算出来的哪个轨道作为确定原子赝势的参考标准都不能全面反映客观情况. 由于价层轨道能级很接近, 基态近邻能级密集, 对涉及这类元素原子的计算, 要得到合理结果, 通常都要做多组态自洽场或组态相互作用型的计算, 形状一致赝势方法无法利用这类计算得到的丰富的信息, 而现在发展赝势方法更重要目的是应用于含重元素 (特别是含未充满 nd 和 nf 亚层电子组态的元素) 体系的计算. 对价层电子的包含相对论效应的理论计算, jj 耦合方案也不是好的选择. 针对上述问题, 人们提出了能量一致赝势方法, 即用物理可观察量 (原子电子状态的能量) 作为确定赝势参数的参考标准. 具体方法如下: 首先对原子的一定状态 (谱项或者光谱支项) 作全电子从头计算 (非相对论、标量相对论、两分量或四分量相对论计算, H-F、DFT 或者 MCSCF、CI

计算等), 获得该原子状态的价电子能量 (总能量减去芯层电子能量), 用赝势方法对原子的同一电子状态作与全电子方法相同类型的价层计算, 取得价层电子的能量. 在做赝势计算时采用与形状一致赝势方法的类似的赝势表达式, 即

$$V^{\mathrm{PP}}(r) = -\frac{Z-n_C}{r} + \sum_{lj}\left[\sum_k A_{nlj,k} r^{n_{lj,k}-2}\exp(-\alpha_{nlj,k}r^2)\right]\hat{\boldsymbol{P}}_{lj} \tag{16.2.26}$$

设 $E^{\mathrm{AE}}_{\mathrm{val},ij}$ 是全电子计算得到的第 i 个状态的价电子能量, $E^{\mathrm{PP}}_i(\{A_{nlj,k}, \alpha_{nlj,k}\})$ 是用赝势进行计算得到的状态 i 的能量, 是赝势表达式参数的泛函. 计算泛函 S

$$S = \sum_i w_i \sum_j w_{i,j}[E^{\mathrm{PP}}_{ij} - E^{\mathrm{AE}}_{\mathrm{val},ij}]^2 \tag{16.2.58}$$

式中, i 和 j 分别标志原子电子组态和给定组态中的相对论状态, $\{w_i\}$ 和 $\{w_{i,j}\}$ 分别是电子组态和状态的权重因子, $\{w_{i,j}\}$ 取与在全电子计算中相同的值, $\{w_i\}$ 则用来调控不同非相对论电子组态所占的比例. 通过调整参数 $\{A_{nlj,k},\ \alpha_{nlj,\,k}\}$ 使泛函取极小值确定赝势中的参数值. 这种方法可以利用不同类型计算 (H-F, MRSCF, CI, DFT 以及相应的相对论性方法等) 得到的结果, 可以从中提取原子的多种状态中包含的芯层–价层电子相互作用的信息.

对能量一致方法提出的质疑是单靠体系能量的信息对于确定赝波函数的价区密度 (轨道形状) 是否足够. 普遍性的答案是否定的, 因为一个量子力学算符要知道它的本征值和本征函数两者才能确定. 不过, 对于现在讨论的情况, 答案则是肯定的, 因为 $V^{\mathrm{PP}}(r)$ 中除了长程库仑势 $-\dfrac{Z-n_c}{r}$, 在芯层区以外实际上是零, 而 $V^{\mathrm{PP}}(r)$ 在芯层区以外是与全电子计算势函数一致的, $V^{\mathrm{PP}}(r)$ 的作用仅在于固定赝波函数在某一 r_C 点的边界条件 (轨道与其梯度的值); 以 $\{lj\}$ 标志的能量最低的价轨道 $\tilde{\phi}_{nlj}(r)$ 在 $r < r_C$ 区没有径向节点, $V^{\mathrm{PP}}(r)$ 的作用也只在于固定边界条件. 因此, 采用形状一致方法和能量一致方法处理问题, 着眼点不同, 确定赝势参数的参考标准不同, 得到的赝势和赝波函数差异很小. 能量一致方法的思路是合理的, 方法的可用范围比较广. 形状一致赝势方法也有自身的优点, 在固体物理的计算中得到比较普遍的应用. 近年来也已经有人将超软赝势方法用于分子的计算中.

16.3　分子和固体的有效芯势计算 [5,10,20]

16.3.1　分子和固体的有效芯势方程

通过原子计算构造原子有效芯势的目的就是用于分子或者固体的计算. 将从原子计算提取出来的反映芯层电子对价层电子的作用 (包括 Pauling 排斥作用) 的原

子有效芯势可用于分子或固体体系计算的基本假定是在分子或固体环境中原子芯层电子对价层电子的作用保持不变. 设体系含有 T 个原子, 标号为 λ 的原子的核电荷为 Z_λ、坐标为 $\boldsymbol{R}_\lambda$, 芯层电子数为 $n_{\lambda c}$, 体系总价电子数为 n_v, 第 i 个价电子的坐标为 $\boldsymbol{r}_i$, $r_{\lambda i}=|\boldsymbol{R}_\lambda-\boldsymbol{r}_i|$ 为原子核 λ 和电子 i 之间的距离. 只显示地考虑价电子, 可将其 Hamilton 算符写成

$$\hat{\boldsymbol{H}}_v=\sum_{i=1}^{n_v}\hat{\boldsymbol{h}}_v(\boldsymbol{r}_i)+\sum_{i<j}^{n_v}\sum^{n_v}\frac{1}{|\boldsymbol{r}_i-\boldsymbol{r}_j|}+V_{\text{Core-Core}} \tag{16.3.1}$$

式中, 第一项为单电子算符之和

$$\hat{\boldsymbol{h}}_v(\boldsymbol{r}_i)=-\frac{1}{2}\nabla_i^2+\sum_{\lambda=1}^{T}V_{\lambda C}(\boldsymbol{r}_{\lambda i}) \tag{16.3.2}$$

式中, $V_{\lambda C}(\boldsymbol{r}_i)$ 是原子实 λ 对价电子 i 的作用势. 对于原子 λ, 若进行非相对论模型势计算, 则 $V_{\lambda C}(\boldsymbol{r}_i)=V_{\lambda\text{Core}}^{\text{Model}}(\boldsymbol{r}_i)$[式 (16.1.20)]; 若进行相对论模型势计算, 则 $V_{\lambda C}(\boldsymbol{r}_i)=V_{\lambda\text{WB}}^{\text{Model}}(\boldsymbol{r}_i)$[式 (16.1.29)]; 若进行相对论赝势计算 (采用形状一致赝势或者能量一致赝势), 则 $V_{\lambda C}(\boldsymbol{r}_i)=V_\lambda^{\text{PP}}(\boldsymbol{r}_i)$[式 (12.2.26)]. 第二项为价电子之间的排斥能. 第三项为原子实 (原子核加芯层电子) 间的相互作用能

$$V_{\text{Core-Core}}=\sum_{\lambda<\mu}^{T}\sum_{\mu=1}^{T}\frac{(Z_\lambda-n_{\lambda C})(Z_\mu-n_{\mu C})}{R_{\lambda\mu}}+\Delta V_{\text{C-C}} \tag{16.3.3}$$

式中, $R_{\lambda\mu}=|\boldsymbol{R}_\lambda-\boldsymbol{R}_\mu|$ 是原子核 λ 和原子核 μ 之间的距离, $\Delta V_{\text{C-C}}$ 是考虑原子核 λ 和 μ 之间存在的微小重叠时应加上的修正, 有人取为

$$\Delta V_{\text{C-C}}=\sum_{\lambda>\mu}^{T}\sum_{\mu=1}^{T}C_{\lambda\mu}\exp(-\gamma_{\lambda\mu}R_{\lambda\mu}^2) \tag{16.3.4}$$

式中, $\{C_{\lambda\mu}\}$ 和 $\{\gamma_{\lambda\mu}\}$ 是通过小分子计算选定的经验参数.

在固定核近似下, 对价轨道进行变分处理, 就得到单电子有效芯势方程

$$\hat{\boldsymbol{F}}_v(\boldsymbol{r})\tilde{\psi}_i(\boldsymbol{r})=\left\{\hat{\boldsymbol{h}}_v(\boldsymbol{r})+\sum_{j=1}^{n_v}[\hat{\boldsymbol{J}}_j^v(\boldsymbol{r})-\hat{\boldsymbol{K}}_j^v(\boldsymbol{r})]\right\}\tilde{\psi}_i(\boldsymbol{r})=\varepsilon_i\tilde{\psi}_i(\boldsymbol{r})\qquad i,j=1,\cdots,n_v \tag{16.3.5}$$

根据 $\hat{\boldsymbol{h}}_v(r)$ 中有效芯势的性质, 可以是非相对论或者不同级别近似的相对论性的模型势或者赝势单电子方程. 式中, $\sum_{j=1}^{n_v}\hat{\boldsymbol{J}}_j^v(\boldsymbol{r})$ 是价电子的库仑势算符, $\sum_{j=1}^{n_v}\hat{\boldsymbol{K}}_j^v(\boldsymbol{r})$ 是价电子的交换势算符 (如果进行 DFT 计算, 则应换为价电子的交换相关势算符).

求解方程式 (16.3.5) 得到 $\{\tilde{\psi}_i, i=1,\cdots,n_v\}$ 后, 计算式 (16.3.1) 的期望值, 即得到体系的价层电子总能量. 在用 CI、Monte Carlo 等非单粒子近似方法作计算时, 则直接用式 (16.3.1) 表达的 Hamilton 算符.

16.3.2　芯极化赝势

在有效芯势方法中, 假定由原子计算得到的有效芯势可以不加改变地用到分子计算中, 这相当于假定芯层电子状态和芯层电子与价电子之间的作用不会因为价层电子状态的改变发生变化. 在用有效芯势方法计算分子或者固体体系时, 价电子之间的电子相互作用是显示地考虑的, 芯电子之间的电子相关能被认为是一个常数, 隐含在有效芯势的参数中, 或者在化学变化过程中能互相抵消; 芯电子与价电子之间的电子相关作用则基本上不能考虑, 尽管在能量一致赝势或者在密度泛函赝势方法中部分电子相关作用产生的效果可能被包括在由原子计算数据拟合出来赝势的参数中. 采用 "小芯" 有效势的计算结果表明, 有效芯势的假定基本成立, 但也存在误差, 特别是采用 "大芯" 有效势时, 误差更加显著. 这是因为从原子到分子或者固体, 各原子的芯层电子所处的环境改变了, 自身也会发生一些变化, 芯层电子对价电子的作用势不可能不受影响, 价电子之间的相互作用势也会间接受到影响. 特别是在芯层取得比较大的情况下, 芯层电子状态受环境改变的影响更大, 产生误差就更显著. 为弥补这一缺陷, 人们提出在有效芯势中添加一项芯极化赝势 (core polarization pseudopotential) $V_{\mathrm{CPP}}(r)$, 校正在分子或者固体环境中芯层电子状态受到影响而产生的误差. 例如, 使用 Müller 等[21] 提出的式子

$$V_{\mathrm{CPP}}(r) = -\frac{1}{2}\sum_{\lambda}\alpha_{D,\lambda}\boldsymbol{f}_\lambda^2 \tag{16.3.6}$$

$$\boldsymbol{f}_\lambda = \sum_i \frac{\boldsymbol{r}_{\lambda i}}{r_{\lambda i}^3}g_\lambda(r_{\lambda i}) - \sum_{\mu(\neq\lambda)} Q_\mu \frac{\boldsymbol{r}_{\lambda\mu}}{r_{\lambda\mu}^3}g_\lambda(r_{\lambda\mu}) \tag{16.3.6a}$$

$$g_\lambda(r) = [1-\exp(-\delta_\lambda r^2)]^m \tag{16.3.6b}$$

式中, λ 标记原子 λ 的芯层, $\alpha_{D,\lambda}$ 是偶极极化率, $\boldsymbol{f}_\lambda$ 是价电子 i 和其他核及其芯电子 (总电荷为 Q_μ) 在 λ 处产生的电场, V_{CPP} 是电场 $\boldsymbol{f}_\lambda$ 与由于静态和动态电荷诱导产生的偶极矩作用导致的能量下降值, $g_\lambda(r)$ 是芯层 λ 的截断函数, 参数 δ_λ 和 m 通过拟合实验或者全电子计算值确定. 也有人采用其他形式的经验式子. 引入芯极化赝势不但可以反映价层电子变化对芯层电子的影响, 也在自洽迭代过程中校正 "冻芯" 假定产生的误差, 基本上消除了有效芯势方法的一个基本限制. 实际计算表明引入芯极化赝势校正对计算结果有明显的改善, 但加上芯极化赝势, 有效芯势不再是单电子算符, 计算变得复杂了一些.

建立在假定原子有效芯势有可移植性基础上的分子有效芯势计算结果能否与

全电子从头计算的结果一致? 两者肯定不能完全一致, 但产生偏差的大小很难从理论上给予比较严格的估计, 只能通过对大量实际体系的计算得出关于误差范围的统计性结论. 从这个意义上说, 有效芯势方法带有一些半经验方法的特征. 表 16.3.1 给出 Stoll 等用优化的参数对一些含重元素小分子的计算结果. 人们已经用有效芯势 (特别是赝势) 方法进行过大量计算, 表 16.3.1 中列出的计算结果的精度有一定代表性. 目前一般认为采用小芯有效势进行计算, 结果是可靠的, 其精度可能比密度泛函计算结果还要高一些, 但计算量比较大.

表 16.3.1 有效芯势方法对一些含重元素小分子的计算结果 *

	$X_1\ ^2\Pi_{1/2}$			$X_2\ ^2\Pi_{3/2}$		
	r_e(Å)	ω_e(cm^{-1})	D_e(eV)	r_e(Å)	ω_e(cm^{-1})	T_e(cm^{-1})
PbF	2.052	519	3.71	2.040	5.30	7060
	(2.058)	(507)	(3.67)	(2.034)	(5.33)	(8262)
PbCl	2.475	310	2.81	2.458	317	7526
	(2.471)	(304)	(~3.1)	(2.439)	(322)	(8273)
PbBr	2.603	212	2.33	2.588	216	7577
	(—)	(207)	(2.6)	(—)	(218)	(8198)
PbI	2.772	168	1.81	2.760	171	7659
	(—)	(161)	(2.0)	(—)	(169)	(7969)
BiO	1.927	724	3.36	1.917	698	7590
	(1.934)	(692)	(3.47)	(—)	(688)	(7089)
	$X_1\ 0^+$			$X_2\ 1$		
	r_e(Å)	ω_e(cm^{-1})	D_e(eV)	r_e(Å)	ω_e(cm^{-1})	T_e(cm^{-1})
BiF	2.028	549	3.79	2.019	557	6234
	(2.052)	(513)	(3.79, 3.9)	(2.029)	(543)	(6753)
BiCl	2.477	319	3.04	2.452	328	6159
	(2.472)	(308)	(3.15)	(—)	(3.27)	(6671)
BiBr	2.604	219	2.62	2.583	224	6150
	(2.610)	(209)	(2.75)	(—)	(220)	(6526)

* 数据取自文献 [20], 是采用大基组、能量一致赝势、二分量相对论性 Dirac-Fock 计算后再作近似 CI 计算的结果, T_e 为旋–轨耦合分裂能. 括号内数字为实验值.

有效芯势方法原来的目标只是简化芯层电子对价电子的作用势, 后来更受重视的是作为一种处理相对论效应的经济而有效的方法, 不但能计及芯层轨道相对论效应引起的间接效应, 也可以处理价电子的直接相对论效应.

有效芯势方法已经发展得比较成熟. 迄今对周期表中几乎所有元素, 不同 (非相对论或者近似程度不同的相对论) 类型、不同精度的有效芯势都已经有人给出优化的参数及相关基组 (可能是采用不同的方法得到的), 并且其中有不少已经编入商业化的计算程序中. 现在, 有效芯势方法已经成为含重元素量子化学计算的重要和实用方法, 在很多含重元素分子的量子化学计算中, 对重原子都采用有效芯势, 赝势用得更多一些. 有效芯势的应用范围很广, 不但用于 Hartree-Fock,、Dirac-Fock、DFT 等独立粒子近似型的计算中, 也用于 CI、MCSCF、Monte Carlo 等包括电子相关作用类型的计算中; 不但用于计算分子几何构型 (键长、键角)、过程能量变化 (电离能、亲和能、反应能、键离解能等), 也用来计算体系的其他多种性质, 如旋–轨耦合作用对分子性质的影响、IR 谱、NMR 谱等. 在固体能带计算中, 由于计算量很大, 密度泛函赝势方法更受重视, 用得相当普遍. 近年来赝势方法也已经用到大分子体系或者动态过程的计算中. 为适应不同情况, 人们提出过大量改进的方案, 例如加上更恰当的修正项、在迭代过程中重新计算芯层轨道等.

参考文献

[1] Szasz L. Pseudo-Potential Theory of Atoms and Molecules. New York: John Wiley & Sons., 1985

[2] Huzinaga S, Seijo L, Barandiaràn Z, Klobukowski M. J Chem Phys, 1987, 86: 2131

[3] Cook D B. Handbook of Computational Quantum Chemistry. London: Dover Publications., 2005

[4] Seijo L. J Chem Phys, 1995, 102: 8078

[5] Pyykkö P, Hermann S. In Chemical Modelling: Applications and Theory. Vol 1. Chapter 5. London: The Royal Society of Chemistry, 2000

[6] Wood J H, Boring A M. Phys Rev B, 1978, 18: 2701

[7] Cowan R D, Griffin D C. J Opt Soc Am, 1976, 66: 1010

[8] Barandiaràn Z, Seijo L, Huzinaga S. J Chem Phys, 1990, 93: 5843

[9] Casarrubios M, Seijo L. J Mol Struct (THEOCHEM), 1998, 426: 59

[10] Martin R M. Electronic Structure: Basic Theory and Practical Methods. Cambridge: Cambridge University Press, 2004

[11] Phillips J C, Kleinman L. Phys Rev, 1959, 116: 287

[12] Antoncik E. J Phys Chem Solids, 1959, 10: 314

[13] Greeff C W, Lester W A Jr. J Chem Phys, 1998, 109: 1607

[14] Cundari T R, Stevens W J. J Chem Phys, 1993, 98: 5555

[15] Kerker G P. J Phys C, 1980, 13: L189

[16] Troullier N, Martins J L. Phys Rev B, 1991, 43: 1993

[17] Kleinman L, Bylander D M. Phys Rev Lett, 1982, 48: 1425

[18] Vanderbilt D. Phys Rev B, 1990, 41: 7892

[19] Blöchl P E. Phys Rev B, 1990, 41: 5414

[20] Stoll H, Metz B, Dolg M. J Comput Chem, 2002, 23: 767

[21] Müller W, Flesch J, Meyer W. J Chem Phys, 1984, 80: 3297